钢-混凝土组合结构抗火设计原理

（第三版）

FIRE SAFETY DESIGN THEORY OF STEEL-CONCRETE COMPOSITE STRUCTURES

(THIRD EDITION)

韩林海　宋天诣　周　侃　著

科学出版社

北　京

内 容 简 介

本书论述全过程火灾作用下钢 - 混凝土组合结构的工作机理和抗火设计方法，主要内容如下所述。

1）高温下、高温后组合结构中钢 - 混凝土界面的粘结性能。

2）组合结构构件，包括型钢混凝土柱、中空夹层钢管混凝土柱、不锈钢管混凝土柱、FRP 约束钢管混凝土柱、格构式钢管混凝土柱和钢管混凝土束结构等的耐火性能；火灾后型钢混凝土构件、钢管混凝土加劲混合结构等的力学性能，火灾后钢管混凝土柱的力学性能、评估和修复方法。

3）火灾后组合框架梁 - 柱连接节点，包括型钢混凝土柱 - 型钢混凝土梁、钢管混凝土柱 - 钢梁、钢管混凝土加劲混合结构柱 - 钢筋混凝土梁连接节点等的力学性能；型钢混凝土柱 - 型钢混凝土梁、钢管混凝土柱 - 钢筋混凝土梁连接节点的耐火性能、钢管混凝土柱 - 钢梁连接节点的火灾后滞回性能。

4）钢管混凝土柱 - 钢筋混凝土梁平面框架、钢管混凝土柱 - 型钢混凝土梁平面框架结构的耐火性能。

5）火灾后型钢混凝土柱 - 钢筋混凝土梁平面框架、型钢混凝土柱 - 型钢混凝土梁平面框架结构的耐火性能。

本书内容具有系统性、理论性和实用性，可供土建类专业的有关工程科技人员参考。

图书在版编目（CIP）数据

钢 - 混凝土组合结构抗火设计原理 / 韩林海，宋天诣，周侃著. —3 版. —北京：科学出版社，2022.12

ISBN 978-7-03-074124-0

Ⅰ. ①钢…　Ⅱ. ①韩…②宋…③周…　Ⅲ. ①钢筋混凝土结构 – 防火 – 结构设计　Ⅳ. ① TU375.04

中国版本图书馆 CIP 数据核字（2022）第 232719 号

责任编辑：童安齐 / 责任校对：王万红
责任印制：吕春眠 / 封面设计：东方人华平面设计部

科学出版社 出版

北京东黄城根北街 16 号
邮政编码：100717
http://www.sciencep.com

北京中科印刷有限公司 印刷

科学出版社发行　各地新华书店经销

*

2012 年 6 月第 一 版　2022 年 12 月第三次印刷
2017 年 10 月第 二 版　开本：787×1092　1/16
2022 年 12 月第 三 版　印张：49
字数：1 130 000

定价：588.00 元

（如有印装质量问题，我社负责调换〈中科〉）

销售部电话 010-62136230　编辑部电话 010-62137026（BA08）

第三版前言

火灾是指可燃物发生燃烧并失去控制，在其蔓延发展过程中给人类生命和财产造成危害和损失、对环境造成污染并产生不良社会影响的一种灾害性现象。现代建筑物的高层化、大规模化及用途复合化使建筑火灾规模和危害有日趋扩大的趋势。

钢 - 混凝土组合已在各类工程结构中得到广泛应用。近 30 年来，本书第一作者领导的课题组有计划地开展了钢 - 混凝土组合结构抗火设计原理的研究。根据最新研究工作进展，本次再版对《钢 - 混凝土组合结构抗火设计原理》（第二版）的相关章节进行了修订和完善，以使钢 - 混凝土组合结构抗火设计原理的论述更为系统、完整。

掌握高温作用对钢 - 混凝土组合构件界面粘结滑移性能的影响规律，是深入进行钢 - 混凝土组合结构耐火性能研究的基础。本次再版，补充了综合考虑长期荷载作用影响的高温下、高温后钢 - 混凝土粘结性能研究成果（第 2 章），为基于全寿命周期的钢 - 混凝土组合结构精细化分析模型的建立创造了条件。

钢管混凝土束结构是一种兼做承重柱和墙体的新型组合结构形式，近年来在多、高层建筑中应用广泛。本次再版，补充了荷载与高温共同作用下钢管混凝土束结构的工作机理和抗火设计方法研究成果（第 8 章）。

基于试验研究和理论分析，实现了荷载 - 温度 - 时间耦合作用下钢管混凝土柱 - 钢梁连接节点、钢管混凝土柱 - 钢梁框架结构全过程分析，突破了采用热力分离路径而无法准确计算应力重分布的局限，建立了基于全寿命周期的钢管混凝土结构抗火性能分析模型，上述内容在第 13 章和第 15 章中进行了论述。

本书的研究成果为国家有关技术标准的制订提供了理论基础和技术依据，如《建筑混凝土结构耐火设计技术规程》（DBJ/T 15-81—2011）“型钢混凝土构件”（第 3 章和第 4 章）、《中空夹层钢管混凝土结构技术规程》（T/CCES 7—2020）“抗火设计”、《不锈钢管混凝土结构技术规程》T/CECS 952—2021 “防护设计”（第 5 章）;《钢管混凝土混合结构技术标准》GB/T 51446—2021（中、英文版）“防护设计”（第 7 章和第 9 章）;《钢管混凝土束结构技术标准》（T/CECS 546—2018）“防护设计”（第 8 章）等。

本书的再版得到国家自然科学基金重点项目（项目编号：51838008）、国家自然科学基金面上项目（项目编号：51778018）、国家重点研发计划（项目编号：2018YFC0807600）等的资助，特此致谢！作者感谢其所指导的研究生和合作伙伴对本书研究工作所作出的贡献！

作者感谢国家固定灭火系统和耐火构件质量监督检验中心、建筑安全与环境国家重点实验室、土木工程安全与耐久教育部重点实验室等单位为进行本书有关火灾试验给予的协助和支持！

作者怀着感激的心情期待读者对本书的不足之处给予批评指正！

韩林海

2021年12月1日

第二版前言

近20年来，本书第一作者领导的课题组循序渐进地，有计划地开展了钢-混凝土组合结构抗火设计原理研究工作。结合作者们近年来研究工作的最新进展，本次对《钢-混凝土组合结构抗火设计原理》再版，在原书内容的基础上进行了完善和补充，以期使钢-混凝土组合结构抗火设计原理方面的内容更加系统和丰富。

掌握高温对钢-混凝土组合构件界面粘结滑移性能的影响规律，以及基本组合构件的耐火性能是进行组合结构体系抗火性能研究的基础。本次再版，补充了型钢混凝土和钢管混凝土中钢-混凝土界面高温下和高温后的粘结性能研究成果（第2章）。

众所周知，建筑火灾是建筑结构在服役全寿命过程中可能发生的灾害性作用之一。实际建筑结构发生火灾时，结构或构件受到温度和荷载的共同作用，一般会经历常温下加载、升温段持荷、降温段持荷和火灾后继续工作四个阶段，这是一个考虑全过程火灾作用的过程，结构或构件可能在升温段、降温段和火灾后继续工作阶段发生破坏。在对结构或构件的火灾下和火灾后性能进行研究时，考虑全过程火灾作用的研究成果将更接近实际工况，从而提供更为安全、合理的结构抗火设计和火灾后评估、修复加固方法。第3章论述了型钢混凝土构件的耐火性能和抗火设计方法；第4章阐述了全过程火灾作用下型钢混凝土柱的力学性能。

关于普通钢管混凝土构件的耐火性能及火灾作用后的力学性能，已在专著《钢管混凝土结构——理论与实践》（科学出版社，2000年第一版；2004年修订版；2007年第二版；2016年第三版）一书中进行了论述。有关研究结果表明，组成钢管混凝土的钢管及其核心混凝土之间的协同互补使得这种结构具有良好的耐火性能，主要体现在两个方面：一是火灾作用下构件具有良好的抗火性能；二是火灾作用后构件具有较好的可修复性，因而也就具有较好的灾后功能可恢复性。也就是说，火灾下钢管混凝土柱表现出良好的“韧性（resilience）”，本书不再赘述。第5章论述了一些新型钢管混凝土构件，如中空夹层钢管混凝土、不锈钢管混凝土和FRP约束钢管混凝柱的耐火性能；第6章论述了火灾后钢管混凝土柱的修复加固方法；第7章则论述了格构式钢管混凝土柱耐火性能研究方面的成果。

钢管混凝土叠合柱是由核心钢管混凝土部件及其外围的钢筋混凝土部件共同组合而成的一种组合结构构件，已在高层建筑结构中得到推广应用。第8章论述了全过程火灾作用下钢管混凝土叠合柱的力学性能。

准确掌握结构体系中节点的力学性能和工作机理是进行火灾下结构体系受力全过程分析的关键。第9章论述了型钢混凝土柱-型钢混凝土梁连接节点的耐火性能；第10章论述了全过程火灾作用下型钢混凝土柱-型钢混凝土梁连接节点的力学性能；第11章论述了钢管混凝土柱-钢筋混凝土梁连接节点的耐火性能；第12章论述了全过程火灾作用下钢管混凝土柱 - 组合梁连接节点的力学性能；第 13 章论述了火灾作用后钢管混凝土柱 - 钢梁连接节点的滞回性能；第 14 章则论述了全过程火灾作用下钢管混凝土叠合柱 - 钢筋混凝土梁连接节点的力学性能。

第 15 章阐述了单层、单跨钢管混凝土柱 - 钢筋混凝土梁、钢管混凝土柱 - 型钢混凝土梁平面框架和钢管混凝土柱 - 钢梁、三层、三跨型钢混凝土柱 - 型钢混凝土梁平面框架结构耐火性能的研究成果；第 16 章则论述了全过程火灾作用下单层、单跨型钢混凝土柱 - 钢筋混凝土梁、型钢混凝土柱 - 型钢混凝土梁平面框架的力学性能。

本书的研究工作先后得到国家杰出青年科学基金（项目编号：50425823）、国家自然科学基金重点项目（项目编号：50738005）、国家重点基础研究发展计划（“973”计划）课题（项目编号：2012CB719703）、国家科技支撑计划子课题（项目编号：2006BAJ06B06、2006BAJ03A03-11、2008BAJ08B014-07、2012BAJ07B014 和 2014BAL05B04）、高等学校博士学科点专项科研基金课题（项目编号：20090002110043）、公安部应用创新计划项目（项目编号：2007YYCXTXS155）、清华大学“百名人才引进计划”资助课题、清华大学自主科研计划课题（攻坚专项，项目编号：2011THZ03）等的资助，特此致谢！

本书第一作者感谢他的合作伙伴对本书研究工作作出的重要贡献，如王卫华和陶忠进行了钢 - 混凝土界面高温下和高温后粘结性能的研究（第 2 章）；王卫华、谭清华和郑永乾进行了型钢混凝土构件耐火性能的研究（第 3 章）；卢辉、廖飞宇、陶忠、杨有福、王志滨、陈峰、崔志强和宋谦益等进行了新型钢管混凝土柱耐火性能的研究（第 5 章、第 7 章）；陶忠和林晓康进行了火灾后钢管混凝土构件力学性能的研究（第 6 章）；郑永乾、王卫华和谭清华进行了组合框架梁 - 柱连接节点耐火性能的研究（第 9 章、第 11 章）；霍静思进行了火灾后钢管混凝土节点滞回性能的研究（第 13 章）；谭清华、江莹和侯舒兰进行了全过程火灾作用下组合结构构件、节点或平面框架力学性能的研究（第 4 章、第 8 章、第 10 章、第 12 章、第 14 章和第 16 章）；王卫华和王广勇进行了组合框架结构耐火性能的研究（第 15 章）等。作者谨向他们致以诚挚的谢意！

作者感谢国家固定灭火系统和耐火构件质量监督检验中心、亚热带建筑科学国家重点实验室、建筑安全与环境国家重点实验室、土木工程安全与耐久教育部重点实验室、澳大利亚 Monash University 土木工程系结构试验中心、澳大利亚 Western Sydney University 结构实验室等单位为进行本书有关火灾试验给予的支持和帮助！

正如第一版前言中所述，组合结构学科所包含的内容广泛，其抗火设计原理研究的内容自然也非常丰富。仅结合作者所熟悉的领域和取得的阶段性研究结果进行论述，内容远非全面和系统。作者期待随着有关研究工作的不断深入，能不断对内容进行充实和完善。

由于作者学识水平所限，书中难免存在不妥乃至错误之处。作者怀着感激的心情期待读者给予批评指正！

韩林海
2017 年 5 月 22 日于清华园

第一版前言

众所周知，火灾会严重威胁人类的生命财产安全，同时也会产生不良的社会影响，并对环境造成污染。在可能发生的火灾中，建筑火灾的发生最为频繁。火灾之所以对建筑结构产生危害，实际上是由建筑结构的功能属性决定的。火灾发生具有随机性，面对火灾，人类需掌握其灾变机理，深入研究建筑结构的抗火设计原理，进行科学的抗火设计，从而使建筑结构具备要求的“抗火”性能。

组合结构（composite structures）是目前在建筑结构中应用较广泛，且发展较快的一种结构形式，它是由两种或两种以上结构材料组合而成的结构。作者有幸在我国土木工程建设事业快速发展时期进行了一些组合结构方面的研究工作。关于钢管混凝土构件方面的研究成果在《钢管混凝土结构》(科学出版社，2000 年第一版；2004 年修订版；2007 年第二版）中进行了论述；有关一些新型组合结构构件、组合结构节点和平面框架、混合剪力墙结构、混合结构体系等方面的研究成果则在《现代组合结构和混合结构》(2009 年，科学出版社）中进行了阐述。本书论述作者在钢 - 混凝土组合结构抗火设计原理方面取得的研究结果。

建筑结构抗火设计的总体目标可概括为：最大限度地减少人员伤亡、降低财产的直接和间接损失、减轻对环境的污染和影响。以往，人们已在建筑结构抗火设计原理方面取得了不少成果，积累了不少工程实践经验，但对钢 - 混凝土组合结构抗火设计原理方面仍有不少问题需要继续深入研究，有关设计规程也需要制订、补充或完善。

钢 - 混凝土组合结构抗火设计原理的研究包括其耐火性能、抗火设计方法和防火保护措施等方面，其中耐火性能研究是确定抗火设计方法的前提，而如何根据工程结构的特点，“因地制宜”地采用适当的防火保护措施是最大限度地实现建筑投入经济性与结构性能有效性统一的保证，是保证实现结构抗火设计目标的基础。

掌握基本构件的耐火性能是进行组合结构体系抗火性能研究的基础。第 2 章论述了型钢混凝土构件的耐火性能和抗火设计方法；第 3 章论述了中空夹层钢管混凝土、不锈钢管混凝土、FRP 约束钢管混凝土和钢筋混凝土构件的耐火性能；第 4 章中论述了火灾后钢管混凝土构件修复加固方面的研究成果。

实际建筑结构多为超静定结构，因此火灾作用下单个构件的破坏并不等同于整个建筑结构的破坏。例如，在局部火灾下，即使某一构件达到耐火极限，往往也不会因为单根构件的失效而导致整体结构破坏；但节点的破坏却使得整体建筑可能从结构转变为机构，从而失去整体稳定性而倒塌。在对火灾下结构体系的力学分析中，合理地模拟节点的工作机理往往是难点，也是关键点。第 5 章论述了型钢混凝土柱 - 型钢混凝土梁、钢管混凝土柱 - 钢筋混凝土梁连接节点的耐火性能；第 6 章论述了考虑升、降温影响时钢管混凝土柱 - 钢梁、型钢混凝土柱 - 型钢混凝土梁连接节点火灾后的力学性能；第 7 章则论述了火灾后钢管混凝土柱 - 钢梁连接节点的滞回性能。

研究火灾下单层、单跨框架的力学性能是进行多层、多跨框架以及空间框架结构体系耐火性能和性能化抗火设计的基础。第 8 章论述了钢管混凝土柱 - 钢筋混凝土梁平面框架结构耐火性能的研究结果。

第 9 章对钢 - 混凝土组合结构抗火设计原理研究的一些关键问题进行了探讨和展望。

本书的研究工作先后得到国家杰出青年科学基金（项目编号：50425823）、国家自然科学基金重点项目（项目编号：50738005）、国家重大基础研究计划（“973”计划）（项目编号：2012CB719703）、国家科技支撑计划子课题（项目编号：2006BAJ06B06、2006BAJ03A03-11、2008BAJ08B014-07 和 2012BAJ07B014）高等学校博士学科点专项科研基金课题（项目编号：20090002110043）、公安部应用创新计划项目（项目编号：2007YYCXTXS155）、清华大学“百名人才引进计划”资助课题、清华大学自主科研计划课题（攻坚专项，项目编号：2011THZ03）等的资助，特此致谢！

本书第一作者感谢他的博士后和研究生对本书所论述内容作出的重要贡献，如王卫华、谭清华和郑永乾进行了型钢混凝土构件耐火性能的研究（第 2 章）；卢辉、廖飞宇、陶忠、杨有福、陈峰等进行了组合柱耐火性能的研究（第 3 章）；陶忠、林晓康和陈峰进行了钢管混凝土火灾后性能的研究（第 4 章）；郑永乾、王卫华和谭清华进行了组合框架梁 - 柱节点耐火性能的研究（第 5 章）；霍静思和江莹等进行了火灾后框架梁 - 柱节点力学性能的研究（第 6 章和第 7 章）；王卫华和王广勇进行了组合框架结构耐火性能的研究（第 8 章和第 9 章）等。作者谨向他（她）们致以诚挚的谢意！

作者感谢公安部天津消防科学研究所、国家固定灭火系统和耐火构件质量监督检验中心，亚热带建筑科学国家重点实验室，澳大利亚 Monash 大学土木工程系结构试验中心等单位为进行本文有关火灾试验给予的支持和帮助！

组合结构学科所包含的内容广泛，其抗火设计原理研究的内容非常丰富。本书仅结合作者所熟悉的领域和取得的阶段性研究结果进行论述，内容远非全面和系统。开展本书有关研究工作的目的：一则期望能解决一些具体组合结构抗火设计原理研究方面的问题；二则期望能为有关领域研究工作的进一步深入开展提供参考。随着课题组研究工作的不断深入，作者期望能对本书内容进行充实和完善。

由于作者学识水平所限，书中难免存在不妥乃至错误之处，作者怀着感激的心情期待读者给予批评指正！

韩林海

2012 年 3 月 16 日于清华园

目　　录

主要符号表*

a	椭圆截面长半轴；防火保护层厚度
a_b	梁防火保护层厚度
a_c	柱防火保护层厚度
A_c	混凝土横截面面积
A_s	钢管横截面面积；型钢横截面面积；手拉钢筋横截面面积；螺杆横截面面积
A_{sb}	钢筋总截面面积
A_{sc}	钢管混凝土横截面面积
b	椭圆截面短半轴
b_f	型钢翼缘宽度
b_{slab}	楼板宽度
B	矩形截面短边边长；方形截面边长；矩形钢管截面短边外边长；方钢管截面外边长；墙体厚度
B_b	梁截面宽度
B_i	内方钢管外边长
B_o	外方钢管外边长
B_r	修复后外套矩形钢管横截面短边边长；修复后外套方钢管横截面边长
c	混凝土保护层厚度；材料的比热容
C	截面周长
d	钢筋直径；栓钉直径
D	矩形截面长边边长；圆形截面直径；矩形钢管截面长边外边长；圆钢管截面外直径；柱截面尺寸
D_b	梁截面高度
D_c	柱肢钢管外径
D_i	内圆钢管外直径
D_l	缀管钢管外径
D_o	外圆钢管外直径
D/B	高宽比；钢管束结构高宽比
e	荷载偏心距
e/r	荷载偏心率
e_o	初始荷载偏心距

* 表中部分变量在不同的章节中有不同的含义。

E_c （常温下）混凝土弹性模量
E_s （常温下）钢材（钢管或型钢）弹性模量
E_{sb} 钢筋弹性模量
f_c （常温下）混凝土棱柱体抗压强度
f_c' （常温下）混凝土圆柱体抗压强度
$f_c'(T)$ 温度为 T 时的高温下混凝土圆柱体抗压强度
$f_{cp}'(T_{max})$ 历史最高温度为 T_{max} 时的高温后混凝土圆柱体抗压强度
f_{ck} （常温下）混凝土抗压强度标准值
f_{cT} 高温下混凝土棱柱体抗压强度
f_{cu} （常温下）混凝土立方体抗压强度
f_{cuT} 高温下混凝土立方体强度
f_u （常温下）钢材（型钢或钢管）的极限强度
f_{ucor} 弯角处钢材的极限强度
f_y （常温下）钢材（型钢或钢管）的屈服强度
f_{yb} （常温下）钢筋的屈服强度
f_{ycor} 弯角处钢材的屈服强度
h 型钢高度；梁拉压区边缘间距离
h_j 接触导热系数
h_{sc} 栓钉长度
H 柱高度
I_c 混凝土的截面惯性矩
I_s 型钢（钢管）的截面惯性矩
I_{sb} 钢筋的截面惯性矩
k 梁柱线刚度比；导热系数
k_m 梁柱极限弯矩比；梁柱抗弯承载力比
k_{oa} 常温下节点初始刚度
k_{op} 火灾后节点初始刚度
k_R 面内转动弹簧刚度
k_r 钢管混凝土柱火灾后剩余承载力系数
k_r' 节点框架柱火灾后剩余承载力系数
k_{ST} 高温下（后）极限滑移量变化系数
k_t 火灾下承载力影响系数
k_V 竖直向线弹簧刚度
$k_{\tau T}$ 高温下（后）粘结强度变化系数
K 火灾后剩余刚度系数
K_j 节点环线刚度
K_s 火灾前型钢混凝土柱的抗弯刚度
K_{sf} 火灾后型钢混凝土柱的抗弯刚度

K_{ss}	加固后型钢混凝土柱的抗弯刚度
L	计算长度；梁长度
L_i	接触长度
L_{slab}	楼板长度
m	梁荷载比
M	弯矩
M_b	梁截面弯矩
M_{bu}	梁极限弯矩
M_c	柱截面弯矩
M_{cu}	柱极限弯矩
M_F	梁端弯矩
M_u	（常温下）梁的抗弯承载力
$M_u(t)$	火灾下梁的抗弯承载力
M_{ua}	（常温下）节点极限弯矩
n	柱荷载比
n_o	钢管混凝土加劲混合结构柱叠合比
N_b	梁截面轴力
N_c	柱截面轴力
N_F	柱轴向荷载；外荷载
N_{ur}	火灾后剩余承载力
N_u	（常温下）柱的极限承载力
$N_u(t)$	火灾下柱的极限承载力
P	水平荷载
P_F	竖向荷载
P_u	（常温下）梁受集中荷载时的极限承载力
P_{ur}	火灾后梁剩余承载力
P_y	屈服荷载
q_F	梁上均布荷载
q_u	（常温下）梁受均布荷载时的极限承载力
Q	栓钉剪力
Q_{uT}	高温下栓钉的极限抗剪承载力
R	火灾后剩余承载力系数
R_a	粗糙度
S	相对滑移
S_u	极限相对滑移
t	（受火）时间
t_c	混凝土龄期
t_d	恒高温持续时间

t_f　　型钢翼缘厚度
t_h　　升温时间
t_o　　升温时间比
t_R　　耐火极限
t_s　　钢管壁厚
t_{sc}　　柱肢钢管壁厚
t_{si}　　内钢管壁厚
t_{sl}　　缀管钢管壁厚
t_{slab}　　楼板厚度
t_{so}　　外钢管壁厚
t_{sr}　　修复后外套钢管壁厚
t_w　　型钢腹板厚度
T　　温度
T_{cr}　　临界温度
T_h　　升温最高温度
T_{max}　　历史最高温度
T_o　　室温
u_m　　（梁或柱）跨中挠度
V　　剪力
V_b　　梁截面剪力
V_c　　柱截面剪力
V_j　　节点核心区剪力
$V_y(t)$　　火灾后节点核心区屈服剪力
α_b　　梁截面含钢率
α_c　　柱截面含钢率
α_s　　柱肢截面含钢率
β　　缀管柱肢管径比
β_H　　水平向约束刚度比
β_R　　面内转动约束刚度比
β_V　　竖直向约束刚度比
δ_b　　梁端挠度
δ_p　　节点火灾后峰值转动变形系数
δ_u　　节点火灾后残余转动变形系数
Δ_c　　柱轴向变形
Δ_h　　水平变形
Δ_y　　屈服位移
ε　　应变
ε_c　　混凝土的应变

ε_{ccr} 混凝土的高温徐变
ε_{cth} 混凝土的热膨胀应变
ε_{ctr} 混凝土的瞬态热应变
$\varepsilon_{c\sigma}$ 混凝土的应力应变
ε_{o} 截面形心处应变
ε_{s} 钢材的应变
ε_{scr} 钢材的高温蠕变
ε_{sth} 钢材的热膨胀应变
$\varepsilon_{s\sigma}$ 钢材的应力应变
ε_{y} 钢材的屈服应变
ϕ 曲率
φ 稳定系数
γ 剪切角
λ 构件长细比
λ_{cp} 等效长细比
λ_{i} 同级荷载强度退化系数
λ_{j} 总体荷载退化系数
μ 位移延性系数；框架柱计算长度系数
μ_{c0} 等效计算长度系数
μ_{cp} 火灾后计算长度系数
μ_{θ} 位移角延性系数
ν_{s} 钢材泊松比
θ_{b} 梁端转角
θ_{c} 柱端转角
θ_{d} 层间位移角
θ_{r} 梁柱相对转角
ρ 密度
σ 应力
σ_{c} 混凝土应力
σ_{s} 钢材应力
σ_{to} 混凝土开裂应力
τ 粘结应力
τ_{T} 高温下（后）粘结应力
τ_{u} 粘结强度
τ_{uT} 高温下（后）粘结强度
ξ 钢管混凝土约束效应系数$\left(\xi=\dfrac{A_s\cdot f_y}{A_c\cdot f_{ck}}\right)$
χ 空心率

第1章　绪　　论

1.1　概　　述

火灾是指可燃物发生燃烧并失去控制，在其蔓延发展过程中可给人的生命和财产造成危害和损失、并对环境造成污染的一种灾害性现象。火灾是一种具有自然和人为双重特征的社会灾害（李引擎，2004）。

现代建筑物的高层化、大规模化及用途复合化使建筑火灾发生的因素随之增加，建筑火灾规模和危害也有日趋扩大的趋势。火灾导致大型建筑结构破坏甚至倒塌的例子不少，如2001年“9·11”事件中美国纽约世贸中心两座100多层、400多米高的大楼因飞机撞击引发猛烈火灾而倒塌（NIST，2005），造成了重大人员伤亡、财产损失和不良社会影响。2003年湖南衡阳市衡州大厦发生火灾，灭火过程中结构突然坍塌，导致多名消防救援人员殉职。2006年比利时布鲁塞尔国际机场的一个飞机修理库发生火灾时倒塌，造成多人受伤和多架飞机损坏等。

作为常用的建筑材料，火灾下钢材和混凝土受到高温影响，其性能会发生劣化，从而造成整体结构的工作性能退化。火灾即使不引起建筑的整体倒塌，也可能造成结构破坏。图1.1所示为火灾后某高层建筑内部结构破坏的情形。受火后，该建筑的钢-混凝土组合楼盖受损严重，变形明显，如图1.1（a）和（b）所示；主梁-次梁连接节点及钢梁-钢柱连接节点区域也发生明显变形，如图1.1（c）和（d）所示。

图1.2所示为某采用钢管混凝土柱、轻型钢结构屋盖的工业厂房发生火灾后结构破坏的情形。火灾后，屋盖结构挠度大，受损程度较大［图1.2（a）］，钢管混凝土柱-钢梁连接区域也发生了明显变形［图1.2（b）］。

组合结构（composite structures）是由两种或两种以上结构材料组合而成的结构。组合结构构件工作的实质在于其组成材料之间的“组合作用”，即：①在施工阶段：通过材料之间的合理组合，实现方便施工、简化施工程序，提高工业化建造程度的目的；②在使用阶段：通过“组合作用”，充分发挥材料各自的优点，达到取长补短、协同互补、共同工作的效果（韩林海等，2009）。

钢-混凝土组合结构的特点使其能较好地适应现代工程结构的施工和使用要求，因而在多、高层和超高层建筑中得到广泛应用。如天津今晚报大厦外框柱采用了钢管混凝土柱、深圳赛格广场大厦其框架柱及抗侧力体系内筒的密排柱均采用了圆钢管混凝土、杭州瑞丰国际商务大厦采用了方钢管混凝土柱、深圳京基中心采用了矩形钢管混凝土柱等。上海金茂大厦、上海环球金融中心、北京国贸三期、中央电视台新址TVCC主楼等都采用或部分采用了型钢混凝土结构。还有一些高层建筑工程采用了钢管混凝土加劲混合结构柱，如沈阳方圆大厦、沈阳皇朝万鑫大厦和深圳华润中心二期、

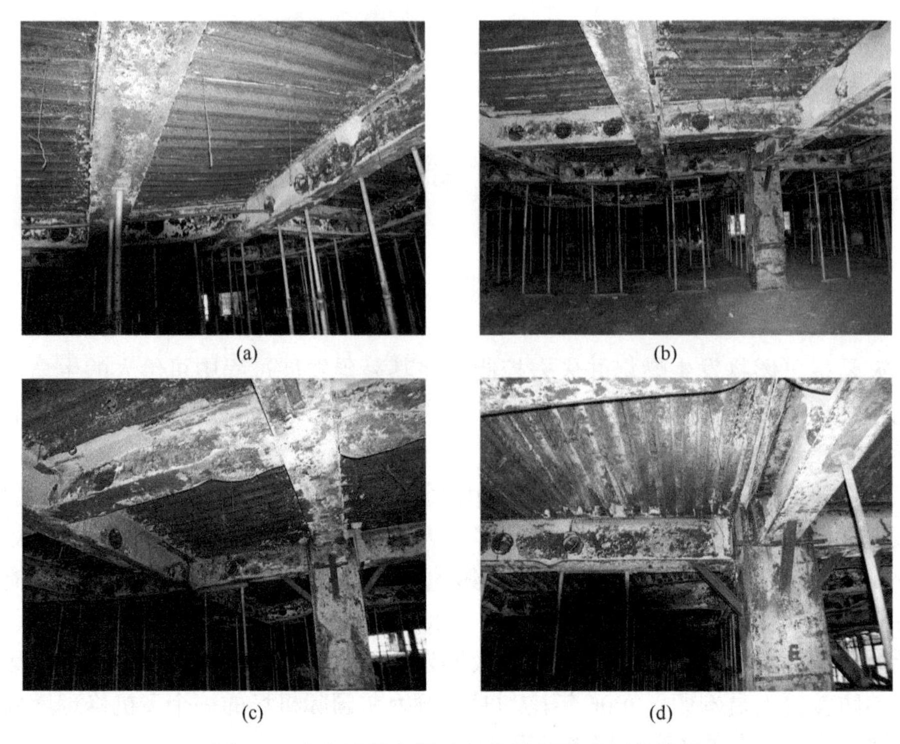
(a) (b) (c) (d)

图 1.1　火灾后某高层建筑内部结构破坏的情形

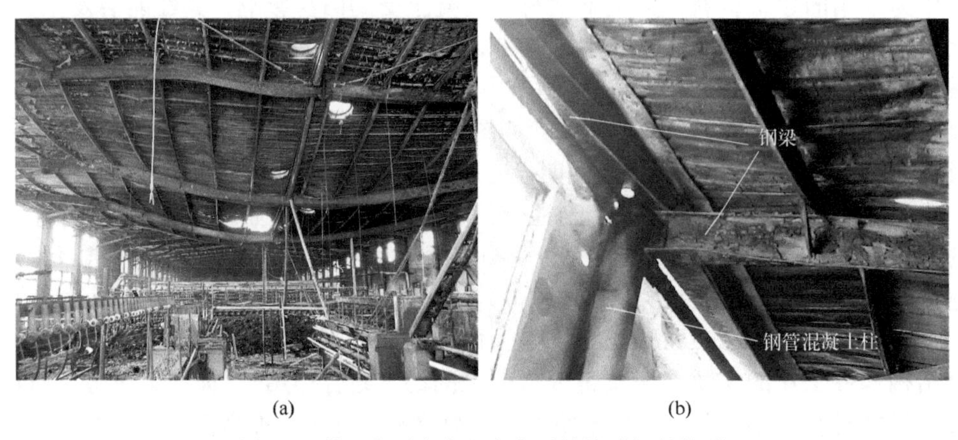

(a) (b)

图 1.2　某工业厂房发生火灾后结构破坏的情形

广州新中国大厦、广州好世界广场、福州环球广场和北京四川大厦。近期建设的采用钢管混凝土的超高层建筑有天津 117 大厦、深圳平安金融中心大厦、武汉中心大厦、广州西塔、广州东塔、北京中国尊等；已投入使用的青岛胶东机场 T1 航站楼、成都天府国际机场航站楼等同样采用了钢管混凝土柱。此外，钢 - 混凝土组合楼盖结构也在高层建筑中被广泛应用。

建筑结构抗火设计的目标总体上可概括为：最大限度地减少人员（包括消防队员）伤亡、降低财产的直接和间接损失、减轻对环境的污染和影响。科学地进行钢 - 混凝土组合结构火安全设计的重要前提是掌握其抗火设计原理，具体包括组合结构的耐火性能研究、抗火设计方法、防火保护措施、火灾后的评估和修复加固方法。

(1) 耐火性能研究

耐火性能研究指对组合结构在火灾下的工作机理研究。火灾下组合结构构件组成材料之间的相互作用是研究的关键。这种组合作用或相互作用既使组合结构具有良好的耐火性能，同时也导致其工作机理研究的复杂性。深入研究组合结构构件的耐火性能是进行组合结构体系性能化抗火设计的前提。

(2) 抗火设计方法

基于钢-混凝土组合结构耐火性能研究结果，确定其抗火设计方法，具体包括组合结构体系抗火概念设计，以及组合结构构件耐火极限确定方法等。

(3) 防火保护措施

根据建筑物抗火设计的目标，基于抗火设计方法可确定钢-混凝土组合结构构件、体系的各组成部、构件的具体防火保护措施。

组合结构耐火性能研究是确定其抗火设计方法的前提，如何根据工程结构的特点，“因地制宜”地采用适当的防火保护措施是实现结构防火费用投入的经济性与结构抗火性能有效性统一的保证，是实现结构抗火设计目标的前提，三者之间的关系是循序渐进的，如图1.3所示。

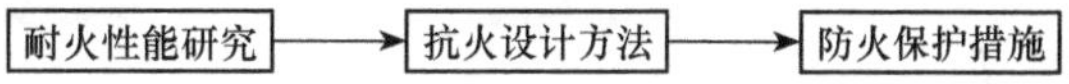

耐火性能研究 → 抗火设计方法 → 防火保护措施

图1.3 研究流程简图

(4) 火灾后结构的评估和修复

深入认识和掌握受火后组合结构的力学性能是进行该类结构火灾后性能评估、制订修复加固方法和措施的前提。火灾后修复成本的分析计算往往也是结构性能化抗火设计时需要考虑的问题。

1.2 组合结构抗火设计原理研究现状

关于钢-混凝土组合结构的抗火设计原理研究，国内外学者已开展了一些理论分析和试验工作。下面简要归纳和分析高温下（后）钢-混凝土组合结构构件、梁-柱节点和框架结构耐火性能方面的研究结果。

1.2.1 结构构件

实际工程中最常见的组合结构构件类型有组合板、组合梁和组合柱等。组合结构构件常见的组成材料有钢材、混凝土和纤维增强复合材料（fiber reinforced polymer, FRP）等。

构件是结构体系的基本组成部件，了解其在火灾下的性能是深入研究结构体系在火灾下反应的前提。

(1) 组合板和组合梁

组合板种类较多，压型钢板组合板是其中的一种。图1.4（a）所示为几种常见的压型钢板组合板形式（Eurocode 4, 2004）。钢-混凝土组合梁是通过抗剪连接件的连接使钢部件和钢筋混凝土（reinforced concrete, RC）楼板能共同承受外荷载的组合构

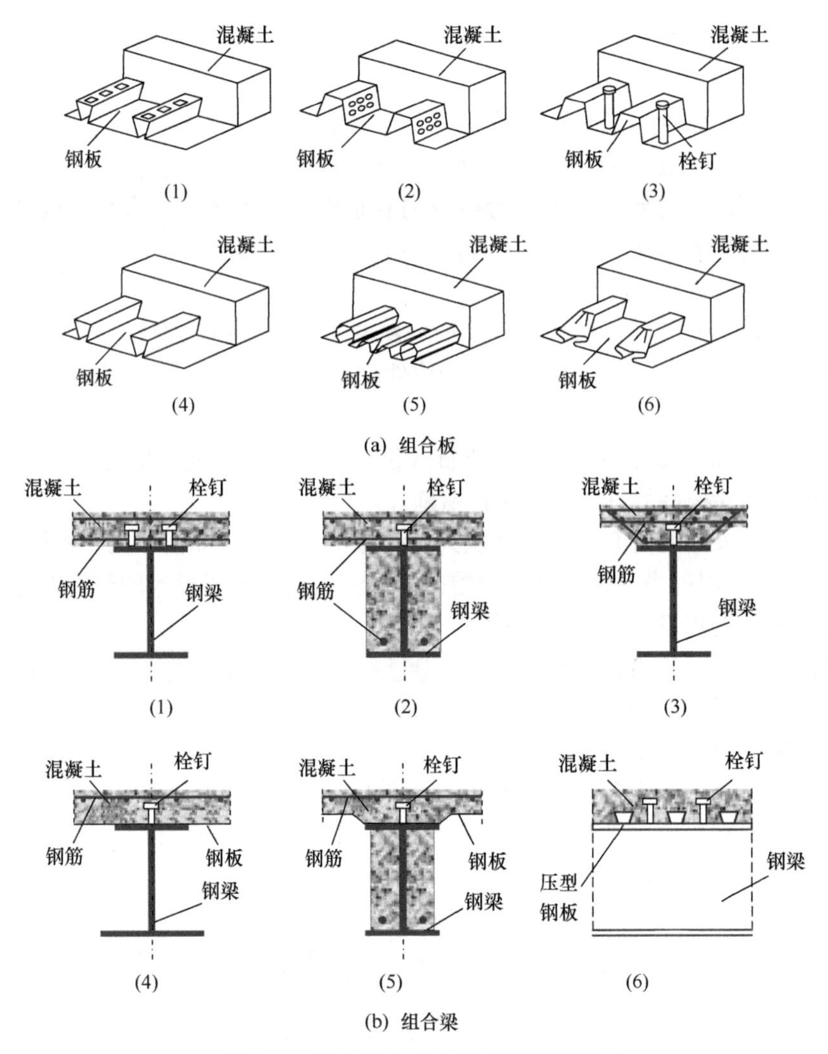

(a) 组合板

(b) 组合梁

图 1.4 组合板和组合梁截面示意图

件。图 1.4（b）所示为几种典型的组合梁截面示意图（Eurocode 4，2004）。

图 1.4（b）(6) 中的钢筋混凝土翼板采用了压型钢板组合板，组成所谓的钢 - 混凝土组合结构楼盖，已在实际多、高层建筑中广泛应用。图 1.5 所示为采用方钢管混凝土柱、钢 - 混凝土组合楼盖的某结构在施工过程中的情形。

火灾下，对于钢 - 混凝土组合楼盖结构中的外露钢结构，如压型钢板和组合梁中的钢部件，若没有防火保护层，其温度升高速率较快，从而导致钢材力学性能劣化，使组合构件的承载能力和抵抗变形能力下降。钢部件温度的升高往往又使得抗剪连接件［如图 1.4（b）所示栓钉］温度升高，又会进一步影响组合构件中各部件间的共同工作。

欧洲的学者较早地开展了钢 - 混凝土组合梁耐火性能的试验研究，包括钢部件带和不带防火保护层的组合简支梁、混凝土约束钢部件组合梁等（Wang，2002）。研究结果表明，组合梁中的混凝土板具有明显的热阻作用，且由于混凝土和钢材的热膨胀系数不同，火灾下混凝土和钢部件的高温膨胀变形差异明显，在火灾和外荷载的共

图 1.5 施工过程中的钢 - 混凝土组合结构楼盖

同作用下，会导致梁端混凝土发生剪切破坏。研究结果还表明（李国强和周宏宇，2007），火灾下组合梁上的荷载比和钢部件的防火保护层厚度是影响其耐火性能的主要因素；当荷载比一定时，混凝土板的厚度、钢部件截面尺寸变化对组合梁耐火极限的影响明显。

火灾下的钢框架结构发生大变形后，其框架梁往往会表现出明显的“悬链线效应”（所谓“悬链线效应”是指火灾下结构中的受弯构件发生大挠曲变形后，主要依靠构件的轴向拉力来维持结构稳定性的现象），且约束钢梁的耐火性能明显优于无约束的情况（Liu et al.，2002）。火灾下组合梁中钢部件也有类似的“悬链线效应”，从而使得组合梁抗火能力有所提高（李国强等，2006）。

在英国进行的 Cardington 试验结果表明（Wang，2002），火灾下钢 - 混凝土组合楼盖体系在大变形情况下表现出明显的“膜效应”（所谓“膜效应”是指火灾下楼板在垂直于其平面的方向发生大挠曲变形时，主要依靠其平面内所产生各向的拉力来抵抗外荷载。此时，楼板的变形和受力状态类似于面外刚度无限小的薄膜，因此称之为“膜效应”）。Bailey 等（2000）进行了高温下双向组合板的试验研究，表明板内也存在“膜效应”，因此构件实测的承载能力是按屈服线理论计算得到的计算值的 2 倍左右。

我国《建筑钢结构防火规范》(GB 51249—2017)(2017）和《建筑钢结构防火技术规范》(CECS 200：2006)(2006）给出了火灾下完全抗剪连接的连续和简支组合梁耐火极限计算方法。该方法在计算构件截面的温度时，将截面分为混凝土板、钢梁上翼缘、钢梁腹板和下翼缘等几部分，根据温度确定混凝土和钢材高温下的强度；确定出截面中和轴的位置后，再计算截面抗弯承载力。GB 51249—2017（2017）和 CECS 200：2006（2006）中还给出了组合板耐火极限计算方法。

欧洲规范 Eurocode 4（2005）给出了组合梁和组合板（截面形式如图 1.4 所示）的计算方法。对于组合梁，该规范中推荐了三种计算方法，即查表法、公式计算和数值方法。对于组合板，规范中则推荐了计算公式和数值方法。其中，查表法和计算公式适合于 ISO-834（1975）标准火灾下的情况，其他升温曲线情况下的计算则需采用数值方法进行。欧洲规范 Eurocode 4（2005）给出了钢材和混凝土的热工、热力学性能参数，便于数值计算。此外，Eurocode 4（2005）中还给出了火灾下组合构件中抗剪连接件抗剪能力的验算方法。

近些年，组合梁中薄楼面梁受到学者的关注。该结构将钢梁上移入混凝土楼板中，在钢梁下表面外焊接一块钢板，使钢梁下边缘近乎与混凝土楼板下表面齐平。欧洲学者对薄楼面梁的耐火性能进行研究，结果表明，由于混凝土的隔热作用，延缓了火灾下底部钢板和钢梁下翼缘的温度升高从而提高了薄楼面梁的耐火性能的关键（Romero et al.，2015；Albero et al.，2019；Albero et al.，2021）。

（2）组合柱

实际工程中应用最多的组合柱包括型钢混凝土（steel reinforced concrete，SRC）和钢管混凝土（concrete-filled steel tube，CFST）。

1）型钢混凝土柱：型钢混凝土是指由型钢、混凝土和钢筋共同组成的组合结构构件，可用作框架梁或框架柱。型钢混凝土构件具有承载力高和抗震性能好等优点。在耐火性能方面，与钢结构相比，型钢混凝土构件内的型钢由于受到其外围混凝土的保护，温升较慢，构件具有较好的抗火能力。图 1.6 所示为几种较为常见的型钢混凝土（SRC）构件横截面示意图，分混凝土全包覆（totally encased）型和部分包覆（partially encased）型两类。

20 世纪 80 年代，欧洲的学者就开始研究型钢混凝土构件的耐火性能。如 Hass（1986）进行了 40 个型钢混凝土柱耐火极限的试验，并进行了相应的数值分析。欧洲钢结构协会的设计手册 ECCS（1988）给出了型钢混凝土构件耐火极限设计方法，其适用条件为：构件横截面边长小于 1m、构件计算长度小于 5m、荷载偏心距小于 5mm、且耐火极限不超过 120min。欧洲规范 Eurocode 4（2005）给出了两端铰接的全包覆型和部分包覆型［分别如图 1.6（a）和（b）所示］型钢混凝土柱耐火极限的计算表格。其中，全包覆型构件的耐火极限与截面尺寸、型钢保护层厚度、钢筋保护层厚度等参数有关，与柱荷载比和构件长细比无关；部分包覆型构件的耐火极限则与柱荷载比、截面尺寸、配筋率、钢筋保护层厚度等参数有关，与构件长细比无关。Yu 等（2007）进行了型钢混凝土柱耐火性能试验研究，建立了有限元计算模型，并建议了火灾下构

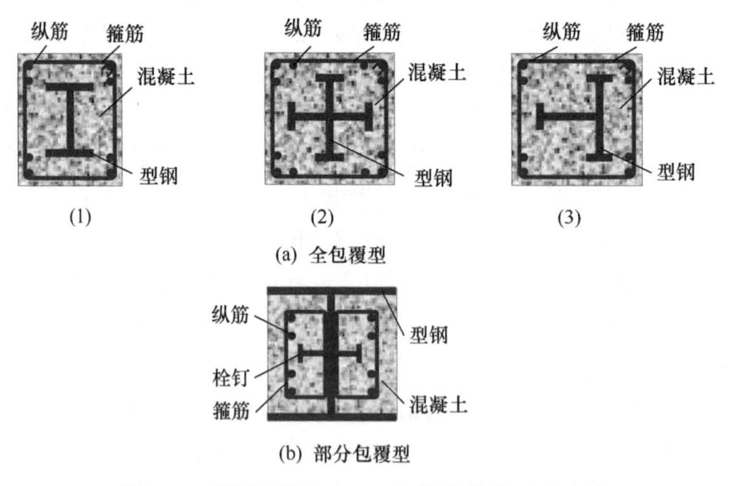

图 1.6 型钢混凝土（SRC）构件横截面示意图

件承载力计算公式。Huang 等（2008）进行了型钢混凝土柱耐火性能的试验研究和数值分析，研究了型钢混凝土柱的温度分布和受力特性，分析了构件截面尺寸和柱荷载比对耐火极限的影响规律。

一般来讲，型钢混凝土柱具有较好的抗火性能，实际结构中的型钢混凝土柱在火灾下到达极限状态而破坏的可能性较低，因此有必要对其火灾后的力学性能展开研究，为型钢混凝土结构的火灾后修复和加固提供参考。Han 等（2016，2020）开展了全过程火灾后型钢混凝土柱力学性能的试验研究和理论分析，给出了火灾后型钢混凝土柱承载能力计算方法，并在某高层建筑火灾后主体结构的评估中应用。

我国现行国家标准《建筑设计防火规范》（GB 50016—2014）（2018）中尚未给出型钢混凝土构件抗火设计和火灾后评估、修复的相关内容法。

2）钢管混凝土柱：钢管混凝土是指在钢管中填充混凝土而形成、且钢管及其核心混凝土能共同承受外荷载作用的结构构件。

钢管混凝土有时有“广义”和“狭义”之分，传统上“狭义”的钢管混凝土结构是指在钢管中填充混凝土而形成，且钢管及其核心混凝土能共同承受外荷载作用的结构构件，最常见的截面形式有圆形和方形、矩形；“广义”的钢管混凝土结构是在“狭义”钢管混凝土结构的基础上发展起来的，常见的形式有中空夹层钢管混凝土、钢管混凝土加劲混合结构柱、内置型钢或钢筋的钢管混凝土和薄壁钢管混凝土等，此外还包括复合式钢管混凝土（一般由多根“狭义”或“广义”的钢管混凝土构件混合而成），如钢管混凝土桁式混合结构等（韩林海，2016）。

图 1.7（a）～（d）分别给出部分典型的实心钢管混凝土、中空夹层钢管混凝土、钢管混凝土加劲混合结构和钢管混凝土桁式混合结构构件的横截面示意图。

欧洲和北美洲的学者较早地开始钢管混凝土柱耐火性能的研究。如德国 Hass（1991）采用数值方法计算了圆钢管混凝土和方钢管混凝土柱的耐火极限，钢管核心为素混凝土或配筋混凝土。加拿大的 Lie 和 Chabot（1992）先后进行了 40 多个圆形、方形截面钢管混凝土柱耐火极限的试验研究，对钙质混凝土和硅质混凝土两种情况进

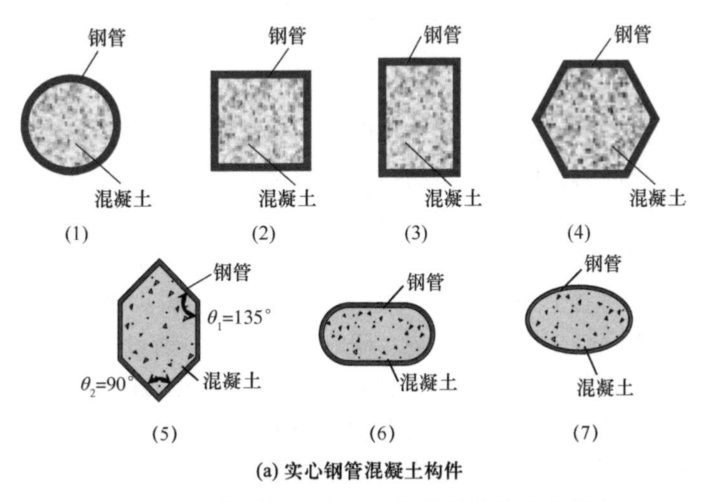

(a) 实心钢管混凝土构件

图 1.7 钢管混凝土（CFST）构件横截面示意图

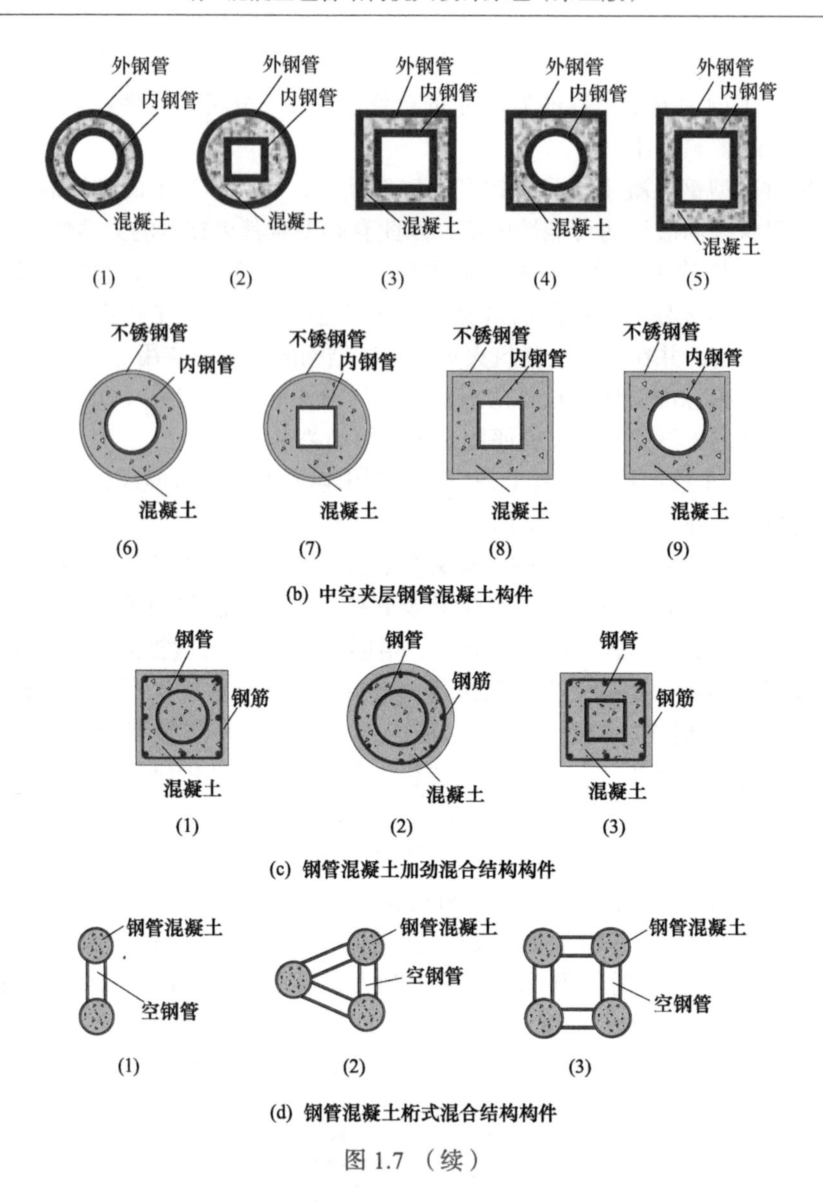

(b) 中空夹层钢管混凝土构件

(c) 钢管混凝土加劲混合结构构件

(d) 钢管混凝土桁式混合结构构件

图 1.7 （续）

行了研究。通过对试验结果的分析发现，混凝土骨料类型对钢管混凝土耐火极限有影响，即钙质混凝土构件耐火极限的实测结果离散性较小，而硅质混凝土构件耐火极限的实测结果离散性则相对较大。基于试验结果，提出了一种计算圆钢管混凝土和方钢管混凝土柱耐火极限的简化计算公式（Lie et al.，1994）。Kodur 等（2000）研究了核心混凝土圆柱体抗压强度达 95MPa 的钢管高强混凝土柱耐火极限，分析了核心混凝土强度对钢管混凝土柱耐火极限的影响。研究结果表明，通过在高强混凝土中配置钢纤维可以有效地提高钢管高强混凝土柱的耐火极限。Rodrigues 等（2017）研究了不同约束边界条件下钢管混凝土柱的耐火性能，提出钢管混凝土柱耐火极限简化计算公式。Neuenschwander 等对内部带实心钢柱的钢管混凝土柱的耐火性能进行了试验研究（Neuenschwander et al.，2017a）和数值模拟（Neuenschwander et al.，2017b），建议了该类组合柱的抗火设计思路。

采用耐火钢材是提高钢管混凝土柱耐火极限的一种有效的途径，日本学者开展了有关研究工作，如 Sakumoto 等（1994）进行了采用耐火钢材的方钢管混凝土轴压和偏压柱的耐火极限试验，并与采用普通钢材的方钢管混凝土柱的耐火极限试验进行了对比。研究表明，在其他参数基本相同的条件下，采用耐火钢材钢管混凝土柱的耐火极限更高，且在火灾下柱轴向热膨胀变形明显大于相应的普通钢管混凝土构件。

西班牙学者 Espinos 对欧洲规范 Eurocode 4（2005）中给出的钢管混凝土柱抗火设计方法进行了评估，发现用欧洲规范设计长细比超过 0.4 的轴心受压钢管混凝土柱时，其结果是不安全的，但对于偏心受压钢管混凝土柱，其结果是保守的（Espinos et al.，2010）。因此，为了改进和完善欧洲规范，Espinos 等欧洲学者基于欧洲规范进行了理论分析工作，给出更为精确的有钢筋或无钢筋钢管混凝土柱（Espinos et al., 2012；Espinos et al., 2013；Albero et al., 2016）、椭圆形钢管混凝土柱（Espinos et al.，2011）和双层钢管混凝土柱（Romero et al.，2015）的抗火设计方法或简化计算模型。

近年来，研究者们开始将地聚物混凝土和再生骨料混凝土等应用到钢管混凝土中，并对其耐火性能展开研究。Espinos 等（2015）采用有限元模拟了钢管地聚物混凝土柱的耐火性能，研究结果表明钢管地聚物混凝土柱的耐火极限明显高于采用普通混凝土的钢管混凝土柱；Tao 等（2018）进行了钢管地聚物混凝土柱的火灾下力学性能试验，发现传统的钢管混凝土柱的耐火极限为 36.7min 时，而经过热养护的钢管地聚物混凝土柱的耐火极限高达 85.4min。对钢管地聚物混凝土柱耐火性能的初步研究表明：地聚物混凝土可以有效提高钢管混凝土柱的耐火性能，具有较好的应用前景。Wang 等（2017）给出了钢管再生骨料混凝土柱在高温下的抗压承载力和屈曲荷载计算方法；Yang 等（2017）进行了轴压荷载作用下钢管再生粗骨料混凝土柱的耐火极限试验，发现采用 50% 再生粗骨料替代率的钢管再生骨料混凝土柱的火灾下力学性能和普通钢管混凝土柱的类似；Wu 等（2020）报道了内置箍筋的钢管再生块混凝土柱耐火极限试验，发现再生骨料替代率小于 25% 时钢管再生块混凝土柱的耐火性能和普通钢管混凝土柱接近。

钢管混凝土束是近年来发展起来的一种新型结构形式（T/CECS 546—2018，2018），该类结构可以根据建筑功能要求实现立面和平面的灵活布置，同时钢管束可以作为混凝土的浇筑模板，充分发挥了钢结构制作工业化程度高、施工速度快等特点，目前已成功应用于国内多个高层民用住宅项目中。Liu 等（2017，2018）对钢管混凝土束结构构件的耐火性能展开了试验研究和理论分析，在参数分析基础上提出了钢管束混凝土柱 - 墙组合构件耐火极限及防火保护层厚度的实用计算方法。

钢管混凝土混合结构是以钢管混凝土为主要构件，与其他结构构（部）件混合而成且共同工作的结构，包括钢管混凝土桁式混合结构和钢管混凝土加劲混合结构等（韩林海等，2020a，2020b），该类结构是海洋、深山、峡谷等区域的需要适用于重载、超大跨和恶劣环境下长期服役的基础设施的优选结构形式。Han 等（2018）、Zhou 等（2018，2019）等对钢管混凝土桁式混合结构和钢管混凝土加劲混合结构的耐火性能展开了深入研究，相关成果被国家标准 GB/T 51446—2021（2021）所采纳。

作者进行了钢管混凝土柱耐火性能的研究，具体开展了试验、数值分析、参数分析、实用计算方法等方面的研究工作（韩林海，2007；韩林海，2016）。这些结果先后在一些典型工程中得到应用，并被国家标准 GB 50016—2006（2006）、GB 50016—2014（2014）、GB 50016—2014（2018）、GB 51249—2017（2017），中国工程建设标准化协会标准 CECS 200：2006（2006）、T/CECS 625—2019（2020）和中国土木工程学会标准 T/CCES 7—2020（2020）等工程建设标准采纳。此外，作者还研究了钢管混凝土柱在恒高温后和标准火灾升温后的力学性能和剩余承载力变化规律，建立了火灾后钢管混凝土构件的有限元计算模型。在此基础上进行了参数分析，提出了计算火灾后钢管混凝土柱剩余承载力和残余变形实用计算方法。

钢管混凝土柱耐火性能的特点体现在如下两个方面。

① 良好的耐火性能。火灾作用下，钢管混凝土柱的核心混凝土可吸收其外围钢管传来的热量，使其外包钢管的升温滞后，有效降低钢管承载能力的损失；而钢管也可以保护混凝土不发生“爆裂”现象。火灾作用下，随着外包钢管温度的不断升高，其承载能力会不断降低，并把“卸”下的荷载传递给温升相对较慢的核心混凝土。这样由于组成钢管混凝土的钢管和其核心混凝土之间具有相互贡献、协同互补和共同工作的优势，使这种结构具有较好的耐火性能。试验结果表明，在 ISO-834（1975）标准火灾作用下，钢管混凝土柱达到耐火极限时，虽然局部会发生鼓曲或褶皱，但柱构件的整体性却保持较好（韩林海，2007；韩林海，2016）。图 1.8（a）所示为一方钢管混凝土柱达到耐火极限后的情形。

对于带厚涂型钢结构防火涂料的钢管混凝土柱，试验结果表明，受火过程中防火保护层始终保持完整，没有脱落现象发生。试验停止时，保护层仍保持着较好的整体性，但随着试件的逐渐冷却，保护层开始收缩，在沿试件的纵向出现裂纹，并开始和钢管混凝土构件产生剥离，如图 1.8（b）所示。

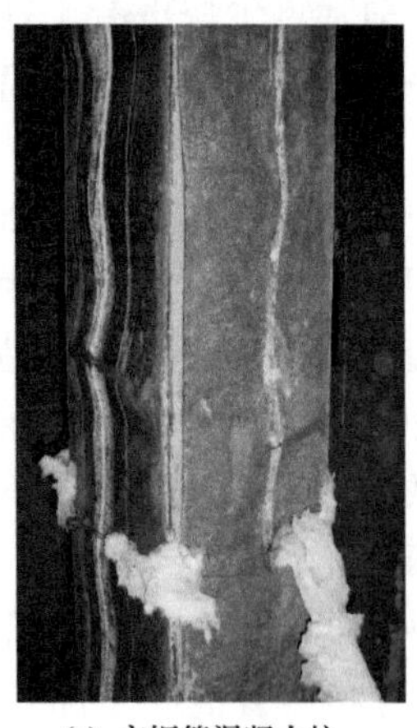

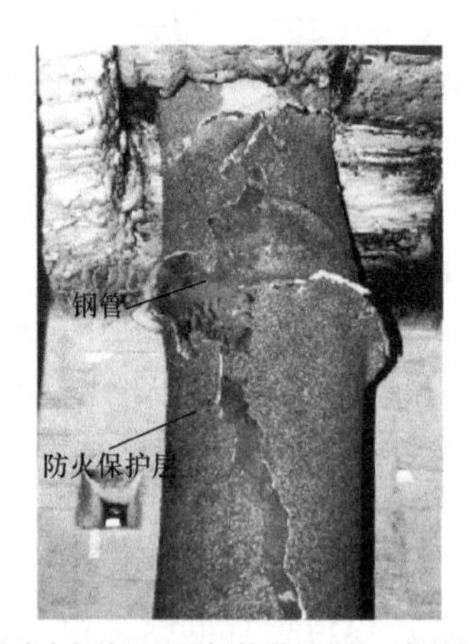

(a) 方钢管混凝土柱　　(b) 带防火保护层的圆钢管混凝土柱（韩林海, 2007）

图 1.8　火灾后钢管混凝土柱的破坏形态

② 火灾后的可修复性。试验研究结果和工程火灾调查结果均表明，经历火灾作用

后，随着外界温度的降低，钢管的强度可以得到不同程度的恢复，截面的力学性能比高温下有所改善，结构的整体性良好，这不仅为结构的维修加固提供了一个较为安全的工作环境，也可减少加固工作量，降低维修费用。

经历火灾（高温）作用后，结构构件中钢材和混凝土的材料力学性能都可能发生劣化（董毓利，2001；过镇海等，2002；吴波，2003；肖建庄，2015；王卫永等，2015）。对于钢管混凝土柱，火灾后构件的强度和刚度都会发生不同程度的降低，因此有必要对其进行评估，乃至修复加固。与钢筋混凝土柱不同的是，由于外部钢管的包裹作用，钢管混凝土柱中的混凝土不会出现“爆裂”和剥落现象。受火后钢管混凝土柱的修复加固一般可采用在其外包裹钢管或混凝土，即所谓的“增大截面加固法”，或者外包碳纤维加固法等（陶忠等，2006）。

综上所述，组成钢管混凝土的钢管及其核心混凝土之间的协同互补使得这种结构具有良好的耐火性能，主要体现在两个方面：一是火灾作用下构件具有良好的抗火性能；二是火灾作用后构件具有较好的可修复性，因而也就具有较好的灾后功能可恢复性。也就是说，火灾下钢管混凝土柱表现出良好的“韧性”（resilience）。

由于钢 - 混凝土组合结构具有较好的耐火性能及火灾后可修复性能，更容易实现发生小火时结构不破坏、在常遇火灾作用后可尽快修复，而发生大火时结构不倒塌的目标。

1.2.2 梁 - 柱连接节点

梁 - 柱连接节点是框架结构受力的关键部位，深入认识框架结构中梁 - 柱连接节点在火灾下的力学性能，是进行结构体系性能化抗火设计的重要前提和基础。

型钢混凝土柱 - 混凝土梁连接节点是实际建筑框架结构中采用的一种常见的连接节点。图 1.9（a）所示为一种型钢混凝土柱 - 混凝土梁连接节点的构造示意图。图 1.9（b）所示为一种型钢混凝土柱 - 混凝土梁连接节点在施工过程中的情形。

实际工程中，钢管混凝土柱 - 钢梁、组合梁连接节点，钢管混凝土柱 - 钢筋混凝土梁连接节点应用较多。图 1.10（a）和（b）所示分别为施工过程中的钢管混凝土柱 - 钢梁连接节点和钢管混凝土柱 - 钢筋混凝土梁连接节点。

图 1.11 所示为采用了钢管混凝土柱 - 钢筋混凝土梁框架结构的某地铁工程在施工过程中的情形。

以往，研究者们对火灾下梁柱节点，尤其钢结构梁 - 柱连接节点试验和理论研究已取得一些成果（Al-Jabri et al.，2008）。对火灾下钢结构节点性能的研究集中在以下三个方面：①节点内部及其周围相邻构件的温度场分布。②高温下节点的弯矩 - 转角关系。③节点变形和内力重分布引起的结构整体反应等。准确地确定节点不同区域的温度场分布是进行火灾下节点力学性能研究的重要前提。由于热传导的时效性，在受火时间相同的情况下，节点区的温度分布和与其连接的梁、柱构件都会有所不同，它取决于节点区的表面积和体积等参数。通常情况下，由于节点的体表面积比要大于与其连接的梁、柱构件的相应值，因而其温度要稍低。Franssen（2004）建立了有限元计算模型，计算了不同类型钢结构节点在不同火灾模式下的温度场分布，结果表明，虽

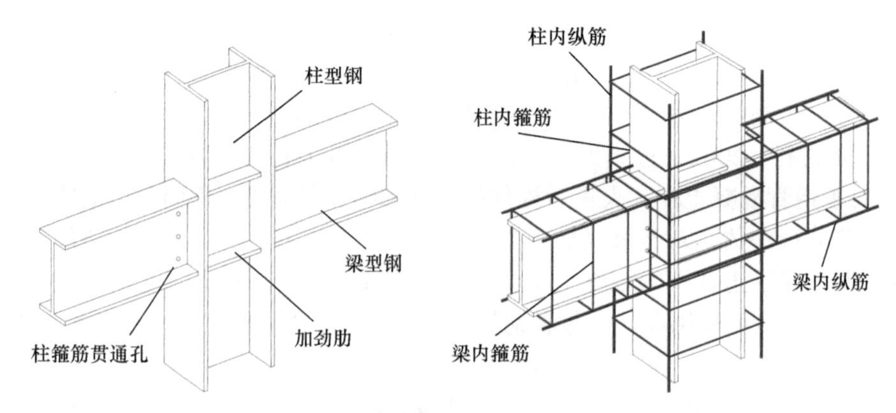

(a) 构造示意图

(b) 施工过程中的节点

图 1.9　型钢混凝土柱 - 混凝土梁连接节点

(a) 钢管混凝土柱-钢梁连接节点

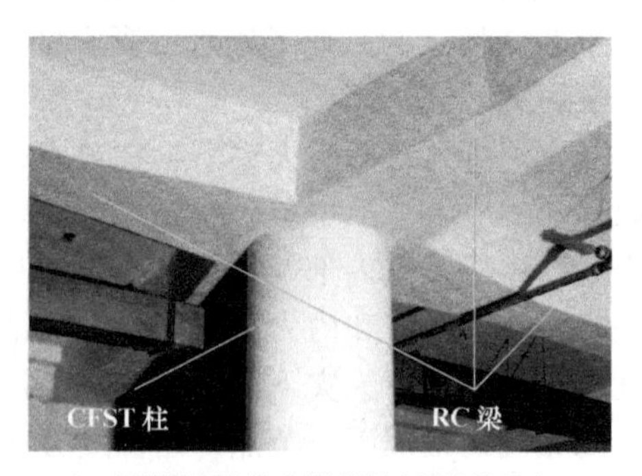

(b) 钢管混凝土柱-钢筋混凝土梁连接节点

图 1.10　组合框架梁 - 柱连接节点

然节点温度比梁柱的相应位置温度低，但仍高于完全按节点体表面积比计算得出的数值，其原因在于节点与梁柱相连，其温度场分布还要受到梁柱升温的影响。

图1.11　地铁工程采用的钢管混凝土柱-钢筋混凝土梁框架结构

由于结构火灾试验对试验装置、量测控制系统等都有特殊要求，进行梁柱节点试验相对难度较大，但通过研究者们的不懈努力，该问题正逐步得到解决。Lawson（1990）进行了十字形梁柱节点的试验研究，其中包括刚性节点、半刚性节点以及铰节点，试验采用ISO-834标准升温曲线。研究结果表明火灾下梁柱之间存在相互影响，研究节点的耐火性能比单纯的构件研究更接近于实际。Yu等（2009a）研究了双腹板角钢连接的钢梁柱节点在高温下的力学性能，分析了节点在高温下的角钢撕裂和螺栓剪切破坏模式。Mao等（2009）进行了工字形截面钢梁和工字形截面钢柱半刚性节点的试验，结果表明，高温下节点上作用的弯矩对节点的转动刚度影响明显，而柱所受的轴力，梁所受的轴力和剪力对节点的转动刚度影响不大。Dayan等（2009）进行了钢结构梁-柱连接节点在ISO标准火灾下的试验研究，实测了节点温度场分布和温度-转角关系曲线。分析了梁腹板角钢连接、梁柱翼缘间隙、角钢厚度、弯矩荷载，以及螺栓强度对高温下节点温度-转角关系的影响。结果表明，螺栓强度对节点的高温下性能影响明显。

试验是了解节点火灾下性能最直接的方法，但由于节点种类较多且在不同的工况下其力学反应各不相同，再加上结构火灾试验费用较高，使得试验研究往往无法涵盖所有节点类型。因此，数值分析方法可以作为试验研究有效补充，也可更细致深入地研究梁柱节点在火灾或高温作用下的工作机理。

钢结构节点在高温下弯矩-转角关系的模拟方法主要有：①基于对试验曲线的直接回归获得数学表达式（Leston-Jones et al.，1997；Al-Jabri et al.，2008）；②引入分区的概念，即分别考虑组成钢结构节点的螺栓、端板、柱翼缘及柱腹板等不同区域在温度变化情况下的受拉或受压变形，然后将这些变形合成为整体梁柱节点的变形（Al-Jabri et al.，2008；Silva et al.，2001；Liu et al.，2020；Liu et al.，2021）；③有限元法。即通过计算得出节点区不同部位的温度场分布，考虑材料在高温下强度和刚度的退化，计算获得节点的弯矩－转角关系（Liu，1999）。这三种方法中以有限元法最为细致，但计算分析工作量也最大。

Qian等（2009）建立了基于部件的计算模型，将节点分为受剪、受拉、受压三个区域，通过将三个区域的刚度合成为节点转动刚度，从而得到弯矩-转角关系。Yu等（2009b）采用屈服线理论建立了T-stub节点在纯拉力下的力学模型。研究结果表明，连接板和螺栓刚度的相对大小对节点破坏模式影响显著。Wang等（2008）研究了钢梁-柱端板连接节点耐火极限的计算方法，确定了节点六种破坏模式，分别给出相应破坏模式的承载力计算公式。

关于钢 - 混凝土组合结构节点研究的论述相对较少。Ding 等（2007）进行了采用螺栓连接的钢梁 - 钢管混凝土柱节点在火灾下力学性能的试验研究和分析。Ding 等（2009）进行了无防火保护层钢管混凝土柱 - 钢梁节点在火灾下的试验，节点形式包括鳍板式节点、T 型板式节点、端板式节点以及倒槽式节点，实测了节点温度场，在此结果基础上通过温度场数值分析确定了综合辐射系数，提出了节点温度场的简化计算方法。Huang 等（2013）进行了火灾下采用倒槽式连接的钢管混凝土柱 - 钢梁节点的试验研究，发现该类节点在火灾下具有较好的延性和强度。Pascual 等（2015a, 2015b）进行了采用单边螺栓连接的钢管混凝土柱 - 钢梁节点的温度场试验研究，并建立了该类连接节点火灾下的有限元计算模型。Song 等（2017）进行了采用单边螺栓连接的不锈钢管混凝土柱 - 组合梁连接节点的耐火极限试验，发现该类节点在火灾下的工作性能良好，节点的破坏主要由靠近钢管混凝土柱一端的钢梁下翼缘屈区破坏造成。Brunkhorst 等（2019）研究了火灾下部分剪切连接的钢 - 混凝土组合梁中的变化，发现由于钢梁刚度的降低，火灾下部分剪切连接程度提高。Yang 等（2019）研究带混凝土板的钢管混凝土柱 - 钢梁节点的抗火性能，表明梁荷载对节点破坏形态影响较大。

1.2.3　框架结构

Becker 等（1977）较早地进行了钢筋混凝土框架结构在火灾下力学性能研究。关于框架结构的耐火性能研究结果表明，火灾（高温）作用会引起框架内力的重分布（陆洲导等，1995；过镇海等，2002），因此仅研究单个构件的耐火性能不能满足实际工程结构火安全设计发展的需要。

从 20 世纪 90 年代末，英国曼彻斯特大学（University of Manchester）和谢菲尔德大学（The University of Sheffield）开始联合研究在 ISO-834 标准火灾升温曲线作用下框架结构的力学性能（Liu et al.，2002）。试验时，试件的框架梁未进行防火保护，而框架柱则进行了防火保护。试件的节点分别采用平齐式端板连接和双腹板角钢连接两种形式。试验结果表明，火灾下半刚性节点的承载能力要高于铰节点，且随着节点刚性的增加，梁在火灾后期产生大挠度情况下的悬链效应将更为明显，节点的力学特性对整体框架结构的力学性能影响显著。El-Rimawi 等（1995）把用于钢梁火灾下性能分析的切线刚度法推广到钢框架结构的火灾性能分析，计算时考虑了节点刚度退化和轴力的“二阶效应”。采用上述方法，El-Rimawi 等（1999）对火灾下钢结构框架进行了参数分析，参数包括轴力、受火位置、截面尺寸以及节点类型等。结果表明，梁柱节点的刚性对框架耐火性能和耐火极限影响显著。胡克旭等（2009）研究了火灾下钢筋混凝土框架结构的全过程分析方法。赵金城等（2009）则对钢框架结构耐火性能数值分析的模拟方法进行了研究。Venkatachari 等（2020）、Suwondo 等（2021）认为，当单个防火区间发生火灾时，钢框架结构不太可能发生连续倒塌；而同层多个防火区间发生火灾则会导致框架整体连续倒塌。

英国建筑科学研究院（BRE）的 Cardington 实验室进行了一栋 8 层足尺钢结构房屋的系列火灾试验研究（Wang，2002；Foster et al.，2007），采用了钢结构梁柱，压型钢板组合楼板。研究者们对这栋房屋先后共进行了多次试验，这些试验分别在房屋的不同楼层或同一楼层的不同位置进行。研究结果表明，梁柱节点附近区域的破坏形态主要有梁下翼缘的局部屈曲、梁腹板的剪切破坏和柱翼缘受压屈曲等。研究结果进一步说明了考虑建筑结构的整体性来进行结构抗火设计，以及开展结构节点和结构体系耐火性能研究的重要性和必要性。Dong 等（2009）进行了两个带楼板钢框架结构在局部火灾作用下的力学性能的试验研究，对比研究了有、无防火保护的梁 - 柱连接节点的变化规律，以及升、降温全过程中框架结构的变形规律。

学者们也对火灾和地震的耦合作用下的结构性能展开研究，如 Li 等（2019）研究了火灾作用后框架结构的抗震能力和变形能力；Suwondo 等（2018）研究了地震作用后的钢框架火灾下性能，发现地震作用会造成防火涂料的剥落，从而导致“膜效应”无法实现。

以往，国内外有关研究者们对钢筋混凝土和钢结构框架耐火性能的研究结果表明，由于火灾下构件内温度场分布不均匀，其高温变形会受到相邻构件的约束，且影响因素复杂，这时，框架中会产生温度内力，框架结构中各构件的内力会发生重分布，从而对框架结构的承载能力和抵抗变形的能力影响显著。

1.3　本书的目的和内容

如前所述，以往研究者们已开展了一些钢 - 混凝土界面高温下（后）粘结 - 滑移性能的研究工作，但相关试验数据仍然需要补充；在组合结构构件耐火性能研究方面，对一些新型组合结构构件耐火性能的研究还有待于深入进行；而对火灾后钢 - 混凝土组合构件的力学性能和加固方法，钢 - 混凝土组合梁 - 柱连接节点、框架结构的耐火性能，火灾后钢 - 混凝土组合梁 - 柱连接节点、框架结构的力学性能等方面的研究论述尚少见。此外，我国的有关工程建设标准中尚缺乏关于钢 - 混凝土组合结构系统的设计方法。

钢 - 混凝土组合结构已在实际工程中得到广泛应用，因此，深入开展其耐火性能和抗火设计原理的研究非常重要和迫切。近些年来，实验科学、计算机技术及分析计算手段的发展（袁驷等，2006），都为细致和深入地研究钢 - 混凝土组合结构抗火设计原理创造了条件。

近 30 年来，作者一直坚持进行钢 - 混凝土组合结构构件、梁 - 柱连接节点和平面框架结构抗火设计原理的研究。有关工作大都遵循了三个阶段：①确定组成钢 - 混凝土结构的钢材及混凝土的热工模型和热力学模型，采用数值方法计算确定组合结构的温度场分布，以及热、力共同作用下变形全过程关系。②有计划地进行一些必要的组合结构耐火性能试验研究，一方面通过这些试验增强对火灾下组合结构工作特性的感性认识，另一方面也进一步验证所建立的理论计算模型，使理论分析结果更为可靠。③采用数值计算模型，细致分析火灾下钢 - 混凝土组合结构的工作机理，剖析组合结构各组成材料之间相互作用、协同互补的力学实质。在此基础上考虑工程实际应用的情况，对影响组合结构耐火性能的基本参数（包括物理参数、几何参数和荷载参数等）

进行分析，然后对计算结果进行分析和归纳，研究火灾对组合结构力学性能指标的影响规律，并提供实用计算方法。通过这些研究工作的开展，一方面期望能解决一些具体的组合结构抗火设计原理研究方面的问题，另一方面则期望这些工作能为有关领域研究的深入推进创造条件。

图 1.12 给出了组合结构抗火设计原理研究的总体思路框图，其中，确定合适的火灾模型是开展结构耐火性能研究的前提。目前建筑结构抗火设计或研究中较常采用的室内火灾模型有 ISO-834 标准火灾模型、等效火灾模型、参数模型和经过火场模拟获得的火灾模型等。火灾下钢 - 混凝土组合结构温度场的确定是进行其火灾下工作机理研究的基础。在温度场研究的基础上，进一步对火灾下和火灾作用后结构的反应进行研究。作者开展研究的结构对象包括基本构件、连接节点、平面框架结构和结构体系等，且是一个渐进的过程。

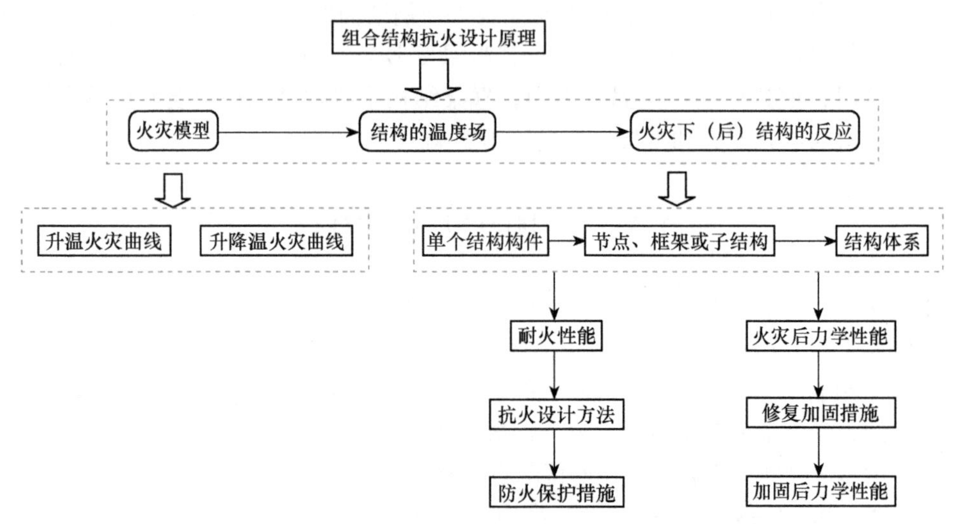

图 1.12　钢 - 混凝土组合结构抗火设计原理研究的总体思路框图

在上述研究思想的指导下，作者有计划地开展了有关研究工作，研究时考虑了荷载、温度和时间路径的影响，以及不同的结构形式。

（1）荷载、温度和时间路径

作者早期曾进行恒定高温下和恒定高温后结构构件的力学性能，以及只考虑升温情况的 ISO-834（1975）标准火灾下钢管混凝土构件耐火性能的研究（韩林海，2007）。目前，不少国家的工程建设标准还都依据没有降温段的 ISO-834（1975）火灾曲线确定结构构件的耐火极限。但实际火灾是一个连续的过程，从火灾发生到熄灭，建筑结构的环境温度往往会经历升温和降温的过程。建筑物室内火灾的温度 - 受火时间关系曲线有一定的随机性，这是因为室内可燃物的燃烧性能、数量、分布及房间开口的面积和形状等因素都会影响该曲线，因此研究者们一直在探索合适的火灾温度 - 受火时间关系，以期供抗火试验和抗火设计时使用。考虑升、降温的火灾曲线可以是等效模型、参数模型或者模拟火灾等。一般情况下，采用标准火灾曲线进行结构耐火极限的研究结果更便于实际应用，而“非标准”火灾的情况也往往可采用适当的方法“等效”

为“标准”火灾的情况。ISO-834（1980）推荐了一种包含升、降温段的火灾温度（T）-时间（t）关系，如图1.13所示，图中，粗实线代表ISO-834升、降温曲线。B点为升温和降温的转折点，AB段为升温段，BC段为降温段，t_p代表外界温度降至室温的时刻。当研究构件的耐火极限问题时，升温制度为A→B→B′，即ISO-834曲线不出现下降段的情况（ISO-834，1975），我国国家标准《建筑构件耐火试验方法》（GB/T 9978—2008）（2008）采用了该升温曲线。

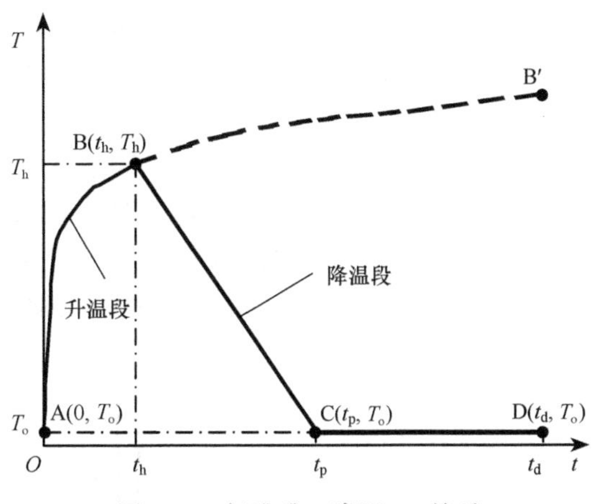

图1.13　标准升、降温 T-t 关系

图1.13中各阶段的数学表达式如下。

1）升温段（ABB′）：

$$T=T_o+345\lg_{10}(8t+1) \tag{1.1-1}$$

2）降温段（BC）：

$$T=\begin{cases}T_h-10.417(t-t_h) & (t_h\leqslant 30)\\ T_h-4.167\left(3-\dfrac{t_h}{60}\right)(t-t_h) & (30<t_h<120)\\ T_h-4.167(t-t_h) & (t_h\geqslant 120)\end{cases} \tag{1.1-2}$$

3）常温段（CD）：

$$T=T_o \tag{1.1-3}$$

式中，T——温度（℃）；

t——时间（min）；

t_h——升温时间（min）；

T_h——升温最高温度（℃），$T_h=T_o+345\lg_{10}(8t_h+1)$；

T_o——室温（℃），常取值为20℃。

韩林海（2016）构建了基于全寿命周期的钢管混凝土结构分析理论，其内容总体可概述为：①服役全寿命过程中钢管混凝土结构在遭受可能导致灾害的荷载（如强烈地震、火灾和撞击等）作用下的分析理论，以及考虑各种荷载作用相互耦合的分析方法。②综合考虑施工因素（如钢管制作和核心混凝土浇灌等）、长期荷载（如混凝土收缩和徐变）与环境作用影响（如氯离子腐蚀等）的钢管混凝土结构分析理论。③基于全寿命周期的钢管混凝土结构设计原理和设计方法。也就是说，火灾是建筑结构在服役全寿命过程中可能发生的一种灾害性作用。火灾下，实际结构都会承受一定的外荷载（N_F）。

发生火灾时，随着温度（T）的升高，结构材料的力学性能会劣化从而导致结构产生变形。随着可燃物的逐渐燃烧殆尽，即进入降温段，此时，随着受火时间（t）的增长，室内的温度不断降低。如果结构构件在升温或降温过程中没有破坏，随着材料温度的降低，钢材的强度可逐渐得到不同程度的恢复。最后构件的温度会恢复到常温，这时，需评估火灾对结构的影响，包括承载能力和变形特性等。

可见，研究火灾对组合结构影响的过程比较复杂，需要考虑荷载、温度和时间路径。考虑到实际可能发生的情况，本书把这一过程总体上分成四阶段（韩林海，2007）。以一组合柱为例，图 1.14 给出了这一路径关系，图中，T 为环境温度轴，N 为荷载轴，t 为时间轴，T_o 为室温，具体过程如下所述。

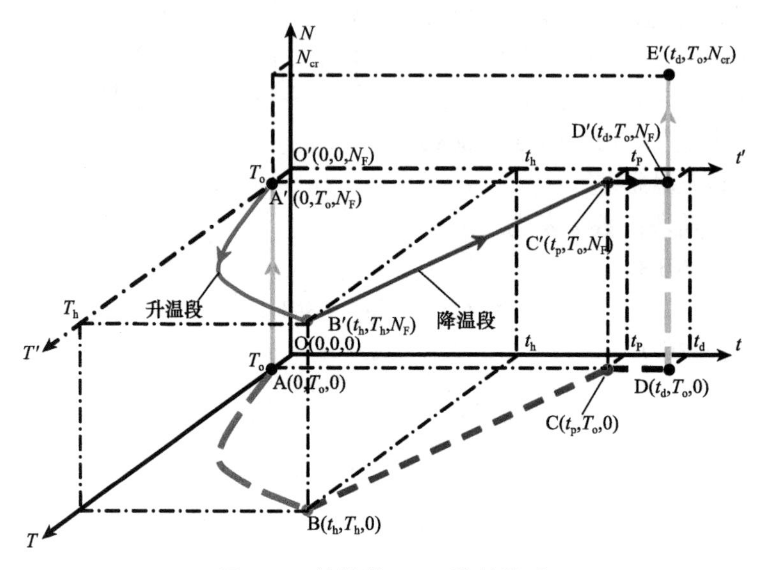

图 1.14　结构的 N-T-t 路径关系

1）常温段（AA′）：时间 t 为 0 时刻（t=0），温度 T 为室温 T_o（$T=T_o$），荷载 N 增至设计值 N_F（$N=0 \rightarrow N_F$），如图 1.14 中 AA′ 段所示。

2）升温段（A′B′）：时间 t 从 0 时刻增至设定时刻 t_h（$t=0 \rightarrow t_h$），环境温度 T 按图 1.13 所示 ISO-834 标准升温曲线上升至 T_h（$T=T_o \rightarrow T_h$），荷载 N_F 保持不变（$N=N_F$），如图 1.14 中 A′B′ 段所示。

3）降温段（B′C′D′）：时间 t 从 t_h 时刻增至 t_p（$t=t_h \rightarrow t_p$），温度 T 按图 1.13 所示 ISO-834 标准降温曲线下降至室温 T_o（$T= T_h \rightarrow T_o$），荷载 N 保持设计值 N_F 不变（$N=N_F$），如图 1.14 中 B′C′ 段所示；结构周围环境温度降到室温 T_o 后，温度 T 按图 1.13 所示常温段关系保持不变（$T=T_o$），柱截面继续降温，时间 t 从 t_p 时刻增至 t_d（$t=t_p \rightarrow t_d$），组合柱整个截面的温度在 t_d 时刻均降为室温，这一过程中同时保持设计值 N_F 不变，如图 1.14 中 C′D′ 段所示。

4）火灾后段（D′E′）：温度 T 保持室温 T_o 不变（$T=T_o$），逐步施加外荷载直至构件破坏，如图 1.14 中 D′E′ 段所示。

图 1.14 中箭头所指方向 A→A′→B′→C′→D′→E′ 是一种时间（t）- 温度（T）- 荷载（N）路径，该路径总体上反映了火灾作用全过程和结构受力全过程，在这种全过程火灾作用下，结构的时间（t）- 温度（T）- 荷载（N）路径更接近于实际的工作情况。

考虑到实际结构从：①施工阶段—②建成后长期服役阶段—③正常服役若干年后的偶遇火灾阶段—④火灾后的地震作用阶段，这一在结构服役全寿命过程中可能发生的工况，图 1.14 所示的 A→A′→B′→C′→D′→E′ 全过程时间（t）- 温度（T）- 荷载（N）路径只是其中的一部分，二者的主要差异在于受火前是否考虑长期荷载的作用和火灾后是否遭受地震荷载。

以实际工程中的框架柱火灾后抗震性能的研究为例，图 1.15 给出了考虑长期荷载作用下及作用后柱构件所经历的温度（T）- 时间（t）过程，图 1.16 给出了长期荷载作用下火灾后柱构件承受往复荷载的受力、受火过程。图 1.15 所示的常温段（AA_1）对应图 1.16 中的①和②阶段，这一过程中柱构件的外荷载经历了施工阶段的变化和长期服役过程中的恒定，但温度始终为室温 T_o；升温段（A_1B）和降温段（BCD）对应图 1.16 中的③阶段，这一过程中柱结构的外荷载不变，但温度发生升、降温变化；火灾后段（DE）的 E 点对应图 1.16 中的④阶段，结构构件温度降到常温后，在某一时刻 t_{d1}，柱构件遭受往复荷载作用。图 1.16 中 T_o、T_h、t_h、t_p 和 t_d 的意义同图 1.14。

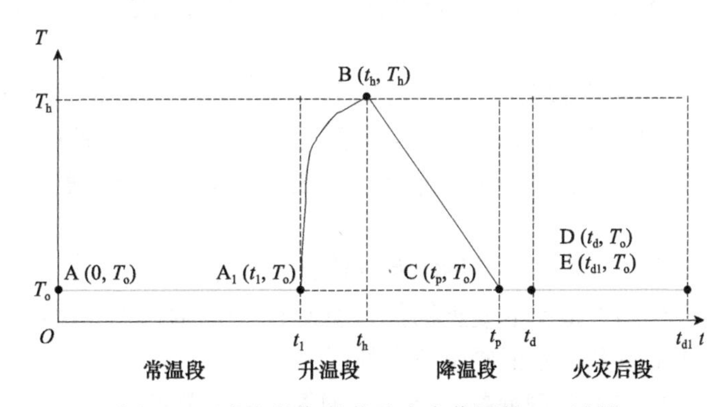

图 1.15　考虑长期荷载及火灾作用的 T-t 过程

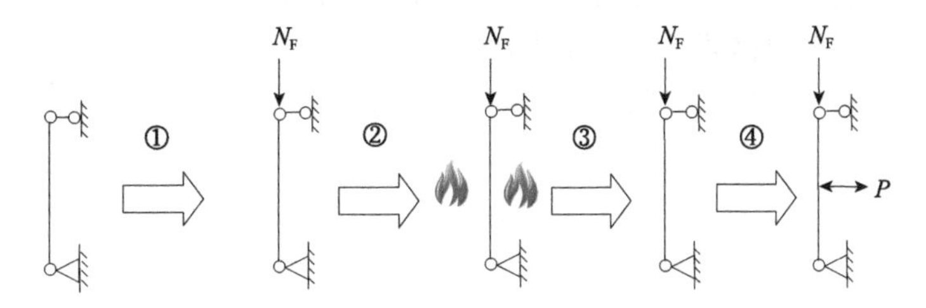

图 1.16　柱构件受力、受火过程

图 1.16 中，①施工阶段：施工时柱构件受到各类施工荷载的影响，直到建筑建成，柱构件所受外荷载 N_F 基本稳定；②建成后长期服役阶段：这一阶段构件柱所受外荷载 N_F 保持不变，长期的持荷过程中混凝土的收缩徐变、钢材的蠕变等会使柱构件的刚度及承载力与初始设计状态有所偏离；③正常服役若干年后的偶遇火灾阶段：该阶段对应图 1.14 所示的 A→A′→B′→C′→D′ 阶段；④火灾后的反复荷载作用阶段：为考虑受火过程中各类损伤造成的柱构件残余应力和残余应变，以及材料性能劣化的影响，这一阶段维持柱构件外荷载 N_F 不变，并受水平反复荷载 P 作用直到其破坏。

图 1.15 和图 1.16 将柱构件的受力全过程和受火全过程结合起来考虑，使柱构件火灾后抗震性能的研究更接近于工程实际情况。

（2）结构形式

在结构形式方面，作者在进行钢 - 混凝土组合结构抗火设计原理的研究时，首先进行了基本构件，如钢管混凝土柱、型钢混凝土构件和钢管混凝土加劲混合结构柱等耐火性能的研究，随后逐步开始进行典型梁 - 柱连接节点的研究，如钢管混凝土柱 - 钢筋混凝土梁连接节点、钢管混凝土柱 - 钢梁、组合梁连接节点，型钢混凝土柱 - 型钢混凝土梁连接节点等；近年来则又开始进行钢管混凝土柱 - 钢筋混凝土梁平面框架结构等的研究。

需要指出的是，受火及受力全过程中，钢和混凝土接触界面的有效粘结是保证两种材料共同工作的基础（韩林海，2016），已有的研究多集中在常温下的钢 - 混凝土界面粘结性能方面，但对高温下（后）的粘结性能研究尚少见报道，因此，本书有计划地开展了有关试验研究。

本书所论述钢 - 混凝土组合结构抗火设计原理研究方面取得的研究成果，具体内容如下。

1）高温下（后）型钢混凝土、钢管混凝土的钢 - 混凝土界面粘结性能。

2）组合构件，如型钢混凝土、中空夹层钢管混凝土、不锈钢管混凝土和 FRP（fiber reinforced polymer）约束钢管（筋）混凝土、格构式钢管混凝土柱、钢管混凝土束结构等的耐火性能。

3）火灾后钢管混凝土柱的力学性能和评估、加固方法。

4）全过程火灾作用下型钢混凝土构件和加劲混合结构柱的力学性能。

5）型钢混凝土节点和钢管混凝土节点的耐火性能。

6）全过程火灾作用下型钢混凝土节点、钢管混凝土节点和钢管混凝土加劲混合结构柱节点的力学性能，以及火灾后钢管混凝土节点的滞回性能。

7）钢管混凝土平面框架结构的耐火性能。

8）型钢混凝土平面框架的耐火性能。

参 考 文 献

董毓利，2001. 混凝土结构的火安全设计［M］. 北京：科学出版社.

过镇海，时旭东，2002. 钢筋混凝土的高温性能及其计算［M］. 北京：清华大学出版社.

韩林海，牟廷敏，王法承，等，2020a. 钢管混凝土混合结构设计原理及其在桥梁工程中的应用［J］. 土木工程学报，53（5）：1-24.

韩林海，陶忠，王文达，2009. 现代组合结构和混合结构——试验、理论和方法［M］. 北京：科学出版社.

韩林海，杨有福，杨华，等，2020b. 基于全寿命周期的钢管混凝土结构分析理论及其应用［J］. 科学通报，65（28-29）：3173-3184.

韩林海，2007. 钢管混凝土结构——理论与实践［M］. 2 版. 北京：科学出版社.

韩林海，2016. 钢管混凝土结构——理论与实践［M］. 3 版. 北京：科学出版社.

胡克旭，王剑锋，张文斌，2009. 火灾下钢筋混凝土框架结构的全过程分析方法［C］// 第五届全国钢结构防火及防腐技术研讨会暨第三届全国结构抗火学术交流会，济南：446-452.

李国强，韩林海，楼国彪，等，2006. 钢结构及钢 - 混凝土组合结构抗火设计［M］. 北京：中国建筑工业出版社.

李国强，周宏宇，2007. 钢 - 混凝土组合梁抗火性能试验研究［J］. 土木工程学报，40（10）：19-26.

李引擎，2004. 建筑防火工程［M］. 北京：化学工业出版社.

陆洲导，朱伯龙，姚亚雄，1995. 钢筋混凝土框架火灾反应分析［J］. 土木工程学报，28（6）：18-27.

陶忠，于清，2006. 新型组合结构柱——试验、理论与方法［M］. 北京：科学出版社.

王卫永，李国强，2015. 高强度 Q460 钢结构抗火设计原理［M］. 北京：科学出版社.

吴波，2003. 火灾后钢筋混凝土结构的力学性能［M］. 北京：科学出版社.

肖建庄，2015. 高性能混凝土结构抗火设计原理［M］. 北京：科学出版社.

袁驷，韩林海，滕锦光，2006. 结构工程研究的若干新进展［C］// 结构工程新进展（第一卷），北京：中国建筑工业出版社：1-6.

赵金城，杨秀英，2009. 钢结构火灾反应的数值模拟［C］// 第五届全国钢结构防火及防腐技术研讨会暨第三届全国结构抗火学术交流会，济南：1-18.

中国工程建设标准化协会，2006. 建筑钢结构防火技术规范：CECS 200：2006［S］. 北京：中国计划出版社.

中国工程建设标准化协会，2018. 钢管混凝土束结构技术标准：T/CECS 546—2018［S］. 北京：中国计划出版社.

中国工程建设标准化协会，2020. 钢管混凝土加劲混合结构技术规程：T/CECS 663—2020［S］. 北京：中国建筑工业出版社.

中国工程建设标准化协会，2020. 钢管再生混凝土结构技术规程：T/CECS 625—2019［S］. 北京：中国建筑工业出版社.

中国土木工程学会，2020. 中空夹层钢管混凝土结构技术规程：T/CCES 7—2020［S］. 北京：中国建筑工业出版社.

中华人民共和国公安部，2006. 建筑设计防火规范：GB 50016—2006［S］. 北京：中国计划出版社.

中华人民共和国公安部，2014. 建筑设计防火规范：GB 50016—2014［S］. 北京：中国计划出版社.

中华人民共和国国家质量监督检验检疫总局，国家标准化管理委员会，2008. 建筑构件耐火试验方法：GB/T 9978—2008［S］. 北京：中国标准出版社.

中华人民共和国住房和城乡建设部，2017. 建筑钢结构防火规范：GB 51249—2017［S］. 北京：中国计划出版社.

中华人民共和国住房和城乡建设部，2021. 钢管混凝土混合结构技术标准：GB/T 51446—2021［S］. 北京：中国建筑工业出版社.

ALBERO V, ESPIN'OS A, SERRA E, et al., 2019. Numerical study on the flexural behaviour of slim-floor beams with hollow core slabs at elevated temperature [J]. Engineering Structures, 180: 561-73.

ALBERO V, ESPINOS A, ROMERO M L, et al., 2016. Proposal of a new method in EN1994-1-2 for the fire design of concrete-filled steel tubular columns [J]. Engineering Structures, 128: 237-255.

ALBERO V, SERRA E, ESPIN'OS A, et al., 2021. Internally fire protected composite steel-concrete slim-floor beam [J]. Engineering Structures, 227: 111447.

AL-JABRI K S, DAVISON J B, BURGESS I W, 2008. Performance of beam-to-column joints in fire-A review [J]. Fire Safety Journal, 43 (1): 50-62.

BAILEY C G, WHITE D S, MOORE D B, 2000. The tensile membrane action of unrestrained composite slabs simulated under fire conditions [J]. Engineering Structures, 22 (12): 1583-1595.

BECKER J M, BRESLER B, 1977. Reinforced concrete frames in fire environments [J]. Journal of the Structural Division, 103 (ST1): 211-224.

BRUNKHORST S, PFENNING S, ZEHFUß J, et al., 2019. Influence of elevated temperatures on the composite joint of a composite beam in fire [J]. Fire Technology, 55: 1553-1570.

DAYAN A S, YAHYAI M, 2009. Behaviour of welded top-seat angle connections exposed to fire [J]. Fire Safety Journal, 44 (4): 603-611.

DING J, WANG Y C, 2007. Experimental study of structural fire behaviour of steel beam to concrete filled tubular column assemblies with different types of joints [J]. Engineering Structures, 29 (12): 3485-3502.

DING J, WANG Y C, 2009. Temperatures in unprotected joints between steel beams and concrete-filled tubular columns in fire [J]. Fire Safety Journal, 44 (1): 16-32.

DONG Y L, PRASAD K, 2009. Experimental study on the behavior of full-scale composite steel frames under furnace loading [J]. Journal of Structural Engineering, ASCE, 135 (10): 1278-1289.

ECCS-TECHNICAL COMMITTEE 3, 1988. Calculation of the fire resistance of centrally loaded composite steel-concrete columns exposed to the standard fire, Fire Safety of Steel Structures, Technical Note [M]. European Convention for

Constructional Steelwork.

EL-RIMAWI J A, BURGESS I W, PLANK R J, 1995. The analysis of semi-rigid frames in fire-a secant approach [J]. Journal of Constructional Steel Research, 33 (1-2): 125-146.

EL-RIMAWI J A, BURGESS I W, PLANK R J, 1999. Studies of the behaviour of steel subframes with semi-rigid connections in fire [J]. Journal of Constructional Steel Research, 41 (1): 83-98.

ESPINOS A, GARDNER L, ROMERO M L, et al., 2011. Fire behaviour of concrete filled elliptical steel columns [J]. Thin-Walled Structures, 49: 239-255.

ESPINOS A, ROMERO M L, HOSPITALER A, et al., 2015. Advanced materials for concrete-filled tubular columns and connections [J]. Structures, 4: 105-113.

ESPINOS A, ROMERO M L, HOSPITALER A, 2010. Advanced model for predicting the fire response of concrete filled tubular columns [J]. Journal of Constructional Steel Research, 66: 1030-1046.

ESPINOS A, ROMERO M L, HOSPITALER A, 2012. Simple calculation model for evaluating the fire resistance of unreinforced concrete filled tubular columns [J]. Engineering Structures, 42: 231-244.

ESPINOS A, ROMERO M L, HOSPITALER A, 2013. Fire design method for bar-reinforced circular and elliptical concrete filled tubular columns [J]. Engineering Structures, 56: 384-395.

EUROCODE 4. EN 1994-1-1: 2004, 2004. Design of composite steel and concrete structures-part 1-1: General rules and rules for buildings [S]. Brussels, CEN.

EUROCODE 4. EN 1994-1-2: 2005, 2005. Design of composite steel and concrete structures-part1-2: General rules-structural fire design [S]. European Committee for Standardization, Brussels.

FOSTER S, CHLADNÁ M, HSIEH C, et al., 2007. Thermal and structural behaviour of a full-scale composite building subject to a severe compartment fire [J]. Fire Safety Journal, 42 (3): 183-199.

FRANSSEN J M, 2004. Numerical determination of 3D temperature fields in steel joints [J]. Fire and Materials, 28 (1): 63-82.

HAN L H, SONG T Y, ZHOU K, et al., 2018. Fire performance of CFST triple-limb laced columns [J]. Journal of Structural Engineering, ASCE, 144: 04018157.

HAN L H, ZHOU K, TAN Q H, et al., 2016. Performance of steel-reinforced concrete column after exposure to fire: FEA model and experiments [J]. Journal of Structural Engineering, 142: 04016055.

HAN L H, ZHOU K, TAN Q H, et al., 2020. Performance of steel reinforced concrete columns after exposure to fire: numerical analysis and application [J]. Engineering Structures, 211: 110421.

HASS R, 1986. Zur praxisgerechten brandschutz-technischen beurteilung von stützen aus stahl und beton [R]. Institut für Baustoff, Massivbau und Brandschutz der Technischen Universitat Braunschweig, Heft 69.

HASS R, 1991. On realistic testing of the fire protection technology of steel and cement supports [R]. Melbourne, Australia: Translation BHPR/NL/T/1444.

HUANG S S, DAVISON B, BURGESS I W, 2013. Experiments on reverse-channel connections at elevated temperatures [J]. Engineering Structures, 49: 973-982.

HUANG Z F, TAN K H, TOH W S, et al., 2008. Fire resistance of composite columns with embedded I-section steel-effects of section size and load level [J]. Journal of Constructional Steel Research, 64 (3): 312-325.

ISO-834, 1975. Fire resistance tests-elements of building construction [S]. International Standard ISO 834, Geneva.

ISO-834, 1980. Fire-resistance tests-elements of building construction [S]. International Standard ISO 834: Amendment 1, Amendment 2, Switzerland.

KODUR V K R, SULTAN M A, 2000. Enhancing the fire resistance of steel columns through composite construction [C]// Proceedings of the 6th ASCCS Conference, ASCCS, Los Angeles, U.S.A., 279-286.

LAWSON R M, 1990. Behaviour of steel-beam-to-column connections in fire [J]. The Structural Engineer, 68 (14): 263-271.

LESTON-JONES L C, BURGESS I M, LENNON T, et al., 1997. Elevated-temperature moment-rotation tests on steelwork connections [C]// Proceedings Inst. Civil Eng., Structures & Buildings, 122: 410-419.

LI X, XU Z, BAO Y, et al., 2019. Post-fire seismic behavior of two-bay two-story frames with high performance fiber-reinforced cementitious composite joints [J]. Engineering Structures, 183: 150-159.

LIE T T, CHABOT M, 1992. Experimental studies on the fire resistance of hollow steel columns filled with plain concrete [R]. Ottawa, Canada: NRC-CNRC Internal Report. No.611.

LIE T T, STRINGER D C, 1994. Calculation of the fire resistance of steel hollow structural section columns filled with plain concrete [J]. Canada Journal of Civil Engineering, 21 (3): 382-385.

LIU J Q, HAN L H, ZHAO X L, 2017. Performance of concrete-filled steel tubular column-wall structure subjected to ISO-834 standard fire: experimental study and FEA modelling [J]. Thin-walled Structures, 120: 479-494.

LIU J Q, HAN L H, ZHAO X L, 2018. Performance of concrete-filled steel tubular column-wall structure subjected to ISO-834 standard fire: analytical behavior [J]. Thin-walled Structures, 129: 28-44.

LIU T C H, FAHAD M K, DAVIES J M, 2002. Experimental investigation of behaviour of axially restrained steel beams in fire [J]. Journal of Constructional Steel Research, 58 (9): 1211-1230.

LIU T C H, 1999. Moment-rotation-temperature characteristics of steel/composite joints [J]. Journal of Structural Engineering, ASCE, 125 (10): 1188-1197.

LIU Y, HUANG S S, BURGESS I, 2020. Component-based modelling of a novel ductile steel connection [J]. Engineering Structures. 208: 110320.

LIU Y, HUANG S S, BURGESS I, 2021. Fire performance of axially ductile connections in composite construction [J]. Fire Safety Journal, 121: 103311.

MAO C J, CHIOU Y J, HSIAO P A, et al., 2009. Fire response of steel semi-rigid beam-column moment connections [J]. Journal of Constructional Steel Research, 65 (6): 1290-1303.

NEUENSCHWANDER M, KNOBLOCH M, FONTANA M, 2017a. ISO standard fire tests of concrete-filled steel tube columns with solid steel core [J]. Journal of Structural Engineering, 143 (4): 04016211.

NEUENSCHWANDER M, KNOBLOCH M, FONTANA M, 2017b. Modeling thermo-mechanical behavior of concrete-filled steel tube columns with solid steel core subjected to fire [J]. Engineering Structures, 136: 180-193.

NIST NCSTAR1, 2005. Federal building and fire safety investigation of the world trade center disaster: final report on the collapse of the World Trade Center Towers[R]. National Institute of Standards and Technology, America. (http: //wtc.nist.gov).

PASCUAL M A, ROMERO M L, TIZANI W, 2015a. Thermal behaviour of blind-bolted connections to hollow and concrete-filled steel tubular columns [J]. Journal of Constructional Steel Research, 107: 137-149.

PASCUAL M A, ROMERO M L, TIZANI W, 2015b. Fire performance of blind-bolted connections to concrete filled tubular columns in tension [J]. Engineering Structures, 96: 111-125.

QIAN Z H, TAN K H, BURGESS I W, 2009. Numerical and analytical investigations of steel beam-to-column joints at elevated temperatures [J]. Journal of Constructional Steel Research, 65 (5): 1043-1054.

RODRIGUES J P, LAIM L, 2017. Fire response of restrained composite columns made with concrete filled hollow sections under different end-support conditions [J]. Engineering Structures, 141: 83-96.

ROMERO M L, CAJOT L G, CONAN Y, et al., 2015. Fire design methods for slim-floor structures [J]. Steel Construction, 8: 102-109.

ROMERO M L, ESPINOS A, PORTOLÉS J M, et al., 2015. Slender double-tube ultra-high strength concrete-filled tubular columns under ambient temperature and fire [J]. Engineering Structures, 99: 536-545.

SAKUMOTO Y, OKADA T, YOSHIDA M, et al., 1994. Fire resistance of concrete-filled, fire-resistant steel-tube columns [J]. Journal of Material in Civil Engineering, ASCE, 6 (2): 169-184.

SILVA L S, SANTIAGO A, VILA R P, 2001. A component model for the behaviour of steel joint at high temperatures [J]. Journal of Constructional Steel Research, 57 (11): 1169-1195.

SONG T Y, TAO Z, RAZZAZZADEH A, et al., 2017. Fire performance of blind bolted composite beam to column joints [J]. Journal of Constructional Steel Research, 132: 29-42.

SUWONDO R, CUNNINGHAM L, GILLIE M, et al., 2021. Analysis of the robustness of a steel frame structure with composite floors subject to multiple fire scenarios [J]. Advances in Structural Engineering, 24 (10): 2076-2089.

SUWONDO R, GILLIE M, CUNNINGHAM L, et al., 2018. Effect of earthquake damage on the behaviour of composite steel frames in fire [J]. Advances in Structural Engineering, 21 (6): 2589-2604.

TAO Z, CAO Y F, PAN Z, et al., 2018. Compressive behaviour of geopolymer concrete-filled steel columns at ambient and elevated temperatures [J]. International Journal of High-Rise Buildings, 4 (7): 327-342.

VENKATACHARI S, KODUR V K R, 2020. System level response of braced frame structures under fire exposure scenarios [J]. Journal of Constructional Steel Research, 170: 106073.

WANG H Y, ZHA X X, LIU Y X, et al., 2017. Study of recycled concrete-filled steel tubular columns on the compressive capacity and fire resistance [J]. Advances in Mechanical Engineering, 9 (6): 1-13.

WANG W Y, LI G Q, DONG Y L, 2008. A practical approach for fire resistance design of extended end-plate joints [J]. Journal of Constructional Steel Research, 64 (12): 1456-1462.

WANG Y C, 2002. Steel and composite structures-behaviour and design for fire safety [M]. Spon Press.

WU B, ZANG J B, 2020. Effect of embedded steel stirrups on fire behavior of square steel tubular columns filled with recycled lump concrete [J]. Engineering Structures, 211: 110446.

YANG Y F, FU F, 2019. Fire resistance of steel beam to square CFST column composite joints using RC slabs: experiments and numerical studies [J]. Fire Safety Journal, 104: 90-108.

YANG Y F, ZHANG L, DAI X H, 2017. Performance of recycled aggregate concrete-filled square steel tubular columns exposed to fire [J]. Advances in Structural Engineering, 20 (9): 1340-1356.

YU H X, BURGESS I W, DAVISON J B, et al., 2009a. Experimental investigation of the behaviour of fin plate connections in fire [J]. Journal of Constructional Steel Research, 65 (3): 723-736.

YU H X, BURGESS I W, DAVISON J B, et al., 2009b. Development of a yield-line model for endplate connections in fire [J]. Journal of Constructional Steel Research, 65 (6): 1279-1289.

YU J T, LU Z D, XIE Q, 2007. Nonlinear analysis of SRC columns subjected to fire [J]. Fire Safety Journal, 42 (1): 1-10.

ZHOU K, HAN L H, 2018. Experimental performance of concrete-encased CFST columns subjected to full-range fire including heating and cooling [J]. Engineering Structures, 165: 331-349.

ZHOU K, HAN L H, 2019. Modelling the behaviour of concrete-encased concrete-filled steel tube (CFST) columns subjected to full-range fire [J]. Engineering Structures, 183: 265-280.

第 2 章　高温下（后）钢 - 混凝土界面的粘结性能

2.1　引　　言

深入认识钢与混凝土界面的粘结性能，是研究钢 - 混凝土结构的组合作用、以及不同材料之间共同工作性能的基础。火灾下，钢 - 混凝土界面的粘结会受到高温作用的影响，从而表现出与常温下不同的性能。本章基于高温下（后）钢管混凝土（concrete-filled steel tube，CFST）的界面性能和高温后型钢混凝土（steel reinforced concrete，SRC）的界面性能试验研究，分析了高温作用对钢 - 混凝土界面性能的影响规律。

2.2　高温下钢管 - 混凝土界面粘结性能

本节进行了圆形和方形钢管混凝土试件在高温下的核心混凝土推出试验研究，为了对比分析，同时进行了部分常温和高温后的推出试验（Song et al.，2017）。通过试验研究对高温下钢管和核心混凝土界面的粘结性能进行了深入分析，获得了钢管和核心混凝土接触界面的粘结应力（τ）- 相对滑移（S）关系。

2.2.1　试验概况

（1）试件设计和制作

Song 等（2017）共进行了 26 个圆形截面和 26 个方形截面钢管混凝土的核心混凝土推出试验（以下简称：混凝土推出试验），其中包括高温下试验 24 个、常温下试验 12 个和高温后试验 16 个。试验参数包括：钢管类型（碳素钢管和不锈钢管）、混凝土类型（普通和膨胀混凝土）、界面类型（普通界面、钢管内表面焊接栓钉、钢管内表面焊接内隔板）、温度（20℃、200℃、400℃、600℃和 800℃）、恒高温持续时间（45min、90min、135min 和 180min）和柱荷载比（n=0、0.26 和 0.41）。

根据试验参数将试件分为七组，具体的试件细节和试验参数分别如表 2.1 和表 2.2 所示，其中 T 是温度、t_d 是达到 T 后的恒高温持续时间。试件编号中：第一个字母“C”或“S”代表圆形或方形；第二个字母“S”或“C”代表不锈钢管或碳素钢管；最后一个字母“U”“F”或“P”代表常温下、高温下或高温后测试的试件。

试件尺寸如图 2.1 所示，圆钢管截面外直径（D）为 260mm；方钢管截面外边长（B）为 200mm；圆不锈钢管和碳素钢管的厚度（t_s）分别为 5.1mm 和 4.9mm，方不锈钢管和碳素钢管的厚度（t_s）分别为 5.8mm 和 5.6mm，图 2.1 中括号内数值表示碳素钢管的厚度；钢管和混凝土接触长度（L_i）为 850mm。

表 2.1　高温下圆形截面混凝土推出试验试件参数

分组	试件编号	T/℃	t_d/min	钢管类型	混凝土类型	界面类型	n	t_c/d	f_c'/MPa	N_u/kN	τ_u/MPa	S_u/mm	τ-S关系类型
1	CS1-U	20		不锈钢管	普通混凝土	普通		245	42	220	0.330	3.20	C
	CC1-U	20		碳素钢管				244	42	214	0.320	1.92	C
	CS1-F	806	90	不锈钢管				789	45	0	0.000	10.00*	D
	CC1-F	809	90	碳素钢管				791	45	43	0.064	10.00*	A
	CS1-P	810	90	不锈钢管			0	250	42	308	0.462	0.51	B
	CC1-P	815	90	碳素钢管			0	248	42	327	0.490	0.74	A
2	CS2-U	20		不锈钢管	膨胀混凝土	普通		341	56	293	0.440	2.80	C
	CC2-U	20		碳素钢管				346	56	515	0.771	3.33	C
	CS2-F	807	90	不锈钢管				788	58	0	0.000	10.00*	D
	CC2-F	801	90	碳素钢管				796	58	67	0.101	10.00*	A
	CS2-P	755	90	不锈钢管			0	341	56	353	0.530	0.89	B
	CC2-P	792	90	碳素钢管			0	348	56	160	0.240	2.33	B
3	CS3-U	20		不锈钢管	普通混凝土	内隔板		342	42	1494	2.241	10.00*	A
	CS3-F	804	90					762	45	203	0.305	10.00*	A
	CS3-P	765	90				0	343	42	1257	1.885	10.00*	A
4	CS4-U	20		不锈钢管	普通混凝土	栓钉		346	42	1011	1.517	10.00*	B
	CS4-F	814	90					766	45	60	0.090	10.00*	B
	CS4-P	785	90				0	347	42	1081	1.621	10.00*	B
5	CS5-F1	207	90	不锈钢管	普通混凝土	普通		769	45	7	0.011	6.10	D
	CS5-F2	410	90					770	45	3	0.005	4.80	D
	CS5-F3	610	90					774	45	10	0.015	3.50	D
6	CS6-F1	804	45	不锈钢管	普通混凝土	普通		777	45	4	0.006	4.00	D
	CS6-F2	803	135					781	45	8	0.012	2.00	D
	CS6-F3	807	180					784	45	3	0.004	6.00	D
7	CS7-P1	810	90	不锈钢管	普通混凝土	普通	0.26	801	45	360	0.540	1.40	B
	CS7-P2	806	90				0.41	803	45	900	1.350	2.48	B

* S_u 取值为 10.00mm。

表 2.2　高温下方形截面混凝土推出试验试件参数

分组	试件编号	T/℃	t_d/min	钢管类型	混凝土类型	界面类型	n	t_c/d	f_c'/MPa	N_u/kN	τ_u/MPa	S_u/mm	τ-S关系类型
1	SS1-U	20		不锈钢管	普通混凝土	普通		35	40	77	0.120	0.30	B
	SC1-U	20		碳素钢管				35	40	148	0.230	0.30	A
	SS1-F	898	90	不锈钢管				335	42	3	0.005	4.00	D
	SC1-F	806	90	碳素钢管				805	45	50	0.078	10.00*	A
	SS1-P	820	90	不锈钢管			0	39	41	148	0.231	0.31	B
	SC1-P	870	90	碳素钢管			0	41	41	533	0.830	1.01	A

续表

分组	试件编号	T/℃	t_d/min	钢管类型	混凝土类型	界面类型	n	t_c/d	f_c'/MPa	N_u/kN	τ_u/MPa	S_u/mm	τ-S 关系类型
2	SS2-U	20		不锈钢管	膨胀混凝土	普通		173	49	32	0.050	0.29	B
	SC2-U	20		碳素钢管				175	49	232	0.361	1.22	A
	SS2-F	784	90	不锈钢管				293	54	7	0.011	10.00*	A
	SC2-F	820	90	碳素钢管				290	54	6	0.010	9.00	D
	SS2-P	781	90	不锈钢管			0	242	52	296	0.462	0.68	B
	SC2-P	792	90	碳素钢管			0	241	52	302	0.470	1.36	B
3	SS3-U	20		不锈钢管	普通混凝土	内隔板		173	41	1014	1.583	10.00*	A
	SS3-F	808	90					339	42	371	0.579	10.00*	A
	SS3-P	814	90				0	340	42	1272	1.985	10.00*	A
4	SS4-U	20		不锈钢管	普通混凝土	栓钉		172	41	346	0.540	2.47	B
	SS4-F	805	90					798	45	122	0.190	3.97	B
	SS4-P	816	90				0	243	42	706	1.102	7.03	B
5	SS5-F1	220	90	不锈钢管	普通混凝土	普通		735	45	13	0.020	2.93	C
	SS5-F2	410	90					739	45	7	0.011	0.20	C
	SS5-F3	610	90					741	45	19	0.030	6.70	C
6	SS6-F1	811	45	不锈钢管	普通混凝土	普通		746	45	8	0.012	2.93	C
	SS6-F2	807	135					748	45	7	0.011	6.00	C
	SS6-F3	809	180					753	45	5	0.008	1.00	C
7	SS7-P1	808	90	不锈钢管	普通混凝土	普通	0.26	48	41	621	0.970	0.91	B
	SS7-P2	731	90				0.41	52	41	660	1.030	1.81	B

* S_u 取值为 10.00mm。

试件所用钢管均为冷轧钢管，采用 350 碳素钢管和 304 奥氏体不锈钢管。为了研究界面类型的影响，在第 3 组试件钢管的内表面焊接环板，起到隔板的作用，增加钢管和核心混凝土界面的粘结 - 滑移性能，焊接的碳素钢内隔板厚度为 5.1mm。在第 4 组试件钢管的内表面焊接两列栓钉。内隔板和栓钉尺寸及位置如图 2.1 所示。

为了研究混凝土类型的影响，第 1 组试件采用普通混凝土，第 2 组试件采用了膨胀混凝土，膨胀混凝土的配合比与普通混凝土不同，且添加了膨胀剂。

（2）材料性能

钢管材料性能由标准拉伸试验确定。实测的弹性模量（E_s）、屈服强度（f_y）和极限强度（f_u）如表 2.3 所示。

普通混凝土配合比为水泥：316kg/m^3；水：156kg/m^3；砂：804kg/m^3；粗骨料：903kg/m^3；粉煤灰：100kg/m^3；减水剂：1.23L/m^3；膨胀混凝土配合比为水泥：328kg/m^3；水：157kg/m^3；砂：730kg/m^3；粗骨料：898kg/m^3；粉煤灰：86kg/m^3；膨胀剂：30kg/m^3；减水剂：1.4L/m^3。进行推出试验时测量了混凝土圆柱体抗压强度（f_c'），试验时的混凝土龄期（t_c）和 f_c' 实测值如表 2.1 和表 2.2 所示。

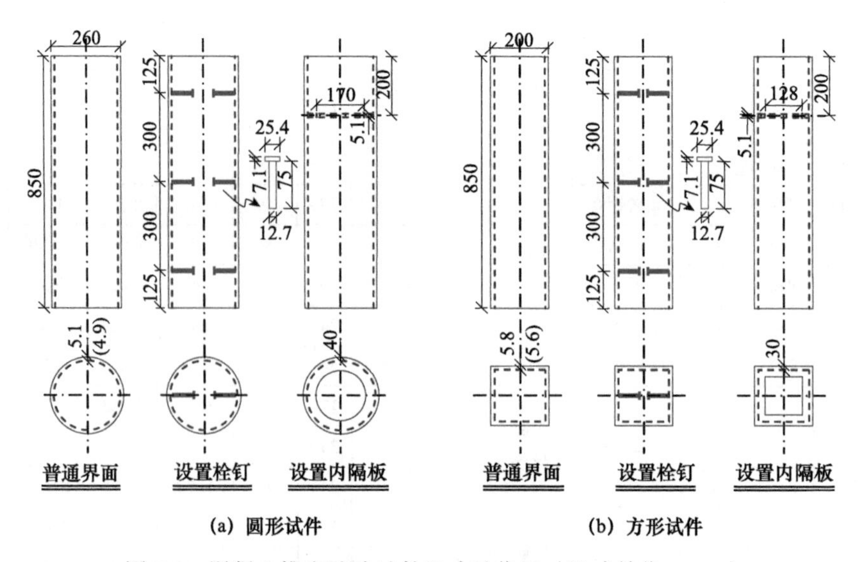

图 2.1 混凝土推出试验试件尺寸及位置（尺寸单位：mm）

表 2.3 钢材力学性能指标

钢材类型	厚度或直径 /mm	E_s/（10^5N/mm^2）	f_y/MPa	f_u/MPa
圆形不锈钢管	5.1	1.98	336	682
方形不锈钢管	5.8	2.05	378	648
圆形碳素钢管	4.9	2.12	394	510
方形碳素钢管	5.6	1.79	439	540
内隔板	5.1	1.97	430	515
栓钉	12.7	2.09	480	614

（3）试验方法

试验在澳大利亚西悉尼大学（Western Sydney University）结构实验室进行，图 2.2 所示为高温下混凝土推出试验所用燃气炉设备。

炉膛尺寸为 640mm×630mm×880mm。推出荷载（N）通过刚性垫块直接施加在核心混凝土上部；钢管下部刚性垫块中空，可容许核心混凝土被推出。进行高温下推出试验时，试件首先被放入试验炉中，然后炉膛温度按照 40℃ /min 的升温速率升温到表 2.1 和表 2.2 所示的温度值，然后保持温度恒定直到表 2.1 和表 2.2 所示的恒高温持续时间（t_d）。

图 2.3 所示为部分试件的实测炉温（T）- 受火时间（t）关系。达到恒高温持续时间后，逐步增加推出荷载直到钢管和核心混凝土的相对滑移达 20mm，加载速率大约为 0.3mm/min。推出试验过程中，钢管和核心混凝土界面的相对滑移通过设置于试件底部的位移计测得，具体位置如图 2.2 所示。

高温后试验的受火过程与高温下试验类似，高温后将试件冷却到常温再进行推出试验。为研究初始轴压荷载对高温后钢 - 混凝土界面粘结性能的影响，试件 CS7-P1、CS7-P2、SS7-P1 和 SS7-P2 在受火前施加初始荷载（N_F）在试件上端，具体荷载值分别为 920kN、1500kN、750kN 和 1200kN，且受火过程中初始荷载保持不变。

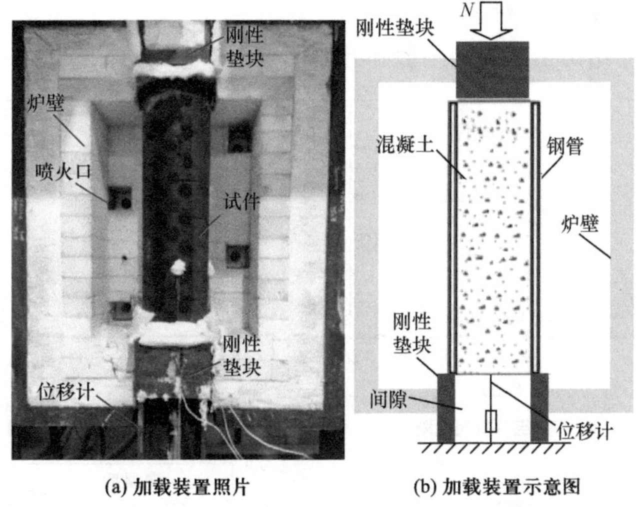

(a) 加载装置照片　　(b) 加载装置示意图

图 2.2　混凝土推出试验所用燃气炉设备

2.2.2　试验结果及分析

（1）破坏形态

试验结果表明，混凝土推出试验试件的破坏形态与界面类型有关，对于采用普通界面和栓钉的钢管混凝土，除了核心混凝土被推出外，试件表面没有发现明显的钢管屈曲。

图 2.4 所示为采用内隔板的圆形和方形混凝土推出试验试件（试件 CS3-P 和试件 SS3-F）破坏形态，可见采用内隔板后钢管发生了明显的局部屈曲，这主要是由外荷载作用下内隔板附近钢管壁的局部弯曲造成的。

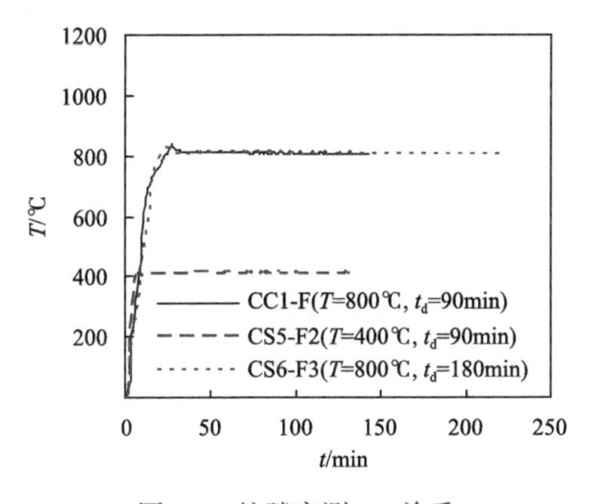

图 2.3　炉膛实测 T-t 关系

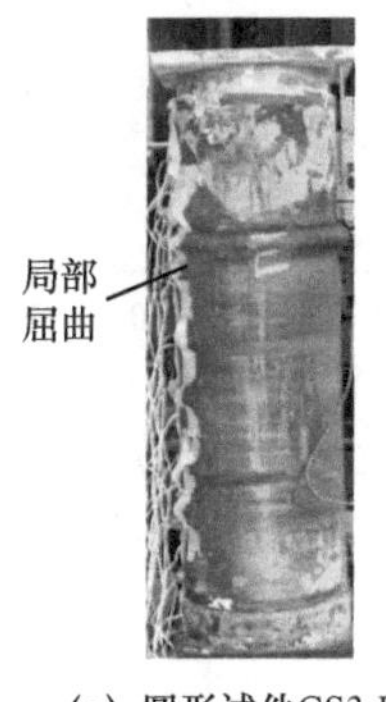

(a) 圆形试件CS3-P

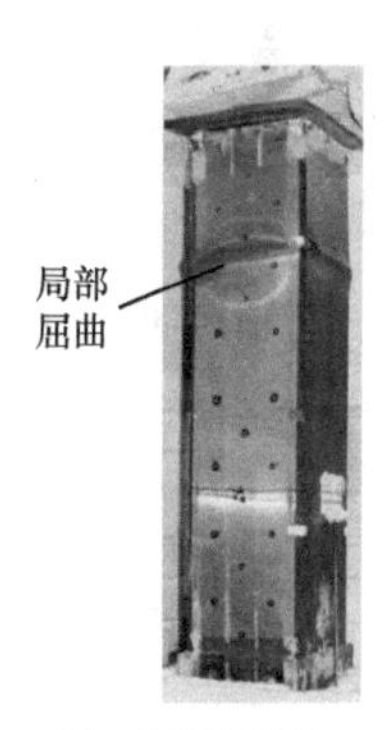

(b) 方形试件SS3-F

图 2.4　采用内隔板的混凝土推出试验试件破坏形态

（2）粘结应力 - 相对滑移关系

比较在加载端和固定端测得的常温下钢管 - 混凝土界面的粘结应力（τ）- 相对滑移（S）关系，可以发现加载端和固定端的 τ-S 关系的区别主要在于达到粘结强度之前的阶段，到达粘结强度后的 τ-S 关系基本重合。在本节进行的高温下试验中，由于加载端位于炉膛内，无法测量加载端的钢管和核心混凝土界面相对滑移，本节中给出的 τ-S

关系中的 S 特指固定端的相对滑移。

图 2.5 和图 2.6 给出了实测的圆形和方形混凝土推出试验试件的 τ-S 关系。

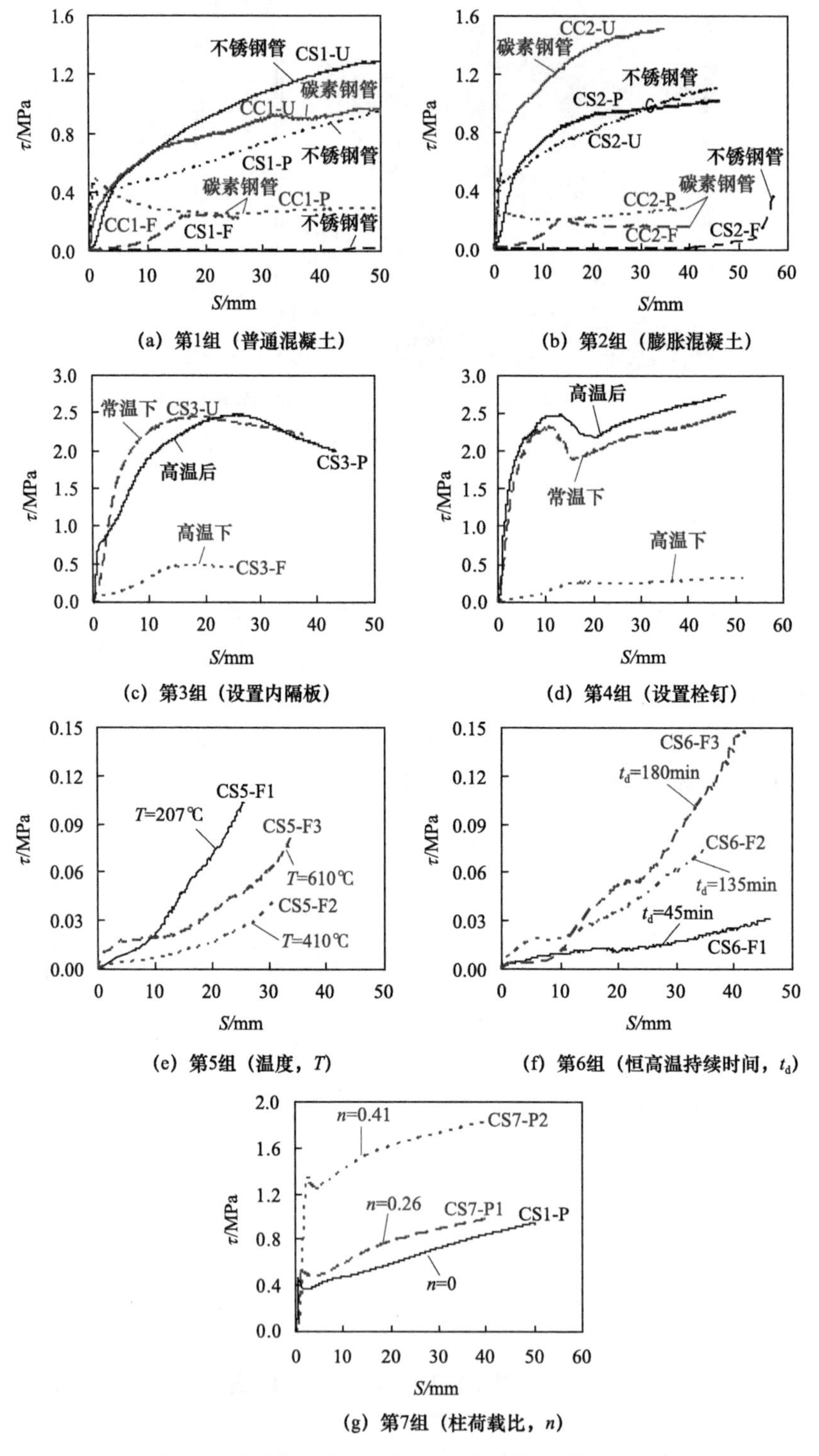

图 2.5　圆形截面混凝土推出试验试件实测 τ-S 关系

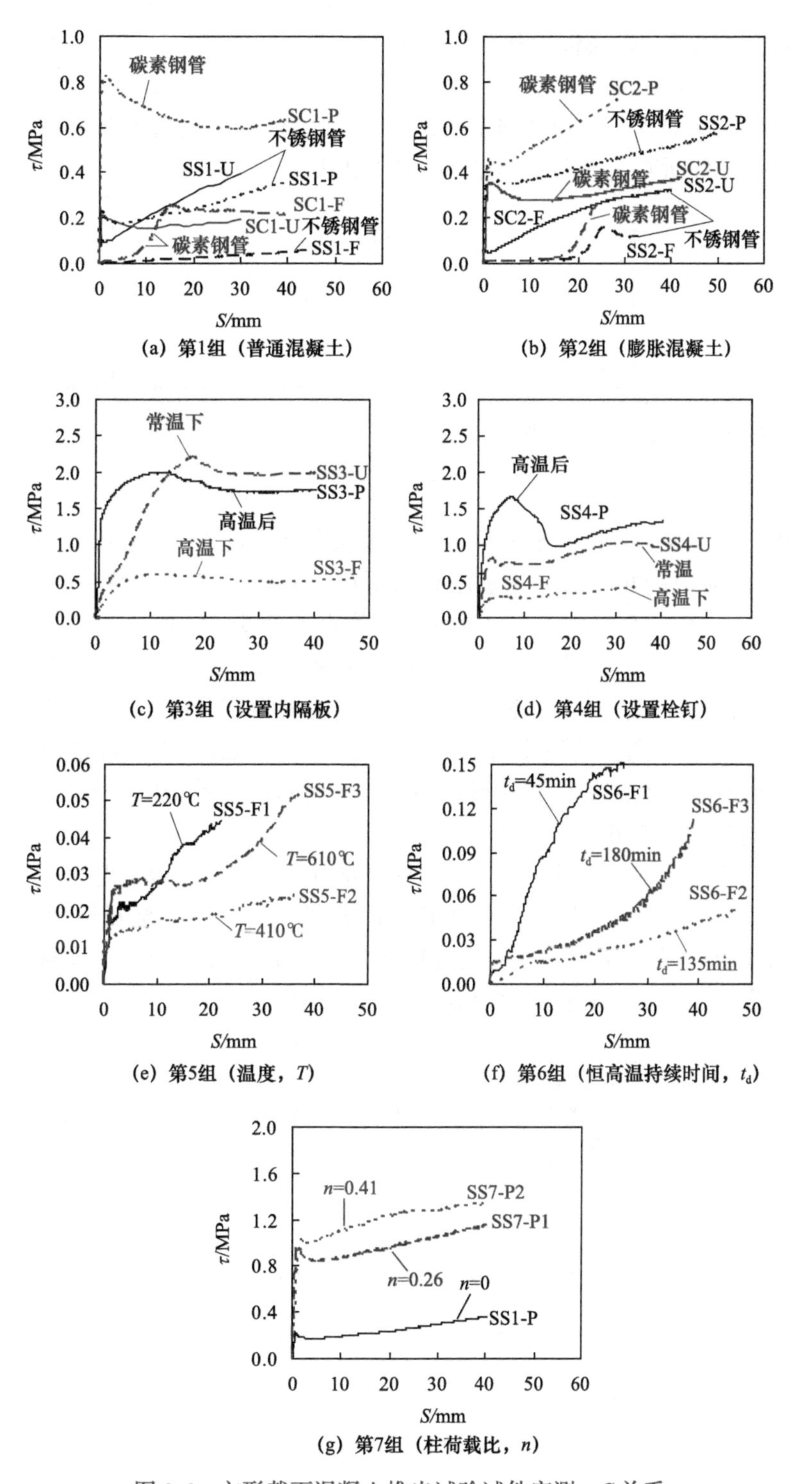

(a) 第1组（普通混凝土）　(b) 第2组（膨胀混凝土）

(c) 第3组（设置内隔板）　(d) 第4组（设置栓钉）

(e) 第5组（温度，T）　(f) 第6组（恒高温持续时间，t_d）

(g) 第7组（柱荷载比，n）

图 2.6　方形截面混凝土推出试验试件实测 τ-S 关系

根据线形，实测的 τ-S 关系可总体上分为 A、B、C 和 D 四种类型，分别如图 2.7 所示。A 类曲线包括初始线性段和随后的非线性段，峰值点后粘结应力开始逐步降低；B 类曲线在峰值点前的发展趋势与 A 类曲线类似，但峰值点后粘结应力明显降低然后逐步增加；C 类和 D 类曲线初始阶段同样为线性阶段，但这两类曲线没有粘结应力降低阶段。每个试件所对应的曲线类型在表 2.1 和表 2.2 中进行了标注。

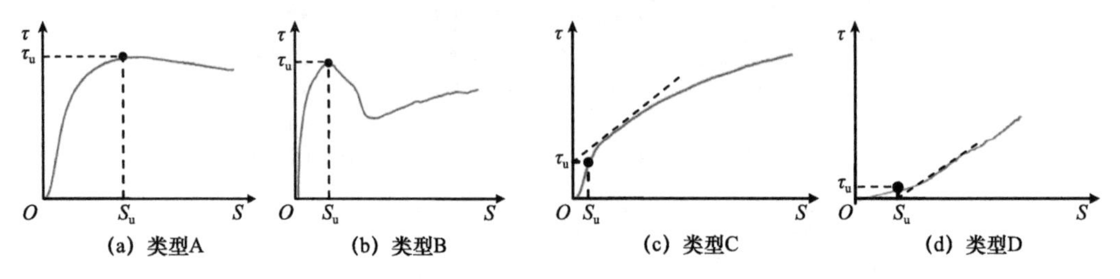

图 2.7　混凝土推出试验试件 τ-S 关系分类

A 类和 B 类 τ-S 关系有明显的峰值点，峰值点即为钢管 - 核心混凝土界面的粘结强度（τ_u），与 τ_u 对应的相对滑移为极限相对滑移（S_u）。对于没有峰值点的 C 类和 D 类曲线，参考 Jaspart（1991）给出的对没有峰值点的弯矩 - 转角关系的塑性抗弯承载力的定义方法，在 τ-S 关系的第二个近似线性段上做切线，该切线和坐标轴的交点即为 τ_u 或 S_u。表 2.1 和表 2.2 给出了根据以上方法确定的 τ_u 和 S_u 值，以及对应的 N_u。试验结果表明，部分试件达到粘结强度时对应的 S_u 会大于 10mm，在实际情况中这种情况比较少见，因此对于这类试件以相对滑移为 10mm 时对应的粘结应力为粘结强度。

（3）不同参数影响分析

本节分析不同参数对钢管 - 混凝土界面粘结强度（τ_u）的影响规律。

1）钢和混凝土类型：图 2.8 给出了钢管类型和混凝土类型对界面粘结强度（τ_u）的影响。对于高温下采用普通界面的混凝土推出试验试件，钢管和混凝土类型对高温下粘结强度影响不明显，其粘结强度通常小于 0.1MPa。

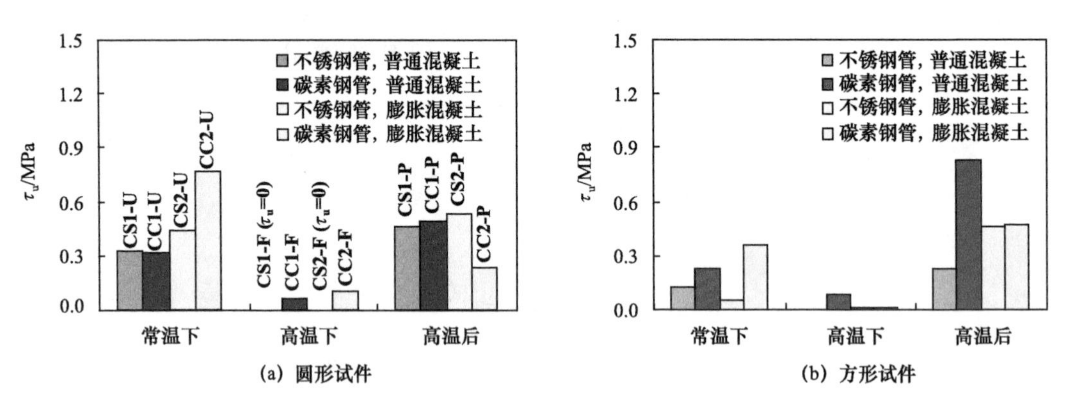

图 2.8　钢和混凝土类型对 τ_u 的影响

Tao 等（2016）的试验结果表明：由于不锈钢管内表面比碳素钢管更为光滑，常温下不锈钢管混凝土的粘结强度通常低于碳素钢管混凝土，这与本节的试验结论一致。

以方钢管混凝土为例，不锈钢管混凝土试件 SS1-U 的粘结强度为 0.120MPa，采用碳素钢的试件 SC1-U 的粘结强度为 0.230MPa。而圆形试件 CS1-U（不锈钢管）和 CC1-U（碳素钢管）的极限强度较为接近（约 0.330MPa），这主要是由于这两个试件测试时的混凝土龄期大约为 245d，长龄期下混凝土的收缩会导致钢管和核心混凝土之间形成间隙，从而导致钢管内表面的光滑程度对粘结强度影响降低。

在混凝土龄期相近时，采用膨胀混凝土的钢管混凝土常温下粘结强度较普通混凝土会明显增加，例如，试件 CC1-U 的粘结强度是 0.320MPa，而采用膨胀混凝土的对比试件 CC2-U 的粘结强度是 0.771MPa。从图 2.8 中也可以看出截面类型对粘结强度的影响规律，可见圆形钢管混凝土试件在常温下和高温后的粘结强度通常高于方形钢管混凝土对比试件。

2）界面类型：图 2.9 给出了钢管 - 混凝土界面类型对粘结强度（τ_u）的影响。可见，在钢管内壁设置内隔板或者栓钉使得钢管混凝土的粘结强度提高，其中设置内隔板时该粘结强度提高的程度大于设置栓钉时粘结强度提高的程度。

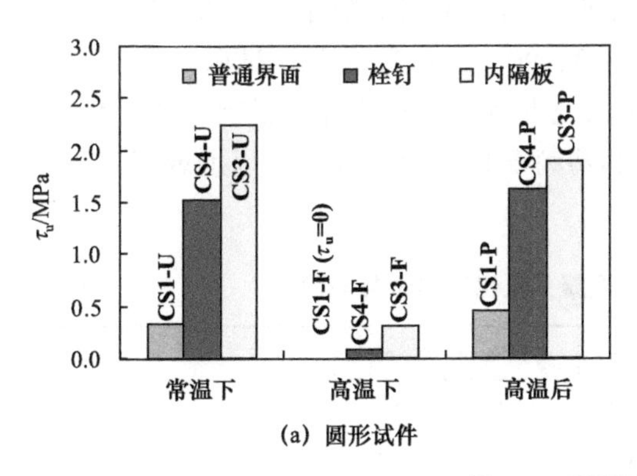

(a) 圆形试件

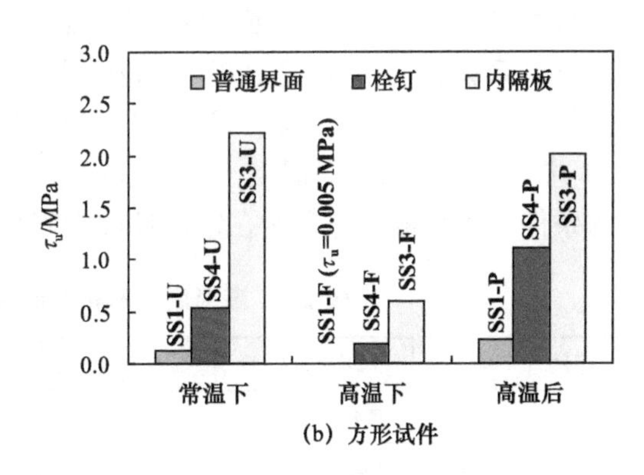

(b) 方形试件

图 2.9　界面类型对 τ_u 的影响

3）温度和恒高温持续时间：第 5 组和第 6 组试件用来研究温度和恒高温持续时间对高温下钢管 - 混凝土界面粘结强度（τ_u）的影响规律。结果表明，即使温度只有 200℃或恒高温持续时间只有 45min，高温仍然会导致粘结强度降低。这主要是由于钢材的热膨胀系数大于混凝土，随着温度的升高，未设置栓钉或内隔板的钢管和核心混凝土之间的间隙会逐渐增大，从而造成粘结强度降低。

2.2.3　小结

在本节所进行的试验参数范围内可见，高温下的钢管混凝土界面粘结强度会明显降低；不锈钢管混凝土的常温下和高温后的粘结强度总体上低于碳素钢管混凝土，但是当混凝土龄期超过 6 个月时，钢管类型的影响则变得不明显。使用膨胀混凝土最高可使钢管混凝土的常温下粘结强度提高 1 倍，但对高温后粘结强度的影响尚不确定。提高高温下和高温后钢管混凝土粘结强度的最有效的方法是在钢管内壁焊接内隔板，栓钉的效果次之。

2.3　高温后钢管 - 混凝土界面粘结性能

2.3.1　试验概况

2.3.1.1　圆形和方形试件

（1）试件设计和制作

Tao 等（2011）进行了 76 个钢管混凝土的常温下和高温后混凝土推出试验，研究参数包括：受火时间（0、90min 和 180min）、截面类型（圆形和方形）、截面尺寸（194～400mm）、接触界面长度与截面尺寸比值（3、5 和 7）、混凝土类型（普通混凝土和自密实混凝土）、粉煤灰等级（Ⅱ级和Ⅲ级）和混凝土养护条件（封闭养护和未封闭养护）。

表 2.4 给出了所有试验试件的试验参数，其中 L_i 为钢管和混凝土接触长度。试件编号中第一个字母“C”或“S”表示圆形或方形截面；第二个数字“1～9”代表不同的试件系列；“0、90 或 180”代表受火时间为 0、90min 或 180min；试验参数完全相同的两个试件用“a”或“b”加以区分。为了研究混凝土养护条件的影响，系列 C7 和 S7 共 8 个试件在浇灌混凝土后立刻用聚乙烯和塑料盖板密封试件两端以形成密封养护的条件，而其他试件直接在室内环境中养护。

表 2.4　高温后圆形和方形截面混凝土推出试验试件参数

序号	编号	$D \times t_s \times L_i^*$	L_i/D	t/min	N_u/kN	τ_u/MPa	S_u/mm	τ-S 关系类型	备注
1	C1-0a	194×5.5×582	3	0	567.0	1.69	0.93	A	
2	C1-0b	194×5.5×582	3	0	634.5	1.90	1.64	A	
3	C1-90a	194×5.5×582	3	90	199.0	0.59	1.05	B	
4	C1-90b	194×5.5×582	3	90	215.8	0.64	1.28	B	
5	C1-180a	194×5.5×582	3	180	500.0	1.49	3.72	A	
6	C1-180b	194×5.5×582	3	180	448.1	1.34	3.45	A	
7	C2-0	194×5.5×582	3	0	372.3	1.11	1.26	B	Ⅱ级粉煤灰
8	C2-90	194×5.5×582	3	90	122.6	0.37	0.72	B	
9	C2-180	194×5.5×582	3	180	654.2	1.96	3.55	B	
10	C3-0	194×5.5×582	3	0	929.7	2.78	2.66	A	Ⅱ级粉煤灰
11	C3-90	194×5.5×582	3	90	344.5	1.03	1.76	B	
12	C3-180	194×5.5×582	3	180	673.2	2.01	3.14	A	
13	C4-0a	377×8.1×1131	3	0	612.3	0.48	1.41	B	
14	C4-0b	377×8.1×1131	3	0	549.7	0.43	1.34	B	
15	C4-90a	377×8.1×1131	3	90	978.8	0.76	3.42	B	
16	C4-90b	377×8.1×1131	3	90	886.5	0.69	1.98	B	

续表

序号	编号	$D\times t_s\times L_i^*$	L_i/D	t/min	N_u/kN	τ_u/MPa	S_u/mm	τ-S关系类型	备注
17	C4-180a	377×8.1×1131	3	180	1465.0	1.14	2.22	B	
18	C4-180b	377×8.1×1131	3	180	1239.3	0.97	2.33	B	
19	C5-90a	194×5.5×582	3	90	241.0	0.72	1.23	A	
20	C5-90b	194×5.5×582	3	90	379.4	1.13	2.85	A	
21	C5-180a	194×5.5×582	3	180	515.2	1.54	6.15	A	
22	C5-180b	194×5.5×582	3	180	567.7	1.70	6.66	A	
23	C6-90a	194×5.5×582	3	90	181.0	0.54	0.56	B	普通混凝土
24	C6-90b	194×5.5×582	3	90	288.4	0.86	1.34	B	
25	C6-180a	194×5.5×582	3	180	578.4	1.73	2.96	B	
26	C6-180b	194×5.5×582	3	180	562.3	1.68	3.21	A	
27	C7-90a	194×5.5×582	3	90	170.2	0.51	0.78	B	混凝土密封养护
28	C7-90b	194×5.5×582	3	90	437.1	1.31	3.88	B	
29	C7-180a	194×5.5×582	3	180	549.0	1.64	3.57	A	
30	C7-180b	194×5.5×582	3	180	519.7	1.55	4.00	A	
31	C8-90a	194×5.5×970	5	90	522.6	0.94	2.35	A	
32	C8-90b	194×5.5×970	5	90	602.6	1.08	4.29	B	
33	C8-180a	194×5.5×970	5	180	594.2	1.07	6.40	B	
34	C8-180b	194×5.5×970	5	180	595.8	1.07	2.78	B	
35	C9-90a	194×5.5×1350	7	90	611.6	0.79	2.62	B	
36	C9-90b	194×5.5×1350	7	90	545.8	0.70	1.41	B	
37	C9-180a	194×5.5×1350	7	180	740.6	0.95	2.72	B	
38	C9-180b	194×5.5×1350	7	180	651.9	0.84	2.94	B	
39	S1-0a	200×5×600	3	0	140.3	0.31	0.52	B	
40	S1-0b	200×5×600	3	0	195.6	0.43	0.74	B	
41	S1-90a	200×5×600	3	90	126.1	0.28	2.36	A	
42	S1-90b	200×5×600	3	90	95.2	0.21	2.69	C	
43	S1-180a	200×5×600	3	180	173.2	0.38	2.52	A	
44	S1-180b	200×5×600	3	180	136.5	0.30	1.52	B	
45	S2-0	200×5×600	3	0	165.8	0.36	0.58	B	Ⅱ级粉煤灰
46	S2-90	200×5×600	3	90	164.8	0.36	2.50	B	
47	S2-180	200×5×600	3	180	347.1	0.76	2.87	A	

续表

序号	编号	$D\times t_s\times L_i^*$	L_i/D	t/min	N_u/kN	τ_u/MPa	S_u/mm	τ-S关系类型	备注
48	S3-0	200×5×600	3	0	148.7	0.33	0.68	B	Ⅱ级粉煤灰
49	S3-90	200×5×600	3	90	128.4	0.28	2.28	B	
50	S3-180	200×5×600	3	180	349.0	0.77	4.47	A	
51	S4-0a	400×10×1200	3	0	269.7	0.15	1.08	B	
52	S4-0b	400×10×1200	3	0	308.2	0.17	1.05	B	
53	S4-90a	400×10×1200	3	90	194.1	0.11	2.68	C	
54	S4-90b	400×10×1200	3	90	305.8	0.17	1.10	C	
55	S4-180a	400×10×1200	3	180	403.5	0.22	1.32	C	
56	S4-180b	400×10×1200	3	180	407.4	0.22	2.83	B	
57	S5-90a	200×5×600	3	90	76.8	0.17	2.92	B	
58	S5-90b	200×5×600	3	90	79.4	0.17	3.97	C	
59	S5-180a	200×5×600	3	180	71.6	0.16	1.88	A	
60	S5-180b	200×5×600	3	180	78.7	0.17	1.77	C	
61	S6-90a	200×5×600	3	90	121.6	0.27	2.83	C	普通混凝土
62	S6-90b	200×5×600	3	90	135.5	0.30	1.68	B	
63	S6-180a	200×5×600	3	180	230.3	0.51	2.88	A	
64	S6-180b	200×5×600	3	180	252.3	0.55	2.75	A	
65	S7-90a	200×5×600	3	90	78.7	0.17	1.73	C	混凝土密封养护
66	S7-90b	200×5×600	3	90	56.2	0.12	3.30	C	
67	S7-180a	200×5×600	3	180	250.6	0.55	2.89	A	
68	S7-180b	200×5×600	3	180	211.3	0.46	1.92	B	
69	S8-90a	200×5×1000	5	90	202.9	0.27	2.81	C	
70	S8-90b	200×5×1000	5	90	102.2	0.13	0.96	C	
71	S8-180a	200×5×1000	5	180	419.7	0.55	2.41	C	
72	S8-180b	200×5×1000	5	180	400.0	0.53	2.84	C	
73	S9-90a	200×5×1400	7	90	420.3	0.40	3.27	C	
74	S9-90b	200×5×1400	7	90	365.8	0.34	3.07	C	
75	S9-180a	200×5×1400	7	180	610.6	0.57			
76	S9-180b	200×5×1400	7	180	609.7	0.57			

* 此列中 D、t_s、L_i 的尺寸单位均为 mm。

（2）材料性能

所有的钢管均采用低碳钢板制作而成。为了研究截面尺寸的影响且保证同一系列中截面径厚比相近，共采用了六类不同厚度的低碳钢板，方形试件的径厚比为 40，而圆形试件的径厚比为 37.3 和 46.5。钢材材料性能由标准拉伸试验确定，实测的钢板弹性模量（E_s）、屈服强度（f_y）和极限强度（f_u）如表 2.5 所示。

表 2.5　钢材力学性能指标

类型	钢管厚度 /mm	E_s/（10^5N/mm^2）	f_y/MPa	f_u/MPa	所用试件系列
Ⅰ	5	1.97	320	437	S1，S5-S9
Ⅱ	5	1.95	297	368	S2，S3
Ⅲ	5.5	1.98	380	433	C1，C5-C9
Ⅳ	5.5	2.01	340	460	C2，C3
Ⅴ	8.1	1.87	363	433	C4
Ⅵ	10	2.05	427	383	S4

试件使用了四类自密实混凝土（SCC-Ⅰ、SCC-Ⅱ、SCC-Ⅲ和 SCC-Ⅳ）和 1 类普通混凝土（NC），这 5 批次混凝土的配合比和力学性能指标如表 2.6 所示，其中 SCC-Ⅲ和 SCC-Ⅳ采用Ⅱ级粉煤灰，SCC-Ⅰ和 SCC-Ⅱ采用Ⅲ级粉煤灰。

表 2.6　混凝土配合比和力学性能指标

类型	水 /（kg/m^3）	水泥 /（kg/m^3）	粉煤灰 /（kg/m^3）	砂 /（kg/m^3）	粗骨料 /（kg/m^3）	减水剂 /（kg/m^3）	$f_{cu,f}$/MPa	f_{cu}/MPa	E_c/（10^4N/mm^2）	所用试件系列
SCC-Ⅰ	190	260	240	740	950	5.4	25	46	2.73	C5，S5
SCC-Ⅱ	170	380	170	800	835	6.08	45	52	2.95	C1，C4，C7～C9，S1，S4，S7～S9
SCC-Ⅲ	190	260	240	740	950	5.4	40	53	3.55	C3，S3
SCC-Ⅳ	170	380	170	800	835	6.08	57	72	3.89	C2，S2
NC	210	552		611	1137		50	63	3.45	C6，S6

表 2.6 中同时给出了对应受火时和进行推出试验时的混凝土立方体抗压强度 $f_{cu,f}$ 和 f_{cu}，E_c 为进行推出试验时的常温下混凝土弹性模量。可见，在水胶比和水泥替换率接近时，采用Ⅱ级粉煤灰的混凝土强度会高于采用Ⅲ级粉煤灰的混凝土。另外，受火时和进行推出试验时混凝土的龄期相差大约 7 个月，因此 $f_{cu,f}$ 值明显低于 f_{cu} 值。

（3）试验方法

试件养护 4 个月后，在国家固定灭火系统和耐火构件质量监督检验中心的燃气火灾试验炉中进行升温处理，试件按照 ISO-834（1975）规定的标准升温曲线进行升温。试件为四面受火，但受火前用石棉对试件的两端进行保护，以防止热量从试件两端直接传递到钢管和混凝土界面。受火时间（t）达到表 2.4 和表 2.5 中预定的 90min 或 180min 后即停止受火，将试件在炉膛中自然冷却至常温。

受火试验结束大约 7 个月后开始进行推出试验，所用试验设备与第 2.2 节中采用的设备类似，推出荷载直接施加在核心混凝土上，加载速率为 0.5mm/min，并通过位移计测量钢管和混凝土界面的相对滑移。

2.3.1.2　椭圆试件

（1）试件设计和制作

刘夏璐（2021）进行了椭圆钢管混凝土的常温下和高温后混凝土推出试验，为研究钢管-混凝土接触面积相同时，截面形状对界面性能的影响，还进行了圆钢管混凝土和方钢管混凝土的混凝土推出试验。表2.7所示为15个混凝土推出试验试件的具体参数，试件编号中“E、C和S”表示椭圆形、圆形和方形截面，数字“200、300、154和121”表示椭圆长轴、圆形直径和方形边长尺寸，“20、600和800”表示试验温度为常温、600℃和800℃，最后的数字“30、60和180”表示恒高温持续时间；a和b为椭圆截面长半轴和短半轴；D和B为圆形截面直径和方形截面边长；t_s为钢管壁厚；L为试件长度。所有试件均采用C40混凝土，钢管为Q345钢材。试验参数包括：温度（T为20℃、600℃和800℃）、恒高温持续时间（t_d为30min、60min、180min和300min）、椭圆长轴尺寸（$2a$为200mm、300mm）和截面类型（椭圆、圆形和方形）。

图2.10（a）和（b）所示为外长轴为200mm和300mm的椭圆试件的具体尺寸，为防止加载过程中钢管下端受力发生局部屈曲破坏，在钢管下端焊接10mm厚的Q345钢管加强环，钢管加强环内侧高度为60mm，外侧高度为50mm。加热过程中为测量推出试验试件钢-混凝土接触界面的温度，在试件中截面钢管内壁设置1个热电偶。为研究截面类型对钢管混凝土高温后界面滑移性能的影响，以外长轴为200mm的椭圆试件为参照，调整圆形和方形试件的外径或外边长，使得三类试件的截面周长相等，在相同钢管壁厚和高度的情况下，三类截面试件的钢-混凝土接触面积即可相等，最终确定的圆形试件外径和方形试件外边长分别为154mm和121mm。圆形和方形对比试件的尺寸图2.10（c）和（d）所示，图2.10中所有试件尺寸均为名义值，尺寸实测值在表2.7中给出。

（2）材料性能

1）钢材材料性能及表面粗糙度：试件所用钢管均为钢板卷制焊接而成，实测的钢管母材材料性能为：弹性模量（E_s）为207 000MPa；泊松比（ν_s）为0.268；屈服强度（f_y）为355MPa；极限强度（f_u）为495MPa。灌注混凝土前采用表面粗糙度仪对于钢管内壁的粗糙度进行测量，钢管内表面的粗糙度（R_a）如表2.7所示。

2）混凝土材料性能：钢管内混凝土采用C40商品混凝土，其配合比为：水泥403kg/m^3；水170kg/m^3；砂706kg/m^3；粗骨料1014kg/m^3。混凝土28d立方体抗压强度为44.2MPa；混凝土受火时龄期为63～189d，混凝土平均强度为54.1MPa；推出试验时龄期为529～628d，平均强度为60.9MPa。

（3）试验方法

高温试验在应急管理部天津消防研究所进行，采用立式电炉，炉膛尺寸为0.4m×0.4m×0.8m。通过温控系统可以控制炉内温度按照设定的升温曲线进行升温，降温段打开炉膛进行自然降温，升、降温段的炉内温度通过分布在炉内的6个热电偶进行测量，电炉照片如图2.11所示。试验所用升温曲线为：先按照20℃/min的速率

表 2.7　高温后椭圆、圆形和方形截面混凝土推出试验试件参数

序号	试件编号	$2a$，D 或 B/mm	$2b$，D 或 B/mm	t_s/mm	L/mm	径厚比	ξ	T/℃	粗糙度 R_a/μm	N_{ue}/kN	N_{max}/kN	τ_u/MPa	S_{ue}/mm	k_{rb}	τ-S 关系类型
1	E200-20	199	98	5.03	398	39.8	1.494		1.550	689.7	1118.6	3.81	12.8	1	A
2	E200-600-30	198	102	4.94	402	39.6	1.452	400.0	1.193	124.8	1202.2	0.69	1.46	0.181	B
3	E200-600-60	198	100	4.99	399	39.6	1.474	544.7	1.596	353.5	1160.6	1.95	3.08	0.512	D
4	E200-600-180	199	99	5.03	400	39.8	1.482	602.5	1.713	780.7	1030.5	4.30	3.04	1.129	D
5	E200-600-300	198	98	4.94	399	39.6	1.497	603.7	1.633		1099.1	6.06		1.591	
6	E200-800-30	198	100	4.93	398	39.6	1.474	679.9	1.393	821.3	1050.7	4.53	4.05	1.189	D
7	E300-20	299	146	5.00	600	59.8	0.958		1.547	917.0	1389.8	2.19	10.41	1	A
8	E300-600-30	299	147	5.19	600	59.8	0.953	423.3	1.411	523.1	1407.6	1.25	3.28	0.571	A
9	E300-600-180	298	145	5.07	602	59.6	0.964	599.7	1.250	1132.3	1828.3	2.71	4.23	1.237	A
10	C154-20	156	157	4.93	398	31.2	1.272		1.340	216.6	374.5	1.20	5.14	1	A
11	C154-600-30	152	151	5.00	398	30.4	1.244	460.8	1.151	139.8	169.6	0.77	5.23	0.642	A
12	C154-600-180	154	154	4.94	401	30.8	1.646	596.7	1.228	1073.1		5.93	2.19	4.942	C
13	S121-20	122	120	4.97	399	24.4	0.776		1.082	204.9	402.6	1.15	1.47	1	B
14	S121-600-30	121	121	4.89	399	24.2	0.763	480.1	1.123	155.0	217.2	0.87	1.23	0.757	B
15	S121-600-180	121	121	4.97	399	24.2	0.763	600.9	0.970		962.3	5.42		4.713	

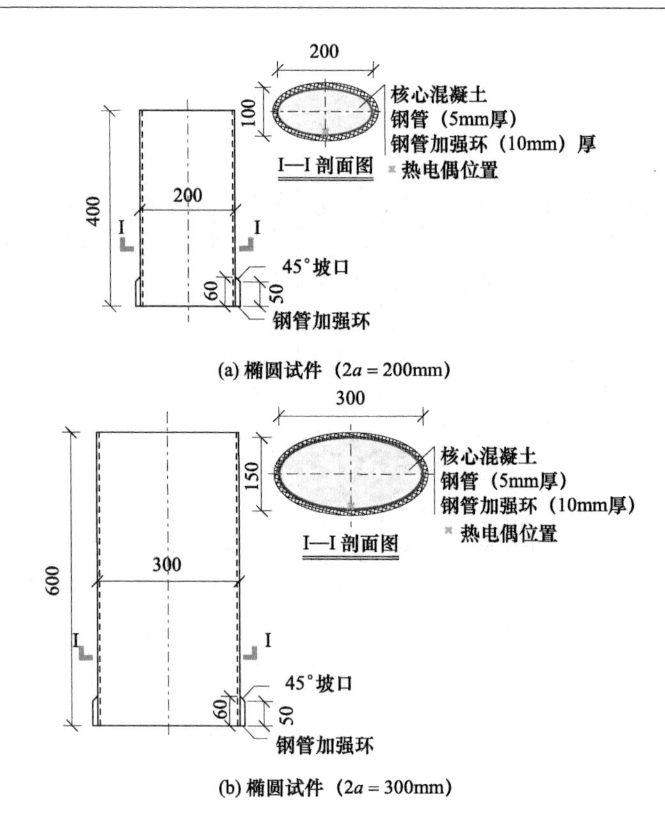

(a) 椭圆试件（$2a = 200$mm）

(b) 椭圆试件（$2a = 300$mm）

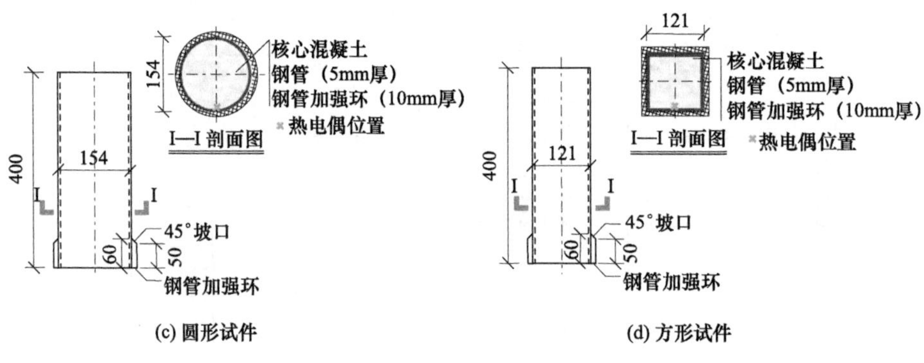

(c) 圆形试件　　(d) 方形试件

图 2.10　推出试验试件尺寸（尺寸单位：mm）

升温到 20℃、600℃或 800℃，然后保持温度恒定直到达到 30min、60min、180min 或 300min 的恒高温持续时间。

高温后推出试验采用 300t 电液伺服压力试验机进行加载，推出试验时试件加载端和底部固定端的相对滑移采用位移计进行测量，加载与采集设备如图 2.12 所示。推出试验的加载制度为：前期力控制加载，加载速率为 0.5kN/s，第一级加载 50kN，之后每级加载 30kN，每级荷载加载完毕后，均持荷 2min，荷载达 140kN 后，采用位移控制加载，加载速率为 0.01mm/s，当混凝土被推出 40mm 时停止加载。

2.3.2　试验结果及分析

图 2.11　高温试验电炉

2.3.2.1　圆形和方形试件

（1）粘结应力 - 相对滑移关系

图 2.13 给出了部分圆形和方形钢管 - 核心混凝土界面粘结应力（τ）- 相对滑移（S）关系。试验结果表明，与图 2.7 中给出的 A、B、C 三类曲线类似，随着参数的变化实测的 τ-S 关系同样可分为 A、B 和 C 三类，表 2.4 给出了每个试件所对应的曲线类型。试件 S9-180a 和 S9-180b 的钢管在高温下损伤较明显，导致钢管下端出现了明显的局部屈曲，无法进行推出试验，因此没有给出其 τ-S 关系类型。

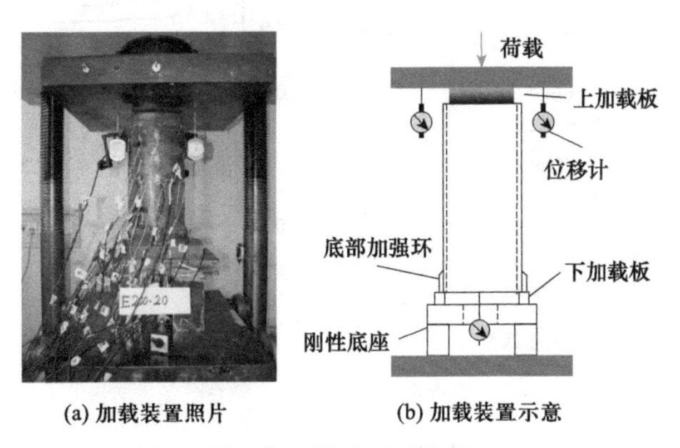

(a) 加载装置照片　(b) 加载装置示意

图 2.12　推出试验装置

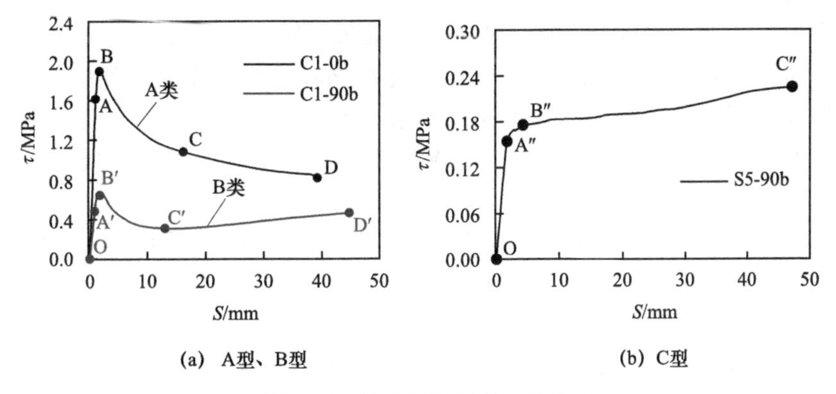

(a)　A型、B型　(b)　C型

图 2.13　推出试验试件 τ-S 关系

总体上说，大多数的未受火试件或者受火时间为 180min 的试件表现出 A 型 τ-S 关系，达到粘结强度 B 点后，界面的粘结应力开始降低。试验结束时，圆形试件的残余粘结应力是粘结强度的 35%～65%，而方形试件的残余粘结应力是粘结强度的 60%～85%。17 个圆形试件和 20 个方形试件的 τ-S 关系可以被归类为 B 型曲线，试件在 C′ 点达到了残余粘结应力的最小值，圆形试件在 C′ 点的残余粘结应力是粘结强度的 40%～80%，方形试件在 C′ 点的残余粘结应力大约是粘结强度的 50%～90%。15 个方形试件的 τ-S 关系表现出 C 型，对于 C 型曲线的粘结强度按照图 2.7（c）中给出的方法进行确定。

表 2.4 给出了各个试件的 τ_u 和 S_u 值，以及对应的 N_u。

（2）不同参数影响分析

1）受火时间：图 2.14 所示为受火时间（t）对高温后钢管 - 混凝土界面的粘结应力（τ）- 相对滑移（S）关系的影响。可见，受火 90min 后，钢管混凝土的粘结强度（τ_u）会出现降低，对于圆形试件，高温后粘结强度的折减为 73%～77%，而方形试件的高温后粘结强度折减为 12%～34%。这种粘结强度的退化主要是由于高温对钢管 - 混凝土界面化学粘结和摩擦力的影响。

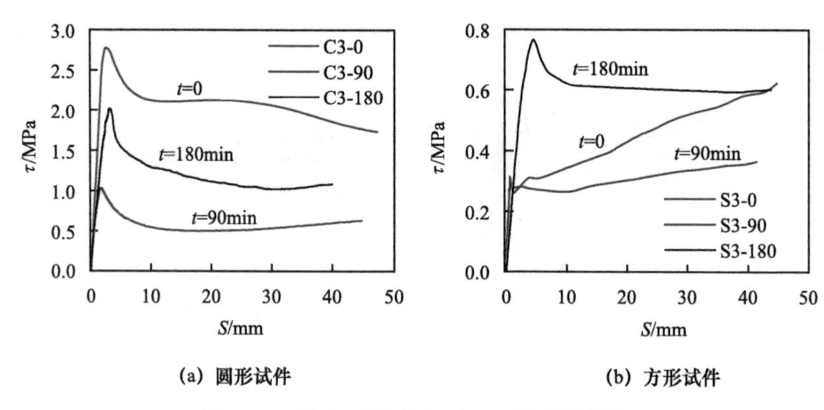

图 2.14　受火时间（t）对 τ-S 关系的影响

对于受火 180min 的试件，试验结果表明高温后钢管混凝土试件的粘结强度出现了恢复，甚至对于方形试件 S3-180，其受火 180min 后的粘结强度达到了常温下的 2 倍以上。这主要是由两个原因造成的：①对于截面尺寸较小的试件，火灾下内部温度升高，从而导致高温后残余膨胀明显；②混凝土损伤程度随着受火时间的增加而增长，在轴压荷载作用下混凝土越容易发生侧向膨胀。混凝土的环向膨胀会增加混凝土和钢管之间的接触压力和界面摩擦力，从而导致高温后钢管混凝土的粘结强度较常温下有所增加。

高温后钢管 - 混凝土界面的粘结应力（τ）- 相对滑移（S）关系的初始切线刚度有所降低，这主要是由于高温对钢管和核心混凝土界面的化学粘结性能的损伤造成的，一般来讲火灾所造成的初始切线刚度降低可高达常温时的 50%。本节的试验结果也表明，受火时间对初始切线刚度影响不明显，这主要是由于受火 90min 和 180min 后，钢管和核心混凝土界面的温度相接近，因此高温对钢管和混凝土界面的化学粘结性能的损伤程度也较接近。

2）截面尺寸：图 2.15 所示为截面尺寸对粘结强度（τ_u）的影响。总的来说，粘结强度随着圆截面直径或方形截面边长的增加而降低，这与 Roeder 等（1999）所进行的试验研究结果相吻合。钢管尺寸越大，混凝土收缩所致的钢管和混凝土界面的间隙越大，从而导致大尺寸粘结强度有所降低。

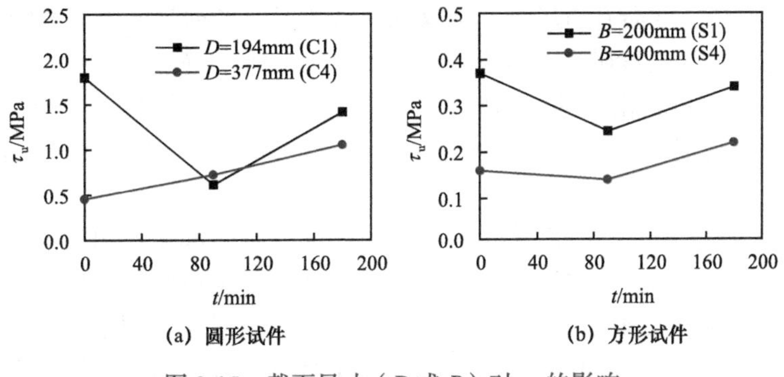

图 2.15　截面尺寸（D 或 B）对 τ_u 的影响

3）接触界面长度与截面尺寸比值：图 2.16 所示为钢管和核心混凝土的接触界面长度与截面尺寸比值（L_i/D 或 L_i/B）对粘结强度（τ_u）的影响。

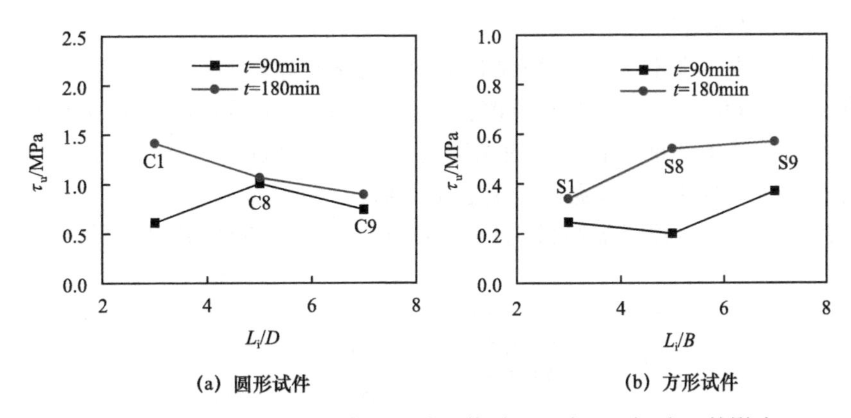

图 2.16　接触界面长度与截面尺寸比值（L_i/D 或 L_i/B）对 τ_u 的影响

对于圆形试件，高温后粘结强度随着 L_i/D 的增加而降低，而方形试件的高温后粘结强度随着 L_i/B 的增加而增加。对于圆形试件，钢管 - 核心混凝土界面的粘结应力主要由加载端的钢管和混凝土接触界面提供，因此当接触界面长度增加时，粘结强度会有所降低。

与圆形试件相比，方形试件的粘结应力沿钢管长度方向分布较为均匀，因此当接触界面长度增加时，钢管和混凝土接触界面的表面不规则性影响和整体初始缺陷的影响将更为明显，从而增加了粘结强度。

4）粉煤灰类型和自密实混凝土配合比：试验结果表明，除试件 C2-0 和试件 C2-90 外，采用Ⅱ级粉煤灰混凝土的钢管混凝土试件的粘结强度一般高于采用Ⅲ级粉煤灰混凝土的钢管混凝土试件，这主要是由于Ⅱ级粉煤灰与Ⅲ级粉煤灰相比能提供更高的化学粘结力和残余强度，从而改善了钢管和核心混凝土间的粘结性能。比较 C2 和 C3 系列，C2 系列中的混凝土具有更高的强度和更低的水胶比，因此试件 C2-0 和试件 C2-90 的粘结强度受混凝土收缩影响较明显。

从表 2.4 可见，混凝土的水泥替换率和水胶比对钢管混凝土的粘结强度有一定影响。当混凝土的水泥替换率从 31% 增加到 48%，水胶比从 0.31 增加到 0.38 后，圆形钢管混凝土的粘结强度会有所增加，但这两个参数对方形钢管混凝土的影响规律相反。一般来讲，混凝土的强度随着水泥替换率或水胶比的增加而降低，这也可能会导致钢管和核心混凝土之间的化学粘结力降低，从而造成方形钢管混凝土的粘结强度降低。但是对于圆形钢管混凝土，水泥替换率和水胶比的降低可能造成更大的混凝土收缩，从而导致粘结强度降低。

5）混凝土养护方法：钢管混凝土试件的端部被封闭起来后可以阻止混凝土水分的散发，降低钢管内混凝土的收缩，从而减少钢管和核心混凝土之间由于混凝土收缩造成的间隙。从表 2.4 可见，四个封闭养护的钢管混凝土试件在受火 180min 后的粘结强度会高于其对比试件，圆形和方形试件的高温后粘结强度分别增加了 13% 和 49%。

2.3.2.2　椭圆试件

（1）温度 - 受火时间关系

图 2.17 所示为各试件的实测炉膛和钢管 - 混凝土界面的温度（T）- 受火时间（t）关系。在温度为 600℃，恒高温持续时间为 30min 时，各试件的温度发展规律基本一致，在达到温度峰值之前，相对炉内温度的发展，界面温度的升高略有滞后，而在温度峰值之后，界面温度与炉膛温度逐渐趋于一致。

在温度为 600℃，恒高温持续时间为 180min 时，不同形状试件的界面温度发展

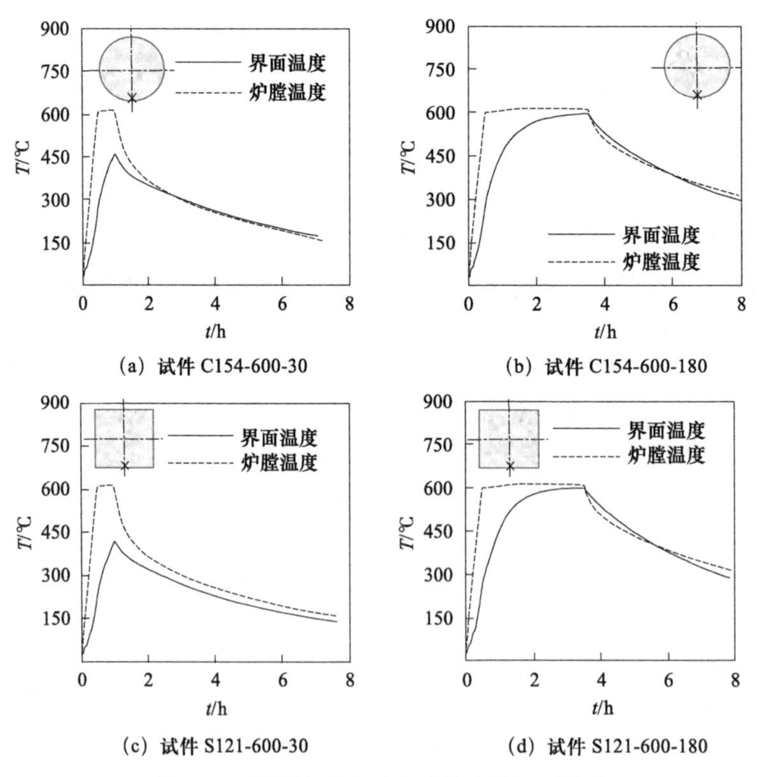

(a) 试件 C154-600-30　(b) 试件 C154-600-180

(c) 试件 S121-600-30　(d) 试件 S121-600-180

图 2.17　混凝土推出试验试件实测 T-t 关系

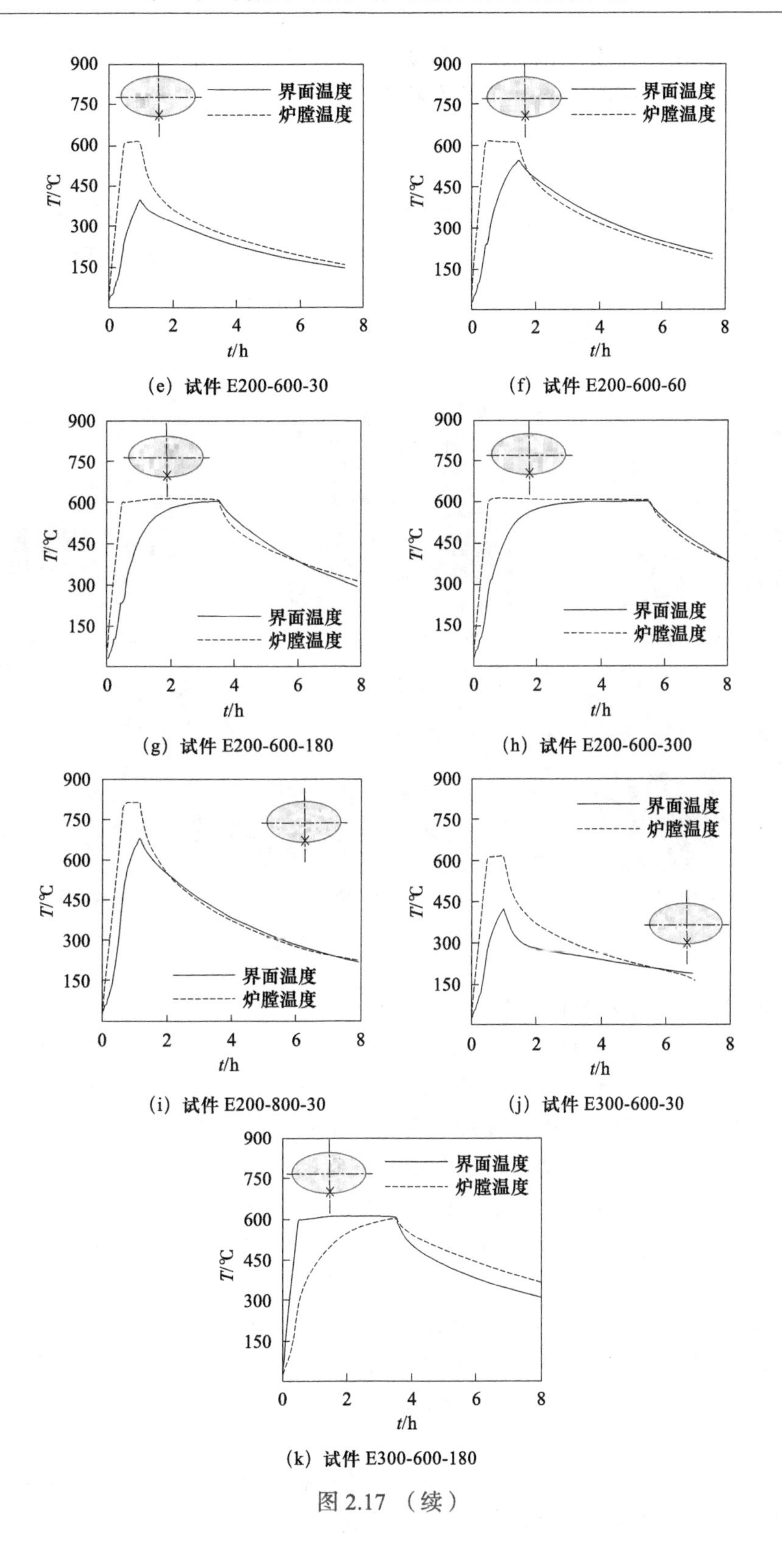

（e）试件 E200-600-30

（f）试件 E200-600-60

（g）试件 E200-600-180

（h）试件 E200-600-300

（i）试件 E200-800-30

（j）试件 E300-600-30

（k）试件 E300-600-180

图 2.17 （续）

规律基本一致。在升温段，相对炉内温度的发展，钢管温度的升高略有滞后，但随着时间的不断增加，界面温度与炉膛温度趋于一致，在温度下降段，界面温度高于炉膛温度。

（2）破坏形态

部分试件的高温后破坏形态如图 2.18 所示，大多数试件的核心混凝土被从钢管中顺利推出，钢管内表面有明显的摩擦痕迹，钢管表面未发生明显的变形和局部屈曲；试件 S121-600-180 和 E200-600-300 的核心混凝土没有被推出，表现为核心混凝土的局部压溃和钢管上部的局部鼓屈破坏。

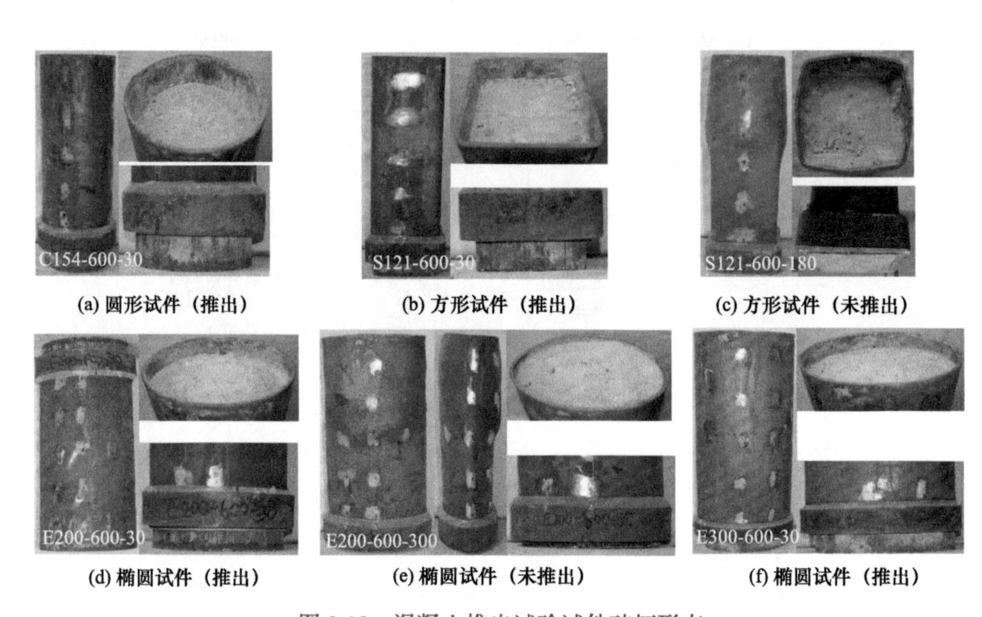

(a) 圆形试件（推出） (b) 方形试件（推出） (c) 方形试件（未推出）

(d) 椭圆试件（推出） (e) 椭圆试件（未推出） (f) 椭圆试件（推出）

图 2.18 混凝土推出试验试件破坏形态

（3）推出荷载 - 相对滑移关系

试件加载端和固定端的推出荷载（N）- 滑移（S）关系如图 2.19 所示，在未达到荷载峰值或拐点之前，推出荷载 - 滑移曲线近似成直线，试件加载端位移计测量值大于固定端位移计的测量值，说明在加载初期，钢管混凝土的加载端先出现滑移，而后是固定端。随着荷载的逐步增大，加载端和固定端位移计的测量值逐渐接近。因加载端测量位移为钢管与混凝土相对位移量，因此在后续分析中使用加载端的 N-S 曲线。

高温后混凝土推出试验的主要结果如表 2.7 所示，不同截面形式构件的径厚比与约束效应系数（ ξ ）如表中所示。N_{ue} 为极限推出荷载，S_{ue} 为与极限推出荷载对应的相对滑移量。粘结应力（τ）为推出荷载除以钢 - 混凝土实测界面面积所得，为平均粘结应力。表 2.7 中，T_s 为钢管 - 混凝土界面测温点历史最高温；k_{rb} 为钢管 - 混凝土的高温后粘结强度系数 [$k_{rb}=\tau_u(T)/\tau_u$，$\tau_u(T)$ 与 τ_u 分别为钢管混凝土试件在高温后与常温下的粘结强度]。

对图 2.19 中的高温后混凝土推出试验的试件实例 N-S 关系进行归纳总结，得出如图 2.20 所示的四种曲线类型，A 型曲线在加载前期 O_1A_1 阶段线性增加，基本达

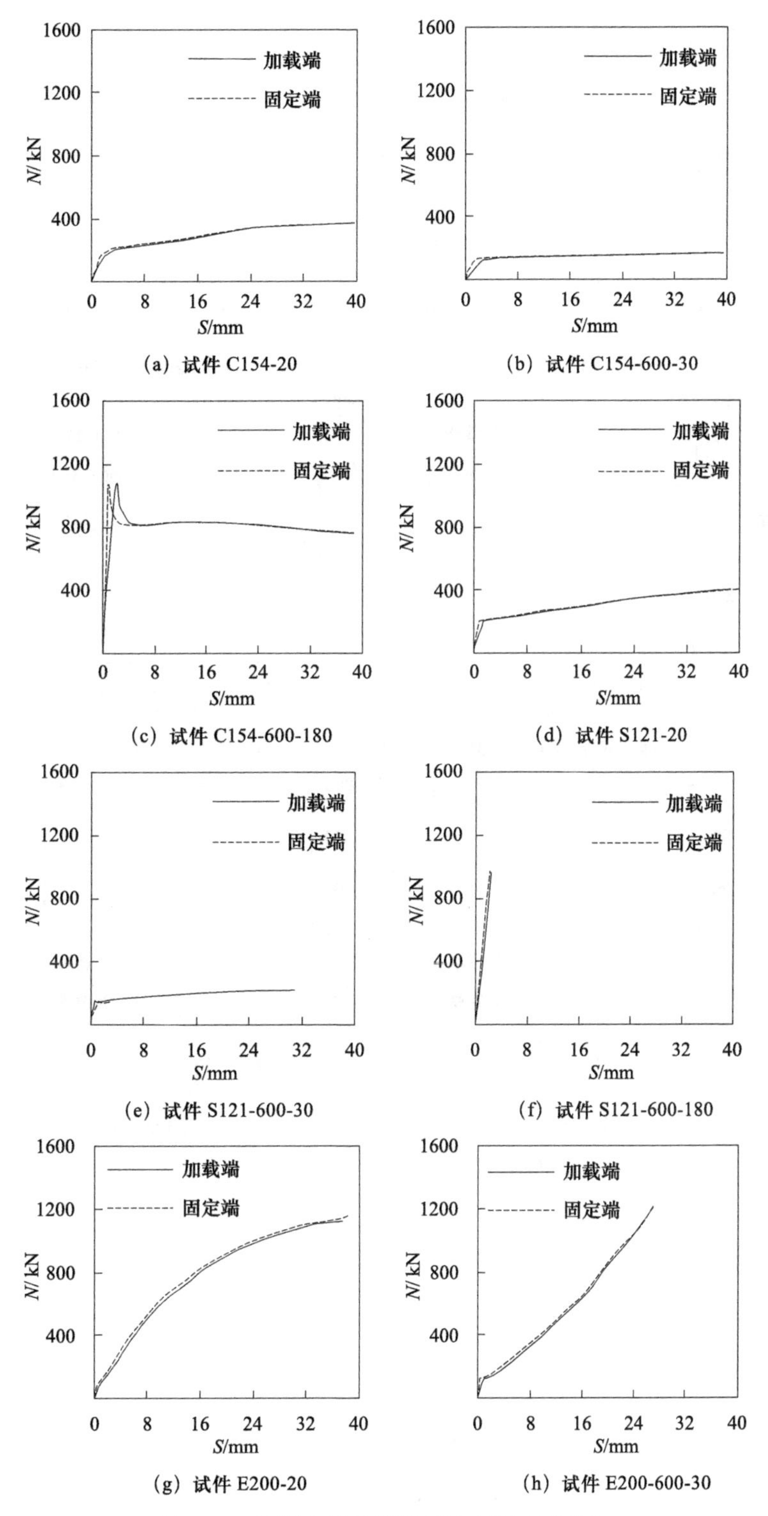

(a) 试件 C154-20　　(b) 试件 C154-600-30

(c) 试件 C154-600-180　　(d) 试件 S121-20

(e) 试件 S121-600-30　　(f) 试件 S121-600-180

(g) 试件 E200-20　　(h) 试件 E200-600-30

图 2.19　混凝土推出试验试件实测 *N-S* 关系

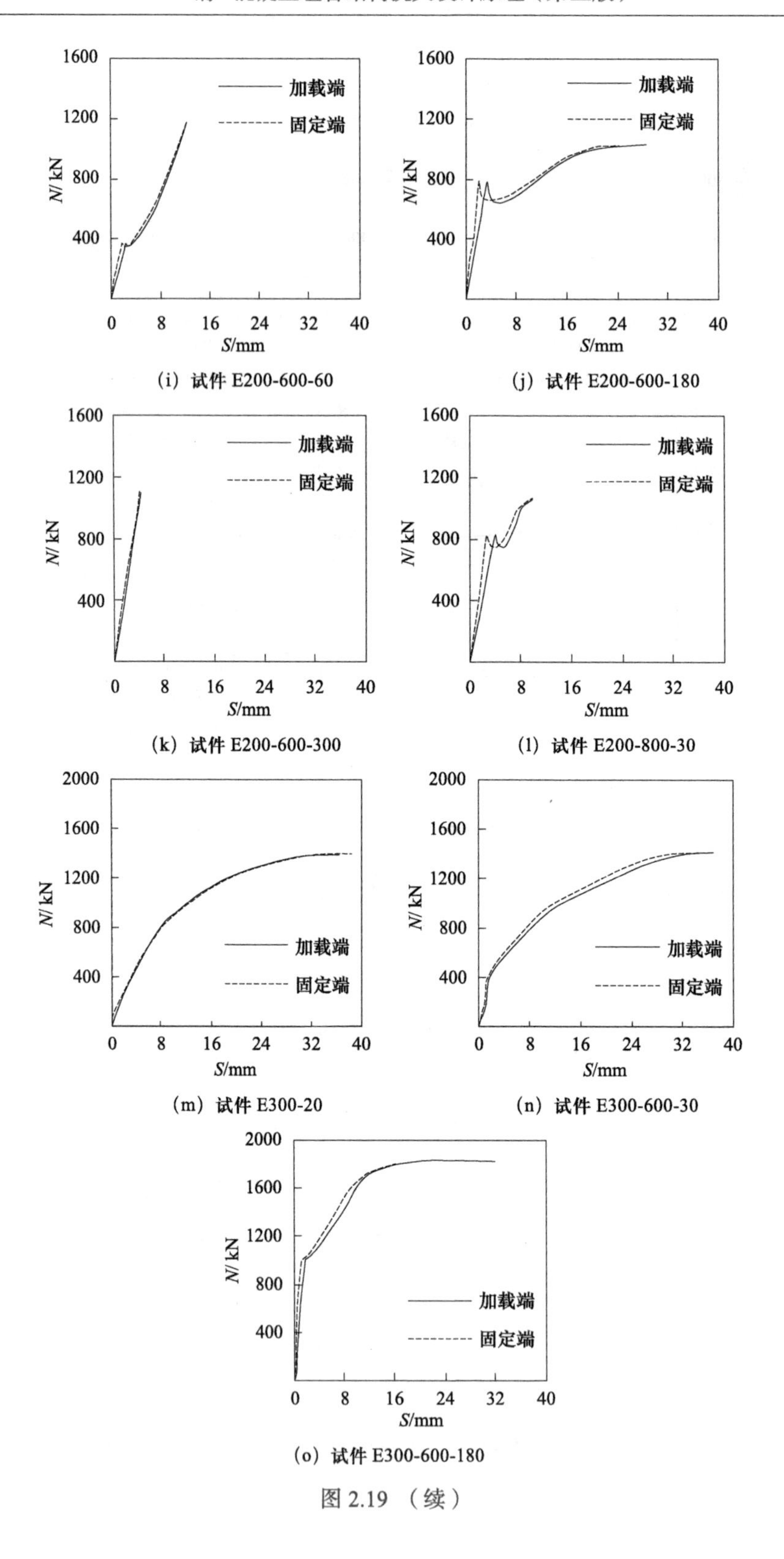

(i) 试件 E200-600-60

(j) 试件 E200-600-180

(k) 试件 E200-600-300

(l) 试件 E200-800-30

(m) 试件 E300-20

(n) 试件 E300-600-30

(o) 试件 E300-600-180

图 2.19 （续）

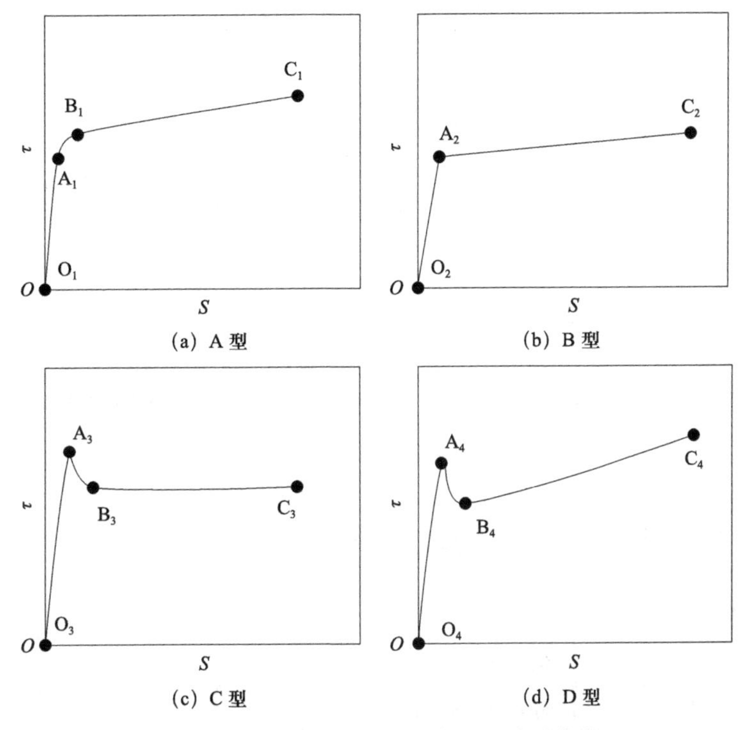

(a) A 型　(b) B 型　(c) C 型　(d) D 型

图 2.20　混凝土推出试验试件 τ-S 关系分类

到峰值荷载的 50%～80%，之后 A_1B_1 段曲线斜率逐渐下降，荷载增加缓慢，滑移量继续增加，处于非弹性阶段，B_1 点之后，B_1 至 C_2 段，荷载继续增加，直到试验结束，如表 2.7 中所有大截面尺寸的椭圆钢管混凝土与 2/3 的圆形钢管混凝土试件的 N-S 曲线属于 A 型。对于 A 型曲线，将 B_1 点对应的荷载作为极限推出荷载，C_1 点对应的荷载为最大推出荷载。与 A 型曲线相比，B 型曲线中未出现非弹性的 A_2B_2 段，A_2 为明显拐点，之后曲线斜率下降，曲线缓慢上升，所有的方形钢管混凝土试件与 E200-600-30 均为 B 型曲线。B 型曲线中将 A_2 点对应的荷载作为极限推出荷载，C_2 点处为最大推出荷载。

与 A、B 型曲线不同，C 型曲线在线弹性阶段后出现下降段 A_3B_3，在 B_3 点之后，位移继续增加，但荷载基本保持不变。对于 D 型曲线，在 A_4B_4 下降段之后，曲线仍呈上升趋势，直至加载结束。对于 C、D 型曲线，将出现下降段之前 A_3、A_4 点对应的荷载定义为极限推出荷载，C 型曲线的极限推出荷载即为最大推出荷载，D 型曲线的最高点为最大推出荷载。1/2 的小截面椭圆钢管混凝土试件的曲线类型为 D 型。

所有试件曲线的分类均在表 2.7 中给出，表中粘结强度为各类曲线中的极限推出荷载除以钢管 - 混凝土界面接触面积所得。需要指出的是，对于试件 E200-600-300 与 S121-600-180，在试件核心混凝土产生的滑移范围内，曲线未产生类似 A-D 型曲线中的极限推出荷载，所以表中粘结强度取为试验所得最大推出荷载除以界面接触面积。

（4）不同参数的影响分析

本节将讨论温度（T）、恒高温持续时间（t_d）、截面类型以及截面尺寸等参数对椭圆钢管混凝土高温后粘结强度（τ_u）的影响规律。图 2.21 所示为不同参数对 τ_u 的影响，

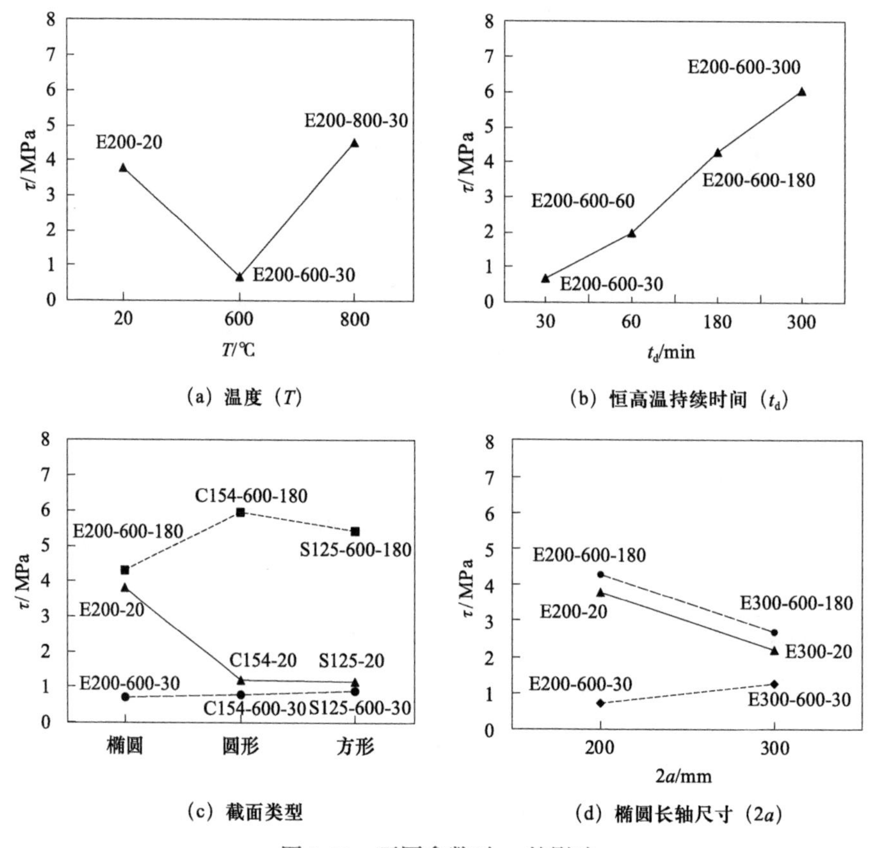

图 2.21　不同参数对 τ_u 的影响

从图中可以看出如下几点。

1）粘结强度随温度的升高呈先下降后上升的趋势。如图 2.21（a）所示，常温下（T=20℃）τ_u 值比 T=800℃时的 τ_u 值小 0.5MPa，T=600℃时的 τ_u 值明显低于常温值，构件粘结强度较常温时下降 81.9%，而当温度为 800℃时，构件粘结强度增加 18.9%。构件在受火灾作用后，核心混凝土与钢管间的化学胶结力因高温作用消失，并且由于钢材与混凝土的热膨胀系数不同，火灾作用后钢管 - 混凝土界面的法向相互作用力会有所变化，并且混凝土内部与表面在受高温作用后较常温时也有所变化。当 T=600℃，t_d=30min 时，界面温度与混凝土内部温度较低，钢管受热膨胀，但混凝土变化较小，导致两者间界面法向相互作用减弱，摩擦力与机械咬合力下降导致界面粘结强度下降；但在 T=800℃时，界面温度与核心混凝土温度较高，混凝土产生一定的膨胀，在火灾作用后钢管膨胀变形恢复，混凝土膨胀变形无法恢复，此时界面间的法向相互作用增加，钢 - 混凝土间的摩擦力增加，所以当 T=800℃，t_d=30min 时，试件粘结强度有所增加。

2）如图 2.21（b）所示，粘结强度随恒高温持续时间的增加呈明显上升的趋势，变化范围为 0.69～6.06MPa。试件在高温的持续作用下，内部混凝土温度逐渐升高，随着恒高温持续时间的增加，核心混凝土温度保持在较高水平，混凝土内部的水分随温度的升高而蒸发，水泥胶体与骨料的膨胀不一致导致混凝土内部与表面出现微裂缝，使高温后界面间的摩擦力与机械咬合力增加，并且高温作用下核心混凝土的膨胀也使界面间的相互作用力增加，所以在本节参数范围内椭圆钢管混凝土高温后界面粘结度随恒高温持续时间的增加而增大。

3）如图 2.21（c）所示，在不同的受火温度条件下，三类截面形式试件，粘结强度均呈先下降后上升的趋势。T=20℃时，椭圆钢管混凝土试件的界面粘结强度最高，圆形比方形钢管混凝土的粘结强度大 0.05MPa；在 T=600℃，t_d=30min 时，三类截面试件的粘结强度均较常温时有所下降，但三者相差不大；在 t_d=180min 时，三类截面试件的粘结强度均上升，且比常温时的粘结强度更高。

4）对于纵横比一致，但截面尺寸不同的椭圆钢管混凝土试件，从图 2.21（d）可以看出，粘结强度均呈先下降后上升的趋势，并且大尺寸截面的椭圆钢管混凝土高温后界面粘结强度受温度影响较小，在 T=600℃，t_d=30min 时，粘结强度下降 42%，而小截面尺寸试件的粘结强度值下降 81%。并且从图中可以看出，对于椭圆钢管混凝土试件，在 T=600℃，t_d=180min 的升温条件作用后，粘结强度均可恢复到常温水平。

2.3.3　小结

在本节所进行的试验参数范围内可见，钢管混凝土中钢管 - 混凝土之间的粘结强度在受火 90min 后会明显降低，但受火 180min 会有所增加；由于混凝土收缩的影响，钢管混凝土的粘结强度受其截面尺寸的影响明显，一般来讲钢管混凝土的粘结强度随着截面尺寸的增加而降低；粉煤灰类型、水胶比和水泥替换率对采用自密实混凝土的钢管混凝土的界面粘结性能有一定影响；截面形式对于钢管混凝土的界面粘结性能有一定影响，但规律不明显。

2.4　长期荷载与高温下（后）钢管 - 混凝土界面粘结性能

李帅（2021）进行了 20 个考虑长期荷载影响的钢管混凝土的高温下和高温后混凝土推出试验研究，包括：常温试验 4 个、高温下试验 2 个、高温后试验 14 个。试验参数为截面形状（圆形，方形）、温度、是否施加长期荷载、加载方式（单调加载、往复加载）等。

2.4.1　试验概况

（1）试件设计和制作

试验试件信息如表 2.8 所示。圆钢管截面外直径（D）为 203mm，方钢管截面外边长（B）为 159mm，试件钢管壁厚（t_s）均为 4mm，所有试件的高度（L）均为 670mm，构件长细比（λ）在 3～5 之间。试件包括无长期荷载试件（表 2.8 中第 1～14 组试件）和施加长期荷载试件（表 2.8 中第 15～20 组试件）。

表 2.8 高温下和高温后圆形和方形截面混凝土推出试验试件信息

分组	试件编号	截面形状	T/℃	是否施加长期荷载	加载方式	τ_u /MPa	试验类型
1	C20-1	圆形	20	否	单调	1.70	常温
2	C20-2	圆形	20	否	往复	1.57	常温
3	C300-1	圆形	300	否	单调	1.23	高温后
4	C300-2	圆形	300	否	往复	1.21	高温后
5	C500-1	圆形	500	否	单调	1.17	高温后
6	C500-2	圆形	500	否	往复	0.92	高温后
7	C600-1	圆形	600	否	单调	0.52	高温后
8	C600-2	圆形	600	否	往复	0.48	高温后
9	C800-1	圆形	800	否	单调	0.47	高温后
10	C800-2	圆形	800	否	单调	0.36	高温后
11	S500-1	方形	500	否	单调	0.33	高温后
12	S500-2	方形	500	否	往复	0.28	高温后
13	S600-1	方形	600	否	单调	0.29	高温后
14	S600-2	方形	600	否	往复	0.26	高温后
15	L20-1	圆形	20	是	单调	1.45	常温
16	L20-2	圆形	20	是	往复	1.48	常温
17	L300-1	圆形	300	是	单调	1.27	高温后
18	L300-2	圆形	300	是	往复	1.30	高温后
19	H300-1	圆形	300	是	单调	1.15	高温下
20	H300-2	圆形	300	是	单调	1.09	高温下

对于施加长期荷载试件，在混凝土养护 28d 以后，通过四根螺杆给试件施加长期荷载。施加长期荷载的装置包括加载端头、连接螺杆、螺帽和力传感器等组件。通过拧紧每根螺杆上的螺帽，长期荷载可以由加载端头传递到试件端板上。图 2.22 所示为施加长期荷载的钢管混凝土推出试验试件。

由于试验加载条件受限，试件的长期荷载水平较低，仅为 10%，持荷时间为 280d。图 2.23 为 280d 内长期荷载值（N_o）- 时间（t）关系，可见，在持荷期间内长期荷载变化幅度不大，280d 后的长期荷载值不低于初始施加荷载值的 95%。

（2）材料性能

1）钢材：试件采用高强无缝钢管，通过将 Q355B 母管经过冷拔和热处理之后得到。延钢管纵向切割制作钢材标准拉伸试件，并进行常温下和高温后的拉伸试验，获得其力学性能。高温后的材料性能拉伸试验采用电炉加热，升温速率为 20℃ /min，达预定温度之后，保持恒高温 3h，加热结束后打开炉门，将材料性能拉伸试件放在空气中自然冷却后再进行拉伸试验。钢材力学性能指标如表 2.9 所示。

图 2.22　施加长期荷载的推出试验试件

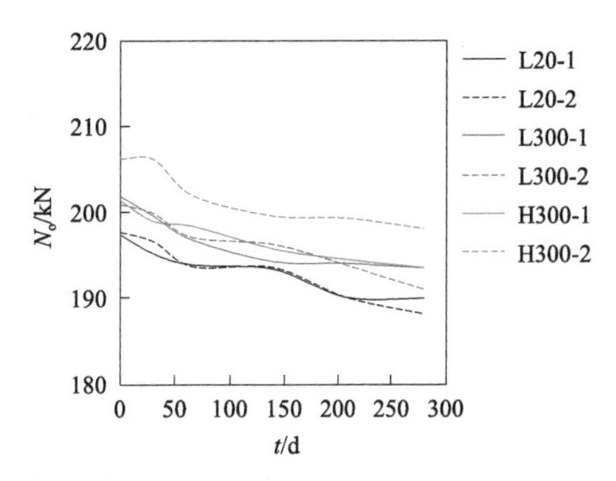

图 2.23　施加长期荷载的推出试验试件 N_o-t 关系

表 2.9　钢材力学性能指标

类型	T/℃	f_y/MPa	f_u/MPa	E_s/（10^5N/mm^2）	ν_s	断后伸长率 /%
圆钢管	20	499	576	2.10	0.30	21
	300	508	594	2.07	0.29	35
	500	513	584	2.02	0.27	27
	600	505	583	2.05	0.28	27
	800	458	541	2.04	0.27	33
方钢管	20	500	591	2.03	0.31	25
	300	532	581	2.02	0.28	22
	500	475	565	2.00	0.27	25
	600	455	544	1.98	0.28	27
	800	346	488	1.96	0.29	27

2）混凝土：钢管内使用再生混凝土，再生骨料替代率为 50%。再生混凝土配合比见表 2.10。试验中使用的再生骨料粒径为 5～16mm 和 16～31.5mm。测得的再生混凝土 28d 立方体抗压强度为 35.9MPa，弹性模量为 3.74×10^{4}MPa。施加长期荷载时，混凝土的立方体抗压强度为 39.1MPa，开展试验前混凝土的立方体抗压强度为 39.4MPa。

表 2.10　再生混凝土配合比

再生骨料取代率 /%	水 /（kg/m^3）	水泥 /（kg/m^3）	砂 /（kg/m^3）	天然骨料 /（kg/m^3）	细再生骨料 /（kg/m^3）	粗再生骨料 /（kg/m^3）	减水剂 /（kg/m^3）
50	150	500	777	536.5	321.9	214.6	1.083

（3）试验方法

1）无长期荷载试件：推出试验之前将试件放入电炉，匀速升温到预定的温度并恒温 180min，从而使钢管 - 混凝土界面温度保持稳定。恒温阶段结束后关闭电炉，试件在炉内冷却 180min 之后打开炉门，使试件在常温环境下进一步冷却。图 2.24 所示为各试件的实测 T-t 关系。

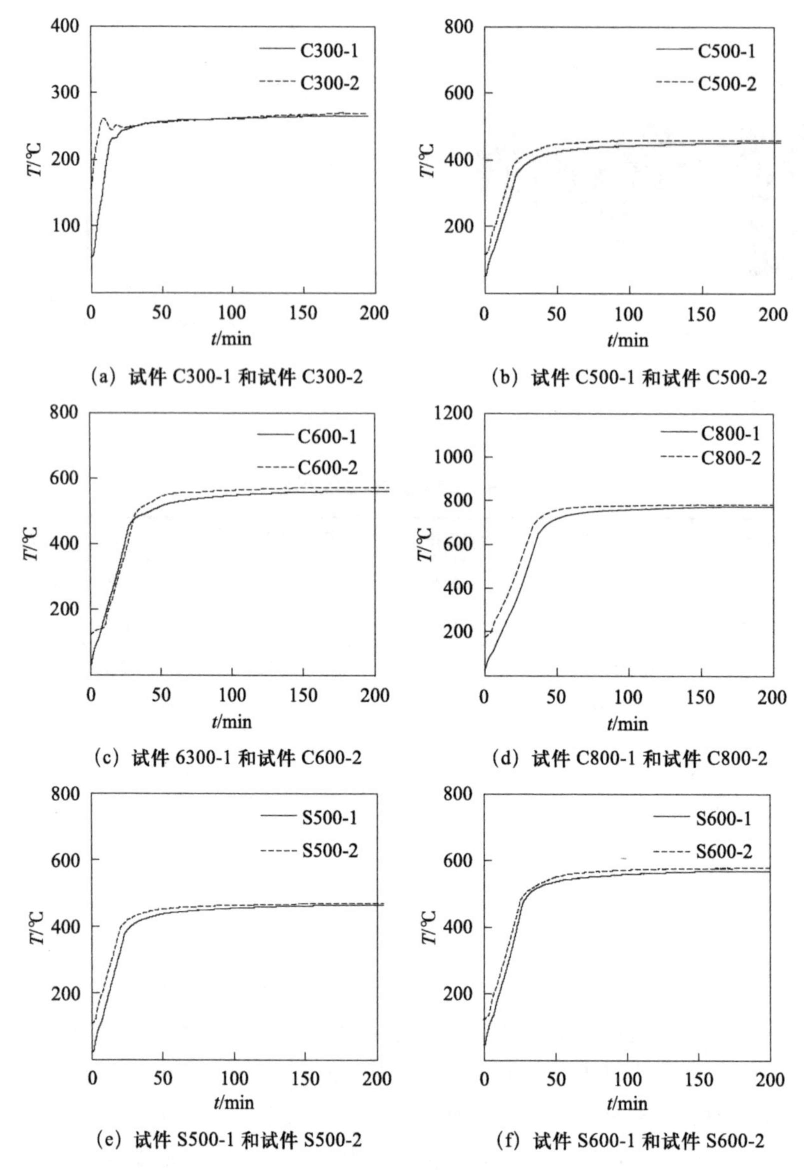

(a) 试件 C300-1 和试件 C300-2　　(b) 试件 C500-1 和试件 C500-2

(c) 试件 6300-1 和试件 C600-2　　(d) 试件 C800-1 和试件 C800-2

(e) 试件 S500-1 和试件 S500-2　　(f) 试件 S600-1 和试件 S600-2

图 2.24　无长期荷载试件的炉膛实测 *T-t* 关系

进行高温后混凝土推出试验时，将试件调整对中之后，将一个尺寸略小于钢管内径的刚性垫块置于混凝土上端面，推出荷载直接作用在刚性垫块上进行推出试验。加载过程中，通过架设的四个位移计测量钢管与核心混凝土之间的相对滑移。单调加载的试件采用慢速分级加载的机制，而往复加载的试件则采用“加载－卸载－加载”的往复加载方式。

2）施加长期荷载试件：对于施加长期荷载的常温下混凝土推出试验，其加载方式和无长期荷载的试件类似，其加载装置如图 2.25 所示。

施加长期荷载试件的炉温实测 *T-t* 关系如图 2.26 所示。对于高温下的推出试验试件 H300-1 和试件 H300-2，当炉温达 300℃之后，恒温 20min，采用单调加载的方式进行推出试验。对于高温后的推出试验试件，当炉温达 300℃之后，恒温 3h 后切断加热电源。试件在炉内冷却 3h 之后打开炉门，待试件自然冷却后进行单调和往复加载。

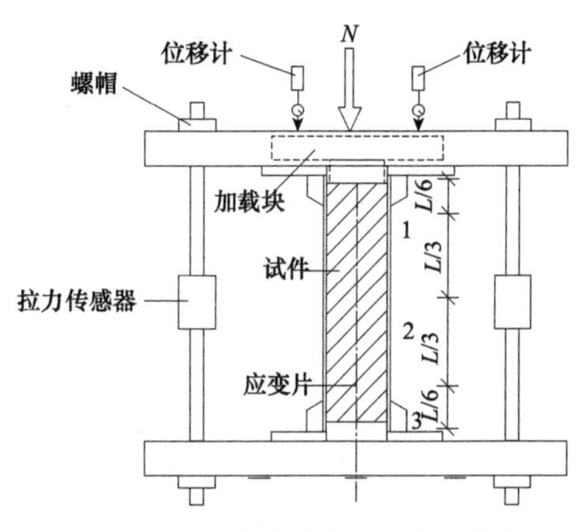

图 2.25　施加长期荷载的混凝土推出试验加载装置

2.4.2　试验结果及分析

（1）温度 - 受火时间关系

试件升温过程中钢管内核心混凝土中心位置的温度（T）- 受火时间（t）关系如图 2.27 所示。可以发现，在混凝土温度达 100℃左右时，混凝土的 T-t 关系曲线出现了明显的平台段，其主要原因是混凝土内水分蒸发导致温度上升速率变慢。在水分充分蒸发之后，混凝土的温度开始稳定上升。

（2）破坏形态

混凝土推出试验完成后的试件破坏形态如图 2.28 所示。从外部来看，钢管和混凝

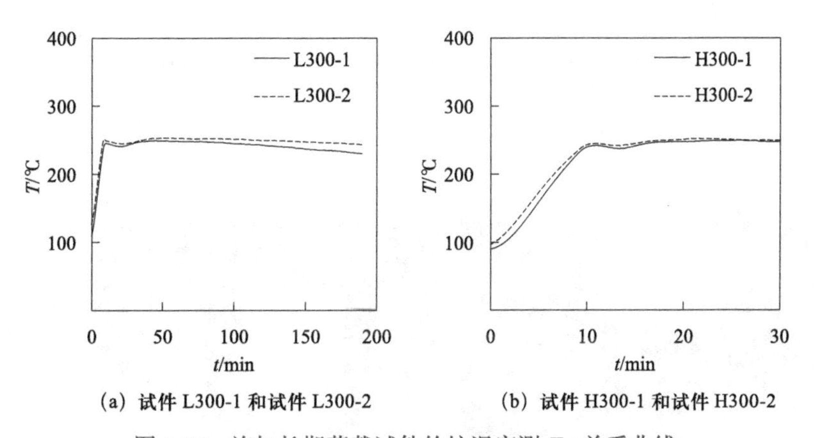

图 2.26　施加长期荷载试件的炉温实测 T-t 关系曲线

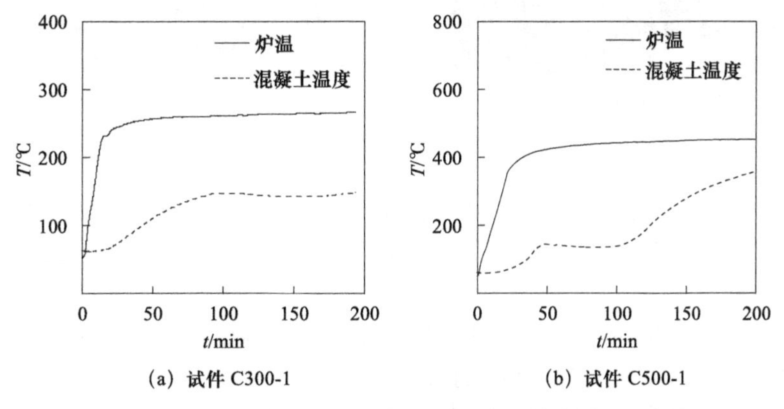

图 2.27　混凝土推出试验试件混凝土中心的实测 T-t 关系

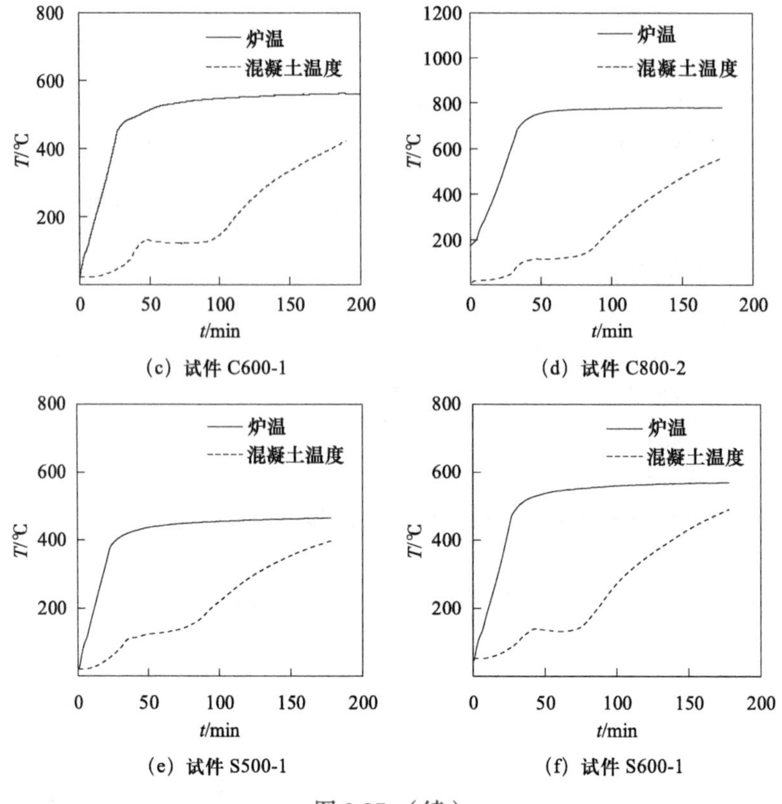

（c）试件 C600-1 （d）试件 C800-2

（e）试件 S500-1 （f）试件 S600-1

图 2.27 （续）

（a）试件破坏后外部形态 （b）试件破坏后内部形态

图 2.28 混凝土推出试验试件破坏形态

土之间出现明显的相对滑移。剖开钢管之后，可以观察到混凝土表面有明显的划痕及水平裂缝。未填充混凝土部分的钢管由于在外侧四周设置了加劲肋，试验中未出现明显的变形。

对于无长期荷载的试件，图 2.29 对比了不同加热温度对试件破坏形态的影响。可以看出，常温下开展界面粘结性能试验的试件，核心混凝土表面只存在少量水平细裂缝；而随着温度的升高，试件核心混凝土表面的裂缝数量和宽度逐渐增加。

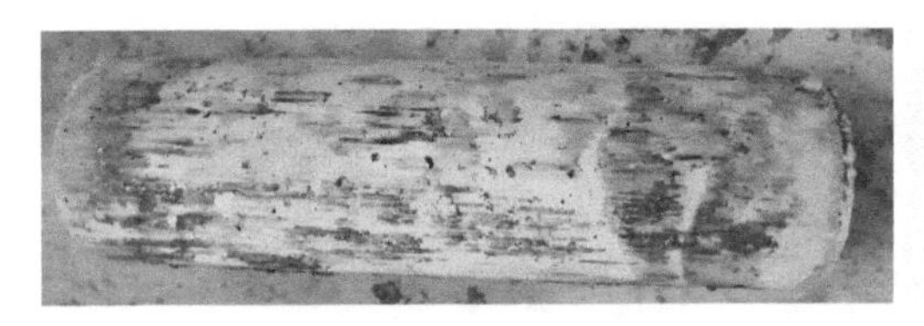

（1）单调加载

（2）往复加载

（a）圆形试件（常温）

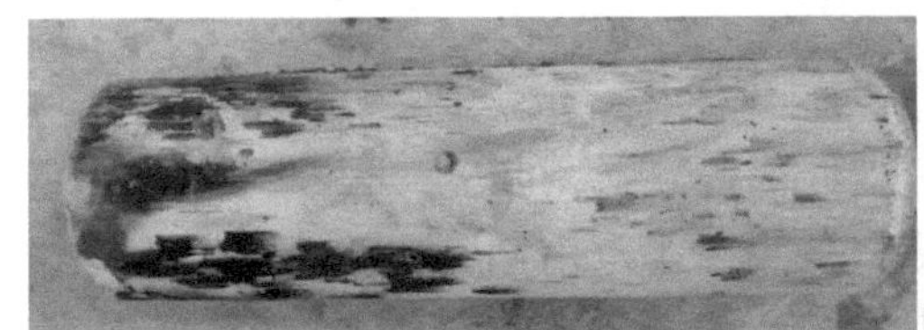

（1）单调加载

（2）往复加载

（b）圆形试件（300℃高温后）

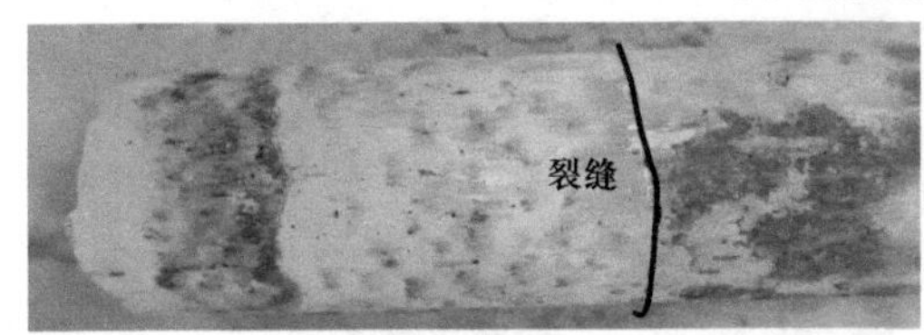

（1）单调加载

（2）往复加载

（c）圆形试件（500℃高温后）

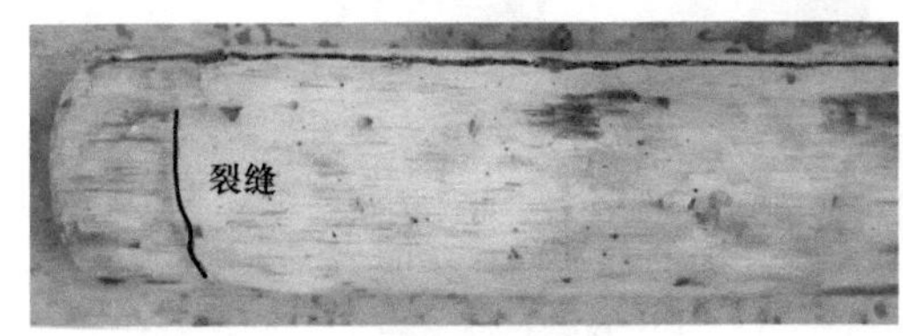

（1）单调加载

（2）往复加载

（d）圆形试件（600℃高温后）

（1）单调加载

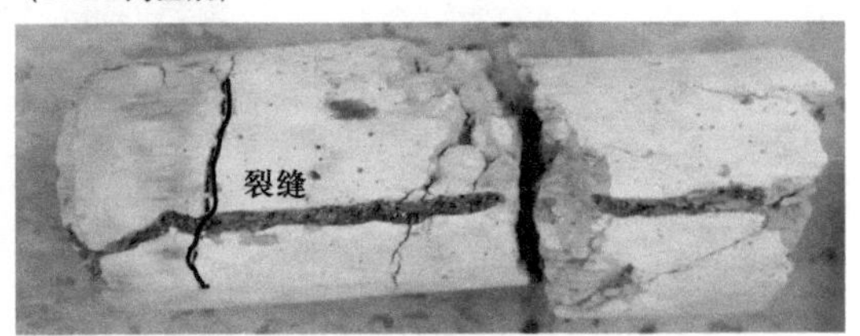

（2）往复加载

（e）圆形试件（800℃高温后）

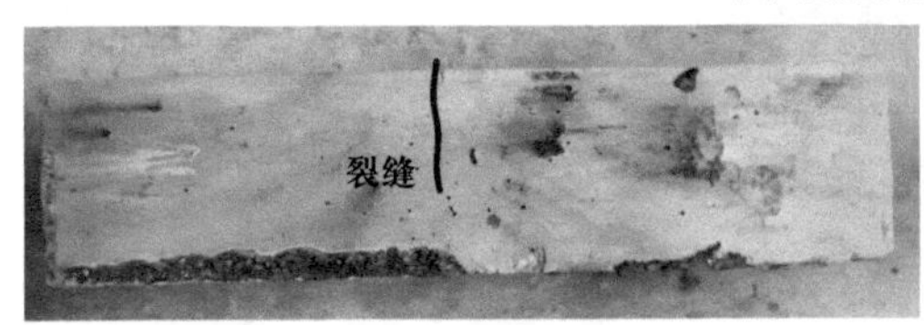

（1）单调加载

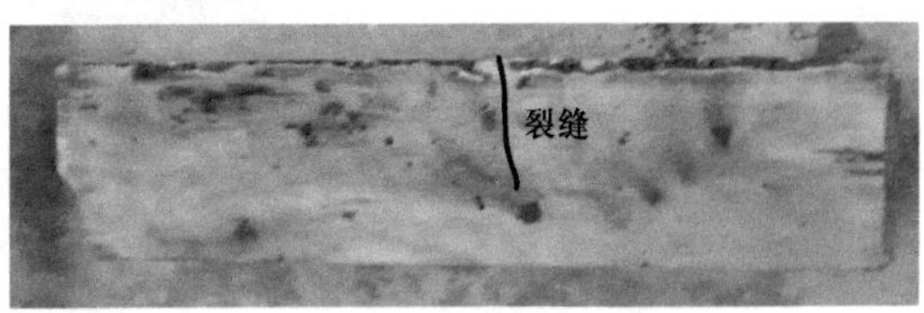

（2）往复加载

（f）方形试件（500℃高温后）

图2.29　无长期荷载试件的破坏形态的影响

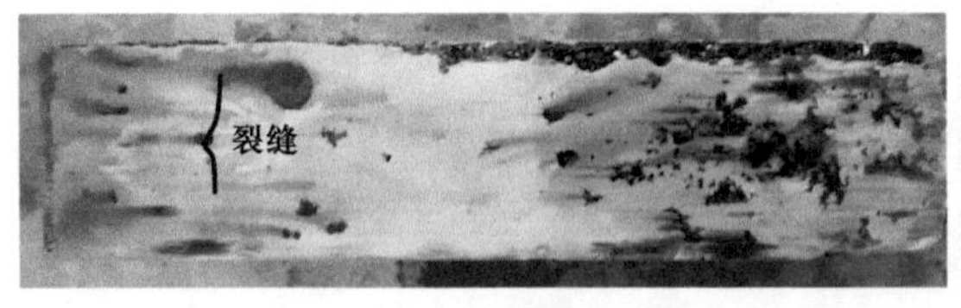

（1）单调加载

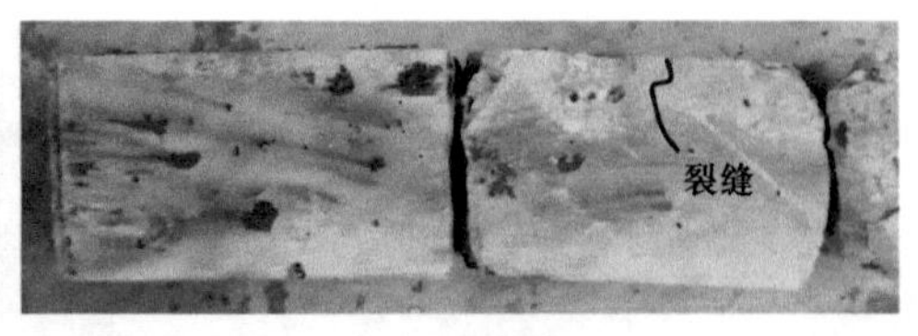

（2）往复加载

（g）方形试件（600℃高温后）

图 2.29 （续）

图 2.30 为施加长期荷载的钢管混凝土试件进行推出试验后的破坏形态。可以看出，试件核心混凝土表面有明显的划痕。对于高温下的混凝土推出试验试件，核心混凝土表面无明显的划痕。主要原因是钢管的热膨胀系数大于混凝土，外钢管受热膨胀后与核心混凝土产生了不同程度的相互分离现象。

（1）单调加载
（试件 L20-1）

（2）往复加载
（试件 L20-2）

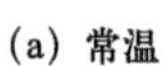

（a）常温

（1）单调加载
（试件 H300-1）

（2）单调加载
（试件 H300-2）

（b）高温下

（1）单调加载
（试件 L300-1）

（2）往复加载
（试件 L300-2）

（c）高温后

图 2.30　施加长期荷载试件的破坏形态

（3）推出荷载-相对滑移关系

混凝土推出试验试件的实测粘结应力（τ）-相对滑移（S）关系如图 2.31 所示。可见，对于大部分试件，采用往复加载方式得到的 τ-S 关系的骨架线和单调加载得到的

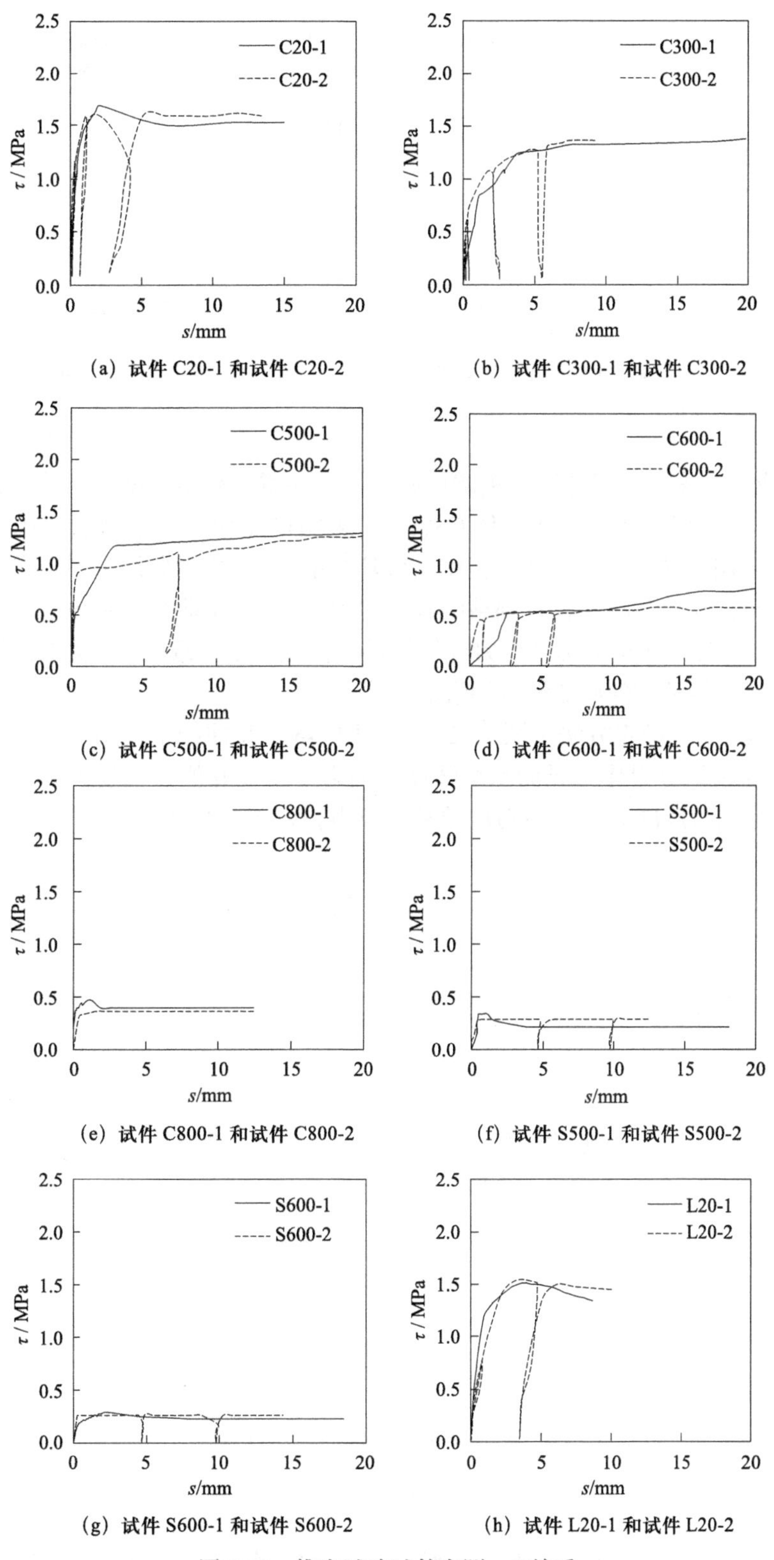

图 2.31　推出试验试件实测 τ-S 关系

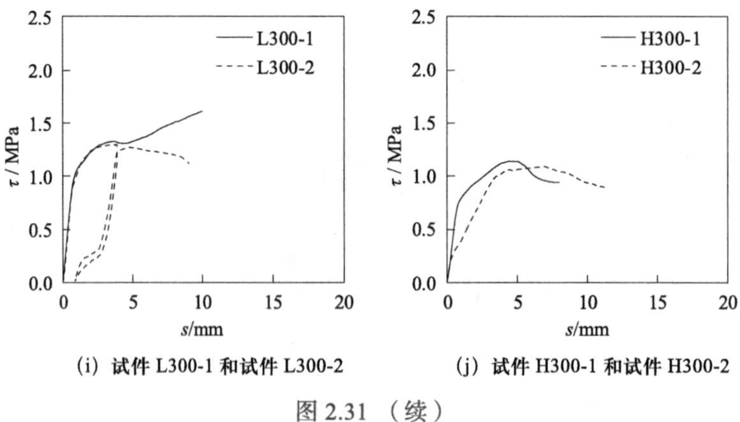

(i) 试件 L300-1 和试件 L300-2　　(j) 试件 H300-1 和试件 H300-2

图 2.31 （续）

τ-S 关系曲线基本重合。部分试件单调加载和往复加载的初始刚度及粘结应力峰值存在一定的差异，如试件 C500-1 和试件 C500-2，采用往复加载时粘结强度比单调加载时下降 21%。采用单调加载时，在发生粘结破坏之前，τ-S 关系曲线的斜率出现了一定程度的下降；而往复加载时，在达到粘结破坏之前，τ-S 关系曲线的斜率基本不变。试件 C600-1 和试件 C600-2 虽然粘结应力峰值接近，但是往复加载时 τ-S 关系曲线的斜率更大。上述差异可能是试件离散性所导致的。

粘结强度（τ_u）确定方法（图 2.32）为：取 τ-S 关系曲线上的第一个峰值点或者曲线拐点对应的粘结应力作为界面粘结强度。如果不存在峰值点和拐点，则取相对滑移量达到界面粘结长度的 0.35% 时对应的粘结应力，如图 2.32 所示。

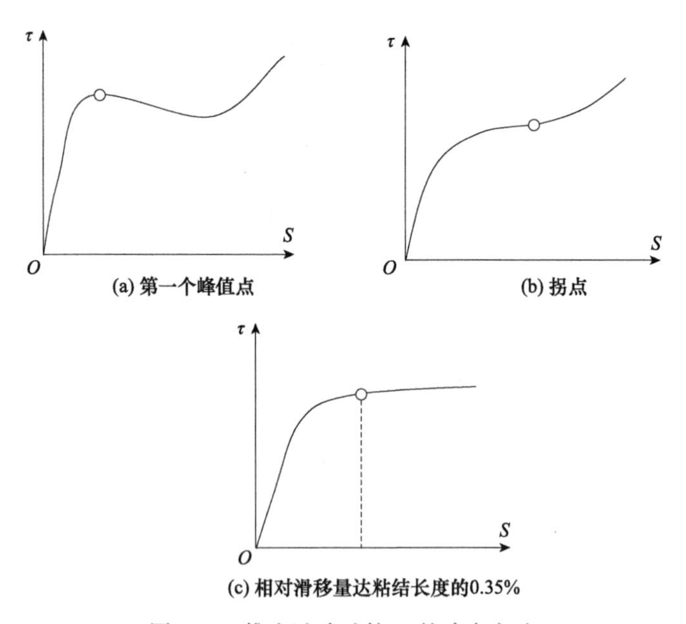

(a) 第一个峰值点　　(b) 拐点

(c) 相对滑移量达粘结长度的0.35%

图 2.32　推出试验试件 τ_u 的确定方法

图 2.33 给出了截面形状对粘结强度（τ_u）的影响规律。常温段方钢管混凝土的粘

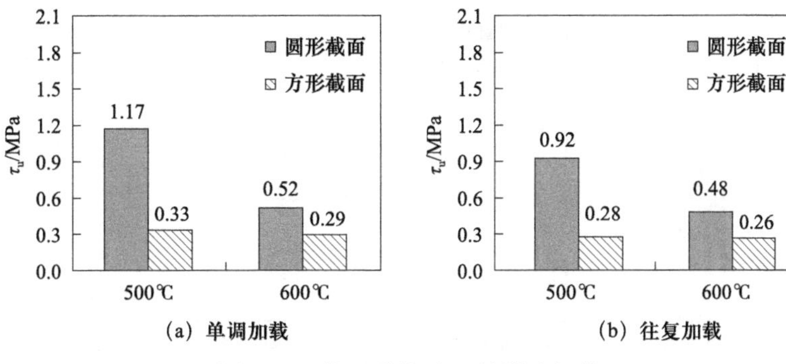

图 2.33　截面形状对 τ_u 的影响规律

结强度通常低于圆钢管混凝土，而在温度相同的情况下，方钢管混凝土的粘结强度也明显低于圆钢管混凝土。在 500℃之后，方钢管混凝土的粘结强度比圆钢管混凝土平均降低 71%；在 600℃之后，方钢管混凝土的粘结强度比圆钢管混凝土平均降低 45%。

图 2.34 分析了温度对粘结强度（τ_u）的影响，图中纵坐标为高温后粘结强度与常温下粘结强度的比值（τ_{uT}/τ_{uo}）。随着温度的增加，试件界面粘结强度逐渐下降。采用单调加载时，圆形钢管混凝土在 300℃、500℃、600℃、800℃之后，其粘结强度比常温下分别下降 28%、31%、69%、72%；采用往复加载时，圆形钢管混凝土在 300℃、500℃、600℃之后，其粘结强度比常温下分别下降 23%、41%、69%。

图 2.35 给出了往复加载对粘结强度（τ_u）的影响。在温度相同的情况下，除了试件 C500-1 和试件 C500-2 之外，采用往复加载时的粘结强度比单调加载时下降 8% 以内。总体来看，采用往复加载的方式不会大幅度降低钢管 - 混凝土界面的粘结强度。

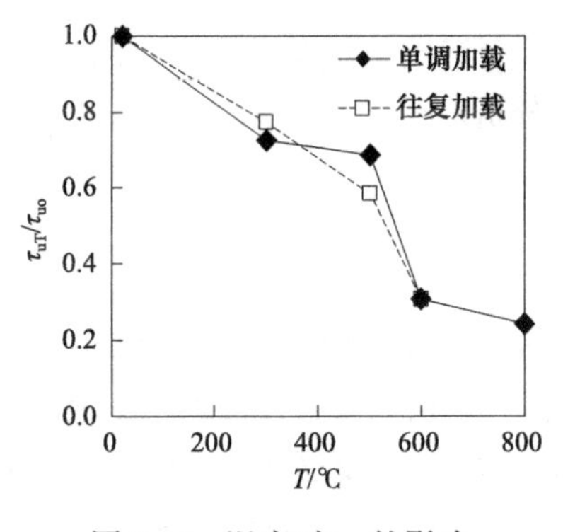

图 2.34　温度对 τ_u 的影响

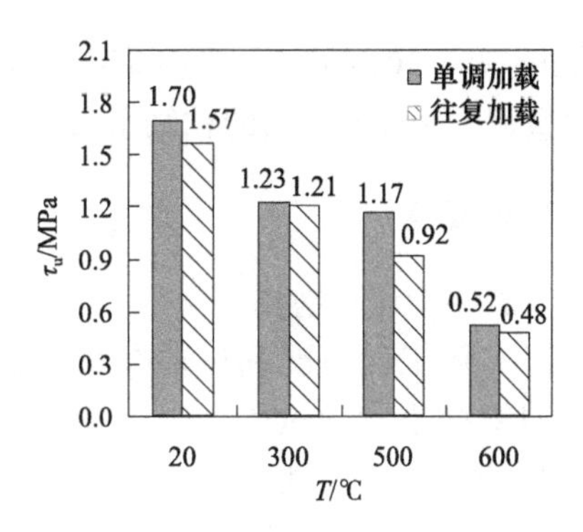

图 2.35　往复加载对 τ_u 的影响

图 2.36 对比了长期荷载对粘结强度（τ_u）的影响。可以看出，无论是常温下还是高温后，长期荷载对界面的粘结强度的影响都不大，且规律性并不明显。对于施加长期荷载的试件，常温下单调加载和往复加载的粘结强度分别比无长期荷载的试件降低 15% 和 6%；对于 300℃后的试件，施加长期荷载的试件在单调加载和往复加载下的粘结强度分别比无长期荷载的试件增加 3% 和 7%。钢管混凝土承受长期轴压荷载时，混凝土发生徐变的过程中也会出现横向膨胀的趋势，可能使得粘结强度增加。

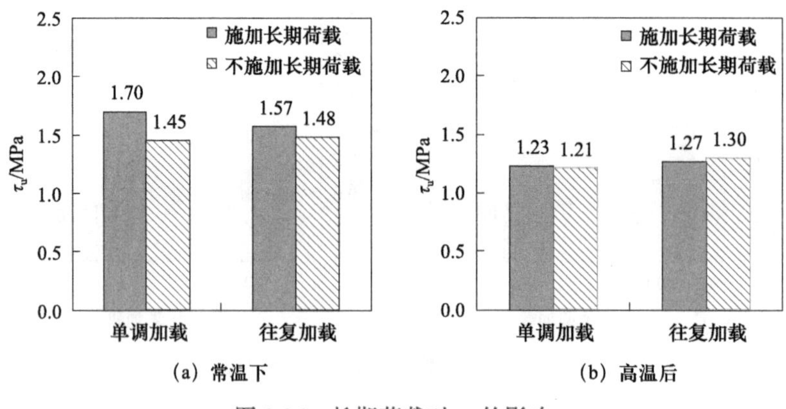

图 2.36　长期荷载对 τ_u 的影响

2.4.3　小结

本节开展了考虑长期荷载和加载方式影响的圆形和方形钢管混凝土的高温下和高温后混凝土推出试验研究。试验结果表明：圆钢管混凝土高温下的粘结强度范围为0.06～0.10MPa，高温后粘结强度范围为0.24～1.23MPa；方钢管混凝土高温下的粘结强度范围为0.01～0.08MPa，高温后粘结强度范围为0.26～0.83MPa。与单调加载方式相比，往复加载的方式会使钢管-混凝土界面的粘结强度降低8%左右。长期荷载对钢管-混凝土截面的粘结性能影响较小。

2.5　高温后型钢-混凝土界面粘结性能

Wang 等（2017）进行了型钢混凝土的高温后型钢推出试验研究，对高温后型钢混凝土中型钢-混凝土界面的粘结滑移性能进行了分析。

2.5.1　试验概况

（1）试件设计和制作

根据实际工程情况和试验条件，共设计了八个型钢混凝土推出试验试件（以下简称“型钢推出试验试件”），其中六个为高温后试件，两个为常温下对比试件。试验参数包括：①火灾类型；②横向配箍率。型钢推出试验试件参数如表 2.11 所示，其中，B 为矩形截面短边边长；D 为矩形截面长边边长；L_i 为型钢和混凝土的接触长度。

图 2.37 所示为型钢推出试验试件的尺寸，内部采用了焊接工字形截面型钢，纵向钢筋为四根直径为 12mm 的变形钢筋。为研究横向配箍率对粘结强度的影响，试件采用两类箍筋布置方式，分别为 8mm 直径箍筋和 10mm 直径箍筋，箍筋间距分别为120mm 和 75mm。所有的型钢推出试验试件的总长度均为 500mm，为方便型钢推出，试件顶部和底部分别预留 60mm 和 10mm 无混凝土包裹的区域。混凝土采用高强混凝土 C60，型钢采用 Q345C，纵筋采用 HRB335，箍筋采用 HPB235。

表 2.11　高温后型钢推出试验试件参数

序号	编号	$B\times D\times L_i^*$	箍筋 /mm	火灾曲线	N_u/kN	τ_u/MPa	S_u/mm
1	SRC1-0	200×260×430	ϕ8@120		483	1.92	0.265
2	SRC1-60	200×260×430	ϕ8@120	火灾曲线 1	274	1.09	8.013
3	SRC2-60	200×260×430	ϕ8@120	火灾曲线 1	264	1.05	7.005
4	SRC1-40	200×260×430	ϕ8@120	火灾曲线 2	221	0.88	6.016
5	SRC3-0	200×260×430	ϕ10@75		421	1.67	0.323
6	SRC3-60	200×260×430	ϕ10@75	火灾曲线 1	295	1.17	4.049
7	SRC3-40	200×260×430	ϕ10@75	火灾曲线 2	309	1.23	5.033
8	SRC4-40	200×260×430	ϕ10@75	火灾曲线 2	253	1.01	4.002

* 此列中 B、D、L_i 的尺寸单位均为 mm。

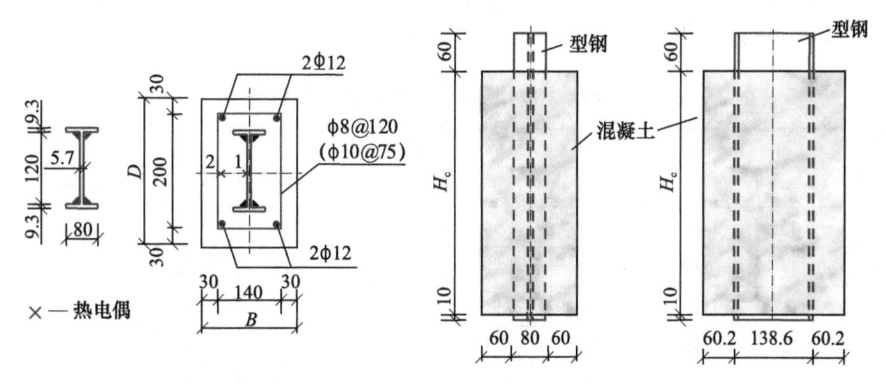

图 2.37　型钢推出试验试件尺寸（尺寸单位：mm）

试件内所用型钢焊接完成后，为获得焊接所致的初始缺陷，测量了每个型钢的截面尺寸，具体的测量位置如图 2.38（a）所示，其中 A—A 截面为顶部截面、B—B 截面为中截面、C—C 截面为底部截面。测量得到的 h_L、h_M 和 h_R 的定义如图 2.38（b）所示。测量结果表明，焊接型钢的初始缺陷主要有三类：翼板弯曲变形［图 2.38（c）］，整体变形［图 2.38（d）］和纵向梯形化变形［图 2.38（e）］。由于焊接过程中焊缝的冷却收缩，大多数型钢的翼缘会向内弯曲，大多数试件的 h_L 和 h_R 值小于 h_M 值。

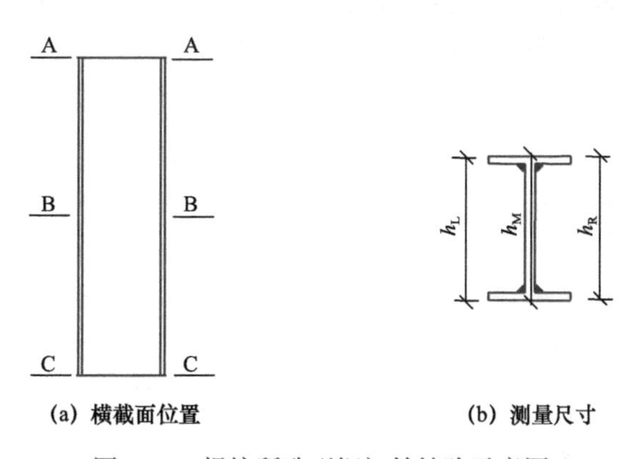

图 2.38　焊接所致型钢初始缺陷示意图

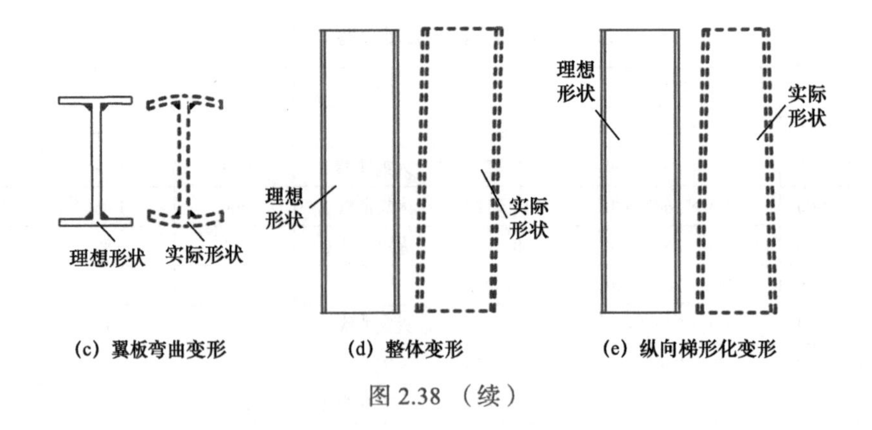

图 2.38 （续）

表 2.12 给出了每个型钢的初始缺陷信息，包括截面尺寸偏差 Δh_L、Δh_M 和 Δh_R（实测 h_L、h_M 和 h_R 减去型钢截面名义高度 138.6mm）。

表 2.12　型钢混凝土试件初始缺陷信息

试件	Δh_L/mm			Δh_M/mm			Δh_R/mm		
	A—A	B—B	C—C	A—A	B—B	C—C	A—A	B—B	C—C
SRC1-0	−0.06	0.48	2.90	0.90		3.78	0.32	1.00	2.68
SRC1-60	0.82	−0.06	−0.66	1.40		0.44	1.02	0.02	−0.16
SRC2-60	0.04	0.02	−0.80	0.94		0.38	0.06	−0.18	−2.60
SRC1-40	−2.44	−0.92	−0.04	−1.18		0.52	−2.60	−1.30	−0.28
SRC3-0	0.84	0.82	1.70	0.66		1.08	−1.34	−1.06	−1.18
SRC3-60	−0.24	0.32	2.24	2.42		−0.02	−1.52	−0.84	1.04
SRC3-40	−0.24	−0.54	1.16	−0.36		0.88	−2.46	−2.46	−1.50
SRC4-40	−0.02	−0.78	−0.20	1.40		1.40	1.46	0.72	1.98

（2）材料性能

钢材力学性能指标（表 2.13）由标准拉伸试验确定。实测钢板和钢筋的弹性模量（E_s）、屈服强度（f_y）和极限强度（f_u）。型钢推出试验试件中所用混凝土配合比为：水泥 545kg/m^3；水 180kg/m^3；砂 852kg/m^3；粗骨料（钙质）923kg/m^3；减水剂 8kg/m^3。试件在自然条件下养护，混凝土 28d 立方体抗压强度（f_{cu}）为 68MPa；试验时立方体抗压强度（f_{cu}）为 71MPa；弹性模量（E_c）为 3.72×10^4N/mm^2。

表 2.13　钢材力学性能指标

钢材类型	厚度或直径 /mm	E_s/（10^5N/mm^2）	f_y/MPa	f_u/MPa
钢板	9.3	1.88	381	535
钢板	5.7	1.94	330	477
纵向钢筋	12	1.91	367	516
箍筋	10	1.89	261	376
箍筋	8	1.82	260	434

（3）试验方法

在中国建筑科学研究院建筑安全与环境国家重点实验室的燃气火灾试验炉中进行升温试验。试件自然冷却至常温后进行推出试验，图 2.39 所示为推出试验所用装置。试件上部型钢受轴向荷载（N），试件下部设置刚性垫板，刚性垫板由两部分组成，内部预留工字型开孔，以方便推出试验过程中型钢可以从混凝土内推出。推出试验过程中采用位移控制，加载速率为 1mm/min。对于常温下试件，直接进行推出试验。

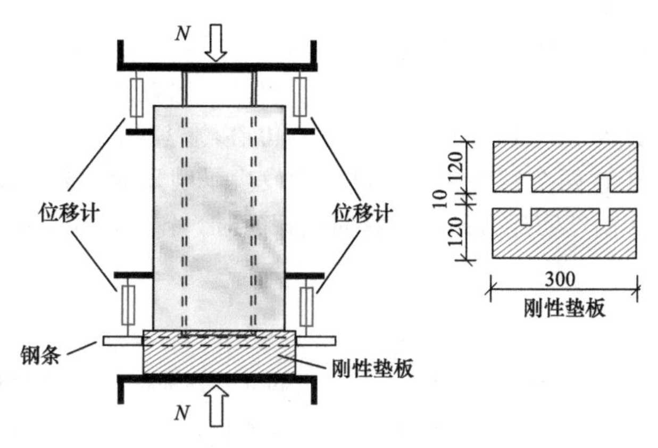

图 2.39　型钢推出试验装置（尺寸单位：mm）

对于高温后试件，首先将试件放入燃气火灾试验炉中进行升温。升温时试件四面受火，试件顶部裸露的型钢采用石棉包裹隔热，达到预定的升温时间后进行降温，冷却至常温后再进行推出试验。推出试验过程中，分别采用两个位移计测量加载端和刚性垫板端型钢和混凝土的相对滑移。

试验时采用的火灾曲线 1 和 2 为按某实火灾工况中型钢混凝土的温度变化选取的实际火灾曲线，该类曲线包括升、降温段，具体温度（T）- 受火时间（t）关系如图 2.40 所示。

火灾曲线 1 升温时间为 60min，初始升温速率为 43℃ /min；火灾曲线 2 升温时间为 40min，初始升温速率为 57℃ /min。降温段，采用火灾曲线 1 的试件保持在封闭的炉膛内，而采用火灾曲线 2 的试件的炉膛门被打开，因此火灾曲线 2 的降温速率明显高于火灾曲线 1。

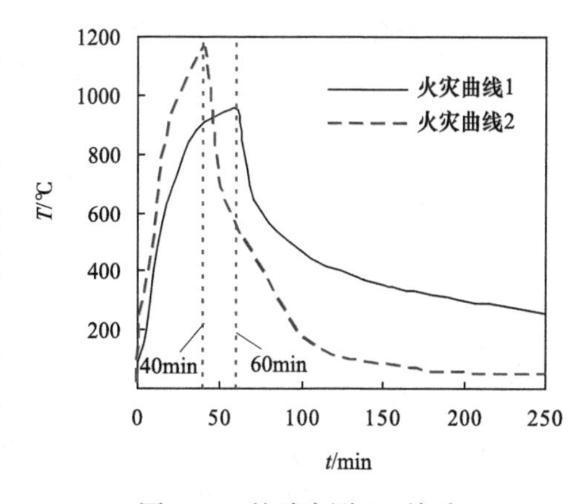

图 2.40　炉膛实测 T-t 关系

高温后试件的混凝土爆裂较明显，部分试件的箍筋混凝土保护层发生了脱落，混凝土部分的破坏可能导致推出试验过程中形成偏心受力或者外包混凝土提前破坏。因此，在高温后推出试验前对受火试件外表面进行清理，小心凿除松散的混凝土层，然后在清除干净的混凝土表面涂抹界面粘结剂，以增强受火后的混凝土表面与高强聚合物砂浆之间的粘结。在混凝土破坏脱落的位置用高强聚合物砂浆进行修补，然后待聚合物砂浆达到一定强度而且干燥之后，在固定端混凝土的端部和中间位置用 50mm 宽的碳纤维布粘结包裹，防止受火后的混凝土端部因受压而开裂破碎或者聚合物砂浆与受火后的混凝土界面产生开裂脱离。

2.5.2 试验结果及分析

（1）温度 - 受火时间关系

图 2.41 所示为实测的测温点温度（T）- 受火时间（t）关系。从图 2.41 中可以看出，箍筋的布置方式对试件温度发展的影响不明显。比较升、降温过程中测温点的最高温度可以发现，试件 SRC3-60 和试件 SRC3-40 在测温点 2 的最高温度明显高于其他试件，这主要是由于这两个试件在受火过程中发生了明显的混凝土爆裂，从而导致位于箍筋上的测温点 2 温度明显升高。火灾曲线相同时，各试件在型钢腹板上的测温点 1 温度差异较小。

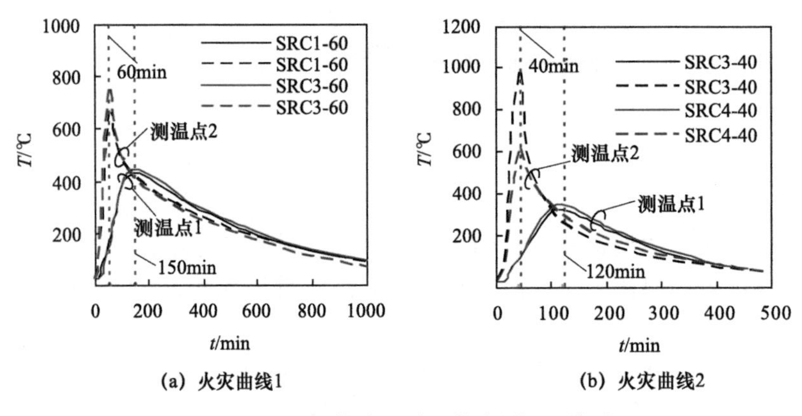

图 2.41 型钢推出试验试件实测 T-t 关系

从图 2.41 中还可以看出，由于混凝土的导热系数较低，升温过程中内部测温点温度延迟较为明显。如图 2.41 所示，对于火灾曲线 1 和火灾曲线 2，测温点 1 的历史最高温度分别发生在 t=150min 和 t=120min 的时刻（此时火灾温度曲线处于降温段），对应的历史最高温度分别为 430℃和 370℃，而火灾升温结束时刻对应的温度分别为 180℃和 130℃。因此，在研究高温后型钢混凝土中型钢和混凝土界面性能时，应该以达到的历史最高温度为依据，而不是简单根据升温时间来展开研究。

（2）破坏形态

所有试件呈现出类似的破坏形态，以试件 SRC1-0 为例，图 2.42（a）和（b）给出了试件上端和下端的破坏形态。从图中可见试件上部加载端混凝土出现明显的裂缝，而下部固定端混凝土没有明显的裂缝产生，这主要是由于下端混凝土受到刚性垫板的摩擦约束作用的影响。

如图 2.42（a）所示，试件上端的混凝土裂缝从型钢翼缘端部延伸到纵向钢筋处或混凝土外表面，这可能是由于以下原因造成的：①泊松效应导致内部型钢在轴压荷载

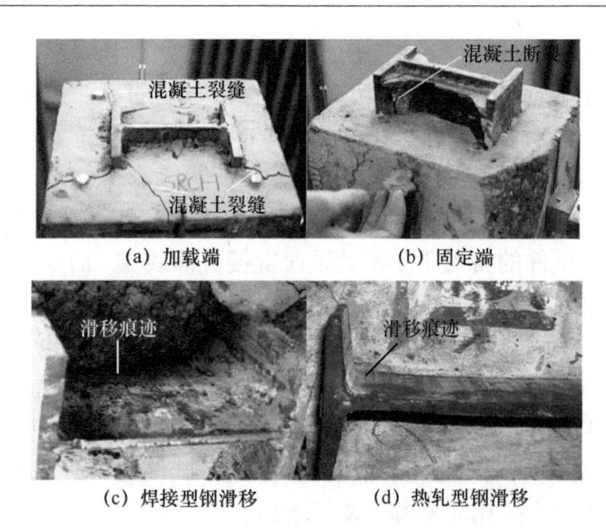

(a) 加载端 (b) 固定端

(c) 焊接型钢滑移 (d) 热轧型钢滑移

图 2.42 型钢推出试验试件 SRC1-0 的破坏形态

下发生的侧向膨胀；②型钢的初始缺陷也会造成混凝土的开裂。从图 2.42（c）可以看出，由于焊接型钢表面较为粗糙，推出试验后一些混凝土碎块会残留在型钢腹板和翼缘的焊接处，这在一定程度上增加了型钢和混凝土之间的相互咬合作用。当采用热轧型钢时，如图 2.42（d）所示，推出试验后混凝土保持了较好的整体性。

（3）粘结应力 - 相对滑移关系

通过试验获得各个试件的粘结应力（τ）- 相对滑移（S）关系，这里的粘结应力通过推出荷载除以型钢和混凝土的接触面积获得，相对滑移为测得的试件上端和下端的相对滑移平均值。试验结果表明，常温下的 τ-S 关系可分为两类，如图 2.43（a）所示。两类曲线均可分为四个阶段：①初始非滑移阶段（OA 阶段）；②滑移阶段（AB 阶段）；③峰值后阶段（BC 和 BC′ 阶段）；④残余阶段（CD 和 C′D′ 阶段）。

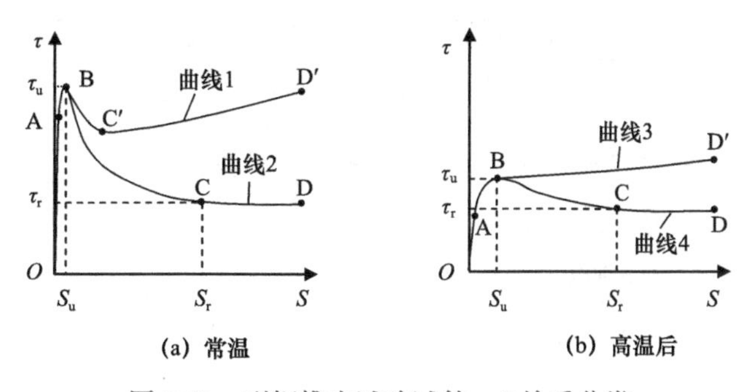

(a) 常温 (b) 高温后

图 2.43 型钢推出试验试件 τ-S 关系分类

在初始非滑移阶段（OA 阶段），型钢和混凝土界面之间没有发生明显的滑移，施加在型钢上的轴向荷载主要通过粘结作用来传递给混凝土，这一阶段的粘结强度和相对滑移关系接近与线性关系。达到 A 点后，型钢和混凝土之间的界面滑移加速发展，达到粘结强度（τ_u）时，试件混凝土裂缝开始形成。如果型钢的几何初始缺陷不明显，如热轧型钢，τ-S 关系将迅速降低，到达 C 点，此时的相对滑移通常接近 10mm。如型钢初始缺陷影响明显，τ-S 关系将按照 BC′ 线形发展。由此可见，峰值点后阶段的粘结性能受型钢和混凝土界面的接触摩阻和机械咬合力影响明显。进入残余阶段后，粘结应力会保持不变（CD 阶段）或者开始增加（C′D′ 阶段），这主要是受到型钢表面情况和型钢初始缺陷的影响。

总的来说，曲线 1 和曲线 2 的的区别主要在于峰值点后的曲线发展趋势，采用焊接型钢的型钢混凝土试件的常温下 τ-S 关系通常接近曲线 1，而采用热轧型钢的型钢混凝土试件通常接近曲线 2。

如图 2.43（b）所示，型钢推出试验试件的高温后 τ-S 关系也可分为两类（曲线 3 和曲线 4）。采用焊接型钢的型钢混凝土推出试验试件在达到粘结强度（τ_u）后通常没有明显的下降段（BD′ 阶段），而采用热轧型钢的型钢混凝土推出试验试件存在明显的软化阶段（BCD 阶段）。与未受火试件相比，高温后试件的 τ-S 关系的初始刚度和粘结强度会明显降低，而对应的相对滑移（S_u）增加。

表 2.11 给出了试验获得的最大推出荷载（N_u）、粘结强度（τ_u）和对应 τ_u 的相对滑移（S_u）。需要指出的是，大多数的高温后推出试验试件的 τ-S 关系表现为图 2.43（b）所示的曲线 3 没有明显的下降段，其高温后的粘结强度（τ_u）定义为当 τ-S 曲线的切线刚度小于 1% 的初始切线刚度时对应的粘结应力。

（4）不同参数影响分析

1）火灾曲线：图 2.44（a）给出了火灾曲线对型钢推出试件 τ-S 关系的影响。可以看出，常温下试件和高温后试件的 τ-S 关系线形明显不同。常温下试件的 τ-S 曲线的初始刚度明显高于高温后试件，这是由于高温后型钢和混凝土的弹性模量降低。另外，常温下试件的 τ-S 曲线在达到粘结强度后会有一个陡降阶段，而高温后试件没有这种情况发生。高温后试件的 S_u 值较未受火试件明显增加，通常是常温下试件的 12～30 倍。高温对 τ_u 值影响明显，τ_u 的折减系数达 26.5%～54.2%。

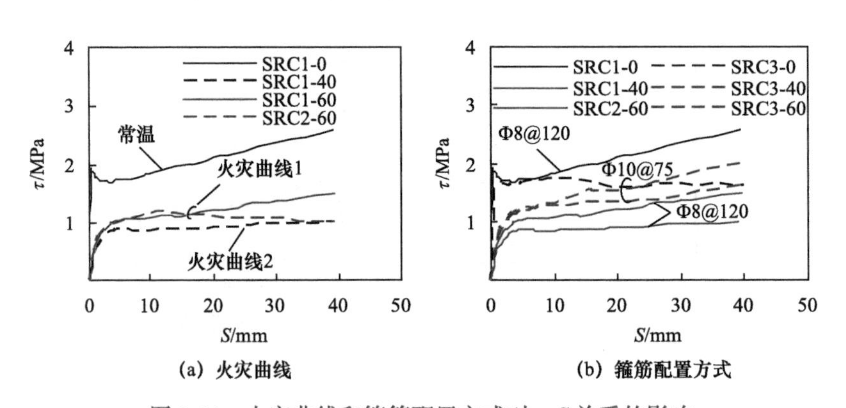

图 2.44　火灾曲线和箍筋配置方式对 τ-S 关系的影响

通过比较采用火灾曲线 1 和 2 的高温后型钢推出试验结果可以发现，采用火灾曲线 1 时的粘结强度会有所恢复，其粘结强度增加量大约是采用火灾曲线 2 时的 16%～24%，这主要是由于火灾曲线 2 历史最高温度较高造成的。

2）箍筋配置方式：图 2.44（b）给出了箍筋配置方式对型钢推出试验试件 τ-S 关系

的影响。以往研究表明通过配置箍筋，型钢和混凝土界面的峰值点后粘结性能有所改善，但对粘结强度影响不明显（Tao et al.，2012）。试验结果表明未受火试件 SRC1-0 的粘结强度是 1.920MPa，而提高配箍率后，试件 SRC3-0 的粘结强度到达 1.674MPa。对于受火试件，试验结果表明箍筋配置方式对 τ-S 关系的峰值点后粘结滑移性能和粘结强度影响都较为明显。当提高配箍率后，采用火灾曲线 1 和 2 的试件的粘结强度分别提高了 27.1% 和 9.7%。

3）型钢类型：为了比较型钢类型的影响，图 2.45 给出了采用热轧型钢的型钢推出试验试件 τ-S 关系（Tao et al.，2012）与本节所获得的采用焊接型钢的型钢推出试验试件 τ-S 关系比较。在常温下，型钢类型对粘结强度影响不明显，但对 τ-S 关系的线形影响明显。

如图 2.45（a）所示，采用焊接型钢的型钢推出试验试件 τ-S 曲线没有明显下降段，但采用热轧型钢时具有明显的下降段。这主要是由于焊接型钢的表面粗糙且几何初始缺陷明显，如图 2.45（b）所示，型钢类型对高温后试件的影响规律与常温下试件类似。

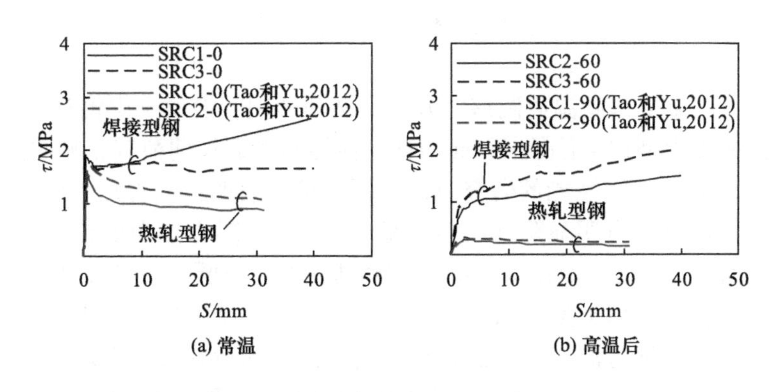

图 2.45 型钢类型对 τ-S 关系的影响

（5）反向推回粘结应力 - 相对滑移关系

在滞回荷载或地震作用下，型钢和混凝土之间可能会发生往复的反向滑移。图 2.46 给出了正向推出和反向推回时的 τ-S 关系比较。对于试件 SRC1-0，正向推出

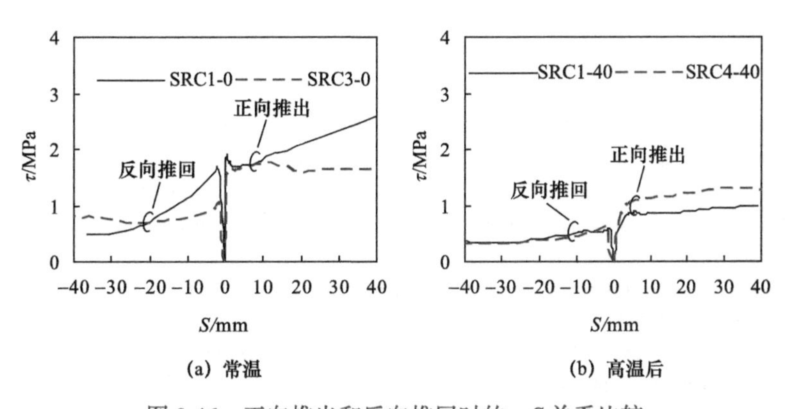

图 2.46 正向推出和反向推回时的 τ-S 关系比较

和反向推回获得的粘结强度较为接近，这可能是由于 SRC1-0 的初始缺陷所造成的。而其他试件在反向推回时得到的粘结强度通常会低于正向推出时获得的值，折减系数可高达 60%。

2.5.3　小结

在本节所进行的试验参数范围内可见，对于型钢混凝土，其内部型钢的历史最高温度远高于火灾升温结束时刻温度，因此在研究高温后型钢混凝土中型钢 - 混凝土界面的粘结性能和确定粘结强度时应考虑型钢历史最高温度的影响；与常温情况相比，高温后型钢混凝土的粘结强度会有所降低，折减系数可高达 54.2%，而对应的相对滑移会从大约 0.3mm 增加到 4mm；由于焊接型钢的初始几何缺陷明显且表面较粗糙，采用焊接型钢的型钢混凝土的高温后粘结强度与采用热轧型钢的型钢混凝土相比会有所提高，且测得的 τ-S 关系无明显下降段，而采用热轧型钢的型钢混凝土的 τ-S 关系存在突然的下降段。

2.6　本 章 小 结

本章论述了高温下和高温后圆形、方形和椭圆形钢管混凝土中钢管 - 混凝土界面、高温后型钢混凝土中型钢 - 混凝土界面的粘结性能和考虑长期荷载影响的高温后圆形、方形钢管混凝土界面粘结性能的研究成果。研究结果表明：高温后型钢 - 混凝土界面的粘结强度较常温下会有明显降低；而高温后钢管 - 混凝土界面的粘结强度会随着受火时间的增加而变化，受火时间为 90min 时粘结强度会降低，而受火时间为 180min 时粘结强度有所恢复；截面类型对高温后钢管混凝土的粘结强度有较大影响；施加长期荷载可以提高常温下钢管混凝土界面粘结强度，而长期荷载对高温后粘结强度影响相对较小。通过试验，给出了钢 - 混凝土组合结构中钢 - 混凝土界面粘结强度定量化的变化规律。

本章进行的系列试验研究为进一步深入研究钢 - 混凝土组合结构中钢 - 混凝土界面的粘结性能创造了条件。

参 考 文 献

李帅，2021．火灾后钢管混凝土柱 - 钢梁单边螺栓连接节点的抗震性能 [D]．北京：清华大学．

刘夏璐，2021．椭圆钢管混凝土火灾后力学性能研究 [D]．北京：北京工业大学．

ISO-834, 1975. Fire resistance tests-elements of building construction [S]. International Standard ISO 834, Geneva.

JASPART J P, 1991. Study of the semi-rigidity of beam-to-column joints and its influence on the resistance and stability of steel buildings [D]. Liège University.

ROEDER C W, CAMERON B, BROWN C B, 1999. Composite action in concrete filled tubes [J]. Journal of Structural Engineering, ASCE, 125 (5): 477-484.

SONG T Y, TAO Z, HAN L H, et al., 2017. Bond behavior of concrete-filled steel tubes at elevated temperatures [J]. Journal of Structural Engineering, ASCE, 143 (11): 1-12.

TAO Z, HAN L H, UY B, et al., 2011. Post-fire bond between the steel tube and concrete in concrete-filled steel tubular columns [J]. Journal of Constructional Steel Research, 67 (3): 484-496.

TAO Z, SONG T Y, UY B, et al., 2016. Bond behaviour in concrete-filled steel tubes [J]. Journal of Constructional Steel Research, 120: 81-93.

TAO Z, YU Q, 2012. Residual bond strength in steel reinforced concrete columns after fire exposure [J]. Fire Safety Journal, 53: 19-27.

WANG W H, HAN L H, TAN Q H, et al., 2017. Tests on the steel-concrete bond strength in steel reinforced concrete (SRC) columns after fire exposure [J]. Fire Technology, 53: 917-945.

第 3 章　型钢混凝土构件的耐火性能

3.1　引　　言

型钢混凝土（SRC）在多、高层和大跨等建筑结构中应用较多。本章建立了截面如图 1.6（a1）和（a2）所示的型钢混凝土构件在图 1.13 所示的 A→B→B′ 升温曲线作用下的耐火性能数值分析模型，并进行了必要的试验验证。采用数值模型分析了不同参数对型钢混凝土构件耐火极限的影响规律，提出了型钢混凝土构件的耐火极限实用计算方法。

3.2　数值计算模型

火灾下型钢混凝土结构的数值计算包括结构温度场和结构受力机理分析。本节分别建立了基于纤维模型法和有限元法的数值计算模型，以期为深入分析型钢混凝土构件的耐火性能创造条件。纤维模型法计算简便实用，而有限元法便于细致分析力和火灾共同作用下型钢与混凝土之间的相互作用。

3.2.1　纤维模型

这里论述的“纤维模型法”实际上是一种简化的数值分析方法，采用该方法进行力和火灾共同作用下型钢混凝土构件的变形计算时，假设截面上任何一点的纵向应力只取决于该点的纵向纤维应变。合理确定组成型钢混凝土的钢材和混凝土的热力学模型，是采用该方法进行分析计算的关键点。

（1）材料的热力学模型

1）钢材：钢材在温度和应力共同作用下的总应变（ε_s）由三部分组成，即应力应变（$\varepsilon_{s\sigma}$）、热膨胀应变（ε_{sth}）和高温蠕变（ε_{scr}），表达式如下：

$$\varepsilon_s = \varepsilon_{s\sigma} + \varepsilon_{sth} + \varepsilon_{scr} \tag{3.1}$$

① 钢材应力 - 应变关系。常温段钢材的应力 - 应变关系可分为两类：一类为有明显屈服平台的模型，如二次塑流模型；另一类为无明显屈服平台的模型，如双折线模型（韩林海，2007；韩林海，2016）、Ramberg-Qsgood 模型（过镇海等，2003）等。高温下钢材的应力 - 应变模型中大多包含了温度为常温时的情况，多为无明显屈服平台的形式（李国强等，2006）。在结构高温计算时，对常温和升温段选用统一的应力 - 应变关系，将使不同阶段的材料性能过渡更为平稳，且易于收敛。

升温段钢材的应力 - 应变模型有多种，如 Ramberg-Osgood 模型、Rubert-Schaumann 模型、Poh 模型、ASCE 模型、Eurocode3 模型等。Lie 等（1993）给出的钢材高温下应力 -

应变模型已在钢筋混凝土构件（Lie et al.，1993；Lie et al.，1990）和钢管混凝土构件（韩林海，2007；韩林海，2016）耐火性能的研究中得到应用和验证。该模型总应力σ_s的数学表达式如下：

$$\sigma_s=\begin{cases}\dfrac{f(T,0.001)}{0.001}\varepsilon_{s\sigma} & (\varepsilon_{s\sigma}\leqslant\varepsilon_p)\\ \dfrac{f(T,0.001)}{0.001}\varepsilon_p+f\left[T,(\varepsilon_{s\sigma}-\varepsilon_p+0.001)\right]-f(T,0.001) & (\varepsilon_{s\sigma}>\varepsilon_p)\end{cases} \tag{3.2-1}$$

$$\varepsilon_p=4\times10^{-6}f_y \tag{3.2-2}$$

$$f(T,0.001)=(50-0.04T)\times\{1-\exp[(-30+0.03T)\sqrt{0.001}]\}\times6.9 \tag{3.2-3}$$

$$\begin{aligned}&f[T,(\varepsilon_{s\sigma}-\varepsilon_p+0.001)]\\&=(50-0.04T)\times\{1-\exp[(-30+0.03T)\sqrt{\varepsilon_{s\sigma}-\varepsilon_p+0.001}]\}\times6.9\end{aligned} \tag{3.2-4}$$

式中：T——温度（℃）；

f_y——常温下钢材屈服强度（MPa）。

钢材在多轴应力状态下的弹塑性增量理论需要满足屈服准则、流动法则和硬化法则等条件。建模时钢材采用等向弹塑性模型，满足 Von Mises 屈服准则，采用相关流动法则和用于单调荷载作用下的等向强化法则。

② 钢材热膨胀。已有文献给出了钢材的热膨胀应变表达式，如 ECCS（1988）、Lie 等（1993）、Eurocode 3（2005）等。韩林海（2007）在对火灾作用下钢管混凝土柱的力学性能进行研究时，采用了 Lie 等（1993）给出的钢材热膨胀应变模型，取得了较好的计算效果，该模型的数学表达式如下：

$$\varepsilon_{sth}=\begin{cases}(0.004T+12)\,T\times10^{-6} & (T<1000℃)\\ 16T\times10^{-6} & (T\geqslant1000℃)\end{cases} \tag{3.3}$$

式中：T——温度（℃）；

③ 钢材高温蠕变。在对结构的抗火性能进行分析时，一些学者考虑了钢材高温蠕变的影响，如 Skowroński（1993）、Zeng 等（2003）、Huang 等（2004）、Huang 等（2006）分析钢柱的耐火性能时考虑了钢材高温蠕变的影响；Bratina 等（2007）、Kodur 等（2008）建立了考虑钢筋高温蠕变的钢筋混凝土梁数值分析模型；Tan 等（2002）建立了计算钢框架耐火性能的有限元计算模型，模型中考虑了钢材高温蠕变的影响。Bratina 等（2007）分析了钢材高温蠕变对火灾下钢筋混凝土梁耐火性能的影响，研究发现考虑钢材高温蠕变后，钢筋混凝土梁的跨中挠度 - 受火时间关系更接近试验值。Kodur 等（2010）在综述了已有钢材高温模型的基础上，对结构分析中钢材高温蠕变的影响进行了分析，发现钢材高温蠕变对钢结构耐火性能有明显影响。

Skowroński（1993）给出了基于试验结果回归分析获得的钢材高温蠕变模型，本节在建立型钢混凝土构件火灾下的纤维模型时，采用该钢材高温蠕变模型来考虑钢材高温蠕变的影响，其表达式如下：

$$\varepsilon_{\text{scr}}=\text{sgn}(S)\cdot|S|^{m}\cdot\psi\left[\exp\left(-\frac{Q}{RT}\right),t\right] \tag{3.4-1}$$

$$\psi\left[\exp\left(-\frac{Q}{RT}\right),t\right]=B\cdot\theta^{\frac{1}{3}} \tag{3.4-2}$$

$$\theta=\int_{0}^{t}\exp\left(-\frac{Q}{RT}\right)\text{d}t \tag{3.4-3}$$

式中：B——相关参数，采用 ASTM-A36 结构钢时，$B=1.0534\times10^{-5}$；

m——相关参数，采用 ASTM-A36 结构钢时，$m=4.1833$；

S——应力（MPa）；

Q/R——38 900K；

T——钢材的绝对温度（K）；

t——时间（h）。

2）混凝土：型钢混凝土构件在受力过程中，其截面上的混凝土根据受约束与否及受约束的程度可大致分为三个区域（Chen et al.，2006），即无约束区（Ⅰ）、弱约束区（Ⅱ）和约束区（Ⅲ）。Ellobody et al.（2010）在建立数值模型时，采用了图 3.1 所示的分区方式，其中，Ⅰ区的混凝土不受约束；Ⅱ区的混凝土受到箍筋的约束；Ⅲ区的混凝土同时受到箍筋和型钢的约束。

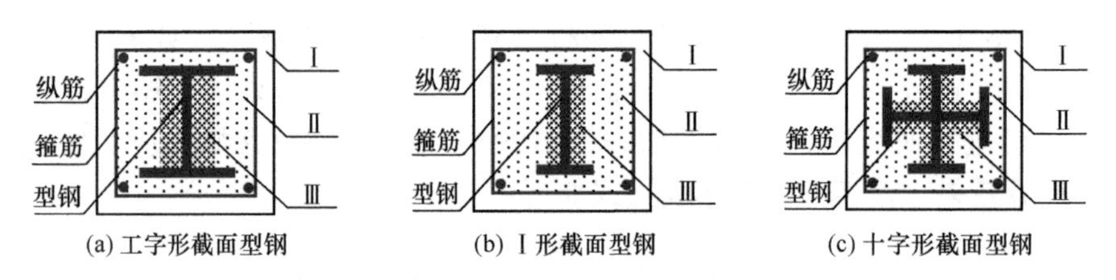

图 3.1 型钢混凝土截面混凝土分区方式

混凝土在温度和外力共同作用下的总应变（ε_{c}）总体上由四部分组成，即应力应变（$\varepsilon_{\text{c}\sigma}$）、热膨胀应变（$\varepsilon_{\text{cth}}$）、高温徐变（$\varepsilon_{\text{ccr}}$）和瞬态热应变（$\varepsilon_{\text{ctr}}$），$\varepsilon_{\text{c}}$ 可表示为

$$\varepsilon_{\text{c}}=\varepsilon_{\text{c}\sigma}+\varepsilon_{\text{cth}}+\varepsilon_{\text{ccr}}+\varepsilon_{\text{ctr}} \tag{3.5}$$

下面论述式（3.5）右侧各项的确定方法。

① 无约束区混凝土应力-应变关系。采用 Lie 等（1993）给出的高温下混凝土受压应力-应变关系，表达式如下：

$$\sigma_{\text{c}}=\begin{cases}f_{\text{c}}'(T)\left[1-\left(\dfrac{\varepsilon_{\max}-\varepsilon_{\text{c}\sigma}}{\varepsilon_{\max}}\right)^{2}\right] & [\varepsilon_{\text{c}\sigma}\leqslant\varepsilon_{\max}(T)]\\ f_{\text{c}}'(T)\left[1-\left(\dfrac{\varepsilon_{\text{c}\sigma}-\varepsilon_{\max}}{3\varepsilon_{\max}}\right)^{2}\right] & [\varepsilon_{\text{c}\sigma}>\varepsilon_{\max}(T)]\end{cases} \tag{3.6-1}$$

$$\varepsilon_{\max}(T)=0.0025+(6T+0.04T^{2})\times10^{-6} \tag{3.6-2}$$

$$f_c'(T)=\begin{cases} f_c' & (0℃<T<450℃) \\ f_c'\left[2.011-2.353\left(\dfrac{T-20}{1000}\right)\right] & (450℃\leqslant T\leqslant 874℃) \\ 0 & (T>874℃) \end{cases} \tag{3.6-3}$$

式中：σ_c——混凝土应力；

$\varepsilon_{c\sigma}$——混凝土应变；

$\varepsilon_{max}(T)$——峰值应力对应的应变值；

$f_c'(T)$——温度 T 时混凝土圆柱体抗压强度；

f_c'——常温下混凝土圆柱体抗压强度。

② 约束区混凝土应力 - 应变关系。对于图 3.1 中的部分约束区混凝土（Ⅱ）和高约束区混凝土（Ⅲ）采用 Chen 等（2006）给出的混凝土应力 - 应变关系，具体公式如下：

$$\sigma_c=\frac{f_{cc}'xr}{r-1+x^r} \tag{3.7-1}$$

$$x=\frac{\varepsilon_c}{\varepsilon_{cc}} \tag{3.7-2}$$

$$r=\frac{E_c}{E_c-E_{sec}} \tag{3.7-3}$$

$$E_{sec}=\frac{f_{cc}'}{\varepsilon_{cc}} \tag{3.7-4}$$

$$\varepsilon_{cc}=\varepsilon_{co}[1+5(f_{cc}'/f_{co}'-1)] \tag{3.7-5}$$

$$f_{cc}'=kf_{co}' \tag{3.7-6}$$

$$\varepsilon_{co}=\varepsilon_{max}(T) \tag{3.7-7}$$

$$f_{co}'=f_c'(T) \tag{3.7-8}$$

式中：ε_{cc}——约束区混凝土的峰值应变；

f_{cc}'——约束区混凝土的峰值应力；

k——表征混凝土约束程度的系数，$k\geqslant 1$，与型钢类型、箍筋间距和约束区域有关，按照表 3.1 确定；

ε_{co}——无约束区混凝土峰值应变；

f_{co}'——无约束区混凝土峰值应力；

E_c——无约束区混凝土弹性模量，取应力 - 应变曲线过原点切线的斜率。

③ 混凝土热膨胀。经过与试验数据的对比验算和分析，采用了 Lie 等（1993）给出的混凝土热膨胀应变（ε_{cth}）模型，表达式如下：

$$\varepsilon_{cth}=(0.008T+6)T\times10^{-6} \tag{3.8}$$

式中：T——温度（℃）。

表 3.1　混凝土约束程度系数（*k*）

区域	箍筋间距 /mm	*k*		
		工字形截面型钢	I 形截面型钢	十字形截面型钢
Ⅱ区混凝土	35	1.50		1.48
	75	1.22	1.24	1.20
	140	1.08	1.09	1.08
Ⅲ区混凝土	35	1.50		1.97
	75	1.24	1.24	1.90
	140	1.23	1.10	1.87

④ 混凝土高温徐变。过镇海等（2003）的研究结果表明，混凝土的短期徐变随温度、应力持续时间（t）的变化大致与$\sqrt{t/t_0}$成正比关系，由此得到混凝土短期高温徐变（ε_{ccr}）的计算式为

$$\varepsilon_{ccr}=\frac{\sigma_c}{f_{cT}}\sqrt{\frac{t}{t_0}}\left(e^{\frac{6T}{1000}}-1\right)\times 60\times 10^{-6}\qquad\left(\frac{\sigma_c}{f_{cT}}\leqslant 0.6\right)\tag{3.9-1}$$

$$f_{cT}=\frac{f_c}{1+18\,(T/1000)^{5.1}}\tag{3.9-2}$$

式中：f_c——常温下混凝土棱柱体抗压强度（MPa）；

T——温度（℃）；

t_0——确定短期高温徐变度参数所取的持续时间，取 2h。

本节在建立型钢混凝土构件的纤维模型时，通过式（3.9）考虑混凝土高温徐变的影响。

⑤ 混凝土瞬态热应变。混凝土瞬态热应变（ε_{ctr}）是指在恒定压应力下，混凝土由于温度升高而产生的温度压缩应变，该应变只出现于升温初期。在用纤维模型法进行计算时，可通过选取适当的混凝土瞬态热应变模型，并将其产生的应变计入总应变中，即可考虑混凝土瞬态热应变的影响。

（2）耐火极限计算

1）温度场计算：温度场计算是结构耐火极限计算的基础，本节首先建立了火灾下型钢混凝土结构的温度场计算模型。

火灾下外界环境通过热对流和热辐射与结构进行热量交换。升温过程中，结构外界温度高于其表面温度，热量从结构外界向结构表面传递，结构内部热量通过热传导从温度较高区域向温度较低区域传递。升温前，近似认为结构温度 T 和室温 T_o 相等，没有热量转移。受火过程中，结构外界通过热辐射和热对流与结构表面进行热量交换，火灾温度按照式（1.1-1）所示的升温曲线或实测温度曲线变化。

计算温度场时，碳素钢和混凝土的热工参数根据 Lie 等（1993）给出的公式确定，钙质和硅质混凝土采用不同的热工参数，并考虑了混凝土中水分的影响。忽略钢材和混凝土之间的接触热阻，假设完全传热。钢管或型钢与混凝土之间采用面面约束，钢

筋与混凝土之间采用点面约束，使得不同材料在几何位置相同的单元节点处具有同样的温度。混凝土采用实体单元，型钢采用壳单元，纵筋和箍筋采用桁架单元。

算例分析结果表明，有限元计算模型获得的型钢混凝土截面上温度（T）- 受火时间（t）关系与实测结果总体吻合良好。图 3.2 给出一组对比结果，方形型钢混凝土柱外截面尺寸为 300mm，柱四面受火，按照式（1.1）所示的 ISO-834（1975）升温段曲线进行升温，升温时间 160min（ECCS，1988）。从图 3.2 可见，升温初期测温点的升温速率随着距构件表面距离的增加而逐渐降低，温度场计算模型得到试验数据的验证。

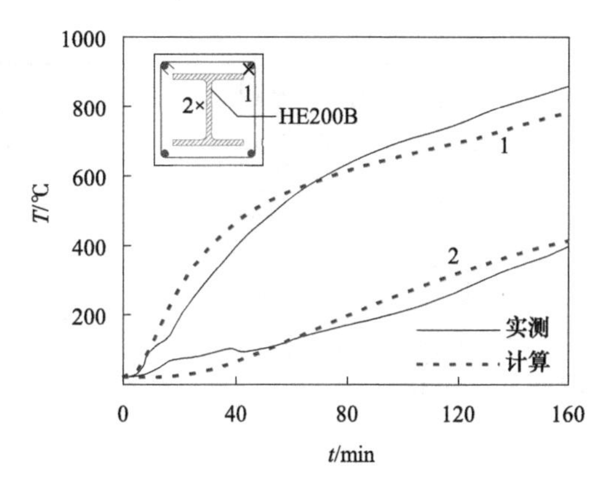

图 3.2　型钢混凝土柱截面 T-t 关系

2）力学性能分析：在火灾下构件截面温度场的分布，以及钢材和混凝土在高温下应力 - 应变关系基础上，可进一步对型钢混凝土构件的力学性能进行分析，计算其耐火极限。

图 3.3（a）和（b）所示分别为简支型钢混凝土偏心受压和受弯构件变形示意图，图中 e_o 为柱端荷载初始偏心、L 为柱或梁长度、u_m 为中截面挠度、N_F 为柱轴向荷载、M_F 为梁端弯矩。

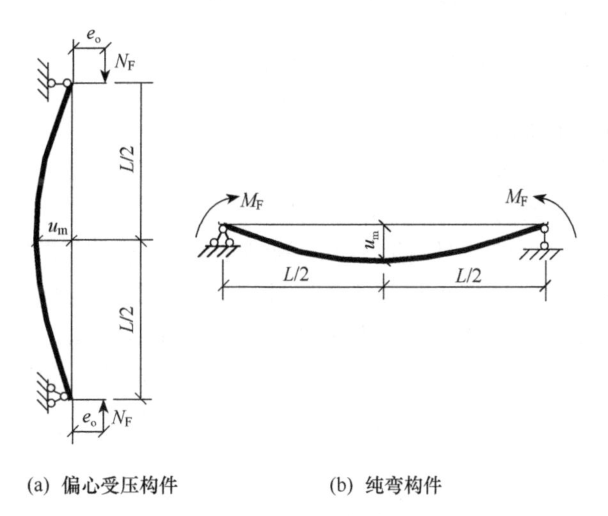

(a) 偏心受压构件　　(b) 纯弯构件

图 3.3　型钢混凝土构件变形示意图

建立模型时，采用如下基本假设。

① 高温下钢材的应力 - 应变关系按式（3.2）确定，其受压区混凝土应力 - 应变关系按无约束区、弱约束区和约束区分别确定（图 3.1），且忽略混凝土对抗拉强度的贡献；钢材和混凝土在高温下的蠕变和徐变分别按式（3.4）和式（3.9）确定。

② 构件截面在变形过程中始终保持为平面。

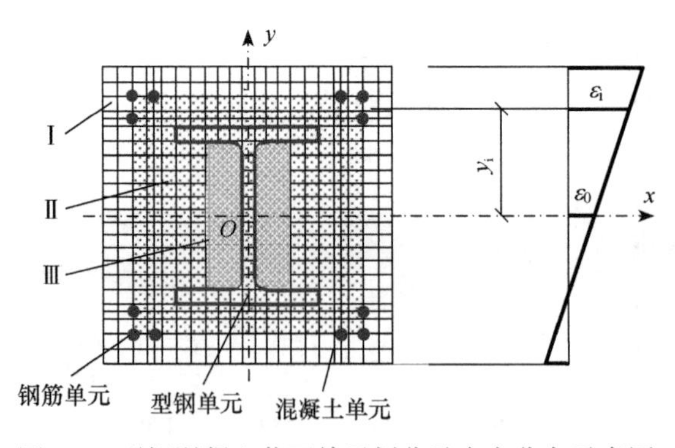

图 3.4 型钢混凝土截面单元划分及应变分布示意图

③ 钢材和混凝土之间无相对滑移。

④ 构件两端为铰接，挠曲线为正弦半波曲线。

以工字形截面型钢混凝土为例，图 3.4 所示为混凝土和钢材单元划分及应变分布示意图，其中 y_i 为所计算单元的纵坐标，ε_o 为截面形心处应变，ε_i 为所计算单元的总应变。计算时，假设每个单元内的温度均匀分布。

由假设④可得构件中截面的曲率 ϕ 为

$$\phi=\frac{\pi^2}{L^2}u_m \tag{3.10}$$

由平截面假定及式（3.1）和式（3.5），截面上钢和混凝土单元在应力作用下的应变 ε_s、ε_c 分别为

$$\varepsilon_s=\phi y_i+\varepsilon_o-\varepsilon_{sth}-\varepsilon_{scr} \tag{3.11-1}$$

$$\varepsilon_c=\phi y_i+\varepsilon_o-\varepsilon_{cth}-\varepsilon_{ccr} \tag{3.11-2}$$

根据应变 ε_s、ε_c，即可确定对应的型钢应力 σ_{sli}、钢筋应力 σ_{sbli} 和混凝土应力 σ_{ci}，从而可得截面内弯矩 M_{in} 和内轴力 N_{in} 分别为

$$M_{in}=\sum_i(\sigma_{sli}y_iA_{si}+\sigma_{sbli}y_iA_{sbi}+\sigma_{ci}y_iA_{ci}) \tag{3.12-1}$$

$$N_{in}=\sum_i(\sigma_{sli}A_{si}+\sigma_{sbli}A_{sbi}+\sigma_{ci}A_{ci}) \tag{3.12-2}$$

式中：A_{si}——型钢单元面积；

A_{sbi}——钢筋单元面积；

A_{ci}——混凝土单元面积。

具有初始缺陷 u_o 和荷载初始偏心距 e_o 的型钢混凝土构件［图 3.3（a）］的荷载-变形关系及其耐火极限的计算步骤如下：①计算截面参数，进行截面单元划分，确定构件横截面的温度场分布；②给定中截面挠度 u_m，由式（3.10）计算得到中截面曲率 ϕ，并假设截面形心处应变为 ε_o；③由式（3.11）计算单元形心处应力作用下的应变 ε_s、ε_c，计算型钢（钢管）应力 σ_{sli}、钢筋应力 σ_{sbli} 和混凝土应力 σ_{ci}；④由式（3.12）计算内弯矩 M_{in} 和内轴力 N_{in}；⑤判断是否满足 $M_{in}/N_{in}=e_o+u_o+u_m$ 的条件，如果不满足，则调整截面形心处的应变 ε_o 并重复步骤③～④，直至满足；⑥判断是否满足 $N=N_{max}(t)$ 的条件，$N_{max}(t)$ 为 t 时刻温度场情况下，型钢混凝土构件荷载-变形关系上峰值点对应的轴力，如果不满足，则给定下一时刻的截面温度场，并重复步骤③～⑤，直至满足，则此时刻 t 即为构件的耐火极限。

对于轴心受压型钢混凝土柱，根据《型钢混凝土组合结构技术规程》（JGJ 138—2001）（2002），初始缺陷可取杆件附加偏心距 e_a（其值取 20mm 和偏心方向截面尺寸的 1/30 两者中的较大值）进行计算。

（3）试验验证

采用上述纤维模型法，对型钢混凝土柱耐火极限实测结果（Hass，1986）进行了验算。试验参数范围：构件截面尺寸：186～391mm；柱高度：3.68～5.71m；混凝土抗压强度：35～67MPa：型钢屈服强度：229～459MPa；荷载偏心距：0～155mm。试件两端的边界条件为铰支或固接。

图 3.5 所示为型钢混凝土柱耐火极限实测结果与计算结果的对比情况，数值计算的耐火极限与试验值二者比值的平均值为 0.955，均方差为 0.199，可见二者总体上较为吻合。

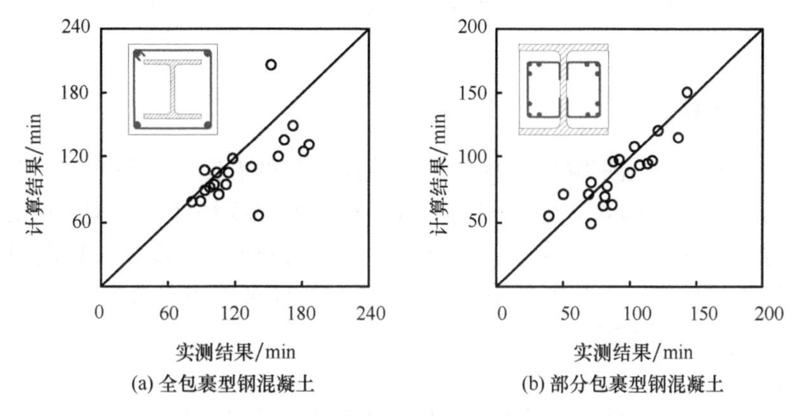

图 3.5　型钢混凝土柱耐火极限结果对比

（4）火灾下构件的承载能力计算

采用数值模型，可对火灾下型钢混凝土压弯构件的承载能力变化规律进行计算和分析。

图 3.6 所示为型钢混凝土轴心受压柱在 ISO-834（1975）标准升温火灾作用下不同升温时刻时的轴力（N）- 挠度（u_m）关系。图 3.7 所示为柱构件轴力（N）- 弯矩（M）关系。图中算例的基本计算条件是：$D\times B\times H$=600mm×400mm×6928mm；工字形截面为：340mm×250mm×9mm×14mm，屈服强度 f_y=345MPa；钢筋屈服强度 f_{yb}=335MPa；混

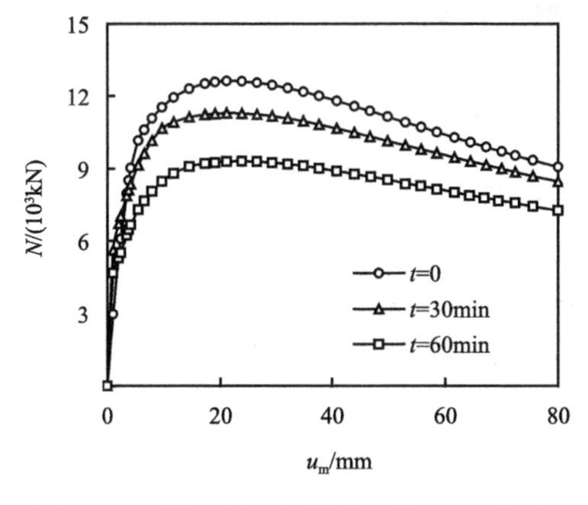

图 3.6　不同时刻型钢混凝土柱 N-u_m 关系

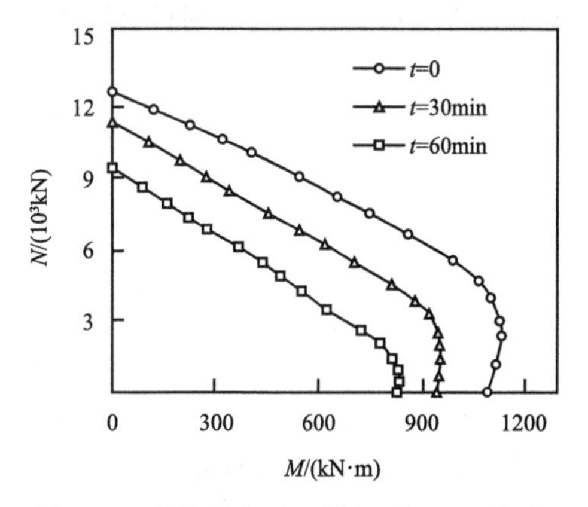

图 3.7　不同时刻型钢混凝土柱 N-M 关系

凝土抗压强度f_{cu}=60MPa；配筋率ρ_c=2%；钢筋的混凝土保护层厚度c=30mm。

由图3.6和图3.7可见，随着火灾持续时间的增加，型钢混凝土构件的极限承载能力不断降低，而极限荷载对应的跨中挠度则有不断增加的趋势，这与钢管混凝土构件呈现的规律类似（韩林海，2007；韩林海，2016）。

计算分析结果表明，高温徐变对型钢混凝土柱荷载-变形关系的影响较小，考虑高温徐变影响的极限承载力比不考虑时略有降低，且随受火时间的延长轴力-挠度曲线的偏差略有增加；对于型钢混凝土梁，考虑高温徐变影响的构件变形发展稍快，但总体上看，考虑和不考虑高温徐变影响的跨中挠度-受火时间关系非常接近，耐火极限也相差不大，例如荷载比为0.6的型钢混凝土梁，考虑和不考虑高温徐变影响的耐火极限相差不超过1.5%。

3.2.2 有限元计算模型

本节建立了火灾下型钢混凝土构件力学性能分析的有限元计算模型。与纤维模型法类似，进行力学分析前首先建立型钢混凝土构件的温度场计算模型，然后将获得的温度场数据导入力学性能分析模型，进行其耐火性能分析。温度场计算模型与第3.2.1节相同，此处不再赘述，本节主要介绍力学性能分析模型的相关内容。

（1）材料的热力学模型

1）钢材：

① 钢材应力-应变关系。有限元计算模型中钢材常温和升温段的应力-应变关系同样采用Lie等（1993）给出的不同温度下钢材的应力-应变关系表达式，如式（3.2）所示。钢材的泊松比受温度影响较小，因此采用常温值，ν_s=0.283（李国强等，2006）。钢材在多轴应力状态下的弹塑性增量理论需要满足屈服准则、流动法则和硬化法则等条件。建模时假设不同温度下，钢材均采用等向弹塑性模型，满足Von Mises屈服准则，采用相关流动法则和用于单调荷载作用下的等向强化法则。

② 钢材热膨胀。有限元计算模型中钢材的升温段热膨胀模型同样采用Lie等（1993）给出模型，具体如式（3.3）所示。

③ 钢材高温蠕变。本节建立火灾下型钢混凝土构件的有限元计算模型时，采用Fields等（1991）给出的钢材高温蠕变（ε_{scr}）模型，表达式如下：

$$\varepsilon_{scr}=a\left(\frac{t}{60}\right)^b\left(\frac{\sigma}{6.895}\right)^c \tag{3.13-1}$$

$$a=\begin{cases}0 & (T<350℃)\\ 10^{-(6.10+0.00573T)} & (350℃\leqslant T<500℃)\\ 10^{-(13.25-0.00851T)} & (500℃\leqslant T\leqslant 650℃)\end{cases} \tag{3.13-2}$$

$$b=-1.1+0.0035T \tag{3.13-3}$$

$$c=2.1+0.0064T \tag{3.13-4}$$

式中：σ——应力（MPa）；

t——时间（s）；

T——温度（℃）。

以 $\sigma=100\text{MPa}$ 为例，图 3.8 给出了钢材在 400℃和 500℃时的高温蠕变（ε_{scr}）- 受火时间（t）关系。

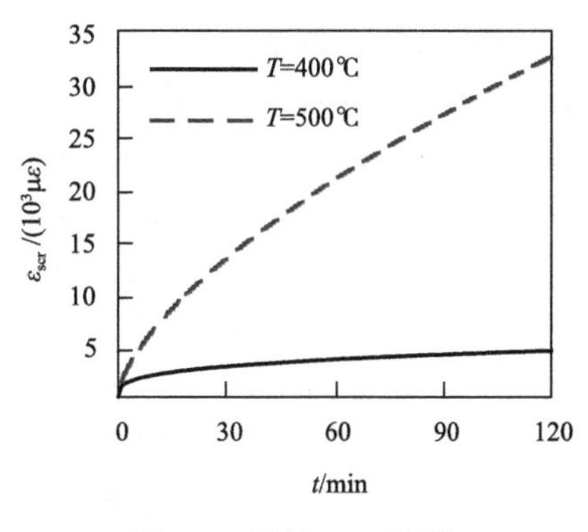

图 3.8　钢材 ε_{scr}-t 关系

④ 钢材焊接残余应力。采用钢板焊接而成的型钢时，由于焊缝的收缩、冷却时间不同等因素的影响，会在型钢的内部产生焊接残余应力。目前，尚未见到常温下形成的焊接残余应力在高温下如何发展的相关论述。本节在建立有限元时，通过在型钢上施加初始应力场来考虑常温下纵向焊接残余应力对型钢混凝土性能的影响，采用的残余应力分布模型为陈骥（2006）给出的工字形截面焊接钢梁纵向焊接残余应力分布模型。

2）混凝土：

① 混凝土应力 - 应变关系。Han 等（2009）在对型钢混凝土柱 - 型钢混凝土梁节点的耐火极限进行有限元计算时，采用了 Lie 等（1993）给出的常温和升温段的混凝土应力 - 应变关系，取得了较好的计算效果。本节在用有限元法进行计算时也采用该模型，如式（3.6）所示。

混凝土采用塑性损伤模型。该模型包括混凝土受拉开裂和受压破碎两种破坏形式，对于混凝土由受拉变为受压的情况，该模型认为由于混凝土裂缝的闭合，混凝土抗压刚度恢复，并且没有刚度退化；当混凝土由受压变为受拉时，由于已形成微裂缝，混凝土抗拉刚度无法恢复，刚度退化。混凝土计算进入应力 - 应变曲线的下降段时，可能会由于个别积分点的不收敛而使得整个有限元计算模型收敛困难，对于这种情况，采用增加耗散能（dissipated energy fraction）的方法来解决局部收敛问题，在对不同的耗散能取值进行比较计算后发现，取值为 1×10^{-6} 时模型具有较好的收敛性能，并且计算结果与无耗散能时基本一致。

混凝土模型中塑性势能方程和屈服面方程的基本参数取值方法：膨胀角为 30°，流动偏心率为 0.1，混凝土双轴等压屈服强度与单轴抗压强度比值为 1.16，拉压子午线上第二应力不变量比值为 2/3。混凝土的受拉软化性能采用混凝土破坏能量准则来描述，对于 C20 混凝土，断裂能取 40N/m；对于 C40 混凝土，断裂能取为 120N/m，对于其他等级混凝土，断裂能通过内插或外插得到（Hibbitt，Karlsson and Sorensen，Inc.，2004）；混凝土开裂应力 σ_{to} 按照沈聚敏等（1993）给出的常温下混凝土抗拉强度公式进行计算，表达式为

$$\sigma_{to}=0.26\times(1.25f_c')^{2/3}(1-T/1000)\quad(20℃\leqslant T\leqslant1000℃)\tag{3.14}$$

式中：f_c'——圆柱体抗压强度（MPa）；

T——温度（℃）。

② 混凝土热膨胀。有限元计算模型中，混凝土的热膨胀模型按照 Lie 等（1993）给出的关系式进行计算，如式（3.8）所示。

③ 混凝土高温徐变。以往研究表明，混凝土高温徐变（ε_{ccr}）与σ_c、T和t相关，在试验中很难将其作严格区分，因此，研究中有将应力作用产生的应变、高温徐变和瞬态热应变分别单独考虑的，也有将后两者作为整体考虑的，甚至有将三部分应变作为整体考虑的方法（Li et al.，2005）。

Harmathy（1993）给出了与σ_c、T和t相关的混凝土高温徐变模型。过镇海和时旭东（2003）通过对试验数据回归，得到了混凝土的高温徐变模型。研究者在对高温下混凝土的材料性能进行试验研究时发现：混凝土的高温徐变值要远大于其常温徐变值，在2～3h内发生的徐变值超过常温下数十年的徐变值，但其试验的测量值与$\varepsilon_{c\sigma}$或ε_{ctr}相比，绝对值约小一个数量级（南建林等，1997）。

Bratina等（2007）、Kodur等（2008）采用Harmathy（1993）的高温徐变模型研究了钢筋混凝土梁的耐火性能，发现混凝土高温徐变在混凝土总应变中所占的比例较小。

Anderberg等（1976）基于单向应力状态下的试验数据，较早提出将应力作用产生的应变、高温徐变和瞬态热应变分别单独考虑的模型，混凝土高温徐变表达式为

$$\varepsilon_{ccr}=-5.10\times10^{-6}\left(\frac{\sigma_c}{f_c'(T)}\right)\sqrt{t}\,e^{0.003\,04(T-20)} \tag{3.15}$$

式中：T——温度（℃）；

σ_c——应力（MPa）；

$f_c'(T)$——温度T时混凝土圆柱体抗压强度（MPa）；

t——时间（s）。

建立火灾下型钢混凝土构件的有限元计算模型时，可通过式（3.15）单独考虑混凝土高温徐变的影响。

④ 混凝土瞬态热应变。过镇海等（2003）通过试验研究发现，在首次升温过程中，混凝土的瞬态热应变随温度的升高而加速增长，其值约与应力水平成正比；在降温过程中其值变化很小，约保持最高温度时的最大瞬态热应变值，因此瞬态热应变在升温时产生，在降温时不可恢复。

Bratina等（2007），Kodur等（2008），Sadaoui等（2009）、Sadaoui等（2007）和Yin等（2006）在对钢筋混凝土梁、柱、框架和钢管混凝土柱的耐火性能进行分析时均采用了Anderberg等（1976）提出的单轴状态下混凝土的瞬态热应变模型。

过镇海等（2003）通过对应力水平（σ/f_c）为0～0.6、升温速度为2～5℃/min的试验数据进行回归分析，获得单轴状态下混凝土瞬态热应变计算公式。Thelandersson（1987）在Anderberg等（1976）单轴应力状态下混凝土瞬态热应变模型的基础上，通过理论推导将模型扩展到多轴状态，Khennane等（1992）、Heinfling等（1997）和Nechnech等（2002）将该模型应用到混凝土的高温弹塑性模型中。

Bratina等（2007）分析了瞬态热应变对火灾下钢筋混凝土梁力学反应的影响，发现瞬态热应变仅对构件变形位移量的大小有影响，对构件的耐火极限影响较小。Kodur等（2008）对火灾下钢筋混凝土梁的混凝土应变-时间关系进行了分析，发现从受火

开始到构件达到极限状态这一过程中瞬态热应变随时间的增加而逐渐增加，但其在总应变中所占比例较低，梁达到极限状态时瞬态热应变所占比例低于 12%。

Thelandersson（1987）给出了混凝土瞬态热应变（ε_{ctr}）的表达式（3.16）：

$$\varepsilon_{ctr}=\beta_0\left(\frac{\sigma_c}{f_c'}\right)\varepsilon_{cth} \quad (T\leqslant 550℃) \tag{3.16-1}$$

$$\frac{\partial\varepsilon_{ctr}}{\partial T}=0.0001\frac{\sigma_c}{f_c'} \quad (T>550℃) \tag{3.16-2}$$

式中：T——温度（℃）；

σ_c——应力（MPa）；

f_c'——常温下混凝土圆柱体抗压强度（MPa）；

β_0——常数，取值范围 1.8～2.35；

ε_{cth}——热膨胀应变。

在建立火灾下型钢混凝土构件的有限元计算模型时，可通过式（3.16）单独考虑混凝土瞬态热应变的影响。

3）钢与混凝土的界面模型：

① 钢筋与混凝土的粘结应力 - 相对滑移。高温后钢筋与混凝土的粘结性能多采用拔出试验进行研究，如 Milovanov 等（1954）、Reichel（1978）、Hertz（1982）、Royles 等（1983）对高温后光圆钢筋和螺纹钢筋与混凝土之间的粘结性能进行了试验研究，分析了温度等级、钢筋直径、升温速率、荷载类型等参数对粘结强度的影响。

20 世纪 90 年代以来，研究者们开始关注冷却方式对钢筋与混凝土之间粘结性能的影响，研究了自然冷却和浸水冷却两种降温方式对高温后粘结性能的影响（Ahmed et al.，1992；EI-Hawary et al.，1996），发现浸水冷却情况下，高温后钢筋与混凝土之间的粘结剪切模量较自然冷却情况降低速度快。

为了给钢筋混凝土结构高温后力学性能的精确模拟提供界面模型，各国学者的研究逐步集中在对高温后钢筋和混凝土的粘结强度或粘结强度折减系数实用计算公式这两个方面，如周新刚等（1995）、谢狄敏等（1998）、Haddad 等（2008）给出了高温后钢筋和混凝土粘结强度的计算公式；Chiang 等（2000）、Chiang 等（2003）、Haddad 等（2004）、王孔藩等（2005）给出了粘结强度折减系数的计算公式或计算表格等。

高温下钢筋与混凝土粘结性能的研究主要是基于高温下的拔出试验确定，如 Diederichs 等（1981）、Morley 等（1983）、袁广林等（2006）等通过高温下拔出试验测得了钢筋与混凝土界面的平均粘结应力 - 相对滑移关系；朱伯龙等（1990）进行了高温下（后）拔出试验研究，发现高温冷却后试件的粘结强度不再回升，且比高温中的粘结强度下降更为明显，在试验数据基础上进一步回归得到用于理论计算的高温下（后）螺纹和光圆钢筋与 C30 混凝土间粘结应力 - 相对滑移关系表达式。

在建立型钢混凝土构件的火灾计算模型时，对于纵向螺纹钢筋和混凝土之间的粘结 - 滑移作用，可采用螺纹钢筋与混凝土界面的粘结应力（τ）- 相对滑移（S）关系来考虑其影响。宋天诣（2011）用朱伯龙等（1990）给出的高温下（后）粘结强度变化系数（$k_{\tau T}$）和极限滑移量变化系数（k_{ST}）对徐有邻等（1994）给出的常温下表达式进行修正，获得高温下和高温后阶段的 τ-S 关系，降温阶段近似采用高温后的关系。以钢筋直径 d=20mm，钢筋混凝土保护层厚度 c=30mm，混凝土立方体抗压强度 f_{cu}=60MPa，面积配箍率 ρ_{sv}=0.1308% 为例，图 3.9 所示为高温下和高温后的 τ-S 关系。

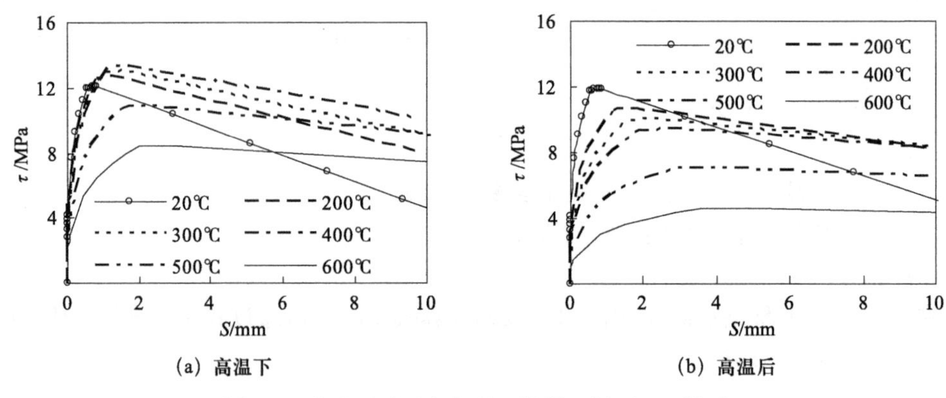

图 3.9　高温下（后）钢筋-混凝土界面 τ-S 关系

② 型钢与混凝土的粘结应力-相对滑移。型钢混凝土结构中，型钢和混凝土之间的粘结力主要由三部分组成：混凝土中水泥胶体与型钢表面的化学胶结力、型钢与混凝土接触面上的摩擦阻力和型钢表面粗糙不平的咬合力（张彬等，2005），高温下（后）这三部分会发生变化，与常温下有所不同。目前对于高温下（后）型钢与混凝土粘结性能的研究较少。吴兵（2006）对火灾后内配圆钢管的型钢混凝土柱的界面粘结性能进行了研究，进行了火灾后内配圆钢管的型钢混凝土试件的推出试验，考虑钢管外径（120mm 和 200mm）、受火时间（0 和 3h）等参数的影响。

宋天诣（2011）用朱伯龙等（1990）给出的高温下（后）光圆钢筋的粘结强度变化系数（$k_{\tau T}$）和极限滑移量变化系数（k_{ST}）对常温下型钢和混凝土之间的粘结应力（τ）-相对滑移（S）关系进行修正，获得高温下和高温后型钢和混凝土间的 τ- S 关系，降温阶段的 τ-S 关系近似采用高温后的关系。以型钢钢板厚度 t=16mm，钢筋混凝土保护层厚度 c=30mm，混凝土立方体抗压强度 f_{cu}=60MPa，面积配箍率 ρ_{sv}=0.13% 为例，图 3.10 所示为高温下和高温后的 τ-S 关系。

（2）单元划分和边界条件

混凝土采用实体单元，型钢采用壳单元，钢筋采用桁架单元。有限元计算时，柱两端设置刚性垫块来模拟加载端板，采用实体单元模拟。

在纵筋与混凝土、型钢与混凝土每个对应的节点之间设置三个弹簧单元，每个弹簧的初始长度为 0。图 3.11 所示为弹簧单元示意图，对于纵筋设置在其纵向和两个横向，对于型钢设置在其法向、纵向切向和横向切向。

纵筋与混凝土的横向弹簧用于模拟混凝土对钢筋的握裹和挤压特性，纵向弹簧用于模拟钢筋与混凝土之间的粘结滑移，非线性性能由不同温度下的粘结力-变形曲线确定，粘结力 $F=\tau_T A_i$，A_i 为弹簧单元对应的接触面面积。

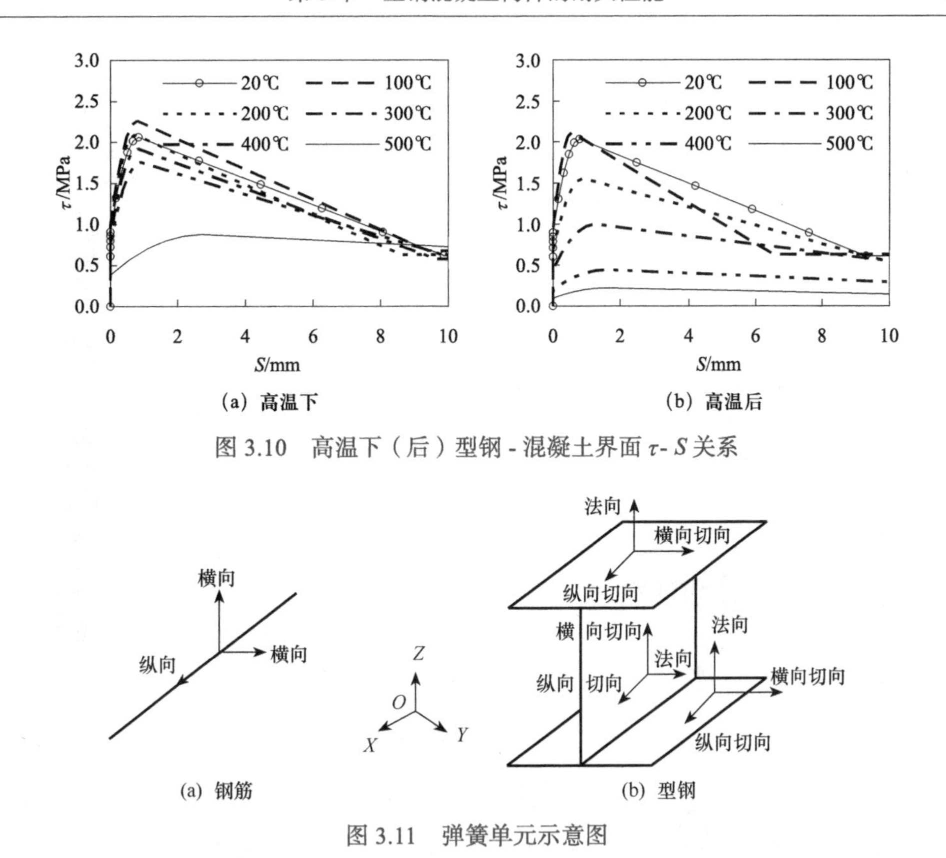

图 3.10　高温下（后）型钢 - 混凝土界面 τ- S 关系

图 3.11　弹簧单元示意图

型钢与混凝土法向弹簧刚度设置为无穷大，纵向切向弹簧用于模拟型钢与混凝土纵向的粘结滑移。对于高温下横向切向的刚度系数或非线性特性尚未见论述。常温下，型钢翼缘可看做腹板在横向切向的锚固件，对腹板横向切向的滑移趋势有很强的约束作用，使得腹板和混凝土在横向切向上不发生滑移（杨勇，2003；王彦宏，2004），可设翼缘和腹板的横向切向弹簧刚度为无穷大。

在钢材与混凝土两单元节点之间建立弹簧单元相连，如果两个节点的相对滑移为负值时，弹簧受压，弹簧内力为正；反之弹簧受拉，其值为负。刚性垫块与混凝土之间采用法向硬接触约束，即两相接触的表面之间可以传递压力的大小不受限制，当压力为零或负值时，两个接触面产生分离，并去掉相应节点上的接触约束。

基于有限元软件平台 ABAQUS（Hibbitt，Karlsson and Sorensen，Inc.，2004）建立模型，图 3.12（a）和（b）所示分别为型钢混凝土柱和梁的有限元计算模型及边界条件。根据构件受力情况，设置两个分析步，即首先在构件加载位置施加荷载 N 或 P，保持外荷载不变，然后调用温度场分析结果进行升温，直至构件破坏。

众所周知，混凝土材料在高温下会发生爆裂，特别是高强混凝土，因其微观结构密实，高温下更易发生爆裂（吴波，2003）。混凝土爆裂机理比较复杂，目前存在三种解释：第一种是蒸汽压力机理，即认为孔隙内的高温蒸汽压超过混凝土抗拉强度而导致了爆裂的发生（Khoury，2000；Hamarthy，1965；Kalifa et al.，2000）；第二种是热应力机理，即认为混凝土的热惰性导致截面内出现温度梯度而产生了多轴热应力状态，

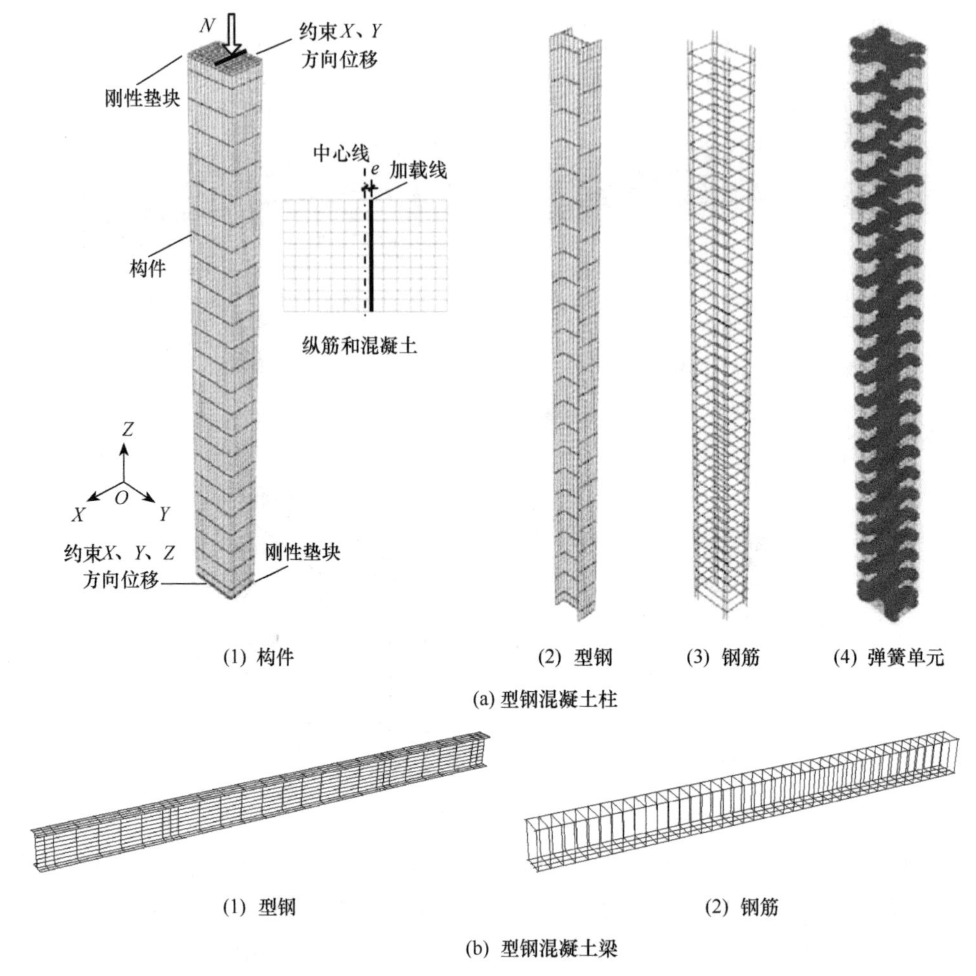

图 3.12　构件模型边界条件和网格划分示意图

最终引发了爆裂（Saito，1965；Dougill，1972）。第三种是蒸汽压与热应力共同作用机理，该理论认为爆裂是前两种机理的共同作用的结果（Bazant，1997）。前两种理论对爆裂的随机性，无荷载作用下仍发生爆裂以及受拉区可能发生爆裂等问题无法做出较好的解释；而蒸汽压力与热应力共同作用机理能合理地说明爆裂发生的条件，逐渐得到了广大研究者的认可（Khoury，2000）。

高温爆裂会减小截面的有效尺寸并使内部钢筋或型钢直接暴露在高温下，加速结构的破坏（谭清华，2012）。因此，其对构件耐火性能的影响在计算时必须加以考虑。目前，考虑爆裂问题影响的方法主要有以下三种；① 吴波等（2002）通过总结的高温爆裂规律，假定混凝土保护层在升温 35min 时（平均爆裂时间）集中统一失效；② Kodur 等（2004）基于试验结果和一定的假设，认为混凝土保护层在 350℃时失效，该方法可实现混凝土保护层的分层失效（即分层爆裂）；③ Dwaikat 等（2009；2010）、Davie 等（2012）采用热-水-力耦合的方法，基于质量、能量和动量守恒以及达西定理，建立了温度和孔隙压力的方程，对可能发生爆裂的区域进行预测。前两种方法基于试验结果，宏观上近似考虑爆裂对结构产生的不利影响；第三种方法基于一定的理论假设，从微观上对爆裂问题进行预测，但目前该方法仅适用于一维分析。

在进行型钢混凝土构件的温度场分析和结构分析时，可根据情况考虑混凝土高温爆裂对温度场分布的影响。如试验过程中观察到爆裂的区域（面积大小和深度等）和发生的时间，在有限元软件 ABAQUS 中可采用“生死单元”技术近似考虑高温爆裂，即在计算时将发生爆裂区域的单元在爆裂发生时删除，并将热边界条件赋予里层混凝土表面（相对于爆裂的混凝土层）。

（3）模型验证

图 3.13 所示为型钢混凝土偏压柱耐火极限的有限元计算与实测结果对比（Hass，1986）情况。计算结果与实测结果比值的平均值为 1.082，均方差为 0.176。可见，计算结果与实测结果虽存在一定偏差，但总体吻合较好。

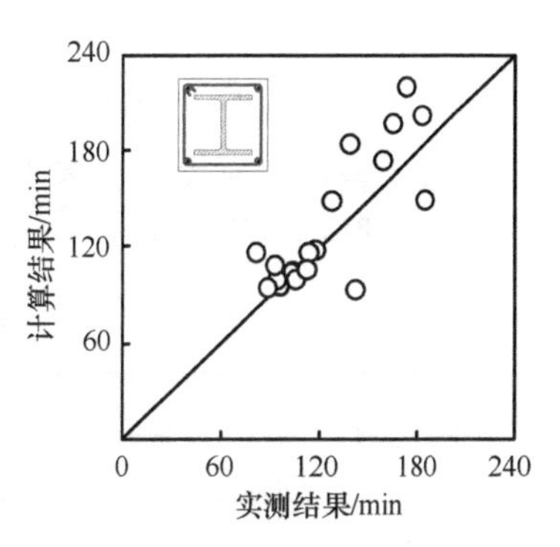

图 3.13　型钢混凝土柱耐火极限的有限元计算与实测结果对比

已有型钢混凝土构件的火灾试验数据相对较少，因此也采用钢筋混凝土构件的火灾试验数据对模型进行验证。图 3.14 所示为火灾下钢筋混凝土柱轴向变形 Δ_c 曲线的有限元计算结果与实测结果的关系对比，构件总长 3810mm，两端固定，受火高度为 3200mm，硅质骨料混凝土。可见计算结果的趋势与试验结果基本吻合。

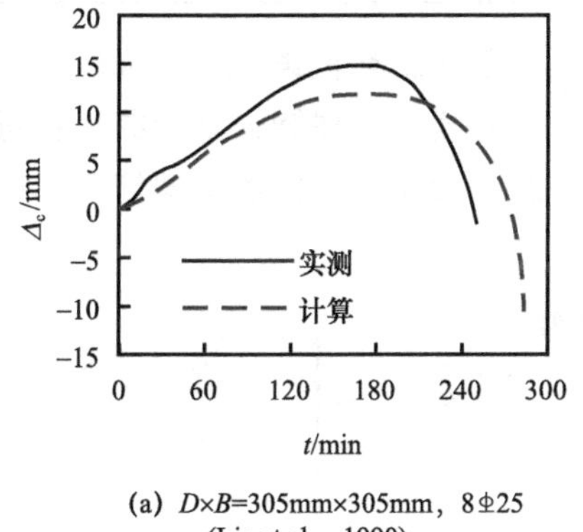

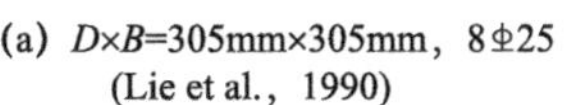

(a) $D\times B$=305mm×305mm，8⌀25
(Lie et al.，1990)

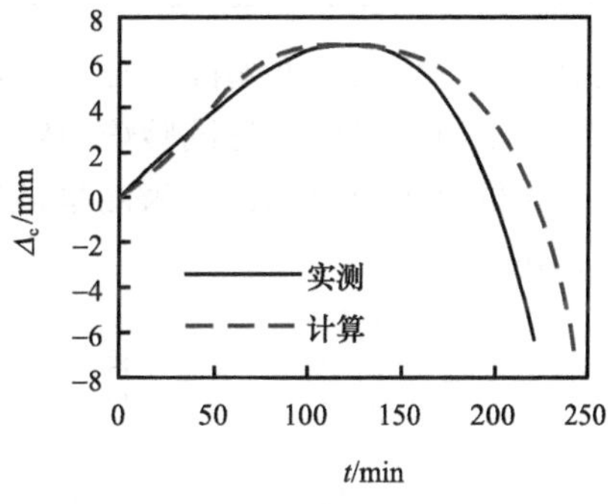

(b) $D\times B$=305mm×305mm，4⌀25
(Lie et al.，1984)

图 3.14　钢筋混凝土柱 Δ_c-t 关系对比

3.3　试 验 研 究

本节通过对型钢混凝土柱在 ISO-834（1975）标准火灾下的耐火性能试验（Han et al.，2015），研究火灾下型钢混凝土柱截面温度 - 受火时间关系、柱轴向变形 - 受火时间关系的变化规律以及柱构件的破坏形态，分析荷载偏心距和柱荷载比等参数对型钢混凝土柱耐火极限的影响规律，同时也进一步验证第 3.2 节数值分析模型的准确性。

3.3.1　试验概况

（1）试件设计和制作

四个型钢混凝土柱试件的横截面边长均为300mm，柱高度为3810mm，耐火极限t_R等参数见表3.2，其中，N_F为火灾试验时作用在柱端的柱轴向荷载；n为柱荷载比，可表示为

$$n=\frac{N_F}{N_u} \tag{3.17}$$

式中：N_u——常温下的柱极限承载力。

对于型钢混凝土柱，按JGJ 138—2001（2002）的有关方法确定，计算时，钢材和混凝土强度均取实测值。

表3.2　型钢混凝土柱试件参数

试件编号	e/mm	N_F/kN	n	t_R/min	
				实测	计算
SRC1-1	0	1940	0.60	>150	145
SRC1-2	75	1170	0.60	151	173
SRC2-1	0	2150	0.60	153	119
SRC2-2	75	820	0.60	165	207

型钢采用10mm厚的钢板焊接而成。柱两端设有比截面略大的40mm厚端板，预留孔洞，以便于将试件与试验炉固定，其中工字形截面钢柱绕强轴弯曲。在每个试件跨中截面处预埋热电偶，用来测量试件内部的温度变化，具体热电偶位置及编号如图3.15所示。

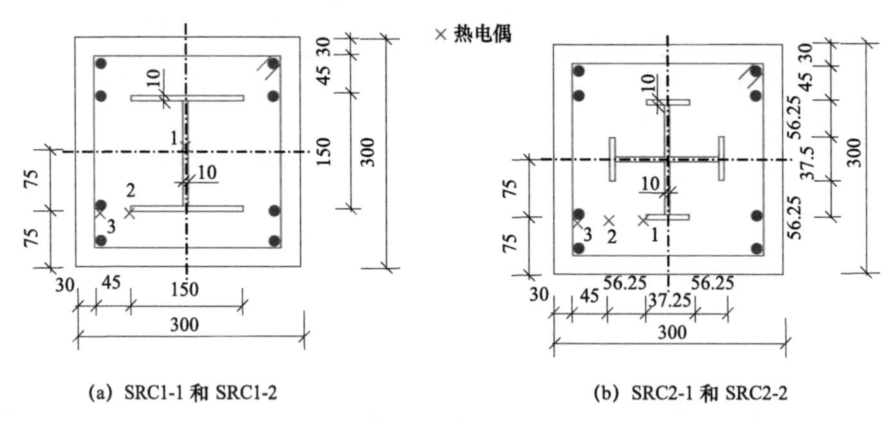

图3.15　柱试件截面尺寸及热电偶位置及编号（尺寸单位：mm）

（2）材料性能

钢材材料性能由标准拉伸试验确定。实测型钢的屈服强度为f_y=307MPa，极限强度为f_u=420MPa，弹性模量为E_s=205 100N/mm^2；纵向钢筋ϕ18屈服强度为f_{yb}=

383MPa，极限强度为f_{ub}＝553MPa，弹性模量为E_{sb}＝201 700N/mm^2；ϕ8 箍筋屈服强度为f_{yg}＝442MPa，极限强度为f_{ug}＝551MPa，弹性模量为E_{sg}＝189 700N/mm^2。

混凝土配合比为：水泥 430kg/m^3；水 210kg/m^3；砂 948kg/m^3；粗骨料（钙质）1068kg/m^3；Ⅱ级粉煤灰 200kg/m^3；减水剂 6kg/m^3。试件在自然条件下养护。进行火灾试验时混凝土的立方体抗压强度f_{cu}＝38MPa，弹性模量E_c＝28 516N/mm^2。

（3）试验方法

试验在国家固定灭火系统和耐火构件质量监督检验中心进行。柱试验炉高度为 4m，截面尺寸为 2.6m×2.6m，柱炉上部和下部为试件约束区，用石棉保护使其不受火，中部区域为受火区，受火高度为 3m。试验设备可以通过调整炉温、炉压、曝火时间、边界条件等提供符合 ISO-834（1975）标准的火灾试验环境。试件底端固结，顶端通过球形铰与加载系统铰接。

点火前先在型钢混凝土柱上施加轴压力至N_F，然后按照 ISO-834（1975）标准升温曲线点火升温，试验过程中保持N_F不变。

根据 ISO-834（1999）和 GB/T 9978（2008）标准，受压构件的轴向压缩量达到 0.01H（mm）且轴向压缩速率超过每分钟 0.003H（mm）（H为柱高度）时认为其达到耐火极限。

3.3.2　试验结果及分析

（1）试件破坏形态

试验前试件表面混凝土的颜色呈暗灰色，在受火 8min 左右时，通过观测孔可以发现试件表面有水溢出，随后蒸发。当观察不到试件表面有水蒸气溢出后，混凝土的颜色由灰青色逐渐变为灰白色，变化范围由试件角部向中间蔓延，之后混凝土角部最先变为灰白色的区域可看到有细小裂纹出现。试件受火后表面的混凝土颜色由最初的灰青色变为淡灰（灰白）色。

在受火过程中未观察到混凝土剥落现象。接近耐火极限时，最大侧移处的混凝土裂缝迅速扩展，同时可以听到混凝土破裂声。达到耐火极限时柱端位移计读数迅速增大，有时会伴随有混凝土压溃声，直到试件达到破坏，试验结束。

除试件 SRC2-2 外，其余试件在受火初期产生向上的轴向变形，约 80min 时，试件向上的膨胀变形达到最大值，随后随受火时间增加，轴向变形由向上膨胀转为向下压缩，达到耐火极限时，试件向下的轴向变形迅速增大（试件 SRC1-1 由于加载设备出现故障，未测出轴向变形急剧增加的阶段而提前终止了试验）。试件 SRC2-2 的轴向变形在受火初期并不明显，轴向变形 - 受火时间曲线在受火 90min 之前维持平直，受火时间超过 90min 后，轴向变形随受火时间增加而逐渐增加，且变形速度逐渐加快，临近破坏时变形迅速增大，曲线陡降。

试验后各试件的破坏特征与试验前对比如图 3.16 所示，可见，除试件 SRC1-1 外，其他试件破坏时均发生了压弯破坏，由于试件 SRC1-1 试验结束的原因是液压加载装置过热，故图 3.16 中给出的试件变形为试件的轴向位移与试验结束时位移相同时的变形图，可见，型钢混凝土柱试件的破坏发生在最大弯曲位置，且在最大弯曲处外侧产生水平开裂，最大弯曲位置内侧产生局部压碎或开裂，但开裂裂缝的方向沿纵筋方向，说明受压区混凝土破坏时由于体积膨胀，纵筋向外侧弯曲，受到箍筋的环向约束作用，由于此时箍筋温度较高，材料性能下降，当箍筋受拉产生一定的变形之后，混凝土开裂，裂缝方向沿纵筋方向发展，当开裂扩展到一定程度后，受压区混凝土发生局部压碎脱落的现象。

图 3.17 为试件混凝土的破坏形态，可见，混凝土受压区破坏较明显而受拉区裂缝

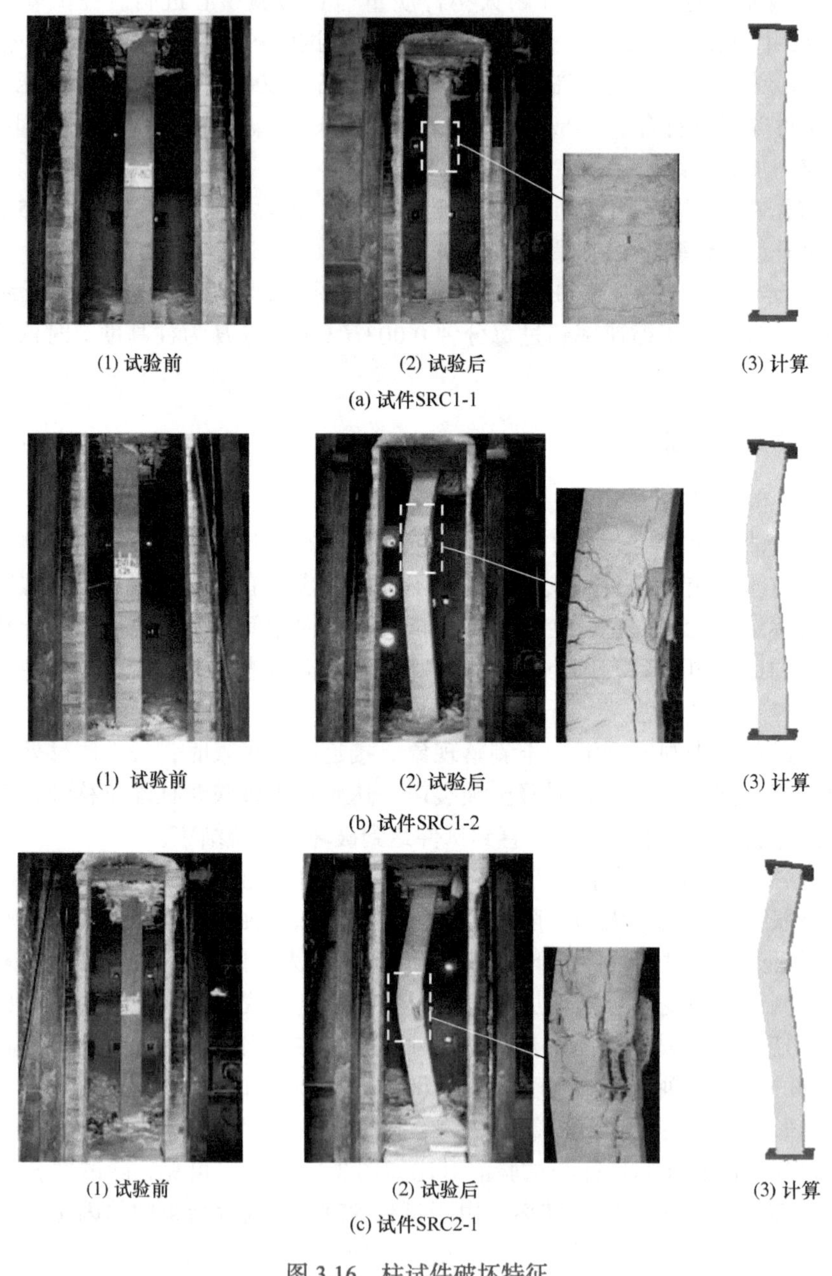

(1) 试验前　(2) 试验后　(3) 计算

(a) 试件SRC1-1

(1) 试验前　(2) 试验后　(3) 计算

(b) 试件SRC1-2

(1) 试验前　(2) 试验后　(3) 计算

(c) 试件SRC2-1

图 3.16　柱试件破坏特征

(1) 试验前

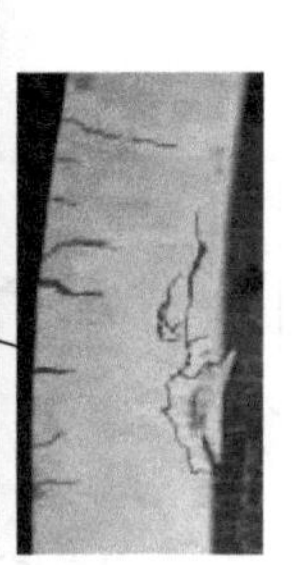

(2) 试验后

(3) 计算

(d) 试件SRC2-2

图 3.16 （续）

(a) 弯曲位置的内表面

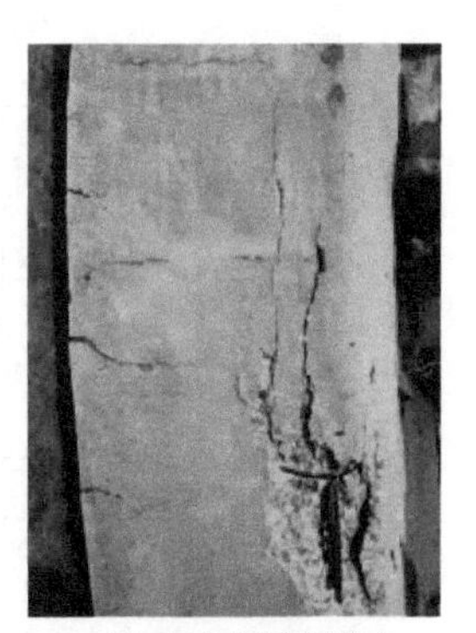

(b) 弯曲位置的侧面

图 3.17　试件 SRC2-2 混凝土破坏形态

开展不明显，这是由于内部型钢和纵向钢筋的存在承受了柱受拉区的应力，受拉裂缝较少也说明型钢和混凝土在高温下协调工作，没有明显的相对滑移。在最大弯曲处外侧受拉区的混凝土裂缝垂直于柱轴线方向，而最大弯曲处内侧受压区的混凝土则沿纵筋方向产生了开裂，总体上看，受压区混凝土的开裂长度要大于受拉区。

耐火试验结束后除去试件挠度最大处的破坏混凝土，观察其内部型钢和钢筋的破坏情况，以及型钢与混凝土之间的粘结情况。可见，型钢没有发生整体屈曲，型钢与混凝土之间保持了较好的粘结性能。图 3.18 为试件内部的型钢和钢筋的破坏形态。

（2）温度 - 受火时间关系

试件内部温度通过预埋的热电偶测量，热电偶位置及编号如图 3.15 所示，图 3.19 给出了各试件测温点的实测温度（T）- 受火时间（t）关系。可见，火灾作用下柱截面温度由内向外逐渐升高，且在 100℃左右，由于混凝土所含水分的蒸发，T-t 曲线会出现波动的平缓上升段。

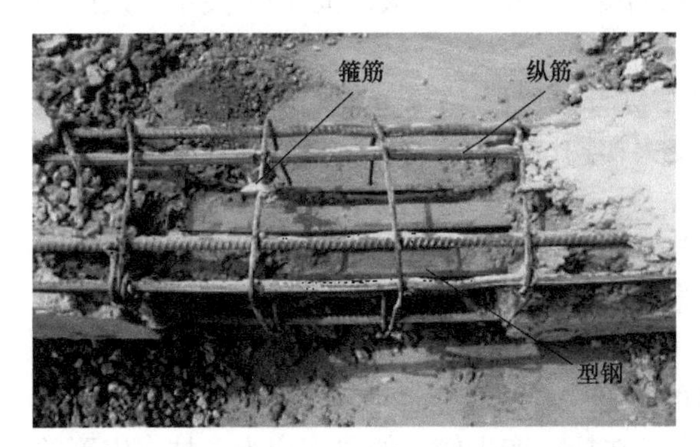

图 3.18　试件 SRC2-2 内部型钢和钢筋破坏形态

从图 3.19（a）和（b）可以看出，试件 SRC1-1 和试件 SRC1-2 中测温点和测温点 3 的位置相同，从试验结果来看两个试件测温点 3 曲线很接近，最高温度分别达 740℃和 747℃；试件 SRC1-2 中测温点 2 曲线突然升高与测温点 1 曲线相重合，可能是由于试件破坏、裂缝开展所致；试件 SRC1-2 中测温点 1 在相同时刻时温度低于测温点 2 和测温点 3，最高温度达 211℃。

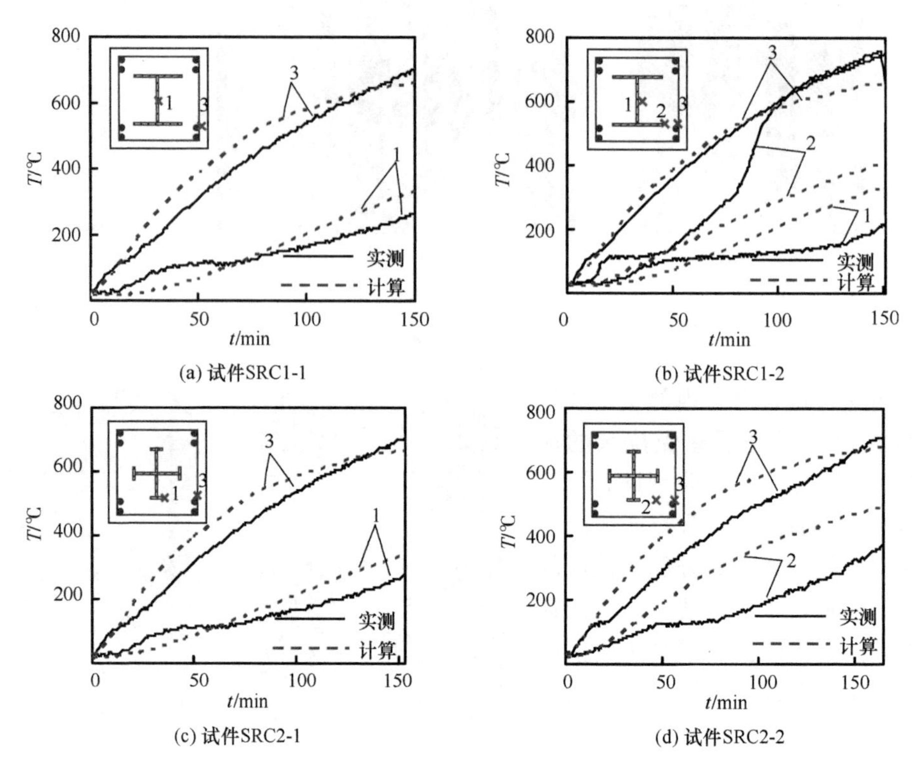

图 3.19　柱试件实测 T-t 关系

比较图 3.19（c）和（d）可见，试件 SRC2-1 和试件 SRC2-2 中测温点 3 位置相同，从试验结果来看两个试件测温点 3 曲线很接近，最高温度分别达 705℃和 711℃；试件 SRC2-1 中测温点 1 位于型钢角点处，最高温度达 281℃，试件 SRC2-2 中测温点 2 位于型钢角点和纵向钢筋之间的中点位置，最高温度高于试件 SRC2-1 中测温点 1 的温度，达 358℃。

（3）柱轴向变形 - 受火时间关系

图 3.20 给出了各试件实测和计算柱轴向变形（$\varDelta_c$）- 受火时间（t）关系。从图中实测的 $\varDelta_c$-t 关系可见：

1）$\varDelta_c$-t 关系主体上可以分为三个阶段：①热膨胀段（OA）；②压缩段（AB）；③破坏段（BC）。热膨胀阶段（OA）是由于受火初期试件受热膨胀使柱轴向伸长，此时构件截面温度较低，材料性能劣化程度较低；压缩阶段（AB）是随着温度的升高，材料强度损失程度持续增加，当温度升高产生的内力和材料劣化后的抗力之和小于外荷载时，试件开始压缩；破坏阶段（BC）是指在接近耐火极限时柱轴向变形和速率大大增加，曲线呈快速下降的阶段。

2）温度升高后型钢混凝土柱有明显的热膨胀。实际建筑结构中的框架多为超静定结构，温度升高引起的热膨胀会受到约束，在柱内产生较大的温度应力，柱火灾下的

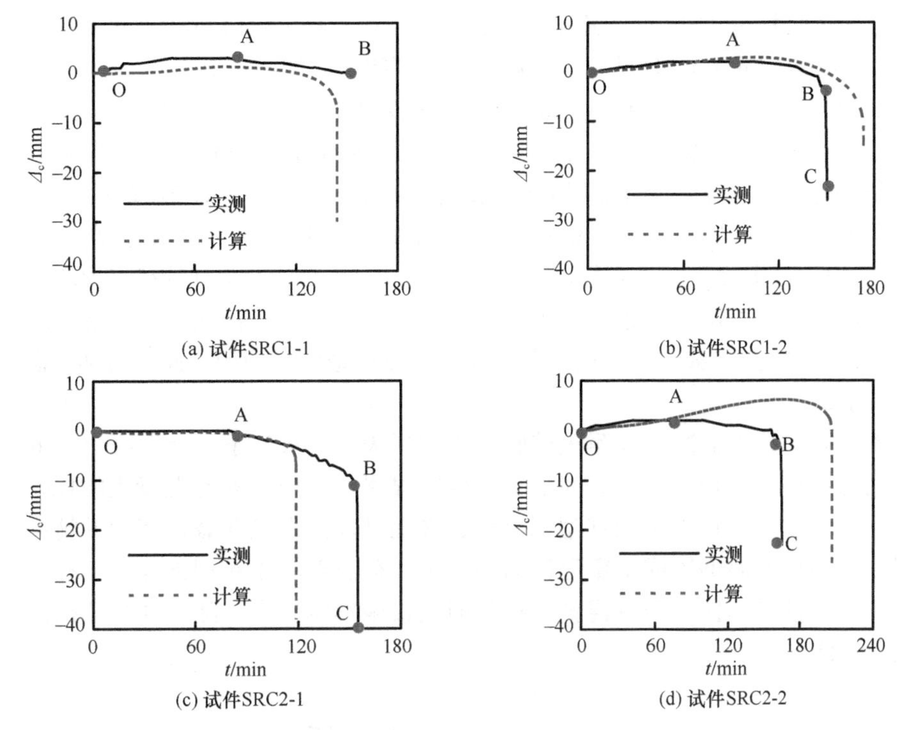

图 3.20　柱试件实测 Δ_c-t 关系

荷载比与常温下的荷载比有显著不同，抗火设计时应给予重视。

3）试件 SRC1-1 为采用工字形截面型钢的轴向受压柱，在受火后，由于温度升高，受热膨胀而伸长，在受火 50min 左右时伸长量达最大值 3mm，热膨胀阶段结束，进入稳定阶段，90min 后进入压缩阶段，在压缩量与膨胀量相互抵消，即轴向变形为 0 时，由于液压站过热试验停止，此时受火时间为 150min。

4）试件 SRC1-2 截面形式与试件 SRC1-1 一致，但为偏心受压，在受火 50min 左右时伸长量达最大值 2mm，受火 110min 后开始进入压缩阶段，135min 时压缩量与膨胀量相互抵消，140min 后柱轴向变形和变形速率开始变大，每 1～2min 轴向压缩就增大一个刻度，当达到耐火极限时轴向变形速率迅速增加，Δ_c-t 关系呈直线下降，组合柱发生破坏。

5）试件 SRC2-1 为采用十字形截面型钢的轴向受压柱，可见，试件 SRC2-1 没有受热膨胀段，Δ_c-t 关系直接从稳定阶段开始，在 85min 后开始进入压缩阶段，此后变形速率逐渐增加，在达到耐火极限时 Δ_c-t 关系呈直线下降直到柱达到破坏。

6）试件 SRC2-2 偏心受压，在受火 40min 左右时伸长量达最大值 2mm，受火 110min 后开始进入压缩阶段，此后变形速率逐渐增加，在达到耐火极限时 Δ_c-t 关系呈直线下降直到柱达到破坏。

从图 3.20 还可以看出，计算和实测的 Δ_c-t 关系总体上吻合良好。

（4）耐火极限

表 3.2 给出了各试件的耐火极限（t_R）。对于试件 SRC1-1，试验到 150min 时柱轴向位移经过热膨胀和压缩恢复到初始值，说明试件 SRC1-1 在柱荷载比 n=0.53 时，其

耐火极限大于且接近 150min，另外三个试件，在达到耐火极限时柱轴向变形速率每分钟均超过 0.003H（mm），且试验结束后可以看到明显的侧向变形。

从试验结果可以看出，在截面形式和柱荷载比相同的情况下试件 SRC2-1 和试件 SRC2-2 的耐火极限相差不大，说明荷载偏心距对型钢混凝土柱耐火极限影响不大；在荷载偏心距和柱荷载比相同的情况下试件 SRC1-2 和试件 SRC2-2 的耐火极限相差不大，均在 160min 左右。通过试验后对各柱的破坏形态和 Δ_c-t 关系的比较，试件 SRC1-1 的耐火极限高于其余各柱的耐火极限值，这主要是由于其柱荷载比小于其他试件，随着柱荷载比的降低型钢混凝土柱的耐火极限会增加。柱达到耐火极限时内部型钢的临界温度均低于 300℃，说明外部混凝土可较好地保护型钢，使其内部升温变缓。

（5）小结

本节进行的型钢混凝土柱耐火试验研究结果表明，火灾下型钢混凝土柱的型钢和混凝土之间可协调工作，二者之间没有发生明显滑移。由于外部混凝土的保护，使型钢混凝土柱不会过早地由于内部型钢温度过高而破坏。在柱荷载比相同的情况下，截面类型（工字形截面型钢或十字形截面型钢）和荷载偏心距对型钢混凝土柱耐火极限的影响较小。柱荷载比对型钢混凝土柱的耐火极限影响较大，随着柱荷载比的增大耐火极限会降低。

3.4 耐火性能分析

采用第 3.2.2 节建立的有限元计算模型，可方便地分析火灾作用下型钢混凝土柱和梁的破坏形态、应力和应变分布规律等。

下面通过典型算例对火灾下型钢混凝土柱和梁的力学性能进行分析。算例的计算条件如下。

1）型钢混凝土柱尺寸：$D\times B\times H$=600mm×400mm×6928mm；工字形截面型钢：$h\times b_f\times t_w\times t_f$=340mm×250mm×9mm×14mm；$f_y$=345MPa；$f_{yb}$=335MPa；$f_{cu}$=60MPa；$e$=20mm；纵筋 8ϕ28；箍筋 ϕ10@150mm；构件两端铰支，绕强轴弯曲。

2）型钢混凝土梁尺寸：$D_b\times B_b\times L$=600mm×400mm×6000mm；工字形截面型钢：$h\times b_f\times t_w\times t_f$=400mm×200mm×14mm×14mm；$f_y$=345MPa；$f_{yb}$=335MPa；$f_{cu}$=60MPa；受拉纵筋 4ϕ25；受压纵筋 2ϕ25；箍筋 ϕ10@150mm；构件两端铰支，绕强轴弯曲。

3.4.1 破坏形态

（1）型钢混凝土柱

在不同柱荷载比（n）下，两端铰支的型钢混凝土柱变形曲线近似于正弦半波曲线。图 3.21 给出有限元计算得到的不同受火时间（t）下型钢混凝土柱挠度 u 沿着构件长度方向的典型分布，H 和 L 分别为各点高度和构件总长度。可见，计算挠度沿构件长度分布规律与正弦半波曲线的变化规律相符合。

图 3.22 所示为 n=0.3 时型钢混凝土柱轴向变形（Δ_c）- 受火时间（t）关系。可

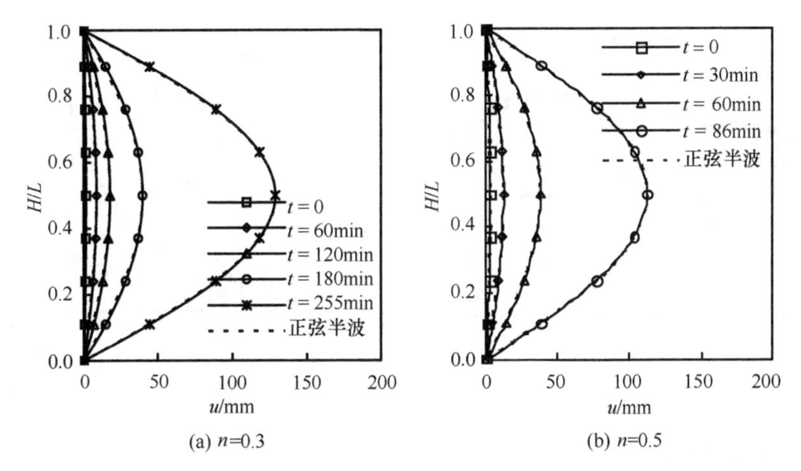

(a) n=0.3　　(b) n=0.5

图 3.21　型钢混凝土柱 u 沿柱长度方向的典型分布

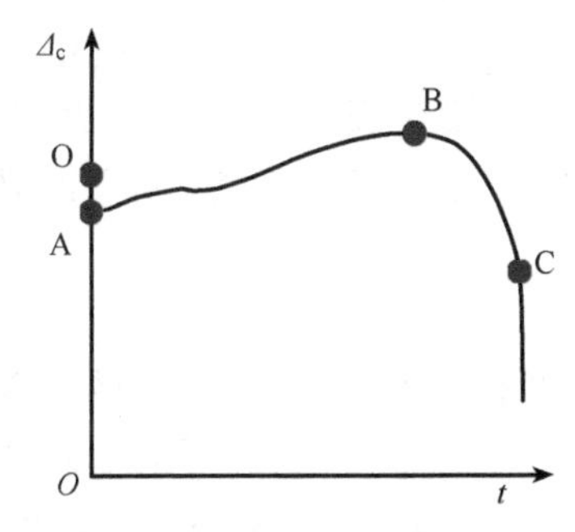

图 3.22　型钢混凝土柱 Δ_c-t 关系

见，在常温下施加外荷载，构件产生轴向压缩变形，OA 阶段为常温下型钢混凝土柱的加载阶段。Δ_c-t 关系在受火时的阶段可大致分为三个阶段：受火初期的膨胀阶段（AB）、压缩阶段（BC）和破坏阶段（C 点之后）。

膨胀阶段（AB 段）是由于在高温作用下构件产生热膨胀，柱压缩量小于热膨胀产生的伸长量，因此型钢混凝土柱顶的轴向变形上升；当柱荷载比较大时柱轴向变形（Δ_c）- 受火时间（t）的 AB 会变很短，甚至可能不出现膨胀段。随着受火时间增加，SRC 柱截面温度逐渐升高，混凝土和钢材的材料性能进一步劣化，柱顶膨胀位移增大的速率逐渐减小直至膨胀位移达到最大值（B 点），此后进入压缩阶段（BC 段）。截面温度场的计算结果表明，型钢混凝土柱截面上的温度梯度在接近外表面的区域较大，内部型钢和混凝土温度的增加则比较迟缓，如在升温 180min 时型钢翼缘边缘、翼缘中间和腹板中间温度分别为 273℃、214℃和 127℃，构件承载力损失比相应的钢筋混凝土柱慢。当型钢和钢筋温度较高，甚至达到屈服，内部混凝土性能也由于高温劣化明显，此时构件承载能力急剧下降，压缩变形超过热膨胀并迅速增加，柱轴向变形（Δ_c）- 受火时间（t）曲线下降速率增大。C 点表示型钢混凝土柱达到耐火极限。

图 3.23 所示为不同柱荷载比（n）作用下，型钢混凝土柱轴向变形（Δ_c）与火灾持续时间（t）的关系。柱荷载比（n）对耐火极限影响显著，n 越大，耐火极限越低，对于本算例，荷载比 0.3、0.4、0.5 和 0.6 对应的耐火极限分别为 255min、170min、86min 和 54min。不同 n 时轴向变形规律也不相同，如对于 $n=0.3$ 的构件，在 60min 时轴向变形稍有平缓的趋势；对于 $n>0.4$ 的构件，轴向伸长变形不明显或不出现，因为外荷载较大，热膨胀产生的伸长变形难以抵消外荷载产生的压缩变形。

图 3.24 所示为不同柱荷载比（n）时，型钢混凝土柱跨中挠度（u_m）- 受火时间（t）关系。可见，跨中挠度随受火时间的增加而增加，在接近破坏时挠度的增长非常迅速，不同荷载比时跨中挠度变化规律基本一致。

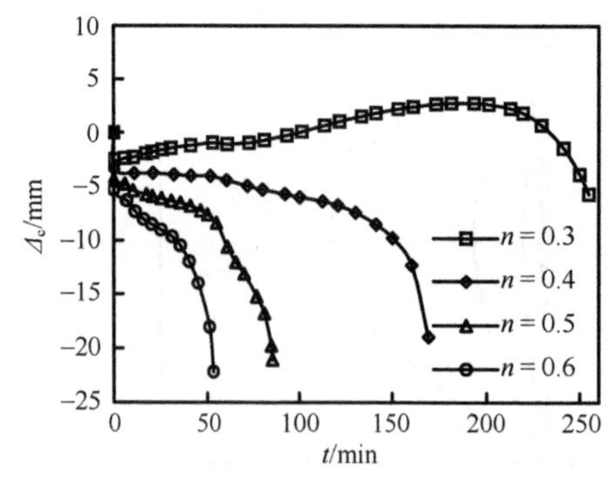

图 3.23 型钢混凝土柱 Δ_c-t 关系

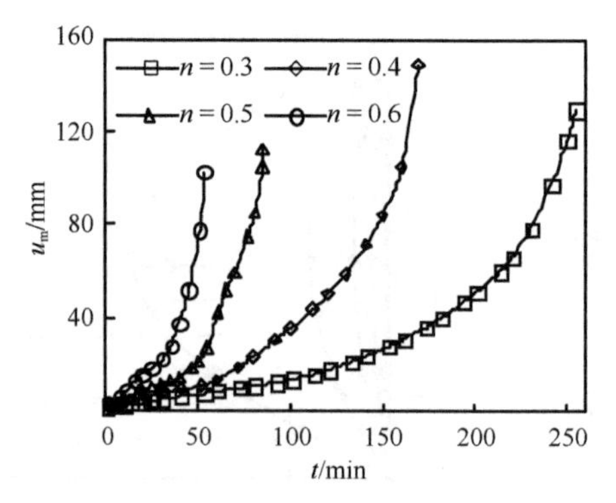

图 3.24 型钢混凝土柱 u_m-t 关系

（2）型钢混凝土梁

采用有限元计算模型可对三面受火情况下型钢混凝土梁的破坏形态、应力-应变分布、钢材与混凝土之间相互作用力等进行分析。

梁荷载比（m），指火灾下梁上的荷载水平，受火过程中作用在梁上的梁弯矩（M_F）、梁集中荷载（P_F）或梁均布荷载（q_F）保持不变，表达式为

$$m=\frac{M_F}{M_u} \quad 或 \quad \frac{P_F}{P_u} \quad 或 \quad \frac{q_F}{q_u} \tag{3.18}$$

式中：M_u——常温下梁的抗弯承载力；

P_u——常温下梁受集中荷载时的极限承载力；

q_u——常温下梁受均布荷载时的极限承载力。

选取四种梁荷载比（m）的工况进行分析，m=0.2、0.4、0.6 和 0.8。图 3.25 所示为梁荷载比 m=0.8 的型钢混凝土梁在火灾作用下其内部型钢与钢筋的 Mises 应力分布状态（为了便于阅读，图中的变形放大了 5 倍）。可见，与型钢混凝土柱类似，在火灾作用下，由于内部型钢的存在，构件表现出较好的塑性变形性能，型钢没有发生局部屈曲现象。

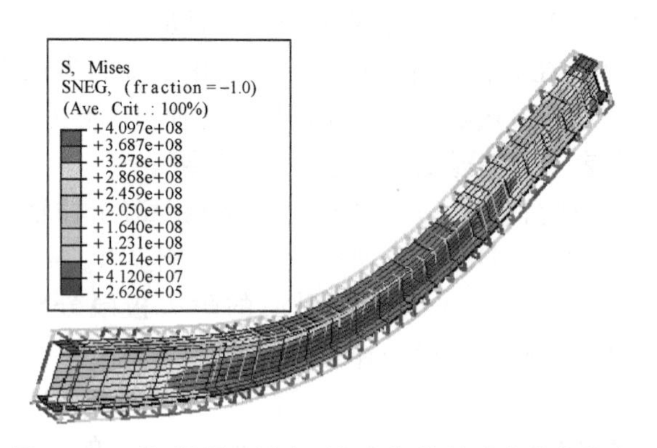

图 3.25 型钢混凝土梁中型钢与钢筋的应力分布状态

图 3.26 给出不同受火时间（t）下型钢混凝土梁挠度（u）沿着构件长度的典型分布，d 和 L 分别为各点长度和构件总长度。可见，计算的挠度沿构件长度分布规律与正

弦半波曲线的变化规律相符合。

图 3.27 所示为梁荷载比（m）不同时，型钢混凝土梁跨中挠度（u_m）与受火时间（t）关系。可见，m 对耐火极限影响显著，m 越大，耐火极限越低。对于本算例，荷载比为 0.2、0.4、0.6 和 0.8 时对应的耐火极限分别为＞300min、＞300min、270min 和 106min。跨中挠度随受火时间的增加而增加，在接近破坏时挠度的增长迅速。

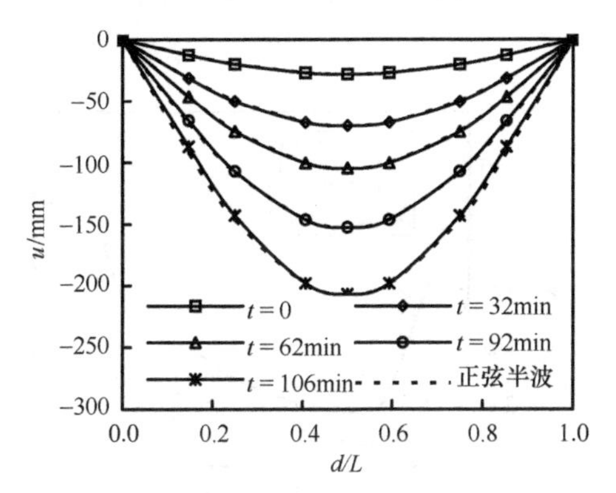

图 3.26　型钢混凝土梁 u 沿梁长度方向的典型分布

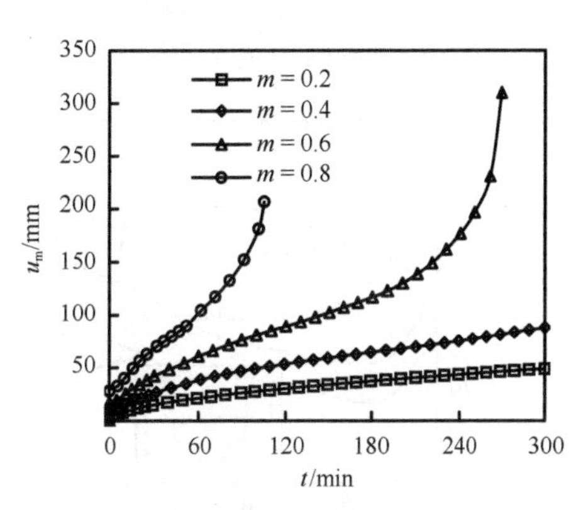

图 3.27　型钢混凝土梁 u_m-t 关系

3.4.2　应力、应变分布规律

（1）型钢混凝土柱

以柱荷载比 $n=0.5$ 的型钢混凝土柱为例，分析型钢混凝土柱在火灾下混凝土、钢筋和型钢的应力分布以及发展情况。

图 3.28 给出了常温加载结束时刻（升温时间 0）和柱达到耐火极限时刻（升温 86min）柱跨中截面混凝土的纵向应力分布等值线图，图中，f_c' 为常温下混凝土的圆柱体抗压强度。

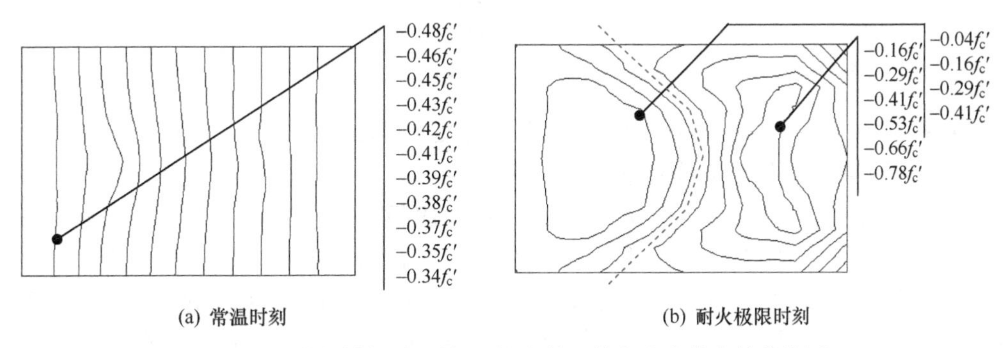

图 3.28　不同时刻型钢混凝土柱中截面纵向应力分布等值线图

在常温加载结束时刻，型钢混凝土柱由于受到小偏心柱荷载的作用，跨中混凝土全截面受压，由图 3.28（a）可见，跨中截面混凝土的压应力呈带状分布，偏心一侧的混凝土压应力较高，达 $0.48f_c'$。受火后构件的温度从内向外逐渐增加，达到耐火极限时，偏心一侧混凝土受到外荷载和高温引起结构材料性能劣化的共同作用，图 3.28（b）中虚线所示的左侧区域压应力超过高温下混凝土抗压强度，材料进入软化段，产生卸载，其所承受的荷载逐渐向虚线右侧转移。由于外围混凝土升温较快，其热膨胀大于内部混凝土，使得外部混凝土所分担的外荷载较大，如图 3.28（b）所示，虚线右侧混凝土的压应力从内向外逐渐增加。

图 3.29 所示为型钢混凝土柱跨中截面混凝土、纵筋和型钢不同位置点的纵向应力（σ）- 受火时间（t）关系。

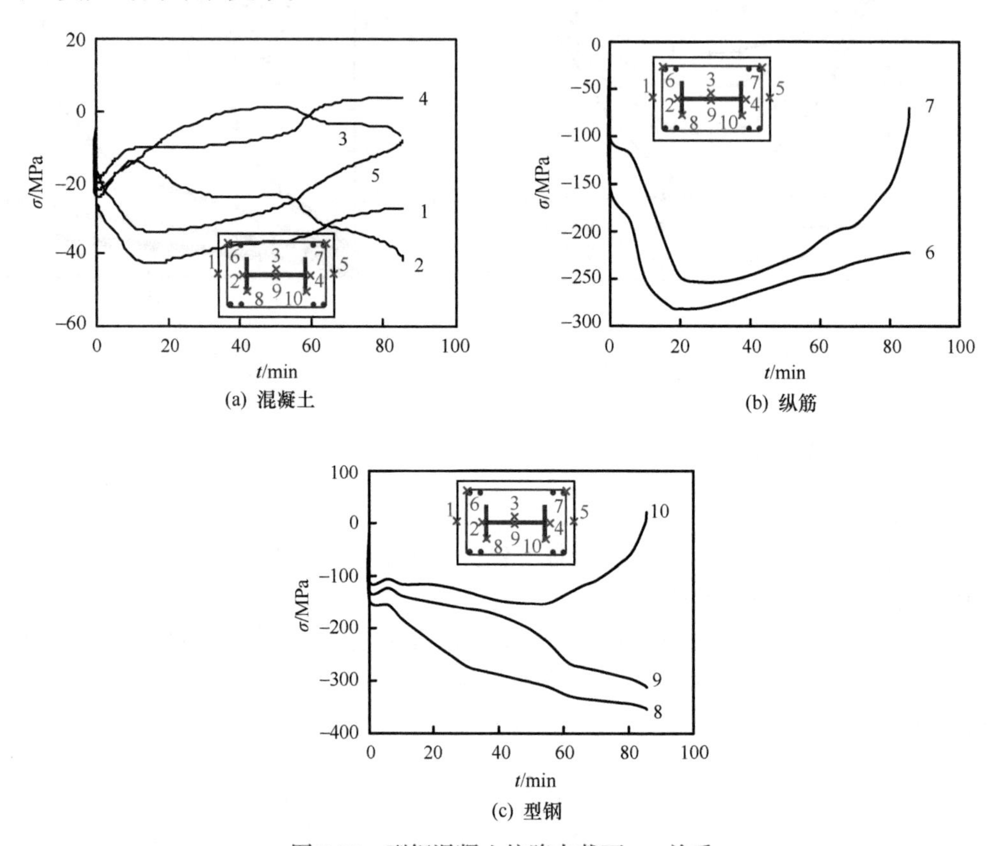

图 3.29　型钢混凝土柱跨中截面 σ-t 关系

由图 3.29（a）可见，对于混凝土外围温度较高的测温点 1 和测温点 5，受火 15min 以前，混凝土热膨胀作用明显，外围混凝土承受较大荷载，压应力增加，而型钢翼缘附近测温点 2 和测温点 4 的混凝土，以及腹板位置测温点 3 的混凝土压应力均有减小的趋势，受火 15min 后，随着温度的升高，混凝土材料性能逐渐劣化，外围混凝土的压应力逐渐降低，而型钢翼缘和腹板位置的混凝土由于温度较低，在升温后期外荷载逐渐转由内部混凝土承受。由图 3.29（b）可见，升温 30min 前，纵筋上的热膨胀影响较大，钢材强度损失较小，纵筋承受荷载增加，压应力也增加。随着温度升高，钢材力学性能劣化使得压应力减小。偏心一侧外层的纵筋在 30min 后达到高温屈服强度。由图 3.29（c）可见，升温初期，由于外围高温区混凝土和钢筋压应力增加，型钢发生卸载。随着外围高温区混凝土和钢筋很快达到高温抗压强度和屈服强度，内力发生重分布，荷载主要由温度较低的型钢和内部混凝土承担，偏心一侧型钢翼缘测温点 8 和腹板测温点 9 压应力持续增长，测温点 8 处型钢在 62min 时达到高温屈服强度，随着跨中挠度的增加，测温点 10 处型钢翼缘压应力在接近破坏时快速减少并在 80min 时变为拉应力。

（2）型钢混凝土梁

以火灾下梁荷载比 $m=0.8$ 的三面受火型钢混凝土梁为例，分析型钢混凝土梁在火灾下混凝土、钢筋和型钢的应力分布及发展规律。

图 3.30 所示为型钢混凝土梁跨中截面混凝土、纵筋和型钢不同位置点的纵向应力（σ）- 受火时间（t）关系。梁底混凝土测温点 1 表层升温速率较快，在受火 32min 时温度达 635℃，此时表层混凝土膨胀变形较大，且随着温度的升高混凝土材料劣化明显，拉应力减小；受火 32min 后变化平缓，在 45min 时达到高温抗拉强度。三面受火情况下，顶层混凝土压应力逐渐增长并迅速超过抗压强度，随着挠度的不断增加，受压区高度减小，压应力逐渐减小。梁底纵筋测温点 3 在升温前已经接近屈服，升温初期就迅速达到屈服强度，其应力变化规律接近高温屈服强度变化曲线，受压纵筋测温点 4 在 30min 前也屈服。型钢下翼缘测温点 5 升温前接近屈服，随后迅速增长达到屈服强度，随着跨中挠度的加大，受压区高度减小，受压区部分混凝土达到抗压强度，受压钢筋屈服，此时型钢上翼缘测温点 6 压应力持续增长，直到 80min 时达到屈服强度。

图 3.31 给出 SRC 梁跨中截面混凝土纵向塑性应变（ε）- 受火时间（t）关系。可

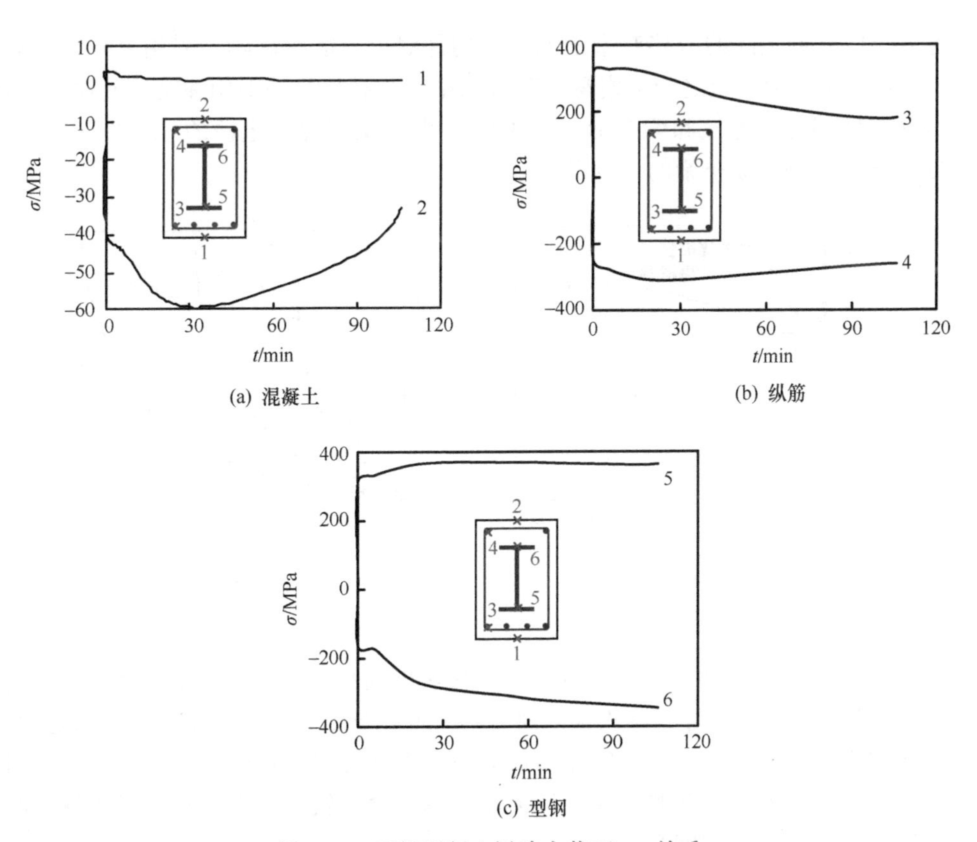

(a) 混凝土

(b) 纵筋

(c) 型钢

图 3.30　型钢混凝土梁跨中截面 σ-t 关系

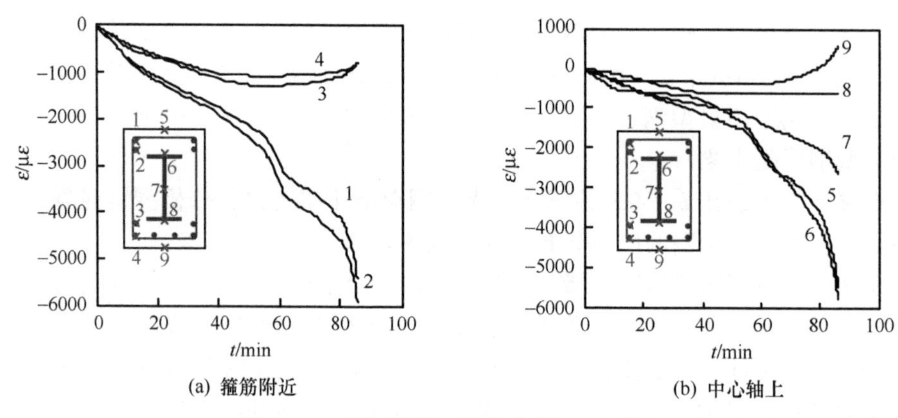

(a) 箍筋附近　　(b) 中心轴上

图 3.31　型钢混凝土梁跨中截面 ε-t 关系

见，随着材料温度的升高，塑性应变分布逐渐趋于不均匀。t 超过 60min 后，型钢一侧翼缘受压屈服，混凝土的应变快速发展，随着构件挠度的加大，到 80min 时型钢左侧翼缘位置混凝土受拉，破坏时右侧混凝土表面位置和型钢翼缘中部位置压应变 ε 分别达 5425$\mu\varepsilon$ 和 5733$\mu\varepsilon$。混凝土纵向应变沿着高度变化规律与纵向应力分布规律类似。

3.4.3　滑移影响分析

为了分析材料之间的滑移对型钢混凝土构件耐火性能的影响，采用有限元计算模型分别计算了钢与混凝土之间无滑移（节点固结）和有滑移（采用弹簧单元模拟滑移）两种情况下型钢混凝土柱和梁变形，图 3.32 给出了型钢混凝土柱的 Δ_c-t 和 u_m-t 关系，图 3.33 给出了型钢混凝土梁的 u_m-t 关系。

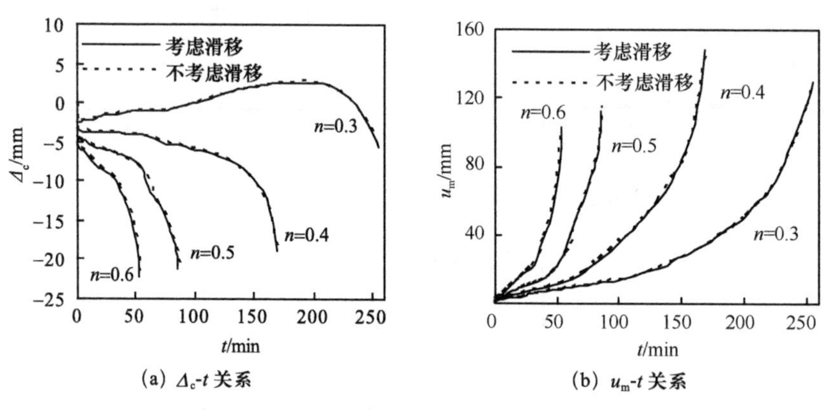

(a) Δ_c-t 关系　　(b) u_m-t 关系

图 3.32　型钢混凝土柱 Δ_c-t 和 u_m-t 关系

由图 3.32 和图 3.33 可见，在受火前期阶段不同荷载比下，考虑滑移和不考虑滑移的变形关系差异不大，在邻近耐火极限时，两者的差异增加，但仍不明显。这是因为，虽然纵向钢筋的混凝土保护层厚度比型钢的小，纵筋升温相对较快，温度对纵筋滑移的影响更明显，但由于型钢的存在，且钢筋的体积含量较小，因此滑移对型钢混凝土构件整体的变形和耐火极限影响不大。

参照《钢骨混凝土结构设计规程》(YB 9082—97)(1998)，钢骨的保护层厚度对梁宜采用100mm，对柱宜采用150mm，但钢骨的最小保护层厚度不得小于50mm；参照JGJ 138—2001（2002），型钢的混凝土保护层最小厚度，对梁不宜小于100mm，且梁内型钢翼缘离两侧之和不宜小于截面宽度的1/3，对柱不宜小于120mm。因此，对于工程中常见的型钢混凝土构件，型钢升温滞后明显，滑移影响较小。

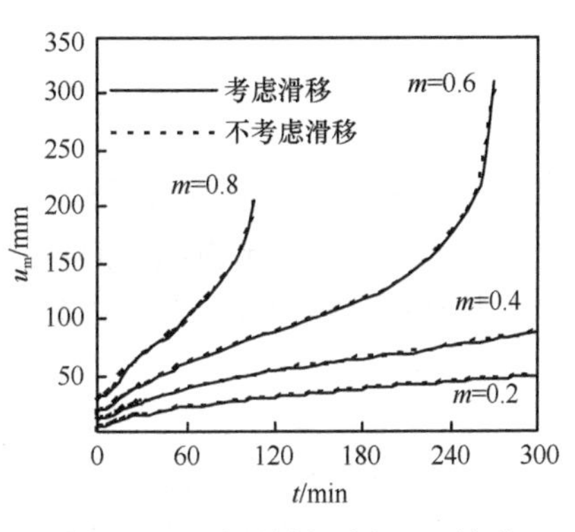

图3.33　型钢混凝土梁 u_m-t 关系

3.5　耐火性能参数分析和实用计算方法

本节在参数分析基础上给出型钢混凝土柱和梁的火灾下承载力影响系数和耐火极限实用计算方法。

3.5.1　火灾下承载力参数分析

火灾作用下，型钢混凝土构件的承载力会随温度升高而逐渐降低，当构件承载力与作用在构件上的荷载相等时，即认为构件达到临界状态。为便于分析，定义了型钢混凝土构件的火灾下承载力影响系数（k_t），其表达式如下：

$$k_t=\frac{N_u(t)}{N_u}\text{或}\frac{M_u(t)}{M_u} \tag{3.19}$$

式中：N_u——常温下柱的极限承载力；

$N_u(t)$——火灾下柱的极限承载力；

M_u——常温下梁的抗弯承载力；

$M_u(t)$——火灾下梁的抗弯承载力。

本节研究不同参数对ISO-834（1975）标准升温曲线作用下型钢混凝土柱和型钢混凝土梁 k_t 的影响规律。

（1）型钢混凝土柱

影响型钢混凝土柱 k_t 的可能因素有：截面周长（$C=2D+2B$，D 为矩形截面长边边长，B 为矩形截面短边边长）、柱长细比（λ）、受火时间（t）、荷载偏心率（e/r，其中，e 为荷载偏心距，绕强轴弯曲时 $r=D/2$，绕弱轴弯曲时 $r=B/2$）、型钢屈服强度（f_y）、钢筋屈服强度（f_{yb}）、混凝土强度（f_{cu}）、截面高宽比（$\beta=D/B$）、柱截面含钢率（α_c）混凝土柱高度（H）等。柱长细比（λ）按下式计算：

$$\lambda=\begin{cases}\dfrac{2\sqrt{3}H}{D} & \text{（绕强轴）}\\[2ex] \dfrac{2\sqrt{3}H}{B} & \text{（绕弱轴）}\end{cases} \tag{3.20}$$

柱截面配筋率（ρ_c）或梁截面配筋率（ρ_b）按下式计算：

$$\rho_c 或 \rho_b = \frac{A_{sb}}{A_c} \tag{3.21}$$

式中：A_{sb}——钢筋总截面面积；

A_c——混凝土横截面面积。

柱截面含钢率（α_c）或梁截面含钢率（α_b）按下式计算：

$$\alpha_c 或 \alpha_b = \frac{A_s}{A_c} \tag{3.22}$$

式中：A_s——型钢截面面积；

A_c——混凝土横截面面积。

韩林海等（2005）、郑永乾等（2006）的参数分析表明，截面尺寸（C）和柱长细比（λ）是影响型钢混凝土柱火灾下承载力系数的主要因素。

图3.34所示为柱截面周长（C）对k_t的影响规律，可见，k_t随着C的增大而增加。这是因为截面周长越大，混凝土尺寸越大，柱吸热能力越强，外界温度传到内部的速度就越慢，耐火极限越长，承载力影响系数（k_t）就越大。

图3.35所示为柱长细比（λ）对k_t的影响规律，可见，λ对k_t有较大影响，长细比越大，火灾中"二阶效应"的影响越明显，火灾下柱承载力影响系数k_t就越小，耐火极限也越低。

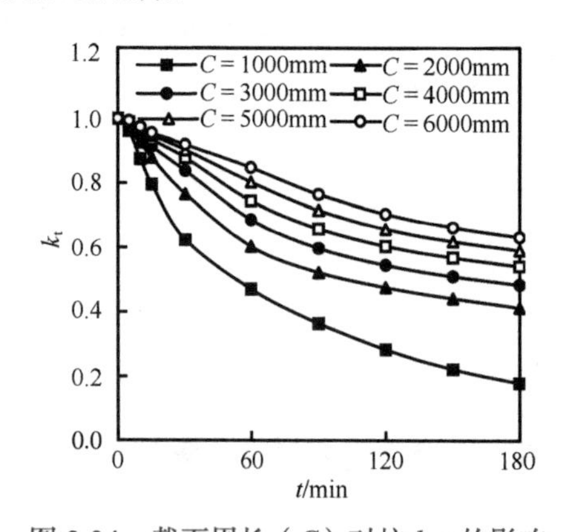

图3.34　截面周长（C）对柱k_t-t的影响

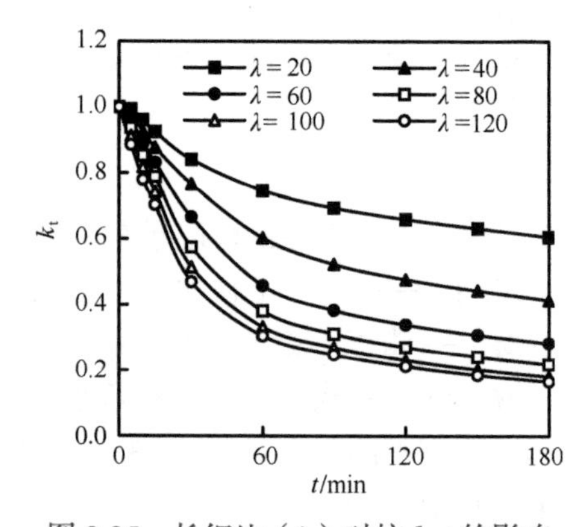

图3.35　长细比（λ）对柱k_t-t的影响

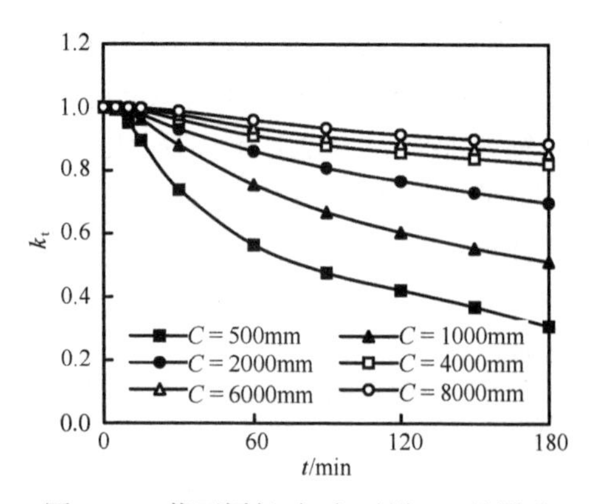

图3.36　截面周长（C）对梁k_t-t的影响

（2）型钢混凝土梁

影响型钢混凝土梁火灾下承载力系数（k_t）的主要因素有：截面周长（C）和受火时间（t）。其他因素，如梁截面配筋率［ρ_b，按式（3.21）计算］、梁截面含钢率［α_b，按式（3.22）计算］、型钢屈服强度（f_y）、钢筋屈服强度（f_{yb}）、混凝土强度（f_{cu}）、截面高宽比（β）和钢筋混凝土保护层厚度（c）等的影响则不明显。如图3.36所示，梁截面周长（C）越大，相同受火时间（t）下的k_t越大。

3.5.2 火灾下承载力实用计算方法

（1）型钢混凝土柱

如前所述，影响型钢混凝土柱火灾下承载力系数（k_t）的因素主要是：受火时间（t）、截面周长（C）和长细比（λ）。在对大量数值计算结果整理分析的基础上，可回归分析出以 t、C、λ 为参数的火灾下型钢混凝土柱 k_t 的简化计算公式。

在工程常用的参数范围内，即 $\alpha_c=2\%\sim15\%$，$\rho_c=1\%\sim5\%$，$f_y=200\sim500\text{MPa}$，$f_{yb}=200\sim500\text{MPa}$，$f_{cu}=30\sim80\text{MPa}$，$C=500\sim8000\text{mm}$（即 $B=125\sim2000\text{mm}$），$\lambda=10\sim120$ 的情况下，k_t 用下式表示：

$$k_t=\frac{1}{1+a\cdot t_0^b} \tag{3.23-1}$$

$$a=\frac{a_1}{1.03C_0-0.21} \tag{3.23-2}$$

$$b=\frac{b_1\cdot(8.79C_0+5.85)}{-1.43C_0^2+14.85C_0+1} \tag{3.23-3}$$

$$a_1=9.9-9.27\cdot\exp(-0.2\lambda_0^{2.33}) \tag{3.23-4}$$

$$b_1=1.01-0.23\cdot\exp(-0.78\lambda_0^{1.42}) \tag{3.23-5}$$

$$C_0=\frac{C}{2000} \tag{3.23-6}$$

$$\lambda_0=\frac{\lambda}{40} \tag{3.23-7}$$

$$t_0=\frac{t}{300} \tag{3.23-8}$$

式中：t 和 C 的单位分别以 min 和 mm 计入。式（3.23）适用于内部型钢为工字形、十字形或单轴对称截面的型钢混凝土柱。适用范围为：$\alpha_c=2\%\sim15\%$，$\rho_c=1\%\sim5\%$，$f_y=200\sim500\text{MPa}$，$f_{yb}=200\sim500\text{MPa}$，$f_{cu}=30\sim80\text{MPa}$，$e/r=0\sim1.2$，$C=500\sim8000\text{mm}$（即 $B=125\sim2000\text{mm}$），$\lambda=10\sim120$，$t\leqslant300\text{min}$。

图 3.37 所示为 k_t 简化计算结果与数值计算结果对比。图中未给出的参数为 $f_y=345\text{MPa}$，$f_{yb}=335\text{MPa}$，$f_{cu}=60\text{MPa}$，$\alpha_c=4.5\%$，$\rho_c=2\%$，$e/r=0$。可见简化结果与数值计算结果符合较好。

根据 JGJ 138—2001（2002）计算型钢混凝土压弯构件的承载力，将其乘以系数 k_t 值，即可获得压弯构件标准火灾作用下不同受火时间的承载力

$$N_u(t)=k_tN_u \tag{3.24}$$

为使型钢混凝土柱满足耐火极限要求，应限制其柱荷载比（n）限值不超过火灾下承载力影响系数（k_t）。由火灾下承载力影响系数（k_t）简化公式可得到对应一定柱荷载比（n）下的耐火极限（t_R）简化计算公式

$$t_R=300\left[\frac{1}{a}\cdot\left(\frac{1}{n}-1\right)\right]^{\frac{1}{b}} \tag{3.25}$$

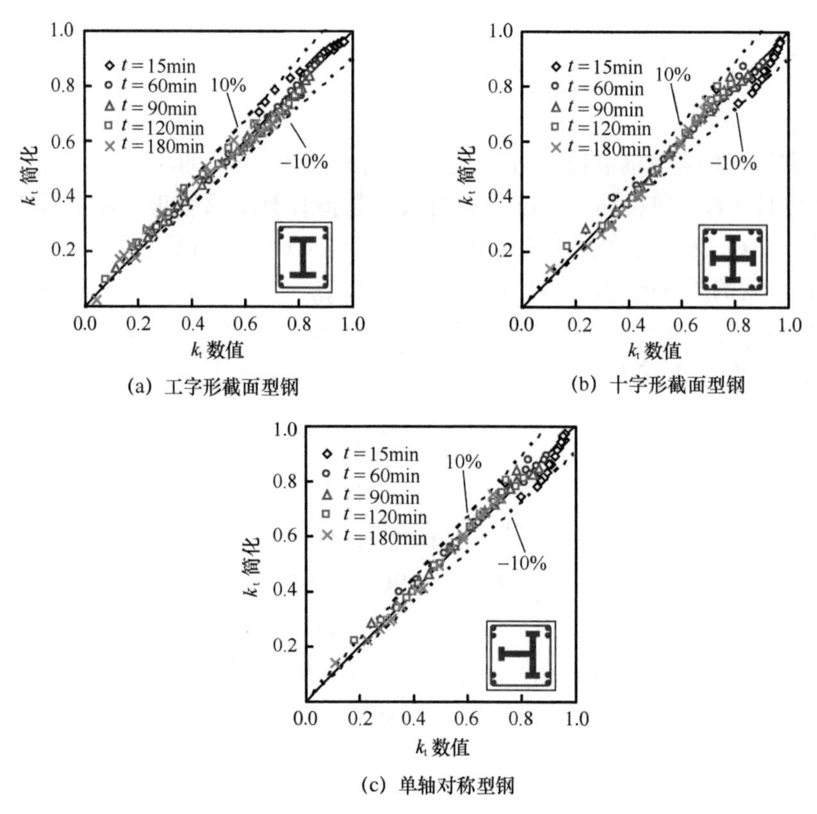

图 3.37 型钢混凝土柱 k_t 结果对比

图 3.38 和图 3.39 所示分别为型钢混凝土柱耐火极限简化计算结果与实测结果（Hass，1986）、简化计算结果与数值计算结果的比较情况，可见简化计算结果与实测和数值计算结果基本吻合。

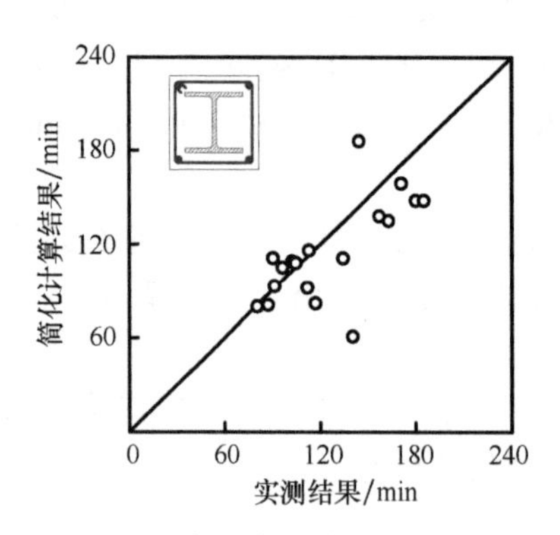

图 3.38 型钢混凝土柱耐火极限简化和实测结果对比

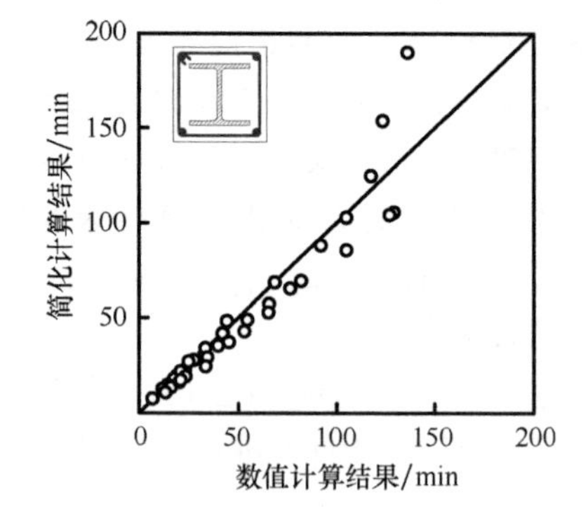

图 3.39 型钢混凝土柱耐火极限简化和数值结果对比

（2）型钢混凝土梁

对型钢混凝土梁的耐火性能研究结果表明，影响型钢混凝土梁抗弯承载力系数 k_t 的参数是：受火时间（t）和截面周长（C）（郑永乾等，2008）。在对大量数值计算结果整理分析的基础上，回归分析出以 t、C 为参数的标准火灾下型钢混凝土梁 k_t 的简化计算公式如下：

$$k_t=\frac{1}{1+a\cdot t_0^b} \tag{3.26-1}$$

$$a=\frac{1}{1.7C_0-0.23} \tag{3.26-2}$$

$$b=0.91+0.017C_0+\frac{0.021}{C_0^2} \tag{3.26-3}$$

$$C_0=\frac{C}{2000} \tag{3.26-4}$$

$$t_0=\frac{t}{300} \tag{3.26-5}$$

式中：t 和 C 的单位分别以 min 和 mm 计入。

式（3.26）的适用范围为：$\alpha_b=3\%\sim15\%$，$\rho_b=0.6\%\sim1.8\%$，$f_y=200\sim500$MPa，$f_{yb}=200\sim500$MPa，$f_{cu}=30\sim80$MPa，$\beta=1.5\sim3$，$C=500\sim8000$mm，$c=20\sim50$mm，$t\leqslant300$min。

图 3.40 为型钢混凝土梁承载力影响系数简化计算结果与数值计算结果对比，图中未给出的参数为 $f_y=345$MPa，$f_{yb}=335$MPa，$f_{cu}=60$MPa，$\alpha_b=4.72\%$，$\rho_b=0.82\%$，$\beta=1.5$。可见，简化公式计算结果与数值计算结果吻合良好。

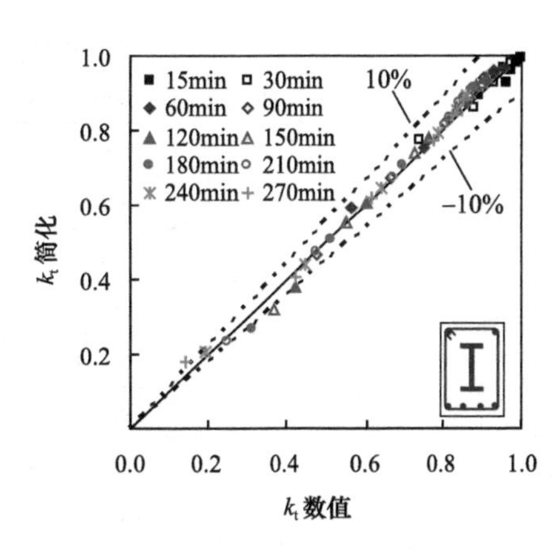

图 3.40　型钢混凝土梁 k_t 结果对比

3.5.3　耐火极限实用计算方法

基于式（3.23）和式（3.26），使火灾下承载力影响系数（k_t）不超过柱或梁荷载比（n 或 m），可得出型钢混凝土柱和梁的耐火极限（t_R），如表 3.3 和表 3.4 所示。

表 3.3　型钢混凝土柱耐火极限（t_R）

n	λ	$B\times B$	t_R/h	λ	$B\times B$	t_R/h
0.3	20	300×300	3.0	60	300×300	1.3
		600×600	3.0		600×600	2.6
		900×900	3.0		900×900	3.0
		1200×1200	3.0		1200×1200	3.0
		1500×1500	3.0		1500×1500	3.0
		1800×1800	3.0		1800×1800	3.0
		2000×2000	3.0		2000×2000	3.0
	40	300×300	2.2	80	300×300	1.0
		600×600	3.0		600×600	1.8
		900×900	3.0		900×900	2.8
		1200×1200	3.0		1200×1200	3.0
		1500×1500	3.0		1500×1500	3.0
		1800×1800	3.0		1800×1800	3.0
		2000×2000	3.0		2000×2000	3.0

续表

n	λ	$B\times B$	t_R/h	λ	$B\times B$	t_R/h
0.4	20	300×300	3.0	60	300×300	0.9
		600×600	3.0		600×600	1.6
		900×900	3.0		900×900	2.6
		1200×1200	3.0		1200×1200	3.0
		1500×1500	3.0		1500×1500	3.0
		1800×1800	3.0		1800×1800	3.0
		2000×2000	3.0		2000×2000	3.0
	40	300×300	1.4	80	300×300	0.7
		600×600	3.0		600×600	1.1
		900×900	3.0		900×900	1.7
		1200×1200	3.0		1200×1200	2.5
		1500×1500	3.0		1500×1500	3.0
		1800×1800	3.0		1800×1800	3.0
		2000×2000	3.0		2000×2000	3.0
0.5	20	300×300	2.0	60	300×300	0.6
		600×600	3.0		600×600	1.1
		900×900	3.0		900×900	1.7
		1200×1200	3.0		1200×1200	2.4
		1500×1500	3.0		1500×1500	3.0
		1800×1800	3.0		1800×1800	3.0
		2000×2000	3.0		2000×2000	3.0
	40	300×300	1.0	80	300×300	0.5
		600×600	2.0		600×600	0.7
		900×900	3.0		900×900	1.1
		1200×1200	3.0		1200×1200	1.6
		1500×1500	3.0		1500×1500	2.2
		1800×1800	3.0		1800×1800	2.7
		2000×2000	3.0		2000×2000	3.0
	20	300×300	1.4	60	300×300	0.4
		600×600	3.0		600×600	0.7
		900×900	3.0		900×900	1.1
		1200×1200	3.0		1200×1200	1.5
		1500×1500	3.0		1500×1500	2.1
		1800×1800	3.0		1800×1800	2.7
		2000×2000	3.0		2000×2000	3.0

续表

n	λ	$B \times B$	t_R/h	λ	$B \times B$	t_R/h
0.6	40	300×300	0.7	80	300×300	0.3
		600×600	1.3		600×600	0.5
		900×900	2.1		900×900	0.7
		1200×1200	3.0		1200×1200	1.0
		1500×1500	3.0		1500×1500	1.4
		1800×1800	3.0		1800×1800	1.8
		2000×2000	3.0		2000×2000	2.1

注：表内中间值可用插值法求得；B 的尺寸单位为 mm。

表 3.4　型钢混凝土梁耐火极限（t_R）

m	$B \times B$	t_R/h	m	$B \times B$	t_R/h
0.2	300×300	3.0	0.6	300×300	3.0
	600×600	3.0		600×600	3.0
	900×900	3.0		900×900	3.0
	1200×1200	3.0		1200×1200	3.0
	1500×1500	3.0		1500×1500	3.0
0.3	300×300	3.0	0.7	300×300	1.6
	600×600	3.0		600×600	3.0
	900×900	3.0		900×900	3.0
	1200×1200	3.0		1200×1200	3.0
	1500×1500	3.0		1500×1500	3.0
0.4	300×300	3.0	0.8	300×300	1.0
	600×600	3.0		600×600	2.1
	900×900	3.0		900×900	3.0
	1200×1200	3.0		1200×1200	3.0
	1500×1500	3.0		1500×1500	3.0
0.5	300×300	3.0	0.9	300×300	0.4
	600×600	3.0		600×600	0.9
	900×900	3.0		900×900	1.4
	1200×1200	3.0		1200×1200	2.0
	1500×1500	3.0		1500×1500	2.6

注：表内中间值可用插值法求得；B 的尺寸单位为 mm。

上述成果为广东省标准《建筑混凝土结构耐火设计技术规程》（DBJ/T 15-81—2011）（2011）中型钢混凝土结构抗火设计条文的制订提供了依据。

3.6 本 章 小 结

本章通过试验研究和理论分析，论述了火灾作用下型钢混凝土构件截面温度分布及耐火极限的研究成果。研究表明，构件截面周长和长细比对火灾下型钢混凝土柱承载力影响系数的影响较为显著，其他参数的影响不明显；而截面尺寸是影响火灾下型钢混凝土梁抗弯承载力的主要因素。在参数分析结果的基础上，本章提出了 ISO-834 标准火灾作用下型钢混凝土柱和梁承载力影响系数和耐火极限的实用计算方法。

参 考 文 献

陈骥，2006. 钢结构稳定理论与设计 [M]. 3 版. 北京：科学出版社.
广东省住房和城乡建设厅，2011. 建筑混凝土结构耐火设计技术规程：DBJ/T 15-81—2011 [S]. 广州：广东省住房和城乡建设厅.
过镇海，时旭东，2003. 钢筋混凝土的高温性能及其计算 [M]. 北京：清华大学出版社.
韩林海，郑永乾，2005. SRC 和 RC 柱的耐火性能及抗火设计方法 [C] // 第三届全国钢结构防火及防腐技术研讨会暨第一届全国结构抗火学术交流会论文集，福州：21-56.
韩林海，2007. 钢管混凝土结构——理论与实践 [M]. 2 版. 北京：科学出版社.
韩林海，2016. 钢管混凝土结构——理论与实践 [M]. 3 版. 北京：科学出版社.
李国强，韩林海，楼国彪，等，2006. 钢结构及钢 - 混凝土组合结构抗火设计 [M]. 北京：中国建筑工业出版社.
陆洲导，1989. 钢筋混凝土梁对火灾反应的研究 [D]. 上海：同济大学.
南建林，过镇海，时旭东，1997. 混凝土的温度应力共同本构关系 [J]. 清华大学学报，37 (6)：87-90.
沈聚敏，王传志，江见鲸，1993. 钢筋混凝土有限元与板壳极限分析 [M]. 北京：清华大学出版社.
宋天诣，2011. 火灾后钢 - 混凝土组合框架梁 - 柱节点的力学性能研究 [D]. 北京：清华大学.
谭清华，2012. 火灾后型钢混凝土柱、平面框架力学性能研究 [D]. 北京：清华大学.
王孔藩，许清风，刘挺林，2005. 高温自然冷却后钢筋与混凝土之间粘结强度的试验研究 [J]. 施工技术，34 (8)：6-11.
王彦宏，2004. 型钢混凝土偏压柱粘结滑移性能及应用研究 [D]. 西安：西安建筑科技大学.
吴兵，2006. 火灾前后钢管混凝土核心柱界面粘结性能的研究 [D]. 杭州：浙江大学.
吴波，袁杰，李惠，等，2002. 高温下高强混凝土的爆裂规律与柱截面温度场计算 [J]. 自然灾害学报，11 (2)：65-69.
吴波，2003. 火灾后钢筋混凝土结构的力学性能 [M]. 北京：科学出版社.
谢狄敏，钱在兹，1998. 高温作用后混凝土抗拉强度与粘结强度的试验研究 [J]. 浙江大学学报，32 (5)：597-602.
徐有邻，沈文都，汪洪，1994. 钢筋砼粘结锚固性能的试验研究 [J]. 建筑结构学报，15 (3)：26-37.
杨勇，2003. 型钢混凝土粘结滑移基本理论及应用研究 [D]. 西安：西安建筑科技大学.
袁广林，郭操，吕志涛，2006. 高温下钢筋混凝土粘结性能的试验与分析 [J]. 工业建筑，36 (2)：57-60.
张彬，李国强，2005. 型钢混凝土粘结性能研究现状 [J]. 结构工程师，21 (5)：84-88.
郑永乾，韩林海，经建生，2008. 火灾下型钢混凝土梁力学性能的研究 [J]. 工程力学，9 (25)：118-125.
郑永乾，韩林海，2006. 钢骨混凝土柱的耐火性能和抗火设计方法 (Ⅰ) (Ⅱ) [J]. 建筑钢结构进展，8 (2-3)：22-29，24-33.
中华人民共和国国家质量监督检验检疫总局，国家标准化管理委员会，2008. 建筑构件耐火试验方法：GB/T 9978—2008 [S]. 北京：中国标准出版社.
中华人民共和国建设部，2002. 型钢混凝土组合结构技术规程：JGJ 138—2001 [S]. 北京：中国建筑工业出版社.
中冶集团建筑研究总院，中华人民共和国国家发展和改革委员会，2006. 钢骨混凝土结构设计规程：YB 9082—2006 [S]. 北京：冶金工业出版社.

周新刚，吴江龙，1995．高温后混凝土与钢筋粘结性能的试验研究 [J]．工业建筑，25（5）：37-40．

朱伯龙，陆洲导，胡克旭，1990．高温（火灾）下混凝土与钢筋的本构关系 [J]．四川建筑科学研究，（1）：37-43．

AHMED A E, AL-SHAIKH A H, ARAFAT T I, 1992. Residual compressive and bond strengths of limestone aggregate concrete subjected to elevated temperatures [J]. Magazine of Concrete Research, 44 (159): 117-125.

ANDERBERG G Y, THELANDERSSON S, 1976. Stress and deformation of concrete at hightemperatures: 2 Experimental investigation and material behaviour [R]. Bulletin 54, Lund: Lund Institute of Technolgy.

BAZANT Z P, 1997. Analysis of pore pressure, thermal stress and fracture in rapidly heated concrete [C]// International Workshop on Fire Performance of High-Strength Concrete, NIST Special Publication, Gaithersburg, MD.

BRATINA S, SAJE M, PLANINC I, 2007. The effects of different strain contributions on the response of RC beams in fire [J]. Engineering Structures, 29 (3): 418-430.

CHEN C C, LIN N J, 2006. Analysis model for predicting axial capacity and behaviour of concrete encased steel composite stub columns [J]. Journal of Constructional Steel Research, 62 (5): 424-433.

CHIANG C H, TSAI C L, KAN Y C, 2000. Acoustic inspection of bond strength of steel-reinforced mortar after exposure to elevated temperatures [J]. Ultrasonics, 38 (1-8): 534-536.

CHIANG C H, TSAI C L, 2003. Time-temperature analysis of bond strength of a rebar after fire exposure [J]. Cement and Concrete Research, 33 (10): 1651-1654.

DAVIE C T, ZHANG H L, GIBSON A, 2012. Investigation of a continuum damage model as an indicator for the prediction of spalling in fire exposed concrete [J]. Computers and Structures, 94-95: 54-69.

DIEDERICHS U, SCHNEIDER U, 1981. Bond strength at high temperautes [J]. Magazine of Concrete Research, 33 (115): 75-84.

DOUGILL J W, 1972. Modes of failure of concrete panels exposed to high temperatures [J]. Magazine of Concrete Research, 24 (79): 71-76.

DWAIKAT M B, KODUR V K R, 2009. Hydrothermal model for predicting fire-induced spalling in concrete structural systems [J]. Fire Safety Journal, 44 (3): 425-434.

DWAIKAT M B, KODUR V K R, 2010. Fire induced spalling in high strength concrete beams [J]. Fire Technology, 46 (2): 251-274.

ECCS-TECHNICAL COMMITTEE 3, 1988. Calculation of the fire resistance of centrally loaded composite steel-concrete columns exposed to the standard fire, Fire Safety of Steel Structures, Technical Note [M]. European Convention for Constructional Steelwork.

EI-HAWARY M M, HAMOUSH S A, 1996. Bond shear modulus of reinforced concrete at high temperatures [J]. Engineering Fracture Mechanics, 55 (6): 991-999.

ELLOBODY E, YOUNG B, 2010. Investigation of concrete encased steel composite columns at elevated temperatures [J]. Thin-Walled Structures, 48 (8): 597-608.

EUROCODE 3. EN 1993-1-1: 2005, 2005. Design of steel structures-part1-1: General rules and rules for buildings [S]. European Committee for Standardization, Brussels.

FIELDS B A, FIELDS R J, 1991. The prediction of elevated temperature deformation of structural steel under anisothermal conditions [R]. National Institute of Standards and Technology, Gaithersburg, MD, NCSTIR 4497, January.

HADDAD R H, AL-SALEH R J, AL-AKHRAS N M, 2008. Effect of elevated temperature on bond between steel reinforcement and fiber reinforced concrete [J]. Fire Safety Journal, 43 (5): 334-343.

HADDAD R H, SHANNIS L G, 2004. Post-fire behavior of bond between high strength pozzolanic concrete and reinforcing steel [J]. Construction and Building Materials, 18 (6): 425-435.

HAMARTHY T A, 1965. Effect of moisture on the fire endurance of building elements [R]. ASTM Publication STP 385, American Society for Testing and Materials, West Conshohocken, USA.

HAN L H, TAN Q H, SONG T Y, 2015. Fire performance of steel reinforced concrete columns [J]. Journal of Structural Engineering, ASCE, 141 (4): 04014128.

HAN L H, ZHENG Y Q, TAO Z, 2009. Fire performance of steel-reinforced concrete beam-column joints [J]. Magazine of Concrete Research, 61 (7): 409-428.

HARMATHY T Z, 1993. Fire Safety Design and Concrete [M]. Longman Group UK Limited, UK.

HASS R, 1986. Zur praxisgerechten brandschutz-technischen beurteilung von stützen aus stahl und beton [R]. Institut für

Baustoff, Massivbau und Brandschutz der Technischen Universitat Braunschweig, Heft 69.

HEINFLING G, REYNOUARD J M, MERABET O, et al., 1997. Thermo-elastic-plastic model for concrete at elevated temperatures including cracking and thermo-mechanical interaction strains [R]. In: Owen DR, Oñate E, Hinton E, editors. Computational plasticity: fundamentals and applications, vol. 2. Barcelona, Spain: CIMNE: 1493-1498.

HERTZ K, 1982. The anchorage capacity of reinforcing bars at normal and high temperatures [J]. Magazine of Concrete Research, 34 (121): 213-220.

HIBBITT, KARLSSON, SORENSEN, INC., 2004. ABAQUS/Standard user's manual, version 6.5.1 [CP]. Pawtucket, RI.

HUANG Z F, TAN K H, TING S K, 2006. Heating rate and boundary restraint effects on fire resistance of steel columns with creep [J]. Engineering Structures, 28 (6): 805-817.

HUANG Z F, TAN K H, 2004. Effects of external bending moments and heating schemes on the responses of thermally restrained steel columns [J]. Engineering Structures, 26 (6): 769-780.

ISO-834, 1975. Fire resistance tests-elements of building construction [S]. International Standard ISO 834, Geneva.

ISO-834. 1999. Fire resistance tests-elements of building construction-part 1: General requirements [S]. International Standard ISO 834-1, Geneva.

KALIFA P, MENNETEAU F D, QUENARD D, 2000. Spalling and pore pressure in HPC at high temperatures [J]. Cement & Concrete Research, 30 (12): 1915-1927.

KHENNANE A, BAKER G, 1992. Thermo-plasticity models for concrete under varying temperature and biaxial stress [J]. Proc Royal Soc Lond A, 439 (1): 59-80.

KHOURY G A, 2000. Effect of fire on concrete and concrete structures [J]. Progress in Structural Engineering and Materials, 2 (4): 429-447.

KODUR V K R, DWAIKAT M, 2008. A numerical model for predicting the fire resistance of reinforced concrete beams [J]. Cement & Concrete Composites, 30 (5): 431-443.

KODUR V K R, WANG T C, CHENG F P, 2004. Predicting the fire resistance behaviour of high strength concrete columns [J]. Cement & Concrete Composites, 26 (2): 141-153.

KODUR V, DWAIKAT M, FIKE R, 2010. High-temperature properties of steel for fire resistance modeling of structures [J]. Journal of Materials in Civil Engineering, ASCE, 22 (5): 423-434.

LI L Y, PURKISS J, 2005. Stress-strain constitutive equations of concrete material at elevated temperatures [J]. Fire Safety Journal, 40 (7): 669-686.

LIE T T, DENHAM E M A, 1993. Factors affecting the fire resistance of circular hollow steel columns filled with bar-reinforced concrete [R]. NRC-CNRC Internal Report, No.651.

LIE T T, IRWIN R J, 1990. Evaluation of the fire resistance of reinforced concrete columns with rectangular cross-section [R]. NRC-CNRC Internal Report, No.601.

LIE T T, LIN T D, ALLEN D E, 1984. Fire resistance of reinforced concrete columns [R]. Division of Building Research, DBR Report, No.1167, National Research Council of Canada, Ottawa.

MILOVANOV A F, SALMANOV G D, 1954. The influence of high temperatures upon the properties of reinforcing steels and upon bond strength between reinforcement and concrete [J]. Issledovanija po Zharoupornym Betonu i Zhelezobetonu: 203-223.

MORLEY P D, ROYLES R, 1983. Response of the bond in reinforced concrete to high temperatures [J]. Magazine of Concrete Research, 35 (123): 67-74.

NECHNECH W, MEFTAH F, REYNOUARD J M, 2002. An elasto-plastic damage model for plain concrete subjected to high temperatures [J]. Engineering Structures, 24 (5): 597-611.

REICHEL V, 1978. How fire affects steel-to-concrete bond [J]. Building Research and Practice, 6 (3): 176-186.

ROYLES R, MORLEY P D, 1983. Further responses of the bond in reinforced concrete to high temperatures [J]. Magazine of Concrete Research, 35 (124): 157-163.

SADAOUI A, KACI S, KHENNANE A, 2007. Behaviour of reinforced concrete frames in a fire environment including transitional thermal creep [J]. Austrlian Journal of Structural Engineering, 7 (3): 167-184.

SADAOUI A, KHENNANE A, 2009. Effect of transient creep on the behaviour of reinforced concrete columns in fire [J]. Engineering Structures, 31 (9): 2203-2208.

SAITO H, 1965. Explosive spalling of prestressed concrete in fire [R]. Occasional Report No. 22. Japan: Building Research

Institute.

SKOWROŃSKI W, 1993. Buckling fire endurance of steel columns [J]. Journal of Structural Engineering, 119 (6): 1712-1732.

TAN K H, TING S K, HUANG Z F, 2002. Visco-elasto-plastic analysis of steel frames in fire [J]. Journal of Structural Engineering, ASCE, 128 (1): 105-114.

THELANDERSSON S. 1987. Modeling of combined thermal and mechanical action in concrete [J]. Journal of Engineering Mechanics, ASCE, 113 (6): 893-906.

YIN J, ZHA X X, LI L Y, 2006. Fire resistance of axially loaded concrete filled steel tube columns [J]. Journal of Constructional Steel Research, 62 (7): 723-729.

ZENG J L, TAN K H, HUANG Z F, 2003. Primary creep buckling of steel columns in fire [J]. Journal of Constructional Steel Research, 59 (8): 951-970.

第 4 章　火灾后型钢混凝土构件的力学性能

4.1　引　　言

本章建立了全过程火灾后型钢混凝土（SRC）柱力学性能分析的有限元计算模型，进行了如图 1.14 所示的 A→A′→B′→C′→D′→E′ 全过程火灾后型钢混凝土柱力学性能的试验研究（Han 等，2016）。在有限元分析和试验研究的基础上，本章对全过程火灾后型钢混凝土柱的力学性能进行了机理研究和参数分析，提出了型钢混凝土柱火灾后剩余承载力系数的实用计算方法，并用于实际工程火灾后力学性能的评估。

4.2　有限元计算模型

第 3.2.2 节建立了计算型钢混凝土构件耐火极限的温度场计算和力学性能分析模型，确定了钢和混凝土在常温和升温段的应力 - 应变关系。在进行全过程火灾后的型钢混凝土构件力学性能分析时，同样首先建立其温度场计算模型，然后对其力学性能进行分析。升、降温过程中型钢混凝土构件的温度场计算模型与第 3.2.2 节的建模方法相同，只需把火灾曲线替换为式（1.1）给出的升、降温段火灾曲线或实测火灾温度曲线即可。本节重点对火灾后型钢混凝土构件的力学性能分析模型进行论述。

（1）材料的热力学模型

1）钢材应力 - 应变关系：

① 常温和升温段。钢材在常温和升温段的应力 - 应变关系采用 Lie 等（1993）给出的应力 - 应变关系，如式（3.2）所示。

② 降温段。降温段属于高温下向高温后过渡的一个中间范畴，因此材料的力学性能不仅和当前温度（T）有关，还与其历史上曾经历的最高温度（T_{max}）有关。目前降温段采用的钢材材料性能主要有三类：(a) Ramberg-Osgood 模型。(b) Eurocode 3 Part 1.2 模型。这两类模型均采用了 El-Rimawi 等（1996）提出的降温段卸载假设来考虑钢材降温段应变反向的影响，但都没有考虑降温段所经历的历史最高温度对钢材当前材料性能的影响。(c) 双折线模型，即假定钢材在降温段的应力 - 应变关系与高温后的形式相同，而屈服强度和屈服应变以当前温度为自变量在升温段和高温后阶段值之间插值获得（韩林海，2007；Yang et al.，2008）。

在双折线模型基础上，本节进一步考虑了降温段钢材应力 - 应变关系强化段材料性能的恢复，假定钢材在弹性段和强化段的材料性能都有所恢复，即假定钢材在降温段的应力 - 应变关系与高温后的形式相同，而屈服强度和屈服应变以当前温度 T 为自变量在 T_o-T_{max} 之间插值获得，强化阶段的应力值以当前温度 T 为自变量在升温段和高温后阶段的应力值之间插值获得，表达式如下：

$$\sigma_s=\begin{cases}E_{sc}(T,T_{max})\,\varepsilon_s & [\varepsilon_s\leqslant\varepsilon_{yc}(T,T_{max})]\\ \sigma_{sh}(T_{max})-\dfrac{T_{max}-T}{T_{max}-T_o}\left[\sigma_{sh}(T_{max})-\sigma_{sp}(T_{max})\right] & [\varepsilon_s>\varepsilon_{yc}(T,T_{max})]\end{cases} \tag{4.1-1}$$

$$E_{sc}(T,T_{max})=\frac{f_{yc}(T,T_{max})}{\varepsilon_{yc}(T,T_{max})} \tag{4.1-2}$$

$$f_{yc}(T,T_{max})=f_{yh}(T_{max})-\frac{T_{max}-T}{T_{max}-T_o}\left[f_{yh}(T_{max})-f_{yp}(T_{max})\right] \tag{4.1-3}$$

$$\varepsilon_{yc}(T,T_{max})=\varepsilon_{yh}(T_{max})-\frac{T_{max}-T}{T_{max}-T_o}\left[\varepsilon_{yh}(T_{max})-\varepsilon_{yp}(T_{max})\right] \tag{4.1-4}$$

式中：T——温度；

T_{max}——历史最高温度；

T_o——室温，取 20℃；

E_{sc}（T,T_{max}）——降温过程中钢材的弹性模量；

f_{yc}（T,T_{max}）——降温过程中钢材的屈服强度；

ε_{yc}（T,T_{max}）——降温过程中钢材的屈服应变；

f_{yh}（T_{max}）——升温过程中钢材的屈服强度；

ε_{yh}（T_{max}）——升温过程中钢材的屈服应变；

σ_{sh}（T_{max}）——升温过程中钢材的强化阶段的应力；

f_{yp}（T_{max}）——高温后钢材的屈服强度；

ε_{yp}（T_{max}）——高温后钢材的屈服应变；

σ_{sp}（T_{max}）——高温后钢材的强化阶段的应力。

降温段钢材的热膨胀应变和高温蠕变采用式（3.3）和式（3.13）给出的热膨胀和高温蠕变模型。

③ 高温后阶段。高温后钢材的力学性能与钢材种类、高温持续时间、冷却方式等因素有关。以往对于高温后不同类型钢材的应力 - 应变关系已有一定研究（李国强等，2006），一般认为，高温状态下，钢材内部金相结构发生变化，强度和弹性模量随着温度的升高而不断降低，经过高温冷却后，其强度有较大程度的恢复。韩林海（2007）对火灾后钢管混凝土构件的力学性能进行研究时，对于自然冷却的结构钢的应力 - 应变关系采用双折线模型，取得较好的计算效果，表达式如下：

$$\sigma_s=\begin{cases}E_{sp}(T_{max})\,\varepsilon_s & [\varepsilon_s\leqslant\varepsilon_{yp}(T_{max})]\\ f_{yp}(T_{max})+E'_{sp}(T_{max})\left[\varepsilon_s-\varepsilon_{yp}(T_{max})\right] & [\varepsilon_s>\varepsilon_{yp}(T_{max})]\end{cases} \tag{4.2-1}$$

$$f_{yp}(T_{max})=\begin{cases}f_y & (T_{max}\leqslant 400℃)\\ f_y\left[1+2.33\times10^{-4}(T_{max}-20)-5.88\times10^{-7}(T_{max}-20)^2\right] & (T_{max}>400℃)\end{cases} \tag{4.2-2}$$

$$\varepsilon_{yp}(T_{max})=\frac{f_{yp}(T_{max})}{E_{sp}(T_{max})} \tag{4.2-3}$$

$$E_{sp}(T_{max}) = E_s = 2.06 \times 10^5 \text{N/mm}^2 \tag{4.2-4}$$

$$E'_{sp}(T_{max}) = 0.01E_{sp}(T_{max}) = 2.06 \times 10^3 \text{N/mm}^2 \tag{4.2-5}$$

式中：f_{yp}（T_{max}）——历史最高温度为 T_{max} 的高温后钢材屈服强度，按式（4.2-2）确定（曹文衔，1998）；

ε_{yp}——高温后钢材的屈服应变；

T_{max}——历史最高温度。

在高温冷却后，钢材泊松比与常温相比基本不变，取 $v_s=0.283$。

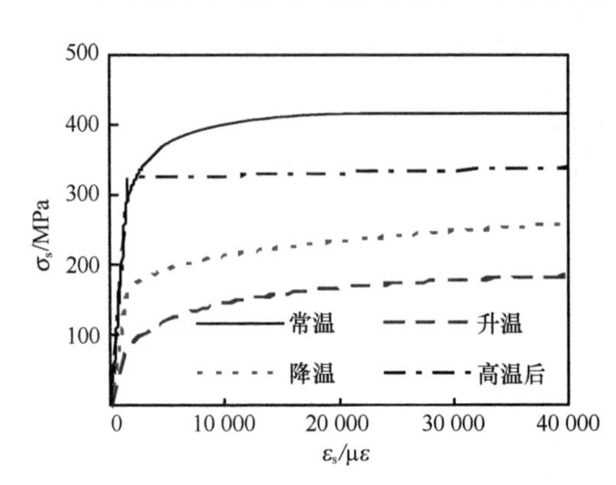

图 4.1　不同阶段钢材的 σ_s-ε_s 关系

以 Q345 钢材为例，图 4.1 给出不同阶段钢材的应力 - 应变关系。常温段温度为 20℃，升温段温度为 600℃，降温段历史最高温度为 600℃、当前温度为 400℃，高温后阶段历史最高温度为 600℃。

2）混凝土应力 - 应变关系：

① 常温和升温段。常温和升温段的混凝土应力 - 应变关系采用式（3.6）给出的无约束区混凝土模型。

② 降温段。与钢材相似，降温段混凝土的应力 - 应变关系与当前温度 T 和历史最高温度 T_{max} 都相关。Yang 等（2008）在对升、降温火灾作用下钢管混凝土柱的力学性能进行研究时，假定降温段钢管核心混凝土的力学性能与当前温度 T 无关，只与 T_{max} 有关，采用了高温后混凝土的应力 - 应变关系，取得了较好的计算效果，因此，降温段混凝土的应力 - 应变关系采用高温后阶段模型。

降温段混凝土的热膨胀变形、高温徐变和瞬态热应变模型如式（3.8）、式（3.15）和式（3.16）所示。

③ 高温后阶段。综合考虑到材料应力 - 应变关系在不同阶段的连续性及计算收敛效率，高温后阶段的非约束混凝土的应力 - 应变关系采用 Lin 等（1995）模型，其方程形式与式（3.6）相同，仅将温度 T 时高温下混凝土圆柱体抗压强度 f_c'（T）修改为 Lie 等（1986）中提出的高温后混凝土圆柱体抗压强度 f'_{cp}（T_{max}），具体公式如下式所示：

$$\frac{\sigma_c}{f'_{cp}(T_{max})} = \begin{cases} 1-\left(\dfrac{\varepsilon_{op}-\varepsilon_c}{\varepsilon_{op}}\right)^2 & (\varepsilon_c \leqslant \varepsilon_{op}) \\ 1-\left(\dfrac{\varepsilon_c-\varepsilon_{op}}{3\varepsilon_{op}}\right)^2 & (\varepsilon_c > \varepsilon_{op}) \end{cases} \tag{4.3-1}$$

$$\varepsilon_{op} = 0.0025 + (6T_{max} + 0.04T_{max}^2) \times 10^{-6} \tag{4.3-2}$$

$$\frac{f'_{cp}(T_{max})}{f'_c} = \begin{cases} 1-0.001T_{max} & (0℃ < T_{max} \leqslant 500℃) \\ 1.375-0.00175T_{max} & (500℃ < T_{max} \leqslant 700℃) \\ 0 & (T_{max} > 700℃) \end{cases} \tag{4.3-3}$$

式中：ε_{op}——历史最高温度为 T_{max} 的高温后混凝土峰值应变；

$f'_{cp}(T_{max})$——历史最高温度为 T_{max} 的高温后混凝土圆柱体抗压强度。

（2）初始条件、边界条件和界面处理

实际工程结构中的型钢混凝土柱存在初始缺陷，如制作的几何误差，焊接型钢的残余应力等，在有限元计算模型中按照第 3.2.2 节的方法考虑。

进行力学性能分析时，需保证网格划分与相应温度场分析完全一致，便于温度场计算结果导入。在对第 4.3 节所进行的试验进行模拟时，对于发生了高温爆裂的构件，在进行力学性能分析时，采用和温度场分析类似的方法，即采用“生死单元”技术将爆裂的混凝土层删除，其爆裂区域和尺寸及爆裂时间也与温度场分析保持一致。

当对第 4.3 节所开展的试验进行模拟时，力学性能分析模型中的边界与试验中试件的受火、受力及位移边界条件保持一致，柱端端板采用固结、铰接或约束端板平面内转动和水平方向的位移。

第 3.4.3 节的分析结果表明，型钢 - 混凝土界面的粘结滑移对型钢混凝土柱的火灾下受力性能影响较小。为简化计算，对于本章所研究的型钢混凝土结构，不考虑钢和混凝土界面粘结滑移，可通过有限元程序中提供的“Tie”或“Embedded”约束来模拟型钢 - 混凝土、钢筋 - 混凝土之间的接触。

（3）不同阶段本构模型的自动识别和转换方法

在升、降温火灾作用下，截面内部材料将经历常温、升温、降温和高温后四个阶段。由于混凝土的热惰性，当环境温度进入降温段时，构件外部区域也已进入降温段，但内部区域仍可能处于升温段；截面不同位置进入升、降温的临界时间和经历的历史最高温度不同，位置距受火面越远，其升、降温的临界时间越晚，经历的历史最高温度也越低。

因此，在有限元计算模型计算过程中需要考虑不同阶段材料的本构模型和经历的历史最高温度的影响。本节定义了代表历史最高温度和所处全过程加载不同阶段的两个场变量，实现了每个积分点历史最高温度和所处全过程加载的不同阶段的自动识别和转换。

编制实现上述功能计算程序的步骤如下。

1）在场变量子程序 USDFLD 中定义 2 个场变量，分别代表历史最高温度和所处全过程加载的不同阶段。

2）通过温度膨胀应变子程序 UEXPAN 读入主程序中每个增量步 Increment 的温度增量 ΔT。不同阶段的温度增量 ΔT 的变化不同：常温段，$\Delta T=0$；升温段，$\Delta T>0$；降温段，$\Delta T<0$；高温后阶段，$\Delta T=0$。在计算过程中，当出现当前增量步 $\Delta T>0$ 且下一个增量步 $\Delta T<0$ 时，表明该积分点已达到最高温度，并将当前的温度（即最高温度）赋值与 field（1）；接着在场变量子程序 USDFLD 读入当前的荷载步 Step，结合荷载步 Step 和 ΔT，用 field（2）=1、2、3 和 4 分别代表常温、升温、降温和高温后四个阶段。

3）确定积分点所处的温度阶段后，根据已定义的材料性能标识 field（1）和 field（2），程序即可通过 field（1）和 field（2）相对应来实现自动选择不同阶段的材料模型。

需要注意的是，在定义材料本构模型时，如材料弹性模量和应力 - 应变关系，除与当前温度相关外，还需与 field（1）和 field（2）相关，以保证每个积分点材料本构模型的自动识别和转换。

（4）考虑混凝土高温徐变和瞬态热应变的程序模块

为了将根据式（3.15）和式（3.16）获得的混凝土高温徐变（ε_{ccr}）和瞬态热应变（ε_{ctr}）引起单边变形计入到有限元计算模型中，采用有限元软件平台 ABAQUS（2010）提供的用户自定义热膨胀应变子程序 UEXPAN，对其进行二次开发，将高温徐变和瞬态热应变引起的应变增量叠加在热膨胀引起的应变增量中，获得等效热膨胀应变，步骤如下。

1）在材料本构定义时将材料膨胀系数选为自定义子程序 UEXPAN 和场变量子程序 USDFLD；并通过用关键字 DEPVAR 定义 SDV（solution dependent state variables）的个数，SDV 用于存储每个增量步 increment 内与解相关的变量，如应力和应变等，可在不同子程序之间传递。

2）对于每个增量步 increment 内的初始应力 σ_{ij}^{c}，可通过函数 GETVRM 调用，并将其赋值给预先定义的 SDV；通过 SDV 将当前增量步下的应力值传递至子程序 UEXPAN 中；而通过子程序 UEXPAN 中可获得当前增量步的初始时间 t、时间增量 Δt、初始温度 T 和温度增量 ΔT。

3）采用式（3.8）、式（3.15）和式（3.16）计算将热膨胀应变增量、高温徐变应变增量和瞬态热应变增量叠加，获得等效热膨胀应变增量的分量（$\Delta\bar{\varepsilon}_{\text{th,c}}$）$_{ij}$。具体的计算程序参照谭清华（2012）。

图 4.2 所示为考虑高温爆裂的型钢混凝土柱网格划分情况。混凝土、刚性端板、型钢和钢筋的单元类型与第 3.2.2 节一致。通过网格敏感性分析确定网格划分方法，混凝土网格大小最终确定为：长和宽方向网格尺寸 10～20mm，高度方向为长和宽方向大小的 1～2 倍。

有限元计算模型在计算型钢混凝土构件耐火极限时的正确性已在第 3.2.2 节得到验

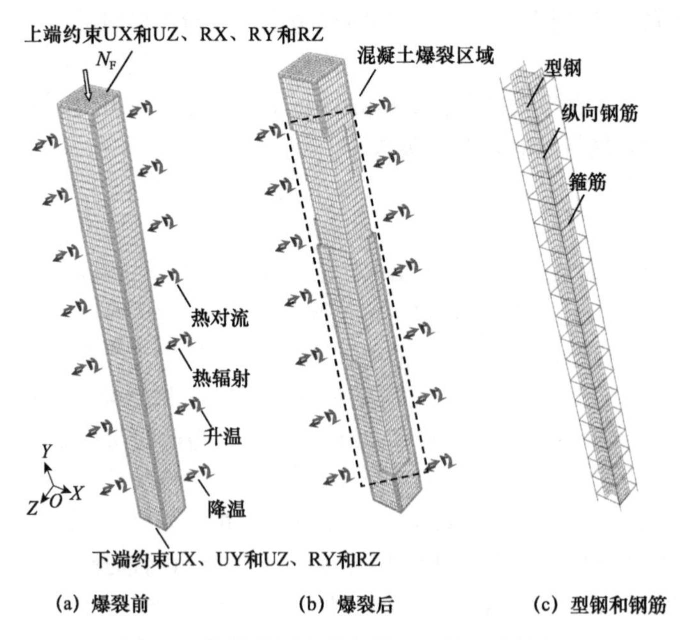

图 4.2 构件模型边界条件和网格划分情况

证，计算型钢混凝土柱火灾后剩余承载力的有限元计算模型得到第 4.3 节进行的试验结果验证。

4.3 试验研究

4.3.1 试验概况

进行了型钢混凝土柱在图 1.14 所示 A→A′→B′→C′→D′→E′ 时间 - 温度 - 荷载路径下的力学性能试验（谭清华，2012；Han et al.，2016），研究型钢混凝土柱在全过程火灾作用下的耐火极限、剩余承载力、试件温度 - 受火时间关系、轴向变形 - 受火时间关系。

（1）试件设计和制作

五个型钢混凝土柱试件高度均为 3800mm，试件具体尺寸如表 4.1 所示，其中 B 为方形截面边长；h、b_f、t_w 和 t_f 分别为梁型钢高度、型钢翼缘宽度、型钢腹板厚度和型钢翼缘厚度；t_h 为升温时间。试件 SRCC1 和 SRCC2 为耐火极限试验；试件 SRCC3、SRCC4 和 SRCC5 为全过程火灾后试验。试验参数包括：①升温时间：$0.3t_R$ 或 $0.6t_R$，耐火极限（t_R）由试验获得；② n 为柱荷载比，按式（3.17）计算。

表 4.1　型钢混凝土柱试件具体尺寸

试件编号	$B \times B$**	$h \times b_f \times t_w \times t_f$**	配筋	n	N_F/kN	t_h	试验类型
SRCC1	300×300	150×150×9.3×9.3	4Φ16	0.50	3500	t_R	耐火极限
SRCC2				0.25	1750	t_R	耐火极限
SRCC3				0.50	3500	$0.3t_R$	全过程火灾后
SRCC4				0.50	3500	$0.6t_R$	全过程火灾后*
SRCC5				0.25	1750	$0.3t_R$	全过程火灾后

* 试件 SRCC4 在升温过程中由于爆裂造成截面削弱，升温 42min 时即达耐火极限而破坏；

** 此列中 B、h、b_f、t_w、t_f 的尺寸单位均为 mm。

（2）材料性能

试件中使用的钢材和钢筋材料性能通过拉伸试验确定，获得的弹性模量（E_s）、屈服强度（f_y）、极限强度（f_u）和钢材泊松比（ν_s）如表 4.2 所示。

表 4.2　钢材力学性能指标

材料类型	厚度或直径 /mm	E_s/（10^5N/mm^2）	f_y/MPa	f_u/MPa	ν_s
型钢钢板	9.3	1.88	381	535	0.269
纵筋	Φ16	1.62	382	521	0.269
箍筋	Φ8	1.82	260	434	0.263

混凝土的配合比和采用的原材料如表 4.3 所示。试件浇筑完 8 个月后开展试验，测得 28d 和试验时的立方体抗压强度分别为 68MPa 和 84MPa，对应的弹性模量分别为 37 200N/mm^2 和 39 400N/mm^2。

表 4.3　混凝土配合比和采用的原材料

内容	水	水泥	砂	粗骨料	减水剂
配合比 /（kg/m^3）	180	545	852	923	8
原材料	自来水	42.5 硅酸盐	含水率 6%	含水率 0.2%	

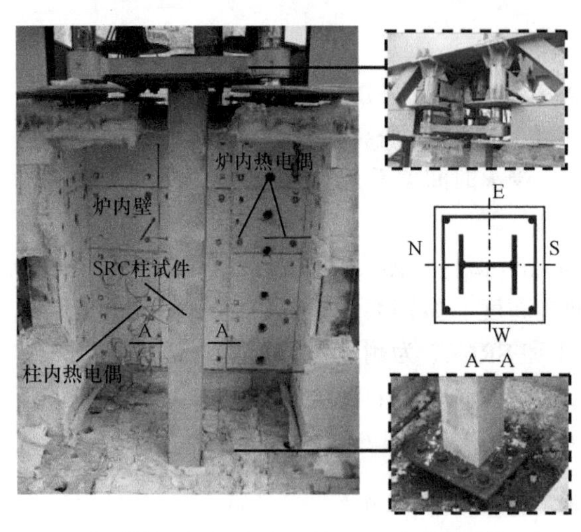

图 4.3　柱试件在火灾试验炉内的布置情况

（3）试验方法

试验在亚热带建筑科学国家重点实验室的垂直构件火灾试验炉内进行。图 4.3 所示为试件在炉膛内的布置情况。为维持柱两端边界条件的恒定以及保护柱上端的加载和测试装置，柱上部和下部 400mm 长度范围内包裹陶瓷纤维毯进行防火保护。

耐火极限试验方法以及耐火极限判定标准如第 3.3.1 节所述。考虑全过程火灾作用的火灾后试验方法分四个阶段，即常温下加载至设计荷载，保持荷载恒定，炉膛平均温度按 ISO-834（1975）标准曲线升温，然后自然降温，待柱内部温度降至常温后进行火灾后加载试验，分级提高柱上荷载，直到柱无法承受增加的荷载时认为其发生破坏，此时停止试验。

试验过程中测量了炉膛平均温度、跨中截面处不同特征点的温度、柱轴向变形以及试件的耐火极限和火灾后剩余承载力。柱试件尺寸及热电偶位置如图 4.4 所示。

4.3.2　试验结果及分析

（1）试验现象与破坏特征

试件 SRCC1 和试件 SRCC2 为耐火极限试验，试件 SRCC3、试件 SRCC4 和试件 SRCC5 为与耐火极限试验对应的全过程火灾后试验，试验现象和破坏特征如下。

1）升温段：试件在升温过程中可观测到以下现象。

① 升温 30～35min（炉膛温度 720～850℃）时，柱上端板处观察到水蒸气。

② 升温过程中试件的混凝土保护层出现高温爆裂现象。升温时试验炉密封，在一侧炉壁中上部设置有观察孔，但由于观察角度和区域有限，混凝土爆裂的初爆时间及持续时间主要结合爆裂产生的声音和测温点的温度曲线的升温速率发生较大变化来判断；待炉门打开后可见到由于爆裂产生的混凝土块体和碎屑，且随着爆裂程度不同炉内壁和炉内测炉温热电偶（用耐高温钢保护）也会受到不同程度的损失，由此可见爆裂所产生的冲击力。图 4.5（a1）和（a2）为典型试件火灾后不同位置的爆裂情形。爆裂时间多集中在受火 9～46min 内（炉膛温度 566～877℃）；爆裂区域和深度多集中在钢筋的混凝土保护层。

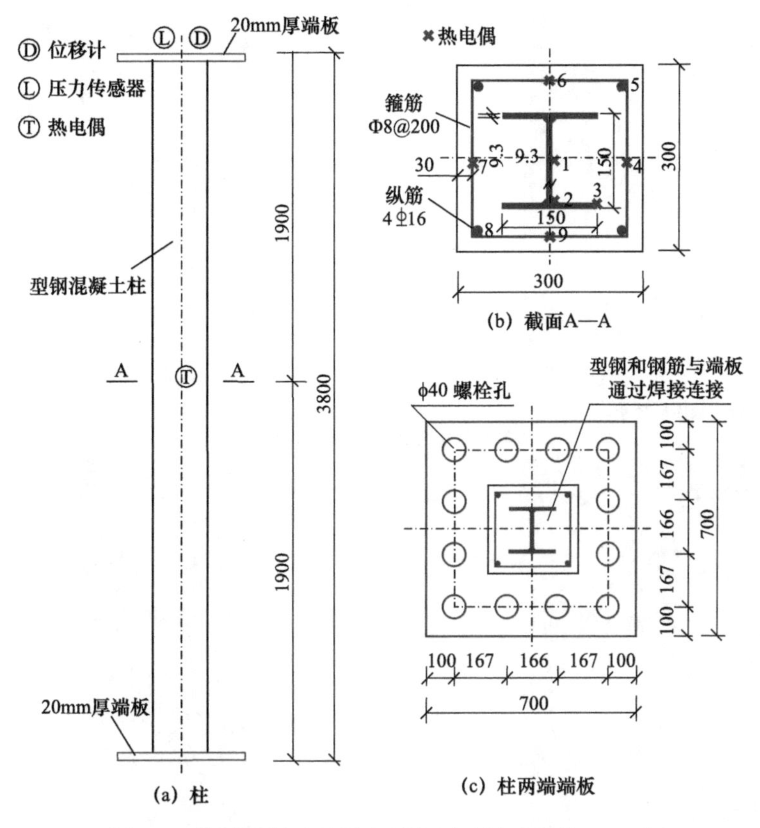

图 4.4　柱试件尺寸及热电偶位置（尺寸单位：mm）

③ 试件 SRCC1 和试件 SRCC2 为耐火极限试验，分别在升温 109min（炉温 1008℃）和 101min（炉温 1004℃）时，柱端无法持荷，同时伴随较大断裂声，试验结束。由于升温时间较长（大于混凝土爆裂发生的持续时间），受火面混凝土爆裂比较充分和均匀，试件 SRCC1 和试件 SRCC2 发生了压弯破坏，绕型钢弱轴失稳，在靠近柱中上部（试件 SRCC1）和柱中部（试件 SRCC2）侧向挠度最大。

以试件 SRCC1 为例，图 4.5（a1）给出了柱的整体压弯破坏形态。对于拟进行全过程火灾后试验的试件 SRCC4，升温至 42min 时，在高 400～1000mm 范围内，由于纵筋的混凝土保护层发生爆裂，截面有所削弱，此区域的纵筋弯曲，型钢翼缘发生轻微的局部屈曲，混凝土压碎而导致柱提前发生轴压破坏。

2）降温段：炉内温度降至 100℃以下时，将炉门打开；观察到试件 SRCC3 和试件 SRCC5 在降温过程中有如下试验现象。

① 未爆裂的混凝土表面呈暗红色，表面出现间距 150～200mm 的横向裂缝。

② 对于发生了爆裂的混凝土面，在炉门打开后，骨料与空气中的水分发生反应，导致混凝土自然掉落。

3）火灾后阶段：对于试件 SRCC3 和试件 SRCC5，升温时间在 30min 左右（小于混凝土爆裂的一般持续时间 46min），导致受火高度范围内混凝土爆裂不充分、不均匀。火灾后分级加大柱轴向荷载时，有明显爆裂发生处（试件 SRCC3 和试件 SRCC5 分别在其

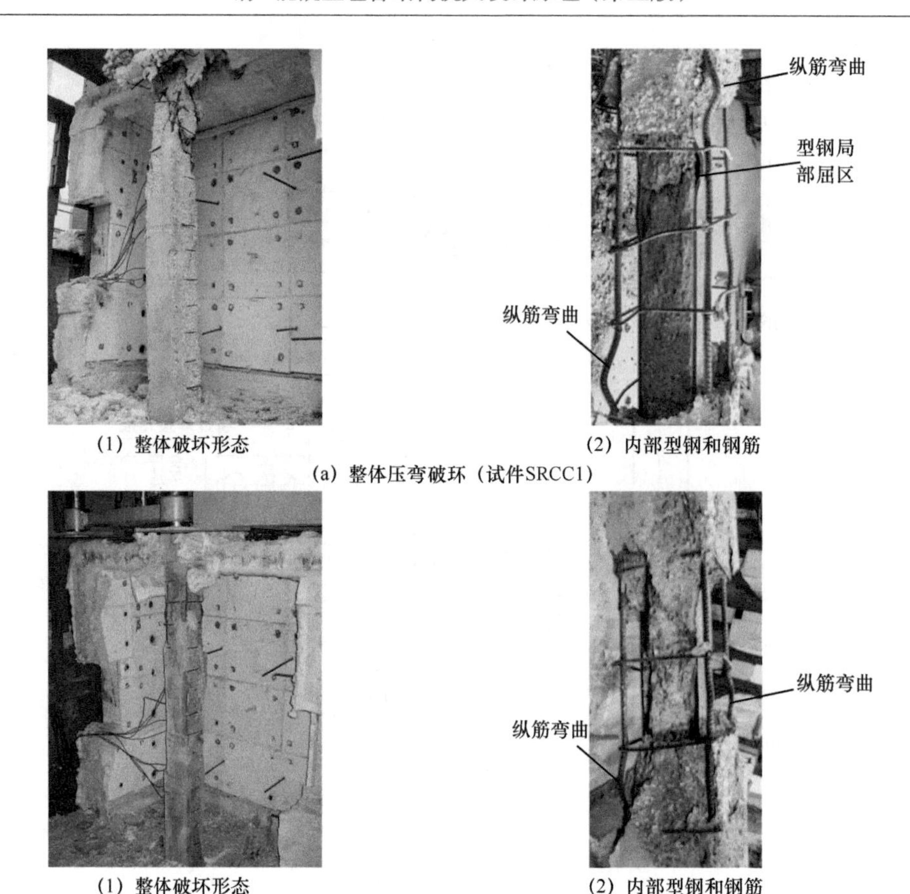

（1）整体破坏形态　　（2）内部型钢和钢筋

（a）整体压弯破坏（试件SRCC1）

（1）整体破坏形态　　（2）内部型钢和钢筋

（b）轴压破坏（试件SRCC3）

图 4.5　柱试件的破坏形态

高度 2600～3400mm 和 400～1300mm 范围内），由于纵筋弯曲和混凝土压碎而导致柱发生轴压破坏，以试件 SRCC3 为例，图 4.5（b1）为柱轴压破坏形态。试验结束时，试件 SRCC3 和试件 SRCC5 的火灾后剩余承载力分别为 5.068×10^{3}kN 和 4.857×10^{3}kN。

为观察破坏区域内部纵筋、混凝土和型钢的变形情况，试验后将两类破坏形态的代表构件，如试件 SRCC1 和试件 SRCC3，在不影响钢筋和型钢变形的情况下，将破坏区域混凝土清除以查看内部纵筋和型钢，分别如图 4.5（a2）和（b2）所示。

可见，对于压弯破坏形态，由图 4.5（a2）可见，纵筋弯曲，型钢翼缘出现局部屈曲，并且绕型钢弱轴方向失稳，破坏区域混凝土压碎并和型钢翼缘分离，其他部分混凝土与型钢、钢筋共同工作性能良好。

对于轴压破坏形态，由图 4.5（b）可见，纵筋弯曲，型钢发生轻微的局部鼓曲，破坏区域混凝土压碎并和型钢翼缘分离，其他部分混凝土与型钢、钢筋共同工作良好。

试验过程中观察到混凝土高温爆裂，通过对试验现象，如声音、温度变化等，进行仔细分析，可以近似获得各试件的混凝土爆裂开始时间、爆裂开始时炉温、爆裂结束时间和爆裂结束时炉温等参数，具体信息如表 4.4 所示，其中，P_{a} 为最大横截面混凝土爆裂面积比，$P_{a}=\max(A_{sp}/A)$，A_{sp} 为对应某一横截面的爆裂面积，A 为未爆裂横截面面积；P_v 为混凝土爆裂体积比，$P_v = V_{sp}/V$，V_{sp} 为爆裂混凝土体积，V 为受火混凝土总体积。图 4.6 给出了对应每个试件的混凝土爆裂位置和深度示意图。

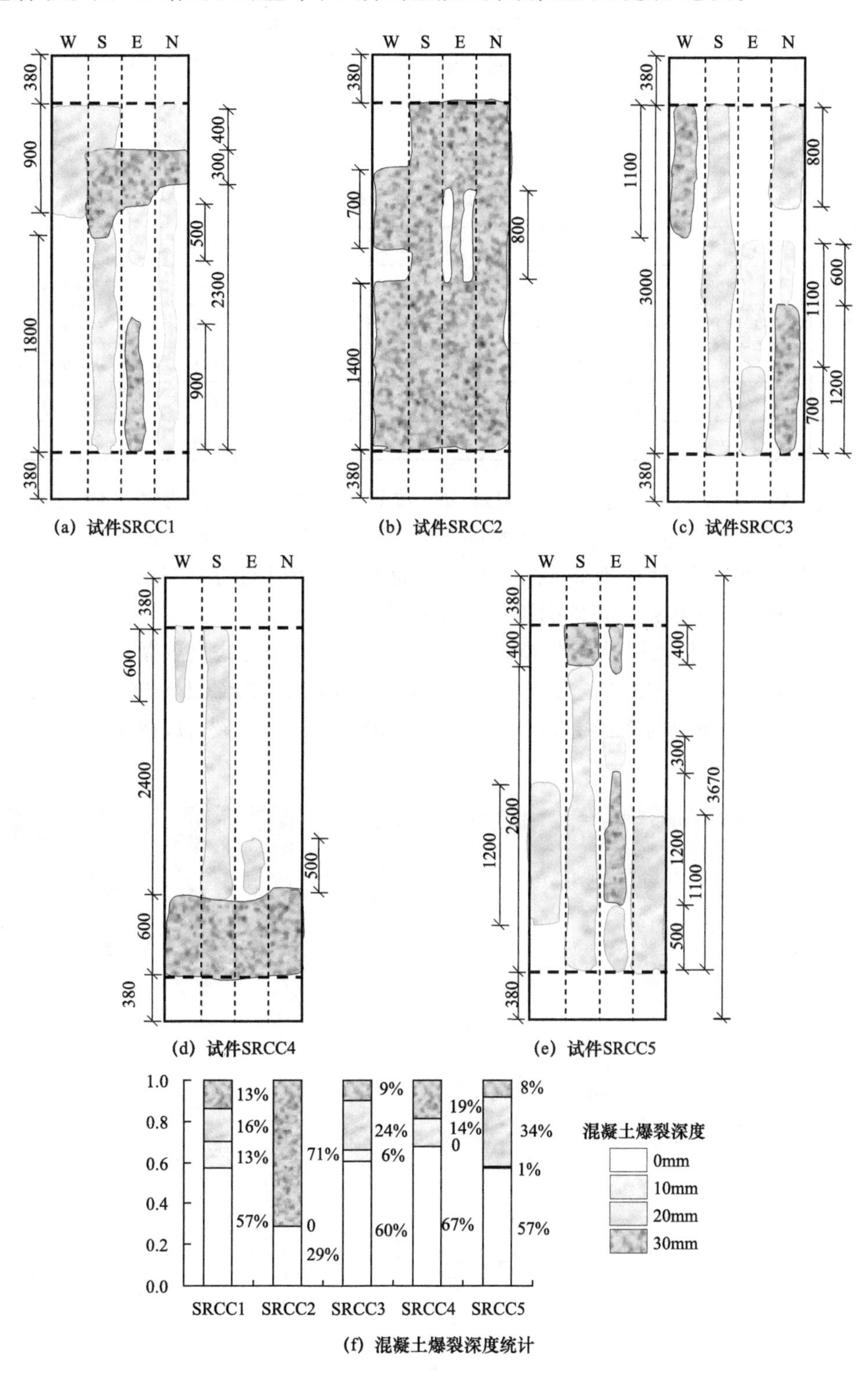

(a) 试件SRCC1　(b) 试件SRCC2　(c) 试件SRCC3

(d) 试件SRCC4　(e) 试件SRCC5

(f) 混凝土爆裂深度统计

图 4.6　柱试件混凝土高温爆裂位置和深度示意图（尺寸单位：mm）

可以得到如下的关于 SRC 柱混凝土高温爆裂的结论。

① 试验所进行的五个型钢混凝土柱均发生了高温爆裂。如表 4.4 所示，试件 SRCC2 和试件 SRCC4 的 P_a 高达 40%，这表明高温爆裂对型钢混凝土柱截面的削弱作用较大。混凝土的高温爆裂主要由两个原因造成：本次试验的混凝土立方体抗压强度为 84MPa，高强混凝土在高温下更易于发生爆裂；本次试验所用混凝土的含水率为 5.98%，高含水率也会增加混凝土爆裂的可能性。

表 4.4　混凝土高温爆裂信息

试件编号	爆裂开始时间 /min	爆裂开始时炉温 /℃	爆裂结束时间 /min	爆裂结束时炉温 /℃	P_a/%	P_v/%
SRCC1	16	655	35	784	36.67	0.15
SRCC2	14	574	46	793	40.00	0.37
SRCC3	9	566	31	823	15.56	0.14
SRCC4	15	650	41	877	40.00	0.15
SRCC5	16	655	35	784	26.67	0.16

② 试验结果表明混凝土发生高温爆裂的位置较随机，各试验参数，如柱荷载比、升温时间和试验类型等，对混凝土爆裂的影响不明显。但表 4.4 的数据表明，本批型钢混凝土柱发生爆裂的平均开始时间是 14min，而平均结束时间约为 38min，这可为有限元计算模型中考虑高温爆裂影响时提供参考依据。

图 4.7 为试件整体破坏形态的计算与试验结果对比。计算考虑高温爆裂时，对于混凝土保护层爆裂比较均匀的试件，柱破坏形态为压弯破坏（试件 SRCC1 和试件 SRCC2），在柱截面削弱较大区域侧向挠度最大；对爆裂不均匀的试件，在爆裂造成截面削弱较大区域

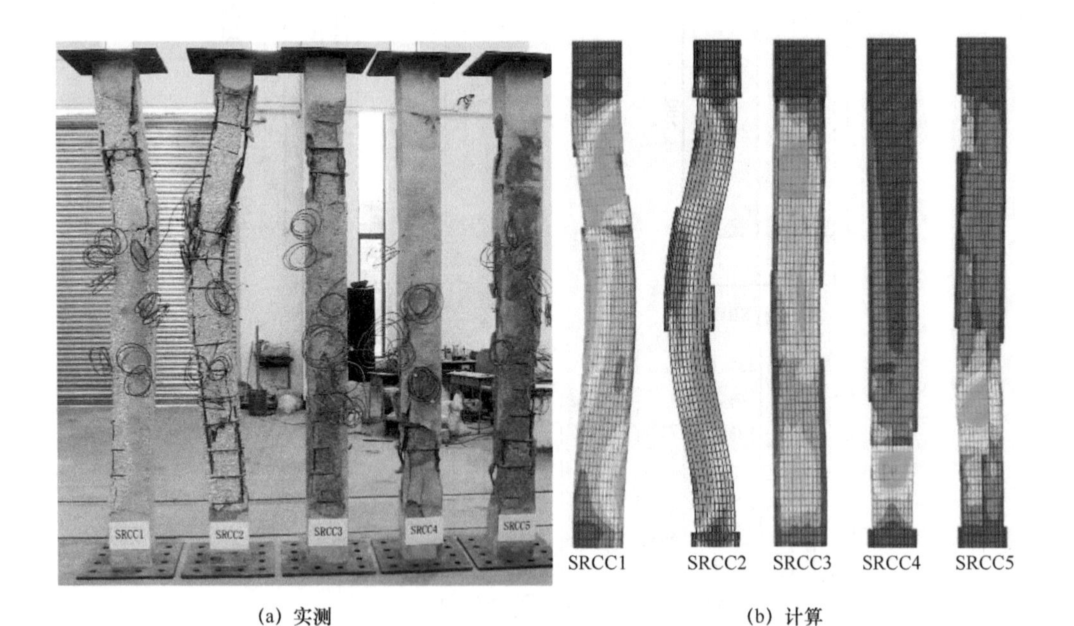

(a) 实测　　(b) 计算

图 4.7　试件 SRCC1～试件 SRCC5 的破坏形态

发生轴压破坏（试件 SRCC3、试件 SRCC4 和试件 SRCC5），钢筋弯曲，型钢翼缘局部屈曲，混凝土压碎。计算得到的试件破坏形态与实测结果的规律总体上一致。

（2）耐火极限和火灾后剩余承载力

外荷载和升、降温火灾共同作用下型钢混凝土柱可能在升温、降温或火灾后加载段发生破坏（宋天诣，2011）。相比常温段，火灾后阶段的极限承载力即为火灾后柱的剩余承载力。定义在升温或降温过程中发生破坏的柱火灾后剩余承载力为 0（宋天诣，2011），则本章所述的 5 根型钢混凝土柱耐火极限或火灾后剩余承载力如表 4.5 所示。

表 4.5　型钢混凝土柱耐火极限（t_R）或火灾后剩余承载力（N_{ur}）

试件编号	SRCC1	SRCC2	SRCC3	SRCC4	SRCC5
试验类型	耐火极限	耐火极限	全过程火灾后	耐火极限	全过程火灾后
t_R 或 t_h/min	109	101	33	42	30
N_{ur}/kN	0	0	5068	0	4857
破坏类型	压弯破坏	压弯破坏	轴压破坏	轴压破坏	轴压破坏

图 4.8 所示为柱荷载比（n）对柱耐火极限（t_R）和火灾后剩余承载力（N_{ur}）的影响。由图 4.8（a）可见当混凝土爆裂比较充分和均匀（即受火高度范围内混凝土截面削弱程度相近），柱发生压弯破坏时，n 对 t_R 影响较小；当受火高度范围内的混凝土爆裂不均匀，柱在爆裂造成的截面削弱较大处发生轴压破坏（脆性破坏）时，t_R 由压弯破坏时的 109min 变为轴压破坏时的 42min。

由图 4.8（b）可见，火灾后试件 SRCC3 和试件 SRCC5 的 N_{ur} 相差不大，前者略高 5%，这表明发生轴压破坏时，n 对 N_{ur} 影响较小。这是由于试件 SRCC3 和试件 SRCC5 的升温时间均为 $0.3t_R$（分别为 33min 和 30min），柱混凝土保护层发生爆裂的程度相近，且火灾后均在截面削弱较大处发生了轴压破坏，因此两者 N_{ur} 相近。

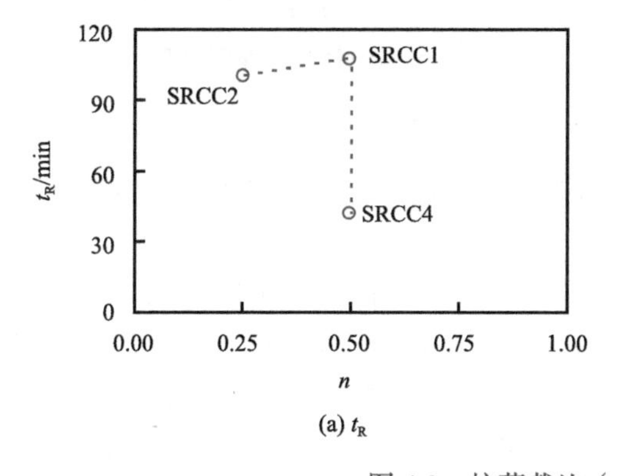

(a) t_R

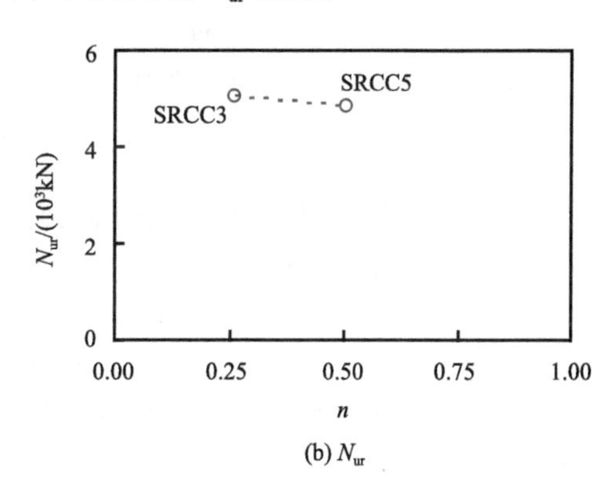

(b) N_{ur}

图 4.8　柱荷载比（n）对 t_R 和 N_{ur} 的影响

图 4.9 所示为升温时间（t_h）对柱火灾后剩余承载力（N_{ur}）的影响。由图 4.9（a）可见，当 $n=0.5$，$t_h=33$min 时，其 N_{ur} 为 5068kN；如 t_h 达到耐火极限 109min 时，其 N_{ur} 则降为 0kN。由图 4.9（b）可见，当 $n=0.25$，$t_h=30$min 时，其 N_{ur} 为 4857kN；如 t_h 达到耐火极限 101min 时，其 N_{ur} 则降为 0。因此，升温时间越长型钢混凝土柱火灾

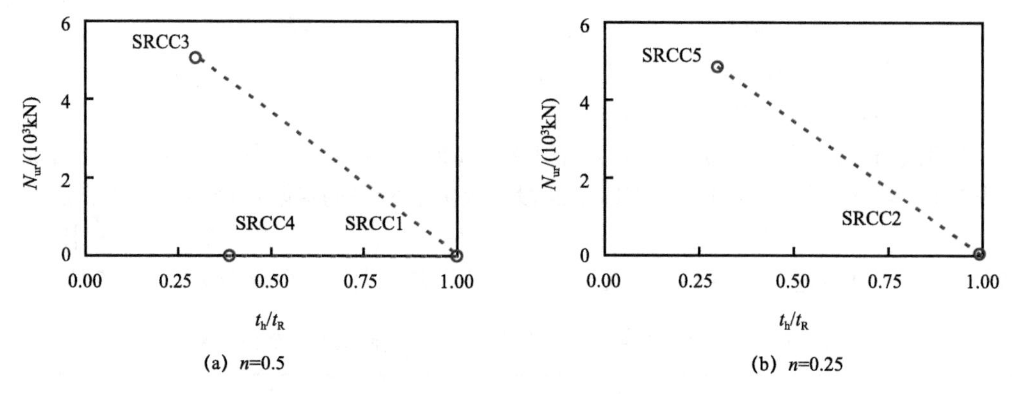

(a) n=0.5　　(b) n=0.25

图 4.9　升温时间（t_h）对 N_{ur} 的影响规律

后剩余承载力越低。

（3）温度-受火时间关系

图 4.10 为升、降温过程中实测平均炉膛温度（T）-受火时间（t）关系。由图 4.10 可见，对于全过程火灾后试验，在升、降温 500min 后炉膛温度降至 100℃以下。

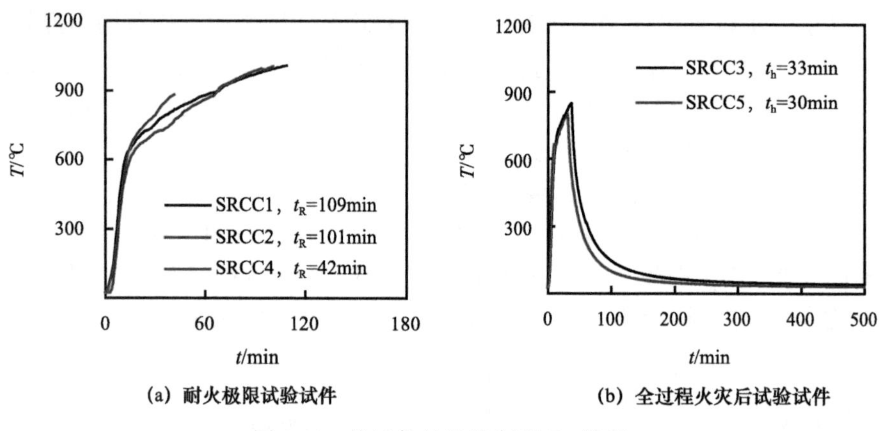

(a) 耐火极限试验试件　　(b) 全过程火灾后试验试件

图 4.10　柱试件的炉膛实测 T-t 关系

图 4.11 为型钢混凝土柱试件测温点（图 4.3）的实测和计算的温度（T）-受火时间（t）关系，由图 4.11 可见：

1）比较型钢上各测温点（1～3）的最高温度，可以发现在按 ISO-834 升温曲线升温 30～109min 的情况下，各测温点的温度均在 400℃以下；比较同一试件中各测温点的 T-t 关系，型钢上测温点以翼缘边缘（测温点 3）最高，翼缘中心（测温点 2）次之，腹板中心（测温点 1）温度最低，各测温点之间的温差为 30～100℃，并且升温时间越长温差越大。

2）比较纵筋和箍筋上各测温点（4～9）的最高温度，其中测温点 4、测温点 6、测温点 7 和测温点 9 位于箍筋各肢中点，测温点 5 和测温点 8 位于同一对角线上的角部纵筋处。对于混凝土保护层未发生爆裂的测温点，其 T-t 曲线和最高温度比较接近，表明柱近似为四面受火；而对于混凝土保护层发生不同程度的爆裂后的各测温点，温度较相应未爆裂测温点温度高，如测温点 4（试件 SRCC1 和试件 SRCC5）、测温点 8

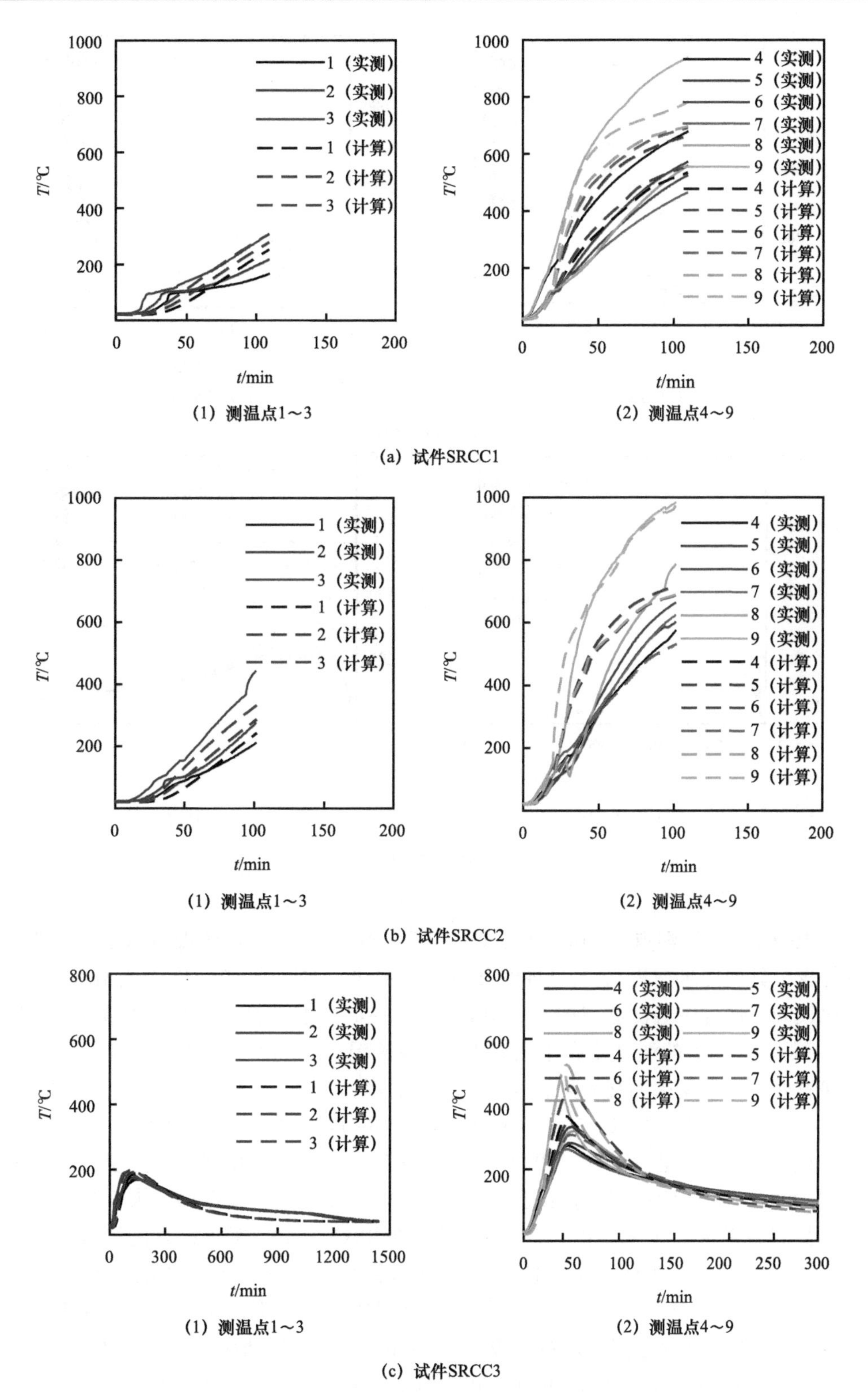

图 4.11　柱试件实测 T-t 关系

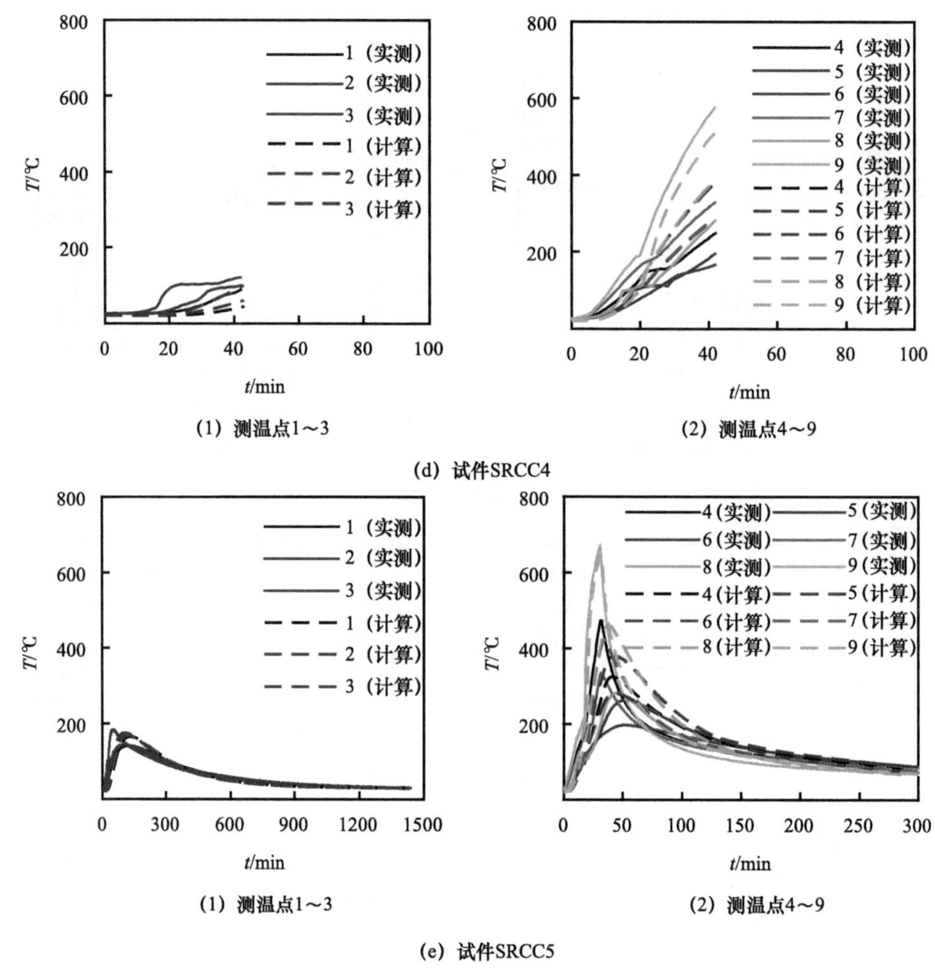

（1）测温点1～3　　（2）测温点4～9

（d）试件SRCC4

（1）测温点1～3　　（2）测温点4～9

（e）试件SRCC5

图 4.11 （续）

（试件 SRCC2）和测温点 9（试件 SRCC1～试件 SRCC5）；有的测温点由于爆裂造成测温点外露，其温度迅速提高，*T-t* 曲线接近升温曲线，如试件 SRCC2 中测温点 9。

比较同一试件中各测温点的 *T-t* 曲线可见，在混凝土保护层未爆裂的情况下，测温点 5（或测温点 8）的温度要高于测温点 4（或测温点 6、测温点 7 和测温点 9），这是由于前者处于两个受火面交界处，受热面大于后者。

3）对比图 4.11 试件 SRCC3 和试件 SRCC5 的 *T-t* 曲线，以及图 4.10（b）的炉膛温度曲线可见，由于混凝土较大的比热容，截面内部混凝土和型钢上测温点的温度峰值与炉膛温度峰值出现的时间表现出明显的滞后特性，且测温点离受火面越远，其升降温临界时刻越滞后（宋天诣，2011）。以试件 SRCC3 中型钢翼缘处的测温点 3 和箍筋中点处的测温点 6 为例［图 4.11（c）］，炉膛温度升温 33min 即达最高温度 848℃，炉膛开始降温时测温点 3 和测温点 6 仍处于升温段；炉膛降温 15min 后，测温点 6 达最高温度 294℃，而测温点 3 须待炉膛降温 111min 后，才达最高温度 168℃。

4）由试件 SRCC1、试件 SRCC2 和试件 SRCC4 中测温点的 *T-t* 曲线可见：曲线在 100℃附近出现平台段，越远离受火表面这种现象越明显（如测温点 1、测温点 2 和测温点 3），这是由于水分在 100℃时蒸发，并吸收热量，使升温速率降低（韩林海，2007；韩林海，2016）。

由图 4.11 还可见，考虑爆裂后，各温度较相应未爆裂测温点温度高，如测温点 4（试件 SRCC1 和试件 SRCC5）、测温点 8（试件 SRCC2）和测温点 9（试件 SRCC1～试件 SRCC5），温度曲线的模拟结果总体上与试验结果吻合较好。

（4）轴向变形 - 受火时间关系

图 4.12 为实测和计算的型钢混凝土柱试件轴向变形（Δ_c）- 受火时间（t）关系，其中“计算 1”为不考虑爆裂得到的结果，“计算 2”为考虑爆裂时得到的结果。由

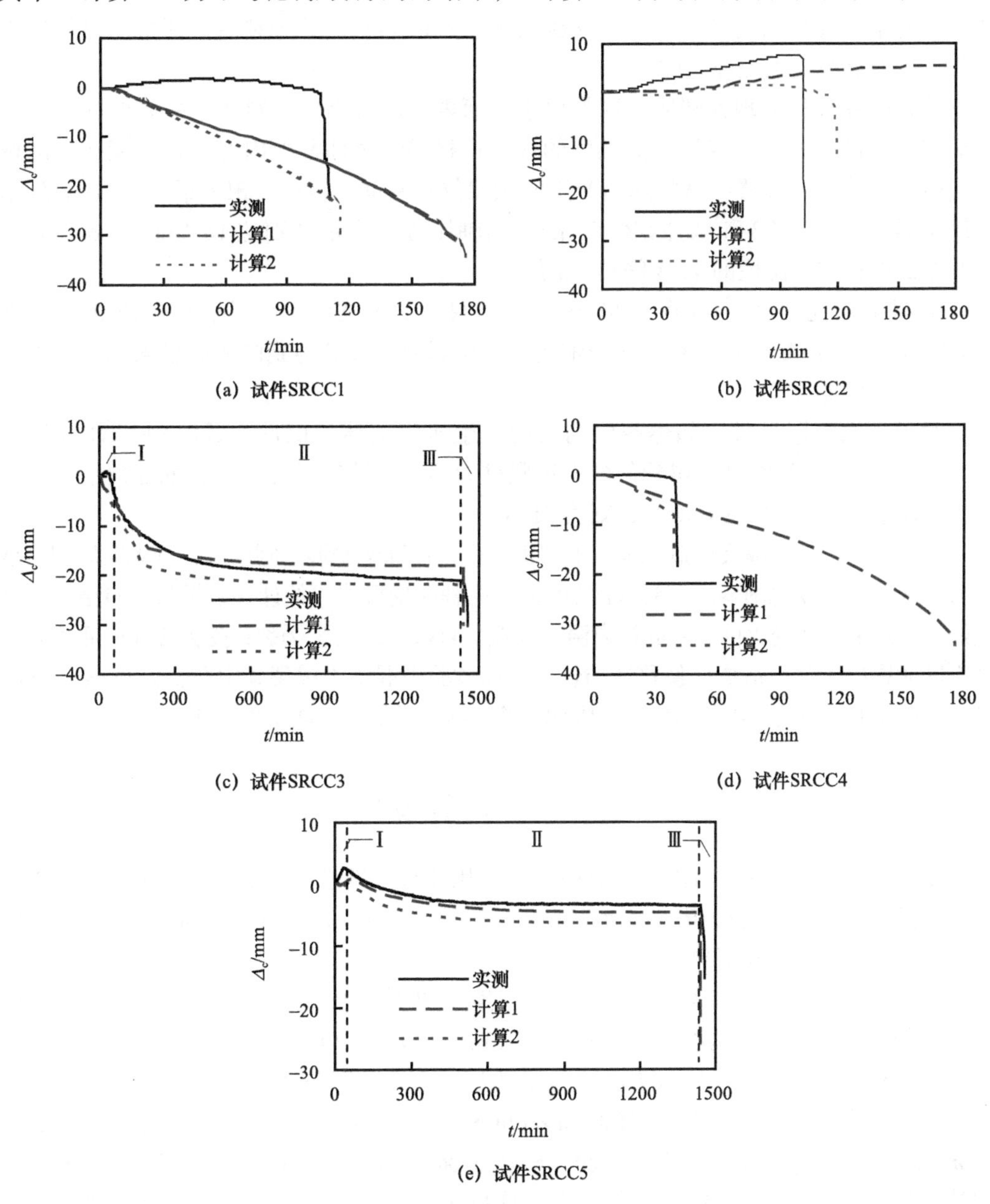

图 4.12　柱试件实测 Δ_c-t 关系

图 4.12 可见，升温过程中柱端有一定的热膨胀位移，对于荷载比为 0.5 的试件（试件 SRCC1、试件 SRCC3 和试件 SRCC4），热膨胀引起的位移不足 3mm；对于荷载比为 0.25 的试件，试件 SRCC2 在发生轴压破坏前一直处于热膨胀阶段，最大膨胀位移达 7.7mm，试件 SRCC5 在升温段的膨胀位移达 2.6mm。

由全过程火灾作用后试件 SRCC3 和试件 SRCC5 的 Δ_c-t 曲线可见，在升温段（图中用Ⅰ表示）柱表现为膨胀位移，膨胀位移随柱荷载比大小的不同而有所差异；降温段（图中用Ⅱ表示）前期柱顶位移表现为压缩且随降温时间的增加而变大，但在 600min 后柱顶压缩位移变化幅度较小。火灾后阶段（图中用Ⅲ表示）柱轴向变形随着外荷载的增加而增大直到破坏，柱达到极限状态破坏时，其爆裂明显区域的纵筋发生弯曲且型钢翼缘发生局部屈曲。

升温段柱位移表现为膨胀，这是由于截面内温度升高使材料产生的膨胀变形大于外荷载作用产生的压缩变形。降温段的柱顶位移增量由柱截面内部材料性能劣化区域扩大而产生的压缩位移和材料降温产生的收缩位移两部分组成（宋天诣，2011）。降温段结束时试件 SRCC3 和试件 SRCC5 的柱端轴压位移增量分别达 18.2mm 和 6.16mm，是两个试件相应升温段的 12.4 倍和 2.3 倍。

由图 4.12 还可见，对耐火极限试验试件（试件 SRCC1、试件 SRCC2 和试件 SRCC4），由于混凝土爆裂对截面的削弱，考虑爆裂时计算得到的耐火极限比相应不考虑爆裂时的要低。

对于耐火极限试件，如爆裂较均匀的发生压弯破坏的试件（试件 SRCC1 和试件 SRCC2），考虑爆裂时计算得到的耐火极限仅为不考虑爆裂时的 60%；如爆裂不均匀的发生轴压破坏的试件（SRCC4），则为 25%。

对火灾后试件，爆裂也造成火灾下型钢混凝土柱轴向变形急剧增大，且火灾后剩余承载力出现不同程度地削弱。在受火前 20min，柱轴向变形曲线的计算结果与试验结果吻合较好，这是由于在受火前 20min 柱内温度较低，且截面未发生爆裂；受火 20min 后爆裂混凝土同时退出工作，造成柱位移增加较大，而试验中混凝土爆裂集中在受火 9～46min 阶段，截面在上述时间段内逐渐削弱，因此计算曲线在后期与实测结果存在一定差异。

4.4 工作机理分析

基于第 4.2 节建立的有限元计算模型，采用典型算例进一步对全过程火灾后型钢混凝土柱的工作机理进行分析，包括温度（T）- 受火时间（t）关系、荷载（N）- 柱轴向变形（Δ_c）关系和火灾后剩余承载力等。

型钢混凝土柱计算参数的确定参考某实际工程的主要型钢混凝土柱截面尺寸，以及《型钢混凝土组合结构技术规程》（JGJ 138—2001）（2002）和《钢骨混凝土结构设计规程》YB 9082—2006（2007）。选定的典型算例的计算条件为：

1）柱尺寸为 $D\times B\times H$=600mm×600mm×6000mm，型钢截面为 H360mm×300mm×16mm×16mm，纵筋 12 ϕ20，箍筋 ϕ10@200mm，型钢屈服强度 f_{yc}=345MPa，钢筋屈服强度 f_{ybc}=335MPa，混凝土立方体抗压强度 f_{cuc}=60MPa；钢筋的混凝土保护

层厚度为 30mm，柱两端铰支。

2）柱长细比（λ）为 35，按照式（3.20）计算；截面含钢率（α_c）为 4%，按照式（3.22）计算；柱配筋率（ρ_c）为 1%，按照式（3.21）计算；柱荷载比（n）为 0.2，按照式（3.17）计算。

3）由于一般建筑室内火灾升温时间处于 15～60min（李国强等，2006；Barnett，2002；Lennon et al.，2003；Pope et al.，2006），算例升温时间（t_h）取为 45min，并按照 ISO-834（1980）火灾曲线进行升、降温。

4.4.1　温度 - 受火时间关系

图 4.13 为升温时间 t_h=45min 时型钢混凝土柱跨中截面上不同特征点的温度（T）-受火时间（t）关系。为使曲线清晰和便于分析，图 4.13 中仅给出了前 600min 内的温度曲线（一般情况下，600min 左右截面内温度已降至 100℃以下），图中 B′ 和 C′ 时刻分别与图 1.14 中的两点对应：B′ 为环境升温结束时刻，C′ 为环境温度降至室温时刻。

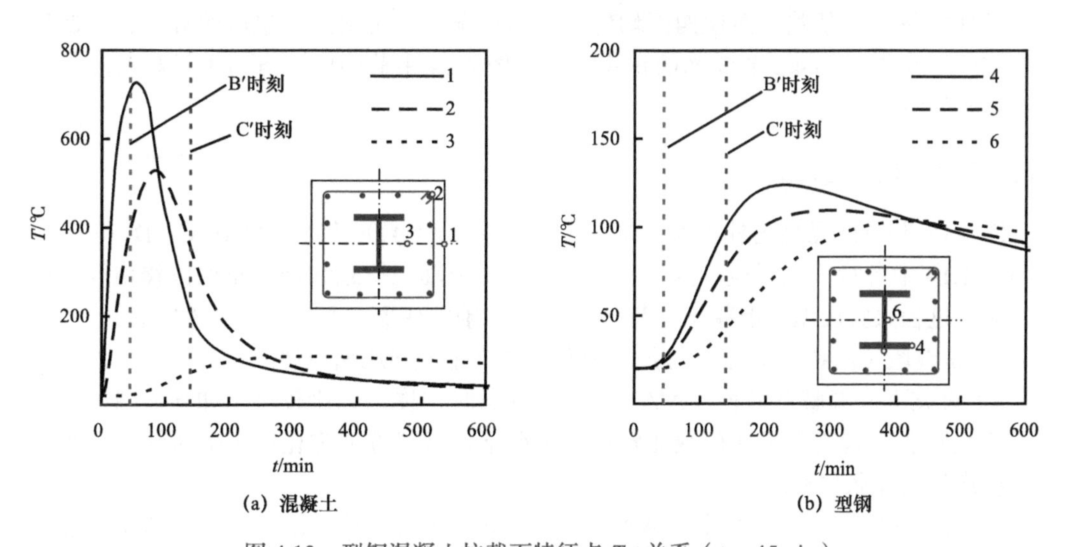

图 4.13　型钢混凝土柱截面特征点 T-t 关系（t_h=45min）

由图 4.13 可见，在升、降温火灾下型钢混凝土柱截面温度分布具有如下特点。

1）截面内各点达最高温度的时刻与环境温度达到最高温度的时刻相比，表现出滞后现象；以截面特征点 2 点（角部纵筋位置）为例，达到最高温度的时间比环境温度峰值点滞后约 40min；这种现象随着离受火表面的距离增加而愈加明显。温度滞后现象的存在表明，即使结构外界火灾处在降温段，结构内部温度仍会处于升温段，结构在火灾降温段仍可能因内部升温而发生破坏（韩林海等，2011）。

2）对于型钢，以翼缘边缘（测温点 4）最高，翼缘中心（测温点 5）次之，腹板中心（测温点 6）温度最低；环境温度最高达 902℃，而内部型钢最高温度仅为 124℃，这表明混凝土保护了内部的型钢，使其在火灾后仍具有较好的工作性能。

图 4.14 为升温时间 t_h=45min 并降至室温后，截面内各点经历的历史最高温度分布图。由图 4.14 可见，由受火面至截面中心，截面内各点的历史最高温度各不相同，

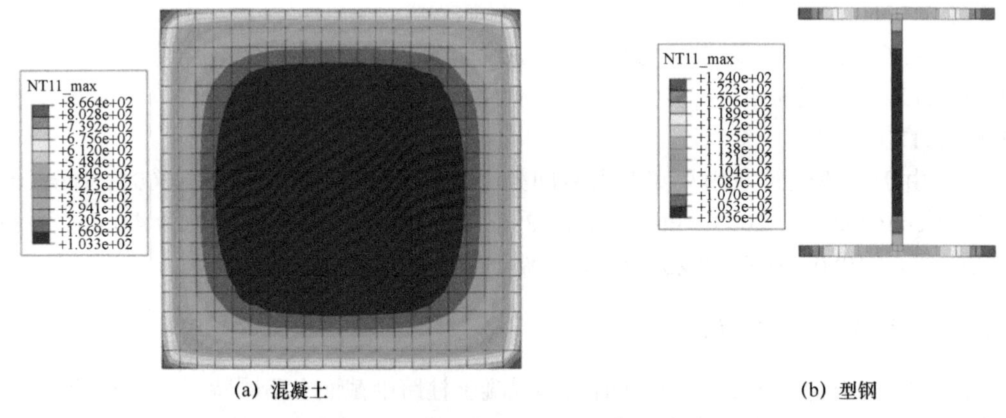

(a) 混凝土　　(b) 型钢

图 4.14　型钢混凝土柱截面的历史最高温度分布图（t_h=45min）

越靠近受火面，所经历的历史最高温度越高。历史最高温度是降温段和火灾后阶段材料力学性能研究的基础，在柱四面均匀受火的情况下，历史最高温度的分布，近似呈现一定的层次性。第 4.2 节编制的程序更适合图 4.14 中截面内各点历史最高温度分布各不相同的特点。

4.4.2　荷载 - 轴向变形关系

图 4.15 为型钢混凝土柱荷载（N）- 柱轴向变形（Δ_c）关系，图中 A′、D′ 和 E′ 分别与图 1.14 中各特征点对应，为便于说明问题图中轴压荷载和轴向压缩位移均取为正值。对全过程火灾后型钢混凝土柱荷载（N）- 柱轴向变形（Δ_c）关系描述如下。

1）常温段（AA′）：常温下施加外荷载，柱产生轴向压缩位移。

2）火灾下升温膨胀阶段（A′A_1）：开始升温时，柱荷载比较小（如 n=0.2）时柱开始产生膨胀，这是由于在荷载比较小的情况下，材料性能劣化产生的压缩位移小于热膨胀产生的膨胀位移。

3）火灾下升、降温压缩阶段（A′A_1D′）：当温度持续升高时，由于材料性能劣化程度较大，压缩位移超过热膨胀，柱进入压缩阶段；当外界温度进入降温段时，由于截面内部仍在持续升温以及混凝土在降温段材料性能较升温段材料性能劣化，柱轴向压缩位移进一步增加。

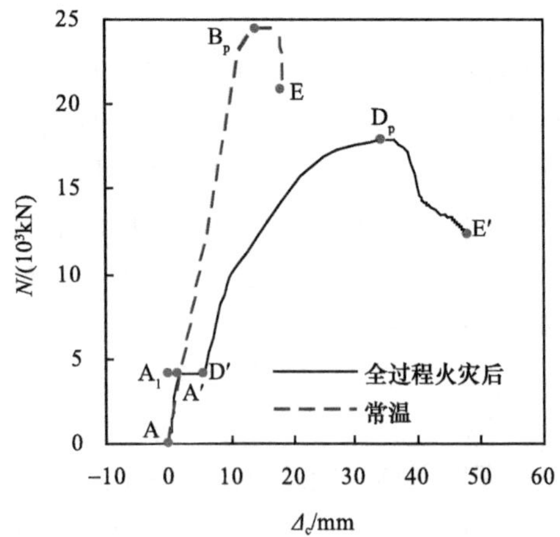

图 4.15　型钢混凝土柱 N-Δ_c 关系

4）火灾后阶段（D′D_pE′）：火灾后阶段增加柱荷载，其轴向压缩位移进一步增加，达峰值点 D_p 后，柱荷载下降位移增加较快，柱开始破坏。

图 4.15 中另给出了常温下一次加载曲线（AA′B_pE）。对比全过程火灾后与常温一次加载曲线可见，火灾作用使得型钢混凝土柱的剩余承载力降低，且对应的峰值应变较常温

时增大；同时在升降温过程中维持外荷载不变的情况下，由于材料性能的变化在型钢混凝土柱内产生残余应力和变形（D′ 点）。

对比韩林海等（2011）中全过程火灾后钢管混凝土柱荷载（N）- 柱轴向变形（Δ_c）关系，型钢混凝土柱在降温过程未出现由于材料性能恢复造成的变形恢复阶段。这是由于有限元计算模型中采用的混凝土材料模型在降温段材料性能并未得到恢复而是进一步劣化，钢材材料性能尽管较升温段有一定恢复，但由于混凝土的保护作用，其温度最高为 124℃，导致其在降温段压缩变形恢复较小（温度低于 400℃，材料性能在各个阶段差异较小）。

图 4.16 为不同荷载比下型钢混凝土柱的荷载（N）- 柱轴向变形（Δ_c）关系，其中 $n=0$ 表示无初始外荷载作用仅经历火灾升、降温，火灾后再加载的 N-Δ_c 曲线；而 $n=0.2$、0.4 和 0.6 时，则为考虑外荷载和升降温火灾共同作用的火灾后 N-Δ_c 曲线，即图 1.14 中全过程加载路径。由图 4.16 可见，不考虑初始外荷载作用的火灾后 N-Δ_c 曲线（$n=0$）得到的火灾后剩余承载力比相应考虑初始外荷载和火灾升、降温共同作用的（$n=0.2$、0.4 和 0.6）高 8.6%～17.9%，火灾后剩余承载力对应的峰值位移比后者小 20.2%～47.6%；这表明按不考虑初始外荷载作用的火灾后得到的火灾后剩余承载力和对应的峰值位移偏于不安全。当 $n\geqslant0.4$ 时，火灾下升温膨胀变形（即图 4.15 中的 $A'A_1$ 段）不明显或不出现，这是由于外荷载较大，热膨胀产生的拉伸变形不足以抵消外荷载产生的压缩变形；荷载比越大，在升降温过程中产生的残余应力和变形越大，火灾后的剩余承载力越低，对应的峰值位移也越大。

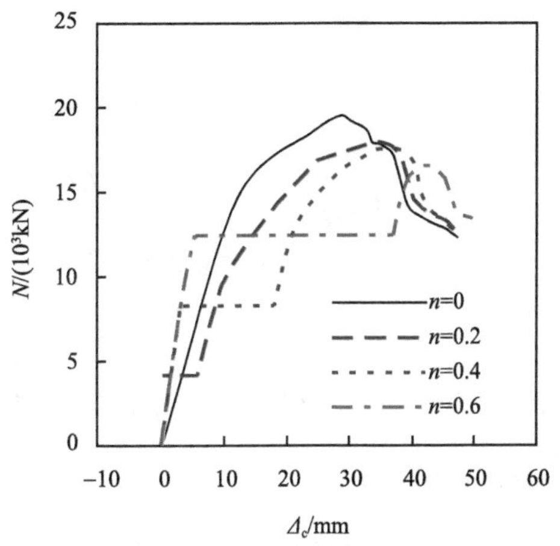

图 4.16　柱荷载比（n）对 N-Δ_c 关系

4.4.3　破坏形态

后续的参数分析表明，型钢混凝土柱表现出两类火灾后破坏形态，分别为图 4.17（a）所示的受压破坏和图 4.17（b）所示的整体弯曲破坏，图中的云图所示为混凝土的纵向塑性应变（PE33）。

如图 4.17（a）所示，受压破坏形态表现为柱的混凝土保护层出现了局部压溃，伴随着内部型钢和纵向钢筋的局部屈曲，局部破坏的位置发生在柱的梁端，没有表现出整体弯曲破坏的形态。当型钢混凝土柱处于轴压状态且初始几何缺陷影响较小时会出现这种受压破坏形态，另外，出现明显的混凝土爆裂剥落时，型钢混凝土柱的截面承载能力会显著降低，此时也有可能出现这种受压破坏形态。

对于长细比较大的型钢混凝土柱，其火灾后破坏形态表现为图 4.17（b）所示的整体弯曲破坏，该种破坏形态表现为柱中部位置附近形成由于受压区混凝土压溃而产生的塑性铰。从纵向塑性应变云图可以看出，受拉区混凝土出现了较大的塑性拉应变。需要指出的是，对于实际工程中的型钢混凝土柱，由于其主要被设计为承受轴压荷载，

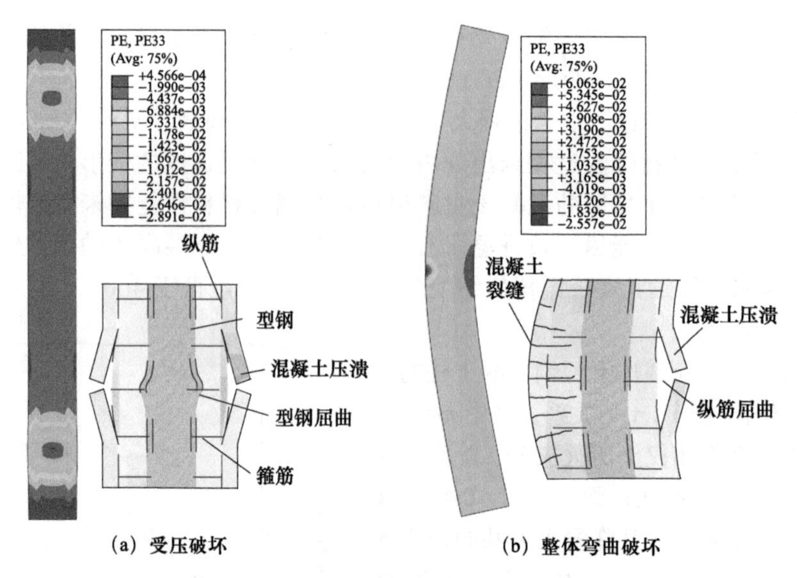

图 4.17 火灾后型钢混凝土柱的破坏形态

且长细比较小，这种火灾后的整体弯曲破坏形态是较少发生的。

4.4.4 内力变化

为分析型钢混凝土柱在受力全过程和火灾作用全过程中混凝土、钢筋和型钢分担的荷载占外荷载的比例，如图 4.18 给出了常温段、升降温段和火灾后加载段各部分承担的外荷载、总荷载（N）- 时间（t）关系，其中图例后缀“C”对应受压破坏形态，后缀“B”对应整体屈曲破坏形态；受压荷载为负值，受拉荷载为正值；图中的比例表示型钢混凝土柱各部分承担的外荷载所占总荷载的比例。需要指出的是：与升降温段所经历的时间相比，常温段和火灾后加载段较小，为识别这两个阶段的线型，图 4.18

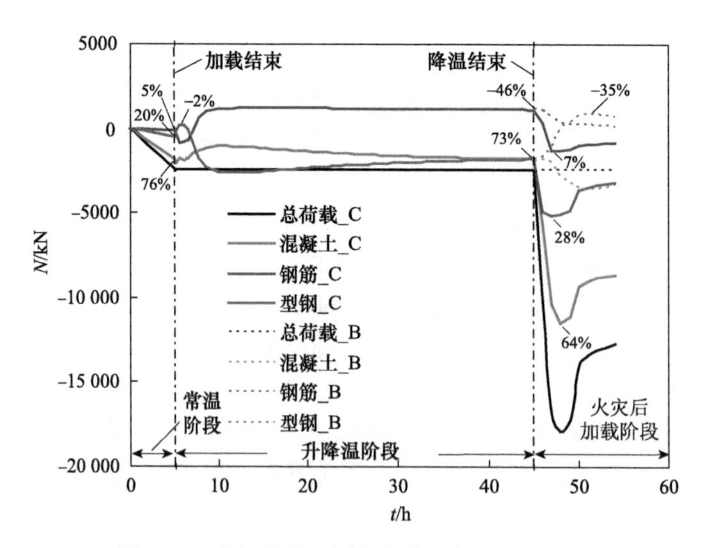

图 4.18 型钢混凝土柱各部分承担的 N-t 关系

中对应常温加载和火灾后加载段的时间量级均被放大。

从图 4.18 中可以看出，升降温段由于火灾的作用导致型钢混凝土柱各部分所承担的荷载在初始阶段（5～10h）发生了显著变化，在升温初期，由于混凝土热惰性导致截面温度场分布不均匀，外围混凝土和钢筋温度较高，导致热膨胀比内部型钢大，而材料强度和弹性模量在升温初期损失不大，外围混凝土和钢筋承担较大的荷载。由于接近柱表面的混凝土保护层和纵筋受热膨胀，其承担的轴压荷载逐渐增加，而内部温度较低的型钢所承担的轴向荷载逐渐降低，从轴压向轴拉变化，甚至在 6.3h 时型钢所承担的轴向荷载达总荷载值的－2%；随着环境温度开始下降，钢筋以及混凝土保护层逐渐进入降温段，由于钢筋的收缩受到混凝土抑制，钢筋承担的受压荷载逐渐减小并转变为受拉荷载；同时外围高温区混凝土性能的急剧恶化使钢筋和外围的混凝土承担的荷载减小，但内部混凝土和型钢的温度仍进一步升高，荷载主要由温度较低的型钢以及内部混凝土承担，在降温结束时刻，型钢和混凝土所承载的轴向荷载比例分别达总荷载的 73%，而纵向钢筋由于降温收缩，所承担的轴压荷载变为轴拉荷载，占总荷载比例的－46%，可见在降温段，内部型钢对于抵抗外荷载有较大贡献。

对于受压破坏形态的型钢混凝土柱，火灾后加载段型钢混凝土柱的内力再次进行了重分布，柱达到火灾后剩余极限承载力时，混凝土、纵向钢筋和型钢承担荷载占总荷载的比例分别为 64%、7% 和 28%，这与常温加载结束时各部分所占的比例（76%、5% 和 20%）显著不同。对于发生整体屈曲破坏的型钢混凝土柱，内部型钢产生了拉力，占总荷载的－35%，这表明型钢对于火灾后型钢混凝土柱的抗弯能力具有较大贡献。

4.5　火灾后力学性能评估

本节以型钢混凝土柱为分析对象，计算了不同参数下其火灾后剩余承载力系数。基于参数分析结果，给出了型钢混凝土柱火灾后剩余承载力系数实用计算方法。以某一实际工程为例，简要论述了火灾后型钢混凝土结构力学性能的评估方法。

4.5.1　火灾后剩余承载力实用计算方法

（1）参数分析

对于常温下轴向荷载和弯矩共同作用下的型钢混凝土柱，可采用图 4.2 所示的有限元计算模型计算其单向压弯（如绕强轴 x 轴）的极限状态。具体步骤是：先求其轴压状态时的极限轴压承载力 N_u 和纯弯状态时的极限抗弯承载力 M_u；当型钢混凝土柱处于压弯状态时，可通过改变轴向荷载 N，求出相应的极限抗弯承载力 M，求出一系列点（M,N），得到 N-M 关系；最后将 N-M 关系曲线上点（M,N）分别除以 M_u 和 N_u，得到常温下 N/N_u-M/M_u 关系。对于火灾后的型钢混凝土柱，与常温下不同，在初始外荷载 N 和 M 以及火灾升、降温作用下，截面内产生了残余应力和变形，这里以降温段最末状态为基准，采用类似常温下的方法，可得到火灾后型钢混凝土柱的 N/N_u-M/M_u 关系。图 4.19 所示为常温下和火灾后型钢混凝土柱的 N/N_u-M/M_u 关系。

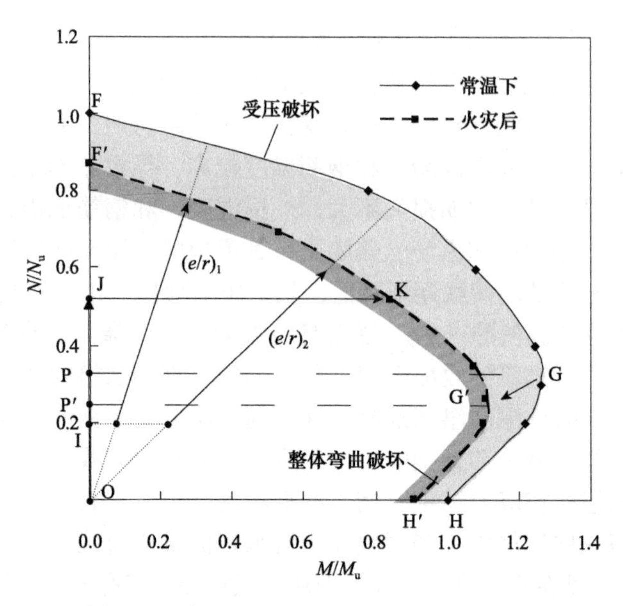

图 4.19　常温下和火灾后的 N/N_u-M/M_u 关系

由图 4.19 可见，常温下和火灾后的 N/N_u-M/M_u 相关曲线形状类似，N/N_u=0.25 附近对应 N/N_u-M/M_u 相关曲线的点为界限破坏的临近点，N/N_u>0.25 受压破坏；N/N_u<0.25 整体弯曲破坏关系。型钢混凝土柱外部的混凝土由于受到高温的影响，火灾后其材料性能会有所降低，导致柱的承载能力下降；经历火灾升、降温后型钢混凝土柱的压弯相关曲线会较火灾前向内偏移，但由于外部混凝土较好地保护了内部混凝土、型钢和钢筋，使其受到的高温损伤较小，曲线向内偏移的程度有限（韩林海等，2011）。

对于处于压弯状态下的型钢混凝土柱，定义其火灾后剩余承载力系数（R）表达式如下：

$$R=\frac{N_{ur}(t_h)}{N_u} \tag{4.4}$$

式中：N_u——型钢混凝土柱常温下的极限承载力；

N_{ur}（t_h）——型钢混凝土柱升温时间为 t_h 的火灾后剩余承载力。

影响型钢混凝土柱火灾后剩余承载力系数的因素有三类：①几何参数，如截面周长（$C=2D+2B$，D 和 B 分别为矩形截面长边和短边边长）、截面高宽比（$\beta=D/B$）、长细比（λ）、截面含钢率（α_c）和截面配筋率（ρ_c）等；②荷载参数，如升温时间（t_h）、荷载偏心率（e/r，其中，e 为荷载偏心距；对于 r，绕强轴弯曲时 $r=D/2$，绕弱轴弯曲时 $r=B/2$）等；③物理参数，如柱型钢屈服强度（f_{yc}）、柱纵筋屈服强度（f_{ybc}）和柱混凝土强度（f_{cuc}）等。

进行参数分析时，升温时间（t_h）考虑 0min、15min、30min、45min、60min 和 90min 等六种情况，获得不同参数变化时柱的火灾后剩余承载力系数（R）- 受火时间（t）变化关系。参数变化范围如下。

柱截面周长（C）：1600mm、2400mm、3200mm 和 4000mm；

截面高宽比（$\beta=D/B$）：1、1.5 和 2；

柱长细比（λ）：17.5、35、52.5 和 70；

柱荷载比［n，按式（3.17）计算］：0.2、0.4 和 0.6；

荷载偏心率（e/r）：0、0.3、0.6、和 0.9；

混凝土强度（f_{cuc}）：40MPa、60MPa 和 80MPa；

型钢屈服强度（f_{yc}）：235MPa、345MPa 和 420MPa；

纵筋屈服强度（f_{ybc}）：235MPa、335MPa 和 400MPa；

柱截面含钢率［α_c，按式（3.22）计算］：4%、6% 和 8%；

柱截面配筋率［ρ_c，按式（3.21）计算：1%、2% 和 3%。

1）截面周长：图 4.20 为截面周长（C）对火灾后剩余承载力系数（R）的影响。可见，在 C 一定的情况下，随着升温时间的增加，R 有减小的趋势；在升温时间相同的情况下，截面周长对 R 有较大影响，C 越大，R 越大；反之，R 越小。这是由于截面周长越大，混凝土体积越大，构件吸热能力越强，而且外界温度传到内部就越慢，R 就越大；反之，R 就越小。

2）截面高宽比：图 4.21 为截面高宽比（β）对火灾后剩余承载力系数（R）的影响。可见，在 β 一定的情况下，随着升温时间的增加，R 有减小的趋势；在升温时间相同和截面周长一定的情况下，截面高宽比越大，混凝土面积越小，其热容越小，因此 R 有减小的趋势。总体上，截面高宽比对 R 的影响较小。

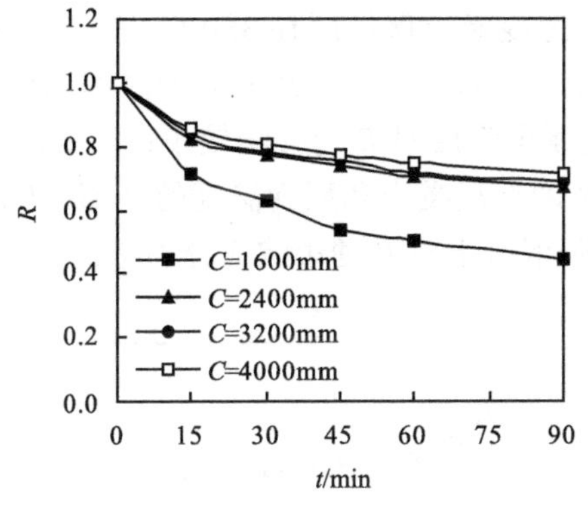

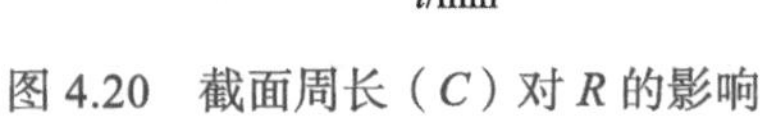

图 4.20　截面周长（C）对 R 的影响

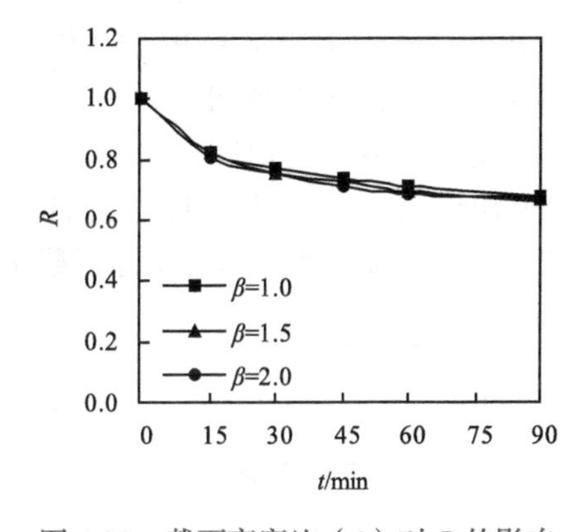

图 4.21　截面高宽比（β）对 R 的影响

3）柱长细比：图 4.22 为柱长细比（λ）对火灾后剩余承载力系数（R）的影响。可见，在 λ 一定的情况下，随着升温时间的增加，R 有减小的趋势；在升温时间相同的情况下，λ 对 R 影响明显，这是由于柱长细比越大，“二阶效应”越明显，R 就越小。

4）柱荷载比：图 4.23 为柱荷载比（n）对火灾后剩余承载力系数（R）的影响。可见，在 n 一定的情况下，随着升温时间的增加，R 有减小的趋势；在升温时间相同的情况下，荷载比越大，经历火灾升、降温作用后型钢混凝土柱内的残余应力和变形越大，R 就越小。这是由于火灾后阶段开始即降温段结束时（图 1.14 中 D′），截面内已存在的残余应力和变形使柱截面的局部区域提前屈服，从而使柱刚度降低，因此其稳定承载力

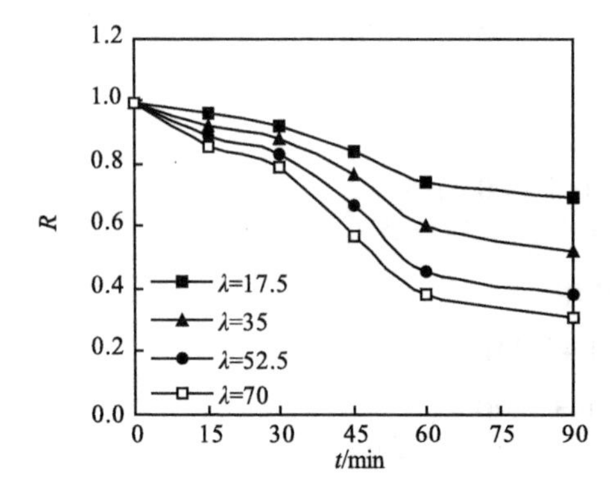

图 4.22 柱长细比（λ）对 R 的影响

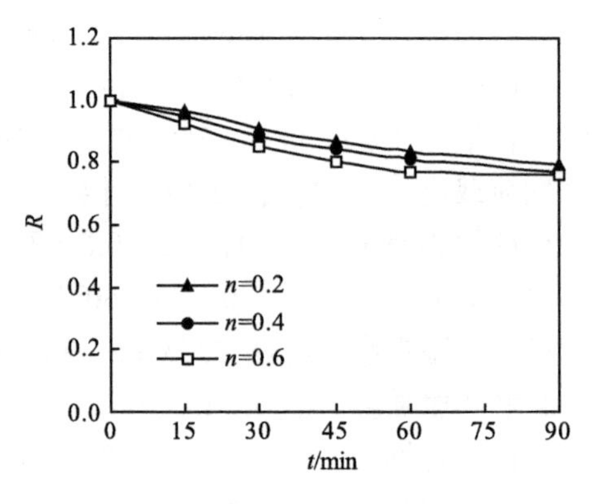

图 4.23 柱荷载比（n）对 R 的影响

减小。总体上，柱荷载比对 R 有一定程度的影响，但不如截面周长影响明显。

5）荷载偏心率：图 4.24 为荷载偏心率（e/r）对火灾后剩余承载力系数（R）的影响。可见，在 e/r 一定的情况下，随着升温时间的增加，R 有减小的趋势。在升温时间相同的情况下，当荷载偏心率 e/r≤0.3 时，随着荷载偏心率的增大，受拉区混凝土开裂越明显，混凝土受压区面积减小，R 有降低的趋势；当荷载偏心率 e/r>0.3 时，虽然受拉区混凝土开裂，但内部型钢特性能得到充分发挥，R 有上升的趋势（郑永乾，2007）。总体上，荷载偏心率对 R 影响较小。

6）混凝土强度：图 4.25 为混凝土强度（f_{cuc}）对火灾后剩余承载力系数（R）的影响。f_{cuc} 为 40MPa 和 60MPa 时，为普通混凝土，不考虑其高温爆裂；而 f_{cuc} 为 80MPa 时，采用 Kodur 等（2004）中提出的方法，认为混凝土保护层在 350℃时失效，考虑高温爆裂影响。由图 4.25 可见，当 f_{cuc} 为 40MPa 和 60MPa 时，随着升温时间的增加 R 有减小的趋势；在升温时间一定的情况下，混凝土强度对 R 的影响较小；当混凝土强度为 80MPa 时，由于爆裂造成截面的削弱以及内部混凝土和型钢温度的升高，R 减小的程度比普通混凝土大。因此普通混凝土和高强混凝土对 R 的影响应分别考虑。

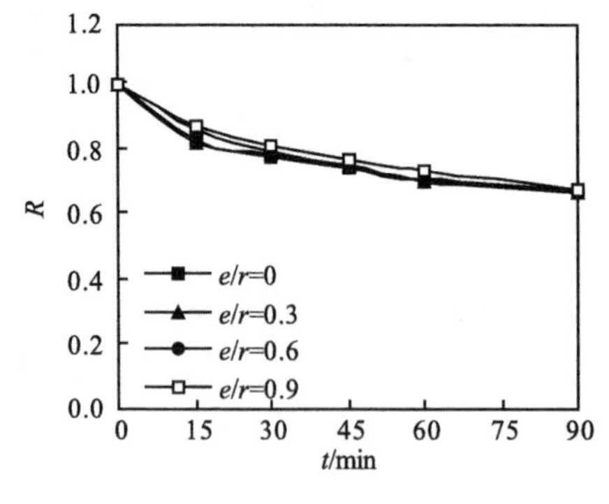

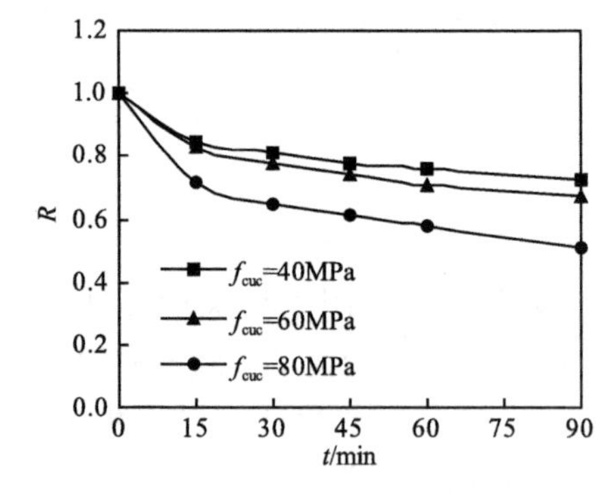

图 4.24 荷载偏心率（e/r）对 R 的影响　　图 4.25 混凝土强度（f_{cuc}）对 R 的影响

7）型钢屈服强度：图 4.26 为型钢屈服强度（f_{yc}）对火灾后剩余承载力系数（R）的影响。可见，在 f_{yc} 一定的情况下，随着升温时间的增加，R 有减小的趋势；在升温时间相同的情况下，随着型钢屈服强度的提高 R 有所增大，这是由于火灾后阶段型钢承担的外荷载比例达 25% 左右，型钢屈服强度对 R 有一定程度的影响。

8）柱纵筋屈服强度：图 4.27 为柱纵筋屈服强度（f_{ybc}）对火灾后剩余承载力系数（R）的影响。可见，在 f_{ybc} 一定的情况下，随着升温时间的增加，R 有减小的趋势；在升温时间相同的情况下，纵钢筋屈服强度对 R 的影响不明显。这是由于纵筋的体积含量较小，在火灾后阶段承担的外荷载比例仅为 7% 左右，总体上纵筋屈服强度变化对 R 影响较小。

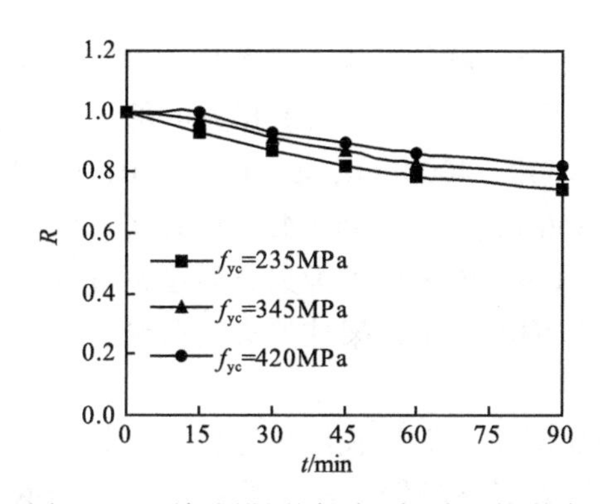

图 4.26　型钢屈服强度（f_{yc}）对 R 的影响

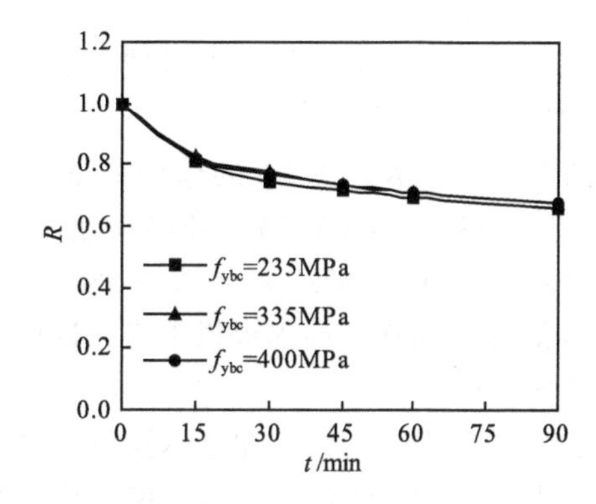

图 4.27　柱纵筋屈服强度（f_{ybc}）对 R 的影响

9）柱截面含钢率：图 4.28 为柱截面含钢率（α_c）对火灾后剩余承载力系数（R）的影响。可见，在 α_c 相同的情况下，随着升温时间的增加，R 有减小的趋势；在升温时间相同的情况下，随着柱截面含钢率的提高 R 有所增大，这是由于火灾后阶段型钢承担的外荷载比例达 25% 左右。总体上，柱截面含钢率对 R 有一定程度的影响。

10）柱截面配筋率：图 4.29 为柱截面配筋率（ρ_c）对火灾后剩余承载力系数（R）的影响。可见，在 ρ_c 一定的情况下，随着升温时间的增加，R 有减小的趋势；在升温时间相同的情况下，截面配筋率对 R 的影响不大。这是由于钢筋的含量（体积分数）较小，在火灾后阶段承担的外荷载比例仅为 7%，总体上截面配筋率的变化对 R 影响较小。

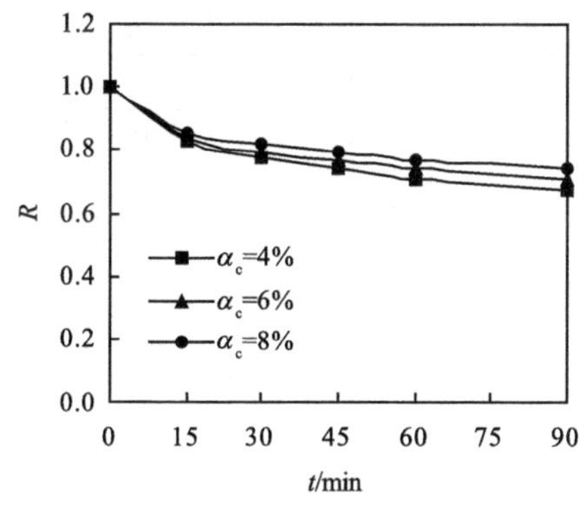

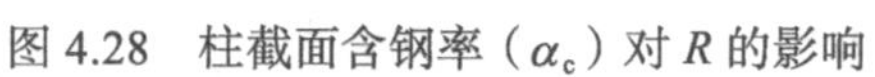

图 4.28　柱截面含钢率（α_c）对 R 的影响

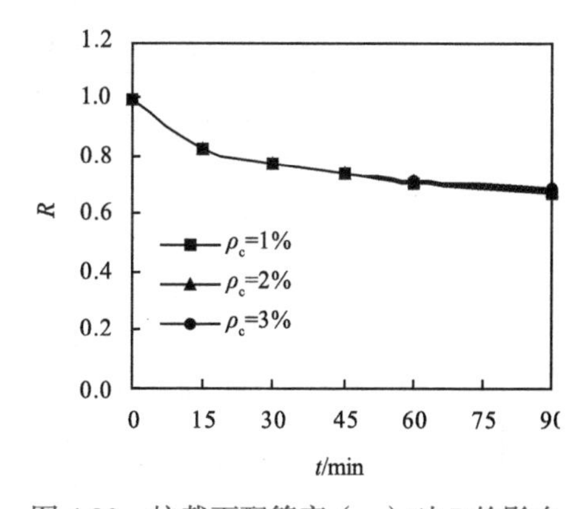

图 4.29　柱截面配筋率（ρ_c）对 R 的影响

综上所述，截面高宽比（β）、荷载偏心率（e/r）、柱纵筋屈服强度（f_{yb}）和柱截面配筋率（ρ_c）对型钢混凝土柱火灾后剩余承载力系数 R 的影响较小（在升温时间相同的情况下，火灾后剩余承载力系数最小值与最大值差异在5%以内）；柱荷载比（n）、型钢屈服强度（f_{yc}）和柱截面含钢率（α_c）对型钢混凝土柱火灾后剩余承载力系数的有一定程度的影响（在升温时间相同的情况下，火灾后剩余承载力系数最小值与最大值差异处于5%与10%之间）；而升温时间（t_h）、截面周长（C）、长细比（λ）和混凝土强度（f_{cuc}）则是影响型钢混凝土柱火灾后剩余承载力系数的主要因素（在升温时间相同的情况下，火灾后剩余承载力系数最小值与最大值差异大于10%）。

（2）实用计算方法

根据参数分析的结果，可得型钢混凝土柱火灾后剩余承载力系数与主要影响因素升温时间（t_h）、截面周长（C）、长细比（λ）和混凝土强度（f_{cuc}）相关的部分计算表格，如表4.6所示。表4.6的适用范围为：$C=1600\sim4000$mm，$\lambda=17.5\sim70$，$t_h=0\sim90$min［按ISO-834（1975）升温］，$f_{cuc}=40\sim80$MPa，$f_{yc}=235\sim420$MPa，$f_{ybc}=235\sim400$MPa，$\alpha_c=4\%\sim8\%$，$\rho_c=1\%\sim3\%$，$e/r=0\sim0.9$。该表格可为火灾后型钢混凝柱的力学性能评估和修复加固提供参考，同时也为型钢混凝土框架柱的火灾后剩余承载力计算奠定基础。

在实际应用时，如已知型钢混凝土柱的截面周长（C）、长细比（λ）、混凝土强度（f_{cuc}）以及升温时间（t_h），即可获得升温时间为t_h时该型钢混凝土柱火灾后剩余承载力系数（R）；再根据式（4.13）即可获得型钢混凝土柱火灾后的剩余承载力，其中常温下的极限承载力可根据相关规范或有限元方法获得。

表4.6　主要影响因素与型钢混凝土柱火灾后剩余承载力系数（R）的关系

C/mm	λ	f_{cuc}/MPa	t_h/min	R	C/mm	λ	f_{cuc}/MPa	t_h/min	R
1600	35	60	0	1.00	2400	35	40	0	1.00
			15	0.71				15	0.85
			30	0.63				30	0.81
			45	0.54				45	0.78
			60	0.50				60	0.76
			90	0.44				90	0.73
2400	35	60	0	1.00	2400	35	80	0	1.00
			15	0.82				15	0.71
			30	0.77				30	0.65
			45	0.74				45	0.61
			60	0.71				60	0.58
			90	0.67				90	0.51
3200	35	60	0	1.00	2400	17.5	60	0	1.00
			15	0.84				15	0.96
			30	0.78				30	0.92
			45	0.76				45	0.84
			60	0.71				60	0.75
			90	0.69				90	0.69

续表

C/mm	λ	f_{cuc}/MPa	t_h/min	R	C/mm	λ	f_{cuc}/MPa	t_h/min	R
4000	35	60	0	1.00	2400	52.5	60	0	1.00
			15	0.85				15	0.89
			30	0.81				30	0.83
			45	0.77				45	0.67
			60	0.75				60	0.46
			90	0.71				90	0.38

注：表内中间值可采用插值法确定。

4.5.2　受火后结构性能的评估方法

建筑结构从进入正常使用阶段，到遭受火灾作用，直到火灾熄灭进行维修加固，其经历的历史阶段包括受力全过程和火灾全过程两个方面。

以整体结构中的柱为例，受力全过程为：①结构正常使用阶段作用在柱上的荷载；②遭受火灾时，火灾升、降温过程中，由于受火处材料性能变化和温度变化产生的温度内力的共同作用，使得这一阶段作用在柱上的力学荷载发生变化；③经历火灾后，结构如果没有倒塌，作用在柱上的力学荷载基本稳定，根据结构的损伤程度，对柱进行必要的修复和加固，使结构再次进入正常使用阶段。

火灾全过程为：①受火前，柱内部温度与结构外部温度基本相同，保持为常温；②火灾初期，柱周围可燃物和助燃物充足，结构外部温度升高，柱温度逐渐增加；③火灾后期，可燃物耗尽后，结构外界周围温度降低，由于热传导的滞后性柱仍有部分位置处于升温段，随着结构外界温度的持续降低，柱温度开始全面降低；④火灾熄灭一定时间后柱温度降为常温。

实际结构遭受火灾时，受力全过程和火灾全过程同时存在且相互作用。对火灾后结构的力学性能进行研究时，如何考虑这两个全过程将对研究结果具有重要的影响，充分考虑这两类全过程的研究方法对实际结构的抗火设计和火灾后修复加固更具有参考价值。建筑结构遭受火灾后，采用考虑受力全过程和火灾全过程的火灾后评估方法来评价结构的火灾后力学性能，进而制定合理的火灾后加固和修复方法对实际工程具有重要指导意义。基于上述思想，图 4.30 给出火灾后建筑结构力学性能和加固措施评估方法框图（Han et al.，2020）。

对评估的具体过程和有关方法简要归纳如下。

（1）确定受火结构中的拟修复构件

根据受火后结构的检测报告、火灾现场调查和设计文件等相关资料，将各类需要评估的梁、板、墙和柱构件分类制表。

（2）确定构件常温下的力学性能

根据设计文件和现场调查等确定待评估构件的常温下的几何尺寸、材料性能和荷载等初始数据以及构件的边界条件和初始条件等信息，整体结构中的构件受相邻构件

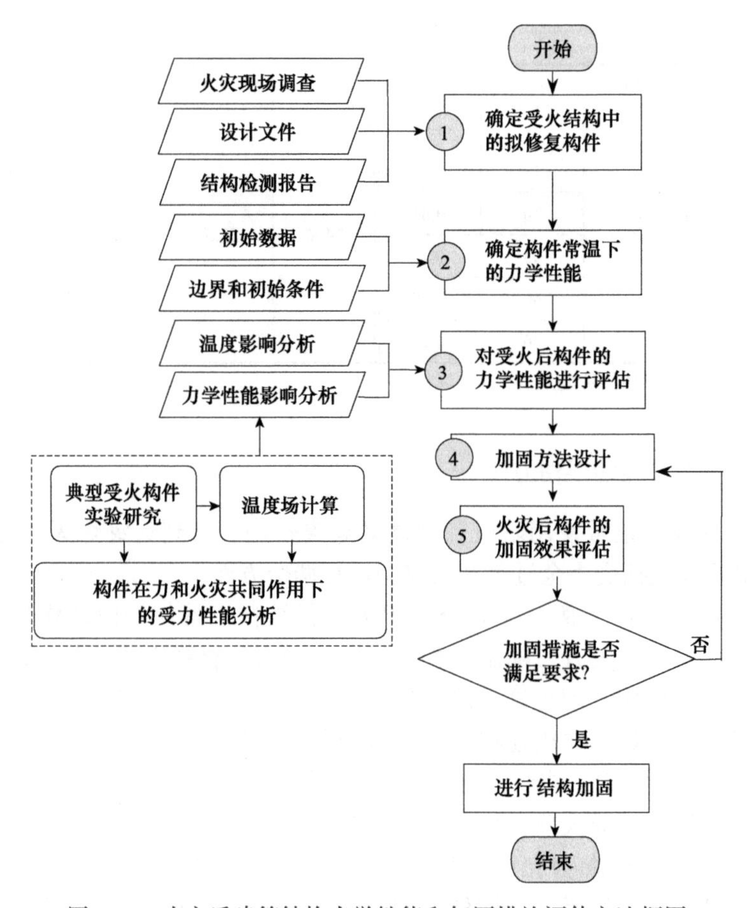

图 4.30　火灾后建筑结构力学性能和加固措施评估方法框图

的约束作用，将构件隔离单独进行研究需带相应的边界条件。初始条件包括构件的初始缺陷（如初偏心、初应力）、初挠度和支座处的初位移等。在初始数据和边界条件基础上建立待评估构件的常温下有限元计算模型，从而获得其常温下的力学性能。

（3）对受火后构件的力学性能进行评估

根据检测报告和火灾现场调查结果，获得火灾发生时的火灾荷载和开口尺寸等参数，采用经验参数模型获得作用在结构构件上的温度-受火时间曲线。火灾发生时，作用在结构上的荷载有结构自重、活荷载以及风荷载等。确定作用在结构上的荷载组合和荷载效应（内力）是评估的关键。火灾发生时的荷载（效应）组合属偶然组合，目前设计规范暂无具体规定，因此评估时荷载参数按最不利荷载组合标准值取用。火灾下的边界条件可采用与常温下相同的边界条件。

当计算对象、作用在研究对象上的火灾荷载和外力以及研究对象的边界条件和初始条件确定后，即可对构件进行评估。计算分析的内容包括如下两部分：

1）温度场计算：根据设计图纸、检测报告和构件的温度边界条件和初始条件等，建立构件的温度场计算模型，获得构件截面的温度场分布；基于截面经历的历史最高温度，采用简化模型，获得截面混凝土火灾后等效抗压强度。

2）力和温度耦合的全过程计算分析：建立力构件在力和温度共同作用下的全过程分析模型，获得火灾发生时的荷载工况下构件的剩余承载力和变形，及其与火灾前相比的损失率，为受火后结构的加固提供依据。

（4）加固方法设计

与常温下的结构加固方法类似，火灾后的构件可采用“增大截面法”和“FRP 包裹法”等方法进行加固。对于型钢混凝土构件，“增大截面法”较为有效。

（5）火灾后构件的加固措施评估

对加固后构件的承载能力进行评估。在力和火灾共同作用后，构件内存在残余内力和变形，同时受火灾影响后材料力学性能与火灾前的常温状态不同，其火灾后的力学性能与经历的最高温度相关。在以上初始条件下，对火灾后结构的加固措施进行评估。

4.5.3 工程应用

图 4.31 所示为发生火灾后的某高层建筑中的型钢混凝土柱。采用图 4.30 所示的思路，对该建筑中采用的型钢混凝土结构受火后的力学性能进行了评估，下面简要介绍有关方法和主要结果。

（1）火灾后需评估构件分类

根据检测报告对火灾后主体结构中混凝土结构构件的损伤分级定义，主体结构中型钢混凝土柱、钢筋混凝土柱和钢筋混凝土梁按火灾损伤程度的不同，分为如下三类。

1）火损一级的构件：构件无（明显）损伤，仅为烟火熏黑，对其表面进行清理即可；

2）火损二级的构件：构件有轻微损伤，如混凝土表面龟裂、剥落等，应采取措施恢复表层混凝土耐久性能；

图 4.31　受火后的型钢混凝土柱

3）火损三级的构件：构件表层有明显损伤、开裂，混凝土裂缝较多宽度较大，钢筋外露等；构件的承载力受到影响，应采取补强加固的处理措施。

本节以损伤程度较明显的三级型钢混凝土柱为例，对其火灾后性能进行评估。

（2）火灾时室内升、降温曲线

一般建筑室内火灾的发展可分为三个阶段，即初期增长阶段，全盛阶段和衰退阶段。本节采用了 Barnett（2002）提出的室内升温曲线，该曲线是根据已有的 142 个实际火灾曲线回归而成的单方程曲线。该方程需要通过确定最高温度、开口因子和曲线形状系数等参数得出。

与 ISO-834（1980）、Eurocode 1（2002）曲线相比，该曲线的特点是：为真实的火灾曲线，包含火灾的初期增长、猛烈燃烧和衰减三个阶段；曲线形状与燃烧速率、开口因子和火灾隔间壁面材料特性紧密相关；与其他火灾曲线相比，该曲线不需要时间变换，仅用一个方程模拟了火灾的三个阶段。

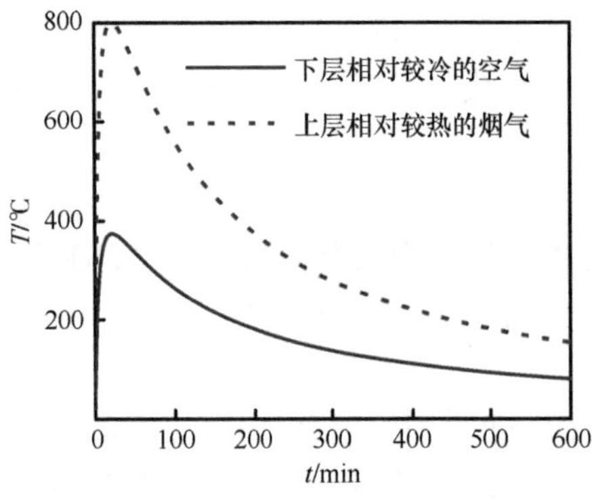

图 4.32　室内升、降温 T-t 关系

根据检测报告和火灾现场调查得出的火灾发生时室内可燃物数量和分布情况作为室内升温曲线（Barnett，2002）的输入参数，图 4.32 所示为构件三级损伤时相应的室内升、降温火灾曲线。

（3）计算参数确定

为便于比较，根据实际柱的受力条件和变形特点，将型钢混凝土柱等效为两端铰接的标准受压柱，其柱的等效计算长度为 l_0。计算时荷载参数按照设计单位提供的截面控制内力的荷载组合设计值取用。

型钢混凝土柱的典型工作状态为压弯，根据 JGJ 138—2001（2002）和《混凝土结构设计规范》（GB 50010—2002）（2002）和 GB 50010—2010（2015），对偏心受压的型钢和钢筋混凝土柱的正截面承载力计算，其初始缺陷可取杆件附加偏心距（其值取 20mm 和偏心方向截面尺寸的 1/30 两者中的较大值）进行计算。

（4）拟采取的加固方案

型钢混凝土柱的截面修复施工图和补强加固施工措施如图 4.33 所示，图中 1250mm 和 850mm 为受损前型钢混凝土柱截面长边和短边边长。

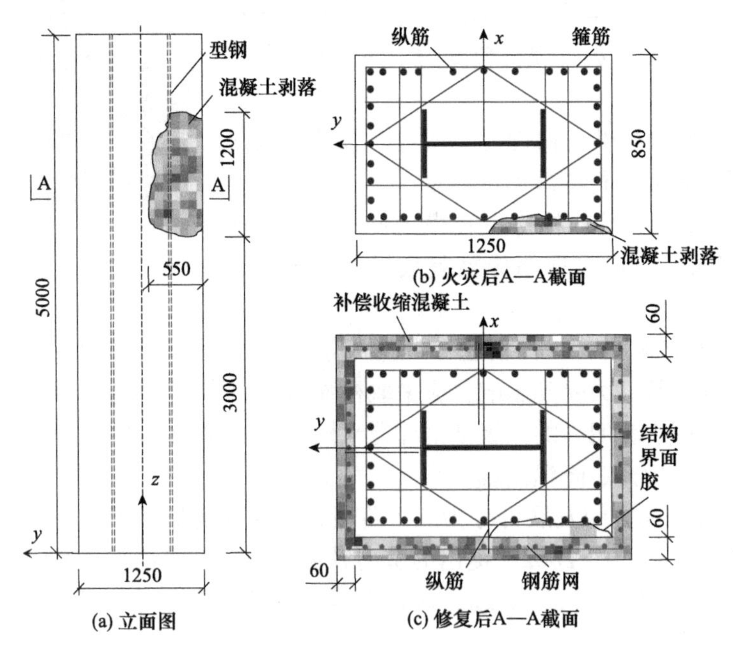

图 4.33　型钢混凝土柱截面火灾后修复、加固方法（尺寸单位：mm）

（5）加固方案效果评估

在火灾作用下，温度效应和结构效应是同时存在的，因此考虑同时受力全过程和火灾全过程的完全耦合分析是比较接近实际的方法，但其有限元方程中的单元矩阵或

单元荷载向量包含了所有耦合场的自由度。采用顺序耦合方法，建立型钢混凝土柱的非线性有限元计算模型，进行火灾前、全过程火灾后（未加固）和加固后的力学性能计算，对三级型钢混凝土柱的承载能力进行评估。

1）有限元计算模型（图4.34）：图4.34示出型钢混凝土柱的边界条件和网格划分情况。柱上半部分和下半部分的升、降温曲线如图4.32所示，柱四面受火。结合已有的研究成果、温度场分析和火灾现场调查结果综合判断混凝土爆裂的位置，混凝土爆裂发生的初始时刻和持续时间约分别为15min和20min。

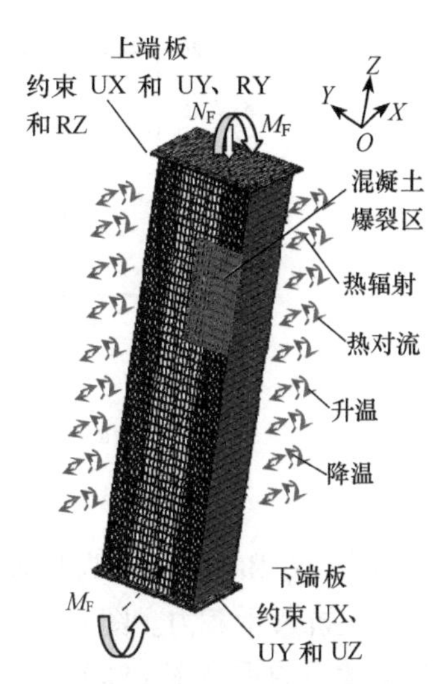

图4.34　有限元计算模型示意图

2）承载力计算：按照工程设计单位提供的主体结构计算文件，型钢混凝土柱截面控制荷载组合的设计值为$N=1.3045\times10^4$kN，弯矩$M_x=220$kN·m和$M_y=214$kN·m，取绕强轴x轴和绕弱轴y轴方向的计算长度系数为1.25。采用有限元计算模型分别计算火灾前、火灾后和加固后型钢混凝土柱绕强轴（x-x轴）和绕弱轴（y-y轴）单向压弯的N_u/N_{u0}-M_u/M_{u0}关系，如图4.35所示，其中M_{u0}为纯弯状态时的极限抗弯承载力、N_{u0}为轴压状态时的极限轴压承载力、N_u和M_u为柱处于前两者之间的压弯状态时，柱上的轴向荷载和相应的极限抗弯承载力。

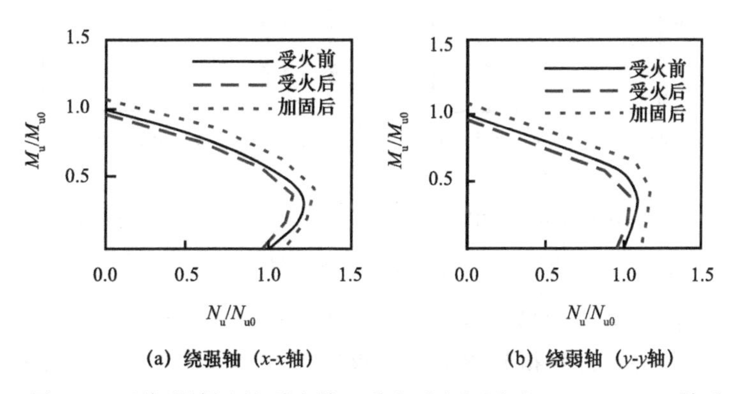

图4.35　型钢混凝土柱受火前、受火后和加固后N_u/N_{u0}-M_u/M_{u0}关系

不同轴向荷载比（N_u/N_{u0}）下型钢混凝土柱极限抗弯承载力损失率定义为：（M_u-M_{uf}）/$M_{u0}\times100$（单位为%），其中N_u为轴向荷载设计值，N_{u0}为火灾前（常温下）轴压状态时的极限轴压承载力设计值；M_u和M_{uf}分别为与N_u对应的火灾前和火灾后N_u-M_u相关曲线上的极限抗弯承载力。计算的损失率变化规律如图4.36所示。

可见，随型钢混凝土柱轴向荷载水平不同，火灾后其抗弯承载力的降低程度也不同：相对火灾前型钢混凝土柱，对绕强轴（x-x轴）方向，N_u/N_{u0}为0～0.4，火灾后型钢混凝土柱极限抗弯承载力损失率为4%～7%；对绕弱轴（y-y轴）方向，N_u/N_{u0}为0～0.4，火灾后型钢混凝土柱极限抗弯承载力损失率为2.8%～4.5%。

定义加固后的型钢混凝土柱极限抗弯承载力的提高率［（M_{us}-M_u）/$M_{u0}\times100$，单位

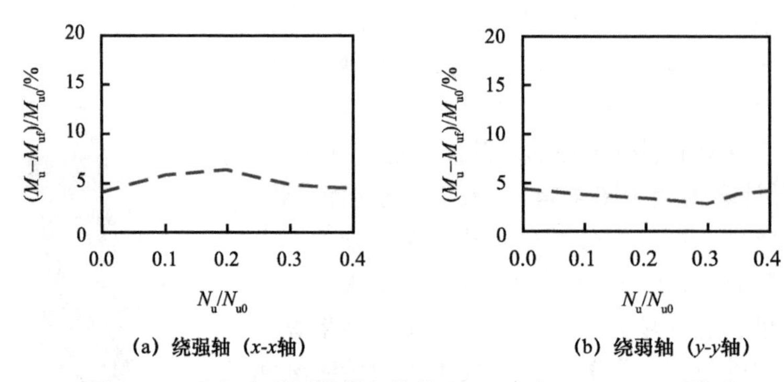

图 4.36　受火后型钢混凝土柱的（M_u-M_{uf}）/M_{u0}- N_u/N_{u0} 关系

为 %]，M_u 和 M_{us} 分别为与轴向荷载设计值 N_u 对应的火灾前和加固后 N_u-M_u 相关曲线上的极限抗弯承载力。图 4.37 为不同轴向荷载比（N_u/N_{u0}）下型钢混凝土柱加固后的极限抗弯承载力的提高率（%）。可见，随型钢混凝土柱轴向荷载水平不同，加固后其极限抗弯承载力的提高程度也不同：相对受火前的型钢混凝土柱，对绕强轴（x-x 轴）方向，N_u/N_{u0} 为 0～0.4，加固后型钢混凝土柱极限抗弯承载力提高率为 3.8%～9.2%；对绕弱轴（y-y 轴）方向，N_u/N_{u0} 为 0～0.4，火灾后型钢混凝土柱极限抗弯承载力提高率为 7.3%～10.9%。

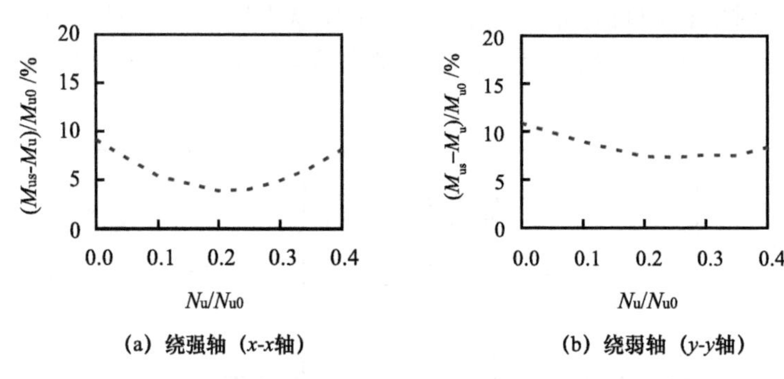

图 4.37　加固后型钢混凝土柱的（M_{us}-M_u）/M_{u0}- N_u/N_{u0} 关系

3）刚度计算：图 4.38 为型钢混凝土柱在火灾前、火灾后和加固后的弯矩（M）-曲率（ϕ）关系，由 M-ϕ 计算得到火灾前、火灾后和加固后型钢混凝土柱的抗弯刚度 K_s、K_{sf} 和 K_{ss} 如表 4.7 所示，其中抗弯刚度根据型钢混凝土柱的 M-ϕ 关系求得，以弯

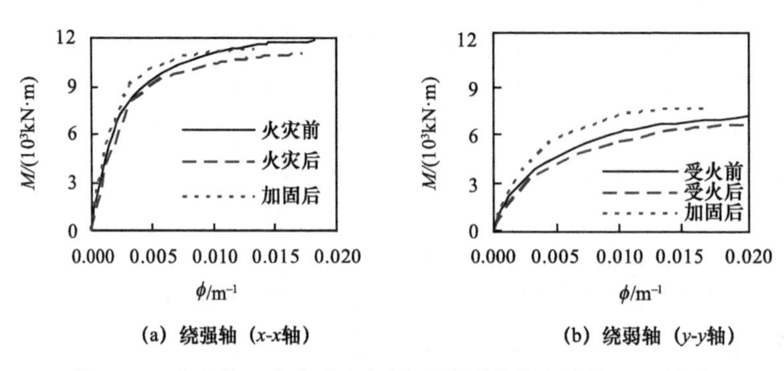

图 4.38　火灾前、火灾后和加固后型钢混凝土柱的 M-ϕ 关系

矩达到峰值弯矩的 60% 时对应的割线刚度作为其抗弯刚度。

表 4.7　火灾前、火灾后和加固后型钢混凝土柱抗弯刚度对比

轴方向	使用阶段抗弯刚度 / (10^6kN · m^2)			$\frac{K_{sf}}{K_s}$	$\frac{K_{ss}}{K_s}$
	火灾前 K_s	火灾后 K_{sf}	加固后 K_{ss}		
绕强轴	3.100	2.657	3.307	0.857	1.067
绕弱轴	1.298	1.070	1.401	0.824	1.080

由表 4.7 可见，火灾后型钢混凝土柱的使用阶段抗弯刚度与火灾前相比有不同程度的降低：对绕强轴方向，使用阶段抗弯刚度降低 14.3%；对绕弱轴方向，使用阶段抗弯刚度降低 17.6%。加固后型钢混凝土柱的使用阶段抗弯刚度与火灾前相比有不同程度的提高：相对受火前的型钢混凝土柱，对绕强轴方向，使用阶段抗弯刚度提高 3.5%；对绕弱轴方向，使用阶段抗弯刚度提高 8%。

4）对加固方案的评估：

① 当设计轴向荷载比为 0～0.4 时，相比受火前的型钢混凝土柱，加固后其极限抗弯承载力绕强轴方向提高 3.8%～9%，绕弱轴方向提高 7%～10%。

② 加固后型钢混凝土柱的使用阶段抗弯刚度与火灾前相比有不同程度的提高：对绕强轴方向，提高 3.5%；对绕弱轴方向，提高 8%。

③ 采用的加固方案可以有效提高火灾后型钢混凝土柱的承载能力和刚度。

4.6　本 章 小 结

本章建立了全过程火灾后型钢混凝土柱的有限元计算模型，进行了全过程火灾后型钢混凝土柱的力学性能试验。对全过程火灾作用后的型钢混凝土柱的工作性能进行了机理分析，结果表明，按不考虑外荷载和火灾升、降温共同作用得到的火灾后剩余承载力和对应的峰值位移结果偏于不安全；在火灾升、降温和外荷载恒定的过程中，型钢混凝土截面发生了应力重分布；火灾后型钢混凝土柱的承载力较常温下有不同程度的降低，但由于外部混凝土较好地保护了内部混凝土、钢筋和型钢，型钢混凝土柱火灾后工作性能良好。

采用有限元计算模型，本章对型钢混凝土柱火灾后剩余承载力系数的影响因素进行了参数分析，在参数分析的基础上，给出了与主要影响因素相关的火灾后型钢混凝土柱剩余承载力系数的实用计算方法。结合某实际工程，论述了火灾后型钢混凝土结构力学性能的评估方法及其应用。

参 考 文 献

曹文衔，1998. 损伤累积条件下钢框架结构火灾反应的分析研究 [D]. 上海：同济大学.
韩林海，宋天诣，谭清华，2011. 钢 - 混凝土组合结构抗火设计原理研究 [J]. 工程力学，28（S2）：54-66.

韩林海，2007．钢管混凝土结构——理论与实践［M］．2 版．北京：科学出版社．

韩林海，2016．钢管混凝土结构——理论与实践［M］．3 版．北京：科学出版社．

李国强，韩林海，楼国彪，等，2006．钢结构及钢 - 混凝土组合结构抗火设计［M］．北京：中国建筑工业出版社．

宋天诣，2011．火灾后钢 - 混凝土组合框架梁 - 柱节点的力学性能研究［D］．北京：清华大学．

谭清华，2012．火灾后型钢混凝土柱、平面框架力学性能研究［D］．北京：清华大学．

郑永乾，2007．型钢混凝土构件及梁柱连接节点耐火性能研究［D］．福州：福州大学．

中华人民共和国住房和城乡建设部，2010．混凝土结构设计规范：GB 50010—2010［S］．北京：中国建筑工业出版社．

中华人民共和国建设部，2002．型钢混凝土组合结构技术规程：JGJ 138—2001［S］．北京：中国建筑工业出版社．

中华人民共和国建设部，2002．混凝土结构设计规范：GB 50010—2002［S］．北京：中国建筑工业出版社．

中冶集团建筑研究总院，2007．钢骨混凝土结构设计规程：YB 9082—2006［S］．北京：冶金工业出版社．

ABAQUS. 2010. ABAQUS analysis user's manual [CP]. SIMULIA, Providence, RI.

BARNETT C R, 2002. BFD curve: a new empirical model for fire compartment temperatures [J]. Fire Safety Journal, 37 (6-7): 437-463.

EL-RIMAWI J A, BURGESS I W, PLANK R J, 1996. The treatment of strain reversal in structural members during the cooling phase of a fire [J]. Journal of Constructional Steel Research, 37 (2): 115-135.

EUROCODE 1. EN 1991-1-2: 2002, 2002. Actions on structures-part 1.2: General actions-actions on structures exposed to fire [S]. European Committee for Standardization, Brussels.

HAN L H, ZHOU K, TAN Q H, et al., 2016. Performance of steel-reinforced concrete column after exposure to fire: FEA model and experiments [J]. Journal of Structural Engineering, ASCE,142: 04016055.

HAN L H, ZHOU K, TAN Q H, et al., 2020. Performance of steel reinforced concrete columns after exposure to fire: numerical analysis and application [J]. Engineering Structures, 211: 110421.

ISO-834, 1975, Fire resistance tests-elements of building construction [S]. International Standard ISO 834, Geneva.

ISO-834, 1980, Fire-resistance tests-elements of building construction [S]. International Standard, ISO 834: Amendment 1, Amendment 2, Switzerland.

KODUR V K R, WANG T C, CHENG F P, 2004. Predicting the fire resistance behaviour of high strength concrete columns [J]. Cement & Concrete Composites, 26 (2): 141-153.

LENNON T, MOORE D, 2003. The natural fire safety concept—full-scale tests at Cardington [J]. Fire Safety Journal, 38 (7): 623-643.

LIE T T, DENHAM E M A, 1993. Factors affecting the fire resistance of circular hollow steel columns filled with bar-reinforced concrete [R]. NRC-CNRC Internal Report, No.651.

LIE T T, ROWER T J, LIN T D, 1986. Residual strength of fire exposed RC columns: evaluation and repair of fire damage to concrete [R]. SP-92, American Concrete Institute, Detroit: 153-174.

LIN C H, CHEN S T, YANG C A, 1995. Repair of fire-damaged reinforced concrete columns [J]. ACI Structural Journal, 92 (4): 1-6.

POPE N D, BAILEY C G, 2006. Quantitative comparison of FDS and parametric fire curves with post-flashover compartment fire test data [J]. Fire Safety Journal, 41 (2): 99-110.

YANG H, HAN L H, WANG Y C, 2008. Effects of heating and loading histories on post-fire cooling behaviour of concrete-filled steel tubular columns [J]. Journal of Constructional Steel Research, 64 (5): 556-570.

第5章　钢管混凝土柱的耐火性能

5.1　引　　言

本章阐述一些新型组合柱，如中空夹层钢管混凝土、不锈钢管混凝土、FRP约束钢管混凝土和FRP约束钢筋混凝土柱在图1.13所示的A→B→B′升温曲线作用下的耐火性能，并研究了国内外有关钢管混凝土构件的抗火设计方法。

5.2　中空夹层钢管混凝土柱

中空夹层钢管混凝土是指在两个同心放置的钢管之间浇灌素混凝土而形成的构件，如变换内外钢管的截面形式组合，可形成多种不同截面形式的中空夹层钢管混凝土，如图1.7（b）所示。研究结果表明，中空夹层钢管混凝土构件可发挥空心结构构件的优点，其压弯构件的静力性能和动力性能与相应的实心钢管混凝土总体上类似（韩林海等，2009），是一种有良好应用前景的新型组合结构形式。

中空夹层钢管混凝土柱在火灾作用下，其夹层混凝土受到外钢管的保护不会发生高温爆裂，其内钢管温度的升高则由于夹层混凝土的有效保护会大为滞后，使得该类结构具有良好的耐火性能。

近年来，作者进行了中空夹层钢管混凝土短柱和长柱耐火性能的试验研究，并建立了有限元计算模型，给出了中空夹层钢管混凝土柱的抗火设计方法。

5.2.1　短柱耐火性能试验

（1）试验概况

Lu和Han等（2010a）进行了中空夹层钢管混凝土短柱在高温下的试验，研究高温下组成中空夹层钢管混凝土短柱的外钢管、夹层混凝土和内钢管间的协同工作性能，以及短柱的耐火性能。试件截面形式包括圆套圆形截面、方套方形截面［图5.1（a）和（b）］，夹层填充自密实混凝土（self compacting concrete，SCC）、钢纤维或聚丙烯纤维混凝土。

共设计了18个试件，包括10个圆套圆形试件和8个方套方形试件。试件长度均为800mm。表5.1汇总了相关试件信息。为便于描述，试件编号中第一、二部分分别代表外钢管和内钢管的类型（表5.2）；第三部分则代表填充的夹层混凝土类型（表5.3）；编号最后标有“Ref”的试件则为常温对比试件，如试件C2-C4-SCC1SF-Ref表示外钢管为C2（$D_o \times t_{so}$=219.1mm×5mm），内钢管为C4（$D_i \times t_{si}$=101.6mm×3.2mm），夹层填充钢纤维混凝土的常温对比试件。

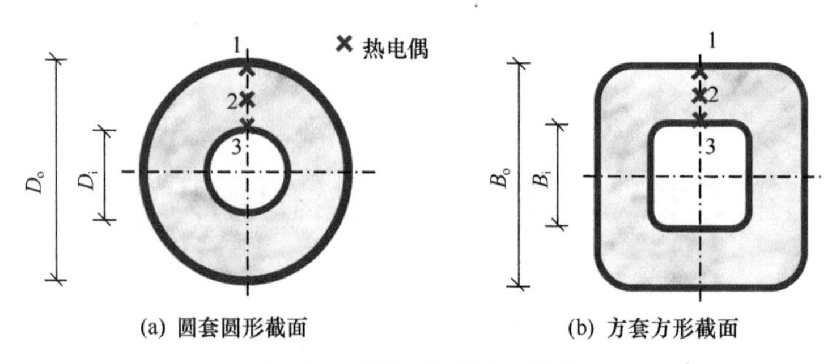

图 5.1　短柱横截面示意图

表 5.1　中空夹层钢管混凝土短柱试件信息

序号	试件编号	χ	N_F/kN	n	t_R/min	T_{cr}/℃
1	C1-C3-SCC2	0.42	4100	0.37	62	726
2	C1-C3- SCC2SF	0.42	4000	0.37	138	937
3	C1-C3- SCC2SFP	0.42	3400	0.31	＞122	963
4	C2-C4- SCC2	0.49	1821	0.5	30	563
5	C2-C4- SCC2SF	0.49	1785	0.5	39	696
6	C2-C4- SCC2SFP	0.49	1821	0.5	27	623
7	S1-S3- SCC2	0.45	4420	0.35	79	856
8	S1-S3- SCC2SF	0.45	4420	0.36	128	918
9	S1-S3- SCC2SFP	0.45	4420	0.35	88	844
10	S2-S4- SCC2	0.47	1900	0.4	42	711
11	S2-S4- SCC2SF	0.47	1860	0.4	53	861
12	S2-S4- SCC2SFP	0.47	1900	0.4	44	710
13	C2-C4- SCC1	0.49	1923	0.6	24	566
14	C2-C4- SCC1SF	0.49	1964	0.6	26	563
15	S2-S4- SCC1	0.47	2567	0.6	18	461
16	S2-S4- SCC1SF	0.47	2615	0.6	18	400
17	C2-C4- SCC1-Ref	0.49	3333*			
18	C2-C4- SCC1SF-Ref	0.49	3289*			

* 常温下对比试件的承载力。

表 5.1 中，试件的空心率（χ）定义为

对于圆形截面：

$$\chi=\frac{B_i}{B_o-2t_{so}} \tag{5.1-1}$$

对于方形截面：

$$\chi=\frac{D_i}{D_o-2t_{so}} \tag{5.1-2}$$

式中：D_i——内圆钢管外直径；

B_i——内方钢管外边长；

D_o——外圆钢管外直径；

B_o——外方钢管外边长；

t_{so}——外钢管壁厚。

表 5.1 中，N_F 为试验时施加在试件上的恒定轴压荷载；柱荷载比（n）按式（3.17）计算，N_u 为试件在常温下的极限承载力。

组成中空夹层钢管混凝土的内、外钢管共有八种类型，其截面尺寸以及对应钢材的屈服强度（f_y）和抗拉极限强度（f_u）如表 5.2 所示。

表 5.2　钢材力学性能指标

钢管编号	截面形状	$D(B)\times t_s^*$	f_y/MPa	f_u/MPa
C1	圆形	406×8	401	458
C2	圆形	219.1×5	426	469
C3	圆形	165.1×3	399	470
C4	圆形	101.6×3.2	426	476
S1	方形	350×8	514	564
S2	方形	200×6	506	591
S3	方形	150×5	504	539
S4	方形	89×3.5	506	545

* 此列中 D、B、t_s 的尺寸单位均为 mm。

夹层混凝土采用了自密实混凝土。为了比较混凝土种类对中空夹层钢管混凝土柱耐火性能的影响，配制了五种混凝土，其配合比分别如表 5.3 所示，其中选用的增强纤维包括钢纤维、聚丙烯纤维两种。

表 5.3　自密实混凝土配合比

混凝土类型	水/（kg/m³）	水泥/（kg/m³）	粉煤灰/（kg/m³）	矿渣/（kg/m³）	砂/（kg/m³）	粗骨料/（kg/m³）	外加剂/（l/m³）	钢纤维/（kg/m³）	聚丙烯纤维/（kg/m³）
SCC1	160	125	157	157	865	817	2.77	0	0
SCC1SF	160	125	157	157	865	817	2.83	42	0
SCC2	178	380	170	0	776	831	2.85	0	0
SCC2SF	178	380	170	0	776	831	3.08	42	0
SCC2SPF	178	380	170	0	776	831	3.62	42	0.9

实测的混凝土圆柱体抗压强度汇总于表 5.4。

表 5.4　混凝土圆柱体抗压强度

混凝土类型	纤维类型	28d/MPa	火灾试验时/MPa
SCC1		42.7	46.6
SCC1SF	钢纤维	41.8	48.6
SCC2		60.8	63.4
SCC2SF	钢纤维	56.1	61.2
SCC2SPF	钢纤维和聚丙烯纤维	61.5	62.5

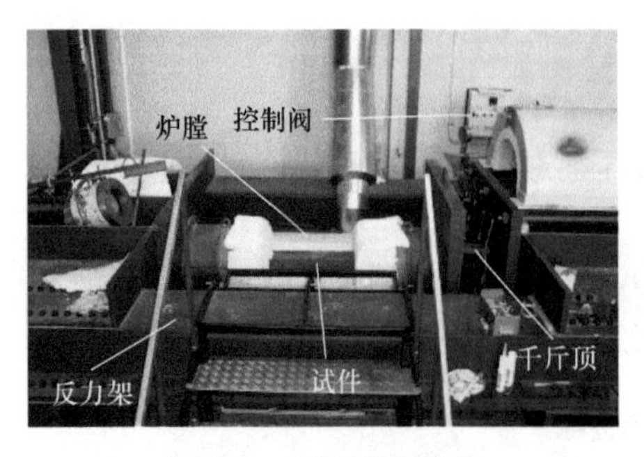

图 5.2　短柱试验装置

试验在澳大利亚莫纳什大学（Monash University）的土木工程实验室进行。采用电加热炉（Lu et al.，2009）。试验装置如图 5.2 所示，耐火极限试验方法以及耐火极限判定标准如第 3.3.1 节所述。

（2）试验结果和分析

1）温度 - 受火时间关系：升温过程中采集了试件中截面上测温点的温度变化，测温点 1～测温点 3 的具体位置见图 5.1。图 5.3 给出了试件截面上各测温点实测温度（T）- 受火时间（t）关系，可见在受火过程中，试件外钢管的温度比较高，内钢管由于受到其外包混凝土的保护，温度较低；夹层混凝土中部的温度与内钢管温度更接近。所有试件的外钢管最高温度范围为 400～963℃，而内钢管的温度则只有 59～197℃。当混凝土温度达 100℃时，其 T-t 关系曲线出现一段平台段，主要是由于这一阶段混凝土内部水分蒸发，吸收热量而使混凝土温度升高有所减缓。

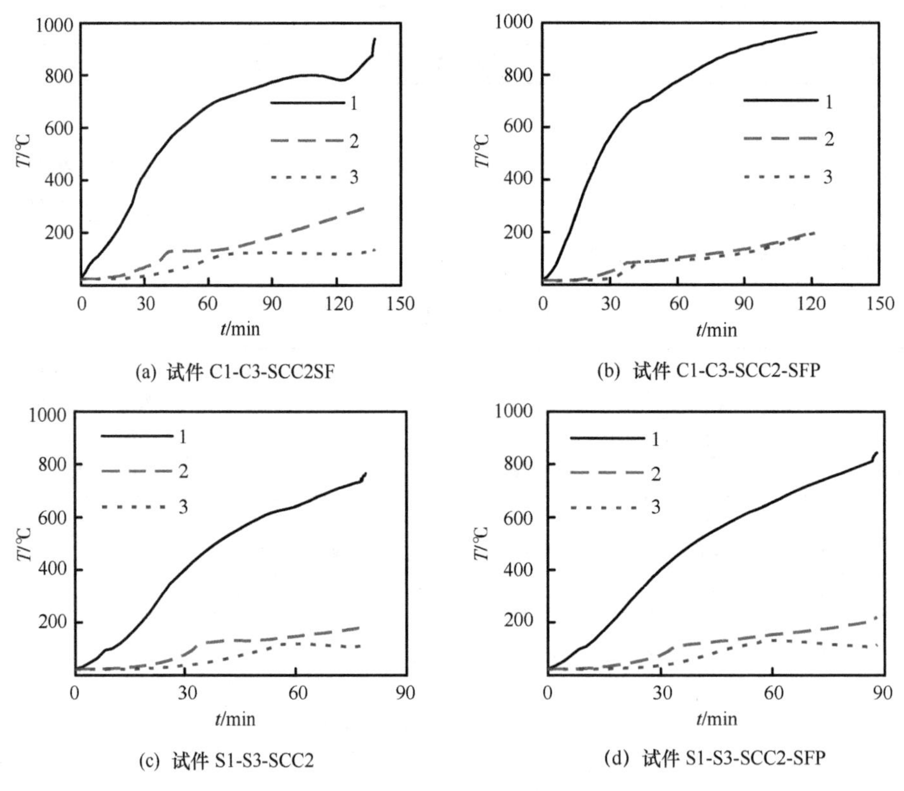

图 5.3　短柱试件实测 T-t 关系

众所周知，钢纤维能改善混凝土的韧性，而聚丙烯纤维则可以改善混凝土在常温下的收缩开裂及其在高温下的爆裂。Kodur 等（2003）的研究结果表明，钢纤维对混凝土温度发展影响不明显，而掺入聚丙烯纤维会稍延缓混凝土温度的升高，这是因聚丙烯在 160℃左右时开始融化并吸收热量所致。通过对比采用不同混凝土的试件的温度场变化（如 SCC2 系列和 SCC2SF 系列），发现在相同受火时间下，夹层混凝土采用普通自密实混凝土和钢纤维自密实混凝土界面温度场没有明显差异。此外，同时添加了钢纤维和聚丙烯纤维的混凝土的试件截面温度变化也不大。

以测温点 2 为例，图 5.4 和图 5.5 所示分别为夹层混凝土厚度和外钢管直径对测温点温度的影响。取各试件受火 15min 和 30min 时实测的温度进行比较。可见，夹层混凝土的厚度和外钢管直径对柱截面温度的分布影响明显。夹层混凝土厚度和外钢管直径越大，柱子内部温度越低。

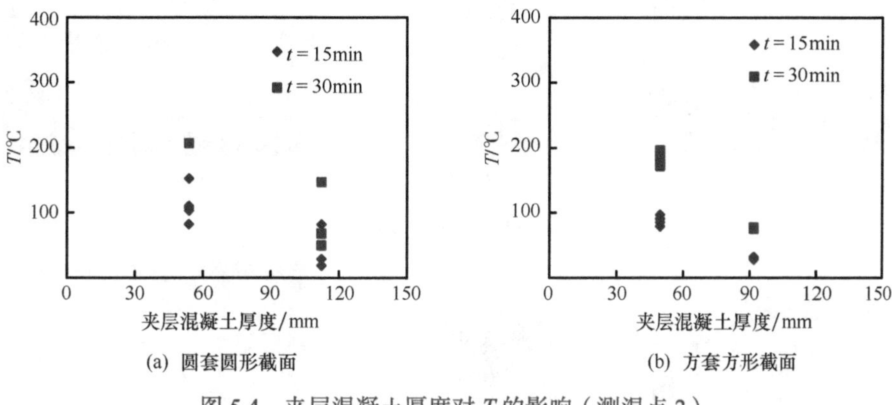

(a) 圆套圆形截面　　(b) 方套方形截面

图 5.4　夹层混凝土厚度对 T 的影响（测温点 2）

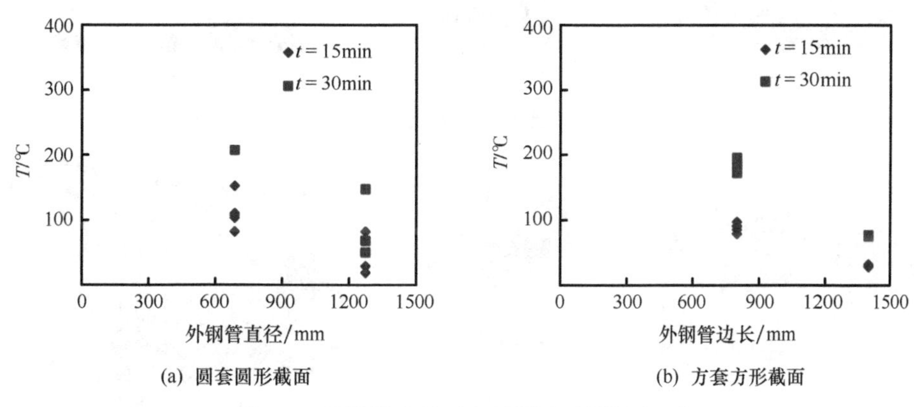

(a) 圆套圆形截面　　(b) 方套方形截面

图 5.5　外钢管直径对 T 的影响（测温点 2）

2）外钢管的临界温度：为了便于分析，取中空夹层钢管混凝土柱达到耐火极限时外钢管的温度为临界温度（T_{cr}），如表 5.1 最后一列所示。图 5.6 所示为不同柱荷载比（n）对钢管 T_{cr} 的影响。可见，T_{cr} 受柱 n 影响较大，n 越大，T_{cr} 越小，且 T_{cr} 随 n 的增大基本呈线性减小。图 5.6 也给出了相应的内钢管温度。可见，达到极限状态时，内钢管的温度为 150～200℃，小于 T_{cr}。

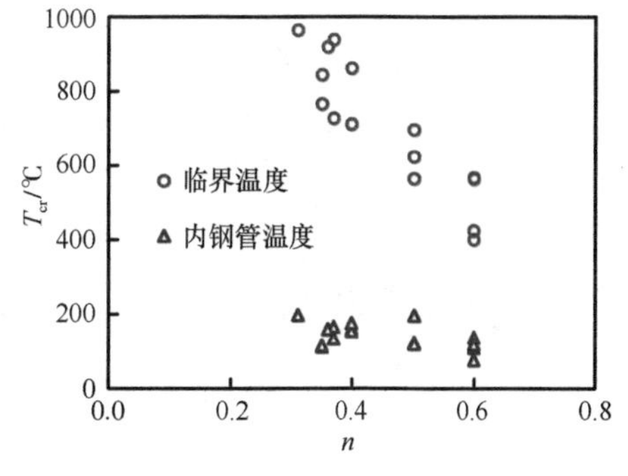

图 5.6　柱荷载比（n）对钢管 T_{cr} 的影响

3）试件的破坏形态：试件均发生了受压破坏，外钢管发生外凸屈曲，而内钢管则发生了内凹的屈曲形态。夹层混凝土由于受到内、外钢管的保护并没有发生断裂破坏，只是在外钢管发生屈曲处混凝土局部被压碎，同时也出现了纵向裂缝。图 5.7 所示为试件外钢管、内钢管和夹层混凝土的破坏形态（Lu et al.，2010b）。

对于两个常温下短柱对比试件，其破坏形态如图 5.8 所示。可以发现，火灾和恒定

(1) 试件　(2) 内钢管　(3) 夹层混凝土

(a) 试件 S2-S4-SCC2SF

(1) 试件　(2) 内钢管　(3) 夹层混凝土

(b) 试件 S1-S3-SCC2SFP

(1) 试件　(2) 内钢管　(3) 夹层混凝土

(c) 试件 C2-C4-SCC1

(1) 试件　(2) 内钢管　(3) 夹层混凝土

(d) 试件 C2-C4-SCC1SF

图 5.7　火灾下短柱试件的破坏形态

(a) 试件

(b) 内钢管

图 5.8　常温下短柱试件的破坏形态

轴压荷载共同作用下短柱的破坏形态与常温下短柱的破坏状态总体上一致。试验结果表明，中空夹层钢管混凝土构件的内、外钢管及其夹层混凝土之间可协同互补，共同工作。

4）柱轴向变形 - 受火时间关系：图 5.9 所示为柱轴向变形（Δ_c）- 受火时间（t）关系实测结果。可见，在升温初期，短柱试件的轴向变形不大，且稍有膨胀，这是因为试验初期外钢管温度升高较快，受热膨胀较大，而本试验荷载比较大，受热膨胀后由于材料高温劣化，承载力下降，外钢管难以独自承担轴向荷载，因而膨胀变形较小。而且随着受火时间的延长，柱试件逐渐发生轴向压缩变形，使得外钢管和内部的夹层混凝土以及内钢管共同受力，于是变形趋于稳定。接近耐火极限时，材料劣化程度较大，难以继续承担轴向荷载，轴向变形开始迅速增加。

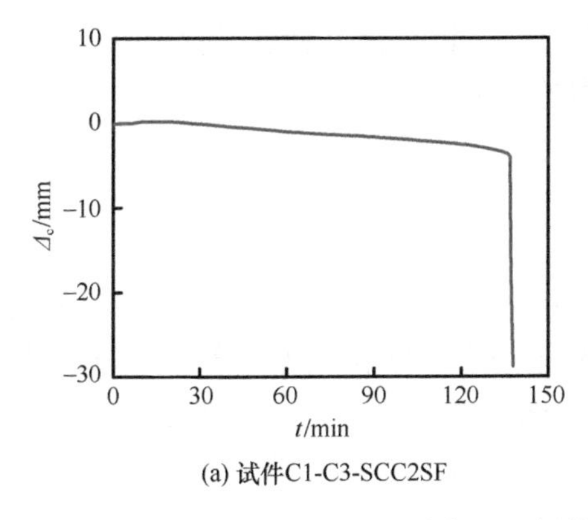

(a) 试件C1-C3-SCC2SF

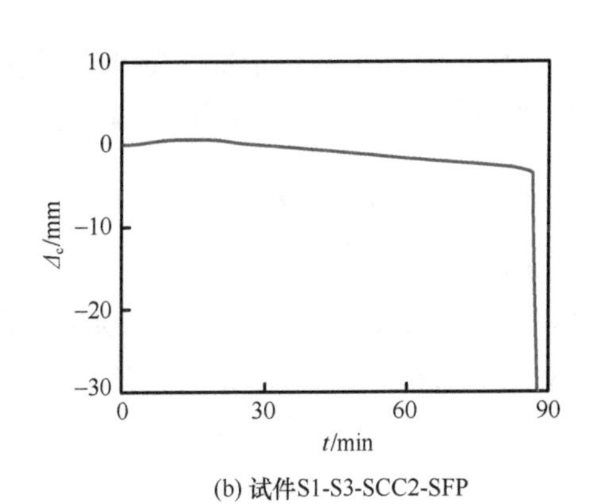

(b) 试件S1-S3-SCC2-SFP

图 5.9　短柱试件 Δ_c-t 关系

5）耐火极限：表 5.1 列出了试件实测的耐火极限（t_R）。图 5.10 所示为柱荷载比（n）对耐火极限（t_R）的影响。可见，随着 n 的增大，t_R 逐渐降低，尤其当 $n<0.4$ 时，t_R 随 n 的增大而降低的趋势有所加强。填充钢纤维自密实混凝土的试件其耐火极限对荷载比较敏感，当 $n<0.4$ 时，耐火极限增长较快。

图 5.11 所示为不同混凝土类型情况下中空夹层钢管混凝土种类对 t_R 的影响，当荷载比较小时，使用纤维增强混凝土可以明显提高柱子的耐火极限，但当柱荷载比较大时（如 0.6）则不明显。同时使用钢纤维和聚丙烯纤维对改善柱子的耐火性能作用不明

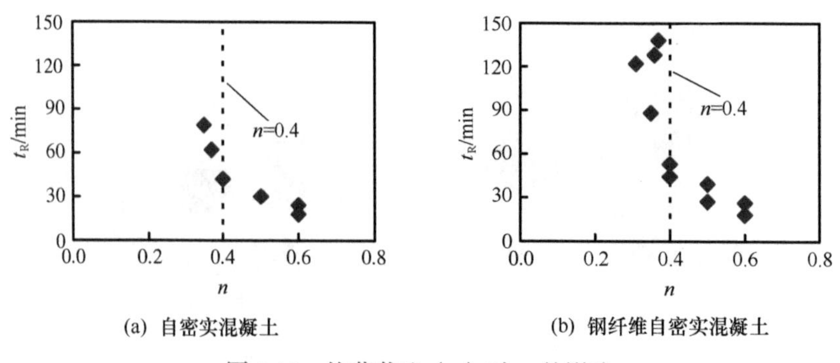

图 5.10 柱荷载比（n）对 t_R 的影响

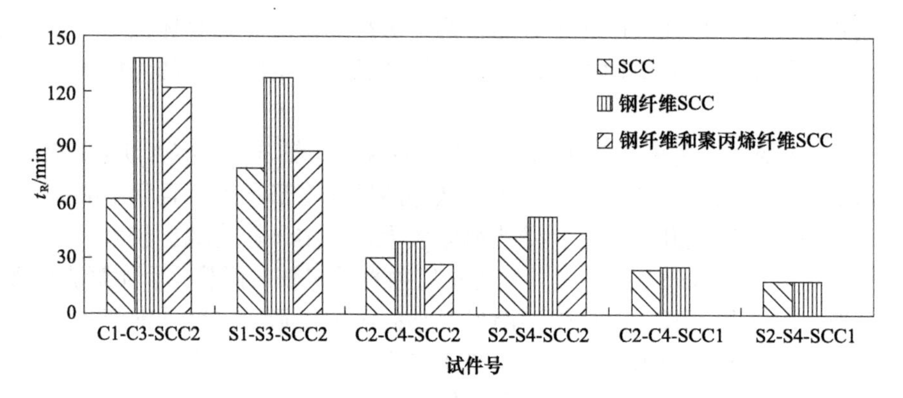

图 5.11 混凝土种类对 t_R 的影响

显。相比之下，采用纤维混凝土后大尺寸试件耐火极限得到更大的提高，这主要是因为大尺寸试件的混凝土在火灾下对构件承载力的贡献更大。

5.2.2 长柱耐火性能试验

（1）试验概况

Lu 等（2011）还进行了中空夹层钢管混凝土长柱耐火极限的试验研究。表 5.5 给出了六个长柱试件的设计参数。其中试件编号第一个字母表示外钢管形状（C 为圆形，S 为方形），第二个字母表示内钢管形状；空心率（χ）按式（5.1）进行确定；柱荷载比（n）按照式（3.17）确定，其中 N_u 为试件在常温下的极限承载力。

表 5.5 中空夹层钢管混凝土长柱试件信息

序号	试件编号	外钢管 /mm	内钢管 /mm	χ	e/mm	N_F/kN	n	保护层厚度 /mm	t_R/min
1	CC1	300×5	125×5	0.43	0	1810	0.54	10	240
2	CC2	300×5	125×5	0.43	75	570	0.31	0	97.5
3	CC3	300×5	225×5	0.78	0	2000	0.65	0	40
4	SC1	280×5	140×5	0.52	0	2050	0.55	0	82
5	SS1	280×5	140×5	0.52	0	1200	0.32	0	115
6	SS2	280×5	140×5	0.52	75	1100	0.50	10	165

图 5.12 所示为长柱试件几何尺寸示意图。试件总长度均为 3.81m，柱的底端和顶端设置直径为 20mm 半圆形排气孔。为了测量柱截面的温度，在柱中部截面夹层混凝土里预先埋置了三个热电偶，如图 5.12（b）所示，分别用于测量火灾下外钢管，夹层混凝土和内钢管的温度。

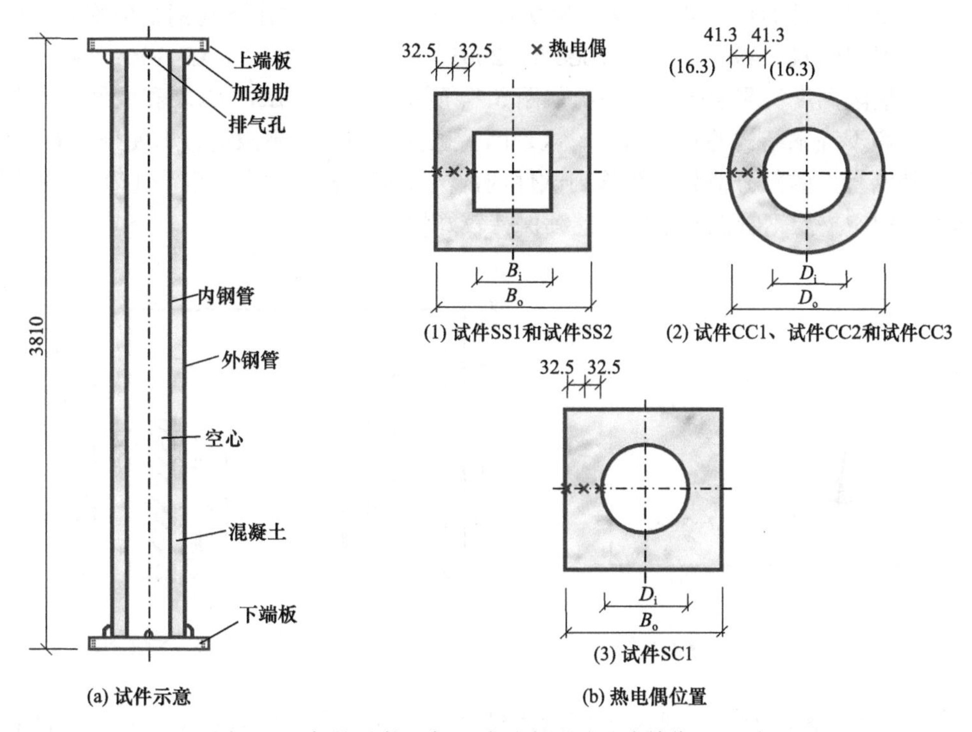

图 5.12　长柱试件几何尺寸示意图（尺寸单位：mm）

内、外钢管的屈服强度均为 320MPa。夹层混凝土采用的是自密实混凝土，其配合比为：水 171kg/m^3；水泥 370kg/m^3；粉煤灰 170kg/m^3；砂 810kg/m^3；粗集料 915kg/m^3；减水剂 5.13kg/m^3。试验测得混凝土的塌落度为 225mm；扩展度为 610mm；穿过 L 型流动仪的流速为 8.5mm/s。试验时混凝土的立方体抗压强度 f_u=38MPa。试件 CC1 和试件 SS2 采用了厚涂型钢结构防火保护层。防火保护材料的热工性能为：密度（ρ）500kg/m^3；导热系数（k）0.0907W/（m · ℃）；比热容（c）1.047×10^{3}J/（kg · ℃）。

试验装置与型钢混凝土柱耐火试验装置相同。试件通过端板螺栓与加载装置相连接，端部边界条件为加载端固结另一端铰接。底端有一个位移计用于测量柱子在轴向荷载和火灾的共同作用下的轴向变形。柱子中部位移通过耐高温的钼丝与炉外的位移计相连进行测试。

试验时柱子先加载到轴压荷载 N_F（表 5.5）然后持载 30min。试验时，炉内火灾温度按 ISO-834（1975）标准升温曲线进行升温。试验过程中，轴向荷载保持不变，直到柱子失效破坏。柱子的失效准则按照 ISO-834（1999）和 GB/T 9978（2008）判定，具体描述如第 3.3.1 节所述。

（2）试验结果和分析

1）温度 - 受火时间关系：图 5.13 为试件外钢管温度（T）- 受火时间（t）关系。可见，受火初期外钢管的温度就升高较快，而内部混凝土在温度达 100℃以上时会出现一个稳定的平台（AB 段），这主要是由于混凝土内部水分蒸发吸热所致。

本次试验试件的柱荷载比（n）为 0.31～0.65，相同荷载比下纯钢结构临界温度的规范计算值为 711～496℃（Eurocode 3，2005）和 645～531℃（AS4100，1998），与部分试件极限温度实测值的比较情况如图 5.14 所示。可见，试件 CC1 和试件 SS1 的极限温度均高于纯钢结构的临界温度。这是因为试件达到耐火极限前，即使外钢管失效，作用在外钢管上的部分荷载可转移到试件内部温度相对较低的夹层混凝土和内钢管上。从而使得中空夹层钢管混凝土柱可继续保持较好的承载能力。

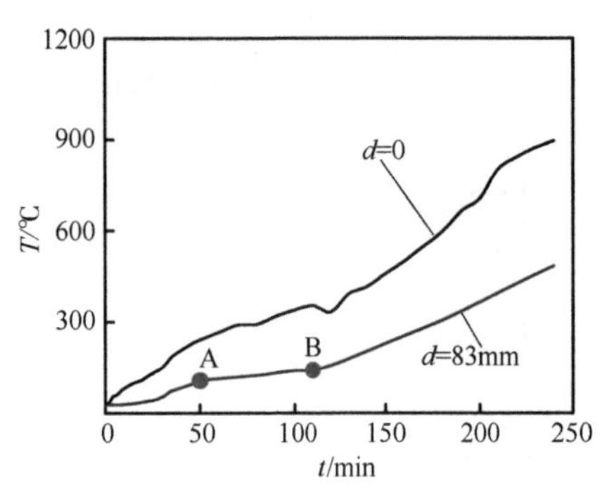

图 5.13　长柱试件 CC1 的实测 T-t 关系

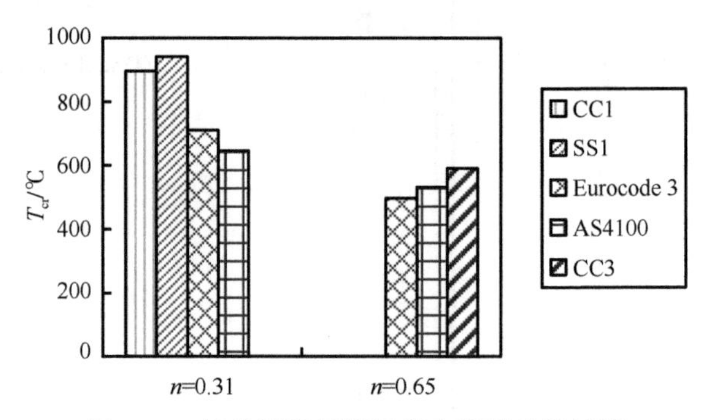

图 5.14　长柱试件极限温度实测值比较情况

2）试件的破坏形态：图 5.15 所示为试件的破坏形态。可以看出，六个试件总体上都发生了整体屈曲破坏（Lu et al.，2010a），且偏心受压试件（如试件 CC2 和试件 SS2）比轴心受压试件侧向挠曲更为明显。

图 5.16 所示为试件破坏后其外钢管发生局部屈曲的情形（Lu et al.，2010a）。对于圆试件 CC1，钢管中部发生沿环向的鼓曲，柱子受火 80min 时这一位置的防火保护层开裂；100min 时保护层开始剥落。此后这个部位的外钢管直接暴露于炉火之中，因此钢管这一处的温度明显高于其他部位，从而使得试件力学性能迅速劣化，最终导致钢管发生局部屈曲。试件 CC2 和试件 CC3 中部也发生了外钢管局部鼓曲现象，但相对于试件 CC1 鼓曲程度均较小。对于方形试件，其外钢管向外的局部屈曲明显，试件接近耐火极限时，钢管屈曲部位角部的焊缝发生断裂。

试验结束后，将外钢管移除以观察夹层混凝土的破坏情况（Lu et al.，2010a），如图 5.17 所示。可见，方形试件的外钢管发生局部鼓曲处其混凝土也被压碎，而其余位置混凝土的完整性则保持较好。沿试件长度方向可看到明显的裂缝，偏压试件还伴有横向裂缝，但没有观察到钢管和混凝土之间发生相对滑移的现象。

图 5.18 所示为试件内钢管的破坏形态（Lu et al.，2010a），可见，圆形试件内钢管并没有发生局部屈曲，但方形试件内钢管均发生局部屈曲。

可见，火灾下中空夹层钢管混凝土试件各组成材料间能协同互补，共同作用。一

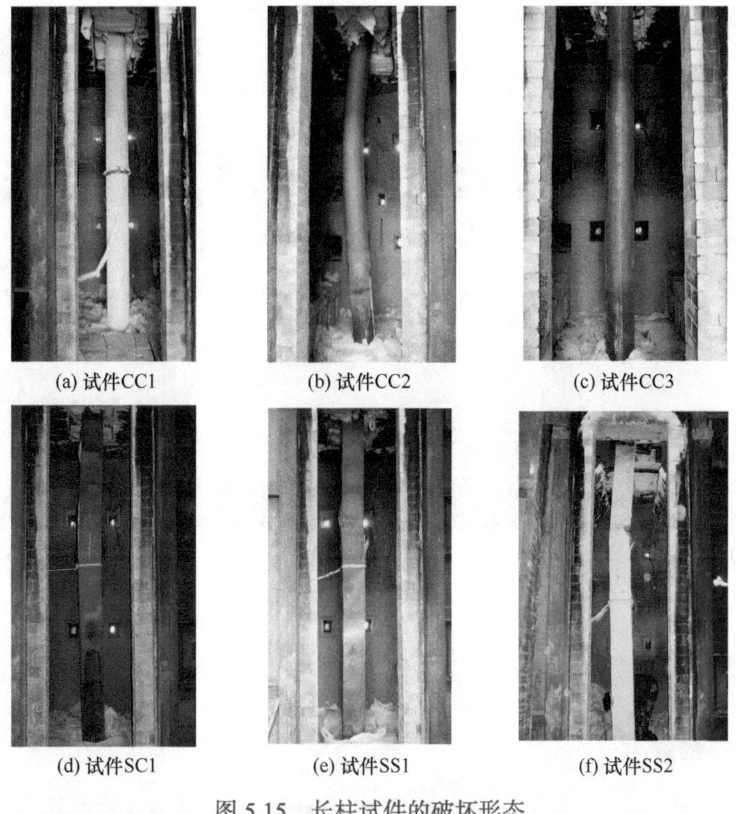

(a) 试件CC1　(b) 试件CC2　(c) 试件CC3

(d) 试件SC1　(e) 试件SS1　(f) 试件SS2

图 5.15　长柱试件的破坏形态

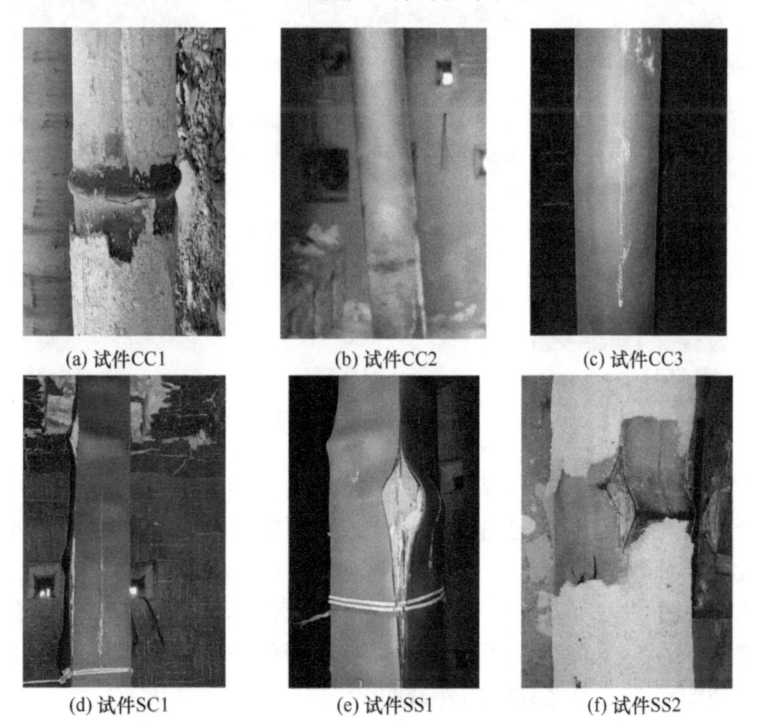

(a) 试件CC1　(b) 试件CC2　(c) 试件CC3

(d) 试件SC1　(e) 试件SS1　(f) 试件SS2

图 5.16　长柱试件的局部破坏形态

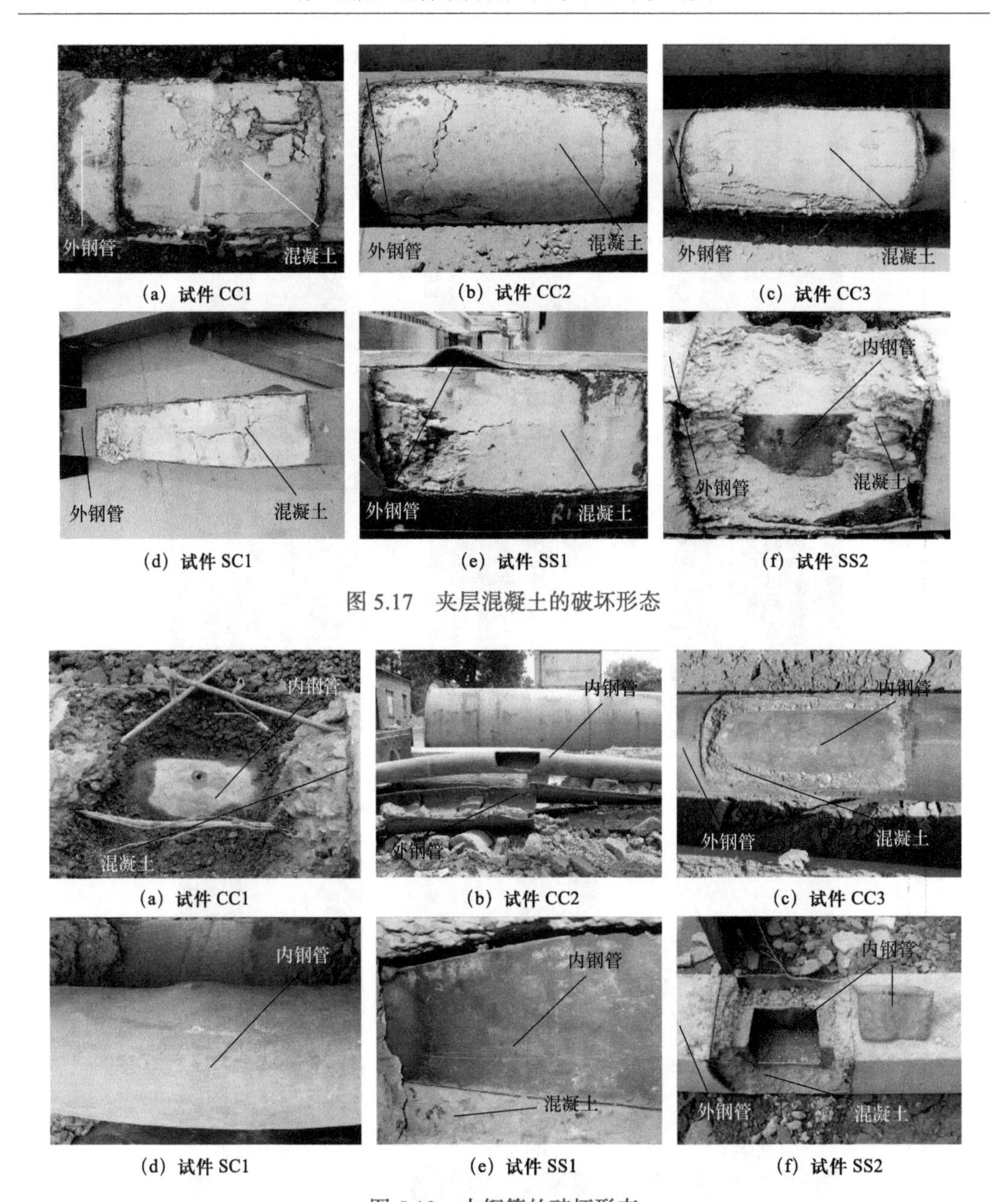

(a) 试件 CC1　(b) 试件 CC2　(c) 试件 CC3

(d) 试件 SC1　(e) 试件 SS1　(f) 试件 SS2

图 5.17　夹层混凝土的破坏形态

(a) 试件 CC1　(b) 试件 CC2　(c) 试件 CC3

(d) 试件 SC1　(e) 试件 SS1　(f) 试件 SS2

图 5.18　内钢管的破坏形态

方面，夹层混凝土的存在可明显减缓钢管，特别是内钢管温度的升高。外钢管在外力和高温作用下屈服时，内钢管的温度还较低，因而能与混凝土共同承担外钢管传递来的荷载，相比于实心钢管混凝土，这为试件多提供了一条有效的传力路径。另一方面，即使外钢管在高温下发生了屈曲，其对夹层混凝土仍具有约束作用，能有效阻止混凝土高温下爆裂的发生，从而保证了混凝土具有良好的完整性。夹层混凝土的存在也改变了外钢管的屈曲形态，使之只能向外鼓曲。

3）柱轴向变形-受火时间关系：图 5.19 所示为试件的柱轴向变形（Δ_c）-受火时

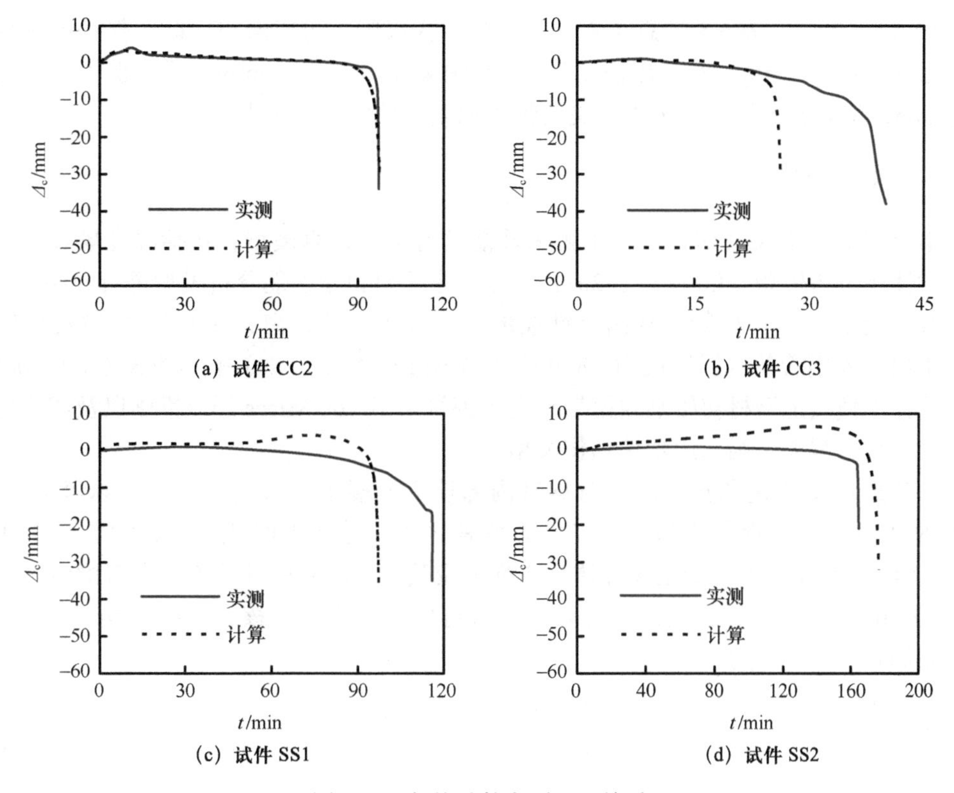

图 5.19　长柱试件实测 Δ_c-t 关系

间（t）关系（Lu et al.，2010a）。可见 Δ_c-t 关系曲线总体上可分为三个阶段，即膨胀阶段，即压缩变形逐渐发展阶段和短时间压缩变形陡增阶段。对轴心受压试件，试件破坏前轴向变形有持续发展的趋势；而对偏心受压柱（试件 CC2 和试件 SS2），则由于“二阶效应”的作用，膨胀阶段过后即发生了破坏。

图 5.20 给出了柱跨中挠度（u_m）- 受火时间（t）关系。可见在受火初期，试件的柱跨中挠度平稳增加，但在过了接近耐火极限的一个转折点后，柱跨中挠度即迅速增大，试件也在此时发生屈曲。试件的轴向变形和柱跨中挠度都是在接近耐火极限时迅速增大从而导致试件破坏。

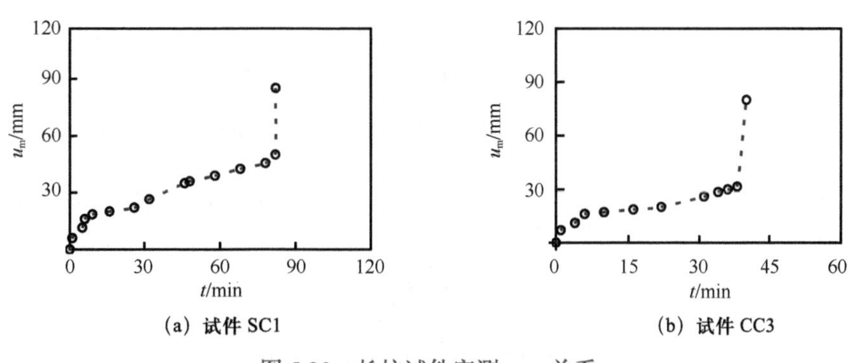

图 5.20　长柱试件实测 u_m-t 关系

4）耐火极限：表 5.5 汇总了六个试件的耐火极限，可以看出无防火保护的试件耐火极限在 40～150min，而有保护试件的耐火极限在 165～240min。虽然保护层厚度只有 10mm，但它有效地增加了中空夹层钢管混凝土柱的耐火极限。

5.2.3 有限元计算模型

本节建立中空夹层钢管混凝土耐火性能的有限元计算模型，包括温度场计算模型和力学性能分析模型（Lu et al.，2011），本节主要对力学性能分析模型进行介绍。

参考对实心钢管混凝土柱耐火性能的研究成果（韩林海，2007），中空夹层钢管混凝土内、外钢管的升温段应力-应变关系按照 Lie 等（1993）推荐的式（3.2）确定。钢材的弹性模量由钢材初始割线模量确定。钢材采用 Von Mises 屈服准则以及相应的塑性流动准则，混凝土则采用塑性损伤模型。

为考虑温度变化和被动约束对钢管内部核心混凝土的影响，采用韩林海（2007）提出的常温下核心混凝土应力-应变关系表达式，并参考时旭东（1992）和李华东（1994）给出的高温下混凝土棱柱体抗压强度及其对应应变的计算方法来考虑温度升高对 f_y、f'_c 和 ε_0 等参数的影响，对常温模型进行修正。确定的核心混凝土受压应力-应变关系如式（5.2）所示：

$$y=\begin{cases} 2x-x^2 & (x\leqslant 1) \\ \dfrac{x}{\beta_o(x-1)^{\eta}+x} & (x>1) \end{cases} \tag{5.2-1}$$

$$x=\frac{\varepsilon_c}{\varepsilon_{oh}} \tag{5.2-2}$$

$$y=\frac{\sigma_c}{\sigma_{oh}} \tag{5.2-3}$$

$$\varepsilon_{oh}=(\varepsilon_{cc}+800\xi_h^{0.2}\times 10^{-6})(1.03+3.6\times 10^{-4}T+4.22\times 10^{-6}T^2) \tag{5.2-4}$$

$$\sigma_{oh}=f'_{ch}(T) \tag{5.2-5}$$

$$\varepsilon_{cc}=(1300+12.5f'_c)\times 10^{-6} \tag{5.2-6}$$

$$f'_{ch}(T)=\frac{f'_c}{1+1.986\times(T-20)^{3.21}\times 10^{-9}} \tag{5.2-7}$$

$$\eta=\begin{cases} 2 & （圆钢管混凝土） \\ 1.6+1.5/x & （方、矩形钢管混凝土） \end{cases} \tag{5.2-8}$$

$$\beta_o=\begin{cases} (2.36\times 10^{-5})^{[0.25+(\xi_h-0.5)^7]}(f'_c)^{0.5}\times 0.5\geqslant 0.12 & （圆钢管混凝土） \\ \dfrac{(f'_c)^{0.1}}{1.2\sqrt{1+\xi_h}} & （方、矩形钢管混凝土） \end{cases} \tag{5.2-9}$$

$$\xi_h=\frac{A_s\cdot f_{yh}(T)}{A_c\cdot f_{ck}} \tag{5.2-10}$$

式中：$f_{yh}(T)$ ——高温下钢材的屈服强度（吕彤光，1996）；当 $T\leqslant 20$℃时，$f_{yh}(T)=$

f_y；当 $T>20$℃时，$f_{yh}(T)=\dfrac{0.91f_y}{1+6.0\times10^{-17}(T-10)^6}$；

ξ_h——升温段约束效应系数。

升温过程中，核心混凝土的弹性模量取应力 - 应变曲线过原点切线的斜率，混凝土的泊松比在 150℃时开始变化，400℃时下降为常温时的 50%，1200℃时泊松比为零（Izzuddin et al.，2002）。

模拟钢管和混凝土接触时，采用节点 - 面方程。接触对的力学性能是在接触表面的切向和法向两个方向上分别定义的，接触对的法向行为采用“硬接触”，即当主从面接触时，两者之间压力值为正；而主从面分开时，压力为零。接触对的切向行为采用库伦摩擦模型模拟，即接触表面剪应力小于某一定值或表面粘结强度，没有滑移发生；否则主从面将发生滑移。如果接触表面发生相对滑移，两表面会产生摩擦应力或剪切应力，应力大小由接触面间的压力和摩擦系数决定。因此，接触面的摩擦系数和粘结强度是决定其切向力学性能的主要参数。进行钢管混凝土柱火灾行为的分析时，可取摩擦系数为 0.2（Ding et al.，2008），另外模拟中忽略了粘结强度的影响。从以上的接触定义可以看出，法向接触模拟了钢管对混凝土的约束作用，而切向接触模拟了接触面间剪应力的传递。基于有限元软件平台 ABAQUS（Hibbitt，Karlsson and Sorensen，Inc.，2004）建立模型，图 5.21 所示为有限元计算模型网格划分示意图，混凝土和端板采用实体单元，钢管采用壳单元，根据对称性建立半模型，外荷载和边界条件施加在柱上线端板上，图中，N_F 为柱端轴向荷载，计算时可根据实际情况设置固定、铰接等约束的边界条件。此外还要在对称表面和对称边界上设置对称边界条件，对称边界条件和柱上荷载如图 5.21 所示。

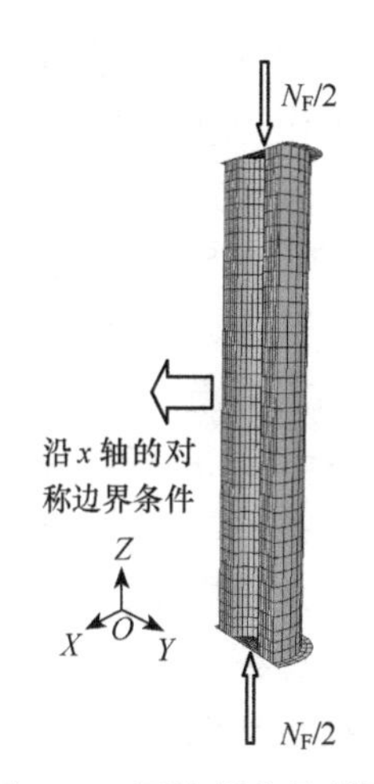

图 5.21　网格划分示意图

在模拟钢管混凝土轴压柱时，柱平直度方面的缺陷需适当考虑。针对平直度缺陷对钢管混凝土柱火灾下行为的影响，Ding 等（2008）将柱平直度缺陷转化成了端部荷载的初始偏心，并对其进行了敏感性分析。研究发现，当初始偏心在 $L/2000$ 到 $3L/1000$ 范围时（L 为柱长度），初始偏心对钢管混凝土柱火灾下性能影响较小，计算分析中采用了 $L/1000$ 作为初始偏心。这与《钢结构工程施工质量验收规范》（GB 50205—2001）（2002）对钢结构主体结构垂直度的允许偏差限值一致，因此本模型中也选用该值。

有限元计算模型计算结果和试验结果（包括温度场和变形情况）总体上吻合较好。图 5.19 给出了轴向变形（Δ_c）- 受火时间（t）关系计算结果与实测结果的对比。

图 5.22 所示为试件达到耐火极限时计算破坏形态对比，包括整体破坏形态，外钢管和内钢管的屈曲形态。可见，柱子的侧向位移明显，且内外钢管发生局部屈曲较明显的位置均在出现最大侧向位移处。

5.2.4　小结

试验结果表明，火灾下中空夹层钢管混凝土试件中钢管和混凝土能较好地共同工

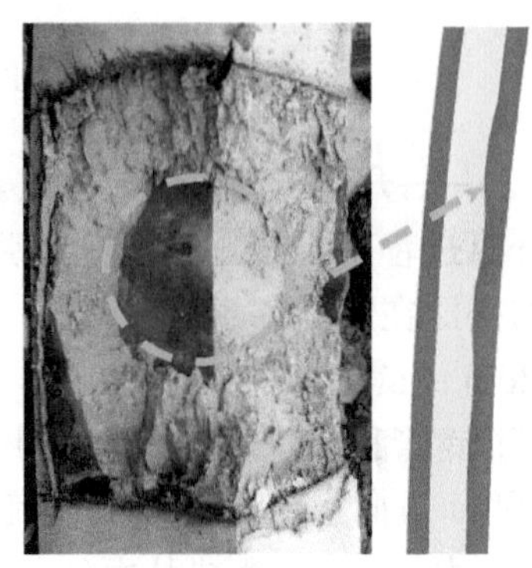

(a) 整体屈曲形态　(b) 外钢管屈曲形态　(c) 内钢管局部屈曲

图 5.22　长柱破坏形态对比

作，从而使试件具有良好的耐火性能。影响中空夹层钢管混凝土试件耐火极限的因素包括柱荷载比、保护层厚度、截面形状、外截面尺寸以及截面空心率。有限元计算模型可以有效的模拟中空夹层钢管混凝土在火灾下的力学行为。

5.3　不锈钢管混凝土柱

如第 1.2.1 节所述，研究者们已在钢管混凝土构件耐火性能研究方面进行了不少研究工作，取得了不少成果。

表 5.6 汇总了钢管混凝土柱耐火极限试验试件参数，可见试验构件尺寸范围为 141.3～478mm；柱荷载比（n）范围为 0.09～0.82［柱荷载比按照式（3.17）进行计算，其中，N_u 为试件在常温下的极限承载力］；核心混凝土类型包括普通混凝土，钢纤维混凝土，配筋混凝土，高强混凝土以及自密实混凝土，其立方体抗压强度范围为 29.8～133.8MPa；钢材均为普通碳素钢，屈服强度范围为 246～486MPa。试验试件的边界条件包括铰接和固接两种。

众所周知，不锈钢具有外表美观、耐久性好、维护费用低及耐火性能好等优点，目前已在土木工程中得到应用。若在不锈钢管中填充混凝土形成不锈钢管混凝土结构，预期可达到减少不锈钢用量的目的，从而降低工程结构的造价。不锈钢管混凝土可同时兼有普通钢管混凝土良好的力学性能和不锈钢优越的耐久性能，预期在海洋平台、沿海建筑和桥梁以及对耐久性要求较高的一些重要建筑的框架和网架等土木工程结构中具有较好的应用前景。本节论述不锈钢管混凝土柱耐火性能的试验研究结果，并给出其有限元计算模型。

5.3.1　试验概况

进行了五个不锈钢管混凝土轴心受压长柱的耐火性能试验研究（陈峰，2011；Han et al.，2011），包括两个圆形试件和三个方形试件，试件长度均为 3700mm（包括各 50mm 的上、下端板）。

表 5.7 给出了试件参数。其中试件编号第一个字母表示试件截面形状（C 为圆形，S

表 5.6　钢管混凝土柱耐火极限试验试件参数

截面形式	D（B）/mm	t_s /mm	H/m	n	f_y/MPa	f_{cu}/MPa	核心混凝土类型	骨料类型	防火保护层	柱端边界条件	试件数量	数据来源
圆形	141.3～406.4	4.78～12.7	3.81	0.09～0.47	300～350	29.8～102.8	普通混凝土	钙质和硅质	无	F-F，P-P	38	Lie 和 Chabot（1992）
	273.1	6.35	3.81	0.37～0.67	350	58.8	配筋混凝土	钙质	无	F-F	2	Chabot 和 Lie（1992）
	323.9～406.4	6.35	3.81	0.32～0.67	300	54.1～71.3	钢纤维混凝土	钙质	无	F-F，P-P	6	Kodur 和 Lie（1997）
	150～478	4.6～8	3.81	0.77	259～381	39.6～68.8	普通混凝土	钙质	有	P-P	13	韩林海（2007）
	219.1～406.4	6.35	3.81	0.24～0.52	300	95.3～133.8	高强混凝土	钙质，钙质+硅粉	无	F-F	6	Kodur 和 Latour（2005）
	318.5～406.4	7～9	3.5	0.37～0.56	304～363	34.4～47.3	普通混凝土		无	P-P	10	Kim 等（2005）
方形	152.4～304.8	6.35	3.81	0.2～0.34	300～350	58.1～73.5	普通混凝土	钙质和硅质	无	F-F	6	Lie 和 Chabot（1992）
	203.2～304.8	6.35	3.81	0.22～0.82	350	58.8～60.1	配筋混凝土	钙质	无	F-F	6	Chabot 和 Lie（1992）
	300	9.0	3.5	0.2～0.33	358～361	46.9～48.0	普通混凝土		有	P-P	18	Sakumoto 等（1994）
	150～300	5～8	3.81	0.11～0.42	394～416	47.2～54.7	配筋混凝土	硅质	无	P-P	3	Myllymäki 等（1994）
	152.4～304.8	6.35～12.7	3.81	0.12～0.56	350	48.4～62.2	钢纤维混凝土	钙质和硅质	无	P-P，F-F	7	Kodur 和 Lie（1997）
	219～350	5.3～7.7	3.81	0.77	341	49	普通混凝土	钙质	有	P-P	3	韩林海（2007）
	203.2	6.35	3.81	0.32～0.43	300	124.4	高强混凝土	钙质	无	F-F	2	Kodur 和 Latour（2005）
	300～350	9	3.5	0.34～0.47	304～363	34.4～47.3	普通混凝土		无	P-P	10	Kim 等（2005）
	150～200	5.0～6.0	0.76	0.17～0.44	467～486	112.5～123.8	自密实混凝土	玄武岩	无	F-F	6	Lu 等（2009）
矩形	300	7.96	3.81	0.77	246～284	18.7	普通混凝土	钙质	有	P-P	8	韩林海（2007）

为方形），其后的数字表示截面尺寸，“-”后的数字表示柱荷载比（n）；临界温度 T_{cr} 是指试件达到耐火极限时对应的外钢管的温度，柱荷载比（n）按照式（3.17）进行计算。

表 5.7　不锈钢管混凝土柱试件参数

序号	试件编号	D（B）×t_s^*	n	N_F/kN	T_{cr}/℃	t_R/min
1	S300-0.15	315×5	0.15	940	＞954	＞240
2	S300-0.3	315×5	0.3	1880	732	148
3	S600-0.3	630×10	0.3	7870	821	220
4	C300-0.3	300×5	0.3	1400	＞633	132
5	C300-0.45	300×5	0.45	2100	455	67

* 此列中 D、B、t_s 的尺寸单位均为 mm。

试件钢管均采用 304 级不锈钢，其中圆钢管采用螺旋焊管，方钢管由两个冷弯 U 形槽钢对接拼焊而成。钢材力学性能由标准拉伸试验确定，表 5.8 给出了不锈钢各力学性能指标，包括名义屈服强度（f_y）、弹性模量（E_s）、泊松比（ν_s）、延伸率（δ）及应力 - 应变关系曲线的形状系数（n^*）等。这里形状系数定义为

$$n^*=\frac{\ln(20)}{\ln(f_y/\sigma_{0.01})} \tag{5.3}$$

式中：$\sigma_{0.01}$——应力 - 应变关系曲线上残余应变为 0.01 时的应力值。

表 5.8　钢材力学性能指标

钢材类型	f_y/MPa	E_s/（10^5N/mm^2）	f_u/MPa	n^*	δ/%	ν_s
圆形 300×5	451	1.98	858.5	6.1	40.7	0.2995
圆形 600×10	431	1.97	842.5	5.3	40.2	0.3223
方形 315×5	395	1.94	811.7	4.0	44.2	0.2840
方形 630×10	346	2.00	715.3	7.5	43.7	0.2806

核心混凝土采用自密实混凝土，其配合比为：水泥 340kg/m^3；粉煤灰 60kg/m^3；矿粉 80kg/m^3；水 165kg/m^3；砂 822kg/m^3；石 6.2kg/m^3。采用的原材料为：普通硅酸盐水泥；中砂（河沙，钙质）；石灰岩碎石（钙质），石子粒径 5～20mm；矿物细掺料为Ⅱ级粉煤灰和 S95 型矿粉；普通自来水；聚羧酸高效减水剂。新拌混凝土的坍落度为 240mm，坍落流动度为 570mm。混凝土 28d 的立方体抗压强度为 f_{cu}=53MPa，混凝土的弹性模量为 37 305N/mm^2，进行耐火极限试验时混凝土立方体抗压强度为 f_{cu}=65MPa。

试验在公安部天津消防科学研究所国家固定灭火系统和耐火构件质量监督检验中心进行。图 5.23（a）为试件安装在试验炉中试验前的情况。试验炉高度为 4m，截面尺寸为 3m×3m，柱炉上部和下部用石棉保护使其不受火，中部区域为受火区，受火高度为 3m。柱梁端和中部设置直径为 20mm 圆形排气孔。试验设备可以通过调整炉温、炉压、曝火时间、边界条件等提供符合 ISO-834（1975）标准的火灾试验环境，试件底端和顶端均通过球形铰与加载系统铰接。试件边界条件示意图如图 5.23（b）所示。点火前先在钢管混凝土柱上施加轴压力至 N_F，持载 30min 待柱轴向变形稳定后，按照

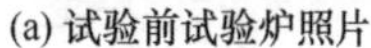
(a) 试验前试验炉照片

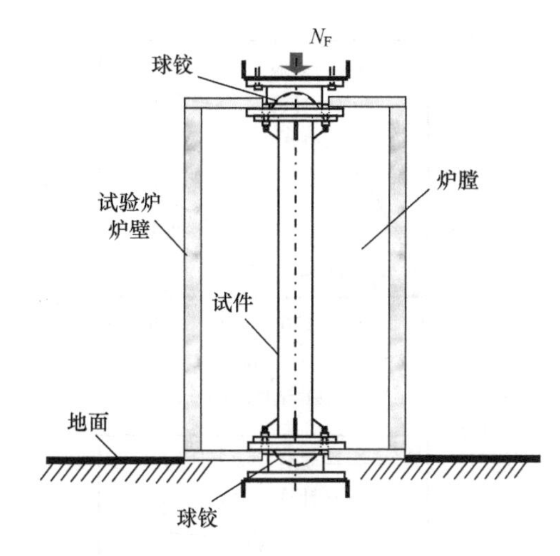

(b) 边界条件示意图

图 5.23　柱试验装置

ISO-834（1975）标准升温曲线点火升温，试验过程中保持 N_F 不变。耐火极限试验方法及耐火极限判定标准如第 3.3.1 节所述。

5.3.2　试验结果及分析

（1）温度 - 受火时间关系

试件内部温度通过预埋的热电偶进行测量，热电偶位置及编号如图 5.24 所示，其中 1 为钢管内壁上的测温点，2～4 为混凝土截面上的测温点。图 5.25 给出了各试件测温点的实测温度（T）- 受火时间（t）关系。可见，柱截面温度由内向外逐渐升高，钢管内壁温度（测温点 1）明显大于混凝土内部温度（测温点 2），且混凝土截面越靠近形心位置其温度梯度越不明显，如测温点 4 与测温点 3 之间的温度差异小于测温点 3 与测温点 2 之间的温度差。

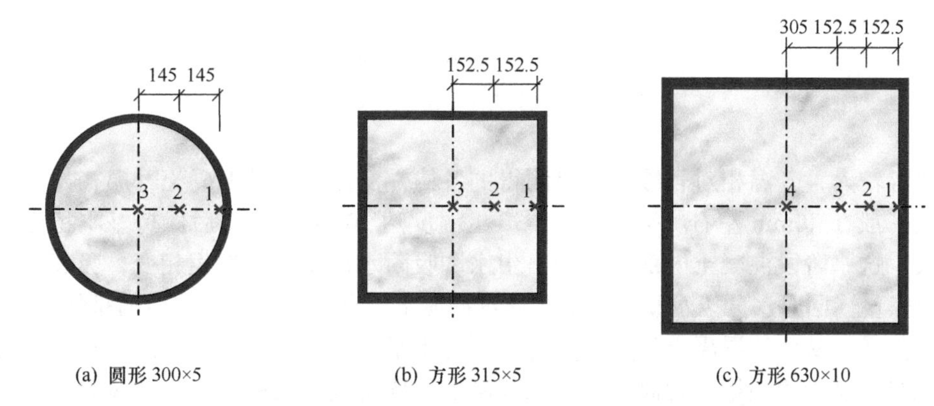

(a) 圆形 300×5　(b) 方形 315×5　(c) 方形 630×10

图 5.24　柱试件热电偶位置及编号（尺寸单位：mm）

核心混凝土升温过程一般可分为三个阶段，即初始段、平缓段和发展段。初始段：混凝土温度从室温上升到 100℃左右的阶段。这一过程混凝土没有明显的水分丢

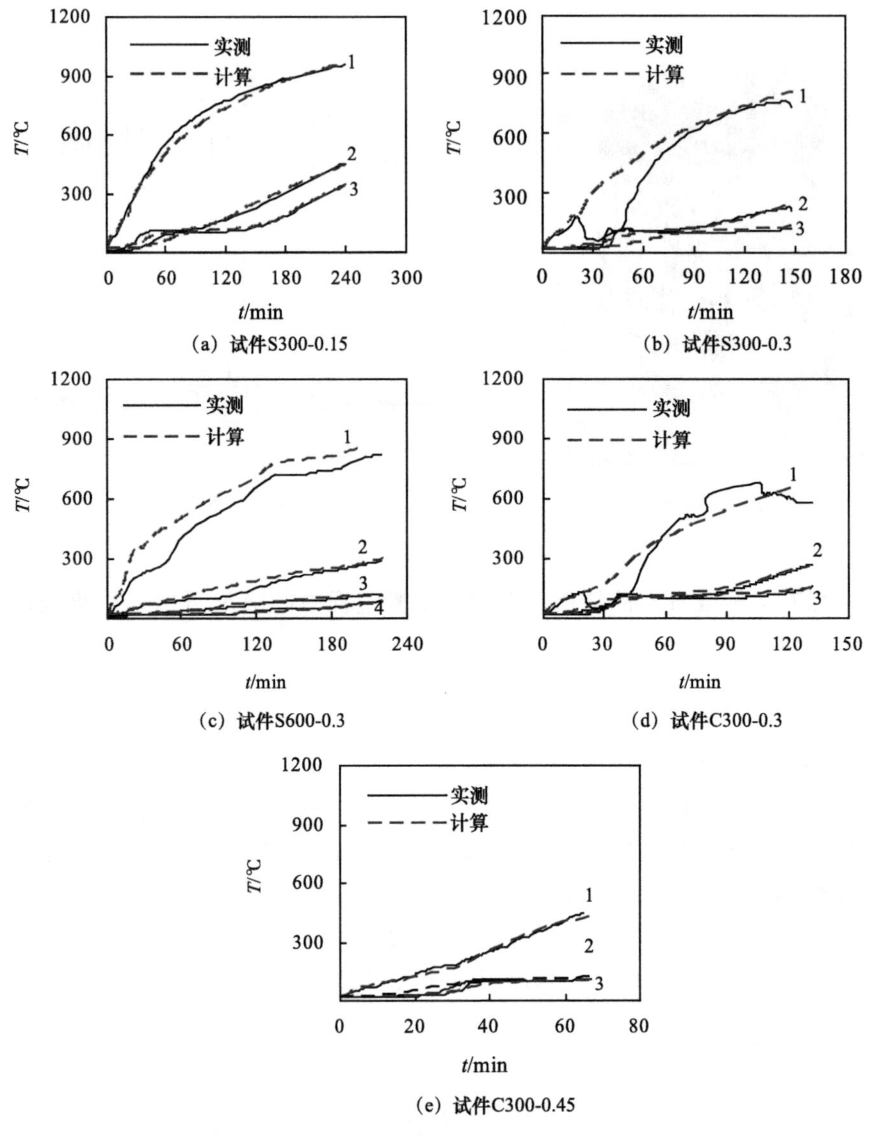

图 5.25　柱试件实测 T-t 关系

失，热容较大，升温相对较缓。试验测得的各构件测温点 2 处混凝土升温初始段结束的时间一般在 40min 左右。平缓段：混凝土温度达 100℃左右以后保持基本稳定不变的阶段。这一阶段混凝土内部空隙的自由水和吸附水由于高温发生相变，吸收了外界传入的热量，同时水分以水蒸气的形式通过混凝土内空隙及钢管上预留的排气孔排出，并带走热量，从而使混凝土的温度保持在一定水平而不致升高。这一阶段持续的时间通常也与混凝土距边缘的距离相关，距离越远一般持续时间越长。本次试验测得各测温点混凝土平缓段持续时间约为 60min。发展段：混凝土在经历平缓段后内部自由水分基本蒸发殆尽，温度继续升高的阶段。这一阶段混凝土热容减小，温度基本呈直线上升状态，且上升速度较初始段更快。

值得注意的是，试件 S300-0.3 和试件 C300-0.3 钢管温度出现了下降的现象，这可能是由于钢管受热膨胀，热电偶与钢管发生脱离，同时受混凝土排出的水蒸气的影响，使得热电偶实测的温度远低于钢管内壁实际温度。其后当混凝土水分排尽，热电偶即使没有接触钢管，其测得的温度值也基本接近钢管内壁温度值，因此可以发现混凝土温度平台段以后，钢管的温度基本恢复正常。

图 5.26 比较了截面尺寸大小对试件内部温度场的影响。选取方形试件 S300-0.15 和试件 S600-0.3，比较两个试件在某些特定时刻下各测温点的温度值。由图 5.26 可见，在相同的受火时间下大尺寸试件的钢管内壁温度要低于小尺寸试件。在距截面边缘距离相同的情况下，大尺寸试件的混凝土温度总体上也低于小尺寸试件。这是由于截面尺寸增大，试件的混凝土体积也相应增大，从而提高了吸热能力。

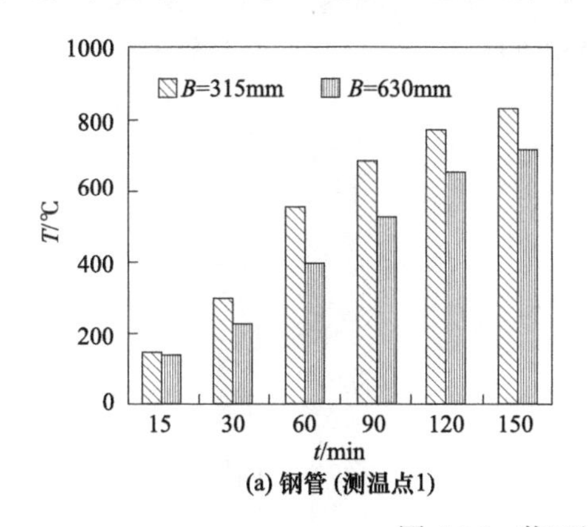

(a) 钢管 (测温点1)

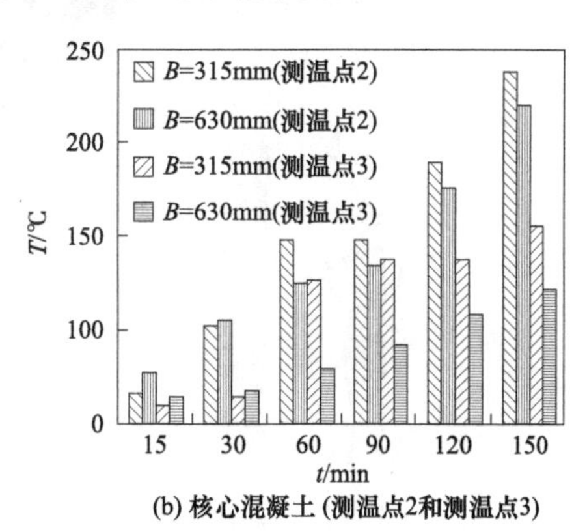

(b) 核心混凝土 (测温点2和测温点3)

图 5.26　截面尺寸对 T 的影响

（2）钢管的临界温度

定义不锈钢管混凝土构件达到耐火极限时不锈钢管的温度为临界温度（T_{cr}）。试验中实测的各试件的极限温度（T_{cr}）列于表 5.7 中。可以看出，随着柱荷载比（n）的增大 T_{cr} 有降低的趋势，而随着截面尺寸的增大 T_{cr} 有升高的趋势。

（3）破坏形态

图 5.27 所示为试件的破坏形态。整体来看，试件均没有明显的侧向变形，但均发生了明显的向外凸起的局部屈曲。方形试件外钢管沿纵向都出现了若干波浪形局部鼓曲，而且达到耐火极限的方形试件的钢管都发生了明显的焊缝开裂现象。而圆形试件外钢管以单一的试件中部的环形鼓曲现象为主，钢管焊缝没有出现明显的破坏开裂现象。这与中空夹层钢管混凝土火灾下的破坏形态比较相似（图 5.16），但不锈钢方形钢管的波浪形鼓曲更加明显。

将外钢管切割移除，观察核心混凝土的破坏形态，如图 5.28 所示。可见，在方形试件外钢管发生明显局部屈曲并开裂处，对应位置的核心混凝土也被压碎，试件 S300-0.3 中部甚至出现了局部劈裂现象和斜裂缝，但试件端部混凝土仍保持着良好的完整性。在钢管鼓曲处，混凝土和钢管脱离，且试件沿长度方向可以看到明显的裂缝。圆形试件混凝土的破坏形式可分为两种，一种是混凝土压碎破坏，破坏位置的混凝土变得酥松，如试件 C300-0.3 的破坏形式；另一种是混凝土劈裂破坏，破坏位置出现了

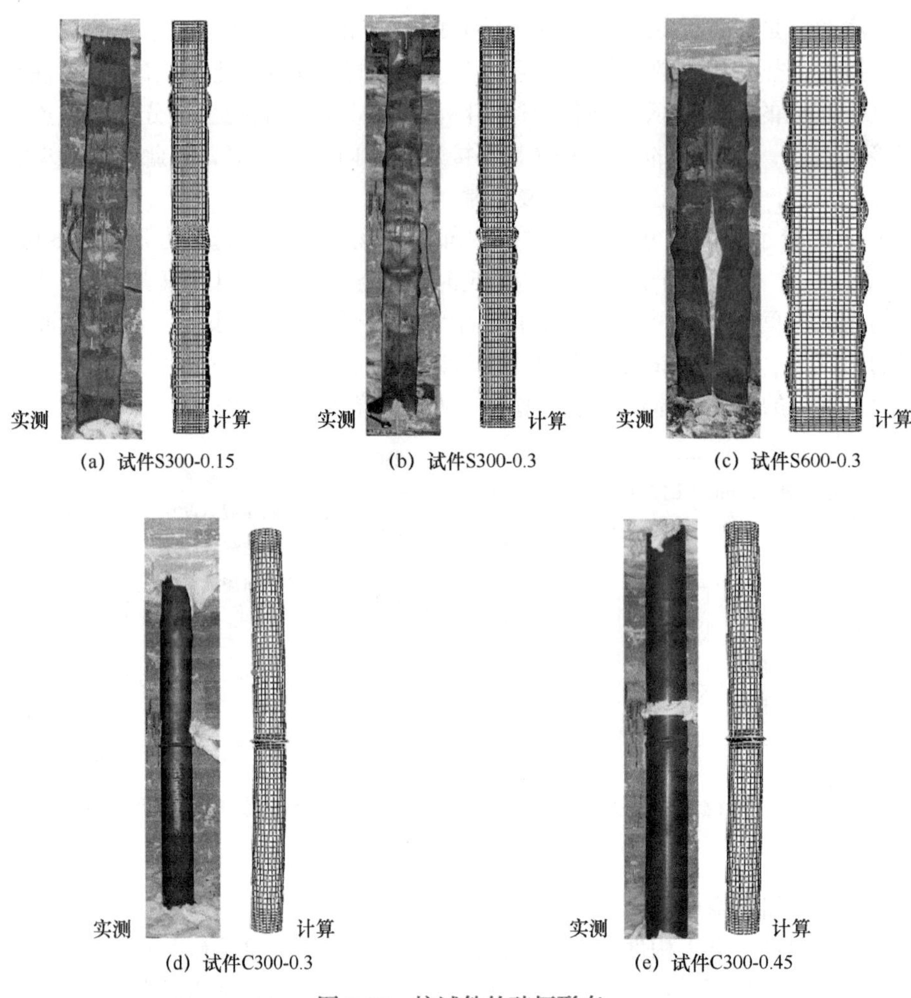

(a) 试件S300-0.15　(b) 试件S300-0.3　(c) 试件S600-0.3

(d) 试件C300-0.3　(e) 试件C300-0.45

图 5.27　柱试件的破坏形态

(a) 试件S300-0.15　(b) 试件S300-0.3　(c) 试件S600-0.3

图 5.28　核心混凝土的破坏形态

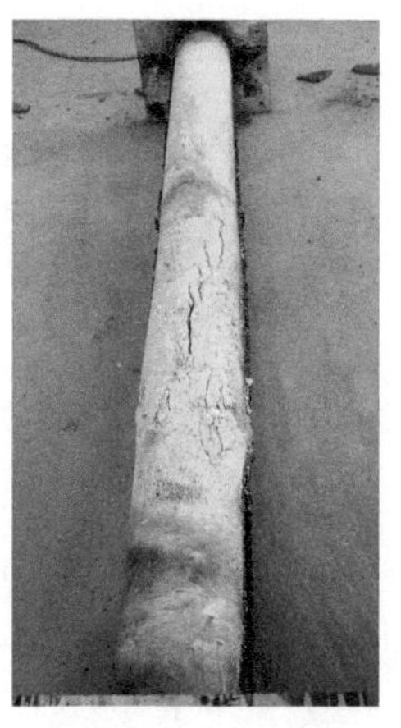

(d) 试件C300-0.3

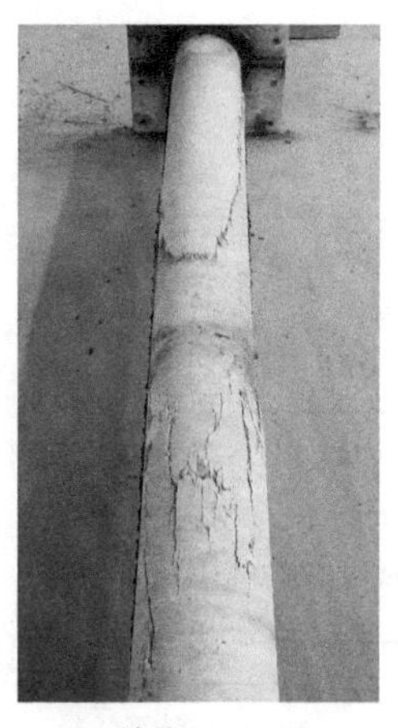

(e) 试件C300-0.45

图 5.28 （续）

明显贯通的斜裂缝，裂缝分开的两部分混凝土有错动或错动的趋势，如试件 C600-0.3 的破坏形式。试件 C300-0.45 的破坏形式则是兼有上述两种破坏形式的特征。此外，圆形试件非破坏位置混凝土表面较平滑干净，但部分位置混凝土和钢管出现了分离现象。

由上所述分析可见，火灾作用下不锈钢管和混凝土之间可以协同互补，共同工作。一方面混凝土的存在减缓了不锈钢管温度的升高；另一方面，即使外钢管发生屈曲，但仍对核心混凝土有约束作用，可有效阻止混凝土发生高温爆裂，保证混凝土的完整性。混凝土的存在也改变了钢管的屈曲形态。对于圆形试件，混凝土可给钢管提供均匀的支撑作用，因而当高温下钢管承载能力不足时才在最薄弱位置发生鼓曲；对于方形试件，钢管受温度和压力作用，在角部受混凝土支撑作用较大，而中部支撑作用较小，因而钢管表面受力情况类似平面板受面内压力，易发生沿长度方向的若干半波形屈曲。对于大尺寸的薄壁钢管混凝土柱，为提高火灾下钢管及其混凝土之间的共同工作，可在钢管内壁适当设置沿柱轴向的加劲肋。

（4）柱轴向变形 - 受火时间关系

图 5.29 给出了实测的柱轴向变形（Δ_c）- 受火时间（t）关系。可见，和普通钢管混凝土柱试验结果相比，不锈钢管混凝土柱的热膨胀变形总体较小。这可能是由于不锈钢管和普通碳素钢管在高温下的力学性能有所差异所致。碳素钢在 0～200℃时其强度并无明显降低，而不锈钢在此温度区间内强度下降明显，因此不锈钢管在其受火初期更容易发生局部屈曲现象，从而减小了轴向膨胀变形。

（5）耐火极限（t_R）

表 5.7 给出了各试件的耐火极限。其中试件 S300-0.15 在受火时间达 240min 时仍未达到耐火极限，且尚处于膨胀阶段，此时由于液压站过热而终止试验。

柱荷载比（n）是影响普通钢管混凝土构件耐火极限的主要因素之一（Han et al., 2003）。对不锈钢管混凝土试件，柱荷载比（n）对耐火极限也有明显的影响，例如，试件 S300-0.3 和试件 S300-0.15，荷载比由 0.3 降到 0.15，而耐火极限则由 148min 增加到了 240min；试件 C300-0.45 和试件 C300-0.3，荷载比由 0.45 降到 0.3，耐火极限

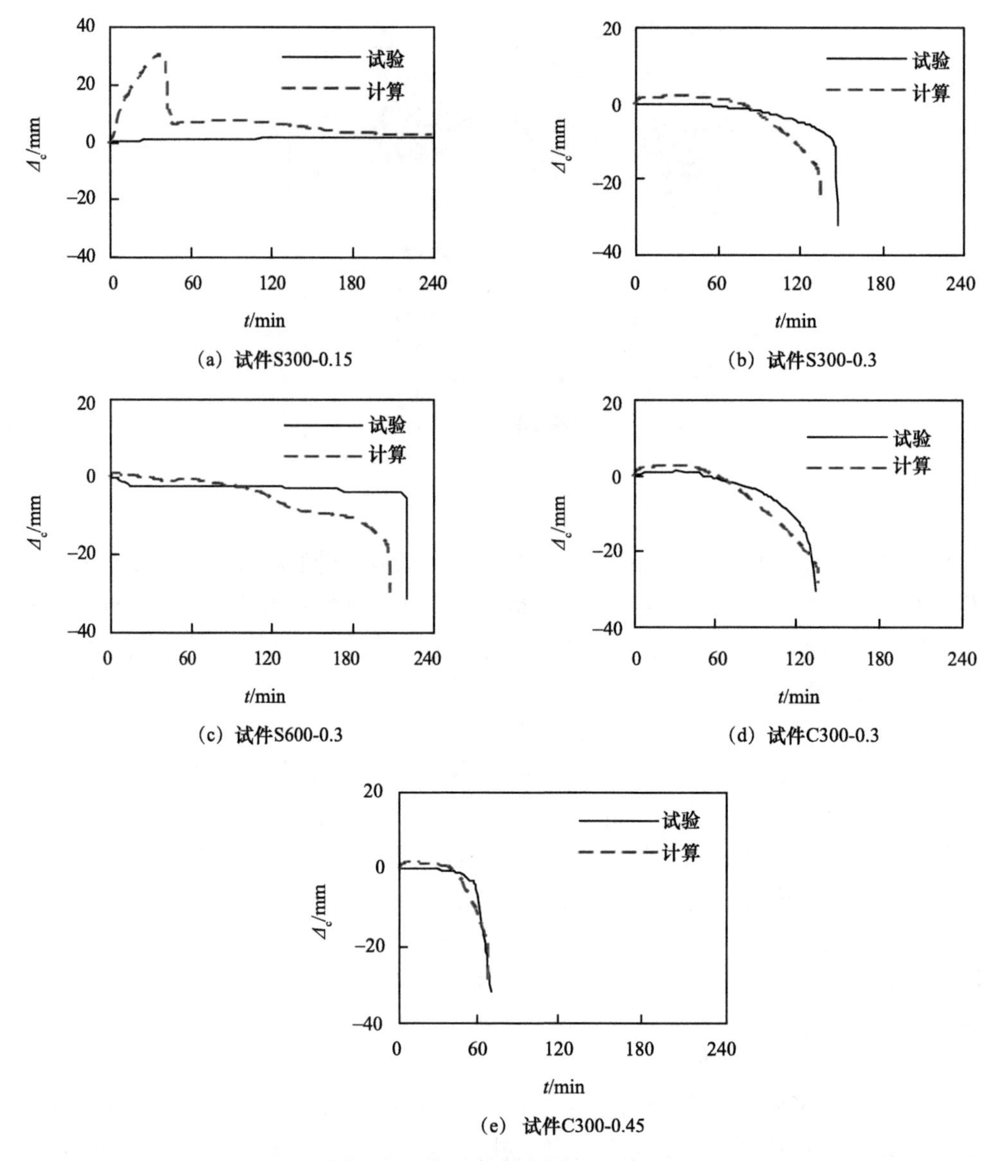

图 5.29　柱试件的实测 Δ_c-t 关系

也由 67min 增加到了 132min。n 越小，不锈钢管混凝土的耐火极限越大。图 5.30 给出了 n 对钢管混凝土耐火极限的影响。

柱构件截面尺寸大小是影响不锈钢管混凝土耐火极限的另一因素。以方形试件为例，图 5.31 给出了截面边长对钢管混凝土耐火极限的影响，在柱荷载比（n）相同的情况下，截面边长 B=630mm 的方形试件 S600-0.3 的耐火极限较 B=315mm 的方形试件 S300-0.3 提高了 72min。

5.3.3　有限元计算模型

建立不锈钢管混凝土柱的温度场计算模型和力学计算模型时的基本方法与第 5.2.3

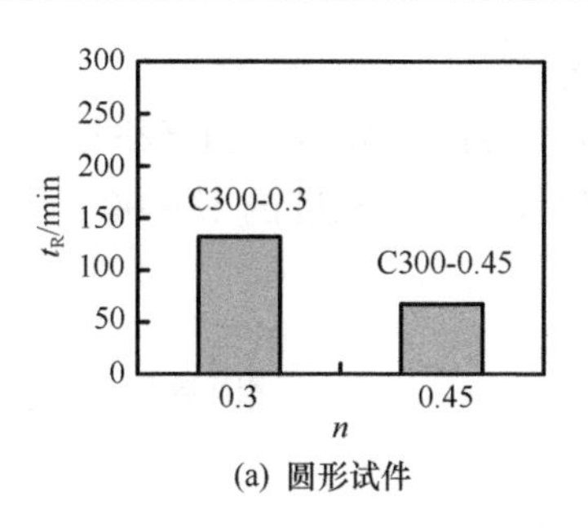

(a) 圆形试件

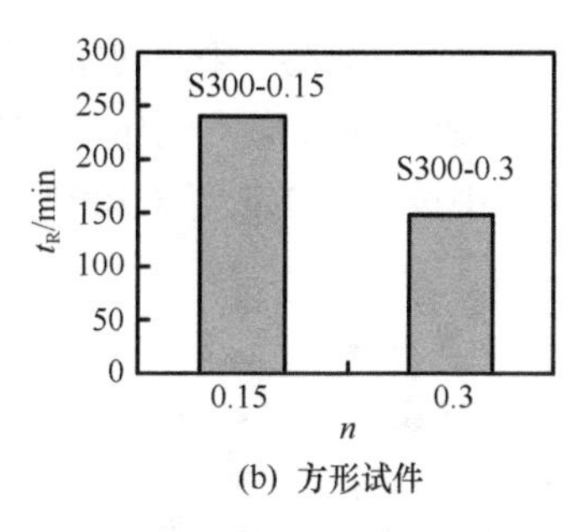

(b) 方形试件

图 5.30　柱荷载比（n）对 t_R 的影响

节建立的中空夹层钢管混凝土类似，核心混凝土所用到的材料热工性能、热力学性能和单元类型等与第 5.2.3 节所述一致，这里重点介绍采用不锈钢管后所带来的热边界条件、不锈钢热工性能、热力学性能以及接触热阻模拟方法等的不同。

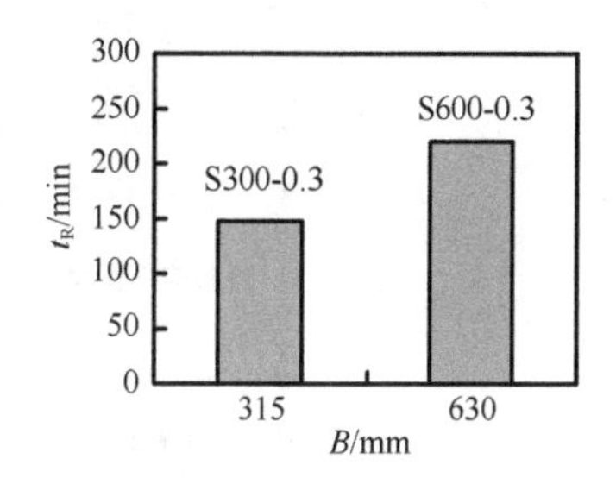

图 5.31　方形截面边长（B）对 t_R 的影响

进行不锈钢管混凝土柱温度场分析时，不锈钢管表面的热对流系数和热辐射系数参考 Gardner 等（2006）给出的值，不锈钢管热对流系数取为 35W/（m^2 · ℃），热辐射系数取为 0.2。

不锈钢的材料热工性能（包括密度、比热和导热系数）和热力学性能（高温应力 - 应变关系和热膨胀系数）等根据 Eurocode 3（2005）给出的模型选取。对于方形不锈钢管混凝土柱，由于不锈钢管是由板材冷弯卷制而成，在冷弯作用下，弯角处钢材的屈服强度和极限强度都有所提高。为考虑这一效果对构件耐火性能的影响，在建立有限元计算模型时，弯角处钢材的屈服强度（f_{ycor}）和极限强度（f_{ucor}）采用 Ng 等（2007）建议的公式进行计算，即

$$f_{ycor}=\frac{1.881f_y}{\left(\frac{r_i}{t_s}\right)^{0.194}} \tag{5.4}$$

$$f_{ucor}=0.75f_y\left(\frac{f_u}{f_y}\right) \tag{5.5}$$

式中：f_y——实测平板钢材的屈服强度；

f_u——实测平板钢材的极限强度；

r_i——内弯角半径；

t_s——钢材壁厚。

模型中考虑了不锈钢和混凝土之间的接触热阻的影响，进行温度场计算时，输入的接触导热系数（h_j）的取值根据 Ghojel（2004）提出的公式的 50% 来考虑（Han 等，2013），即

$$h_j=80.25-31.9\exp(-339.9T_s^{-1.4}) \tag{5.6}$$

式中：T_s——不锈钢管与混凝土接触点的温度。

图 5.32 所示为圆形和方形不锈钢管混凝土柱的边界条件和网格划分。为考虑初始缺陷的影响，模型中设置了 Ng 等（2007）建议的构件长度的 1/2000 的初始弯曲。

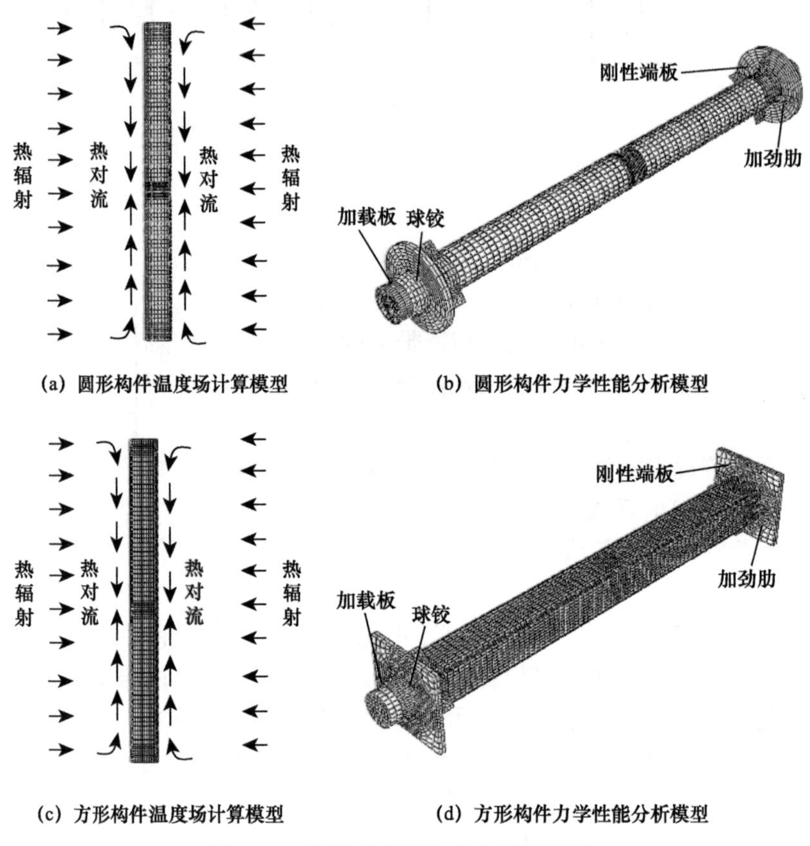

图 5.32　柱模型边界条件和网格划分

采用建立的有限元计算模型对不锈钢管混凝土柱的耐火极限试验结果进行模拟，比较了温度（T）- 受火时间（t）关系、破坏形态和柱轴向变形（Δ_c）- 受火时间（t）关系。图 5.25、图 5.27 和图 5.29 给出了试验获得的 T-t 关系、破坏形态和 Δ_c-t 关系与计算结果的对比，可以看出，有限元计算模型总体上可以较好地模拟出不锈钢管混凝土柱在火灾下的破坏情况。

Tao 等（2016）报道了六根不锈钢管混凝土模型柱的耐火性能试验研究，其中包括四根圆形试件和两根方形试件，圆形试件的截面直径和壁厚的分别为 200mm 和 3mm，方形试件的截面边长和壁厚分别为 200mm 和 4mm，所有试件长度均为 1870mm（包括上、下端板各 20mm 厚）。

试验在澳大利亚西悉尼大学（Western Sydney University）的结构实验室进行，试验炉炉膛高度为 880mm，截面尺寸为 640mm×630mm，柱试件伸出炉膛与反力架通过上下两个铰支座连接，形成铰接边界条件，两个铰支座中心的距离为 2010mm，试验过程中仅试件位于炉膛内的部分受火。试件受火前先在柱端施加轴向荷载，然后保持轴向荷载不变，炉膛按照平均 40℃ /min 的升温速率升温至 800℃，然后保持恒定，直到柱达到极限状态破坏。

图 5.33 给出了柱试件的破坏形态对比（Tao et al.，2016），可见，对于两端铰接的圆不锈钢管混凝土柱，有限元计算模型可以模拟出其发生整体屈曲破坏的情况；对于方不锈钢管混凝土柱，有限元计算模型可以较好地捕捉到钢管壁的局部屈曲及柱整体的侧向变形。

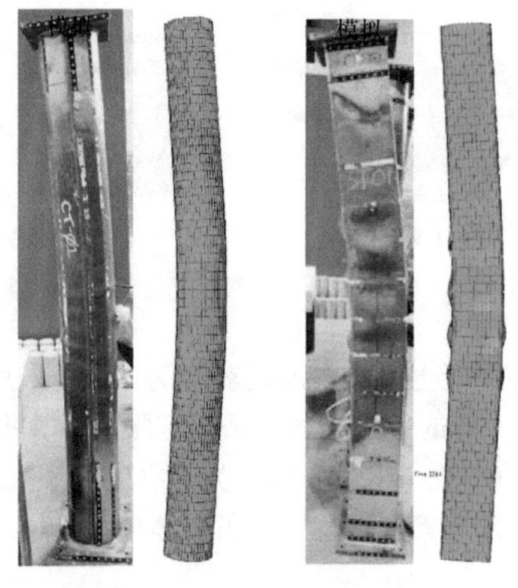

(a) 试件CT01（圆形）　(b) 试件ST01（方形）

图 5.33　柱试件的破坏形态对比

图 5.34 所示为计算和实测的轴向变形（Δ_c）- 受火时间（t）关系比较（Tao et al.，2016），可见在膨胀阶段的 Δ_c-t 关系曲线的实测值和计算值吻合较好，但压缩阶段的差异较大，这可能是模型对试验过程中存在的几何缺陷考虑不全面所致，但总体上有限元计算模型可模拟出不锈钢管混凝土柱轴向变形（Δ_c）- 受火时间（t）关系的变化趋势，且获得的耐火极限值与实测结果较为接近。

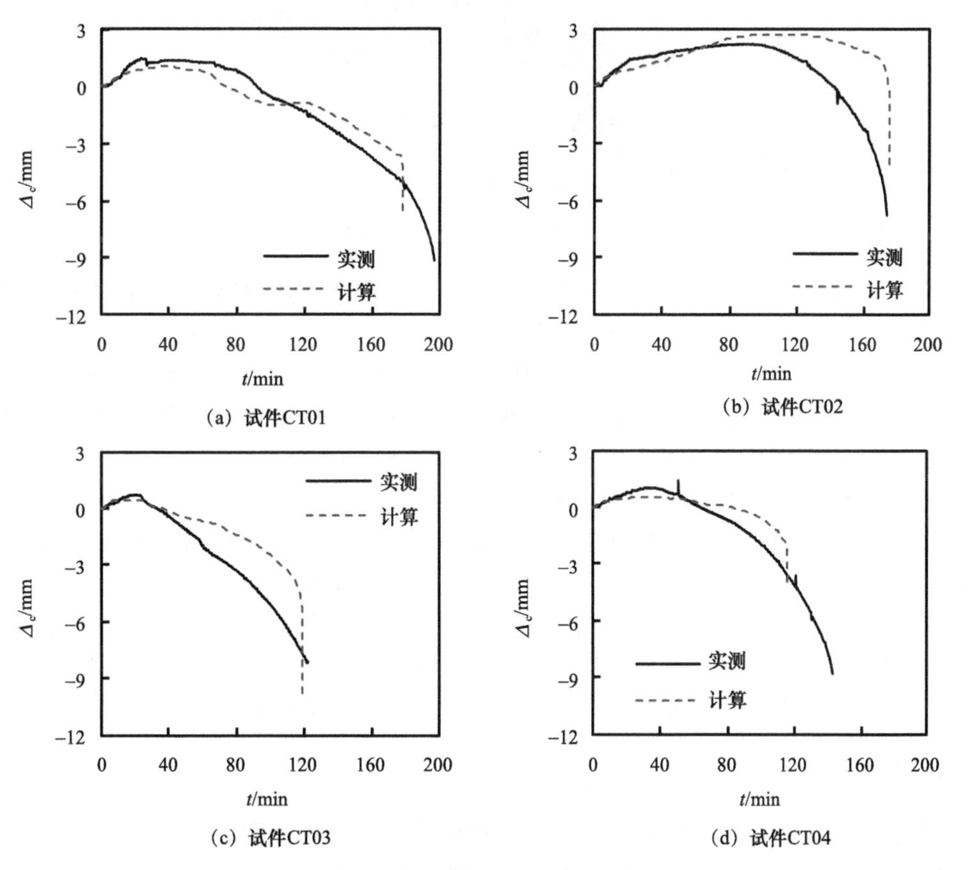

(a) 试件CT01　(b) 试件CT02

(c) 试件CT03　(d) 试件CT04

图 5.34　柱试件的 Δ_c-t 关系比较

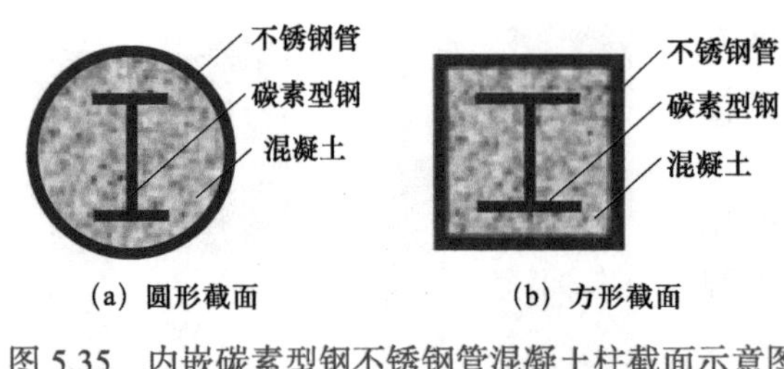

图 5.35 内嵌碳素型钢不锈钢管混凝土柱截面示意图

与碳素钢管相比，不锈钢管具有优秀的抗腐蚀性和耐火性能，但其较高造价在一定程度上限制了其推广应用。为减少不锈钢用量，同时兼顾不锈钢管的优点，研究者们提出了内嵌碳素型钢的不锈钢管混凝土结构，其截面示意图如图 5.35 所示，通过在核心混凝土内部嵌入碳素型钢，可以采用薄壁不锈钢管，从而减少不锈钢用量。

Tan 等（2019）采用有限元计算模型对内嵌型钢不锈钢管混凝土柱的耐火性能展开了研究，图 5.36 所示为建立的有限元计算模型网格划分示意图，不锈钢管、混凝土和内部碳素型钢均采用了实体单元，详细建模方法前述类似，不再赘述。

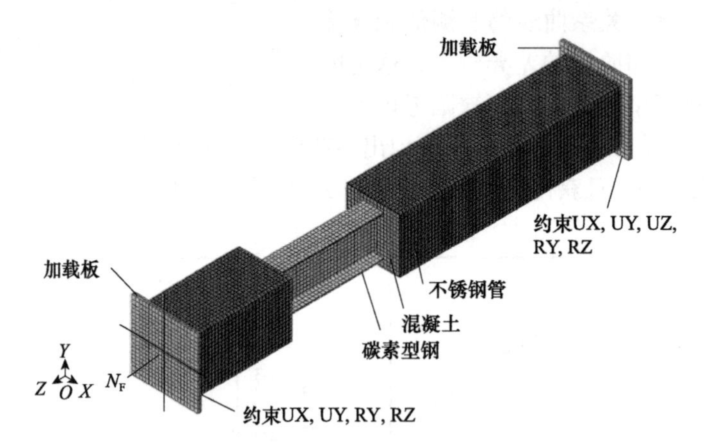

图 5.36 内嵌型钢不锈钢管混凝土柱模型边界条件和网格划分示意图

图 5.37 给出了碳素钢管混凝土柱（CFST-16）、不锈钢管混凝土柱（CFSST-SR-16 和 CFSST-LC-25）和内嵌型钢不锈钢管混凝土柱（SRCFSST-LC-10）的火灾下轴向变形（Δ）-时间（t）关系比较，其中 CFST-16 为边长 800mm，壁厚 16mm，高度 6400mm 的方形碳素钢管混凝土柱参考模型，CFSST-SR-16 为钢管壁厚 16mm 的与参考模型截面含钢率相同方形不锈钢管混凝土柱模型，CFSST-LC-25 为钢管壁厚 25mm 的与参考模型常温下承载能力相同的方形不锈钢管混凝土柱模型，SRCFSST-LC-10 为钢管壁厚 10mm 的与参考模型常温下承载能力相同的方形内嵌型钢不锈钢管混凝土柱模型。从图 5.37 中可以看出，由于不锈钢的热工性能优于碳素钢，在相同截面含钢率或常温下承载能力时，不锈钢管混凝土柱表现出更好的耐火性能，而降低不锈钢管壁厚并在混凝土内部设置碳素型钢后，可以使内嵌型钢不锈钢管混凝土柱的耐火极限达到与其常温下承载能力相同的碳素钢管混凝土柱或不锈钢管混凝土柱的 2 倍左右。

5.3.4 小结

本节论述了不锈钢管混凝土柱的耐火极限试验。结果表明，火灾下不锈管混凝土柱中钢管和混凝土能较好地共同工作，从而使不锈钢管混凝土柱具有良好的耐火性能。

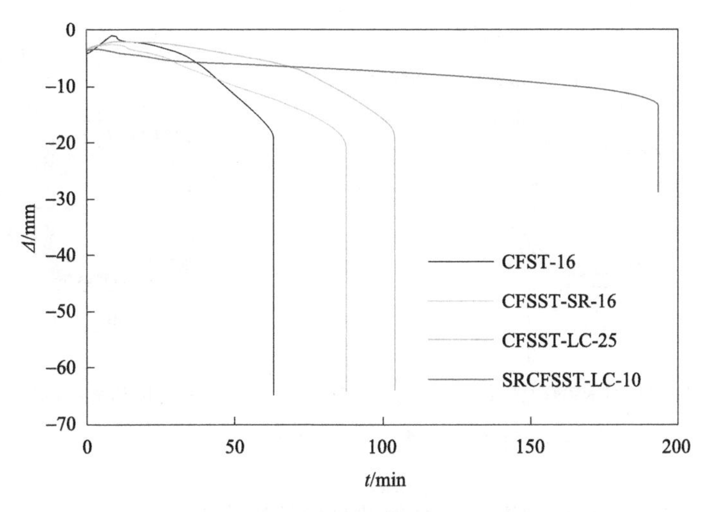

图 5.37　不同类型组合柱的 Δ-t 关系比较

在试验研究基础上建立了不锈钢管混凝土柱耐火极限的有限元计算模型，采用该模型可以有效地模拟不锈钢管混凝土柱在火灾下的温度和变形发展。

5.4　FRP 约束钢管混凝土柱

陶忠等（2007），以及 Tao 等（2011）进行了 FRP 约束圆钢管混凝土柱以及 FRP 约束钢筋混凝土柱的耐火性能试验研究。

5.4.1　试验概况

进行了 2 个 FRP 约束圆形钢管混凝土柱和 2 个 FRP 约束方形钢筋混凝土柱的耐火极限试验，试件高度（H）为 3.81m。试验研究的主要参数为荷载偏心距（e），具体参数见表 5.9。其中所有钢管壁厚均为 5mm，钢筋混凝土试件纵向钢筋和箍筋直径分别为 18mm 和 8mm。耐火极限试验方法以及耐火极限判定标准如第 3.3.1 节所述。

表 5.9　FRP 约束钢管（筋）混凝土柱试件参数

试件类型	序号	试件编号	D（B）/mm	e/mm	FRP 布厚度 /mm	防火保护层厚度 /mm	N_F/kN	t_R/min
FRP 约束钢管混凝土	1	CCFT1	325	0	0.34	4.8	2200	＞162
	2	CCFT2	325	81	0.34	5.6	1650	77
FRP 约束钢筋混凝土	3	FC1	300	0	0.34	6.0	2010	＞240
	4	FC2	300	75	0.34	11.7	849	＞240

FRP 约束圆钢管混凝土试件的截面形式如图 5.38（a）所示。加工 FRP 约束圆钢管混凝土试件时，首先加工空钢管，为保证受火时管内水分的排放，在钢管两端和中间部位设置 8 个直径为 20mm 圆形排气孔。每个试件分别加工两个厚度为 40mm 的钢板作为试件的上、下端板，在每个试件中截面处布设热电偶，用来测量试件内部不同位

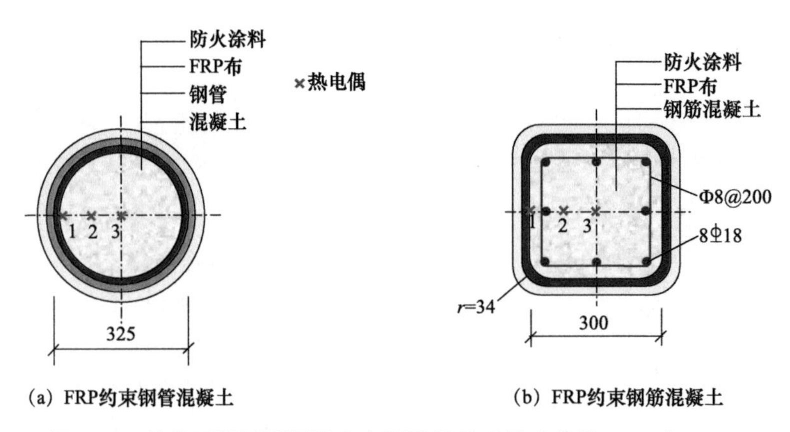

图 5.38　柱截面详图及测温点布置及编号（尺寸单位：mm）

置在受火过程中的温度变化情况，热电偶的具体位置及编号如图 5.38（a）所示。

方形 FRP 约束钢筋混凝土试件截面形式如图 5.38（b）所示。为了保证环向 FRP 的有效约束作用，将试件的四个角部设计为弧形，弧形转角半径为 34mm。每个试件还加工两个厚度为 40mm 的钢板作为试件的上、下端板。试件中的钢筋笼和端板焊接。和 FRP 约束圆钢管混凝土试件一样，在每个试件的中截面处还布设热电偶，热电偶的具体位置及编号如图 5.38（b）所示。每个试件中采用的混凝土与 FRP 约束圆钢管混凝土试件为同批次混凝土。

混凝土浇筑 28d 后进行碳纤维布包裹，并在试验前对试件表面的 FRP 喷涂一层厚涂型防火涂料，以提高试件的耐火极限。为保证涂料和 FRP 表面的良好粘结，在包裹了 FRP 的试件外表面再包裹一层网格间距为 12mm、钢丝直径为 0.66mm 的钢丝网。耐火试验前实测的防火保护层厚度见表 5.9。

试件采用钢材的弹性模量、屈服强度、泊松比、极限强度、屈服应变和延伸率等指标，具体力学性能指标见表 5.10。

表 5.10　钢材力学性能指标

钢材种类	厚度或直径 /mm	E_s/（10^5N/mm^2）	f_y/MPa	ν_s	f_u/MPa	ε_y/με	延伸率
钢管	5	2.09	383.2	0.198	434	1988	0.19
纵向钢筋	18	2.10	380.7	0.199	553.3	1897	0.193
箍筋	8	2.11	442.6	0.196	551	1918	0.197

FRP 的单向碳纤维布名义厚度为 0.167mm，材料生产厂家提供的材料抗拉强度为 3430MPa，弹性模量为 2.30×10^5N/mm^2。

核心混凝土采用自密实混凝土，其使用材料为：425 号硅酸盐水泥；石灰岩碎石，最大粒径为 15mm；中砂，砂率为 0.35。每立方米混凝土中材料用量为：水泥 361kg；水 176kg；砂子 795kg；粗骨料 896kg；粉煤灰 168kg；FDN 高效减水剂 5kg。试验时实测的平均立方体抗压强度 f_{cu} 为 37.6MPa。

采用的厚涂型结构防火涂料的基本性能参数为：干密度（ρ）305kg/m^3；导热系数

（k）0.0777W/（m · ℃）；比热容（c）1.01×10^3J/（kg · ℃）。

5.4.2　试验结果及分析

（1）试验现象

1）FRP 约束钢管混凝土柱：对于轴压试件 CCFT1，在升温初期其轴线始终保持为直线状态。在升温至 5min 以前，试件的形态和表面颜色等没有发生变化。此后，试件表面保护层开始收缩，出现微裂缝，使得保护层内组成 FRP 的环氧树脂开始受火，出现燃烧现象。但由于防火保护层通过钢丝网和试件粘结，因而防火保护层并未因为环氧树脂燃烧而剥落。16min 左右时，保护层表面沿柱纵向均可见环氧树脂燃烧而产生的火焰，防火保护层表面被烧黑，但防火保护层仍保持了较好的完整性。28min 左右时，钢管内部的混凝土受热产生的水蒸气开始通过排气孔外溢，FRP 和防火保护层受到蒸汽内压的作用开始在部分区域向外凸出，产生的外凸最大变形约 15mm。到 46min 左右时，保护层内的环氧树脂燃烧殆尽，保护层表面开始变为鲜红色，其完整性仍保持较好。随着温度的继续升高，保护层的表面变得逐渐光滑，表面颜色也与火焰颜色趋于一致，直至试验结束，没有保护层剥落现象发生。此外，试验过程中未见试件产生明显的挠曲变形。

对于偏压试件 CCFT2，在试验过程中观察到的试验现象和试件 CCFT1 基本一致，其差异在于偏压试件的受拉区防火保护层先开裂，所以环氧树脂的燃烧现象先发生在受拉区，此后扩展到整个试件。此外在偏压荷载作用下，试件 CCFT2 在受火 31min 后可观察到明显的挠曲变形。

2）FRP 约束钢筋混凝土柱：对于轴压试件 FC1，在整个升温过程中其轴线始终保持为直线状态。在升温至 4min 以前，试件的形态和表面颜色等没有发生变化。此后，试件受轴向力作用发生纵向的收缩，但是试件表面防火保护层受火膨胀，表面防火保护层开始向外凸出，凸出的顶部发生防火保护层开裂现象，横向裂缝间距 20cm 左右。7min 左右时，防火保护层开始向外凸出的顶部区域同横向裂缝垂直的方向出现纵向裂缝；18min 左右时，试件表面保护层微裂缝处内 FRP 的环氧树脂开始受火，出现燃烧现象；到 29min 左右时，试件跨中截面基本都发生了表面起火现象；在升温至 30min 左右时，试件表面防火保护层沿纵、横向裂缝均出现喷火现象，裂缝附近的防火保护层被烧黑；128min 左右时，保护层内的环氧树脂燃烧殆尽，保护层内喷射出的火焰逐渐熄灭，保护层表面呈白色；在升温至 188min 左右时，保护层表面开始变为鲜红色，仍保持了良好的完整性。随着温度的继续升高，保护层的表面变得逐渐光滑，表面颜色也与火焰颜色趋于一致，直至试验结束，没有保护层剥落现象发生。试验过程中未见试件产生明显的挠曲变形。

对于偏压试件 FC2，其试验现象和试件 CF1 基本一致，主要差异在于其防火保护层出现裂缝的时间迟于试件 CF2，这可能是因为其防火保护层较厚。虽然是偏压试件，但试验过程中未见试件产生明显的挠曲变形，这可能是因为荷载比较小。

（2）破坏形态

1）FRP 约束钢管混凝土柱：FRP 约束钢管混凝土柱的最终破坏形态如图 5.39 所

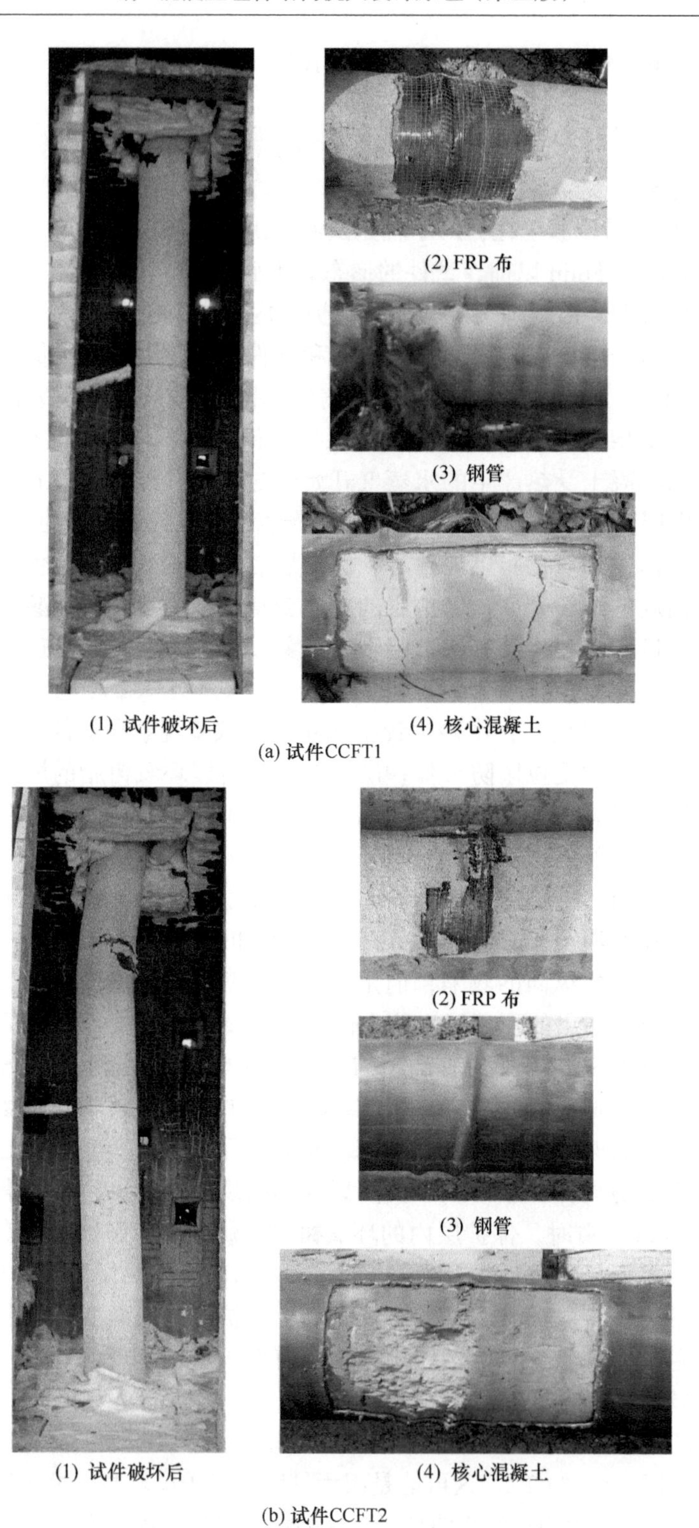

(1) 试件破坏后　(2) FRP 布　(3) 钢管　(4) 核心混凝土

(a) 试件CCFT1

(1) 试件破坏后　(2) FRP 布　(3) 钢管　(4) 核心混凝土

(b) 试件CCFT2

图 5.39　FRP 约束钢管混凝土柱试件的破坏形态

示。可见，轴压试件 CCFT1 的破坏出现在上端部，而偏压试件 CCFT2 的破坏出现在试件中间偏上的部位。试验后两个试件表面的防火保护层普遍开裂，去除防火保护层后发现，碳纤维仍然完整地附着在钢管表面（图 5.39）。除去试件破坏位置的表面碳纤维，可见轴压试件 CCFT1 沿试件四周钢管出现了环状的向外鼓曲，而试件 CCFT2 钢管鼓曲发生在截面受压侧。

将破坏的钢管剥离后可见两试件内部混凝土仅有少量几条裂缝，其整体性保持较好。不同的是轴压试件 CCFT1 由于受火时间长，混凝土颜色发青，用锤子敲击容易成粉末状；而偏压试件 CCFT2 受火时间相对较短，混凝土呈灰色和普通未受火的混凝土颜色较为接近，用重锤敲击时回弹力度大，混凝土强度较轴压试件的高，但受压区混凝土有压碎现象。二者混凝土破坏形态的不同是由于轴压试件未达到耐火极限，其整体压缩变形要小于偏压试件的压缩变形。

2）FRP 约束钢筋混凝土柱：FRP 约束钢筋混凝土柱的最终破坏形态如图 5.40 所示。从图 5.40 中可见，两个试件在受火 240min 后均未发生整体破坏。对于轴压试件 FC1，由于防火保护层厚度较薄，内部环氧树脂容易达到其燃点而发生燃烧，在外部火场和内部环氧树脂的双重燃烧作用下，防火保护层表面容易发生开裂［图 5.40（a）］，火灾后试件表面呈焦裂状，但未见大块防火保护层脱离的现象。

除去其防火保护层后可见 FRP 附着在试件的表面上，环氧树脂已经燃烧消耗殆尽。除去 FRP 后，可见内部的混凝土表面完整，混凝土呈灰色，没有明显的裂缝、压碎或是混凝土保护层脱落的现象发生。敲去混凝土后可见内部的钢筋笼保持完整，未见明显屈曲或是颈缩现象发生。对于偏压试件 FC2，其火灾后破坏形态和轴压试件基本一致。

（3）温度 - 受火时间关系

图 5.41 给出了实测温度（T）- 受火时间（t）关系。从图 5.41（a）和（b）中可见，对于 FRP 约束圆钢管混凝土柱，到试验结束，试件 CCFT1 和试件 CCFT2 的测温点 1 的最高温度仅达 507℃和 291℃。两个试件在相同位置的温度变化规律基本一致，但由于试件 CCFT1 的防火保护层厚度略薄于试件 CCFT2 的防火保护层厚度，在同一时刻，试件 CCFT1 各测温点的所测得的温度要稍高于试件 CCFT2 的测温点温度。

从图 5.41（c）和（d）中可见，对于 FRP 约束方钢筋混凝土柱，在 165min 时，试件 FC1 和试件 FC2 的测温点 1 的温度值分别为 176℃和 128℃。

同时由图 5.41（a）和（c）的比较可见，虽然试件 FC1 和试件 CCFT1 的防火保护层厚度较为接近，但是在 165min 时，钢管混凝土试件 CCFT1 测温点 1 的温度值较钢筋混凝土试件 FC1 测温点 1 的温度值高 331℃，这是由于钢筋混凝土试件 FC1 的抗火措施除了防火涂料外还有其本身的混凝土保护层。

（4）柱轴向变形 - 受火时间关系

1）FRP 约束钢管混凝土柱：图 5.42（a）给出了 FRP 约束钢管混凝土柱试件的柱轴向变形（Δ_c）- 受火时间（t）关系，从图中可以看出。受火初期试件受热膨胀使柱轴向伸长；当膨胀到一定阶段由温度升高产生的内力和材料劣化后的抗力之和与外荷载相互持平，从而使柱轴向变形处于相对稳定的阶段。随着温度的升高，材料强度损失

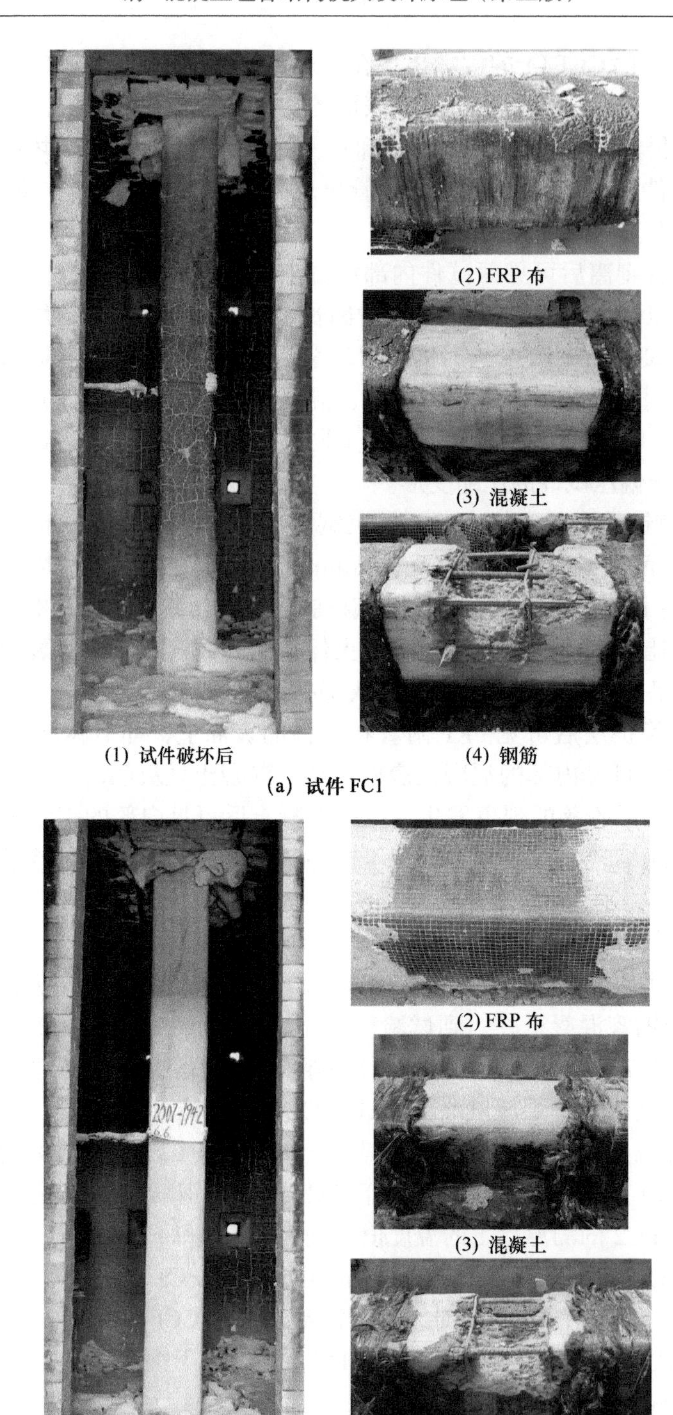

(2) FRP 布

(3) 混凝土

(1) 试件破坏后　　(4) 钢筋

(a) 试件 FC1

(2) FRP 布

(3) 混凝土

(1) 试件破坏后　　(4) 钢筋

(b) 试件 FC2

图 5.40　FRP 约束钢筋混凝土柱试件的破坏形态

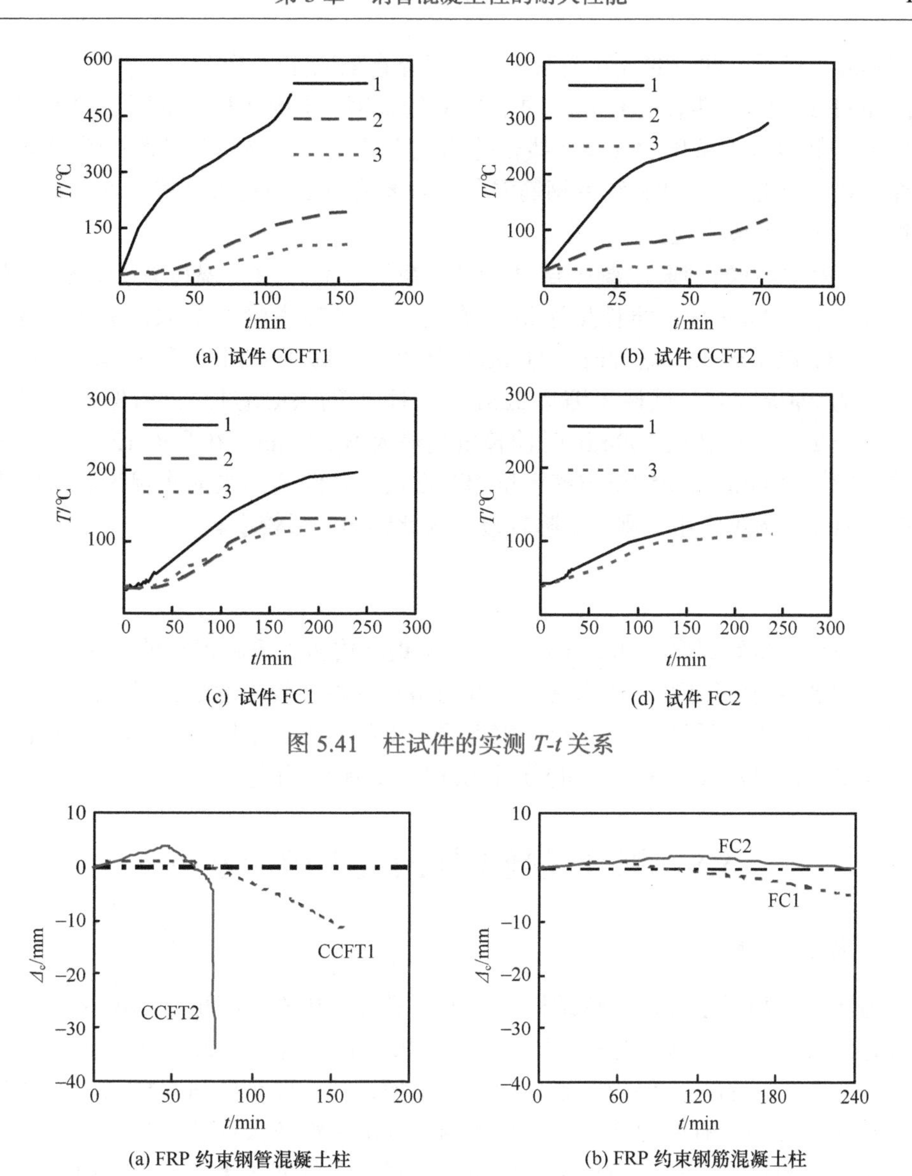

(a) 试件 CCFT1　(b) 试件 CCFT2

(c) 试件 FC1　(d) 试件 FC2

图 5.41　柱试件的实测 *T-t* 关系

(a) FRP 约束钢管混凝土柱　(b) FRP 约束钢筋混凝土柱

图 5.42　柱试件的实测 Δ_c-*t* 关系

程度较大，当温度升高产生的内力和材料劣化后的抗力之和小于外荷载时，试件开始压缩；破坏阶段是指在接近耐火极限时柱轴向变形和速率大大增加，轴压位移呈直线下降趋势。

CCFT1 为轴心受压试件，在受火后，由于温度升高，受热膨胀而伸长。在受火 8min 时伸长量达最大值 1mm，热膨胀阶段结束后变形相对平稳，74min 后试件 CCFT1 进入压缩阶段，82min 后压缩量与膨胀量相互抵消，轴向变形为 0。受火时间为 162min 时，试件压缩达 12mm，此时由于液压站过热试验停止。CCFT2 为偏心受压试件，在受火 46min 时伸长量达最大值 4mm。受火 50min 后开始进入压缩阶段，64min 时压缩量与膨胀量相互抵消，74min 后试件轴向变形速率开始显著变大。试件在 77min

时达到其耐火极限，此时的 Δ_c-t 关系呈直线下降直至试件破坏。

2）FRP 约束钢筋混凝土柱：不同于 FRP 约束钢管混凝土柱，如图 5.42（b）所示，FRP 约束钢筋混凝土试件的 Δ_c-t 曲线仅分为三个阶段：①热膨胀阶段；②稳定阶段；③压缩阶段。这是由于 FRP 约束钢筋混凝土柱具有良好的抗火性能，两个试件的 Δ_c-t 曲线均没有破坏阶段出现。

对于 FRP 约束的钢筋混凝土试件 FC1，在受火后，由于温度升高，受热膨胀而伸长。在受火 40min 时，伸长量达最大值 1mm，热膨胀阶段结束，进入稳定阶段。70min 后试件 FC1 进入压缩阶段，94min 后压缩量与膨胀量相互抵消，轴向变形为 0。受火时间为 240min 时，试件压缩达 5mm，此时由于液压站过热试验停止。试件 FC2 为偏心受压试件，在受火 100min 时伸长量达最大值 2.2mm，在受火 127min 时开始进入压缩阶段，240min 时压缩量与膨胀量相互抵消。试件 FC2 的防火保护层厚度较试件 FC1 厚，因此在火灾作用下刚度下降较慢，因此轴向变形较小。

5.4.3 小结

本节进行的试验研究表明，采用了厚涂型钢结构防火涂料保护的 FRP 约束钢管混凝土和 FRP 约束钢筋混凝土柱均具有良好的耐火性能和较高的耐火极限。试验结果表明，偏心率对有纵向纤维的 FRP 约束钢管混凝土的耐火极限影响较大，增大偏心率将使试件的耐火极限降低，这一点和普通钢管混凝土有所不同。

5.5 钢管混凝土柱的抗火设计方法

5.5.1 防火保护措施

如前所述，相对于普通纯钢结构柱，钢管混凝土构件具有更好的耐火性能。对于高层或超高层建筑中的钢管混凝土柱，其耐火极限要求通常在 2h 以上。因此，多数情况下需要采取一定的防火保护措施，以达到结构设计所要求的耐火极限。提高钢管混凝土柱耐火极限一般有两种途径：一是在钢管外部施涂防火保护材料以延缓钢管及核心混凝土的升温速率，包括喷涂钢结构防火涂料、金属网抹水泥砂浆、用防火板材包封等方法；另一种则是适当提高钢管混凝土柱自身火灾下的承载能力，如在核心混凝土中配置专门考虑防火的钢筋或钢纤维、采用耐火钢管等。

（1）涂抹防火保护材料

水泥砂浆是传统的建筑材料，因其原材料简单易得，作为防火保护层在过去有较多的应用。为了增强水泥砂浆与基材的粘结，通常需要在基材周围布置一定的金属网，并设置定位钢筋，再涂抹水泥砂浆。该方法优点在于水泥砂浆耐久性较好，且相对于厚涂型钢结构防火涂料强度较高，适用于建筑潮湿和易受撞击部位。但用水泥砂浆做防火保护层施工不便，且自重较大。

参照国家标准《钢结构防火涂料》GB 14907—2002（2002），钢结构防火涂料按使用厚度可分为：超薄型（涂层厚度≤3mm）、薄型（3mm＜涂层厚度≤7mm）和厚型

（7mm＜涂层厚度≤45mm）。2018年，该标准的2018版（GB 14907—2018）（2018）去除了按涂料厚度的分类，该版本标准中规定钢结构防火涂料按其防火机理可以分为非膨胀型和膨胀型两类。

不同类型的涂料其适用条件有一定的差异，非膨胀型防火涂层通常能够使钢结构构件满足3h以上耐火极限需求，但相对于膨胀型防火涂料，非膨胀型防火涂层自重大、施工和后期维护相对复杂、装饰效果差等特点。膨胀型涂料具有自重轻涂层薄、喷涂施工方便、后期维护相对容易、外观可直接满足建筑美观要求等特点，因此在建筑结构，尤其公共建筑结构更受到青睐。但一般情况下，膨胀型涂料自身能够为纯结构构件提供2.5h以内的防火保护，达到或超过3h的耐火极限则相对困难。

如第1.2.1节所述，火灾作用下，由于组成钢管混凝土的钢管和其核心混凝土之间具有相互贡献、协同互补和共同工作的优势，相对于空钢管结构，这类组合柱结构本身具有较好的耐火性能。如果再在钢管外围适当地用膨胀型防火涂层进行保护，重载下的钢管混凝土柱完全可能达到3h的耐火极限。

进行了在图1.13所示的ISO-834标准升温曲线（ABB′）作用下采用膨胀型防火涂料的钢管混凝土柱耐火性能试验研究。

试件的钢管截面尺寸为$D \times t_s$=600mm×14mm，Q345钢。钢管内填C60自密实商品混凝土。试件总高3760mm，含上下端板各厚30mm；钢管壁上下端沿管壁四周各设置四个直径为20mm圆形排气孔。受火试验中，试件设计为承受偏心轴向荷载，荷载偏心为70mm。钢管混凝土试件的极限承载力按有限元方法计算获得，对应的火灾荷载比标准值为0.32。

试件1无保护层，试件2和试件3的保护层厚度分别为3.95mm和5.84mm（试件2涂层中部覆裹了一层网眼尺寸为10mm×10mm的纤维网）。

试验采用国家固定灭火系统和耐火构件质量监督检验中心的垂直柱炉进行。试件通过上下端板四周的安装孔固定在柱炉两端的支座上，柱炉上端支座为固定球铰，下端球铰支座与液压千斤顶相连可对试件施加轴向荷载。

没有防火保护层的试件1的耐火极限为71min，外钢管表皮的温度达700℃；试件2和试件3升温达180min时没有明显的外观变形或破坏，防火保护涂层在其试验过程中碳化发泡反应正常，涂层有不均匀分布的龟裂现象，防火涂层的总体完整、无大面积剥落。两个试件钢管表皮的最高温度分别达361℃和309℃。图5.43所示为三个试件受火后的形态。

试件1破坏是呈现出压缩破坏的特征，试件2和试件3在持续3h的受火过程中则一直处于纵向膨胀发展阶段，受火3h时，试件依然保持着良好的承载能力。试验现象表明，火灾下，采用膨胀型防火涂层保护的钢管混凝土柱总体上和采用非膨胀型钢结构涂料的情况没有明显差异。试验结果还表明，火灾下，膨胀型防火涂层和钢管混凝土柱始终能够共同工作，钢管混凝土柱表现出优越的耐火性能。

基于膨胀型防火涂料保护下的钢管混凝土构件耐火试验，并结合钢管混凝土构件耐火性能非线性有限元计算模型，对山东青岛胶东国际机场T1航站楼中钢管混凝土柱（图5.44）的防火保护层厚度进行了设计，柱采用的膨胀型防火涂料的保护层厚度设计

(a) 试件1　　(b) 试件2　　(c) 试件3

图 5.43　火灾后采用膨胀型防火涂层保护的钢管混凝土柱的形态

图 5.44　山东青岛胶东国际机场 T1 航站楼的钢管混凝土柱

值取为 4mm，涂层中采用了耐火玻璃纤维布加网措施加固涂层。

我国《建筑设计防火规范》(GB 50016—2014)(2018)、《建筑钢结构防火技术规范》(CECS200：2006)(2006) 等工程建设标准均给出了在 ISO-834（1975）火灾下采用厚型防火涂料及水泥砂浆防火保护层的确定方法。

（2）防火板材包封

防火板材在欧美、日本等一些工业发达的国家已经有广泛应用。防火板材组装方便，可用于各类钢结构的防火保护。它将防火材料和饰面材料合二为一，适用于结构体积大且形状简单的钢结构的防火保护，特别适合多工种交叉施工。

钢结构防火用板材分为两类，一类是密度大、强度高的薄板；另一类是密度较小的厚板。防火薄板密度一般在 800～1800kg/m^3，抗折强度为 10～50MPa，导热系数为 0.2～0.4W/(m·℃)。其使用厚度一般为 6～15mm，主要是用作轻钢龙骨隔墙的面板、吊顶板，以及钢梁、钢柱经厚涂型钢结构防火涂料涂覆后的装饰面板。防火厚板密度一般小于 500kg/m³，导热系数在 0.08W/（m · ℃）以下，其厚度按耐火极限要求确定（李国强等，2006）。

采用该方法对钢管混凝土结构进行防火保护时，保证其在火灾下的完整性和密闭性较重要。

（3）配置钢筋、钢纤维或型钢

在钢管混凝土柱核心混凝土中配置专门考虑防火的钢筋、钢纤维或型钢有时也可达到需要的耐火目标。核心混凝土中的钢筋、钢纤维或型钢不仅能提高组合柱的承载能力，还可使核心混凝土在钢管受火失效以后仍能坚持承载，从而能较大提高钢管混凝土的耐火极限。

钢管混凝土柱配置钢筋或型钢截面示意图如图 5.45 所示。采用该方法优点是柱占用空间小，有强度储备，柱表面无须防火保护，外表美观；但对柱表面的防锈防腐措施要求较高，若采用钢筋混凝土，还增加了绑扎钢筋和浇筑混凝土的难度。当柱截面尺寸较大时，采用该方法较为适用。

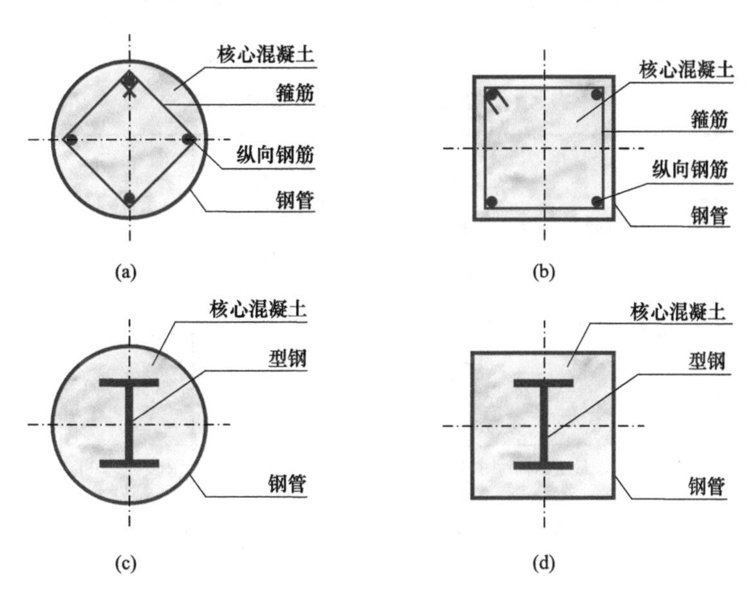

图 5.45　钢管混凝土柱配置钢筋或型钢截面示意图

（4）采用耐火钢管

20 世纪 80 年代，日本研究者研究出了耐火温度为 600℃的建筑用耐火钢。这种钢材在 600℃的高温条件下，屈服强度仍能保持在常温强度的 2/3 以上，同时常温下耐火钢与普通建筑用钢相同，具有良好的焊接性和加工性能（Sakumoto et al.，1991）。钢管混凝土柱采用耐火钢，可以减少结构的防火保护层厚度，有时甚至可以不用防火保护，从而降低防火保护层的成本，加快施工进度。另外耐火钢还具有耐恶劣天气、耐腐蚀的能力。

当然，还可通过增大柱截面尺寸，降低柱荷载比（n），进而增大柱在规定受火时间（t）下的承载力系数来提高钢管混凝土柱的耐火极限。当柱荷载比（n）小于或等于承载力系数时，柱就不需要进行防火保护，但该方法通常会较大地增加柱横截面积。

5.5.2　抗火设计方法

Chen 等（2010）对现有的钢管混凝土柱抗火设计方法进行了总结。下面简要介绍欧洲、北美洲、中国和日本等四个不同地区或国家的有关规范。

（1）欧洲规范

欧洲规范 Eurocode 4（2005）（简称 EC4）针对无保护配筋钢管混凝土柱提供了三种抗火设计的方法。方法Ⅰ是表格法，这是一种简单的表格查询的方法，通过钢管混凝土柱的截面尺寸、配筋情况以及荷载比就能大致确定柱子的耐火极限，可用于设计初期的耐火极限估算。方法Ⅱ是适用于各种组合柱的抗火计算方法。方法Ⅲ是专门针对无保护配筋钢管混凝土柱的抗火计算方法。

1）方法Ⅰ：方法Ⅰ给出的钢管混凝土柱耐火极限设计，如表 5.11 所示，根据柱荷载比（n），圆形截面直径（D）或方形截面边长（B），配筋率（p_r），以及钢筋中心到混凝土边缘最短距离（d_r）可以快速地确定钢管混凝土柱的耐火极限。表中的各参数可采用线性插值。所有钢材的屈服强度均取为 f_y=235MPa，截面宽厚比 D/t_s 或 B/t_s≥25，配筋率 $p_r=A_s/(A_c+A_s)$≤3%。

表 5.11　钢管混凝土柱耐火极限设计

混凝土（A_c） 钢筋（A_s） 钢管 B D d_r		t_R/min				
		30	60	90	120	180
n≤0.28	最小截面尺寸（D 或 B，mm）：	160	200	220	260	400
	最小配筋率（p_r，%）：	0	1.5	3.0	6.0	6.0
	钢筋最小中心距（d_r，mm）：		30	40	50	60
n≤0.47	最小截面尺寸（D 或 B，mm）：	260	260	400	450	500
	最小配筋率（p_r，%）：	0	3.0	6.0	6.0	6.0
	钢筋最小中心距（d_r，mm）：		30	40	50	60
n≤0.66	最小截面尺寸（D 或 B，mm）：	260	450	500		
	最小配筋率（p_r，%）：	3.0	6.0	6.0		
	钢筋最小中心距（d_r，mm）：	25	30	40		

2）方法Ⅱ：方法Ⅱ适用于无侧移框架组合柱，给出了在指定耐火极限条件下组合柱的轴心极限承载力 $N_{fi,Rd}$ 的计算方法，计算公式如下：

$$N_{fi,Rd}=\chi N_{fi,pl} \tag{5.7-1}$$

$$\chi=\frac{1}{\Phi+\sqrt{\Phi^2-\overline{\lambda}_\theta^2}}\leqslant 1 \tag{5.7-2}$$

$$\Phi = 0.5 \times \left[1 + 0.49\,(\bar{\lambda}_\theta - 0.2) + \bar{\lambda}_\theta^2\right] \tag{5.7-3}$$

$$N_{\mathrm{fi,pl}} = \sum_i (A_{\mathrm{a},\theta} f_{\mathrm{ay},\theta}) + \sum_j (A_{\mathrm{s},\theta} f_{\mathrm{sy},\theta}) + \sum_k (A_{\mathrm{c},\theta} f_{\mathrm{c},\theta}) \tag{5.7-4}$$

$$\bar{\lambda}_\theta = \sqrt{\frac{N_{\mathrm{fi,pl}}}{N_{\mathrm{fi,cr}}}} \leqslant 2 \tag{5.7-5}$$

$$N_{\mathrm{fi,cr}} = \frac{\pi^2 (EI)_{\mathrm{fi,eff}}}{l_\theta^2} \tag{5.7-6}$$

$$(EI)_{\mathrm{fi,eff}} = \sum_i (\varphi_{\mathrm{a},\theta} E_{\mathrm{a},\theta} I_{\mathrm{a},\theta}) + \sum_j (\varphi_{\mathrm{s},\theta} E_{\mathrm{s},\theta} I_{\mathrm{s},\theta}) + \sum_i (\varphi_{\mathrm{c},\theta} E_{\mathrm{c,sec},\theta} I_{\mathrm{c},\theta}) \tag{5.7-7}$$

$$E_{\mathrm{c,sec},\theta} = \frac{f_{\mathrm{c},\theta}}{\varepsilon_{\mathrm{cu},\theta}} \tag{5.7-8}$$

式中：$N_{\mathrm{fi,pl}}$——火灾下截面塑性承载力；

χ——高温下考虑屈曲的折减系数，与高温下柱子的相对长细比 $\bar{\lambda}_\theta$ 有关；

$A_{\mathrm{i},\theta}$——柱子截面各组分在温度 θ 时的面积；

$f_{\mathrm{ay},\theta}$——型钢高温下的极限强度；

$f_{\mathrm{sy},\theta}$——钢筋高温下的极限强度；

$f_{\mathrm{c},\theta}$——混凝土高温下的极限强度；

$N_{\mathrm{fi,cr}}$——火灾下柱子的欧拉临界荷载；

l_θ——火灾下柱子的有效长度；

$(EI)_{\mathrm{fi,eff}}$——火灾下等效刚度；

$\bar{\lambda}_\theta$——高温下柱子的相对长细比；

$I_{\mathrm{i},\theta}$——柱子截面各组分在温度 θ 时的惯性矩；

$E_{\mathrm{a},\theta}$——钢材高温下的弹性模量；

$E_{\mathrm{s},\theta}$——钢筋高温下的弹性模量；

$E_{\mathrm{c,sec},\theta}$——高温下混凝土的割线模量；

$\varepsilon_{\mathrm{cu},\theta}$——高温下的混凝土的强度峰值对应的应变；

$\varphi_{\mathrm{i},\theta}$——考虑热应力影响的折减系数，Wang（2002）建议对混凝土取 0.8，对型钢和钢筋取 1。

3）方法Ⅲ：方法Ⅲ是 EC4 提供的另一种计算火灾下无保护配筋钢管混凝土柱极限承载力的方法。该方法的计算过程分为两步：首先是计算确定受火条件和受火时间下柱截面的温度场，其次是计算在此温度场下柱截面的极限承载力。在给定温度场下，柱截面极限承载力的设计值 $N_{\mathrm{fi,Rd}}$ 可由下式得到：

$$N_{\mathrm{fi,Rd}} = N_{\mathrm{fi,cr}} = N_{\mathrm{fi,pl,Rd}} \tag{5.8-1}$$

$$N_{\mathrm{fi,cr}} = \frac{\pi^2 \left[\sum_i (E_{\mathrm{a},\theta,\sigma} I_{\mathrm{a},\theta}) + \sum_j (E_{\mathrm{c},\theta,\sigma} I_{\mathrm{c},\theta}) + \sum_k (E_{\mathrm{s},\theta,\sigma} I_{\mathrm{s},\theta})\right]}{l_\theta^2} \tag{5.8-2}$$

$$N_{\mathrm{fi,pl,Rd}}=\sum_i(A_{\mathrm{a},\theta}\sigma_{\mathrm{a},\theta})+\sum_j(A_{\mathrm{c},\theta}\sigma_{\mathrm{c},\theta})+\sum_k(A_{\mathrm{s},\theta}\sigma_{\mathrm{s},\theta}) \tag{5.8-3}$$

式中：$N_{\mathrm{fi,cr}}$——弹性欧拉临界荷载；

$N_{\mathrm{fi,pl,Rd}}$——全截面塑性轴压承载力；

$\sigma_{\mathrm{i},\theta}$——材料 i 在温度为 θ 时的应力；

$E_{\mathrm{i},\theta,\sigma}$——材料 i 在温度为 θ，应力为 $\sigma_{\mathrm{i},\theta}$ 时应力 - 应变关系曲线的切线模量。

需要满足的变形协调条件为，三种材料的应变相等，即 $\varepsilon_{\mathrm{a}}=\varepsilon_{\mathrm{c}}=\varepsilon_{\mathrm{s}}=\varepsilon$。构件受火时间为 t 时，构件有一确定的温度场，在此温度场下，随着构件应变 ε 的增大，$E_{\mathrm{i},\theta,\sigma}$ 和 $N_{\mathrm{fi,cr}}$ 会逐渐减小，而 $\sigma_{\mathrm{i},\theta}$ 和 $N_{\mathrm{fi,pl,Rd}}$ 会逐渐增大，当 ε 增大至恰好满足式（5.8-1）时，求出此时的 ε 即可求出相应的 $N_{\mathrm{fi,cr}}$，也就是 t 时刻的 $N_{\mathrm{fi,Rd}}$。

考虑荷载偏心和配筋率的影响，将偏心荷载按下式等效为轴心荷载 N_{equ} 进行设计：

$$N_{\mathrm{equ}}=\frac{N_{\mathrm{fi,Sd}}}{\varphi_{\mathrm{s}}\cdot\varphi_{\delta}} \tag{5.9}$$

式中：φ_{s}——修正系数，根据图 5.46 确定（Eurocode 4，2005）；

φ_{δ}——修正系数，根据图 5.47 确定（Eurocode 4，2005）。

图 5.46 为柱 φ_{δ}-ρ 关系，其中 ρ 为核心混凝土配筋率。

图 5.47 为柱 φ_{δ}-δ/D（δ/θ）关系，其中 δ 为荷载偏心距；l_{θ} 为火灾下柱子的有效长度；D 为圆形截面直径；B 为方形截面边长。

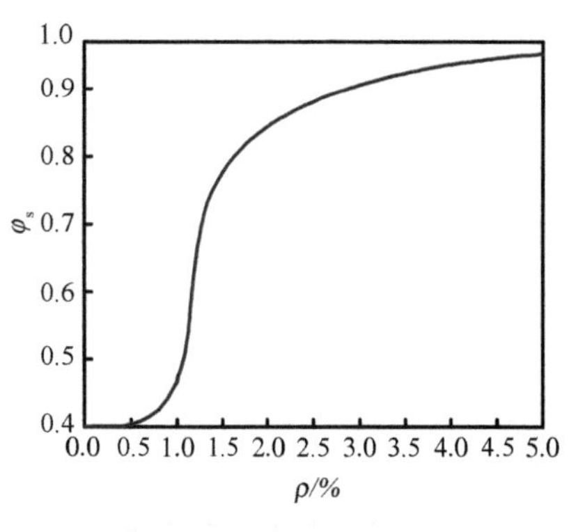

图 5.46　柱 φ_{s}-ρ 关系

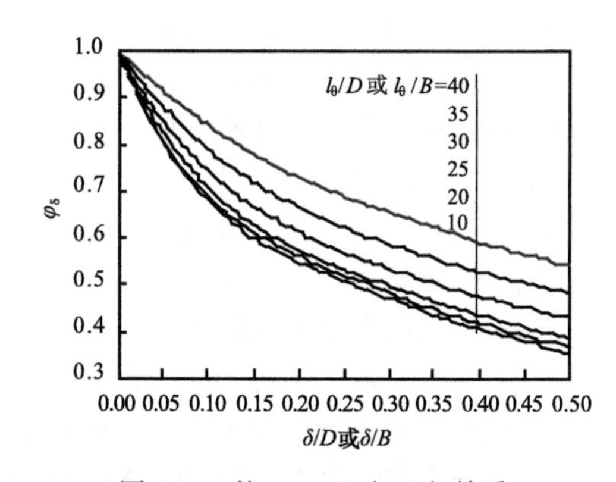

图 5.47　柱 φ_{δ}-δ/D（δ/B）关系

EC4 提供的方法Ⅱ和方法Ⅲ是以准确计算截面温度场为前提的，然而由于截面受火本身的情况和材料热力学性能的差异，截面温度分布也有所差异。因此，在计算火灾下截面塑性承载力和截面刚度时必须将截面细分为多层进行考虑，计算过程相对复杂，计算量也较大。方法Ⅲ则需要改变应变值不断迭代才能求出极限承载力。基于方法Ⅲ的理论，CIDECT 编制了钢管混凝土柱抗火计算的软件 PotFire，通过该程序计算得到了若干钢管混凝土柱火灾下极限承载力（$N_{\mathrm{fi,Rd}}$）- 有效长度（l_{θ}）的关系曲线，通过这些曲线，设计者们可以根据耐火极限的需求方便地进行钢管混凝土柱的抗火设计。

这里仅给出其中一幅典型的设计曲线，如图 5.48 所示。图中不同曲线对应不同的混凝土圆柱体抗压强度（f_c'）和配筋率（ρ），其中 f_y 为钢材屈服强度，f_r 为钢筋屈服强度（Twilt et al.，1996）。

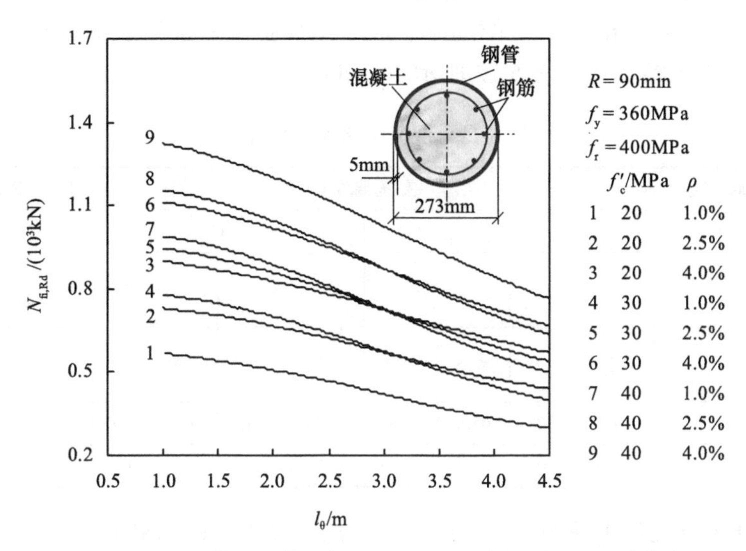

图 5.48　圆形截面钢管混凝土柱 90min 耐火极限的设计曲线

（2）北美洲规范

20 世纪八九十年代，在加拿大钢结构协会和美国钢铁协会的支持下，加拿大国家研究院组织进行了钢管混凝土柱火灾试验。试验按照美国 ASTM（2001）标准升温曲线进行升温，钢管混凝土构件的截面类型有圆形和方形，核心混凝土的类型有普通混凝土（PC）、钢筋混凝土（RC）和钢纤维混凝土（FC），混凝土骨料类型有钙质和硅质两种。在试验的基础上，研究者们还进行了数值模拟和参数分析工作。研究结果表明，火灾下普通钢管混凝土柱核心混凝土开裂较早，极限承载力相对较低；配筋钢管混凝土柱由于钢筋的存在延缓了混凝土的开裂同时增强了截面承载力，因而能较大程度提高柱子的耐火极限；钢纤维钢管混凝土柱也有和配筋钢管混凝土柱相类似的性能。对耐火极限在 45min 以上的构件，采用钙质骨料的钢管混凝土柱的耐火极限一般比采用硅质骨料柱高 20%，这是因为钙质骨料在 700℃左右能发生吸热反应从而拥有更强的吸热能力，使混凝土温度上升更缓慢。通过参数分析发现，截面尺寸、计算长度、荷载对钢管混凝土柱耐火极限影响最大，其次是混凝土强度和骨料类型，钢管壁厚度影响较小。在此基础上，提出了不同混凝土类型的钢管混凝土柱耐火极限的计算方法（Kodur，2007）。计算公式如下：

$$R=f\frac{f_c'+20}{L-1000}D^2\sqrt{\frac{D}{N}} \tag{5.10}$$

式中：R——耐火极限（min）；

f_c'——混凝土圆柱体抗压强度（MPa）；

D——圆形（或方形）截面直径（或边长）（mm）；

N——火灾下施加在钢管混凝土柱上的轴压荷载（kN）；

L——钢管混凝土柱的计算长度（mm）；

f——考虑混凝土类型（普通混凝土、配筋混凝土、钢纤维混凝土）、骨料类型（钙质 C、硅质 S）、配筋率、混凝土保护层厚度以及截面形状（圆形、方形）的参数，如表 5.12 所示（Kodur，2007）。

表 5.12 混凝土类型参数（f）

填充类型	普通混凝土		钢筋混凝土								钢纤维混凝土	
骨料类型	S	C	S				C				S	C
配筋率			<3%		≥3%		<3%		≥3%		1.75%（钢纤维质量分数）	
混凝土保护层厚度			<25	≥25	<25	≥25	<25	≥25	<25	≥25		
圆形截面	0.07	0.08	0.075	0.08	0.08	0.085	0.085	0.09	0.09	0.095	0.075	0.085
方形截面	0.06	0.07	0.065	0.07	0.07	0.075	0.075	0.08	0.08	0.085	0.065	0.075

上述普通钢管混凝土柱耐火极限的计算方法为美国规范 ASCE-SFPE 29（1999）和 AISC Steel Design Guide 19（Ruddy et al.，2003）采纳。

（3）中国规范

在我国的《建筑钢结构防火规范》（GB 51249—2017）（2017）、《建筑钢结构防火技术规范》（CECS200：2006）（2006）及许多工程建设地方标准中，均给出了在 ISO-834（1975）升温曲线、《建筑构件耐火试验方法》（GB/T 9978—2008）（2008）规定的升温曲线作用下的普通钢管混凝土构件承载力和防火保护层厚度的实用计算方法。

1）火灾下钢管混凝土柱承载力影响系数计算方法：通过参数分析发现，影响无保护钢管混凝土柱承载力影响系数 k_t［$=N_u(t)/N_u$，即火灾下柱轴向极限承载力和常温下柱的极限承载力之比］的主要因素包括截面周长（C），柱子长细比（λ）以及受火时间（t）等。以这三个参数为基本变量，通过回归分析推导出了 k_t 的计算公式如下。

对于圆钢管混凝土柱：

$$k_t=\begin{cases}\dfrac{1}{1+a\cdot t_o^{2.5}} & t_o\leqslant t_1\\[2ex] \dfrac{1}{b\cdot t_o+c} & t_1<t_o\leqslant t_2,\ 且\geqslant 0\\[2ex] k\cdot t_o+d & t_o>t_2\end{cases}\tag{5.11-1}$$

$$a=(-0.13\lambda_o^3+0.92\lambda_o^2-0.39\lambda_o+0.74)\cdot(-2.85C_o+19.45)\tag{5.11-2}$$

$$b=C_o^{-0.46}\cdot(-1.59\lambda_o^2+13.0\lambda_o-3.0)\tag{5.11-3}$$

$$c=1+a\cdot t_1^{2.5}-b\cdot t_1\tag{5.11-4}$$

$$d=\frac{1}{b\cdot t_2+c}-k\cdot t_2 \tag{5.11-5}$$

$$k=(-0.1\lambda_o^2+1.36\lambda_o+0.04)\cdot(0.0034C_o^3-0.0465C_o^2+0.21C_o-0.33) \tag{5.11-6}$$

$$t_1=(0.0072C_o^2-0.02C_o+0.27)\cdot(-0.0131\lambda_o^3+0.17\lambda_o^2-0.72\lambda_o+1.49) \tag{5.11-7}$$

$$t_2=(0.006C_o^2-0.009C_o+0.362)\cdot(0.007\lambda_o^3+0.209\lambda_o^2-1.035\lambda_o+1.868) \tag{5.11-8}$$

$$t_o=0.6\cdot t \tag{5.11-9}$$

$$C_o=\frac{C}{1256} \tag{5.11-10}$$

$$\lambda_o=\frac{\lambda}{40} \tag{5.11-11}$$

$$\lambda=\frac{4L}{D} \tag{5.11-12}$$

对于方、矩形钢管混凝土柱：

$$k_t=\begin{cases}\dfrac{1}{1+a\cdot t_o^2} & t_o\leqslant t_1\\ \dfrac{1}{b\cdot t_o^2+c} & t_1<t_o\leqslant t_2,\ 且\geqslant 0\\ k\cdot t_o+d & t_o>t_2\end{cases} \tag{5.12-1}$$

$$a=(0.015\lambda_o^2-0.025\lambda_o+1.04)\cdot(-2.56C_o+16.08) \tag{5.12-2}$$

$$b=(-0.19\lambda_o^3+1.48\lambda_o^2-0.95\lambda_o+0.86)\cdot(-0.19C_o^2+0.15C_o+9.05) \tag{5.12-3}$$

$$c=1+(a-b)\cdot t_1^2 \tag{5.12-4}$$

$$d=\frac{1}{b\cdot t_2^2+c}-k\cdot t_2 \tag{5.12-5}$$

$$k=0.042\cdot(\lambda_o^3-3.08\lambda_o^2-0.21\lambda_o+0.23) \tag{5.12-6}$$

$$t_1=0.38\cdot(0.02\lambda_o^3-0.13\lambda_o^2+0.05\lambda_o+0.95) \tag{5.12-7}$$

$$t_2=(0.022C_o^2-0.105C_o+0.696)\cdot(0.03\lambda_o^2-0.29\lambda_o+1.21) \tag{5.12-8}$$

$$t_o=0.6\cdot t \tag{5.12-9}$$

$$C_o=\frac{C}{1600} \tag{5.12-10}$$

$$\lambda_o=\frac{\lambda}{40} \tag{5.12-11}$$

$$\lambda=\frac{2\sqrt{3}L}{D} \tag{5.12-12}$$

式中：λ——钢管混凝土构件长细比；

L——构件的计算长度（mm）；

D——圆形（或方、矩形）截面直径（或边长）（mm）。

此外，按照上述公式计算，给出了火灾下钢管混凝土承载力影响系数，如表 5.13 所示。根据式（5.11）、式（5.12）或表 5.13，设计人员可以方便计算出火灾下钢管混凝土柱承载力影响系数（k_t），从而得到火灾下无保护钢管混凝土柱的极限承载力 N_u（t）：

$$N_u(t)=k_t\cdot N_u \tag{5.13}$$

为满足耐火极限的要求，钢管混凝土柱所受的轴向荷载 N 不应超过 N_u（t），否则就应该在钢管外部施涂防火保护层。

表 5.13　火灾下钢管混凝土柱承载力影响系数（k_t）

λ	D（B）/mm	圆形截面柱						方形截面柱					
		t=0.5h	t=1.0h	t=1.5h	t=2.0h	t=2.5h	t=3.0h	t=0.5h	t=1.0h	t=1.5h	t=2.0h	t=2.5h	t=3.0h
20	300	0.61	0.41	0.37	0.33	0.28	0.24	0.43	0.23	0.19	0.19	0.18	0.17
	600	0.64	0.47	0.45	0.42	0.40	0.38	0.47	0.24	0.22	0.22	0.21	0.20
	900	0.67	0.50	0.49	0.48	0.47	0.46	0.51	0.26	0.25	0024	0.24	0.23
	1200	0.71	0.52	0.52	0.51	0.51	0.50	0.56	0.29	0.27	0.27	0.26	0.25
40	300	0.47	0.29	0.21	0.14	0.06	0	0.43	0.19	0.16	0.14	0.11	0.08
	600	0.52	0.37	0.33	0.29	0.25	0.21	0.47	0.22	0.19	0.16	0.14	0.11
	900	0.57	0.42	0.40	0.38	0.36	0.34	0.51	0.24	0.22	0.19	0.16	0.14
	1200	0.61	0.45	0.44	0.43	0.42	0.41	0.56	0.26	0.24	0.21	0.18	0.16
60	300	0.34	0.23	0.12	0.01	0	0	0.43	0.16	0.11	0.06	0.02	0
	600	0.40	0.33	0.27	0.21	0.15	0.09	0.47	0.18	0.14	0.09	0.04	0
	900	0.43	0.40	0.37	0.34	0.31	0.28	0.51	0.21	0.16	0.11	0.07	0.02
	1200	0.47	0.44	0.42	0.41	0.39	0.38	0.56	0.22	0.17	0.13	0.08	0.04
80	300	0.30	0.16	0.02	0	0	0	0.37	0.12	0.07	0.01	0	0
	600	0.37	0.29	0.21	0.14	0.06	0	0.40	0.15	0.09	0.03	0	0
	900	0.41	0.37	0.33	0.29	0.25	0.21	0.43	0.17	0.11	0.05	0	0
	1200	0.43	0.41	0.39	0.37	0.35	0.34	0.46	0.18	0.12	0.07	0.01	0

2）钢管混凝土柱防火保护层厚度计算方法：当钢管混凝土柱荷载比（n）超过了火灾下承载力影响系数（k_t），即柱轴向荷载大于钢管混凝土柱火灾下极限承载力时，钢管混凝土构件应该考虑采用防火保护层。影响柱防火保护层厚度（a_c）的主要参数包括：柱荷载比（n），耐火极限（t），截面周长（C）和长细比（λ）。基于数值计算结果，提出了 ISO-834（1975）标准升温曲线作用下钢管混凝土柱防火保护层厚度的实用计算方法。

柱荷载比 n=0.77 的情况，计算公式如下。

当防火保护层为水泥砂浆时：

对于圆形钢管混凝土

$$a_c=k_1\cdot k_2\cdot C^{-(0.396-0.0045\lambda)} \tag{5.14-1}$$

$$k_1=135-1.12\lambda \tag{5.14-2}$$

$$k_2=1.85t-0.5t^2+0.07t^3 \tag{5.14-3}$$

对于方、矩形钢管混凝土

$$a_c=(220.8t+123.8)\cdot C^{-(0.3075-3.25\times10^{-4}\lambda)} \tag{5.15}$$

当防火保护层为厚涂型钢结构防火涂料时：

对于圆形钢管混凝土

$$a_c=(19.2t+9.6)\cdot C^{-(0.28-0.0019\lambda)} \quad (5.16)$$

对于方、矩形钢管混凝土

$$a_c=(149.6t+22)\cdot C^{-(0.42+0.0017\lambda-2\times10^{-5}\lambda^2)} \quad (5.17)$$

式中：a_c——柱防火保护层厚度（mm），当 a_c<7mm 时，取 7mm；

C——截面周长（mm）；

t——耐火极限（h）。

对于柱荷载比 $n\neq0.77$ 的情况，需要在式（5.14）～式（5.17）基础上乘以一个修正系数 k_{LR} 以考虑柱荷载比（n）对柱防火保护层厚度（a_c）的影响，其表达式如下：

$$k_{LR}=\begin{cases}(n-k_t)\,(0.77-k_t) & (k_t<n<0.77)\\ 1/(r-s\cdot n) & (k_t<0.77\leqslant n)\\ \omega\cdot(n-k_t)/(1-k_t) & (k_t\geqslant0.77)\end{cases} \quad (5.18)$$

对于采用水泥砂浆保护层的情况：①圆钢管混凝土柱，$r=3.618-0.154\cdot t$；$s=3.4-0.2\cdot t$；$\omega=2.5\cdot t+2.3$；②方、矩形钢管混凝土柱，$r=3.464-0.154\cdot t$；$s=3.2-0.2\cdot t$；$\omega=5.7\cdot t$。

对于采用厚涂型钢结构防火涂料的情况：①圆钢管混凝土柱，$r=3.695$；$s=3.5$；$\omega=7.2t$；②方、矩形钢管混凝土柱，$r=3.695$；$s=3.5$；$\omega=10t$。

（4）日本规范

常温下，结构中的钢管混凝土柱承受一定的压弯荷载。火灾发生发展过程中，结构的梁受热膨胀会对柱产生水平推力，对两端非铰接的钢管混凝土柱就会产生附加弯矩。于是在受火初期柱弯矩不断增加，而柱的材料在高温下不断劣化，直到某一时刻柱承受的弯矩和其抵抗能力相同，此后柱将不能承受的部分弯矩重新分配给周边结构，直到柱达到极限状态再也不能承受弯矩。在进行钢管混凝土柱耐火性能研究时，日本研究人员分别对轴心加载（只有轴向压力作用）和复合加载（水平和轴向荷载共同作用）下柱的耐火性能进行了试验研究和理论分析，试验按日本标准 JIS A 1304（1994）规定的火灾升温曲线进行升温。通过对试验研究成果的汇总整理，得到了核心混凝土轴力荷载比与试验耐火时间关系。在此基础上，提出钢管混凝土柱耐火极限的设计公式，其表达式如下（ANUHT，2000）：

$$N_f=n_c\cdot A_c\cdot f_c' \quad (5.19)$$

式中：N_f——火灾下的柱子的极限承载力；

A_c——核心混凝土的截面面积；

f_c'——混凝土圆柱体抗压强度，$24\text{MPa}\leqslant f_c'\leqslant60\text{MPa}$，当混凝土强度超过 60MPa 时，$f_c'$ 按 60MPa 取值；

n_c——耐火极限相关的参数。

对于轴心加载的钢管混凝土柱：

$$n_c=a\cdot R^b \quad (5.20)$$

式中：R——耐火极限（min）；

a、b——常数，对圆形截面且 24MPa≤f_c'≤42MPa，a=1.950，b=0.313；对方形截面且 24MPa≤f_c'≤42MPa，a=2.177，b=−0.367；对圆形和方形截面 42MPa≤f_c'≤60MPa，a=1.701，b=−0.318。

对于复合加载，即水平和轴向荷载共同作用的钢管混凝土柱，n_c 按下式计算：

$$n_c=(a\cdot f_c'^{b}\cdot R+1)^{c} \tag{5.21}$$

这里 36MPa≤f_c'≤60MPa，当混凝土强度超过 60MPa 时，f_c' 按 60MPa 取值；当混凝土强度小于 36MPa 时，f_c' 按 36MPa 取值。a、b、c 为常数，对圆形截面柱，a=5.75×10^{-5}，b=2.630，c=−0.214；对方形截面柱，a=2.55×10^{-3}，b=1.735，c=−0.225。

上述四种方法均有其适用范围，归纳在表 5.14 中，其中 f_y 和 f_c' 以 MPa 计。

表 5.14　钢管混凝土柱耐火极限计算方法汇总

类型		中国（CECS 200：2006、GB 51249—2017）	欧洲（EC4）		北美洲（ASCE-29）			日本（ANUHT）
			方法 2	方法 3				
柱横截面类型								
柱有效长度 /m				≤4.5	2~4	2~4.5	2~4.5	
柱长细比		10~100						
截面尺寸 /mm	圆形	200~2000		140~400	140~410	165~410	140~410	≥200
	方形				140~305	175~305	100~305	
混凝土强度 /MPa		f_{cu}=30~80	f_c'=20~50	f_c'=20~40	f_c'=20~40	f_c'=20~55	f_c'=20~55	f_c'=24~90
耐火极限 /min		≤180		≤120	≤120	≤180	≤180	≤180
配筋率 /%				0~5		1.5~5	1.75	
钢管径厚比	圆形	$D/t_s<670/\sqrt{f_y}$						
	方形	$(B-4t_s)/t_s<23\,000/\sqrt{f_y}$						
是否允许偏心		是	否	是	否			是
标准火灾曲线		ISO-834（1975）	ISO-834（1975）		ASTM E-119-83（1985）			JIS A 1304（1994）

5.5.3　计算示例

下面通过一个设计实例，说明第 5.5.2 节所述方法的具体应用。

计算条件为：圆形钢管混凝土柱，钢管外径 273mm，钢管壁厚 5mm；钢管采用 Q345 钢材，内填 C50 混凝土，柱计算长度 2.67m；承受轴向荷载 1000kN；通过设计使柱满足 90min 的耐火极限设计要求。

（1）欧洲规范

方法Ⅱ。设计条件有：钢材强度 f_{ay}=345MPa，选用钢筋强度 f_{sy}=400MPa，混凝土圆柱体抗压强度 f_c'=40MPa，火灾下柱子的有效长度 l_θ=2.67m。由于欧洲规范的方法需要截面温度场的结果，这里采用 EC4 给出的钢材及混凝土的热工参数，用有限元方法计算受火 90min 时柱截面的温度场分布。在温度场的基础上，根据 EC4 提供的高温下钢材和混凝土的力学参数，通过试算当配筋率为 p_r=5%，保护层厚度为 30mm 时，有如下计算结果。

由式（5.7-4）计算得到截面塑性承载力 $N_{fi,pl}$=1616.2kN；

由式（5.7-7）计算得到截面等效刚度 $(EI)_{fi,eff}$=1874.2kN·m²；

由式（5.7-6）计算得到欧拉临界荷载 $N_{fi,cr}=\pi^2\times1874.2/2.67^2=2592.1$kN；

由式（5.7-5）计算得到长细比 $\bar{\lambda}_\theta=\sqrt{1616.2/2592.1}=0.790$；

由式（5.7-3）计算得到 $\Phi=0.5\left[1+0.49(0.790-0.2)+0.790^2\right]=0.957$；

由式（5.7-2）计算得到折减系数：$\chi=\dfrac{1}{0.957+\sqrt{0.957^2-0.790^2}}=0.668$；

由式（5.7-1）计算得到极限承载力 $N_{fi,Rd}=0.668\times1616.2=1080\text{kN}>1000\text{kN}$，满足耐火极限的设计要求。

方法Ⅲ。参考 CIDECT 的设计指南 4（Twilt et al.，1996）的设计曲线，选用图 5.48 中的曲线 9，配筋率为 4%，混凝土圆柱体抗压强度 f_c'=40MPa，极限承载力约为 1085kN ＞1000kN，可满足耐火极限的设计要求。

（2）北美洲规范

设计条件有：混凝土圆柱体抗压强度 f_c'=40MPa，设计荷载 N=1000kN。初步的抗火设计方案为采用普通硅质混凝土，钢管内部不设置钢筋，由表 5.12 可查得 f=0.07。

由式（5.10）计算得到耐火极限：

$$R=0.07\times\frac{40+20}{2670-1000}\times273^2\times\sqrt{\frac{273}{1000}}=98\text{min}>90\text{min}$$

可见设计成立，满足钢管混凝土柱的耐火极限要求。

（3）中国规范

计算条件有：钢材强度 f_y=345MPa，混凝土强度 f_{ck}=32.4MPa，图形截面直径 D=273mm，截面周长 $C=\pi D$=857.65mm，N=1000kN，耐火极限 R=90min=1.5h。根据以上参数可以计算：

长细比 λ=39.12，柱截面含钢率 α_c=0.08，稳定系数 φ=0.86；

极限承载力 N_u=3218kN，柱荷载比 n=1000/3218=0.31；

由式（5.11-1）计算得到 k_t=0.21；

由式（5.18）计算得到 $k_{LR}=(n-k_t)/(0.77-k_t)=0.19$。

采用厚涂型钢结构防火涂料，按由式（5.16）计算得到保护层厚度为

$$a_c=0.19\times(19.2\times1.5+9.6)\times857.65^{-(0.28-0.0019\times39.12)}=1.78\text{mm}<7\text{mm}$$

因此，当采用 7mm 厚涂型钢结构防火涂料时可使柱耐火极限满足要求。

（4）日本规范

考虑轴心加载的情况，计算条件有：核心混凝土面积 A_c=54 325mm²，混凝土圆柱体强度 f_c'=40MPa，耐火极限 R=90min，设计常数为 a=1.950，b=−0.313，耐火极

限 90min。

由式（5.20）计算得到 $n_c = 1.95 \times 90^{-0.313} = 0.477$；

由式（5.19）计算得到极限承载力 $N_f = 0.477 \times 54\,325 \times 40 = 1036\text{kN} > 1000\text{kN}$，满足耐火极限的设计要求。

5.6 本章小结

本章论述了中空夹层钢管混凝土、不锈钢管混凝土、FRP 约束钢管混凝土和 FRP 约束钢筋混凝土构件耐火性能研究方面的阶段性成果。研究结果表明，火灾下中空夹层钢管混凝土柱的内、外钢管及其夹层混凝土能共同工作，构件的耐火性能良好。火灾下不锈钢管混凝土柱的破坏形态和普通钢管混凝土柱有较明显的差异，不锈钢管混凝土柱的耐火性能总体优于对应的普通钢管混凝土柱。耐火极限试验结果表明，采用厚涂型防火涂料的 FRP 约束钢管混凝土和 FRP 钢筋混凝土柱耐火性能良好。本章还分析比较了国内外有关钢管混凝土构件的抗火设计方法，并给出了计算示例。

参考文献

陈峰，2011．不锈钢管混凝土柱耐火性能的试验研究和数值模拟［D］．北京：清华大学．

韩林海，陶忠，王文达，2009．现代组合结构和混凝土结构——试验、理论和方法［M］．北京：科学出版社．

韩林海，2007．钢管混凝土结构——理论与实践［M］．2 版．北京：科学出版社．

李国强，韩林海，楼国彪，等，2006．钢结构及钢-混凝土组合结构抗火设计［M］．北京：中国建筑工业出版社．

李华东，1994．高温下钢筋混凝土压弯构件的试验研究［D］．北京：清华大学．

吕彤光，1996．高温下钢筋的强度和变形的试验研究［D］．北京：清华大学．

时旭东，1992．高温下钢筋混凝土杆系结构试验研究和非线性有限元分析［D］．北京：清华大学．

陶忠，王志滨，韩林海，等，2007．CFRP 约束钢管混凝土柱的耐火性能研究［C］// 第四届全国钢结构防火及防腐技术研讨会暨第二届全国结构抗火学术交流会，上海：347-356．

中国工程建设标准化协会，2006．建筑钢结构防火技术规范：CECS 200：2006［S］．北京：中国计划出版社．

中华人民共和国公安部，2018．建筑设计防火规范（2018 年版）：GB 50016—2014［S］．北京：中国计划出版社．

中华人民共和国国家市场监督管理总局，国家标准化管理委员会，2018．钢结构防火涂料：GB 14907—2018［S］．北京：中国标准出版社．

中华人民共和国国家质量监督检验检疫总局，国家标准化管理委员会，2008．建筑构件耐火试验方法：GB/T 9978—2008［S］．北京：中国标准出版社．

中华人民共和国国家质量监督检验检疫总局，中华人民共和国建设部，2002．钢结构工程施工质量验收规范：GB 50205—2001［S］．北京：中国计划出版社．

中华人民共和国国家质量监督检验检疫总局，2002．钢结构防火涂料：GB 14907—2002［S］．北京：中国标准出版社．

中华人民共和国住房和城乡建设部，2017．建筑钢结构防火规范：GB 51249—2017［S］．北京：中国计划出版社．

ANUHT，2000．CFT 構造技術指針・同解説［M］．Association of New Urban Housing Technology，新都市ハウジング協会．

AS 4100, 1998. Steel structures, AS 4100 [S]. Sydney: Standards Australia.

ASCE-SFPE 29, 1999. Standard calculation method for structural fire protection [S]. American Society of Civil Engineers, Reston, VA.

ASTM E119-83, 1985. Standard methods of fire test of building construction and materials, American society for testing and materials [S]. West Conshohocken, Pennsylvania.

ASTM, 2001. Standard methods of fire test of building construction and materials, Test Method E-119 [S]. American Society for Testing and Materials, West Conshohocken, Pennsylvania.

CHABOT M, LIE T T, 1992. Experimental studies on the fire resistance of hollow steel columns filled with bar-reinforced concrete [R]. NRC-CNRC Internal Report, No.628, Ottawa, Canada.

CHEN F, HAN L H, YU H X, 2010. A comparison of design codes for the fire resistance of concrete filled steel tubular (CFST) columns [C]//12th International Conferrence on Inspection, Appraisal, Repairs & Maintenance of Structures (Volume 1), 23-25, Yantai, China.

DING J, WANG Y C, 2008. Realistic modeling of thermal and structural behaviour of unprotected concrete filled tubular columns in fires [J]. Journal of Constructional Steel Research, 64 (10): 1086-1102.

EUROCODE 3. EN 1993-1-2: 2005, 2005. Design of steel structures-part 1.2 general rules: Structural fire design [S]. European Committee for Standardization, Brussels.

EUROCODE 4. EN 1994-1-2: 2005, 2005. Design of composite steel and concrete structures-part1-2: General rules-structural fire design [S]. European Committee for Standardization, Brussels.

GARDNER L, NG K T, 2006. Temperature development in structural stainless steel sections exposed to fire [J]. Fire Safety Journal, 41 (3): 185-203.

GHOJEL J, 2004. Experimental and analytical technique for estimating interface thermal conductance in composite structural elements under simulated fire conditions [J]. Experimental Thermal and Fluid Science, 28 (4): 347-354.

HAN L H, CHEN F, LIAO F Y, et al., 2013. Fire performance of concrete filled stainless steel tubular columns [J]. Engineering Structures. 56: 165-181.

HAN L H, LIAO F Y, CHENG F, et al., 2011. Behaviour of concrete filled stainless steel tubular columns under fire [C]// The 6th International Symposium on Steel Structures, Seoul, Korea: 868-873.

HAN L H, YANG Y F, XU L, 2003. An experimental study and calculation on the fire resistance of concrete-filled SHS and RHS columns [J]. Journal of Constructional Steel Research, 59 (4): 427-452.

HIBBITT, KARLSSON, SORENSEN, INC., 2004. ABAQUS/Standard user's manual, version 6.5.1 [CP], Partucket, RI.

ISO-834, 1975. Fire resistance tests-elements of building construction [S]. International Standard ISO 834, Geneva.

ISO-834, 1999. Fire resistance tests-elements of building construction-part 1: General requirements [S]. International Standard ISO 834-1, Geneva.

IZZUDDIN B A, ELGHAZOULI A Y, TAO X Y, 2002. Realistic modelling of composite floor slabs under fire conditions [C]// Proceedings of 15th ASCE Engineering Mechanics Conference. Columbia University, New York.

JAPANESE INDUSTRIAL STANDARD JIS A 1304. 1994. Method of fire resistance test for structural parts of buildings [S] Tokyo, Japan.

KIM D K, CHOI S M, KIM J H, et al., 2005. Experimental study on fire resistance of concrete-filled steel tube column under constant axial loads [J]. International Journal of Steel Structures, 5 (4): 305-313.

KODUR V K R, CHENG F P, WANG T C, et al., 2003. Effect of strength and fibre reinforcement on fire resistance of high-strength concrete columns [J]. Journal of Structural Engineering, ASCE, 129 (2): 253-259.

KODUR V K R, LATOUR J C, 2005. Experimental studies on the fire resistance of hollow steel columns filled with high-strength concrete [R]. NRC-CNRC Research Report, No. 215, Ottawa, Canada.

KODUR V K R, LIE T T. 1997. Evaluation of fire resistance of rectangular steel columns filled with fibre-reinforced concrete [J]. Canadian Journal of Civil Engineering, 24: 339-349.

KODUR V K R, 2007. Guidelines for fire resistance design of concrete-filled steel HSS columns-state-of-the-art and research needs [J]. KSSC steel structures, 7 (3): 173-182.

LIE T T, CHABOT M, 1992. Experimental studies on the fire resistance of hollow steel columns filled with plain concrete [R]. NRC-CNRC Internal Report, No.611, National Research Council of Canada, Institute for Research in Construction, Ottawa, Canada.

LIE T T, DENHAM E M A, 1993. Factors affecting the fire resistance of circular hollow steel columns filled with bar-reinforced concrete [R]. NRC-CNRC Internal Report, No.651.

LU H, HAN L H, ZHAO X L, 2010a. Fire performance of self-consolidating concrete filled double skin steel tubular columns: Experiments [J]. Fire Safety Journal, 45 (2): 106-115.

LU H, ZHAO X L, HAN L H, 2009. Fire behaviour of high strength self-consolidating concrete filled steel tubular stub columns [J]. Journal of Constructional Steel Research, 65 (10-11): 1995-2010.

LU H, ZHAO X L, HAN L H, 2010b. Testing of self-consolidating concrete-filled double skin tubular stub columns exposed to fire [J]. Journal of Constructional Steel Research, 66 (8-9): 1069-1080.

LU H, ZHAO X L, HAN L H, 2011. FE modelling and fire resistance design of concrete filled double skin tubular columns [J]. Journal of Constructional Steel Research, 67 (11): 1733-1748.

MYLLYMÄKI J, LIE T T, CHABOT M, 1994. Fire resistance tests of square hollow steel columns filled with reinforced concrete [R]. NRC-CNRC Internal Report, No.673, Ottawa, Canada.

NG K T, GARDNER L, 2007. Buckling of stainless steel columns and beams in fire [J]. Engineering Structures, 29 (5): 717-730.

RUDDY J L, MARLO J P, IOANNIDES S A, et al., 2003. Fire resistance of structural steel framing [S]. AISC Steel Design Guide No.19. American Institute of Steel Construction, Chicago, Illinois, USA.

SAKUMOTO Y, OHASHI M, KEIRA K, et al., 1991.Elevated temperature mechanical properties of fire resistant steel for building structural use [J]. Journal of Structural Constructional Engineering, AIJ, No.427: 107-115.

SAKUMOTO Y, OKADA T, YOSHIDA M, et al., 1994. Fire resistance of concrete-filled, fire-resistance steel-tube columns [J]. Journal of Materials in Civil Engineering, 6 (2): 169-184.

TAN Q H, GARDNER L, HAN L H, et al., 2019. Fire performance of steel reinforced concrete-filled stainless steel tubular (CFSST)columns with square cross-sections [J]. Thin-Walled Structures, 143 (SI): 106197.

TAO Z, GHANNAM M, SONG T Y, et al., 2016. Experimental and numerical investigation of concrete-filled stainless steel columns exposed to fire [J]. Journal of Constructional Steel Research, 118: 120-134.

TAO Z, WANG Z B, HAN L H, et al., 2011. Fire performance of concrete-filled steel tubular columns strengthened by CFRP [J]. Steel and Composite Structures, 11 (4): 307-324.

TWILT L, HASS R, KLINGSCH W, et al., 1996. CIDECT design guide for structural hollow sections exposed to fires [M]. Köln: TUV-Verlag.

WANG Y C, 2002. Steel and composite structures-behaviour and design for fire safety [M]. London and New York: Taylor & Francis.

第 6 章　火灾后钢管混凝土柱的修复加固方法

6.1　引　　言

众所周知，经历火灾作用后，钢管混凝土柱的承载能力会有所降低，因此有必要对其火灾后的性能进行评估，以便为结构修复加固提供依据。

对火灾作用后的钢管混凝土柱进行修复加固时，可采用图 6.1 所示的“增大截面法”加固措施。当新加的外钢管与原钢管混凝土柱之间间距较小时，可采用细石混凝土，混凝土则可采用更易于填充的自密实混凝土。必要时，可根据需要在钢管混凝土柱的外壁焊栓钉或竖板，以加强新浇灌混凝土和原钢管混凝土柱的整体性。“增大截面法”可有效地提高火灾作用后钢管混凝土柱的极限承载力和抗弯刚度。因此，对于火灾中受损明显的钢管混凝土柱采用该方法较适合。

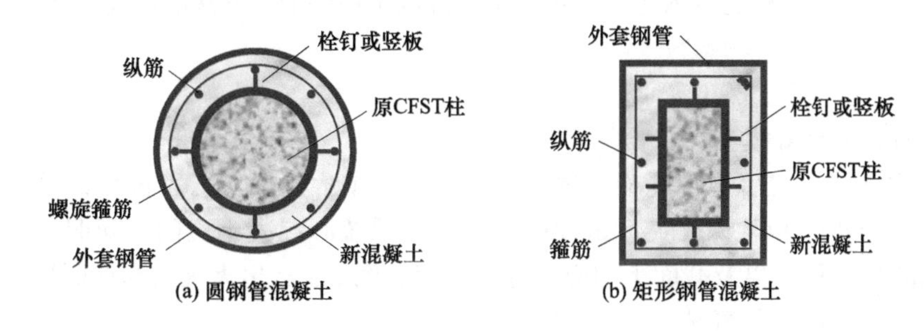

图 6.1　“增大截面法”加固方法

可采用纤维增强复合材料 FRP（fiber reinforced polymer）布包裹火灾作用后钢管混凝土柱的加固措施，即“FRP 包裹法”，从而使钢管内的核心混凝土处于 FRP 和钢管的双重约束之下，且修复加固后不会显著影响柱的截面尺寸。采用此类方法加固可提高构件的极限承载力和延性，但对试件刚度的提高程度不如采用“增大截面法”显著。图 6.2 所示为典型的几种 FRP 约束钢管混凝土截面形式。

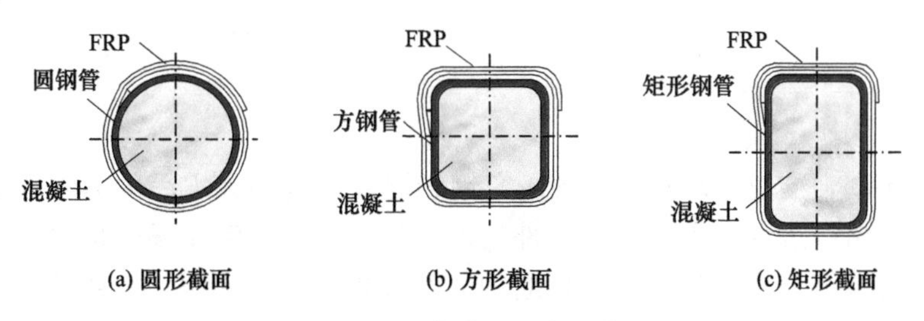

图 6.2　“FRP 包裹法”加固方法

本章以图 1.14 所示的 A→B→C→D→E′ 无初始荷载作用的火灾后钢管混凝土柱为研究对象，分别采用“增大截面法”和“FRP 包裹法”对火灾后的钢管混凝土柱进行加固，对其加固后的静力和滞回性能进行了研究，分析比较了受火与否、加固与否等情况下该类构件的力学性能和工作机理，定量研究了构件承载能力和抵抗变形能力的变化规律。本章简要论述有关研究成果，以及火灾后钢管混凝土柱的加固策略和有关方法。

6.2 加固后钢管混凝土柱的静力性能

研究钢管混凝土柱在无初始荷载作用的火灾后特性是评估其火灾后力学性能、并制定合理的火灾后修复加固措施的重要前提和基础。韩林海（2007）进行了均匀受火后的钢管混凝土柱力学性能的研究。进行了两类试验，即：①恒高温作用后钢管混凝土的轴心受压力学特性；②按 ISO-834 规定的标准升温曲线（ISO-834，1975）升温作用后钢管混凝土压弯试件的力学性能。建立了相应的数值分析模型，在此基础上分析火灾持续时间、柱截面含钢率、钢材和混凝土强度、荷载偏心率和试件截面尺寸等因素对火灾作用后钢管混凝土试件承载力及变形的影响规律，提出试件承载力和变形的实用计算方法。上述工作为深入进行火灾后钢管混凝土构件加固方法的研究创造了条件。

6.2.1 “增大截面法”

（1）有限元计算模型

本节建立了火灾后钢管混凝土试件以及采用“增大截面法”加固后试件的理论分析模型，以便进一步认识火灾后试件中原钢管与原核心混凝土之间、新旧钢管与新混凝土之间的相互作用以及截面上的应力分布规律，图 6.3 示出火灾后和加固后有限元计算模型的截面网格划分情况。

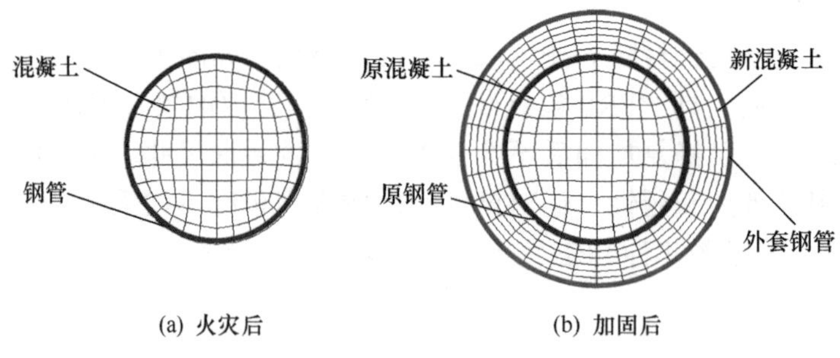

图 6.3　火灾后和加固后截面网格划分情况

采用顺序耦合的热 - 力分析方法研究钢管混凝土构件火灾后的力学性能，即首先用热分析求解出全过程火灾作用下构件的温度场分布。在温度场分析之后进行力学性能分析，并将传热分析单元转化为相应的力学分析单元。采用“生死单元”技术模拟火灾后的加固作用，即通过激活预先建立的单元，使之参与火灾后的受力分析。

温度场计算模型中，钢管采用壳单元，刚性盖板、核心混凝土采用实体单元；力学性能分析模型中，保持和温度场计算模型一致的单元网格划分，但对应的单元类型转换为力学分析单元。

进行传热分析时，假设整个钢管混凝土试件的初始温度是均匀分布的，其值等于常温下的环境温度。钢管的外表面为受火面，受火面与炉膛之间通过热辐射和热对流进行传热，除此之外没有其他温度边界条件。

进行力学分析时，通过限制端部刚性盖板中线的 X 向和 Y 向位移来模拟试件端部的铰接约束。对于固定端，还要约束盖板中线的 Z 向的位移；而加载端则通过在盖板中线上施加轴向变形模拟实际的加载情况。

对于内钢管，其高温后钢材的力学性能按第 4.2 节中给出的有关方法确定，其应力 - 应变关系如式（4.2）所示。对于外钢管，采用普通钢管常温下的本构模型，其应力 - 应变关系如式（3.2）所示。对于高温后钢管内的核心混凝土，其应力 - 应变关系随着温度的升高，峰值应力降低，峰值应变增加，应力 - 应变关系曲线趋于扁平。应力（σ）- 应变（ε）关系如下：

$$y=\begin{cases}2x-x^2 & (x\leqslant 1)\\ \dfrac{x}{\beta_o(x-1)^{\eta}+x} & (x>1)\end{cases} \tag{6.1-1}$$

$$x=\frac{\varepsilon}{\varepsilon_{op}} \tag{6.1-2}$$

$$y=\frac{\sigma}{\sigma_{op}} \tag{6.1-3}$$

$$\sigma_{op}=f'_{cp}(T_{max}) \tag{6.1-4}$$

$$\varepsilon_{op}=\varepsilon_{cc}+800\xi^{0.2}\times 10^{-6} \tag{6.1-5}$$

$$f'_{cp}(T_{max})=\frac{f'_c}{1+2.4(T_{max}-20)^6\times 10^{-17}} \tag{6.1-6}$$

$$\varepsilon_{cc}=(1300+12.5f'_c)\times 10^{-6}\times\left[1+(1500T_{max}+5T_{max}^2)\times 10^{-6}\right] \tag{6.1-7}$$

$$\eta=\begin{cases}2 & （圆钢管混凝土）\\ 1.6+1.5/x & （方、矩形钢管混凝土）\end{cases} \tag{6.1-8}$$

$$\beta_o=\begin{cases}(2.36\times 10^{-5})^{\left[0.25+(\xi-0.5)^7\right]}(f'_c)^{0.5}\times 0.5\geqslant 0.12 & （圆钢管混凝土）\\ \dfrac{(f'_c)^{0.1}}{1.2\sqrt{1+\xi}} & （方、矩形钢管混凝土）\end{cases} \tag{6.1-9}$$

$$\xi=\frac{A_s\cdot f_y}{A_c\cdot f_{ck}} \tag{6.1-10}$$

式中：f'_c——常温下混凝土圆柱体抗压强度（N/mm^2）；

T_{max}——历史最高温度（℃）；

ξ——常温下约束效应系数；

f_{ck}——混凝土抗压强度标准值；

f_y——钢管钢材屈服强度；

A_s——钢管横截面面积；

A_c——混凝土横截面面积。

对于修复后原钢管和新钢管之间的夹层混凝土，采用普通钢管混凝土常温下核心混凝土的本构模型，其约束效应系数 ξ_r 按式（6.1-10）进行考虑，但将 f_{ck} 和 f_y 替换为夹层混凝土和外套钢管的材料性能；A_s 和 A_c 替换为 A_{sr} 和 A_{cr}，A_{sr} 是修复后外钢管的截面面积，A_{cr} 为修复后夹层混凝土的名义截面面积，对于圆钢管混凝土，$A_{sr}=\pi(D_r-2t_{sr})^2/4$，对于矩形钢管混凝土，$A_{sr}=(D_r-2t_{sr})(B_r-2t_{sr})$；$D_r$ 为修复后外套圆形钢管横截面外径或矩形钢管横截面长边边长；B_r 修复后外套矩形钢管横截面短边边长；t_{sr} 为修复后外套钢管壁厚。

进行热分析时，假设热流只往钢管及其核心混凝土传递，不考虑两端与刚性盖板的热交换。因此沿试件长度方向只设置一个面面接触，即将核心混凝土外表面与钢管内表面设置为完全接触，其余接触面均不设置任何接触。

对于力学分析，沿着长度方向存在三个面面接触对，如下所述。

① 面面接触 1：核心混凝土与钢管内表面的接触；

② 面面接触 2：夹层混凝土的内表面与钢管的外表面接触；

③ 面面接触 3：夹层混凝土的外表面与外套钢管内表面的接触。

此外，还需要设置钢管与盖板、混凝土与盖板的接触。

建立的有限元计算模型得到了试验结果的验证。以圆形钢管混凝土加固前、后的试件为例，说明有限元模拟和试验结果的比较情况。

表 6.1 给出圆钢管混凝土柱试件的信息，其中 D 为原圆形钢管混凝土柱钢管横截面的外直径，D_r 为外套圆形钢管的外直径，t_s 为原钢管混凝土柱钢管壁厚，t_{sr} 为外套钢管壁厚，H 为试件高度，t 为受火时间，N_{ue} 为试验获得的钢管混凝土柱极限承载力。

表 6.1　钢管混凝土柱试件信息

序号	编号	$D\times t_s$	$D_r\times t_{sr}$	H/mm	t/min	N_{ue}/kN
1	C	100mm×2mm		1500	0	562
2	RCF	100mm×2mm	160mm×1.7mm	1500	180	944

原钢管和外套钢管混凝土柱钢管的力学性能指标如表 6.2 所示。其中，f_y、f_u 分别为钢材的屈服极限、抗拉强度极限，E_s 为钢材的弹性模量，v_s 为钢材的泊松比。

表 6.2　钢材力学性能指标

钢管类型	壁厚 /mm	f_y/MPa	f_u/MPa	f_u/f_y	E_s/（10^5N/mm^2）	v_s
原钢管	2	290	354	1.22	2.02	0.270
外套钢管	1.7	308	393	1.28	2.09	0.302

核心混凝土与夹层混凝土均采用了自密实混凝土。核心混凝土的配合比为：水泥

300kg/m^3；粉煤灰 230kg/m^3；水 179kg/m^3；石子 897kg/m^3；砂子 790kg/m^3；减水剂 4.2kg/m^3；水胶比为 0.34；砂率为 0.47。测得混凝土坍落度为 240mm，坍落扩展度为 600mm，28d 抗压强度为 f_{cu}=48.8MPa，受火加固后进行轴压试验时的抗压强度为 f_{cu}=75MPa，弹性模量为 E_c=34 600N/mm^2。夹层混凝土配合比为水泥 320kg/m^3；粉煤灰 180kg/m^3；水 181kg/m^3；石子 867kg/m^3；砂 847kg/m^3；减水剂 5kg/m^3；水胶比为 0.36；砂率为 0.49。测得混凝土坍落度为 250mm，坍落扩展度为 550mm。夹层混凝土养护到 28d 时即开始进行试验，测得抗压强度为 f_{cu}=50.1MPa，弹性模量为 E_c=35 500N/mm^2。

钢管混凝土试件按 ISO-834（1975）标准升温曲线进行升温，以圆钢管混凝土为例，升温至 180min 时截面的温度场如图 6.4 所示。试件升温后在炉膛中自然冷却，进行加固处理。

试件加固步骤：①清除钢管表面的氧化层；②在受损柱子外围加一层钢管；③在内、外管之间灌入自密实混凝土。

试件两端采用刀口铰以模拟铰接的边界条件。试件采用分级加载制，弹性范围内每级荷载为预计极限荷载的 1/10，当钢管压区纤维达屈服点后，每级荷载约为预计极限荷载的 1/20，接近破坏时慢速连续加载。每级荷载的持荷时间约为 2min。应变和位移均采用计算机数据采集系统自动采集。

试验结果表明，试件均表现为柱子发生面内侧向挠曲，丧失稳定而破坏。在不同的荷载阶段，试件中截面的纵向应变分布基本上保持平面，在下降段的后期，试件中截面的压区和拉区两侧边管会出现明显的外凸变形，破坏形态如图 6.5 所示。

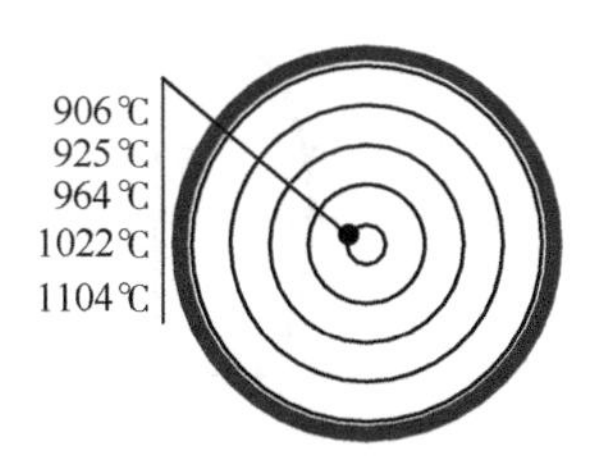

图 6.4　柱截面温度场

图 6.5　试件 RCF 的破坏形态

实测的荷载（N）-中截面挠度（u_m）及荷载（N）-中截面拉应变和压应变（ε）关系如图 6.6 所示，应变以受压为正。从试件的 N-u_m 曲线可以看出，试件在达到极限荷载时呈现出较陡的下降段，随着跨中挠度的增加，这种下降的趋势趋于平缓。

图 6.6 也可以反映钢管混凝土柱火灾加固后的效果。与受火前相比，加固后承载力

和刚度都有明显的改善，尤其是极限承载力增加了 68%。

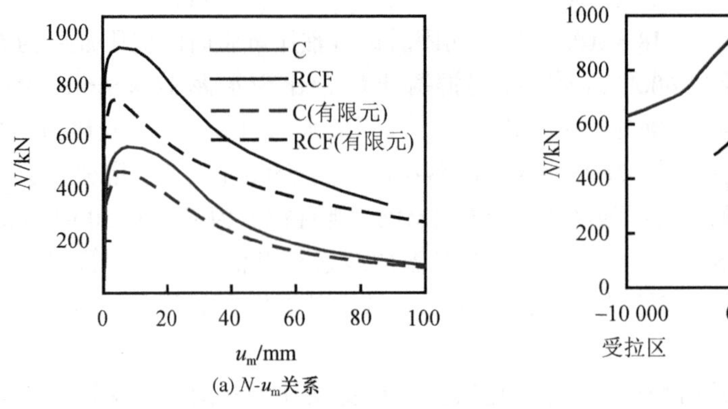

(a) N-u_m关系

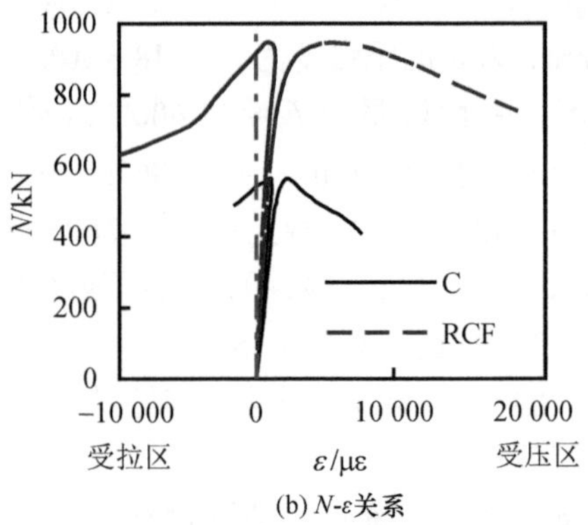

(b) N-ε关系

图 6.6 钢管混凝土柱 N-u_m 及 N-ε 关系

表 6.1 给出了实测的极限承载力（N_{ue}）。可见采用“增大截面法”对受损的钢管混凝土柱进行加固是一种有效的措施，加固后其极限承载力完全可以恢复到未受火时的状态。

（2）受力特性分析

采用有限元计算模型可进一步对采用“增大截面法”的钢管混凝土压弯构件进行分析。

下面以工程中常见的在恒定轴向压力作用下的两端为嵌固支座、跨中有水平侧移的框架柱为例进行分析，设其长度为 $L=2L_1$，如图 6.7（a）所示，其中 N_F 为柱轴力，M 为柱端弯矩，由于其反弯点在柱的中央，可以将其按图 6.7（b）简化为图 6.7（c）从反弯点到固定端长度为 L_1 的悬臂试件，图中 P 为柱端水平荷载，Δ_h 为柱水平位移。

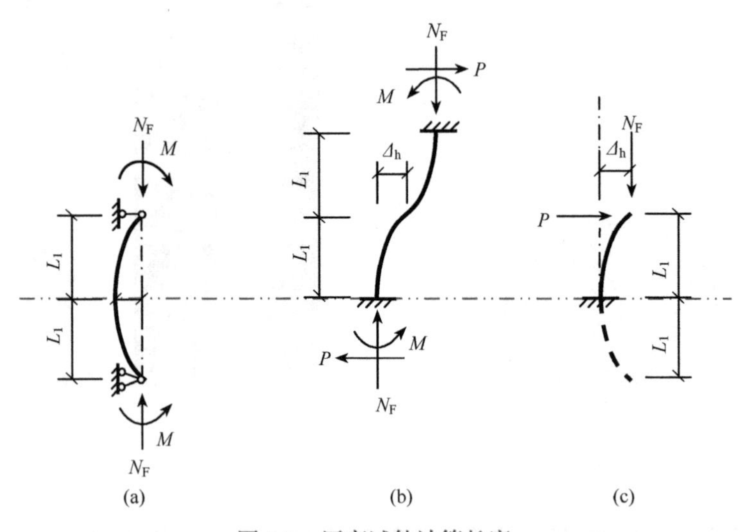

图 6.7 压弯试件计算长度

以圆形钢管混凝土压弯构件为例，采用具体算例对火灾作用前后构件的承载力变化及截面应力状态、钢管与混凝土间的相互作用等进行分析。算例的基本条件如图 6.8 所示。

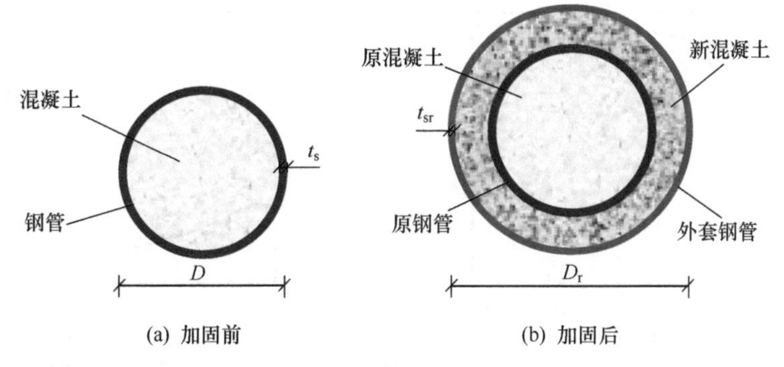

(a) 加固前　(b) 加固后

图 6.8　计算条件示意图

① 火灾前：$D \times t_s \times L$=400mm×9.31mm×4000mm，Q345 钢，C60 混凝土，N_F=3619kN，t=0。

② 火灾后（未加固）：t=90min，其余条件与常温试件相同。

③ 加固后：t=90min，$D_r \times t_{sr}$=440mm×4.5mm，其余条件与常温试件相同。

进行力学分析时，首先在柱顶施加一轴向荷载（N_F），并保持恒定，然后施加水平变形（位移）（Δ_h），同时保持 N_F 恒定，随着 Δ_h 的增加，柱端水平荷载（P）逐渐增加，即可得到火灾前、火灾后和加固后的 P-Δ_h 关系，如图 6.9 所示，三个特征点确定方法为：1 点为构件进入屈服阶段的点，其水平位移值为极限承载力对应水平位移的 75%；2 点对应钢管混凝土柱水平承载力的极限点；3 点为水平承载力下降到极限承载力的 85% 时对应的点。

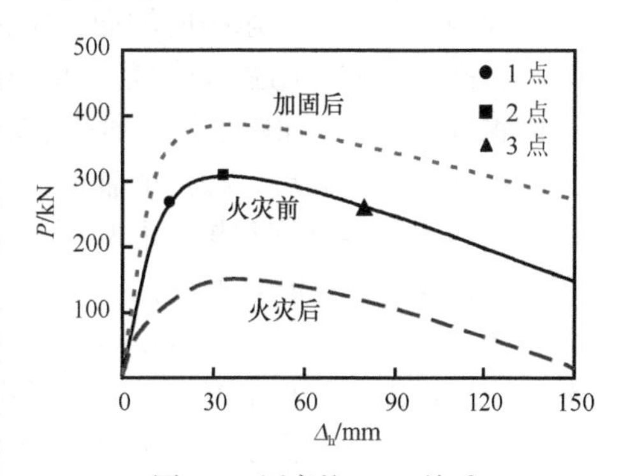

图 6.9　压弯柱 P-Δ_h 关系

可以看出，三种情况下构件达到极限承载力时的变形基本相同，常温下构件对应的变形略小。但火灾后构件的极限承载力（151kN）较常温下构件的极限承载力（308kN）降低了 50%，且达到数值点后承载力降低速度也较快。加固构件极限承载力（387kN）较常温提高了约 26%，且承载力下降也是最慢的。火灾后构件的刚度也有较大的降低，但加固以后构件刚度甚至超过了常温构件的刚度。加固后构件的延性系数也有很大提高，从加固前的 3.52 提高到了 7.79，也远大于受火前构件的 5.02。

图 6.10 所示为三种条件下核心混凝土承担轴力的百分比（n_c）- 水平变形（Δ_h）关系，图中同时也给出了夹层混凝土和内外钢管承担轴力的百分比随水平变形（Δ_h）变化的情况。可以看出，常温状态下，在位移加载的初始阶段，混凝土承担的轴向力的比例维持在 60% 左右。随着受压区钢管的屈服，钢管承担的轴向力开始降低，混凝土承担的轴向力开始逐渐增加，在试件的水平承载力达到峰值点之前，混凝土承担的荷载增加较为明显，最后曲线趋于水平，混凝土承担轴向力的比例也达 95% 左右。

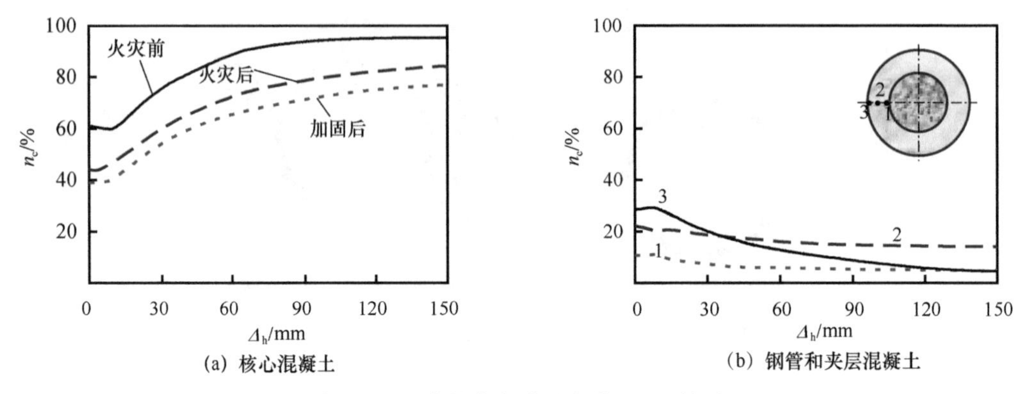

(a) 核心混凝土　　(b) 钢管和夹层混凝土

图 6.10　压弯柱各部分承担的 n_c-Δ_h 关系

火灾作用后，钢管混凝土各部分承担荷载的比率发生了变化，在加载初始阶段，混凝土只承担了 45% 左右的轴向荷载，小于钢管的承担比例。这主要由于高温作用冷却后，钢管强度可得到较大程度的恢复。还可以看出，火灾后曲线初始水平段明显变短，即钢管与混凝土承担的轴向力维持一定值的阶段明显变短，这是因为和常温状态相比，高温后钢材的强度降低，弹性模量基本保持不变。在相同的加载制度下，受压区的钢材较早进入屈服阶段。加载结束前，构件混凝土承载比率达 84%。

经过修复加固后，构件的轴向荷载主要还是由核心混凝土承担，与火灾后未加固的试件相比，内钢管和核心混凝土都出现了较为明显的卸荷现象，部分轴向力转移到了外套钢管和夹层混凝土上。

图 6.11 给出了 Δ_h = 150mm 时三种条件下构件弯矩最大处各部分对弯矩抗力的贡献，可以看出在三种情况下，钢管承担了 60% 左右的弯矩。对于加固后的构件，外包钢管对弯矩的贡献占了 25% 以上，这主要是由于外钢管截面惯性矩大，拉压侧均对弯矩抗力有较大贡献。

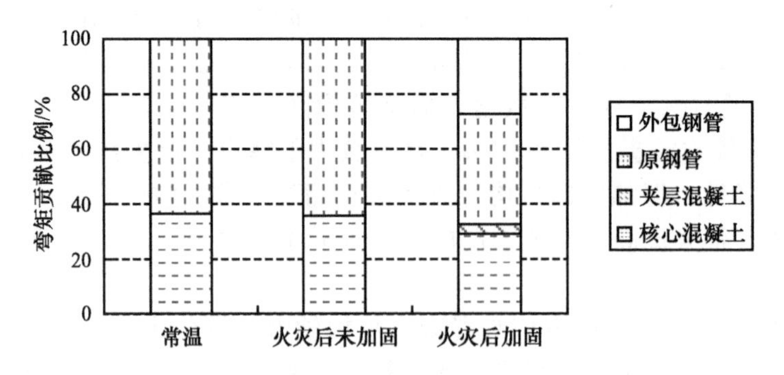

图 6.11　压弯柱弯矩最大截面处各部分对截面弯矩的贡献

计算结果表明，受力过程中压弯构件的核心混凝土与内钢管之间、夹层混凝土与内、外钢管之间都存在着相互作用。图 6.12 给出柱弯矩最大截面不同位置处这种相互作用随水平变形（Δ_h）变化的情况，其中 1 点、4 点、7 点所处的位置为受压区。假设核心混凝土与钢管之间的相互作用力为 p_1，夹层混凝土与钢管之间的相互作用力为 p_2，夹层混凝土与外套钢管之间的相互作用力为 p_3，如图 6.12（a）所示。

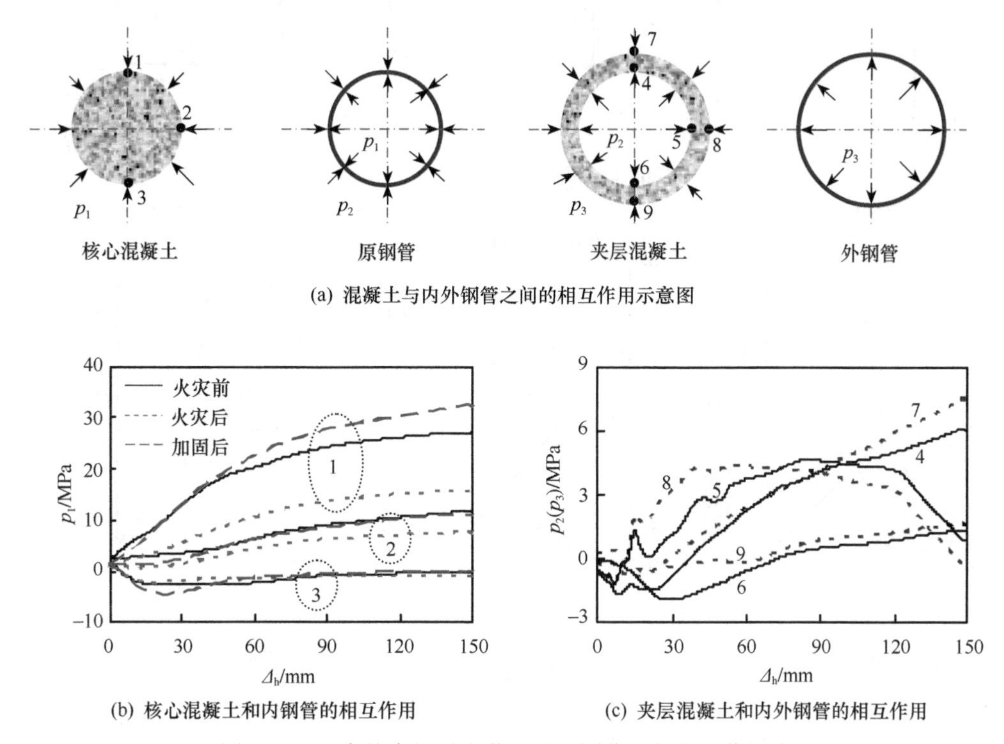

(a) 混凝土与内外钢管之间的相互作用示意图

(b) 核心混凝土和内钢管的相互作用

(c) 夹层混凝土和内外钢管的相互作用

图 6.12　压弯柱弯矩最大截面处不同位置的相互作用力

从图 6.12（b）可以看出，常温状态下，随着水平变形（Δ_h）的增加，截面的中和轴位置发生变化，1 点所处的受压区混凝土应力不断增大，混凝土的泊松比在高应力作用下急剧增加，相互作用力因此也有不断增大的趋势；2 点处的相互作用力则有相对较缓慢的增加；而 3 点所处的位置压应力减小并逐渐转为受拉，约束力也由正值变为负值，钢管与核心混凝土有分开的趋势。火灾作用后，约束力随水平位移的变化情况与常温未受火的情况类似，但约束力数值有降低的趋势，1 点处的钢管和混凝土的相互作用力降低尤为突出。火灾作用加固后的试件，由于外套钢管和夹层混凝土对原受损的柱提供了有效约束，此时核心混凝土的约束力大小有较大程度的恢复，其值与常温下较为接近。

夹层混凝土的面积较小，在整个位移加载过程中所承担的轴向力也较小，混凝土所受的约束力总体上较低，随着位移的不断增加，受压区的约束力也逐渐增加，而受拉区的约束力也与三处的变化类似，如图 6.12（c）所示。

图 6.13 所示为火灾作用前后 P-Δ_h 关系曲线上对应三个特征点的 A—A 截面上混凝土纵向应力分布，其中 f_c' 为常温下混凝土圆柱体抗压强度，符号“－”表示压应力，“＋”表示拉应力。

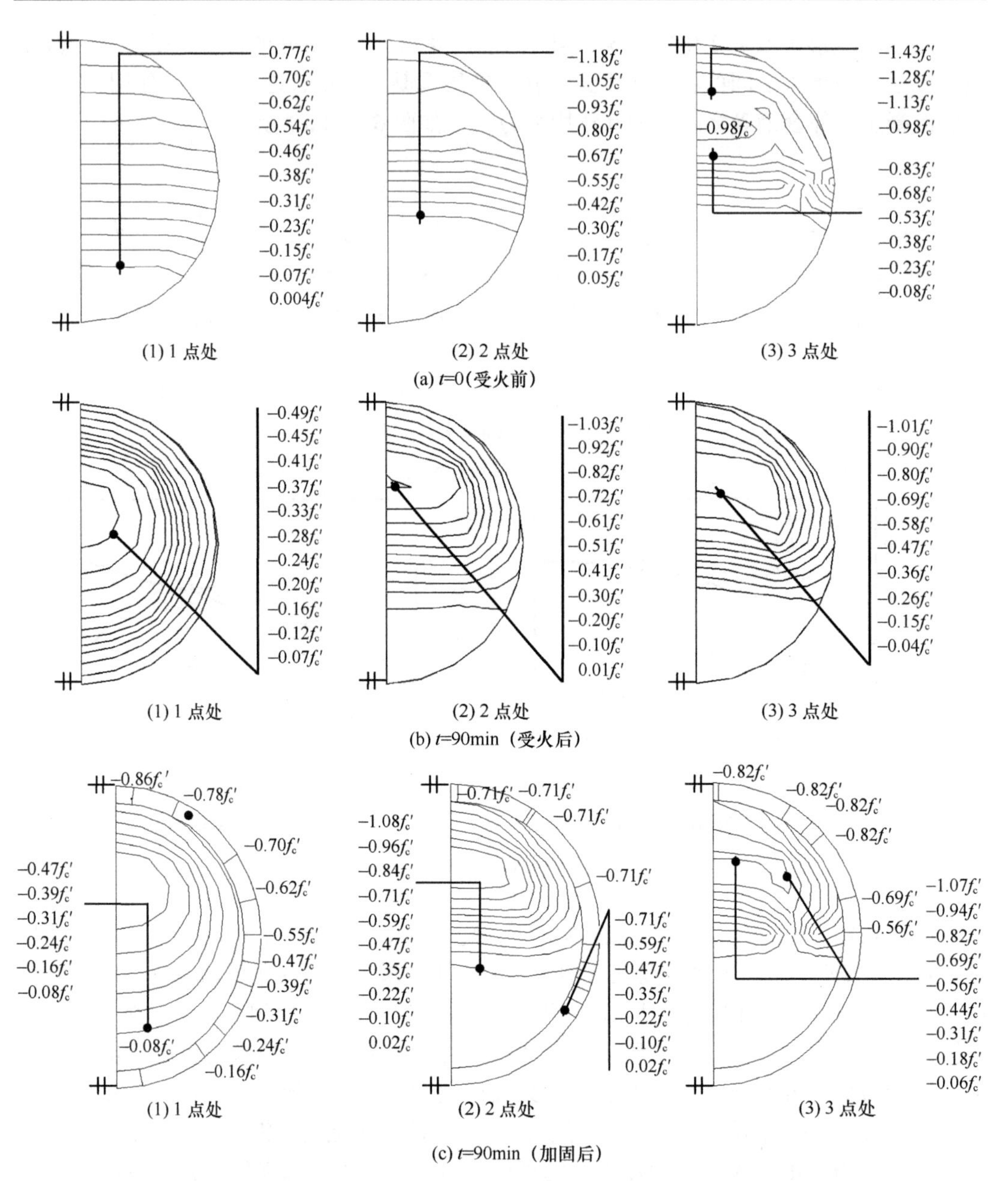

图 6.13　压弯柱弯矩最大截面处核心混凝土纵向应力分布（圆钢管混凝土）

由图 6.13 可见，常温状态下混凝土的纵向应力总体上呈带状分布，在受压区的钢管达到屈服时，截面在轴力和弯矩的共同作用下，混凝土边缘纤维出现了拉应力，如图 6.13（a1）所示。随着水平位移的增加，截面中和轴的位置发生了变化，混凝土受拉区范围不断增大，受压区混凝土的纵向应力不断增长，如图 6.13（a2）和（a3）所示。

火灾作用后，混凝土截面上的纵向应力分布发生了明显变化，总体上呈层状分布。由于受压区钢管较早进入了屈服阶段，此时截面的混凝土应力处于全截面受压，中心处受火温度较低，应力较大；外围混凝土受损程度较大，应力较低，如图 6.13（b1）

所示，此时试件还处于弹性阶段，荷载 - 变形关系和弯矩 - 曲率关系基本上呈线性。

当试件到达极限承载力时，截面中和轴位置发生了变化，混凝土的边缘纤维出现了拉应力，而高应力区并没有出现在受压区的边缘纤维，而是偏向于混凝土中心处，原因在于混凝土边缘受火温度较高，火灾后强度降低幅度较大，如图 6.13（b2）所示，此时截面总体上处于弹塑性状态，弯矩 - 曲率关系也开始呈现出非线性特征。当水平承载力下降至 85% 的峰值荷载时，截面受拉区的范围不断增大，受压区的应力持续增长，如图 6.13（b3）所示。

柱加固后，核心混凝土的应力分布和火灾后未加固试件相似，在受压区钢管达到屈服时，整个截面处于不均匀的受压状态，夹层混凝土应力值较大，整个截面的应力梯度较大，如图 6.13（c1）所示。随着水平位移的增加，试件的水平承载力达到了峰值点，此时核心混凝土和夹层混凝土均出现了受拉区，核心混凝土由于受到外套钢管和夹层混凝土的有效约束作用，受压区应力有所提高，如图 6.13（c2）所示。随着试件的荷载 - 变形曲线进入下降阶段，整个截面的受拉区持续发展，核心混凝土边缘纤维的压应力持续增长，如图 6.13（c3）所示。

6.2.2 “FRP 包裹法”

采用“FRP 包裹法”修复受火损伤的钢管混凝土构件，预期 FRP 能有效约束钢管的径向变形，进而对核心混凝土提供更有效的约束作用，从而使钢管混凝土构件的承载力有效提高。

为研究 FRP 加固火灾后钢管混凝土柱的可行性，作者先后进行了轴压、纯弯和偏压试件的试验研究，每类试件中都包含了常温、火灾后未加固及相应的火灾后加固试件的试验，加固的方法为采用单向 FRP 沿试件的环向进行包裹。试验详情可参考陶忠等（2006）、Tao 等（2007）等文献。

对于 FRP 约束钢管混凝土轴压短试件，所有试件在受荷初期，其外观形态变化不大，荷载 - 变形关系基本呈线性。常温试件的局部屈曲都发生在试件达到极限承载力之后；对于未加固的火灾后试件，加载至极限荷载的 60% 左右时钢管表面便开始出现可直接观察到的局部屈曲；对于加固一层 FRP 的圆形和方形截面钢管混凝土柱，在加载至极限荷载的 70% 左右时钢管也开始产生局部屈曲；对于加固两层 FRP 的方形柱其局部屈曲发生在接近达到极限荷载时，而同样加固两层 FRP 的圆形柱其局部屈曲发生在试件达到极限承载力以后。FRP 的约束作用可有效延缓钢管局部屈曲现象的发生。

图 6.14 所示为轴心受压圆钢管混凝土试件的荷载（N）- 应变（ε）关系对比。其中，圆钢管混凝土试件的条件为 $D\times t_s\times L=150\text{mm}\times3.0\text{mm}\times450\text{mm}$，$f_y=356\text{MPa}$，$f_{cu}=75\text{MPa}$，$t=180\text{min}$。

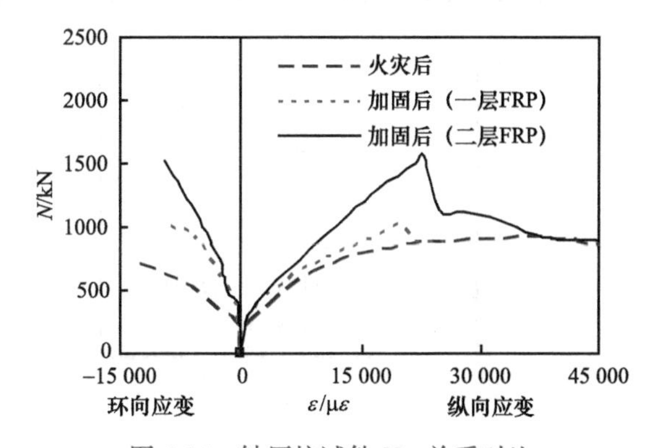

图 6.14　轴压柱试件 N-ε 关系对比

由于火灾的影响，钢管混凝土柱的极限承载力损失了 52.3%。

图 6.15 比较了各试件极限承载力的相对大小，其中纵坐标 r_N 表示各试件极限承载力与火灾后试件极限承载力的比值。可见，通过包裹 FRP 加固后试件的承载力提高幅度为 12%～71%，由于试件截面尺寸较小，且受火时间长达 3h，试件承载力损失程度大，加固 FRP 的层数尚不足以使试件承载力大幅提高。

图 6.16 比较了各试件刚度的变化，其中纵坐标 r_{EI} 表示各试件刚度与火灾后试件弹性模量的比值。可见，FRP 加固后刚度有提高的趋势，但提高幅度并不如极限承载力显著。

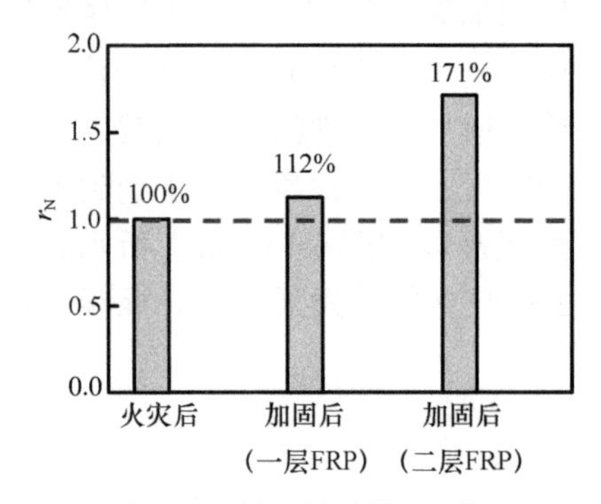

图 6.15　轴压柱试件 r_N 对比

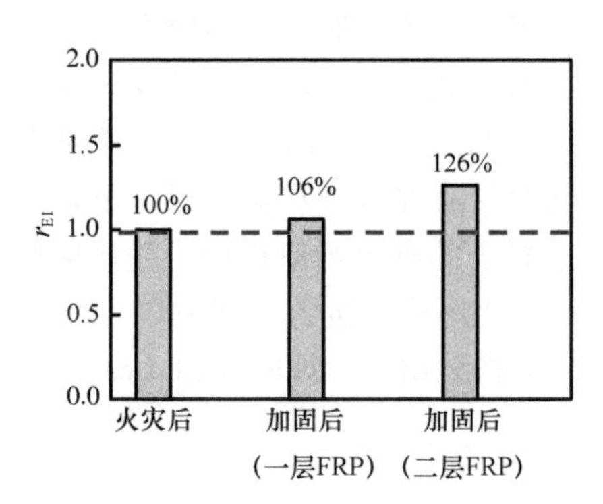

图 6.16　轴压柱试件 r_{EI} 对比

对于纯弯试件，试验结果发现，火灾作用后未加固试件的表面出现氧化层脱落现象。加固后的试件则出现 FRP 沿环向开裂的现象，但直至试验结束，包裹 FRP 试件的碳纤维也未出现拉断的情况（Tao et al.，2007）。与常温试件相比，火灾后未加固的试件局部凸曲出现较早，而采用 FRP 加固可延缓这种局部凸曲的发生和发展。

以圆钢管混凝土试件为例，图 6.17 给出了试件的弯矩（M）-跨中挠度（u_m）关系。可以看出，所有曲线均未出现下降段。其中，试件的条件为 $D\times t_s\times L=150\text{mm}\times3.0\text{mm}\times1500\text{mm}$，$f_y=356\text{MPa}$，$f_{cu}=75\text{MPa}$，$t=180\text{min}$。由于火灾的影响，钢管混凝土柱的极限承载力损失了 52.3%。

图 6.18 比较了各试件极限弯矩的相对大小，其中纵坐标 r_M 表示各试件极限弯矩与火灾后试件极限弯矩的比值。可以看出，FRP 加固对钢管混凝土纯弯构件抗弯承载力的提高作用有限，包裹两层 FRP 也只能提高 6%。

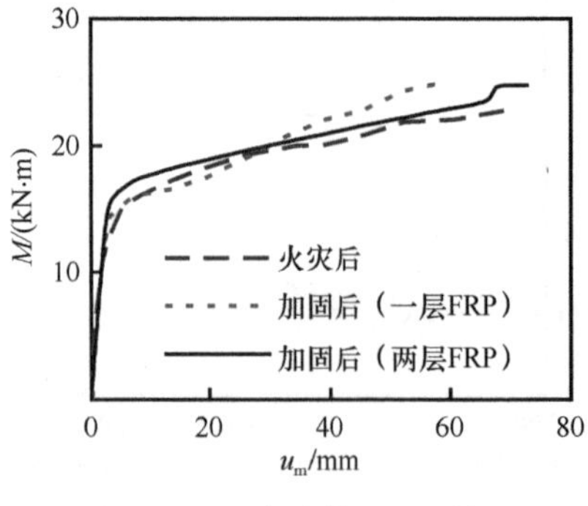

图 6.17　纯弯试件 M-u_m 关系

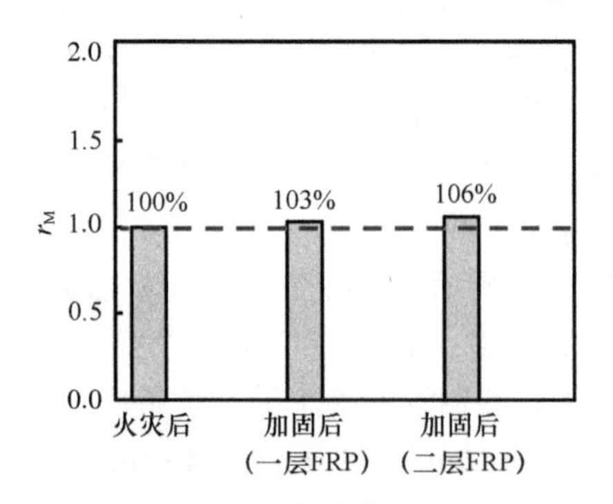

图 6.18　纯弯试件 r_M 对比

图 6.19 比较了各试件抗弯刚度的相对大小，其中纵坐标 r_K 表示各试件抗弯刚度与火灾后试件抗弯刚度的比值。这里分别取实测跨中截面的弯矩（M）- 曲率（ϕ）关系曲线上 $M=0.2M_{ue}$ 及 $M=0.6M_{ue}$ 所对应的割线刚度作为试件的初始弹性抗弯刚度 K_{ie} 和使用阶段抗弯刚度 K_{se}。可见火灾后钢管混凝土的抗弯刚度损失相对较小，而且 FRP 加固后可在一定程度上有所恢复。但总体来说，采用纤维沿环向包裹 FRP 对试件承载力及刚度的提高作用总体有限，因而对于纯弯试件建议采用双向纤维布或配合其他有效措施进行试件的修复与加固。

对于偏压试件，试验观测发现大部分试件均表现为在加载过程中侧向挠度不断增加、最终丧失稳定而破坏。只有长细比较小的常温轴压对比试件，其整体破坏表现为在接近柱端处呈轴压破坏的特征，可能是因为这类试件相对抗弯刚度较大，受初始缺陷影响较小的缘故。

以圆钢管混凝土构件为例，图 6.20 所示为试件轴力（N）- 跨中挠度（u_m）关系，箭头标出了钢管出现局部屈曲时的荷载位置。其中，试件的条件为 $D\times t_s\times L=150\text{mm}\times3.0\text{mm}\times940\text{mm}$，$f_y=356\text{MPa}$，$f_{cu}=75\text{MPa}$，$t=180\text{min}$。由于火灾的影响，钢管混凝土柱的极限承载力损失了 52.3%。可见受损试件经 FRP 加固后，承载力和刚度都有所提高。

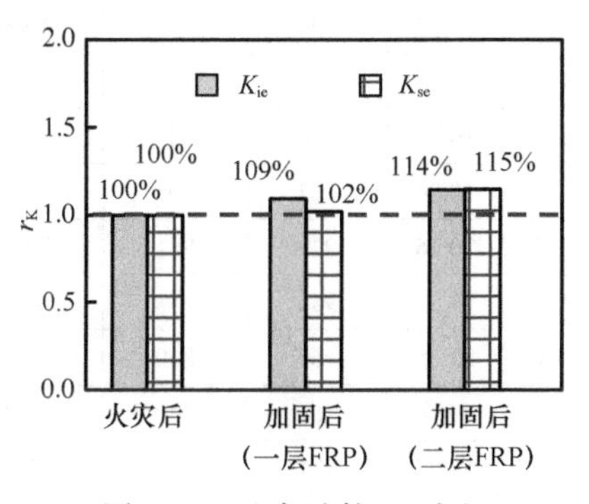

图 6.19　纯弯试件 r_K 对比

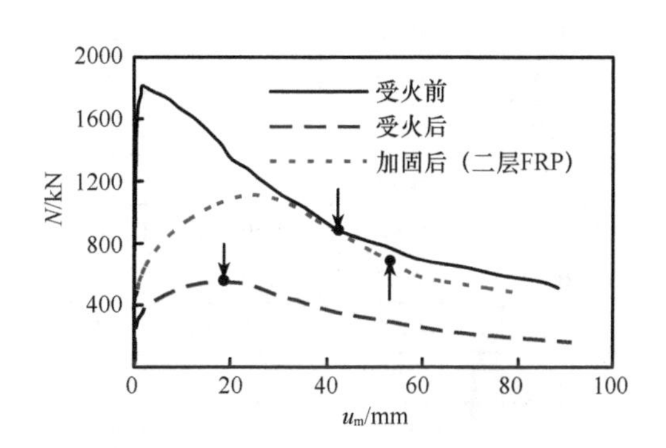

图 6.20　压弯试件 N-u_m 关系

对受火后钢管混凝土构件静力性能的研究结果表明，“增大截面法”和“FRP 包裹法”的加固效果有所不同。采用增大截面的方法加固火灾后钢管混凝土试件，试件的极限承载力可以恢复到甚至超过未受火时的状态，但也使得试件自重增加，实际采用时需要考虑加固对整体结构的影响，适用于火灾损害程度大，需提高试件承载力的情况。采用 FRP 加固的火灾后钢管混凝土试件，承载力和刚度的提高有限，但 FRP 能有效约束钢管的鼓曲，提高试件的延性，且自重较轻，适合于火灾损伤较小，需提高试件延性的情况。

6.3　加固后钢管混凝土柱的滞回性能

6.3.1　“增大截面法”

（1）滞回性能试验

本节对加固后钢管混凝土构件的滞回性能进行研究，分析低周反复荷载作用下加固前、后试件的极限承载力、刚度、耗能能力等的变化规律。

共进行 25 个钢管混凝土试件的试验研究。试验试件信息如表 6.3 所示。编号说明（如 RCF1）：字母“R”表示增大截面加固（无则表示没有加固）；字母“C”表示截面为圆形（“S”表示方形截面，“R”表示矩形截面）；字母“F”表示遭受火灾（无则表示未受火）；数值“1”表示柱荷载比 $n=0$（“2”表示 $n=0.3$，“3”则表示 $n=0.6$）。表中：D 为原圆形（方、矩形）钢管混凝土柱钢管横截面的外直径（长边边长），B 为方（矩）形钢管混凝土柱钢管横截面的短边边长，D_r 为外套圆形（方、矩形）钢管横截面的外直径（长边边长），B_r 为外套方（矩）形钢管横截面的短边边长，t_s 为原钢管混凝土柱钢管壁厚，t_{sr} 为外套钢管壁厚，t 为受火时间，N_F 为柱轴向荷载，P_{ue} 为试验获得的钢管混凝土柱极限水平承载力。所有试件长度均为 1500mm。

表 6.3　钢管混凝土柱滞回性能试验试件信息

截面类型	编号	D（B）$\times t_s$*	D_r（B_r）$\times t_{sr}$*	n	N_F/kN	t/min	P_{ue}/kN	K_{ie}/（kN·m²）	K_{se}/（kN·m²）	耗能/（kN·m）
圆形	C1	100×2		0	0	0	21.79	274	230	19.9
	C2	100×2		0.3	139	0	24.51	288	224	28.0
	C3	100×2		0.6	278	0	20.22	295	253	10.8
	CF1	100×2		0	0	180	11.75	165	121	17.5
	CF2	100×2		0.3	30	180	10.60	170	107	14.8
	CF3	100×2		0.6	60	180	10.84	182	105	18.3
	RCF1	100×2	160×1.7	0	0	180	70.16	929	841	32.2
	RCF2	100×2	160×1.7	0.3	242	180	79.32	955	738	45.0
	RCF3	100×2	160×1.7	0.6	484	180	82.35	969	849	40.0
方形	S1	100×2.75		0	0	0	49.10	461	349	36.8
	S2	100×2.75		0.3	215	0	50.77	474	367	32.0
	S3	100×2.75		0.6	431	0	47.67	503	419	13.4
	SF1	100×2.75		0	0	180	26.48	317	243	39.2
	SF2	100×2.75		0.3	58	180	23.97	322	289	35.0
	SF3	100×2.75		0.6	116	180	20.64	341	288	24.5
	RSF1	100×2.75	150×2	0	0	180	94.49	1083	823	32.5
	RSF2	100×2.75	150×2	0.3	287	180	103.30	1110	871	26.4
	RSF3	100×2.75	150×2	0.6	574	180	101.67	1143	1049	8.3
矩形（绕强轴）	R1	100×50×2.7		0	0	0	38.38	304	248	29.4
	R2	100×50×2.7		0.3	123	0	32.71	311	233	18.3
	R3	100×50×2.7		0.6	247	0	30.01	327	233	4.3
	RF2	100×50×2.7		0.3	42	180	15.59	201	167	15.4
	RRF1	100×50×2.7	150×100×2	0	0	180	69.48	910	706	25.6
	RRF2	100×50×2.7	150×100×2	0.3	226	180	75.57	934	771	16.8
	RRF3	100×50×2.7	150×100×2	0.6	452	180	68.29	961	855	7.3

* 此两列中 D、D_r、B、B_r、t_s、t_{sr} 尺寸单位均为 mm。

滞回性能试验时，原钢管和外套钢管混凝土柱钢管的材料力学性能指标如表 6.4 所示。其中，f_y、f_u 分别为钢材的屈服极限、抗拉强度极限，E_s 为钢材的弹性模量，ν_s 为钢材的泊松比。

表 6.4　钢材力学性能指标

钢管类型	钢板厚度 /mm	f_y/MPa	f_u/MPa	f_u/f_y	E_s/（10^5N/mm^2）	ν_s
原钢管	2.0	290	354	1.22	2.02	0.270
	2.8	340	421	1.24	2.05	0.263
	2.7	340	421	1.24	2.05	0.263
外套钢管	1.7	308	393	1.28	2.09	0.302
	2.0	298	367	1.23	2.02	0.289

核心混凝土与夹层混凝土均采用了自密实混凝土，混凝土配合比、材料性能等同第 6.2.1 节静力性能研究中的模型验证部分。

试验时将柱试件水平放置，其两端边界条件为铰接，试件与平板铰之间通过高强螺栓连接。图 6.21 所示为试验装置示意图（韩林海，2007）。柱试件采用荷载 - 位移双重控制制度进行加载，试件屈服前采用 $0.35P_y$、$0.7P_y$ 和 P_y 三级荷载控制加载，每级荷载反复加载两次；屈服后采用位移控制进行加载，第一级位移为屈服位移（Δ_y），其后每一级的位移增量为 $0.5\Delta_y$，直到 $8\Delta_y$，前面三级位移（$1\Delta_y$、$1.5\Delta_y$、$2.0\Delta_y$）每级反复加载三次，其后每级反复加载两次，图 6.22 所示为滞回加载制度示意图。

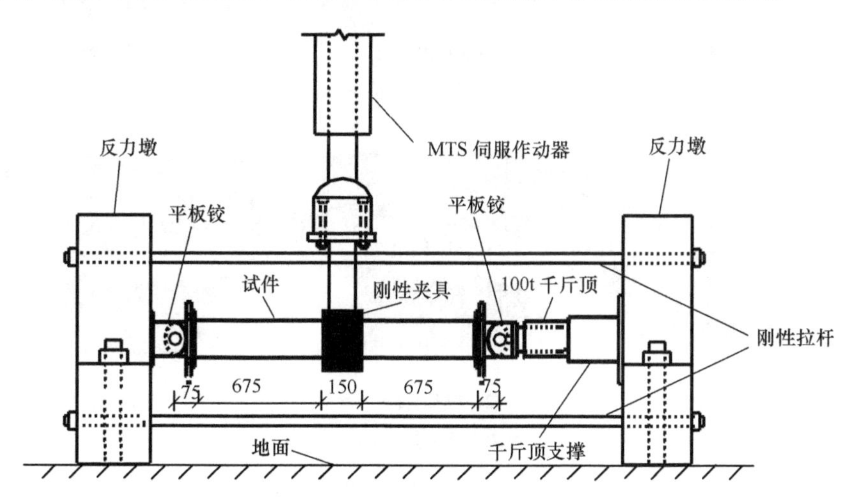

图 6.21　滞回性能试验装置示意图（尺寸单位：mm）

1）试件破坏形态：试验结果表明，试件最终的破坏形态基本一致，即当施加 2～3 倍的屈服位移（Δ_y）时，夹具两侧约 20mm 处的受压钢板发生微小的鼓曲，在随后的卸载及反向加载过程中，鼓曲部分又重新被拉平并引起另一侧受压钢板的微小鼓曲。当施加到 5～$7\Delta_y$ 时，鼓曲现象开始加剧。对于圆钢管混凝土，夹具两侧的钢管逐渐呈“灯笼状”，继续加载直至受拉区钢管撕裂；对于方、矩形钢管混凝土，焊缝开始发生断裂，试件迅速破坏。

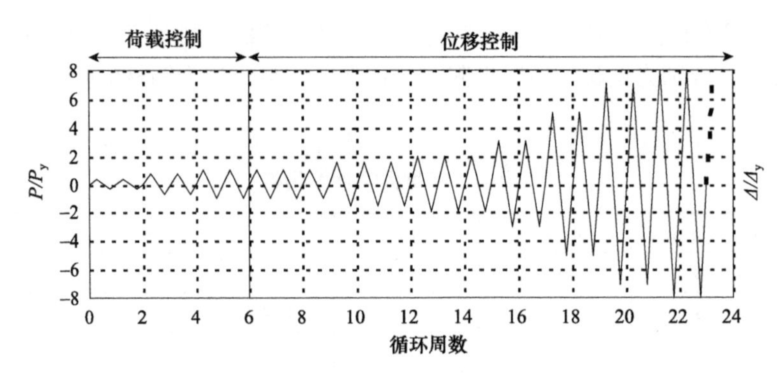

图 6.22　柱火灾后滞回加载制度示意图

试验完毕后，剥离钢管，发现夹具两侧混凝土被压碎，钢管相应部位发生了局部屈曲。图 6.23 所示为加固柱试件的破坏形态。

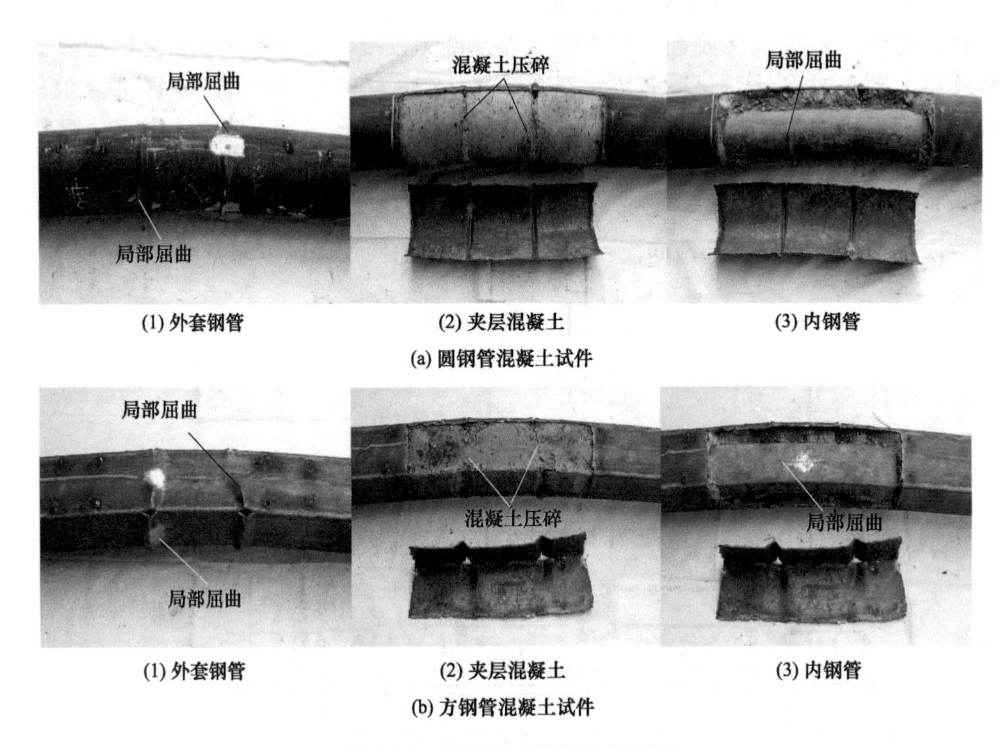

图 6.23　加固柱试件的破坏形态

2）水平荷载 - 水平变形滞回关系：图 6.24 给出了所有试件实测的水平荷载（P）- 水平变形（Δ_h）关系，图中显示出钢管开始发生开裂的点。由图 6.24 可见，在本次试验参数范围内，试验得到的 P-Δ_h 滞回曲线具有如下特点。

① 所有试件（包括常温下、火灾后未加固、火灾后加固）的滞回曲线较为饱满，无明显的捏缩现象。

② 柱荷载比（n）对滞回曲线的形状有较大影响：当柱荷载比（n）较小时，曲线

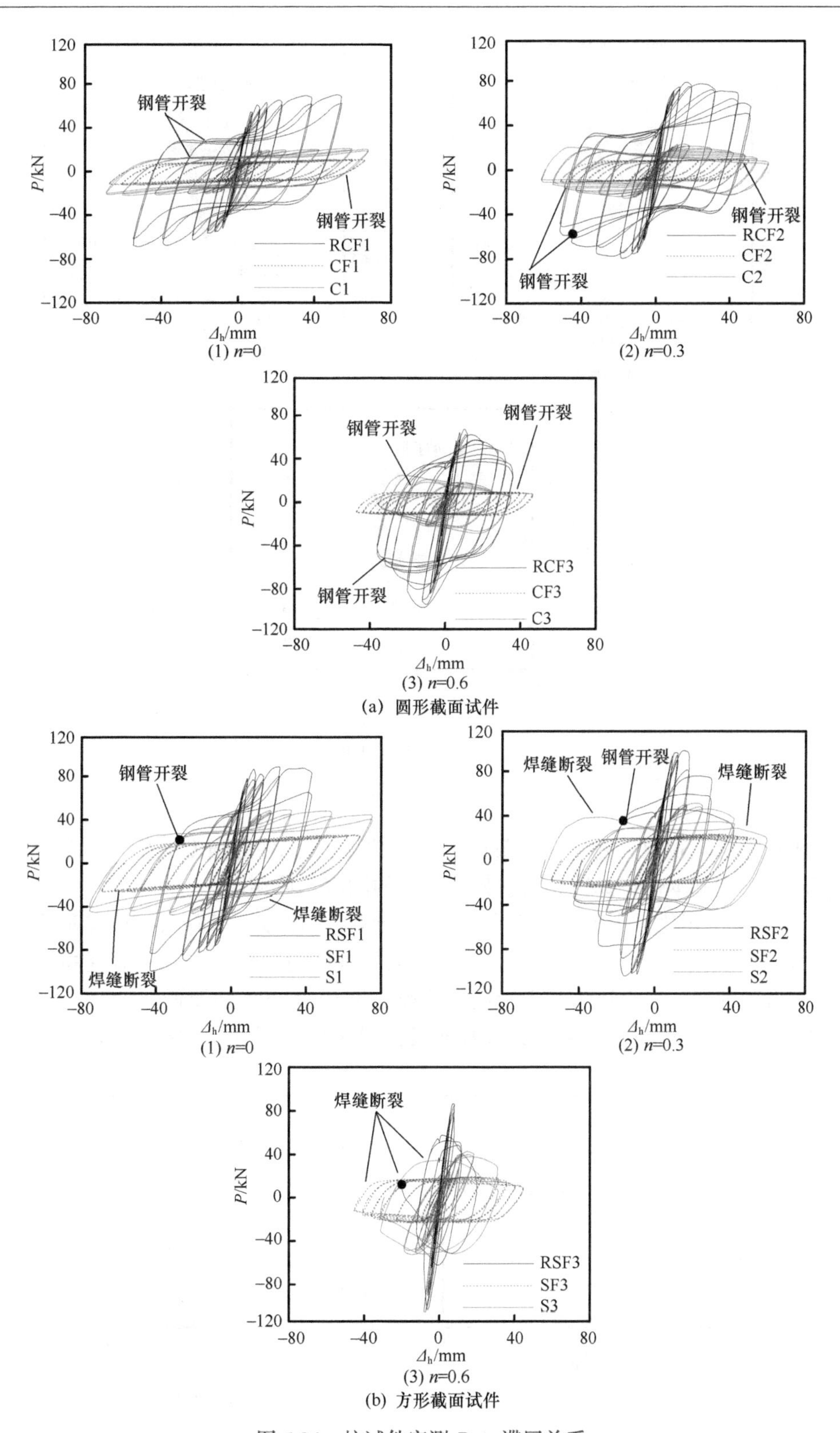

图 6.24　柱试件实测 P-Δ_h 滞回关系

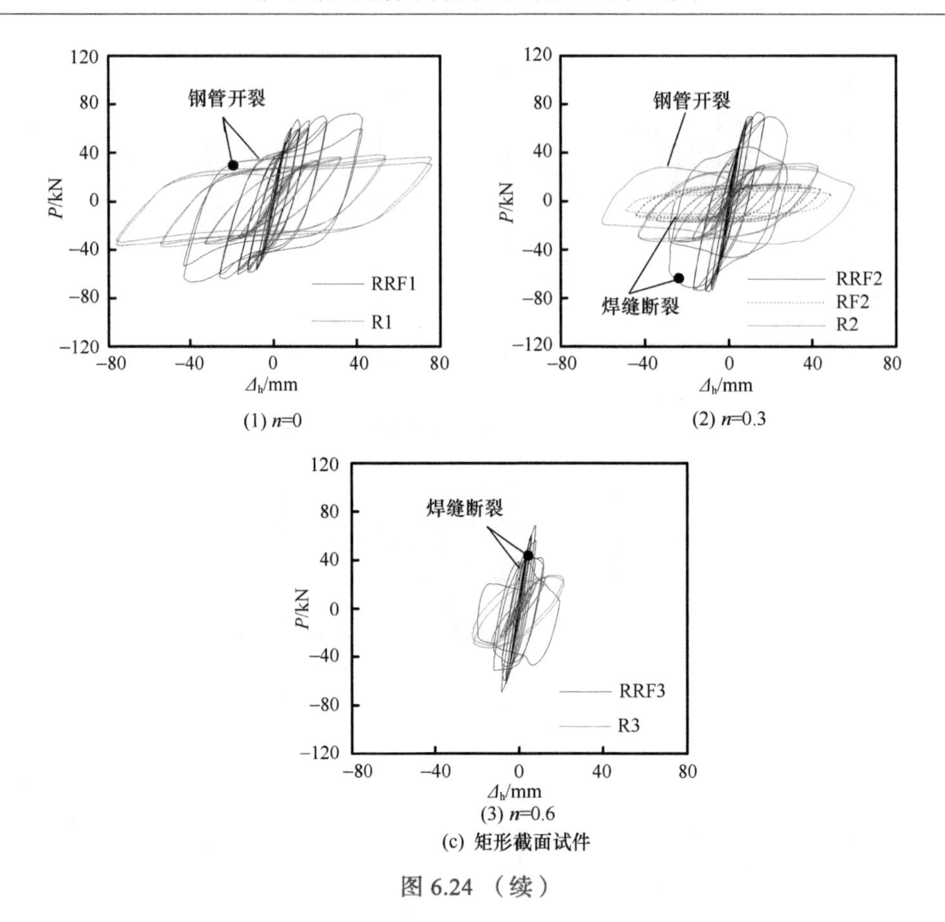

(1) n=0　(2) n=0.3　(3) n=0.6

(c) 矩形截面试件

图 6.24 （续）

表现出明显的强化现象，随着柱荷载比（n）的增加，试件的强度退化越来越明显，但其卸载时的刚度基本保持弹性，与初始加载时的刚度总体相同。

③ 和常温下相比，火灾后钢管混凝土柱的强度、刚度有所降低，位移延性却有所增大。采用外包钢管混凝土进行加固后，其极限承载力、刚度得到显著提高，但位移延性没有得到改善，甚至比常温下相同柱荷载比（n）的试件还要低。

3）水平荷载-水平变形滞回关系骨架线：图 6.25 所示为柱荷载比（n）对 P-Δ_h 滞

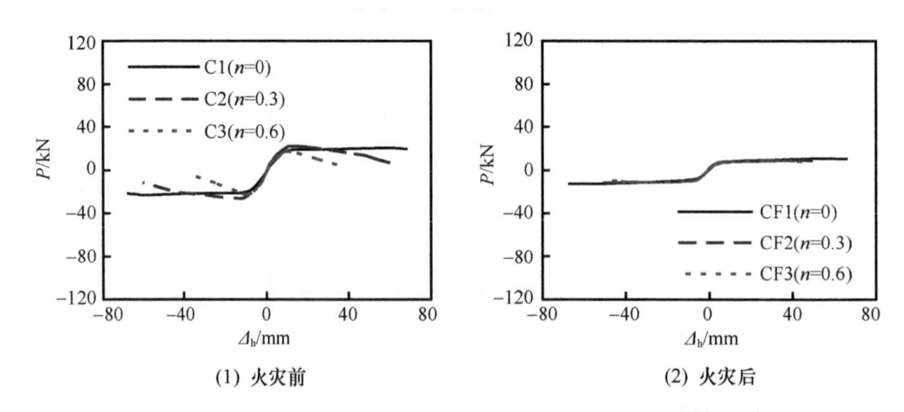

(1) 火灾前　(2) 火灾后

图 6.25　柱荷载比（n）对 P-Δ_h 滞回关系骨架线的影响

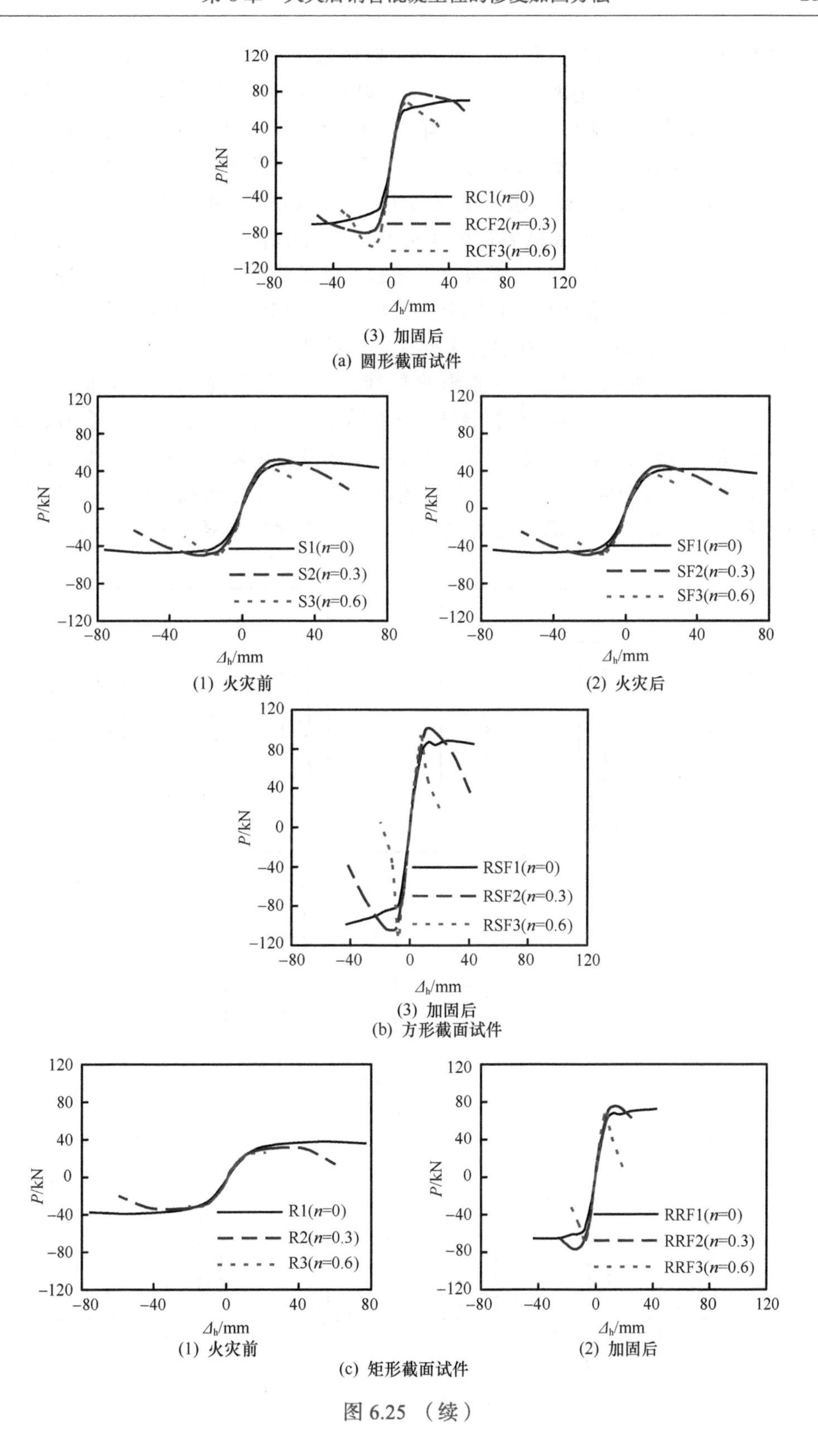

(3) 加固后

(a) 圆形截面试件

(1) 火灾前　(2) 火灾后　(3) 加固后

(b) 方形截面试件

(1) 火灾前　(2) 加固后

(c) 矩形截面试件

图 6.25 （续）

回关系骨架线的影响。可见，柱荷载比（n）对极限水平承载力（P_{ue}）、位移延性有较大影响，但对弹性阶段的刚度影响不大。还可以看出柱荷载比（n）对位移延性的影响规律：$n=0$ 的试件，曲线没有明显的下降段，随着 n 的增大，曲线出现下降段，而且下降段的下降幅度随着 n 的增加而增大，说明试件的位移延性随着 n 的增大而降低。

柱荷载比（n）对试件极限水平承载力（P_{ue}）的影响如图 6.26 所示，对于火灾前试件，极限水平承载力刚开始随着柱荷载比（n）的增加而不断增大，当柱荷载比（n）增大到一定数值（0.3 左右）时，极限水平承载力开始降低；对于火灾后试件，随着柱荷载比（n）的增大，极限承载力总体上呈现出降低的趋势；对于加固后试件，柱荷载比（n）对极限承载力的影响规律总体上同火灾前试件。

柱荷载比（n）对火灾后试件的影响规律不同于火灾前试件［图 6.26（a1）和（b2）］，其原因可能是：高温状态下钢材强度会降低，但冷却后，其强度会有较大程度的恢复；而混凝土经历高温又冷却后，其强度基本没有恢复。当钢管混凝土试件横截面尺寸（如直径）较小时，火灾下其内部核心混凝土温度会较高，经历高温后其强度会有较大程度的降低，而外部钢管的强度则有较大程度的恢复，因此，相对于火灾前

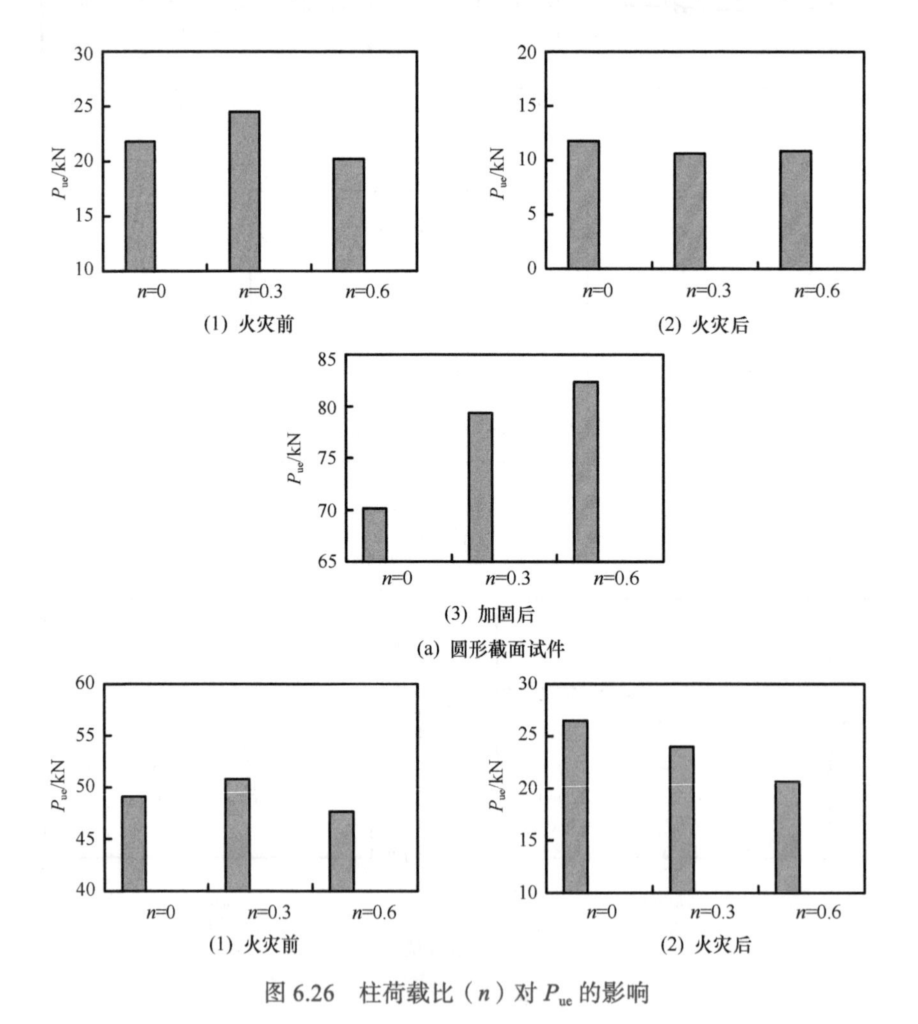

图 6.26　柱荷载比（n）对 P_{ue} 的影响

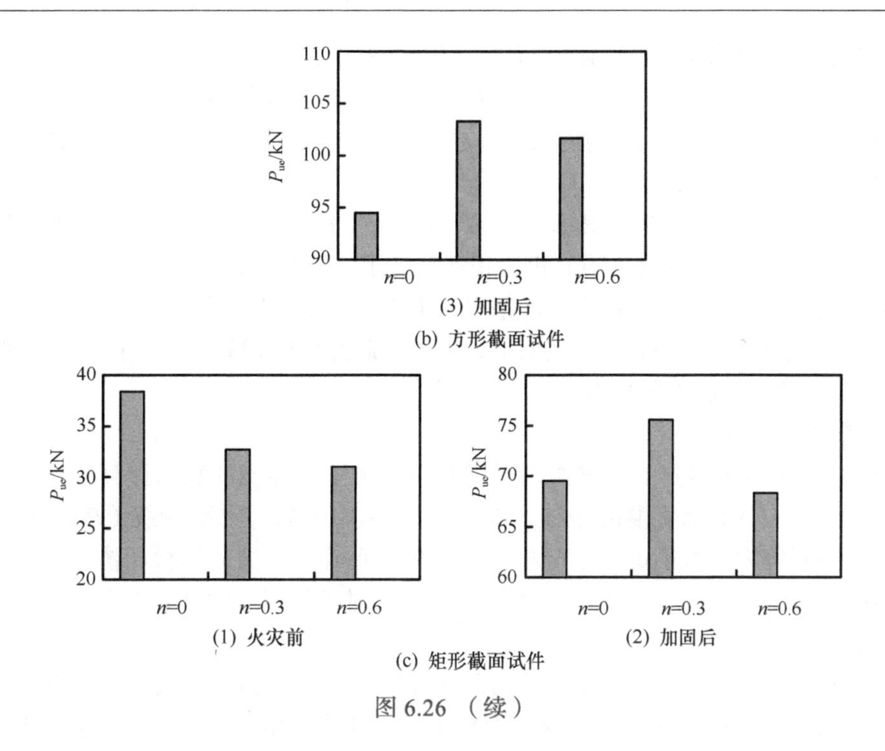

(b) 方形截面试件

(c) 矩形截面试件

图 6.26 （续）

的情况，钢管对火灾后钢管混凝土试件的“贡献”更大，压弯试件的力学性能越接近于钢结构。而对于增大截面加固后的试件，由于加固的截面相对较大，因此其力学性能更接近于火灾前的钢管混凝土试件。

4）柱轴向变形：钢管混凝土柱初期的柱轴向变形（Δ_c）是由轴力（N_F）引起的，施加横向作用的过程中，轴力和水平荷载的共同作用下钢管逐渐屈服，使得柱轴向变形（Δ_c）进一步增大。因此，柱轴向变形（Δ_c）的大小可作为衡量试件抵抗变形能力的一个指标。柱轴向变形（Δ_c）通过试件端部的位移计测得，图 6.27 所示为柱试件的 Δ_h/Δ_y- 柱轴向变形（Δ_c）曲线。在加荷初期，试件的轴向变形较为均匀，随加载循环增加而呈线性增长，没有产生突变。随着跨中位移的不断增加，试件进入了屈服阶段，当施加到 5～7 倍的 Δ_y 时，柱轴向变形（Δ_c）显著增大，随后试件很快丧失承载力。

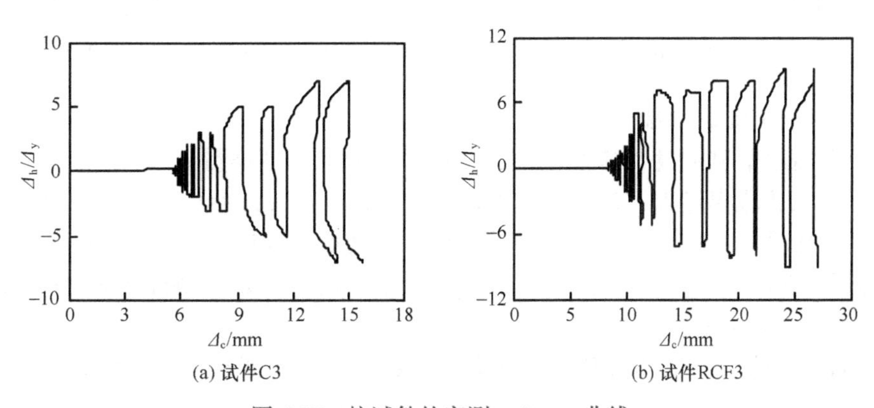

(a) 试件C3　(b) 试件RCF3

图 6.27　柱试件的实测 Δ_h/Δ_y-Δ_c 曲线

由滞回试验实测的弯矩（M）-曲率（ϕ）骨架线，可获得构件的初始弹性抗弯刚度（K_{ie}）和使用阶段抗弯刚度（K_{se}）。表6.3中列出了本次试验构件K_{ie}和K_{se}的具体值。可见，经受火灾后试件的刚度下降较为明显，但采用“增大截面法”修复后，试件刚度得到了较大的恢复。

结构试件的耗能能力是以其水平荷载（P）-水平变形（Δ_h）滞回曲线所包围的面积来衡量的，滞回曲线所包含的面积的积累反映了结构弹塑性耗能的大小。一般来说，滞回环越饱满，即包围面积越大，耗散的能量越多，结构的耗能性能越好。表6.3给出了试件的累积耗能值，可见，火灾后试件的耗能能力有所降低，采用“增大截面法”修复后，试件的耗能能力明显增加。

（2）数值计算模型

采用纤维模型法建立了火灾作用后钢管混凝土滞回性能的数值计算模型。为了实现对反复荷载作用下钢管混凝土柱弯矩（M）-曲率（ϕ）、水平荷载（P）-水平变形（Δ_h）滞回关系等力学性能的数值分析，须首先合理确定高温后钢材和核心混凝土在往复应力作用下的应力（σ）-应变（ε）关系模型，对于加固后的外套钢管钢材和夹层混凝土采用常温时的模型。

在反复荷载作用下，截面各单元也存在着不同程度的加、卸载情况。钢材在反复荷载下有明显的Bausinger效应，核心混凝土经过高温作用后，在受拉区会产生开裂现象，在反复荷载作用下，这些开裂截面会产生骨料咬合的裂面效应，使开裂面在没有完全闭合的情况下就能传递相当的压应力，同时由于混凝土微裂缝的发展，混凝土滞回关系曲线上还存在着应变软化段和不同程度的刚度退化现象，这些都应在卸载及再加载曲线中加以考虑。下面简要说明高温后钢材和核心混凝土的应力-应变滞回关系的加、卸载准则。

1）钢材：高温后钢材的应力-应变滞回关系骨架线由两段组成，即弹性段（oa）和强化段（ab），a点对应的为火灾后钢材的屈服极限，如图6.28所示，其中f_y（T_{max}）为火灾后钢材的屈服极限，ε_y（T_{max}）为火灾后钢材的屈服应变。在确定火灾后反复荷载下冷弯钢材的应力-应变关系时，采用高温后钢材单向加载时的应力-应变关系代替滞回关系的骨架线。f_y（T_{max}）按照下式确定：

$$f_y(T_{max})=\begin{cases} f_y & (T_{max}\leqslant 400℃) \\ f_y\left[1+2.23\times10^{-4}(T_{max}-20)-5.88\times10^{-7}(T_{max}-20)^2\right] & (T_{max}>400℃) \end{cases} \tag{6.2}$$

式中：T_{max}——历史最高温度（℃）。

由于高温后钢材强度、弹性模量有所恢复，故取弹性模量E_s（T_{max}）$=E_s=2.06\times10^5$N/mm^2，强化段模量E'_s（T_{max}）$=0.01E_s$（T_{max}），ε_y（T_{max}）$=f_y$（T_{max}）/E_s（T_{max}）。

在图6.28所示的模型中，加、卸载刚度采用初始弹性模量E_s（T_{max}）。如果钢材在进入强化段ab前卸载，则不考虑Bausinger效应，反之，如果钢材在强化段ab卸载，则需要考虑Bausinger效应。

路径①：当从第一、四象限开始卸载，且残余应变（即f_2点对应的应变ε_{f2}）小于2倍的屈服应变［即ε_y（T_{max}）］时，卸载线为c_2-d_2-e_2-b'。

路径②：当从第一、四象限开始卸载，且残余应变 $\varepsilon_{f1}>2\varepsilon_y(T_{max})$ 时，卸载线为 c_1-d_1-a'-b'，此时软化段 d_1a' 的模量 $E_b=(-f_y(T_{max})-\sigma_{d1})/(-\varepsilon_y(T_{max})-\varepsilon_{d1})\geqslant 0.1\,E_s(T_{max})$。

路径③：卸载路径为路径②时，但软化段模量 $E_b<0.1E_s(T_{max})$ 时，取 $E_b=0.1\,E_s(T_{max})$，此时卸载路径为 c-d-e-b'。

路径④：当从第二、三象限开始卸载，且残余应变 $|\varepsilon_{f_3}|\leqslant 2\varepsilon_y(T_{max})$ 时，卸载线沿 c_3-d_3-e_3-b'。

路径⑤：当从第二、三象限开始卸载，且残余应变 $|\varepsilon_{f_4}|\leqslant 2\varepsilon_y(T_{max})$，此时考虑软化段，卸载线沿 c_4-d_4-e_4-b'，软化段 d_4e_4 的模量（E_b）取直线 $d_1'a$ 的模量，$E_b<0.1\,E_s(T_{max})$ 时，$E_b=0.1\,E_s(T_{max})$。

图 6.28 中，点 d、d_1、d_2、d_3、d_4 分别为卸载线与直线 dd_4 的交点，dd_4 为经过［$-0.35f_y(T_{max})$，$-0.35\varepsilon_y(T_{max})$］点且模量取为强化模量 $E_s'(T_{max})$ 的直线。点 d'、d_1' 分别为卸载线与直线 $d'd'_1$ 的交点，$d'd_1'$ 为经过［$0.35f_y(T_{max})$，$0.35\varepsilon_y(T_{max})$］点且模量取为强化模量 $E_s'(T_{max})$ 的直线。

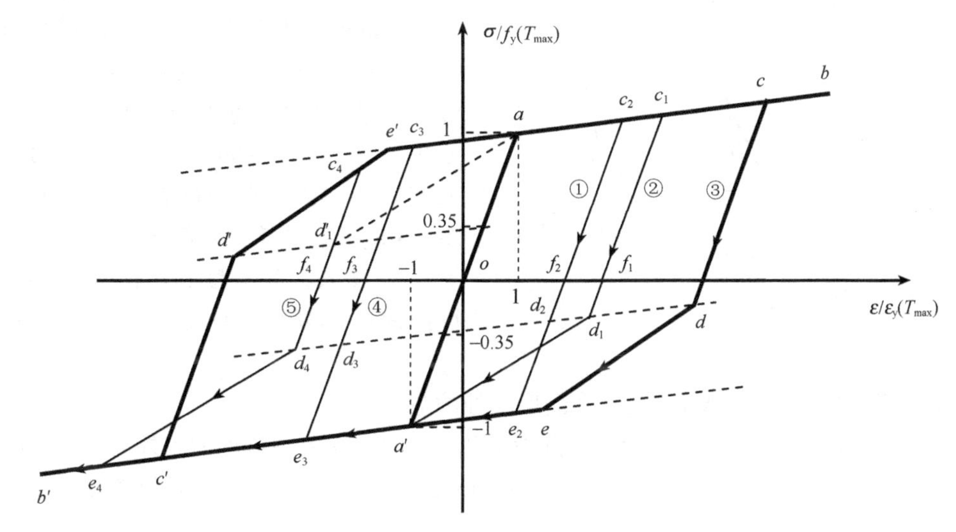

图 6.28　高温后钢材的 σ-ε 滞回关系

以 Q345 钢材为例，图 6.29 给出在不同温度作用后钢材的应力（σ）- 应变（ε）滞回关系，取卸载时应变为 10 000$\mu\varepsilon$。可见，随着温度的升高，屈服极限降低，软化段缩短，强化段变长，整个滞回曲线趋于扁平。

2）混凝土：对于高温作用后的钢管核心混凝土，采用相应的常温下模型形式描述应力（σ）- 应变（ε）滞回关系，但材料的强度和弹性模量等指标考虑高温作用的影响（韩林海，2007；韩林海，2016）。

图 6.30 所示的不同温度作用后核心混凝土的应力 - 应变滞回关系。算例的基本条件为：圆钢管混凝土，Q345 钢，混凝土强度等级为 C60，柱截面含钢率 $\alpha_c=0.1$。可见随着历史最高温度（T_{max}）的升高，混凝土峰值应力降低，峰值应变增加，同时弹性模量也不断降低，呈现不同程度的软化，整个滞回曲线趋于扁平。

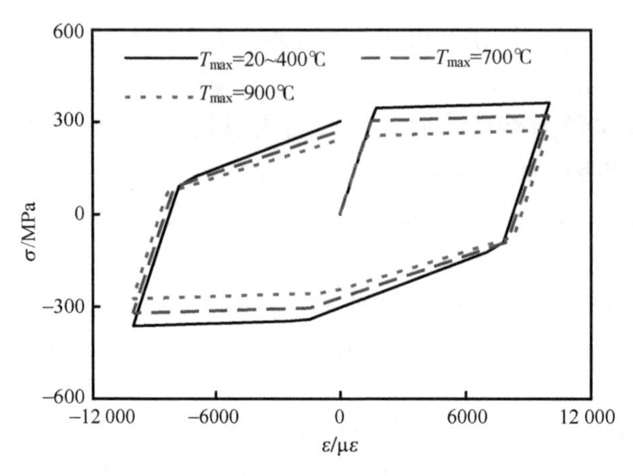

图 6.29 高温后钢材的 σ-ε 滞回关系

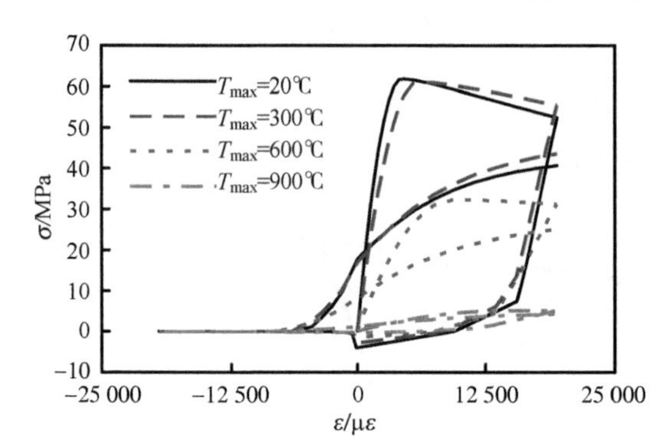

图 6.30 高温后核心混凝土的 σ-ε 滞回关系

3）计算过程：在确定了火灾后钢材和核心混凝土以及加固后外套钢管钢材和夹层混凝土的应力-应变滞回模型的基础上，可以进行钢管混凝土压弯构件的弯矩（M）-曲率（ϕ）滞回关系的全过程分析（韩林海，2007；韩林海，2016），火灾后和加固后截面网格的划分示意如图 6.3 所示。计算过程简述如下。

① 输入计算长度和截面参数，并进行截面单元划分，计算截面上各单元的温度。

② 计算曲率 $\phi=\phi+\Delta\phi$，假设截面形心处的应变 ε_o。

③ 假设试件在变形过程中始终保持为平截面，只考虑跨中截面的内外力平衡。则跨中截面各单元形心处的应变 $\varepsilon_i=\varepsilon_o+\phi y_i$，应变以受压应力时为正，$y_i$ 为计算单元形心处的坐标。

④ 根据加载历史以及单元的温度，按材料应力-应变关系确定钢材和混凝土单元的应力 σ_{sli}、σ_{cli}、σ_{srli} 和 σ_{crli}，其中，σ_{sli}、σ_{cli} 分别为原钢管混凝土柱钢材和混凝土单元的纵向应力。σ_{srli}、σ_{crli} 分别为外套钢管钢材和夹层混凝土单元的纵向应力。

⑤ 计算内弯矩 M_{in} 和内轴力 N_{in}，其中：

内弯矩为

$$M_{in}=\sum_{i=1}^{n}(\sigma_{sli}y_i dA_{si}+\sigma_{cli}y_i dA_{ci}+\sigma_{srli}y_i dA_{si}+\sigma_{crli}y_i dA_{ci}) \tag{6.3}$$

内轴力为

$$N_{in}=\sum_{i=1}^{n}(\sigma_{sli}dA_{si}+\sigma_{cli}dA_{ci}+\sigma_{srli}dA_{si}+\sigma_{crli}dA_{ci}) \tag{6.4}$$

计算火灾后的内弯矩和内轴力时不考虑公式中后两项。

⑥ 判断 $N_{in}=N_F$ 的条件是否满足，其中 N_F 为钢管混凝土试件弯曲时作用在其上的恒定轴压力。如果不满足，则调整截面形心处的应变 ε_o 并重复步骤③～⑤，直至满足，这时令 $M=M_{in}$，可得到一组 M-ϕ 点。

⑦ 重复步骤②～⑥，直至计算出整个 M-ϕ 滞回曲线。与单向加载不同的是，在反复荷载作用下，试件截面单元存在加、卸载问题，即每一单元的当前应力状态均需要由该单元的应力 - 应变历史决定，所以计算过程中，需记录截面单元应力应变加载历史，再由单元当前应变确定单元应力。

（3）受力特性

图 6.31 所示为火灾作用后方钢管混凝土压弯试件的 M-ϕ 滞回关系，对应的试件的条件为 $B\times L=400\text{mm}\times400\text{mm}$，$n=0.4$，$f_y=345\text{MPa}$，$f_{cu}=60\text{MPa}$，$t=60\text{min}$。该曲线大致可以分为以下几个阶段。

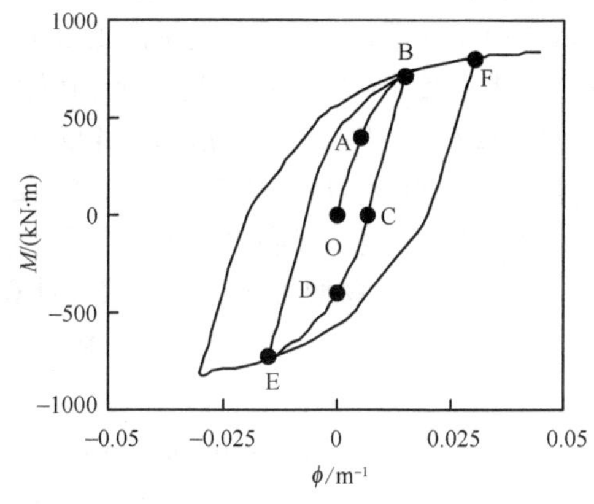

图 6.31　火灾后压弯试件的 M-ϕ 滞回关系

1）OA 段：在此阶段，弯矩 - 曲率基本上呈直线关系，截面的一部分受压区处于卸载状态，混凝土刚度较大，当柱荷载比（n）较小时，钢管往往处于弹性受力状态。在 A 点，压区钢管最外纤维开始屈服。

2）AB 段：弯矩 - 曲率关系呈曲线，截面总体处于弹塑性状态，随着外加弯矩的增加，钢管受压区屈服的面积不断增加，刚度不断下降。

3）BC 段：从 B 点开始卸载，弯矩 - 曲率基本呈直线关系，卸载刚度与 OA 段的刚度基本相同。截面由于卸载而处于受拉状态的部分转为受压状态，而原来加载的部分现处于受压卸载状态。在 C 点截面卸载到弯矩为零，但由于轴向力作用，整个截面上钢管和混凝土均有应力存在。由于核心混凝土在高温作用后其峰值应变增大，卸载后其残余变形增加，同时钢也发生塑性变形导致残余应变，在 C 点时截面上有残余正向曲率产生。

4）CD 段：截面开始反向加载，弯矩 - 曲率仍基本呈直线关系，钢管均处于弹性状态。D 点受压区钢管最外纤维开始屈服，截面部分混凝土开始出现拉应力。

5）DE 段：截面处于弹塑性阶段，随受压区钢管屈服面积的不断增加，截面刚度开始逐渐降低。

6）EF 段：工作情况类似于 BE 段，弯矩 - 曲率曲线斜率很小。虽然这时截面上仍然不断有新的区域进入塑性状态，但由于这部分区域离形心较近，对截面刚度影响不大。钢材进入强化段仍具有一定的刚度，受压区的混凝土由于受到钢管的约束保持了一定的刚度，所以整个截面仍可保持一定的刚度。

分析结果表明，和常温下类似，火灾后钢管混凝土压弯试件弯矩（M）- 曲率（ϕ）骨架线的特点是无过陡的下降段，转角延性好，其形状与不发生局部失稳的钢试件类似，这是因为，钢管混凝土试件中的混凝土遭受高温作用后，材料力学性能发生不同程度的劣化，但由于受到了外包钢管的约束，在受力过程中不会发生过早地被压碎而导致试件破坏的情况。此外，混凝土的存在可以避免或延缓钢管过早地发生局部屈曲，这样，由于组成钢管混凝土的钢管和其核心混凝土之间相互贡献、协同互补、共同工作的优势，可保证钢材和混凝土材料性能的充分发挥，其 M-ϕ 滞回曲线表现出良好的稳定性，曲线图形饱满，呈纺锤形，刚度退化现象不明显，耗能性能较好。

采用数值方法计算钢管混凝土压弯试件的滞回关系时，由于水平荷载（P）和水平位移（Δ_h）的关系受试件计算长度的影响很大，对于不同的边界条件，需合理确定试件的计算长度。前面在进行钢管混凝土弯矩-曲率滞回性能研究时，假定试件挠曲线为正弦半波曲线，这种假定适用于试件两端铰接的情况，如图 6.7（a）所示。对于图 6.7（b）所示常见的在恒定轴向压力作用下的两端为嵌固支座、一端有水平侧移的框架柱，设其长度 $L=2L_1$，由于其反弯点在柱的中央，可以将其简化为从反弯点到固端长度为 L_1 悬臂试件，如图 6.7（c）所示，并反向对称延伸，当忽略水平荷载 P 对试件挠曲线形状的影响时，就可将悬臂试件等效成长度为 $L=2L_1$ 的类似于图 6.7（a）所示的两端铰支试件。

对于图 6.7（c）所示的钢管混凝土悬臂柱，在恒定轴向压力 N_F 作用下，对于试件端部的每一级位移增量 Δ_h，按下式可计算出相应的侧向力。

$$P=\frac{M-N_F\Delta_h}{L_1}=2\frac{M-N_F\Delta_h}{L} \tag{6.5}$$

按给定的位移加载制度即可计算出 P-Δ_h 滞回关系全曲线（韩林海，2007，2016）。计算结果表明，在工程常用钢材（Q235，Q345，Q390）屈服极限、混凝土强度（C30～C90）、柱截面含钢率（0.05～0.2）范围内，火灾后钢管混凝土 P-Δ_h 滞回关系曲线形状饱满，捏缩现象不明显。

图 6.32 所示为考虑火灾作用与否时钢管混凝土压弯试件的 P-Δ_h 滞回关系。其中，t 为受火时间。可见，两种情况下试件 P-Δ_h 滞回关系曲线的变化规律基本类似，只是在考虑火灾作用的影响时，试件的极限承载力有所降低、对应的弹性刚度也有所降低，且火灾持续时间越长，试件的位移延性有增大的趋势。

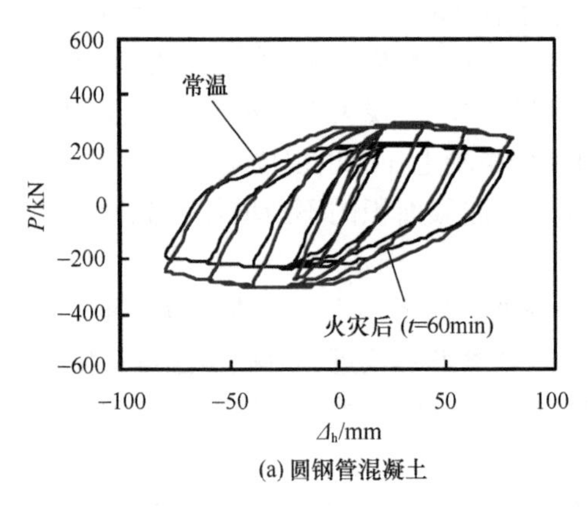

(a) 圆钢管混凝土

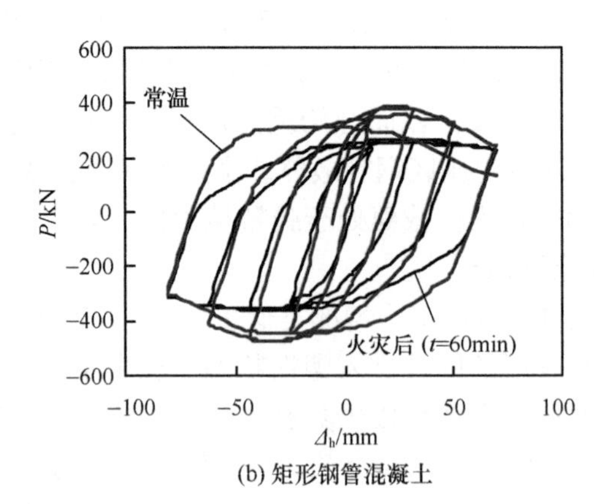

(b) 矩形钢管混凝土

图 6.32　压弯试件的 P-Δ_h 滞回关系

图 6.33 给出了按以上数值方法计算获得的加固后钢管混凝土压弯试件的 P-Δ_h 滞回关系曲线和试验实测关系曲线的比较情况，可见二者吻合较好。图 6.33 中同时给出按第 6.2.1 节建立的有限元计算模型计算出的单调荷载作用下构件的 P-Δ_h 滞回关系骨架线，可见其与试验实测关系曲线的骨架线总体吻合。

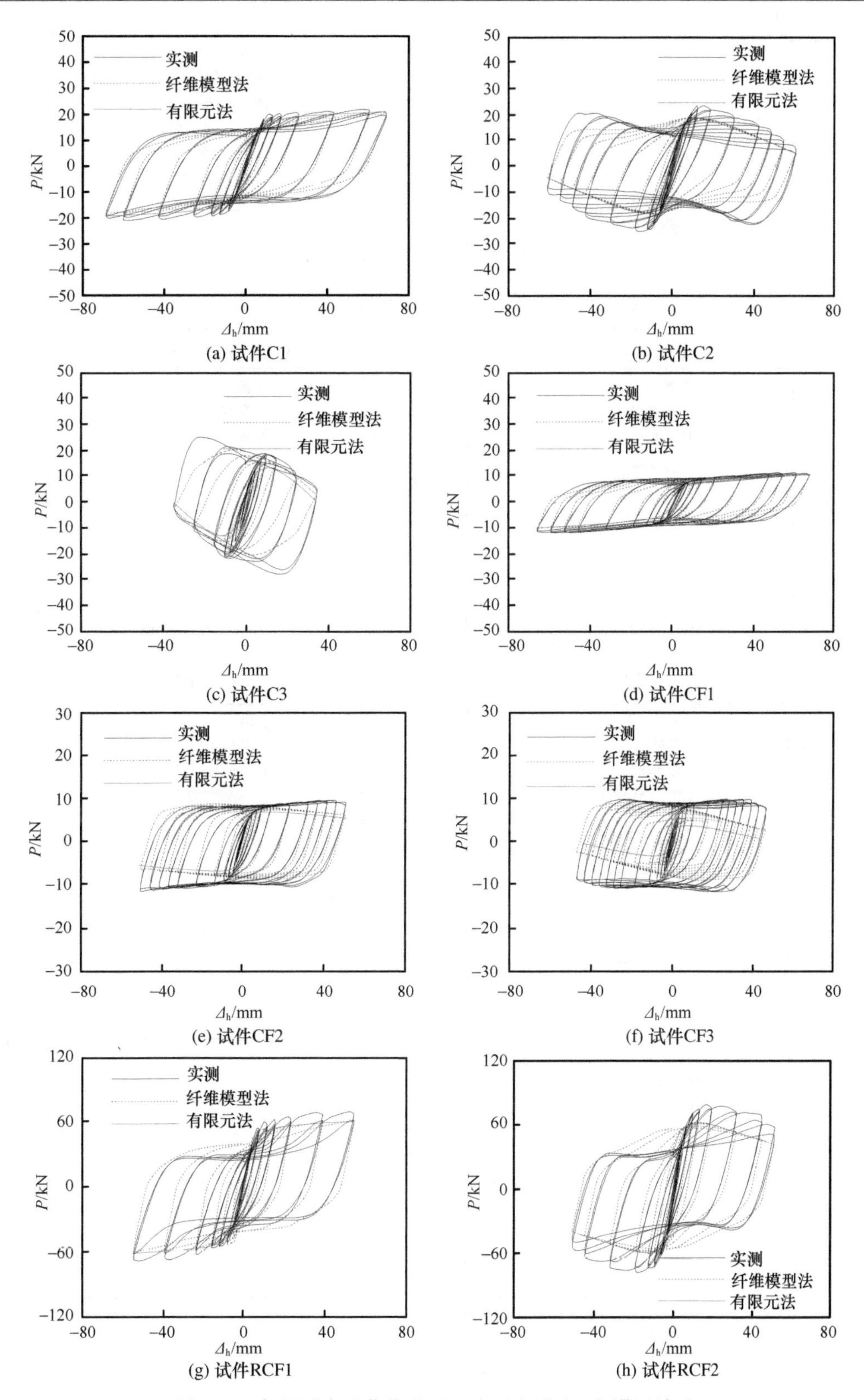

图 6.33　加固后水平荷载（P）- 水平变形（Δ_h）滞回关系

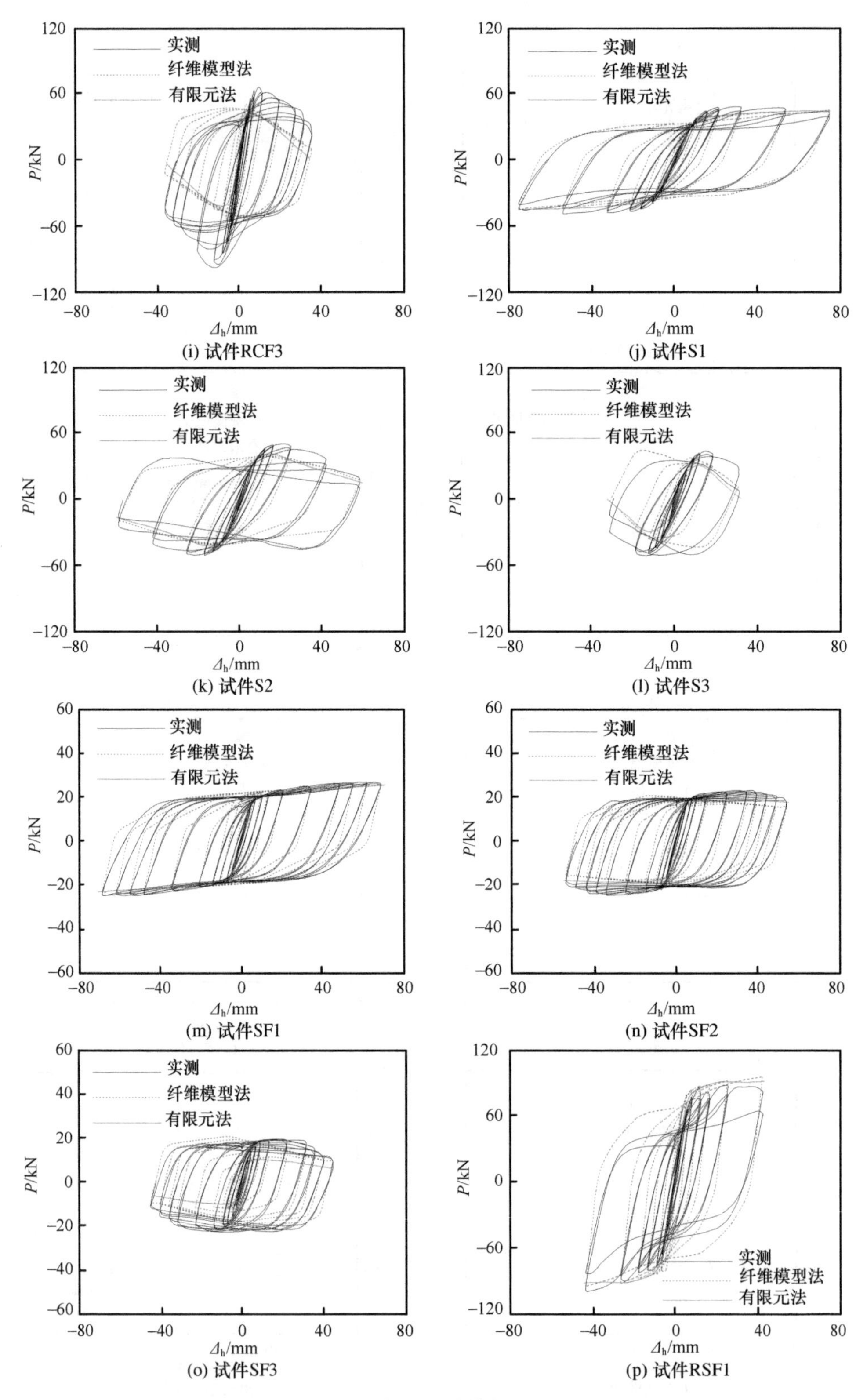
实测
纤维模型法
有限元法
P/kN
Δ_h/mm
(i) 试件RCF3
(j) 试件S1
(k) 试件S2
(l) 试件S3
(m) 试件SF1
(n) 试件SF2
(o) 试件SF3
(p) 试件RSF1

图 6.33 （续）

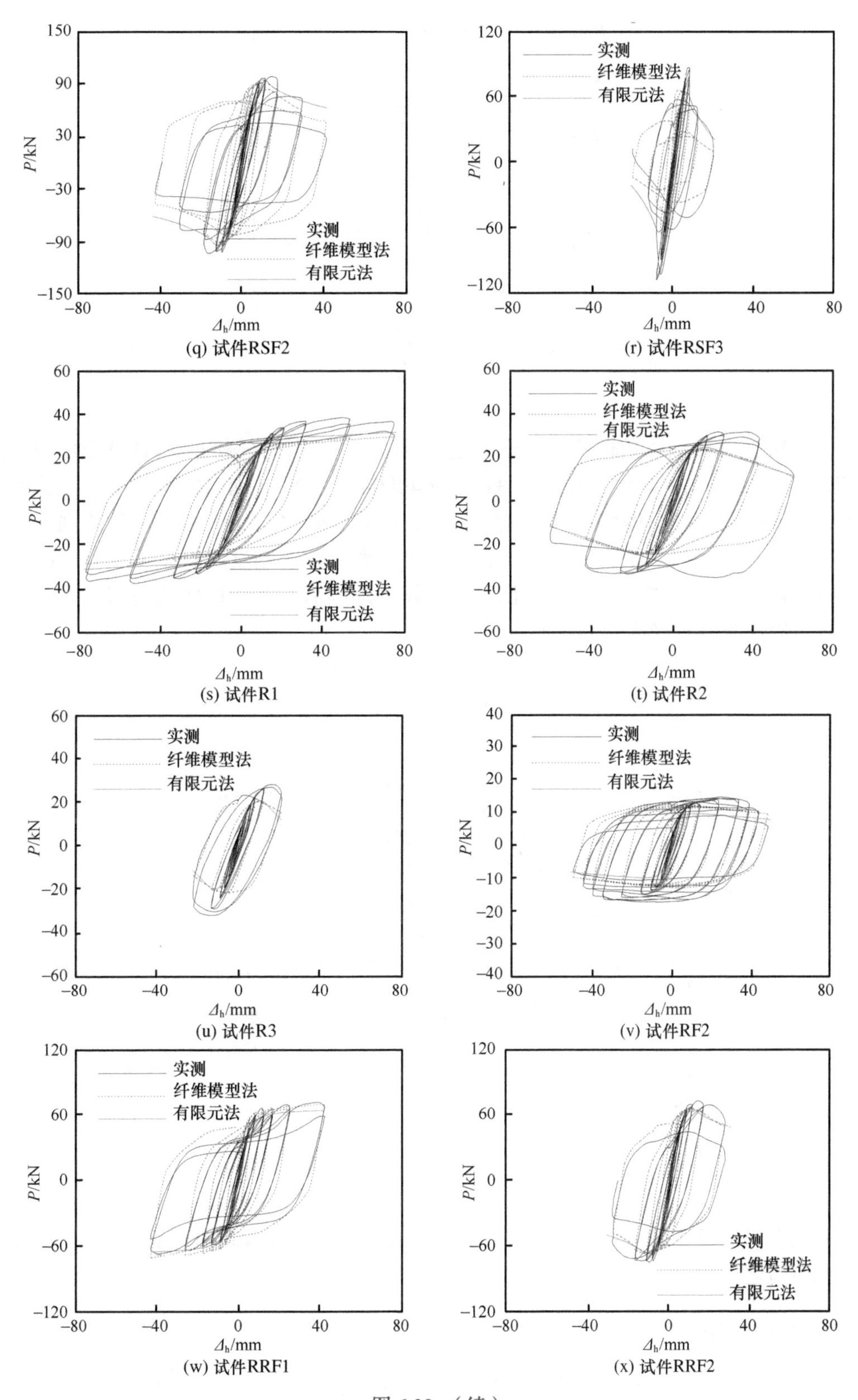

P/kN
Δ_h/mm
实测
纤维模型法
有限元法
(q) 试件RSF2
(r) 试件RSF3
(s) 试件R1
(t) 试件R2
(u) 试件R3
(v) 试件RF2
(w) 试件RRF1
(x) 试件RRF2

图 6.33 （续）

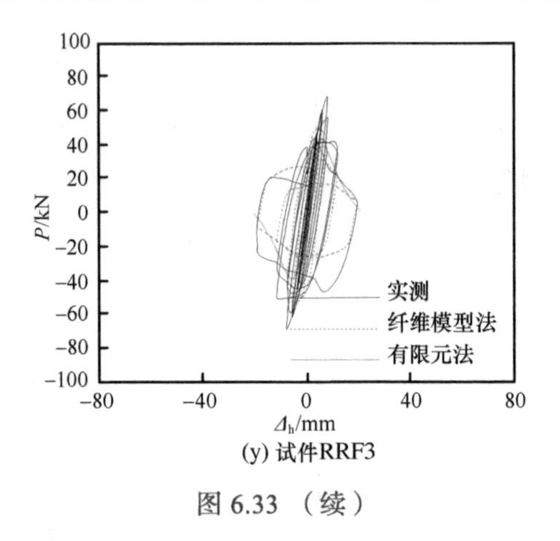

(y) 试件RRF3

图 6.33 （续）

图 6.34 为加固前、后钢管混凝土 P-Δ_h 滞回关系对比，算例的基本计算条件为：圆钢管混凝土，$D\times t_s\times L=400\text{mm}\times9.31\text{mm}\times4000\text{mm}$，Q345 钢，C60 混凝土，受火时间 $t=120\text{min}$，$N_F=3619\text{kN}$；加固截面 $D_r\times t_{sr}=440\text{mm}\times4.5\text{mm}$，采用同等级强度材料进行加固。从中可以看出，火灾后钢管混凝土压弯试件的刚度、极限承载力均出现较大程度的降低，耗能能力也有所降低。经过修复加固后，其滞回曲线饱满，强度、刚度等都可以恢复到未受火时的状态。

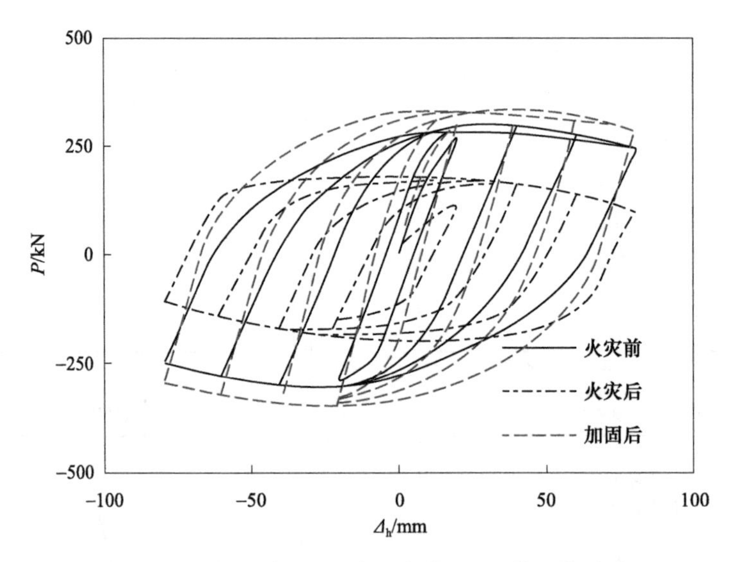

图 6.34 加固前、后压弯试件的 P-Δ_h 滞回关系对比

从以上的分析比较可以看出，采用“增大截面法”对受损的柱子进行加固是方便、有效的措施之一。

6.3.2 “FRP 包裹法”

本书作者进行了采用“FRP 包裹法”进行加固的火灾后钢管混凝土柱滞回性能试

验，对加固后柱的实测极限水平承载力（P_{ue}）、水平荷载（P）- 水平变形（Δ_h）滞回曲线骨架线、柱轴向变形（Δ_c）、刚度退化和耗能等进行了研究。

试验装置如图 6.21 所示。试件长度为 1500mm，所有试件均是受火 180min 自然冷却后进行加固，试件编号及有关具体参数如表 6.5 所示，火灾前和火灾后未加固对比试件参数如表 6.3 所示（Tao et al.，2008；陶忠等，2006）。

表 6.5　钢管混凝土柱滞回性能试验试件信息

截面类型	编号	$D(B)\times t_s^*$	n	N_F/kN	加固层数	P_{ue}/kN	K_{ie}/（kN · m²）	K_{se}/（kN · m²）	耗能 /（kN · m）
圆形	FCF1	100×2	0	0	2	15.89	202	127	26.63
	FCF2-1	100×2	0.36	60	1	10.7	219	142	26.71
	FCF2	100×2	0.39	69	2	11.50	225	163	27.39
	FCF3	100×2	0.78	140	2	8.17	250	145	7.05
方形	FSF1	100×2.75	0	0	2	30.71	372	284	42.11
	FSF2-1	100×2.75	0.32	94	1	22.80	386	316	28.90
	FSF2	100×2.75	0.35	103	2	25.52	392	341	47.44
	FSF3	100×2.75	0.70	206	2	24.97	453	328	36.08

* 此列中 D、B、t_s 尺寸单位均为 mm。

观察试验结果发现，采用“FRP 包裹法”加固后的圆钢管混凝土试件，核心混凝土受到的钢管和 FRP 的环向约束作用较强，在滞回荷载作用下没有出现压碎现象。但对于方形截面试件，加固后试件钢管鼓曲处的混凝土均存在明显的压碎现象。试验实测数据和分析如下。

（1）极限水平承载力

表 6.5 中给出了实测的极限水平承载力（P_{ue}），可见与“增大截面法”加固不同，采用“FRP 包裹法”加固的火灾后试件 P_{ue} 没有明显恢复。但从实测的水平荷载（P）- 水平变形（Δ_h）滞回曲线可以看出，滞回曲线较为饱满，无明显的捏缩现象，位移延性有较大幅度改善，而且包裹 FRP 层数越多，延性越好。从表 6.5 中还可以看出，柱荷载比（n）对 P_{ue} 有较大影响，随着柱荷载比（n）的增大，FRP 加固火灾后钢管混凝土试件的 P_{ue} 不断减小。

（2）水平荷载 - 水平变形滞回关系骨架线

以圆钢管混凝土试件为例，图 6.35 给出了不同柱荷载比（n=0、0.3 或 0.39）下，火灾前、火灾后、“增大截面法”加固后和“FRP 包裹法”加固后的试件的水平荷载（P）- 水平变形（Δ_h）滞回曲线骨架线比较情况，其中试件 C2、试件 CF2、试件 RCF2 柱荷载比 n=0.3，试件 FCF2 柱荷载比 n=0.39。

可见，“增大截面法”加固后试件 P-Δ_h 曲线的承载力和刚度均得到显著提高，完全可以恢复并超过未受火时的状态，但位移延性和常温下具有相同柱荷载比（n）的试

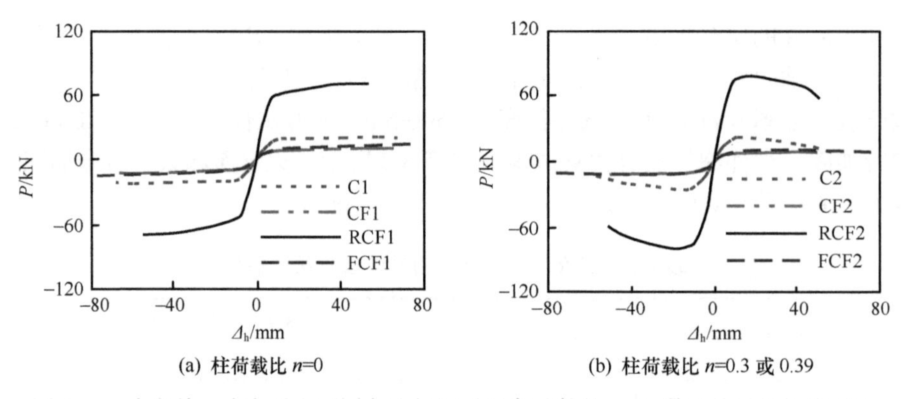

(a) 柱荷载比 n=0　　(b) 柱荷载比 n=0.3 或 0.39

图 6.35　火灾前、火灾后和不同方法加固后压弯试件的 P-Δ_h 滞回关系骨架线对比

件相比，没有得到明显的改善，甚至有所降低。而采用“FRP 包裹法”加固后的试件则是延性有更大的提高，承载力和刚度则提高不多。

（3）轴向变形曲线

图 6.36 所示为 FRP 加固试件的 Δ_h/Δ_y- 柱轴向变形（Δ_c）关系。与图 6.27 相比可以发现，试件轴向变形的趋势与常温试件以及“增大截面法”加固试件类似，但 FRP 加固试件在侧向荷载卸载的同时，轴向变形也有部分的恢复，因此图形呈现一种侧向的“凹形”，这是与其他试件不同的。

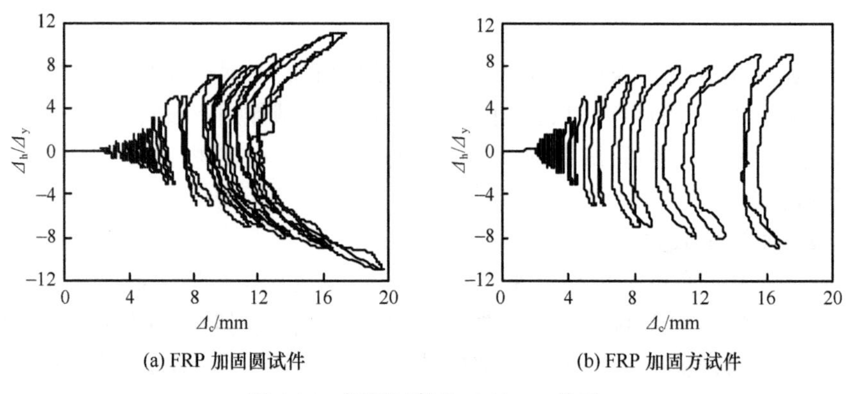

(a) FRP 加固圆试件　　(b) FRP 加固方试件

图 6.36　加固试件的 Δ_h/Δ_y-Δ_c 关系

通过试验研究了柱荷载比（n）和包裹 FRP 层数对刚度退化的影响规律。从中发现，对于火灾后包裹 FRP 的试件，由于 FRP 开裂加速了试件刚度退化，试件刚度退化受柱荷载比（n）变化的影响不明显，没有明显规律。对于 n=0 的试件，包裹 FRP 后，刚度退化现象趋缓，但并不显著；但对 n=0.35 左右的试件，刚度退化现象最明显的是包裹一层 FRP 的试件，其次是包裹二层 FRP 的试件。

表 6.5 给出了 FRP 包裹试件的累积耗能值，可以看出随着柱荷载比（n）的增大，在经历相同位移循环时，各试件的耗能能力有所减小；而加固后的试件在经历相同位移循环时累积耗能均有所提高，且在柱荷载比（n）较大的情况下提高更大，但包裹二

层和包裹一层 FRP 试件的耗能差异不大。

基于上述研究，在本次试验参数范围内，可以得到结论如下。

1）火灾作用后，钢管混凝土试件的承载力和抗弯刚度均有不同程度的降低，但位移延性有增大的趋势。

2）采用两种加固方法加固后，试件的滞回曲线饱满，没有明显的捏缩现象，表现出良好的延性和耗能性能。

3）采用“增大截面法”进行加固后，其承载力和刚度可以恢复到未受火的状态，但和常温下具有相同柱荷载比（n）的试件相比，位移延性有所降低。

4）采用“FRP 包裹法”进行加固后，其承载力和钢管恢复有限，但延性有较大恢复。

6.4　火灾后钢管混凝土柱修复加固措施

与第 4.5 节论述的型钢混凝土构件类似，在研究和制定受火后钢管混凝土结构的修复加固方案时，总体上按照以下步骤进行。

1）火灾现场勘查：通过现场勘查，以确定结构受火温度及损伤情况。勘查内容包括建筑火灾荷载分布、可燃物种类及特性、建筑通风情况、火灾后结构构件的形状及破坏程度等，同时结合火灾现场观察结果及录像资料等进一步推断火灾蔓延过程以及温度分布。

2）火灾模拟：根据现场勘查获得的火灾场景参数，对火灾进行重现模拟，从而得到各受火构件所经历的温度历史。

3）构件受火全过程分析：根据构件实际经历的火灾历史，进行构件火灾全过程受力分析，确定构件的受损程度，包括强度、刚度、延性等的损失情况。

4）确定构件修复加固方法：根据受损程度的不同选用合适的修复方法，如 FRP 包裹法和增大截面法等。

5）对整体结构性能的影响分析和评估：确定构件的修复方法后，需要从整体的角度对修复加固后结构的承载能力、变形能力、抗震性能、耐火性能等各方面进行评估，同时还要考虑是否满足建筑的使用功能要求。如果不符合要求，需要进一步调整相关参数或改用其他加固方法，直至满足要求。

对于钢管混凝土构件，从前述的试验和理论研究可以发现：采用“增大截面法”进行加固，可有效改善构件的承载力和刚度；而采用 FRP 进行加固则可以增强构件的延性和耗能能力。因此在实际工程中选择加固方法时，可考虑以下几个因素。

1）受火时间：根据建筑火灾实际工况和救火时间等的不同，建筑构件受火灾的时间也各不相同。对于受火时间较长（30min 以上）的钢管混凝土，构件内部材料发生了明显的破坏，承载力和刚度均有较大降低，此时应当采用增大截面法进行加固，保证承载力满足相关的设计要求。对于受火试件较短（30min 以内）的钢管混凝土，构件经历火灾后承载力降低较少，但钢管约束能力降低，这时可采用 FRP 进行加固，增强构件的延性和耗能能力，同时也可以适当增强其承载力。

2）加固重点：对火灾后钢管混凝土的加固，根据实际损坏情况可分为承载力加固和延性加固。对于某些构件承载力损失程度大，在结构中又是重要的承重构件，需要进行承载力加固，可采用增大截面法进行加固。而有些构件虽然也是承重构件，但设计中起控制作用是地震荷载，需要较强的延性和耗能能力时，可采用 FRP 进行加固。

3）空间占用：对于某些有空间尺寸要求的情况，若火灾后的钢管混凝土采用增大截面法进行加固可能超过空间的限制，这时候如果构件承载力损失不是很大，应采用 FRP 进行加固，FRP 层数可根据损伤情况确定。

同时，对受损的钢管混凝土柱进行修复加固时，还应注意如下几个问题。

1）火灾后结构的抗震修复加固方案：应从结构整体的抗震能力和动力特性出发，避免加固后出现新的薄弱层、薄弱区等对抗震不利的情况。当刚度发生突变时，会在突变处产生很大的地震附加应力，引起局部破坏，故加固后结构的质量和刚度变化一般不应超过原结构的 5% 和 10%（王广军，1994；吴波，2003）。

2）施工的可行性：采用“增大截面法”修复加固时，首先在受损柱子外围焊接一套管，然后在空隙处浇筑细石混凝土（可采用自密实混凝土），因此为了保证混凝土的浇筑质量，内、外层钢管之间的缝隙应大于 15mm。采用“FRP 包裹法”修复加固时，应注意 FRP 纤维的方向和加固试件的环向一致，FRP 的包裹工艺流程可参考中国工程建设标准化协会标准《碳纤维片材加固修复混凝土结构技术规程》（CECS146：2003）（2003）以及产品使用书执行。

3）加固后柱子外钢管的局部屈曲：计算结果表明，在工程常用的范围内，对于火灾后受损的钢管混凝土柱只要稍加修复，就可以使得其强度、刚度、位移延性等恢复到未受火时状态。但应注意外套钢管的径厚比 D_r/t_{sr}（对于圆钢管混凝土）或宽厚比 B_r/t_{sr}（对于方钢管混凝土）应该满足规定的限值。韩林海等（2007）分析结果表明，钢管混凝土中径厚比或宽厚比限值按照韩林海（2016）中的有关规定确定，即对 D_r/t_{sr} 或 B_r/t_{sr} 限值的规定按照对应受压试件中空钢管局部稳定限值的 1.5 倍确定。具体表达式如下：

$$\frac{D_r}{t_{sr}}\text{或}\frac{B_r}{t_{sr}}\leqslant 1.5\cdot\sqrt{\frac{f_y}{235}} \tag{6.6}$$

4）各材料间的共同工作问题：采用外包钢管混凝土对受损柱进行修复加固时，关键是要保证新旧两种材料的共同工作问题，因此在修复加固前，应先清除受损柱子表面的氧化层，当原试件尺寸较大时，需在钢管混凝土柱的外壁焊栓钉或竖板，以加强新灌混凝土和原钢管混凝土柱的整体性。而采用 FRP 加固时，不仅应该对试件表面进行严格的处理和清洗，还应该采用合适的粘结剂和固化剂，保证碳纤维布的粘结质量，使内部钢管混凝土和 FRP 能共同工作。

在实际情况下，建筑结构遭受的是图 1.14 中 A→A′→B′→C′→D′→E′ 这样一种时间（t）- 温度（T）- 荷载（N）路径，对火灾后的建筑结构进行修复加固时应考虑受火过程中荷载和火灾的耦合作用，即用全过程的思想来进行评估。本章重点论述了“增大截面法”和“FRP 包裹法”两种火灾后钢管混凝土柱加固方法的有效性。在工程实际中采用上述两种方法对受火后的钢管混凝土柱进行修复加固时，可参考第 4.5 节对火灾后型钢混凝土构件的有关方法进行。

6.5 本 章 小 结

本章论述了钢管混凝土柱火灾后加固试件的静力性能和滞回性能试验和理论研究。研究结果表明，对受火后的钢管混凝土试件可分别采用“增大截面法”或“FRP 包裹法”进行修复加固。“增大截面法”的优点是可有效地提高构件的强度和刚度，缺点是增大了构件截面和自重；“FRP 包裹法”可适当提高钢管混凝土构件的抗弯能力和承载能力，且不改变构件的截面尺寸。对于火灾下承载力和刚度损失程度较大的构件，可采用“增大截面法”；对受火不明显的构件则可采用“FRP 包裹法”。

参 考 文 献

韩林海，2007．钢管混凝土结构——理论与实践［M］．2 版．北京：科学出版社．

韩林海，2016．钢管混凝土结构——理论与实践［M］．3 版．北京：科学出版社．

韩林海，杨有福，2007．现代钢管混凝土结构技术［M］．2 版．北京：中国建筑工业出版社．

陶忠，于清，2006．新型组合结构柱——试验、理论与方法［M］．北京：科学出版社．

王广军，1994．震损建筑修复加固的设计与施工［M］．北京：地震出版社．

吴波，2003．火灾后钢筋混凝土结构的力学性能［M］．北京：科学出版社．

中国工程建设标准化协会，2003．碳纤维片材加固修复混凝土结构技术规程：CECS 146：2003［S］．北京：中国计划出版社．

ISO-834, 1975. Fire resistance tests-elements of building construction [S]. International Standard ISO 834, Geneva.

TAO Z, HAN L H, WANG L L, 2007. Compressive and flexural behaviour of CFRP-repaired concrete-filled steel tubes after exposure to fire [J]. Journal of Constructional Steel Research, 63 (8): 1116-1126.

TAO Z, HAN L H, ZHUANG J P, 2008. Cyclic performance of fire-damaged concrete-filled steel tubular beam-columns repaired with CFRP wraps [J]. Journal of Constructional Steel Research, 64 (1): 37-50.

TAO Z, HAN L H, 2007. Behaviour of fire-exposed concrete-filled steel tubular beam columns repaired with CFRP wraps [J]. Thin-Walled Structures, 45 (1): 63-76.

第 7 章　格构式钢管混凝土柱的耐火性能

7.1　引　　言

格构式钢管混凝土柱实质上是一种钢管混凝土桁式混合结构。格构式钢管混凝土柱能以较小的柱肢截面尺寸获得较大的构件抗弯刚度，因而被应用于单层和多层工业厂房等建筑结构中。本章以三肢格构式钢管混凝土柱为研究对象（其中柱肢为圆截面钢管混凝土，缀管为圆截面空钢管，缀管采用 M 形布置形式），对该类格构式钢管混凝土柱在图 1.13 所示的 A→B→B′ 升温曲线作用下的耐火性能进行研究。

7.2　有限元计算模型

本节建立了三肢格构式钢管混凝土柱和单肢钢管混凝土柱的温度场计算模型和力学性能分析模型。

第 5.2.3 和 5.3.3 节给出了碳素钢、不锈钢和混凝土的热工性能、高温下的材料力学性能、钢管和混凝土接触界面的处理方法、热对流和热辐射温度边界条件模拟方法和单元选取等建模方法，在建立三肢格构式钢管混凝土柱的有限元计算模型时采用了同样的建模方法（Han et al.，2003，2013，2018；崔志强，2014；Song et al.，2010）。碳素钢管常温和升温段的应力 - 应变关系如式（3.2）所示，不锈钢管常温和升温段的应力 - 应变关系根据 Eurocode 3（2005）确定，核心混凝土常温和升温段的应力 - 应变关系如式（5.2）所示。由于第 7.3 节的试验结果表明缀管和柱肢钢管的连接在试验过程中没有断裂，因此，有限元计算模型中缀管和柱肢钢管采用了“Tie”约束。

基于有限元软件平台 ABAQUS（2010）建立模型，图 7.1 给出了三肢格构式钢管混凝土柱模型的边界条件和网格划分，其中边界条件与第 7.3 节开展的三肢格构式钢管混凝土柱耐火性能试验时所采用的边界条件相同，即柱下端固接，上端约束 X 方向和 Y 方向的位移和所有方向的转动。轴向荷载（N_F）施加在柱上端板，为考虑柱初始缺陷的影响，模型中考虑了 H/1000 的初始偏心，初始偏心方向如图 7.1 所示。

上述有限元计算模型的有效性已在前述章节中通过单肢碳素钢管混凝土柱和不锈钢管混凝土柱耐火极限性能的试验数据进行了验证。采用第 7.3 节进行的三肢格构式钢管混凝土柱和单肢钢管混凝土柱的耐火极限试验数据对该模型进行了进一步的验证。

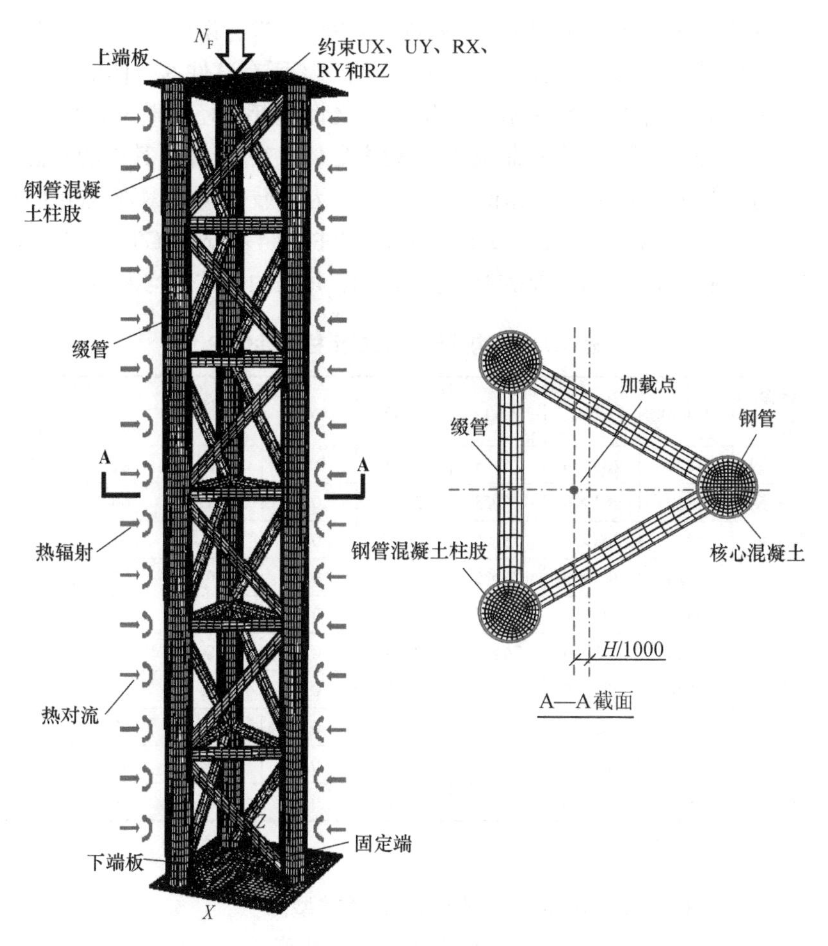

图 7.1　柱模型边界条件和网格划分

7.3　试 验 研 究

本节通过三肢格构式钢管混凝土柱和单肢钢管混凝土柱在 ISO-834（1975）标准火灾作用下的耐火性能试验（Han et al.，2018；崔志强，2014），研究了三肢格构式钢管混凝土柱和单肢钢管混凝土柱的破坏形态、温度 - 受火时间关系、轴向变形 - 受火时间关系及耐火极限等。

7.3.1　试验概况

（1）试件设计与制作

参考某工业厂房中的三肢格构式钢管混凝土柱尺寸，并结合试验设备尺寸、最大加载能力等试验条件确定试件设计方案。共进行六个三肢格构式钢管混凝土柱的耐火极限试验，包括五个碳素钢三肢格构式钢管混凝土柱和 1 个不锈钢三肢格构式钢管混凝土柱（Han et al.，2018；崔志强，2014）。格构式柱的三个柱肢采用圆形钢管混凝土柱，缀管采用空钢管。缀管包括斜缀管和水平缀管，水平缀管垂直于柱肢，斜缀管与柱肢之间的角度为 45°。

缀管与柱肢的连接节点按照欧洲规范 Eurocode 3（2005）进行设计。为了比较，也进行了 4 个单肢碳素钢管混凝土的耐火极限试验。表 7.1 给出了所有试件的具体信息，其中 H 为柱高；D_c 和 t_{sc} 为柱肢钢管外径和壁厚；D_l 和 t_{sl} 为缀管钢管外径和壁厚；N_F 为火灾试验时作用在柱端的柱轴向荷载；n 为柱荷载比，按照式（3.17）计算，其中的常温下柱极限承载力 N_u 可通过有限元计算模型计算得到；C0 系列为三肢格构式钢管混凝土柱，C1 系列为单肢钢管混凝土柱。试件 C0-2 和试件 C0-3，试件 C0-4 和试件 C0-5，试件 C1-1 和试件 C1-2，试件 C1-3 和试件 C1-4 的试验参数分别相同，每组两个试件均为相互参照的试件。

表 7.1　格构式钢管混凝土柱试件信息

编号	钢管类型	H/mm	$D_c \times t_{sc}$*	$D_l \times t_{sl}$*	N_F/kN	n	$t_{R,test}$/min	$t_{R,FEA}$/min	$t_{R,Eq}$/min	$t_{R,FEA}/t_{R,test}$
C0-1	碳素钢	3820	203×6	76×5	1654	0.15	40	81	78	2.025
C0-2	碳素钢	3820	203×6	76×5	2025	0.2	37	63	60	1.703
C0-3	碳素钢	3820	203×6	76×5	2025	0.2	84	61	60	0.763
C0-4	碳素钢	3820	203×6	76×5	3325	0.3	39	37	30	0.949
C0-5	碳素钢	3820	203×6	76×5	3325	0.3	42	40	30	0.952
C0-6	不锈钢	3820	203×5	76×5	2870	0.3	68	67		0.985
C1-1	碳素钢	3820	203×6		526	0.2	115	67		0.583
C1-2	碳素钢	3820	203×6		526	0.2	99	82		0.828
C1-3	碳素钢	3820	203×6		789	0.3	48	46		0.958
C1-4	碳素钢	3820	203×6		789	0.3	60	49		0.767

* 此两列中 D_c、t_{sc}、D_l 和 t_{sl} 的尺寸单位均为 mm。

试验中研究的主要参数包括柱荷载比和钢管类型。

① 柱荷载比 n：0.15～0.3。n 按照式（3.17）计算。

② 钢管类型：Q345B 碳素钢钢管和 1.4301 奥氏体不锈钢无缝管，其中试件 C0-6 的柱肢和缀管所用钢管为不锈钢，其他试件均采用了碳素钢。

试件的详细尺寸如图 7.2 所示。为使受火过程中核心混凝土的水分可以排出，防止钢管因压力过大而撕裂，在每个柱肢端部钢管上设置直径为 20mm 圆形排气孔。

试验结果表明，试件 C0-1 和试件 C0-2 在试验过程中由于水蒸气作用，外钢管发生了管壁撕裂。这说明每个柱肢设置两个排气孔无法满足要求，因此为了避免其他试件发生同样的问题，后续试验之前，在每个柱肢中部再增设四个排气孔，四个排气孔分别位于五层水平缀管所在平面的中间高度处。后续试验表明，增设了排气孔后，再没有出现钢管壁撕裂的现象。

试验中，采用四个或五个预埋在试件中截面的热电偶测量受火过程中试件的温度，柱试件尺寸如图 7.2 所示，其中热电偶 1 和热电偶 2 分别位于柱肢钢管和核心混凝土的外表面，热电偶 4 位于核心混凝土中心，热电偶 5 位于缀管外表面。

（2）材料性能

采用了普通商品混凝土，28d 时混凝土立方体抗压强度为 43.3MPa，进行耐火极限试验时的平均立方体抗压强度为 48.5MPa。采用了四类不同直径的钢管，包括 D203 碳素钢

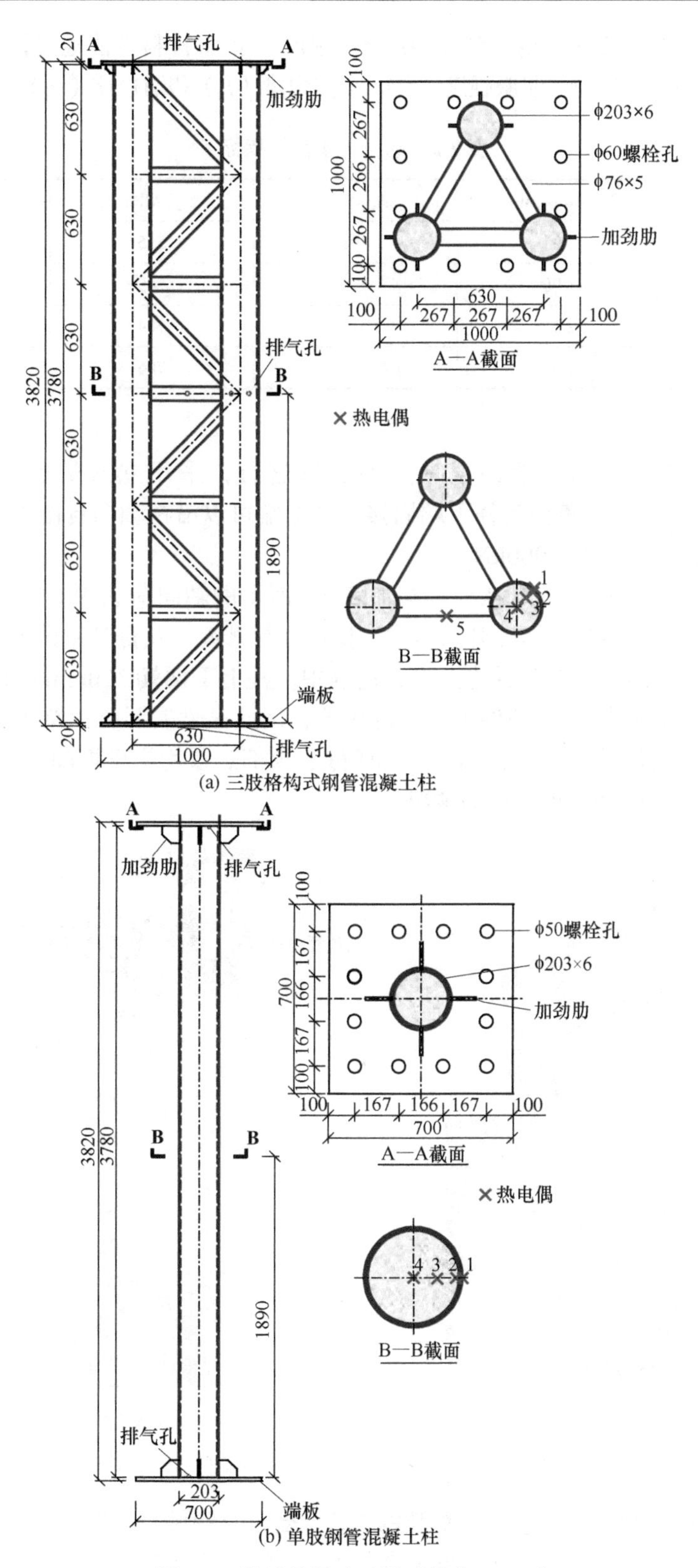

图 7.2　柱试件尺寸（尺寸单位：mm）

管、D76 碳素钢管、D203 不锈钢管和 D76 不锈钢管。钢管材料性能通过标准拉伸试验确定，实测的弹性模量（E_s）、屈服强度（f_y）、极限强度（f_u）和泊松比（ν_s）如表 7.2 所示。

表 7.2　钢材力学性能指标

钢材类型	E_s/（10^5N/mm^2）	f_y/MPa	f_u/MPa	ν_s
D203 碳素钢管	2.22	398	555	0.312
D76 碳素钢管	1.90	425	565	0.274
D203 不锈钢管	2.21	323	784	0.290
D76 不锈钢管	2.01	269	706	0.269

（3）试验方法

试验在亚热带建筑科学国家重点实验室进行，采用立式炉膛，炉膛尺寸为 2.5m×2.5m×3m。边界条件为柱下端固接，柱上端可以沿柱轴向自由移动。千斤顶位于柱上端，最大加载能力 5000kN。

试验过程为：常温下首先在柱端施加表 7.1 所示的轴向荷载 N_F，然后保持荷载不变，按照 ISO-834（1975）标准升温曲线对试件进行升温，获得其耐火极限，试件的耐火极限判定标准如第 3.3.1 节所述。受火过程中，柱上下两端 390mm 范围内用防火棉进行保护，以保证柱端边界条件不受高温影响，因此试件实际受火范围为柱中段 3m。图 7.3（a）所示为试验炉全貌，其中半侧炉壁、顶部炉盖均为可拆卸，便于试件吊装，图 7.3（b）所示为试件在炉膛中的情况。

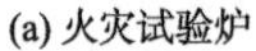
(a) 火灾试验炉

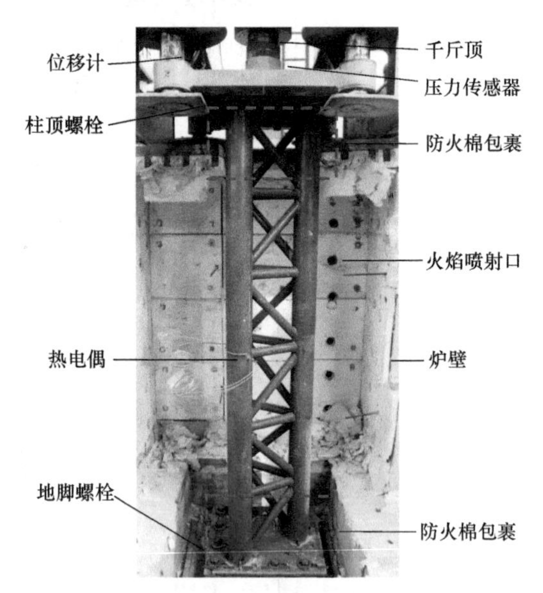

(b) 试件和炉膛

图 7.3　柱试件在火灾试验炉内的布置

试验过程中的测量内容包括：炉膛的温度 - 受火时间关系、图 7.2 所示试件测温点温度 - 受火时间关系、柱耐火极限和柱轴向变形 - 受火时间关系。

7.3.2　试验结果及分析

（1）破坏形态

三肢格构式钢管混凝土柱试验后呈现出相似的破坏形态。以试件 C0-3 为例，图 7.4（a）所示为其火灾后的破坏形态。火灾下，随着试件温度升高，缀管产生热膨胀，但其轴向变形受到柱肢约束，从而对柱肢产生了侧向推力，在外部轴向荷载和热膨胀产生的侧向推力的共同作用下，三个柱肢以柱轴线为中心发生了扭转变形，最终表现为整体扭转破坏。需要指出的是，随着参数的变化，三肢格构式钢管混凝土柱会表现出其他破坏形态，将在第 7.4 节进行分析。

试验后移除钢管混凝土柱肢的钢管，以观察核心混凝土的破坏情况，如图 7.4（a）所示。核心混凝土表面形成较多裂缝，但没有在钢管内壁或混凝土表面上观察到明显的滑移痕迹。

图 7.4（a）给出了三肢柱试件火灾下的破坏形态和计算结果的比较，可见有限元计算模型可以较好地计算三肢柱试件的破坏形态。

对于没有在柱肢中部设置排气孔的试件 C0-1 和试件 C0-2，受火过程中一柱肢的钢管壁发生了撕裂现象，图 7.4（b）所示为试件 C0-1 的柱肢钢管壁撕裂情况，观察到核心混凝土发生爆裂。三肢格构式钢管混凝土柱的三个柱肢可以协同工作，即便是某一柱肢发生明显的局部破坏，其他两个柱肢仍然能够承受外荷载，从而使最终的破坏表现出较好延性。

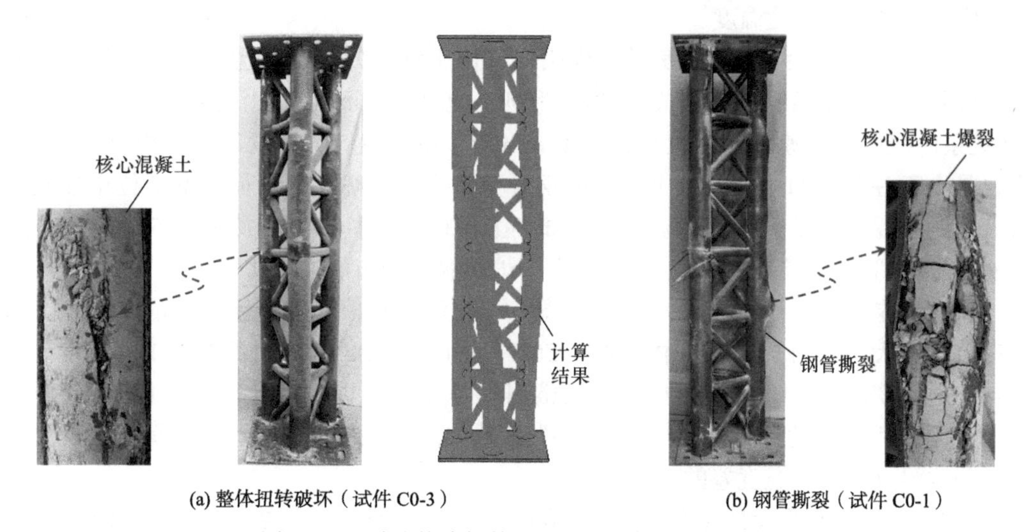

(a) 整体扭转破坏（试件 C0-3）　　(b) 钢管撕裂（试件 C0-1）

图 7.4　三肢格构式钢管混凝土柱试件的破坏形态

对于单肢钢管混凝土柱，如图 7.5 所示，观察到整体弯曲破坏（试件 C1-1）和局部屈曲破坏（试件 C1-3）两类破坏形态。比较柱荷载比相同（n=0.2）的三肢格构式钢管混凝土柱（试件 C0-3）和单肢钢管混凝土柱（试件 C1-1），可见采用钢缀管后，单肢钢管混凝土柱火灾下的整体弯曲破坏情况会得到改善。试验后剖开钢管壁，可在试件 C1-1 的受拉区混凝土观察到较多的裂缝，而对于发生了局部屈曲破坏的试件 C1-3，局部屈曲区域可观察到明显的混凝土压溃和断裂面。

图 7.5 给出了单肢柱试件火灾下的破坏形态和计算结果的比较，可见有限元计算模型可以较好地计算单肢柱试件的破坏形态。

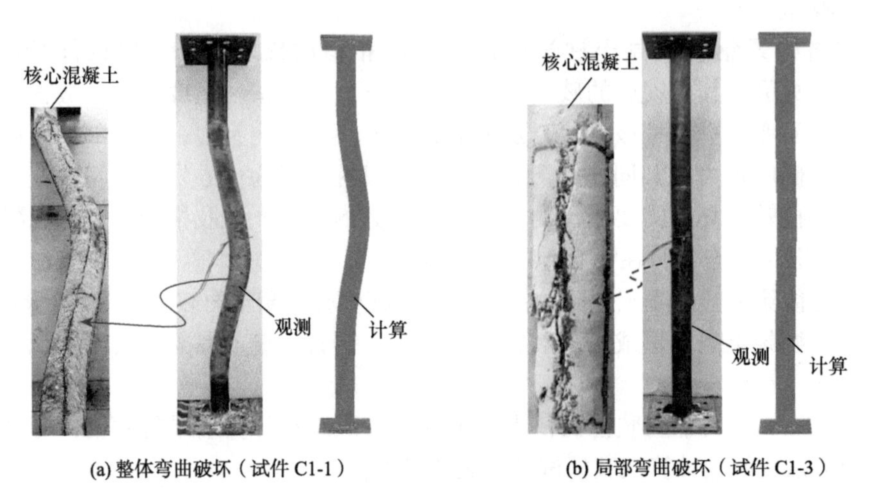

(a) 整体弯曲破坏（试件 C1-1）　(b) 局部弯曲破坏（试件 C1-3）

图 7.5　单肢钢管混凝土柱试件的破坏形态

（2）温度 - 受火时间关系

图 7.6 所示为实测的三肢格构式钢管混凝土柱温度（T）- 受火时间（t）关系，以及对应每个试件的炉膛温度。

所有试件的 T-t 关系曲线发展趋势相似。位于钢管外壁的测温点 1 和测温点 5 的温度较其他测温点温度高，以试件 C0-1 为例，受火 10min 前，测温点 1 和测温点 5 的 T-t 关系曲线的升温速率差异较小，但 10min 后，测温点 5 的温度超过了测温点 1，这主要是由于柱肢内的核心混凝土吸收的钢管壁传递来的热量，从而降低了位于柱肢钢管表面的测温点 1 的升温速率。另外，试件 C0-3 和试件 C0-4 的测温点 5 的温度在受火初始阶段超过了炉膛温度，这主要是由于炉膛温度分布不均匀所致。

试验结果表明柱肢钢管外表面的测温点 1 的温度和核心混凝土表面的测温点 2 的温度差异较大。以图 7.6（a）中的试件 C0-1 为例，受火 30min 时测温点 1 的温度比测温点 2 的温度高 369℃。这主要是核心混凝土的吸热作用以及钢管和混凝土间的接触热阻的共同作用造成的。另外，热电偶位置钢管和混凝土之间可能形成的间隙也是测温点 1 和测温点 2 产生温度差的一个原因。

图 7.6 给出了有限元计算模型计算得到的 T-t 关系曲线与试验结果的比较。计算的 T-t 关系曲线与实测结果较为吻合，例如计算获得的缀管上测温点 5 的 T-t 关系曲线与试验实测曲线基本重合，然而对于位于核心混凝土上的测温点 3 和测温点 4 的 T-t 关系曲线计算结果和实测结果差异较大，这主要是因为有限元计算模型无法考虑混凝土中水分的影响。

图 7.7 所示为实测的单肢钢管混凝土柱温度（T）- 受火时间（t）关系，其温度发展趋势同三肢格构式钢管混凝土柱的类似，这里不再详述。

为了深入分析采用缀管后格构式柱的柱肢和单肢钢管混凝土柱之间温度的差异，图 7.8 给出了采用碳素钢管的两类试件的测温点 2（核心混凝土表面）和测温点 4（核

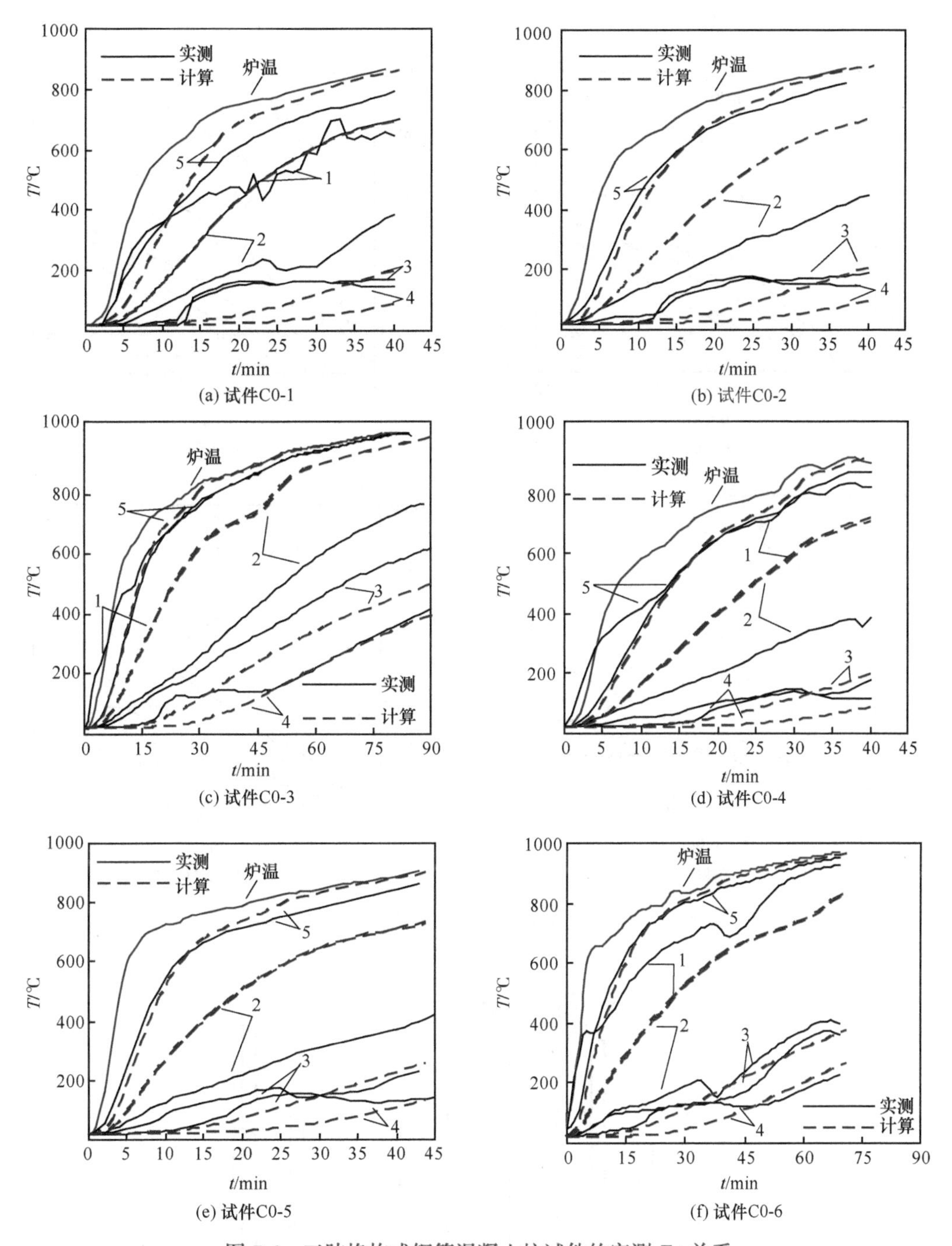

(a) 试件C0-1　(b) 试件C0-2
(c) 试件C0-3　(d) 试件C0-4
(e) 试件C0-5　(f) 试件C0-6

图 7.6　三肢格构式钢管混凝土柱试件的实测 T-t 关系

心混凝土中心）在受火 30min 时的温度比较。由于试验误差的影响，从图 7.8 中无法直接获得缀管的影响规律，因此图中还给出了受火 30min 时三肢格构式钢管混凝土柱的单肢钢管混凝土柱在测温点 2 和测温点 4 的平均温度（T_{ave}）。

格构式柱在测温点 2 的平均温度为 288℃，比单肢柱低 7℃，这可能是由于缀管的

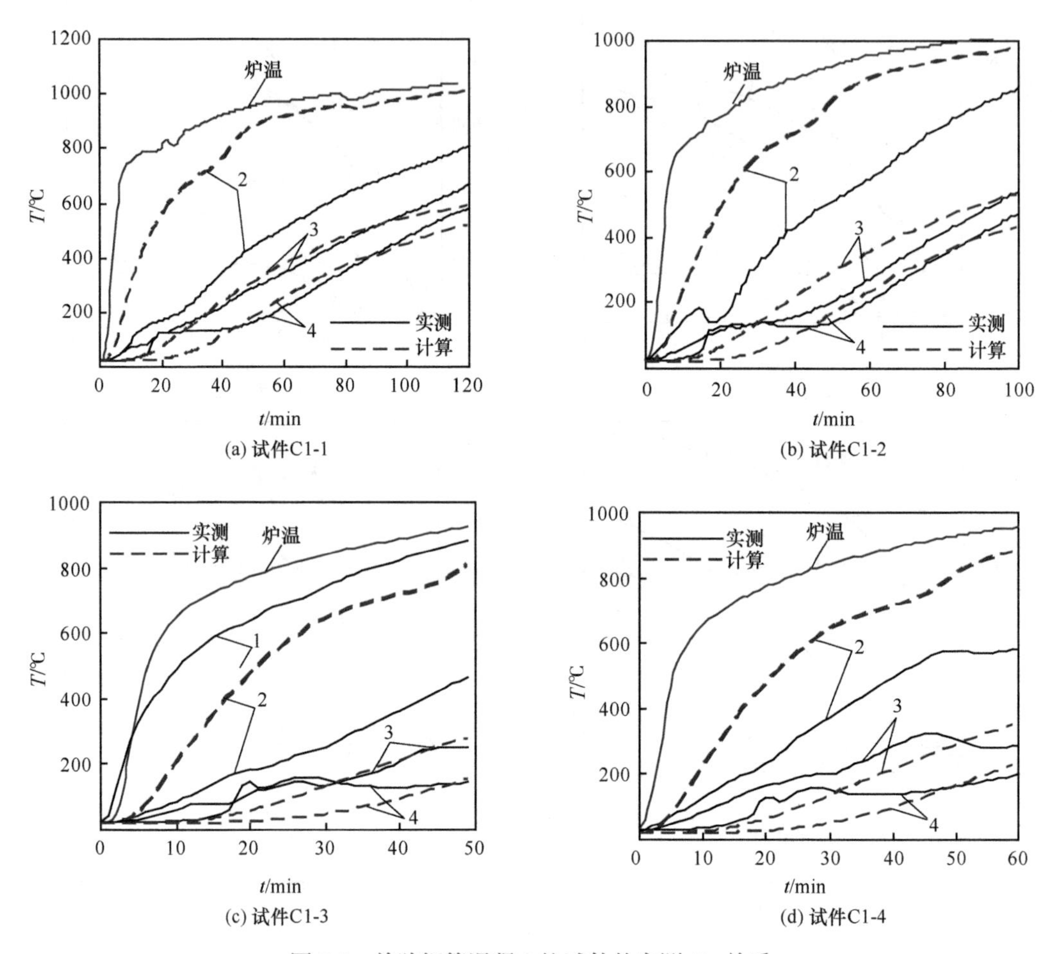

(a) 试件C1-1　(b) 试件C1-2　(c) 试件C1-3　(d) 试件C1-4

图 7.7　单肢钢管混凝土柱试件的实测 T-t 关系

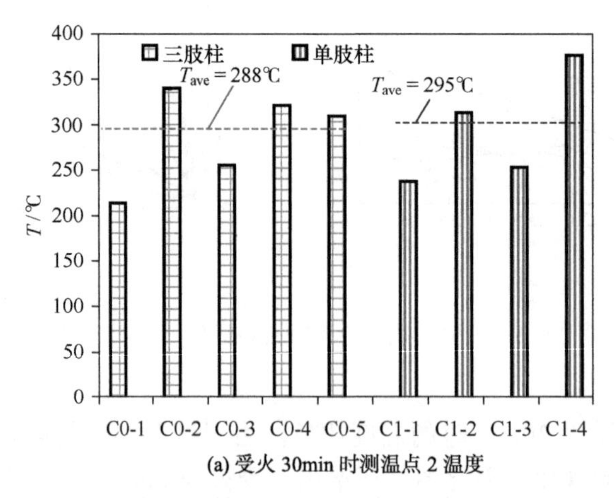

(a) 受火 30min 时测温点 2 温度

图 7.8　缀管对钢管混凝土柱内核心混凝土 T 的影响

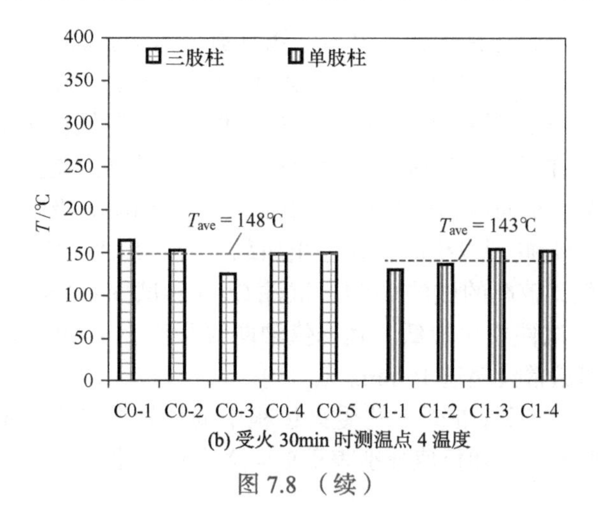

(b) 受火 30min 时测温点 4 温度

图 7.8 （续）

吸热作用所造成的温度降低。而三肢柱和单肢柱在测温点 4 的平均温度接近，这主要是由于测温点 4 位于混凝土中心，远离缀管，因此缀管对测温点 4 影响不明显。

另外，当采用不锈钢管时，三肢格构式钢管混凝土柱试件 C0-6 的测温点 2 和测温点 4 在受火 30min 时的温度分别为 192℃和 130℃，这明显低于采用碳素钢管的三肢柱试件在测温点 2 和测温点 4 的平均值（平均温度分别为 288℃和 148℃），这主要是因为不锈钢与碳素钢相比热传导能力较低（Eurocode 3，2005）。

（3）柱轴向变形 - 受火时间关系

图 7.9 给出了三肢格构式钢管混凝土柱受火过程中的柱轴向变形（Δ_c）- 受火时间（t）关系，其中轴向变形的正值和负值分别表示轴向膨胀和压缩。

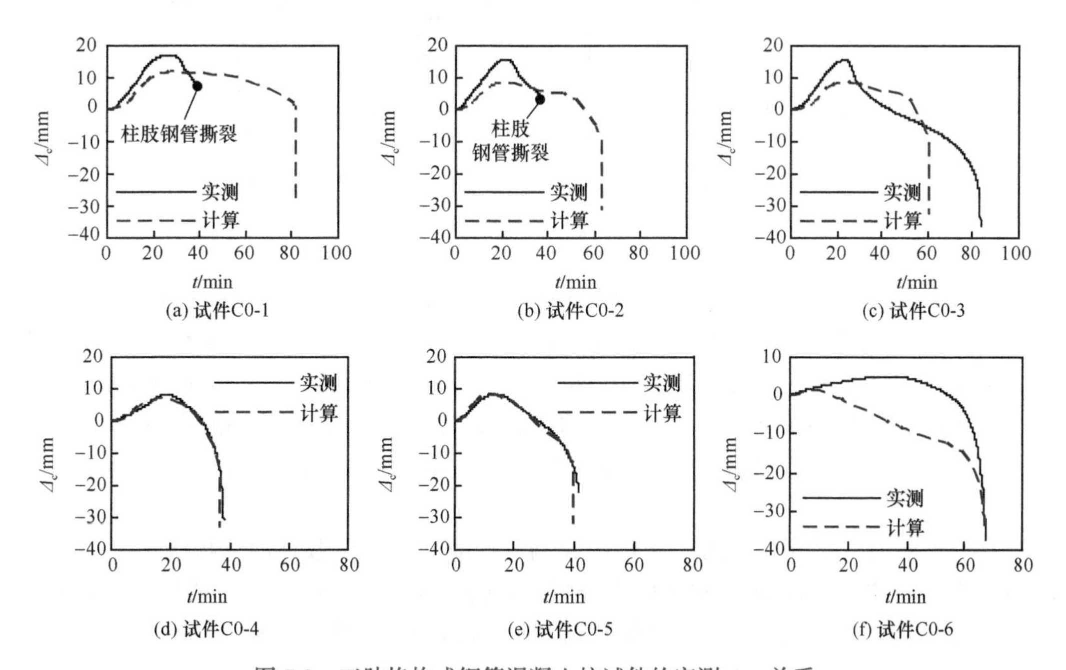

(a) 试件C0-1　(b) 试件C0-2　(c) 试件C0-3

(d) 试件C0-4　(e) 试件C0-5　(f) 试件C0-6

图 7.9　三肢格构式钢管混凝土柱试件的实测 Δ_c-t 关系

三肢格构式钢管混凝土柱的Δ_c-t关系曲线可被分为两类。对于柱荷载比较低的试件C0-1、试件C0-2和试件C0-3（n=0.15或0.2），受火前30min内，由于钢材热膨胀的影响，表现为明显的轴向膨胀变形，三个试件的峰值轴向膨胀分别为17.1mm、15.7mm和15.4mm。在峰值点后阶段，钢管和混凝土材料性能进一步劣化，柱轴向变形主要受外荷载支配，轴向压缩荷载开始增加直到柱达到耐火极限。对于试件C0-1和试件C0-2，一柱肢钢管撕裂发生时，即停止加载，因此其Δ_c-t关系曲线没有出现竖直下降段。对于柱荷载比较高的试件C0-4、试件C0-5和试件C0-6（n=0.3），柱的轴向膨胀峰值与其他三个试件相比较低，其峰值轴向膨胀值小于10mm。单肢钢管混凝土柱的峰值轴向膨胀值通常会超过10mm。

图7.10给出了单肢钢管混凝土柱受火过程中的柱轴向变形（Δ_c）-受火时间（t）关系，其中轴向变形的正值和负值分别表示轴向膨胀和压缩。

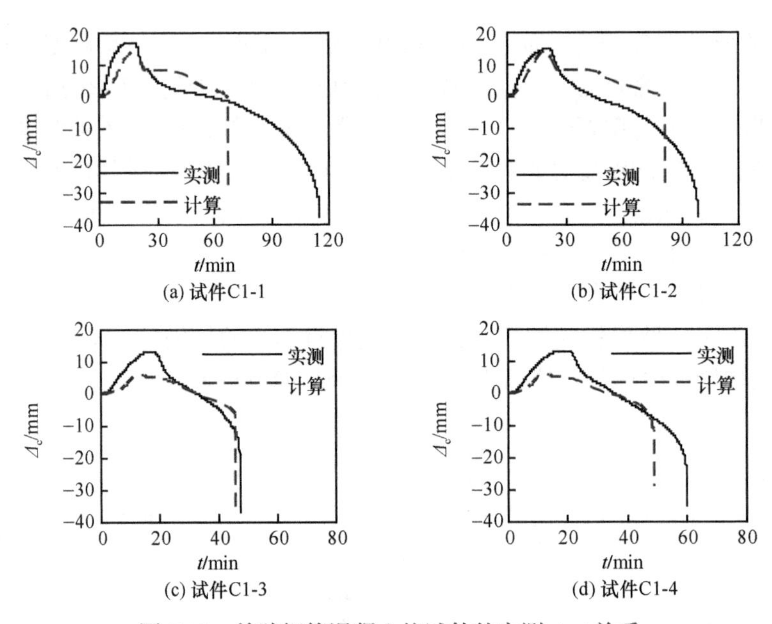

图7.10　单肢钢管混凝土柱试件的实测Δ_c-t关系

图7.9和图7.10给出了实测和计算得到的柱轴向变形（Δ_c）-受火时间（t）关系曲线比较，计算得到的耐火极限（$t_{R,FEA}$）值在表7.1中给出。试件C0-1和试件C0-2的耐火极限计算值是实测值的2倍，这是由于有限元计算模型无法考虑钢管撕裂的影响。除试件C0-1和试件C0-2外，计算得到的三肢格构式钢管混凝土柱的耐火极限（$t_{R,FEA}$）与实测耐火极限（$t_{R,test}$）比值的平均值为0.912，对应的标准偏差为0.101。

（4）耐火极限

表7.1给出了试验测得的三肢格构式钢管混凝土柱和单肢柱耐火极限（$t_{R,test}$），为便于比较，图7.11也给出了实测耐火极限。试件C0-2和试件C0-3的试验参数完全相同，但由于钢管壁撕裂的影响，试件C0-2的受火时间只是试件C0-3的50%。

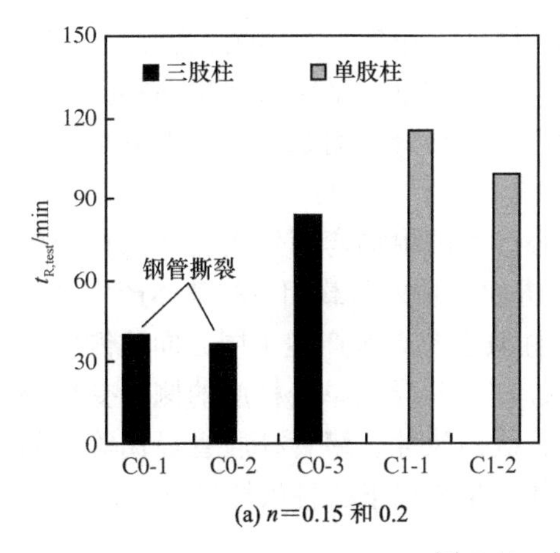

(a) n=0.15 和 0.2

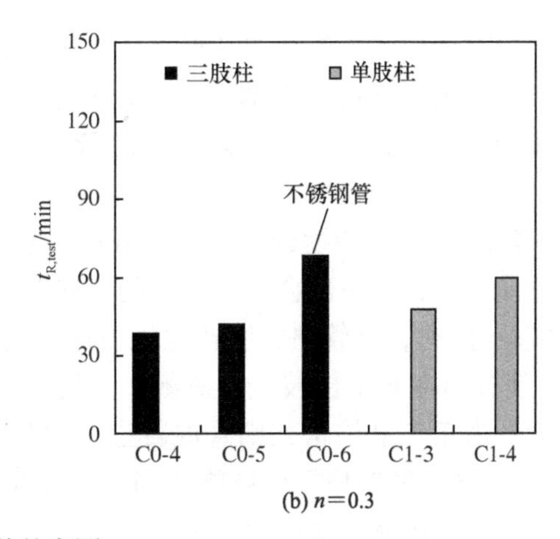

(b) n=0.3

图 7.11　柱试件的实测 $t_{R,test}$

无钢管撕裂发生时，具有相同试验参数的试件的耐火极限较为接近。比较采用不锈钢管的试件 C0-6 和采用碳素钢管的试件 C0-4 可以发现，试件 C0-6 的耐火极限是试件 C0-4 的 1.74 倍，说明采用不锈钢的试件具有更好的耐火能力。

比较三肢格构式钢管混凝土柱和单肢钢管混凝土柱的耐火极限可见，三肢格构式钢管混凝土柱的耐火极限会低于对应的单肢钢管混凝土柱的耐火极限，前者的耐火极限大约是后者的 75%。原因可归结为两点：①缀管的热膨胀会造成钢管混凝土柱肢的侧向变形，侧向变形所带来的“二阶效应”加快了三肢格构式钢管混凝土柱的火灾下破坏；②当柱荷载比相同时，施加在格构式柱每一个柱肢的荷载会高于施加在单肢柱的荷载。例如柱荷载比为 0.2 时，施加在试件 C0-3 每个柱肢上的轴向荷载为 675kN（$N_F/3$），该值比单肢柱 C1-1 上施加的轴向荷载高 28%。

7.4　工作机理分析

基于第 7.2 节所建立的有限元计算模型，本节对三肢格构式钢管混凝土柱在 ISO-834（1975）标准火灾作用下的工作机理进行分析。

三肢格构式钢管混凝土柱的基本参数如下。

1）柱肢钢管外径（D_c）和厚度（t_c）分别为 400mm 和 12mm；缀管钢管外径（D_1）和厚度（t_1）分别为 160mm 和 5mm；钢管混凝土柱肢轴心的间距为 1600mm；柱高度（H）为 9600mm。

2）钢管采用碳素钢，钢管屈服强度（f_y）为 345MPa；混凝土立方体抗压强度（f_{cu}）为 30MPa；柱两端铰接，上端受轴向荷载，柱荷载比（n）为 0.3，荷载偏心率为 H/1000。

7.4.1　破坏形态

计算分析结果表明，火灾初始升温段，空钢管缀管的温度迅速升高，并产生热膨胀变形。该膨胀变形受到柱肢的约束，因此在节点区缀管会对柱肢产生较大的推力作用，导致混凝土表面会产生较大的压应力，同时节点区位置处的柱肢会沿着斜缀管交汇的方向产生微小的侧向变形。由于斜缀管长度大于平缀管，产生的热膨胀变形更大，由缀管推力引起的柱肢侧向变形使柱肢间距增大，该增量与平缀管产生的热膨胀变形增量相差不大，因而该阶段中斜缀管以受压为主，平缀管受力则较小，部分平缀管甚至出现拉应力。

随着温度的持续升高，外荷载由于初始偏心产生的附加弯矩作用会导致柱产生整体弯曲变形，柱中部会产生均匀的侧向变形 δ，进而柱顶外荷载相对柱整体产生“二阶效应”；同时，缀管热膨胀产生推力作用使每个柱肢在节点区产生不同方向的侧向变形 δ_i，使分担在每个柱肢上的荷载产生的“二阶效应”，并导致单个柱肢的侧向变形持续增大。由于三肢格构式钢管混凝土柱的长细比、截面尺寸、缀管柱肢管径比等几何尺寸不同，“二阶效应”的影响不同，格构式柱总体上呈现以下三种破坏形态。

（1）整体弯曲破坏

当柱长细比较大（≥15）或缀管柱肢管径比较小（≤0.2）时，缀管的推力作用引起的柱肢的侧向变形较小，因而分担在柱肢上的荷载产生的“二阶效应”影响不明显，每个柱肢的侧向变形增大缓慢。长细比较大会使外荷载相对柱整体产生的“二阶效应”的影响增大，导致柱的整体弯曲变形逐渐增大，最终柱会发生图 7.12（a）所示的整体弯曲破坏。

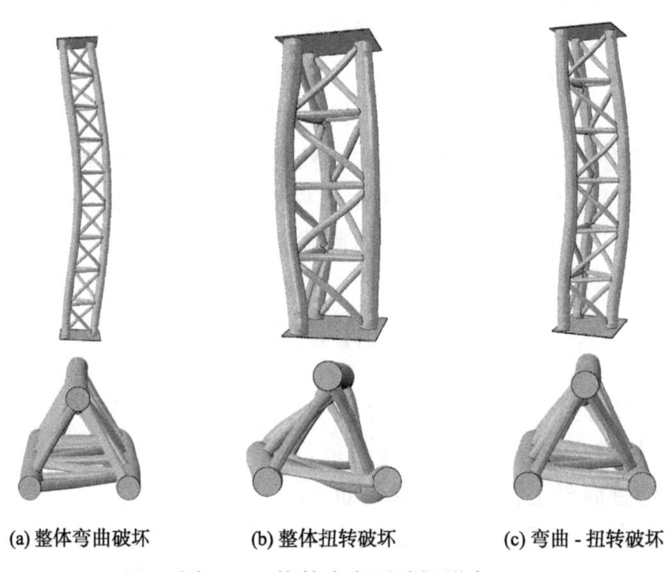

(a) 整体弯曲破坏　　(b) 整体扭转破坏　　(c) 弯曲-扭转破坏

图 7.12　柱的火灾下破坏形态

（2）整体扭转破坏

当柱长细比较小（≤10）且缀管柱肢管径比较大（≥0.3）时，升温初期外荷载产生的附加弯矩作用的影响不明显，因而柱的整体弯曲变形较小；而缀管的推力作用引起的每个柱肢的侧向变形较大，分担在每个柱肢上的荷载产生的“二阶效应”使柱肢的侧向变形会呈现持续增大的趋势，最终三个柱肢在缀管平面内产生了不同方向的侧向变形，同时由于缀管对柱肢的约束作用将相邻柱肢拉向该柱肢的变形方向，使三肢柱表现出图 7.12（b）所示的整体扭转破坏形态。

（3）弯曲 - 扭转破坏

当柱长细比介于 10～15 时，升温初期，柱顶外荷载弯矩作用产生的整体弯曲变形和缀管推力导致柱肢产生的侧向变形都较大，因而柱在整体弯曲过程中伴随着局部扭转，变形介于整体弯曲变形和整体扭转变形之间，为图 7.12（c）所示的弯曲 - 扭转破坏。

虽然三肢格构式钢管混凝土柱发生的三种破坏形态有所不同，但整个受火过程中，柱的受力过程存在以下共同点：整个受火过程中，每个柱肢的变形都是由柱顶外荷载的弯矩作用引起的整体弯曲变形和缀管推力引起的在节点区的侧向变形叠加组成的；虽然随着温度的升高缀管强度迅速降低，部分缀管受压发生屈曲，但大部分缀管仍能对柱肢产生有效的约束作用，三个柱肢共同工作，协调互补。

火灾作用下，部分缀管由于受压会先发生屈曲，但由于柱肢仍能继续承担荷载，因此部分缀管发生屈曲不能代表三肢格构式钢管混凝土柱达到极限状态，只有柱在火灾下无法继续承担外荷载时，柱才达到了极限状态而发生破坏。

7.4.2　轴向变形 - 受火时间关系

图 7.13 为三肢格构式钢管混凝土柱的轴向变形（Δ_c）- 受火时间（t）关系，Δ_c-t 关系曲线可分为以下三个阶段。

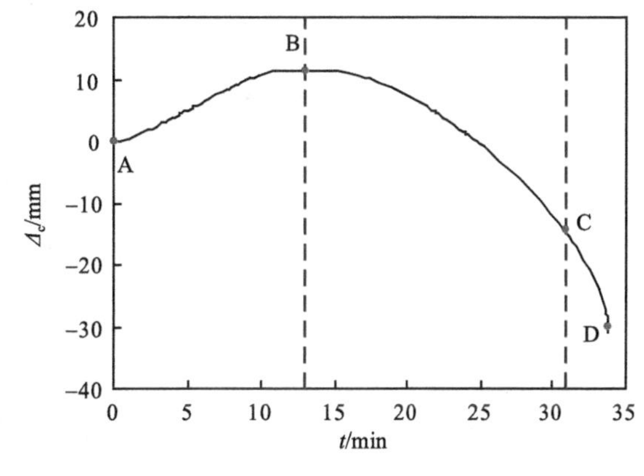

图 7.13　柱的 Δ_c-t 关系

1）膨胀阶段（AB）：开始升温时，由于柱受热发生膨胀，且热膨胀变形大于由于材料劣化引起的压缩变形，柱的轴向变形整体表现为膨胀变形。

2）压缩阶段（BC）：随着柱肢钢管温度的升高，并在 13min 左右超过 250℃后，钢材强度逐渐降低，材料劣化引起的压缩变形开始超过热膨胀变形，柱在火灾下的承载力逐渐降低，柱开始出现压缩变形。

3）破坏阶段（CD）：当升温至 31min 时，柱肢钢管温度超过 600℃，钢材强度降低程度大，且外围混凝土强度随着温度的升高也逐渐降低，柱承载力降低明显，导致轴向压缩变形迅速增大，当柱在火灾下的承载力小于外荷载时，柱达到耐火极限。

7.4.3　各柱肢轴力 - 受火时间关系

常温加载后，外荷载由柱肢和缀管共同承担。模型中由于 $H/1000$ 的初始偏心的影响，各柱肢的轴力会有所不同，图 7.14 给出了对应三种破坏形态的柱肢轴力（N）- 受火时间（t）关系。

（1）整体弯曲破坏

对于发生整体弯曲破坏的三肢格构式钢管混凝土柱，其弯曲变形主要由外荷载产生的“二阶效应”引起，而缀管热膨胀产生的推力作用引起的柱肢侧向变形较小，三个柱肢的变形方向基本一致，因而各柱肢的受力情况随时间的变化趋势也较为类似。

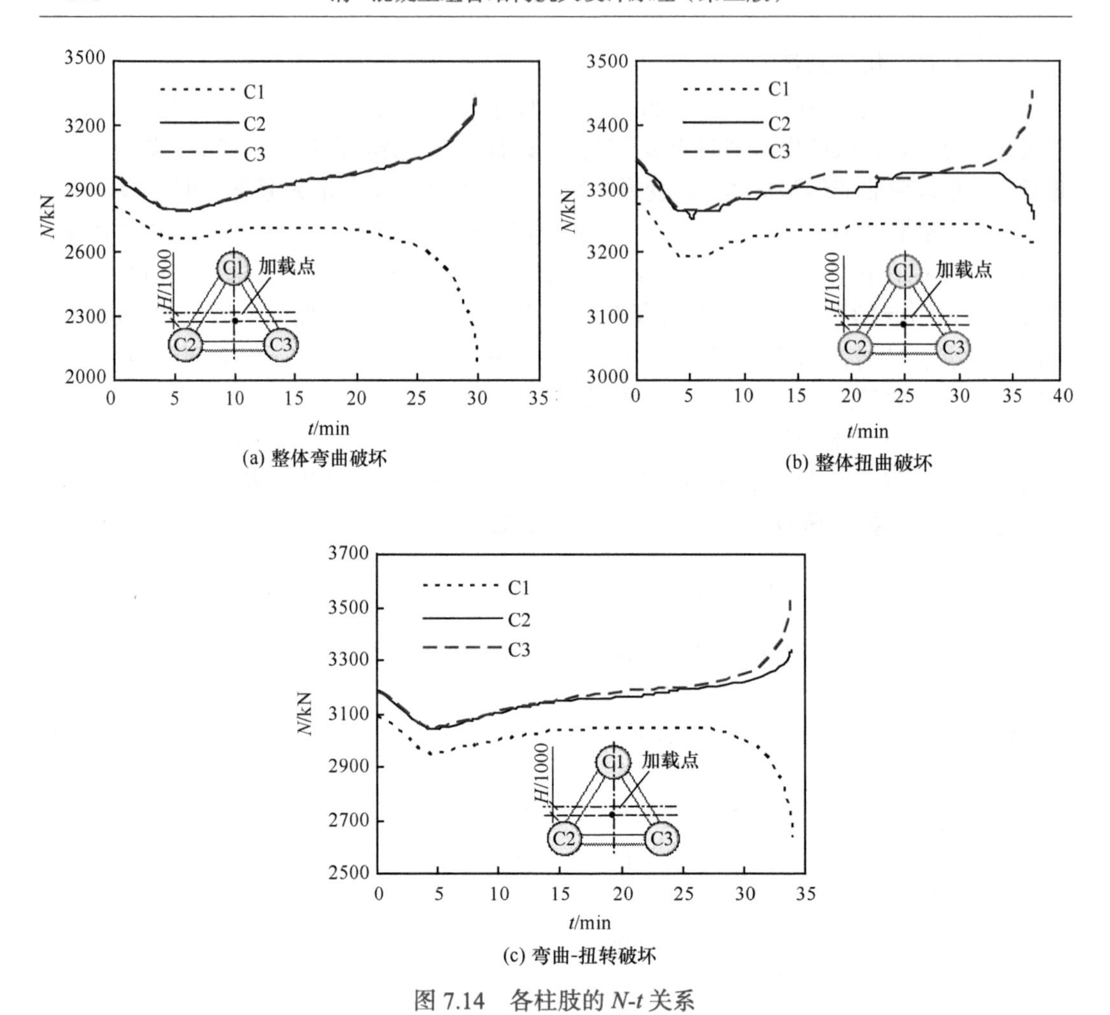

(a) 整体弯曲破坏

(b) 整体扭曲破坏

(c) 弯曲-扭转破坏

图 7.14　各柱肢的 N-t 关系

图 7.14（a）以长细比为 21.8 的三肢格构式钢管混凝土柱为例，给出了火灾下各柱肢轴力 - 受火时间曲线。可见，升温初期，由于缀管受热膨胀，分担的荷载有所增加，因而各柱肢分担的外荷载有减小的趋势。随着温度的进一步升高，缀管强度降低，柱肢分担的荷载开始增大。由于外荷载产生的“二阶效应”越来越大，柱的弯曲变形逐渐增大，处于受拉一侧的柱肢 C1 承担的荷载开始减小，而受压侧的柱肢 C2 和 C3 承担的荷载逐渐增大。当柱进入破坏阶段时，弯曲变形急剧增大，各柱肢的受力情况也迅速变化，最终柱达到耐火极限。整个受火过程中，柱肢 C2 和 C3 的轴力随时间的变化规律一致，三个柱肢承担的荷载值占外荷载总量的 92% 以上。

（2）整体扭转破坏

对于发生整体扭转破坏的三肢格构式钢管混凝土柱，由于三个柱肢的变形各不相同，各柱肢的受力随时间的变化趋势也会有所不同。

图 7.14（b）以长细比为 9.7 的三肢格构式钢管混凝土柱为例，给出了各柱肢轴力 - 受火时间曲线。由图可见，初始升温段，各柱肢轴力的变化趋势与整体弯曲变形基本类似。在升温 15～26min 期间，由于受到各柱肢分担的荷载产生的“二阶效应”和缀

管约束的共同作用，各柱肢的侧向变形方向和大小开始发生变化，其中柱肢 C2 和 C3 侧向变形的方向发生了较明显的变化，导致柱肢 C2 承担的荷载先减小后增大，与之对应的 C3 分担的荷载则先增大后减小，而柱肢 C1 由于侧向变形的方向变化相对较小，因而其承担的荷载值变化也较小。升温至 26min 后，各柱肢在缀管的约束作用下绕 z 轴顺时针方向发生整体扭转变形，由于柱肢 C3 受到 C2 的牵引，沿 x 轴的侧向变形由正方向变为负方向，导致 C3 的总侧移量有所减小，因而其分担的荷载逐渐增大，而柱肢 C1 和 C2 的总侧移量不断增大，其承担的荷载不断减小，最终柱在火灾下的承载力小于外荷载，柱达到耐火极限。

受火全过程中，每个柱肢分担的荷载的变化规律各不相同，三个柱肢承担的荷载值占外荷载总量的 96% 以上。

（3）弯曲 - 扭转破坏

对于发生弯扭破坏的三肢格构式钢管混凝土柱，由于三个柱肢的变形介于整体弯曲破坏和整体扭转破坏之间，各柱肢的受力情况也兼有以上两种破坏情况的特点。

图 7.14（c）以长细比为 14.5 的三肢格构式钢管混凝土柱为例，给出了各柱肢轴力 - 受火时间曲线。可见，初始升温段，各柱肢轴力变化与上述两种破坏形态相同。当升温至 15～25min 时，由于各柱肢变形受到缀管的约束作用，开始出现扭转的趋势，因而柱肢 C2 和 C3 承担的荷载开始出现微小的差异，与柱发生整体扭转破坏时柱肢的受力情况类似，但并不明显。25min 后，由于外荷载产生的“二阶效应”的影响逐渐增大，柱开始产生明显的弯曲变形，导致处于受拉一侧的柱肢 C1 承担的荷载迅速减小，而受压一侧的柱肢 C2 和 C3 承担的荷载逐渐增大，各柱肢轴力的变化趋势与整体弯曲变形类似，最终柱达到耐火极限。由于柱肢 C3 在弯曲向变形过程中的侧变形方向发生了变化，侧向变形总量小于 C2，因而 C3 承担的荷载比 C2 更大。整个受火过程中，柱肢 C2 与 C3 的轴力变化规律并不完全相同，三个柱肢承担的荷载值占外荷载总量的 96% 以上。

虽然不同破坏形态下各柱肢的受力随时间的变化规律有所不同，但在整个火灾过程中，三个柱肢始终承担主要荷载，承担的荷载值占外荷载总量的 92% 以上，且达到耐火极限前，各柱肢承担的荷载值总体变化不大。

7.5　耐火极限参数分析和实用计算方法

在深入研究了三肢格构式钢管混凝土柱在火灾下达到极限状态时的破坏机理的基础上，本节基于有限元计算模型对影响柱耐火极限的因素进行了参数分析，并提出了三肢格构式钢管混凝土柱耐火极限的实用计算方法。

7.5.1　参数分析

对三肢格构式钢管混凝土柱的耐火极限进行了参数分析，选取的重要参数及其变化范围如下。

柱肢钢管外径（D_c）：200mm、300mm、400mm、500mm；

柱长细比（λ）：7、10、12、15、17、19、22、24、27、29；

柱荷载比（n）：0.15、0.3、0.4、0.5、0.6、0.7、0.8、0.9；

缀管柱肢管径比（β）：0.2、0.3、0.4、0.5；

柱肢截面含钢率（α_s）：8.5%、10.8%、13.2%、16.9%；

钢管屈服强度（f_y）：235MPa、345MPa、390MPa、420MPa；

混凝土强度（f_{cu}）：30MPa、40MPa、50MPa、60MPa；

荷载偏心率（e/r）：0、0.1、0.2、0.3。

图 7.15 所示为各参数对耐火极限（t_R）的影响。

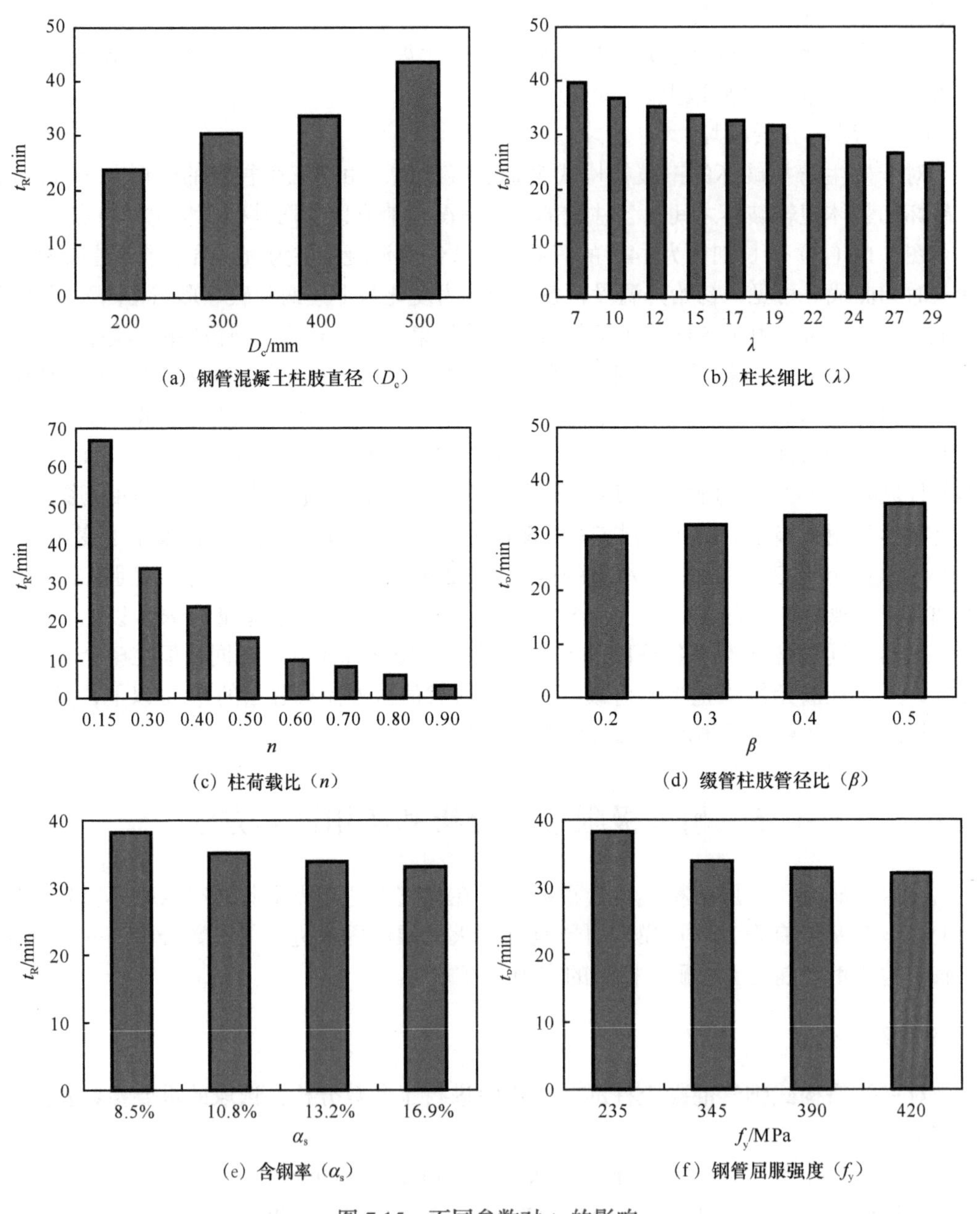

图 7.15　不同参数对 t_R 的影响

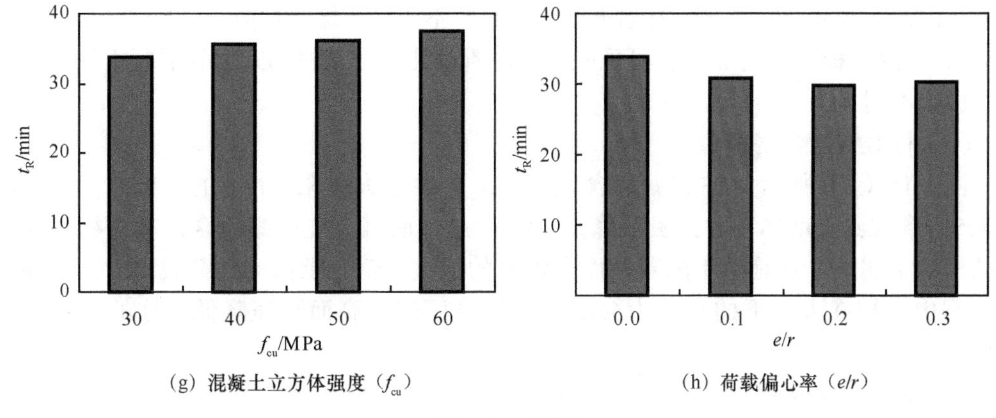

(g) 混凝土立方体强度（f_{cu}）　(h) 荷载偏心率（e/r）

图 7.15 （续）

（1）柱肢截面直径

图 7.15（a）所示为柱肢截面直径（D_c）对耐火极限（t_R）的影响。可见，D_c 对 t_R 影响明显，柱肢直径从 200mm 增大到 500mm 时，耐火极限增大 84%。这是由于随着柱肢截面尺寸的增大，柱肢混凝土可吸收的热量增多，而混凝土导热系数较小，热量从混凝土表面传递到截面中心的速度较慢，导致混凝土的温度升高变慢，柱在火灾下的承载力的降低速度就变慢，耐火极限也逐渐增大。

（2）柱长细比

图 7.15（b）所示为柱长细比（λ）对耐火极限（t_R）的影响。由于此处保持柱肢间距不变而通过改变柱高来改变柱长细比，λ 越大，柱越高，火灾下柱的热膨胀变形就越大，从图中可见，λ 对 t_R 影响明显，长细比从 7 增大到 29 时，耐火极限减小了 39%。这是由于长细比越大，外荷载产生的“二阶效应”的影响就越大，柱越容易发生整体弯曲破坏，柱的耐火极限就越低。

（3）柱荷载比

图 7.15（c）所示为柱荷载比（n）对耐火极限（t_R）的影响。随着 n 的增大，柱在火灾下的膨胀变形逐渐减小，当荷载比超过 0.5 时，柱在火灾过程中不再产生膨胀变形，而直接出现压缩变形，直至柱达到耐火极限。这是由于随着荷载比的增大，荷载产生的轴向压缩变形逐渐增大，并最终大于热膨胀变形，柱在火灾初始阶段的轴向膨胀变形越来越小。

荷载比对柱的耐火极限影响明显，荷载比从 0.15 提高到 0.9 时，柱耐火极限降低 88%。这是由于荷载比越大，对柱在火灾下的承载力要求越高，而在 ISO-834 标准火灾下，三肢格构式钢管混凝土柱的承载力随着受火时间的增长而减小的变化规律不变，因而对柱在火灾下的承载力要求越高，柱耐火极限越小。

（4）缀管柱肢管径比

图 7.15（d）所示为缀管柱肢管径比（β）对耐火极限（t_R）的影响。随着 β 的增大，火灾后期缀管对柱肢的约束作用更强，三个柱肢能更好地共同工作，每个柱肢的侧向变形速率减小，因而柱的耐火极限有所提高。但整个受火过程中，柱肢承受主要

荷载，因而缀管柱肢管径比对柱耐火极限的影响不明显。缀管柱肢管径比从 0.2 增大到 0.5 时，柱耐火极限提高 21%，可见缀管柱肢管径比对三肢格构式钢管混凝土柱的耐火极限影响不明显。

（5）柱肢截面含钢率

图 7.15（e）所示为柱肢截面含钢率（α_s）对耐火极限（t_R）的影响。其中，α_s 从 8.5% 增大到 16.9%，耐火极限降低 14%。总体而言，柱肢截面含钢率对柱耐火极限的影响不明显。这是由于随着截面含钢率的增大，钢管承担的外荷载增大，但在升温过程中，柱在火灾下的承载力会随着钢管温度的升高而迅速降低，柱的耐火极限降低。

（6）钢管屈服强度

图 7.15（f）所示为混凝土强度为 C30 时钢管屈服强度（f_y）对耐火极限（t_R）的影响。可见，f_y 从 235MPa 提高到 420MPa 时，耐火极限降低 16%，钢材强度对柱耐火极限的影响总体较小。这是由于钢材强度增大，柱在常温下的极限承载力增大，相同荷载比时柱承担的荷载值增大；但在火灾过程中，由于钢管强度随温度升高而迅速降低，导致柱在火灾下的承载力明显降低，柱的耐火极限降低。

（7）混凝土强度

图 7.15（g）所示为钢管屈服强度为 345MPa 时，混凝土强度（f_{cu}）对耐火极限（t_R）的影响。可见，f_{cu} 从 30MPa 增大到 60MPa 时，柱耐火极限仅提高 11%。混凝土强度对柱耐火极限的影响总体上较小。这是由于混凝土升温速度较慢，混凝土强度提高后，柱在火灾中承载力有所提高，柱的耐火极限增大。

（8）荷载偏心率

图 7.15（h）所示为荷载偏心率（e/r）对耐火极限（t_R）的影响。可见，柱耐火极限受荷载偏心率的影响不明显，e/r 从 0 增大到 0.3 时，柱耐火极限仅改变 12%。这是由于虽然荷载偏心率增大，但柱常温下的极限承载力降低，相同荷载比下作用在柱上的荷载值减小，导致偏心荷载引起的“二阶效应”没有明显改变，柱的耐火极限变化较小。

7.5.2 实用计算方法

参数分析结果表明，长细比、柱肢直径、柱荷载比对三肢柱的耐火极限影响明显，其他参数对柱的耐火极限影响相对不明显。因此，选取了长细比、柱肢直径和柱荷载比三个主要参数，同时考虑了混凝土强度对柱耐火极限的影响，通过数值回归分析，得到了适用于轴心受压碳素钢三肢格构式钢管混凝土柱耐火极限的实用计算公式，如式（7.1）所示。

$$t_R=(0.7\cdot f_c'/24+6.3)\cdot(1.7D_c+0.35)\cdot n_F^{(-1.577+0.021\lambda)} \tag{7.1}$$

式中：t_R——三肢格构式钢管混凝土柱的耐火极限（min）；

f_c'——混凝土圆柱体抗压强度（MPa，变化范围 24～51MPa）；

n——柱荷载比，取 0.15～0.5；

λ——柱长细比，取 5～30；

D_c——柱肢直径（m），取 0.2～0.5m。

缀管柱肢管径比为 0.2～0.5，钢材屈服强度为 235～420MPa，截面含钢率为 5%～20%。该公式被国家标准 GB/T 51446—2021（2021）所采纳。

图 7.16 给出了公式（7.1）计算值（$t_{R,Eq}$）与有限元计算值（$t_{R,FEA}$）的对比，误差基本在 ±10% 以内，$t_{R,Eq}/t_{R,FEA}$ 的平均值为 0.912，对应的标准偏差为 0.101。

图 7.17 给出了对应不同柱荷载比的耐火极限的设计曲线。

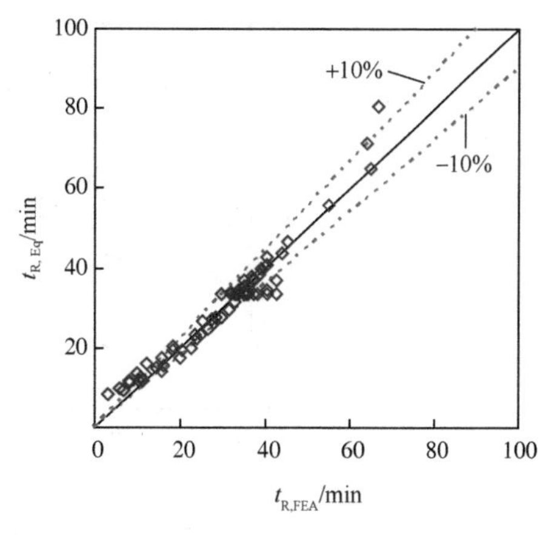

图 7.16　三肢格构式钢管混凝土柱耐火极限简化和数值结果对比

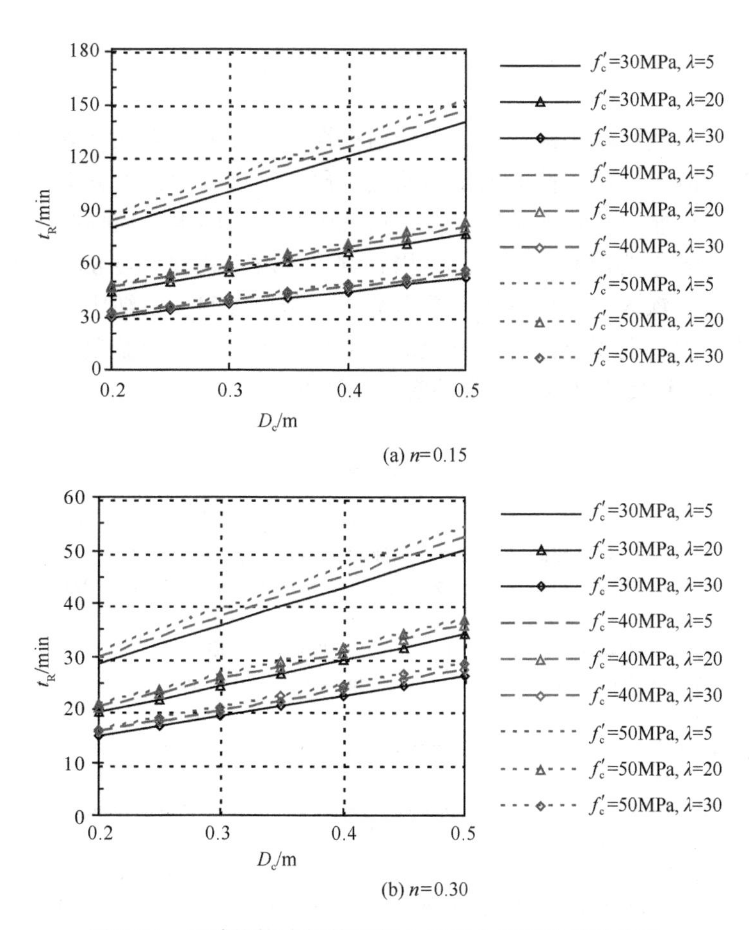

图 7.17　三肢格构式钢管混凝土柱耐火极限的设计曲线

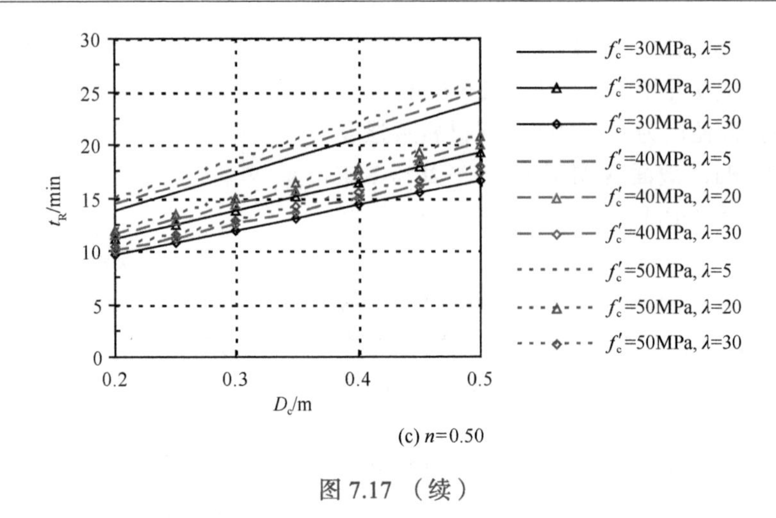

(c) n=0.50

图 7.17 （续）

7.6 本章小结

本章建立了三肢格构式钢管混凝土柱耐火性能分析的有限元计算模型。开展了三肢格构式钢管混凝土柱耐火性能的试验研究。研究结果表明，火灾下三肢格构式钢管混凝土柱的三个柱肢可有效地共同工作，火灾中钢管内的水分顺畅排出对钢管混凝土构件的耐火性能有重要影响。对三肢格构式钢管混凝土柱在 ISO-834 标准升温火灾下的力学性能进行了深入的机理分析和参数分析，结果表明，长细比、柱肢直径和荷载比是三肢格构式钢管混凝土柱耐火极限的主要影响因素。基于参数分析的结果，提出了三肢格构式钢管混凝土柱耐火极限的实用计算方法。

参考文献

崔志强，2014．三肢钢管混凝土格构式轴心受压柱耐火性能研究［D］．北京：清华大学．

中华人民共和国住房和城乡建设部，2021．钢管混凝土混合结构技术标准：GB/T 51446—2021［S］．北京：中国建筑工业出版社．

ABAQUS, 2010. ABAQUS analysis user's manual [CP]. SIMULIA, Providence, RI.

EUROCODE 3. EN 1993-1-8: 2005, 2005. Design of steel structures-part 1-8: Design of joints [S]. European Committee for Standardization, Brussels.

HAN L H, CHEN F, LIAO F Y, et al., 2013. Fire performance of concrete filled stainless steel tubular columns [J]. Engineering Structure, 56: 165-181.

HAN L H, SONG T Y, ZHOU K, et al., 2018. Fire performance of CFST triple-limb laced columns [J]. Journal of Structural Engineering, ASCE, 144: 04018157.

HAN L H, XU L, ZHAO X L, 2003. Tests and analysis on the temperature field within concrete filled steel tubes with or without protection subjected to a standard fire [J]. Advances in Structural Engineering, 6 (2): 121-133.

ISO-834, 1975. Fire resistance tests-elements of building construction [S]. International Standard ISO 834, Geneva.

SONG T Y, HAN L H, YU H X, 2010. Concrete filled steel tube stub columns under combined temperature and loading [J]. Journal of Constructional Steel Research, 66 (3): 369-384.

第 8 章　钢管混凝土束结构的耐火性能

8.1　引　　言

钢管混凝土束结构是由冷弯 U 形钢管焊接形成的钢管束和其内部填充的混凝土组成的新型组合结构（T/CECS 546—2018）(2018)，在结构体系中兼具“柱”和“墙”的功能，图 8.1 所示为典型的钢管混凝土束结构截面示意图。本章对钢管混凝土束结构在图 1.13 所示的 A→B→B′ 升温曲线作用下的耐火性能进行研究，给出了钢管混凝土束结构的耐火极限实用计算方法和防火保护层厚度确定方法。

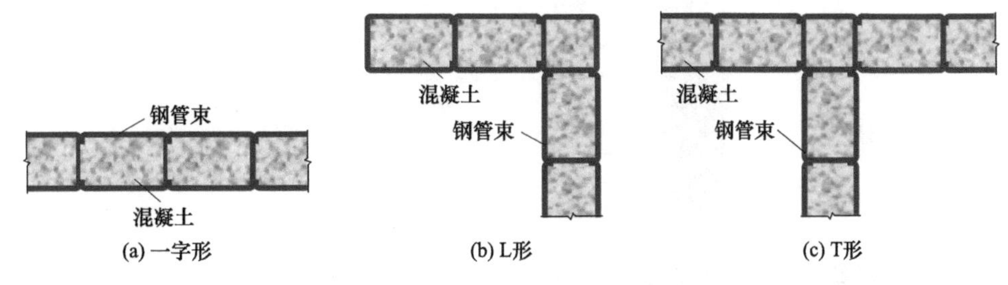

图 8.1　钢管混凝土束结构截面示意图

8.2　有限元计算模型

本节建立了钢管混凝土束结构构件的温度场计算模型和力学性能分析模型（刘佳琪，2018；Liu et al.，2017；Liu et al.，2018）。

与普通钢管混凝土柱类似，建立钢管混凝土束结构构件的温度场计算模型时，其钢材和混凝土的热工参数可同样采用 Lie 等（1993）给出的模型，且混凝土含水率取 8% 时，可取得较好的温度场模拟结果。第 8.3 节的试验发现，钢管混凝土束结构构件在受火后，外钢管易发生向外的局部鼓曲，导致局部钢 - 混凝土界面产生间隙。在参考 Ding 等（2008）、Lu 等（2009）和 Espinos 等（2010）的研究结果基础上，对于钢管和混凝土界面考虑表面传热系数的影响，表面传热系数取 100W/（m^2 · ℃）时可取得较好的温度场模拟结果。钢管混凝土束结构构件的受火面采用 ISO-834（1975）标准火灾曲线，空气的热对流系数参考 EN 1991-1-2（2002），取 25W/（m^2 · ℃），内填混凝土的钢管表面综合辐射系数参照 EN 1994-1-2（2005）取为 0.7。

模拟钢管混凝土束结构构件的防火保护层时，假设其导热系数、比热容和密度等热工参数不随温度变化，水泥砂浆和岩棉的热工参数参考《民用建筑热工设计规范》（GB 50176—93）(1993)，加气混凝土的热工参数参考《蒸压加气混凝土砌块标准》

（GB 11968—2006）（2006），均取其设计值，具体热工性能参数如表 8.1 所示。

表 8.1　防火保护层材料热工性能参数

防火保护层材料类型	导热系数 /［W/（m · ℃）］	比热容 /［J/（kg · ℃）］	密度 /（kg/m^3）	数据来源
水泥砂浆	0.930	1050	1800	GB 50176—93（1993）
加气混凝土	0.190	1050	600	GB 11968—2006（2006）
岩棉	0.045	1220	120	GB 50176—93（1993）

温度场计算模型中的混凝土、端板、顶梁、球铰及加载板均采用实体单元模拟，其余所有主体结构的钢管均采用壳单元模拟。基于有限元软件平台 ABAQUS（2010）建立模型，图 8.2 所示为钢管混凝土束结构构件温度场计算模型的边界条件和网格划分示意图。

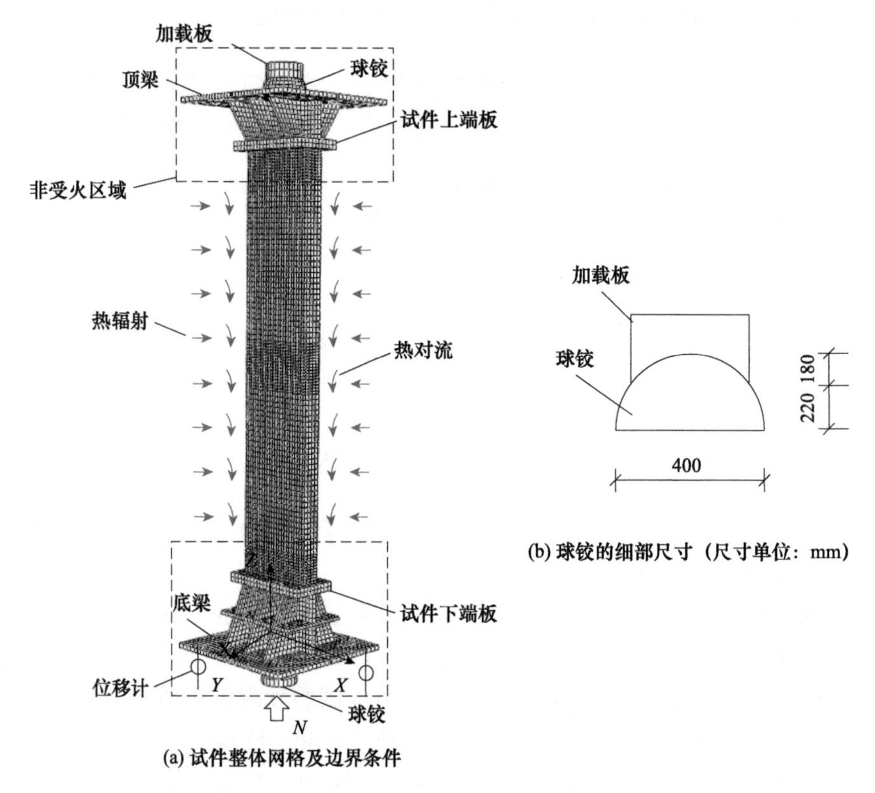

图 8.2　构件模型边界条件和网格划分示意图

力学分析模型中，钢材在常温及升温段的本构模型如式（3.2）所示，混凝土在常温及升温段采用塑性损伤模型，应力 - 应变关系见式（5.2）。钢材和混凝土的热膨胀应变见式（3.3）和式（3.8）。

钢管和内部混凝土界面的法向定义为硬接触，切向为库伦摩擦。钢 - 混凝土界面摩擦系数取为 0.4。在模拟第 8.3 节的试验时，对球铰和加载板用实体单元建模（图 8.2）。下球铰球心的平动被约束，仅允许其转动；上球铰除转动外，仅允许轴向平动。球铰和加载板之间的接触用库伦摩擦模型定义，摩擦系数取 0.05（成大先，2008）。端板、顶梁、球铰和加载板仅定义弹性行为，弹性模量为 10^{15}MPa，泊松比为 10^{-5}。

建立模型过程中，分别对冷弯成型钢管的冷弯强化效应和钢管焊接残余应力的影响进行了研究（刘佳琪，2018），结果表明其影响有限。在几何初始缺陷方面，考虑了钢管表面平整度和构件整体初始挠度的影响，结果表明，钢管表面平整度对钢管混凝土束结构构件中钢管的局部屈曲有一定影响，但对构件整体变形的影响较小。初始挠度会对构件整体的面外变形产生较大影响，并导致构件耐火极限降低。因此在钢管中引入 4.35mm（允许偏差的最大值）的局部屈曲作为钢管平整度缺陷，同时引入构件一阶破坏形态的 H/1000 作为构件的整体几何初始缺陷。

为考虑防火保护层剥落的影响，有限元计算模型中使用“生死单元”技术对防火保护层的脱离现象进行模拟。根据试验观测到的结果，将防火保护层的脱离的位置和时间等信息引入到有限元计算模型中。结果表明，考虑防火保护层脱离的影响可明显提高模拟结果的准确性。

本节建立的钢管混凝土束结构构件耐火性能分析有限元计算模型得到了第 8.3 节的试验结果的验证。

8.3　试 验 研 究

本节通过钢管混凝土束结构构件在 ISO-834（1975）标准火灾作用下的耐火性能试验（刘佳琪，2018），研究了钢管混凝土束结构构件的破坏形态、耐火极限、临界温度、温度 - 受火时间关系和位移 - 受火时间关系等。

8.3.1　试验概况

（1）试件的设计与加工

参考实际工程进行钢管混凝土束结构构件试件设计，试件截面由三个 130mm×200mm 的 U 形钢管焊接而成，钢材型号为 Q345B，钢管厚度为 4mm，内填 C40 自密实混凝土。考虑到钢管混凝土束结构构件兼顾墙的功能，因此设计试件两长边受火。试件高度为 2.78m，与工程中标准层层高保持一致。为提高相邻腔体之间混凝土的整体性，内部肋板上预留椭圆孔洞。

共设计了 8 个足尺的采用不同防火保护构造的钢管混凝土束结构试件，进行轴压荷载和 ISO-834 标准火灾作用下的耐火极限试验研究，耐火极限试验方法及耐火极限判定标准如第 3.3.1 节所述。试件信息见表 8.2，试件尺寸见图 8.3。

表 8.2　钢管混凝土束结构构件耐火试验试件信息

试件编号	$L\times B\times t\times H$	n	N_F/kN	防火保护构造	
				内墙	外墙
S1	600mm×130mm×4mm×2900mm	0.30	1560	无	
S2		0.45	2320	无	
S3		0.45	2320	无	

续表

试件编号	$L \times B \times t \times H$	n	N_F/kN	防火保护构造	
				内墙	外墙
S4	600mm×130mm×4mm×2900mm	0.30	1560	30mm 水泥砂浆	
S5		0.45	2320	40mm 加气混凝土	
S6		0.45	2320	50mm 水泥砂浆	
S7		0.45	2320	40mm 加气混凝土	40mm 岩棉板
S8		0.45	2320	40mm 水泥砂浆	40mm 岩棉板

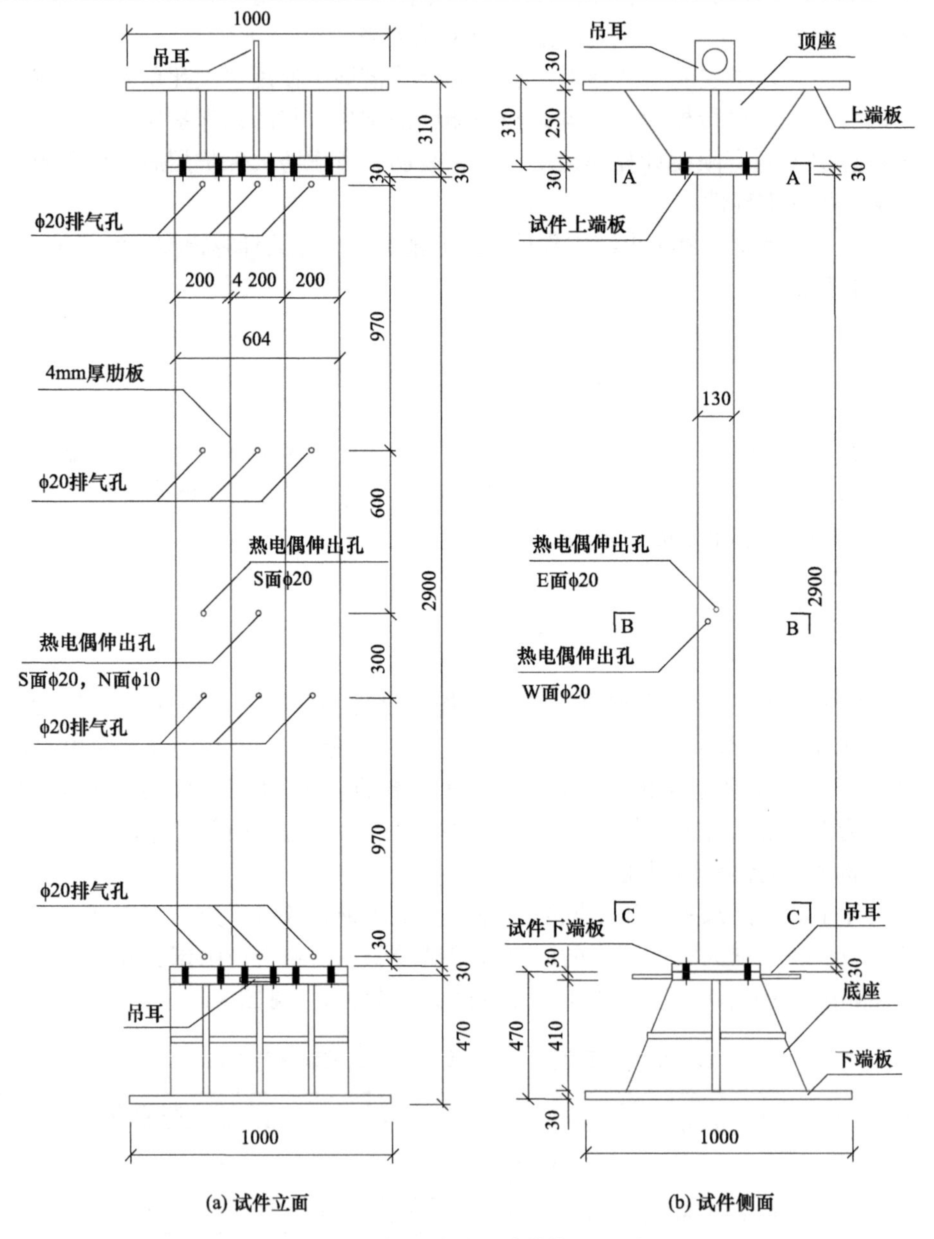

图 8.3　试件尺寸（尺寸单位：mm）

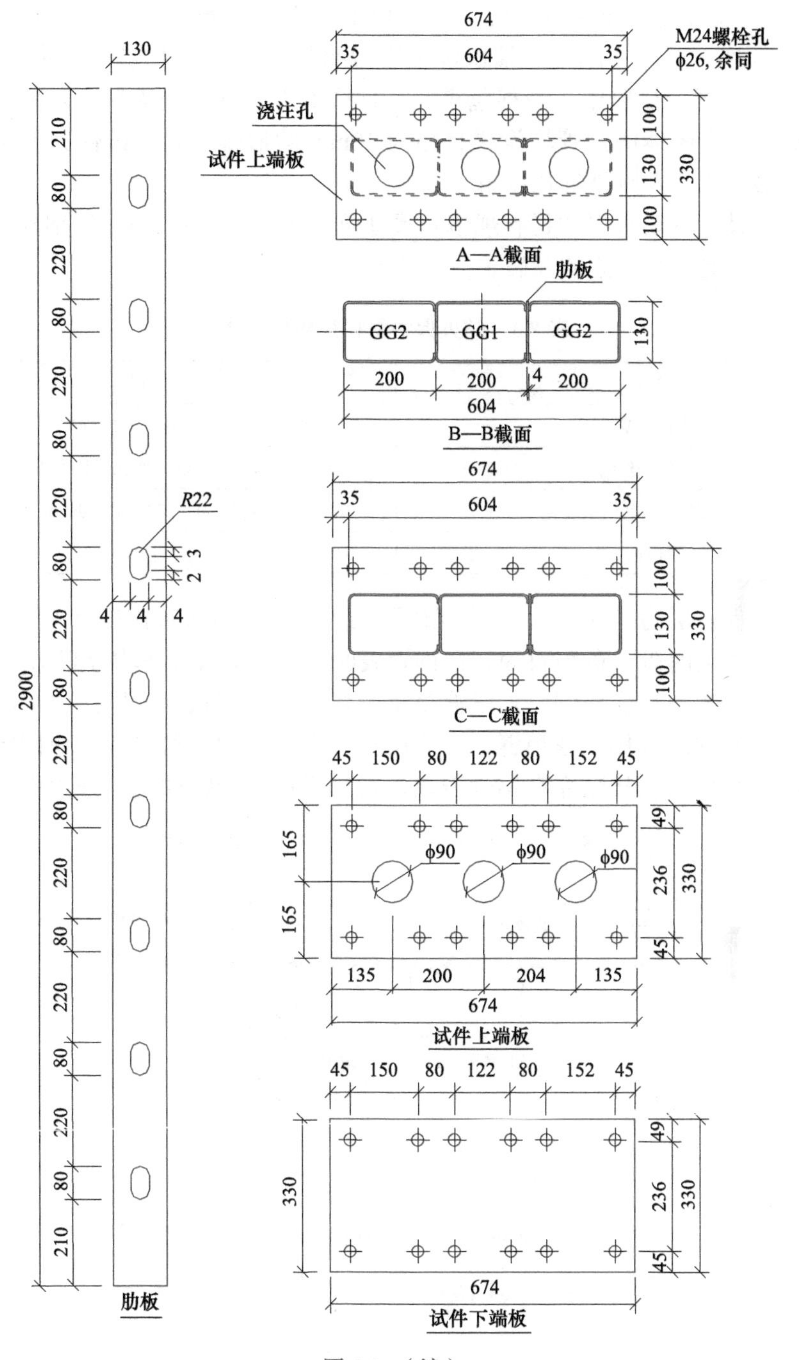

图 8.3 （续）

试验参数包括构件的荷载比（n）：0.30～0.45，n 按照式（3.17）计算；防火保护层：无防火保护、水泥砂浆、加气混凝土、水泥砂浆和岩棉板。

为使试件的长细比与工程一致，且考虑试件的安装与加载，在试验中设计并制作了顶座和底座。考虑到实际工程中构件上下端与楼板连接，楼板具有一定的隔热作用，试件两端各留出60mm的高度（下端板上表面向上60mm和上端板下表面向下60mm），与顶座、底座一起用石棉毯包裹作为非受火段。顶座与底座喷涂10～20mm的厚涂型防火涂料，试验中用石棉包裹。试件中部2.78m为受火段。距离上下端板各1000mm处，每个腔体的钢管均设置直径为20mm圆形排气孔。试件高度中部的开孔为热电偶安装所需，兼顾排气孔作用。

试验中所使用的防火保护材料规格和尺寸见表8.3。其中，热镀锌钢丝网埋置在水泥砂浆中，作用是减少砂浆的开裂。

表8.3 防火保护材料规格和尺寸

材料	规格
水泥砂浆	型号DPM5，水灰比（1∶7.7）～（1∶5）
热镀锌钢丝网	丝径0.9mm，网孔边长12.7mm
蒸压加气混凝土砌块	型号B06，600mm×300mm×40mm，ρ=600kg/m^3
岩棉板	ρ=120kg/m^3

试件防火保护层构造见图8.4。水泥砂浆防火保护层内部布置热镀锌钢丝网。金属网通过打入混凝土内2cm的射钉固定在钢管表面，每个受火面平均分布12个射钉，砂浆内每15mm设置一层金属网。加气混凝土砌块的固定方式为：底面由水泥砂浆粘结在钢管表面，砌块之间用砂浆填缝，最后由打入混凝土的射钉贯穿砌块固定。对于岩棉板，先将整块的岩棉板贴靠在钢管表面，再用细铁丝缠绕固定，并用少量砂浆充填

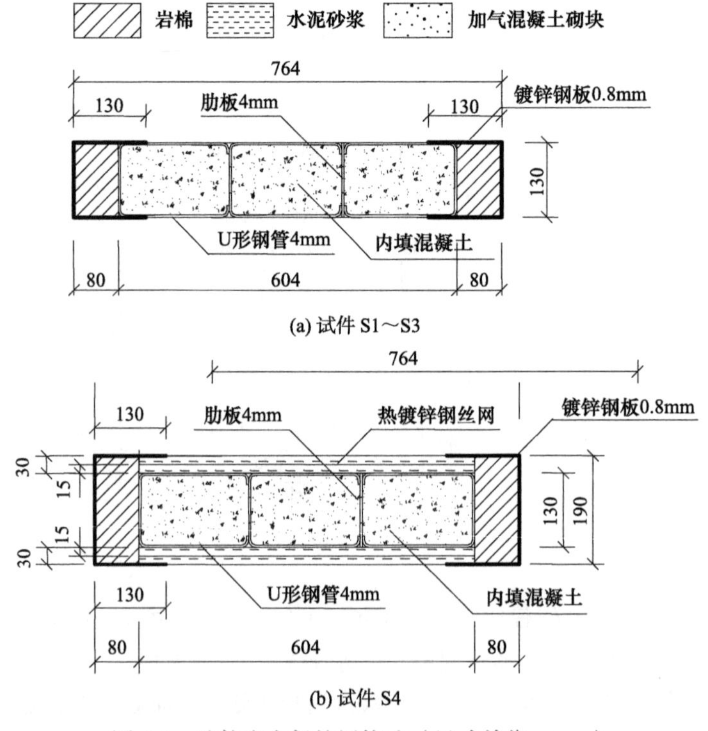

图8.4 试件防火保护层构造（尺寸单位：mm）

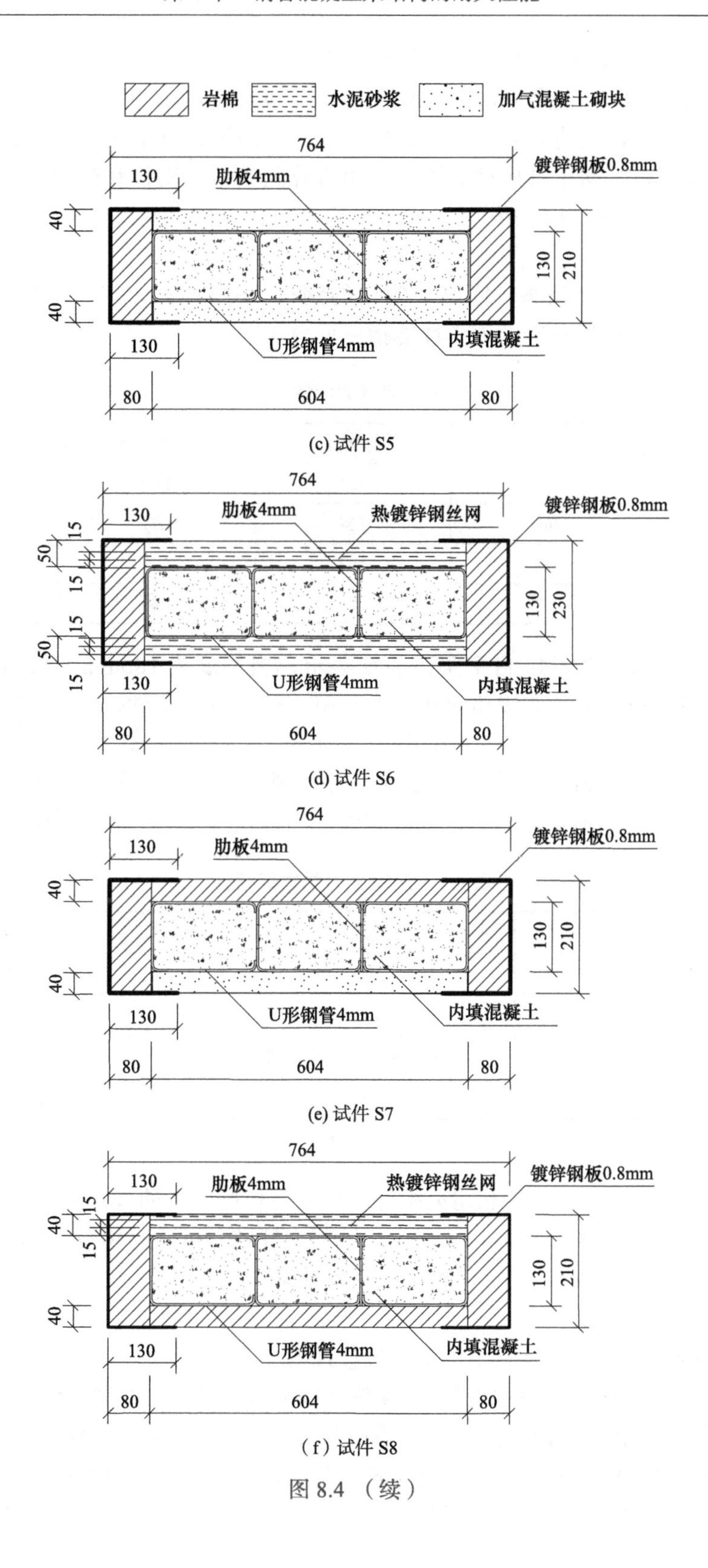

(c) 试件 S5

(d) 试件 S6

(e) 试件 S7

(f) 试件 S8

图 8.4 （续）

缝隙，最终采用两侧的镀锌钢板（龙骨）固定。

为模拟试件两短边非受火面的边界条件，用0.8～1.5mm厚的镀锌钢板将80mm厚的岩棉板固定在试件短边外侧。在上、中、下三个高度，分别用条状镀锌钢板进行横向连接。镀锌钢板之间用自攻螺钉连接，短边外侧的镀锌钢板和横向钢板形成整体性较强的龙骨。龙骨顶端与上端板下表面留出约5cm的空隙。

（2）材料性能

构件主体部分（除顶座、底座）使用的钢材为Q345B，三个钢材材料性能试件TC1、试件TC2和试件TC3的力学性能指标见表8.4。

表8.4　钢材力学性能指标

试件编号	f_y/MPa	f_u/MPa	E_s/（10^5N/mm^2）	ν_s
TC1	361	503	1.69	0.26
TC2	366	504	1.91	0.25
TC3	362	502		
平均值	363	503	1.80	0.26

钢管内的混凝土为C40自密实商品混凝土，坍落度为180mm。采用的原材料为P.042.5普通硅酸盐水泥，Ⅱ级粉煤灰，含水率12.0%的人工砂，5～31.5mm碎石，砂率为0.1%。其配合比为：水368kg/m^3；人工砂121kg/m^3；碎石730kg/m^3；粉煤灰940kg/m^3；矿粉69kg/m^3；粗集料89kg/m^3；外加剂13.2kg/m^3。标准立方体力学性能指标见表8.5。共进行四批混凝土材料性能试验，每批包含三个标准立方体试件。

表8.5　混凝土力学性能指标

批次	测试时间	f_{cu}/MPa
一	养护28d	39.36
二	S7、S2、S1试验期间	40.70
三	S5、S3、S8试验期间	47.45
四	S4、S6试验期间	46.85

（3）试验方法

试验在国家固定灭火系统和耐火构件质量监督检验中心的垂直火灾试验炉中进行。试验炉的尺寸为2.6m×2.6m×4.7m，上、下部为球铰，试验时用石棉封堵端部避免其受火；四面平均分布8个进气口，燃烧天然气升温。

火灾试验的内容如下。

1）试件轴向变形：由下端板的2个位移计测得（图8.5）。

2）炉膛的升温曲线：由炉内的12支热电偶测得，炉膛的升温曲线取其平均值。

3）试件温度测温点的温度-时间关系：由预埋在试件内部的铠装热电偶测得。热电偶采用WRNK-196型、直径6mm的铠装K型热电偶，铠装长度为4m，引线长度为1m，最高测量温度为1100℃。图8.6为试件热电偶布置情况。其中，仅试件S8布置了九个测温点，用于测量试件的非对称受火情况。

钢管混凝土束结构构件耐火极限试验的过程为：①安装定位；②接线、封堵炉膛；③常温加载；④持载升温；⑤试件破坏，停止试验。试件的失效准则按照 ISO-834（1999）和 GB/T 9978（2008）判定。

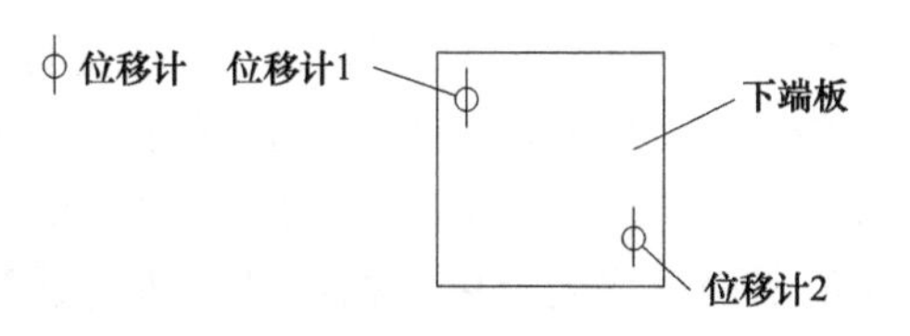

图 8.5　位移传感器布置示意图

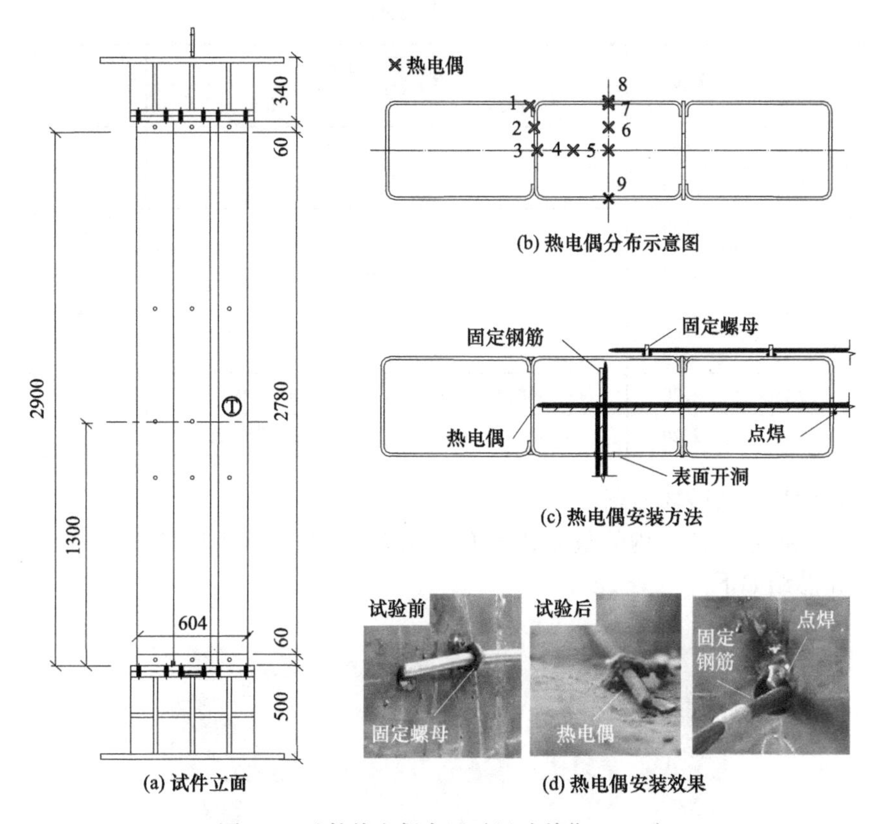

图 8.6　试件热电偶布置（尺寸单位：mm）

为评估钢管残余应力及平整度的影响，钢管加工结束后对钢管的残余应力和平整度进行测量。残余应力的结果表明，残余应力主要由焊接过程引起，且平行焊缝方向的主应力较大。焊缝附近的残余应力与钢材屈服强度相近，主要呈受拉的状态（刘佳琪，2018）。平整度测量结果表明，试件表面平整度总体上符合《钢结构工程施工质量验收规范》（GB 50205—2001）（2002）对钢板局部平整度的要求，即每 1000mm 长的钢板，允许 1.50mm 的不平整度。

8.3.2　试验结果及分析

（1）耐火极限和临界温度

试件 S1～试件 S8 的耐火极限试验结果见表 8.6。临界温度是指结构构件在达到耐火极限时，钢管表面的温度。结果表明，用于工程验收的参考试件 S5、试件 S7 和试件 S8 耐火极限均超过 3h，达到了《建筑设计防火规范》(GB 50016—2014)(2014) 的要求。未设防火保护层的试件 S1～试件 S3 耐火极限分别为 63min、43min 和 41min。这说明钢管混凝土束结构构件应进行适当的防火保护，才能满足耐火极限的要求。钢管混凝土束结构构件的临界温度为 722～880℃，略大于传统钢管混凝土结构的临界温度，后者一般为 434～829℃，大部分落在 550～750℃范围（韩林海，2016）。

表 8.6　耐火极限试验结果

试件编号	n	N_F/kN	防火保护构造		t_R/min	T_{cr}/℃
			内墙	外墙		
S1	0.30	1560	无		63	880
S2	0.45	2320	无		43	833
S3	0.45	2320	无		41	722
S4	0.30	1560	30mm 水泥砂浆		221	808
S5	0.45	2320	40mm 加气混凝土		>180	
S6	0.45	2320	50mm 水泥砂浆		235	770
S7	0.45	2320	40mm 加气混凝土	40mm 岩棉板	>180	
S8	0.45	2320	40mm 水泥砂浆	40mm 岩棉板	>210	

（2）试验现象及破坏形态

试件 S1 和试件 S8 炉内的整体破坏（或最终）形态见图 8.7。各材料在受火后的物理形态变化总结如下。

(a) 试件 S1 受火前后对比

图 8.7　试件的破坏形态

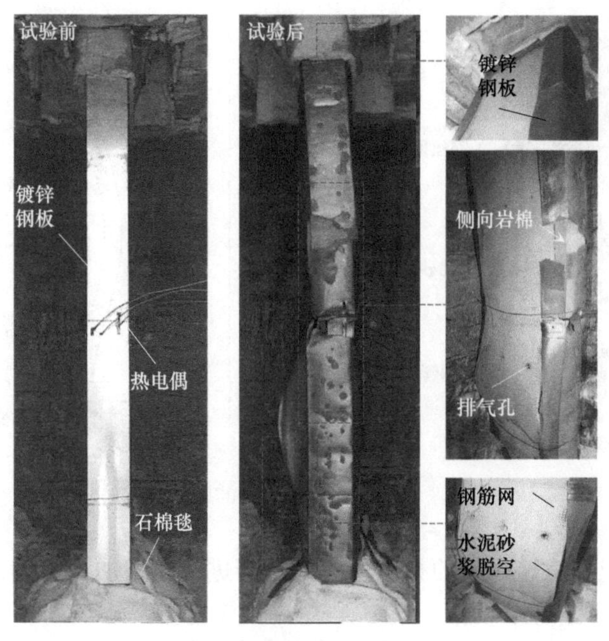

(b) 试件 S8 受火前后对比

图 8.7 （续）

钢管（试件 S1～试件 S3）：钢管局部向外鼓曲，颜色由深灰色变成蓝黑色，表面镀层起皱、氧化并脱落。

水泥砂浆（试件 S4、试件 S6、试件 S8）：水泥砂浆的颜色由浅灰色变成浅黄色，质地由坚硬变脆，出现裂纹，未见明显剥落。这可能是因为金属网维持了砂浆的完整性。此外，使用了挂金属网水泥砂浆作为防火保护层的试件，保护层均出现了不同程度的变形和脱离。

加气混凝土砌块（试件 S5、试件 S7）：砌块在受火前后颜色的变化不明显。受火后砌块质地变脆，表面布有细纹，轻敲会导致砌块碎裂掉落。部分砌块表面可见纵向贯穿裂缝。

岩棉板（试件 S7、试件 S8）：试验后没有观测到岩棉板脱落，表明固定措施有效。岩棉表面的颜色由黄绿色变成焦黄色，质地变松脆，表面布有细纹，偶见横向裂缝。在没有外界扰动的情况下，岩棉板可保持完整和稳定，但轻微的触碰会引起较大面积的剥落。

试件 S8 在受火过程中及试验后砂浆变形情况，以及造成砂浆变形并与钢管脱离（图 8.8）的主要原因如下。

1）埋置在砂浆中的金属网受热膨胀：金属网的膨胀程度大于水泥砂浆，变形协调使得水泥砂浆随金属网一起向外变形。同时，水泥砂浆的自重可能加剧该变形，试验中观察到下部砂浆的脱离更严重。其次，变形使用于固定金属网的射钉被拔出或者拉断，金属网失去面外约束，进而加剧变形。

2）构件自身的变形：外钢管的局部屈曲导致变形程度和范围增大，从而使钢管和

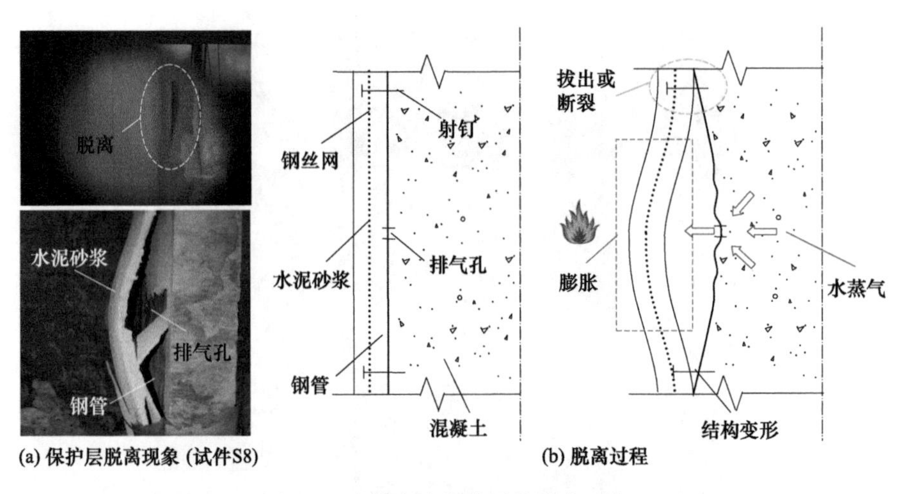

(a) 保护层脱离现象 (试件S8)　　(b) 脱离过程

图 8.8　试件防火保护层的脱离现象

水泥砂浆之间出现空隙。构件的整体弯曲变形会进一步增加该影响，并造成变形较大区域的射钉被拔出或拉断。

3）逸出水蒸气的压力：混凝土内部的自由水受热气化，通过内部孔隙运动到试件外层，并由钢管表面的排气孔排出。这部分水蒸气压强较大，若不能及时排出，可能加剧砂浆的脱离。

试验结果表明，用于安装和固定加气混凝土砌块和岩棉板的措施有效，可确保防火保护层受火 3h 后的完整性。挂金属网水泥砂浆防火保护层固定方法尚有完善空间。实际工程中，可将射钉固定的方式改为点焊短钢筋，以减少后期射钉被拔出或拉断的发生。另外，可提高固定金属网的短钢筋的密度，提高对金属网的侧向支撑。试验中为防止试件变形后防火保护层参与受力，在防火保护层上、下两端均留出了空隙，这可能导致防火保护层更容易脱落。而实际工程中，外层的水泥砂浆往往与上下楼板之间有效地连接。

图 8.9 和图 8.10 为试件 S1 和试件 S8 的破坏形态。防火保护层以及顶座和底座已被拆除，试件表面已进行清洗和打磨。为观察内部混凝土的状态，对外钢管进行了剖切。

试件 S1～试件 S3 无防火保护层，三者的破坏形态相近。试件呈整体弯曲形态，钢管表面出现波纹状鼓曲，未见焊缝撕裂。试件中部出现塑性铰，距试件上、下端板 200mm 的部位也出现塑性铰。试件 S4 和试件 S6 中下部防火保护层脱离明显，变形较大，上下端板的转动角度较小，试件破坏时除中部的塑性铰外，端部附近也有反弯点和受拉段出现，尤其是下部防火保护层脱离的部位，塑性铰现象更明显。试件 S5、试件 S7 和试件 S8 在试验中未发生破坏，其整体和局部变形均较小。

图 8.9 所示为试件 S1 的整体及局部破坏形态，包括剖开受拉侧钢管后试件内部混凝土的形态。试件 S1 破坏时整体呈现绕弱轴弯曲失稳的形态，受压区外层钢管局部出现鼓曲。上、下端板的转动角度较小，试件除中部截面出现明显塑性铰外，靠近两端板的部位也出现了类似塑性铰的变形特征。剖开钢管后可见，中部受拉区混凝土出现横向主裂缝以及纵向细裂纹。底部受压区可以观察到外钢管鼓曲较大部位对应的混凝

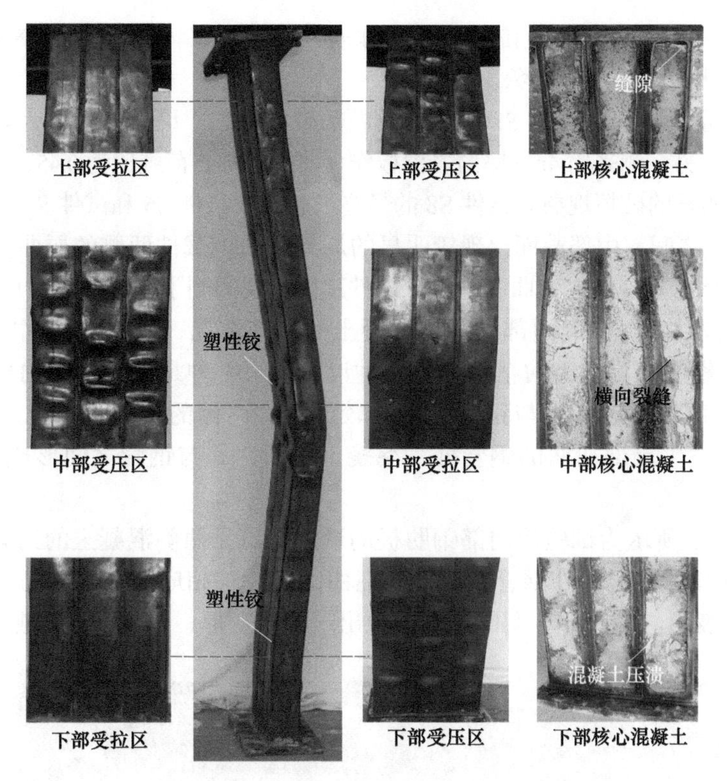

图 8.9　试件 S1 的破坏形态

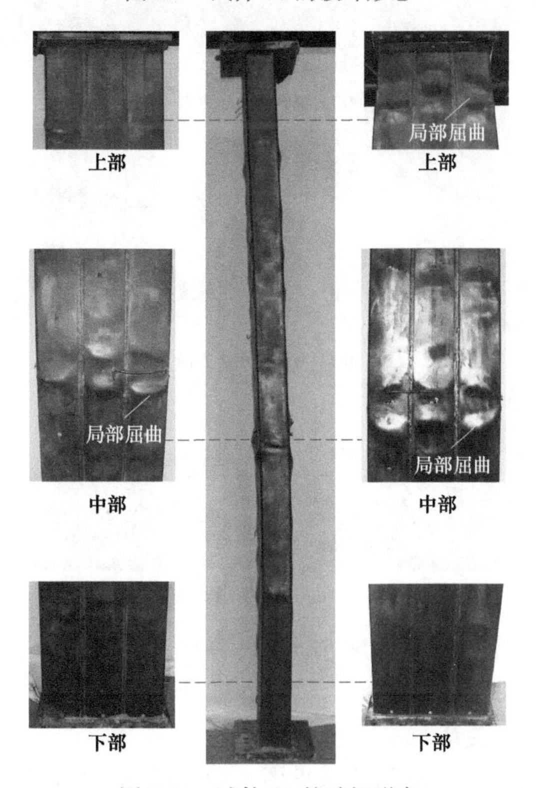

图 8.10　试件 S8 的破坏形态

土表面被压碎，但碎块分布范围较小，移除表层碎块后，内层混凝土较完好。顶部受压区表层混凝土也出现压碎现象。

图 8.10 所示为试验后试件 S8 的整体及局部破坏形态。该试件一侧为 4cm 厚的挂金属网水泥砂浆，另一侧采用 4cm 厚的岩棉板作为防火保护。荷载比为 0.45，在受火 210min 后，未观察到明显的破坏现象。试件 S8 的最终形态介于试件 S5 和试件 S7 与试件 S1～试件 S4、试件 S6 之间。中部截面出现较明显的局部屈曲，试件两侧的屈曲情况无明显区别，但试件整体已呈现侧向弯曲的趋势。试件顶部也观测到了轻微的钢管局部屈曲现象。

图 8.11 所示为试件 S4 内部钢管与混凝土的粘结情况，以及内部钢肋板的变形特征。试验后，钢管与混凝土的粘结可分两种形态，第一种是外钢管和内部钢肋板未发生局部屈曲的部位，混凝土与钢管的粘结较好，剥离掉的钢板上可见多处混凝土残留；第二种是发生局部屈曲的钢管处，混凝土压溃，并与钢管之间形成一定的空隙，粘结较弱。

图 8.11（c）所示为试验后内部钢肋板的形态，可见两侧混凝土的约束有效限制了钢肋板的面外变形。但在外钢管发生局部屈曲的部位，相应的内部钢肋板上预留的孔洞发生了明显变形，椭圆形孔洞的短轴方向出现拉伸变形、长轴方向出现压缩变形。

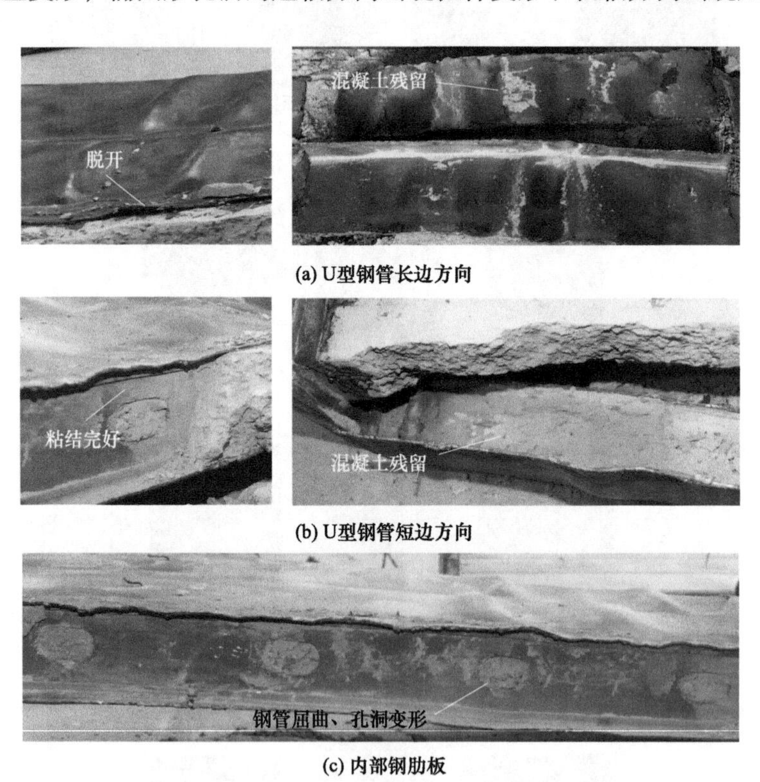

(a) U型钢管长边方向

(b) U型钢管短边方向

(c) 内部钢肋板

图 8.11　试件 S4 内部钢管与混凝土的粘结情况

（3）温度 - 受火时间关系

炉膛内的平均温度 - 受火时间关系见图 8.12。可见，自动控温系统对炉膛内的平均温度的控制较为稳定，炉温基本按照ISO-834标准火灾曲线升温。仅试件S7的升温段前期，由于炉内的测温热电偶故障，升温曲线与标准升温曲线有短时间的偏离。

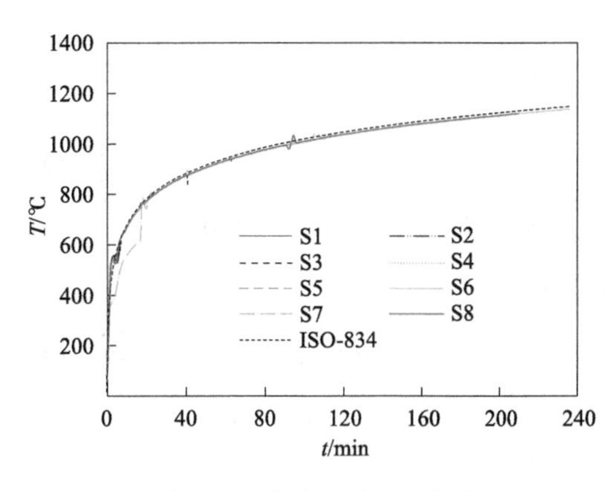

图8.12　炉膛实测 T-t 关系

图8.13为试件S1～试件S8内各测温点的温度（T）-受火时间（t）关系。试件S1～试件S7内部均布置了8个测温点，测温点位置见图8.6（b）。其中测温点1和测温点7位于钢管的内壁，测温点8位于钢管的外壁，测温点2和测温点3位于钢肋板表面，测温点4～测温点6位于混凝土中。对于试件S9，除该8个测温点外，受岩棉保护的一侧钢管表面还布置了1个测温点（测温点9）。

试件S2的温度曲线与试件S3的温度相似（除测温点3外）。对试件S2，混凝土中心（测温点5）的温度高于钢肋板中心点（测温点3）和测温点4的温度。但在试件S3的测试结果中，测温点5的温度始终比测温点3低，这可能是因为试件S2测温点3的热电偶位置发生移动所致。

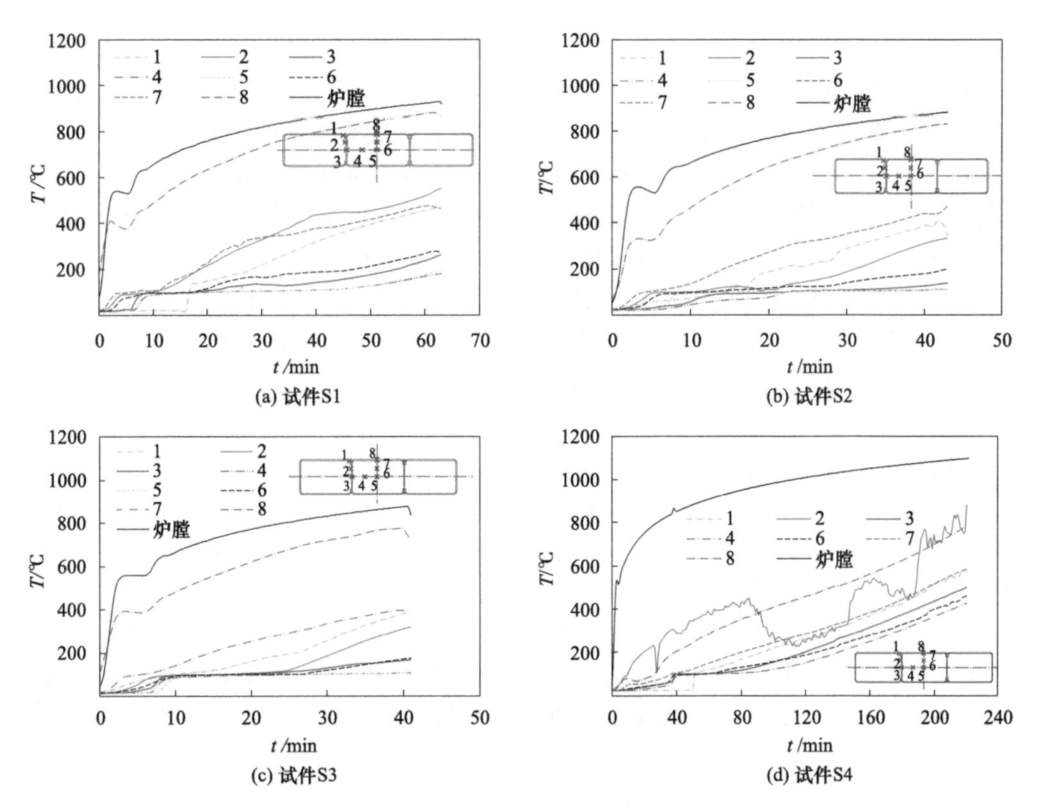

图8.13　试件的实测 T-t 关系

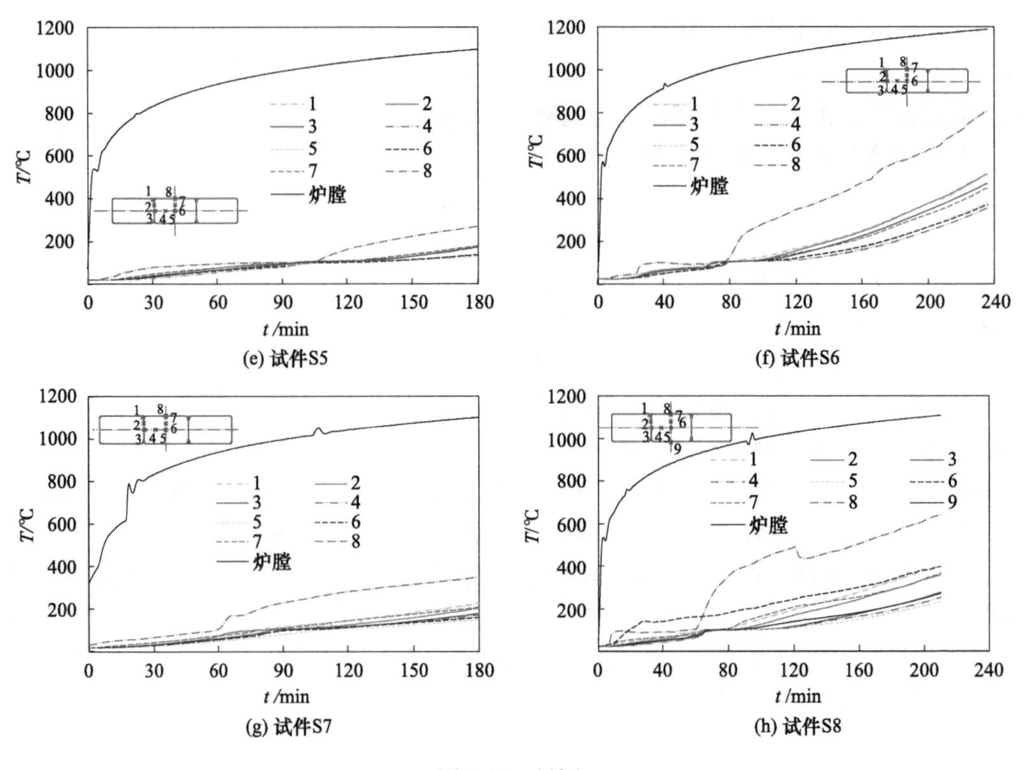

(e) 试件S5

(f) 试件S6

(g) 试件S7

(h) 试件S8

图 8.13 （续）

试件 S4 测温点 4 的 100℃的平台不明显，且后续 *T-t* 关系较平缓、均匀。试件 S5 受火 3h 后，钢管外表面温度为 268℃，钢管内表面温度为 175℃，核心混凝土的温度为 130℃。可见此时材料强度降低不明显。在试件 S5 防火保护层施工过程中，外置热电偶测温点 8 位置处并没有采取挖去砌块的方法，这保证了测温点处的防火保护层厚度为 40mm，因此其测温点 8 的温度低于试件 S7 的测温点 8。

试件 S6 与试件 S4 相同，均采用挂金属网水砂浆作为防火保护层，但水泥砂浆的厚度不同。其测温点 8 的 *T-t* 关系与试件 S4 略有差异。试件 S6 测温点 8 的平台段长于试件 S4，因砂浆养护时间较短，含水率大，防火保护层的厚度大，砂浆总量多。

试件 S7 受火 180min 后，加气混凝土保护的一侧，钢管外表面的温度为 347℃，而核心混凝土的温度为 150℃。测温点 7 与测温点 8 为同一位置钢管内外表面的温度，两者差异较大；测温点 1 与测温点 7 同为钢管内表面温度，两者较为相近。施工防火保护层时，由于外置热电偶及其固定装置占用一定的空间，相应该位置的加气混凝土砌块被切割，该点处的防火保护层厚度实际上小于 40mm，导致测温点 8 的温度过高。

试件 8 的 *T-t* 关系较为平稳，曲线整体趋势与其他试件相似。测温点 8 为 40mm 水泥砂浆保护下的外钢管温度，该测温点温度在 100℃的平台段从 8min 持续到约 60min。测温点 8 处热电偶最终的状态表明，该测温点后期脱离防火保护层，测得的应是测温点 8 附近空气的温度。

比较各试件钢管外表面测温点 8 和对应的钢管内表面测温点 7 的 *T-t* 关系可见，虽然钢材的导热性能较好，但实测的钢管外表面测温点 8 的温度仍然明显高于内表面测温点 7 的温度。其主要原因为：外力和火灾共同作用下，测温点 7 附近混凝土和钢管内表面逐步分离，随着钢管局部屈曲的发展，该处热电偶远离钢管内表面，因此，测温点 7 实测温度低于钢管外表面测温点 8 的温度，且随着时间的增加钢管内外表面温度差逐步增大。

图 8.14 为各试件核心混凝土温度的对比情况。可见，防火保护层的隔热效果显著，且试件厚度方向的温度梯度较明显。

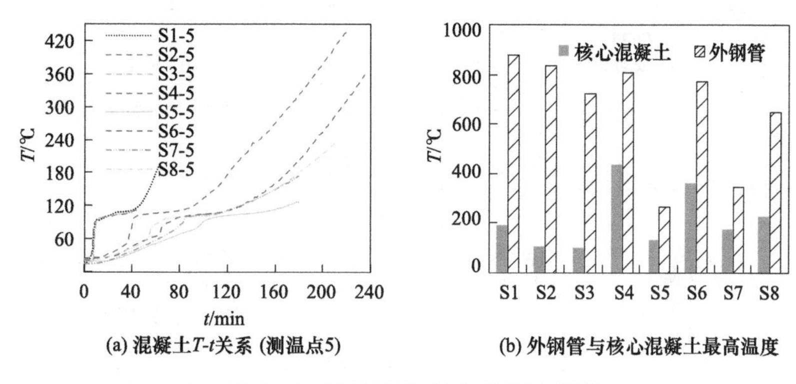

图 8.14　试件温度（T）的对比情况

无防火保护的试件 S1～试件 S3 达到耐火极限时，由于受火时间短，垂直受火面方向温度梯度较大。由水泥砂浆保护、受火超过 3h 并且达到耐火极限的试件 S4 和试件 S6 破坏时，由于受火时间长，内外温差相对较小。试件 S5 和试件 S7 受火 3h 后外钢管最高温度分别为 268℃和 347℃，核心混凝土温度分别为 127℃和 178℃；试件 S8 在停止升温后外钢管最高温度达 647℃，内部混凝土温度仅为 233℃。

（4）变形 - 受火时间关系

图 8.15 为试件 S1～试件 S8 的轴向变形（Δ）- 受火时间（t）关系。图中正值为膨胀，负值为压缩。耐火极限试件的轴向变形经历了三个主要阶段。起初由于温度升高，钢与混凝土膨胀导致试件轴向发生轻微的膨胀。膨胀结束后，Δ 进入第二阶段，此时温度继续升高，材料力学性能劣化导致试件承载力降低，刚度下降，轴向的压缩变形

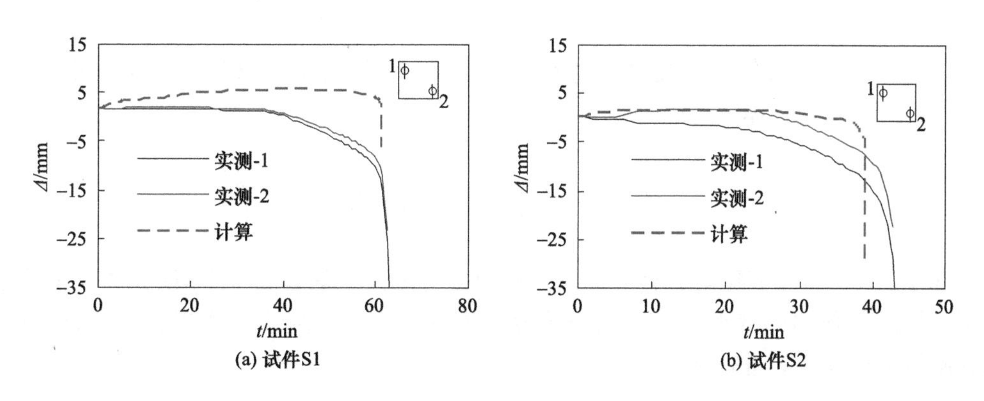

图 8.15　试件的实测 Δ-t 关系

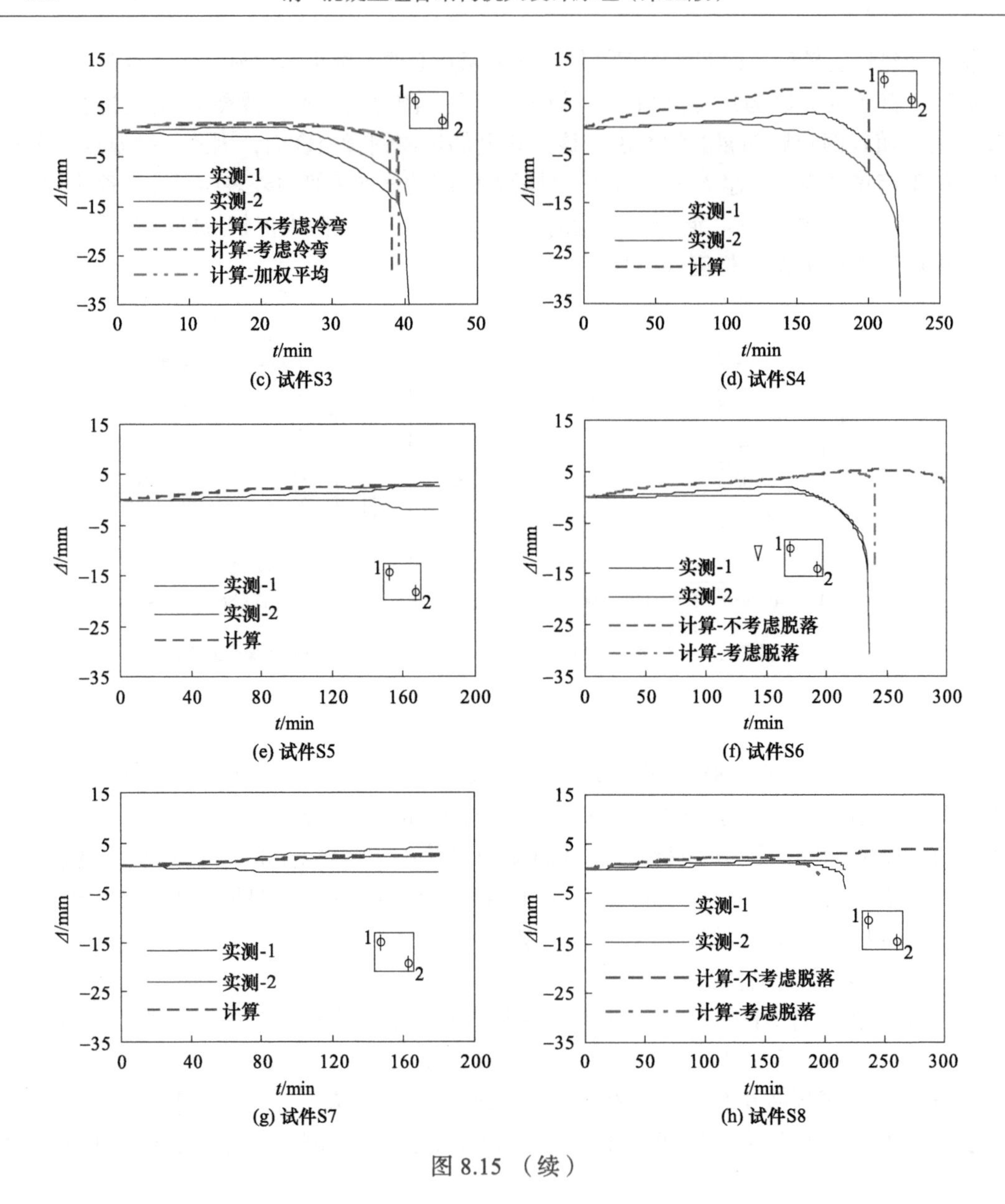

(c) 试件S3　(d) 试件S4

(e) 试件S5　(f) 试件S6

(g) 试件S7　(h) 试件S8

图 8.15 （续）

占主导地位，但变形仍较为缓慢。进入第三阶段后，试件即将破坏，轴向压缩变形迅速增大，试件发生整体失稳达到耐火极限。

8.4　工作机理分析

本节采用第 8.2 节建立的有限元计算模型，对火灾下钢管混凝土束结构构件的传热机制、轴向与侧向的变形特征、内力重分布情况、应变与应力的发展，以及钢-混凝土界面的工作性能等进行分析。

8.4.1　传热机制

计算时取不同的墙体厚度进行分析，其余参数与基本分析模型保持一致。受火工况包括单面受火和双面受火，火灾曲线为 ISO-834 标准火灾曲线。基本分析模型的参数为 B=130mm 和双面受火，具体计算参数如下所述。

1）几何参数：D/B=1.54；B 为 100mm、130mm、150mm、200mm、250mm；H=1000mm；t=4mm。

2）物理参数：硅质混凝土、碳素钢。

3）火灾工况：单面受火、双面受火。

结构在火灾下是否达到耐火极限的判定标准主要包括：稳定性、完整性和绝热性。对于传统钢管混凝土结构，通常考虑结构在火灾下的稳定性。但钢管混凝土束结构构件不仅起到承重柱的作用，还承担分隔墙的作用，在讨论其耐火性能时，需将完整性和绝热性也包含在内。《建筑设计防火规范》（GB 50016—2014）（2014）中，对一级民用建筑承重墙和承重柱的耐火极限规定分别为 2h 和 3h。本节取两者较高值 3h，作为钢管混凝土束结构构件的设计耐火极限。

图 8.16 所示为不同墙体厚度下，钢管混凝土束结构构件非受火面温度柱状图。其中，无阴影部分为非受火面最高温度，取自中间腔体外侧钢管的中心部位。阴影部分为非受火面的平均温度。可见，随着墙体厚度的增加，非受火面的温度显著降低。当墙体厚度大于 200mm 时，非受火面的最高温度在受火 3h 后低于规范要求的 180℃，平均温度低于 140℃。因此，对于钢管混凝土束结构构件，在不设任何防火保护层的情况下，当墙体厚度大于 200mm 时，可自动满足规范要求的绝热性能。但整体上，不设防火保护的构件的绝热性较差。

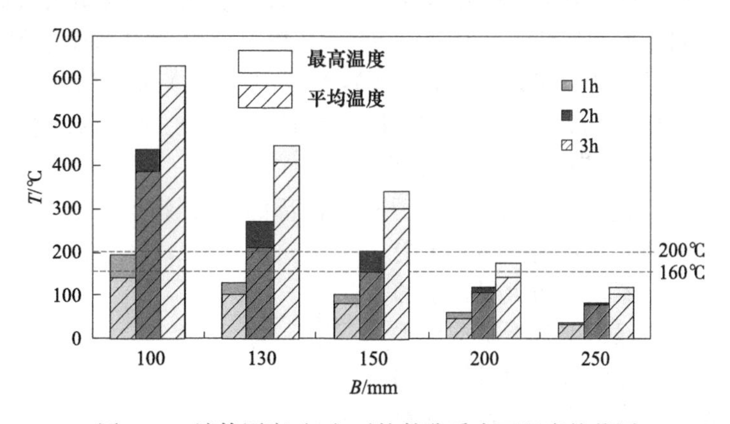

图 8.16　墙体厚度（B）对构件非受火面温度柱状图

钢管混凝土束结构构件内部混凝土的 T-t 关系主要分为四个阶段，即初始阶段、快速升温段、平台阶段和平稳升温段（图 8.17）。

1）OA 段：初始阶段。从外界传到测温点的热量有限，温度提高较慢。

2）AB 段：快速升温段。对无防火保护的构件，该阶段的升温速度较快，温度从

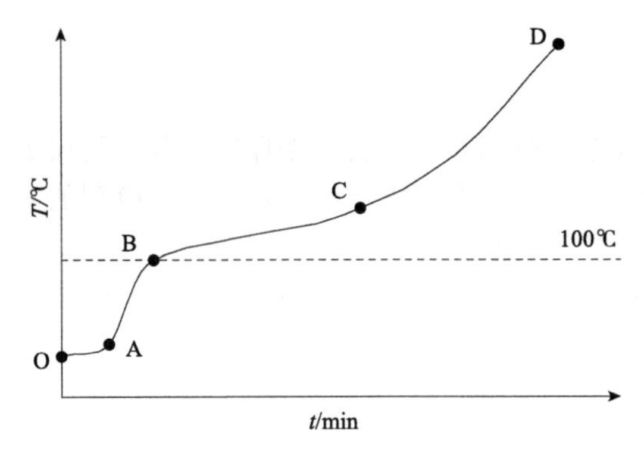

图 8.17　构件核心混凝土的 T-t 关系

20℃升高至 100℃；对有防火保护的构件，该阶段的升温在初始时比较平缓，接近 90～100℃时明显加快。这可能是混凝土中水分受热后扩散所致。

3）BC 段：平台阶段。混凝土内的水分受热蒸发，吸收大部分的热量，并通过混凝土内部孔隙逐渐移动到外层。最后通过排气孔排出，同时将热量带走，导致混凝土的温度维持在约 100℃。

4）CD 段：平稳升温阶段。混凝土内的水分蒸发完全后，构件内部的 T-t 关系便进入了平稳上升的阶段。该阶段混凝土内外部的升温速率较缓慢，且升温速率相近，受火面距离对升温速率的影响不明显。

8.4.2　轴向变形-受火时间关系

进行全过程分析时，参照第 8.3 节试验分析中的试件 S3 和试件 S4，主要对两个算例展开分析和讨论。算例 1 与算例 2 的主要参数如下。

几何参数：$B=130$mm，$D=200$mm，$H=2900$mm，$t=4$mm；

物理参数：$f_{cu}=40$MPa，$f_y=345$MPa；

荷载参数：荷载比 $n=0.45$，$n=0.30$；

火灾工况：双面受火；

防火保护措施：无防火保护层、受火面设 30mm 厚水泥砂浆防火保护层。

算例 1 中的钢管混凝土束结构构件无防火保护层，其耐火极限为 38min。对算例 1 的分析集中在钢管混凝土束结构构件本身的耐火性能。算例 2 包含防火保护层，其耐火极限超过了 3h，对算例 2 的分析主要集中在耐火极限超过 3h 的构件全过程的耐火性能。

钢管混凝土束结构构件的轴向变形（Δ）-受火时间（t）关系见图 8.18，图中以常温下构件轴向变形值为初始值（即 $t=0$ 时，$\Delta=0$）。如图 8.18 所示，钢管混凝土束结构构件的 Δ-t 关系主要经历了以下三个阶段。

1）OA 段：膨胀阶段。在受火初期，构件内部的温度较低，混凝土与钢材受热膨胀。此时材料刚度降低导致的变形小于受热膨胀变形。这一现象在有防火保护层的构件中较明显。防火保护层延缓了构件主体部分的升温，导致在较长一段时间内构件的温度都保持在较低的水平，致使材料的膨胀大于其性能劣化导致的压缩。另外，荷载比越小，膨胀现象越明显。

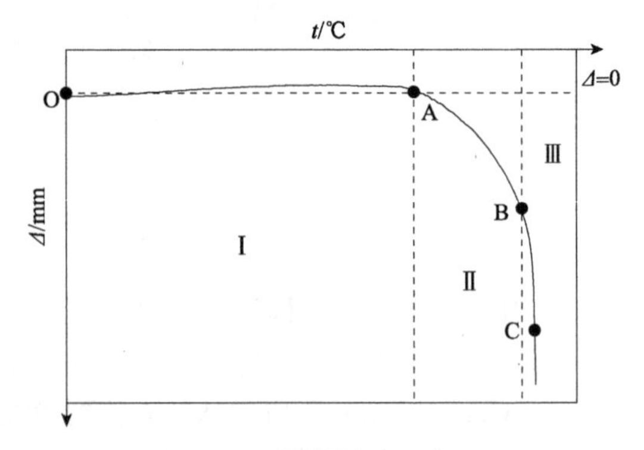

图 8.18　构件的 Δ-t 关系

2）AB 段：压缩阶段。当构件继续受火，温度持续升高。A 点时材料受热产生的膨胀与其性能劣化带来的压缩相互抵消，构件 Δ-t 关系到达了峰值点。无防火保护时由于构件主体部分升温较快，压缩阶段的变形速率较大、持续时间较短；而有防火保护时，压缩过程则更加缓慢。

3）BC 段：破坏阶段。当构件继续受火，轴向持续压缩，压缩速率继续增大。B 点时，构件的压缩变形速率每分钟达 0.003H（mm）；C 点时，构件的轴向压缩值达 0.01H（mm），视为达到耐火极限。

图 8.19 进一步给出钢管混凝土束结构构件在常温加载、膨胀、压缩及破坏阶段的变形示意图，其中 Δ_α 表示构件的热膨胀变形量，Δ_c 表示高温下材料性能劣化造成的构件压缩变形量。可见，常温加载阶段无热膨胀，此时 $\Delta_\alpha=0$；膨胀阶段 $\Delta_\alpha \geqslant \Delta_c$；随着材料性能劣化的加剧，$\Delta_\alpha \leqslant \Delta_c$，构件进入压缩及破坏阶段。

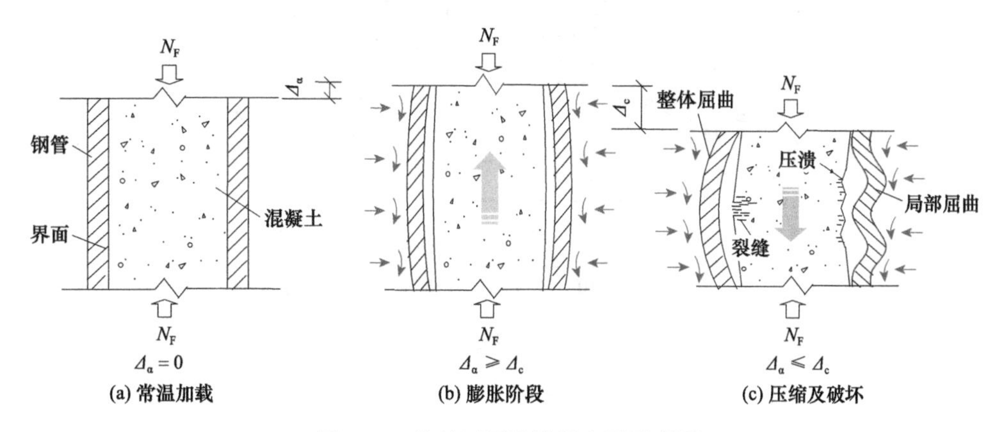

图 8.19 构件不同阶段的变形示意图

8.4.3 侧向挠度 - 受火时间关系

对于第 8.4.2 节的算例 1 和算例 2，提取三个截面（构件高度的 1/2 处、1/4 处、1/8 处）、四个部位的钢板与混凝土（受拉侧钢板 S_c、受压侧混凝土 C_c、受拉侧焊缝处 S_w、受压侧钢板 S_c'、中心处 O）的侧向挠度（Δ_L）- 受火时间（t）关系，见图 8.20 和图 8.21。

对算例 1，在受火初期，由于高温下钢材的膨胀作用，受拉和受压侧的钢板分别向外发生侧向变形，大小相近、方向相反。随着升温的继续，在阶段 I 末期，构件 1/2 高度处受拉侧钢管的 Δ_L 大于受压侧，且继续增大。受压侧钢管的 Δ_c 在随后的时间里增加较为缓慢，这反映了构件整体弯曲的发展。在 1/4 和 1/8 高度截面处，这一现象并不明显。在阶段 I 和阶段 Ⅱ，受拉侧和受压侧钢管的 Δ_L 均维持“等值反向”的状态。这与观测到的构件整体弯曲主要出现在中部截面附近的现象一致。受拉侧焊缝处的侧向挠度与附近混凝土的 Δ_L 也较接近，说明钢肋板起到了有效的侧向支撑作用，且焊缝附近的钢材与混凝土界面粘结情况良好。整体 Δ_L-t 关系表明，构件在 1/2 和 1/8 高度截面处出现钢管屈曲现象，但在 1/4 高度的截面处，局部屈曲和整体弯曲现象都不明显。在阶段Ⅲ里，几乎所有高度的 Δ_c 都迅速增大，构件的整体弯曲发展变快。

图 8.21 所示算例 2 的 Δ_L-t 关系与算例 1 的发展整体上相近。首先，1/4 截面处在阶段 I 和阶段 Ⅱ 里的 Δ_L 也较小，说明该处并没有发生明显的局部屈曲。算例 2 的膨胀

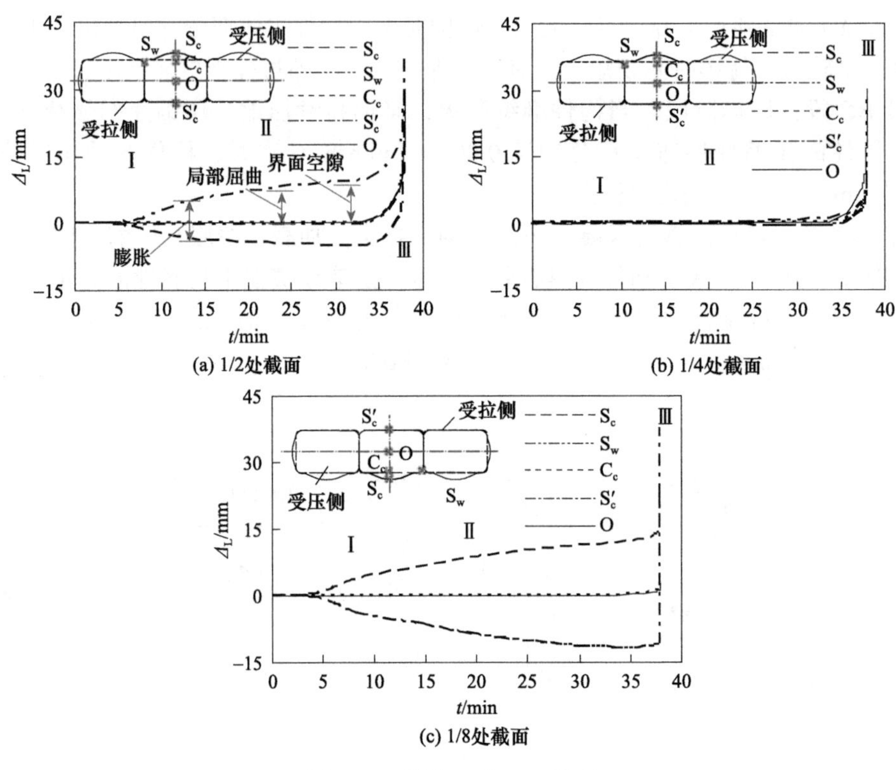

图 8.20　算例 1 的 Δ_L-t 关系

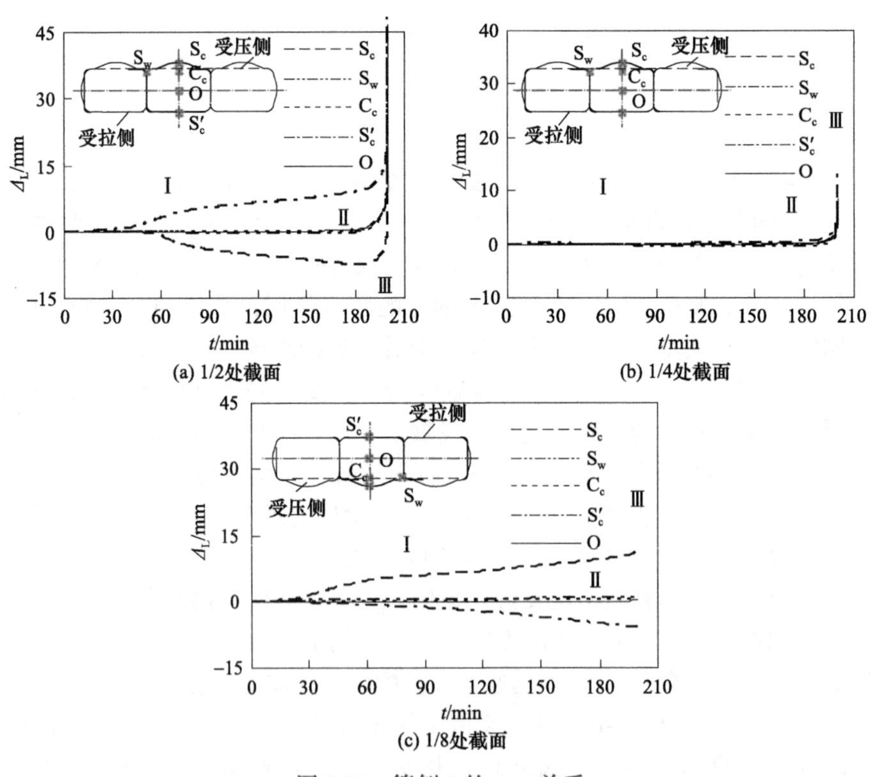

图 8.21　算例 2 的 Δ_L-t 关系

阶段（阶段Ⅰ）持续时间较长，在该阶段，1/8 高度截面处受拉侧钢管的 Δ_c 明显大于受压侧钢管的 Δ_L。这说明算例 2 在构件整体的膨胀阶段就产生了整体弯曲的趋势，并伴随钢管局部向外鼓曲的现象。

8.4.4　内力变化

图 8.22 和图 8.23 分别为第 8.4.2 节算例 1 和算例 2 变形最大处的内力变化。图 8.22（a）为混凝土和钢材的轴向承载力系数（β_N，轴力与外荷载的比值），随受火时间（t）的变化关系。图 8.22（b）和（c）为钢材和混凝土各部分的 β_N-t 变化情况。

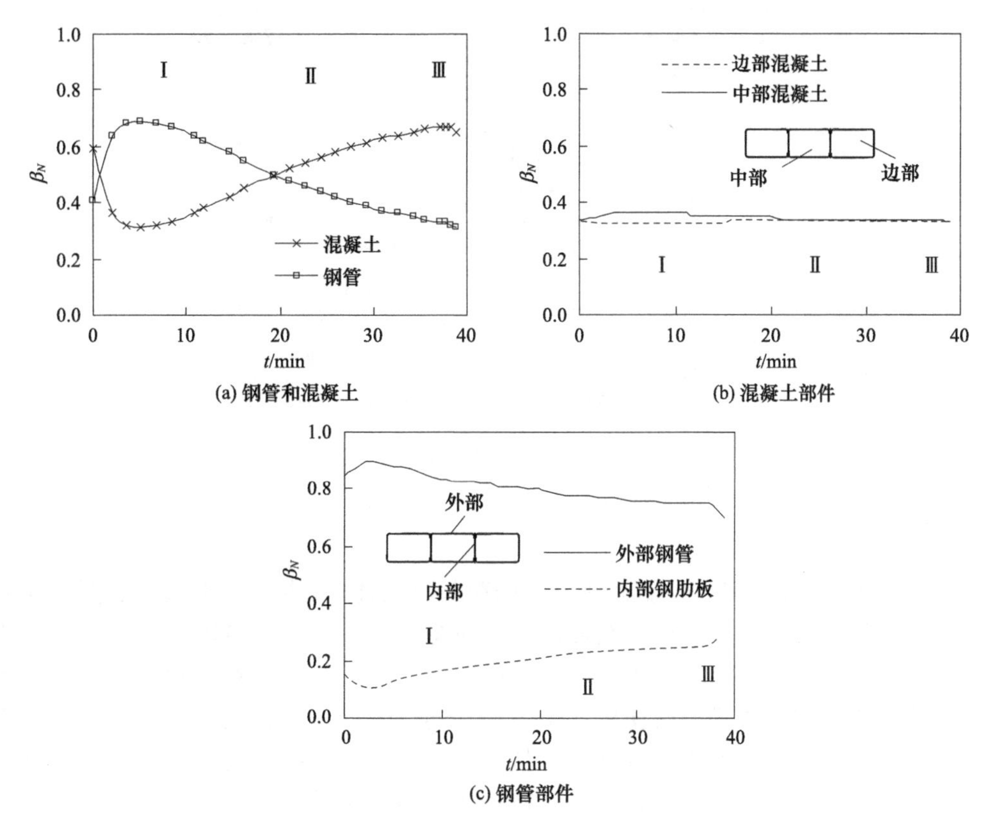

图 8.22　算例 1 的 β_N-t 关系

由图 8.22 可见，在常温段，钢管和混凝土分别承担约 40% 和 60% 的轴向荷载。升温段，钢管承担的外荷载比例上升，而混凝土的下降。随着温度增加，钢材升温导致其力学性能劣化。在峰值点过后，整个截面仍处在膨胀阶段（Ⅰ）时，材料劣化导致的钢管压缩超过升温引起的膨胀，并出现局部屈曲变形。钢管承担的外荷载比例开始降低，荷载更多地由混凝土承担。进入压缩阶段（Ⅱ）后，钢管的轴向承载力系数继续近似线性地降低，而混凝土的继续升高。在破坏阶段（Ⅲ），钢管和混凝土的轴向承载力系数同时快速下降，表明构件此时已达到耐火极限。

将混凝土进一步细分为边部混凝土和中部混凝土。图 8.22（b）和图 8.23（b）中

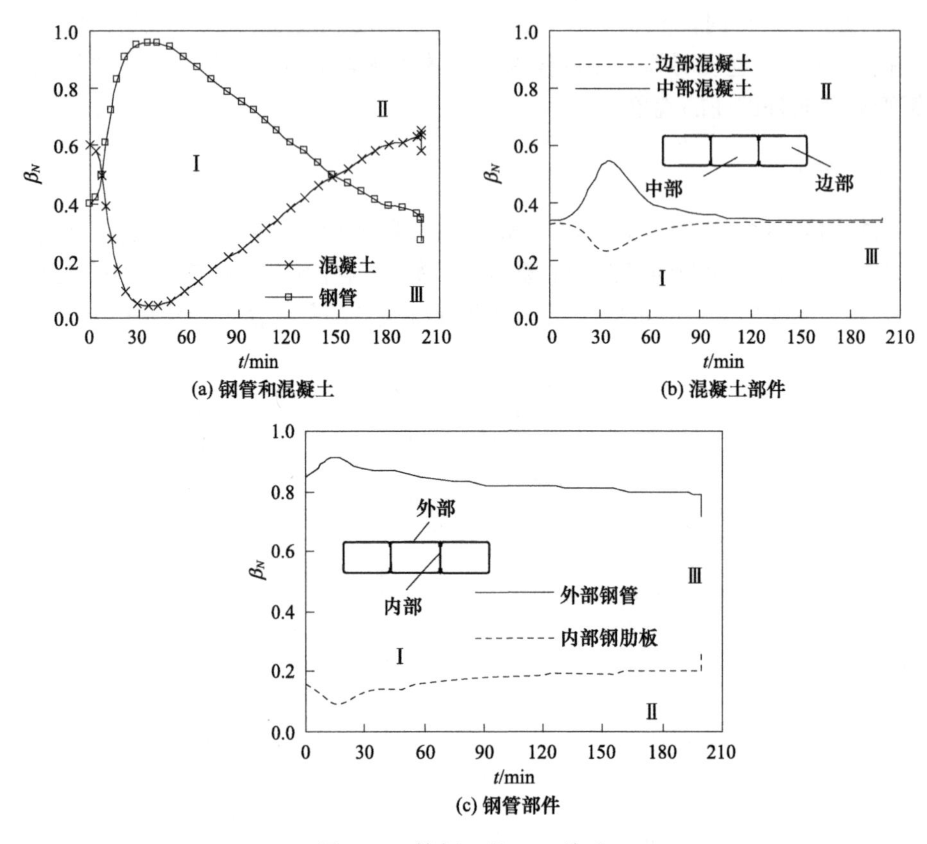

(a) 钢管和混凝土　(b) 混凝土部件

(c) 钢管部件

图 8.23　算例 2 的 β_N-t 关系

的轴向承载力系数为该两部分混凝土承担的荷载与混凝土承担的总荷载的比例。可见，在阶段Ⅱ和Ⅲ里，两者的承载力系数接近，均在 30% 左右。在阶段Ⅰ的差异较明显，尤其是在混凝土整体的轴向承载力系数上升后，中部混凝土的承载力系数高于边部混凝土。这主要是因为中部混凝土的约束效应比边部混凝土大，且其两侧由温度较低、未发生局部屈曲的钢管约束。因此，在构件膨胀阶段，中部混凝土的刚度相对较大，所承担的荷载比例高于边部混凝土。但当构件进入压缩阶段后，这种差异逐渐减小。

将钢管分为直接受火的外钢管和不直接受火的内部钢肋板。在常温段，两部分的内力近似按面积分配。升温段钢管整体承担的荷载上升，[图 8.22（a）前 2min]，温度较高的外钢管的承载力系数也增加，而内钢肋板的承载力系数降低。膨胀阶段（Ⅰ）的峰值点过后，外钢管的承载力系数降低，钢管所承担的荷载逐渐由外钢管转移到温度更低、两侧约束更强的内钢肋板，直至构件破坏。

8.4.5　应力分布

图 8.24 为 8.4.2 节算例 1 的 1/2 高度处截面混凝土五个特征点的轴向应力（σ）- 受火时间（t）关系。特征点包括截面最外受拉侧、最外受压侧、受拉侧角部、肋板中部和截面中心，图中的“受压承载力”为混凝土的极限抗压强度随升温时间（温度）的变化。

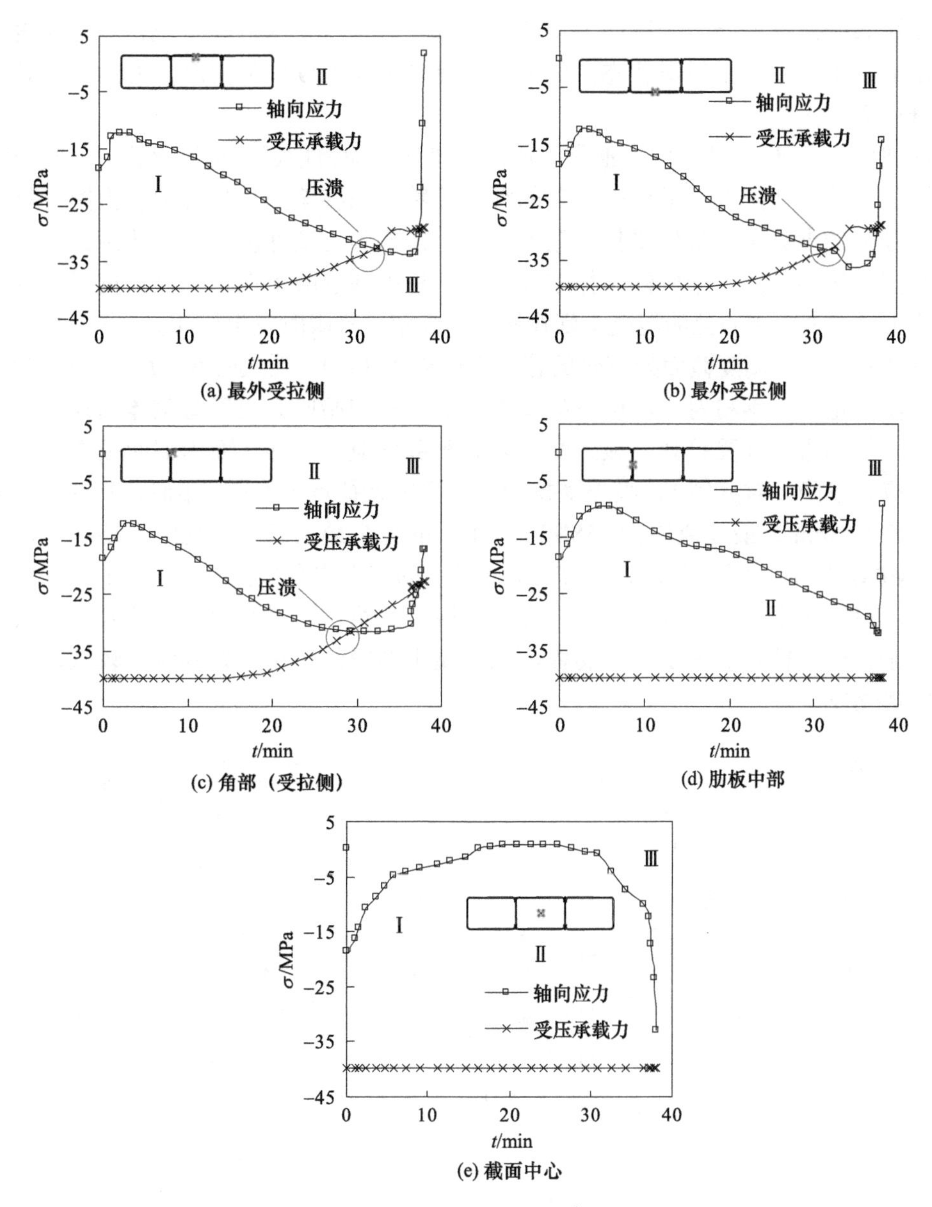

图 8.24　算例 1 混凝土的 σ-t 关系

在膨胀段（Ⅰ）的前 4min 里，五个特征点的压应力均下降。其中，离受火面较近的特征点（最外受拉、最外受压、角部）应力下降至约 12MPa。由于温度传递的滞后性，肋板中部的峰值点出现较晚，最小值约为 9MPa。截面中心处的混凝土压应力较小，为 5MPa。在混凝土的承载力系数开始上升后，截面整体仍处于膨胀阶段。最外侧、角部及肋板中部附近的混凝土压应力开始缓慢上升，且离受火面越近，压应力上升速度越快。截面中心混凝土的压应力继续下降，下降速率减小并在膨胀段后期趋于稳定。

在压缩段（Ⅱ），截面中心的压应力降至 0，其余特征点的压应力持续增加。其中，最外受拉和受压侧混凝土的压应力均达到了其对应温度下的极限抗压强度。这表明该部位的混凝土最先达到极限状态。但由于钢管和内层温度较低混凝土的约束，其压应力可继续增加。

在破坏段（Ⅲ），截面中心混凝土压应力迅速增加，接近其抗压承载力。其他特征点的压应力均迅速降低，最外受拉侧的混凝土特征点甚至出现拉应力。由图可见，离受火面较近的混凝土（最外受拉、最外受压、角部）在试件破坏时已达到其对应温度下的极限抗压强度。由于构件整体破坏，钢肋板中部混凝土在达到极限抗压强度之前就退出工作。截面中心处的混凝土则在构件达到耐火极限时发生压溃。

图 8.25 为 1/2 高度截面处钢管的特征点的应力（σ）- 受火时间（t）关系。为便于比较，图中也给出钢材对应温度下的屈服强度。在初始段，当钢管整体的承载力系数上升时，外钢管最外受拉处、最外受压处和角部处应力增加，而内部肋板中点则出现短暂的应力下降。对算例 1，最外受拉和受压侧的特征点 σ-t 关系相似，其首个最大值点均出现在 3min，最大值均为 258MPa。角部的首个最大值点出现时间略晚，最大值为 255MPa。随后，距受火面最近的三个特征点的应力均在膨胀段（Ⅰ）的后期及压缩段（Ⅱ）里逐渐下降。肋板中点的应力在阶段Ⅰ达第一个最大值点，其峰值点数值上高于其余三个特征点。这是因为肋板两侧混凝土的吸热作用导致其温度较低，进而材料性能劣化较慢。

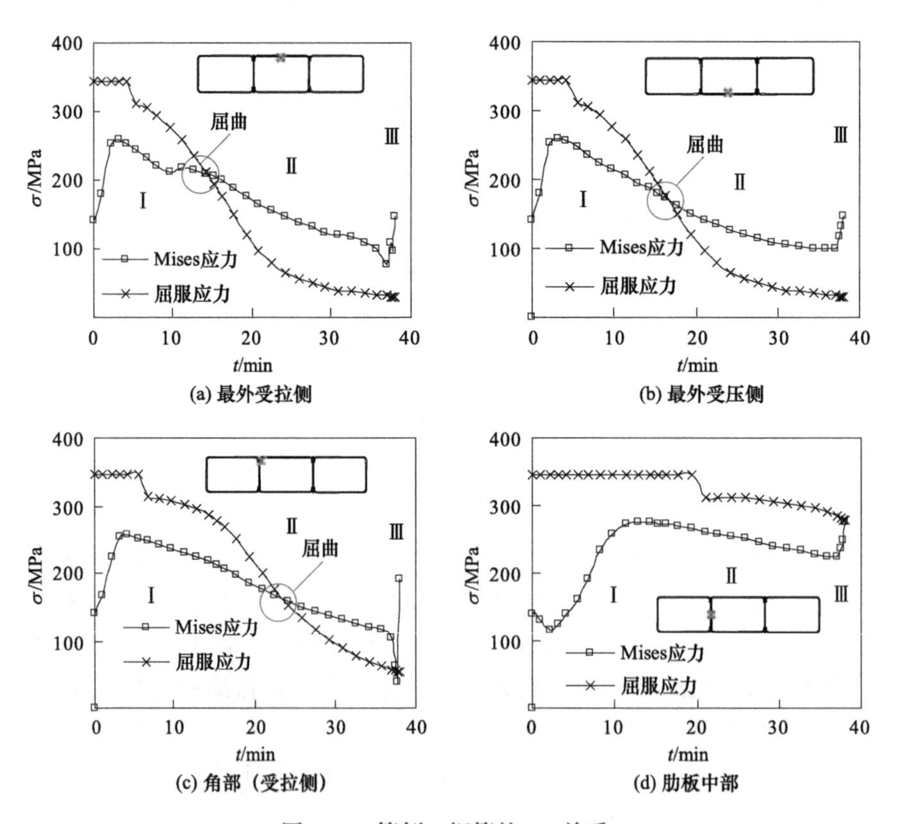

(a) 最外受拉侧　(b) 最外受压侧

(c) 角部（受拉侧）　(d) 肋板中部

图 8.25　算例 1 钢管的 σ-t 关系

在阶段Ⅱ中，肋板中点的应力逐渐下降，但下降速率低于其他三个特征点。距受火面较近的三个特征点的应力在压缩段超过其相应温度下的屈服强度，这表明此处的钢管发生了局部屈曲。由于内部混凝土的约束作用，外钢管的强度得到了充分利用。而对于内部肋板，在构件整体发生破坏前，其应力都没有超过对应温度的屈服极限。仅当构件到达耐火极限时，其应力迅速增大，到达屈服强度。

8.4.6　应变分布

混凝土塑性应变的分布是表征混凝土工作状态及裂缝开展情况的重要指标。通过观察钢材的应变分布及变化情况，也可了解钢结构的工作状态。图 8.26 和图 8.27 为算

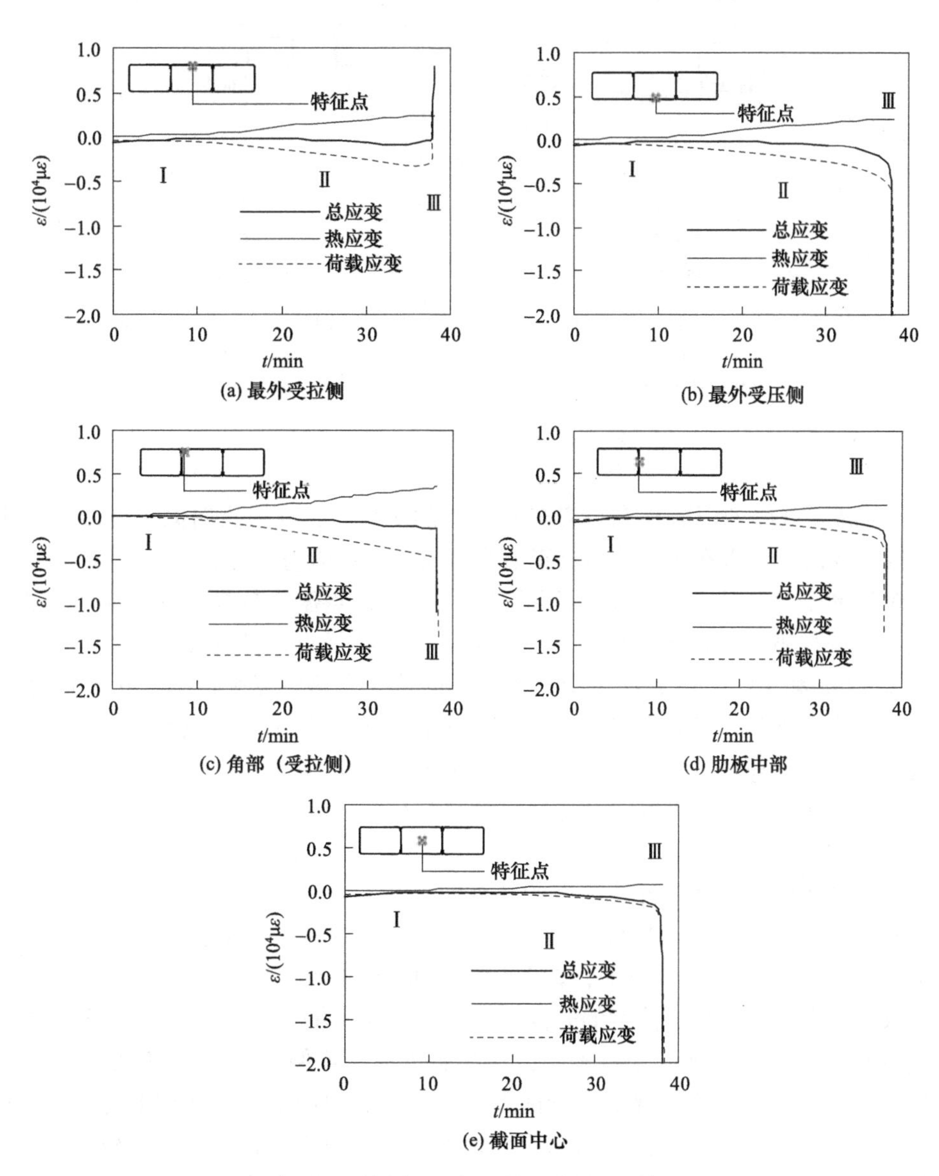

图 8.26　算例 1 混凝土特征点的 ε-t 关系

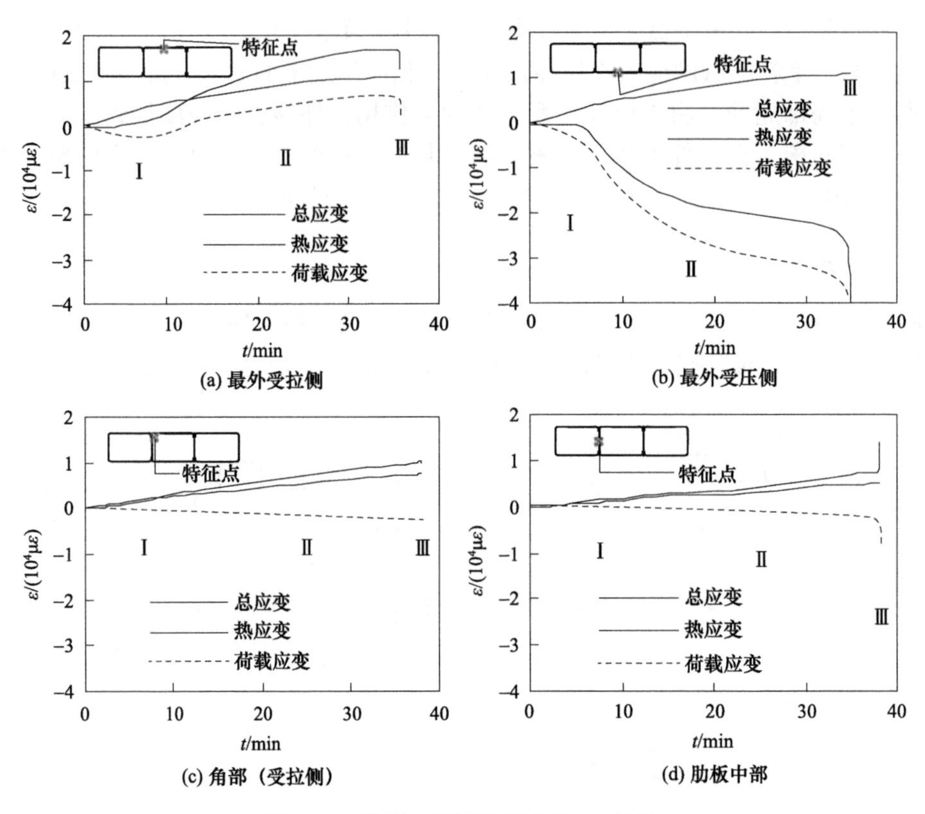

图 8.27　算例 1 钢管特征点的 ε-t 关系

例 1 的 1/2 高度截面的混凝土和钢管各特征点的应变（ε）- 受火时间（t）关系。热应变和荷载应变的变化也在图中给出。正值为拉应变，负值为压应变。

热应变的变化与特征点距受火面距离有关。特征点温度越高，其对应的膨胀拉应变越大。在构件破坏时，截面最外离受火面较近的特征点，其混凝土和钢管的热应变分别为 3422$\mu\varepsilon$ 和 10 789$\mu\varepsilon$，而离受火面较远的特征点热应变则较小。受火时间越长，沿截面厚度方向的温度梯度越小，最外层与截面中心混凝土的热应变之差越小。肋板中点混凝土由于热桥效应，其热应变高于截面中心处。例如，构件破坏时截面中心混凝土的热应变为 645$\mu\varepsilon$，肋板中点混凝土的热应变为 1365$\mu\varepsilon$。此时肋板中部钢管的热应变为 5104$\mu\varepsilon$。

在膨胀段（Ⅰ），混凝土各特征点的荷载应变较低，且变化较小。但最外受压侧钢管的荷载应变增长较明显，最外受拉侧钢管的荷载应变经历小幅度的波动。这是温度和受力共同作用的结果。一方面，该阶段钢管整体的承载力系数在上升；另一方面，钢的屈服强度和弹性模量随温度的升高而降低，同时其轴向的膨胀受边界条件的约束。最外受拉和受压侧的钢管应变差表明，在膨胀阶段，算例 1 的 1/2 高度处的外钢管发生了局部屈曲。在该阶段，混凝土特征点由温度升高引起的正向热应变与由荷载引起的压应变相抵消，因此各特征点的总应变幅度较小。由于外钢管的温度较高，其总应变与热应变的相关性较大。除最外受压侧，其他三个特征点的总应变均表现出与热应变相近的受拉状态。最外受压侧的钢管由于发生了局部屈曲变形，总应变曲线与荷载应变曲线更为相近，变现出受压的状态。

在压缩段（Ⅱ），混凝土和钢管各特征点的热应变与荷载应变继续增加。由图可见，距离受火面较远部位的总应变与荷载应变的相关性更强，因为这些位置的温度低，热应变小。当混凝土的应变超过 3300$\mu\varepsilon$ 时，一般认为其已进入塑性阶段，产生压溃。而后混凝土的应变继续增大，但增速减缓。当钢管的荷载应变达 15 000$\mu\varepsilon$ 时，可以视为其接近极限状态。距受火面较近的外钢管产生了明显的向外鼓曲变形，最外受压侧钢管的应变得到了充分的发展，达到了其极限应变。此后钢管的应变变化较小，直到构件最终破坏时，应变又进一步地急剧增加。内部肋板中心的应变在破坏前低于极限应变值，说明由于两侧混凝土的约束作用，内部肋板的变形较小。

8.4.7　界面接触应力

在常温下，钢和混凝土之间的组合作用可使两种材料协同工作。混凝土限制外钢管的局部屈曲，同时，外钢管又为内部混凝土提供侧向约束，使其不易开裂和剥落。高温下，钢管混凝土束结构截面的温度分布不均匀，外钢管温度较高，肋板和内部混凝土的温度则依次降低。同时，钢和混凝土热膨胀系数的不同导致如图 8.11 的钢 - 混凝土界面分离现象。这种界面的间隙会对材料之间的粘结性能产生影响。

图 8.28 为三个不同时刻算例 1 沿长度方向上界面接触应力云图（混凝土为主体），以及中部腔体钢 - 混凝土界面的接触应力等值线。

在膨胀段（Ⅰ）的结束时刻 A，构件长度方向的接触应力较小。仅端板附近出现不高于 7MPa 的接触应力，构件中部也出现接触应力，其分布规律与外钢管局部屈曲形态吻合。在外钢管产生局部屈曲的部位，混凝土也出现接触应力，表明材料界面出

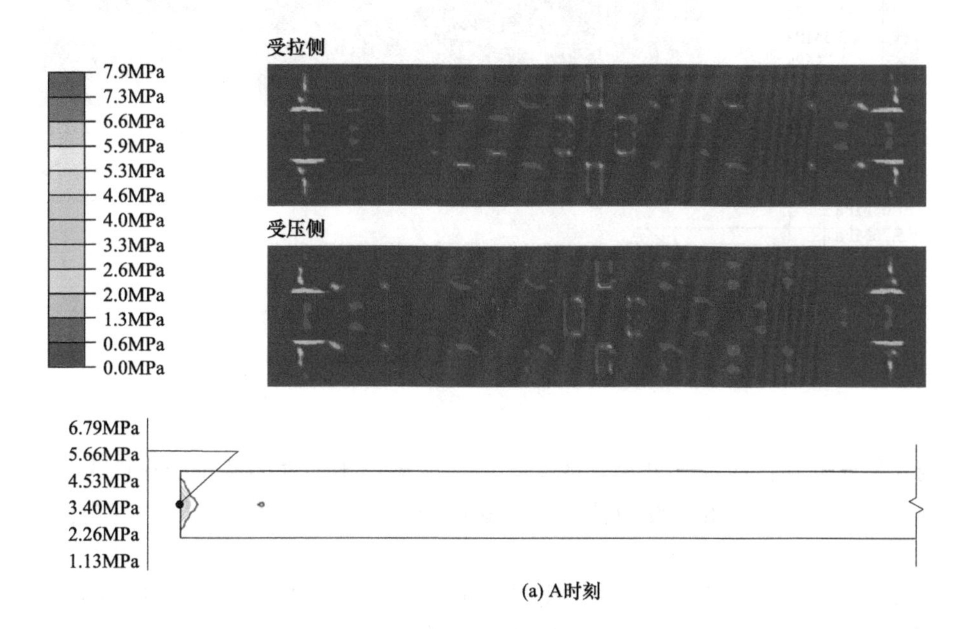

图 8.28　算例 1 界面的接触应力云图

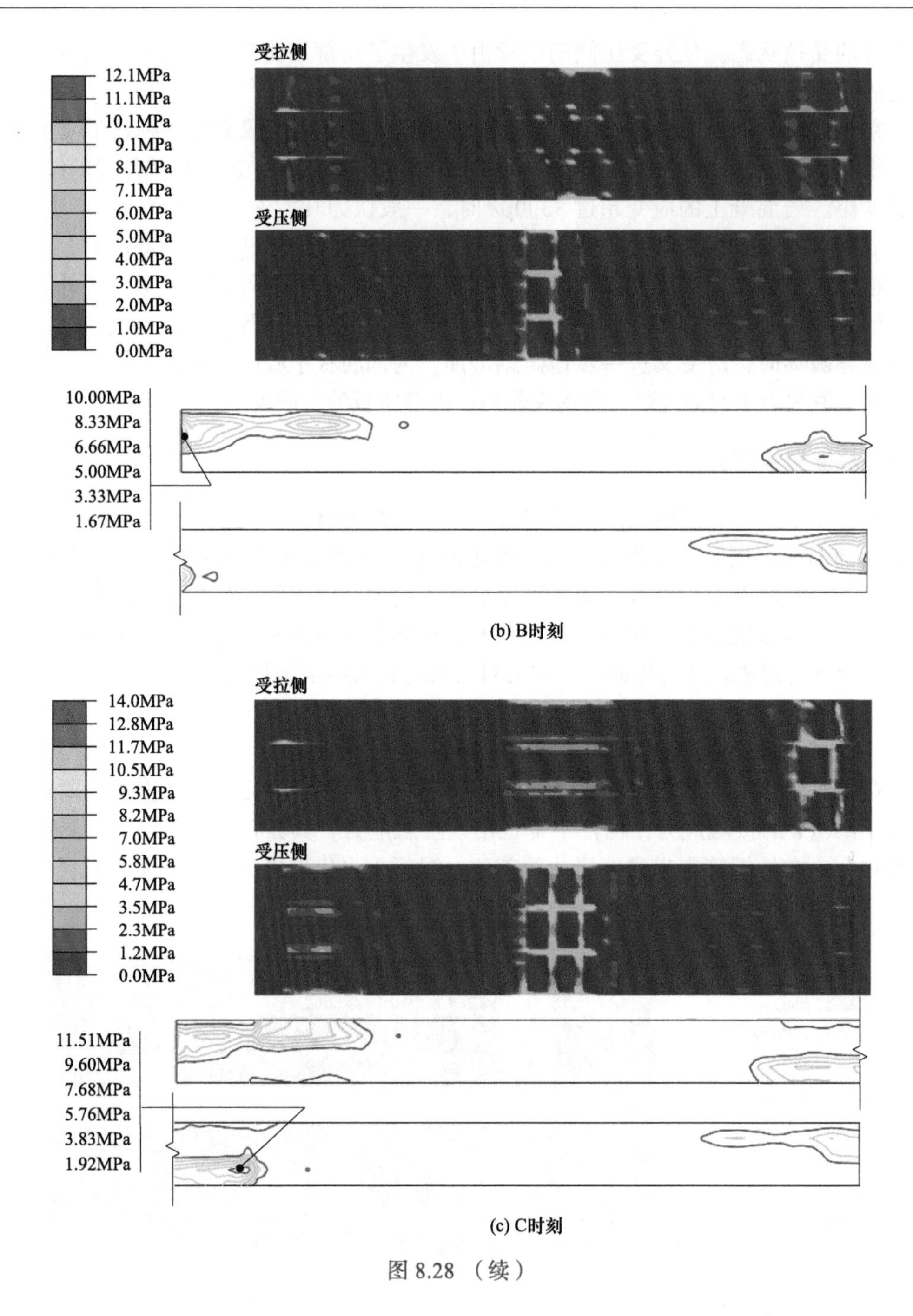

(b) B时刻

(c) C时刻

图 8.28 （续）

现了相互挤压。在该阶段，外钢管的局部屈曲变形对于构件的两个受火面来说是近似对称的，即“受压侧”和“受拉侧”的接触应力分布、大小均相似，这与构件的变形特征相符。

随着温度的上升，构件中部的接触应力逐渐增加，并在压缩段（Ⅱ）的结束时刻B，接触应力约 10MPa。该阶段，接触应力在构件两侧不再呈对称分布，这与构件整体弯曲现象吻合。在受压侧，中部出现了明显的局部屈曲现象，此处的接触应力也较大。由于塑性铰的出现，在构件端部附近的局部屈曲，受拉侧钢管的褶皱有被拉平的趋势，此处的接触应力维持在较低的水平。在受拉侧，构件中部可见较为分散的接触应力，端部附近的接触应力与上一阶段相比有所增加。

在构件破坏时（C 时刻），接触应力的分布情况与上一阶段类似，但其数值有所增加。同时，受拉侧原本较为分散的接触应力变得更加连贯和均匀。

总之，钢管混凝土束结构构件中的钢 - 混凝土界面在受力受火过程中会产生有效的接触应力，界面的组合效应良好。

8.4.8　破坏机制分析

与传统的“柱”或“墙”不同，钢管混凝土束结构构件在结构体系中具有多功能特性。在讨论其耐火极限时，须考虑三个破坏判定标准，即稳定性、完整性和绝热性。本章所指的“破坏”仅指构件在双面受火的情况下失去稳定性。

通过以上全过程分析可见，钢管混凝土束结构构件在受到轴向荷载和火灾的共同作用下，达到耐火极限时的破坏形态为，整体沿弱轴弯曲，中部和端部伴有不同程度的钢管局部鼓曲。在受火初期，外钢管的荷载承担系数逐渐增大，钢管应力值也随之增加。随着温度的上升，外钢管的屈服强度有所下降。因此，在端部和中部受火面产生了对称的钢管局部向外鼓曲。此时，构件趋向于产生受压破坏的形态。随着升温继续，构件整体进入压缩阶段。由于构件本身的初始缺陷，以及加载的初始偏心等，当构件两侧的局部屈曲发展到一定的程度时，沿构件高度方向的内力和变形开始呈非对称地发展。这时，构件的中部区域一面受压，一面受拉。“二阶效应”加重了这一整体弯曲的发展。直到最后的破坏阶段，构件中部及两端附近形成塑性铰，截面材料劣化而丧失承载力，构件到达耐火极限。

与传统的钢管混凝土柱类似，钢管混凝土束结构构件在荷载和火灾共同作用下的破坏是由材料非线性与几何非线性的共同作用导致的。与传统钢管混凝土柱不同的是，内部肋板的存在为外钢管提供了有效的侧向支撑，从而延缓了局部屈曲的出现，也限制了外钢管的局部屈曲。同时，周围的混凝土良好的吸热能力，使得肋板的温度在受力 - 受火全过程中维持在较低水平，提高了其钢 - 混凝土界面的粘结性能及对内填混凝土的约束效应。

8.5　耐火性能参数分析和实用计算方法

利用第 8.2 节所建立的有限元计算模型，对影响钢管混凝土束结构构件耐火性能的因素进行了参数分析，并提出耐火极限实用计算方法和防火保护层设计方法。

8.5.1　参数分析

参数分析中采用五个主控变量，分别为截面周长（C）、钢管束的高宽比（D/B）、构件绕弱轴方向的长细比（λ）、截面含钢率（α），以及荷载比（n）。当改变任一参数时，这些主控参数与基本分析模型保持一致。

参数分析中的参数及其范围如下。

截面尺寸（$B\times D$）：100mm×154mm、130mm×200mm、200m×308mm、260mm×400mm、300mm×462mm；

截面周长（C）：1124mm、1460mm、2248mm、2922mm、3372mm；

腔体高宽比（D/B）：1.00、1.27、1.54、1.77、2.00；

构件高度（H）：1000mm、2000mm、3000mm、4000mm、5000mm；

弱轴长细比（λ）：13、27、40、53、67；

钢管壁厚（t）：4mm、5mm、6mm、7mm、8mm；

钢管宽厚比（D/t）：25.00、28.57、33.33、40.00、50.00；

截面含钢率（α）：11%、14%、17%、21%、24%；

荷载比（n）：0.2、0.3、0.4、0.5、0.6、0.7、0.8；

火灾工况：单面受火，双面受火；

防火保护层：水泥砂浆、加气混凝土、岩棉；

钢材强度（f_y）：235MPa、345MPa、420MPa；

混凝土强度（f_{cu}）：40MPa、60MPa、80MPa。

分析模型的计算条件参考第 8.3 节中的试件 S3，同时为了使参数更具有普适性而做适当调整：构件高度调整为 3m，荷载比调整为 0.4。其他的调整如下。

1）在参数分析中，出于简化模型考虑，忽略构件两端的顶梁和底梁，两端简化为固接的边界条件。

2）几何初始缺陷由构件整体的一阶屈曲形态模拟，其变形极值取为 $H/1000$，其中，H 为构件的高度。

3）试验中，试件两端被石棉毯包裹而视为非受火段。在参数分析中，为了简化模型，忽略非受火段，假设构件通长受火。

本节讨论了各参数对钢管混凝土束结构构件耐火性能的影响，图 8.29 为各参数对钢管混凝土束结构构件耐火极限的影响。

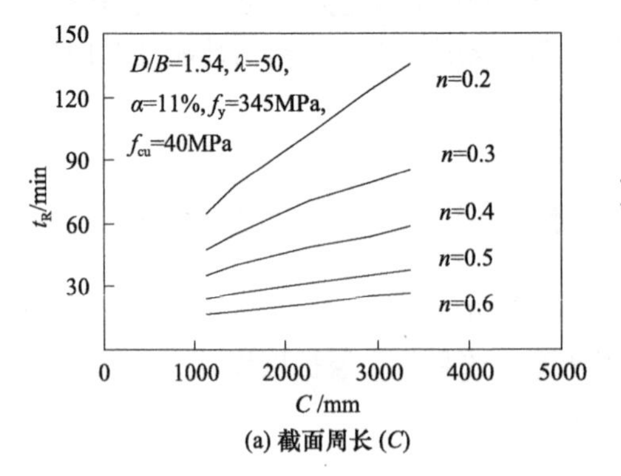

(a) 截面周长 (C)

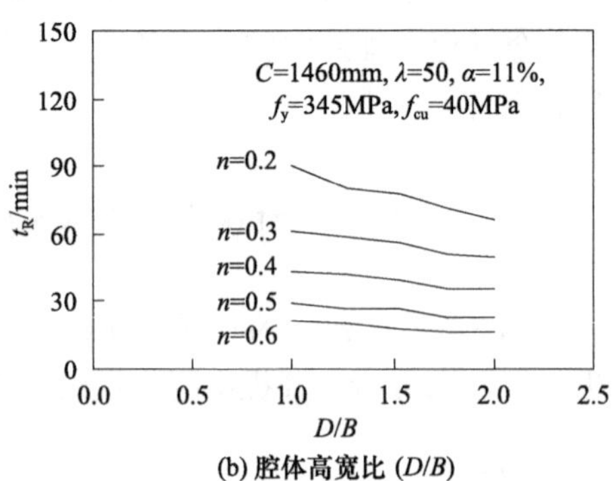

(b) 腔体高宽比 (D/B)

图 8.29 各参数对 t_R 的影响

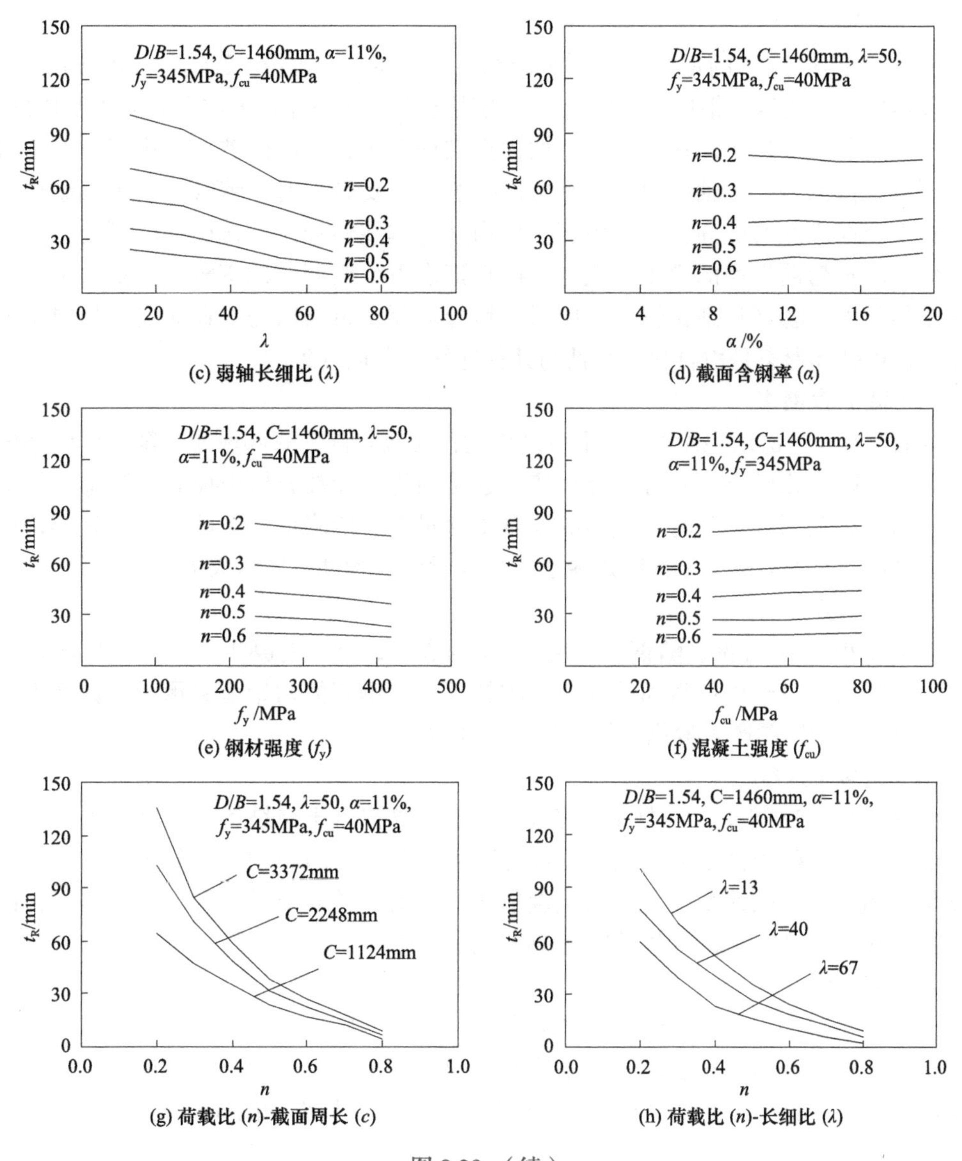

图 8.29 （续）

（1）截面周长

随着腔体尺寸的增大，截面周长（C）随之增加，耐火极限增加。当荷载比较小或长细比较小时，这种影响更加明显。这主要是构件截面的热容所致。由于混凝土的导热系数较低，吸热能力强，因此热容受截面混凝土的含量影响较大。

（2）腔体高宽比

随着腔体高宽比（D/B）的增大，构件的耐火极限有减小的趋势。这首先是因为在改变高宽比时，截面的周长保持不变，因此随着腔体高宽比的增加，截面的尺寸相应地减小。随之减小的是截面的热容，即其吸热能力，以及核心混凝土与受火面的距离。其次，腔体的高宽比对外钢管的局部屈曲和构件整体的弯曲失稳也产生影响。

（3）弱轴长细比

弱轴长细比（λ）的增加导致耐火极限降低。对应不同的长细比，出现了三种不同的破坏形态。①当长细比较小时，钢管混凝土束结构构件在火灾下趋向于受压破坏，主要由材料非线性控制。在破坏时，构件全截面受压，最终的破坏是由于高温下材料劣化严重，截面丧失了轴向抗压承载力。②当长细比较大时，钢管混凝土束结构构件在火灾下趋向于受弯破坏。这种破坏主要由几何非线性控制，在破坏时可见明显的构件整体绕弱轴弯曲失稳的现象。在这种破坏形态下，截面的抗弯刚度主要取决于受拉侧纤维的强度。③当长细比较为适中时，钢管混凝土束结构构件在火灾下趋向于压弯破坏。这种破坏形态是由材料非线性与几何非线性共同导致的。

（4）截面含钢率

截面含钢率（α）对钢管混凝土束结构构件耐火极限的影响较小。随着含钢率的增加，耐火极限变化较小，并有下降趋势。这是因为，参数分析中控制了其余主变量的大小，当提高截面含钢率时，截面的混凝土含量会有所降低。因此截面的热容，以及混凝土对截面承载力的贡献都随之减小，进而导致了构件整体耐火极限的降低。

（5）钢材强度

由图 8.29（e）可见，随钢材强度（f_y）的提升，钢管混凝土束结构构件的耐火极限小幅度降低。由于构件截面的含钢率维持不变，钢管的初始荷载承担系数增大。高温下钢材的力学性能产生劣化，带来构件承载力的下降。

（6）混凝土强度

由图 8.29（f）可见，混凝土强度（f_{cu}）对钢管混凝土束结构构件耐火极限的影响不明显。随着混凝土强度的提高，构件的耐火极限仅有微小的上升趋势。由于混凝土的比热容随其强度的改变而变化的幅度较小。同时，混凝土对钢管的支撑作用，以及其延缓钢管局部屈曲的效应也不会受其强度的影响。

（7）荷载比

荷载比（n）对钢管混凝土束结构构件耐火极限的影响由图 8.29（g）和（h）所示，分别包含了不同截面周长及不同长细比的情况。可见，荷载比是影响钢管混凝土束结构构件耐火极限的一个重要因素。随着荷载比的增大，构件的耐火极限显著下降。

（8）受火工况

图 8.30 为不同墙体厚度对应的两种受火工况下，耐火极限和临界温度的对比。可见，对两端固接的构件，单面受火时的耐火极限是双面受火时的两倍左右。且随着墙体厚度的增加，耐火极限的提高程度也有所增长。同时，构件的临界温度也随之提高。

（9）防火保护层厚度

由于不设防火保护的钢管混凝土束结构构件不能达到国家规范对耐火极限的要求，因此在对钢管混凝土束结构构件进行防火设计时，需要设置防火保护层。由于钢管混凝土束结构构件同时承担分隔墙的作用，需要在表面铺设管线通道等装饰、铺装层，而传统的防火涂料与铺装层的黏合性难以保证，因此在实际应用中较少使用防火涂料对钢管混凝土束结构构件进行防火保护。常用的材料有：挂金属网水泥砂浆、加气混凝土砌块，以及岩棉板。

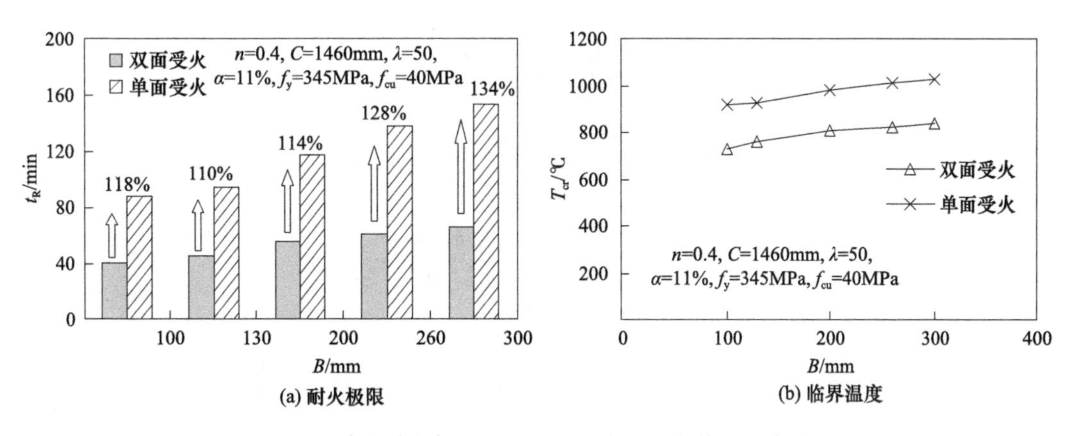

图 8.30　单面受火与双面受火的耐火极限和临界温度对比

第 8.4.1 节的分析表明，当钢管混凝土束结构构件的厚度小于 200mm 时，其绝热性不符合相应的规范要求。因此需对双面受火下的构件稳定性和单面受火下的绝热性能分别分析。

ζ_a 为防火保护层厚度（a）对钢管混凝土束结构构件耐火极限的提高系数，$\zeta_a=t_{R,a}/t_{R,0}$。其中，$t_{R,a}$ 为设置防火保护层后的耐火极限，$t_{R,0}$ 为不设防火保护层时的耐火极限。以基本分析模型为例，对三种防火保护材料各自取四种厚度进行分析。考虑到材料热工性能的不同，水泥砂浆的厚度取为 20mm、40mm、60mm 和 80mm；加气混凝土和岩棉的厚度取为 10mm、20mm、30mm 和 40mm。参数分析中仅考虑了单一防火保护层的情况，即构件两受火面的防火保护层材料和厚度一致，而未对复合型的防火保护层进行计算。防火保护层材料的热工性能参数见表 8.1。

计算结果见图 8.31，可见，防火保护层材料的隔热性能、厚度，和荷载比对 ζ_a 的影响较大。本节所涉及的三种材料的隔热能力的大小为：岩棉＞加气混凝土＞水泥砂浆。因此，受岩棉保护的构件的 ζ_a 较大，而水泥砂浆的 ζ_a 较小。随着厚度的增加，ζ_a 总体上呈线性增长。而当荷载比较小时，ζ_a 略大于荷载比较大的情况。

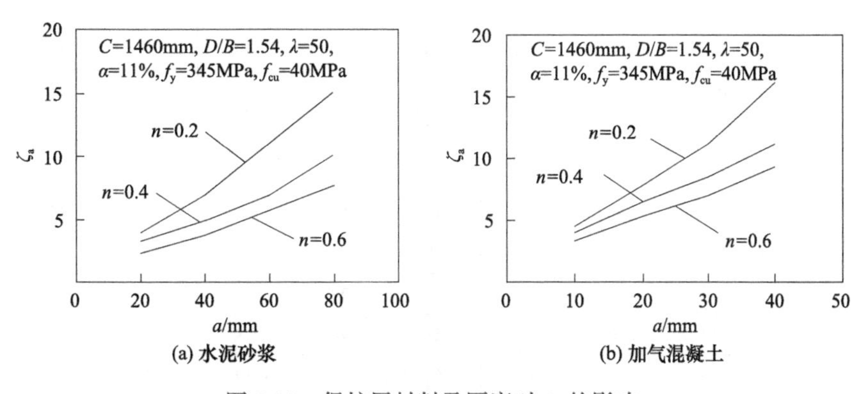

图 8.31　保护层材料及厚度对 ζ_a 的影响

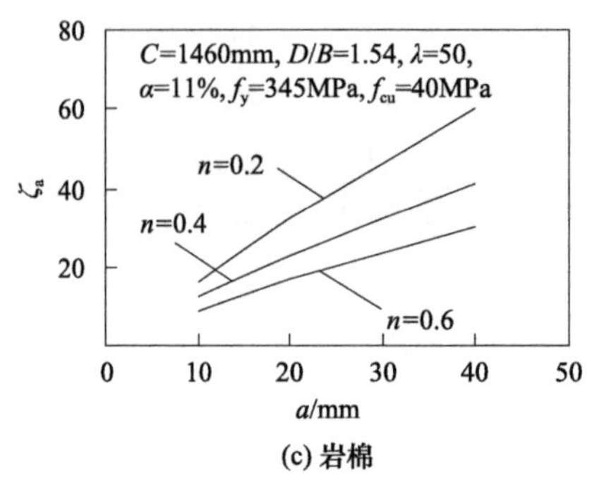

(c) 岩棉

图 8.31 （续）

8.5.2 耐火极限实用计算方法

基于以上参数分析，提出了耐火极限实用计算方法，见表 8.7。表格适用条件为：构件的受火工况均为双面受火，受火面不设防火保护，构件两端固接，判定耐火极限时仅考虑其火灾下的稳定性。

表 8.7 构件耐火极限（t_R）实用计算方法

λ	D/B	B/mm	D/mm	t_R/min						
				n=0.2	n=0.3	n=0.4	n=0.5	n=0.6	n=0.7	n=0.8
20	1.0	100	100	76	56	42	29	21	15	9
		150	150	107	74	50	34	24	17	10
		200	200	148	93	60	41	25	18	11
		250	250	180	103	68	44	27	19	12
		300	300	224	113	76	48	29	21	13
	1.6	100	160	78	58	42	28	19	14	8
		150	240	104	72	51	33	22	16	9
		200	320	141	81	53	35	23	16	9
		250	400	171	91	60	36	24	18	10
		300	480	204	100	65	39	25	19	11
40	1.0	100	100	65	49	38	28	19	15	9
		150	150	87	58	43	30	21	16	9
		200	200	105	67	50	33	23	17	10
		250	250	123	78	55	36	25	19	12
		300	300	148	89	59	38	27	21	13
	1.6	100	160	67	50	37	25	17	13	7
		150	240	87	61	44	28	20	14	7
		200	320	103	63	46	30	20	14	8
		250	400	118	73	47	31	22	16	9
		300	480	136	82	50	32	24	18	10

续表

λ	D/B	B/mm	D/mm	t_R/min						
				n=0.2	n=0.3	n=0.4	n=0.5	n=0.6	n=0.7	n=0.8
60	1.0	100	100	52	40	29	21	16	11	6
		150	150	61	48	33	23	17	12	7
		200	200	73	54	37	24	18	13	8
		250	250	88	62	41	27	21	16	10
		300	300	105	70	47	31	24	19	11
	1.6	100	160	55	43	31	22	15	9	5
		150	240	70	54	38	24	18	11	6
		200	320	76	54	35	25	18	11	6
		250	400	87	61	37	26	20	13	7
		300	480	99	66	43	29	22	14	8
80	1.0	100	100	41	31	22	15	10	7	4
		150	150	44	33	22	16	11	7	4
		200	200	48	35	24	17	12	8	5
		250	250	52	38	26	19	14	10	6
		300	300	58	40	28	21	16	11	7
	1.6	100	160	46	37	26	20	13	8	5
		150	240	55	43	29	22	14	8	6
		200	320	64	46	31	23	14	9	6
		250	400	70	49	32	24	15	10	7
		300	480	74	50	33	25	15	10	7

由于实际工程中的钢管混凝土束结构构件往往是由多个结构单元组成，其截面总周长随着钢管束腔体个数而变化。因此，在计算表格中，用腔体的尺寸替代截面周长作为主控参数。实际工程中钢管束腔体的高宽比一般不会大于 1.6。在计算表格中，给出 D/B=1 和 D/B=1.6 两个限值，两者之间的高宽比对应的耐火极限可以通过线性插值获得。另外，钢管混凝土束结构构件的钢管表面应设置直径为 20mm 的圆形排气孔，宜分布在构件上下端部 20～300mm 的范围内。

8.5.3　防火保护层实用计算方法

表 8.7 的实用计算方法没有考虑防火保护层的作用，表中的耐火极限为 10～200min。我国的《建筑设计防火规范》(GB 50016—2014)(2014) 中规定，一级民用建筑中的承重柱必须达到 3h 的耐火极限要求。

根据第 8.5.1 节中不同厚度下各类防火保护材料对钢管混凝土束结构构件耐火极限提高系数的分析，可以计算出耐火极限要求为 3h，满足稳定性要求所需的各种材料最小厚度，其结果见表 8.8。

表 8.8　稳定性要求下的构件防火保护层最小厚度（t_R=3h，单位：mm）

λ	D/B	B	D	水泥砂浆厚度			加气混凝土厚度			岩棉厚度		
				n=0.2	n=0.5	n=0.8	n=0.2	n=0.5	n=0.8	n=0.2	n=0.5	n=0.8
20	1.0	100	100	20	43	79	6	17	37	2	4	10
		150	150	10	36	70	4	14	34	1	4	9
		200	200	3	28	62	1	11	32	1	3	8
		250	250	1	25	57	1	10	30	1	3	8
		300	300	0	22	54	0	9	28	0	3	7
	1.6	100	160	19	45	92	6	18	40	2	5	11
		150	240	11	37	79	4	15	37	1	4	10
		200	320	4	34	79	2	14	37	1	4	10
		250	400	1	33	70	1	13	34	1	4	9
		300	480	0	30	62	0	12	32	0	3	8
40	1.0	100	100	27	45	79	9	18	37	3	7	10
		150	150	17	42	79	6	17	37	2	4	10
		200	200	12	37	70	4	15	34	2	4	9
		250	250	9	33	57	3	13	30	1	4	8
		300	300	6	31	54	2	12	28	1	3	7
	1.6	100	160	26	51	107	8	21	45	3	5	13
		150	240	17	45	107	6	18	45	2	5	13
		200	320	13	42	91	4	17	40	2	4	11
		250	400	10	40	79	3	16	37	1	4	10
		300	480	7	39	70	2	15	34	1	4	9
60	1.0	100	100	41	61	119	13	26	50	4	6	15
		150	150	33	55	106	10	23	45	3	6	13
		200	200	26	53	91	8	22	40	3	5	11
		250	250	19	47	70	6	19	34	2	5	9
		300	300	13	40	62	4	16	32	2	4	9
	1.6	100	160	39	58	152	12	24	58	4	6	17
		150	240	30	53	125	10	22	51	3	5	15
		200	320	25	51	125	8	21	51	3	5	15
		250	400	19	49	106	6	20	45	2	5	13
		300	480	15	43	91	5	17	40	2	4	11

续表

λ	D/B	B	D	水泥砂浆厚度			加气混凝土厚度			岩棉厚度		
				n=0.2	n=0.5	n=0.8	n=0.2	n=0.5	n=0.8	n=0.2	n=0.5	n=0.8
80	1.0	100	100	46	78	198	16	36	69	5	9	21
		150	150	43	74	198	14	34	69	4	8	21
		200	200	39	71	155	12	33	57	4	8	17
		250	250	35	65	126	11	29	50	4	7	15
		300	300	30	61	108	9	26	45	3	6	13
	1.6	100	160	41	63	154	13	27	60	4	7	17
		150	240	32	58	127	10	24	51	3	6	15
		200	320	26	55	127	8	23	51	3	6	15
		250	400	22	53	108	7	22	45	3	5	13
		300	480	20	51	108	7	21	45	2	5	13

根据第 8.5.1 节中不同厚度下各类防火保护材料对钢管混凝土束结构构件绝热性的分析，可以计算出耐火极限要求为 3h，满足绝热性要求所需的各种材料最小厚度，其结果见表 8.9。其中，由于构件的绝热性主要由墙体厚度 B 决定，不同高宽比对构件的绝热性影响较小。在本节的研究范围内，忽略高宽比、长细比，以及荷载比对构件绝热性的影响。

表 8.9　绝热性要求下的构件防火保护层最小厚度（t_R=3h，单位：mm）

B	加气混凝土厚度		岩棉厚度		水泥砂浆厚度	
	最高	平均	最高	平均	最高	平均
100	15	14	7	6	45	39
150	8	8	4	3	22	19
200	0	0	0	0	0	0
250	0	0	0	0	0	0
300	0	0	0	0	0	0

在确定所需防火保护层的厚度时，需要综合考虑以上两个表格，取其中的较大值。另外，本节提供的防火保护层厚度计算表格中未考虑防火保护层的脱离现象。防火保护层材料的热工性能均为设计值，经试验验证，模型结果偏保守。实际应用中，应采用适当的防火保护层构造措施，防止防火保护层在受火时脱离，以确保在火灾下的绝热性。

1）采用水泥砂浆作为防火保护材料时，需在砂浆内布置金属网。沿厚度方向，每隔 15mm 设置一层金属网。固定金属网宜使用在钢管表面焊接短钢筋的方式，短钢筋的分布密度不宜小于 200mm×500mm。

2）采用加气混凝土作为防火保护材料时，砌块底面及砌块之间应用砂浆填缝，并由射钉贯穿砌块，打入混凝土固定。

3）采用岩棉板作为防火保护材料时，将岩棉板贴靠在钢管表面后，宜布置龙骨（镀锌钢板）进行卡固。

另外，在安装防火保护层时，需在钢管开设排气孔的部位对防火保护层做开孔处理，以防止水蒸气降低钢管与防火保护层之间的粘结。

8.6 本章小结

本章建立了钢管混凝土束结构的耐火性能分析有限元计算模型，开展了耐火极限试验研究，结果表明钢管混凝土束结构在火灾下有较好的完整性。与传统钢管混凝土柱相比，钢管混凝土束结构表现出更好的耐火性能。基于有限元计算模型开展了全过程机理分析和参数分析。结果表明，截面周长（C）、长细比（λ）以及荷载比（n）对钢管混凝土束结构的耐火极限影响较大。在参数分析基础上，提出了耐火极限简化计算表格和防火保护层实用计算方法，研究成果已经被中国工程建设标准化协会标准 T/CECS 546—2018（2018）采纳。

参考文献

成大先，2008．机械设计手册［M］．5 版．北京：化学工业出版社

韩林海，2016．钢管混凝土结构——理论与实践［M］．3 版．北京：科学出版社．

刘佳琪，2018．钢管束混凝土柱 - 墙组合构件耐火性能研究［D］．北京：清华大学．

中国工程建设标准化协会，2018．钢管混凝土束结构技术标准：T/CECS 546—2018［S］．北京：中国计划出版社．

中华人民共和国公安部，2018．建筑设计防火规范（2018 年版）：GB 50016—2014［S］．北京：中国计划出版社．

中华人民共和国国家质量监督检验检疫总局，国家标准化管理委员会，1993．民用建筑热工设计规范：GB 50176—93［S］．北京：中国计划出版社．

中华人民共和国国家质量监督检验检疫总局，国家标准化管理委员会，2002．钢结构工程施工质量验收规范：GB 50205—2001［S］．北京：中国计划出版社．

中华人民共和国国家质量监督检验检疫总局，国家标准化管理委员会，2006．蒸压加气混凝土砌块标准：GB 11968—2006［S］．北京：中国计划出版社．

中华人民共和国国家质量监督检验检疫总局，国家标准化管理委员会，2008．建筑构件耐火试验方法：GB/T 9978—2008［S］．北京：中国标准出版社．

ABAQUS, 2010. ABAQUS analysis user's manual [CP]. SIMULIA, Providence, RI.

DING J, WANG Y C, 2008. Realistic modelling of thermal and structural behaviour of unprotected concrete filled tubular columns in fire [M]. Journal of Constructional Steel Research, 64 (10): 1086-1102.

ECCS-TECHNICAL COMMITTEE 3, 1988. Calculation of the fire resistance of centrally loaded composite steel-concrete columns exposed to the standard fire, Fire Safety of Steel Structures, Technical Note [M]. European Convention for Constructional Steelwork.

ESPINOS A, ROMERO M L, HOSPITALER A, 2010. Advanced model for predicting the fire response of concrete filled tubular columns [J]. Steel Construction, 66 (8): 1030-1046.

EUROCODE 1. EN 1991-1-2: 2002, 2002. Action on structures-part 1-2: General actions-actions on structures exposed to fire [S]. European Committee for Standardization, Brussels.

EUROCODE 2. EN1992-1-2: 2004, 2004. Design of concrete structures-part 1-2: General rules-structural fire design [S]. European Committee for Standardization, Brussels.

EUROCODE 4. EN 1994-1-2: 2005, 2005. Design of composite steel and concrete structures-part 1-2: General rules-structural fire design [S]. European Committee for Standardization, Brussels.

ISO-834, 1975. Fire resistance tests-elements of building construction [S]. International Standard ISO 834, Geneva.

ISO-834, 1999. Fire resistance tests-elements of building construction-part 1: General requirements [S]. International Standard ISO834-1, Geneva.

LIE T T, DENHAM E M A, 1993. Factors affecting the fire resistance of circular hollow steel columns filled with bar-reinforced concrete [R]. NRC-CNRC Internal Report, No. 651.

LIU J Q, HAN L H, ZHAO X L, 2017. Performance of concrete-filled steel tubular column-wall structure subjected to ISO-834 standard fire: experimental study and FEA modelling [J]. Thin-walled Structures, 120: 479-494.

LIU J Q, HAN L H, ZHAO X L, 2018. Performance of concrete-filled steel tubular column-wall structure subjected to ISO-834 standard fire: analytical behavior [J]. Thin-walled Structures, 129: 28-44.

LU H, ZHAO X L, HAN L H, 2009. Fire behaviour of high strength self-consolidating concrete filled steel tubular stub columns [J]. Journal of Constructional Steel Research, 65 (10-11): 1995-2010.

第 9 章　火灾后钢管混凝土加劲混合结构柱的力学性能

9.1 引　　言

本章对钢管混凝土加劲混合结构柱在图 1.14 所示的全过程火灾后的力学性能进行了试验研究和理论分析，研究了钢管混凝土加劲混合结构柱的耐火极限、剩余承载力、温度和变形发展等，据此给出了其耐火极限和火灾后剩余承载力的实用计算方法。

9.2 有限元计算模型

本节建立了钢管混凝土加劲混合结构柱的耐火性能有限元计算模型，包括温度场计算模型和力学性能分析模型。

图 9.1 为钢管混凝土加劲混合结构柱有限元计算模型边界条件和网格划分，模型中包括核心混凝土、钢管、外部混凝土、纵筋和箍筋。温度场计算模型中，单元均为传热分析单元。材料热工参数与第 3.2.1 节所述相同，考虑混凝土中水分的影响（Lie，1994）。

在第 3.2.2 节的基础上，采用进一步简化的方法对混凝土高温爆裂进行模拟，假设混凝土保护层在升温某时刻集中失效。温度场计算模型中包括两个分析步。分析步 1 与未考虑爆裂的相同，分析步时长为假设的爆裂发生的时刻。分析步 2 的持续时间为全过程受火的剩余时间，通过在混凝土保护层中增加一个虚拟的“受火面”的方法，模拟混凝土高温爆裂的影响。

力学性能分析模型中外部混凝土、内部混凝土和端板采用实体单元，钢管采用壳单元，纵向钢筋和箍筋采用桁架单元。图 9.1 所示的边界条件为模拟第 9.3 节所开展的试验时采用的实际边界条件。

当研究混凝土高温爆裂影响时，采用“生死单元”技术模拟施工过程。力学性能分析模型基本参数与未考虑爆裂时的相同，主要差异在分析步设置和荷载施加。力学性能分析模型分四个加载步：第一步为常温下钢管混凝土柱施加荷载，其他部分为“未激活”状态；第二步为常温下激活钢管外包混凝土、箍筋、纵筋的单元且“无应变”，荷载提高至使用阶段荷载；第三步为全过程火灾阶段；第四步为火灾后加载段。

Han 等（2014）采用有限元方法对钢管混凝土加劲混合结构柱进行研究时，采用了三种混凝土本构模型，即钢管内核心混凝土、箍筋约束混凝土和非约束混凝土。由第 9.3 节论述的钢管混凝土加劲混合结构柱火灾试验可见，箍筋对其内部的混凝土存在明显的约束作用。因此，本章在对钢管混凝土加劲混合结构柱火灾作用下性能进行分析时，考虑箍筋对内部混凝土的约束作用。

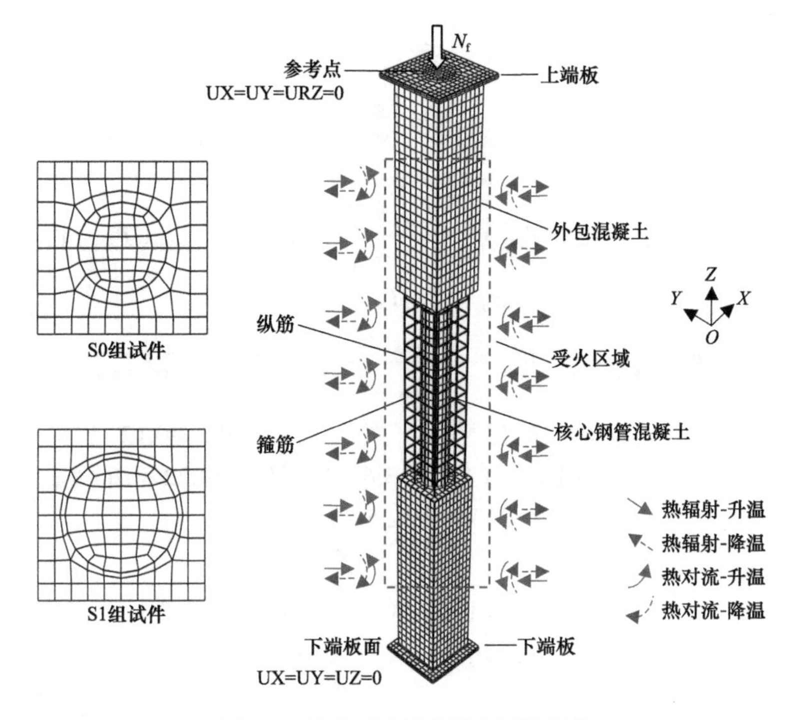

图 9.1　柱模型边界条件和网格划分

在图 1.14 所示的 A→A′→B′→C′→D′→E′ 的时间 - 温度 - 荷载路径下，材料会经历常温、升温、降温和高温后四个阶段。在第 4.2 节的基础上，参照 Dwaikat 等（2010）对降温段混凝土本构模型的确定方法和第 4.2 节对降温段钢材模型的处理方法，对三种混凝土降温段的本构模型采用插值方法确定。表 9.1 为材料本构模型信息。

表 9.1　材料本构模型信息

材料类型	常温段	升温段	降温段	火灾后阶段
钢材	式（3.2）	式（3.2）	式（4.1）	式（4.2）
核心混凝土	式（5.2）	式（5.2）	式（9.1）	式（6.1）
箍筋约束混凝土	式（9.3）	式（9.3）	式（9.6）	式（9.4）
非约束混凝土	式（3.6）	式（3.6）	式（9.2）	式（4.3）

（1）钢管内核心混凝土（降温段）

采用第 5.2.3 节的高温下核心混凝土受压应力 - 应变关系的形式，对其参数调整，作为降温段核心混凝土的本构模型（Zhou et al.，2019）。对于内部采用了圆形钢管混凝土部件的钢管混凝土加劲混合结构柱，其核心混凝土的受压应力 - 应变关系见式（9.1）：

$$y=\begin{cases}2x-x^2 & (x\leqslant 1)\\ \dfrac{x}{\beta_o(x-1)^2+x} & (x>1)\end{cases}\tag{9.1-1}$$

$$x=\frac{\varepsilon_{c}}{\varepsilon_{oc}} \tag{9.1-2}$$

$$y=\frac{\sigma_{c}}{\sigma_{oc}} \tag{9.1-3}$$

$$\varepsilon_{oc}=\varepsilon_{oc}(T, T_{max}) \tag{9.1-4}$$

$$\varepsilon_{oc}(T, T_{max})=\varepsilon_{oh}(T_{max})-\frac{T_{max}-T}{T_{max}-T_{o}}[\varepsilon_{oh}(T_{max})-\varepsilon_{op}(T_{max})] \tag{9.1-5}$$

$$\sigma_{oc}=f'_{cc}(T, T_{max}) \tag{9.1-6}$$

$$f'_{cc}(T, T_{max})=f'_{ch}(T_{max})-\frac{T_{max}-T}{T_{max}-T_{o}}[f'_{ch}(T_{max})-f'_{cp}(T_{max})] \tag{9.1-7}$$

$$\beta_{o}=(2.36\times10^{-5})^{[0.25+(\xi_{f}-0.5)^{7}]}(f'_{c})^{0.5}\times0.5\geqslant0.12 \tag{9.1-8}$$

$$\varepsilon_{oh}=(\varepsilon_{cc}+800\xi_{h}^{0.2}\times10^{-6})(1.03+3.6\times10^{-4}T_{max}+4.22\times10^{-6}T_{max}^{2}) \tag{9.1-9}$$

$$\varepsilon_{cc}=(1300+12.5f'_{c})\times10^{-6} \tag{9.1-10}$$

$$f'_{ch}(T_{max})=\frac{f'_{c}}{[1+1.986\cdot(T_{max}-20)^{3.21}\times10^{-9}]} \tag{9.1-11}$$

$$\varepsilon_{op}=\varepsilon_{cc}+800\xi^{0.2}\times10^{-6} \tag{9.1-12}$$

$$f'_{ch}(T_{max})=\frac{f'_{c}}{1+2.4(T_{max}-20)^{6}\times10^{-17}} \tag{9.1-13}$$

$$\varepsilon_{cc}=(1300+12.5f'_{c})\times10^{-6}\times[1+(1500T_{max}+5T_{max}^{2})\times10^{-6}] \tag{9.1-14}$$

式中：σ_{c}——混凝土的应力；

ε_{c}——混凝土的应变；

σ_{oc}——降温段混凝土的峰值应力，通过插值计算求得，须通过升温段的参数（下标为“h”）和火灾后阶段的参数（下标为“p”）计算确定；

ε_{oc}——降温段混凝土的峰值应变，通过插值计算求得，须通过升温段的参数（下标为“h”）和火灾后阶段的参数（下标为“p”）计算确定；

T_{max}——历史最高温度；

T——降温段中的当前温度；

T_{o}——室温；

ε_{oh}——升温段的混凝土的峰值应变；

f'_{c}——常温下混凝土圆柱体抗压强度；

$f'_{ch}(T_{max})$——最高温度为 T_{max} 时的高温下混凝土圆柱体抗压强度；

ξ_{h}——升、降温两个阶段的约束效应系数，升温段约束效应随温度升高而降低，降温段钢管材料性能恢复使得约束效应恢复；

ε_{op}——火灾后阶段混凝土的峰值应力；

ξ——常温段约束效应系数；

$f'_{cp}(T_{max})$——历史最高温度为 T_{max} 时的高温后混凝土圆柱体抗压强度。

（2）非约束混凝土（降温段）

降温段的非约束混凝土的受压应力-应变关系采用插值方法计算，其形式与 Lin 等

（1995）相同，见式（9.2）：

$$\sigma_{cc}=\begin{cases} f'_{cc}(T,T_{max})\left[1-\left(\dfrac{\varepsilon_{oc}-\varepsilon_c}{\varepsilon_{oc}}\right)^2\right] & (\varepsilon_c\leqslant\varepsilon_{oc}) \\ f'_{cc}(T,T_{max})\left[1-\left(\dfrac{\varepsilon_c-\varepsilon_{oc}}{3\varepsilon_{oc}}\right)^2\right] & (\varepsilon_c>\varepsilon_{oc}) \end{cases} \tag{9.2-1}$$

$$\varepsilon_{oc}=0.0025+(6T_{max}+0.04T_{max}^2)\times10^{-6} \tag{9.2-2}$$

$$f'_{cc}(T,T_{max})=f'_{ch}(T_{max})-\frac{T_{max}-T}{T_{max}-T_o}\left[f'_{ch}(T_{max})-f'_{cp}(T_{max})\right] \tag{9.2-3}$$

$$f'_{ch}(T_{max})=\begin{cases} f'_c & (0℃<T_{max}<450℃) \\ f'_c\left[2.011-2.353\left(\dfrac{T_{max}-20}{1000}\right)\right] & (450℃\leqslant T_{max}\leqslant874℃) \\ 0 & (T_{max}>874℃) \end{cases} \tag{9.2-4}$$

$$\frac{f'_{cp}(T_{max})}{f'_c}=\begin{cases} 1-0.001T_{max} & (0℃<T_{max}\leqslant500℃) \\ 1.375-0.001\,75T_{max} & (500℃<T_{max}\leqslant700℃) \\ 0 & (T_{max}>700℃) \end{cases} \tag{9.2-5}$$

式中符号的意义与前同。

（3）箍筋约束混凝土

1）升温段：基于 Popovics（1973）提出的应力 - 应变关系，给出升温段的箍筋约束混凝土的受压应力 - 应变关系，表达式见式（9.3）：

$$\sigma_c=\begin{cases} \sigma_{oh}\dfrac{k(T)\cdot(\varepsilon_c/\varepsilon_{oh})}{k(T)-1+(\varepsilon_c/\varepsilon_{oh})^{k(T)}} & (\varepsilon_c\leqslant\varepsilon_{oh}) \\ \sigma_{oh}-E_{des}\cdot(\varepsilon_c-\varepsilon_{oh}) & (\varepsilon_c>\varepsilon_{oh}) \end{cases} \tag{9.3-1}$$

$$k(T)=\frac{E_c(T)}{E_c(T)-(\sigma_{oh}/\varepsilon_{oh})} \tag{9.3-2}$$

$$\varepsilon_{oh}(T)=0.002\,45+0.0122\frac{A_h\cdot l_h\cdot f_{yh}(T)}{A_{cc}\cdot s\cdot f'_c(T)}+(6T+0.04T^2)\times10^{-6} \tag{9.3-3}$$

$$E_{des}(T)=\frac{0.15\sigma_{oh}}{\varepsilon_{c,0.85}-\varepsilon_{oh}} \tag{9.3-4}$$

$$\varepsilon_{c,0.85}=0.225\frac{A_h\cdot l_h}{A_{cc}\cdot s}\sqrt{\frac{B_c}{s}}+\varepsilon_{oh}+(6T+0.04T^2)\times10^{-6} \tag{9.3-5}$$

式中：σ_{oh}——升温段混凝土的峰值应力，$\sigma_{oh}=f'_{ch}(T)$，按照式（9.2-4）计算；

A_{cc}——箍筋内部包围的混凝土的截面面积；

A_h——箍筋横截面面积总和；

B_c——箍筋约束的混凝土的截面高度；

$f_{yh}(T)$——温度为 T 时的箍筋屈服强度，根据 Lie（1994）给出的高温下钢材应力 - 应变关系计算；

l_h——箍筋总长度；

s——箍筋间距，即扣除外围保护层之后的截面宽度；

$k(T)$——与温度相关的幂指数，其决定了应力 - 应变关系上升段的弯曲形状，该值越大，则曲线上升段形状越向上凸出，Popovics（1973）给出了常温下的 k 的近似计算方法，$k=0.4\times10^{-3}f'_c+1.0$。

常温下混凝土的弹性模量按照 ACI318-11（2011）给出的方法计算，取为 $4730\sqrt{f'_c}$（N/mm^2）。升温段混凝土的弹性模量按 ACI216.1（2007）的方法计算。

2）火灾后阶段：由于降温段箍筋约束混凝土的本构模型的确定需要以升温段和火灾后阶段的关系为基础，先给出火灾后阶段的箍筋约束混凝土的本构模型。在火灾后阶段，箍筋约束混凝土的受压应力 - 应变关系见式（9.4）：

$$\sigma_c=\begin{cases}\sigma_{op}\dfrac{k(T_{max})\cdot(\varepsilon_c/\varepsilon_{op})}{k(T_{max})-1+(\varepsilon_c/\varepsilon_{op})^{k(T_{max})}} & (\varepsilon_c\leqslant\varepsilon_{op})\\ \sigma_{op}-E_{des}\cdot(\varepsilon_c-\varepsilon_{op}) & (\varepsilon_c>\varepsilon_{op})\end{cases} \tag{9.4-1}$$

$$k(T_{max})=\frac{E_c(T_{max})}{E_c(T_{max})-(\sigma_{op}/\varepsilon_{op})} \tag{9.4-2}$$

$$\varepsilon_{op}=0.002\,45+0.0122\frac{A_h\cdot l_h\cdot f_{yh}(T_{max})}{A_{cc}\cdot s\cdot f'_{cp}(T_{max})}+(6T_{max}+0.04T_{max}^2)\times10^{-6} \tag{9.4-3}$$

$$E_{des}(T_{max})=\frac{0.15\sigma_{op}}{\varepsilon_{c,0.85}-\varepsilon_{op}} \tag{9.4-4}$$

$$\varepsilon_{c,0.85}=0.225\frac{A_h\cdot l_h}{A_{cc}\cdot s}\sqrt{\frac{B_c}{s}}+\varepsilon_{op}+(6T_{max}+0.04T_{max}^2)\times10^{-6} \tag{9.4-5}$$

式中：σ_{oh}——降温段混凝土的峰值应力，$\sigma_{op}=f'_{cp}(T_{max})$，按照式（9.2-5）计算；

$f_{yh}(T_{max})$——升温过程中钢材的屈服强度，按第 4.2 节的方法计算。

对于火灾后阶段混凝土的弹性模量，按照吴波等（1999）的方法计算，见式（9.5）：

$$\frac{E_c(T_{max})}{E_c}=\begin{cases}1.027-1.335\left(\dfrac{T_{max}}{1000}\right) & (T_{max}\leqslant200℃)\\ 1.335-3.371\left(\dfrac{T_{max}}{1000}\right)+2.382\left(\dfrac{T_{max}}{1000}\right)^2 & (T_{max}>200℃)\end{cases} \tag{9.5}$$

3）降温段：在确定降温段箍筋约束混凝土的应力 - 应变关系时，降温段的峰值应力、弹性模量以当前温度 T 为自变量，通过在历史最高温度（T_{max}）和火灾后温度（室温，T_o）之间进行插值计算，其受压应力 - 应变关系见式（9.6）：

$$\sigma_c=\begin{cases}\sigma_{oc}\dfrac{k(T_{max})\cdot(\varepsilon_c/\varepsilon_{oc})}{k(T_{max})-1+(\varepsilon_c/\varepsilon_{oc})^{k(T_{max})}} & (\varepsilon_c\leqslant\varepsilon_{oc})\\ \sigma_{oc}-E_{des}\cdot(\varepsilon_c-\varepsilon_{oc}) & (\varepsilon_c>\varepsilon_{oc})\end{cases} \tag{9.6-1}$$

$$k(T_{max})=\frac{E_{cc}(T,T_{max})}{E_{cc}(T,T_{max})-(\sigma_{op}/\varepsilon_{op})} \tag{9.6-2}$$

$$\sigma_{oc}=f'_{cc}(T,T_{max}) \tag{9.6-3}$$

$$f'_{cc}(T,T_{max})=f'_{ch}(T_{max})-\frac{T_{max}-T}{T_{max}-T_o}\left[f'_{ch}(T_{max})-f'_{cp}(T_{max})\right] \tag{9.6-4}$$

$$E_{cc}(T,T_{max})=E_{ch}(T_{max})-\frac{T_{max}-T}{T_{max}-T_o}\left[E_{ch}(T_{max})-E_{cp}(T_{max})\right] \tag{9.6-5}$$

其余参数取值参见式（9.4）。

图 9.2 为不同情况下混凝土应力 - 应变关系。图 9.2（a）～（c）为上述三种混凝土在火灾全过程不同阶段的应力 - 应变关系，所给出的混凝土的常温下的圆柱体抗压强度 f_c' 均为 50MPa，常温段的温度均为 20℃，升温段中温度为 500℃，降温段中当前温度为 300℃，历史最高温度为 500℃，火灾后阶段最高温度为 500℃。图 9.2（d）为三种混凝土在常温下的应力 - 应变关系对比，所给出的三种混凝土的常温下的圆柱体抗压强度 f_c' 均为 50MPa。

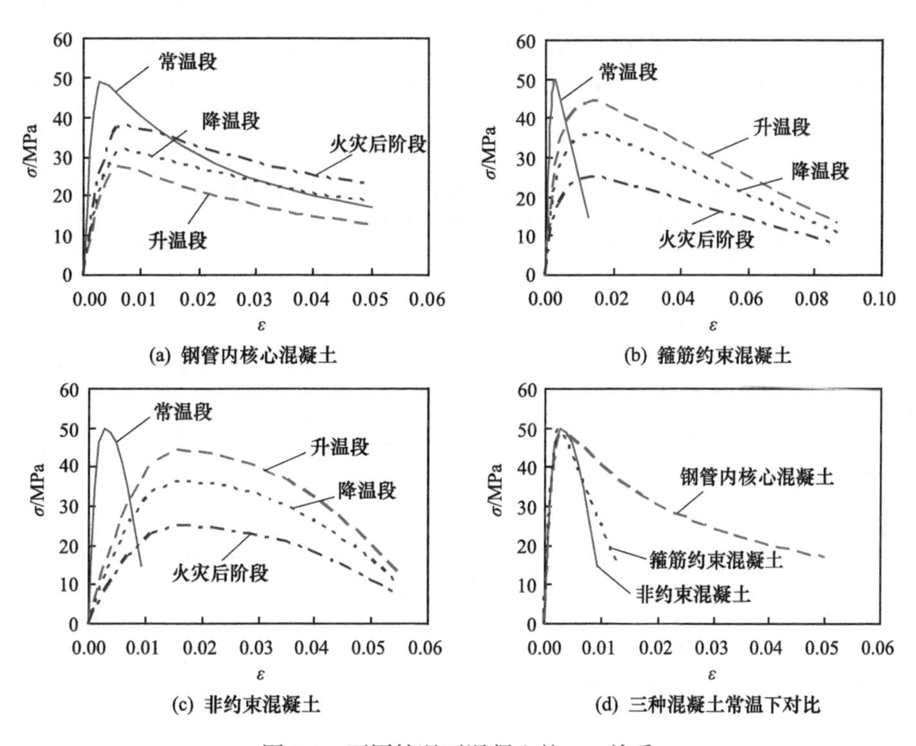

图 9.2　不同情况下混凝土的 σ-ε 关系

本节基于有限元软件平台 ABAQUS（2010）建立模型，所建立的钢管混凝土加劲混合结构柱耐火性能分析有限元计算模型得到了第 9.3 节进行的试验结果的验证。

9.3　试 验 研 究

本节对了钢管混凝土加劲混合结构柱在图 1.14 所示的 A→A′→B′→C′→D′→E′ 的时间 - 温度 - 荷载路径下力学性能进行了试验研究，进行了 10 个钢管混凝土加劲混合结构柱试件的试验，其中 6 个试件进行的是耐火极限试验，4 个试件进行全过程火灾后试验（周侃，2017；Zhou et al.，2018），研究了柱荷载比、截面含钢率和升温时间比等参数对耐火极限和火灾后剩余承载力的影响，同时为第 9.2 节有限元计算模型提供验证数据。

9.3.1 试验概况

根据实际工程中使用的钢管混凝土加劲混合结构的情况，参考 GB 50011—2010（2010，2016）规范及试验设备的加载能力，设计了 10 根方套圆钢管混凝土加劲混合结构柱试件。方形截面边长（B）为 300mm，柱高度（H）为 3800mm，钢管混凝土加劲混合结构柱内圆钢管外直径（D_i）为 159mm 或 203mm，钢管壁厚（t_s）为 6mm。纵向钢筋为 12Φ16，采用 HRB335 级钢筋，对于 S0 组和 S1 组试件，纵向钢筋配筋率分别为 3.56% 和 4.37%。箍筋为 φ8@100，采用 HRB235 级钢筋。钢管、端板和加劲肋均采用 Q345 级钢材。试验设备上下边界均为固接，试件的长细比（λ）均为 22，$\lambda=2\sqrt{3}H/B$。

试件信息见表 9.2。表 9.2 中各试件的耐火极限（t_R）为对应的柱荷载比（n）下的耐火极限，n 不同则 t_R 不同。

表 9.2　钢管混凝土加劲混合结构柱火灾后试验试件信息

试件编号	B/mm	$D_i \times t_s$*	n	N_F/kN	t_h/min	试验类型
S0-1	300	159×6	0.42	2036	t_R	耐火极限
S0-2			0.42	2036	t_R	耐火极限
S0-3			0.42	2036	$0.33t_R$	全过程火灾后
S0-4			0.42	2036	$0.67t_R$	全过程火灾后
S0-5			0.30	1555	t_R	耐火极限
S0-6			0.30	1555	$0.67t_R$	全过程火灾后
S1-1	300	203×6	0.50	2894	t_R	耐火极限
S1-2			0.35	2026	t_R	耐火极限
S1-3			0.35	2026	t_R	耐火极限
S1-4			0.35	2026	$0.67t_R$	全过程火灾后

* 此列中 D_i、t_s 的尺寸单位均为 mm。

试验参数包括柱荷载比（n）、截面含钢率（α_c）和升温时间比（t_o）。

1）柱荷载比（n）：0.30～0.50。n 按照式（3.17）计算。其中，N_u 为钢管混凝土加劲混合结构柱常温下极限承载力，采用有限元计算模型计算；

2）截面含钢率（α_c）：3.20%～4.13%，α_c 见式（9.7）：

$$\alpha_c=\frac{A_s}{A_s+A_c} \tag{9.7}$$

式中：A_s——钢管横截面面积；

A_c——混凝土横截面面积。

3）全过程火灾后试验的升温时间比（t_o）：0.33～0.67，t_o 见式（9.8）：

$$t_o=\frac{t_h}{t_R} \tag{9.8}$$

式中：t_R——耐火极限；

t_h——升温时间。

试件尺寸、温度和位移的测温点布置见图 9.3。在加工钢管时，设置热电偶引出孔（柱中部的一侧排气孔直径为 10mm，另一侧为 20mm）和上下端两个直径为 20mm 半圆形排气孔。试验前，在柱表面再钻两个直径为 20mm 圆形排气孔。钻孔时将钢管钻通，确保露出钢管内部混凝土。

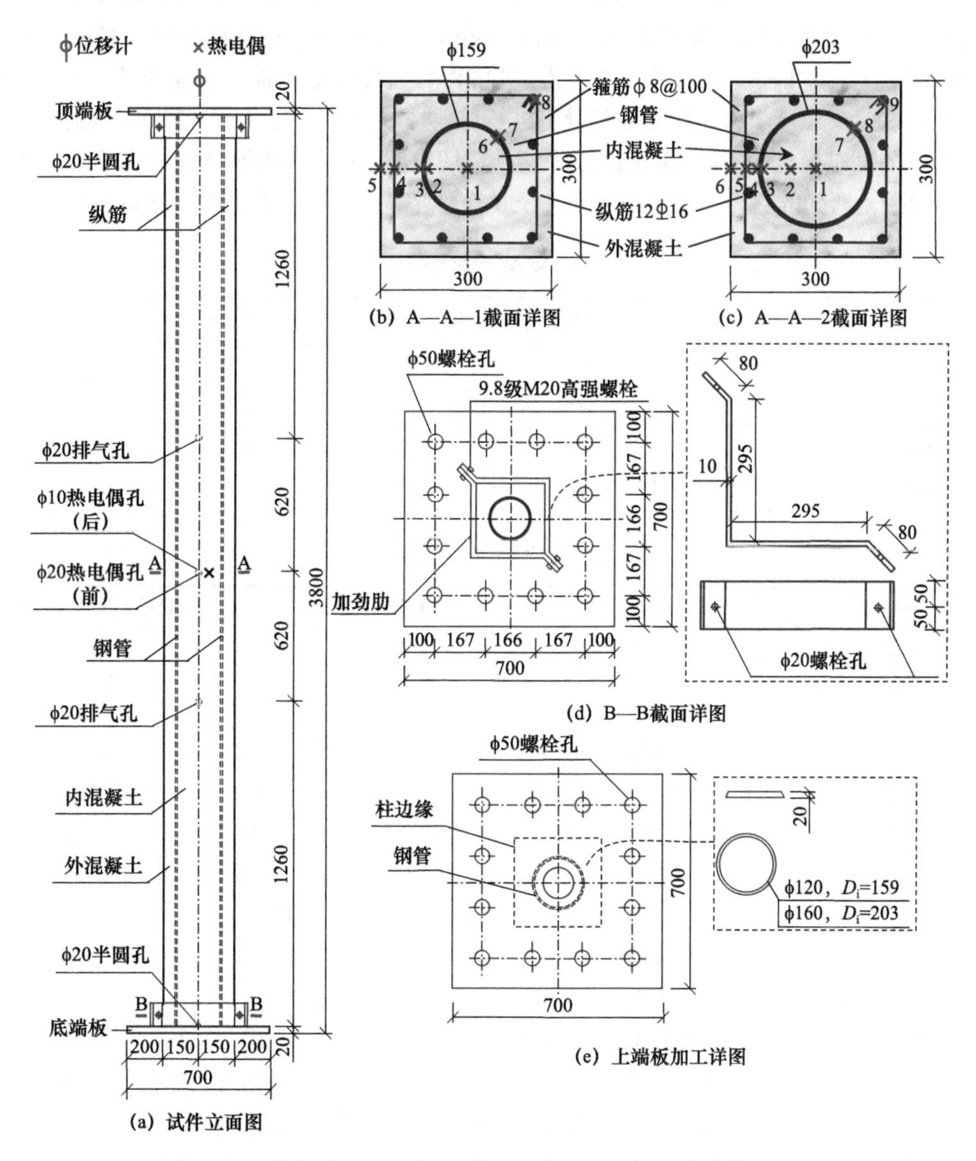

图 9.3　试件尺寸、温度和位移的测温点布置（尺寸单位：mm）

为便于定位及保证焊接质量，上端板与钢管在加工厂焊接。焊接前在上端板预留浇筑孔。纵向钢筋两端均与上、下端板相焊接。浇筑钢管内部混凝土时，试件保持直立状态。待内部混凝土硬化后，将试件水平放置，再浇筑钢管外部的混凝土。之后试件保持水平状态放置，室外自然条件养护至试验日期。

实测的钢管和钢筋材料力学性能指标见表9.3。试件设计时考虑了钢管内外混凝土的差异。参照实际工程中使用的钢管混凝土加劲混合结构柱中的混凝土等级，并综合考虑试验设备的加载能力，钢管外、内混凝土设计强度等级分别为C30和C50。为便于浇筑，外部混凝土采用了细石混凝土，骨料粒径5～16mm。C30自密实混凝土的水胶比为0.53，砂率为42%，配合比为：水泥1kg/m^3；水0.73kg/m^3；混合材0.37kg/m^3；砂2.93kg/m^3；石4.04kg/m^3。采用的原料为：42.5R普通硅酸盐水泥、普通河砂、花岗岩碎石、Ⅱ级粉煤灰、自来水。对两批混凝土进行材料性能试验。混凝土立方体抗压强度和质量含水率测试结果见表9.4。由于试块为室外环境自然养护，与钢管混凝土加劲混合结构柱内部混凝土所处的封闭环境差异较大，C50普通混凝土的实际含水率可能高于5.05%。

表9.3　钢材力学性能指标

材料类别	直径/mm	f_y/MPa	f_u/MPa	E_s/（10^5N/mm^2）	v_s
钢管Φ159	159	416	642	2.45	0.279
钢管Φ203	203	398	555	2.22	0.312
纵筋	16	363	558	1.90	0.296
箍筋	8	284	471	2.17	

表9.4　混凝土力学性能指标

材料类型	28d时f_{cu}/MPa	试验时f_{cu}/MPa	试验时质量含水率/%
C30细石混凝土	24.9	31.2	4.64
C50普通混凝土	56.4	60.1	5.05

试验在亚热带建筑科学国家重点实验室进行，炉膛内部尺寸为2.5m×2.5m×3m。图9.5为节点试验设备，试件柱顶部采用5000kN的油压千斤顶加载。为保证加载的顺利进行，试件上部通过12个直径为40mm的螺栓与可上下滑动的加载板相连接，该加载板4个角部分别套在4个套筒相连，可约束柱顶的转动，见图9.4（a）。试件下端板通过12个40mm螺栓与下部基础相连，见图9.4（b）。为使得柱上下端附近的试验装置不直接暴露于高温，试验过程中柱上下端部400mm高度范围均用石棉毯包裹起来，仅柱中部3000mm高度范围受火。图9.4（c）为试件在炉膛中的情况。

炉膛外千斤顶下方放置量程为5000kN的应变式传感器，实时显示所施加的荷载值。炉膛内共10个热电偶（E侧4个，其余面各2个）测量得到的温度平均值作为实测炉膛温度。升温过程的炉膛温度可由控制系统自动控制，按照ISO-834（1975）标准升温曲线升温。试件的温度通过预埋的热电偶测量，热电偶的布置见图9.3（b）、（c）。

本次试验包括钢管混凝土加劲混合结构柱的耐火极限试验和考虑全过程火灾作用的火灾后试验，其中耐火极限试验方法以及耐火极限判定标准如第3.3.1节所述，火灾

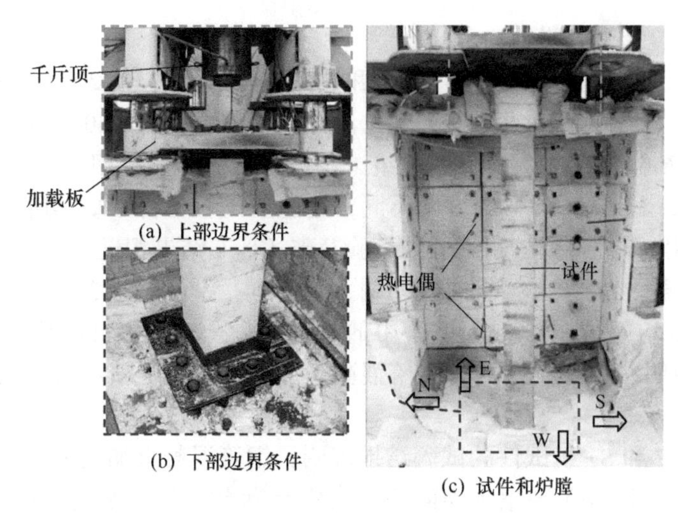

(a) 上部边界条件

(b) 下部边界条件

(c) 试件和炉膛

图 9.4　柱试验装置

后试验方法以及试件破坏判定标准如第 4.3.1 节所述，此处不再赘述。

9.3.2　试验结果及分析

（1）耐火极限和火灾后剩余承载力

钢管混凝土加劲混合结构柱火灾试验的试验结果和有限元计算模型的试验结果汇总如表 9.5 所示，其中 n 为柱荷载比，t_R 为耐火极限试验值，t_{RP} 为耐火极限计算值，t 为升温时间，t_o 为升温时间比，N_{ur} 为火灾后柱剩余极限承载力的试验值，N_{urP} 为火灾后柱剩余极限承载力的计算值。试验类型中“R”代表耐火极限试验，“P”代表全过程火灾后试验。R 为剩余承载力系数，定义见式（4.4），其中 N_u 和 N_{ur}（t_h）分别为钢管混凝土加劲混合结构柱常温下的极限承载力和升温时间为 t_h 的火灾后剩余承载力，N_u 通过有限元计算模型计算得到。

表 9.5　火灾试验结果汇总

试件编号	$B \times B$ $D_i \times t_s$	n	t_R/min	t_{RP}/min	t/min	t_o	N_{ur}/kN	N_{urP}/kN	R	试验类型
S0-1	□ 300mm×300mm ○ 159mm×6mm	0.42	163	155	163	1				R
S0-2		0.42	160	155	160	1				R
S0-3		0.42			55	0.34	4230	4244	0.87	P
S0-4		0.42			108	0.67	3566	3726	0.73	P
S0-5		0.30	201	200	201	1				R
S0-6		0.30			137	0.68	3500	3351	0.72	P
S1-1	□ 300mm×300mm ○ 203mm×6mm	0.50	149	109	149	1				R
S1-2		0.35	212	179	212	1				R
S1-3		0.35	205	180	205	1				R
S1-4		0.35			139	0.67	4471	3960	0.77	P

耐火极限试验结果表明：

1）两组相互对照的试验（试件 S0-1 和试件 S0-2，试件 S1-2 和试件 S1-3）得到的结果相近。试件 S0-2 的耐火极限（t_R）比试件 S0-1 低 5min（3.07%）；试件 S1-3 的 t_R 比试件 S1-2 低 7min（3.30%）。上述两组试件得到的破坏形态相似。试件 S0-1 和试件 S0-2 虽然破坏形态相同，但弯曲方向不同，这主要是设备初始缺陷所致。可见在相同试验参数下，不同试件得到的耐火极限试验及破坏形态结果相近。

2）钢管混凝土加劲混合结构柱的耐火极限（t_R）可超过 3h。柱荷载比（n）为 0.35 的试件的 t_R 均超过 200min。试验中的钢管混凝土加劲混合结构柱外表没有防火保护措施，这说明在 n 为 0.35 时，钢管混凝土加劲混合结构柱不需要任何防火保护措施，t_R 超过 3h。

3）S0 组试件和 S1 组试件的试验结果表明，钢管混凝土加劲混合结构柱的耐火极限（t_R）随柱荷载比（n）的增加而降低；火灾后剩余承载力系数（R）随升温时间比（t_o）的增加而降低。

图 9.5 所示为耐火极限和火灾后剩余承载力的有限元计算结果与实测结果对比，其中“计算 1”采用了非约束混凝土、箍筋约束混凝土和钢管内核心混凝土三种混凝土本构模型，“计算 2”仅采用了非约束混凝土和钢管内核心混凝土的本构模型。可见考虑箍筋对内部混凝土的约束作用时，耐火极限和火灾后剩余承载力具有一定提高。

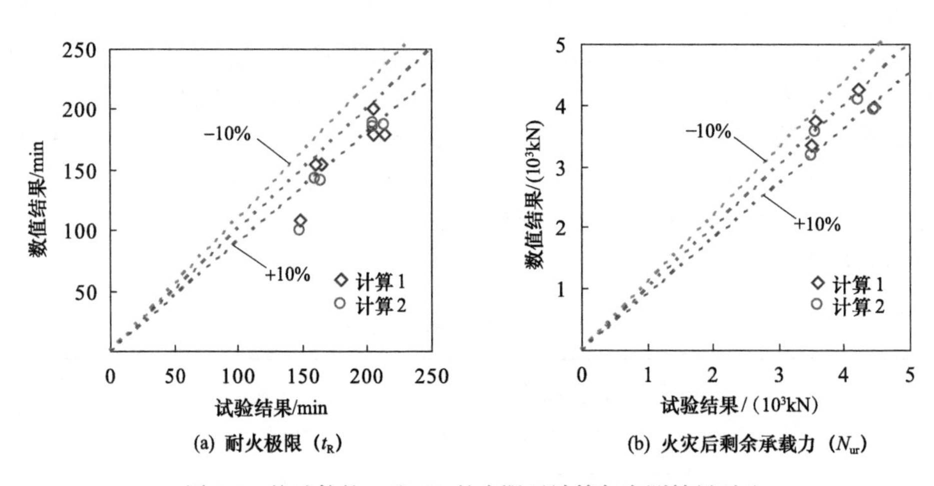

图 9.5 柱试件的 t_R 和 N_{ur} 的有限元计算与实测结果对比

（2）试验现象及破坏形态

图 9.6 为钢管混凝土加劲混合结构柱试验和计算的破坏形态。试验中所有试件的破坏形态均为整体屈曲。计算时采用了材料的实测强度，考虑了箍筋约束混凝土影响。可见计算得到的破坏形态与试验观测到的结果相同。通过考虑初始缺陷的方向，使计算结果中试件的弯曲方向与试验观测结果一致。计算结果的云图为混凝土表面的塑性应变分布，可见应变较大处出现在上下弯曲部分，这与试验中观测到的纵向裂缝的分布情况吻合。

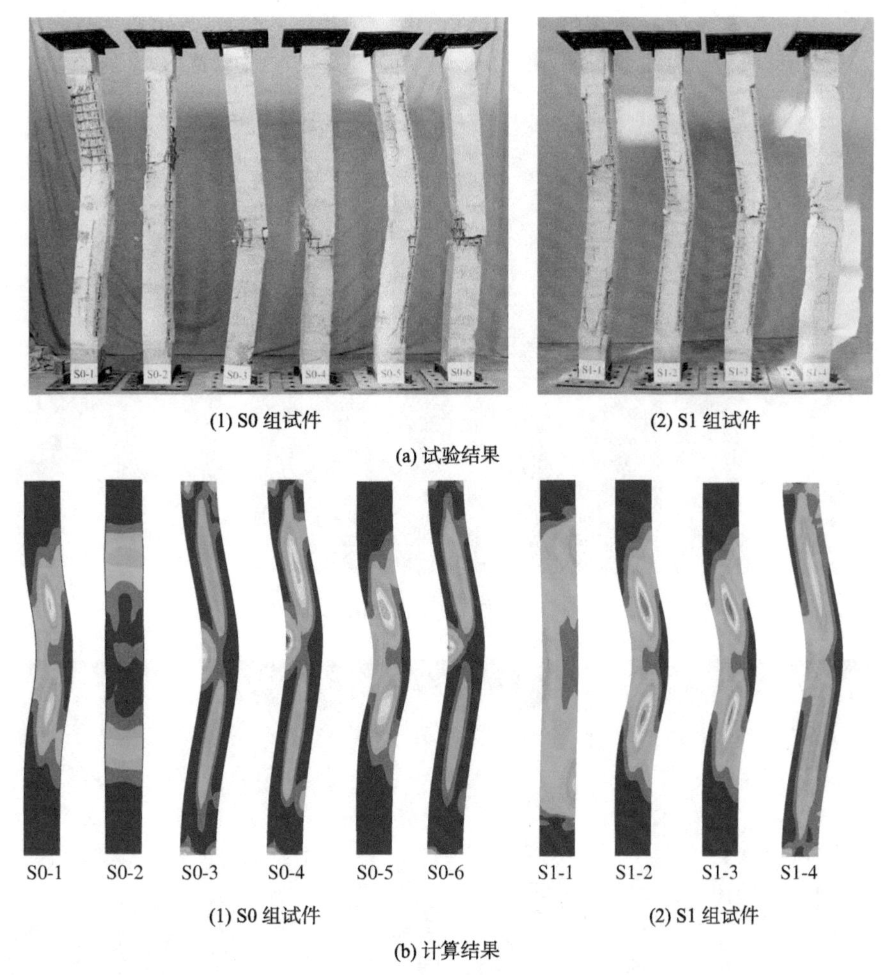

(1) S0 组试件　(2) S1 组试件

(a) 试验结果

(1) S0 组试件　(2) S1 组试件

(b) 计算结果

图 9.6　柱试件的破坏形态

以试件 S0-1 作为耐火极限试验的代表，以试件 S0-6 作为全过程火灾后试验的代表，对试验现象和破坏形态进行分析。

试件 S0-1 进行的是耐火极限试验，柱荷载比为 0.42，耐火极限为 163min，图 9.7 为试件 S0-1 的破坏形态。

试验过程中没有在炉膛外部观察到水蒸气，主要因为水分随排烟风机排出。试验过程中没有听到明显的混凝土爆裂的声音。打开炉门可见，试件表面未发生明显的爆裂，混凝土的剥落主要为试验后期变形较大所致。受火后，试件表面混凝土变为淡黄色，且 E 侧排气孔下方出现明显水渍，可推测升、降温过程中水分从排气孔排出。

试件 S0-6 进行的是全过程火灾后试验，荷载比为 0.35，升温时间为 137min。图 9.8 所示为其破坏形态。升、降温过程中，没有在炉膛外观察到水蒸气。

受火之后，混凝土表面变为淡黄色。受火处的混凝土敲击时发出空洞的声响，而位于石棉保护区的混凝土敲击发出浑厚的、沉闷的声响。排气孔下方混凝土表面观察到水渍。升、降温后，试件表面没有出现明显的混凝土爆裂和裂缝，但局部出

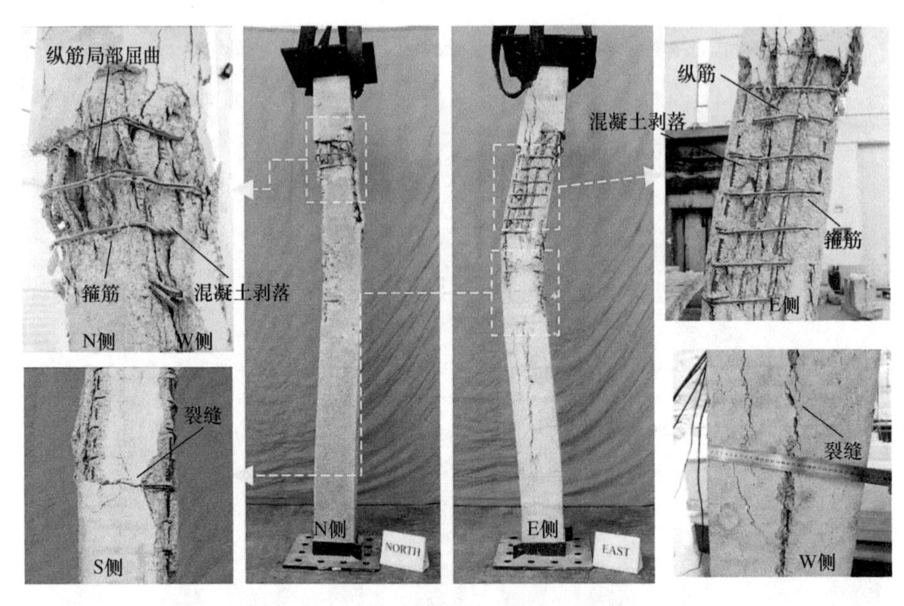

图 9.7　试件 S0-1 的破坏形态

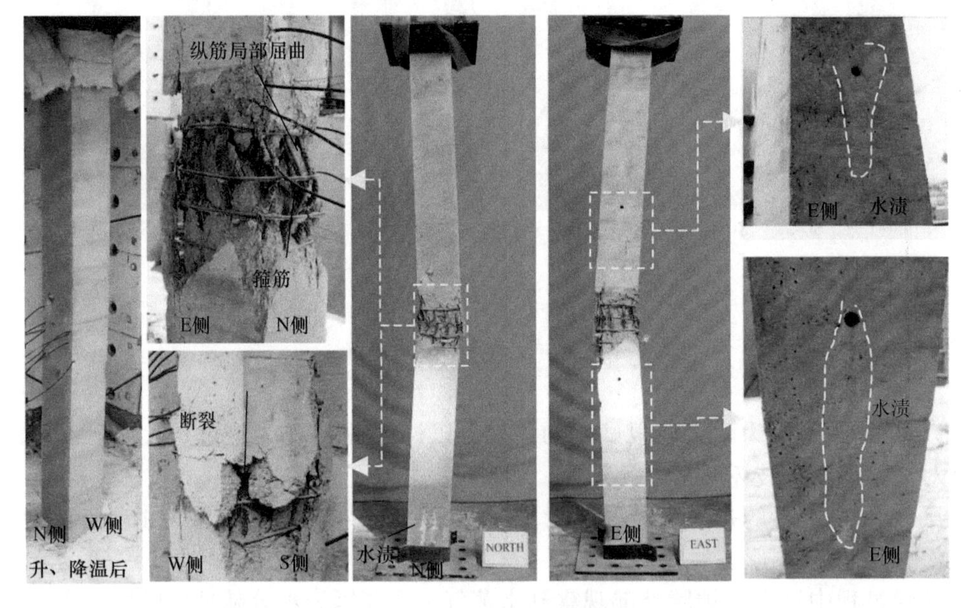

图 9.8　试件 S0-6 的破坏形态

现微裂缝。多数微裂缝为纵向分布，且集中在角部。纵向微小裂缝的存在导致角部成为相对薄弱的部分。火灾作用后，柱中部略微向南侧弯曲。在火灾后加载的过程中，角部的微小裂缝逐步发展，形成长裂缝，加速了钢管混凝土加劲混合结构柱的破坏过程。

试件 S0-6 的破坏形态呈现出整体屈曲的破坏特征。横向挠度最大处出现在中部偏下的位置，该处向西南弯曲。塑性铰区域的混凝土发生明显的压溃，纵向钢筋发生向外的局部屈曲，箍筋变形较大。塑性铰区域的角部出现纵向裂缝，其为受火导致的微裂缝发展、联通所形成。W 侧塑性铰下部形成一条剪切裂缝。虽然塑性铰区域发生混凝土剥落，但并未暴露内部的钢管。

基于观察到的试件的破坏形态，进行如下分析。

1）试验中观察到的钢管混凝土加劲混合结构柱的破坏形态均为整体屈曲。

柱试件长细比为 22，当初始缺陷存在时，在轴压力的作用下会发生整体屈曲破坏。图 9.9 为试验中试件破坏时荷载工况示意图，图中给出了常温下的 N-M 关系、火灾下的 N_f-M_f 关系和全过程火灾作用后的 N_p-M_p 关系。A 点所示为常温加载结束时的荷载状态。

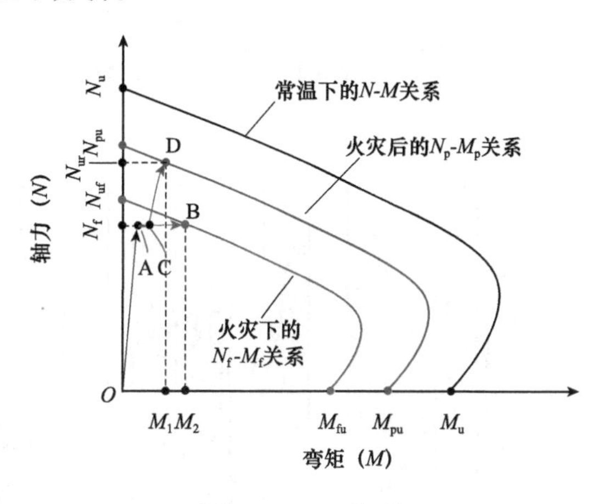

图 9.9　N-M 关系

对于耐火极限试验，升温过程中柱顶端轴力保持不变，但柱横向挠度不断增大，“二阶效应”导致弯矩增大（路径 AB），最终荷载状态与 N_f-M_f 关系曲线相交，柱发生破坏。对于全过程火灾后试验，试件经历升、降温后出现残余变形（路径 AC），降温后柱的压弯曲线为 N_p-M_p 关系曲线，相比升温段其承载力有所恢复。提高荷载的过程，其轴向荷载不断增大，且“二阶效应”导致的弯矩也增大（路径 CD），最终荷载状态与 N_p-M_p 关系曲线相交，柱发生破坏。两种情况下，柱破坏时均存在弯矩作用，因此试件出现整体屈曲的破坏形态。

耐火极限试件的破坏形态更接近理想的两端固接柱的屈曲形态，不存在明显的塑性铰，且试件均出现双向弯曲，其中某一个方向弯曲较大，另一个方向的弯曲较小。全过程火灾后试件的破坏形态则呈现出脆性破坏特征，最大挠度出现在中部附近，中部、顶部和底部的塑性铰区域明显，塑性铰区域之外变形并不明显。

耐火极限试件的破坏主要是由高温导致的，此时截面外围材料刚度和强度损失较大，且存在混凝土保护层的剥落，外围混凝土的贡献降低程度较大，火灾下钢管混凝土加劲混合结构柱混凝土破坏示意图如图 9.10 所示，因此，受火后期试件主要为核心钢管混凝土柱在承受外荷载［图 9.10（c）］。由于外围材料的贡献较低，试件的破坏形态与钢管混凝土柱的破坏形态更接近。而全过程火灾后试件破坏时，试件已经恢复至常温，截面的刚度和强度均有所恢复，因此，其破坏特征更接近于钢筋混凝土柱的破坏特征。

2）升、降温过程中混凝土没有发生明显的爆裂，但截面角部和表面剪应力较大的区域易发生混凝土剥落。

混凝土的剥落可分为两类，截面角部的混凝土的剥落和塑性铰受压区混凝土的剥落，两类剥落分别集中于耐火极限试验和全过程火灾后试验。图 9.11 所示为所有钢管混凝土加劲混合结构柱试件混凝土表面裂缝和剥落。

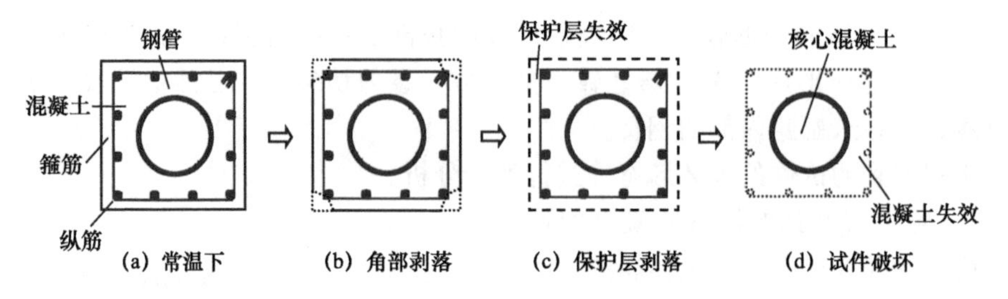

图 9.10 火灾下混凝土破坏示意图

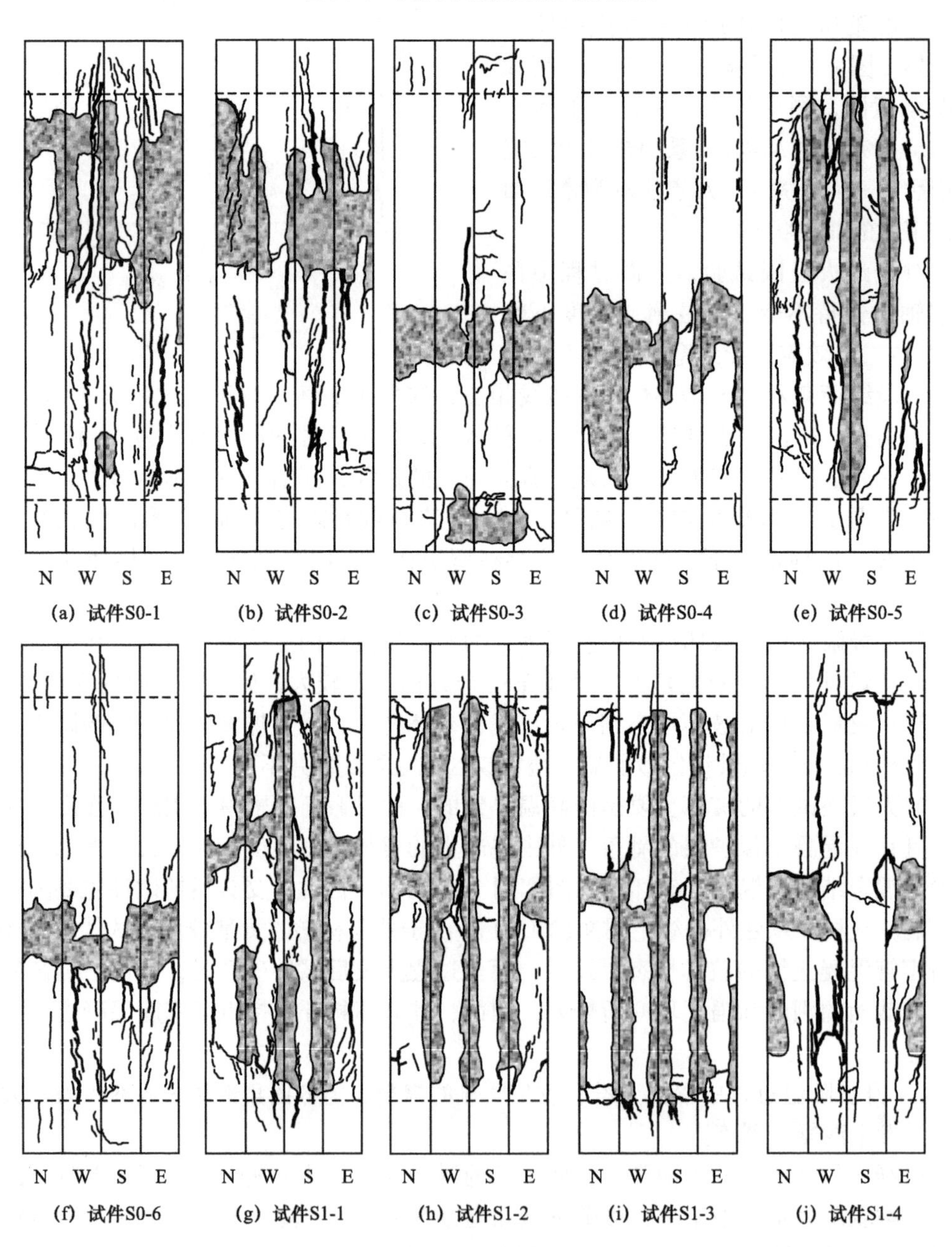

图 9.11 混凝土表面裂缝和剥落

第一类剥落为温度和荷载共同作用导致的，火灾下，角部混凝土温度与截面中部区域混凝土的温度相比偏高，在升温后期，由于试件横向挠度增加，角部混凝土与相邻部分之间存在剪应力作用，导致角部混凝土发生剥落，这与 Hertz（2003）给出的混凝土角部剥落的现象一致。由于变形较大，多数试件中部出现纵向剪切裂缝［图 9.11（a）、（b）、（e）、（g）］，裂缝与角部剥落的混凝土相连后会形成更大范围的混凝土剥落［图 9.11（a）、（b）］。

第二类剥落主要为荷载作用导致的，主要是升、降温后加载过程中塑性铰区域发生的混凝土剥落。塑性铰区域的混凝土剥落会发生在该区域的多个表面。两类混凝土剥落主要集中在混凝土保护层中，箍筋约束混凝土剥落程度较小。

3）表面裂缝分为三类：主纵向裂缝（宽度较大）、纵向裂缝和横向裂缝。

主纵向裂缝伴随着试件的整体弯曲而出现，试件发生侧向变形后，变形协调导致与弯曲方向平行的混凝土表面存在较大的纵向剪应力，导致试件表面纵向出现多条斜向发展的裂缝，部分裂缝相连，形成主纵向裂缝。其余纵向裂缝多为局部应力导致（如横截面角部的两侧存在较多的纵向裂缝）。横向裂缝主要出现在弯曲截面的受拉侧，但横向裂缝数量较少。

4）箍筋和纵筋形成的钢筋笼对内部的混凝土存在明显的约束作用。

这种约束作用体现在三个方面：首先，试验中观察到试件变形较大处箍筋受拉断裂（试件 S0-2），表明箍筋作用得到发挥。其次，试验中观察到混凝土保护层出现整体剥落的现象，但纵筋和该保护层之间明显分离（试件 S1-2），说明钢筋的存在约束了内部混凝土剥落的趋势。再次，混凝土的剥落集中在保护层中，钢筋内部的混凝土剥落较少。

5）火灾试验过程中，混凝土水分经排气孔逸散。

虽然仅在试件 S1-4 试验过程中在试验炉外部观察到了水蒸气，但可根据排气孔外侧混凝土表面的水渍推测，混凝土中水分以液态水和气态的形式逸散出，随排烟风机排出。由于钢管混凝土加劲混合结构柱的制作过程中在钢管上预留的排气孔被后期外部浇筑的混凝土封堵，因此钢管内部的混凝土不能直接与外部空气相连。试验过程中大部分水分通过后期补充的两个排气孔排出。因此在钢管混凝土加劲混合结构柱的构造上，建议设置的排气孔须使得钢管内部的混凝土与外部空气相连。可在浇筑外部混凝土前，在钢管上的排气孔上增设塑料管，连通外界空气与混凝土外表面，防止预设排气孔外部被后续浇筑的混凝土封堵。

（3）温度 - 受火时间关系

图 9.12 所示为实测炉膛温度（T）- 受火时间（t）关系。可见，升温过程中的炉膛 T-t 关系与标准升温曲线偏差较小。

图 9.13 为钢管混凝土加劲混合结构柱试件温度（T）- 受火时间（t）关系，对于耐火极限试验，给出升温段的温度；对于全过程火灾后试验，给出升、降温过程中前 500min 的温度。由图 9.13 可见：

1）试件的 T-t 关系在 100～110℃附近存在温度平台段。这主要是因为混凝土中水分的影响。图 9.13（a）中的测温点 2 位于钢管内表面，其温度平台段持续为 15min。

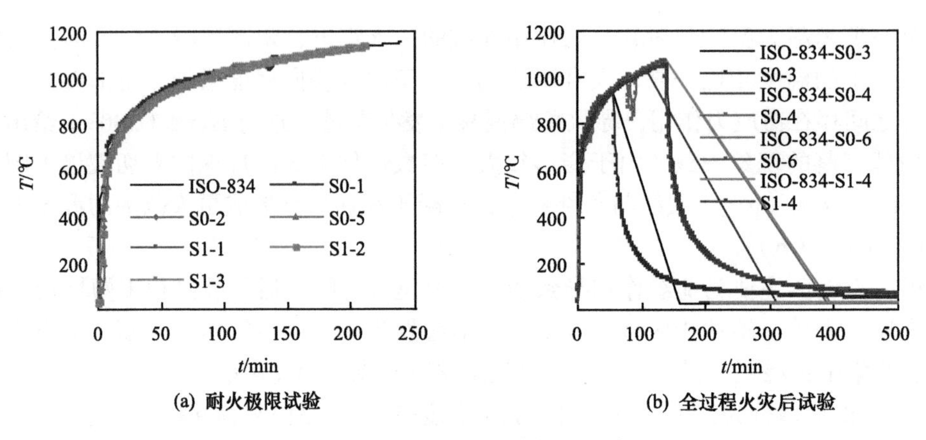

(a) 耐火极限试验　　(b) 全过程火灾后试验

图 9.12　柱试件的炉膛实测 T-t 关系

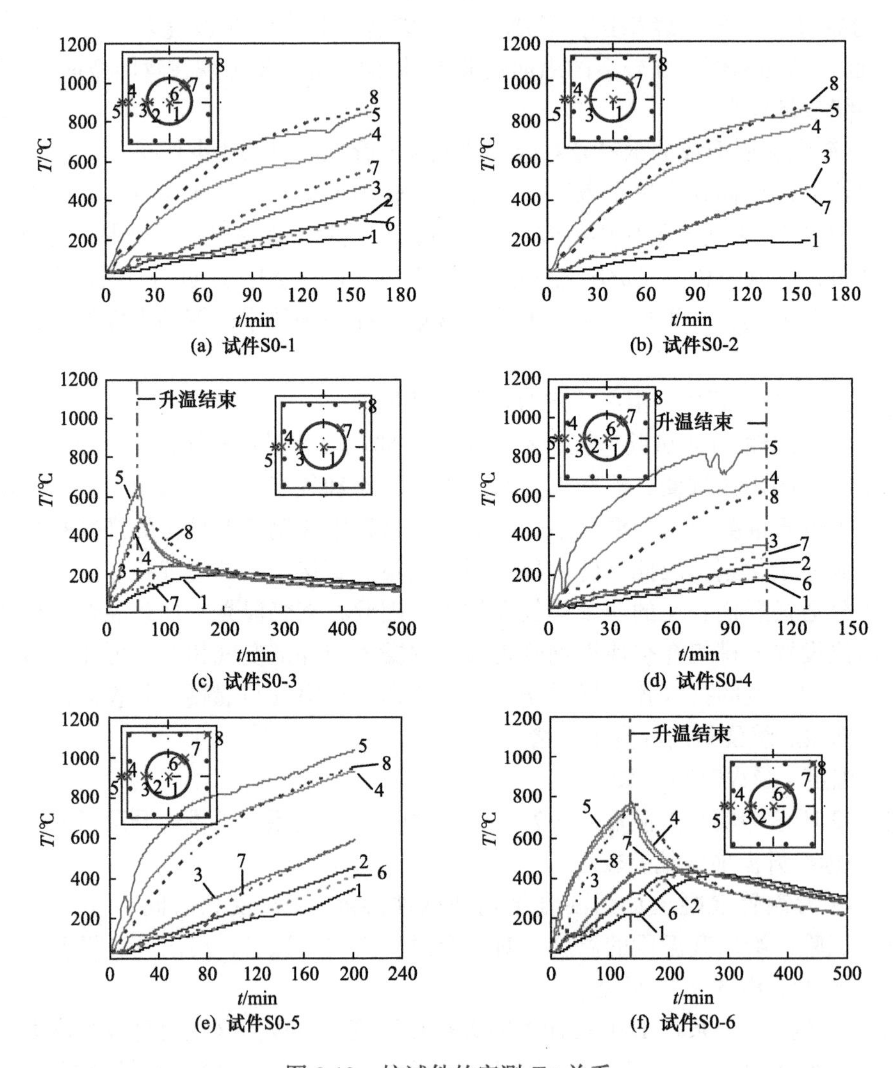

(a) 试件S0-1　　(b) 试件S0-2

(c) 试件S0-3　　(d) 试件S0-4

(e) 试件S0-5　　(f) 试件S0-6

图 9.13　柱试件的实测 T-t 关系

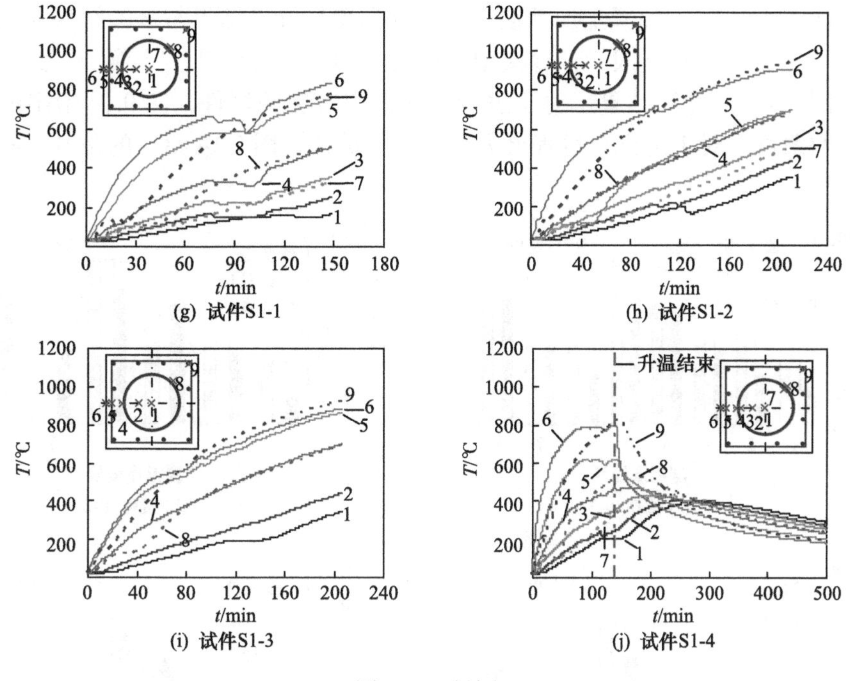

(g) 试件S1-1　(h) 试件S1-2

(i) 试件S1-3　(j) 试件S1-4

图 9.13 （续）

图 9.13（a）的测温点 6 位于钢管内表面，其平台段持续时间为 22min。测温点越靠钢管附近，观测到的 *T*-*t* 关系温度平台持续时间越长。这是因为与其内部相比，钢管附近的温度较高，可达 100℃以上，而与其外部相比，该部分水分无法短时间内逸散出去。

2）截面内部测温点的 *T*-*t* 关系在高于 110℃的范围存在温度平台段，见图 9.13（a）、（b）、（e）、（f）。图 9.13（a）、（b）的测温点 1 在 180～190℃均存在温度平台段，持续时间分别约为 38min 和 40min。图 9.13（e）的测温点 1 在 210～220℃存在温度平台段，其在 128min 时温度达 210℃，在 151min 时，温度达 220℃，平台持续时间为 23min。图 9.13（f）的测温点 1 和测温点 2 均可观察到短暂的温度平台。这种超过 110℃的温度平台段出现是高温下混凝土中水分的状态的变化所致。

3）钢管内外壁的温度有明显差异，外壁温度始终高于内壁温度。试件 S0-1、试件 S0-4～试件 S0-6 在钢管内外壁均设置了热电偶，可从图 9.13（a）、（d）、（e）、（f）中的测温点 2 和测温点 3 的比较，测温点 6 和测温点 7 的比较中看出，其中测温点 3 的温度明显高于测温点 2，测温点 7 的温度明显高于测温点 6。

4）测温点温度在平稳上升过程中出现小幅度的波动现象。如试件 S0-1 的测温点 5 的温度在 133min 时（756℃附近）出现小幅度波动；试件 S0-3 的测温点 5 的温度在 11min 时（210℃附近）出现小幅度波动；试件 S0-6 的测温点 1 的温度在 140min 时达 214℃，之后出现短暂降低。上述测温点的温度波动时，对应外界空气温度仍然继续升高，且由于试件外部与受火面有一段距离，即便外界温度发生波动，其影响也需要经过一段时间后才能对截面内部的温度造成影响。推测温度的波动是由于试件内部的局部因素所致。

图 9.14 所示为钢管混凝土加劲混合结构柱温度场计算结果与试验结果对比，其中“计算 1”为平面温度场有限元计算模型（周侃，2017）的结果，“计算 2”为温度场计算模型（图 9.1）的计算结果。对于进行耐火极限试验的试件，图 9.14 给出的是试件破坏时刻的温度；对于进行全过程火灾后试验的试件，图 9.14 给出的是升、降温过程

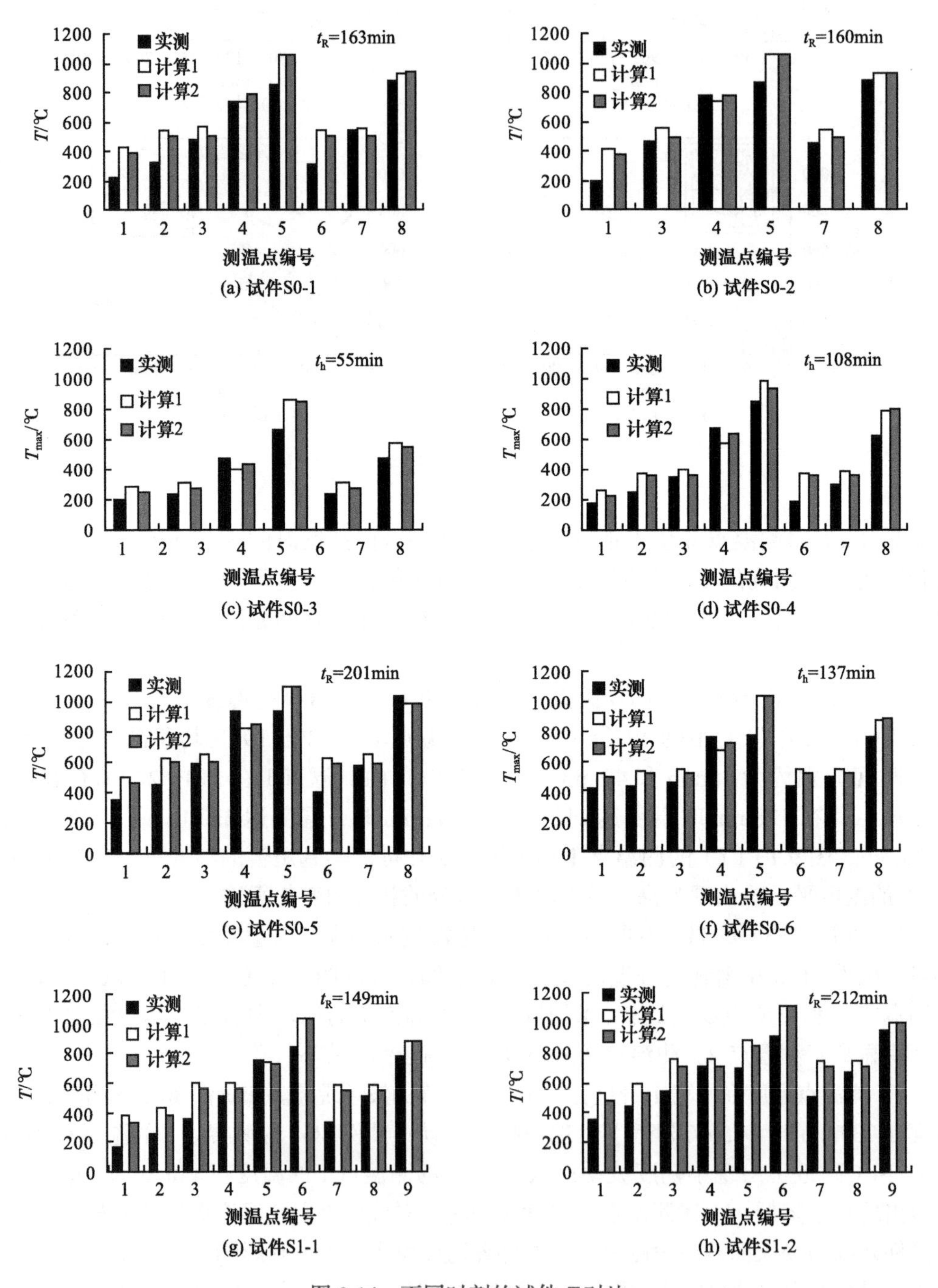

图 9.14　不同时刻的试件 T 对比

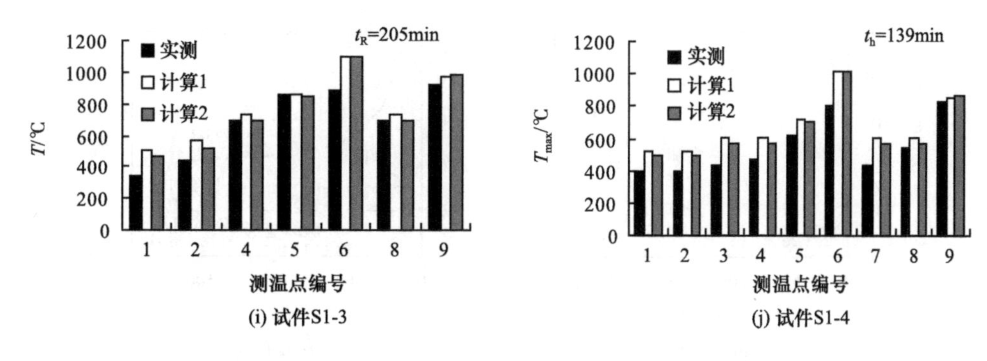

图 9.14 （续）

中的最高温度。其中，试件 S0-4 由于试验过程中设备故障，降温过程中的温度没有采集到，因此给出的是升温结束时的温度，即所采集到的数据中的最高温度。可见，采用温度场计算模型计算得到温度结果与试验结果更为接近。

（4）变形 - 受火时间关系

图 9.15 所示为实测和计算的试件的轴向变形（Δ_c）- 受火时间（t）关系，其中不包含常温段。

耐火极限试验中，试件 S0-1 和试件 S0-2（工况相同）的 Δ_c-t 关系相似。试件 S0-1、试件 S0-2、试件 S0-5 和试件 S1-1 的 Δ_c-t 关系相似，均可划分为五个阶段：OA 段为升温初期膨胀段；AB 段为变形稳定段，此时外层混凝土的劣化，内部水分蒸发吸收热量，延

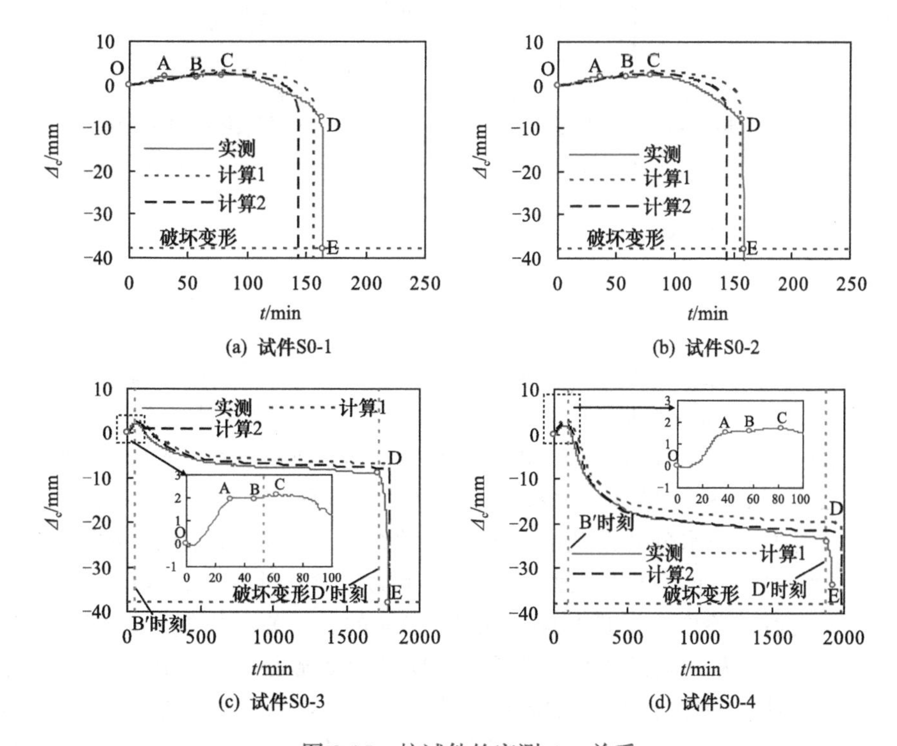

图 9.15　柱试件的实测 Δ_c-t 关系

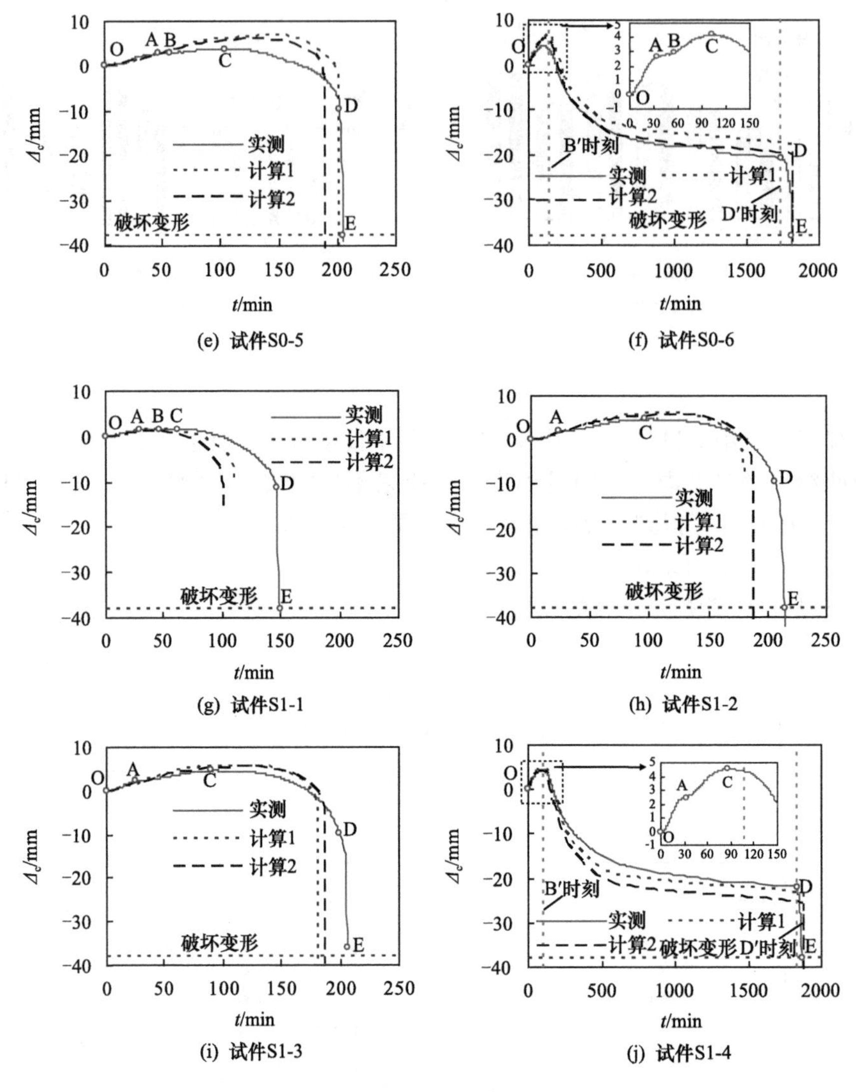

(e) 试件S0-5　　(f) 试件S0-6

(g) 试件S1-1　　(h) 试件S1-2

(i) 试件S1-3　　(j) 试件S1-4

图 9.15 （续）

缓了升温速度，轴向膨胀变形较稳定；BC 段为再次膨胀段，原因可能是试件内部水分减少，升温速度提高导致膨胀增加；CD 段为变形加速发展段，随着温度继续升高，试件轴向变形和变形速率均增大；DE 段为破坏段，轴向变形速率急剧增大，试件迅速发生破坏。

试件 S1-2 和试件 S1-3 的 Δ_c-t 关系与上述试件有差异。其膨胀段中无明显的变形稳定段，这是混凝土中水分和荷载的共同影响的结果。因为 S1 组试件中钢管外径较大，钢管外部附近混凝土与试件表面距离较小，混凝土中的水分可以较快地逸散。

全过程火灾后试验中，试件 S0-3 和试件 S0-4 的 Δ_c-t 关系相似。Δ_c-t 关系均可分为五个阶段：OA 段为升温过程中膨胀段。AB 段为变形稳定段。BC 段为再次膨胀段。CD 段为压缩段。但试件 S0-3 的膨胀最大的时刻（C 点）出现在降温段，而试件 S0-4 的 C 点出现在升温段，这是升温时间不同所致。以试件 S0-4 为例，其升温时间为

108min，升温段 Δ_c 变化量为 1.22mm。虽然试件 S0-4 在 C 点之后仍处于升温段，但由于水分、材料劣化等影响，试件膨胀减缓，纵向变形变化较小。升温结束后，由于内部继续升温，而外部开始降温，柱的纵向变形仍发展缓慢；CD 段柱发生收缩，其纵向变形不断变大。降温段 Δ_c 变化量为 26.75mm，为升温段 Δ_c 变化量的 22 倍。DE 段为火灾后加载破坏段，Δ_c 随荷载的增加而增加，至试件破坏。对比试件 S0-3 和试件 S0-4 可见，升、降温之后试件中产生的残余变形随升温时间比的增加而增大。

试件 S0-6 的升温时间为 137min，其 Δ_c-t 关系可类似地划分为五个阶段，其最大膨胀时刻（C 点）出现在升温段。降温结束时刻（D 点）Δ_c 为－20.7mm，超过试件 S0-3 对应时刻的 Δ_c。可见，升、降温后的残余变形不仅与升温时间有关，还与荷载比有关。当升温时间比相同时，全过程火灾作用后残余变形随荷载比增大而增大。

试件 S1-4 的工况与试件 S0-6 相同，但试件 S1-4 的 Δ_c-t 关系在升温段中无变形稳定阶段，这主要是因为试件 S1-4 的钢管直径较大，钢管外部附近的混凝土中的水分可较快地逸散到外界，因此水分对试件 S1-4 的变形影响不明显。

图 9.15 中“计算 1”代表计算中考虑了箍筋约束混凝土的影响，“计算 2”表示计算中不考虑箍筋约束混凝土的影响，假定箍筋内部混凝土与箍筋外部混凝土本构模型相同。可见，两种方法得到的 Δ_c-t 关系均与试验结果接近，考虑箍筋约束混凝土的影响时，耐火极限和试件刚度均高于不考虑箍筋约束混凝土时的结果。但计算结果没有受热膨胀过程中变形发展的若干阶段，这主要是因为有限元计算模型中没有考虑水分的迁徙和逸散的影响。

（5）荷载 - 柱轴向变形关系

图 9.16 为全过程火灾后试件的荷载（N）- 柱轴向变形（Δ_c）关系。N-Δ_c 关系可分为常温、升温、降温和火灾后四个阶段。常温段 N-Δ_c 关系为直线，说明常温加载时，试件处于弹性变形段。升温期初发生膨胀，轴向压缩变形先减小后增大。

由于火灾作用时，柱荷载不发生变化，升温段的 N-Δ_c 关系为水平直线。降温段，由于荷载依然维持不变，降温段的 N-Δ_c 关系也为水平直线。火灾后阶段，随着荷载不断增大，试件中塑性变形不断发展，N-Δ_c 关系的斜率逐渐减小。最后试件无法承载，柱发生破坏。

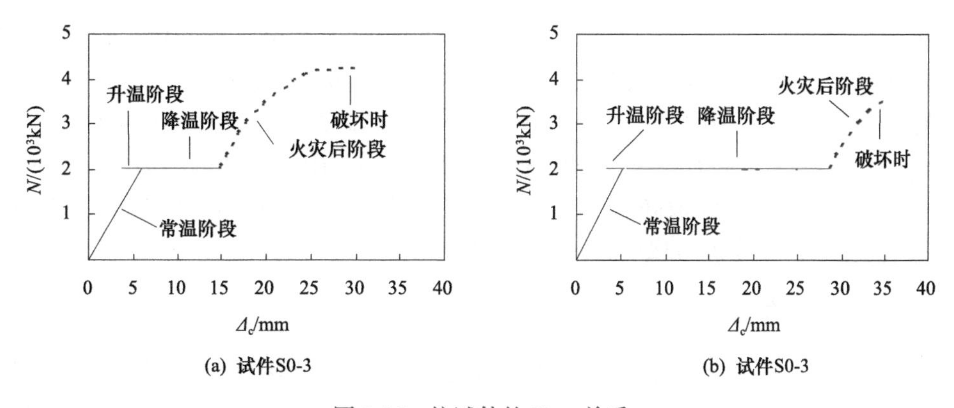

图 9.16　柱试件的 N-Δ_c 关系

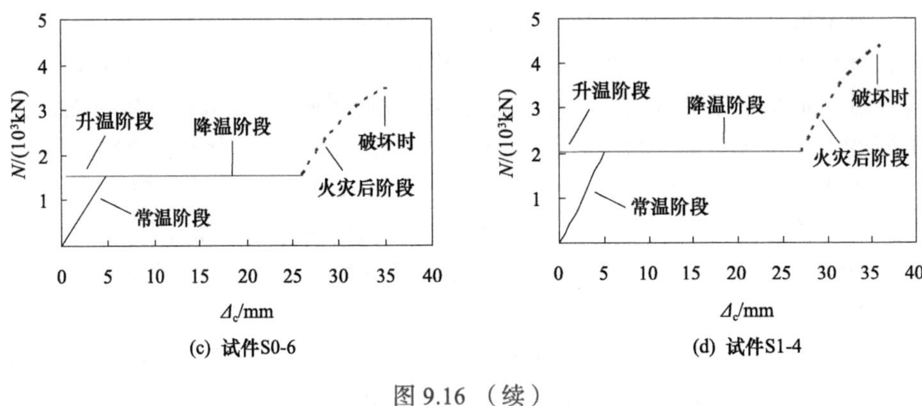

(c) 试件S0-6　(d) 试件S1-4

图 9.16 （续）

9.4 工作机理分析

采用第 9.2 节建立的有限元计算模型，通过算例对钢管混凝土加劲混合结构柱在全过程火灾作用下的工作机理，如温度-受火时间关系、荷载-柱轴向变形关系以及截面内力分布等进行了分析。

为研究实际工程中使用的钢管混凝土加劲混合结构柱在全过程火灾作用后的剩余承载力，参考某实际工程（林立岩等，1998）所采用的钢管混凝土加劲混合结构柱的尺寸，结合 GB 50011—2010（2010）等规范，确定的钢管混凝土加劲混合结构柱计算条件如下。

1）柱外截面尺寸为 $B\times B=600\times600$mm，内钢管尺寸为 $D_i\times t_s=325$mm$\times$9mm，柱纵筋为 16ϕ25，柱箍筋为 3ϕ10@100mm，采用井字复合箍，保护层厚度为 30mm，柱长细比 $\lambda=10$，柱高为 3.46m。

2）钢管内核心混凝土强度为 $f_{cui}=80$MPa，钢管外部混凝土强度为 $f_{cuo}=50$MPa，钢管屈服强度为 $f_y=345$MPa，柱纵筋屈服强度为 $f_{yb}=400$MPa，箍筋屈服强度为 $f_{yb}=400$MPa。

3）柱荷载比为 $n=0.4$，轴向荷载 N_F 为 12 183kN，升温时间为 $t_h=30$min。

9.4.1 温度-受火时间关系

图 9.17 所示为柱横截面上温度（T）-受火时间（t）关系。图 9.17（a）为升温时间为 180min 时的不同特征点的 T-t 关系，可见由于外部混凝土的保护，内部钢管混凝土的温度较低。由于经历的最高温度小于 400℃，降温之后，钢材的材料性能损失较小。图 9.17（b）为不同升温时间下的钢管的 T-t 关系，随着时间的增加，钢管所经历的最高温度增加，且达到最高温度所对应的时间增加。由于外部混凝土的保护，即便升温时间为 180min，钢管的温度也不超过 400℃。

9.4.2 荷载-柱轴向变形关系

图 9.18 所示为全过程火灾作用下钢管混凝土加劲混合结构柱的荷载（N）-柱轴向变形（Δ_c）关系。图 9.18（a）所示为不同升温时间下的 N-Δ_c 关系，其中升温时间（t_h）

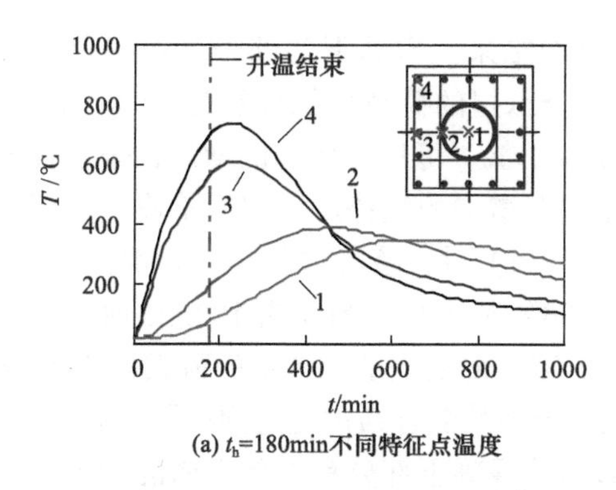

(a) t_h=180min不同特征点温度

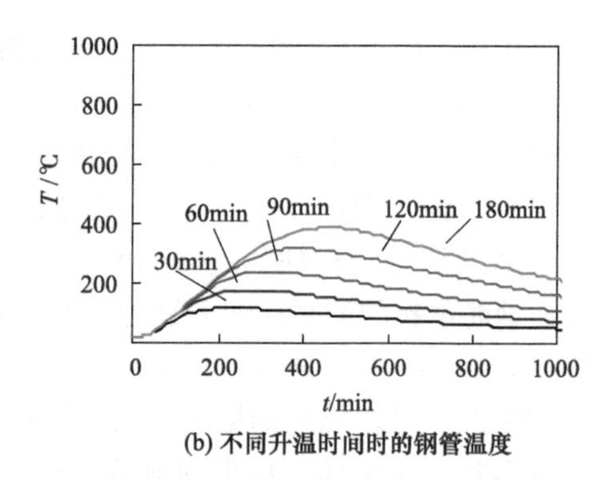

(b) 不同升温时间时的钢管温度

图 9.17　柱的 T-t 关系

为 180min 的 N-Δ_c 关系上的特征点与图 1.14 中的特征点对应。可见，全过程火灾作用使得钢管混凝土加劲混合结构柱承载力降低。随 t_h 的增加，全过程火灾作用后，柱的残余轴向变形增加，火灾后剩余承载力降低，火灾后承载力峰值对应的轴向变形增加。

图 9.18（b）所示为 t_h 为 60min 时不同柱荷载比（n）下的荷载（N）- 柱轴向变形（Δ_c）关系。可见，n 不同时，钢管混凝土加劲混合结构柱火灾后剩余承载力差异较小。

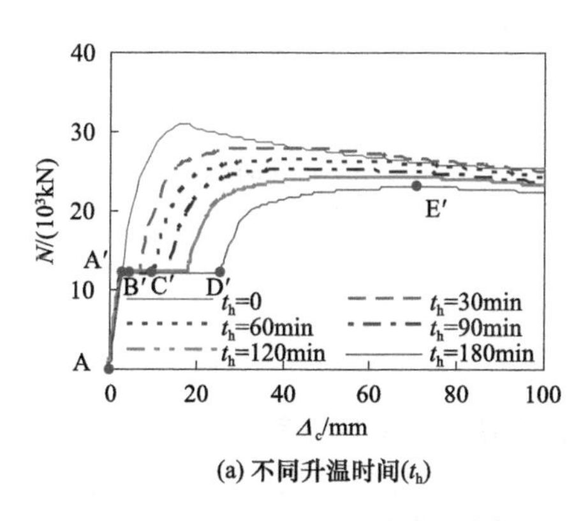

(a) 不同升温时间(t_h)

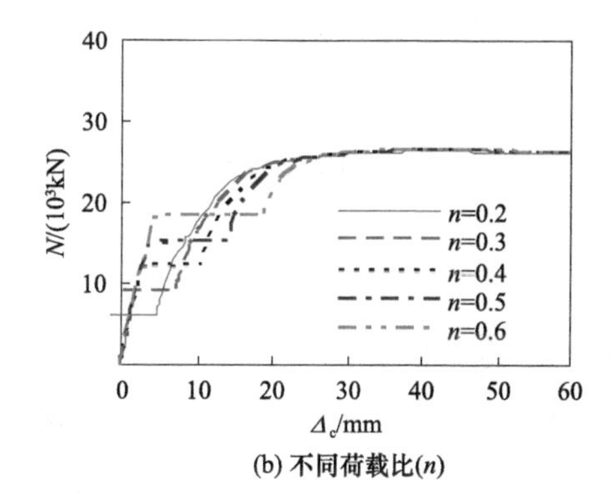

(b) 不同荷载比(n)

图 9.18　柱的 N-Δ_c 关系

9.4.3　内力变化

图 9.19 所示为钢管混凝土加劲混合结构柱各部分承担的荷载（N）- 受火时间（t）关系，其中正值代表受压，负值代表受拉。为便于比较和观察，将常温段和火灾后阶段的时间设置为 5h，升、降温段持续时间为 25h，即图中 0～5h 为常温段，5～30h 为升、降温段，30～35h 为火灾后加载段。

图 9.19（a）为升温时间（t_h）为 60min 时的结果。常温下核心混凝土、外部混凝土、钢管和钢筋承担的荷载比例分别为 23%、54%、12% 和 11%。升、降温过程中，核心混凝土和钢管承担的荷载先增加，后趋于稳定。外部混凝土承担的荷载降低。升、降温结束后，核心混凝土、外部混凝土、钢管和钢筋承担的荷载比例分别为 38%、51%、16% 和 −5%。可见，全过程火灾作用后，内部的钢管混凝土部分承担的荷载由常温下的 35% 增加至 54%。

图 9.19（b）为升温时间（t_h）为 180min 时的结果。常温下各部分承担的荷载比例与图 9.19（a）相同。全过程火灾后，四个部分承担的荷载比例分别为 43%、44%、14% 和−1%，内部钢管混凝土部分承担的荷载为 57%。可见，随 t_h 的增加，全过程火灾作用后，内部钢管混凝土部分承担的荷载比例有增加的趋势。火灾后阶段，当钢管混凝土加劲混合结构柱达到峰值承载力（t_h=60min）时，核心混凝土、外部混凝土、钢管和钢筋承担的荷载比例分别为 36%、42%、10% 和 12%；当 t_h 为 180min 时，上述四部分分别为 43%、33%、12% 和 12%。内部的钢管混凝土部分承担的荷载由 46% 增加至 55%。可见，随 t_h 的增加，火灾后钢管混凝土加劲混合结构柱达到极限承载力时，内部的钢管混凝土部分承担的荷载增加。内部钢管混凝土部分和外部钢筋混凝土部分协同互补、共同工作，这与传统组合结构类似（韩林海等，2009）。

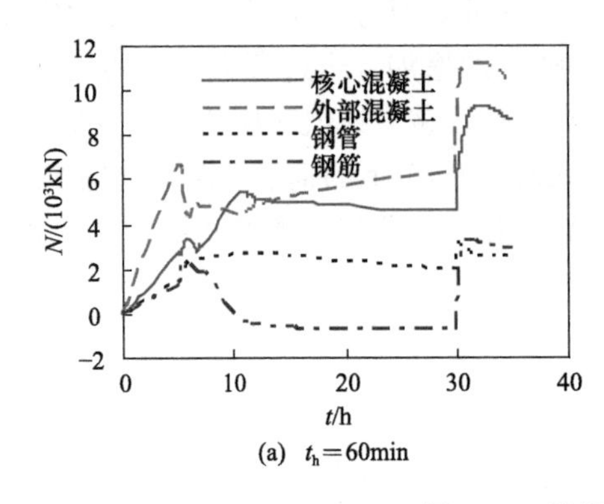

(a) t_h=60min

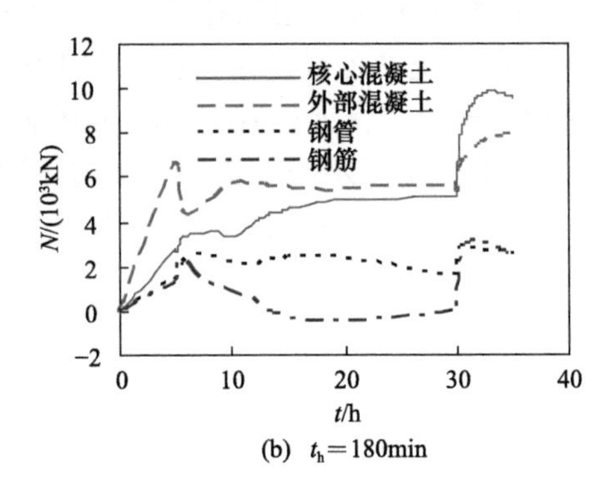

(b) t_h=180min

图 9.19 柱各部分的 N-t 关系

9.4.4 施工过程影响

钢管混凝土加劲混合结构往往先进行内部钢管混凝土结构的施工，混凝土硬化后可承担施工荷载，再进行外部钢筋混凝土部分的施工。因此实际工程中，不同期施工的钢管混凝土加劲混合结构柱，内部钢管混凝土部件的荷载水平比外部钢筋混凝土的高。本节对不同期施工的钢管混凝土加劲混合结构柱的性能进行分析。有限元计算模型见第 9.2 节关于混凝土高温爆裂的模拟方面的内容。

图 9.20 为常温下和全过程火灾后的不同期施工的钢管混凝土加劲混合结构柱的荷载（N）- 轴向变形（Δ_c）关系，n_o 为不同期施工的钢管混凝土加劲混合结构柱叠合比，为浇筑钢管外部混凝土前钢管混凝土柱承受的轴力设计值与钢管混凝土加劲混合结构柱全截面轴力设计值的比值。由图 9.20（a）可见，考虑不同期施工影响时，N-Δ_c 关系在加载初期的斜率降低，但外部钢筋混凝土部分施工完毕后并进入使用阶段后，N-Δ_c 关系斜率则与同期施工（n_o 为 0）时的相同。随 n_o 增大，钢管混凝土加劲混合结构柱的极限承载力出现小幅度的增加。但设计中不应考虑这种增加。

由图 9.20（b）可见，常温段的曲线与图 9.20（a）类似，火灾后阶段，不同叠合比下的结果差异较小。考虑不同期施工影响时（n_o 为 0.1、0.2 和 0.3 时），极限承载力与 n_o 为 0 时相比，有小幅度提高（不超过 0.2%）。可见，不同期施工对钢管混凝土加

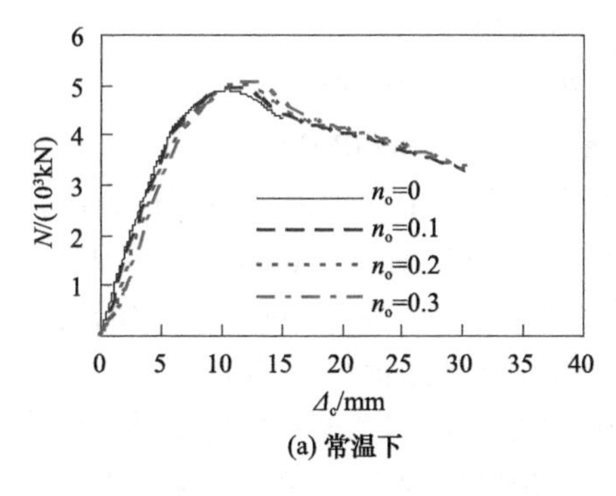

(a) 常温下

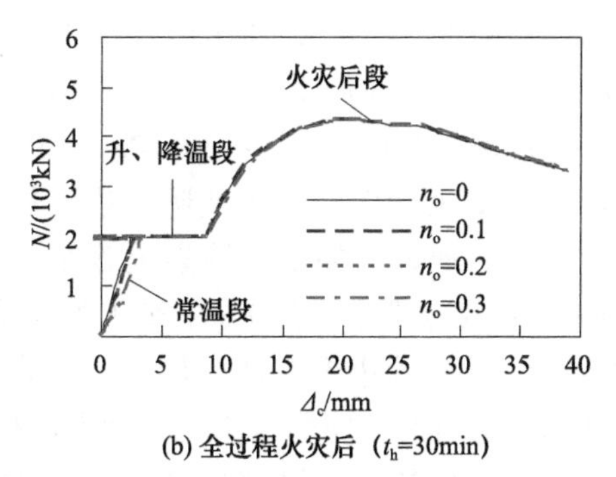

(b) 全过程火灾后（t_h=30min）

图 9.20　柱的 N-Δ_c 关系

劲混合结构柱火灾后的承载力的影响与常温下的影响相比较小。

图 9.21 为火灾下破坏的钢管混凝土加劲混合结构柱的轴向变形（Δ_c）- 受火时间（t）关系。可见 n_o 不同时，Δ_c-t 关系和耐火极限差异较小。当 n_o 为 0.3 时，耐火极限与同期施工（n_o 为 0）时相比，降低约 1.91%。随 n_o 的增大，升温段柱轴向膨胀的最大值有增大趋势，但总体上变化较小。

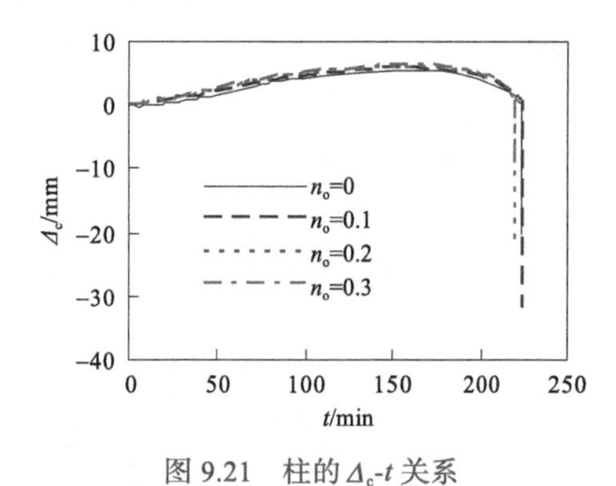

图 9.21　柱的 Δ_c-t 关系

9.5　耐火极限计算

在第 9.2 节所建立的有限元计算模型的基础上，选取工程中常见参数范围内的钢管混凝土加劲混合结构柱构件，对其耐火极限进行计算。部分研究成果被国家标准 GB/T 51446—2021（2021）和中国工程建设标准化协会标准 T/CECS 663—2020（2020）所采纳。

影响钢管混凝土加劲混合结构柱耐火极限的因素主要有截面周长（C，$C=2B+2D$）、长细比（λ）、截面含钢率（α_c）、纵向钢筋配筋率、柱荷载比（n）、升温时间（t_h）、钢管屈服强度（f_y）、核心混凝土强度（f_{cui}）、钢管外混凝土强度（f_{cuo}）和纵筋屈服强度等。侯舒兰（2014）对钢管混凝土加劲混合结构柱的耐火极限进行了研究，结果表明纵向钢筋配筋率对耐火极限的影响不明显。因此本节未研究纵向钢筋配筋率和纵筋屈服强度的影响。

计算参数汇总如下。

截面周长（C）：1.2m、1.8m、2.4m、3.0m、3.6m 和 5.6m；

长细比（λ）：10、20、30、40 和 60；

截面含钢率（α_c）：1.67%、2.48%、3.28% 和 4.06%；

柱荷载比（n）：0.2、0.3、0.4、0.5、0.6、0.7 和 0.8；

钢管屈服强度（f_y）：235MPa、345MPa 和 420MPa；

核心混凝土强度（f_{cui}）：50MPa、60MPa、70MPa 和 80MPa；

钢管外混凝土强度（f_{cuo}）：30MPa、40MPa、50MPa 和 60MPa。

截面周长 C 变化时，参考实际工程使用的钢管混凝土加劲混合结构柱截面，确定柱的几何尺寸，所选取的钢管混凝土截面见表 9.6。分析对象中也包含了第 9.3 节开展的试验中所采用的试件（表 9.6 中第 1 组和第 2 组试件）。为与实际工程中的钢管混凝土加劲混合结构柱的边界条件更接近，计算中假设下部边界条件为固接，上部约束除轴向平动以外的所有方向的自由度。为考虑初始缺陷的影响，先对柱模型进行屈曲形态分析，将一阶形态作为初始缺陷，柱跨中最大侧向挠度取为 H/1000，H 为柱高度。

表 9.6　柱横截面尺寸

分析对象编号	$B\times D_i^*$	C/m	$D_i\times t_s^*$	纵筋数量和直径 /mm	箍筋直径和间距 /mm
1（S0 组试件）	300×300	1.2	159×6	12 ϕ 16	8@100
2（S1 组试件）	300×300	1.2	203×6	12 ϕ 16	8@100
3	450×450	1.8	180×10	16 ϕ 20	10@100
4	600×600	2.4	325×9	16 ϕ 25	10@100
5	750×750	3.0	480×14	16 ϕ 30	12@100
6	900×900	3.6	600×20	24 ϕ 28	14@100
7	1400×1400	5.6	1160×30	28 ϕ 36	16@100

* 此两列中 B、D_i、t_s 的尺寸单位均为 mm。

表 9.7 为钢管混凝土加劲混合结构柱分析对象参数。其中第 1 组和第 2 组的分析对象与第 9.3 节试验中的 S0 组试件和 S1 组试件的信息相同。第 3～22 组分析对象中，第 4 组为基本分析对象。变化截面尺寸的分析对象的编号为第 3～7 组，对应表 9.6 中的编号。

表 9.7　耐火极限分析参数汇总

编号	B/mm	D_i/mm	t_s/mm	H/mm	λ	α/%	f_y/MPa	f_{cui}/MPa	f_{cuo}/MPa	边界条件
1	300	159	6	3800	22	3.20	416	60.1	31.2	固接
2	300	203	6	3800	22	4.13	398	60.1	31.2	固接
3	450	180	10	2598	10	2.64	345	80	50	固接
4	600	325	9	3464	10	2.48	345	80	50	固接
5	750	480	14	4330	10	3.64	345	80	50	固接
6	900	600	20	5196	10	4.50	345	80	50	固接
7	1400	1160	30	8083	10	5.43	345	80	50	固接
8	600	325	9	6928	20	2.48	345	80	50	固接
9	600	325	9	10 392	30	2.48	345	80	50	固接
10	600	325	9	6928	40	2.48	345	80	50	铰接

续表

编号	B/mm	D_i/mm	t_s/mm	H/mm	λ	α/%	f_y/MPa	f_{cui}/MPa	f_{cuo}/MPa	边界条件
11	600	325	9	10 392	60	2.48	345	80	50	铰接
12	600	325	6	3464	10	1.67	345	80	50	固接
13	600	325	12	3464	10	3.28	345	80	50	固接
14	600	325	15	3464	10	4.06	345	80	50	固接
15	600	325	9	3464	10	2.48	235	80	50	固接
16	600	325	9	3464	10	2.48	420	80	50	固接
17	600	325	9	3464	10	2.48	345	50	50	固接
18	600	325	9	3464	10	2.48	345	60	50	固接
19	600	325	9	3464	10	2.48	345	70	50	固接
20	600	325	9	3464	10	2.48	345	80	30	固接
21	600	325	9	3464	10	2.48	345	80	40	固接
22	600	325	9	3464	10	2.48	345	80	60	固接

第 8～11 组分析对象研究长细比变化对耐火极限的影响，其中第 8 组和第 9 组分析对象的边界条件为固接，第 10 组和第 11 组分析对象的边界条件为铰接，长细比分别为第 8 组和第 9 组的 2 倍。第 12～14 组变化截面含钢率，通过变化钢管的壁厚实现。第 15 组和第 16 组变化钢管屈服强度，第 17～19 组变化核心混凝土强度，第 20～22 组变化外部混凝土强度。

表 9.8 为钢管混凝土加劲混合结构柱耐火极限设计，其中编号与表 9.7 中的编号对应。不同荷载比时的计算结果可见，耐火极限随荷载比的增加而减小。从第 1～7 组的结果可见，耐火极限随截面尺寸的增加而呈现增加的趋势。

表 9.8　耐火极限（t_R）设计（单位：h）

编号	n						
	0.2	0.3	0.4	0.5	0.6	0.7	0.8
1	>3	>3	2.37	1.82	1.20	0.78	0.57
2	>3	>3	2.23	1.65	1.13	0.80	0.57
3	>3	>3	>3	>3	>3	2.33	1.65
4	>3	>3	>3	>3	>3	2.62	1.73
5	>3	>3	>3	>3	>3	2.48	1.37
6	>3	>3	>3	>3	>3	2.45	1.23
7	>3	>3	>3	>3	>3	>3h	2.10
8	>3	>3	>3	>3	2.62	1.82	1.17
9	>3	>3	>3	2.83	2.00	1.40	0.95
10	>3	>3	2.97	2.05	1.30	0.87	0.60
11	>3	2.63	1.60	0.87	0.53	0.38	0.28

续表

编号	n						
	0.2	0.3	0.4	0.5	0.6	0.7	0.8
12	>3	>3	>3	>3	>3	2.30	1.52
13	>3	>3	>3	>3	>3	2.85	1.82
14	>3	>3	>3	>3	>3	2.63	1.65
15	>3	>3	>3	>3	>3	2.12	1.32
16	>3	>3	>3	>3	>3	2.38	1.57
17	>3	>3	>3	>3	>3	2.83	1.95
18	>3	>3	>3	>3	>3	2.63	1.77
19	>3	>3	>3	>3	>3	2.58	1.70
20	>3	>3	>3	>3	>3	2.53	1.65
21	>3	>3	>3	>3	>3	2.60	1.62
22	>3	>3	>3	>3	>3	2.52	1.53

由第 8～11 组的结果可见，耐火极限随长细比的增加而降低。从第 12～14 组的结果可见，截面含钢率对耐火极限的影响规律不明显。从第 15 组和第 16 组的结果可见，耐火极限随钢管强度的增加而增加。从第 17～22 组的结果可见，不论是核心混凝土还是外部混凝土，耐火极限均随混凝土强度的提高而呈现降低的趋势。表 9.8 给出的钢管混凝土加劲混合结构柱耐火极限结果可供实际工程参考。

9.6　火灾后剩余承载力计算

在第 9.2 节建立的有限元计算模型的基础上，选取工程中常见参数范围内的钢管混凝土加劲混合结构柱构件，采用有限元计算模型对钢管混凝土加劲混合结构柱火灾后剩余承载力进行计算。

为得到 N-M 相关曲线，常见两种加载路径：①先施加轴力，再施加弯矩；②轴力和弯矩同时施加。图 9.22 为加载路径示意图。在对钢管混凝土加劲混合结构柱火灾后性能进研究时，采用这两个加载路径分别计算钢管混凝土加劲混合结构柱在常温下的极限承载力，并对加载路径的影响进行分析。先施加弯矩再施加轴力的加载路径（图 9.22 中路径 3）在实际工程中并不多见（韩林海，2016），在此不做分析。

对得到的基本分析对象常温下的 N-M 相关曲线，以 N_u 和 M_u 为基准做归一化处理，得到 N/N_u-M/M_u 相关曲线，如图 9.23 所示。路径 1 采用位移加载（D）计算得到，路径 2 采用位移加载（D）和力加载（F）两种方式分别计算得到。可见，路径 2 采用位移加载和力加载得到的结果均落在路径 1 得到的 N/N_u-M/M_u 曲线上，可见路径和加载模式对钢管混凝土加劲混合结构柱的 N/N_u-M/M_u 相关曲线的影响不明显。

图 9.24 所示为钢管混凝土加劲混合结构柱的火灾后的 N/N_u-M/M_u 相关曲线，为便于对比也对得到的结果做了归一化处理，其中 t_h 为 0 时对应常温下的结果。采用图 9.22 所示的

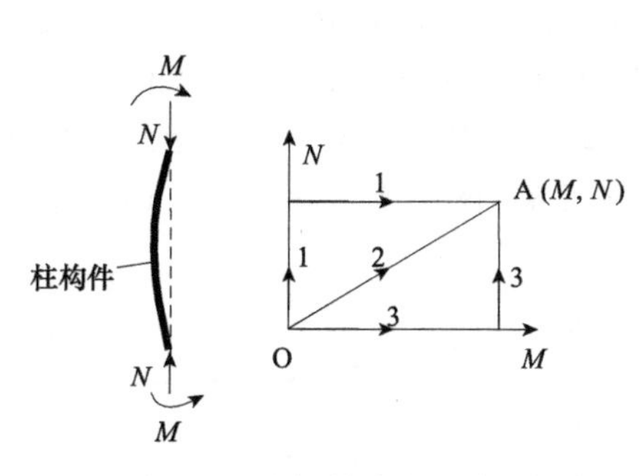

图 9.22　柱加载路径示意图

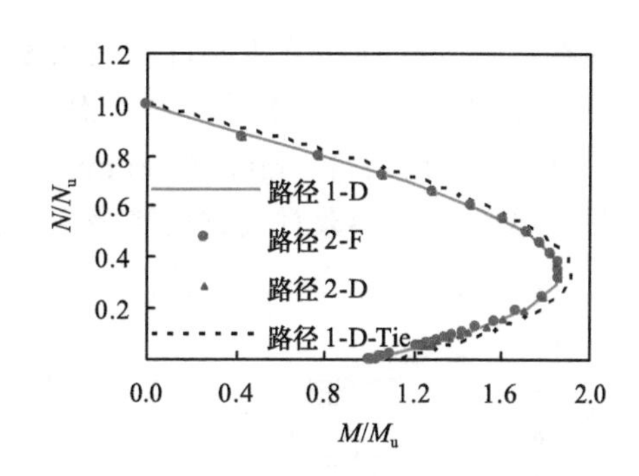

图 9.23　常温下柱的 N/N_u-M/M_u 相关曲线

路径 2 加载。图 9.24（a）采用图 1.14 中的路径 A→B→C→D→E′ 进行计算，不考虑升、降温过程中的荷载影响；图 9.24（b）采用图 1.14 中的路径 A→B′→C′→D′→E′ 进行计算，考虑了荷载和全过程火灾耦合作用的影响。可见，随着升温时间（t_h）的提高，火灾后钢管混凝土加劲混合结构柱的剩余承载力降低，得到的 N/N_u-M/M_u 相关曲线包络的面积越小。

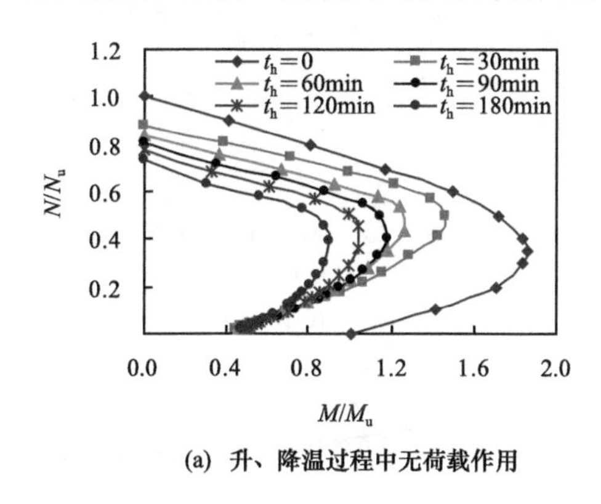

(a) 升、降温过程中无荷载作用

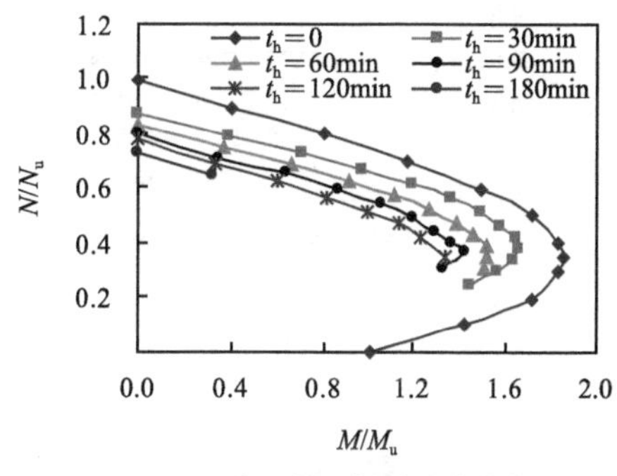

(b) 升、降温过程中有荷载作用

图 9.24　火灾后柱的 N/N_u-M/M_u 相关曲线

对比图 9.24（a）和（b）可见，当仅有轴力作用时，初始荷载对火灾后剩余承载力影响不明显，在升温时间 t_h 为 0～180min 时，该影响不超过 1%。但当有弯矩存在时，不考虑初始荷载作用时，得到的火灾后极限承载力偏高。初始荷载的作用增加了火灾后柱试件中存在初挠屈，会导致弯矩存在时的承载力降低。但考虑初始荷载会增加有限元计算模型计算时收敛难度。因此，当不存在弯矩或弯矩较小（$M/M_u \leqslant 0.8$）时，在简化计算中可忽略初始荷载的影响；当弯矩较大（$M/M_u > 0.8$）时，对计算得到的剩余承载力系数进行折减，可偏保守地对计算得到的轴力极限承载力乘 0.9 的折减系数。

本节进而对全过程火灾作用下的钢管混凝土加劲混合结构柱的火灾后剩余承载力系数（R）进行计算。谭清华（2012）对型钢混凝土柱在全过程火灾作用后的剩余承载力系数进行了计算，结果表明纵向钢筋配筋率和纵向钢筋的屈服强度对型钢混凝土柱火灾后剩余承载力的影响不明显，认为这主要是因为纵筋的截面面积在总横截面比例较小。因此本节未研究这两个参数的影响。

本节计算了不同参数下钢管混凝土加劲混合结构柱在不同升温时间（t_h）下的 R

值。其参数选择和其他分析条件均与第 9.5 节相同。与耐火极限计算不同，全过程火灾后剩余承载力系数计算时，须考虑升温时间的（t_h）的影响，t_h 的取值为：0min、30min、60min、90min、120min 和 180min，其中 t_h 为 0 时对应常温下（未受火）的情况。

图 9.25 为不同参数对火灾后剩余承载力系数（R）的影响。图 9.25（a）为截面周

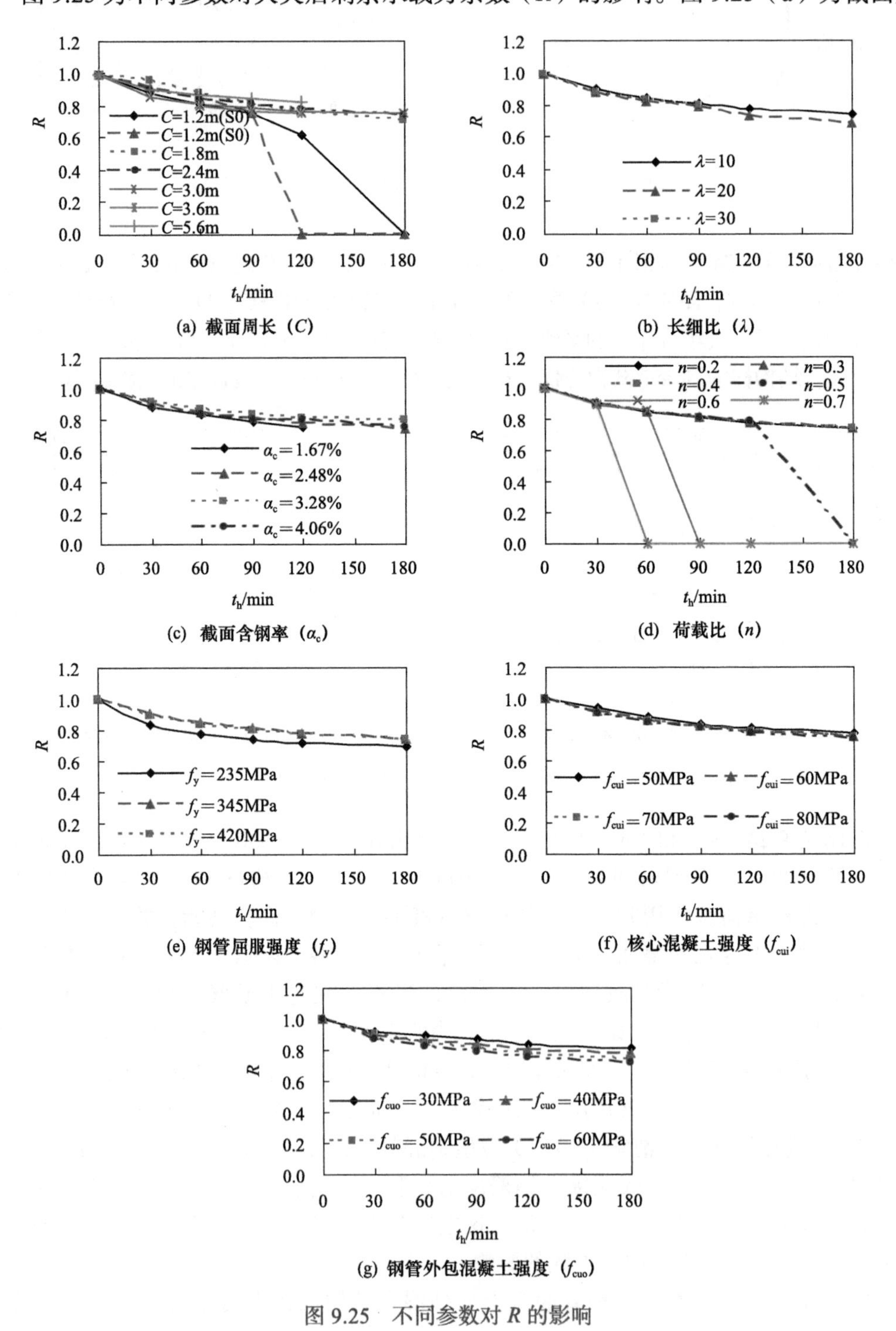

图 9.25　不同参数对 R 的影响

长（C）的影响，其中，除表 9.6 中的第 1 组在 t_h 为 180min 时和第 2 组在 t_h 为 120min 和 180min 时外，其他算例的耐火极限均超过 180min，对于在 $t_h \leqslant 180$min 破坏的算例，R 定义为 0。

由图 9.25（a）可见，当 C 不小于 1.8m 时，钢管混凝土加劲混合结构柱在升温 180min 及降温段均未发生破坏。C 对 R 的影响规律不明显，这是因为钢管混凝土加劲混合结构柱组成较复杂，在控制 C 变化时，很难控制其他因素，如钢管尺寸的影响相对不变化。但所选参数范围内，C 对 R 的影响幅度较明显，如 t_h 为 30min 时 C 为 1.8m 时，R 为 0.963；而 C 为 3.0m 时 R 为 0.854（比前者低 11%）。

图 9.25（b）为长细比（λ）对 R 的影响，可见，R 随 λ 的增加有降低的趋势。这是因为 λ 增加时，钢管混凝土加劲混合结构柱在全过程火灾作用后的残余变形增加，承载力损失更大。λ 对 R 的影响程度较适中，如当 t_h 为 180min 且 λ 为 10 时，R 为 0.747；而 λ 为 20 时，R 为 0.684（比前者低 9.4%）。

图 9.25（c）为截面含钢率（α_c）对 R 的影响，可见 R 随 α_c 的增加而增大。这是因为钢材在升、降温后比混凝土更容易恢复其强度和刚度，钢管混凝土加劲混合结构柱中钢管位于截面内部，在火灾下达到的最高温度较低，因此 α_c 较高时，钢管混凝土火灾后的剩余承载力更高。α_c 影响较适中，如当 t_h 为 120min 且 α_c 为 1.67% 时，R 为 0.756；当 α_c 为 4.06% 时，R 为 0.798（较前者增加 5.6%）。

图 9.25（d）为柱荷载比（n）对 R 的影响，可见，当钢管混凝土加劲混合结构柱在升、降温段没有发生破坏时，n 对 R 的影响较不明显，如 t_h 为 30min 且 n 为 0.2 时，R 为 0.903；而 n 为 0.7 时，R 为 0.896（仅比前者低 0.8%）。

图 9.25（e）为钢管屈服强度（f_y）对 R 的影响，可见，R 随 f_y 的升高而增大，其原因与 α_c 的类似。

图 9.25（f）为核心混凝土强度（f_{cui}）的对 R 的影响，可见 f_{cui} 对 R 的影响不明显，如 t_h 为 180min 且 f_{cui} 为 50MPa 时，R 为 0.776，而对应 f_{cui} 为 80MPa 时，R 为 0.747（比前者低 3.7%）。但 R 随 f_{cui} 的增大呈现降低的趋势。这是因为 f_{cui} 增大且 n 被控制保持不变时，升、降温过程中施加在柱上的荷载增加，外部混凝土强度不变的情况下，其荷载比相对增加，火灾中的损失相对增大。

图 9.25（g）为钢管外包混凝土强度（f_{cuo}）对 R 的影响。R 随 f_{cuo} 的增大而降低，与 f_{cui} 的影响类似。f_{cuo} 对 R 的影响与 f_{cui} 对 R 的影响相比较大，如 t_h 为 180min 且 f_{cuo} 为 30MPa 时，R 为 0.813；而 f_{cuo} 为 60MPa 时，R 为 0.714（比前者低 12.2%）。

图 9.25 给出的火灾后钢管混凝土加劲混合结构柱剩余承载力系数计算结果可为实际工程中的该类柱的火灾后剩余承载力评估提供参考。

9.7 本章小结

本章建立了全过程火灾作用下钢管混凝土加劲混合结构柱的有限元计算模型，对全过程火灾作用下钢管混凝土加劲混合结构柱的力学性能进行了试验研究，得到了钢管混凝土加劲混合结构柱耐火极限、火灾后剩余承载力、破坏形态、温度 - 受火时间关系、变形 - 受火时间关系等的变化规律。

基于试验数据对模型的有效性进行了验证，试验结果表明，火灾下钢管混凝土柱表现出良好的“韧性”。采用该有限元计算模型对钢管混凝土加劲混合结构柱在全过程火灾作用下的耐火性能进行了计算，得到了不同参数下钢管混凝土加劲混合结构柱的耐火极限和剩余承载力系数，并给出上述两个参数的实用确定方法，可为工程中钢管混凝土加劲混合结构柱火灾后评估和修复提供参考。

参 考 文 献

韩林海，陶忠，王文达，2009．现代组合结构和混合结构——试验、理论和方法［M］．北京：科学出版社．

韩林海，2016．钢管混凝土结构——理论与实践［M］．3 版．北京：科学出版社．

侯舒兰，2014．均匀受火下钢管混凝土叠合柱耐火性能研究［D］．北京：清华大学．

林立岩，国建龙，耿昕，1998．钢管混凝土叠合柱——一种抗震性能良好的新型柱［J］．工程力学，增刊：7-10．

谭清华，2012．火灾后型钢混凝土柱、平面框架力学性能研究［D］．北京：清华大学．

吴波，马忠诚，欧进萍，1999．高温后混凝土变形特性及本构关系的试验研究［J］．建筑结构学报，20（5）：42-49．

中国工程建设标准化协会，2020．钢管混凝土加劲混合结构技术规程：T/CECS 663—2020［S］．北京：中国建筑工业出版社．

中华人民共和国住房和城乡建设部，2016．建筑抗震设计规范（2016 年版）：GB 50011—2010［S］．北京：中国建筑工业出版社．

中华人民共和国住房和城乡建设部，2021．钢管混凝土混合结构技术标准：GB/T 51446—2021［S］．北京：中国建筑工业出版社．

周侃，2017．钢管混凝土叠合住 -RC 梁节点耐火性能研究［D］．北京：清华大学．

ABAQUS, 2010. ABAQUS analysis user's manual [CP]. SIMULIA, Providence, RI.

ACI COMMITTEE 319, 2011. ACI 318-11 Building code requirements for structural concrete and commentary [S]. Famington Hills, MI: American Concrete Institute.

ACI/TMS COMMITTEE 216, 2007. ACI 216. 1-07 Standard method for determining fire resistance of concrete and masonry construction assemblies [S]. Famington Hills, MI: American Concrete Institute.

DWAIKAT M B, KODUR V K R, 2010. Fire induced spalling in high strength concrete beams [J]. Fire Technology, 46: 251-274.

HAN L H, AN Y F, 2014. Performance of concrete-encased CFST stub columns under axial compression [J]. Journal of Constructional Steel Research, 93: 62-76.

HERTZ K D, 2003. Limits of spalling of fire-exposed concrete [J]. Fire Safety Journal, 38 (2): 103-116.

ISO-834, 1975. Fire resistance tests-elements of building construction [S]. International Standard ISO 834, Geneva.

ISO-834, 1999. Fire resistance tests-elements of building construction-part 1: General requirements [S]. International Standard ISO 834-1, Geneva.

LIE T T, 1994. Fire resistance of circular steel columns filled with bar-reinforced concrete [J]. Journal of Structural Engineering, 120 (5): 1489-1509.

LIN C H, CHEN S T, YANG C A, 1995. Repair of fire-damaged reinforced concrete columns [J]. ACI Structural Journal, 92 (4): 1-6.

POPOVICS S, 1973. A numerical approach to the complete stress-strain curve of concrete [J]. Cement and Concrete Research, 3 (5): 583-599.

ZHOU K, HAN L H, 2018. Experimental performance of concrete-encased CFST columns subjected to full-range fire including heating and cooling [J]. Engineering Structures, 165: 331-349.

ZHOU K, HAN L H, 2019. Modelling the behaviour of concrete-encased concrete-filled steel tube (CFST) columns subjected to full-range fire [J]. Engineering Structures, 183: 265-280.

第 10 章　型钢混凝土柱 - 型钢混凝土梁节点的耐火性能

10.1　引　　言

型钢混凝土（SRC）柱 - 型钢混凝土（SRC）梁节点已在多、高层建筑工程中得到应用，但其耐火性能尚需深入研究。本章论述这类节点在图 1.13 所示的 A→B→B′ 升温曲线作用下的耐火性能，所用的型钢混凝土柱和梁截面形式如图 1.6（a1）所示，具体内容包括：①节点耐火性能有限元计算模型的建立；②节点试件耐火性能的试验研究；③节点在力和温度共同作用下的工作机理研究；④节点耐火性能影响因素的影响规律分析。

10.2　有限元计算模型

平面框架结构发生火灾时，中柱节点可能会有多种受火形式，例如，节点楼板下部双侧受火、节点楼板下部单侧受火、节点楼板上部双侧受火、节点楼板上部单侧受火、节点楼板上下部双侧同时受火、节点楼板上下部单侧同时受火、节点楼板上部双侧下部单侧同时受火、节点楼板上部单侧下部双侧同时受火等。

火灾工况不同导致节点的力学反应也有所不同，本节选取如图 10.1（a）所示的具有代表性的楼板下部双侧受火中柱节点为研究对象，取节点相邻两跨梁的跨中和上、下柱中部为隔离体，得到如图 10.1（b）所示的简化模型，其边界条件为：柱下端固结、上端约束平面内转动、柱上端受轴向荷载（N_F），梁两端约束轴向变形和平面内转动、梁上承受均布线荷载（q_F）。

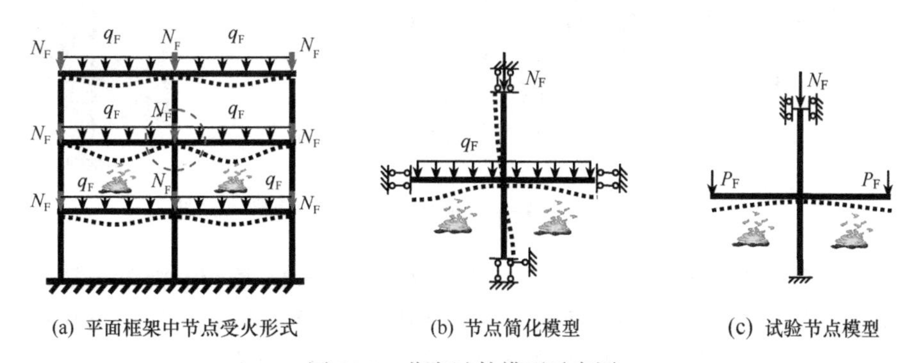

图 10.1　节点试件模型示意图

实际结构难免存在初始缺陷，因此即使在对称荷载作用下，对称的节点模型也会发生图 10.1（b）所示的非对称变形，在试验过程中如能实现这样的工况将更能反映实际情况。受到试验设备的限制，结合试验设备所能提供的边界条件，对图 10.1（b）进一步简化，最终得到如图 10.1（c）所示的边界条件，即柱下端固结、上端约束水平位移和平面内转动、柱上端受轴向荷载 N_F，梁两端自由，梁端作用竖向荷载 P_F。在进一步的机理分析中，将采用类似图 10.1（b）所示的节点模型对组合框架梁 - 柱节点的受力性能展开研究。

本节建立了火灾下节点的有限元计算模型，包括温度场计算模型和节点受力分析模型（Han et al., 2009）。

建立有限元计算模型时，混凝土采用实体单元，型钢和加劲肋均采用壳单元，纵筋和箍筋则采用桁架单元。

如 3.2.1 节所述，钢材和混凝土的热工参数根据 Lie 等（1993）确定，同时考虑混凝土中所含水分对温度场的影响（Lie，1994；Lie 等，1990）。计算时，忽略混凝土与钢材之间的接触热阻，假设完全传热。设定环境初始温度（如 20℃）于各个节点，外界火焰温度按照设定的升温曲线［如 ISO-834（1975）规定的方法等］进行升温，周围的空气主要通过对流和辐射向节点边界传热。

图 10.2 给出了空气与节点结构间的传热示意图，即楼板以下的结构受火，楼板以上部分表面为散热边界，图中，N_F 为柱轴向荷载，q_F 为梁上均布荷载。

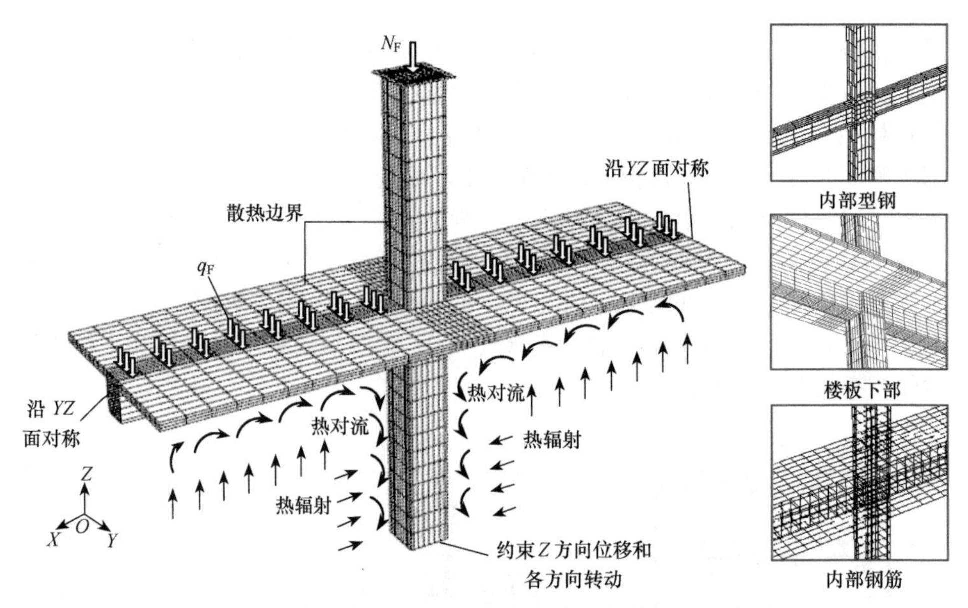

图 10.2　节点模型边界条件和网格结构间的传热示意图

型钢和钢筋常温和升温段的应力 - 应变关系按式（3.2）确定。混凝土常温和升温段的应力 - 应变关系按式（3.6）确定。型钢混凝土和钢筋混凝土中混凝土及其钢部件之间的界面按第 3.2.2 节中论述的方法确定，采用图 3.12 所示的弹簧单元模拟。

基于有限元软件平台 ABAQUS（Hibbitt，Karlsson and Sorensen，Inc.，2004）建立模型，图 10.2 给出了型钢混凝土柱 - 型钢混凝土梁连接节点有限元计算模型的单元划分形式和力及位移边界条件。混凝土采用实体单元，型钢采用壳单元，钢筋采用桁架单元。有限元计算时，柱两端设置刚性垫块来模拟加载端板，采用实体单元模拟。计算时考虑了柱的初始缺陷，假定 1/2 柱高处（图 10.2 中型钢混凝土柱的底面）的初始缺陷为柱计算长度的千分之一。

上述有限元计算模型的计算结果得到本书第 10.3 节所述试验结果的验证。

10.3　试 验 研 究

进行了型钢混凝土柱 - 型钢混凝土梁连接节点图 1.13 所示的 ABB′ 升温曲线作用下的耐火性能试验研究（Han et al.，2009；郑永乾，2007；Tan et al.，2011）。

10.3.1　试验概况

组合节点由型钢混凝土柱和型钢混凝土梁组成，型钢混凝土柱高（H）为 3800mm，柱两侧 SRC 梁端的间距（L）为 3900mm。为考虑楼板的影响，试件也包含混凝土楼板。

节点柱下端固结，柱上端则通过竖向滑动轴来约束其水平方向的位移和平面内转动，并保证在竖直方向可以自由移动，节点梁端自由。图 10.3 所示为节点试件受火和受力示意图。进行耐火试验时，柱顶端施加恒定轴向压力（N_F），梁两侧梁端施加恒定竖向荷载（P_F），两个加载点的距离为 3700mm。

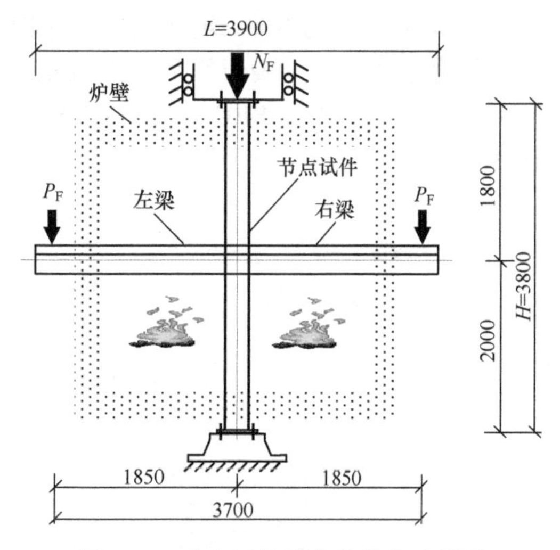

图 10.3　节点试件受火和受力示意图（尺寸单位：mm）

楼板以下部分受 ISO-834（1975）升温火灾，以模拟建筑结构中局部楼层受火的情况。SRC 梁和柱的截面分别为：□－300×200mm 和□－300×300mm。

表 10.1 给出了节点试件的有关参数，其中，k 为梁柱线刚度比，表达式为

$$k=\frac{(EI)_b/L}{(EI)_c/H}\qquad(10.1\text{-}1)$$

参考 Eurocode 4（2005）：

$$EI=E_sI_s+E_{sb}I_{sb}+0.6E_cI_c\qquad(10.1\text{-}2)$$

式中：$(EI)_b$——梁的抗弯刚度；

$(EI)_c$——柱的抗弯刚度；

L——梁长度；

H——柱高度；

E_s——型钢弹性模量；

E_{sb}——钢筋弹性模量；

E_c——混凝土弹性模量；

I_s——型钢的截面惯性矩；

I_{sb}——钢筋的截面惯性矩；

I_c——混凝土的截面惯性矩。

n为柱荷载比，按式（3.17）计算；m为梁荷载比，按式（3.18）计算。式（3.11）中的常温下柱极限承载力N_u和式（3.18）中的梁极限承载力P_u均由有限元计算模型计算获得。

表 10.1　型钢混凝土柱-型钢混凝土梁连接节点试件信息

试件编号	k	n	m	N_F/kN	P_F/kN	t_R/min
JSRC1	0.706	0.66	0.3	2139	22	127
JSRC2	0.706	0.66	0.6	2139	44	94

图 10.4 所示为 SRC 组合节点尺寸图。SRC 梁内主筋贯通节点区域，纵向受力钢筋外边缘至混凝土表面的距离为 30mm。柱端板尺寸与钢管混凝土柱端板一致，并与型钢和钢筋焊接。SRC 梁和 SRC 柱内配的型钢截面翼缘和腹板厚度相同，均为 10.3mm。

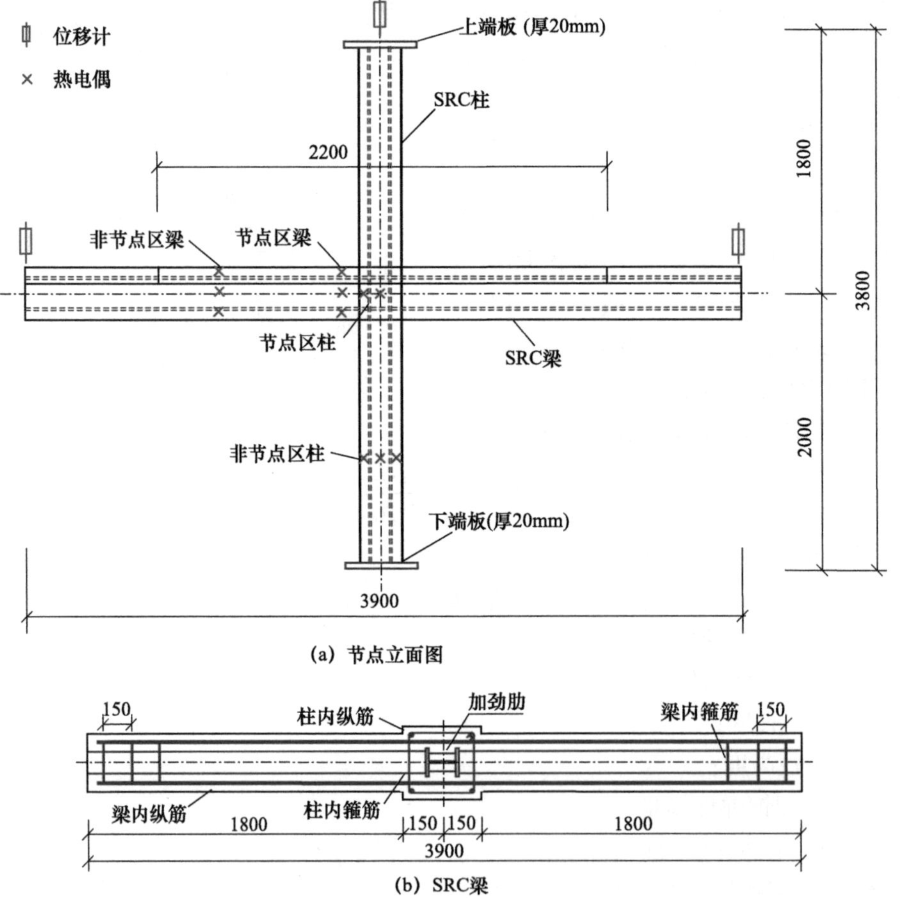

图 10.4　组合节点尺寸（尺寸单位：mm）

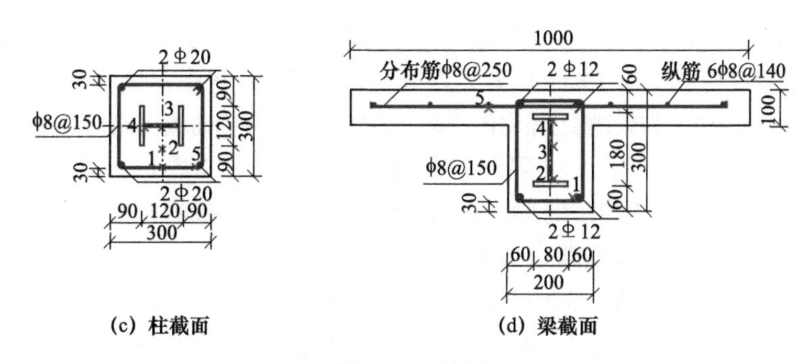

(c) 柱截面　　(d) 梁截面

图 10.4 （续）

试件中采用的各类钢材在常温下的材料性能均通过标准拉伸试验确定，其屈服强度（f_y）、抗拉强度（f_u）、弹性模量（E_s）和泊松比（ν_s）等指标如表 10.2 所示。

表 10.2　钢材力学性能指标

钢材类型	f_y/MPa	f_u/MPa	E_s/（10^5N/mm^2）	ν_s
10.3mm 厚钢板	260	388	2.03	0.311
Φ20 纵筋	378	583	2.01	0.275
Φ12 纵筋	410	588	1.82	0.270
φ8 钢筋	431	542	1.90	0.281

节点试件中的柱、梁和楼板采用了同一种混凝土，混凝土所用材料为普通硅酸盐水泥；花岗岩碎石（硅质），粒径 5～31.5mm；中粗砂，砂率 0.41；Ⅱ级粉煤灰。水灰比为 0.45。各种材料的用量为：水泥 315kg/m^3；砂 744kg/m^3；石子 1071kg/m^3；水 175kg/m^3；粉煤灰 75kg/m^3；减水剂 7.02kg/m^3；28d 时的立方体抗压强度 f_{cu}=27.8MPa；弹性模量 E_c=29 200N/mm^2；试验时 f_{cu}=30.6MPa。

SRC 组合节点试验的加载方式和边界条件如图 10.3 所示。柱上、下两端盖板分别与加荷板和固定钢板连接。梁左右两端各放置一个位移计测量加载端的位移，柱顶放置两个位移计测量柱在受火过程中的轴向变形。常温下施加柱轴向荷载和梁端荷载至设计荷载，按照 ISO-834（1975）标准升温曲线点火升温，测试过程中保持施加在柱顶和梁两端上的荷载稳定不变。试验现象则通过设置在试验炉壁两侧的观察孔观测。

试验过程中测试的项目包括：①炉膛温度、试件节点区温度（对于柱，布置在节点核心区中心位置，对于型钢混凝土梁，布置在距离柱边 50mm 位置）、节点外柱截面（距离梁底 800mm）和梁截面温度（距离柱轴线 800mm）。在梁和柱截面的纵筋、箍筋、型钢和混凝土的不同位置设置了热电偶测量试件内部温度，测温点的具体位置如图 10.4（c）和（d）所示。②柱轴向压缩，通过柱加载板上放置的两个位移计测得。③梁端挠度。④节点的耐火极限。

节点耐火极限试验过程为：①将节点试件吊入炉中，定位后用螺栓将试件上下端部与炉内压力机的上下盖板连接好。②楼板边缘、顶面、楼板以上柱表面包裹石棉布（布总厚度为 20mm，体积密度 928kg/m^3）。以保证这些部位的绝热性。③连接热电偶、柱顶位移计、面外位移计的连线。钼丝通过混凝土墩转动轴和滑轮引出。安装梁端位移计等仪表。④封闭炉膛。⑤施加轴向荷载（N_F）至设计荷载，恒定持荷 15min 后，开始施加梁两端荷载至设计荷载（P_F）。⑥梁端荷载持荷 15min 后开始点火。升温测试过程中，量测构件测温点温度以及变形，保持施加在柱上和梁端荷载恒定不变。⑦节点试件达到耐火极限后熄火并停止测试。

对梁 - 柱连接节点的耐火极限判定标准目前尚无统一规定，本书结合 ISO-834（1999）和 GB/T 9978（2008）对梁、板和柱构件达耐火极限的判定标准，认为节点试件满足如下条件之一时，节点即达到耐火极限而破坏。

1）梁、板变形：根据 ISO-834（1999）标准，梁板最大挠度达到 $L^2/(400h)$（mm），同时当挠度超过 $L/30$（mm）后变形速率超过 $L^2/(9000h)$（mm/min），其中 L 为梁板计算跨度（mm），h 为梁拉压区边缘间距离（mm）。

2）柱变形：根据 ISO-834（1999）标准，轴向压缩量达到 $0.01H$（mm）且轴向压缩速率超过 $0.003H$（mm/min），其中，H 为柱高度（mm）。

3）千斤顶压力急剧下降，梁或柱无法维持设计荷载。

10.3.2　试验结果及分析

（1）温度 - 受火时间关系

实测的节点试件温度（T）- 受火时间（t）关系类似，以 JSRC1 试件为例，图 10.5 给出了非节点区的 T-t 关系。测试结果表明，当混凝土内的温度达 100℃时，混凝土里

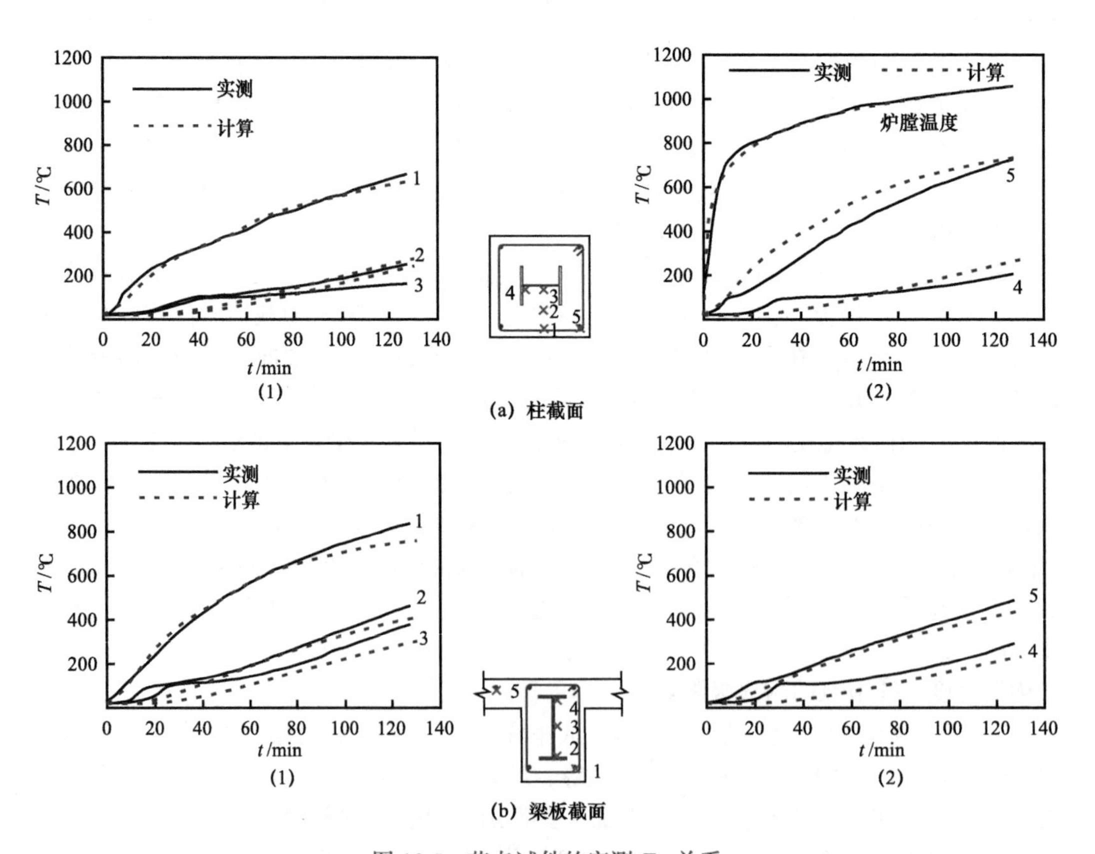

图 10.5　节点试件的实测 T-t 关系

的水分开始蒸发，在该时刻截面温度曲线出现波动。比较节点区和非节点区测温点的温度表明，型钢混凝土梁或柱在节点区附近和非节点区截面尺寸相同的情况下，节点区测温点升温比非节点区相应点升温滞后。以型钢混凝土梁为例，在 90min 时，梁底边角纵筋、型钢腹板下部、中心及上部温度比非节点区的分别低 150℃、77℃、59℃和 38℃。

采用建立的节点温度场计算模型，对温度（T）- 受火时间（t）关系进行计算，图 10.5 中给出了有限元计算结果与实测结果的比较，可见二者总体上吻合较好，在 100℃左右时计算结果与实测结果差别较大。

（2）变形实测结果及分析

1）柱轴向变形 - 受火时间关系：两个节点均由于柱轴向变形和速率过大而达到耐火极限。图 10.6 给出了两个节点试件柱轴向变形（Δ_c）- 受火时间（t）关系。可见，试件 JSRC1 和 JSRC2 的变形曲线形状相同，虽然 SRC 组合节点中的柱荷载比（n）相同，但由于梁荷载比（m）不同，使得耐火极限（t_R）有所不同，当梁荷载比（m）由 0.3 增加到 0.6 时，耐火极限（t_R）由 127min 降低到 97min。

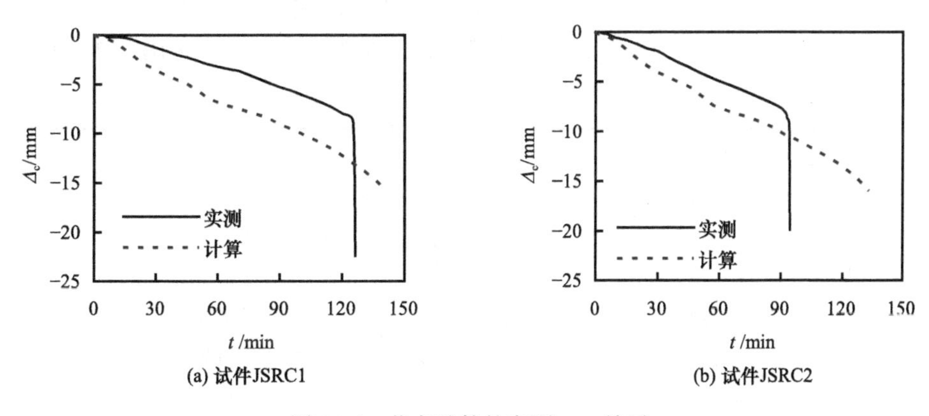

图 10.6　节点试件的实测 Δ_c-t 关系

2）梁端挠度 - 受火时间关系：图 10.7 给出实测的梁端挠度（δ_b）- 受火时间（t）关系。可见，在外荷载及火灾作用下，柱发生变形，使得 L 梁和 R 梁的挠度不一致。

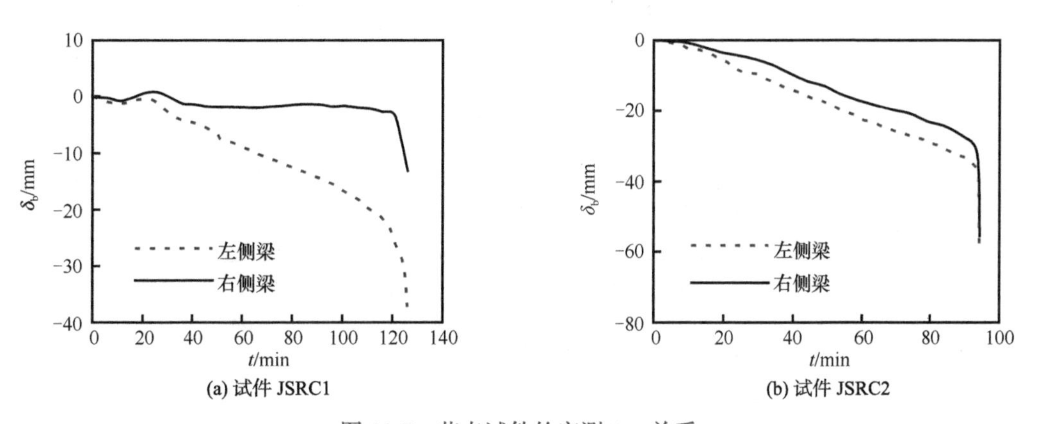

图 10.7　节点试件的实测 δ_b-t 关系

对于梁荷载比 m=0.6 的试件 JSRC2，外荷载作用下的挠度超过构件热膨胀引起的向上的弯曲，梁端不出现向上的位移。对于梁荷载比 m=0.3 的节点试件 JSRC1，在升温初期，热膨胀作用较明显，梁端挠度变化相对平缓。节点试件达耐火极限时，柱轴向压缩变形突然增加，梁变形也随之加快。

梁荷载比（m）对梁端挠度关系的影响明显，如图 10.8 所示。梁荷载比（m）越大，火灾下梁端变形越快。

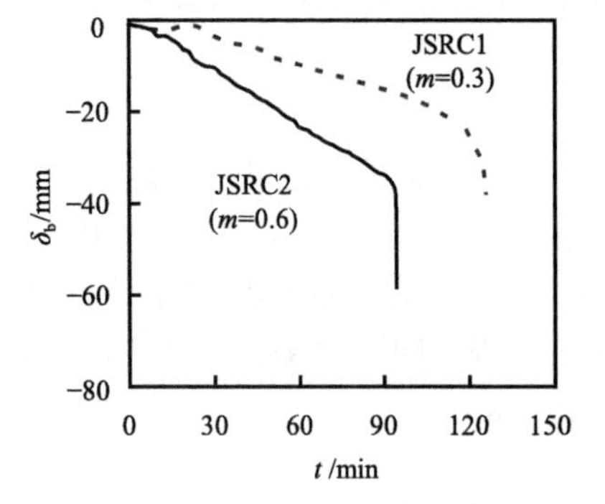

图 10.8 梁荷载比（m）对 δ_b-t 关系的影响

图 10.9 为实测梁端挠度（δ_b）-受火时间（t）关系与计算结果的对比。可以看出，L 梁端梁端挠度相对较大，有限元计算模型计算的火灾下梁端挠度比实测值小。偏差的主要原因可能是：试验时节点试件在恒载升温过程中，受火面柱外围混凝土、梁底混凝土发生剥落，使得截面减小、钢筋外露、内部升温加快[图 10.5（b）]，加速了试件的变形，而计算时不考虑上述影响，使得计算的耐火极限偏高。

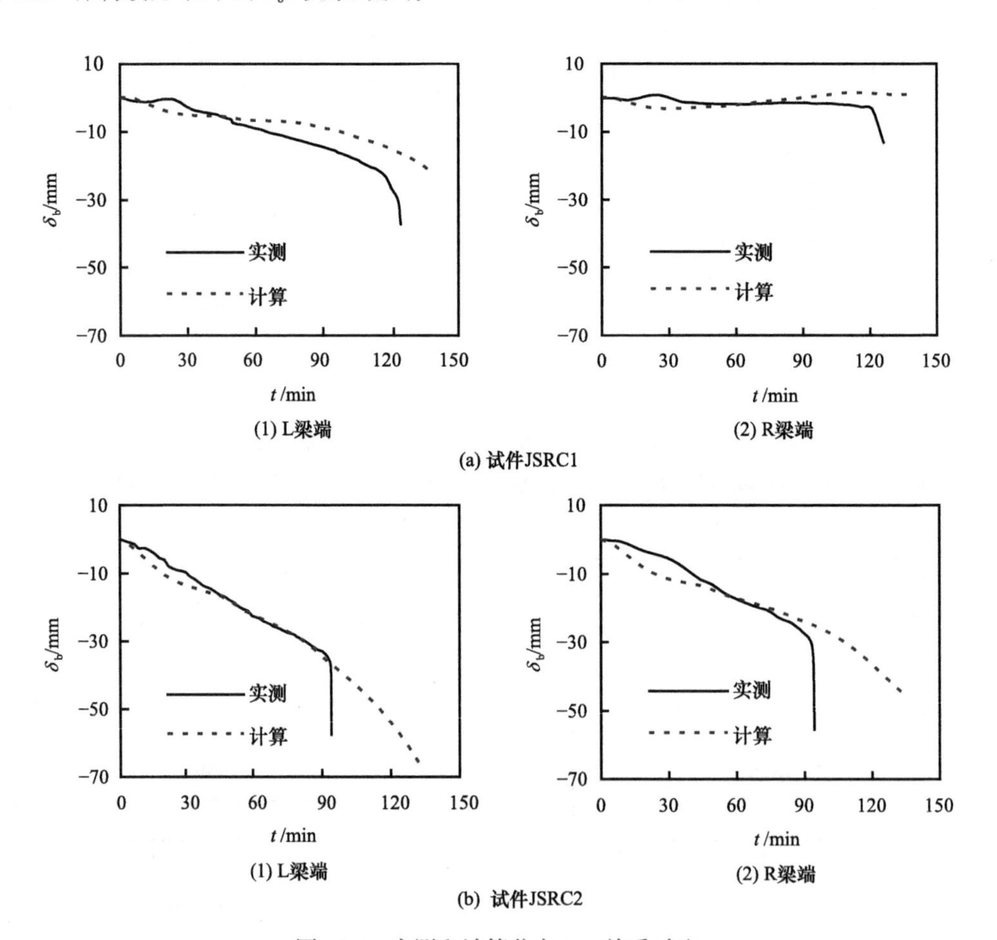

图 10.9 实测和计算节点 δ_b-t 关系对比

（3）试验现象和试件破坏特征

图 10.10 给出试验后型钢混凝土节点的破坏形态，为了便于描述，图 10.10（a1）和（b1）分别给出节点正面，而图 10.10（a2）和（b2）分别给出节点的背面情况。梁分为 L 梁和 R 梁，柱分为上柱和下柱。节点试件的试验现象和破坏形态具有如下特点。

1）以试件 JSRC1 为例，说明试验过程。升温 10min（炉膛温度 717℃）时，L 梁底混凝土角部剥落，楼板底部前面也有局部混凝土剥落。12min（746℃）时，节点区有水溢出。13min（757℃）时，R 梁底部混凝土剥落。17min（783℃）时，节点区柱位置有水一直滴下，节点区柱左侧表层有混凝土开裂。20min（800℃）时，L 梁端截

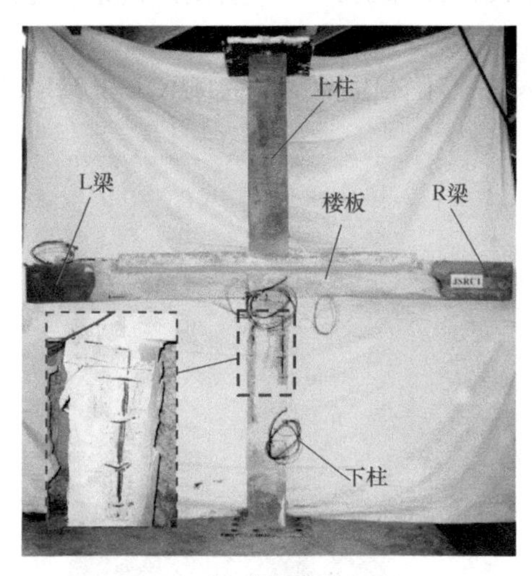

(1) 节点正面

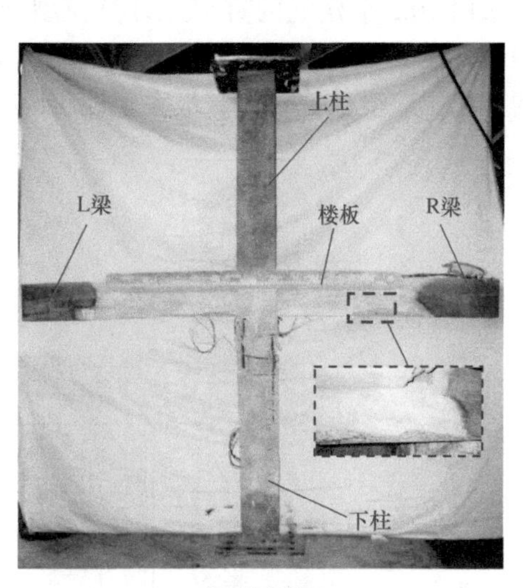

(2) 节点背面

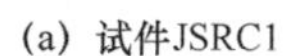
(a) 试件JSRC1

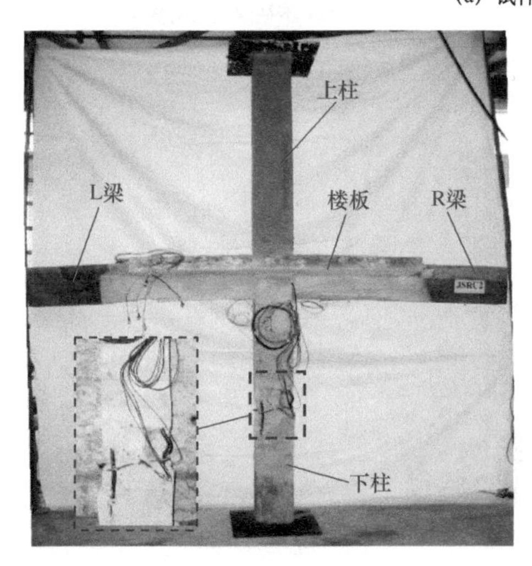

(1) 节点正面

(2) 节点背面

(b) 试件 JSRC2

图 10.10　节点试件的破坏形态

面有水溢出，62min（960℃）时，R梁端截面有水溢出，在83min（996℃）时水汽溢出现象越发明显。102min（1027℃）时节点区和L梁截面水渍转干。

2）开炉后观察试件的破坏形态，如图10.10所示，可见节点试件的破坏最终都是由于柱破坏引起的，而节点核心区没有明显裂缝产生。

3）节点梁底部有混凝土剥落现象发生，如图10.10（a2）和（b2）中梁下部放大图所示，部分纵筋裸露，楼板底部有混凝土剥落。由于试件JSRC1梁荷载比（*m*）较小，平行于板宽方向的裂缝较少，而试件JSRC2在该方向的裂缝相对明显。

4）达到极限状态时，从图10.10（a1）和（b1）可以发现，两个型钢混凝土节点试件的下柱混凝土剥落均较为明显，纵筋向外弯曲，部分箍筋发生断裂。

采用10.2节建立的有限元计算模型计算JSRC1和JSRC2节点试件破坏时的混凝土塑性压应变分布，分别如图10.11（a1）和（b1）所示。可见，试件破坏时柱受火面四周塑性压应变数值较大，最大塑性压应变发生在下柱中部，试件JSRC1和JSRC2的

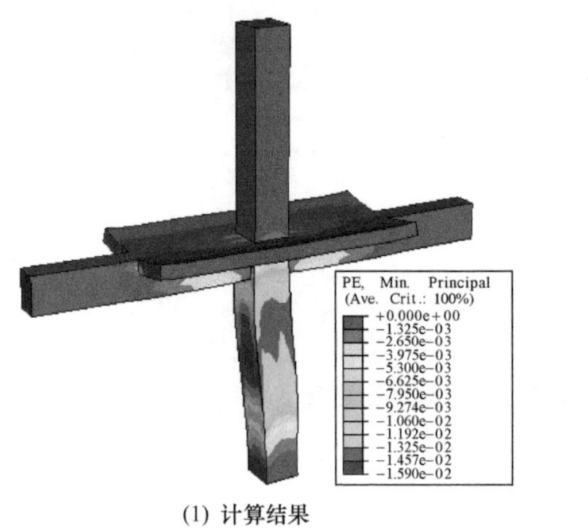

(1) 计算结果

(2) 下柱混凝土剥落

(a) 试件JSRC1

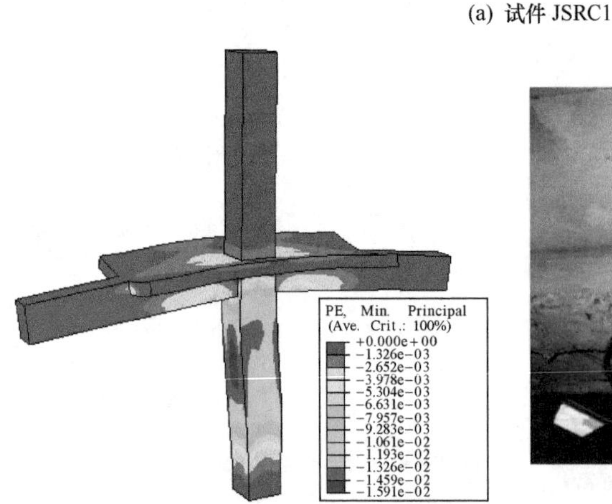

(1) 计算结果

(2) 梁混凝土剥落

(b) 试件JSRC2

图10.11　节点的混凝土塑性压应变分布

应变值分别达 15 900με 和 15 910με。型钢混凝土梁中的混凝土最大塑性压应变出现在距柱中心 400mm 的梁底位置，试件 JSRC1 和 JSRC2 的数值分别达 6034με 和 7742με。在塑性压应变较大的区域，表层混凝土更容易于发生如图 10.11（a2）和（b2）所示的剥落现象。

10.4　工作机理分析

采用数值模型对如图 10.1（b）所示的型钢混凝土（SRC）柱 - 型钢混凝土（SRC）梁节点进行分析。参照实际工程中型钢混凝土（SRC）柱的尺寸，设计了 SRC 柱 -SRC 梁连接节点，算例的计算条件如下。

1）型钢混凝土柱：$B \times B \times H = 600\text{mm} \times 600\text{mm} \times 6900\text{mm}$；H 型钢 $h \times b_f \times t_w \times t_f = 360\text{mm} \times 300\text{mm} \times 16\text{mm} \times 16\text{mm}$；纵筋 12Φ20；箍筋 ϕ10@200mm；加劲肋 328mm×92mm×14mm；型钢混凝土梁：$D_b \times B_b \times L = 600\text{mm} \times 400\text{mm} \times 9000\text{mm}$；H 型钢 $h \times b_f \times t_w \times t_f = 360\text{mm} \times 200\text{mm} \times 14\text{mm} \times 14\text{mm}$；受拉纵筋 4Φ20；受压纵筋 2Φ20；箍筋 ϕ10@200mm；钢筋混凝土楼板：楼板宽度（b_{slab}）× 楼板厚度（t_{slab}）× 楼板长度（L_{slab}）= 3000mm×120mm×9000mm；纵筋 ϕ10@150mm；分布筋 ϕ10@250mm。

2）型钢屈服强度 $f_y = 345\text{MPa}$，钢筋屈服强度 $f_{yb} = 335\text{MPa}$，柱混凝土强度 $f_{cu} = 60\text{MPa}$，梁板混凝土强度 $f_{cu} = 40\text{MPa}$。梁和柱钢筋的混凝土保护层厚度为 30mm，楼板中钢筋的混凝土保护层厚度为 20mm，梁柱线刚度比 $k = 0.45$。节点楼板以下部分遭受 ISO-834（1975）升温火灾。

根据上述参数对型钢混凝土节点的温度场进行了计算，建立的有限元计算模型如图 10.2 所示，图 10.12 所示为受火 3h 时，在 ISO-834（1999）标准升温作用下节点区梁和柱的截面温度分布等值线图，可见，型钢混凝土梁和柱节点区，截面温度场表现出外高内低的趋势，截面角部温度最高，内部温度变化趋于平缓。由于内部型钢的存在，加快了截面内的热传导，在一定范围内降低了温度梯度，在型钢附近这种影响较明显。

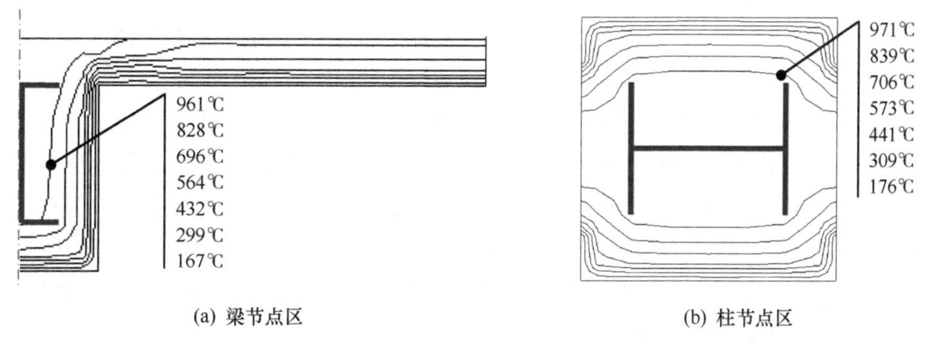

(a) 梁节点区　　(b) 柱节点区

图 10.12　受火 3h 时节点区梁和柱截面温度分布等值线图

采用建立的有限元计算模型，进行了型钢混凝土柱 - 型钢混凝土梁节点火灾下的受力特性分析，包括：钢与混凝土之间粘结滑移、节点变形和破坏形态、内力、应力和应变的变化规律等。

10.4.1 钢 - 混凝土界面性能影响

图 10.13（a）和（b）所示为柱荷载比 $n=0.6$、梁荷载比 $m=0.6$ 时，不同梁柱线刚度比（k）情况下，考虑滑移和不考虑滑移的柱轴向变形（Δ_c）和梁端挠度（δ_b）与受火时间（t）的关系。可见，在本算例中，滑移对梁跨中挠度和柱轴向变形影响不明显，对耐火极限的影响不明显。

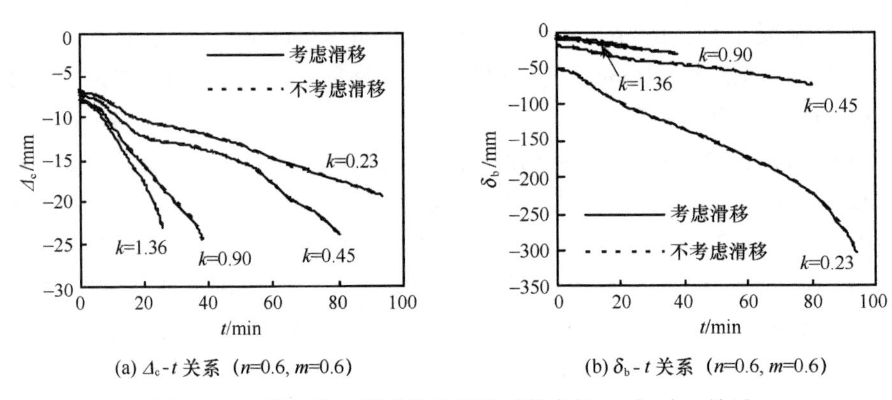

(a) Δ_c-t 关系（n=0.6, m=0.6）　(b) δ_b-t 关系（n=0.6, m=0.6）

图 10.13　考虑滑移和不考虑滑移时节点的 Δ_c（δ_b）-t 关系

对于柱荷载比 $n=0.6$、梁荷载比 $m=0.6$、梁柱线刚度比 $k=0.45$ 的节点，分析结果表明，梁纵筋滑移量最大位置在距柱轴线 1m 处的最上部纵筋，梁型钢翼缘最大滑移出现在距柱轴线 1m 附近下翼缘边缘，腹板最大滑移在梁端附近腹板中心。柱纵筋最大滑移量出现在上柱底部右边最外层钢筋，柱型钢翼缘和腹板最大滑移分别出现在节点区域附近。

图 10.14 所示为不同受火时间（t）下钢与混凝土相对滑移（S）和粘结应力（τ）沿节点长度方向的分布，其中 L 为梁长度，H 为柱高度，X 为距离梁左端的距离；Y 为距离柱底的高度。梁纵筋和型钢位置分别取梁顶、型钢上翼缘中部，柱纵筋和型钢位置分别取右侧最外层角部、型钢右侧翼缘中部，柱荷载比（n）和梁荷载比（m）均为 0.6。总体上看，梁纵筋与混凝土、型钢与混凝土的滑移量和粘结应力沿梁长方向左右近似呈对称分布，方向相反，梁跨中位置滑移量和粘结应力为 0。由于上、下柱受力性能的差异，因此上、下柱钢材与混凝土滑移和粘结应力分布也不同，柱跨中位置滑移量和粘结应力则均为 0。在节点区附近由于受到温度和外荷载的共同作用，粘结应力的分布较为复杂，波动较为明显。

计算结果还表明：在常温加载后，钢筋与混凝土、型钢与混凝土交接面已存在不同程度的滑移，随着受火时间（t）的增加，滑移量有增大的趋势，在接近破坏时滑移发展较快。

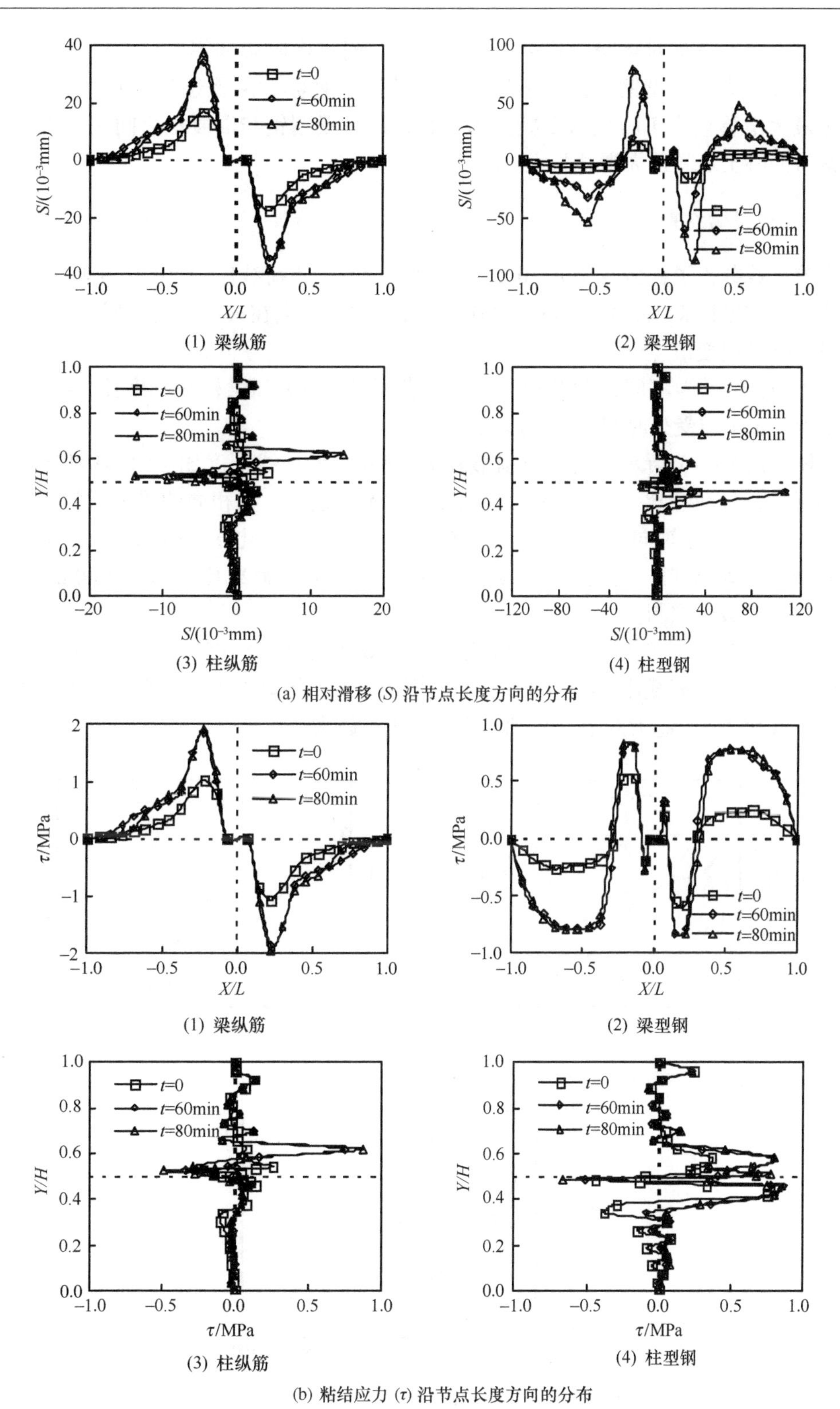

图 10.14　钢与混凝土界面的 S 和 τ 分布

总体上看，滑移对梁跨中挠度、柱变形以及耐火极限影响不明显，对节点相对转角影响明显。火灾下型钢与混凝土最大滑移量大于钢筋与混凝土的滑移，型钢翼缘与混凝土最大滑移量大于腹板与混凝土的滑移，而且梁型钢与混凝土之间最大滑移量比柱型钢与混凝土之间最大滑移量大。

10.4.2　变形及破坏形态

本节计算分析了柱荷载比 n=0.2、0.4、0.6、0.8，梁荷载比 m=0.2、0.4、0.6、0.8，以及梁柱线刚度比 k=0.23、0.45、0.90、1.36 情况下节点在火灾下的变形。

（1）柱轴向变形

图 10.15 所示为不同柱荷载比（n）、梁荷载比（m）和梁柱线刚度比（k）时，柱轴向变形（Δ_c）与受火时间（t）的关系。

如图 10.15（a）所示，对于梁荷载比 m=0.6 和梁柱线刚度比 k=0.45 的节点，在常温加载后，柱荷载比（n）越大，轴向变形（Δ_c）越大，在相同的受火时间下，柱荷载比（n）越大，柱轴向变形（Δ_c）增加越快，对于柱荷载比 n=0.2 和 0.4 的节点，节点破坏由梁破坏控制，达到破坏时柱的变形不大，而柱荷载比 n=0.6 和 0.8 的节点，节点破坏由柱破坏控制。

由图 10.15（b）可见，对于柱荷载比 n=0.6 和梁柱线刚度比 k=0.45 的节点，常温加载后，不同梁荷载比（m）的节点轴向变形（Δ_c）相差不大，而在相同的受火时间下，梁荷载比（m）越大的节点柱轴向变形（Δ_c）越大。

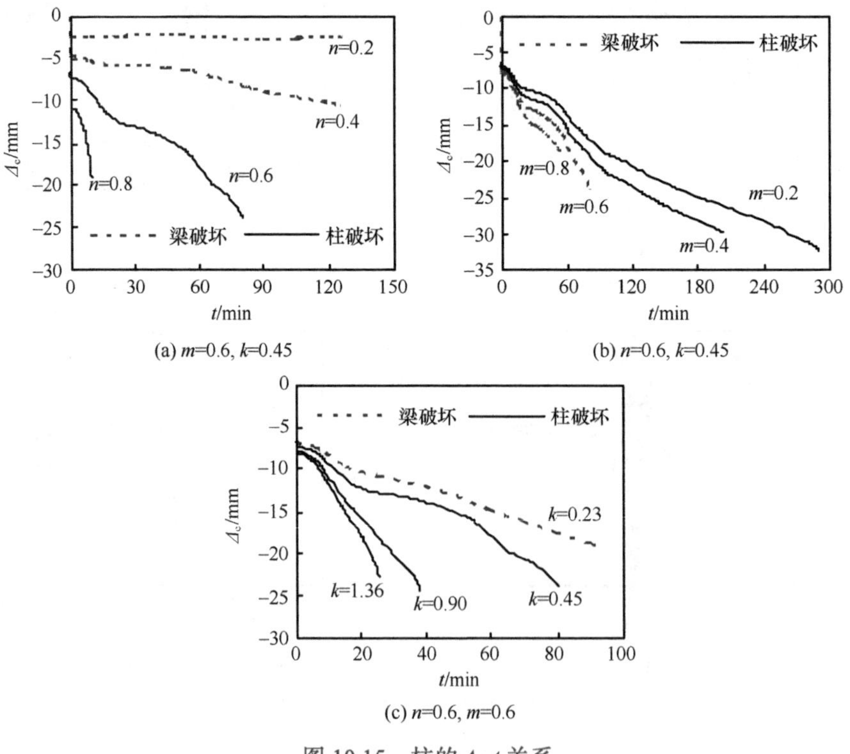

图 10.15　柱的 Δ_c-t 关系

如图 10.15（c）所示，对于柱荷载比（n）和梁荷载比（m）均为 0.6 的节点，梁柱线刚度比（k）越大，柱端附加弯矩越大，且梁上荷载传到柱上的轴力也越大，在相同的受火时间（t）下，柱轴向变形（Δ_c）越大，梁柱线刚度比 k=0.23 的节点最终发生梁破坏，达到耐火极限时柱轴向变形增加较其他节点程度小。

（2）梁端挠度

梁端挠度（δ_b）除了梁自身变形外还受到柱变形的影响，受火过程中柱会发生侧向变形，使得 L 梁和 R 梁挠度变化有所不同。以变形较大的 L 梁为例，图 10.16 所示为梁端挠度（δ_b）与受火时间（t）关系。可见柱荷载比（n）、梁荷载比（m）和梁柱线刚度比（k）对梁端部挠度（δ_b）的影响明显。

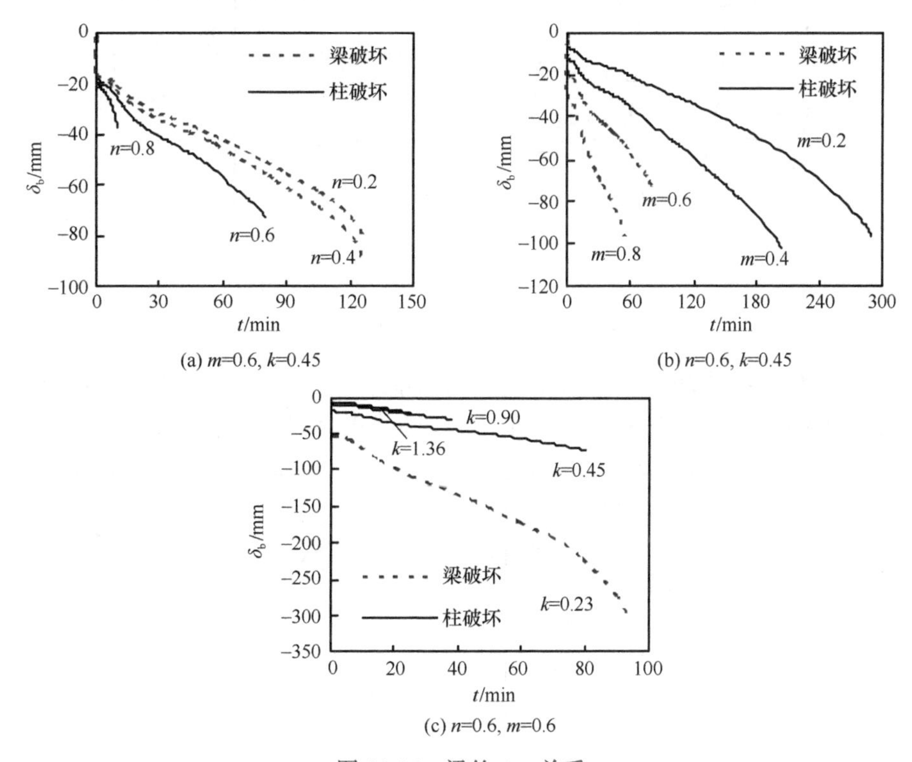

图 10.16　梁的 δ_b-t 关系

可见，柱荷载比（n）越大，同一时刻梁端挠度（δ_b）发展越快。梁荷载比（m）影响更为明显，梁荷载比（n）越大，升温过程中梁挠度发展越快；同时梁荷载比（n）越大，柱变形也会加快，使得梁端挠度（δ_b）增大。梁柱线刚度比（k）越小，梁的跨度越大，相同时间下梁端挠度值越大。当节点为到梁破坏时（k=0.23），梁端挠度迅速增大，而节点为柱破坏时（k=0.45、0.90 和 1.36），梁端挠度在达到耐火极限时挠度增幅平缓，未见到急剧增大的现象，如图 10.16（c）所示。

（3）梁柱相对转角

梁柱连接的转动变形，可采用梁柱相对转角来反映。理论上，梁柱连接节点的相对转角（θ_r）是指梁柱轴线之间所产生的转角变化量，但在试验中难以测得该值，可在有限元计算基础上计算获得。

Mao 等（2010）对钢节点进行分析时提出梁柱相对转角（θ_r）选取方法，本书参考该方法，确定节点的梁柱相对转角（θ_r）。图 10.17 所示为梁柱连接节点的转角和弯矩选取方法示意图，其中 θ_{b1} 和 θ_{b2} 分别 L 梁和 R 梁的转角，θ_c 为柱转角，M_{b1} 和 M_{b2} 分别为 L 梁和 R 梁端弯矩，M_{c1} 和 M_{c2} 分别为上柱和下柱端弯矩，Δ_{b11} 和 Δ_{b12} 分别为 L 梁端截面梁顶和梁底中心的水平位移，Δ_{b21} 和 Δ_{b22} 分别为 R 梁端截面梁顶和梁底中心的水平位移，Δ_{c1} 和 Δ_{c2} 分别为梁顶和梁底高度处柱轴线上两点的水平位移，D_b 为梁高。从而可以得到，$\theta_{b1}=(\Delta_{b11}-\Delta_{b12})/D_b$，$\theta_{b2}=(\Delta_{b21}-\Delta_{b22})/D_b$，$\theta_c=(\Delta_{c1}-\Delta_{c2})/D_b$，梁柱连接的相对转角为 $\theta_r=\theta_{b1}-\theta_c$ 或 $\theta_r=\theta_{b2}-\theta_c$，取转角数值较大者，本节转角的正方向定为顺时针方向。

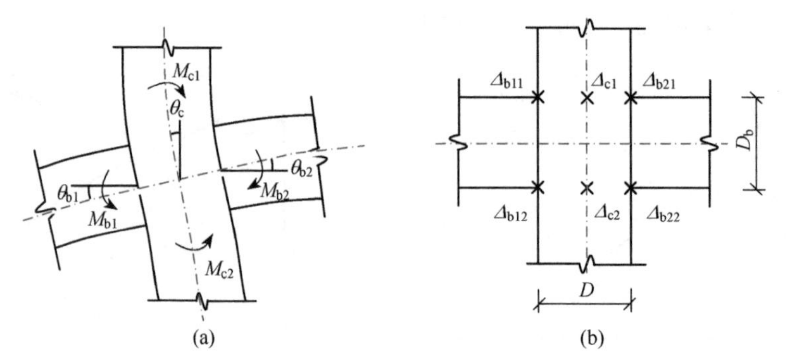

图 10.17 节点转角和弯矩选取方法示意图

以变形较大的 L 梁为例，图 10.18 给出了不同柱荷载比（n）、梁荷载比（m）和梁柱线刚度比（k）时，梁柱连接相对转角（θ_r）随受火时间（t）的变化情况，其中正值

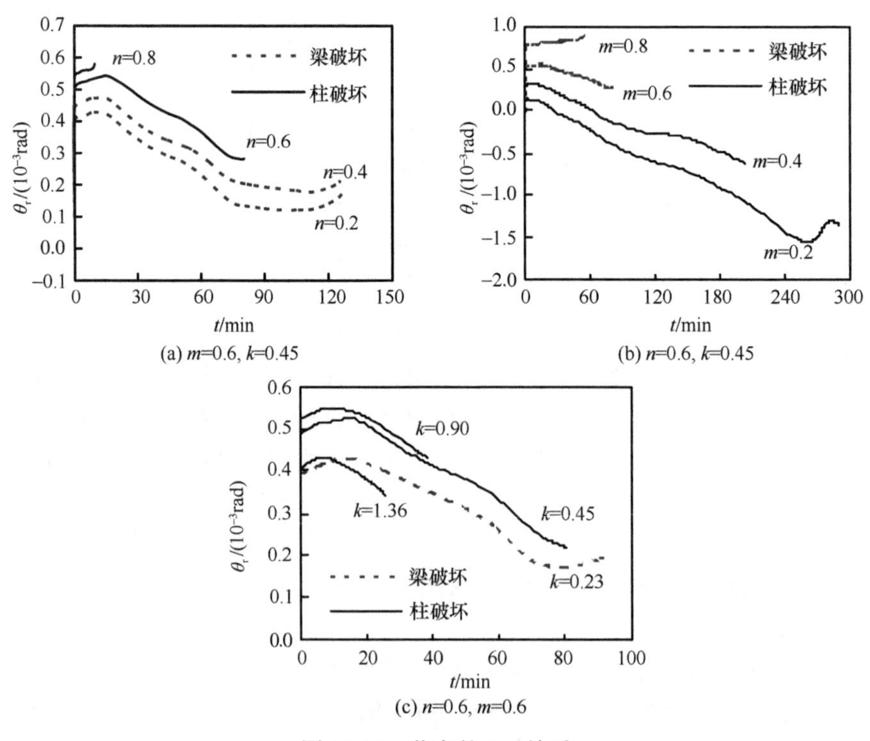

图 10.18 节点的 θ_r-t 关系

表明梁的转角大于柱的转角，负值表明梁的转角小于柱的转角。

从图 10.17 中可见，对于柱荷载比 n=0.2 和 0.4、梁荷载比 m=0.2、梁柱线刚度比 k=0.23 的节点，梁 - 柱相对转角（θ_r）随受火时间（t）的变化比较复杂，呈现出先增加，后降低，然后增加的过程，这主要是由于受到梁和柱转动变形的相互影响的结果。

（4）破坏形态

节点在荷载和火灾共同作用下的变形包括梁变形、柱变形和节点转动变形，且节点有关参数不同，上述变形的变化规律和特点也会有所不同，如对于柱荷载比 n=0.2、梁荷载比 m=0.6 的节点，柱轴向变形数值较小，而接近破坏时梁端挠度数值较大，超过了 $L^2/(400D_b)$=84mm，且变化速率迅速增加，梁破坏起了控制作用；对于柱荷载比 n=0.6、梁荷载比 m=0.2 的节点，轴向压缩量则较大，超过了 0.01H=30mm，而梁的变形增长缓慢，柱破坏起了控制作用。

构件变形骤然增加，无法继续承受作用荷载，即认为构件达到耐火极限。节点由相邻的构件组成，任一个构件达到耐火极限即认为节点达到耐火极限，此时计算停止。计算结果表明（表 10.3），柱荷载比（n）、梁荷载比（m）和梁柱线刚度比（k）对耐火极限（t_R）的影响较为明显，而且可能影响破坏形态。柱荷载比、梁荷载比或梁柱线刚度比越大，耐火极限越低。

表 10.3　节点耐火极限（t_R）及破坏类型汇总

n	m	k	t_R/min	破坏类型
0.6	0.6	0.23	94	梁破坏
0.2	0.6	0.23	127	梁破坏
0.4	0.6	0.23	126	梁破坏
0.6	0.6	0.45	80	梁、柱同时破坏
0.8	0.6	0.45	10	柱破坏
0.6	0.6	0.90	38	柱破坏
0.6	0.6	1.36	26	柱破坏
0.6	0.2	0.45	290	柱破坏
0.6	0.4	0.45	203	柱破坏
0.6	0.8	0.45	55	梁破坏

对于梁柱线刚度比 k=0.45、梁荷载比 m=0.6 的情况下，柱荷载比 n=0.2 和 0.4 的节点耐火极限相差不大，这是因为节点最终发生的都是梁破坏，柱的变形相对较小，节点耐火极限主要是由梁控制，但是随着柱荷载比（n）的进一步增加（如 n=0.8）或梁荷载比 m=0.2、0.6 等条件下，节点就发生了柱破坏，如图 10.19（a）。对于梁柱线刚度比 k=0.45、柱荷载比 n=0.6 的情况，梁荷载比 m=0.2 和 0.4 的节点均发生柱破坏，梁荷载比（m）增加，会加速柱的塑性发展和变形，一定程度上降低了柱的耐火极限，对于梁荷载比 m=0.8 的节点，火灾下梁发展塑性更快，最终发生梁破坏，图 10.19（b）。对于柱荷载比（n）和梁荷载比（m）均为 0.6 的情况，梁柱线刚度比

k=0.23 的节点，其梁跨度较大，在火灾下变形发展较快，轴力产生的附加弯矩也越大，最终梁破坏对节点的破坏起了控制作用。随着梁柱线刚度比（k）的增加，梁对柱的约束作用加大，柱端弯矩增大。同时在相同的梁荷载比（m）下，梁柱线刚度比（k）越大，梁上荷载传到柱上的轴力越大，节点耐火极限减小，如梁柱线刚度比 k=0.90 和 1.36 的节点最终都发生柱破坏，耐火极限分别为 38min 和 26min。

图 10.19（c）所示为柱荷载比 n=0.6、梁荷载比 m=0.6、梁柱线刚度比 k=0.6 组合节点梁柱的同时破坏形态。由于楼板以下部分受火面温度较高，下柱发生了明显的弯曲，而上柱变形较小。从梁和柱的变形曲线看，梁和柱之间相互约束，型钢在受火过程中由于混凝土的包裹，没有发生局部屈曲现象。

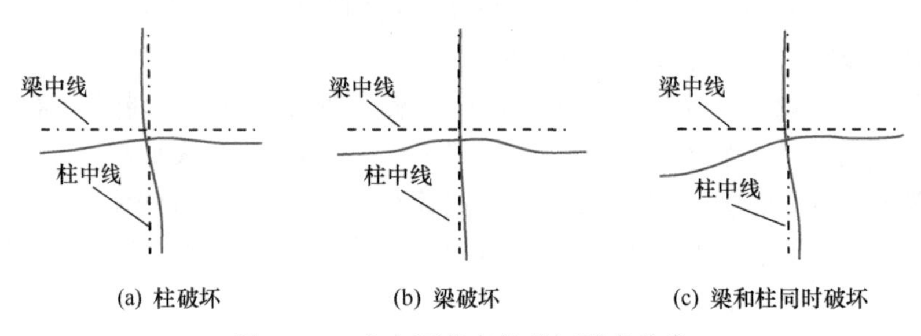

图 10.19　火灾下节点的破坏形态分类

10.4.3　内力变化

节点在受力过程中，型钢混凝土梁受到轴向约束和转动约束，型钢混凝土柱受到转动约束。下面以柱荷载比 n=0.6 的节点为例说明梁端部轴力和弯矩、梁节点区弯矩、柱端部和节点区弯矩随受火时间（t）的变化规律。

（1）梁端部截面轴力和弯矩

与常见的简支梁不同，约束梁在升温过程中由于其膨胀和弯曲变形受到相邻构件或边界的约束，会在梁内产生轴力和弯矩。

以变形较大的 L 梁为例，图 10.20（a）所示为不同梁荷载比（m）下梁端部截面轴力（N_b）与受火时间（t）的关系。可见，当 m<0.6 时，截面轴压力先随着受火时间（t）增加而增加，并达到极值，随着温度的进一步升高，梁承载能力损失程度大，挠度增长迅速，梁端部截面轴压力逐渐减小，达到破坏时轴压力降低的幅度不大。这与火灾下受约束钢梁不同，受约束钢梁在轴压力达到极值后，随着梁变形的增大，梁轴力会由压变拉，之后随着材料性能的劣化，钢梁轴拉力逐渐减小直至结构破坏（李国强和韩林海等，2006）。当梁荷载比 m≥0.6 时，破坏前轴压力基本不出现下降。

从图 10.20（a）还可以看出，梁荷载比（m）越大，梁端部截面轴压力的最大值越小，轴压力达到最大值时对应的受火时间（t）也越小，这是因为在相同的受火时间（t）下，梁荷载比（m）越大，升温过程中梁挠度发展更快，破坏前轴压力比较大，破坏更快。梁荷载比（m）小的节点耐火极限较大，热膨胀持续作用下梁轴压力持续增加。

图 10.20（b）所示为不同梁荷载比（m）作用下梁端部截面弯矩（M_b）随受火时

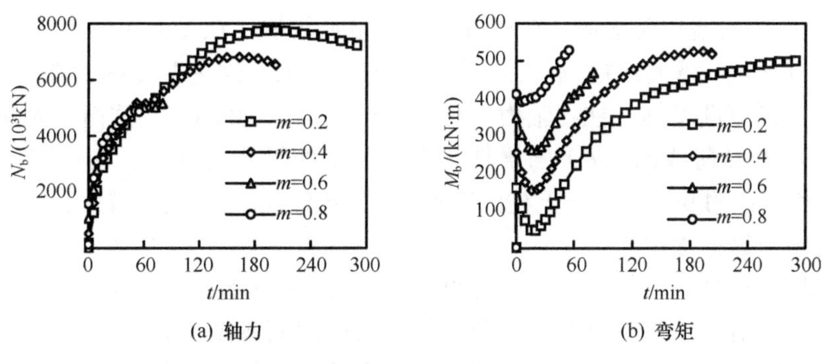

图 10.20　梁端部截面的 N_b（M_b）-t 关系

间（t）的变化规律。可见，梁端部截面弯矩经历了先减小后增加的过程。在受火时间 t<30min 时，弯矩减小，这是因为升温初期，热膨胀作用明显，梁端部截面高温区拉应力大大减小并出现压应力，截面中和轴下移。受火时间超过 30min 后，材料强度和刚度退化明显，梁挠度增长较快，同时梁轴压力的增加使梁的“二阶效应”更明显，也加速了梁截面的塑性发展，端部截面弯矩不断增加，对于梁荷载比 m=0.4 和 0.6 的节点，在梁轴压力达到极值点后弯矩增长趋于平缓。

（2）梁节点区截面弯矩

在温度和外荷载的共同作用下梁节点区截面会产生弯矩，该弯矩与梁端部弯矩、外荷载和轴力产生的弯矩平衡。图 10.21 所示为不同梁荷载比（m）下梁节点区弯矩（M_b）与受火时间（t）的关系。可见，对于梁荷载比 m=0.2 和 0.4 的节点，在受火时间 t<10min 时弯矩稍有增长，这主要是受到高温下材料属性、温度和荷载等因素的综合影响，改变了截面的应力状态，但是这种变化持续时间不长，随着时间的增长，梁节点区截面弯矩开始降低，然后逐渐回升。

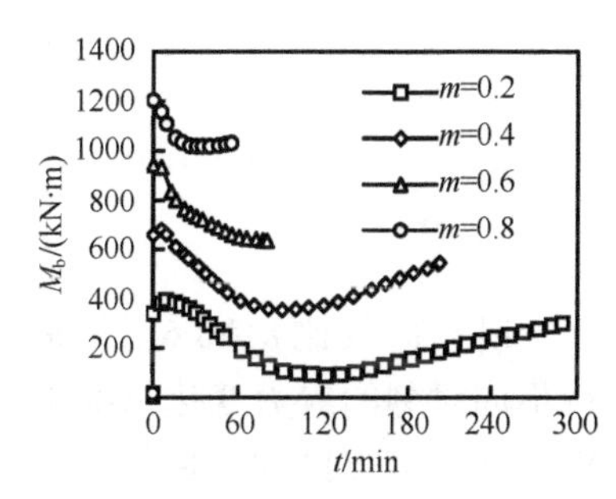

图 10.21　梁节点区截面的 M_b-t 关系

（3）柱端部截面弯矩

图 10.22 所示为不同梁荷载比（m）作用下柱端部截面弯矩（M_c）与受火时间（t）的关系。由图 10.22 可见，不管是未受火的上柱还是受火的下柱，柱端部弯矩都是随

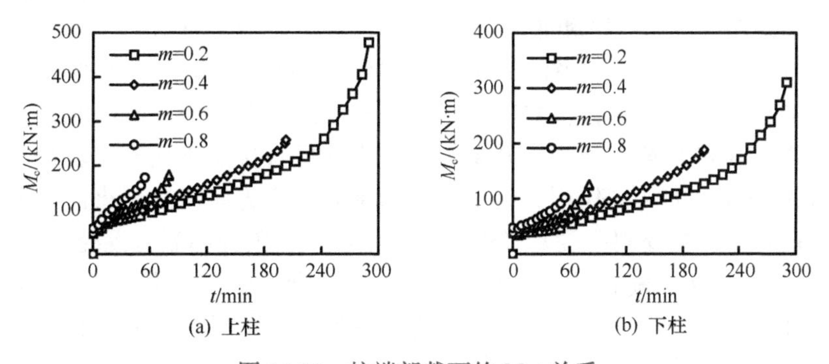

图 10.22　柱端部截面的 M_c-t 关系

着受火时间（t）的增长而增加，在接近破坏时增加较快，在受火时间（t）相同的情况下，梁荷载比（m）越大，柱端部截面弯矩（m）越大。这主要是因为在受火过程中，柱端部侧向变形逐渐增加，柱在轴力作用下会产生“二阶效应”，截面单元塑性发展较快，同时，随着梁荷载比（m）的增加，下柱承受的轴压力加大，在相同的受火时间（t）下，梁和下柱的变形会加快上柱的变形，柱端部的弯矩也随之增大。

（4）柱节点区截面弯矩

火灾作用下柱受到相邻构件的转动约束，在柱节点区截面会产生弯矩，图 10.23 所示为不同梁荷载比（m）作用下上柱和下柱节点区截面弯矩（M_c）与受火时间（t）的关系。可见，柱节点区弯矩变化规律与柱端部截面弯矩变化一致。

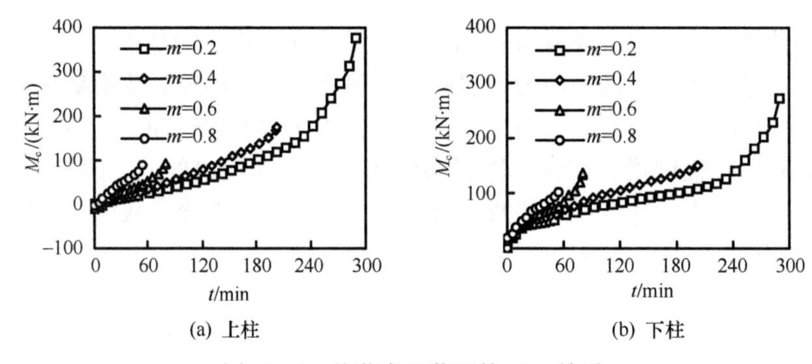

(a) 上柱　　(b) 下柱

图 10.23　柱节点区截面的 M_c-t 关系

10.4.4　应力分布

以柱荷载比 $n=0.6$，梁荷载比 $m=0.6$ 的节点为例，对节点钢筋、型钢和混凝土在不同时刻的应力变化情况进行分析。对于内部钢筋和型钢，升温前应力较大区域多集中在梁节点区和下柱的位置，而随着受火时间的增加，梁端部钢筋的 Mises 应力会逐渐增加，这主要是由于升温时梁的轴向膨胀受到轴向约束所产生的温度内力造成的。对于外部混凝土，随着温度的增加，下柱角部以及节点区梁下部的应力逐渐增加，这些位置的混凝土更易于发生剥落。

选取柱节点区截面和柱非节点区截面来说明混凝土纵向应力在不同时刻的变化情况，如图 10.24 所示为升温前、30min 和 60min 时节点柱节点区和非节点的混凝土纵向应力分布等值线图，柱节点区和非节点区位置如图 10.4（a）所示。

可见，在常温加载后，如图 10.24（a1）所示，全截面受压，中心位置的压应力最大，往左右两侧逐渐减小，左右基本呈对称分布。在时间为 30min 时，节点核心区中心柱截面左右两侧与梁相连接，升温较慢，而前后直接受火面升温较快，由于不均匀温度场以及外荷载的共同作用，改变了截面单元的应力状态。受火面高温区热膨胀作用明显，而这个时候材料强度和弹性模量降低不大，因此高温区混凝土压应力增加，如图 10.24（a2）所示。随着时间的增长，高温区混凝土材料劣化明显，混凝土承担的荷载减小，压应力变小，右侧单元的压应力比左侧对应单元的压应力稍大，内部低温区混凝土承担较大的荷载，压应力逐渐发展，如图 10.24（a3）所示。随着温度的增加

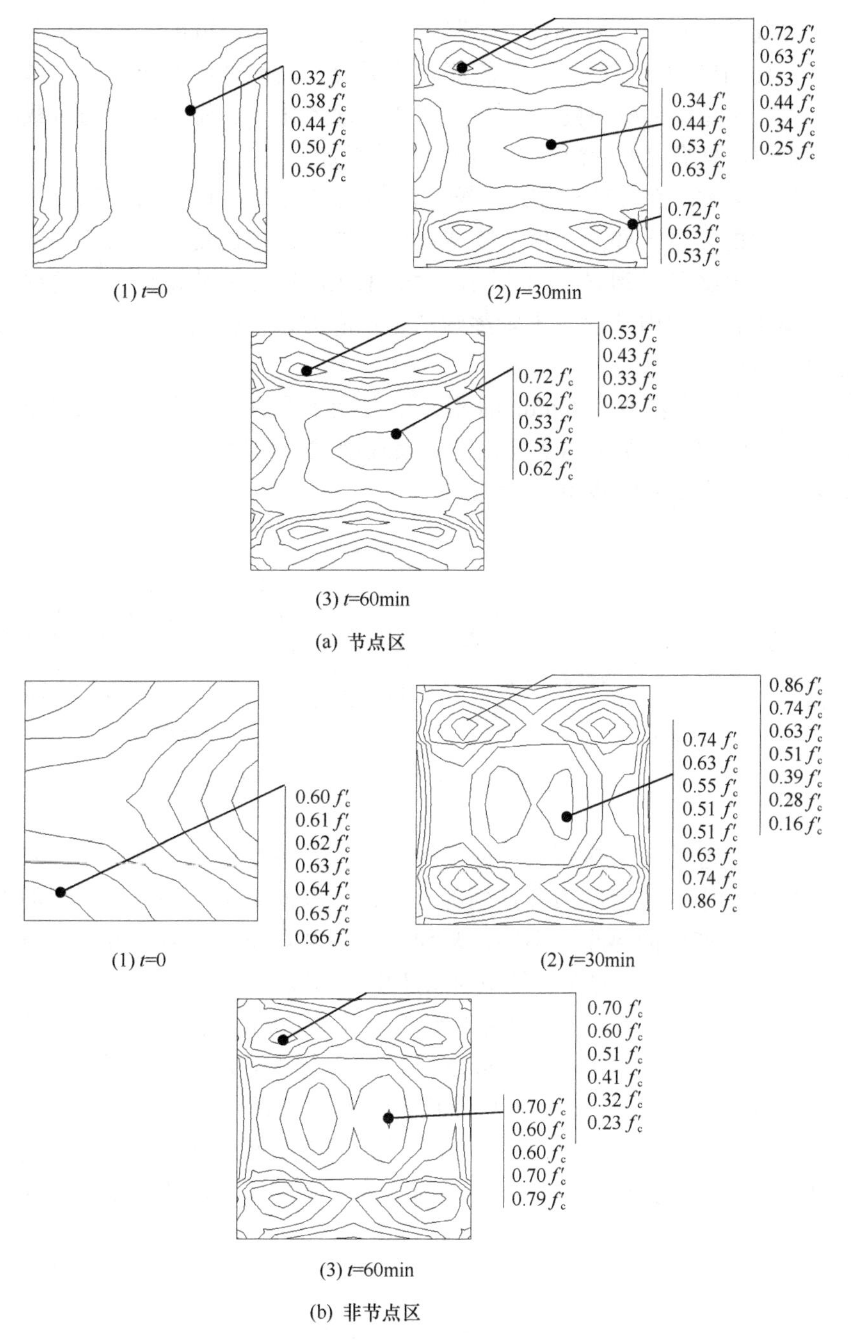

图 10.24 柱截面混凝土的纵向应力分布等值线图

和柱变形的不断发展，可以看出左右两侧应力分布明显不同，高温区混凝土压应力进一步减小，型钢右翼缘附近的内部混凝土压应力仍持续增长。

对于非节点区的柱，混凝土压应力在常温加载后由于柱初始缺陷的影响已经表现出偏心侧（截面 R 侧）高非偏心侧（截面 L 侧）低的分布，如图 10.24（b1）所示，但随着受火时间的增加，不对称性逐渐降低。受火时间 30min 时，由于柱非节点区截面四面受火，柱周围的温度较高，热膨胀作用明显，高温区混凝土压应力增加。受火 60min 时，高温区混凝土材料随温度升高性能持续劣化，混凝土承担的荷载减小，压应力减小，而型钢翼缘内部的混凝土压应力持续增加。

常温加载结束时，在外荷载作用下梁截面的纵向应力分布呈现较规则的带状分布，出现有明显界限的受拉区和受压区，随着温度的增加，接近受火面的梁外部混凝土温度增加较快，升温膨胀受到梁端约束而产生的轴压温度内力使得梁外层的混凝土压应力增加，而温度较低的内部混凝土则逐渐产生拉应力，说明实际结构中，火灾下温度内力产生的影响不容忽视。

图 10.25 所示为升温 0 和 60min 时刻，梁混凝土纵向应力沿梁长度方向的分布，可见，随着温度的增加，梁的弯矩反向区域会逐渐发生变化，且随着受火时间的增加，有逐渐向梁柱连接节点区域移动的趋势。

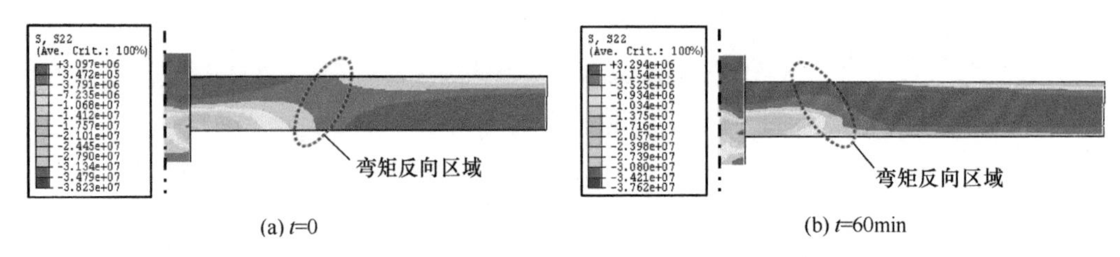

(a) t=0　　(b) t=60min

图 10.25　梁混凝土纵向应力沿长度方向分布

温度升高所引起的材料热膨胀会使结构或构件产生变形，该变形受到限制会产生温度应力。本算例中的温度应力包括两部分：即一方面由于不均匀温度场的作用，会使截面上不同位置产生的热膨胀不同，从而产生温度自应力；另一方面是由于升温膨胀产生的梁或柱变形受到边界条件约束时所产生的温度次应力。

图 10.26（a）和（b）所示分别为升温 30min 和 60min 时，梁非节点区截面的混凝土纵向温度应力分布。可见，t=30min 时，梁截面外层高温区混凝土的热膨胀受到内部低温区的抑制和梁轴向约束的共同作用，使得梁截面产生的温度应力为中部受拉、外部受压。随着受火时间的增加，t=60min 时，由于梁截面外层混凝土温度较高，材料性能劣化明显，使得其的温度压应力逐渐降低，而内部区域的混凝土温度拉应力有所增加［图 10.26（b）］。

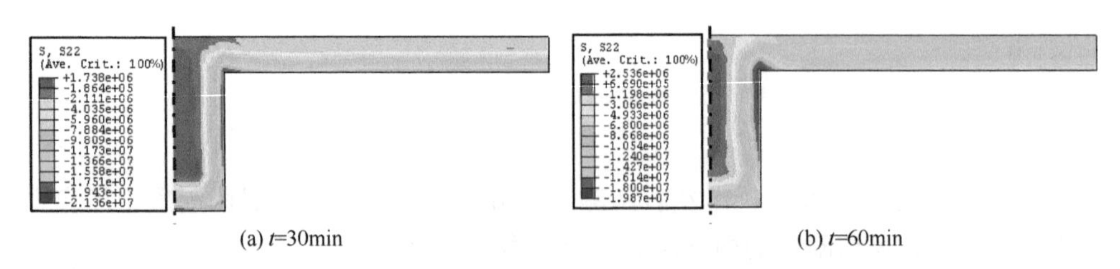

(a) t=30min　　(b) t=60min

图 10.26　非节点区梁截面的混凝土纵向温度应力分布

图 10.27 为不同时刻下柱非节点区截面的混凝土纵向温度应力分布。与梁截面类似，柱的温度应力同样为外部高温区受压和内部低温区受拉，由于柱截面四周对称受火，其截面温度应力分布也基本对称。随着受火时间的增加，柱内部温度逐渐升高，柱截面内部混凝土受压区域逐渐减小。

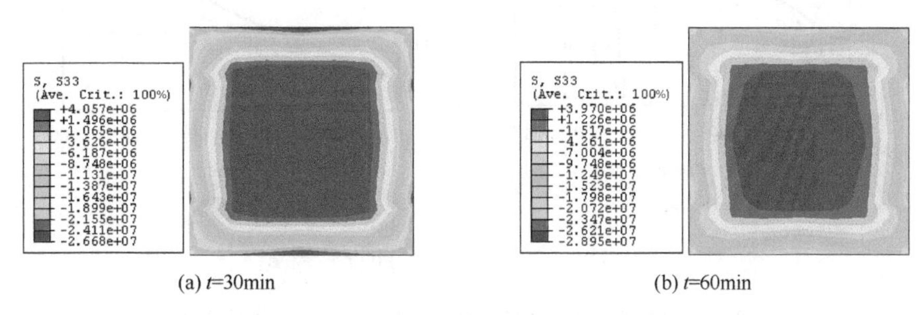

(a) t=30min　　(b) t=60min

图 10.27　非节点区下柱截面混凝土纵向温度应力分布

图 10.28 所示为梁节点区截面钢材 Mises 应力（σ）与受火时间（t）的关系。可见，梁截面底部纵筋在 t=25min 时开始达到高温屈服强度，梁顶钢筋在受火过程中都没有屈服，这主要是受到外荷载和温度的共同作用，底部纵筋的混凝土保护层厚度为 30mm，在高温下升温较快，在进入屈服后 Mises 应力下降较快，但仍高于钢筋高温屈服强度。对于型钢，在受火过程中应力始终是保持上升的趋势，型钢温度较低，随着受火时间（t）的增长，底部钢筋和高温区混凝土材料退化明显，承担荷载减小，型钢的应力不断增长。型钢下翼缘边角 Mises 应力在接近破坏时屈服，上翼缘边角和腹板中心都没有屈服。

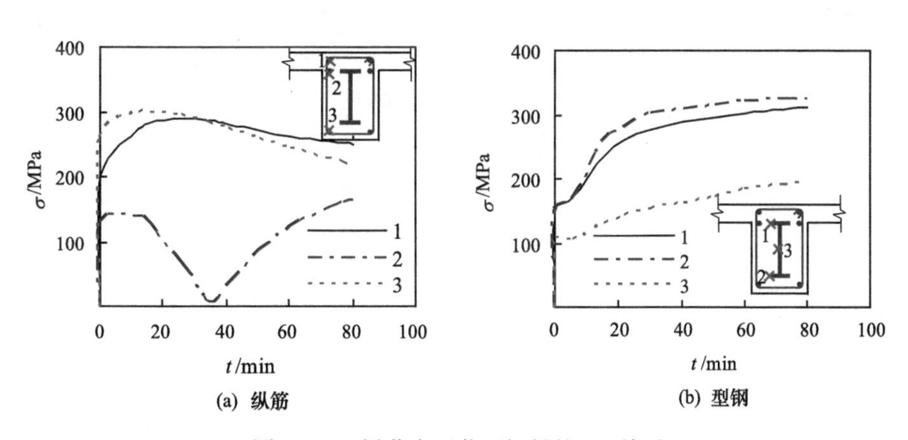

(a) 纵筋　　(b) 型钢

图 10.28　梁节点区截面钢材的 σ-t 关系

图 10.29 所示为梁端部截面钢材 Mises 应力（σ）与受火时间（t）的关系。可见，高温下梁处于压弯受力状态，梁端增长最快，梁底纵筋应力经历了复杂的变化过程，而对于上部钢筋应力前期增长较快，逐渐趋于平缓，顶部纵筋都没有屈服，顶部第二排纵筋在破坏时应力接近高温屈服强度。型钢下翼缘边角在时间超过 30min 后应力逐渐减小，上翼缘边角和腹板中心在受火过程中应力始终保持增长，但都小于屈服强度。

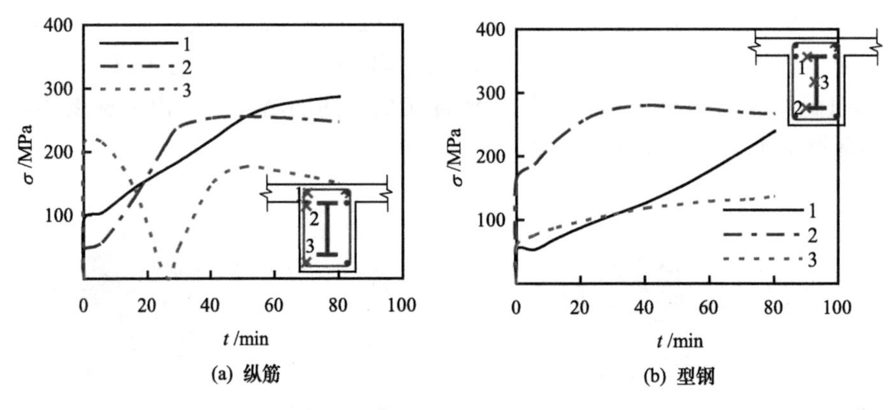

图 10.29　梁端部截面钢材的 σ-t 关系

图 10.30 所示为柱节点区截面钢材的 Mises 应力（σ）与受火时间（t）的关系。可见，时间小于 10min 时所有钢材应力均减小，这主要是因为升温不久，钢材的温度较低，混凝土高温区热膨胀作用使得混凝土的压应力增加，使钢材承担的荷载降低，应力减小。在 $t=25$min 后，外层钢筋温度升高，材料性能劣化，应力逐渐降低，角部的钢筋在 $t=35$min 后达到并超过屈服强度。节点区型钢截面上的温度较低，因此其钢材屈服强度随温度降低不明显，在时间超过 20min 后应力增长较慢，型钢截面上不同位置的 Mises 应力都未达到屈服应力。

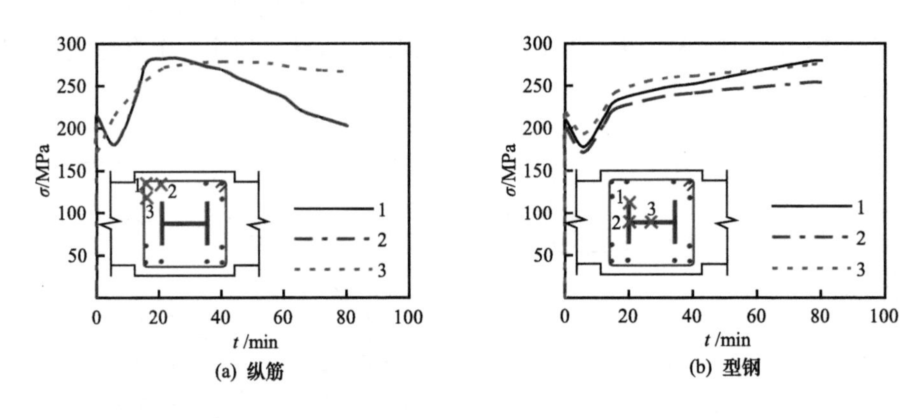

图 10.30　柱节点区截面钢材的 σ-t 关系

图 10.31 所示为下柱端部截面钢材的 Mises 应力（σ）与受火时间（t）的关系。与柱节点区截面类似，所有钢材应力在时间小于 10min 时均减小。下柱四面受火，外层钢筋温度较高，在 20min 后应力基本都达到屈服强度，高温下材料强度损失程度大，应力逐渐减小。随着钢筋和混凝土压应力的降低，内部型钢承担的外荷载逐渐增加，Mises 应力持续增大。

10.4.5　混凝土的塑性应变

图 10.32 所示为升温 0 和 60min 时混凝土的塑性拉应变矢量图，混凝土塑性拉应

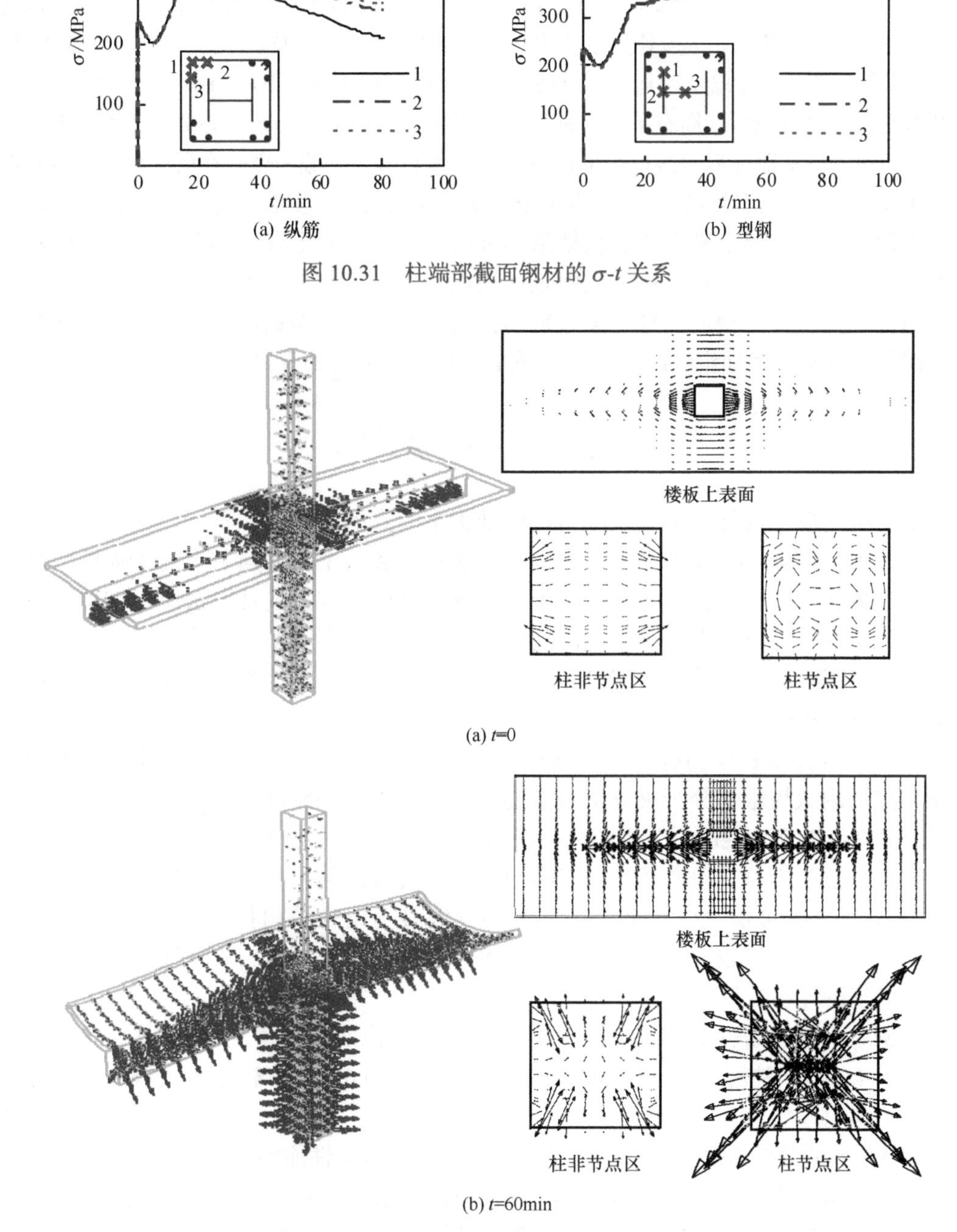

图 10.31　柱端部截面钢材的 σ-t 关系

图 10.32　节点混凝土塑性拉应变矢量图

变的分布可近似反映混凝土裂缝的分布情况，可见，常温加载结束时刻，即升温 0 时，混凝土的塑性拉应变以节点区楼板上表面和梁端底面处最为集中，柱节点区和非节点区截面以塑性压应变为主，柱节点区截面的塑性压应变最大可达 1035$\mu\varepsilon$。

升温 60min 时，如图 10.32（b）所示，随着温度的增加，混凝土材料性能逐渐劣化，节点混凝土的塑性拉应变进一步发展。火灾下由于不均匀温度场的影响，截面纤维会受到低温区的约束，同时受到相邻构件的约束，产生附加应力或发生内力重分布，容易造成混凝土的裂缝，在外荷载和温度作用下会出现不规则的裂缝。达到破坏时，从节点平面上看，下柱纵向开裂明显，梁端部附近斜裂缝较多。从构件截面上看，下柱跨中角部出现斜裂缝，且开裂明显，接近表面四周有平行于柱边的水平裂缝，节点核心区中心的柱截面裂缝比下柱跨中小得多，前面和后面接近角部位置也出现斜裂缝。梁截面也是在梁底角部开裂较明显。楼板裂缝明显增多，除了与梁交接处斜裂缝继续发展外，多数裂缝平行于板长方向。

根据火灾下混凝土应变和试验结果的分析可见，混凝土开裂和剥落明显的位置主要发生在型钢混凝土梁跨中和节点附近的底面、角部以及型钢混凝土柱的跨中。针对上述情况，在设计时型钢混凝土梁可采用扩大端的形式与型钢混凝土柱连接，同时可以在混凝土材料中掺加钢纤维或化学物质来减轻火灾下混凝土材料的开裂和剥落。

10.5　耐火极限计算

如前所述单个构件的耐火极限与整体结构中节点的耐火极限不同，火灾下单个构件的破坏不一定会导致节点乃至整体结构的破坏，和单个构件与节点的耐火极限之间存在一定的相互关系。已有的基于单个构件耐火极限的抗火设计方法应用在整体结构或节点的抗火设计时存在着不匹配的问题，为此有必要再对整体结构中受到约束的节点的耐火极限进行深入研究，明确影响节点耐火极限的重要因素，以期进一步形成基于节点乃至结构整体抗火设计的理论和方法。

采用第 10.2 节建立的有限元计算模型可较为准确地计算型钢混凝土柱 - 型钢混凝土梁节点的耐火极限，分析火灾下节点的承载力、变形和刚度等变化规律，采用该模型进一步对影响型钢混凝土节点耐火极限的各种因素进行了分析。

进行参数分析时，参考某实际工程中的型钢混凝土结构，依据《钢骨混凝土结构设计规程》（YB 9082—97）（1998）和《型钢混凝土组合结构技术规程》（JGJ 138—2001）（2002），选择较为合理常见的含钢率、配筋率、长细比、梁柱线刚度比等计算参数，以及设计和工程应用中常见的材料强度。

算例基本计算条件如第 10.4 节所述，其中：柱截面含钢率 $\alpha_c=4.12\%$，梁截面含钢率 $\alpha_b=4.27\%$，柱配筋率 $\rho=1.05\%$，柱荷载比 $n=0.6$，梁荷载比 $m=0.6$，梁柱线刚度比 $k=0.45$。

第 3.5 节的分析结果表明，影响型钢混凝土构件耐火性能的可能因素主要有柱荷载比（n）、截面周长（C）、柱长细比（λ）、柱截面含钢率（α_c）、柱配筋率（ρ）、荷载偏心率（e/r）、柱型钢屈服强度（f_y）、柱钢筋屈服强度（f_{yb}）和柱核心混凝土强度（f_{cu}）等，对于型钢混凝土柱 - 型钢混凝土梁节点而言，除了上述的影响因素外，还应该考虑梁荷载比（m）、梁柱线刚度比（k）和梁柱极限弯矩比（k_m）的影响，其中梁柱极限弯矩比（k_m）可综合反映型钢混凝土梁的材料强度及截面几何参数等的影响，其计算公式如下：

$$k_{m}=\frac{M_{bu}}{M_{cu}} \tag{10.2}$$

式中：M_{bu}——常温下梁的极限弯矩；

M_{cu}——常温下柱的极限弯矩，可根据有限元计算模型进行计算，得到的基本算例 $k_m=0.65$。

参数分析时选取的重要参数及其变化范围如下。

1）柱截面周长（C）：1200mm、2400mm、3600mm、4800mm、6000mm。柱截面尺寸变化时，保持柱长细比、含钢率、配筋率、梁柱线刚度比和极限弯矩比不变，因此必须通过调整柱长、型钢尺寸、钢筋尺寸、梁截面尺寸、梁型钢和钢筋尺寸、梁跨度等实现。

2）柱长细比（λ）：20、40、60、80。

3）柱截面含钢率（α_c）：2.1%、4.1%、6.1%、8.0%。

4）柱配筋率（ρ）：1%、2%、3%、4%、5%。

5）柱型钢屈服强度（f_y）：235MPa、345MPa、420MPa。

6）柱钢筋屈服强度（f_{yb}）：235MPa、335MPa、400MPa。

7）柱核心混凝土强度（f_{cu}）：30MPa、40MPa、50MPa、60MPa、70MPa。

8）柱荷载比［n，按式（3.17）计算］：0.2、0.4、0.6、0.8。

9）梁荷载比［m，按式（3.18）计算］：0.2、0.4、0.6、0.8。

10）梁柱线刚度比［k，按式（10.1）计算］：0.23（L=18 000mm）、0.45（L=9000mm）、0.90（L=4500mm）、1.36（L=3000mm）。

11）梁柱极限弯矩比［k_m，按式（10.2）计算］：0.4（$f_y=f_{yb}$=210MPa）、0.65（f_y=335MPa，f_{yb}=345MPa）、0.8（$f_y=f_{yb}$=420MPa）。

下面简要分析各参数的影响。

（1）柱截面周长

柱截面周长（C）对节点耐火极限（t_R）的影响，如图 10.33 所示。在其他参数条件不变的情况下，随着柱截面周长的增大，柱和梁混凝土体积越大，吸热能力越强，外部火焰温度传到混凝土内部也越慢，节点耐火极限就越高。

（2）柱长细比

图 10.34 所示为柱长细比（λ）对节点耐火极限（t_R）的影响。可见，当$\lambda \leq 40$，节

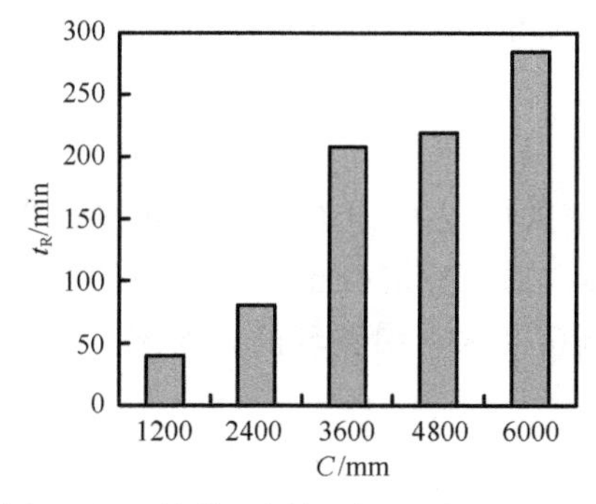

图 10.33　柱截面周长（C）对 t_R 的影响

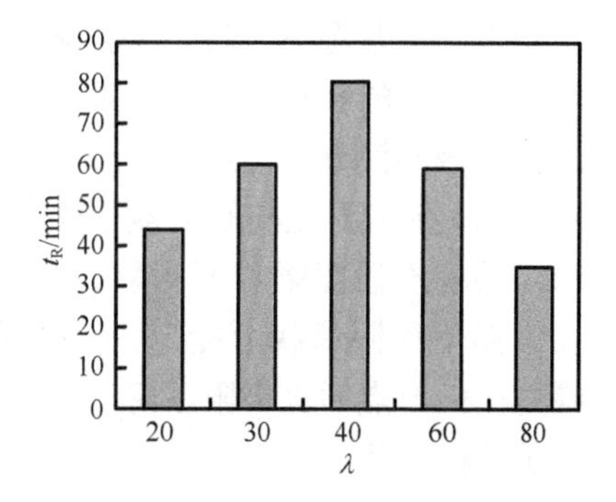

图 10.34　柱长细比（λ）对 t_R 的影响

点耐火极限随着柱长细比的增大而增大，这主要是因为长细比较小时，梁上作用荷载传给柱的轴力较大，使得耐火极限较小。当$\lambda>40$，随着长细比的增加，柱“二阶效应”作用明显，构件变形增长迅速，耐火极限降低。

（3）柱截面含钢率

型钢在混凝土内部，温度相对较低，随着柱截面含钢率（α_c）的增大，在其他参数不变的情况下，柱和梁的极限承载力增大，火灾下梁和柱承载力提高较快，节点耐火极限（t_R）也越大。图 10.35 所示为柱截面含钢率（α_c）对耐火极限（t_R）的影响。

（4）柱配筋率

随着柱配筋率（ρ）的增大，在其他参数不变的情况下，柱和梁的极限承载力增大，火灾下梁和柱承载力提高较快，节点耐火极限有增大的趋势，但由于型钢的存在，而且钢筋体积含量相对较少，因此对耐火极限的影响不明显。图 10.36 所示为柱配筋率（ρ）对耐火极限（t_R）的影响。

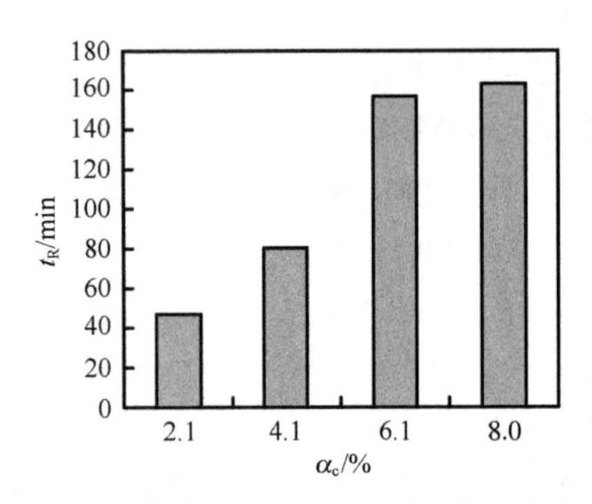

图 10.35　柱截面含钢率（α_c）对 t_R 的影响

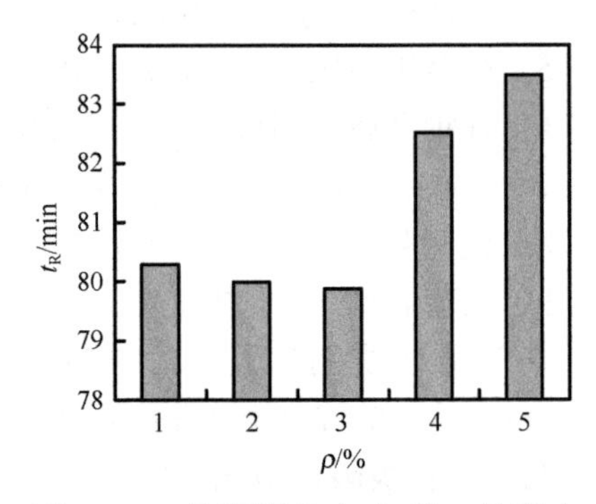

图 10.36　柱配筋率（ρ）对 t_R 的影响

（5）柱型钢屈服强度

在其他参数不变的情况下，随着柱型钢屈服强度（f_y）的增大，柱和梁的极限承载力增大，而且型钢在混凝土内部，温度相对较低，火灾下梁和柱承载力提高更快，节点耐火极限增大。图 10.37 所示为柱型钢屈服强度（f_y）对耐火极限（t_R）的影响。

（6）柱钢筋屈服强度

在其他参数不变的情况下，随着柱钢筋屈服强度（f_{yb}）的增大，柱和梁的极限承载力增大，但是和型钢相比，钢筋的混凝土保护层厚度较小，钢筋温度较高，火灾下承载力的提高比常温下的慢，节点耐火极限有减小的趋势，但由于钢筋体积含量较少，因此对耐火极限的影响不明显，如图 10.38 所示。

（7）柱核心混凝土强度

图 10.39 所示为柱核心混凝土强度（f_{cu}）对耐火极限（t_R）的影响。可见，当$f_{cu}\leqslant$ 50MPa，混凝土强度影响不明显；当$f_{cu}>$50MPa，随着柱混凝土抗压强度的增大，梁和柱在常温下极限承载力提高，但外围混凝土直接受火，温度较高，火灾下构件承载力下降更快，节点耐火极限下降。

（8）柱荷载比

柱荷载比（n）对耐火极限（t_R）的影响较明显。当$n\leqslant0.4$，节点柱受到的外荷载

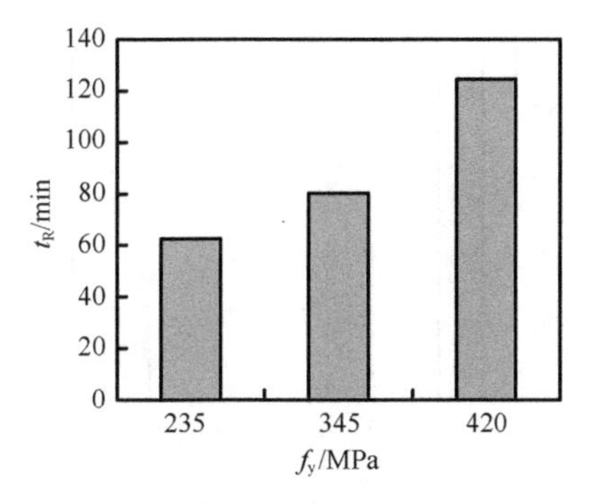

图 10.37　柱型钢屈服强度（f_y）对 t_R 的影响

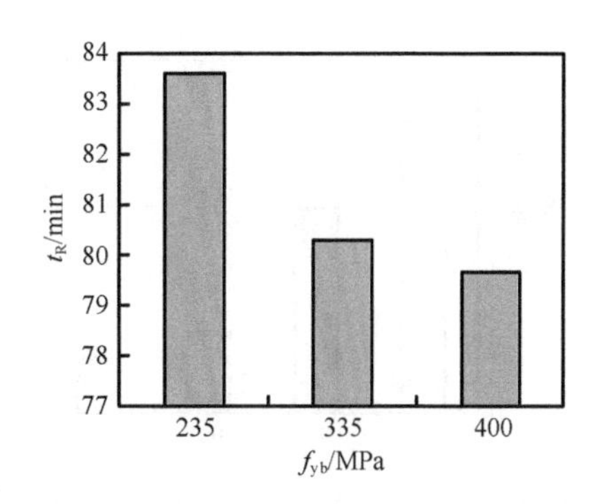

图 10.38　柱钢筋屈服强度（f_{yb}）对 t_R 的影响

较小，柱在受火过程中截面单元塑性发展较慢，节点梁先于柱而破坏，此时节点耐火极限主要由梁耐火极限控制，柱荷载比（n）影响不明显。当 $n>0.4$，随着柱荷载比（n）的增大，柱截面更多单元进入塑性状态，受火过程中塑性发展也更快，柱变形加快且更快达到耐火极限。图 10.40 所示为柱荷载比（n）对耐火极限（t_R）的影响。

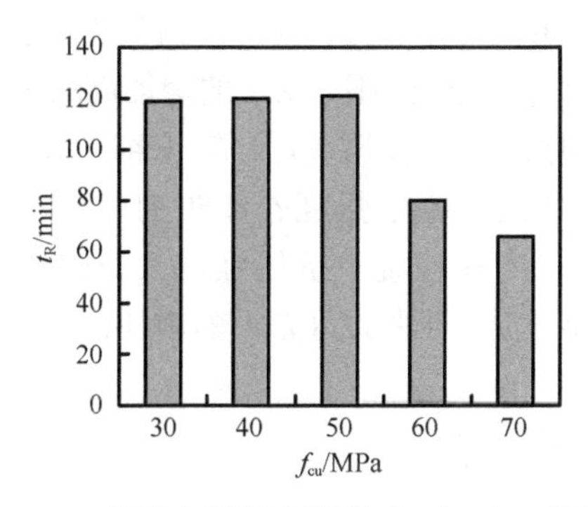

图 10.39　柱核心混凝土强度（f_{cu}）对 t_R 的影响

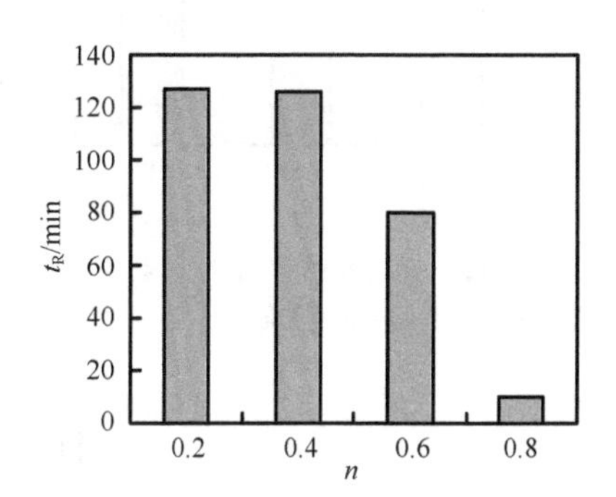

图 10.40　柱荷载比（n）对 t_R 的影响

（9）梁荷载比

图 10.41 所示为梁荷载比（m）对节点耐火极限（t_R）的影响。可见，随着梁荷载比（m）的增大，梁截面有更多单元进入塑性状态，火灾下塑性发展也更快，同时，梁荷载比（m）越大，施加到柱上的轴力也增加，耐火极限就越低。

（10）梁柱线刚度比

随着梁柱线刚度比（k）的增加，梁对柱的约束作用加大，柱端弯矩加大，同时在相同的梁荷载比下，梁柱线刚度比（k）越大，梁上荷载传到柱上的轴力越大，节点耐火极限（t_R）减小，其影响如图 10.42 所示。

（11）梁柱极限弯矩比

图 10.43 所示为梁柱极限弯矩比（k_m）对节点耐火极限（t_R）的影响。可见，随着梁柱极限弯矩比的增大，梁的极限承载力提高，在其他参数不变的情况下，梁上荷载传到柱上的轴力加大，耐火极限减小。

上述参数分析结果表明，除柱配筋率（ρ）和钢筋屈服强度（f_{yb}）外，其他参数对节

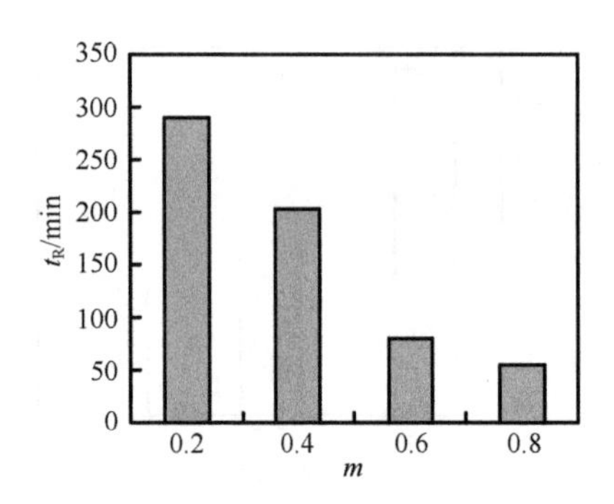

图 10.41　梁荷载比（m）对 t_R 的影响

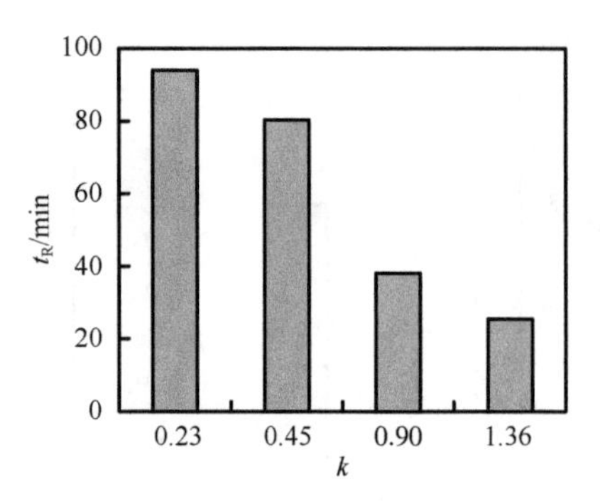

图 10.42　梁柱线刚度比（k）对 t_R 的影响

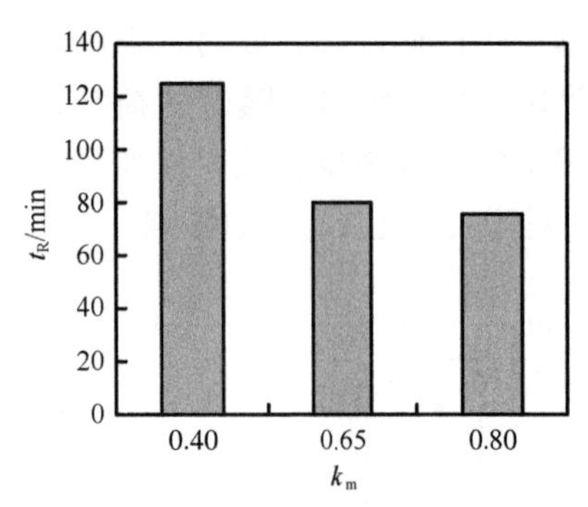

图 10.43　梁柱极限弯矩比（k_m）对 t_R 的影响

点耐火极限（t_R）都有较大的影响。随着柱截面周长（C）、柱截面含钢率（α_c）、柱型钢屈服强度（f_y）的增加，耐火极限（t_R）增加；随着柱荷载比（n）、梁荷载比（m）、梁柱线刚度比（k）、梁柱极限弯矩比（k_m）的增加，耐火极限（t_R）减小；当长细比 $\lambda \leqslant 40$ 时，耐火极限（t_R）随长细比（λ）的增加而增加，当长细比 $\lambda > 40$ 时，耐火极限（t_R）随长细比（λ）的增加而减小；当柱混凝土强度 $f_{cu} \leqslant 50$ 时，耐火极限（t_R）变化不大，当柱混凝土抗压强度 $f_{cu} > 50$ 时，耐火极限（t_R）随柱混凝土强度（f_{cu}）的增加而减小。

10.6　本章小结

本章通过型钢混凝土柱-型钢混凝土梁连接节点的耐火性能试验，研究了火灾下该类节点的温度场分布、破坏形态、变形特性和耐火极限等的变化规律。建立了火灾下型钢混凝土柱-型钢混凝土梁连接节点的有限元计算模型，计算结果得到试验结果的验证。

采用建立的有限元计算模型，分析了火灾下实际框架结构中，受约束的型钢混凝土柱-型钢混凝土梁连接节点中钢与混凝土之间粘结滑移、节点变形和破坏形态、截面内力及应力和应变分布、节点弯矩-梁柱相对转角关系等的变化规律，较为全面和深入地认识了该类节点的耐火性能。在型钢混凝土柱-型钢混凝土梁连接节点有限元计算模型基础上，分析了柱截面尺寸、长细比、截面含钢率、配筋率、材料强度、梁荷载比、柱荷载比、梁柱线刚度比和极限弯矩比等参数对节点耐火极限的影响规律。

参考文献

李国强，韩林海，楼国彪，等，2006．钢结构及钢-混凝土组合结构抗火设计［M］．北京：中国建筑工业出版社．

郑永乾，2007．型钢混凝土构件及梁柱连接节点耐火性能研究［D］．福州：福州大学．

中华人民共和国建设部，2002．型钢混凝土组合结构技术规程：JGJ 138—2001［S］．北京：中国建筑工业出版社．

中冶集团建筑研究总院，中华人民共和国国家发展和改革委员会，2006. 钢骨混凝土结构设计规程：YB 9082—2006 [S]. 北京：冶金工业出版社.

EUROCODE 4. EN 1994-1-2: 2005, 2005. Design of composite steel and concrete structures-part1-2: General rules-structural fire design [S]. European Committee for Standardization, Brussels.

HAN L H, ZHENG Y Q, TAO Z, 2009. Fire performance of steel-reinforced concrete beam-column joints [J]. Magazine of Concrete Research, 61 (7): 499-518.

HIBBITT, KARLSSON, SORENSEN, Inc., 2004. ABAQUS/Standard user's manual, version 6.5.1 [CP]. Pawtucket, RI.

ISO-834, 1975. Fire resistance tests-elements of building construction [S]. International Standard ISO 834, Geneva.

ISO-834, 1999. Fire resistance tests-elements of building construction-part 1: General requirements [S]. International Standard ISO 834-1, Geneva.

LIE T T, CHABOT M, 1990. A method to predict the fire resistance of circular concrete filled hollow steel columns [J]. Journal of Fire Protection Engnieering, 2 (4): 111-126.

LIE T T, DENHAM E M, 1993. Factors affecting the fire resistance of circular hollow steel columns filled with bar-reinforced concrete [R]. NRC-CNRC Internal Report, No. 651, Canada.

LIE T T, 1994. Fire resistance of circular steel columns filled with bar-reinforced concrete [J]. Journal of Structral Engineering, ASCE, 120 (5): 1489-1501.

MAO C J, CHIOU Y J, HSIAO P A, et al., 2010. The stiffness estimation of steel semi-rigid beam-column moment connections in a fire [J]. Journal of Constructional Steel Research, 66 (5): 611-736.

TAN Q H, HAN L H, YU H X, 2011. Analysis on CFST column to RC beam joints under fire [J]. International Workshop on Steel and Composite Structures, August, Sydney, Australia: 1-14.

第 11 章 火灾后型钢混凝土柱 - 型钢混凝土梁节点的力学性能

11.1 引 言

本章建立了考虑升、降温火灾影响的型钢混凝土（SRC）柱 - 型钢混凝土梁连接节点的有限元计算模型［所用的型钢混凝土柱和梁截面形式如图 1.6（a1）所示］，开展了图 1.14 所示的 A→A′→B′→C′→D′→E′ 全过程火灾后的型钢混凝土节点力学试验研究。基于有限元计算模型进行了全过程火灾作用下（后）组合节点受力全过程分析，并在参数分析结果的基础上提出节点全过程火灾后剩余刚度系数和剩余承载力系数的实用计算方法。

11.2 有限元计算模型

本节建立了全过程火灾后型钢混凝土柱 - 型钢混凝土梁连接节点的有限元计算模型，包括温度场计算模型和力学性能分析模型。

温度场计算模型采用与 3.2.1 节中相同的建模方法（Song et al.，2011），材料热工参数根据 Lie 等（1993）给出的公式确定，假定升、降温段材料的热工性能一致；热边界条件中考虑热对流和热辐射的影响、忽略型钢和混凝土之间的接触热阻；钢筋采用桁架单元、型钢采用壳单元、混凝土采用实体单元模拟。具体网格划分示意图如图 11.1 所示。

考虑全过程火灾作用时，材料经历了常温、升温、降温和高温后四个温度阶段，各温度阶段材料的热力学性能需分别确定。

钢材在各温度阶段的应力 - 应变关系、热膨胀模型、高温蠕变模型、焊接残余应力考虑方法等如第 3.2 节和 4.2 节所述，型钢和钢筋所用钢材在常温和升温段下的应力 - 应变关系如式（3.2）所示，降温段的应力 - 应变关系如式（4.1）所示，高温后阶段的应力 - 应变关系如式（4.2）所示；楼板、型钢混凝土梁和柱中的混凝土在常温和升温段的应力 - 应变关系如式（3.6）所示。

混凝土在降温和高温后阶段的应力 - 应变关系采用陆洲导等（1993）给出的高温后混凝土模型，具体表达式如下：

$$y=\begin{cases} 2x-x^2 & (x\leqslant 1) \\ 1-\varepsilon_{\mathrm{op}}\dfrac{115\,(x-1)}{1+5.04\times 10^{-3}T_{\max}} & (x>1) \end{cases} \tag{11.1-1}$$

$$x=\frac{\varepsilon_c}{\varepsilon_{op}} \tag{11.1-2}$$

$$y=\frac{\sigma_c}{\sigma_{op}} \tag{11.1-3}$$

$$\sigma_o=f'_c \tag{11.1-4}$$

$$\sigma_{op}=\frac{\sigma_o}{1+2.4(T_{max}-20)^6\times10^{-17}} \tag{11.1-5}$$

$$\varepsilon_{op}=\varepsilon_o(1.0+2.5\times10^{-3}T_{max}) \tag{11.1-6}$$

式中：ε_{op}——高温后阶段混凝土的峰值应变；

σ_{op}——高温后阶段混凝土的峰值应力，按照李卫等（1993）给出的公式确定；

ε_o——常温段混凝土的峰值应变；

σ_o——常温段混凝土的峰值应力。

对于单元选取、网格划分和钢 - 混凝土界面处理方法，参照本书第 11.3 节进行的升、降温火灾和外荷载共同作用下组合框架梁 - 柱节点试验，力学计算模型中采用与试验相同的边界条件：节点柱下端板固结；上端板约束平面内转动和水平方向的位移；节点梁两端自由。柱上端承受轴向荷载，梁两端承受竖向荷载，计算时考虑柱的初始弯曲，假设柱跨中的初始挠度为柱计算长度的千分之一。

节点模型中混凝土、型钢和钢筋的单元选取同第 9.2 节所述，基于有限元软件平台 ABAQUS（2010）建立模型，图 11.1 给出了型钢混凝土柱 - 型钢混凝土梁节点模型的边界条件和网格划分等。型钢混凝土中的纵筋和混凝土界面、型钢和混凝土界面采用图 3.10 和图 3.11 所示的粘结应力 - 相对滑移关系来进行模拟。

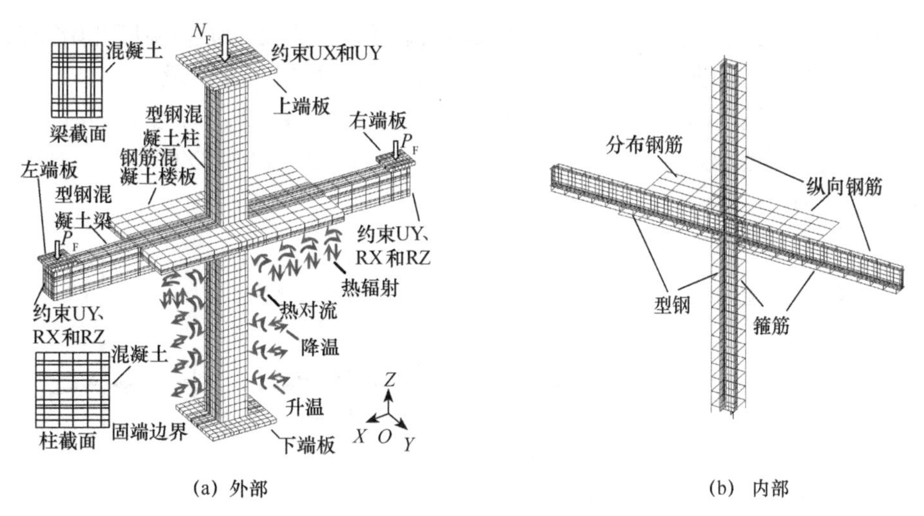

图 11.1　节点模型边界条件和网格划分

为了验证节点温度场计算模型和力学模型的正确性，采用从构件到节点、从结构受火或受力分阶段到全过程的试验数据对模型进行验证。此外还将采用第 11.3 节进行的组合框架节点在升、降温过程中的试验结果进行验证。

11.3 试验研究

11.3.1 试验概况

本节进行型钢混凝土柱-型钢混凝土梁节点在图 1.14 所示 A→A′→B′→C′→D′→E′ 时间（t）-温度（T）-荷载（N）路径下的力学性能试验（Song et al.，2014；宋天诣，2011），研究该类节点在升、降温火灾和外荷载共同作用下（后）的温度-受火时间关系、破坏形态、柱轴向变形-受火时间关系、梁端挠度-受火时间关系以及火灾后荷载-应变关系和极限承载力；分析升温时间对节点力学性能的影响规律，同时也为第 11.2 节有限元计算模型的验证提供必要的试验数据。

结合试验设备所能提供的边界条件，对图 10.1（b）进一步简化，最终得到如图 10.1（c）所示的边界条件，即柱下端固结、上端约束水平位移和平面内转动、柱上端受轴向荷载 N_F，梁两端自由、梁端受竖向荷载 P_F。在进一步的机理分析中，将采用类似图 10.1（b）所示的节点模型对组合框架梁-柱节点的受力性能展开研究。

节点试验采用图 11.2 所示的加载和受火方案，分为常温、升温、降温和火灾后四个阶段，如下所述。

1）常温段：常温下施加柱端荷载和梁端荷载至试验设计值 N_F 和 P_F，如图 11.2（a）所示，对应图 1.14 中 AA′ 阶段。

2）升温段：保持柱端荷载（N_F）和梁端荷载（P_F）不变，炉膛温度按照 ISO-834（1980）升、降温曲线升温至设计升温时间 t_h，如图 11.2（b）所示，对应图 1.14 中 A′B′ 阶段。

3）降温段：保持柱端荷载（N_F）和梁端荷载（P_F）不变，炉膛温度开始降低直至节点温度降至常温，如图 11.2（c）所示，对应图 1.14 中 B′C′D′ 阶段。

4）火灾后阶段：节点温度降至常温后，保持柱端荷载（N_F）不变，同时分级增大梁两端荷载直到节点破坏，如图 11.2（d）所示，对应图 1.14 中 D′E′ 阶段，P_{ur} 为火灾后梁剩余承载力。

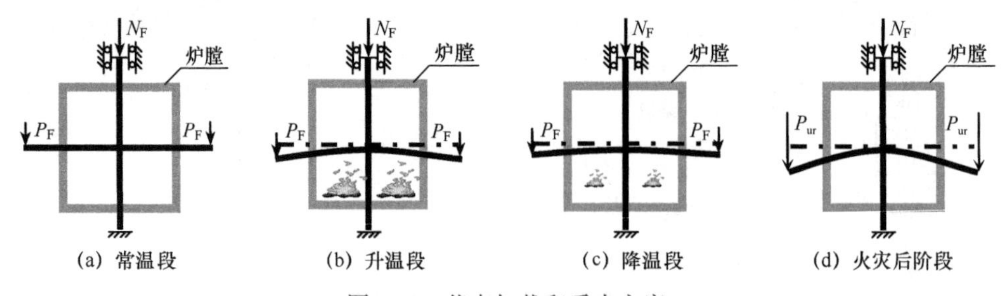

图 11.2 节点加载和受火方案

综上所述，下面重点阐述试件设计与制作、材料性能、量测内容及试验方法。

（1）试件设计与制作

型钢混凝土柱-型钢混凝土梁节点试件依据 JGJ 138—2001（2002）设计，梁柱型钢采用柱贯通形，通过水平加劲肋连接，梁主筋贯通节点区域。图 11.3 所示为型钢混凝土柱 - 型钢混凝土梁节点的构造示意。试验参数为升温时间：160min、90min 和 45min，其中 160min 为节点在升温段达到耐火极限的时间。

试件具体参数如表 11.1 所示，其中试件 JS1 设计为升温段发生破坏，JS2 和 JS3 设计为火灾后继续加载至破坏，其中 B 为型钢混凝土柱方形截面边长；H 为型钢混凝土柱高度；D_b 为型钢混凝土梁截面高度；B_b 为型钢混凝土梁截面宽度；L 为型钢混凝土梁长度；b_{slab} 为楼板宽度；t_{slab} 为楼板厚度；L_{slab} 为楼板长度；h 为钢梁型钢高度；b_f 为型钢翼缘宽度；t_w 为型钢腹板厚度；t_f 为型钢翼缘厚度；t_h 为升温时间。k 按照式（10.1）进行计算。n 和 m 按照式（3.17）和式（3.18）进行计算。

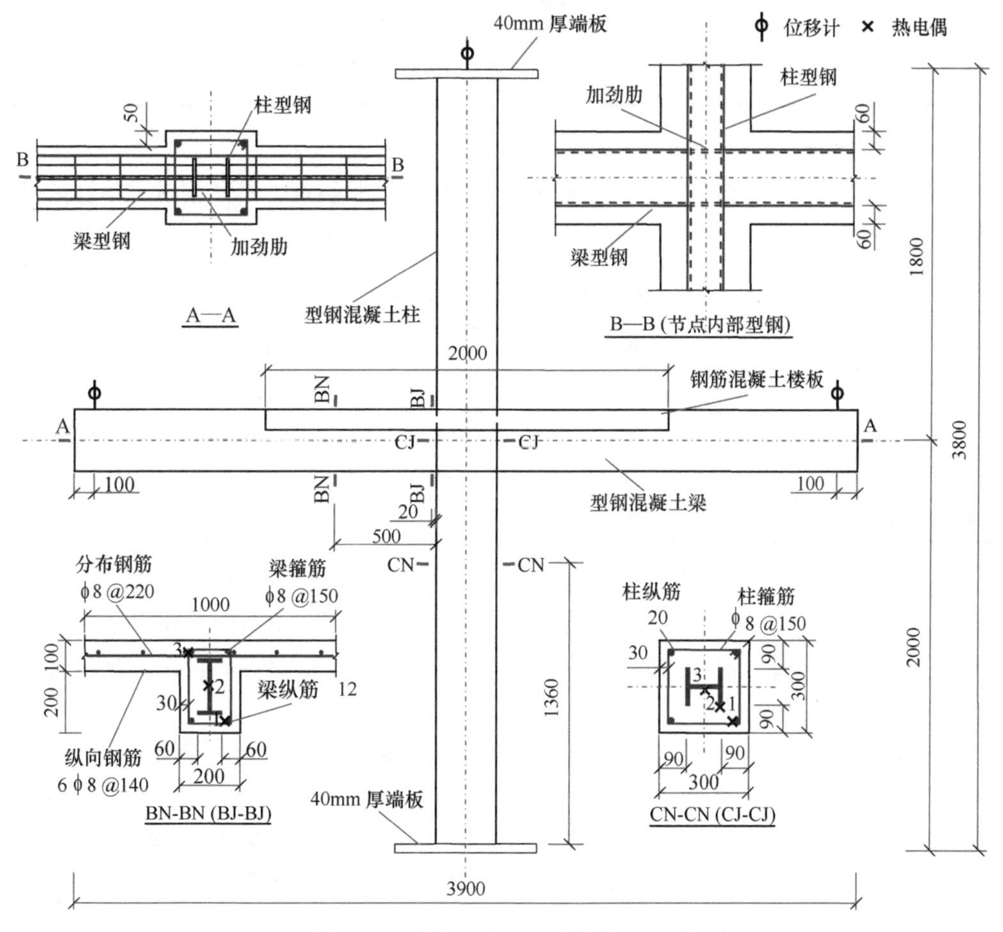

图 11.3　试件尺寸（尺寸单位：mm）

表 11.1　型钢混凝土柱 - 型钢混凝土梁连接节点试件具体参数

试件编号			JS1	JS2	JS3
试件尺寸（尺寸单位均为 mm）	柱	$B\times H$	300×300×3800		
		$h\times b_f\times t_w\times t_f$	120×120×9.39×9.39		

续表

试件编号			JS1	JS2	JS3
试件尺寸（尺寸单位均为 mm）	梁	$D_b \times B_b \times L$	300×200×3900		
		$h \times b_f \times t_w \times t_f$	180×80×9.39×9.39		
	楼板	$b_{slab} \times t_{slab}$	1000×100		
		L_{slab}	2000		
其他参数	t_h/min		160	90	45
	k		0.779		
	n		0.5		
	N_F/kN		2120		
	m		0.5		
	P_F/kN		43		

（2）材料性能

节点试件所用钢材材料性能由标准材料性能拉伸试验确定，具体钢材力学性能指标如表 11.2 所示。

表 11.2　钢材力学性能指标

钢材类型	f_y/MPa	f_u/MPa	E_s/（10^5N/mm^2）	ν_s
型钢钢板	310	424	2.08	0.273
梁纵筋φ12	445	692	2.03	0.270
柱纵筋φ20	421	640	2.21	0.291
梁、柱箍筋、楼板钢筋 φ8	388	477	2.10	0.286

试件中采用了自密实混凝土，混凝土水胶比为 0.36，砂率为 0.395，配合比为：水泥 320kg/m^3；粉煤灰 140kg/m^3；砂 680kg/m^3；石 1046kg/m^3；水 165kg/m^3。采用的原材料为 42.5 普通硅酸盐水泥；河砂；花岗岩碎石，石子粒径 5～15mm；矿物细掺料：Ⅱ级粉煤灰；普通自来水。

混凝土坍落度为 250mm，坍落流动度为 620mm，混凝土浇灌时内部温度为 29℃，比环境温度约低 2℃。新拌混凝土流经“L”形流速仪的时间为 14s，平均流速为 57mm/s。混凝土 28d 立方体抗压强度 f_{cu} 由与试件同条件下成型养护的 150mm×150mm×150mm 立方试块测得，测得 28d 立方体抗压强度为 47.4MPa，混凝土的弹性模量为 28 870N/mm^2，棱柱体抗压强度为 37.5MPa。试验时 f_{cu} ＝54.3MPa。

试验过程中，对试件不需要受火的部位以及炉边缘位置进行防火保护，确保有效隔热。

（3）量测内容

节点试验的主要量测内容如下。

1）炉膛温度：记录升、降温段的炉膛温度变化情况。通过试验炉内八个热电偶测得。

2）试件温度：记录从升温到节点温度降到常温的全部数据。试件加工时预埋热电偶测量节点内部温度。节点温度测量位置分为梁节点区（BJ）、柱节点区（CJ）、梁非节点区（BN）和柱非节点区（CN）四个部分，梁、柱节点区和非节点区截面的测温点位置相同，测温点位置如图 11.3 所示。

3）柱轴向变形和梁端挠度：记录升、降温过程和火灾后加载过程中节点的柱轴向变形和梁端挠度。通过在节点柱上端和梁端布置的位移计测得，如图 11.3 所示。

4）耐火极限：记录试件 JS1 达到耐火极限的时间。采用 ISO-834（1999）标准的规定对节点的耐火极限进行判断，具体规定如 10.3.1 节所述。

5）火灾后极限承载力：测试试件 JS2 和试件 JS3 在火灾后加载段的极限承载力。节点温度降到常温后，保持柱端荷载值不变，分级加大梁端荷载直到节点无法持荷，达到极限状态，此时的梁荷载值为节点火灾后极限承载力。

6）火灾后加载过程中各测温点的应变：测定火灾后加载段各应变测温点的应变值。节点温度降到常温后，在各测温点位置粘贴应变片，记录每一级荷载稳定后的应变值。应变片测温点位置如图 11.4 所示，分为节点区（JZ）和非节点区，非节点区测温点位置分为：L 梁（LB）、R 梁（RB）、上柱（TC）和下柱（BC）。

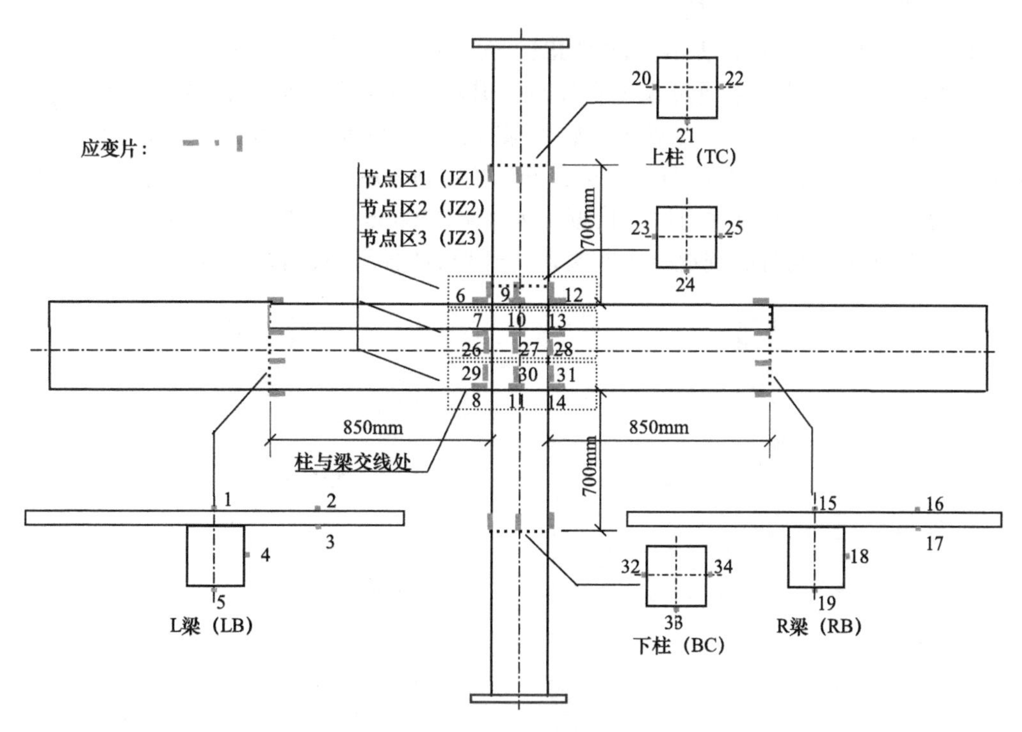

图 11.4　试件应变片测温点位置

（4）试验方法

本次节点试验包括耐火极限试验和考虑全过程火灾作用的火灾后试验，其中耐火极限试验方法以及耐火极限判定标准如第 10.3.1 节所述，此处不再赘述。火灾后试验方法如下。

1）常温段：节点试件安装后，首先对柱端施加荷载至设计值，柱端荷载读数稳定后对梁两端同时加载至设计值。

2）升温段：保持柱端和梁端荷载值恒定不变，按照ISO-834（1975）升温曲线进行升温。对于耐火极限试验，当节点达到前述所述的耐火极限标准时即可停止升温，并卸去梁和柱荷载；对于火灾后试验，升温时间达到设计时间时即停止升温。升温过程中记录各温度测温点和位移计的读数。

3）降温段：升温停止后进入降温段，将风机和炉门打开，以加快降温速度。对于耐火极限试验，降温过程中只记录各测温点温度；对于火灾后试验，降温过程中梁柱端荷载保持恒定不变，记录降温过程中各温度测温点和位移计的读数，直到节点温度降温常温。

4）火灾后加载段：节点内部温度降到常温后，进入火灾后阶段。保持柱端荷载不变，对梁两端同时分级加载，每级荷载稳定10min后进行应变采集，加载过程中同时记录梁柱端位移，当节点梁或柱无法持荷时，停止加载，试验结束。

11.3.2　试验结果及分析

（1）试验现象与破坏特征

1）试件JS1：图11.5所示为试件JS1节点的破坏形态，图11.6为试件各部位局部破坏形态。试验过程中通过观测孔发现，升温20min（炉膛温度730℃）时，炉内节点区开始变潮湿，节点区混凝土开始由深灰色变为浅灰色，升温35min（炉膛温度817℃）时，柱上端板处有水蒸气溢出，升温60min（炉膛温度904℃）时，梁端伸出炉外部分开始变潮湿并有水溢出。接近耐火极限160min时，炉膛温度达到1048℃，R梁荷载突然下降，同时听到混凝土断裂声，开炉后发现R梁与柱连接处楼板发生了横

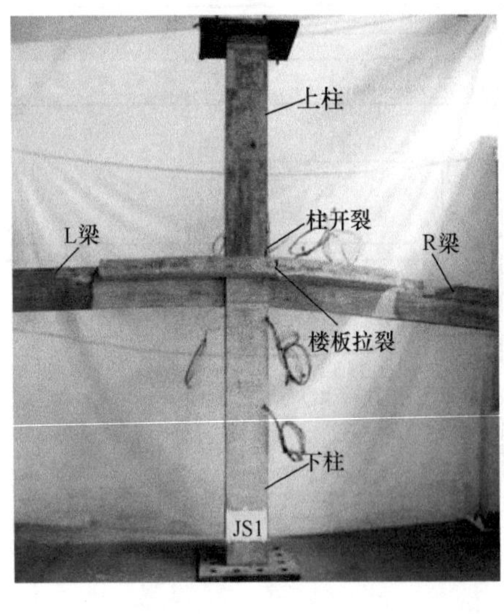

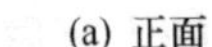
(a) 正面

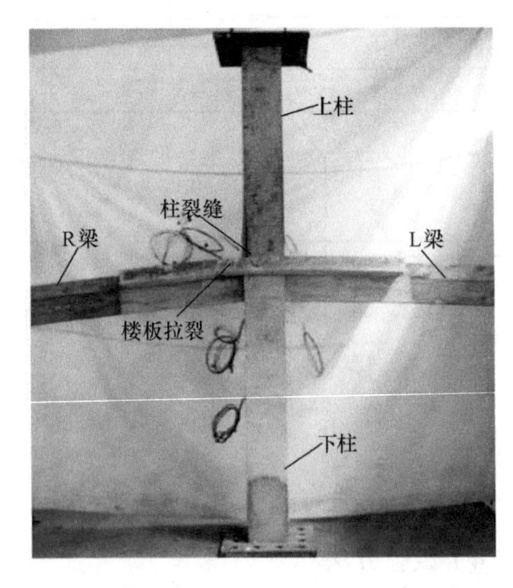

(b) 背面

图11.5　试件JS1的破坏形态

向断裂，而柱仍可稳定持荷。节点达到耐火极限后，立即停止加载，但仍继续记录温度数据，直到节点温度降到常温为止。

试验后观察试件的破坏形态，发现节点下柱有沿柱纵向均匀分布的横向裂缝，这

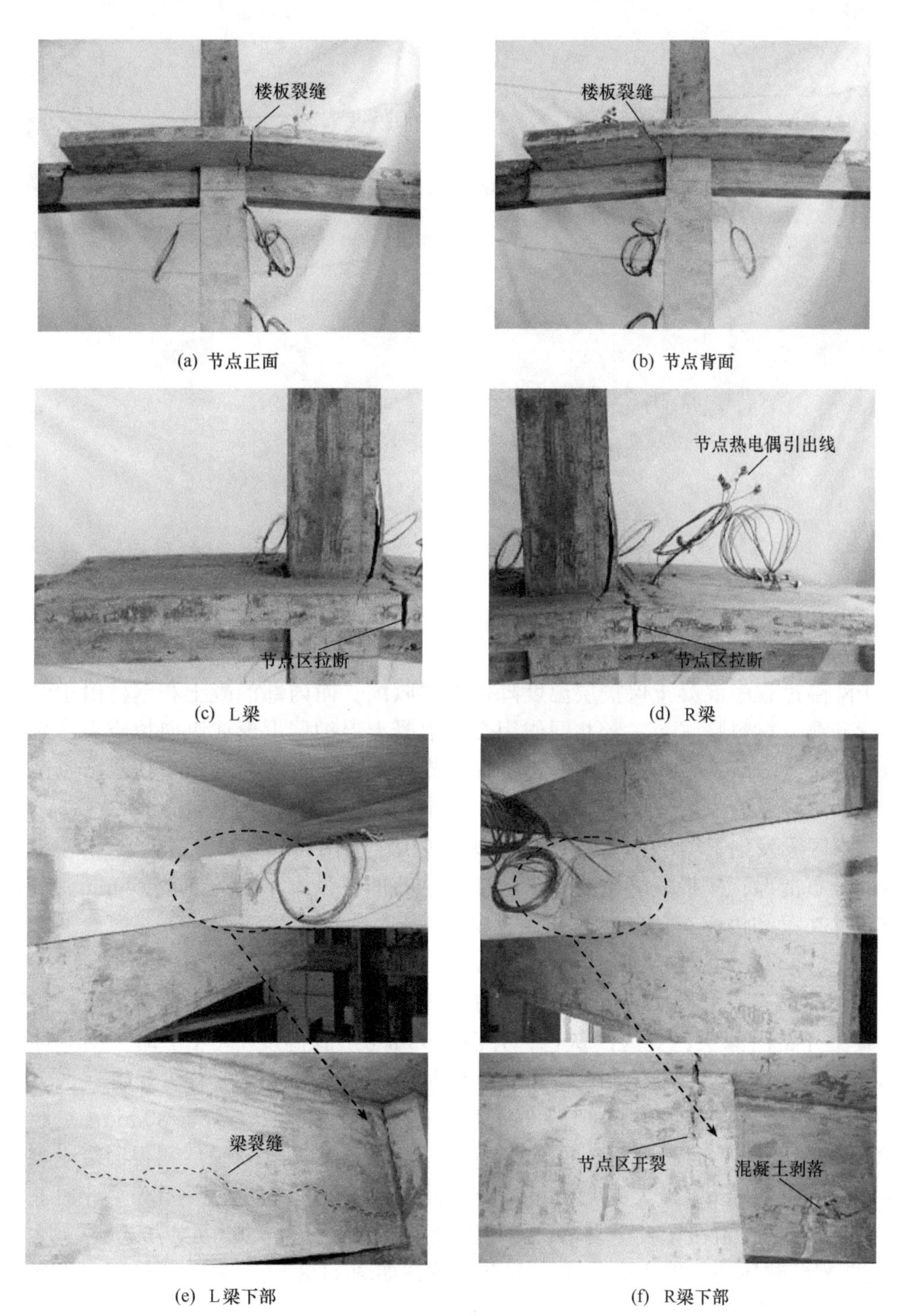

(a) 节点正面　(b) 节点背面

(c) L梁　(d) R梁

(e) L梁下部　(f) R梁下部

图 11.6　试件 JS1 的局部破坏形态

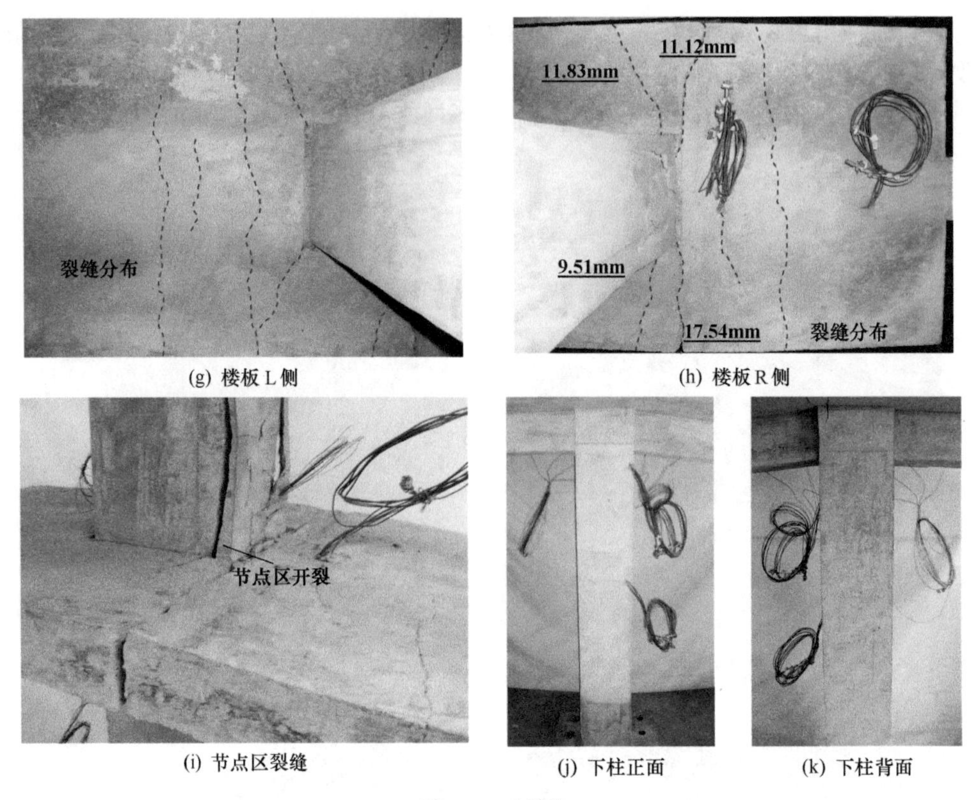

(g) 楼板L侧　　(h) 楼板R侧

(i) 节点区裂缝　　(j) 下柱正面　　(k) 下柱背面

图 11.6 （续）

是由于降温过程中混凝土保护层温度降低材料收缩，而内部混凝土和钢材由于温度滞后持续升温，材料膨胀，二者共同作用会在混凝土保护层上形成纵向拉应力，从而形成混凝土裂缝。节点破坏的位置主要集中在节点区域，如图 11.6（c）所示节点区有贯通楼板横向的裂缝，并延伸至上柱节点区，测得裂缝宽度达到 17.54mm。

节点区梁发生了图 11.6（e）所示的纵向裂缝。图 11.6（g）和（h）给出楼板主要裂缝的分布情况，楼板裂缝主要是沿着横向分布的，最大宽度达到 17.54mm。节点最终破坏时 R 梁和楼板 R 侧节点区开裂明显。

2）试件 JS2：图 11.7 所示为试件 JS2 节点的最终破坏形态，图 11.8 为试件各部位局部破坏形态。升温 25min（炉膛温度 761℃）时，炉内节点区开始变潮湿，节点区混凝土开始由深灰色变为浅灰色；升温 32min（炉膛温度 790℃）时，梁端伸出炉外部分开始变潮湿并有水渗出，44min（炉膛温度 863℃）时，梁端开始有水蒸气溢出；升温 60min（炉膛温度 904℃）时，柱上端有水蒸气溢出。升温 80min（炉膛温度 945℃）时，下柱正面 L 侧［图 11.8（i）］发现混凝土剥落，开炉后测得混凝土剥落尺寸为 640mm×70mm，最大深度 30mm；炉膛降温过程中，通过观测孔发现下柱正面 R 侧［图 11.8（i）］混凝土发生剥落，测得混凝土剥落面积为 950mm×70mm，最大深度 20mm。节点破坏的位置主要集中在节点区域，如图 11.8（h）所示节点区有贯通楼板和柱相交处的横向裂缝，裂缝宽度达 11.10mm。

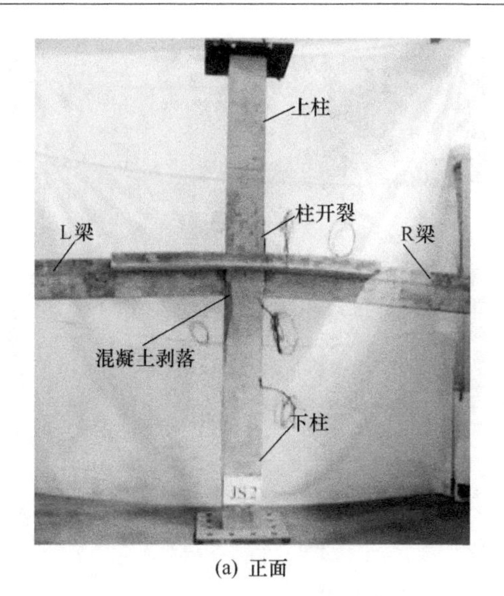

(a) 正面

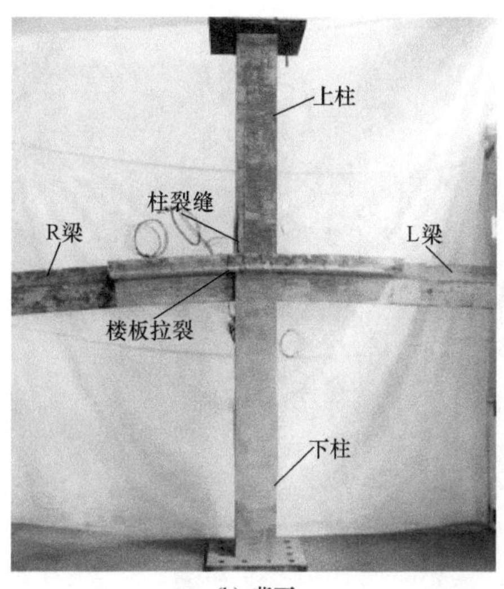

(b) 背面

图 11.7　试件 JS2 的最终破坏形态

图 11.8（f）和（g）给出楼板主要裂缝的分布情况，其中有下画线的数字为降温结束时火灾后加载以前楼板的裂缝宽度，无下划线数字为火灾后节点达到极限状态时的裂缝宽度，楼板裂缝主要是沿着横向分布的，且较耐火极限节点裂缝开展要丰富，最大宽度达到 11.10mm。节点最终破坏是由于 R 梁和 R 侧楼板混凝土开裂，使节点无法持荷所致。

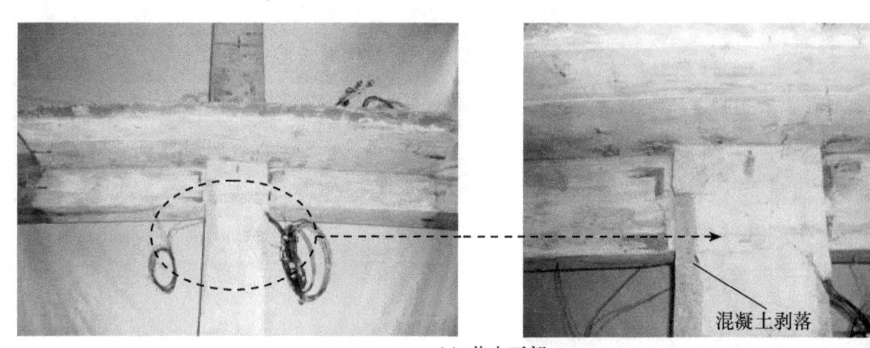

(a) 节点下部

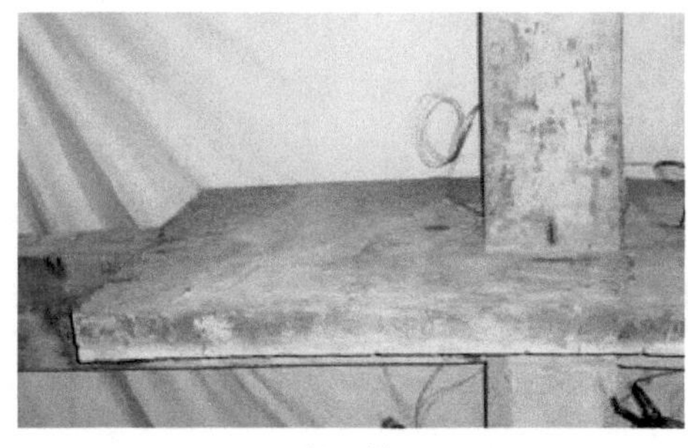

(b) L梁

(c) R梁

图 11.8　试件 JS2 的局部破坏形态

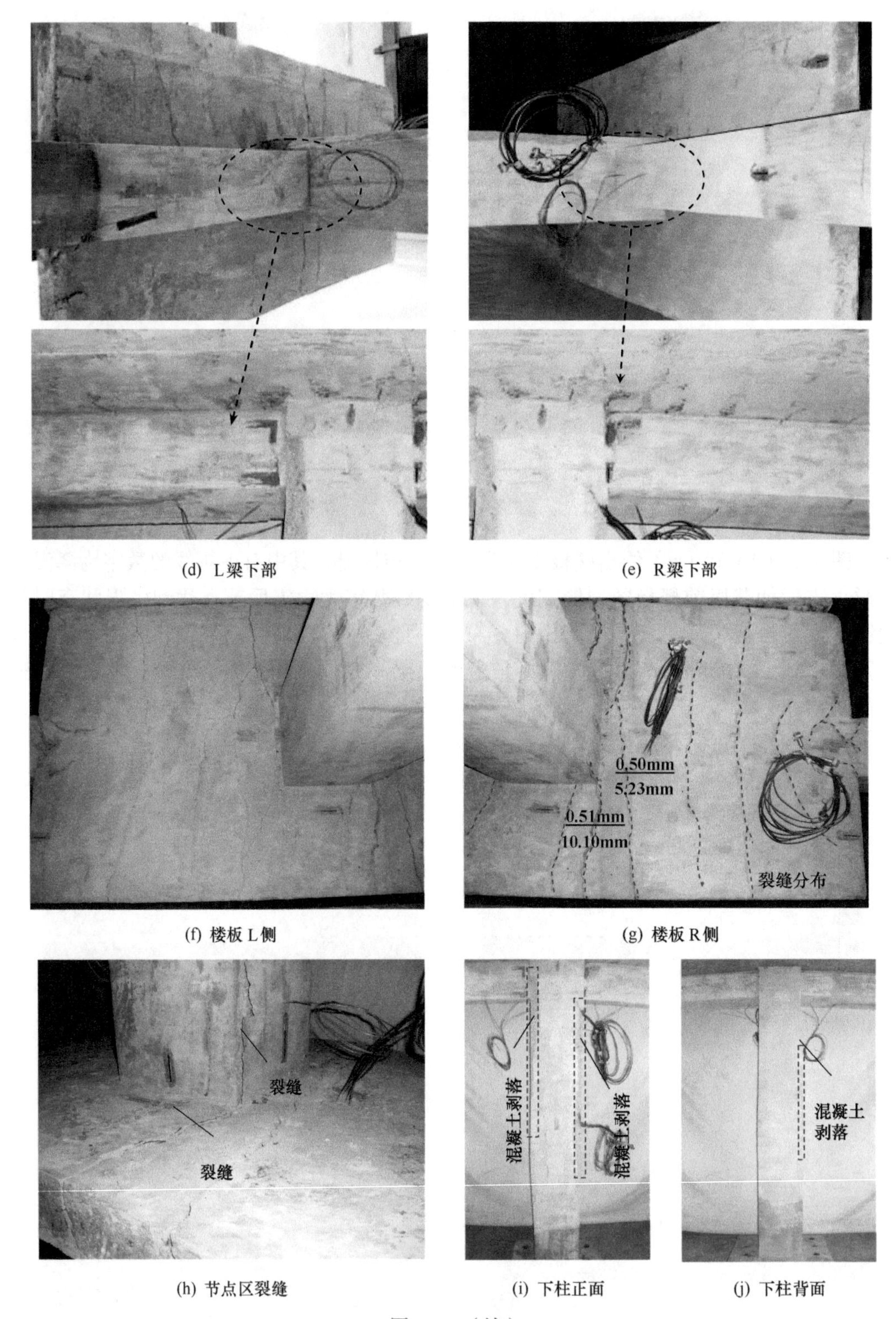

(d) L梁下部　(e) R梁下部

(f) 楼板L侧　(g) 楼板R侧

(h) 节点区裂缝　(i) 下柱正面　(j) 下柱背面

图 11.8 （续）

3）试件 JS3：图 11.9 所示为试件 JS3 的最终破坏形态，图 11.10 为试件各部位的局部破坏形态。

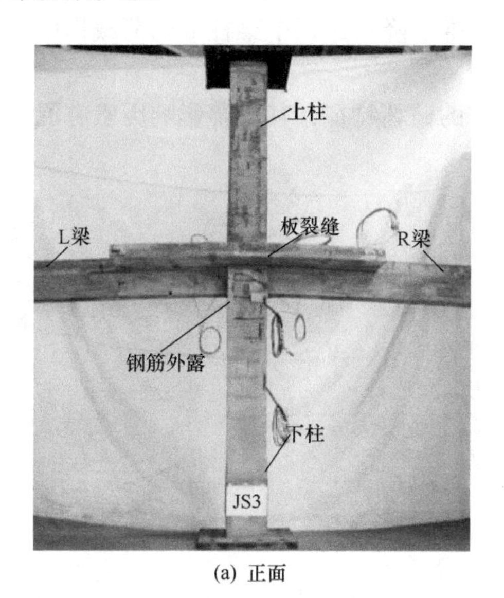

(a) 正面

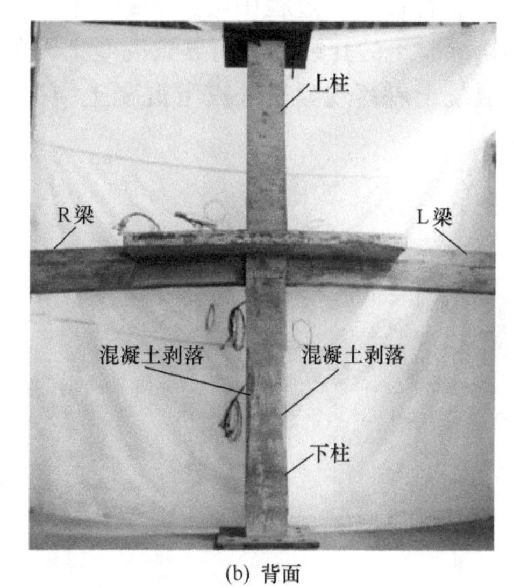

(b) 背面

图 11.9　试件 JS3 的最终破坏形态

升温时间达到 26min（炉膛温度 768℃）时，炉内节点区开始变潮湿；升温 28min（炉膛温度 810℃）时，梁端伸出炉外部分开始变潮湿并有水溢出；升温 50min（炉膛温度 651℃）时，下柱正面上部［图 11.10（a）］出现了混凝土剥落，节点柱内部钢筋暴露，混凝土剥落面积为 540mm×260mm，最大深度达 25mm。

图 11.10（i）和（j）给出节点下柱正面和背面的裂缝分布以及混凝土剥落情况。节点破坏的位置主要集中在节点区域，如图 11.10（h）所示节点区有贯通楼板和柱交线的横向裂缝，裂缝值达到 7.21mm。图 11.10（f）和（g）给出楼板主要裂缝的分布情况，楼板裂缝主要是沿着横向分布的，升、降温火灾下形成的裂缝在火灾后加载时会进一步开展，极限状态时最大裂缝宽度达 7.21mm。节点最终破坏是由于节点区 R 梁和 R 侧楼板混凝土开裂所致。

型钢混凝土柱 - 型钢混凝土梁节点试件存在以下一些共同的破坏特征。

① 三个节点试件达到极限状态时，均是由于节点区型钢混凝土梁和楼板形成较宽裂缝，使节点无法继续持荷而引起的。

② 随着升温时间的增加，节点受火位置混凝土的颜色由深灰色逐步转变为灰白色，且升温时间越长火灾后混凝土表面越疏松。

③ 升、降温结束后，观察三个节点的混凝土开裂情况，发现混凝土开裂主要集中在楼板上表面，由于楼板承受负弯矩，上表面受拉，在节点达到极限状态时，会在节点区附近形成一条沿楼板横向延伸的主裂缝。

④ 试验过程中观察节点外部混凝土的剥落情况，混凝土剥落的现象多集中在节点下柱。升温时间较短的火灾后试件 JS2（90min）和 JS3（45min）的混凝土剥落现象要

比耐火极限试件 JS1（160min）明显。在试验参数范围内可见：混凝土剥落面积并不是随着升温时间的增加而增大；试件 JS1～试件 JS3 的不同主要是后者在降温过程中仍持荷，而前者在降温过程中已经卸载，由此可以推断降温过程中梁柱端的荷载作用可能会加剧混凝土的开裂，从而导致混凝土剥落。

混凝土剥落现象是火灾下混凝土结构特有的破坏特征，其主要影响因素有混凝土

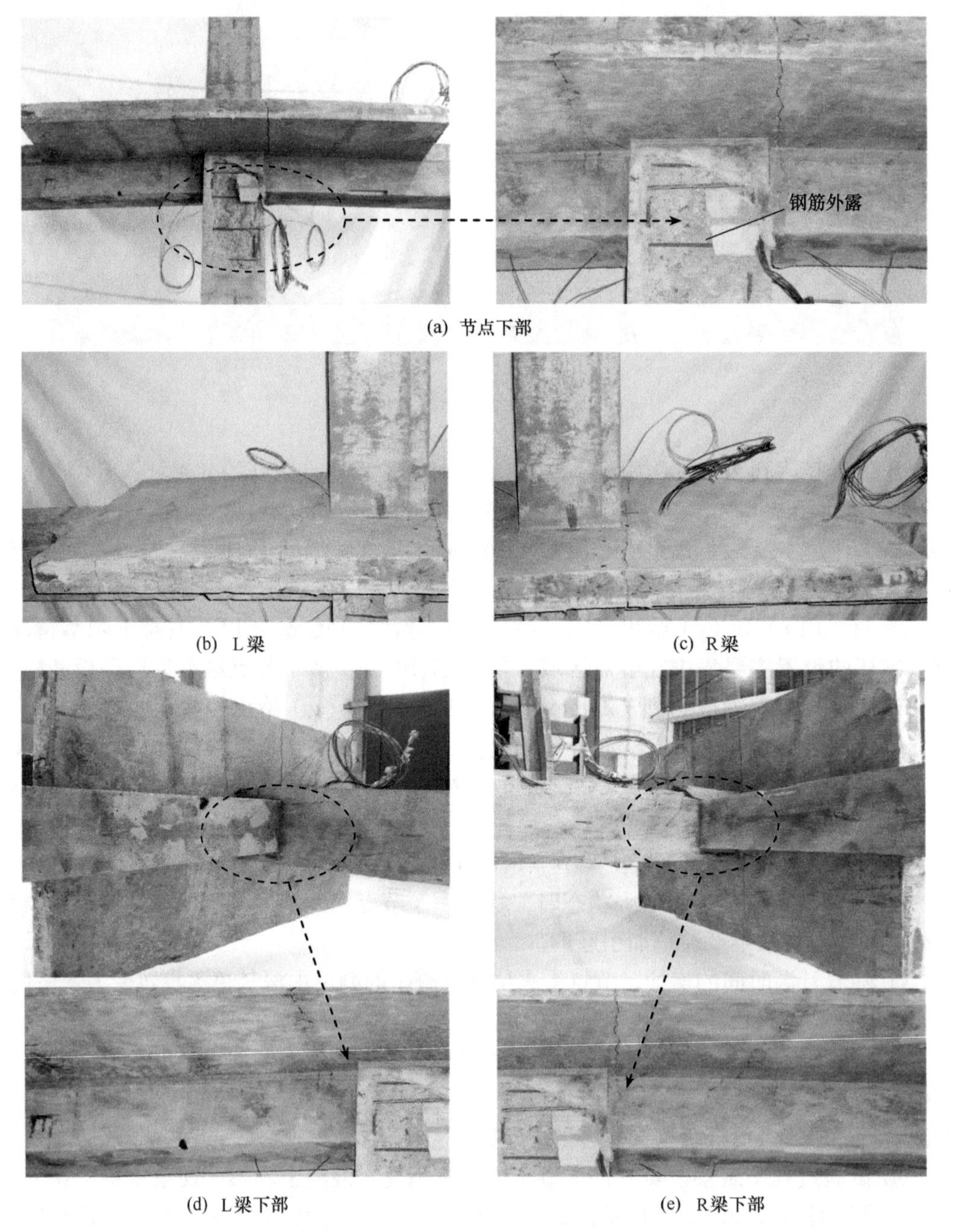

(a) 节点下部

(b) L梁　(c) R梁

(d) L梁下部　(e) R梁下部

图 11.10　试件 JS3 的局部破坏形态

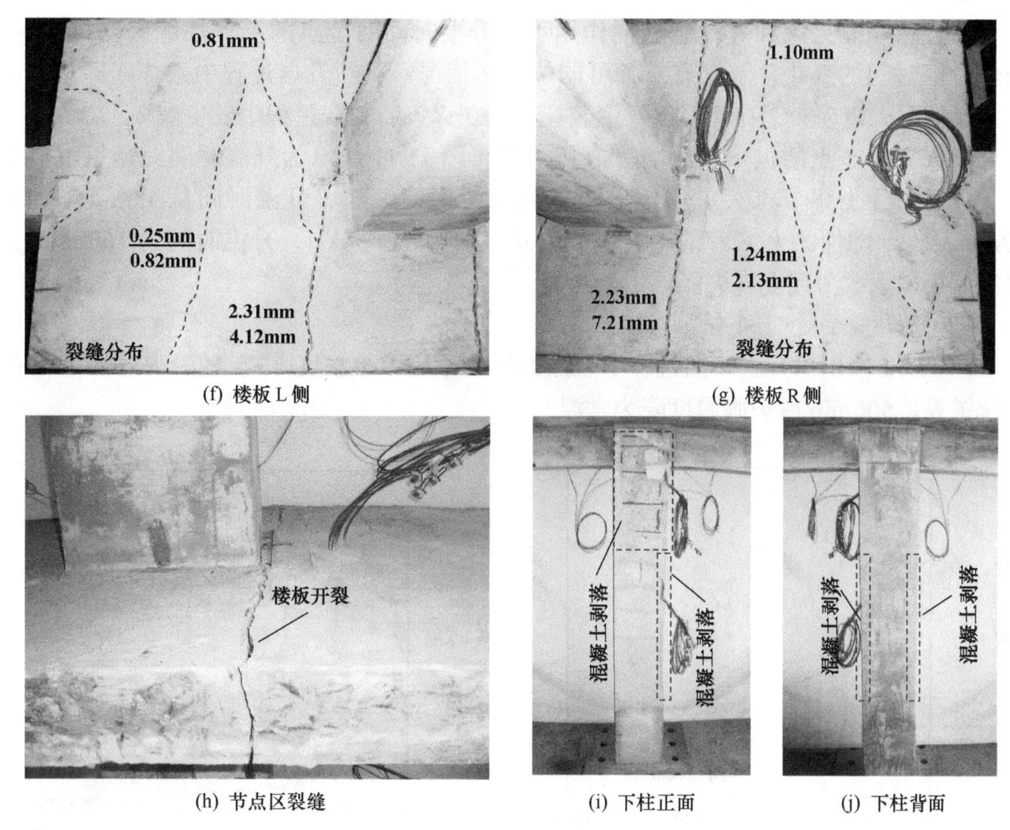

(f) 楼板 L 侧　(g) 楼板 R 侧

(h) 节点区裂缝　(i) 下柱正面　(j) 下柱背面

图 11.10 （续）

强度、骨料类型、含水率、孔隙率、升温速率等（Kodur et al.，2007）。混凝土剥落会对结构产生不利影响：①减小截面尺寸从而降低构件承载力；②外部混凝土保护层的剥落，会使内部钢筋或型钢直接暴露在火灾下，加速钢材材料性能劣化。混凝土剥落的破坏机理比较复杂，主要有两种理论：一种是认为升温使混凝土的孔隙压力升高造成混凝土剥落；另一种是认为接近受火面的混凝土升温膨胀受到约束而产生压应力从而造成混凝土剥落（Dwailat et al.，2009）。

火灾试验过程中观察到了试件 JS2、试件 JS3 在降温过程中发生了混凝土剥落，这是因为在降温过程中，节点下柱表面温度开始降低而内部温度仍然在升高，从而导致柱混凝土保护层沿柱轴向降温收缩，内部混凝土沿轴向升温膨胀，当降温过程中节点柱无轴向荷载时，温度产生的变形可达到自平衡，柱表面会由于降温收缩产生的拉应变而形成裂缝；当降温过程中节点柱有轴向荷载时，内部混凝土的升温膨胀会受到轴向荷载约束从而产生横向的变形，对混凝土保护层产生向外的作用力，从而使混凝土发生剥落。

表 11.3 所示为试验获得的节点耐火极限（t_R）和火灾后梁剩余承载力。

表 11.3　节点试件的耐火极限（t_R）和火灾后梁剩余承载力

试件编号	JS1	JS2	JS3
耐火极限或火灾后梁剩余承载力	160min	52kN	64kN
破坏位置	R 梁破坏	R 梁破坏	L 梁破坏

在升、降温火灾和外荷载共同作用下，升温时间对节点的工作性能有明显影响，随着升温时间的变化，节点有三种可能的破坏情况：①在升温过程中破坏，即达到通常定义的耐火极限；②在降温段发生破坏；③在火灾后加载过程中发生破坏。

以火灾后节点的极限承载力为分析对象，图 11.11 所示为升温时间对型钢混凝土柱 - 型钢混凝土梁节点火灾后梁极限承载力的影响，随着升温时间从 45min 增加到 90min，节点试件的火灾后梁剩余承载力从 64kN 变为 52kN，升温时间为 160min 时，火灾后极限承载力完全丧失。

（2）温度 - 受火时间关系

图 11.12 给出了升、降温过程中节点的实测平均炉膛温度（T）随受火时间（t）的变化关系，500min 后炉膛温度降为常温。

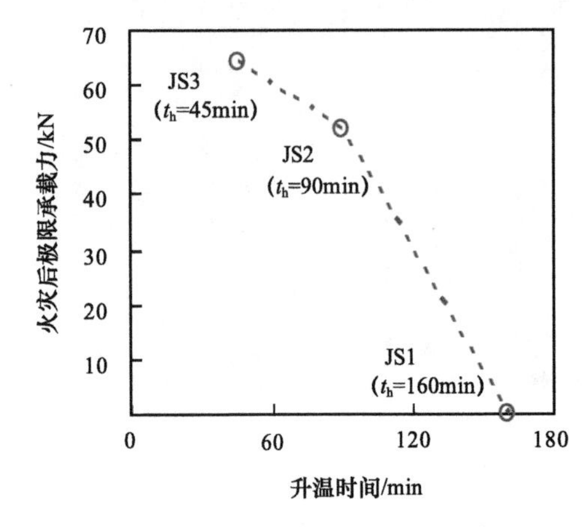

图 11.11 升温时间（t_h）对节点火灾后极限承载力的影响

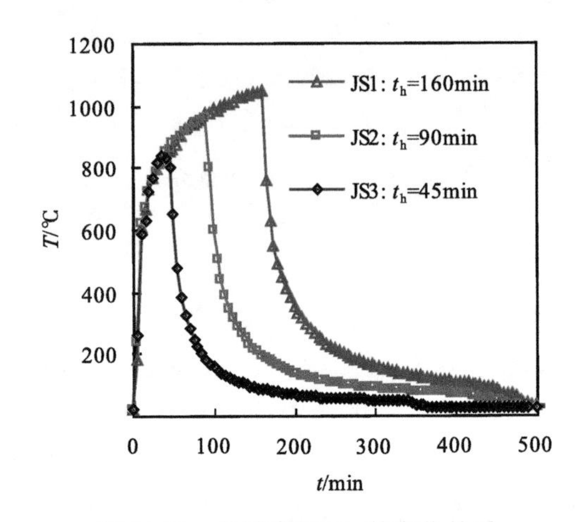

图 11.12 炉膛实测 T-t 的变化关系

图 11.13～图 11.15 给出了型钢混凝土柱 - 型钢混凝土梁节点试件 JS1～试件 JS3 测温点的实测 T-t 关系，从图中可以发现如下规律。

1）比较节点区和非节点区对应测温点的峰值温度，可以发现非节点区温度会高于节点区，且测温点位置越靠近受火表面，节点区和非节点区测温点峰值温度的差异越明显。以节点柱上温度为例，纵筋上测温点 1 的节点区和非节点区峰值温度差异分别为 202℃、265℃和 119℃，而型钢腹板上测温点 3 的峰值温度差分别为 122℃、76℃和 30℃。

2）比较同一试件中各测温点的 T-t 关系曲线，可以发现测温点 2 和测温点 3 的曲线较接近，而测温点 1 由于接近节点受火表面，其温度曲线不同于测温点 2 和测温点 3，在升温和降温的初期，测温点 1 温度明显高于其余两点，随着炉膛温度的降低测温点 2 和测温点 3 温度会略微高于测温点 1，最终各点温度趋于一致。

3）分析箍筋约束范围内的混凝土和型钢上各测温点的温度可以发现，由于温度滞后的原因，这些测温点达到各自峰值温度的时间均在炉膛的降温段。以试件 JS2 柱非节点区测温点 3 为例［图 11.14（b）］，炉膛升温段结束时测温点 3 的温度为 108℃，但测温点 3 的最高温度 262℃发生在升温结束后的 145min，即炉膛温度开始下降了 145min 后，测温点 3 达峰值温度。

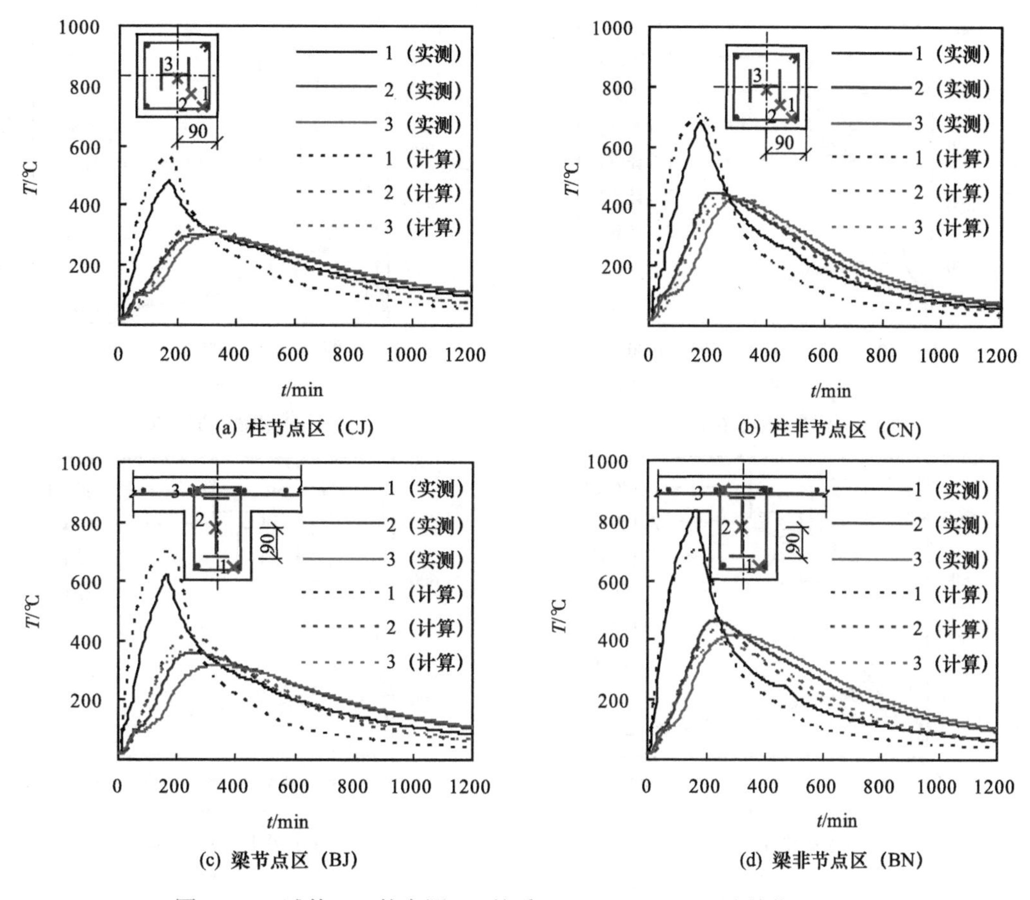

图 11.13　试件 JS1 的实测 T-t 关系（t_h=160min，尺寸单位：mm）

4）试验过程中，型钢混凝土柱为四面受火，而型钢混凝土梁为三面受火，通常情况下受火面多的构件温度会高，但比较型钢混凝土柱和型钢混凝土梁上各测温点的温度，可以发现梁的温度总体上高于柱，这是由于型钢混凝土梁的截面尺寸较小，火灾下截面温度升高更快，导致其温度较高。

从 T-t 关系中可以发现，混凝土的热容大，导热系数低，包裹在钢材外部可以明显降低钢材的温度，当炉膛温度达到峰值时，混凝土内部型钢的温度还相对较低。此外，混凝土中含有的水分在 100℃时会蒸发，吸收热量，使得各测温点的温度曲线在 100℃左右会出现升温速率降低的阶段，而且越远离受火表面的位置这一阶段越明显，这是由于接近受火表面的水分可以较快挥发，而内部位置的水分挥发较慢，蒸发吸热的影响也会更明显。

采用第 3.2.1 节中给出的温度场计算建模方法对型钢混凝土柱 - 型钢混凝土梁节点在升、降温火灾下的温度场分布进行计算，并与实测结果进行了比较。T-t 计算曲线与实测曲线比较如图 11.13～图 11.15 所示，可见计算曲线与实测曲线总体吻合较好，但二者有所差异，具体原因分析如下。

1）比较实测曲线可以发现，在升温段测温点温度达 100℃时，型钢混凝土柱和梁

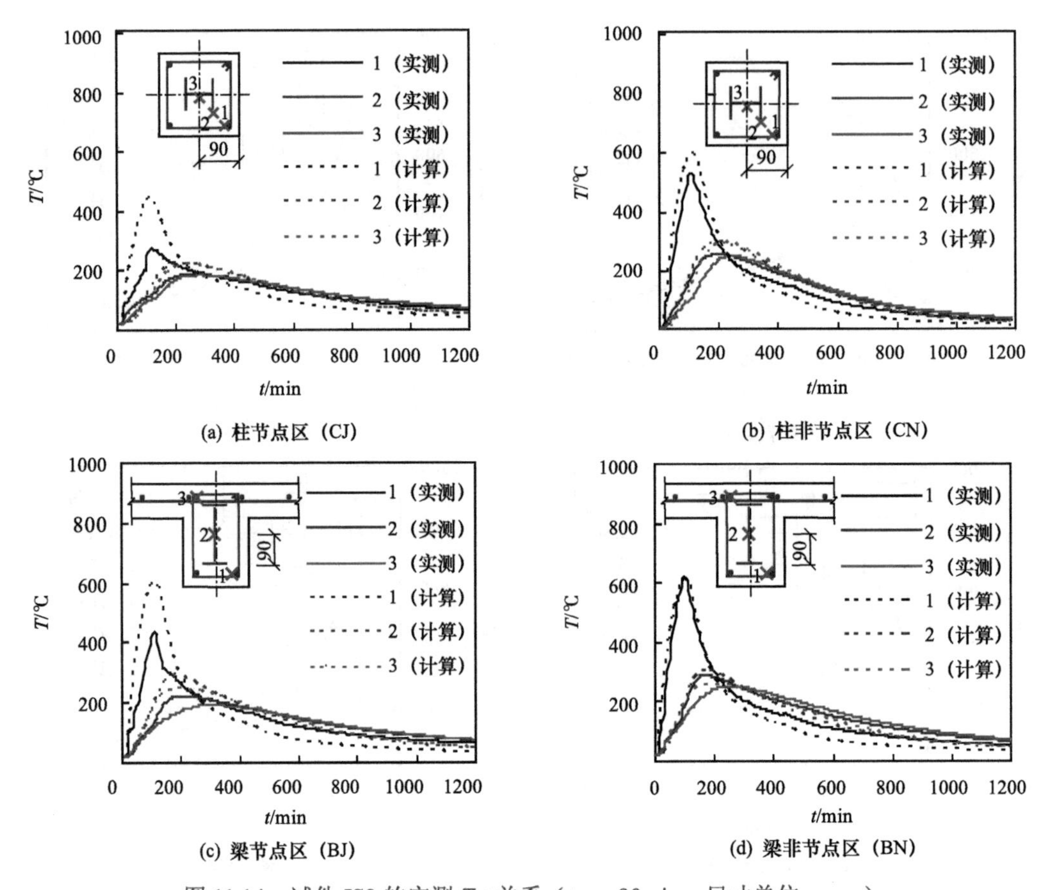

(a) 柱节点区（CJ）

(b) 柱非节点区（CN）

(c) 梁节点区（BJ）

(d) 梁非节点区（BN）

图 11.14　试件 JS2 的实测 *T-t* 关系（t_h = 90min，尺寸单位：mm）

内部测温点的 *T-t* 曲线存在一个升温速率突然降低的阶段，而计算曲线却没有这一阶段，这主要是由于 100℃时，混凝土中的水分蒸发，蒸发吸收了一定混凝土的热量，同时水分在混凝土内部迁移，也使得热量转移，降低了测温点的升温速率。在有限元计算模型中，通过调整混凝土的比热来考虑水分蒸发吸热的影响，但由于水分迁移缺乏规律性，较难考虑该因素影响，使得计算曲线与实测曲线在 100℃时存在差异。

2）节点区个别测温点的计算值会高于实测值，以试件 JS1 梁和柱节点区的测温点 1 为例，计算得到的测温点 1 最高温度值比实测值分别偏高 17% 和 13%，这是由于：试验时节点区受到相邻梁柱的影响，其表面的对流和辐射系数可能会低于非节点区，而在有限元计算模型中，因缺乏对节点区对流和辐射系数的研究，对节点区和非节点区采用了同样的值，造成这两个系数偏大，从而使有限元计算结果偏高。

3）对于型钢混凝土柱-型钢混凝土梁节点，火灾下存在混凝土保护层剥落的问题，如果混凝土剥落现象发生在升温段，会使内部测温点直接暴露在于高温气体或火焰之下，相应的升温速率会高于没有发生这些现象的部位；如果混凝土剥落现象发生在降温段，内部测温点会不经过混凝土保护层直接向结构外界传递热量，其降温的速率也会高于没有发生这些现象的部位。本章的试件 JS2 和试件 JS3 在降温过程中发生

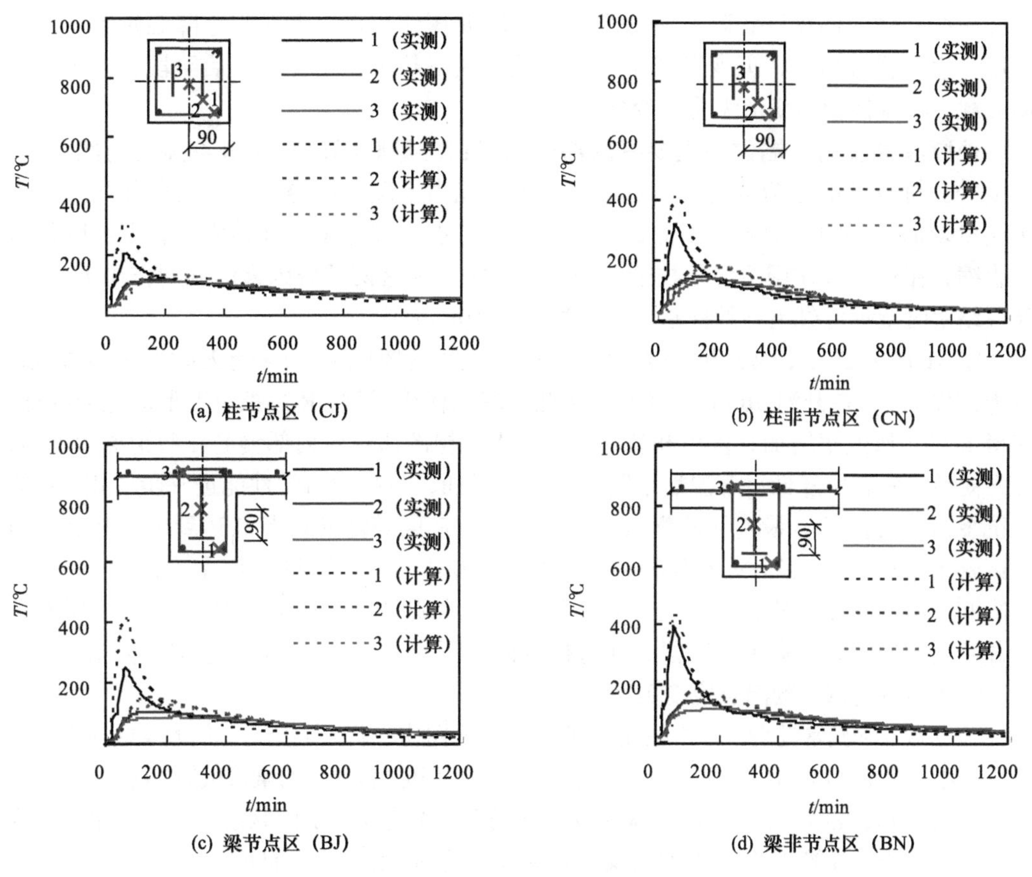

图 11.15　试件 JS3 的实测 T-t 关系（t_h=45min，尺寸单位：mm）

了混凝土剥落现象，因混凝土剥落发生的不确定性，有限元计算模型中没有考虑这一因素的影响，但计算得到的测温点 1 曲线降温速率却快于试验曲线，这与混凝土剥落对温度影响的规律相反，这主要是由于：目前缺乏适用于降温段的对流和辐射传热系数研究成果，温度场计算模型在降温段仍然采用了升温条件下获得的值，使得降温段热量从节点表面向炉膛传递的速度偏快，从而抵消了混凝土剥落的影响，最终导致计算曲线的降温速率高于实测值。

4）试验过程中，混凝土的裂缝主要集中以受拉为主的混凝土楼板上表面，位于背火面且升、降温过程中楼板的上表面被隔热材料石棉所保护，与炉膛的热交换不充分，因此混凝土裂缝对两类节点的温度场分布影响不明显，在有限元计算时没有考虑该因素的影响。

（3）节点变形 - 受火时间关系

图 11.16（a1）、（b1）和（c1）给出了型钢混凝土柱 - 型钢混凝土梁节点试件的柱轴向变形（Δ_c）- 受火时间（t）关系。可见，对于试件 JS1，升温过程中柱端有一定的热膨胀，但由于柱端荷载较大，热膨胀引起的变形不足 3mm。对于试件 JS2 和试件 JS3，节点柱的 Δ_c-t 曲线分为三个阶段：升温段（Ⅰ）、降温段（Ⅱ）和火灾后阶段（Ⅲ）。

升温段柱有轻微的膨胀；降温段柱开始发生轴向压缩变形，且在整个降温过程中压缩变形一直在缓慢增加，但变形速率在逐步减小最终趋于稳定。火灾后阶段，因采用梁端加载，所以柱轴向变形无明显变化。

炉膛降温段的柱端位移主要有两部分组成：①炉膛降温初期节点温度仍然升高，温度升高材料性能逐渐劣化，节点抵抗变形的能力下降，使得柱在外荷载作用下轴向压缩量增加；②随着炉膛温度的进一步降低，节点大部分位置开始降温，温度降低材料收缩，在柱荷载作用下使得柱轴向压缩量增加。在这两部分因素的共同作用下，升、降温结束时型钢混凝土柱的柱端压缩量最大达 10mm。

图 11.16（a2）、（b2）和（c2）给出了节点梁端挠度（δ_b）-受火时间（t）关系。对于试件 JS1，在升温 50min 左右时，R 侧混凝土楼板开裂，R 梁抵抗变形的能力降低，使得 R 梁变形速率增加，楼板开裂后，混凝土承担的荷载由内部钢筋和型钢继续承担，R 梁变形速率有所降低。升温后期随着温度的增加，材料的力学性能进一步劣化，R 梁抵抗变形能力降低，最终无法继续承担梁荷载，R 梁破坏使得节点达到极限状态。对于试件 JS2 和试件 JS3，δ_b-t 关系曲线同样可分为升温、降温和火灾后三个阶段。在升温段和降温的初始阶段，梁端的竖向位移增加较为明显，但在降温 100min 后，梁端位移开始趋于稳定；在火灾后阶段，保持柱端荷载不变，增加梁端荷载直到节点破坏。

（4）荷载等级-测温点应变关系

节点温度降到常温后，保持柱端荷载不变，分不同的荷载等级（i）加大梁端荷载直到节点破坏。图 11.17 给出了火灾后加载过程中试件 JS2 和试件 JS3 的梁荷载值-荷载等级（i）关系。试件 JS2 在第 7 级荷载时 R 梁无法继续持荷，节点达到极限状态，此时 R 梁荷载为 52kN；试件 JS3 在第 13 级荷载时 R 梁无法持荷而达到极限状态，此时 L 梁荷载为 64kN。

以试件 JS2 为例，图 11.18 给出了试件 JS2 的 ε-i 关系。

从图中可见，L 梁（LB）和 R 梁（RB）测温点的应变大多介于−400～200με，极限状态时，L 梁上部混凝土楼板拉应变达−1300με，R 梁下部混凝土压应变达 500με。节点上柱（TC）、下柱（BC）的应变相对较小，介于 ±60με。图 11.18（c）、（d）和（e）给出的节点区各测温点的应变可见，R 梁节点区的应变会高于其他位置的应变，例如节点接近极限状态时，R 侧楼板下部测温点 13 的拉应变可达 2500με，拉应变较大的区域混凝土裂缝开展也较为充分。

（5）试验结果与有限元计算结果对比分析

采用第 11.2 节建立的节点力学分析有限元计算模型，对节点试验进行模拟，对比分析节点的变形和破坏形态。

计算得到的型钢混凝土柱-型钢混凝土节点的柱轴向变形（Δ_c）和梁端挠度（δ_b）-受火时间（t）关系如图 11.16 所示。对比计算曲线和实测曲线可以发现，试件 JS2 和试件 JS3 的计算曲线和实测曲线吻合较好，试件 JS1 的计算曲线存在一定偏差，这主要是由于试件 JS1 的 R 梁在 50min 左右时，R 侧混凝土楼板开裂，R 梁抵抗变形的能力降低，使得 R 梁变形速率增加，有限元计算模型中没有考虑这一因素的影响，所以计算得到的梁端变形在 50min 后低于 R 梁实测结果。同样由于 R 侧楼板开裂的原因，柱轴向压缩量实测值在 50min 后降低，使计算曲线和实测曲线产生差异。

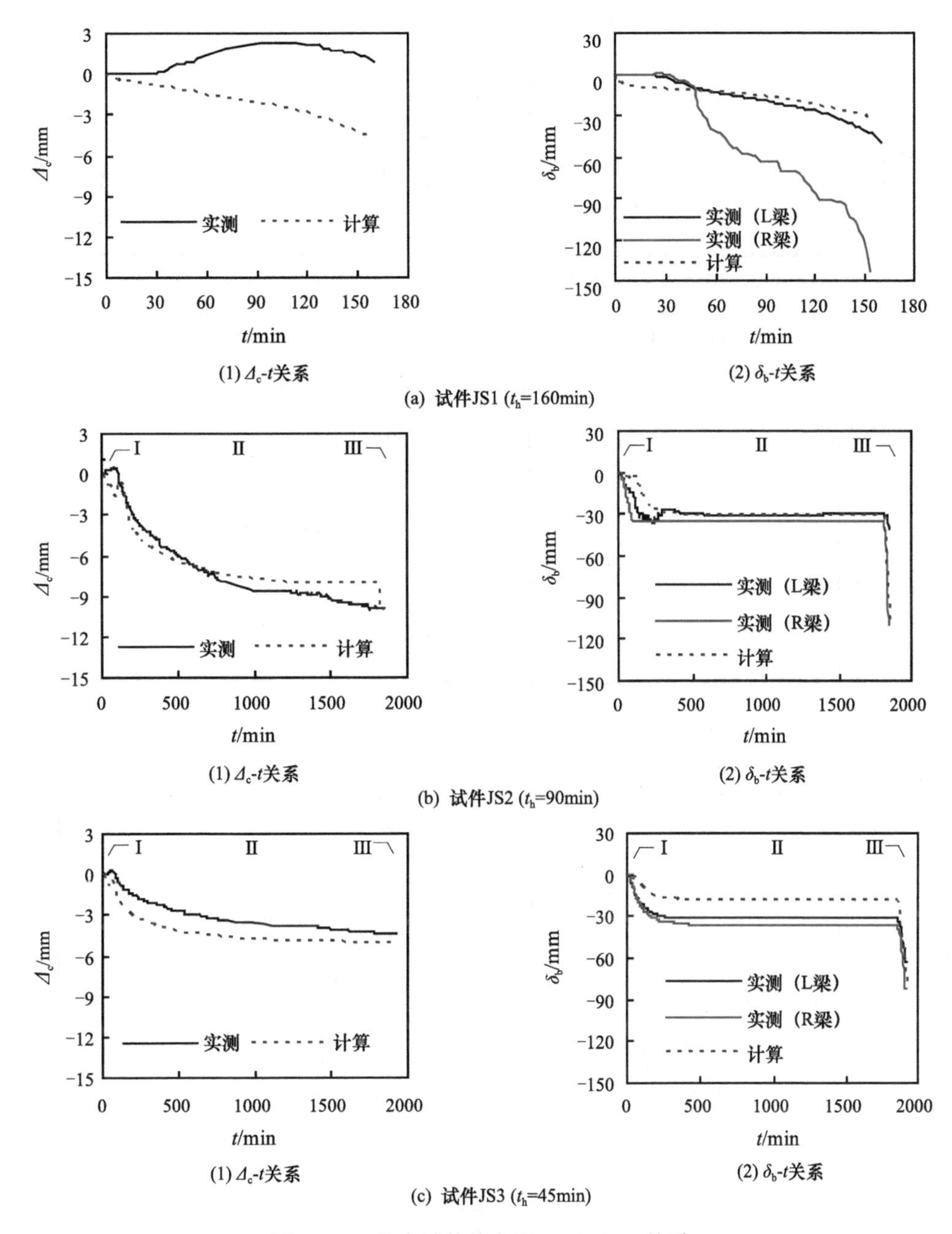

图 11.16　节点试件的实测 Δ_c（δ_b）-t 关系

图 11.19 给出了计算和实测得到的试件 JS1～试件 JS3 破坏形态对比。从图 11.19 可见，节点的变形主要发生在梁端，破坏也主要是由于梁或楼板的混凝土开裂、无法继续持荷造成的。从计算结果中给出的节点区内部型钢的 Mises 应力分布可发现，应力较大的区域多位于型钢混凝土梁内部的型钢，而柱型钢的应力相对较低，这主要是由于型钢混凝土梁外部混凝土有受拉区且温度较高易于开裂，混凝土开裂后所卸掉的

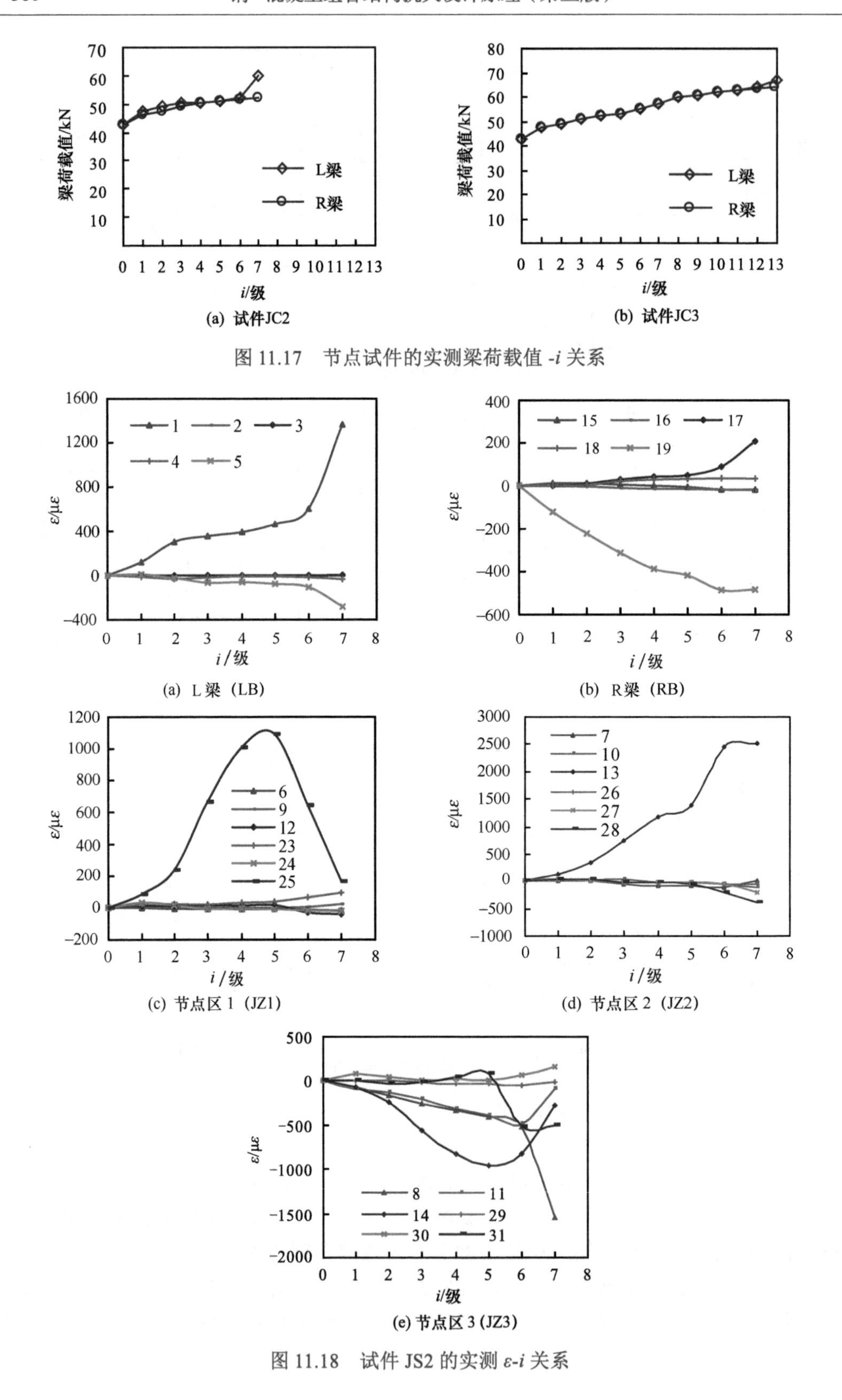

图 11.17 节点试件的实测梁荷载值 -i 关系

图 11.18 试件 JS2 的实测 ε-i 关系

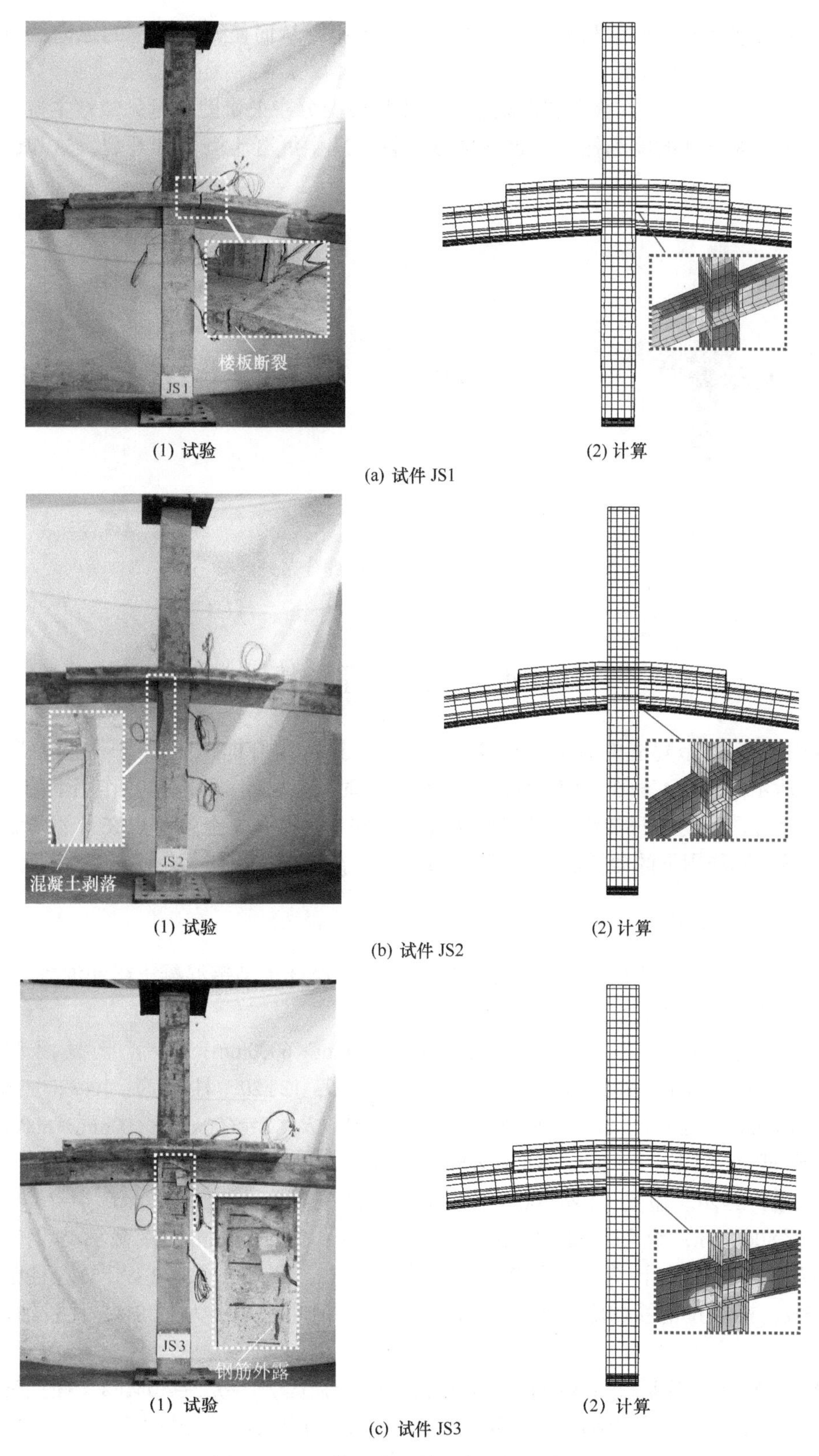

(1) 试验　(2) 计算

(a) 试件 JS1

(1) 试验　(2) 计算

(b) 试件 JS2

(1) 试验　(2) 计算

(c) 试件 JS3

图 11.19　计算和实测的节点破坏形态对比

荷载转由内部钢筋、型钢和型钢周围的混凝土承担，从而使得梁型钢的纵向拉应力增加，导致 Mises 应力较高。

图 11.20 给出了计算获得的混凝土塑性主拉应变分布矢量图，可见塑性主拉应变主要分布在楼板下部的梁和柱上，这些区域也较易发生混凝土剥落和开裂，这和试验现象一致。

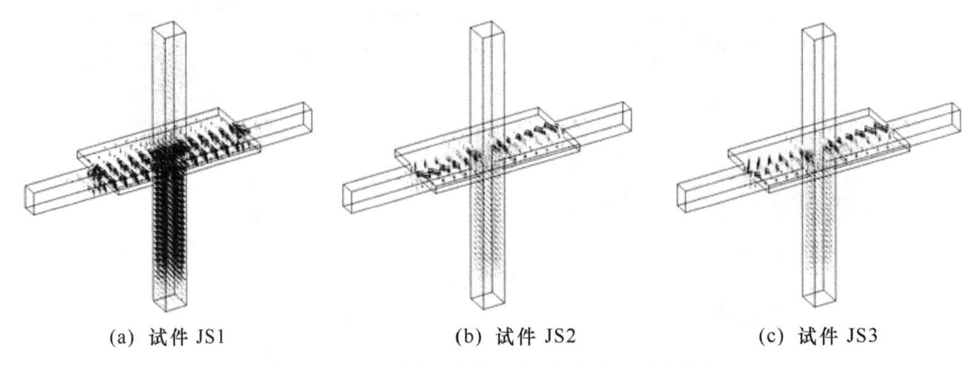

(a) 试件 JS1　(b) 试件 JS2　(c) 试件 JS3

图 11.20　混凝土塑性主拉应变分布矢量图

11.4　工作机理分析

采用第 11.2 节建立的有限元计算模型，本节进行组合框架中的梁 - 柱连接节点在图 1.14 所示的 A→A′→B′→C′→D′→E′ 这样一条时间 - 温度 - 荷载路径作用下的工作机理进行分析，以期进一步深入研究型钢混凝土柱 - 型钢混凝土梁节点在升、降温火灾和外荷载共同作用下的力学性能和工作机理（Song et al.，2016）。

11.4.1　受力分析模型

参照某实际工程中所采用的型钢混凝土柱尺寸设计了型钢混凝土梁和混凝土楼板，将基本计算条件归纳如下。

1）型钢混凝土柱：$B \times B \times H$=600mm×600mm×6000mm；工字形截面型钢：$h \times b_f \times t_w \times t_f$=360mm×300mm×16mm×16mm；纵筋：12ф20，柱箍筋：10@200mm，加劲肋：328mm×92mm×14mm；型钢混凝土梁：$D_b \times B_b \times L$=600mm×400mm×8000mm；工字形截面型钢：$h \times b_f \times t_w \times t_f$=360mm×200mm×14mm×14mm；受拉纵筋：4ф20，受压纵筋：2ф20，箍筋：10@200mm；钢筋混凝土楼板：$b_{slab} \times t_{slab} \times L_{slab}$=3000mm×120mm×8000mm；纵筋：10@150mm，分布钢筋：10@250mm；柱截面含钢率 α_c=4%，按照式（3.22）计算；梁截面含钢率为 α_b=5%，按照式（3.22）计算；柱配筋率为 1.05%，梁受拉钢筋的配筋率为 0.56%，梁受压钢筋配筋率为 0.28%；柱长细比 λ=34.6。

2）柱混凝土强度 f_{cuc}=60MPa，梁和板混凝土强度 f_{cub}=f_{cus}=40MPa，柱型钢屈服强度 f_{yc}=345MPa，梁型钢屈服强度 f_{yb}=345MPa，柱纵筋屈服强度 f_{ybc}=335MPa，梁

纵筋屈服强度 f_{ybb}=335MPa，箍筋屈服强度 f_{ys}=335MPa。

3）柱荷载比 n=0.6，按照式（3.17）计算；梁荷载比 m=0.4，按照式（3.18）计算；梁柱线刚度比 k=0.45，按照式（10.1）计算；梁柱极限弯矩比 k_m=0.65，按照式（10.2）计算，其中 M_{bu} 和 M_{cu} 根据 JGJ 138—2001（2002）计算确定；升温时间比 t_o =0.4，按照式（9.8）计算，其中 t_R =85min，按照 ISO-834（1980）升、降温曲线进行升、降温。

图 11.21 所示为型钢混凝土柱 - 型钢混凝土梁节点计算模型的热力边界条件和网格划分示意图，柱初始缺陷的考虑方法与钢管混凝土柱 - 组合梁节点模型相同，采用 H/1000 柱荷载初偏心来考虑其影响。

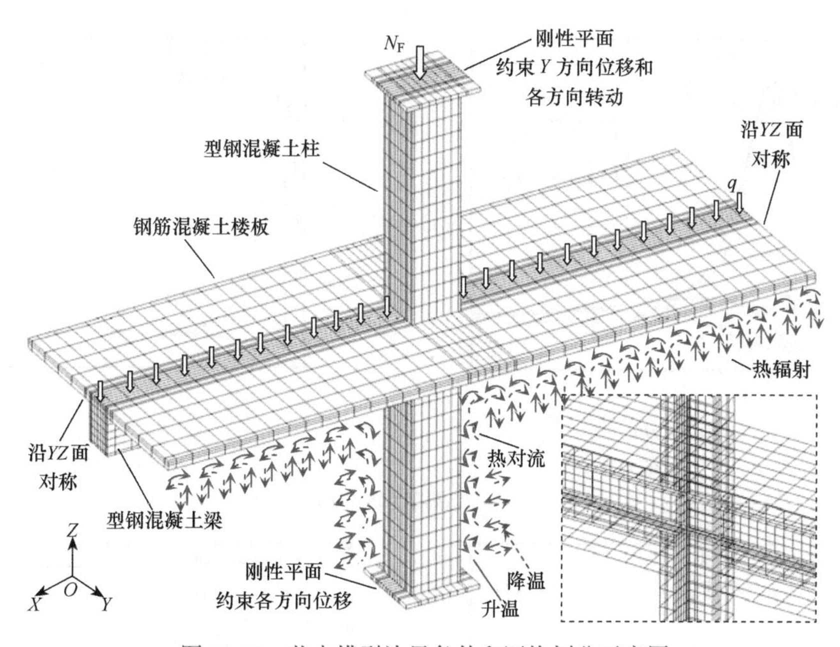

图 11.21　节点模型边界条件和网格划分示意图

11.4.2　温度 - 受火时间关系

对两类组合节点在如图 1.14 所示的 ISO-834（1980）升、降温火灾作用下特征截面的温度场分布进行分析，特征截面位置如图 11.22 所示，包括柱节点区截面（ZJ）、柱端部截面（ZD）、梁节点区截面（LJ）和梁端部截面（LD）。为保证节点温度在降温后可以达到常温，在满足设计的升温时间的前提下，升、降温总时间统一采用较长的 25h。

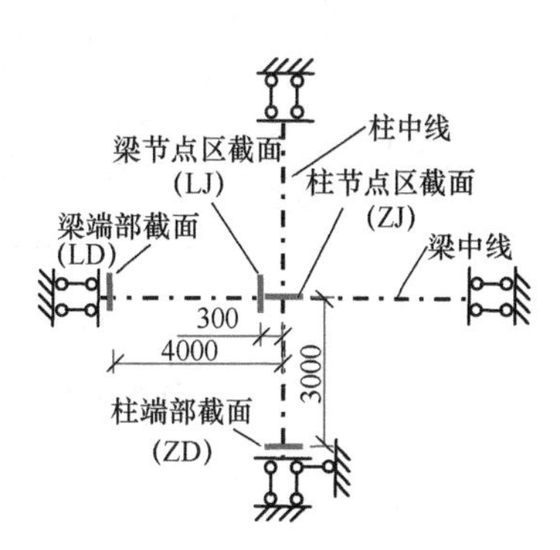

图 11.22　节点特征截面位置
（尺寸单位：mm）

图 11.23 给出了升、降温过程中型钢混凝土柱 - 型钢混凝土梁节点在特征截面上不同点的温度（T）- 受火时间（t）关系，为使曲线清晰且便于分析，只给出了前

10h 内的温度曲线，图中 B′ 时刻和 C′ 时刻分别与图 1.14 中两点对应，B′ 时刻为结构外界升温结束时刻、C′ 为结构外界降温结束时刻。

通过比较特征截面各点的 *T-t* 关系曲线可以发现，节点在升、降温火灾下的温度分布具有如下规律。

1）结构外界达最高温度的时刻，即升温 0.6h 时，节点特征截面内部各点大多仍持续升温，节点温度与结构外界温度相比存在明显的滞后，温度滞后现象表明，对于在结构外界升温段没有破坏的节点，并不意味着节点已经经历了最危险的时刻，因为节点达到最高温度的时刻往往发生在结构外界温度开始下降的阶段，特别是结构外界降温的初始阶段，节点可能在降温过程中破坏。

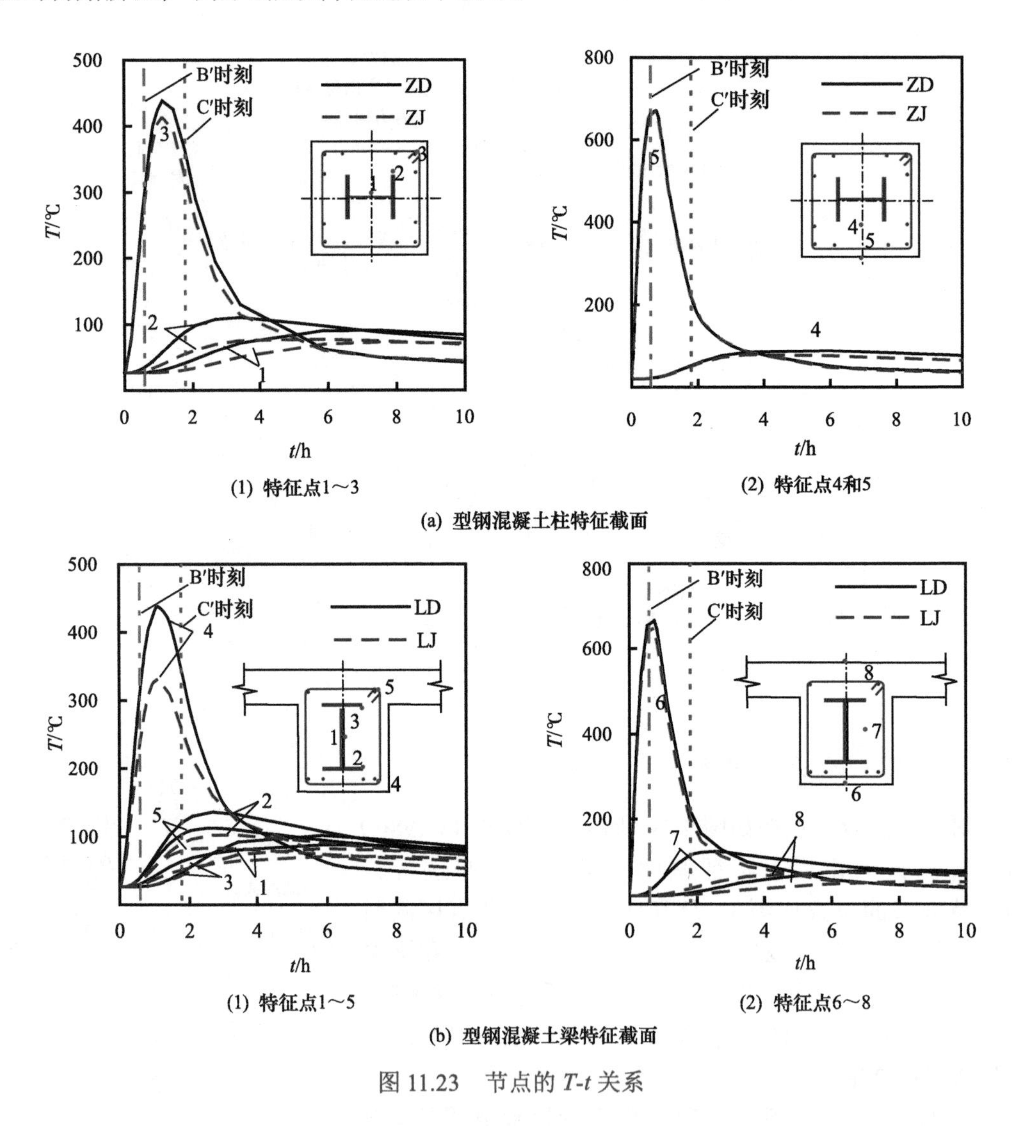

图 11.23　节点的 *T-t* 关系

2）比较节点区截面和端部截面相同位置点的温度曲线可以发现，节点区截面各点的温度会低于端部截面对应点的温度，梁（柱）节点区截面温度会受到相邻的梁、板、柱的影响，相比处于非节点区的端部截面，节点区具有更高的热容，在从结构外界吸收相同热量的情况下，分担到各部分的热量会低于非节点区，因此温度较低。

3）对比柱和梁的截面温度可以发现，型钢混凝土梁和柱截面上位置相近的点，如梁截面的4点和柱截面的3点、梁截面的6点和柱截面的5点等，其最高温度差异并不明显，这可能是由于尺寸差异的影响，即对于尺寸较为接近的型钢混凝土梁和柱影响相对较小。

11.4.3　力学性能分析

如图1.14所示，实际框架结构中，从结构建成到火灾来临再到温度恢复到常温，其经历的结构外界温度变化过程可分为常温、升温、降温和火灾后四个阶段，在这四个阶段中，梁-柱连接节点都有可能达到极限状态而破坏，具体工况如下所述。

1）常温段破坏：建筑结构建成后，节点梁和柱承受的外荷载可近似认为不变，节点正常工作，但在某些情况下，节点梁承受了大于极限承载能力的荷载，会使节点破坏。

2）升温段破坏：节点梁和柱承受的外荷载不变，遭受火灾，温度持续升高，节点由于材料性能逐渐劣化和温度内力的影响达到极限状态。

3）降温段破坏：节点梁和柱承受的外荷载不变，遭受火灾，结构外界温度在升高一定时间后开始降温，虽然此时结构外界温度已经开始下降但由于温度传导的滞后性，节点温度仍然持续升高，且温度变化产生的内力也对节点不利，从而造成节点虽然在结构外界升温段没有破坏但在降温过程中达到了极限状态。

4）火灾后阶段破坏：节点在外荷载不变的情况下，经历火灾升、降温后，节点温度降至常温时仍然没有达到极限状态，但此时节点的剩余承载能力已经低于常温段，火灾后继续使用，就可能会达到极限状态而破坏。

本章的研究主要是针对第4）种工况，即图1.14中的A→A′→B′→C′→D′→E′时间（t）-温度（T）-荷载（N）路径作用下开展的，这一工况会经历常温、升温和降温这三个阶段，因此本章在对节点的力学性能进行分析时结合工况1）、2）和3）进行必要的比较说明。

（1）节点的破坏形态

算例分析表明，型钢混凝土柱-型钢混凝土梁节点的破坏形态会随着梁荷载比（m）和柱荷载比（n）的变化而不同，会形成节点区梁破坏和柱破坏两种机制，如图11.24所示。

当m=0.4、n=0.6时，经历升、降温火灾后，节点的破坏是由于节点区梁端形成塑性铰，节点弯矩无法继续增加所致，其破坏形态如图11.24（a）所示。可以发现达到极限状态时，梁柱相对转角明显增大，在节点梁与柱连接处形成塑性铰，节点区内部钢筋和型钢的变形也以型钢混凝土梁内的钢筋和型钢最为明显，楼板混凝土和钢筋的变形也表现为以柱为中心向梁端部逐渐下挠。

当m=0.4、n=0.8时，火灾后随着梁上荷载的增加，楼板下部型钢混凝土柱上受高温损伤较为明显的混凝土的塑性应变逐渐超过高温后混凝土峰值应变，混凝土应力明显降低，下柱纵筋由于混凝土保护层的横向塑性应变过大而发生了如图11.24（b）

所示的向外鼓曲，下柱塑性发展较为明显的混凝土所承担的柱荷载和梁荷载的合力大部分转由内部型钢和高温损伤较小的混凝土分担，内部型钢应力明显增加，此时混凝土对型钢起到了支撑作用，可有效地延缓其发生局部屈曲破坏，但当型钢所能提供的截面抗力已无法承受外荷载时，即发生破坏表现为节点下柱出现局部的鼓曲，柱变形明显增加，并带动梁板变形增加，其破坏形态如图 11.24（b）所示，楼板变形也表现为以柱为中心向四周上翘。

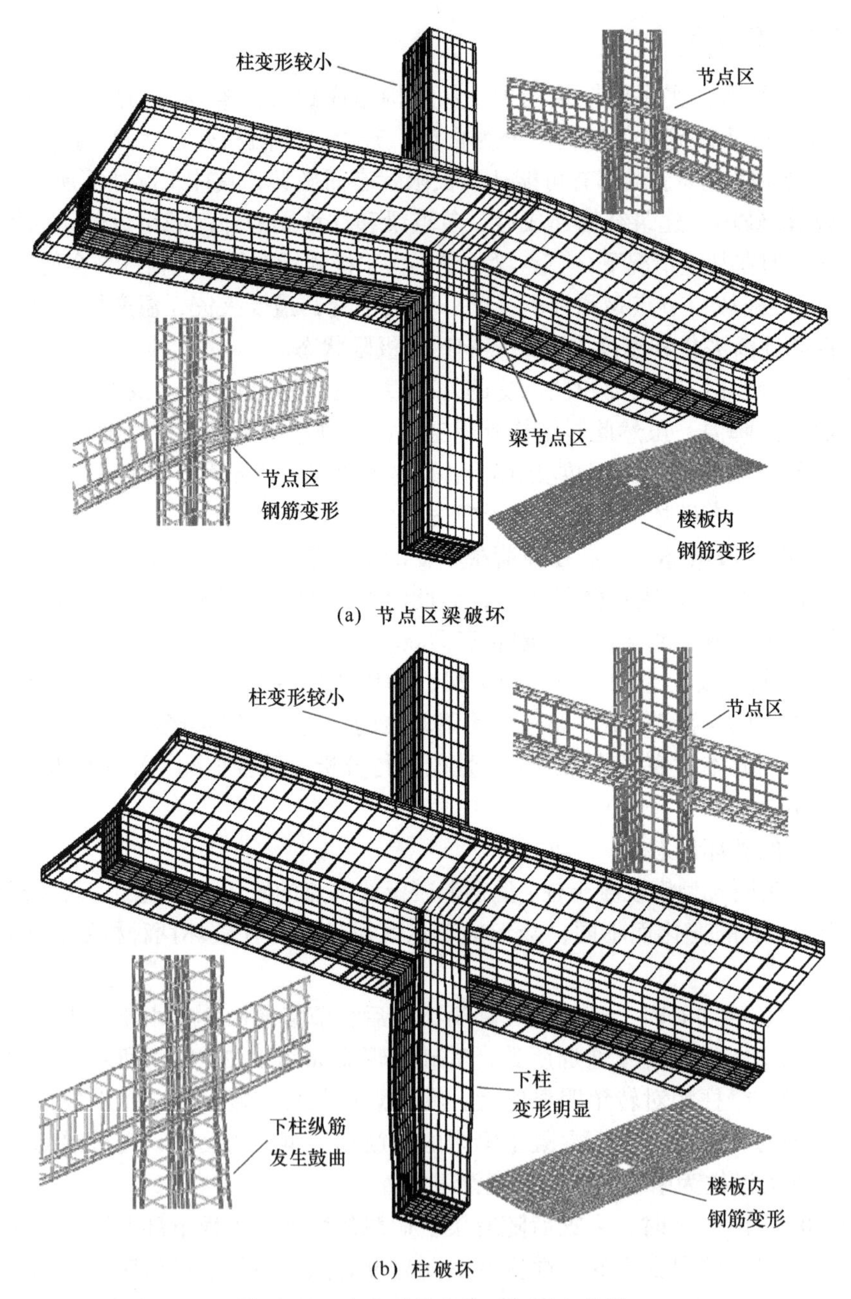

(a) 节点区梁破坏

(b) 柱破坏

图 11.24　火灾后节点的破坏形态分类

适当对计算获得的组合框架梁 - 柱连接节点的火灾后破坏形态进行简化，可绘制出图 11.25 所示的节点破坏时变形示意图，即分别为节点区梁破坏和柱破坏。

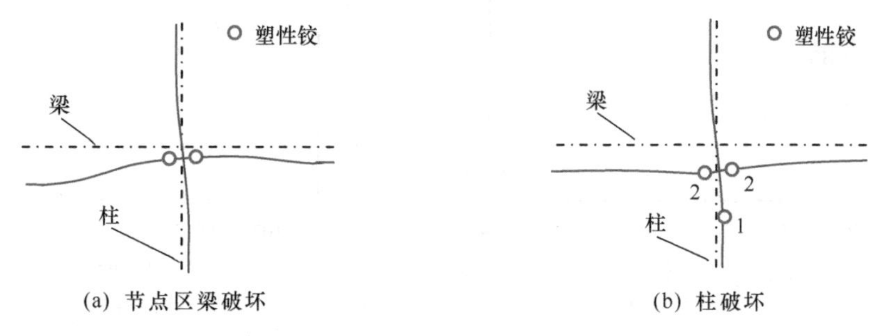

图 11.25　节点破坏时变形示意图

在火灾后承载力试验阶段，随着梁荷载的增加，受力后的节点弯矩达到峰值，此时节点弯矩无法增加，而梁柱相对转角持续变大，对应的节点区型钢混凝土梁下部混凝土塑形压应变较大，此时节点区梁截面所能提供的抗力无法满足增加的外荷载需求，形成图 11.25（a）所示的塑性铰，导致节点无法将梁荷载有效的传递给柱，发生了节点区梁破坏。

火灾后随着梁荷载的增加，节点下柱要承受节点传递来的梁荷载和柱荷载的共同作用，型钢混凝土柱下部混凝土被压溃，下柱所能提供的抗力降低，首先在图 11.25（b）所示的 1 位置形成塑性铰，原来由下柱完全承担的柱荷载通过节点转移了一部分由梁承担，产生了节点下柱变形带动梁变形的情况，最终节点弯矩达到峰值，随着梁柱相对转角的增加，节点弯矩开始降低，此时节点区梁形成了塑性铰 2，因这种节点破坏是由于柱先发生破坏引起的，本章称为柱破坏。对于本节分析的算例，仅当型钢混凝土柱的柱荷载比 $n \geqslant 0.8$ 时，才会发生这种破坏变形。

（2）节点变形特点

节点的变形特点可用节点柱轴向变形（Δ_c）、节点梁端挠度（δ_b）和节点梁柱相对转角（θ_r）三个变量描述。下面对节点在常温、升温、降温和火灾后这一连续过程中的变形特点进行分析，其中节点梁柱相对转角（θ_r）按照图 10.17 所示的方法进行确定。

常温段和火灾后阶段外荷载变化，节点变形与外荷载直接相关；升、降温段外荷载不变，节点变形与升、降温的时间直接相关。因此，本节在对节点的变形进行分析时，考虑到不同阶段的特点，将通过变形 - 受火时间（t）关系和变形 - 梁线荷载（q）关系来给出节点的变形曲线。在给出节点的变形 - 时间关系时，常温段和火灾后阶段采用了较长的加载时间，以使得这两个阶段的线形与升、降温段可以明显区分。

1）柱轴向变形：型钢混凝土柱 - 型钢混凝土梁节点的柱轴向变形（Δ_c）- 受火时间（t）和柱轴向变形（Δ_c）- 梁线荷载（q）关系如图 11.26 所示。

由图 11.26 可见，升温段型钢混凝土柱 - 型钢混凝土梁节点的柱轴向变形是增加的，在升温段型钢混凝土柱虽然也存在温度升高、材料膨胀的现象，但由于是混凝土直接受火，材料膨胀主要发生在混凝土上，而混凝土在温度升高时其材料性能劣化速度也较快，材料性能劣化会导致混凝土纵向压应变增加，从而抵消膨胀的影响，最终

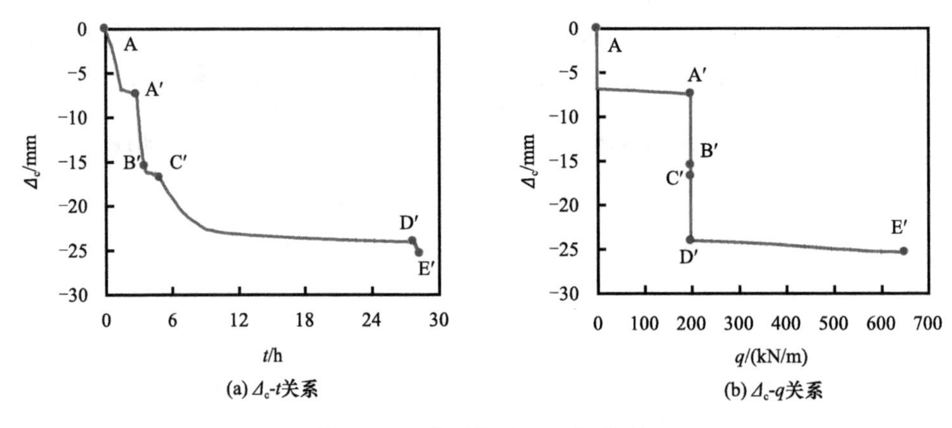

图 11.26　节点的 Δ_c-t（q）关系

表现为柱压缩变形增加。

2）梁端挠度：图 11.27 所示为型钢混凝土柱 - 型钢混凝土梁节点的梁端挠度（δ_b）-受火时间（t）和梁端挠度（δ_b）- 梁线荷载（q）关系。

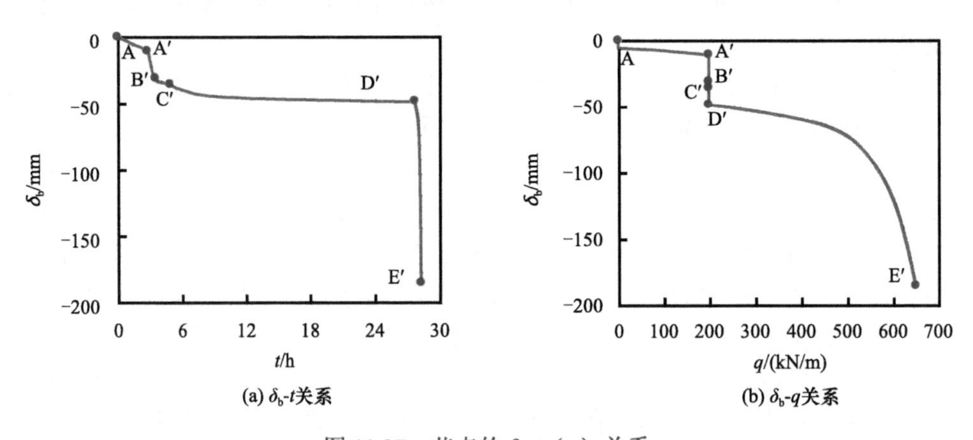

图 11.27　节点的 δ_b-t（q）关系

对梁端挠度全过程曲线各阶段的特性描述如下。

① 常温段（AA′）。常温段施加柱荷载和梁荷载后，梁端挠度达－11mm。

② 升温段（A′B′）。升温段材料升温膨胀对梁挠度的影响不明显，梁中混凝土材料性能逐渐劣化使得梁抵抗变形的能力降低，梁端挠度增加，升温结束时，梁端挠度达－31mm。

③ 降温段（B′C′D′）。降温过程中型钢混凝土梁的挠度逐渐增加，但降温段梁端挠度的增加量没有超过升温段，降温结束时，梁端挠度达－48mm，降温段梁端挠度增量为升温段的 85%，这是由于梁内部型钢受到混凝土的保护，温度较低。B′ 点后结构外界降温，由于存在温度滞后现象，虽然高温损伤明显的混凝土由于材料性能劣化而失去部分抵抗变形的能力，但内部型钢持荷能力较强，型钢混凝土梁仍然具有较好的抵抗变形能力，梁端挠度增加量较小。

④ 火灾后阶段（D′E′）。火灾后随着梁荷载增加，梁端挠度显著增加，最终超过变形速率限值而破坏。

3）梁柱相对转角：图 11.28 所示为型钢混凝土柱 - 型钢混凝土梁节点的梁柱相对转角（θ_r）- 受火时间（t）和梁柱相对转角（θ_r）- 梁线荷载（q）关系。

型钢混凝土柱 - 型钢混凝土梁节点的梁柱相对转角在常温、升温和降温段有所增加，降温结束时达 6.34×10^{-3}rad，火灾后加载到极限状态时达 40×10^{-3}rad。

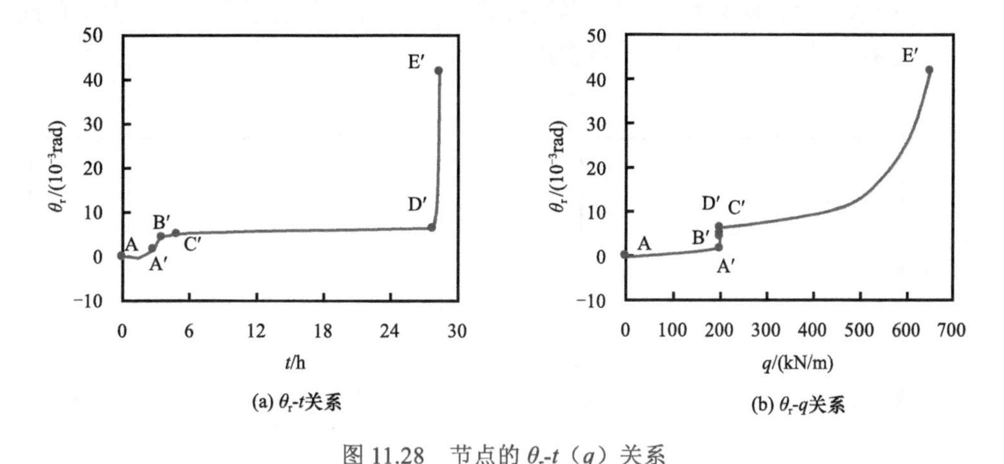

图 11.28　节点的 θ_r-t（q）关系

（3）节点内力变化

本节对型钢混凝土柱 - 型钢混凝土梁节点的梁和柱不同截面处的弯矩和轴力变化规律［包括：内力 - 受火时间（t）关系和内力 - 梁线荷载（q）关系］进行分析，提取内力的截面位置包括柱节点区截面（ZJ）、柱端部截面（ZD）、梁节点区截面（LJ）和梁端部截面（LD），其中 ZD、LJ、LD 截面位置如图 11.22 所示，ZJ 截面取节点下柱靠近梁下部。

1）柱节点区截面内力：型钢混凝土柱 - 型钢混凝土梁节点的柱节点区截面弯矩值分布为−7.9～4.7kN · m。图 11.29 所示为柱节点区截面的轴力（N_c）- 受火时间（t）

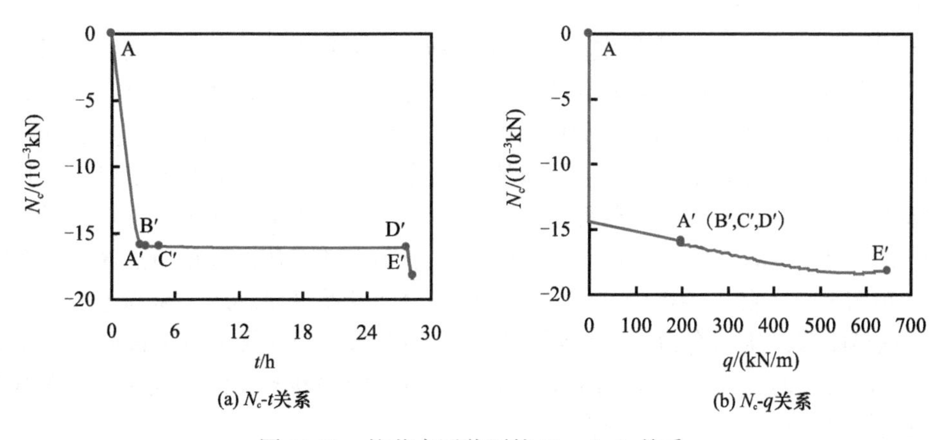

图 11.29　柱节点区截面的 N_c-t（q）关系

和轴力（N_c）- 梁线荷载（q）关系，其各阶段的变化规律与钢管混凝土柱 - 组合梁节点的类似，常温加载结束时，柱节点区截面轴力达常温下柱极限承载力的 66%，升、降温过程中轴力无明显变化，降温结束时达常温下柱极限承载力的 67%，火灾后加载到极限状态时的轴力达 75%。

2）柱端部截面内力：型钢混凝土柱 - 型钢混凝土梁节点下柱端部截面的弯矩值最大达 125kN · m，但大都分布在 0～12kN · m。图 11.30 所示为柱节点区截面的轴力（N_c）- 受火时间（t）和轴力（N_c）- 梁线荷载（q）关系，因受轴压为主，跨中截面的轴力与端部截面基本相同，此处不再赘述。

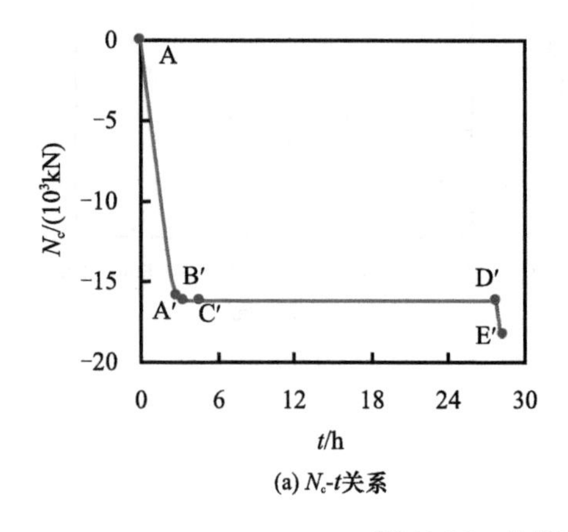

(a) N_c-t关系

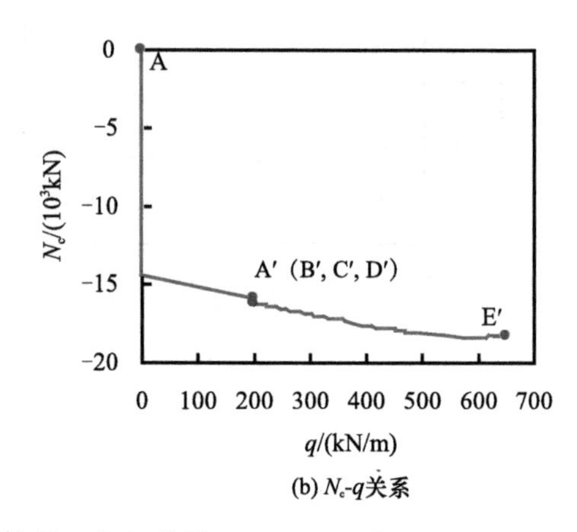

(b) N_c-q关系

图 11.30　柱端部截面的 N_c-t（q）关系

3）梁节点区截面内力：图 11.31 所示为型钢混凝土柱 - 型钢混凝土梁节点的梁节点区截面的弯矩（M_b）- 受火时间（t）、弯矩（M_b）- 梁线荷载（q）和轴力（N_b）- 受火时间（t）、轴力（N_b）- 梁线荷载（q）关系。

对于型钢混凝土梁节点区截面内力变化全过程曲线各阶段的描述如下。

① 常温段（AA′）。梁节点区截面承受负弯矩，外荷载加载结束后弯矩达−613kN · m，而截面处轴力达−711kN。

② 升温段（A′B′）。升温段混凝土保护层和纵筋的温度较高，材料升温膨胀，梁的纵向膨胀变形受到边界的约束转化为轴力，升温结束时刻（B′ 点）轴力达−4420kN，为常温加载结束时刻（A′ 点）轴力的 6.2 倍，与钢管混凝土柱 - 组合梁节点不同的是，在升温初期，型钢混凝土梁截面不同位置产生的温度内力主要由混凝土保护层和纵筋的热膨胀产生，其合力位于梁截面形心下部，在梁节点区截面形成正弯矩，抵消了部分外荷载作用产生的负弯矩，如图 11.31（a1）所示。在峰值点处梁节点区截面弯矩达 A′ 点弯矩的 88%，随着温度的持续升高，内部型钢开始升温膨胀，截面上混凝土、纵筋和型钢热膨胀产生的合力逐渐移到梁截面形心上部，使得梁节点区截面负弯矩逐渐增加，升温结束时，梁节点区截面弯矩值达 A′ 点弯矩的 94%，温度变化对截面弯矩的影响较钢管混凝土柱 - 组合梁节点减弱。

③ 降温段（B′C′D′）。结构外界温度开始降低时，型钢混凝土梁内部的型钢和型钢

附近的混凝土温度逐渐升高，材料持续升温膨胀，梁节点区截面轴力持续增加，结构外界降温结束时，轴力达到常温加载结束时刻（A′ 点）轴力的 7 倍，梁节点区截面负弯矩逐渐增加，结构外界降温结束时，弯矩值重新达到 A′ 点时刻的弯矩。结构外界降温结束后，节点温度特别是内部型钢的温度持续降低，降温过程中梁节点区截面逐渐受拉，负弯矩逐渐降低，降温结束时轴力可达 A′ 点时刻轴力，弯矩达 A′ 点时刻弯矩的 76%。受拉混凝土对结构受力不利，此时，型钢混凝土梁内部的纵筋和型钢与型钢混凝土柱的可靠连接较重要。

④ 火灾后阶段（D′E′）。梁节点区截面弯矩的峰值达常温下截面极限弯矩的 90%，当梁节点区截面所能提供的抗力已不足以抵抗外荷载的作用时，节点达到极限状态。

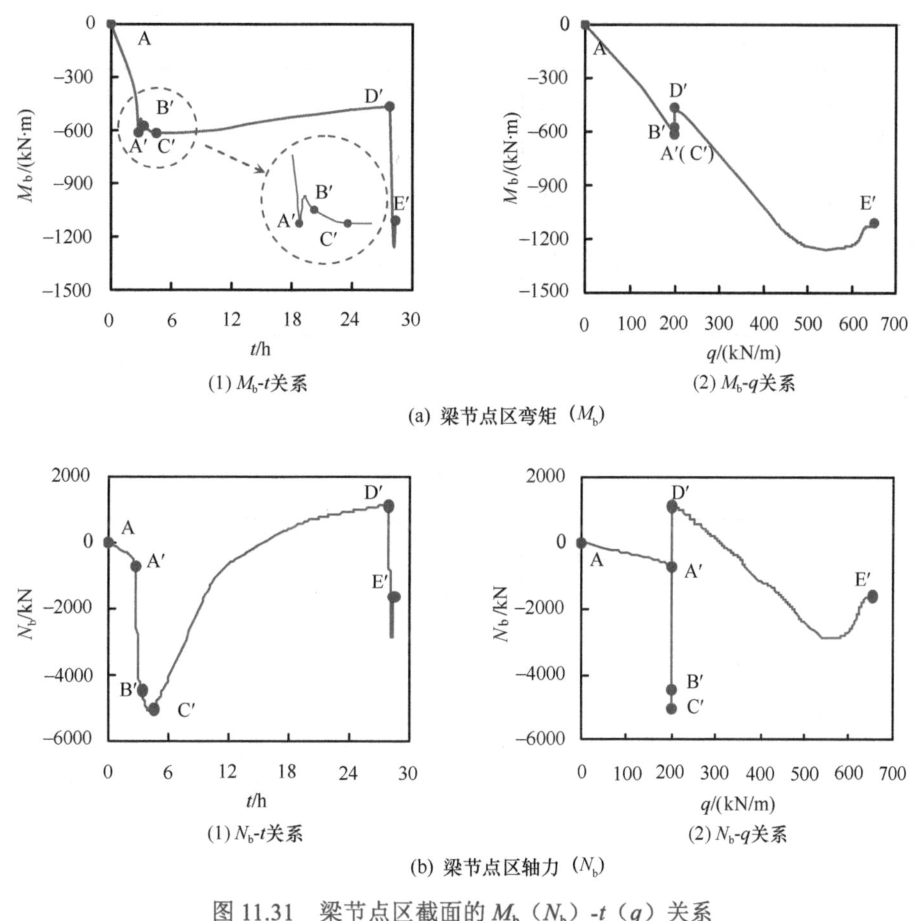

图 11.31　梁节点区截面的 M_b（N_b）-t（q）关系

4）梁端部截面内力：图 11.32 所示为型钢混凝土柱 - 型钢混凝土梁节点的梁端部截面弯矩（M_b）- 受火时间（t）、弯矩（M_b）- 梁线荷载（q）和轴力（N_b）- 受火时间（t）、轴力（N_b）- 梁线荷载（q）关系全曲线。梁端部截面的轴力曲线与梁节点区截面的轴力曲线接近，梁的轴力沿其长度方向没有明显的改变。

梁端部截面弯矩在受力全过程中各阶段的特性描述如下。

① 常温段（AA′）。梁端部截面承受正弯矩，外荷载加载结束时弯矩达到 479 kN · m。

② 升温段（A′B′）。随着温度升高，材料受热膨胀，梁轴向变形受到边界的约束作用产生温度内力，使梁端部截面的正弯矩增加，升温结束时，跨中截面弯矩达到常温加载结束时刻（A′点）弯矩的 1.1 倍。

③ 降温段（B′C′D′）。材料降温收缩，产生的温度内力使得梁端部截面在节点降温结束时的弯矩达到常温加载结束时刻（A′点）弯矩的 1.2 倍。可见降温对型钢混凝土梁截面内力的影响与对钢-混凝土组合梁的影响相对较弱。

④ 火灾后阶段（D′E′）。火灾后增加梁荷载，梁荷载使梁端部截面正弯矩增加，极限状态时，梁端部截面弯矩达到常温加载结束时刻（A′点）弯矩的 3.2 倍。

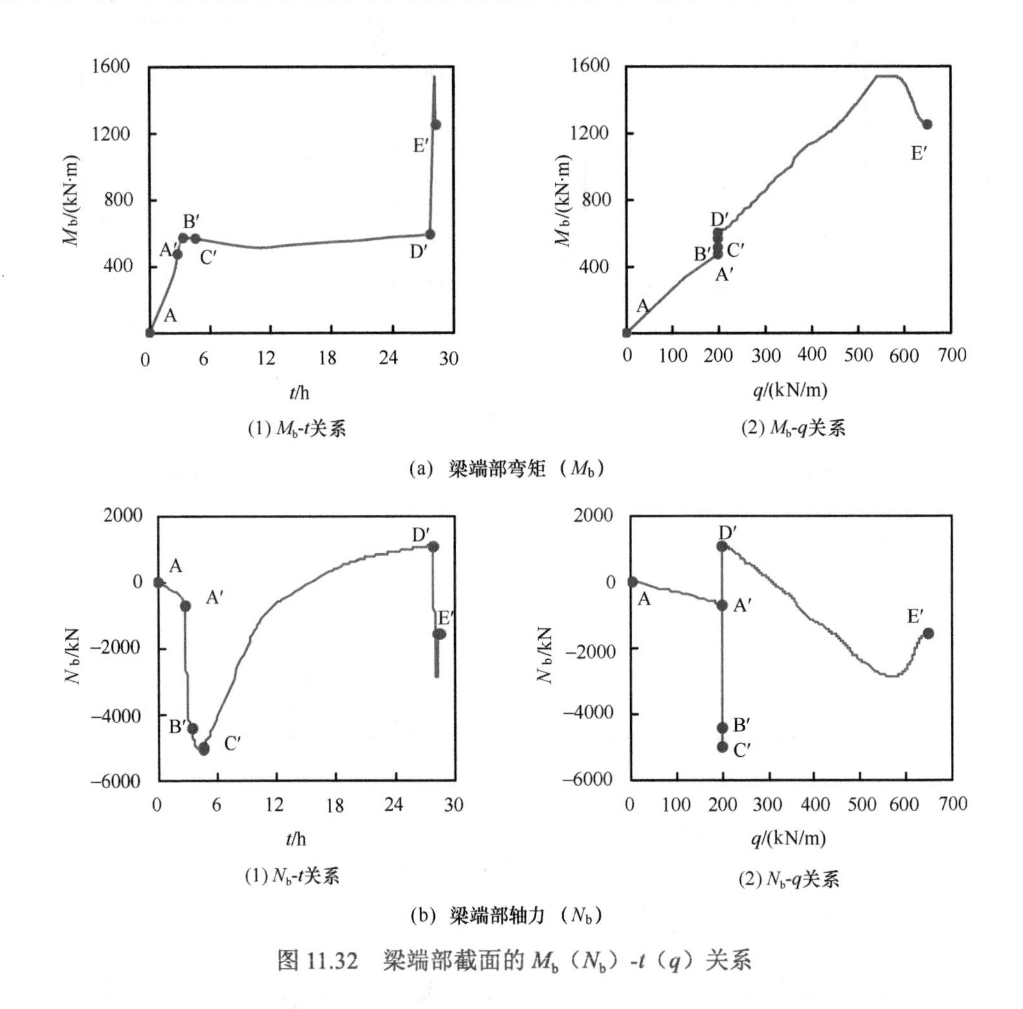

(1) M_b-t关系

(2) M_b-q关系

(a) 梁端部弯矩（M_b）

(1) N_b-t关系

(2) N_b-q关系

(b) 梁端部轴力（N_b）

图 11.32 梁端部截面的 M_b（N_b）-t（q）关系

（4）节点弯矩-梁柱相对转角关系

节点的弯矩（M）-梁柱相对转角（θ_r）关系是评价节点工作性能的重要因素之一，下面对钢管混凝土柱-组合梁节点和型钢混凝土柱-型钢混凝土梁节点在常温、升温、降温和火灾后四个阶段的 M-θ_r 关系进行分析。

图 10.17 所示为节点的梁柱转角和弯矩选取方法示意图，计算时取转角较大一侧的梁截面弯矩 M_{b1} 或 M_{b2} 为节点弯矩，其中弯矩使梁下部受拉、上部受压时为正值，反之为负。

图 11.33 给出了外荷载作用下，升、降温火灾后型钢混凝土柱 - 型钢混凝土梁节点的弯矩（M）- 梁柱相对转角（θ_r）关系曲线 1，以及四条对比 M-θ_r 曲线，包括：常温条件下柱荷载不变，梁加载到节点破坏的曲线 2；无初始荷载作用的火灾后条件下柱荷载不变，梁加载到节点破坏的曲线 3；常温下施加梁、柱荷载至设计值并保持不变，节点在升温过程中达到耐火极限的曲线 4；常温下施加梁、柱荷载至设计值并保持不变，节点在降温过程中达到极限状态的曲线 5。

图 11.33 所示的外荷载下，升、降温火灾后型钢混凝土柱 - 型钢混凝土梁节点的弯矩（M）- 梁柱相对转角（θ_r）全过程关系曲线的工作特点可归纳如下。

1）常温段（AA′）：常温下随着梁和柱荷载增加，节点弯矩随着转角增加而增大。

2）升温段（A′B′）：保持梁和柱荷载不变，结构外界温度增加，这一阶段节点弯矩的变化主要是由超静定结构中的温度变形受到约束所产生的附加弯矩所致。在升温初期，节点区附加弯矩为正值，与外荷载作用产生的弯矩相叠加后，使节点弯矩绝对值降低，此时，M-θ_r 曲线的斜率表征节点受正弯矩作用时的刚度。随着温度的增加，温度变化产生的附加弯矩逐渐变为负弯矩，此时 M-θ_r 曲线的斜率表征节点受负弯矩作用时的刚度，可见，由于材料在高温下的力学性能逐渐劣化，节点高温下的刚度低于常温段的刚度。

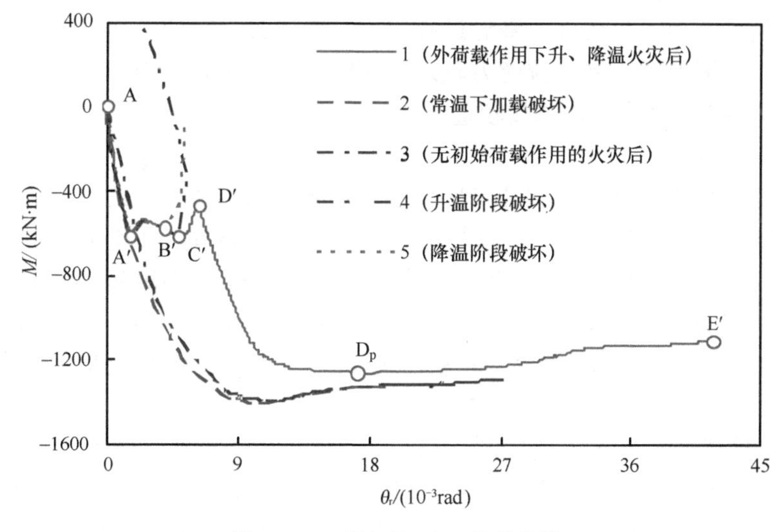

图 11.33　节点的 M-θ_r 关系曲线

3）降温段（B′C′D′）：B′ 点火灾开始降温直到 C′ 点，结构外界温度降为常温，这一阶段节点负弯矩持续增加；C′D′ 阶段，节点负弯矩逐渐降低，梁柱相对转角在这一阶段也缓慢增加。

4）高温后加载阶段（D′D$_p$E′）：节点温度降到常温后，随着梁荷载增加，节点负弯矩逐渐增加最终达到峰值 D_p，极限弯矩值为－1260kN · m。峰值点后，M 值随着 θ_r 的增加而缓慢降低，火灾后节点的位移延性良好。

对比曲线 1 与其他曲线的特征，如常温条件下曲线 2 比较可见，经历外荷载和升、降温火灾作用后，节点的极限弯矩值为常温下极限弯矩值的 90%，而达到极限弯矩时的转角却是常温下的 1.7 倍。

可见经历荷载和温度的共同作用后，节点的强度较常温时降低而延性增加。与无初始荷载作用，经历火灾后再加载破坏的曲线 3 比较结果表明，曲线 1 的极限弯矩值为曲线 3 的 91%，对应的转角是无初始荷载时的 1.5 倍；比较曲线 2 和曲线 3 可以发现，曲线 3 的节点极限弯矩为常温下的 99%，转角为 1.1 倍。

因此，不考虑初始荷载作用的火灾后计算结果会比考虑初始荷载作用的结果偏于不安全。与耐火极限计算曲线 4 比较，在常温和升温段（A-A′-B′），二者重合，B′ 点后曲线 4 持续升温，材料性能进一步劣化、柱无法继续承受外荷载，节点破坏是由于柱变形过大引起的，从曲线 4 中也可见，在后期 θ_r 降低，M 出现反向，这表现出柱先破坏，柱变形带动梁变形增加的破坏特点。降温段破坏曲线 5 与曲线 1 的主要区别是升温时间比不同。曲线 5 的升温时间比为 0.6，在接近极限状态时，曲线 5 节点弯矩降低、梁节点区截面可以提供的抗力无法满足外荷载的需求，节点破坏。

比较曲线 4、曲线 5 和曲线 1 可以发现，随着升温时间比的降低（从 1 变化为 0.5），型钢混凝土柱-型钢混凝土梁节点的破坏形态也从柱破坏变化为节点区梁破坏。通过对型钢混凝土柱-型钢混凝土梁节点的温度分布、破坏形态、内力变化、弯矩-转角关系等进行分析，表明混凝土可较好地保护其内部型钢，使其受到的高温损伤较小，对节点火灾后承载力贡献较大。降温过程中，型钢混凝土梁的材料收缩，使得梁轴向受到拉力作用，因混凝土的受拉能力较差，这时的拉力主要由内部型钢承担。因此保证柱型钢和梁型钢之间有可靠连接较重要。

（5）节点应力变化

研究节点应力的变化规律和分布情况是进行合理的构造设计的重要依据。以型钢混凝土柱-型钢混凝土梁节点的分析模型为例，对这两类节点在受力全过程中不同特征时刻的应力分布和特征点应力随时间变化情况进行分析。其中特征时刻选取图 11.33 中所示各点对应的时刻为特征时刻，包括常温加载结束时刻点（A′）、结构外界升温结束时刻点（B′）、结构外界温度降到常温时刻点（C′）、节点温度降到常温时刻点（D′）和火灾后节点达到极限状态时刻点（D_p）。

1）特征时刻应力分布：选取图 11.22 所示的柱节点区截面（ZJ）和柱端部截面（ZD）为分析位置，给出不同特征时刻型钢混凝土柱的混凝土纵向应力分布等值线图，如图 11.34 所示，图中混凝土拉应力为正、压应力为负、f_c' 为混凝土圆柱体抗压强度，菱形点所示为标注数值的起始位置。对各特征时刻，混凝土纵向应力分布的描述如下。

① 常温加载结束时刻（A′ 时刻）。柱节点区截面和端部截面的混凝土纵向应力分布比较均匀，混凝土压应力均达－$0.57f_c'$。

② 结构外界升温结束时刻（B′ 时刻）。随着受火时间的延长，位于柱截面角点处的混凝土由于温度较高，材料性能劣化程度较大，其纵向压应力降低到－$0.21f_c'$，位

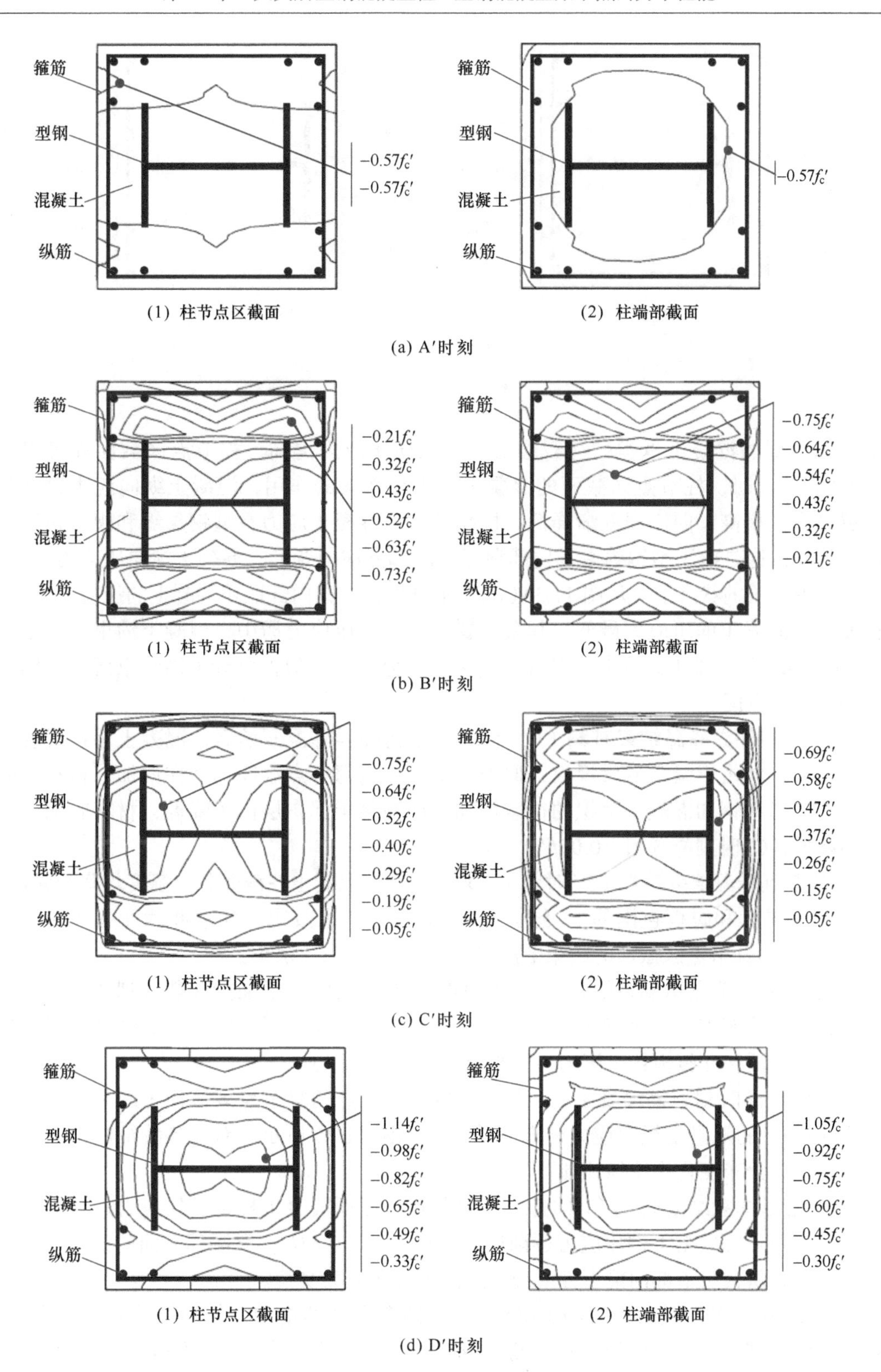

图 11.34　柱截面的混凝土纵向应力分布等值线图

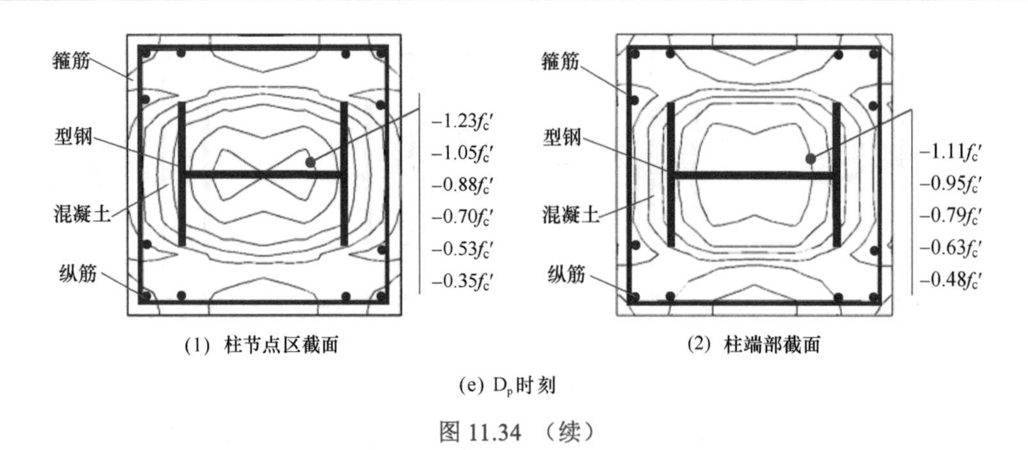

(1) 柱节点区截面　　(2) 柱端部截面

(e) D_p时刻

图 11.34 （续）

于型钢内部的混凝土承担的荷载增加，其纵向压应力提高，柱节点区截面处可以达$-0.73f_c'$。此时，柱节点区截面的混凝土由于相邻梁的作用，混凝土纵向应力以柱型钢翼缘附近最高，向四周逐渐降低。柱端部截面混凝土应力在型钢翼缘和腹板包围的位置最高，这是由于型钢约束了内部混凝土的部分横向变形，混凝土横向压应力增加，处于三轴受压的状态下。从图 11.34（b2）中可见，型钢内部区域混凝土的压应力最高，箍筋外部混凝土的压应力最低，其余位置混凝土的压应力居中，混凝土约束区的范围与 Ellobody 等（2010）给出的混凝土约束区划分范围类似，可分为高约束区、无约束区和部分约束区。

③ 结构外界降温结束时刻（C′时刻）。结构外界降温开始后，混凝土保护层温度开始降低，但由于温度滞后现象，型钢混凝土柱内部各点温度仍然在增加，材料升温膨胀，内部型钢和混凝土承担的荷载增加，而混凝土保护层由于降温，材料收缩，压应力降低，C′时刻降低到$-0.05f_c'$。

④ 节点降温结束时刻（D′时刻）。D′时刻型钢混凝土柱截面各点温度均降至常温，此时型钢翼缘和腹板包围的混凝土表现出明显的约束效应，柱端部截面处的应力达$-1.05f_c'$，而柱节点区截面的约束效应更强一些，达$-1.14f_c'$。

⑤ 火灾后节点达到极限状态时刻（D′时刻）。火灾后增加梁荷载直到节点达到极限状态。节点破坏是由梁变形速率过快引起的，柱的应力与 D′时刻相比没有明显变化，但型钢翼缘和腹板约束区内的混凝土应力仍有所增加。

不同特征时刻型钢混凝土柱-型钢混凝土梁节点的梁节点区截面（LJ）和梁端部截面（LD）的混凝土纵向应力分布等值线图如图 11.35 所示。对在各特征时刻，混凝土纵向应力分布变化规律描述如下。

① 常温加载结束时刻（A′时刻）。梁节点区截面混凝土楼板受拉应力，梁受压应力，从楼板下部向梁下部压应力逐渐增加，最大达$-0.43f_c'$；梁端部截面的混凝土楼板受压应力，从楼板下部向梁下部混凝土逐渐由受压变为受拉。

② 结构外界升温结束时刻（B′时刻）。随着温度的增加，外围混凝土升温膨胀，使得型钢内部的混凝土受拉，在梁端部截面，混凝土保护层的压应力达$-0.39f_c'$，而型钢内部的混凝土拉应力达 $0.11f_c'$

③ 结构外界降温结束时刻（C′时刻）。由于温度滞后现象，型钢混凝土梁的型钢和型钢内部混凝土在结构外界降温段温度逐渐升高，材料膨胀，内部混凝土受拉区减

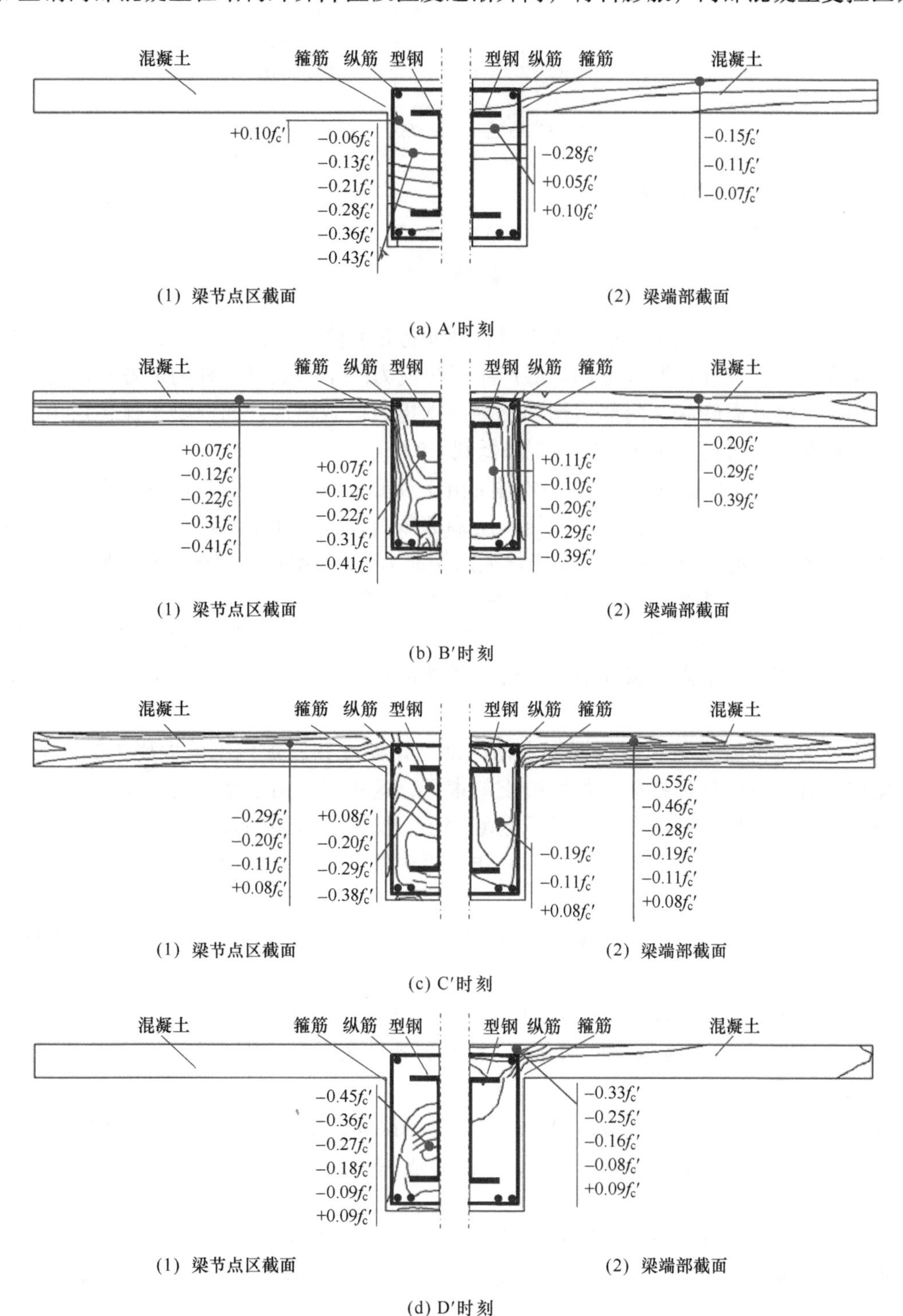

图 11.35　梁截面的混凝土纵向应力分布等值线图

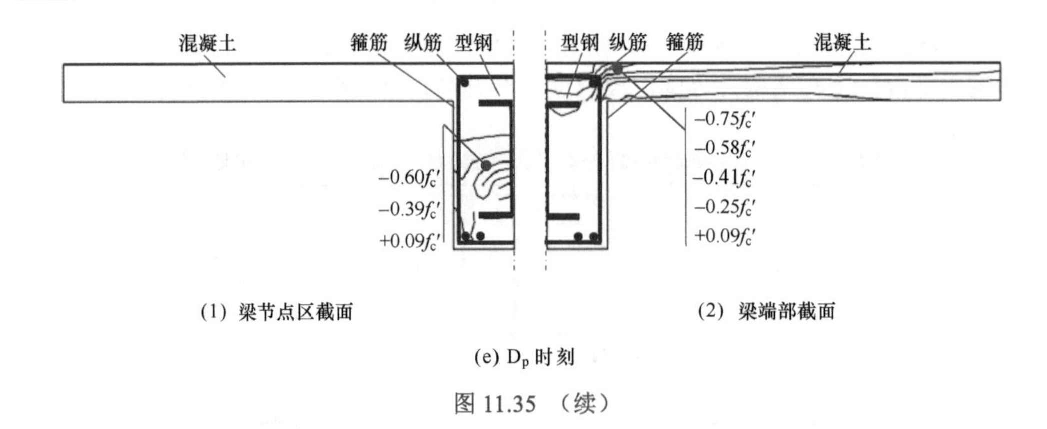

(1) 梁节点区截面　　(2) 梁端部截面

(e) D_p 时刻

图 11.35 （续）

少，压应力增加，混凝土保护层由于材料性能劣化和降温共同的作用，压应力逐渐降低，在梁端部截面处，混凝土保护层产生了拉应力。型钢混凝土柱内部各点温度仍然在增加，材料升温膨胀，内部型钢和混凝土承担的荷载增加，而混凝土保护层由于降温，材料收缩，压应力降低，C′ 时刻降低到 $-0.05f_c'$。

④ 降温结束时刻（D′ 时刻）。D′ 时刻由于混凝土收缩，梁节点区截面楼板和梁上部的混凝土受拉，梁下部混凝土受压，梁端部截面，楼板和梁下部混凝土受拉，梁上部较小的区域内混凝土受压，混凝土最大的压应力达 $-0.45f_c'$，没有出现与型钢混凝土柱相似的型钢内部混凝土受到约束，压应力超过 f_c' 的现象。

⑤ 火灾后节点达到极限状态时刻（D′ 时刻）。火灾后增加梁荷载直到节点达到极限状态并破坏，梁节点区截面的梁下部和梁端部截面的楼板压应力明显增加，最高区域达 $-0.75f_c'$。

比较型钢混凝土梁和型钢混凝土柱内部型钢翼缘和腹板包围的混凝土纵向应力，可见梁没有出现像柱那样明显的混凝土约束区，这主要是由于型钢混凝土梁截面上虽然也存在受压区域，但与柱相比受压区域较小。此外，与型钢接触的混凝土有受拉区存在，型钢约束内部混凝土横向变形的作用无法发挥，使得梁没有明显的混凝土高约束区。

图 11.36 给出了各特征时刻型钢混凝土柱 - 型钢混凝土节点内部型钢和钢筋的 Mises 应力分布云图。

对型钢和钢筋的 Mises 应力分布特点简述如下。

① 常温加载结束时刻（A′ 时刻）。常温加载结束后，柱型钢和纵筋的应力较高，达 288MPa。

② 结构外界升温结束时刻（B′ 时刻）。随着温度的增加，柱混凝土材料性能劣化，下柱内部型钢和纵筋承担的荷载增加，最高可达 368MPa。梁型钢的最高应力区位于节点区下翼缘，应力达 324MPa。

③ 结构外界降温结束时刻（C′ 时刻）。由于温度滞后的原因，在结构外界降温段，梁型钢的温度仍然升高，材料受热膨胀，轴向变形受到约束加剧了节点区下翼缘的高应力区的扩展。

④ 节点降温结束时刻（D′时刻）。降温段梁纵筋和柱箍筋收缩，受到约束，其应力增加，最大达 355MPa 左右。

⑤ 火灾后节点达到极限状态时刻（D′时刻）。火灾后随着外荷载的增加，梁型钢节点区的应力达 363MPa，形成塑性铰，导致节点破坏。

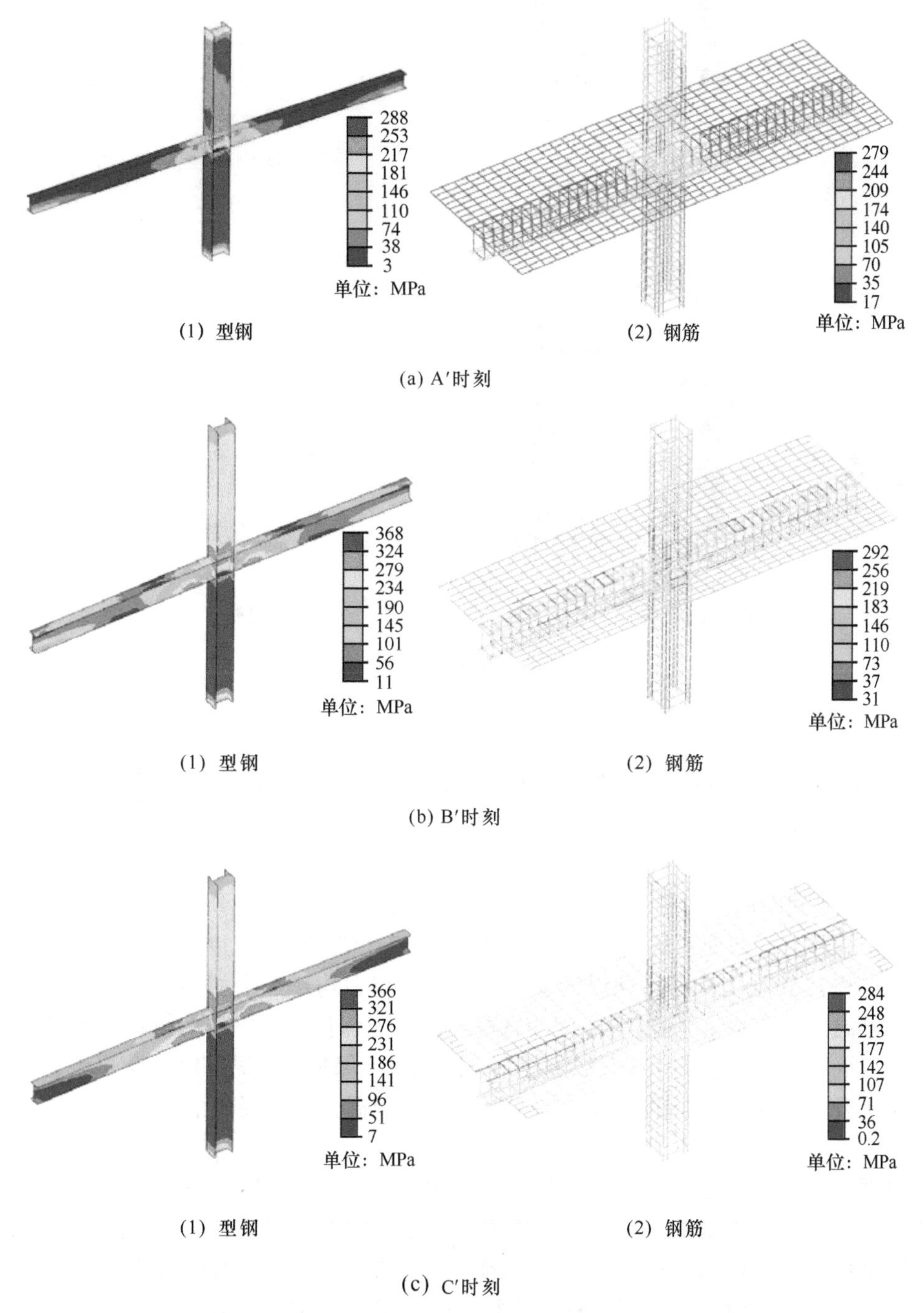

(1) 型钢　(2) 钢筋

(a) A′时刻

(1) 型钢　(2) 钢筋

(b) B′时刻

(1) 型钢　(2) 钢筋

(c) C′时刻

图 11.36　节点内部型钢和钢筋的 Mises 应力分布云图

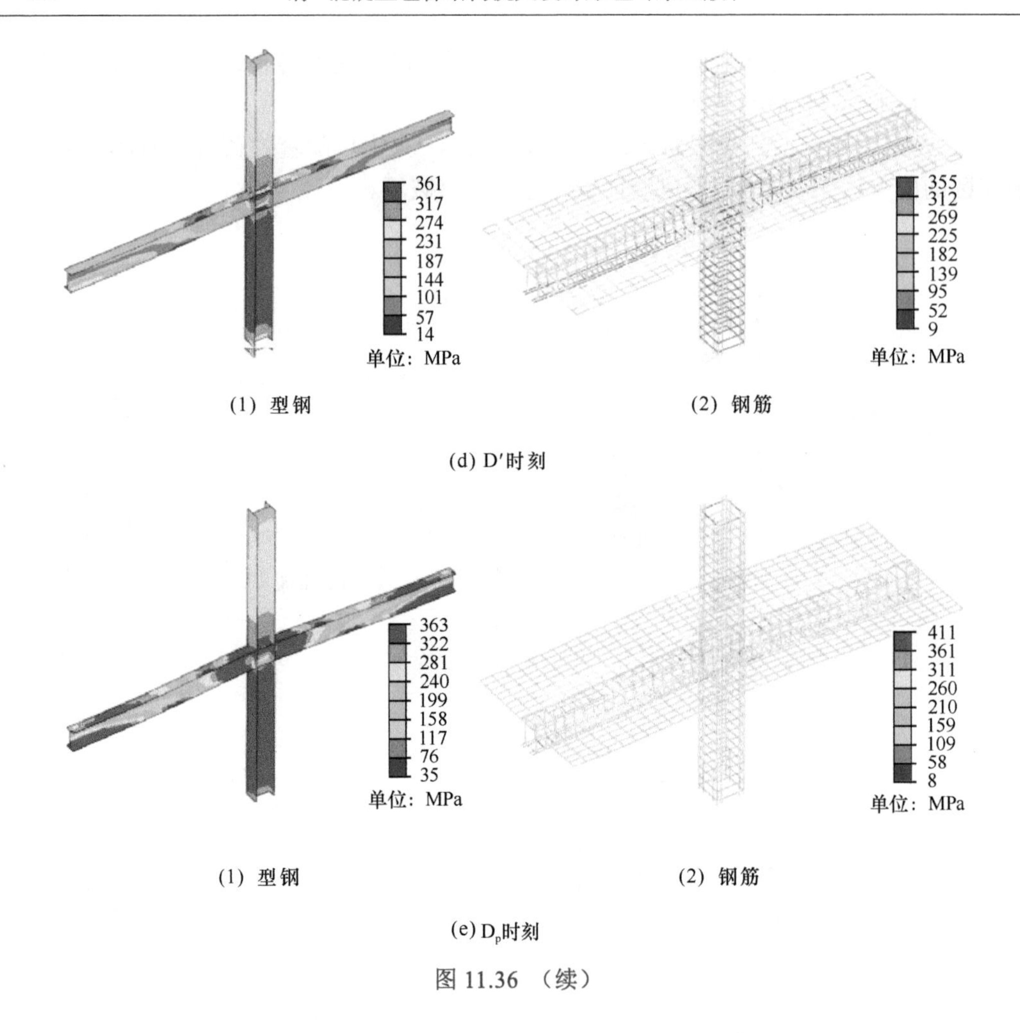

(1) 型钢　　(2) 钢筋

(d) D′时刻

(1) 型钢　　(2) 钢筋

(e) D_p时刻

图 11.36 （续）

2）应力-受火时间关系：选取图 11.22 所示的柱节点区截面（ZJ）和梁节点区截面（LJ）为分析对象，给出各截面上特征点的应力（σ）-受火时间（t）关系，如图 11.37 所示。

应力-受火时间全过程关系曲线上各特征点的工作特点如下所述。

对于柱节点区截面，从 A′ 时刻到 B′ 时刻，随着结构外界温度升高，混凝土保护层和柱纵筋受热膨胀，升温初期纵向应力和 Mises 应力均增加［如图 11.37（a）中测温点 3 和测温点 5 所示］，但随着温度的升高，混凝土保护层和纵筋的材料性能劣化，应力降低。混凝土上测温点 4 在升温过程中，因混凝土保护层、纵筋以及纵筋和型钢之间的混凝土升温膨胀，分担的荷载增加，因而使得测温点 4 混凝土的纵向应力在升温段降低。

内部型钢腹板中心点 1 和翼缘角点 2 的 Mises 应力在升温过程中一直增加，这是由于虽然位于型钢外部的材料在升温段膨胀，承担的荷载增加，会使得内部型钢的应力有降低的趋势，但因为柱节点区截面的型钢与梁型钢相接，升温时梁对柱型钢的作用加强，从而使其应力在升温过程中增加。B′ 时刻后，结构外界温度开始降低，混凝土保护层上测温点 5 的温度也随之降低，材料降温收缩，纵向压应力逐渐减少，降温到一定程度后甚至出现了拉应力，随后由于柱截面内部的材料也进入降温段，材料收缩导致测温点 5 分担的外荷载增加，应力逐渐变为拉应力。

对于混凝土上测温点 4，由于其外层的部分混凝土材料（如测温点 4 和测温点 5 直接的混凝土）仍处在升温段，同时由于纵筋降温材料性能恢复，使得测温点 4 承担的荷载在火灾降温的初期仍然在降低，因此其纵向应力降低，随着热量的传递，测温点 4 温度逐渐升高，其纵向应力增加，随后测温点 4 开始降温，应力又有所降低，最终保持不变。纵筋上测温点 3 在降温初期材料性能恢复，Mises 应力有所增加，但随着纵筋降温，材料收缩，纵筋应力又开始降低，最终趋于水平。而内部的型钢由于温度相对较低，受高温影响不明显，在降温的初始阶段应力就基本不变。D′ 时刻之后，增加梁荷载直到节点破坏，对应的测温点 1～测温点 5 的应力均有所增加，但测温点 4 应力在达到峰值后降低。

对于梁节点区截面，位于梁节点区截面下部的纵筋测温点 4 和混凝土测温点 6，在升温的初期由于材料受热膨胀，承担的外荷载增加，应力提高。随着温度的进一步增加，材料性能劣化，应力又有所下降。降温段纵筋测温点 4 温度降低，材料性能恢复，Mises 应力增加，然后随着内部型钢和混凝土分担荷载的增加，测温点 4 的 Mises 应力又降低，最终趋于稳定，此时，测温点 4 的 Mises 应力主要由拉应力提供，火灾后加载段，纵筋受压，所以 Mises 应力先降低然后升高。

混凝土在降温段的材料性能没有明显恢复，测温点 6 在降温过程中逐渐由受压变为受拉，最后趋于稳定，火灾后增加梁荷载，测温点 6 混凝土受压，应力增加直到节点破坏。升温段，梁型钢上测温点 1～测温点 3、纵筋上测温点 5 和混凝土上测温点 7 受到温度和外荷载的共同作用，应力增加。降温段，测温点 2 由于温度降低，材料收缩，产生拉应力，抵消了外荷载产生的拉应力，应力降低；测温点 1 和测温点 7 由于温度滞后，在结构外界降温初期仍然升温，热膨胀受到边界约束，产生压应力，Mises 应力和纵向压应力增加；降温后期，材料收缩，产生拉应力，导致 Mises 应力和纵向压应力降低；测温点 3 和测温点 5 同样由于温度滞后，在结构外界降温初期仍然升温，材料膨胀受到约束，产生压应力，抵消了原有的拉应力，Mises 应力降低，后期测温点 3 和测温点 5 开始降温，Mises 应力又开始增加，其纵向变形被边界约束，产生压应力，导致其 Mises 应力增加。火灾后增加梁荷载，各点的应力均有所增加。梁节点区截面混凝土上测温点 8 位于受拉区，应力较小，且如图 11.37（b3）所示温度较低，因此应力变化不大。

（6）节点应变变化

混凝土的塑性应变分布可表征混凝土的工作情况以及裂缝的开展规律，以下对型钢混凝土柱 - 型钢混凝土梁节点分析模型中的混凝土在常温加载结束时刻点（A′）和火灾后节点达到极限状态时刻点（D_p）的应变分布进行分析。

图 11.38 给出了常温加载结束时刻（A′）和火灾后节点达到极限状态时刻（D_p）型钢混凝土柱 - 型钢混凝土梁节点的混凝土塑性主拉应变分布矢量图，以及对应的梁、柱端部截面的内力方向。在常温加载结束时，混凝土的塑性拉应变主要分布在梁节点区截面上部、梁端部截面下部以及柱混凝土上。火灾后加载达到极限状态时，节点的塑性应变明显增加，特别是在楼板与柱相接的位置，形成沿梁纵向的拉应变，这是节

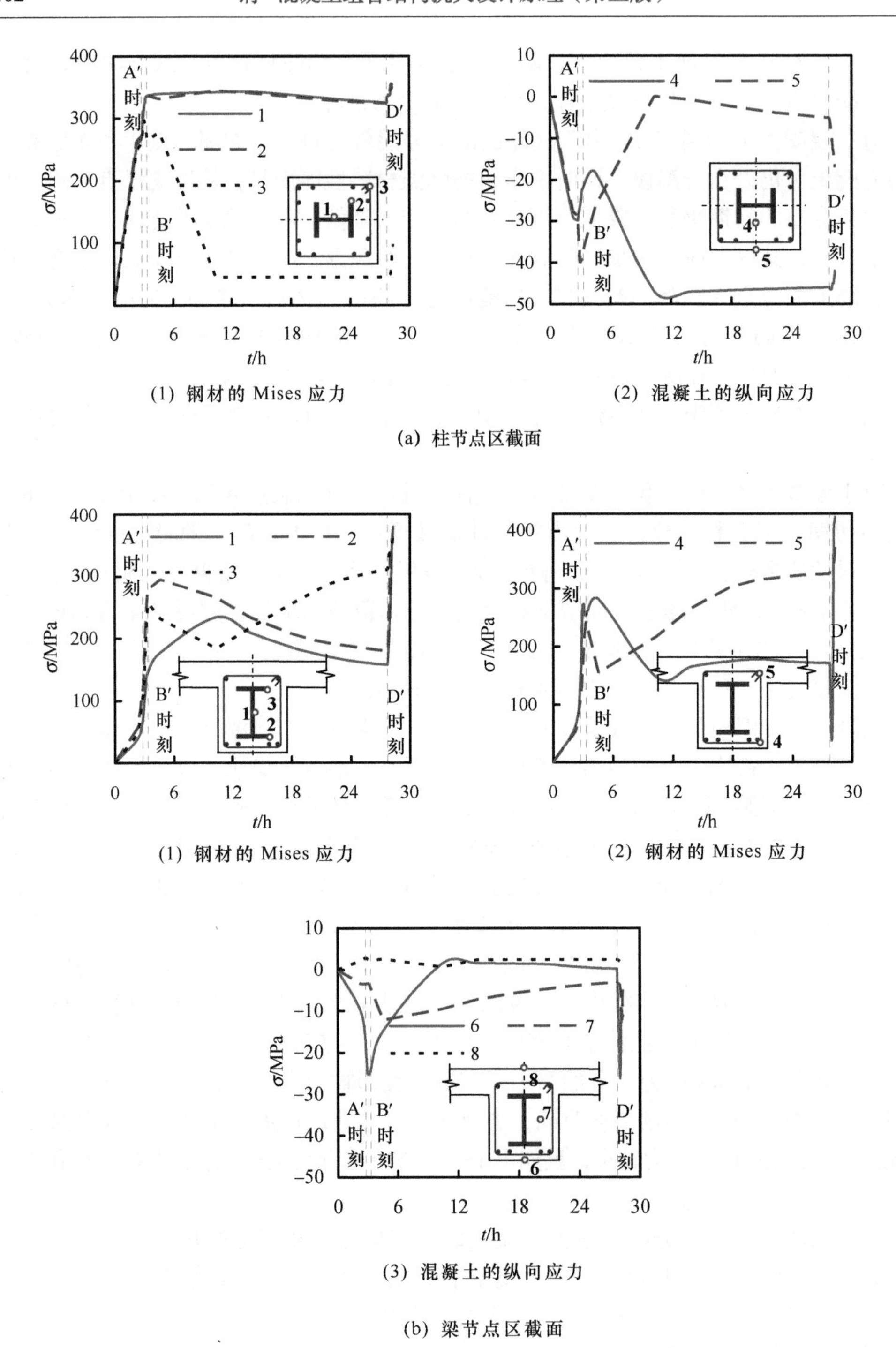

图 11.37　节点的 σ-t 关系

点混凝土较易开裂的位置，楼板的塑性拉应变集中的区域呈“十”字形分布，同时节点下柱由于高温损伤比较明显，其混凝土塑性拉应变比上柱密集。

图 11.39 给出了不同时刻型钢混凝土柱的混凝土纵向塑性应变分布云图及不同截面

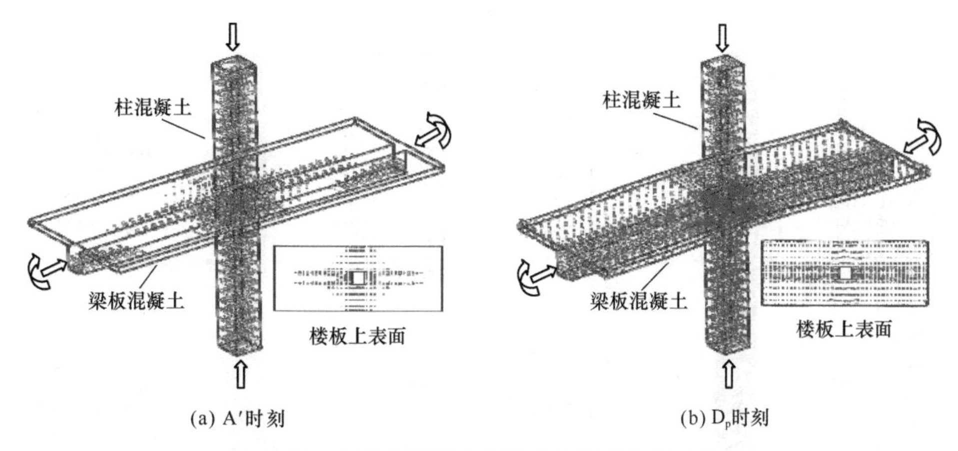

(a) A′时刻　　(b) D_p时刻

图 11.38　节点的混凝土塑性主拉应变分布矢量图

处的纵向塑性应变分布等值线图，图中“－”号表示压应变。比较柱混凝土不同时刻的塑性纵向应变，可以发现柱混凝土的塑性应变主要集中在梁中线下部以及梁中线附近的节点区，随着时间增加，塑性纵向应变逐渐增加，在 D_p 时刻最大塑性应变在下柱混凝土保护层上形成，达－6000με。

由图 11.39 还可见，上柱端部截面（1—1 截面）的塑性应变等值线分布呈现明显的偏压分布，在受外荷载和火灾共同作用的全过程中，1—1 截面的塑性应变分布没有明显的变化，从内向外介于－322～－531με。从柱节点区截面（2—2 截面）的塑性应变分布可见，由于与梁相接，受到梁影响，柱荷载初偏心在 2—2 截面处的影响较弱，应变接近对称分布，且随着时间历程的增加，该截面处的纵向塑性应变逐渐增加，在 D_p 时刻型钢腹板和翼缘区域内的混凝土塑性压应变达－4573με。对于下柱端部截面（3—3 截面）的塑性应变分布，在常温加载结束时刻（A′）塑性应变呈偏心分布，但随着升、降温火灾和外荷载的共同作用，其塑性应变分布逐渐接近对称分布，D_p 时刻型钢腹板和翼缘区域内的混凝土塑性压应变－5716με。

图 11.40 给出各特征时刻梁节点区截面（LJ）和梁端部截面（LD）型钢混凝土梁的混凝土纵向应变分布等值线图，图中“－”号表示压应变，“＋”号表示拉应变。

由图 11.40（a）可见，常温加载结束时刻（A′），梁截面的塑性应变等值线近似呈水平分布，梁节点区截面从上向下由塑性拉应变向塑性压应变过渡，梁端部截面从楼板上边缘至梁高中部受压，无塑性应变发生，梁高中部以下位置塑性拉应变逐渐增加。

火灾下特征时刻（B′ 和 C′），梁截面的塑性应变受到温度的影响，从梁截面中心向四周扩散，塑性应变增加，C′ 时刻，梁节点区截面下角点处塑性压应变可达－4000με 左右，如图 11.40（b）和（c）所示。

节点温度降到常温后（D′ 和 D_p），梁内塑性应变等值线近似呈水平分布，在梁节点区截面，塑性应变从下向上逐渐从压应变变为拉应变，梁下部压应变可达－9000με 左右，此时混凝土应力早已达到峰值点进入下降阶段。在梁端部截面，塑性应变从下向上逐渐从拉变为压，梁下部拉应变达＋5000με 左右，混凝土开裂，如图 11.40（d）和（e）所示。

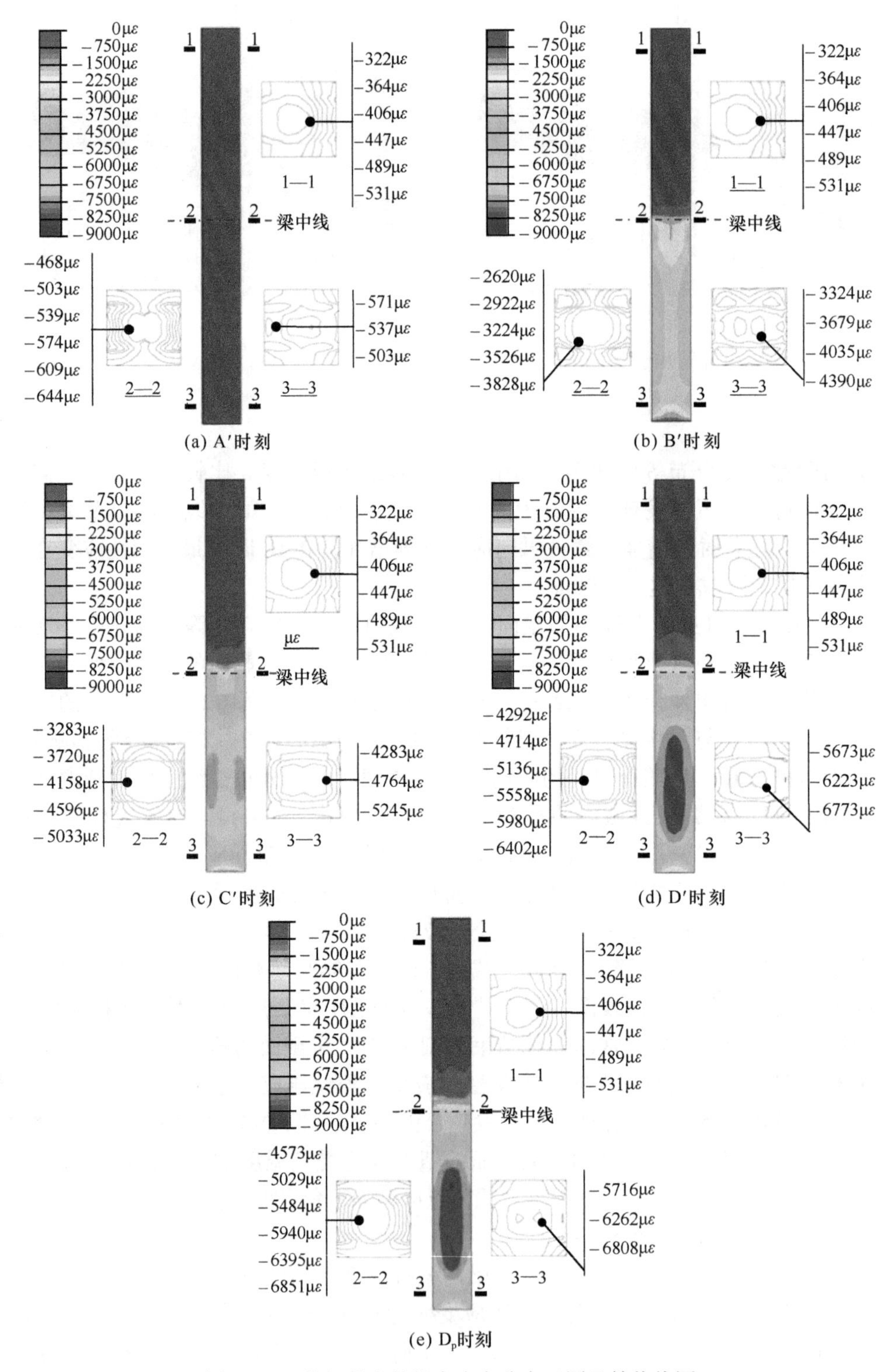

(a) A′时刻　(b) B′时刻

(c) C′时刻　(d) D′时刻

(e) D_p时刻

图 11.39　柱混凝土的纵向应变分布云图及等值线图

（7）钢材和混凝土界面性能影响分析

采用弹簧单元来模拟节点中型钢和混凝土界面的粘结滑移性能，不同温度阶段所

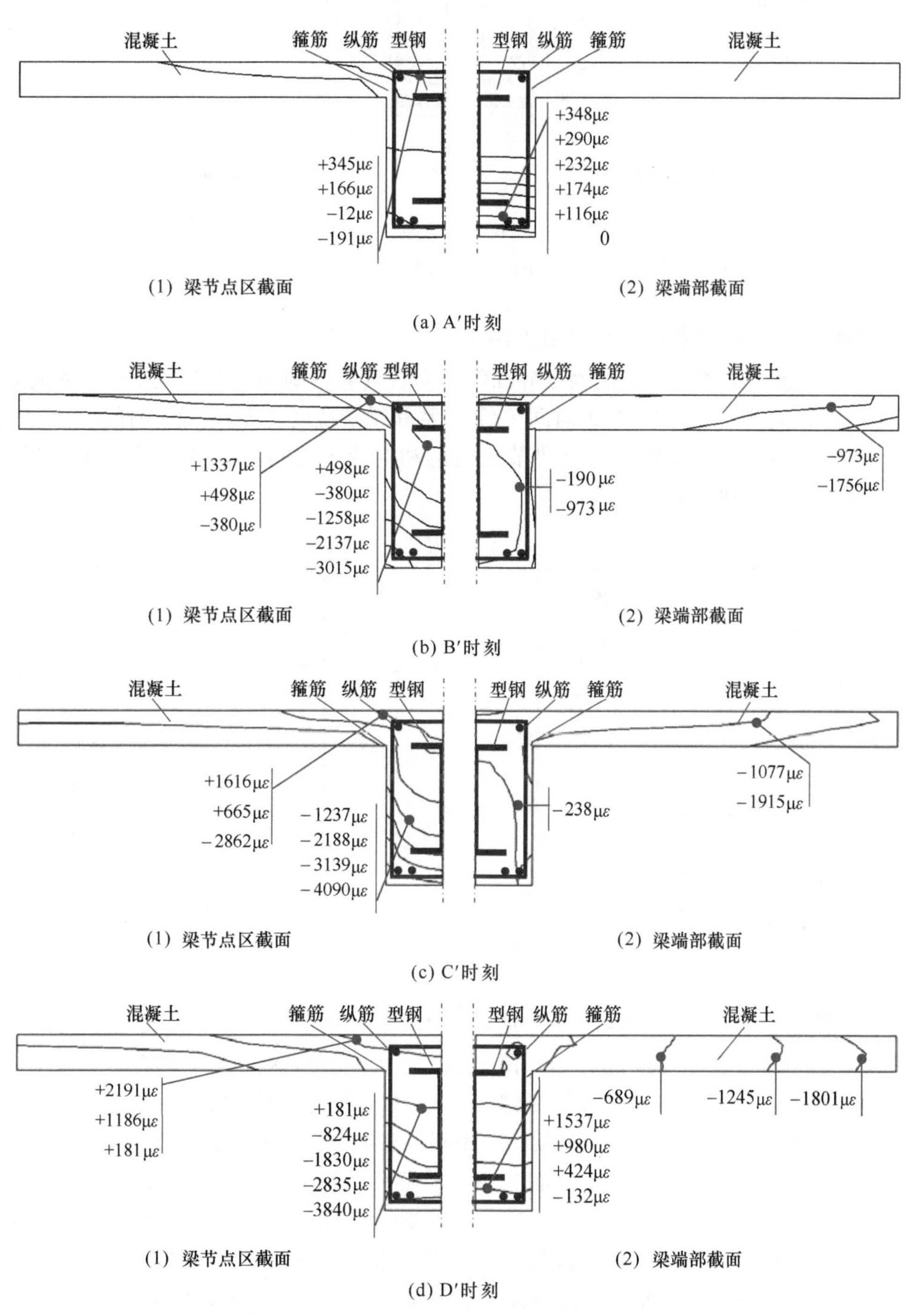

图 11.40　梁截面的混凝土纵向应变分布等值线图

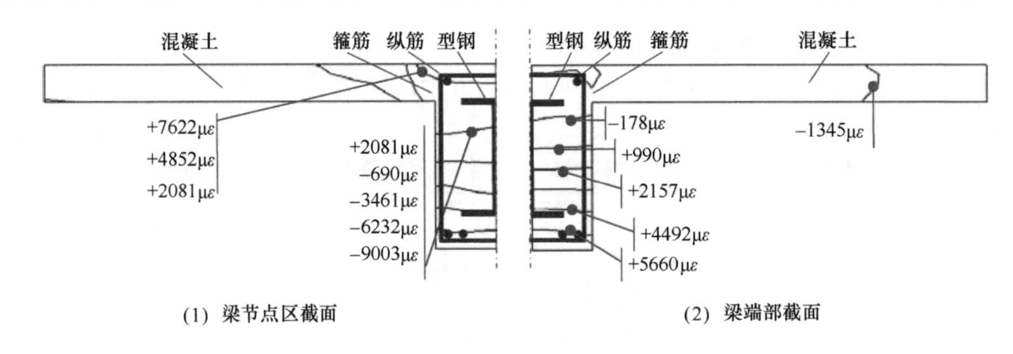

(e) D_p时刻

图 11.40 （续）

采用的粘结应力-相对滑移关系如图 3.10 所示。

图 11.41 给出了考虑钢和混凝土界面滑移与否计算得到的型钢混凝土柱-型钢混凝土梁节点柱轴向变形（Δ_c）-受火时间（t）关系和梁端挠度（δ_b）-受火时间（t）关系。可见，型钢混凝土柱-型钢混凝土梁节点内钢和混凝土之间的滑移作用对节点变形的影响不明显，两条曲线基本重合。

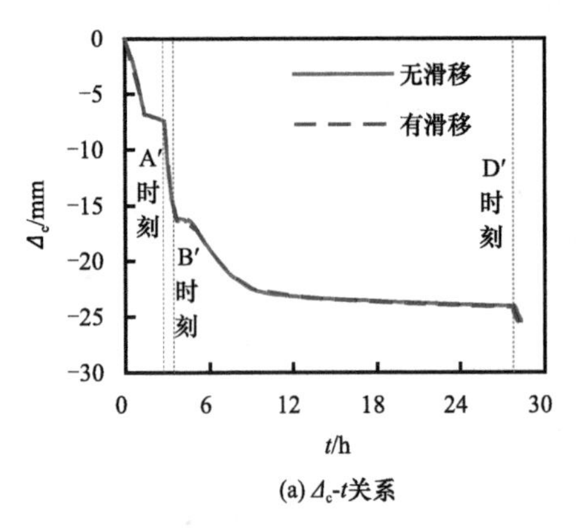

(a) Δ_c-t关系

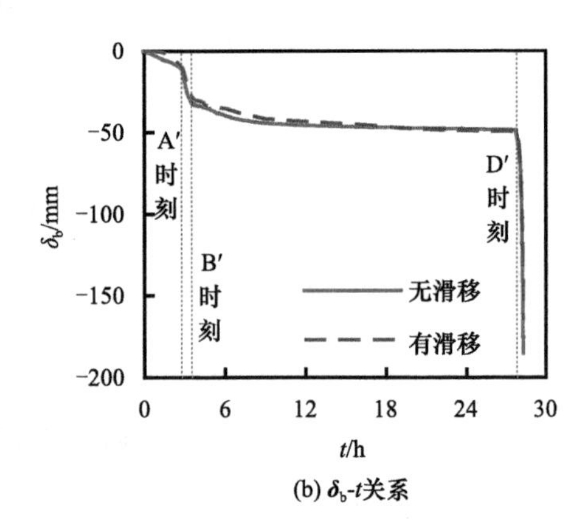

(b) δ_b-t关系

图 11.41　钢-混凝土界面滑移对节点的 Δ_c（δ_b）-t 关系

考虑滑移后不同时刻型钢混凝土柱-型钢混凝土梁节点中型钢与混凝土间的相对滑移和粘结应力沿长度方向的分布如图 11.42 所示，梁型钢位置取梁型钢下翼缘角点处，柱型钢位置取翼缘角点处。对于梁型钢，距离柱中线距离为负时表示 L 梁，距离为正时表示 R 梁。对于柱型钢，距离梁中线距离为负时表示下柱、距离为正时表示上柱。

比较不同时刻型钢和混凝土界面的相对滑移和粘结应力可以发现，随着时间的增加，相对滑移和粘结应力逐渐增加，在火灾后加载到极限状态 D_p 时刻时，界面的滑移量达到最大，相应的粘结应力也较高。梁型钢与混凝土界面的相对滑移和粘结应力沿梁长度方向，以柱中线为轴反对称分布，最大相对滑移发生在距离柱中线 0.5m 处，达到梁长的 0.005%，其余位置的滑移从节点区向外逐渐降低，对应的粘结应力也以节点区最高。

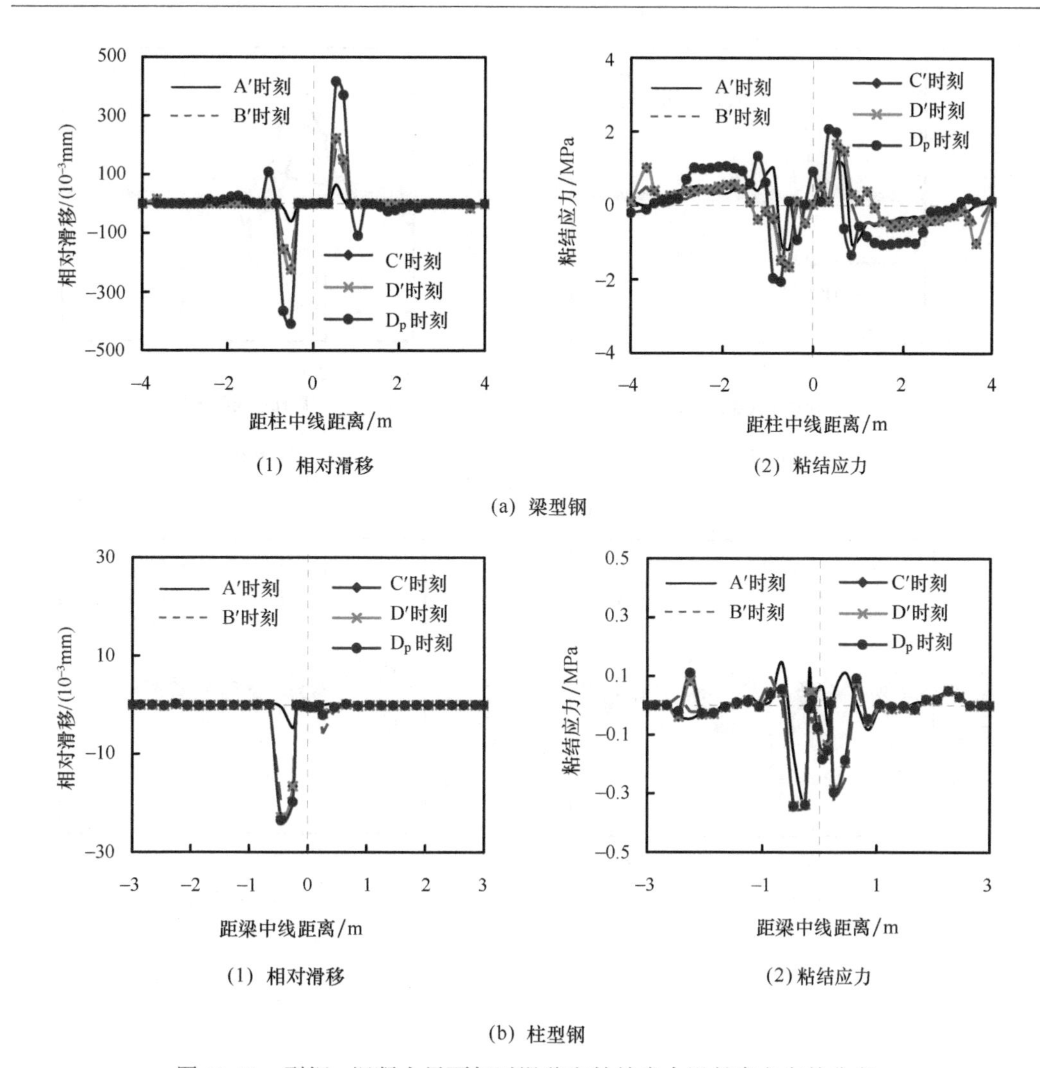

图 11.42　型钢 - 混凝土界面相对滑移和粘结应力沿长度方向的分布

在受力过程中型钢与混凝土的相对滑移和粘结应力沿梁中线方向没有对称性分布，因楼板以下的柱直接受火，最大滑移量发生在下柱距离梁中线 0.45m 处，达柱长的 0.0003%，与梁型钢类似，节点区的粘结应力高于非节点区。此外，梁型钢界面的相对滑移和粘结应力明显大于柱型钢界面，这主要是由于受力过程中梁变形较大，导致内部型钢与混凝土界面的相互作用也较明显所致。

图 11.43 给出了考虑滑移后型钢混凝土柱 - 型钢混凝土梁节点中纵筋与混凝土间的相对滑移和粘结应力沿长度方向的分布。梁纵筋取梁下部最外层钢筋，柱钢筋取柱最外层角部钢筋；图中距离正、负号的意义同图 11.42。

由图 11.43 可见，对于梁纵筋与混凝土界面，随着时间的增加，相对滑移和粘结应力逐渐增加，在 D_p 时刻，界面的滑移量达到最大，相应的粘结应力也较高，而对于柱纵筋与混凝土界面，与梁纵筋不同，最大相对滑移和粘结应力发生在结构外界降到常温的时刻（C′ 时刻），原因可解释为：外荷载和火灾共同作用下，影响纵筋和混凝土界

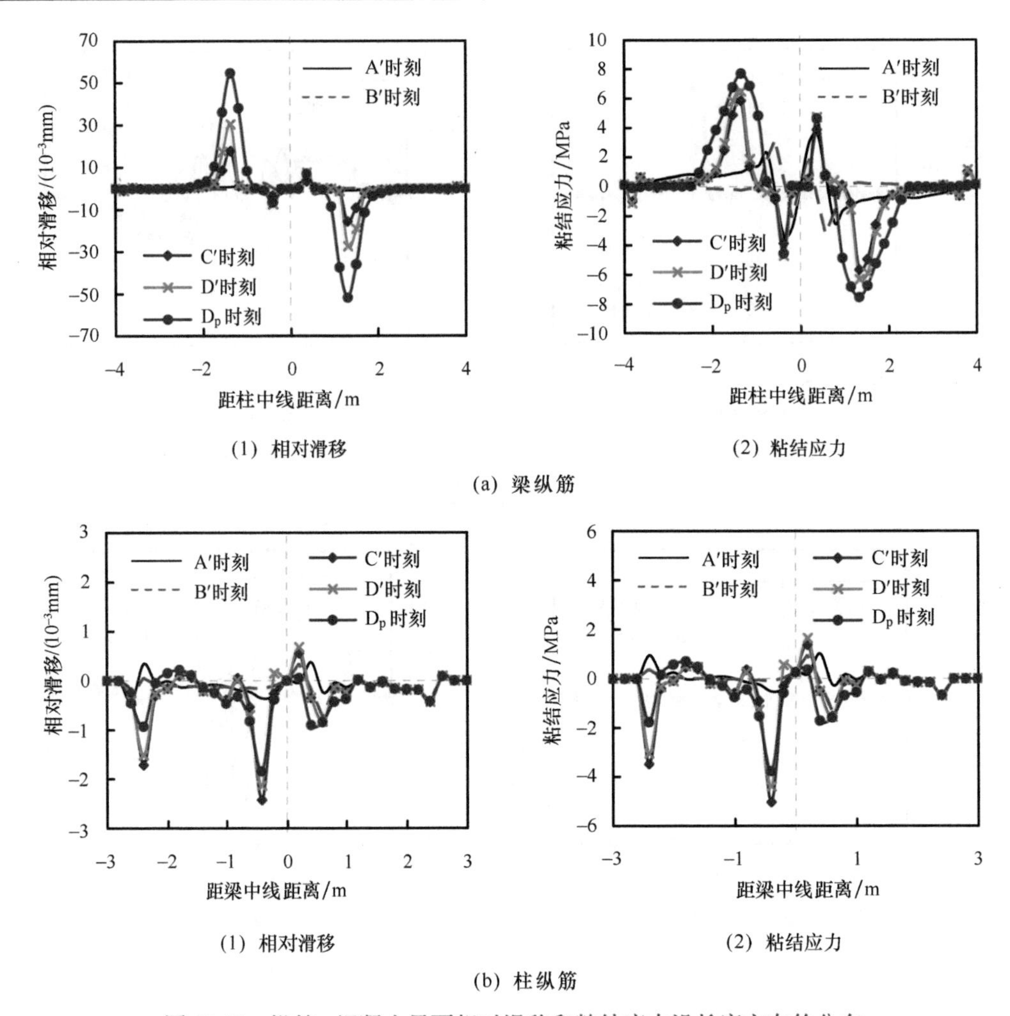

(1) 相对滑移　　(2) 粘结应力

(a) 梁纵筋

(1) 相对滑移　　(2) 粘结应力

(b) 柱纵筋

图 11.43　纵筋-混凝土界面相对滑移和粘结应力沿长度方向的分布

面相对滑移的主要因素有两个，一为火灾下温度变化产生温度变形的影响，另一个为外荷载产生的影响。纵筋和其周围的混凝土由于温度不同、热膨胀系数不同，火灾下产生的温度变形不同，从而在界面上产生了相对滑移，且这一滑移随着纵筋和混凝土温差的增大而增加。而柱的轴向荷载所产生的相对滑移方向与温度变化所产生的滑移方向相反，二者有相互抵消的作用。火灾下，柱纵筋接近结构外界，受温度影响明显，温度变形对界面滑移的影响超过了荷载产生的影响，在 C′ 时刻纵筋和混凝土保护层的温差高于其他时刻，使得相对滑移较大，火灾后外荷载增加所产生的滑移没有抵消温度变形产生的相对滑移，所以在 D_p 时刻，柱纵筋和混凝土界面的相对滑移有所降低，对应的粘结应力也降低。

与型钢和混凝土界面的规律类似，梁纵筋的相对滑移和粘结应力明显大于柱纵筋，梁纵筋和柱纵筋最大的相对滑移和粘结应力分别发生在梁节点区附近和下柱节点区附近，最大相对滑移分别达到梁长的 0.000 65% 和柱长的 0.000 04%。

众所周知，对于焊接形成的工字形截面型钢，常温下沿焊缝方向会形成焊接残余应力，该应力作为初始应力存在于节点中，会对节点的工作性能有所影响。本章分析比较是否考虑钢梁焊接残余应力对节点的柱轴向变形和梁端挠度的影响。由于组合框架节点中混凝土和钢材共同受力工作，混凝土的存在削弱了钢材焊接残余应力的影响，因此残余应力对节点的宏观变形影响不明显。

11.5　弯矩 - 转角关系影响因素分析和实用计算方法

本节对图 1.14 所示的外荷载和升、降温火灾共同作用下，型钢混凝土柱 - 型钢混凝土梁节点弯矩（M）- 梁柱相对转角（θ_r）关系的影响参数进行分析，确定其影响规律，并在此基础上确定该类组合框架梁 - 柱节点火灾后剩余刚度系数和剩余承载力系数的实用计算方法。

11.5.1　参数分析

采用本书第 11.2 节中确定的型钢混凝土柱 - 型钢混凝土梁节点为计算模型，对节点的弯矩（M）- 梁柱相对转角（θ_r）关系进行计算分析。在升、降温火灾和外荷载共同作用下，影响型钢混凝土柱 - 型钢混凝土梁节点弯矩 - 梁柱相对转角关系的可能影响因素有：节点的升温时间比（t_o）、柱荷载比（n）、梁荷载比（m）、梁柱线刚度比（k）、梁柱极限弯矩比（k_m）、柱混凝土强度（f_{cuc}）、梁混凝土强度（f_{cub}）、柱型钢屈服强度（f_{yc}）、梁型钢屈服强度（f_{yb}）、柱纵筋屈服强度（f_{ybc}）和梁纵筋屈服强度（f_{ybb}）等。各参数分析范围如下。

升温时间比 [t_o，如式（9.8）所示]：0、0.3、0.4、0.5、0.6、0.8；

柱荷载比 [n，如式（3.17）所示]：0.2、0.4、0.6、0.8；

梁荷载比 [m，如式（3.18）所示]：0.2、0.4、0.6、0.8；

梁柱线刚度比 [k，如式（10.1）所示]：0.45、0.55、0.65、0.75。通过调整梁长度可实现变化 k 的目的；

梁柱极限弯矩比 [k_m，如式（10.2）所示]：0.40、0.65、0.80。通过调整梁型钢屈服强度和梁纵筋屈服强度可实现变化 k_m 的目的；

柱截面含钢率 [α_c，如式（3.22）所示]：4%、6%、8%。通过调整柱型钢厚度可实现变化 α_c 的目的；

梁截面含钢率 [α_b，如式（3.22）所示]：4%、6%、8%。通过调整梁型钢厚度可实现变化 α_b 的目的；

柱混凝土强度（f_{cuc}）：30MPa、40MPa、60MPa、80MPa；

梁混凝土强度（f_{cub}）：30MPa、40MPa、50MPa；

柱型钢屈服强度（f_{yc}）：235MPa、345MPa、420MPa；

梁型钢屈服强度（f_{yb}）：235MPa、345MPa、420MPa；

柱纵筋屈服强度（f_{ybc}）：235MPa、335MPa、400MPa；

梁纵筋屈服强度（f_{ybb}）：235MPa、335MPa、400MPa。

（1）升温时间比

图 11.44 给出了不同升温时间比（t_o）时型钢混凝土柱 - 型钢混凝土梁节点的 M-θ_r 关系。可以见随着 t_o 的增加，升、降温结束时的梁柱相对转角逐渐增加，而火灾后极限弯矩值逐渐降低。t_o 大于 0.5 以后，节点内部温度在结构外界降温段仍然升高，材料性能进一步劣化，导致节点所能提供的抗力降低，同时由于温度内力的影响，使得节点在降温段达到极限状态。随着升温时间比的增加，节点在降温段达到极限状态时的破坏形态也发生了变化，t_o=0.8 时，节点发生了类似图 11.25（b）所示的柱破坏形态。节点可以进入火灾后加载段的情况下，即 t_o 在 0.3～0.4 变化时，由于 t_o 越长，节点受到的高温损伤越明显，造成节点的火灾后初始刚度随着 t_o 的增大而降低。t_o=0 时，M-θ_r 曲线为常温下情况。

（2）柱荷载比

不同柱荷载比（n）情况下节点的 M-θ_r 关系如图 11.45 所示。与钢管混凝土柱 - 组合梁节点不同，n 对型钢混凝土柱 - 型钢混凝土梁节点的 M-θ_r 关系影响较为明显，随着 n 的变化节点破坏形态会发生改变，从图 11.25 所示的节点区梁破坏变为柱破坏形态。n 增大时，升、降温结束时节点的梁柱相对转角逐渐减小，这主要是由于 n 越大，火灾下柱对梁端的转动约束作用越强，使得梁柱越不易发生相对转动。n=0.8 时，火灾后随着梁荷载的增加，节点下柱首先无法承受柱荷载和梁荷载的合力，先达到极限状态，由下柱承受的柱荷载有一部分通过节点传递给了梁承担，从而出现了节点柱变形带动梁变形的情况，梁柱相对转角降低，节点弯矩出现反向，最终使得节点弯矩超过节点所能提供的正弯矩抗力而达到极限状态，节点发生了图 11.25（b）所示的柱破坏。

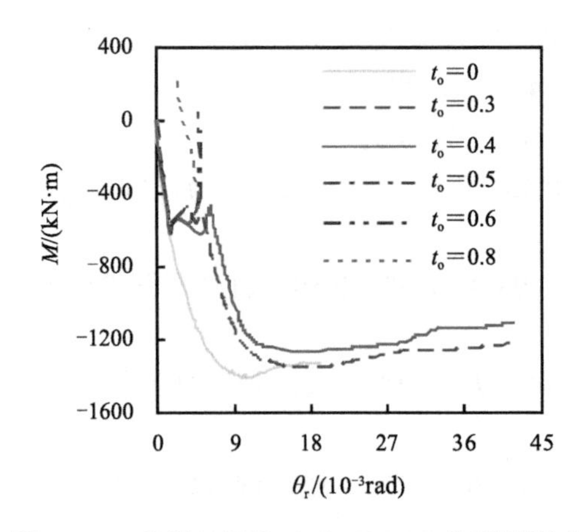

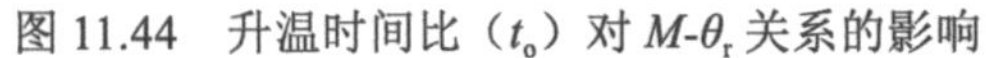
图 11.44　升温时间比（t_o）对 M-θ_r 关系的影响

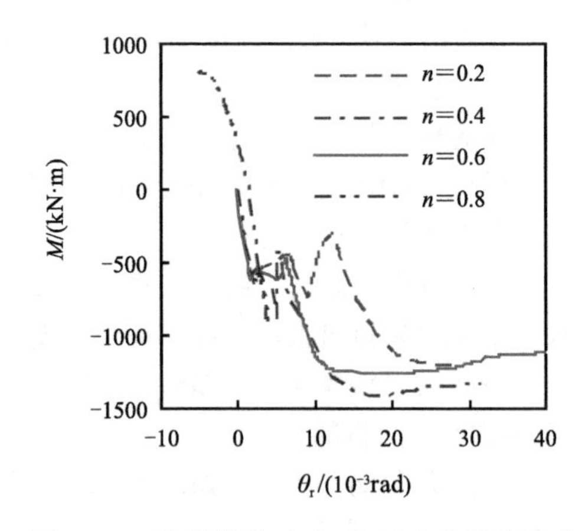

图 11.45　柱荷载比（n）对 M-θ_r 关系的影响

由图 11.45 还可见，n 在 0.2～0.4 变化时，随着 n 的增大，柱对梁的转动约束作用增强，此时火灾后节点的 M-θ_r 关系主要表现为节点区约束梁的特性，转动约束越强，达到极限状态时的梁柱相对转角越小，峰值弯矩越大。n 在 0.4～0.6 变化时，节点柱的影响加强，火灾后节点的 M-θ_r 关系表现为梁和柱的共同作用，因此，n 越大对节点工作越不利，火灾后峰值弯矩越低，对应的梁柱相对转角越大。

（3）梁荷载比

图 11.46 给出了梁荷载比（m）对节点的 M-θ_r 关系的影响。可见随着 m 的增加，升、降温结束时的梁柱相对转角逐渐增加，火灾后节点初始刚度逐渐降低，火灾后节点达到峰值弯矩时的梁柱相对转角逐渐增加，但火灾后峰值弯矩无明显变化，这主要是由于火灾后节点的峰值弯矩较大一部分由内部型钢承担，火灾下节点的混凝土较好保护了内部型钢，型钢受高温影响不明显，从而使得火灾后节点峰值弯矩变化不大。

（4）梁柱线刚度比

不同梁柱线刚度比（k）情况下节点的 M-θ_r 关系的影响如图 11.47 所示。这里的 k 实际是常温段的梁柱线刚度比，在火灾下和火灾后梁柱线刚度比是变化的，这里主要通过节点常温下的梁柱线刚度比来分析节点的 M-θ_r 关系。可见，随着 k 的增大，梁对柱的约束作用增强，节点越不容易转动，导致升、降温结束时梁柱相对转角逐渐降低。火灾后梁所承担的弯矩抗力主要由内部型钢提供，在梁截面尺寸不变和升温时间相近的条件下，不同 k 时梁所能提供的截面弯矩抗力是相近的，但从计算曲线可见，随着 k 的增加，火灾后节点的峰值弯矩逐渐降低，这主要是因为 k 越大，节点柱受梁的影响越明显，在节点达到极限状态时，节点弯矩无法提高不是由于节点梁截面所能提供的抗力达到极限，而是由于节点柱无法提供足够的弯矩抗力保证梁端弯矩增加，从而导致随着梁柱线刚度比的增加，节点的火灾后峰值弯矩降低。

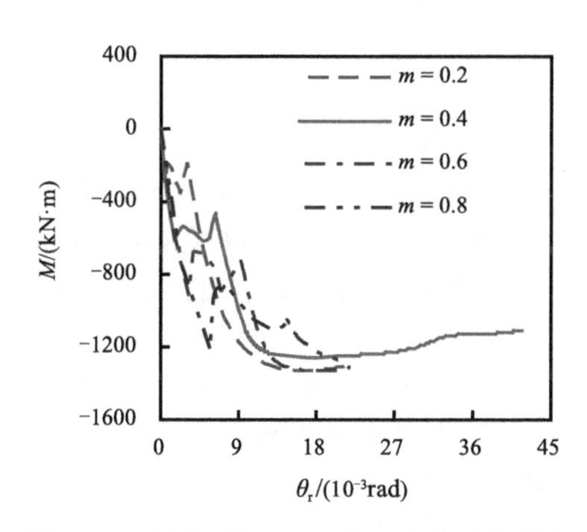

图 11.46　梁荷载比（m）对 M-θ_r 关系的影响

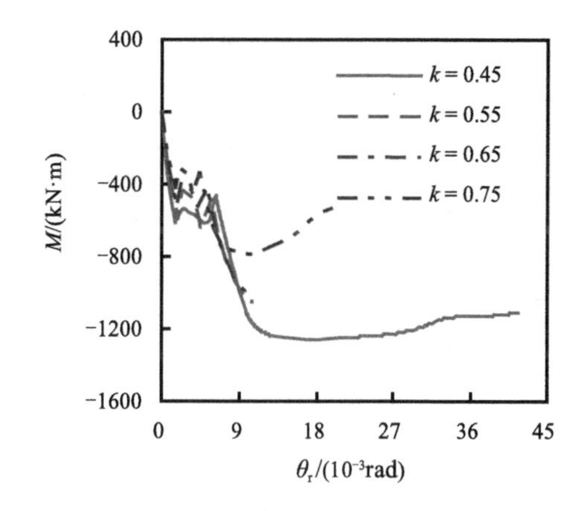

图 11.47　梁柱线刚度比（k）对 M-θ_r 关系的影响

（5）梁柱极限弯矩比

图 11.48 所示为梁柱极限弯矩比（k_m）对 M-θ_r 关系的影响，可见随着 k_m 从 0.40（梁型钢和纵筋屈服强度均为 210MPa）变为 0.80（梁型钢和纵筋屈服强度均为 420MPa），节点的火灾后峰值弯矩也相应的明显提高。

（6）柱截面含钢率

柱截面含钢率（α_c）对型钢混凝土柱 - 型钢混凝土梁节点 M-θ_r 关系的影响如图 11.49 所示。随着 α_c 的增加，在柱荷载比不变的情况下，柱内部型钢承担的荷载增加，火灾下型钢受到混凝土的保护材料性能劣化较慢，使得节点的耐火极限随着 α_c 的增大而增加，因此在升温时间比不变的情况下，α_c 越大升温时间越长。

火灾后节点发生节点区梁破坏时，梁的力学性能对节点的 M-θ_r 关系影响明显，升温时间越长，梁受到的高温损伤越大，导致节点升、降温结束时的梁柱相对转角越大，也使得节点的火灾后峰值弯矩有所降低，但因为混凝土的保护作用，型钢受的高温影响有限（如 α_c=4% 时，梁型最高温度为 131℃，α_c=8% 时，梁型钢最高温度为 209℃），所以节点的火灾后峰值弯矩并没有随着 α_c 的增加而明显降低。

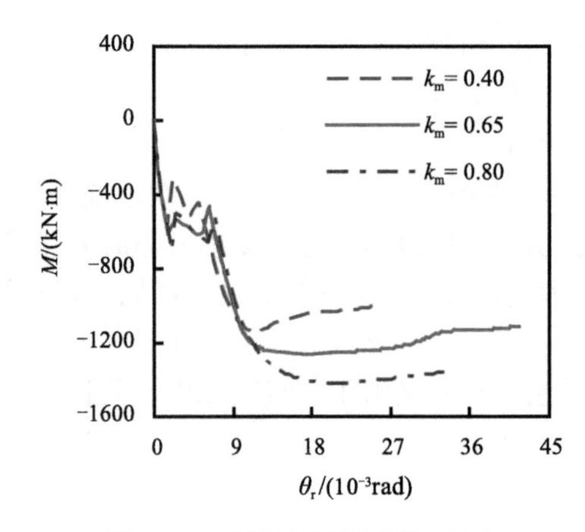

图 11.48　梁柱极限弯矩比（k_m）对 M-θ_r 关系的影响

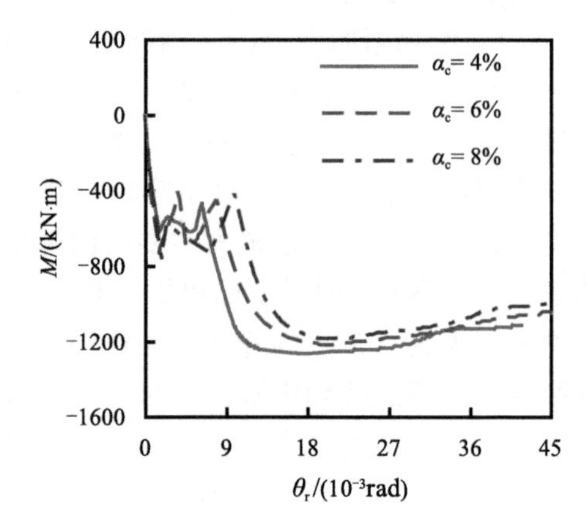

图 11.49　柱截面含钢率（α_c）对 M-θ_r 关系的影响

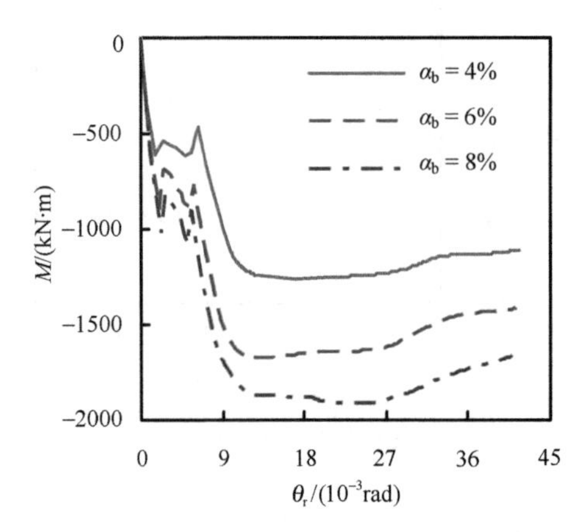

图 11.50　梁截面含钢率（α_b）对 M-θ_r 关系的影响

（7）梁截面含钢率

梁截面含钢率（α_b）对型钢混凝土柱-型钢混凝土梁节点 M-θ_r 关系的影响如图 11.50 所示。计算结果表明，α_b 在 4%～8% 变化时，节点达到耐火极限均是由于节点柱的破坏引起的，梁参数的变化对节点的耐火极限影响不明显，因此升温时间与不变时节点的升温时间相同。升温时间相同并且钢材导热性能较好的情况下，α_b 变化引起的梁型钢厚度变化对梁截面的温度场分布影响不明显，不同 α_b 时梁型钢的高温损伤程度相近。因此，随着 α_b 的增加，梁型钢厚度增大，梁型钢分担的外荷载增加，在高温下损伤程度相近的情况下，节点的火灾后峰值弯矩随 α_b 的增加而增大，而升、降温结束时的梁柱相对转角变化不大。

（8）柱混凝土强度

图 11.51 给出了不同柱混凝土强度（f_{cuc}）对节点 M-θ_r 关系的影响。可见，当 $f_{cuc} \leqslant$ 60MPa 时，节点升、降温结束时的梁柱相对转角随着 f_{cuc} 的减小而增加，这是由于 f_{cuc}

减小时，在相同的柱荷载比下，节点的耐火极限增加，升温时间比相同时，升温时间增加，节点梁在参数不变的情况下，升温时间越长，节点区梁转角越大，从而导致升、降温结束时梁柱相对转角随着 f_{cuc} 降低而增加。

对于节点区梁破坏的情况，$f_{cuc} \leqslant 60\text{MPa}$ 时，柱混凝土强度对火灾后节点的峰值弯矩影响不明显。$f_{cuc}=80\text{MPa}$ 时，柱荷载比（n）不变的情况下柱荷载增加，火灾下柱混凝土材料性能劣化后卸载的外荷载由内部型钢和混凝土分担，降温段混凝土材料性能进一步劣化，使得节点下柱无法承担节点传递来的外荷载合力，下柱破坏，产生了柱变形带动梁变形的情况，梁柱相对转角减小，节点弯矩逐渐由负弯矩变为正弯矩，最终导致节点在降温段无法继续持荷而破坏，节点发生了类似图 11.25（b）所示的柱破坏。

（9）梁混凝土强度

对于发生节点区梁破坏的节点，由于破坏位置发生在节点区梁上，梁混凝土强度（f_{cub}）越高，火灾后节点梁能提供的抗力越大，节点达到极限状态时的峰值弯矩越高，梁混凝土强度（f_{cub}）对 M-θ_r 关系的影响如图 11.52 所示。降温结束时，节点的梁柱相对转角主要受到降温段梁内产生的温度拉应力影响，梁混凝土所能提供的受拉抗力较低，因此 f_{cub} 变化时，升、降温结束时的梁柱相对转角没有明显变化。

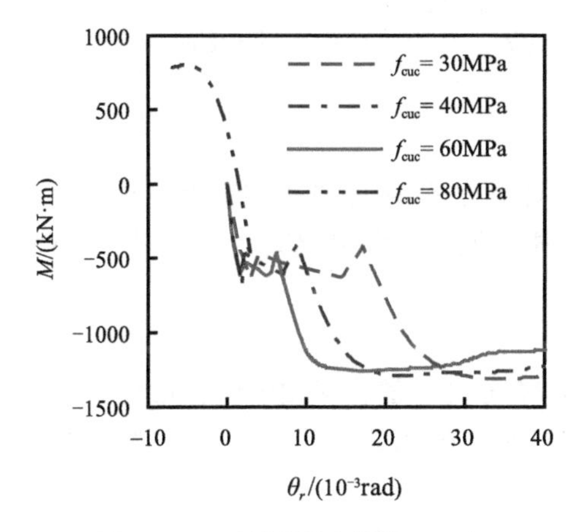

图 11.51　柱混凝土强度（f_{cuc}）对 M-θ_r 关系的影响

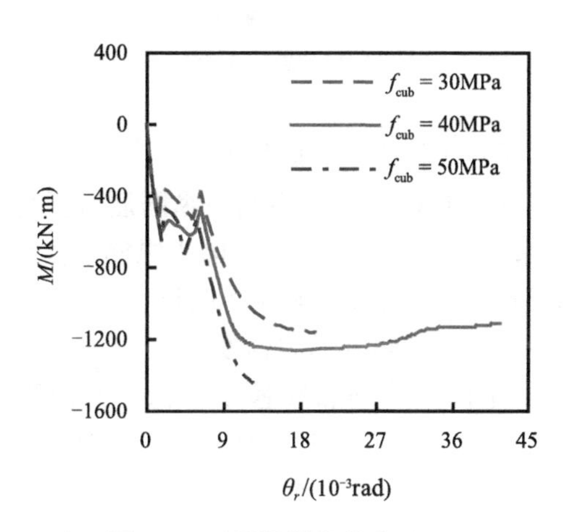

图 11.52　梁混凝土强度（f_{cub}）对 M-θ_r 关系的影响

（10）柱型钢屈服强度

图 11.53 给出了柱型钢屈服强度（f_{yc}）时型钢混凝土柱 - 型钢混凝土梁节点的 M-θ_r 关系的影响。可见，f_{yc} 越高，在相同柱荷载比情况下，柱混凝土承担的荷载越小，火灾下由于温度升高造成混凝土材料性能劣化对柱的影响越小，使得节点的耐火极限越长，相同升温时间比时，升温时间也越长。

火灾后节点发生节点区梁破坏时，梁的力学性能对节点的 M-θ_r 关系影响最为明显，升温时间比不变的条件下，柱型钢屈服强度为 235MPa 时的升温时间最短，对应的梁受高温影响产生的材料性能劣化程度最小，从而使得火灾后节点极限弯矩略高于 f_{yc} 为 345MPa 和 420MPa 的情况，但总体影响不明显。

（11）梁型钢屈服强度

梁型钢屈服强度（f_{yb}）对型钢混凝土柱 - 型钢混凝土梁节点 M-θ_r 关系的影响如图 11.54 所示。随着 f_{yb} 的增大，火灾后梁能提供的抗力增加，该抗力越大，节点的火灾后峰值弯矩越大，所以随着 f_{yb} 的增加节点的火灾后峰值弯矩增大。

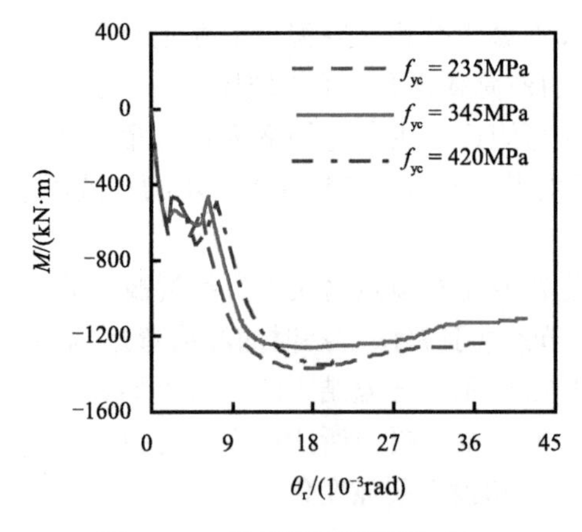

图 11.53　柱型钢屈服强度（f_{yc}）对 M-θ_r 关系的影响

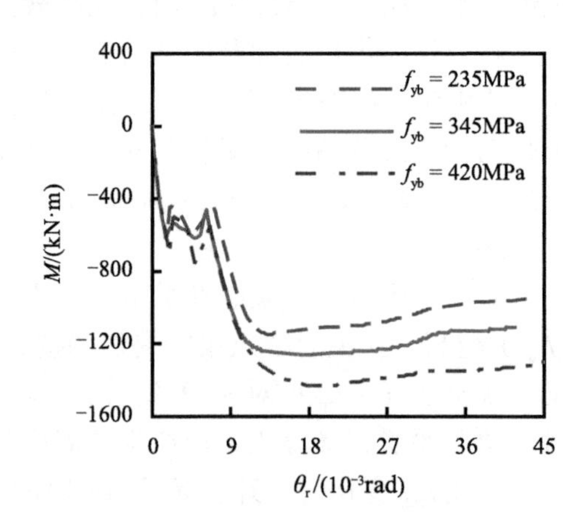

图 11.54　梁型钢屈服强度（f_{yb}）对 M-θ_r 关系的影响

（12）柱纵筋屈服强度

图 11.55 给出了不同柱纵筋屈服强度（f_{ybc}）对节点的 M-θ_r 关系的影响。可见，对于节点区梁破坏的情况，因为纵筋所提供的抗力相比混凝土和型钢要小，所以 f_{ybc} 变化对节点的 M-θ_r 关系影响不明显。

（13）梁纵筋屈服强度

不同梁纵筋屈服强度（f_{ybb}）情况下节点的 M-θ_r 关系的影响如图 11.56 所示。可见，f_{ybb}=235MPa 时，升、降温结束时节点的梁柱相对转角值会小于 f_{ybb} 为 335MPa 和

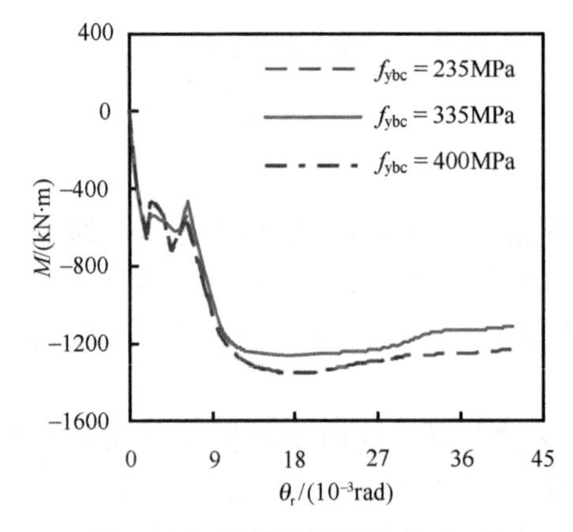

图 11.55　柱纵筋屈服强度（f_{ybc}）对 M-θ_r 关系的影响

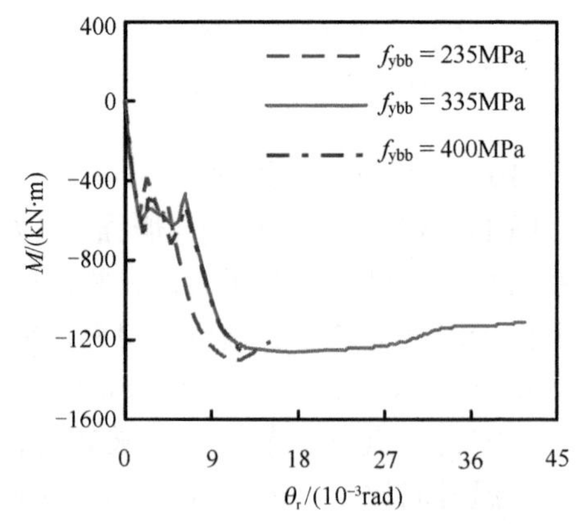

图 11.56　梁纵筋屈服强度（f_{ybb}）对 M-θ_r 关系的影响

400MPa 的情况，但因为纵筋尺寸较小，对节点的火灾后峰值弯矩的影响相比梁型钢和混凝土较小，因此，火灾后节点的峰值弯矩受 f_{ybb} 变化的影响不明显。

11.5.2　剩余刚度系数实用计算方法

节点刚度是评价节点工作性能的重要标准之一。在第 11.5.1 节对型钢混凝土柱 - 型钢混凝土梁节点弯矩（M）- 梁柱相对转角（θ_r）关系影响参数分析结果的基础上，本节确定影响节点火灾后剩余刚度系数（K）的实用计算方法，以期为火灾后整体结构的性能化评估提供参考。

节点火灾后剩余刚度系数（K）的定义如下：

$$K=\frac{k_{op}}{k_{oa}} \tag{11.2}$$

式中：k_{oa}——常温下节点的初始刚度，$k_{oa}=\tan\alpha_a$，α_a 如图 11.57 所示；

k_{op}——火灾后节点的初始刚度，$k_{op}=\tan\alpha_p$，α_p 如图 11.57 所示。

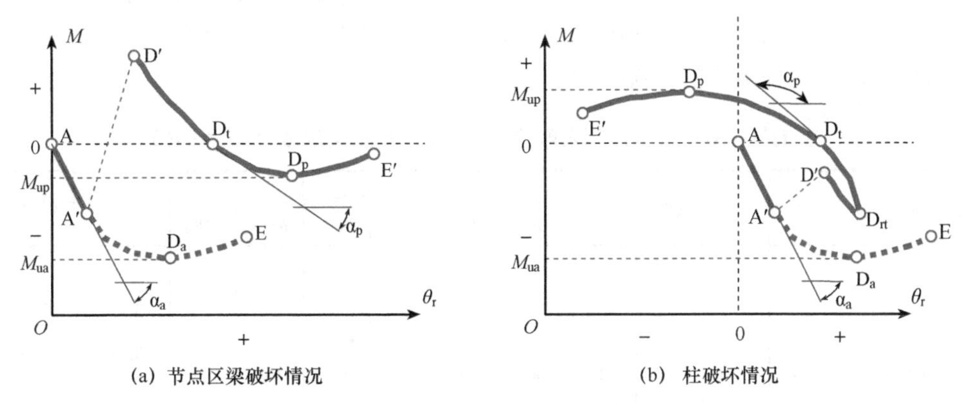

(a) 节点区梁破坏情况　　(b) 柱破坏情况

图 11.57　节点 M-θ_r 关系示意图

图 11.57 中曲线为升、降温火灾和外荷载共同作用下组合框架梁 - 柱节点受力全过程中的 M-θ_r 关系示意图，A—A′ 为常温段，A′—D′ 为升、降温段（这里用虚线连接 A′D′ 表示这一阶段实际的曲线不是直线，此处只给出升、降温段的开始和结束点），D′—（D_{rt}）—D_t—D_p—E′ 为火灾后加载段；D_t 为火灾后加载段弯矩方向反向点，对于节点区梁破坏情况，如图 11.57（a）所示，当无弯矩反向时，D_t 点与 D 点重合；对于节点柱破坏情况，如图 11.57（b）所示，D_{rt} 为火灾后梁 - 柱相对转角变化趋势反向点，其物理意义为：D_{rt} 点后节点柱已无法承受柱荷载，部分柱荷载通过节点传递给梁，柱变形带动梁变形；α_a 和 α_p 按照作图法进行确定。节点在升、降温段破坏时，定义其火灾后剩余刚度为 0。

对于图 11.57（a）所示的节点区梁破坏情况，火灾后加载段从图中 D′ 点开始，但这里确定火灾后节点初始刚度时却采用 M-θ_r 曲线在 D_t 点的切线斜率，这是因为：降温过程中由于温度变化的影响，原本受压的区域由于降温收缩会成为受拉区，最终可能会使火灾后节点的弯矩与常温下外荷载作用下产生的弯矩方向相反，形成反向弯矩，反向弯矩的存在对于火灾后节点刚度是有利的。但从计算获得的 M-θ_r 曲线可见，D′D_t 曲线较短，火灾后 M-θ_r 曲线的主要发展是从 D_t 点以后开始的，以 D_t 点作为火灾后节点刚度的计算点更具有表征性。

对于图 11.57（b）所示的柱破坏情况，火灾后加载段从图中 D′ 点开始，但这里确定火灾后节点初始刚度时采用 M-θ_r 曲线在 D_t 点的切线斜率，且火灾后节点的初始刚度为负，这是因为：对于型钢混凝土柱 - 型钢混凝土梁节点在某些计算条件下，如柱荷载比 n=0.8 时，节点的火灾后破坏是由于下柱无法保持柱荷载，原本由节点上柱传递到节点，再由节点完全传递给下柱的柱荷载，通过节点转移一部分由梁承担，出现了柱拉动梁变化的情况，从而使节点梁柱相对转角减小，同时节点弯矩也逐渐反向，此时节点的刚度表征的是节点区梁截面承受正弯矩，即梁上部受压，下部受拉时的刚度，节点最终发生了图 11.25（b）所示的破坏形态。

采用 D_t 点的切线斜率计算火灾后节点初始刚度，符合实际受力情况，计算得到的 K 值为负，也可表征出节点受正弯矩和负弯矩时刚度的不同。

根据图 11.44～图 11.56，按照式（11.2）计算得到不同参数下型钢混凝土柱 - 型钢混凝土梁节点的火灾后剩余刚度系数（K）和剩余承载力系数（R），如表 11.4 所示，其中负值表示节点柱破坏的情况。

表 11.4　节点火灾后剩余刚度系数（K）和剩余承载力系数（R）

t_o	n	m	k	k_m	α_c/%	α_b/%	f_{cuc}/MPa	f_{cub}/MPa	f_{yc}/MPa	f_{yb}/MPa	f_{ybc}/MPa	f_{ybb}/MPa	K	R
0	0.6	0.4	0.45	0.65	4	4	60	40	345	345	335	335	1	1
0.3													0.562	0.971 4
0.4													0.455	0.900
0.5													0	0
0.6													0	0
0.8													0	0
0.4	0.2	0.4	0.45	0.65	4	4	60	40	345	345	335	335	0.668	0.931
	0.4												0.505	0.953
	0.8												−0.556	−0.560
0.4	0.6	0.2	0.45	0.65	4	4	60	40	345	345	335	335	0.716	0.943
		0.6											0.369	0.950
		0.8											0.258	0.907
0.4	0.6	0.4	0.55	0.65	4	4	60	40	345	345	335	335	0.571	0.931
			0.65										0.640	0.944
			0.75										0.681	0.961
0.4	0.6	0.4	0.45	0.40	4	4	60	40	345	345	335	335	0.543	0.931
				0.80									0.502	0.944

续表

t_o	n	m	k	k_m	α_c/%	α_b/%	f_{cuc}/MPa	f_{cub}/MPa	f_{yc}/MPa	f_{yb}/MPa	f_{ybc}/MPa	f_{ybb}/MPa	K	R
0.4	0.6	0.4	0.45	0.65	6	4	60	40	345	345	335	335	0.454	0.868
					8								0.442	0.843
0.4	0.6	0.4	0.45	0.65	4	6	60	40	345	345	335	335	0.548	0.903
						8							0.618	0.907
0.4	0.6	0.4	0.45	0.65	4	4	30	40	345	345	335	335	0.705	0.929
							40						0.629	0.921
							80						0.000	0.000
0.4	0.6	0.4	0.45	0.65	4	4	60	30	345	345	335	335	0.780	0.963
								50					0.335	0.857
0.4	0.6	0.4	0.45	0.65	4	4	60	40	235	345	335	335	0.433	0.933
									420				0.450	0.927
0.4	0.6	0.4	0.45	0.65	4	4	60	40	345	235	335	335	0.445	0.825
										420			0.463	0.931
0.4	0.6	0.4	0.45	0.65	4	4	60	40	345	345	235	335	0.468	0.913
											400		0.441	0.912
0.4	0.6	0.4	0.45	0.65	4	4	60	40	345	345	335	235	0.554	0.949
												400	0.375	0.844

通过对上述结果进行整理分析可发现，影响型钢混凝土柱 - 型钢混凝土梁节点火灾后剩余刚度系数 K 的主要参数为：升温时间比（t_o）、柱荷载比（n）、梁荷载比（m）、梁柱线刚度比（k）、柱混凝土强度（f_{cuc}）、梁混凝土强度（f_{cub}）和梁纵筋屈服强度（f_{ybb}）。柱荷载比为 0.8 时，火灾后节点破坏形态为柱破坏，K 值为负，这种情况在本章分析的其他参数情况下没有发生，因此在对计算结果进行回归分析时，只针对发生节点区梁破坏的情况，即 n=0.2～0.6 的范围内给出简化计算方法。基于对计算结果的回归分析，可得到如下实用计算公式：

$$K=10b\cdot a_1^{t_o}\cdot a_2^{n}\cdot a_3^{m}\cdot a_4^{k}\cdot a_5^{\alpha_b}\cdot a_6^{f_{cuc}}\cdot a_7^{f_{cub}}\cdot a_8^{f_{ybb}}\ (K\in(0,1]) \tag{11.3}$$

式中：b=3.0267；a_1=0.1633；a_2=0.4950；a_3=0.2039；a_4=3.5755；a_5=481.4117；a_6=0.9872；a_7=0.9586；a_8=0.9979。

式（11.3）适用范围为：升温时间比 t_o=0～0.4，柱荷载比 n=0.2～0.6，梁荷载比 m=0.2～0.8，梁柱线刚度比 k=0.45～0.75，梁柱极限弯矩比 k_m=0.40～0.80，柱截面含钢率 α_c=4%～8%，梁截面含钢率 α_b=4%～8%，柱混凝土强度 f_{cuc}=30～60MPa，梁混凝土强度 f_{cub}=30～50MPa，柱型钢屈服强度 f_{yc}=235～420MPa，梁型钢屈服强度 f_{yb}=235～420MPa，柱纵筋屈服强度 f_{ybc}=235～400MPa，梁纵筋屈服强度 f_{ybb}=235～400MPa。

图 11.58 给出了不同参数下型钢混凝土柱 - 型钢混凝土梁节点火灾后剩余刚度系数简化计算与数值计算的比较。可见简化公式较好反映了 K 的变化规律。

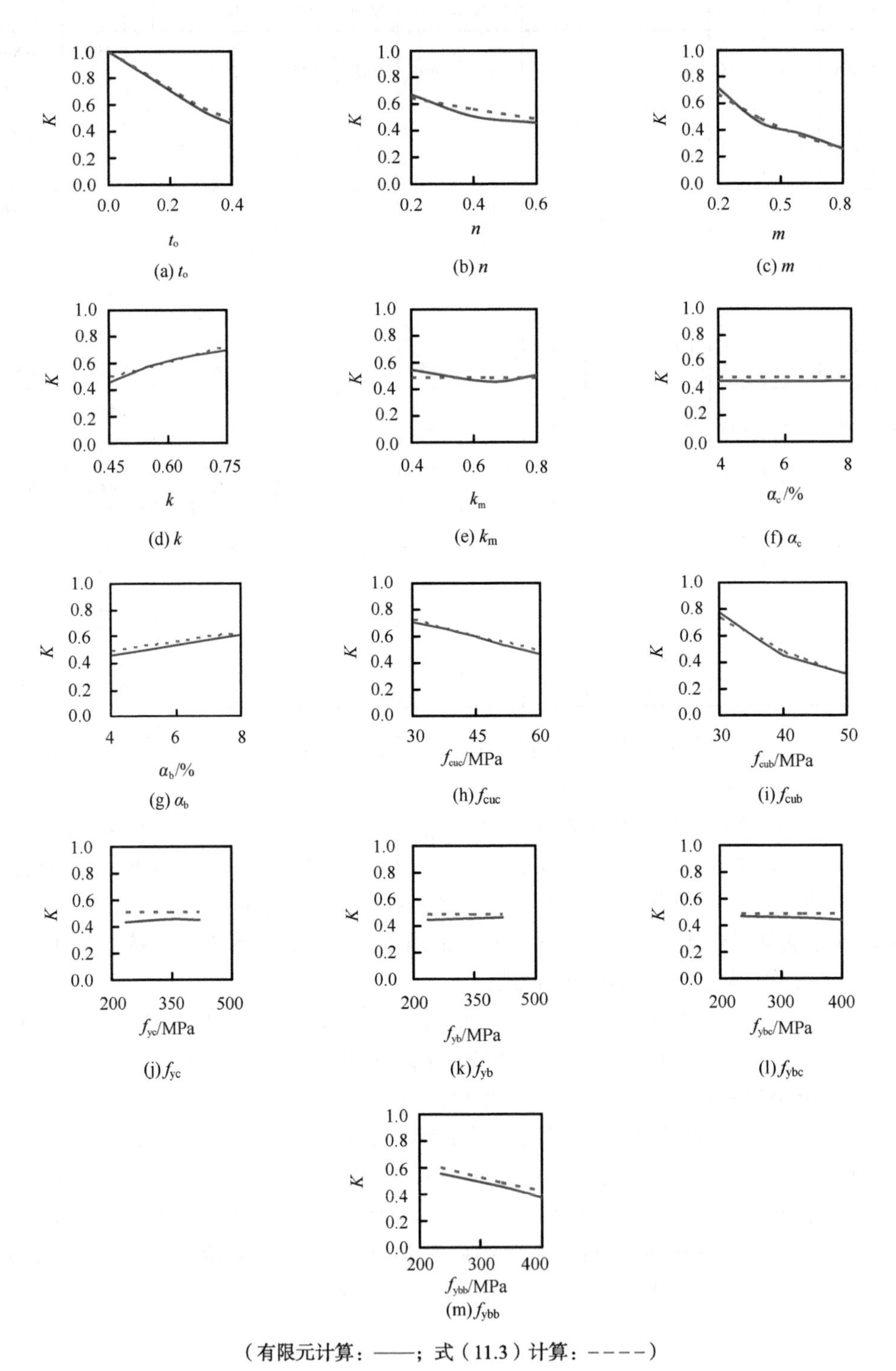

（有限元计算：——；式（11.3）计算：----）

图 11.58　节点火灾后剩余刚度系数简化计算与数值计算比较

11.5.3　剩余承载力系数实用计算方法

火灾后节点的剩余极限弯矩是评价组合结构节点火灾后工作性能的重要指标之一，通过组合结构节点的弯矩（M）- 梁柱相对转角（θ_r）关系的分析，确定影响节点火灾后剩余承载力系数（R）的主要参数，并给出其简化计算方法。

式（4.4）已经给出型钢混凝土柱火灾后剩余承载力系数（R）的计算公式，本节进一步将其拓展到节点的火灾后剩余承载力系数（R），其定义如下：

$$R=\frac{M_{up}}{M_{ua}} \text{或} \frac{P_{ur}}{P_u} \tag{11.4}$$

式中：M_{ua}——常温下节点极限弯矩；

M_{up}——火灾后节点极限弯矩。

M_{ua} 和 M_{up} 的确定方法如图 11.57 所示，图中 A-A′-D_a-E 为常温下节点受力全过程中的 M-θ 关系示意图，D_a 为常温下节点极限状态点，对应的弯矩为 M_{ua}；D_p 为火灾后节点极限状态点，对应的弯矩为 M_{up}。

不同参数下型钢混凝土柱 - 型钢混凝土梁节点火灾后剩余承载力系数（R）如表 11.4 所示，影响 R 的主要参数为：升温时间比（t_o）、梁柱线刚度比（k）、梁柱极限弯矩比（k_m）、柱截面含钢率（α_c）、柱混凝土强度（f_{cuc}）、梁混凝土强度（f_{cub}）、梁型钢屈服强度（f_{yb}）和梁纵筋屈服强度（f_{ybb}）。通过对计算结果的回归分析，可得到如下实用计算公式：

$$R=(\boldsymbol{a}\cdot\boldsymbol{x}+b)\times10^{-5}\quad(R\in(0,1]) \tag{11.5}$$

式中：b——常数，$b=109939$；

$\boldsymbol{a}$——系数向量，$\boldsymbol{a}=(-27\,320, 20\,961, 21\,041, -152\,361, -91, -528, 6, -6)$；

$\boldsymbol{x}$——变化参数向量，$\boldsymbol{x}=(t_o, k, k_m, \alpha_c, f_{cuc}, f_{cub}, f_{yb}, f_{ybb})$；

$\boldsymbol{a}\cdot\boldsymbol{x}$——二者的数量积。

式（11.5）适用范围为：升温时间比 $t_o=0\sim0.4$，柱荷载比 $n=0.2\sim0.6$，梁荷载比 $m=0.2\sim0.8$，梁柱线刚度比 $k=0.45\sim0.75$，梁柱极限弯矩比 $k_m=0.40\sim0.80$，柱截面含钢率 $\alpha_c=4\%\sim8\%$，梁截面含钢率 $\alpha_b=4\%\sim8\%$，柱混凝土强度 $f_{cuc}=30\sim60$MPa，梁混凝土强度 $f_{cub}=30\sim50$MPa，柱型钢屈服强度 $f_{yc}=235\sim420$MPa，梁型钢屈服强度 $f_{yb}=235\sim420$MPa，柱纵筋屈服强度 $f_{ybc}=235\sim400$MPa，梁纵筋屈服强度 $f_{ybb}=235\sim400$MPa。

图 11.59 给出了型钢混凝土柱 - 型钢混凝土梁节点火灾后剩余承载力系数的简化计算与数值计算的比较，型钢混凝土柱 - 型钢混凝土梁节点外部混凝土较好的保护了内部型钢，型钢火灾下温度较低，火灾后材料性能得到恢复，使得火灾后该类节点的剩余承载力系数较高。

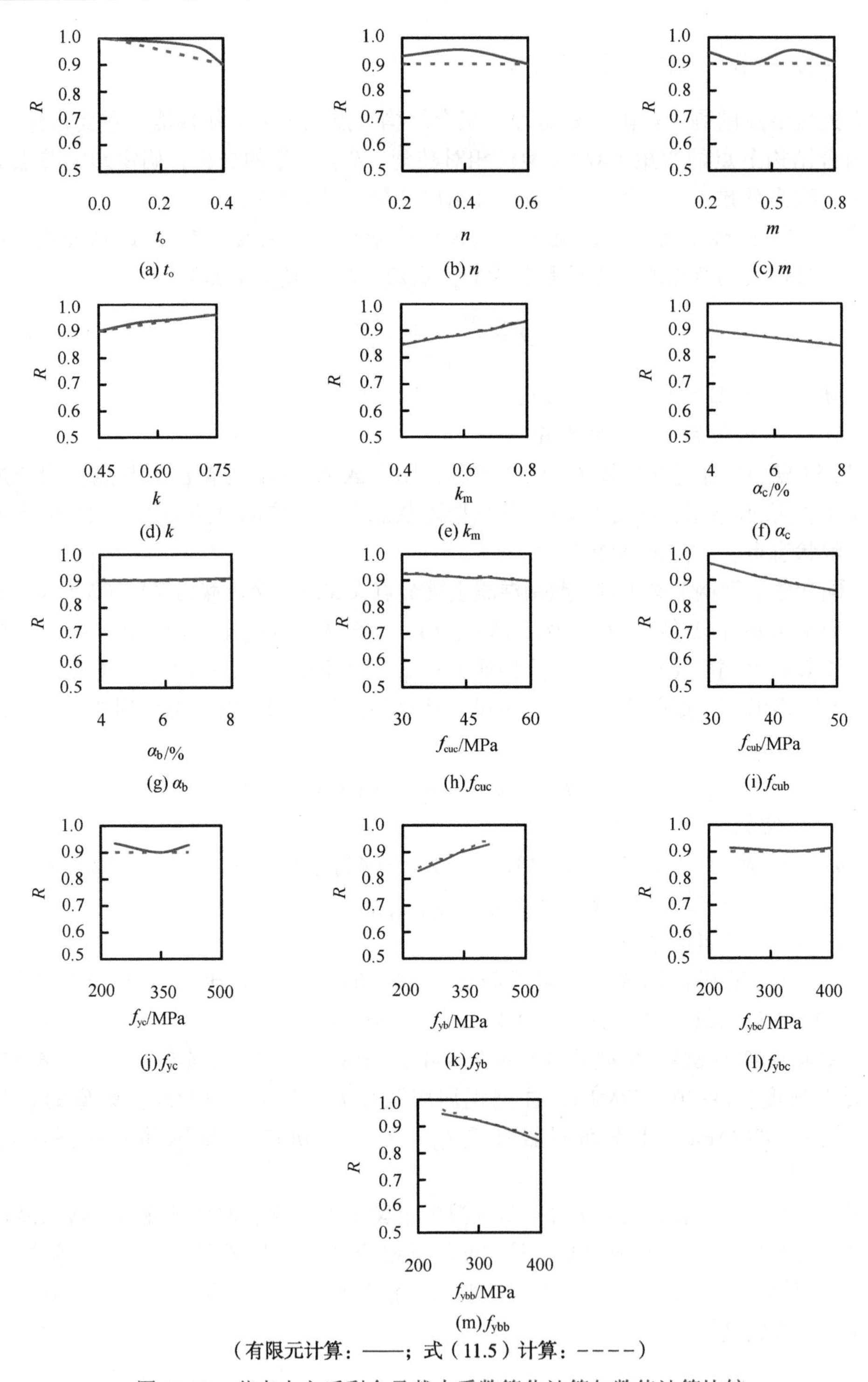

(a) t_o　(b) n　(c) m　(d) k　(e) k_m　(f) α_c　(g) α_b　(h) f_{cuc}　(i) f_{cub}　(j) f_{yc}　(k) f_{yb}　(l) f_{ybc}　(m) f_{ybb}

（有限元计算：——；式（11.5）计算：----）

图 11.59　节点火灾后剩余承载力系数简化计算与数值计算比较

11.6 本 章 小 结

本章建立了考虑升、降温影响的型钢混凝土柱 - 型钢混凝土梁连接节点的有限元计算模型，为验证模型的有效性，进行了考虑升、降温影响的型钢混凝土柱 - 型钢混凝土梁连接节点火灾后力学性能试验，研究了这类组合梁 - 柱连接节点的温度场分布、破坏形态、变形特性和火灾后承载力等的变化规律。

采用该有限元计算模型，进行了考虑升、降温影响的组合梁 - 柱连接节点的受力全过程分析，剖析了节点的刚度变化、破坏形态、截面内力、应力和应变的变化规律。在系统的参数分析基础上，给出了节点火灾后剩余刚度系数和剩余承载力系数的实用计算方法。

参 考 文 献

李卫，过镇海，1993. 高温下混凝土的强度和变形性能试验研究［J］. 建筑结构学报，14（1）：8-16.

陆洲导，朱伯龙，谭玮，1993. 钢筋混凝土梁在火灾后加固修复研究［C］// 土木工程防灾国家重点试验室论文集：152-162.

宋天诣，2011. 火灾后钢 - 混凝土组合框架梁 - 柱节点的力学性能研究［D］. 北京：清华大学.

中华人民共和国建设部，2002. 型钢混凝土组合结构技术规程：JGJ 138—2001［S］. 北京：中国建筑工业出版社.

ABAQUS, 2010. ABAQUS analysis user's manual [CP]. SIMULIA, Providence, RI.

DWAIKAT M B, KODUR V K R, 2009. Hydrothermal model for predicting fire-induced spalling in concrete structural systems[J]. Fire Safety Journal, 44 (3): 425-434.

ELLOBODY E, YOUNG B, 2010. Investigation of concrete encased steel composite columns at elevated temperatures[J]. Thin-Walled Structures, 48 (8): 597-608.

ISO-834, 1975. Fire resistance tests-elements of building construction[S]. International Standard ISO 834. Geneva.

ISO-834, 1980. Fire-resistance tests-elements of building construction[S]. International Standard ISO 834: Amendment 1, Amendment 2, Switzerland.

ISO-834, 1999. Fire-resistance tests-elements of building construction-part 1: General requirements[S]. International Standard ISO 834, Geneva.

KODUR V K R, PHAN L, 2007. Critical factors governing the fire performance of high strength concrete systems[J]. Fire Safety Journal, 42 (6-7): 482-488.

LIE T T, DENHAM E M A, 1993. Factors affecting the fire resistance of circular hollow steel columns filled with bar-reinforced concrete[R]. NRC-CNRC Internal Report, No. 651.

SONG T Y, HAN L H, TAO Z, 2014. Structural behavior of SRC beam-to-column joints subjected to simulated fire Including cooling phase[J]. Journal of Structural Engineering, ASCE, 141 (9): 04014234.

SONG T Y, HAN L H, TAO Z, 2016. Performance of steel-reinforced concrete beam-to-column joints after exposure to fire[J]. Journal of Structural Engineering, ASCE, 142 (10): 04016070.

SONG T Y, HAN L H, YU H X, 2011. Temperature field analysis of SRC-column to SRC-beam joints subjected to simulated fire including cooling phase[J]. Advances in Structural Engineering, 14 (3): 353-366.

第 12 章　钢管混凝土柱 - 钢筋混凝土梁节点的耐火性能

12.1　引　　言

钢管混凝土（CFST）柱 - 钢筋混凝土（RC）梁连接节点已在多、高层建筑、地铁站等实际工程中得到应用。本章对该类节点在图 1.13 所示的 A→B→B′ 升温曲线作用下的耐火性能进行理论和试验研究，包括节点耐火性能有限元计算模型的建立；节点试件耐火性能的试验研究；节点在力和温度共同作用下的工作机理分析。

12.2　有限元计算模型

本节建立了火灾下钢管混凝土柱 - 钢筋混凝土梁节点的有限元计算模型，包括温度场计算模型和节点受力分析模型（Han et al.，2009）。

建立有限元计算模型时，混凝土采用实体单元，钢管采用壳单元，楼板和钢筋混凝土梁中的纵筋和箍筋则采用桁架单元。如 3.2.1 节所述，钢材和混凝土的热工参数根据 Lie 等（1993）确定，同时考虑混凝土中所含水分对温度场的影响（Lie，1994；Lie 等，1990）。

计算时，忽略混凝土与钢材之间的接触热阻，假设完全传热。设定环境初始温度为 20℃，外界空气温度按照设定的升温曲线［如 ISO-834（1975）标准升温曲线］升温，周围的热空气主要通过对流和辐射向节点表面传热。钢管混凝土中的核心混凝土在高温下的应力 - 应变关系按式（5.2）确定；其余部分的混凝土的应力 - 应变关系按式（3.6）确定。钢筋混凝土梁中混凝土和钢筋之间的界面按第 3.2.2 节中论述的方法确定，采用类似图 3.12 所示的弹簧单元模拟；钢管混凝土中钢管及其核心混凝土之间的界面按第 5.2.3 节中关于中空夹层钢管混凝土的方法确定。

钢管混凝土柱 - 钢筋混凝土梁节点分析模型的网格划分，温度、力和位移边界类似于图 10.2 所示的型钢混凝土柱 - 型钢混凝土梁节点，模型同样基于软件平台 ABAQUS（Hibbitt，Karlsson and Sorensen，Inc.，2004）建立，不同点在于具体节点形式发生了变化，此处不再赘述。

上述有限元计算模型的计算结果得到第 12.3 节所述试验结果的验证。

12.3　试 验 研 究

为了验证如上所述钢管混凝土柱 - 钢筋混凝土梁节点有限元计算模型的准确性，进行了钢管混凝土柱 - 钢筋混凝土梁节点耐火性能的试验研究（Han et al.，2009；郑永乾，2007； Tan et al.，2012），具体内容如下。

12.3.1　试验概况

进行了六个钢管混凝土柱 - 钢筋混凝土梁连接节点耐火性能的试验研究，其中四个节点试件采用了圆钢管混凝土柱，另两个试件则采用了方钢管混凝土柱。

试验时节点楼板以下部分受 ISO-834（1975）升温火灾。研究参数包括节点的柱荷载比（n=0.27～0.66）、梁荷载比（m=0.3、0.6）和梁柱线刚度比（k=0.360、0.706）。

表 12.1 给出了节点试件的设计参数，其中 D 为圆钢管截面外直径，B 为方钢管截面外边长，t_s 为钢管壁厚，D_b 和 B_b 分别为梁截面高度和截面宽度，a_c 为柱防火保护层厚度。k 为梁柱线刚度比，如式（10.1）所示，其中，$(EI)_c=E_sI_s+0.6E_cI_c$，E_s 和 E_c 分别为钢管和混凝土的弹性模量，I_s 和 I_c 分别为钢管和混凝土的截面惯性矩；$(EI)_b=k_sE_{sb}I_{sb}+k_cE_cI_c$，计算时依据 Eurocode 2（2004）的有关方法确定，其中，k_s 为与钢筋作用相关的系数，k_c 为与混凝土开裂和徐变相关的系数，E_{sb} 和 E_c 分别为钢筋和混凝土的弹性模量，I_{sb} 和 I_c 分别为钢筋和混凝土的截面惯性矩。

表 12.1　钢管混凝土柱 - 钢筋混凝土梁连接节点试件的设计参数

试件编号	D（B）×t_s	D_b×B_b	k	n	m	a_c/mm	N_F/kN	P_F/kN	t_R/min	备注
JC1	○−325mm×6.11mm	300mm×200mm	0.425	0.27	0.6	7	1407	40	140	梁破坏
JC2	○−325mm×6.11mm	300mm×200mm	0.425	0.51	0.6	14	2608	40	146	梁破坏
JC3	○−325mm×6.11mm	300mm×200mm	0.425	0.60	0.6	14	3052	40	148	梁破坏
JC4	○−325mm×6.11mm	300mm×200mm	0.641	0.60	0.6	14	3052	48	150	梁破坏
JS1	□−300mm×5.83mm	300mm×200mm	0.339	0.66	0.3	14	2951	20	212	柱破坏
JS2	□−300mm×5.83mm	300mm×200mm	0.339	0.66	0.6	14	2951	40	158（180）*	梁端变形过大

* 梁端挠度为 L/30（mm）时，节点的受火时间为 158min，停止试验时总受火时间为 180min。

n 为柱荷载比，按式（3.17）计算，m 为梁荷载比，按式（3.18）计算，式中的常温下柱极限承载力 N_u 和梁极限承载力 P_u 按 12.2 节中介绍的有限元计算模型计算得到，N_F 为柱荷载，P_F 为梁荷载，计算时钢材和混凝土都采用实测的材料性能。

采用钢筋环绕式节点构造措施，梁端局部加宽，带钢牛腿，在进入牛腿的一段距离至节点区附近箍筋加密将纵向钢筋包住，纵向受力钢筋外边缘至混凝土表面距离 30mm。节点试件的柱高度为 3.8m，柱两侧梁端距离为 3.9m。根据火灾试验炉的尺寸件，设计混凝土楼板端部与柱轴线的距离为 1.1m，楼板宽度 1m。

节点试件带有混凝土楼板，楼板以下部分受火，楼板以上部分不受火以模拟建筑结构中局部楼层受火的情况。进行耐火试验时，柱承受作用在上柱端的恒定轴向压力（N_F），而梁则承受作用在柱两侧梁端的对称恒定竖向荷载（P_F），两个加载点的距离为 3.7m。节点边界条件如图 10.1（c）所示，试验装置示意如图 10.3 所示。

柱两端设计 700mm×700mm 的端板，周围布置螺栓孔便于与柱加载板和下端部连接固定。图 12.1 所示为钢管混凝土柱 - 钢筋混凝土梁节点的几何尺寸示意图。

试件中采用的各类钢材在常温下的屈服强度、抗拉强度、弹性模量和泊松比等指标如表 12.2 所示。

节点试件的柱、梁和楼板采用了同一种混凝土。混凝土所用材料为：普通硅酸盐水泥；花岗岩碎石，粒径 5～31.5mm；中粗砂，砂率 0.41；Ⅱ级粉煤灰。水灰比 0.45。各种材料的用量为：水泥 315kg/m^3；砂 744kg/m^3；石子 1071kg/m^3；水 175kg/m^3；粉煤

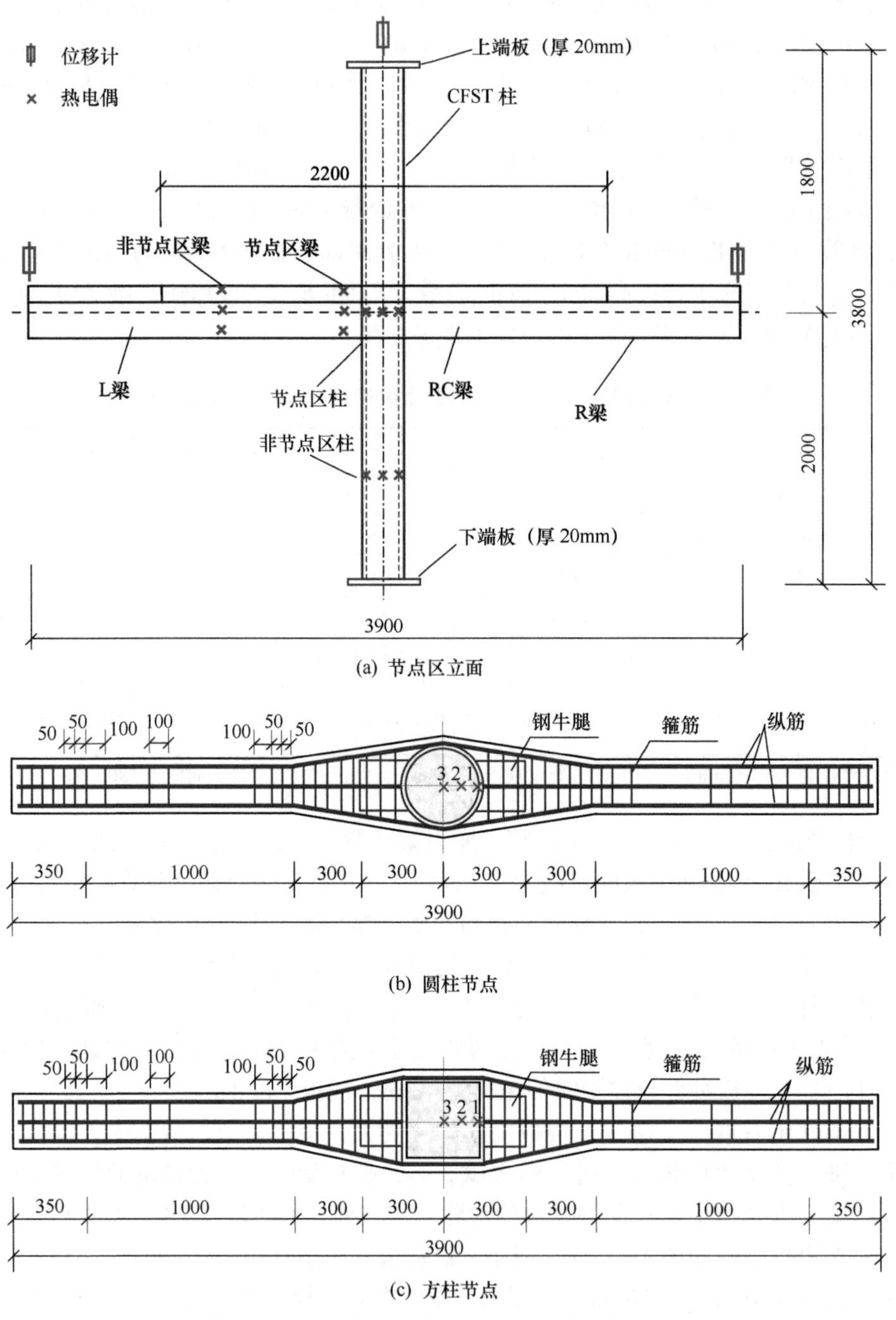

图 12.1　节点试件尺寸示意图（尺寸单位：mm）

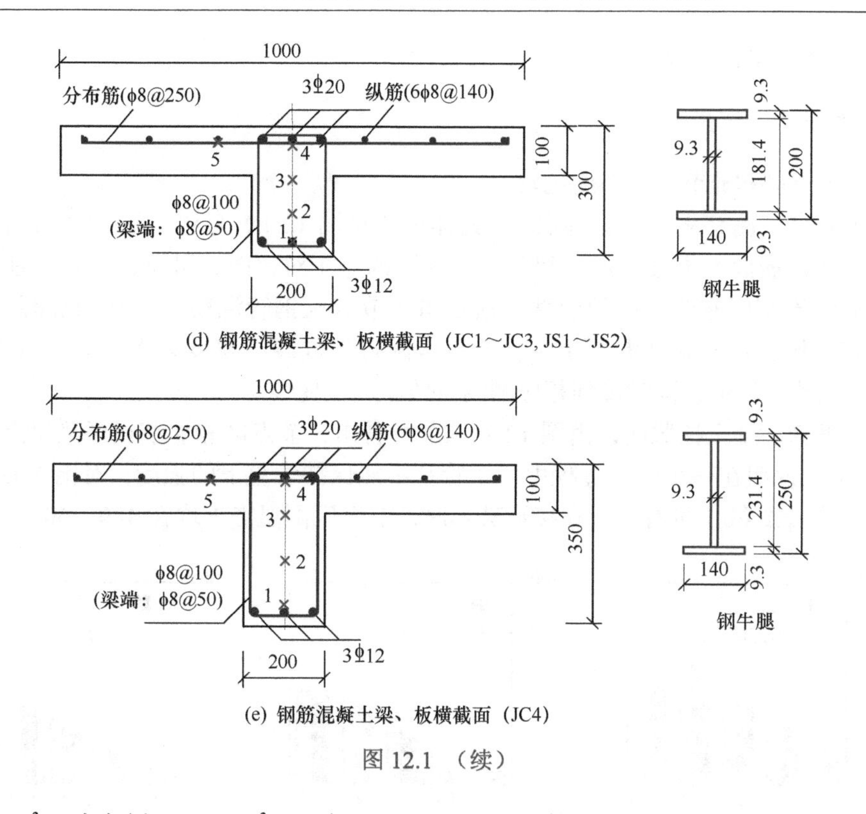

(d) 钢筋混凝土梁、板横截面（JC1～JC3, JS1～JS2）

(e) 钢筋混凝土梁、板横截面（JC4）

图 12.1 （续）

灰 75kg/m³；减水剂 7.02kg/m³。混凝土 28d 时的立方体抗压强度f_{cu}=27.8MPa；弹性模量E_c=29 200MPa；试验时的f_{cu}=30.6MPa。

表 12.2　钢材力学性能指标

钢材类型	f_y/MPa	f_u/MPa	E_s/（10^5N/mm^2）	v_s
圆钢管	380	444	1.99	0.314
方钢管	342	431	2.06	0.300
钢板	260	388	2.03	0.311
ϕ20 纵筋	378	583	2.01	0.275
ϕ12 纵筋	410	588	1.82	0.270
ϕ8 钢筋	431	542	1.90	0.281

柱采用冷弯钢管，其上、下端均设置了钢盖板。在柱两端钢管与盖板交界处，分别设置直径为 20mm 半圆形排气孔，以排出高温下混凝土释放出的水汽。梁里的热电偶通过钢筋固定，从钢管表面开直径 10mm 圆孔穿出。

节点试件结构部分加工完毕后，在钢管混凝土柱表面喷厚涂型钢结构防火涂料，其热工性能参数为：密度（ρ）为（400±20）kg/m³；导热系数（k）0.116W/（m · ℃）；比热（c）1.047×10³J/（kg · ℃），柱防火保护层厚度（a_c）如表 12.1 所示。

节点耐火极限试验方法及耐火极限判定标准如第 10.3.1 节所述，此处不再赘述。节点试件位移测温点和测温点的位置如图 12.1 所示，热电偶布置于钢管壁、柱核心混凝土、梁和板内混凝土处。

12.3.2　试验结果及分析

（1）节点区和非节点区温度比较

基于温度实测结果，以测温点 1（具体位置见图 12.1）为例，图 12.2 给出了钢管混凝土柱和钢筋混凝土梁节点区和非节点区测温点 1 对比图，可见，节点区柱钢管的温度明显低于相应非节点区的温度，这是由于节点区钢管混凝土由外围混凝土保护，升温比较缓慢；对于钢筋混凝土梁，节点区附近的混凝土宽度较大［图 12.1（b）和（c）］，吸热能力较强，同时传到相应测温点的温度也变慢。

对于钢管混凝土柱截面，由图 12.2（a）可看出，节点区和非节点区测温点 1 均在 400℃以下，说明在整个受火过程中，钢管基本能保持常温下的强度；对钢筋混凝土梁截面，由图 12.2（b）可看出，在接近破坏时，节点区测温点 1 均在 400～600℃，非节

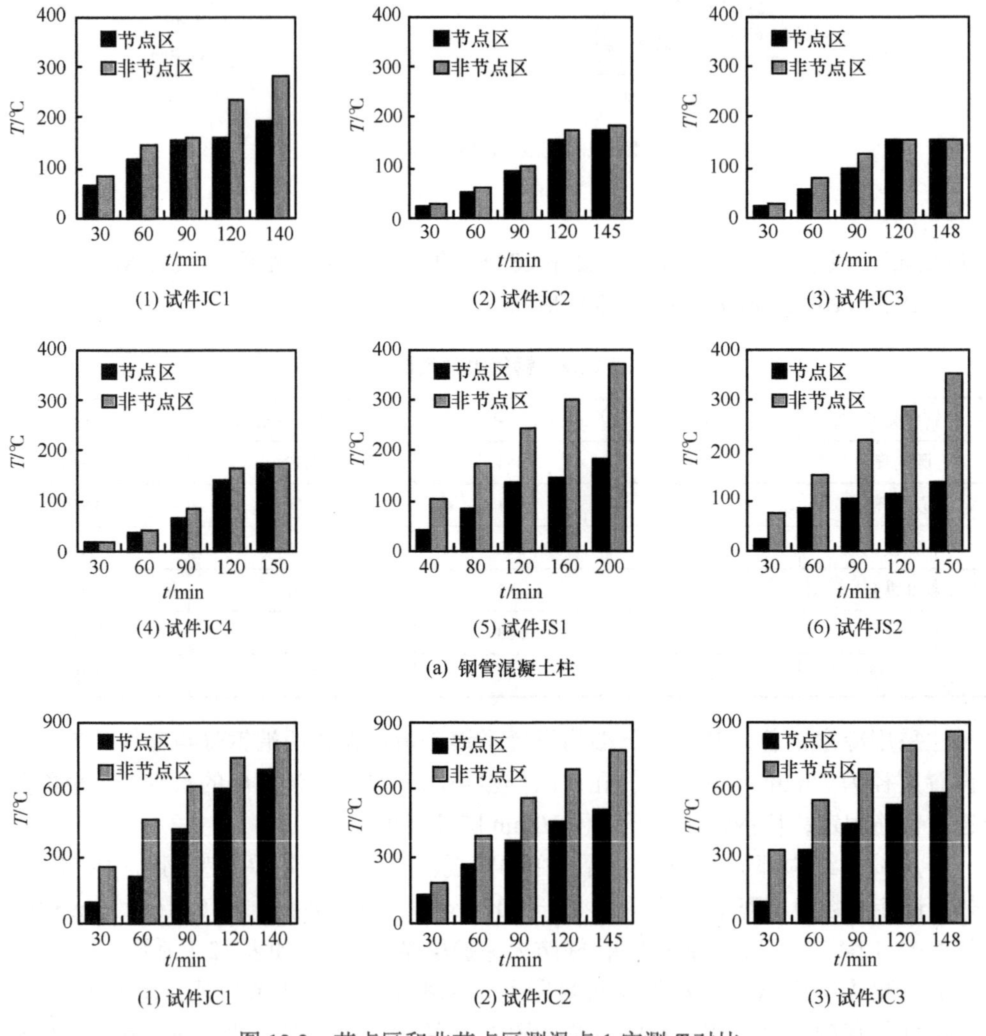

图 12.2　节点区和非节点区测温点 1 实测 T 对比

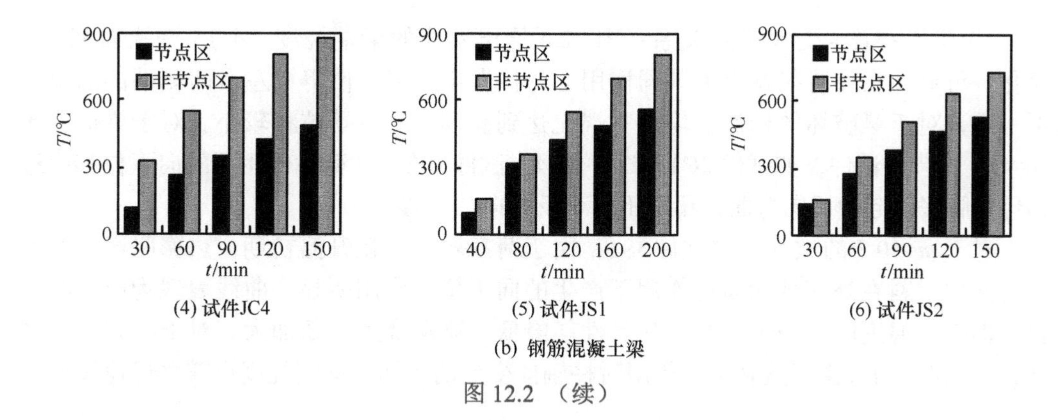

(4) 试件JC4　(5) 试件JS1　(6) 试件JS2

(b) 钢筋混凝土梁

图 12.2 （续）

点区温度在 800～900℃。

（2）变形实测结果及分析

1）柱轴向变形 - 受火时间关系：图 12.3 所示为实测的柱轴向变形（Δ_c）- 受火时间（t）关系。可见柱荷载比（n）对节点的 Δ_c-t 关系影响明显［图 12.3（a1）］，而梁柱线刚度比（k）和梁荷载比（m）影响相对较小。

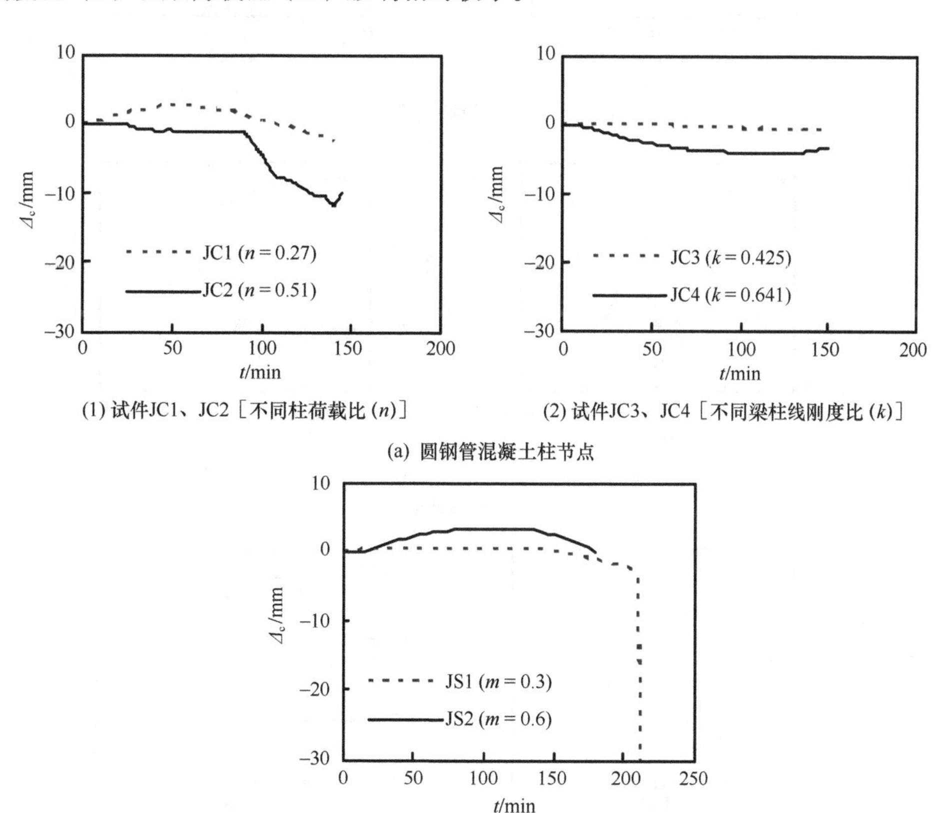

(1) 试件JC1、JC2［不同柱荷载比 (n)］　(2) 试件JC3、JC4［不同梁柱线刚度比 (k)］

(a) 圆钢管混凝土柱节点

(b) 方钢管混凝土柱节点试件JS1、JS2［不同梁荷载比 (m)］

图 12.3　节点试件的实测 Δ_c-t 关系

2）梁端挠度-受火时间关系：图 12.4 给出实测的梁端挠度（δ_b）-受火时间（t）变化，可见，在外荷载及火灾共同作用下，柱发生变形，使得梁左右两侧端部的位移不一致，对于梁破坏的构件，均是一端先达到破坏，另一端位移较小。对于梁荷载比 $m=0.6$ 的节点试件，如试件 JC1～试件 JC4、试件 JS2，外荷载作用下的向下位移超过构件热膨胀引起的反向弯曲，梁端不出现反方向的位移。

对于 $m=0.3$ 的试件，如试件 JS1，由于荷载较小，在升温初期，热膨胀产生的反向弯曲比材料在外荷载和高温作用下产生的向下位移作用明显，曲线表现为向上的位移，但随着温度的进一步升高，材料性能降低，梁端挠度不断加大。对于柱破坏的试件，如试件 JS1，由于达到耐火极限时柱轴向变形的增加，梁端挠度也随之迅速增加。

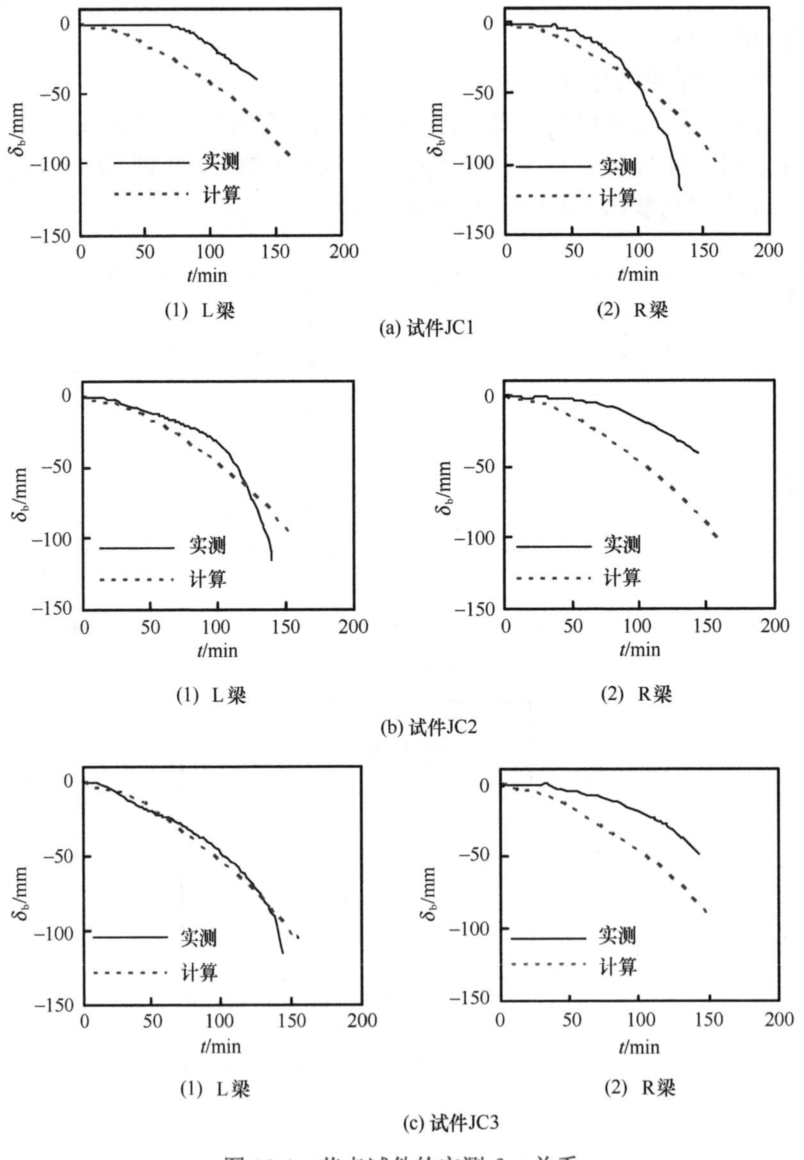

图 12.4　节点试件的实测 δ_b-t 关系

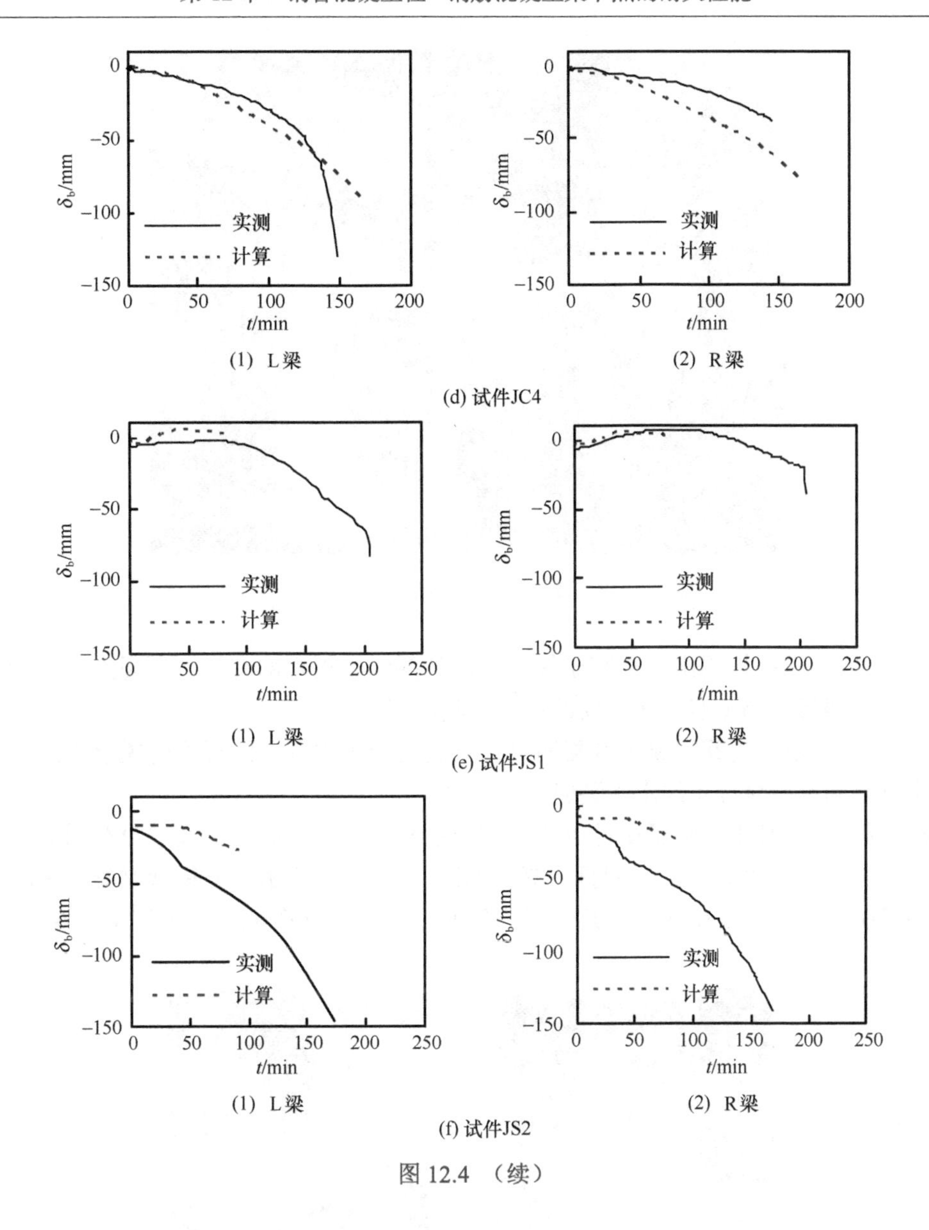

(1) L梁　(2) R梁

(d) 试件JC4

(1) L梁　(2) R梁

(e) 试件JS1

(1) L梁　(2) R梁

(f) 试件JS2

图 12.4 （续）

（3）试件破坏特征

根据耐火极限判定标准，表 12.1 最后一列汇总了节点试件达到耐火极限时的控制条件。图 12.5 给出六个节点试件试验后的破坏形态。

节点试件破坏时的主要特征可归纳如下。

1）梁荷载比 $m=0.3$ 时试件发生柱破坏，$m=0.6$ 时试件发生梁破坏。

2）柱防火保护层有浅红色斑点，纵向出现皱裂，也有一些不规则细小裂纹，部分已经脱落，比如试件 JC1、试件 JS1 和试件 JS2。

3）节点区形成明显的“︿”形裂缝，试件 JC1、试件 JC4 和试件 JS1 节点区混凝土脱落，钢管和钢筋裸露，试件 JC3 节点区混凝土在吊出构件时脱落。

图 12.5　节点试件的破坏形态

4）所有节点楼板均出现平行于板宽方向的裂缝，板角部有数条不规则的裂缝。试验结束时，楼板下部（迎火面）局部混凝土剥落现象。

5）节点牛腿下边缘混凝土开裂明显，梁底混凝土均有不同程度的脱落（图 12.6）。混凝土梁侧面有明显分布的水平裂缝。

6）圆钢管混凝土柱除了试件 JC1 钢管出现轻微的局部鼓曲，其余没有明显的破坏现象，其外围的防火涂层没有明显剥落，如图 12.6（a）所示。方钢管混凝土柱的钢管则出现了明显的外凸鼓曲现象，其外围的防火保护层有局部剥落现象［图 12.6（b）］。

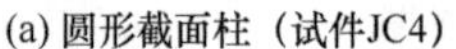

(a) 圆形截面柱（试件JC4）

(b) 方形截面柱（试件JS1）

图 12.6　钢管混凝土柱防火保护层的破坏形态

试验后把钢管剖开，观察核心混凝土的破坏情况，发现对于梁破坏起控制作用的节点，节点区柱核心混凝土保持了较好的完整性，没有明显的断裂破坏，如图 12.7（a）所示；对于柱破坏起控制的节点，由于下柱钢管鼓曲明显，对应的核心混凝土完整性与梁破坏节点相比较差，但没有显著的压溃现象，如图 12.7（b）所示。

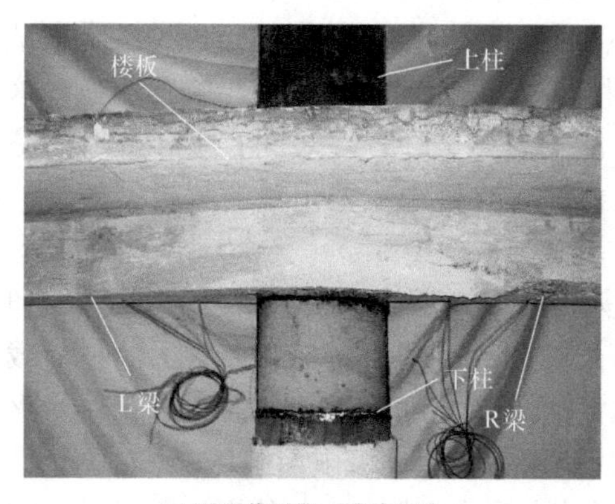

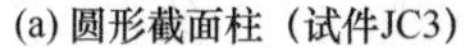
(a) 圆形截面柱（试件JC3）

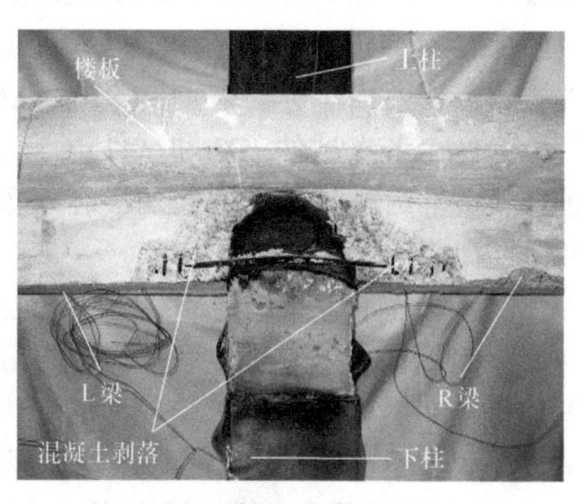

(b) 方形截面柱（试件JS1）

图 12.7　核心混凝土的破坏形态

以节点试件 JS2 为例，简要说明节点试件在受火过程中的试验现象以及试验后的破坏形态。试件受火 3min（炉膛温度 104℃）时，柱防火保护层角部开始变灰色；5min（189℃）时，柱保护层周边熏成灰色。8min（389℃）时，梁板受火面也成灰色。9min(459℃）时，节点截面过渡区梁底边角混凝土保护层出现剥落。11min(571℃）时，前面板底有一小块混凝土剥落，梁底边角也出现剥落，16min（691℃）时，R 梁节点区也有混凝土落下。20min（727℃）时，炉内 L R 梁侧面开始潮湿，柱保护层颜色为灰色，24min（752℃）时，梁板受火面灰色变浅。25min（758℃）时，柱左右侧保护层与梁交接处有水溢出。28min（773℃）时，柱保护层颜色开始变白，33min（811℃）时，柱保护层白色面积扩展。41min（862℃）时，柱保护层开始出现暗色斑点。45min（873℃）时，炉外 R 梁侧面潮湿。58min（905℃）时，节点区柱保护层边角出现裂纹。70min（930℃）时，R 梁底部牛腿边缘混凝土开裂，82min（955℃）时，节点前面混凝土出现水平裂缝，85min（959℃）时，梁侧面有少许水平裂缝。87min（961℃）时，R 梁端侧面潮湿面积变少，在 115min（1000℃）时，L 梁端前面潮湿转干，炉内柱和梁交接处水分转干。172min（1047℃）时，L 梁端截面还有小局部潮湿。

表 12.1 汇总了节点试件的耐火极限值（t_R）。其中，对于试件 JS2 构件，试件受火时间达 180min 时，梁端挠度达 159mm，挠度超过 $L^2/(400h)=114.1$（mm），但其变形速率不超过 $L^2/(9000h)=5.07$（mm/min），此时梁端倾斜程度较大，不得不停止试验。其余梁破坏的构件梁端挠度达 $L/30$（mm）时速率超过 $L^2/(9000h)$（mm/min），为了便于分析比较，表 12.1 中给出试件 JS2 构件梁端挠度为 $L/30$（mm）时的受火时间（158min）。

图 12.8（a）所示为梁荷载比（m）对节点耐火极限的影响，可见梁荷载比（m）对耐火极限的影响较为显著，梁荷载比（m）越大，耐火极限越低。节点的破坏形态随着梁荷载比（m）不同而发生变化，比如梁荷载比 $m=0.3$ 的方钢管混凝土柱 - 钢筋混

凝土梁节点试件 JS1，发生柱破坏，而梁荷载比 $m=0.6$ 的节点 JS2，最终是梁挠度过大而破坏，试件 JS1 比试件 JS2 耐火极限高 54min，高了 25%。

图 12.8（b）所示为柱荷载比（n）对节点耐火极限（t_R）的影响，可见在本章试验试件参数范围内，柱荷载比 $n=0.51$ 和 0.6 时，柱荷载比对耐火极限影响不明显。这主要是因为两个节点试件 JC2 和试件 JC3 发生的均是梁破坏，柱表面有 14mm 厚的防火保护层，破坏时柱均没有明显的破坏现象，此时耐火极限主要由梁耐火极限控制，而且两个柱荷载比之间相差不大。

当然，这并不意味着柱荷载比对节点耐火极限影响不大，例如，柱荷载比较小时，柱在受火前大部分处于弹性状态，柱可经历长的受火时间而破坏，如较大的柱荷载比（n）使得柱在受火前已经承受较大的应力，截面单元大部分处于塑性状态，在受火过程中，柱变形增加迅速，此时节点就会因为柱快速达到耐火极限而破坏。

图 12.8（c）所示为梁柱线刚度比（k）对节点耐火极限（t_R）的影响。可见，在本章的试验试件参数范围内，梁柱线刚度比对节点耐火极限的影响不明显。这是因为试件 JC3 和试件 JC4 是由于梁达到耐火极限而破坏的，柱没有明显的破坏现象，梁截面高度增加 50mm，截面周长仅增大 100mm，在其他条件不变的情况下，对于梁的耐火极限变化不大，对整个节点的耐火极限影响不明显。

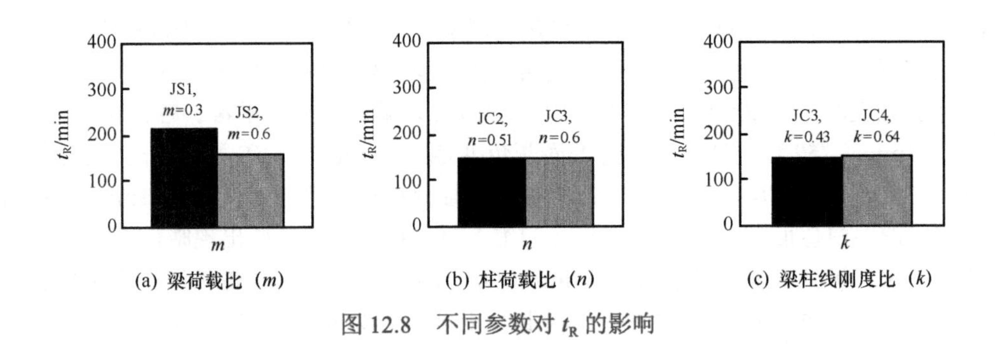

(a) 梁荷载比（m）　　(b) 柱荷载比（n）　　(c) 梁柱线刚度比（k）

图 12.8　不同参数对 t_R 的影响

12.3.3　试验与计算结果的对比

为验证有限元计算模型，采用节点试验数据对有限元计算模型进行验证。

图 12.4 给出了实测梁端挠度（δ_b）-受火时间（t）关系曲线与有限元计算结果的比较。可见，计算结果与试验结果存在一定偏差，但总体趋势基本吻合。偏差的主要原因是：试验时节点试件在恒载升温过程中，受火面节点核心区柱外围和梁底部分区域混凝土发生爆裂，使得截面减小、钢筋外露、内部升温加快，加速了试件的变形，而计算时暂时无法准确考虑上述影响，使计算的耐火极限偏高。

图 12.9 给出了 JC1 节点破坏形态的实测与计算结果的对比，图中“＋”和“－”分别代表拉应变和压应变，图中 PE 表示塑性应变。由图 12.9 可见，计算结果中拉应变较大的节点核心区混凝土板顶和板底均出现平行裂缝，压应变较大的梁底受压区均出现了混凝土爆裂。

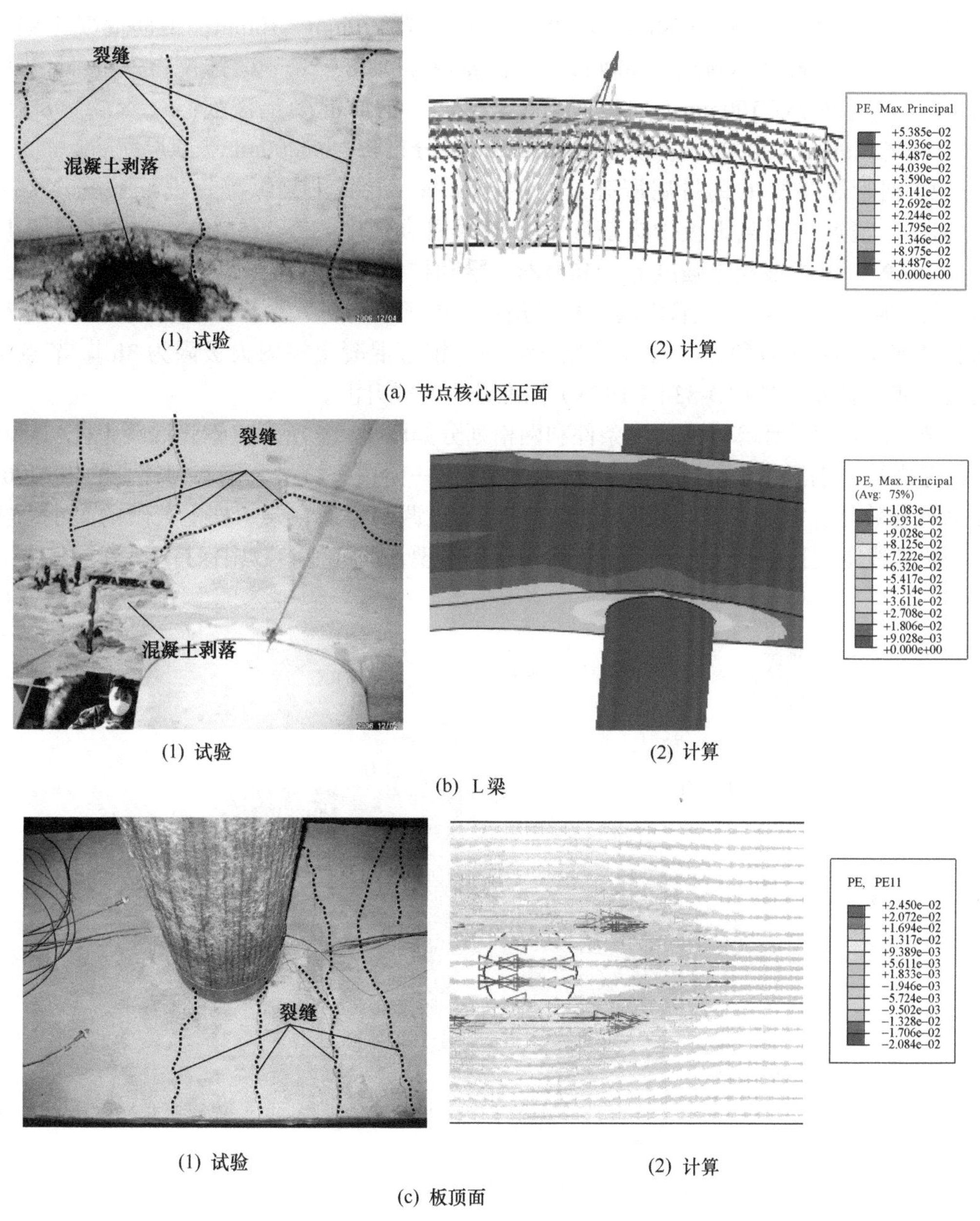

(1) 试验　(2) 计算

(a) 节点核心区正面

(1) 试验　(2) 计算

(b) L梁

(1) 试验　(2) 计算

(c) 板顶面

图 12.9　节点的实测与计算破坏形态对比

12.4　工作机理分析

采用数值模型对考虑梁端约束的钢管混凝土柱 - 钢筋混凝土梁节点进行深入分析。根据某工程确定钢管混凝土柱 - 钢筋混凝土梁节点的几何尺寸和物理参数，节点核心区梁内钢筋环绕钢管混凝土柱，节点区设置暗牛腿。算例的计算条件如下。

1）圆钢管混凝土柱：$D \times t_s \times H = 325\text{mm} \times 6.11\text{mm} \times 5400\text{mm}$；节点区钢管壁上

焊接暗牛腿，翼板尺寸为340mm×10mm，腹板为570mm×10mm；钢筋混凝土梁：$D_b \times B_b \times L$=650mm×400mm×9000mm；下部纵筋取8⌀28，双排配筋，上部纵筋取4⌀20，箍筋ϕ8@100mm（加密区ϕ8@50mm）；钢筋混凝土楼板：$b_{slab} \times t_{slab} \times L_{slab}$=3000mm×120mm×9000mm；纵筋ϕ8@200mm；分布筋ϕ8@200mm，双层配筋。

2）钢管和牛腿的钢材屈服强度f_y=345MPa，混凝土梁纵筋钢筋屈服强度f_{yb}=335MPa，箍筋和混凝土板中纵筋和分布筋的屈服强度f_{yb}=235MPa，柱混凝土强度f_{cu}=60MPa，梁板混凝土强度f_{cu}=30MPa。梁和柱钢筋的混凝土保护层厚度为30mm，梁柱线刚度比k=0.48。钢管混凝土柱采用厚涂型钢结构防火涂料，厚度a_c=10mm[根据韩林海（2016）计算，当柱荷载比n=0.6，钢管混凝土柱耐火极限为3h]。节点楼板以下部分受火，按ISO-834（1975）标准升温曲线升温。

节点的有限元计算模型边界条件和网格划分如图12.10所示。钢管混凝土柱初始缺陷的考虑同型钢混凝土节点，取钢管混凝土柱的一阶模态，最大偏心为柱高的1/1000。在进行参数化分析时，梁、柱荷载比的变化通过调整施加在梁、柱上荷载的大小来实现；梁柱线刚度比的变化通过调整梁的跨度来实现，而其他参数则保持不变。

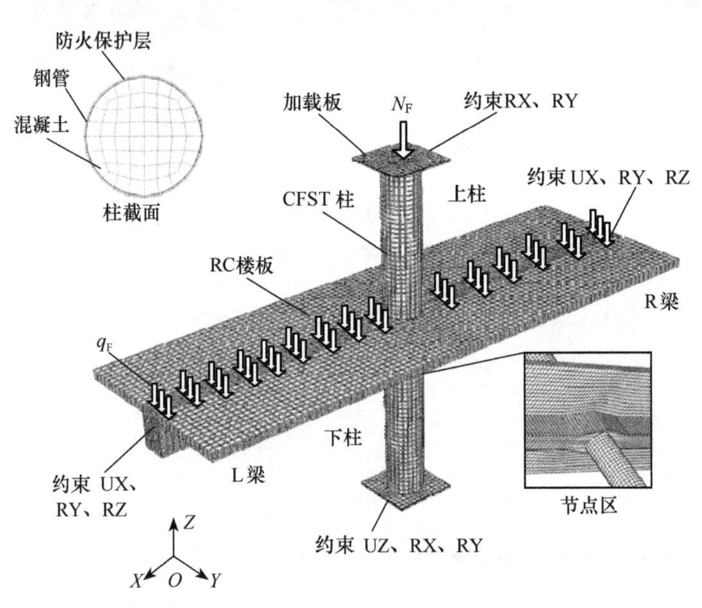

图12.10 节点模型边界条件和网格划分示意图

采用建立的有限元计算模型，对钢管混凝土柱-钢筋混凝土梁节点进行高温下受力特性分析，包括钢与混凝土之间的粘结滑移、破坏形态、内力变化、节点弯矩-梁柱相对转角关系、应力变化规律等。

12.4.1 钢-混凝土界面性能影响

为考察钢管混凝土柱-钢筋混凝土梁节点中梁内钢筋与混凝土之间滑移对节点受力性能的影响，采用弹簧单元模拟了钢筋与混凝土界面的滑移性能，并分析了滑移对节点火灾下变形和耐火极限的影响。

计算和分析结果表明，钢筋混凝土梁内钢筋与混凝土之间的粘结滑移对节点变形的影响以及粘结滑移的分布规律与第 10.4.1 节所述的型钢混凝土柱 - 型钢混凝土梁节点类似，具体特点如下。

1）通过计算不同参数［柱荷载比（n）、梁荷载比（m）和梁柱线刚度比（k）］下节点的柱轴向变形（Δ_c）、梁端挠度（δ_b）和梁柱相对转角（θ_r）随受火时间（t）变化的关系，发现滑移对节点的变形特征影响不明显，以柱荷载比（n）和梁荷载比（m）均为 0.6，梁柱线刚度比（k）在 0.36～0.72 之间变化的算例为例，考虑滑移和不考虑滑移计算得到的变形曲线差异在 2% 以内。

2）从计算得到的粘结滑移随梁纵向位置分布曲线可见，粘结滑移沿梁纵向的分布总体上关于节点中心对称，且滑移量沿梁端部向节点中心逐渐增加。

3）对于环绕节点区的角部钢筋，最大滑移量出现在距节点中心一定距离的位置，且在节点中心处滑移量下降为零。对于梁中部钢筋，由于钢筋端部直接焊接在暗牛腿上，钢筋随牛腿变形而滑动，中部钢筋的最大滑移量即出现在此靠近牛腿的端部位置。对于梁上部和下部的钢筋，滑移量随着受火时间的增加而不断增加。对绝大部分钢筋，受火时间 t 从 0 增至耐火极限 t_R 的过程中，滑移量增加了近 6 倍。

12.4.2　破坏形态

分析结果表明，对于采用扩大端的钢管混凝土柱 - 钢筋混凝土梁节点，由于混凝土的包裹，节点核心区温度相对较低，高温作用下损伤较小，不易破坏。节点的破坏主要由与其相连的梁或柱破坏控制，破坏形态包括：梁破坏、柱破坏和梁、柱同时破坏。表 12.3 给出了不同参数下节点的耐火极限和破坏形态。

根据表 12.3 可得到关于节点耐火极限和破坏模式的如下结论。

1）当柱荷载比（n）和梁荷载比（m）均为 0.6 时，随着梁柱线刚度比（k）的增加，节点的破坏模式由梁破坏变为柱破坏，耐火极限也由 86min 增加到 179min。在改变梁柱线刚度比时，仅梁柱线刚度比 k=0.72 时的耐火极限与设计耐火极限 3h 相符。因此，荷载比不是决定耐火极限的唯一因素，梁柱线刚度比（k）对节点破坏模式和耐火极限影响明显。

表 12.3　节点的耐火极限（t_R）和破坏形态

k	L/mm	m	n	t_R/min	破坏形态
0.48	9000	0.6	0.2	160	梁破坏
			0.4	159	梁破坏
			0.6	156	梁、柱同时破坏
			0.8	70	柱破坏
0.48	9000	0.2	0.6	177	柱破坏
		0.4		172	柱破坏
		0.6		156	梁、柱同时破坏
		0.8		68	梁破坏

续表

k	L/mm	m	n	t_R/min	破坏形态
0.36	12 000	0.6	0.6	86	梁破坏
0.48	9000			156	梁、柱同时破坏
0.72	6000			179	柱破坏

2）当梁柱线刚度比（k）为 k=0.48 时，节点破坏由荷载比较大的梁或柱控制，当梁和柱荷载比相等时，梁和柱同时破坏。

3）梁荷载比 m=0.6、梁柱线刚度比 k=0.48 时，当柱荷载比（n）由 0.2 增加到 0.6 时，节点破坏由梁控制，柱荷载比的变化对节点耐火极限几乎没有影响。

4）梁荷载比（m）对柱控制破坏的节点耐火极限有一定程度的影响。当柱荷载比 n=0.6、梁柱线刚度比 k=0.48 时，梁荷载比由 0.2 增加到 0.6 时，节点耐火极限减少了 21min。

5）梁柱线刚度比（k）对节点耐火极限影响明显。当柱荷载比（n）和梁荷载比（m）均为 0.6 时，梁柱线刚度比 k=0.36 的节点的耐火极限远小于 3h 的耐火极限要求。这是由于梁上附加轴力使弯矩的“二阶效应”增加。随着受火时间的增加，由于钢筋混凝土梁的膨胀受到限制，在梁内产生附加轴力，此轴力与梁挠度耦合作用将产生较大的“二阶弯矩”。随着梁柱线刚度比的增加，“二阶弯矩”逐渐减小，同时梁对柱的相对约束程度增加，更大的弯矩传递到柱端部。因此，当梁柱线刚度比 k 大于 0.48 时，节点破坏由柱控制。

图 12.11 给出了节点在升温过程中的破坏形态分类，其中柱荷载比（n）和梁荷载比（m）均为 0.6，梁柱线刚度比（k）通过变化梁长度来实现，可见不同梁柱线刚度比（k）对节点破坏形态有如下影响。

1）当 k=0.36 时，节点破坏由梁控制，如图 12.11（a）所示。节点核心区的混凝土保护层在拉、压和剪等复合应力状态下产生了较大的塑性变形，此区域的混凝土保护层在试验中也容易碎裂。而柱则保持平直，钢管也未有局部屈曲。随着受火时间的增加，梁端首先形成塑性铰，当梁挠度持续增加时梁在节点区形成另一个塑性铰，此时梁破坏。

2）当 k=0.72 时，节点破坏由柱控制，如图 12.11（b）所示。较大的柱荷载比加速了钢管混凝土柱塑性变形的发展，在钢筋混凝土梁底面以下 300mm 范围内，钢管发生了向外的局部屈曲，同时此段区域的混凝土也被压溃。

3）当 k=0.48 时，节点由于梁柱同时破坏而达到极限状态，破坏特征既包含梁破坏的特征又包含柱破坏的特征，如图 12.11（c）所示。

在实际结构中，节点柱相对梁是更为重要的构件，柱的破坏可能导致整体结构的失效，因此在设计钢管混凝土柱 - 钢筋混凝土梁节点时，应合理控制梁柱线刚度比，使得节点火灾下发生的是如图 12.11（a）所示“强柱弱梁”形的破坏，这对整体结构的火安全更为有利。

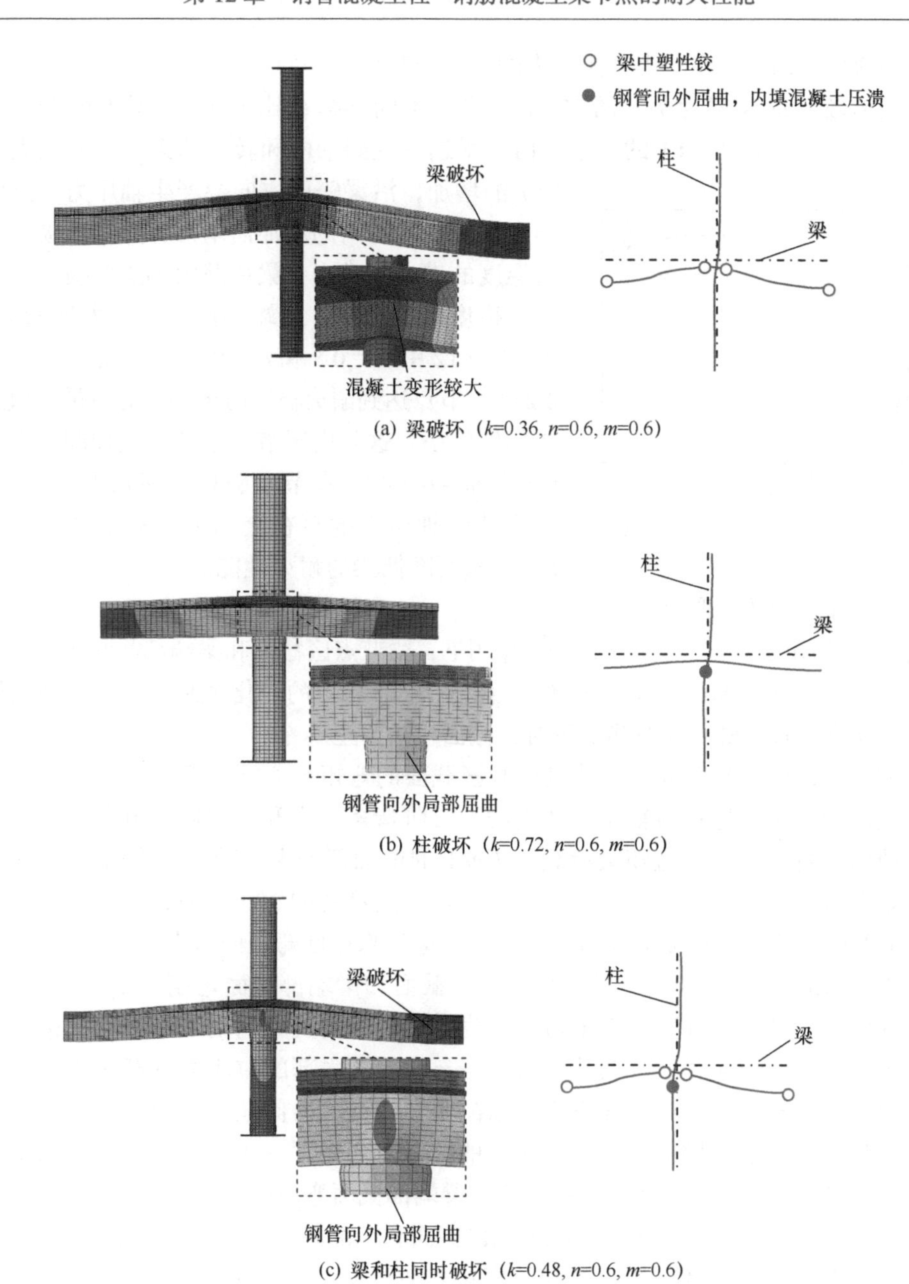

(a) 梁破坏（k=0.36, n=0.6, m=0.6）

(b) 柱破坏（k=0.72, n=0.6, m=0.6）

(c) 梁和柱同时破坏（k=0.48, n=0.6, m=0.6）

图 12.11　节点的破坏形态分类

12.4.3　内力变化

下面以柱荷载比 n=0.6、梁柱线刚度比 k=0.48 的钢管混凝土柱 - 钢筋混凝土梁节点为例，对梁端部截面轴力、梁和柱截面弯矩的变化规律进行分析。

（1）梁端部截面轴力

与非约束梁不同，本章节点算例中的约束梁在升温过程中热膨胀产生的变形受到梁端边界约束，因此会在梁内产生较大的轴力和弯矩。

以变形较大的R梁为例，图12.12给出了不同梁荷载比（m）情况下梁端部截面轴力（N_b）与受火时间（t）的关系。由于梁远端受到轴向和转动约束，随着受火时间（t）的增加，沿梁跨度方向会产生轴压力，且此轴压力随着受火时间的增加而增加，并达到极值，随着温度的进一步升高，梁承载力和刚度损失程度较大，挠度增长迅速，梁端部截面轴压力逐渐减小，如图12.12中$m=0.8$和$m=0.6$时的曲线。当$m=0.2$时，节点达到耐火极限时梁轴压力达最大值后减小幅度较小，这是由于节点破坏由柱控制，当$m=0.8$和$m=0.6$时，在节点破坏后期轴力仍为压力，这意味着轴压力的存在会加大梁弯矩的“二阶效应”，从而降低梁的耐火性能。

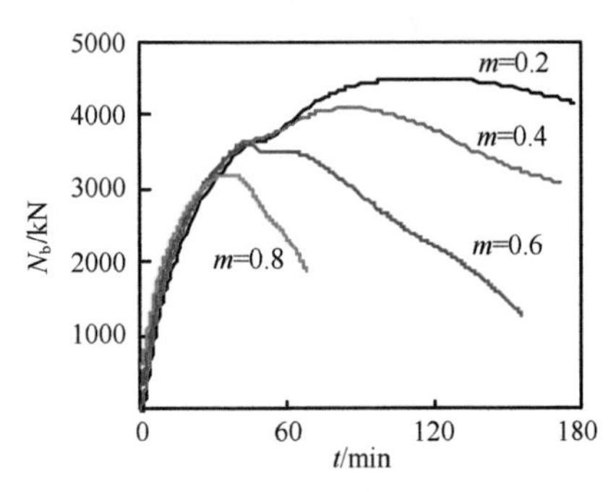

图12.12　梁端部截面的N_b-t关系

（2）梁和柱的截面弯矩

图12.13给出了不同梁荷载比（m）作用下，梁节点区截面和梁端部截面弯矩（M_b），下柱节点区截面和端部截面弯矩（M_c）随受火时间（t）的变化关系，并规定当钢筋混凝土梁底部或钢管混凝土柱左侧受拉时，截面弯矩为正。

对梁而言，由于其对称性，节点核心区截面的弯矩与梁端部截面弯矩之和应等于梁上荷载作用产生的弯矩与轴压力产生的“二阶弯矩”之和。因此，节点梁区截面和梁端部截面的弯矩的绝对值随梁荷载比（m）的增加而增大。随着受火时间（t）的增加，弯矩在这两个截面之间发生了重分布。在受火最初的30min内，弯矩由节点区截面向梁端部截面传递；在接下来的30min内，梁端部截面弯矩向节点区传递。

由图12.13（a）和（b）可见，梁节点区截面和梁端部截面弯矩（M_b）-受火时间（t）关系类似，在受火的初期（30min），截面弯矩随受火时间增加而减小，达到最小值后又逐渐增加。这是由于在受火的前30min，梁端底部的拉应力逐渐减小，甚至转变为压应力，中和轴下移，截面弯矩逐渐减小。当受火时间超过30min时，高温下材料性能退化导致梁挠度增加迅速，此时梁的“二阶弯矩”占主导地位，且梁轴压力的增加加速了梁塑性变形的发展，这些导致了梁端部截面弯矩的增加。

图12.13（c）和（d）给出了下柱节点区截面和端部截面弯矩（M_c）随受火时间（t）的关系。由图可见，两者随受火时间的变化规律相似，在受火初期的前60min，截面弯矩随着受火时间的增加而减小且保持相对较小的弯矩水平，这是由于在计算时柱施加了初始缺陷，初始弯矩值主要是由于柱荷载与初始偏心引起的。由于柱端的侧向位移未被限制，在梁热膨胀引起的轴向压力作用下，柱逐渐回归其原位置，从而导致其弯矩逐渐减小。

由图12.13（d）可见，当梁荷载比（m）由0.2变化至0.8时，下柱端截面的弯矩变化曲线几乎重合，表明柱端弯矩受梁荷载的影响不明显。由图12.13（c）可见，除了$m=0.6$，其他情况下的节点区柱截面弯矩在柱破坏后期弯矩接近零，这表明柱端部弯矩对柱破坏模式影响不明显，可当作轴压柱处理。当$m=0.6$时，节点破坏由梁和柱

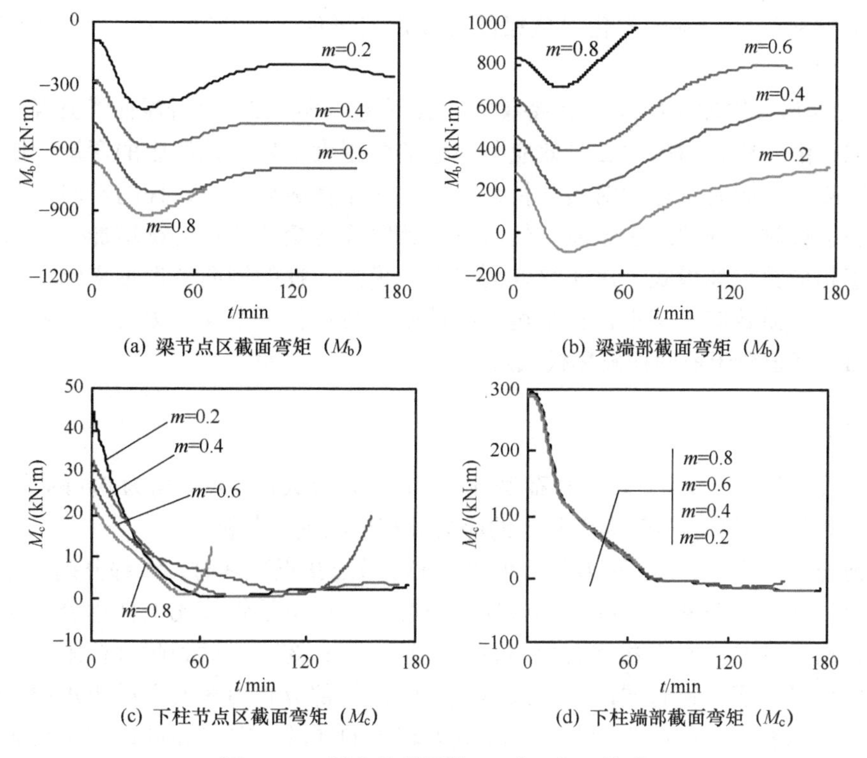

(a) 梁节点区截面弯矩（M_b）　(b) 梁端部截面弯矩（M_b）

(c) 下柱节点区截面弯矩（M_c）　(d) 下柱端部截面弯矩（M_c）

图 12.13　梁和柱截面的 M_b（M_c）-t 关系

同时控制，在接近破坏时，一侧梁端的挠度大于另一侧，两侧梁不一致的变形导致了节点的转动，从而使后期节点区柱截面弯矩又有所增加。

12.4.4　弯矩 - 转角关系

图 12.14 给出了图 12.11 中三种不同破坏模式的节点弯矩（M）- 梁柱相对转角（θ_r）关系，梁柱相对转角取值如图 10.17 所示，节点弯矩取值为图 10.17 中转角较大一侧的梁端弯矩。对于不同模式，火灾下节点的 M-θ_r 关系可分为以下四个阶段。

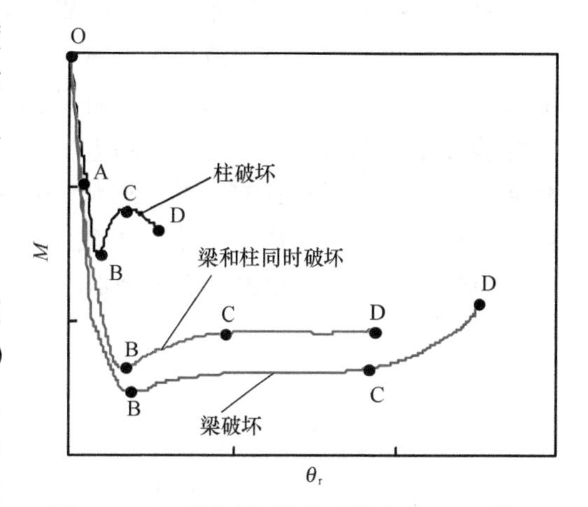

图 12.14　不同破坏模式时节点的 M-θ_r 关系

1）常温加载段（O-A）：常温下将梁和柱荷载加至设计值。在此阶段，不同破坏模式下的 M-θ_r 关系均为线性。

2）硬化段（A-B）：保持梁柱荷载不变，按设计升温曲线升温。在此阶段，随着受火时间的增加，在梁内将产生由于温度变化造成的应力，不同破坏模式下的 M-θ_r 关系均为非线性。

3）软化段（B-C）：保持梁柱荷载不变，继续按设计升温曲线升温。在此阶段，由于火灾下材料强度和刚度劣化导致梁的挠度迅速增加，中和轴下移，梁端弯矩减小，但 θ_r 仍增加。

4）加速破坏阶段（C-D）：保持梁柱荷载不变，继续按设计升温曲线升温。对于梁破坏模式，由于梁轴力的"二阶效应"产生的弯矩大于外荷载产生的弯矩，使弯矩绝对值不断减小，同时梁柱相对转角持续增加。对于柱破坏模式，柱的轴向变形迅速增加，减弱了梁轴力的"二阶效应"的影响，此阶段弯矩和转角持续增加，但相对转角值远小于相应梁破坏模式。对于梁柱同时破坏模式，柱的轴向变形带来的有利影响和梁轴力的"二阶效应"基本保持平衡，在此阶段弯矩值基本保持为常量，相对转角值持续增加，其值介于前两种破坏模式之间。

12.4.5　应力分布

以梁柱线刚度比 $k=0.48$、柱荷载比（n）和梁荷载比（m）均为 0.6 的节点为例，对不同时刻节点钢筋、钢管和混凝土的应力分布情况进行分析。

对钢筋和钢管的 Mises 应力分析表明：①在节点接近破坏时，大部分钢筋已屈服；②由于上柱柱端荷载和梁上荷载均传递给下柱，所以下柱钢管比上柱钢管承受更大的荷载，常温加载结束时下柱钢管应力较上柱钢管高；③节点达到耐火极限时，下柱钢管部分区域已屈服，钢管屈曲而导致承载力降低的部分将由核心混凝土承担；④火灾作用下，与钢管相连的暗牛腿是 Mises 应力较高的区域，在实际设计时对其应引起足够的重视。

图 12.15 给出了在不同时刻的柱节点区混凝土截面的纵向应力分布，其中受压为负。由图可见，在常温加载后，全截面受压，中心位置的压应力最大，往左右两侧逐渐减小。由于受到两侧梁的压力，柱截面靠近梁的区域的压力比其他区域要高；且由于柱施加了初挠度缺陷，右侧压应力较左侧大。当 $t=1/3t_R$ 时，节点核心区中心柱截面左右两侧与梁相连接，升温较慢，而前后直接受火面升温较快，由于不均匀温度场以及外荷载的共同作用，改变了截面单元的应力状态。受火面高温区热膨胀作用明显，而此时材料强度和弹性模量降低不大，高温区混凝土压应力增加，如图 12.15（b）所示。

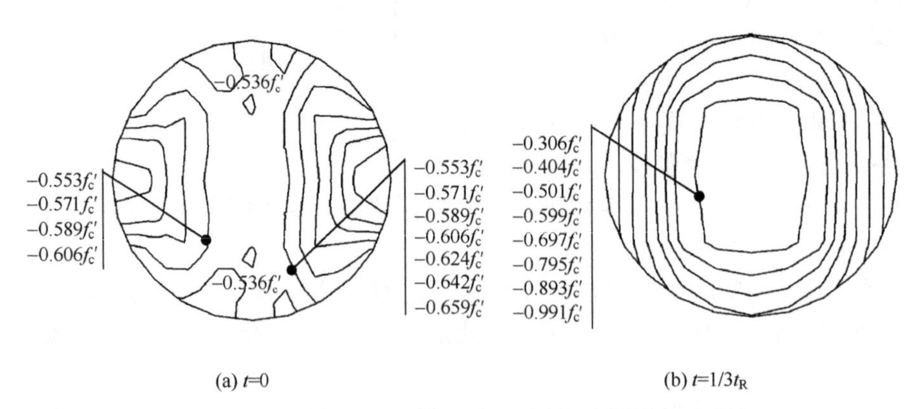

(a) t=0　　(b) $t=1/3t_R$

图 12.15　节点区钢管混凝土柱中混凝土的纵向应力分布

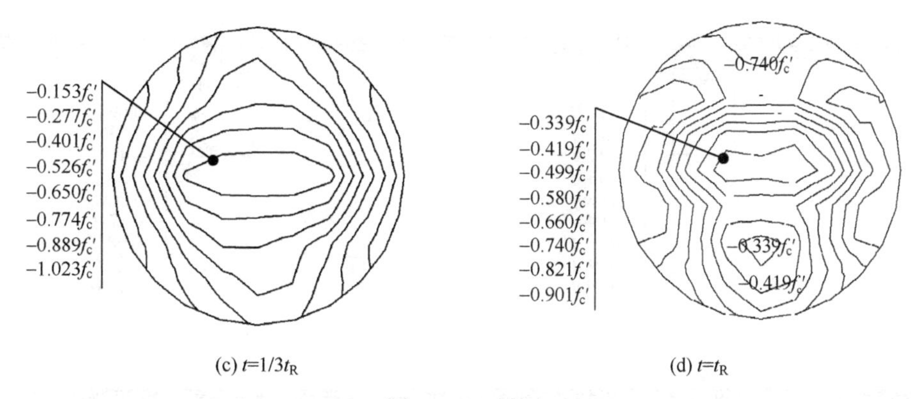

(c) t=1/3t_R　　(d) t=t_R

图 12.15 （续）

随着时间的增长，高温区混凝土材料劣化程度大，混凝土承担的荷载减小，压应力变小，右侧单元的压应力比左侧对应单元的压应力稍大，内部低温区混凝土承担较大的荷载，压应力逐渐发展，如图 12.15（c）所示。随着温度的进一步增加和柱变形的不断发展，左右两侧应力分布明显不同，高温区混凝土压应力进一步减小，内部混凝土压应力仍持续增长，如图 12.15（d）所示。

图 12.16 所示为不同时刻梁端截面混凝土纵向应力分布。可见，在常温下加载后 R 梁梁端截面混凝土应力呈现带状分布，出现明显的受拉区和受压区，混凝土楼板和梁上部均受拉，梁下部受压，此时中和轴稍偏向受拉一侧，截面纵向压应力和拉应力最大值在距离中和轴最远的位置，数值分别为 0.267f_c' 和 0.090f_c'。当 $t=1/3t_R$ 时，由于混凝土楼板以下包括梁侧面和梁底直接受火，温度较高，热膨胀作用高于材料性能的劣化，同时截面受到轴压力的作用，使得梁底和侧面压应力增加，梁侧面上部和楼板底部的拉应力转为压应力，截面受拉区面积减小。

当 $t=2/3t_R$ 时，截面轴压力增长平缓，梁底和板底混凝土由于高温强度和刚度退化比较程度大，压应力减小，而楼板上部温度逐渐升高，热膨胀产生的压应力抵消了部分拉应力，在距离梁截面轴线 600mm 板顶位置的拉应力变为压应力。随着温度的进一步升高，除了梁顶局部区域，楼板大部分出现压应力，受压区面积进一步扩展。

基于上述分析结果可得到以下主要结论。

1）柱荷载比（n）、梁荷载比（m）和梁柱线刚度比（k）对钢管混凝土柱 - 钢筋混凝土梁节点的变形和耐火极限有较大影响，柱荷载比、梁荷载比和梁柱线刚度比（k）越大，火灾下梁和柱的变形发展加快，耐火极限越低。

2）滑移对梁端部挠度、柱变形以及耐火极限的影响不明显。

3）常温下带扩大端的钢管混凝土柱 - 钢筋混凝土梁连接节点为刚性节点，火灾下梁刚度随受火时间增加而减小，直至结构破坏时，节点仍为半刚性节点。

4）节点在火灾下有三种破坏模式：梁破坏、柱破坏和梁柱同时破坏。由于梁轴力的“二阶效应”和柱轴向压缩变形二者的综合影响，三种破坏模式的弯矩转角关系在临近破坏阶段有外凸、内凹和平直的特性。

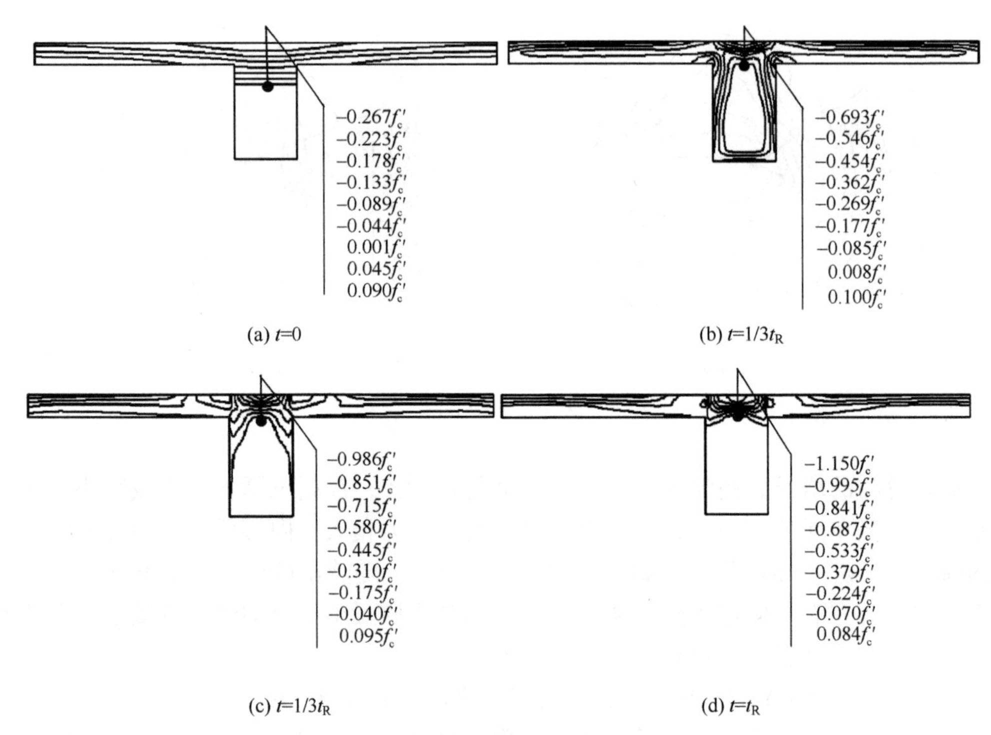

(a) t=0　　(b) t=1/3t_R

(c) t=1/3t_R　　(d) t=t_R

图 12.16　梁端截面混凝土的纵向应力分布

12.5　本 章 小 结

本章建立了钢管混凝土柱 - 钢筋混凝土梁连接节点的有限元计算模型，为验证该模型的有效性，开展了钢管混凝土柱 - 钢筋混凝土梁连接节点的耐火性能试验，研究了火灾下该类节点的温度场分布、破坏形态、变形特性和耐火极限等的变化规律。

采用有限元计算模型，对火灾下实际框架结构中受约束的钢管混凝土柱 - 钢筋混凝土梁连接节点的受力机理，如界面的粘结滑移、节点破坏形态、内力变化、节点弯矩 - 梁柱相对转角关系以及应力分布等的变化规律等，进行了分析。

参 考 文 献

韩林海，2016．钢管混凝土结构——理论与实践［M］．3 版．北京：科学出版社．

郑永乾，2007．型钢混凝土构件及梁柱连接节点耐火性能研究［D］．福州：福州大学．

EUROCODE 2. EN 1992-1-1: 2004, 2004. Design of concrete structures-part1-1: General rules and rules for buildings [S]. European Committee for Standardization, Brussels.

HAN L H, ZHENG Y Q, TAO Z, 2009. Fire performance of steel-reinforced concrete beam-column joints [J]. Magazine of Concrete Research, 61 (7): 499-518.

HIBBITT, KARLSSON, SORENSEN, INC., 2004. ABAQUS/Standard user's manual, version 6.5.1 [CP]. Pawtucket, RI.

ISO-834, 1975. Fire resistance tests-elements of building construction [S]. International Standard ISO 834, Geneva.

LIE T T, CHABOT M, 1990. A method to predict the fire resistance of circular concrete filled hollow steel columns [J]. Journal of Fire Protection Engnieering, 2 (4): 111-126.

LIE T T, DENHAM E M, 1993. Factors affecting the fire resistance of circular hollow steel columns filled with bar-reinforced concrete [R]. NRC-CNRC Internal Report, No. 651, Canada.

LIE T T, 1994. Fire resistance of circular steel columns filled with bar-reinforced concrete [J]. Journal of Structral Engineering, ASCE, 120 (5): 1489-1509.

TAN Q H, HAN L H, YU H X, 2012. Fire performance of concrete filled steel tubular (CFST) column to RC beam joints [J]. Fire Safety Journal, 51: 68-84.

第 13 章　火灾后钢管混凝土柱 - 钢梁节点的力学性能

13.1　引　　言

深入研究火灾后组合框架梁 - 柱连接节点的静力性能和动力性能是进行组合框架结构体系火灾后静力和抗震性能评估，以及修复加固的重要前提。本章以图 13.1（a）所示的钢管混凝土（CFST）柱 - 钢梁外加强环板连接节点和图 13.1（b）所示的钢管混凝土柱 - 钢梁单边螺栓连接节点为主要研究对象，对这两类连接节点在图 1.14 所示的 A→A′→B′→C′→D′→E′ 全过程火灾后和 A→B→C→D→E′ 无初始荷载作用火灾后的静力和动力性能展开研究，建立了这两类节点的数值计算模型，开展这两类节点的静力和滞回性能试验研究，进行了这两类节点受力全过程分析，提出了评估节点火灾后静力性能和滞回性能的实用计算方法。

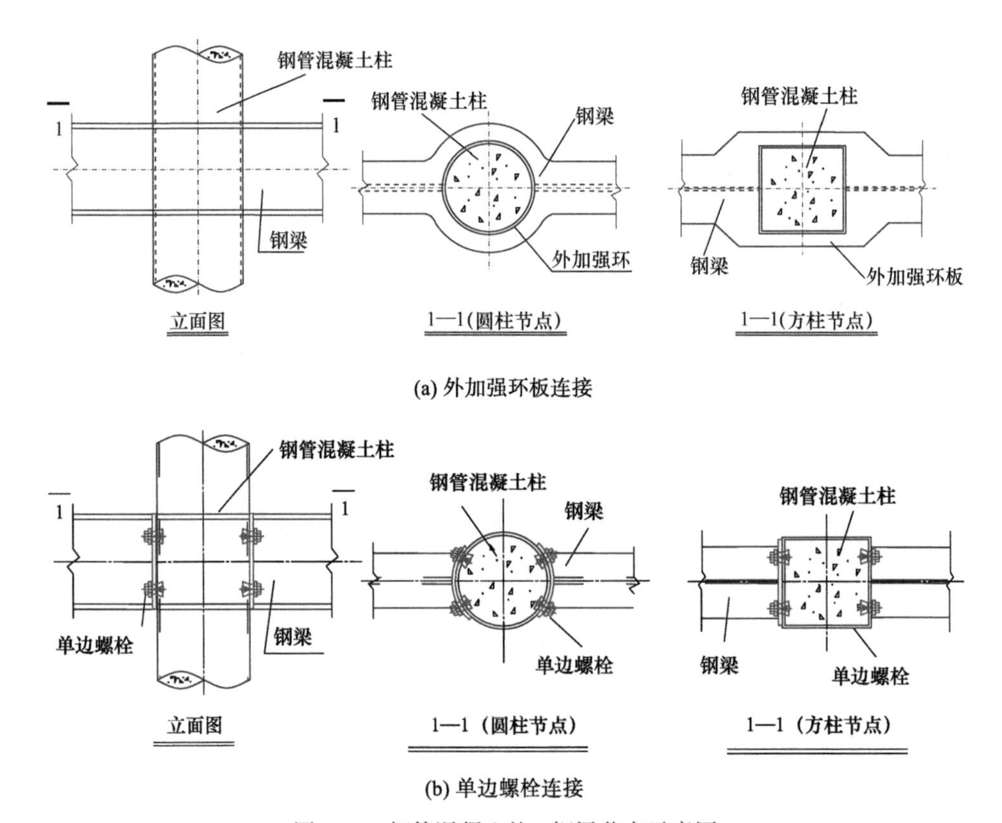

图 13.1　钢管混凝土柱 - 钢梁节点示意图

13.2　数值计算模型

纤维模型和有限元计算模型是两种常用的数值计算模型，本节建立了分析火灾后钢管混凝土柱 - 钢梁外加强环板连接节点滞回性能的纤维模型、钢管混凝土柱 - 钢梁外加强环板连接节点和钢管混凝土柱 - 钢梁单边螺栓连接节点的有限元计算模型。

13.2.1　纤维模型

（1）模型建立

1）基本假设：在建立钢管混凝土柱 - 钢梁外加强环板连接节点数值分析模型时采用了如下基本假设：①常温下和高温后的钢材应力 - 应变关系分别按式（3.2）和式（4.2）确定，常温和高温后钢管混凝土柱核心混凝土的应力 - 应变关系分别按式（5.2）和式（6.1）确定；②节点中各构件在变形中始终保持为平截面；③受力过程中，钢管混凝土中的钢和混凝土之间无相对滑移；④忽略平面外荷载和位移的影响。

2）结构离散和单元划分：图 13.2 给出了火灾作用后钢管混凝土柱 - 钢梁外加强环板连接节点的单元划分示意图。在进行结构离散时，在长度方向上将其理想化为通过节点相连的单元集合，并在坐标系（x, y, z）下建立并求解结构的总体平衡方程。为了描述几何非线性效应，采用了随动的坐标形式。

将长度方向单元分为若干离散的截面，且这些截面位于单元列式的数值积分控制点上。截面采用切线刚度法，类似于纤维模型法中的直接迭代法。将截面分割为若干微单元，如图 13.2（a）～（c）所示，图中，P 为柱端水平荷载、N_F 为柱轴向荷载、M 和 N 分别为截面弯矩和轴力、ϕ 和 ε 分别为截面曲率和应变。确定微单元形心的几

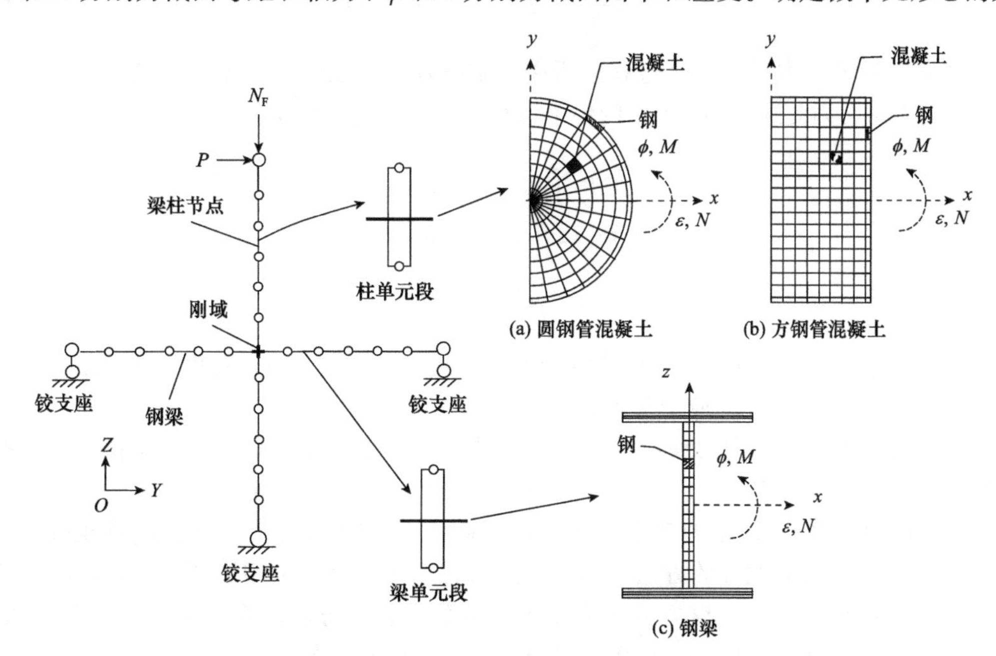

图 13.2　截面上的单元划分示意图

何特性和相应的材料切线模量，然后采用合成法求得的材料切线模量和相应的单元几何特性确定各个单元的贡献，最后将各单元的贡献叠加，从而获得截面切线刚度矩阵。

对于刚性节点，可把图 13.2 所示模型的节点域定义为刚域，即在节点域相交的梁单元和柱单元定义为刚性单元，梁柱之间的夹角在受力过程中保持不变，节点域的梁单元和柱单元的尺寸都取柱截面尺寸和梁高的一半。

3）截面的切线刚度和截面内力：以钢管混凝土柱为例，下面说明构件截面切线刚度和截面内力的确定方法。对于构件的某一截面，采用平截面假定之后，截面上任意一点的应变（ε_i）可表示为

$$\varepsilon_i=\varepsilon_o+y_i\phi \tag{13.1}$$

式中：y_i——计算点的坐标，如图 13.2（a）和（b）所示；

ε_o——截面形心处的应变；

ϕ——截面曲率。

根据截面上微单元的应力可积分得到钢管混凝土的截面内力，由下式所示：

$$N=\iint\sigma_t(x,y)\mathrm{d}A \tag{13.2}$$

$$M=-\iint\sigma_t(x,y)y\mathrm{d}A \tag{13.3}$$

式中：$\sigma_t(x,y)$——截面上微单元的应力，由按照基本假设①确定的钢材和核心混凝土的应力 - 应变关系确定。

根据截面平衡及协调条件，钢管混凝土的截面切线刚度矩阵可描述如下：

$$[D_t]=\begin{bmatrix} EA & ES_x \\ ES_x & EI_{xx} \end{bmatrix}_s+\begin{bmatrix} EA & ES_x \\ ES_x & EI_{xx} \end{bmatrix}_c \tag{13.4}$$

在火灾后节点力学性能全过程分析中，钢材及核心混凝土需要考虑其非线性的应力 - 应变关系，因此式（13.4）中的各个系数采用积分的方法获得，即

$$\begin{cases} EA=\iint E_t(x,y)\mathrm{d}A \\ ES_x=\iint E_t(x,y)y\mathrm{d}A \\ EI_{xx}=\iint E_t(x,y)\ y^2\mathrm{d}A \end{cases} \tag{13.5}$$

式中：$E_t(x,y)$——截面上钢材或混凝土微单元切线模量，通过对钢材和混凝土的应力 - 应变关系表达式进行求导确定。

当集成钢梁的截面内力和切线刚度矩阵时，只需对如图 13.2（c）所示钢梁截面的钢微单元进行合成，将式（13.1）～式（13.5）中的 y 替换为 z 即可。

4）非线性有限元理论的基本方程建立和求解：非线性分析中的单元特性矩阵和节点力向量须通过数值积分的方法获得。在进行程序编制中，采用了两个级别的积分策略，即对截面级和单元长度方向级采用不同的数值积分方法。在截面上采用合成法，即在截面上适当划分微单元，采用直接叠加微单元的贡献的办法来实现截面积分的运

算，即叠加法。在杆件长度方向，则采用 Gauss 积分方法，综合考虑计算精度和效率，采用六点 Gauss 积分法。

以节点中的钢管混凝土柱为例，在合成截面的内力和切线刚度阵时，采用叠加法可将式（13.5）的积分形式进一步写成如下形式：

$$N=\iint\sigma_{\rm t}(x,y,T(x,y,t)){\rm d}A=\sum_{i=1}^{n_{\rm s}}\sigma_{\rm tsi}(x_{\rm si},y_{\rm si},T(x_{\rm si},y_{\rm si},t))A_{\rm si}+\sum_{i=1}^{n_{\rm c}}\sigma_{\rm tci}(x_{\rm ci},y_{\rm ci},T(x_{\rm ci},y_{\rm ci},t))A_{\rm ci} \tag{13.6}$$

$$\begin{aligned}M=-\iint\sigma_{\rm t}(x,y,T(x,y,t))y{\rm d}A=&-\sum_{i=1}^{n_{\rm s}}\sigma_{\rm tsi}(x_{\rm si},y_{\rm si},T(x_{\rm si},y_{\rm si},t))y_{\rm si}A_{\rm si}\\&-\sum_{i=1}^{n_{\rm c}}\sigma_{\rm tci}(x_{\rm ci},y_{\rm ci},T(x_{\rm ci},y_{\rm ci},t))y_{\rm ci}A_{\rm ci}\end{aligned} \tag{13.7}$$

$$\begin{cases}EA=\iint E_{\rm t}(x,y,T(x,y,t)){\rm d}A=\sum_{i=1}^{n_{\rm s}}E_{\rm tsi}(x_{\rm si},y_{\rm si},T(x_{\rm si},y_{\rm si},t))A_{\rm si}+\sum_{i=1}^{n_{\rm c}}E_{\rm tci}(x_{\rm ci},y_{\rm ci},T(x_{\rm ci},y_{\rm ci},t))A_{\rm ci}\\ES_{\rm x}=\iint E_{\rm t}(x,y,T(x,y,t))y{\rm d}A=\sum_{i=1}^{n_{\rm s}}E_{\rm tsi}(x_{\rm si},y_{\rm si},T(x_{\rm si},y_{\rm si},t))y_{\rm si}A_{\rm si}+\sum_{i=1}^{n_{\rm c}}E_{\rm tci}(x_{\rm ci},y_{\rm ci},T(x_{\rm ci},y_{\rm ci},t))y_{\rm ci}A_{\rm ci}\\EI_{\rm xx}=\iint E_{\rm t}(x,y,T(x,y,t))y^2{\rm d}A=\sum_{i=1}^{n_{\rm s}}E_{\rm tsi}(x_{\rm si},y_{\rm si},T(x_{\rm si},y_{\rm si},t))y_{\rm si}^2A_{\rm si}+\sum_{i=1}^{n_{\rm c}}E_{\rm tci}(x_{\rm ci},y_{\rm ci},T(x_{\rm ci},y_{\rm ci},t))y_{\rm ci}^2A_{\rm ci}\end{cases} \tag{13.8}$$

式中：$n_{\rm s}$、$n_{\rm c}$——截面上钢，混凝土划分的单元总数；

$E_{\rm tsi}$、$E_{\rm tci}$——钢、混凝土 i 单元的切线模量；

$\sigma_{\rm tsi}$、$\sigma_{\rm tci}$——钢、混凝土 i 单元的应力；

$x_{\rm si}$、$y_{\rm si}$——钢 i 单元形心处的坐标（图 13.2）；

$x_{\rm ci}$、$y_{\rm ci}$——混凝土 i 单元形心处的坐标（图 13.2）；

$A_{\rm si}$、$A_{\rm ci}$——钢、混凝土 i 单元的面积；

s——下标，代表钢材单元；

c——下标，代表混凝土单元。

$T(x, y, t)$ 为表示截面温度场分布，即为形心坐标为 x、y 的单元经历受火时间为 t 时间后的温度。$E_{\rm t}(x, y, T(x, y, t))$ 为单元坐标和时间的函数，构件截面温度场按韩林海（2007）给出的温度场分析方法确定。

在合成钢梁截面的内力和切线刚度阵时，采用相同的方法，即只需对如图 13.24（c）所示钢梁截面的单元进行合成，将式（13.6）～式（13.8）中的 y、$y_{\rm si}$ 和 $A_{\rm si}$ 替换为的 z、$z_{\rm bi}$ 和 $A_{\rm bi}$ 即可。

考虑了几何非线性的影响问题：一是轴力对结构刚度的影响，即在建立单元刚度矩阵时引入几何刚度矩阵；二是大变形对内力的“二阶效应”影响。

5）计算过程：

① 划分长度单元及截面单元，输入构件总体控制信息、几何和材料信息。单元的划分按图 13.2 进行。

② 初始化受火时间 t，计算构件截面温度场。

③ 计算结构非线性总刚度矩阵［$K_{\rm t}$］，参考荷载矢量 $\{P\}$，设定荷载 N 及控制点位

移增量 U_q。

④ 给定位移增量，分解结构非线性总刚度矩阵。

⑤ 按照式（13.9）求解 $\{\Delta U^b\}$，迭代次数 i 赋值为 0。

$$[K_t]^i\{\Delta U^b\}=\{P\} \tag{13.9}$$

⑥ 根据式（13.10）求解 $\{\Delta U^a\}$。

$$[K_t]^i\{\Delta U^a\}=\{R\}^i \tag{13.10}$$

⑦ 迭代次数 $i=i+1$。根据式（13.11）和式（13.12）分别求解 $\Delta\lambda$ 和 $\{\Delta U\}$，并按照式（13.13）和式（13.14）获得新的 λ 和 $\{U\}$。

$$\Delta\lambda^i=\frac{\Delta U_q^i-(\Delta U_q^a)^i}{(\Delta U_q^b)^i} \tag{13.11}$$

$$\{\Delta U\}^i=\{\Delta U^a\}^i+\Delta\lambda\{\Delta U^b\}^i \tag{13.12}$$

$$\lambda^{i+1}=\lambda^i+\Delta\lambda^i \tag{13.13}$$

$$\{U\}^{i+1}=\{U\}^i+\{\Delta U\}^i \tag{13.14}$$

⑧ 求解截面上单元的应变，对应材料的应力-应变关系求解截面上各单元相应的应力 σ。

⑨ 集成结构非线性总刚度矩阵 $[K_t]$；按式（13.15）求解内部节点力向量 $\{f\}$。

$$\{f\}=\int_0^{l_n}\begin{Bmatrix}N[N_u']\\ M[N_v'']+N\hat{v}'(y)[N_v']\end{Bmatrix}dy \tag{13.15}$$

⑩ 按式（13.16）求解不平衡力向量 $\{R\}$。

$$\{R\}^i=\{F\}^i+\lambda^i\{P\}+\Delta\lambda^i\{P\}+\{P_{fix}\} \tag{13.16}$$

⑪ 判断是否收敛，如收敛或迭代次数 $i>i_{max}$，输出位移向量 $\{U\}^i$ 和荷载系数 λ^i。

⑫ 计算构件节点变形增量向量 $\{\Delta U\}$

$$\{\Delta U\}=[K_t]^{-1}\{\Delta R\} \tag{13.17}$$

⑬ 增量步内采用修正的 Aitken 加速收敛方法。第 i 增量步第 k 次迭代加速收敛方法可表示为

$$\{\Delta\bar{u}\}_i^k=\omega^k\{\Delta u\}_i^k \tag{13.18}$$

$$\omega^k=\begin{cases}1 & (k=0,2\cdots)\\ \dfrac{\left(\{\Delta u\}_i^{k-1}-\{\Delta u\}_i^k\right)^T\{\Delta u\}_i^{k-1}}{\left(\{\Delta u\}_i^{k-1}-\{\Delta u\}_i^k\right)^T\left(\{\Delta u\}_i^{k-1}-\{\Delta u\}_i^k\right)^T} & (k=1,3\cdots)\end{cases} \tag{13.19}$$

⑭ 求解截面上单元应变，对应应力-应变关系求解截面上各单元的应力 σ。

⑮ 求解内部节点力向量 $\{f\}^i$ 和不平衡力向量 $\{R\}^i$，表达式如式（13.15）和式（13.16）所示。

⑯ 如果不平衡力大于允许值，转入第⑫步，否则进入下一增量，转入第④步，直至满足停机条件，即可求得构件的极限承载力和荷载 - 变形全过程关系。

（2）模型验证

1）常温下钢管混凝土柱 - 钢梁连接节点：对国内外相关钢管混凝土柱 - 钢梁中柱节点试验获得的水平荷载（P）- 梁柱相对转角（θ_r）和水平变形（Δ_h）骨架线进行了计算，表明上述分析模型计算精度良好，图 13.3 给出部分比较结果，表 13.1 给出了图中试件的基本参数，其中，D 为圆钢管截面外直径；t_s 为钢管壁厚；H 为钢管混凝土柱高

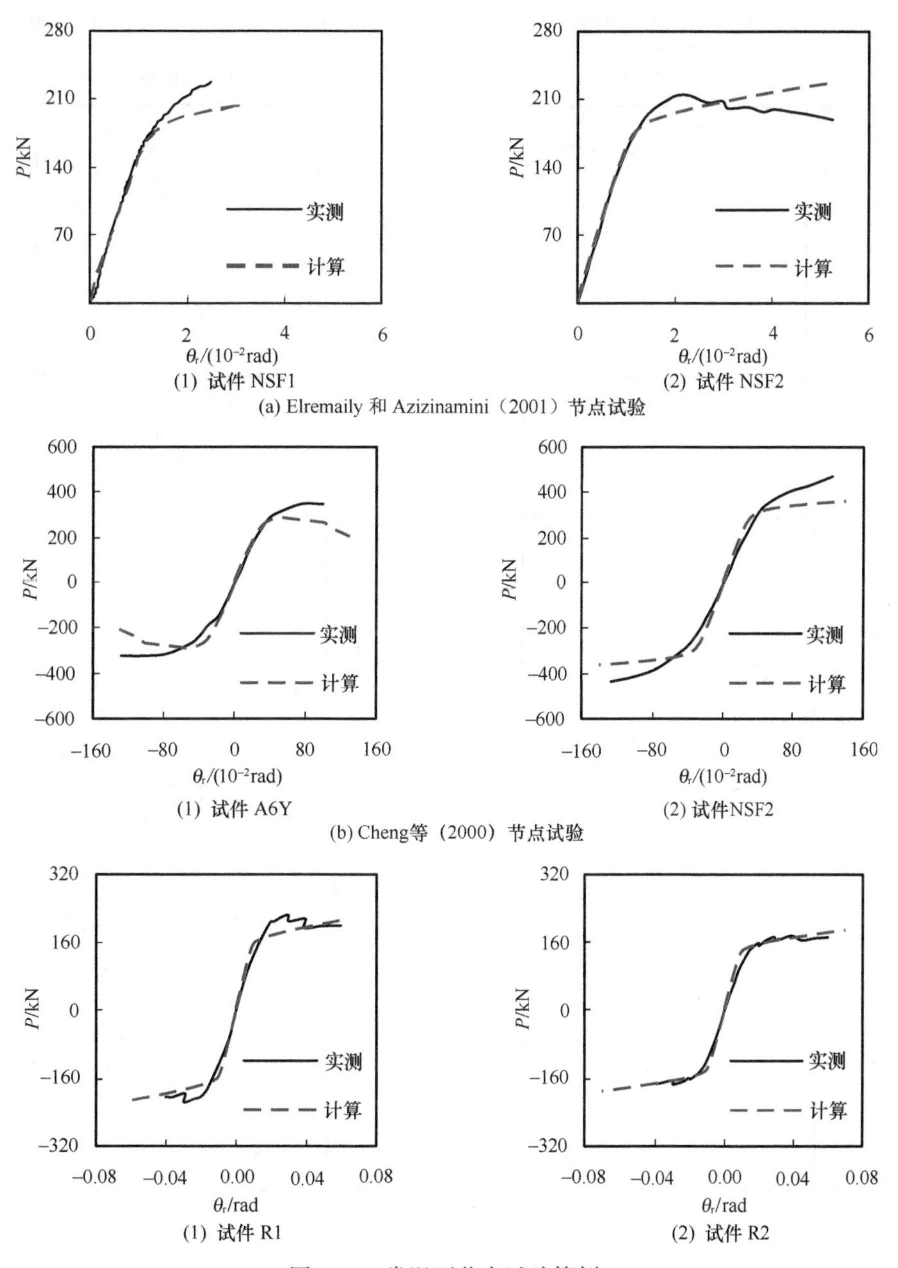

图 13.3　常温下节点试验算例

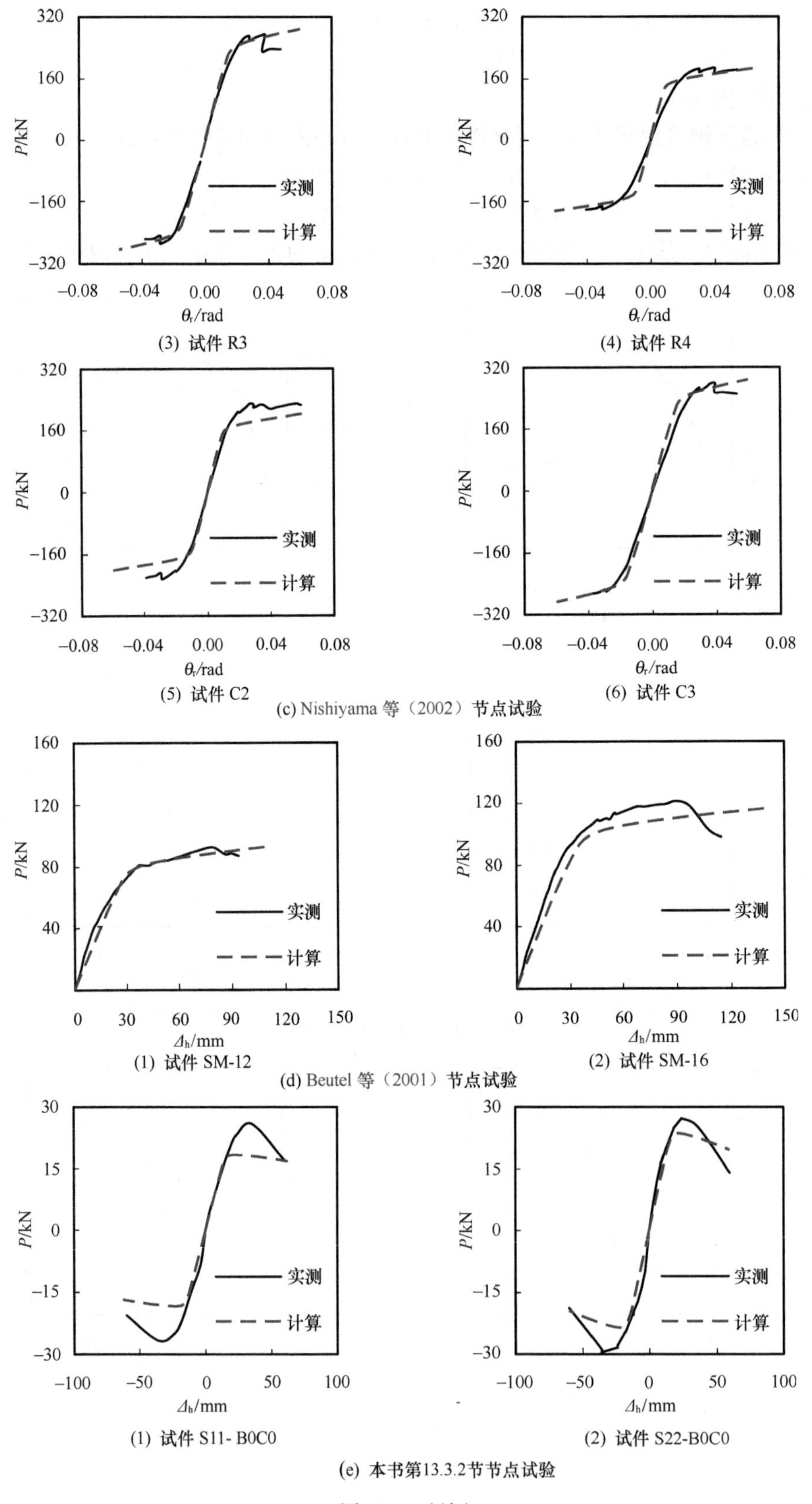

(3) 试件 R3
(4) 试件 R4
(5) 试件 C2
(6) 试件 C3
(c) Nishiyama 等（2002）节点试验
(1) 试件 SM-12
(2) 试件 SM-16
(d) Beutel 等（2001）节点试验
(1) 试件 S11- B0C0
(2) 试件 S22-B0C0
(e) 本书第13.3.2节节点试验

图 13.3 （续）

度；h 为型钢高度；b_f 为型钢翼缘宽度；t_w 为型钢腹板厚度；t_f 为型钢翼缘厚度；L 为钢梁长度；N_F 为柱轴向荷载；n 为柱荷载比。

表 13.1　钢管混凝土柱 - 钢梁连接节点试件计算参数

试件编号	钢管混凝土柱参数			工字形截面钢梁参数			N_F 或 n	数据来源
	$D\times t_s\times H^*$	钢管 f_y/MPa	f_c'/MPa	$h\times b_f\times t_w\times t_f\times L^*$	翼缘 f_y/MPa	腹板 f_y/MPa		
NSF1	305×6.4×2134	374	41.6	457×180×9.0×14.5×4115	302	341	890kN	Elremaily 和 Azizinamini（2001）
NSF2	305×9.5×2134	371	38.9	457×180×9.0×14.5×4115	302	341	979kN	
A6Y	400×6.0×2600	392	26	600×200×7×11×5000	308	328	2000kN	Cheng 等（2000）
A10Y	400×10×2600	314	27	600×200×7×11×5000	308	328	2000kN	
R1	250×12×3000	590	109.7	250×250×9×12×3000	492	492	0.2	Nishiyama 等（2002）
R2	250×12×3000	590	54.4	250×250×9×12×3000	492	492	0.2	
R3	250×12×3000	780	102.5	250×250×9×12×3000	756	756	0.2	
R4	250×12×3000	590	102.5	250×250×9×12×3000	442	442	0.2	
C2	280×12×3000	590	49.1	250×250×9×12×2500	439	439	0.2	
C3	280×9×3000	780	94.2	250×250×9×12×3000	730	730	0.2	
SM-12	406×6.4×2400	350	40.8	360×360×6.8×9.5×2440	350	400	0.13	Beutel 等（2001）
SM-16	406×6.4×2400	350	53.4	360×360×6.8×9.5×2440	350	400	0.13	

* 此两列单位均为 mm。

2）火灾后钢管混凝土柱 - 钢梁连接节点：图 13.4 给出 13.3.2 节进行试验的火灾后节点计算的水平荷载（P）- 水平变形（Δ_h）骨架线计算与试验结果的比较情况。可见二者总体上较为吻合，但部分计算曲线在弹塑性、强化和下降阶段与试验曲线相比存在一定误差，这是由于计算模型中钢材采用了双折线强化模型，这与实际钢材应力 - 应变关系存在差异等原因所致。

（3）水平荷载 - 水平变形滞回关系计算

应用编制的程序可对钢管混凝土节点进行全过程分析，且通过上述算例的验证可见该程序具有较强的通用性和计算精度。但由于该模型是通过沿杆件轴线方向划分单元，再把杆件单元上各个数值积分点的截面细化成若干微单元，以集成截面内力和截

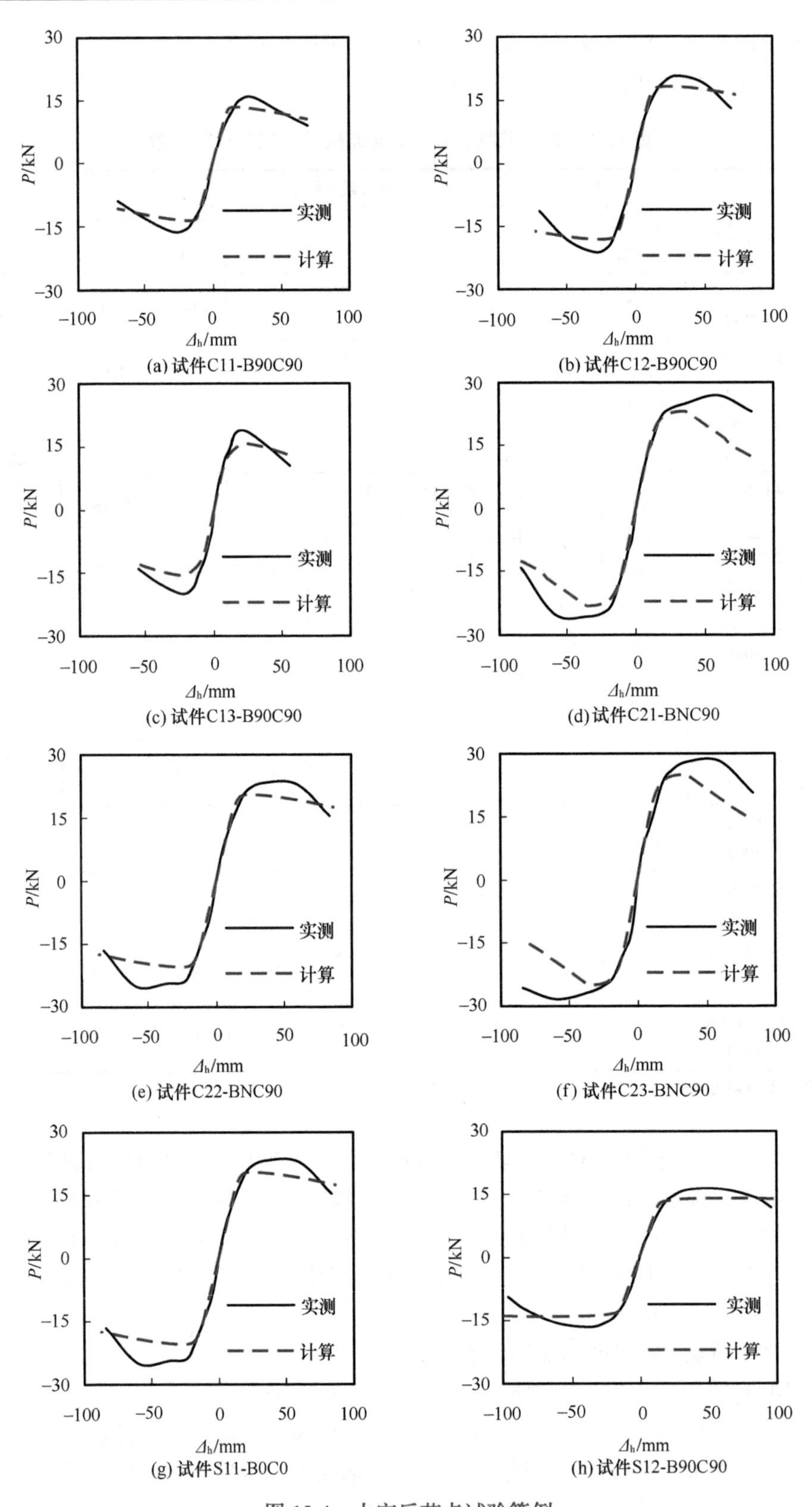

图 13.4　火灾后节点试验算例

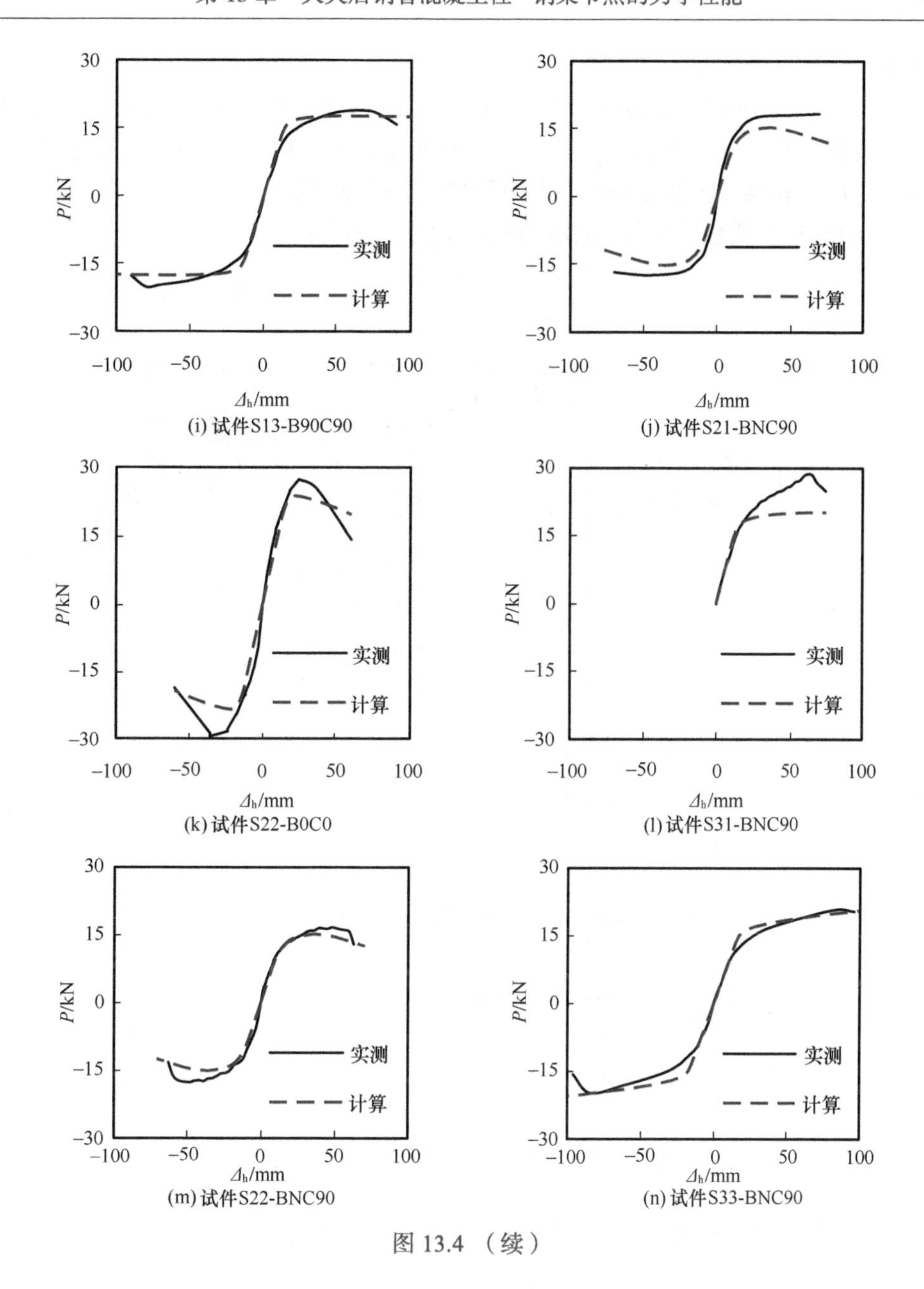

(i) 试件S13-B90C90　(j) 试件S21-BNC90

(k) 试件S22-B0C0　(l) 试件S31-BNC90

(m) 试件S22-BNC90　(n) 试件S33-BNC90

图 13.4 （续）

面刚度，通过数值积分方法得到单元刚度矩阵和单元内力列阵，因此，采用该方法计算 P-Δ_h 滞回曲线时将存在耗时多和效率低的缺点。

由李国强等（1998）对梁柱单元弹性刚度矩阵的论述可见，对于大位移小变形情况，梁柱单元在弹性阶段沿截面主轴的横向受力变形关系与轴向的受力变形关系间近似相互独立，即可以不计由截面轴压刚度 *EA* 和抗弯刚度 *EI* 相互影响而产生的 *ES* 项（*EA*、*EI* 和 *ES* 的定义见本节前面内容）；当单元进入弹塑性状态后，*EA* 和 *EI* 相互影响而产生的 *ES* 项将逐渐变得显著，但与 *EA* 和 *EI* 相比，*ES* 项对结构的受力变形性能影响不明显，且主要是影响结构的后期力学性能。因此在下面的有限元计算模型中，忽略梁柱单元刚度矩阵中的 ES 项。

在不考虑 ES 项的影响的前提下，分别对式（13.6）、式（13.7）和式（13.8）进行积分，可得到梁柱单元的材料非线性的小位移刚度矩阵［K_o］、反映大位移效应的几何刚度矩阵［K_g］和梁-柱单元的结点力向量列阵［f］如下。

［K_o］为材料非线性的小位移刚度矩阵，由下式确定：

$$[K_o]=\begin{bmatrix} K_{o11} & 0 \\ 0 & K_{o22} \end{bmatrix}=\begin{bmatrix} \frac{EA}{l} & -\frac{EA}{l} & 0 & 0 & 0 & 0 \\ -\frac{EA}{l} & \frac{EA}{l} & 0 & 0 & 0 & 0 \\ 0 & 0 & \frac{12EI}{l^3} & \frac{6EI}{l^2} & -\frac{12EI}{l^3} & \frac{6EI}{l^2} \\ 0 & 0 & \frac{6EI}{l^2} & \frac{4EI}{l} & -\frac{6EI}{l^2} & \frac{2EI}{l} \\ 0 & 0 & -\frac{12EI}{l^3} & -\frac{6EI}{l^2} & \frac{12EI}{l^3} & -\frac{6EI}{l^2} \\ 0 & 0 & \frac{6EI}{l^2} & \frac{2EI}{l} & -\frac{6EI}{l^2} & \frac{4EI}{l} \end{bmatrix} \tag{13.20}$$

式中：

$$K_{o11}=\begin{bmatrix} \frac{EA}{l} & -\frac{EA}{l} \\ -\frac{EA}{l} & \frac{EA}{l} \end{bmatrix}$$

$$K_{o22}=\begin{bmatrix} \frac{12EI}{l^3} & \frac{6EI}{l^2} & -\frac{12EI}{l^3} & \frac{6EI}{l^2} \\ \frac{6EI}{l^2} & \frac{4EI}{l} & -\frac{6EI}{l^2} & \frac{2EI}{l} \\ -\frac{12EI}{l^3} & -\frac{6EI}{l^2} & \frac{12EI}{l^3} & -\frac{6EI}{l^2} \\ \frac{6EI}{l^2} & \frac{2EI}{l} & -\frac{6EI}{l^2} & \frac{4EI}{l} \end{bmatrix}$$

［K_g］为反映大位移效应的几何刚度矩阵，由下式确定：

$$[K_g]=N\begin{bmatrix} K_{g11} & 0 \\ 0 & K_{g22} \end{bmatrix}=N\begin{bmatrix} \frac{1}{l} & -\frac{1}{l} & 0 & 0 & 0 & 0 \\ -\frac{1}{l} & \frac{1}{l} & 0 & 0 & 0 & 0 \\ 0 & 0 & \frac{6}{5l} & \frac{1}{10} & -\frac{6}{5l} & -\frac{1}{10} \\ 0 & 0 & \frac{1}{10} & \frac{2l}{15} & -\frac{1}{10} & -\frac{l}{30} \\ 0 & 0 & -\frac{6}{5l} & -\frac{1}{10} & \frac{6}{5l} & -\frac{1}{10} \\ 0 & 0 & \frac{1}{10} & -\frac{l}{30} & -\frac{1}{10} & \frac{2l}{15} \end{bmatrix} \tag{13.21}$$

式中：$K_{g11}=\begin{bmatrix} \frac{1}{l} & -\frac{1}{l} \\ -\frac{1}{l} & \frac{1}{l} \end{bmatrix}$，$K_{g22}=\begin{bmatrix} \frac{6}{5l} & \frac{1}{10} & -\frac{6}{5l} & -\frac{1}{10} \\ \frac{1}{10} & \frac{2l}{15} & -\frac{1}{10} & -\frac{l}{30} \\ -\frac{6}{5l} & -\frac{1}{10} & \frac{6}{5l} & -\frac{1}{10} \\ \frac{1}{10} & -\frac{l}{30} & -\frac{1}{10} & \frac{2l}{15} \end{bmatrix}$

$\{f\}$为梁 - 柱单元的结点力向量：

$$\{f\}=\left\{\begin{matrix} \begin{bmatrix} -N \\ N \end{bmatrix} \\ \begin{bmatrix} 0 \\ -M \\ 0 \\ M \end{bmatrix}+N[K_{g22}]\begin{bmatrix} 0 \\ \hat{\theta}_i \\ 0 \\ \hat{\theta}_j \end{bmatrix} \end{matrix}\right\} \tag{13.22}$$

式中：EA 和 EI——分别为单元截面轴压和抗弯刚度；

l——单元长度；

$N=\frac{EA}{l}\delta u$，δu 为单元轴向变形；

$\hat{\theta}_i$ 和 $\hat{\theta}_j$——单元端点位形$\overline{\Omega}_n$ 和$\overline{\Omega}_n$ 之间的初始转角。

为了确定适合本节实用计算方法的截面变形，把上述变形分成相互独立的截面轴向压缩变形和截面弯曲变形两部分：

$$\varepsilon_o=\frac{d\Delta u(y)}{dy}+\frac{d\hat{v}(y)}{dy}\cdot\frac{d\Delta v(y)}{dy}+\frac{1}{2}\left(\frac{d\Delta u(y)}{dy}\right)^2+\frac{1}{2}\left(\frac{d\Delta v(y)}{dy}\right)^2 \tag{13.23}$$

$$\phi=-\frac{d^2\Delta v(x)}{dx^2} \tag{13.24}$$

为了得到钢管混凝土结构节点的 P-Δ_h 滞回关系曲线，需要确定钢管混凝土和钢梁的截面弯矩 - 曲率滞回关系模型。

钢梁的弯矩 - 曲率滞回关系模型采用如图 13.5 所示随动强化模型。M_y 和 φ_y 为钢梁的屈服弯矩和屈服曲率，$\varphi_y=M_y/K_s$；K_s 为钢梁弹性刚度，$K_s=E_sI$，E_s 和 I 分别为钢材弹性模量和钢梁截面惯性矩，强化阶段刚度 $K_s'=0.01K_s$，钢梁按弹性阶段刚度 K_s 进行卸载。

参考韩林海（2007）给出的钢管混凝土的弯矩 - 曲率滞回关系模型，得到如图 13.6 所示弯矩 - 曲率滞回模型。为适应本节程序计算特点，对韩林海（2007）给出的弯矩 - 曲率滞回关系模型的加卸载规则进行了适当调整。即在图 13.6 所示的钢管混凝土弯矩 - 曲率滞回模型中，当从 1 点或 4 点卸载时，卸载线将按弹性刚度 K_e 进行卸载，并反向加载至 2 点或 5 点，当从抛物线段卸载点 1 进行卸载时，2 点纵坐标荷载值取 1 点纵坐标弯矩值 0.2 倍，当从强化段卸载点 4 进行卸载，即点 4 曲率大于 φ_B 时，5 点纵坐标荷载值为$-0.2M_B+K_e(\varphi-\varphi_B)$；继续反向加载，模型进入软化段 23′ 或 5D′，点 3′ 为卸载点 1 反对称点，即截面所经历的最大变形点的反向对称点，反向加载段 23′ 按二

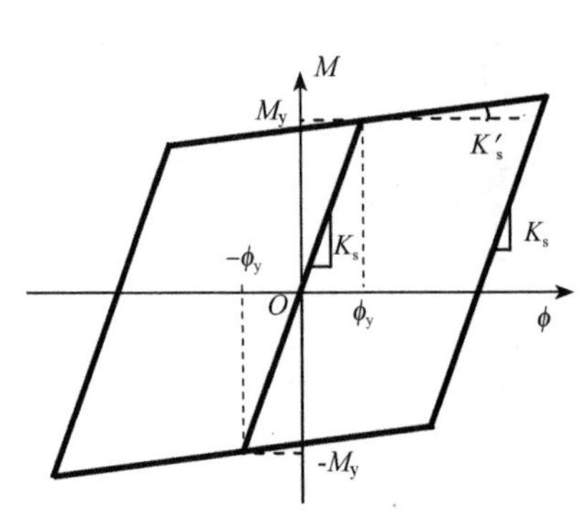

图 13.5　钢梁 M-ϕ 滞回模型

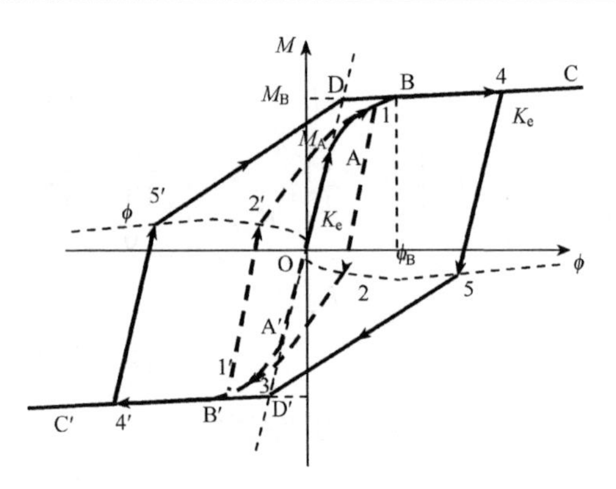

图 13.6　钢管混凝土柱 M-ϕ 滞回模型

次抛物线进行反向加载，而 D′ 则为 OA 线与反向强化段 B′C′ 的延长线的交点，5D′ 按直线进行反向加载。随后，加载路径沿 3′1′2′3 或 D′4′5′D 进行，软化段 2′3 和 5′D 的确定办法分别与 23′ 和 5D′ 相同。

按照上述方法确定了单元刚度矩阵、截面变形及截面内力和变形的关系之后，即可按照下述非线性有限元求解方法，得到节点构件的水平荷载（P）-水平变形（$\varDelta_h$）滞回关系，具体计算步骤如下。

① 划分构件的长度单元，输入构件总体控制信息、几何和截面特性信息。

② 确定钢梁和钢管混凝土弯矩-曲率关系骨架线。

③ 计算结构非线性总刚度矩阵 $[K_t]$，参考荷载矢量 $\{P\}$，设定荷载 N 及控制点位移增量 U_q。

④ 给定位移增量，分解结构非线性总刚度矩阵。

⑤ 由式（13.9）求解 $\{\Delta U^b\}$，迭代次数 i 赋值为 0。

⑥ 由式（13.10）求解 $\{\Delta U^a\}$。

⑦ 迭代次数 $i=i+1$。分别由式（13.11）和式（13.12）求解 $\Delta\lambda$ 和 $\{\Delta U\}$，并按式（13.13）和式（13.14）获得新的 λ 和 $\{U\}$。

⑧ 由式（13.23）和式（13.24）确定截面上轴向和弯曲变形，并得到截面刚度和内力。

⑨ 由式（13.20）和式（13.21）集成结构非线性总刚度矩阵 $[K_t]$；由式（13.22）确定内部节点力向量 $\{f\}$。

⑩ 由式（13.16）求解不平衡力向量 $\{R\}$。

⑪ 判断是否收敛，如收敛或迭代次数 $i>i_{max}$，输出位移向量 $\{U\}^i$ 和荷载系数 λ^i。

⑫ 由式（13.17）计算构件节点变形增量向量 $\{\Delta U\}$。

⑬ 增量步内采用修正的 Aitken 加速收敛方法，第 i 增量步第 k 次迭代加速收敛方法由式（13.18）和式（13.19）确定。

⑭ 与步骤⑧相同，确定截面变形、截面刚度和内力。

⑮ 由式（13.15）和式（13.16）确定内部节点力向量 $\{f\}^i$ 和不平衡力向量 $\{R\}^i$。

⑯ 如果平衡量力大于允许值，转入第⑫步，否则进入下一增量，转入第④步，直至满足停机条件，即可求得构件的极限承载力或构件的水平荷载（P）-水平变形（$\varDelta_h$）全过程滞回关系。

图 13.7 所示为节点简化 P-$\varDelta_h$ 滞回关系计算结果与试验结果的比较，从图中计算曲

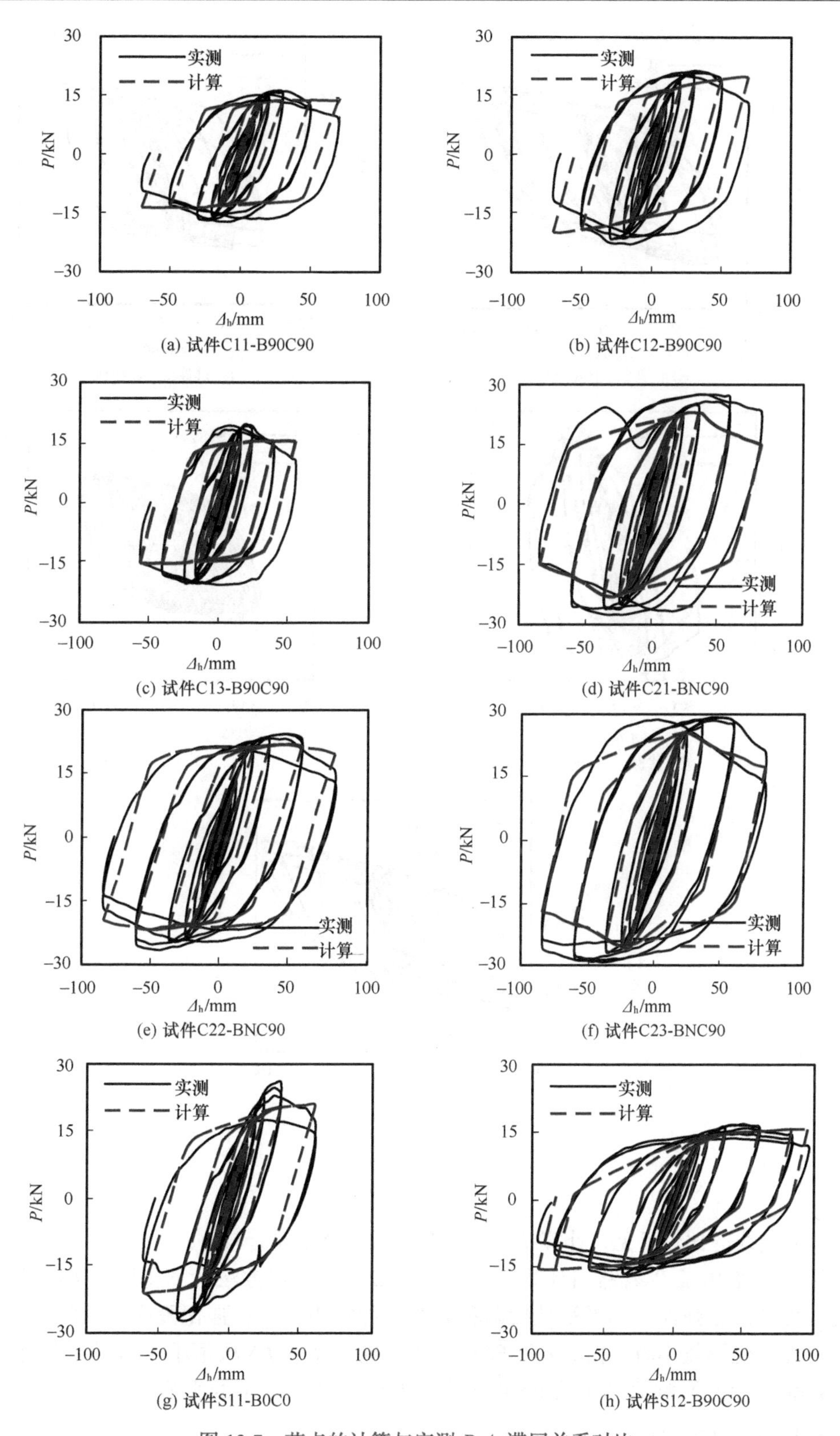

(a) 试件C11-B90C90

(b) 试件C12-B90C90

(c) 试件C13-B90C90

(d) 试件C21-BNC90

(e) 试件C22-BNC90

(f) 试件C23-BNC90

(g) 试件S11-B0C0

(h) 试件S12-B90C90

图 13.7　节点的计算与实测 P-Δ_h 滞回关系对比

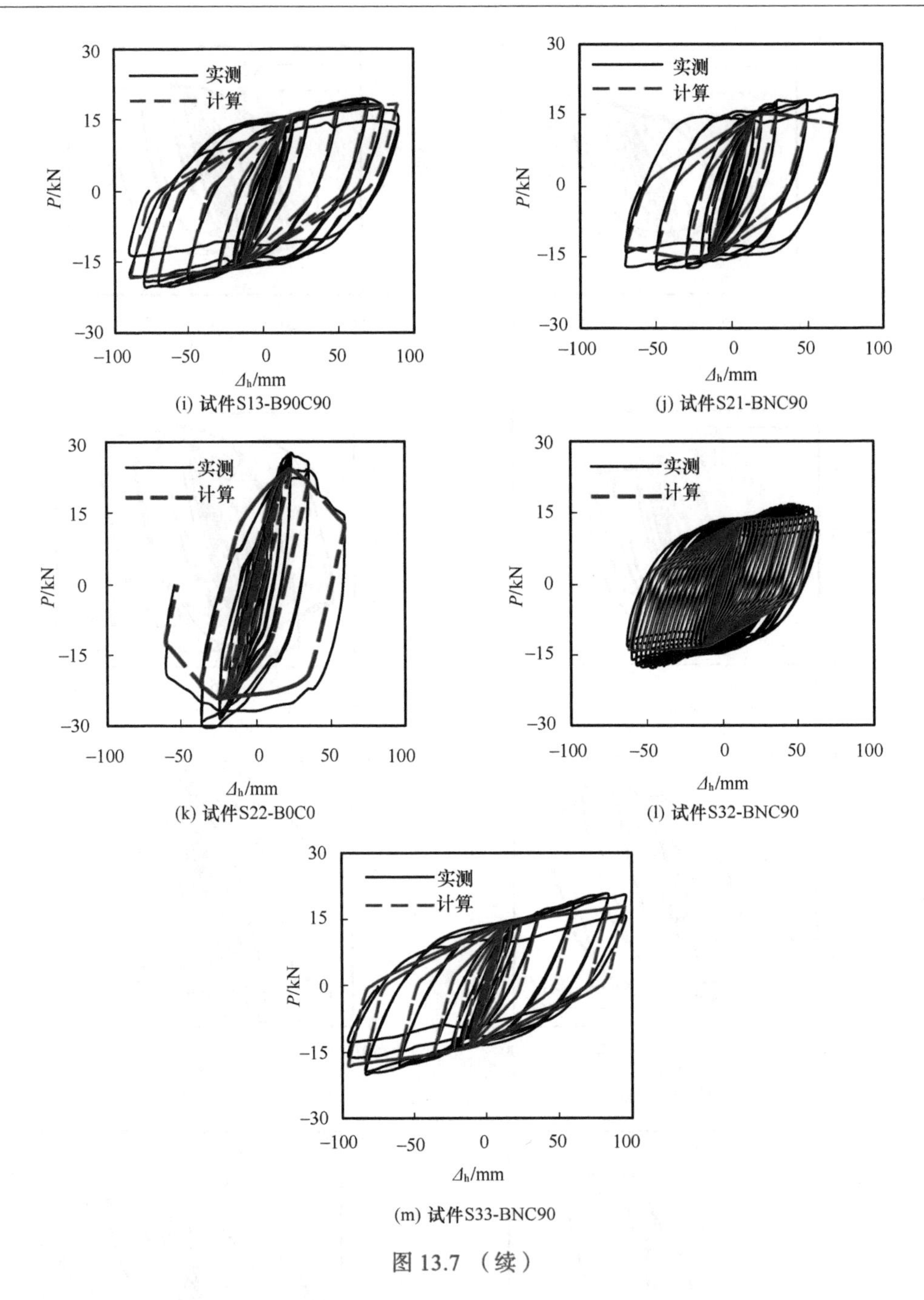

(i) 试件S13-B90C90

(j) 试件S21-BNC90

(k) 试件S22-B0C0

(l) 试件S32-BNC90

(m) 试件S33-BNC90

图 13.7 （续）

线与试验曲线的比较可见，计算结果与试验结果总体上符合较好。

图 13.8 给出了 P-Δ_h 滞回计算曲线与按 13.2.1 节所述方法计算得到的 P-Δ_h 骨架线对比。可见，在弹性段和弹塑性段两种方法差异很小，但在强化段或下降段存在一定差异，即当变形较小时，由 *EA* 和 *EI* 相互影响而产生的 *ES* 项很小，而当变形较大时，由 *EA* 和 *EI* 相互影响而产生的 *ES* 项较大，对结果造成一定的影响，但总体上两种方法的计算结果基本吻合。

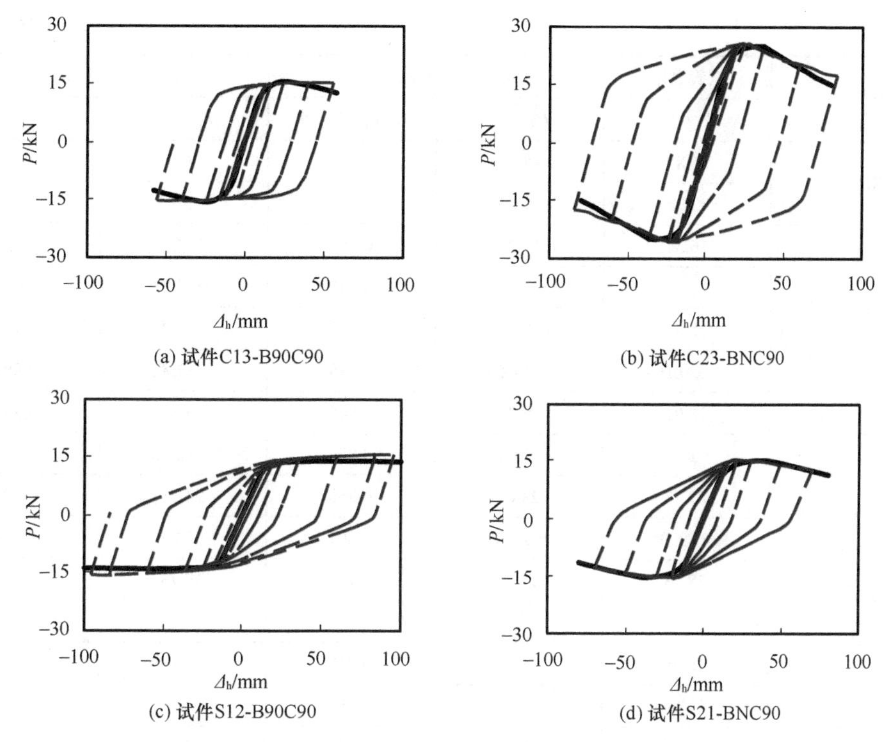

(a) 试件C13-B90C90

(b) 试件C23-BNC90

(c) 试件S12-B90C90

(d) 试件S21-BNC90

图 13.8　节点的简化 P-Δ_h 滞回关系与有限元计算骨架线对比

表 13.2 给出了按上述非线性有限元方法和简化 P-Δ_h 滞回曲线计算方法得到的本次试验节点试件的极限承载力 P_{uc1} 和 P_{uc2}，其中，P_{uc1}/P_{ue} 的平均值为 0.852，均方差为 0.071；P_{uc2}/P_{ue} 的平均值为 0.861，均方差为 0.061。

表 13.2　节点承载力试验值与理论计算值对比

试件	试验数据	有限元法		简化计算方法	
	P_{ue}/kN	P_{uc1}/kN	P_{uc1}/P_{ue}	P_{uc2}/kN	P_{uc2}/P_{ue}
C11	15.85	13.52	0.853	13.68	0.863
	−16.15	−13.52	0.837	−13.68	0.847
C12	20.72	18.19	0.878	19.27	0.930
	−21.23	−18.19	0.857	−19.27	0.908
C13	18.61	15.62	0.839	15.36	0.825
	−20.01	−15.62	0.781	−15.36	0.768
C21	26.92	23.11	0.858	22.99	0.854
	−25.67	−23.11	0.900	−22.99	0.896
C22	23.32	20.51	0.880	21.86	0.937
	−25.04	−20.51	0.819	−21.86	0.873
C23	28.20	24.98	0.886	25.51	0.905
	−28.36	−24.98	0.881	−25.51	0.900

续表

试件	试验数据	有限元法		简化计算方法	
	P_{ue}/kN	P_{uc1}/kN	P_{uc1}/P_{ue}	P_{uc2}/kN	P_{uc2}/P_{ue}
S11	25.87	18.37	0.710	20.5	0.792
	−26.68	−18.37	0.689	−20.5	0.768
S12	16.24	14.01	0.863	15.23	0.938
	−16.58	−14.01	0.845	−15.23	0.919
S13	18.82	17.63	0.937	17.82	0.947
	−20.16	−17.63	0.875	−17.82	0.884
S21	18.02	15.25	0.846	15.33	0.851
	−17.40	−15.25	0.876	−15.33	0.881
S22	27.28	23.62	0.866	24.21	0.887
	−29.50	−23.62	0.801	−24.21	0.821
S31	28.73	20.13	0.701	19.73	0.687
S32	16.45	15.12	0.919	14	0.851
	−17.64	−15.12	0.857	−14	0.794
S33	20.79	19.92	0.958	17.41	0.837
	−19.89	−19.92	1.002	−17.41	0.875

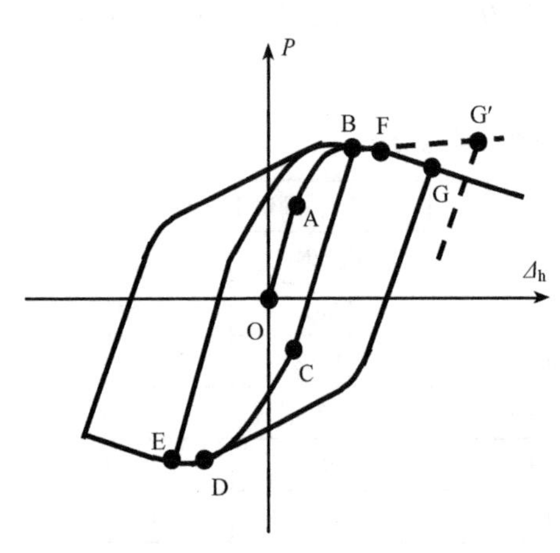

图 13.9　节点的 P-Δ_h 滞回关系

图 13.9 所示为火灾作用后节点的水平荷载（P）-水平变形（Δ_h）滞回关系，该曲线可分为以下几个阶段。

1）OA 段：该段为弹性段，荷载-位移呈线性关系。在 A 点，对于“强柱弱梁”的情况，钢梁翼缘最外纤维开始屈服；对于“强柱弱梁”的情况，压区钢管最外纤维开始屈服。柱荷载比（n）的影响是：随着 n 的增加，将使弹性段刚度有增加的趋势；梁柱线刚度比的影响是：随着梁柱线刚度比的增加，弹性段刚度也将有增加的趋势，并使 OA 段有所延长；受火时间的影响是：随着受火时间的延长，不仅弹性刚度有变小的趋势，而且该段明显变短。

2）AB 段：该段为弹塑性段，荷载-位移呈非线性关系，对于“强柱弱梁”的情况：钢梁截面纤维越来越多地进入塑性状态，刚度也不断降低，该段一般较短，B 点时，大部分截面上的钢材达到屈服状态；对于“强柱弱梁”的情况：柱截面总体处于弹塑性状态，随着外加荷载的增加，钢管受压区屈服的面积不断增加，刚度不断下降。柱荷载比（n）的影响是：随着柱荷载比（n）的增加，弹塑性段有变短的趋势；梁柱线刚度比（k）的影响是：梁柱线刚度比（k）的增加，构件刚度提高；受火时间（t）的影响是：随着受火时间（t）的延长，B 点荷载值有降低的趋势，且对应变形明显增长，即该段明显趋于扁平。

3）BC 段：从 B 点开始卸载，荷载 - 位移基本呈直线关系，卸载刚度与 OA 段的刚度基本相同。截面由于卸载而处于受拉状态的部分转为受压状态，而原来加载的部分现处于受压卸载状态。当荷载小于零，即反向加载后直至加载到 C 点时，截面开始反向加载，荷载 - 位移仍基本呈直线关系，构件均处于弹性状态。在 C 点，对于“强柱弱梁”的情况：受压区钢管最外纤维开始屈服；对于“强柱弱梁”的情况：钢梁截面翼缘最外纤维开始屈服，且 BC 段将有所延长。

4）CD 段：构件处在弹塑性阶段，对于“强柱弱梁”的情况：钢梁截面纤维越来越多地进入屈服状态，刚度也不断降低，且该段较短，很快大部分截面达到反向屈服状态（D 点）；对于“强柱弱梁”的情况：随受压区钢管屈服面积的不断增加，截面刚度开始逐渐降低，大部分截面进入屈服状态。

5）BF（或 DE）段：$P\text{-}\varDelta_h$ 曲线进入强化段，D 点为弹塑性结束点，截面大部分已屈服，在此阶段，截面刚度很小，截面变形增长快，而荷载增长缓慢。

BF（或 DE）段的长短主要和柱荷载比（n）、梁柱线刚度比（k）和受火时间（t）。柱荷载比（n）的影响是：柱荷载比（n）越大，该段越短，且 F（或 E）点荷载值越低；梁柱线刚度比（k）的影响是：随着梁柱线刚度比（k）的增大，该段荷载值有提高的趋势，但对应变形基本不变；受火时间（t）的影响是：随受火时间（t）的延长，荷载降低，且对应变形明显增长，即该段明显趋于扁平。

6）EF 段：节点工作情况类似于 BE 段，虽然这时截面上仍然不断有新的区域进入塑性和强化状态，但由于这部分区域离形心较近，对截面刚度影响不明显。钢管或钢梁进入强化阶段仍具有一定的刚度，受压区的混凝土由于钢管的约束效应作用，也具有一定的刚度，所以整个截面仍具有一定的刚度。

7）FG（G′）段：对于柱荷载比（n）较小的情况，$P\text{-}\varDelta_h$ 曲线有可能不会出现下降段，即 FG′ 段的工作特性与 BF 段类似；对于柱荷载比（n）较大的情况：$P\text{-}\varDelta_h$ 曲线会出现下降段，且随着柱荷载比（n）的增大，下降段的出现也越来越早，下降段的坡度也越来越大。受火时间（t）对下降段有影响，即随着受火时间（t）的延长，下降段趋于平缓；而梁柱线刚度比（k）对下降段的影响则不大。

13.2.2　有限元计算模型

（1）外加强环板连接节点模型

与本书第 11.2 节中型钢混凝土节点模型类似，考虑全过程火灾作用时，节点模型的材料同样经历了常温、升温、降温和高温后四个温度阶段，钢材在常温和升温段的应力 - 应变关系采用式（3.2）、降温和高温后阶段的应力 - 应变关系采用式（4.1）和式（4.2）。钢材的热膨胀、高温蠕变和焊接残余应力考虑方法等如本书第 3.2.2 节所述。钢管混凝土柱内的核心混凝土，其常温和升温段核心混凝土的应力 - 应变关系采用式（5.2）；降温和高温后阶段核心混凝土的应力 - 应变关系则采用式（6.1）。楼板中的混凝土在常温和升温段的应力-应变关系采用式（3.6）、降温和高温后阶段的应力-应变关系采用式（11.1）。混凝土的热膨胀模型、高温徐变和瞬态热应变的考虑方法如本书第3.2.2节所述。

连接钢梁和楼板的栓钉在有限元计算模型中采用弹簧单元来模拟，为此需要确定栓钉的剪力（Q）-相对滑移（S）关系。宋天诣（2011）通过修正常温下栓钉的Q-S关系（Ollgaard et al.，1971）来考虑温度对Q-S关系的影响，确定的Q-S关系如下：

$$Q=Q_{uT}\left[1-\exp(-0.71S)\right]^{0.4} \tag{13.25}$$

式中：S——相对滑移，单位为mm；

Q——栓钉剪力，单位为N；

Q_{uT}为高温下栓钉的极限抗剪承载力，单位为N，按照Eurocode 4（2004）Part 1-2给出的方法确定，即

$$Q_{uT}=\min\{Q_{1T}, Q_{2T}\} \tag{13.26-1}$$

$$Q_{1T}=0.64\cdot k_{uT}f_u\pi d^2/4 \tag{13.26-2}$$

$$Q_{2T}=0.29\cdot k_{cT}\alpha d^2\sqrt{f_{ck}E_c} \tag{13.26-3}$$

$$\alpha=\begin{cases}0.2(h_{sc}/d+1) & (3\leqslant h_{sc}/d\leqslant 4)\\ 1 & (h_{sc}/d>4)\end{cases} \tag{13.26-4}$$

式中：d——栓钉直径（mm），16mm$\leqslant d\leqslant$25mm；

h_{sc}——栓钉长度（mm）；

f_u——栓钉的极限抗拉强度（MPa），$f_u\leqslant$500MPa；

f_{ck}——混凝土轴心抗压强度（MPa）；

E_c——混凝土弹性模量（N/mm^2）；

k_{uT}、k_{cT}——与温度有关的折减系数，按照表13.3选取。

表13.3　温度折减系数（k_{uT}和k_{cT}）

T/℃	20	100	200	300	400	500	600	700	800	900	1000	1100	1200
k_{uT}	1.25	1.25	1.25	1.25	1.00	0.78	0.47	0.23	0.11	0.06	0.04	0.02	0
k_{cT}	1	1	0.95	0.85	0.75	0.60	0.45	0.30	0.15	0.08	0.04	0.01	0

力学性能分析模型采用与本书第13.3.1节中的试验边界条件相同：节点柱下端板固结；上端板约束平面内转动和水平方向的位移；节点梁两端自由。柱上端承受轴向荷载，梁两端承受竖向荷载，计算时考虑柱的初始弯曲，假设柱跨中的初始挠度为柱计算长度的千分之一。

节点模型中混凝土、钢管、型钢和钢筋的单元选取同本书第12.2节所述，图13.10给出了节点模型的边界条件和网格划分。对于钢梁和混凝土楼板界面中的栓钉，采用式（13.25）给出的剪力-相对滑移关系通过非线性弹簧单元进行模拟。

（2）单边螺栓连接节点模型

结构在服役全寿命过程中发生火灾时，可综合考虑其受火、受力全过程进行火灾后性能评估。如图1.15所示，节点的受火全过程包括常温段、升温段、降温段和火灾

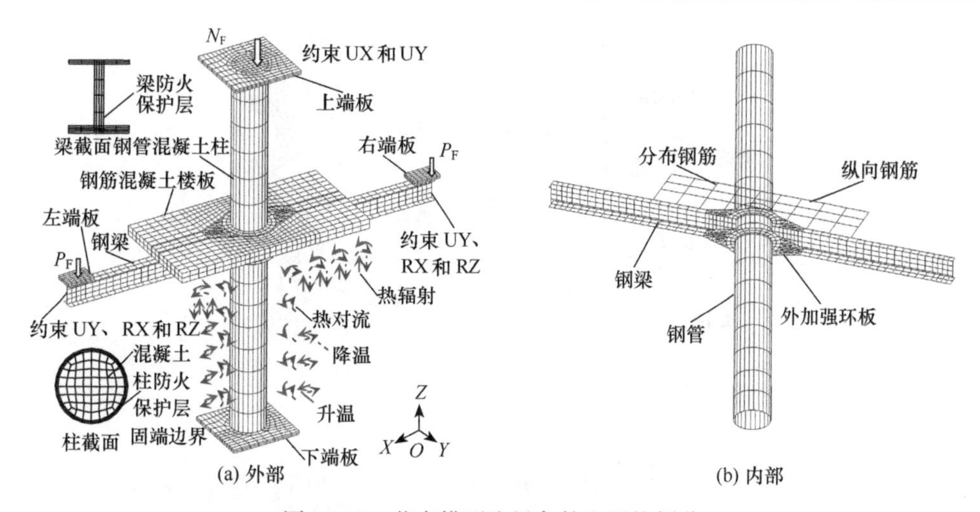

图 13.10　节点模型边界条件和网格划分

后阶段；与其对应的受火和受力工况如图 13.11 所示，包括：①施工阶段，施工时节点受到各类施工荷载的影响，直到正常使用阶段，节点所受柱轴向荷载（N_F）和梁均布荷载（q_F）基本稳定；②建成后长期服役阶段：节点承受其服役阶段的恒载和活载等的长期作用；③正常服役若干年后的偶遇火灾阶段：节点遭受火灾，火灾升温和降温段节点承受的荷载近似保持不变；④火灾后的反复荷载作用阶段：火灾后节点则可能会承受反复荷载（P）的作用直到破坏。本节建立了火灾后钢管混凝土柱 - 钢梁单边螺栓连接节点的抗震性能精细化分析模型，包括温度场计算和力学性能分析模型。

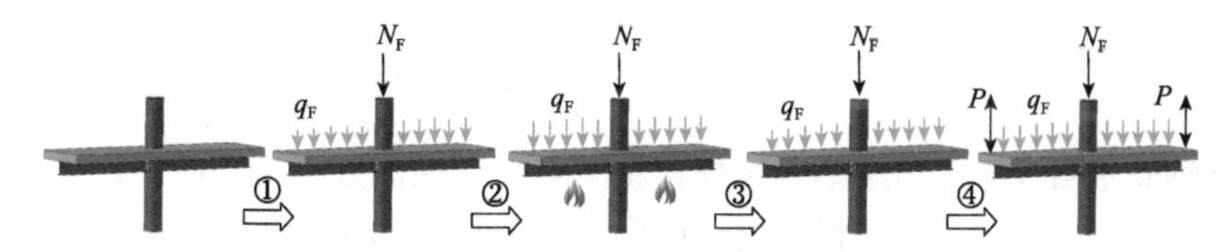

图 13.11　节点受火和受力工况

钢管混凝土柱 - 钢梁单边螺栓连接节点的温度场计算模型所用的混凝土和钢材的热工参数模型、热边界处理等与其他类型的钢管混凝土柱或节点并无明显差异，这里不再赘述，其难点在于单边螺栓的简化模拟和不同部件之间的界面接触处理方法。

单边螺栓构造较复杂，包括螺杆、钢垫圈、弹簧垫圈、锥头，套筒等五个部件，在温度场计算模型中为便于计算需对单边螺栓进行适当简化，以提高计算效率和收敛性，本书采用 Ataei1 等（2015）提出的如图 13.12 所示的方法对单边螺栓进行简化，将其分为螺杆、钢垫圈和锥头三部分进行模拟。

钢管混凝土柱 - 钢梁单边螺栓连接节点温度场计算模型包括的主要组件有：钢管混凝土柱、柱端板、钢梁、压型钢板、楼板，梁端板、单边螺栓等，模型中忽略不同部件界面的接触热阻，认为不同部件在接触位置具有相同温度。楼板内的钢筋采用桁架单元，钢管和压型钢板采用壳单元，其余部件均采用实体单元，基于有限元软件平台 ABAQUS（2010）建立模型，图 13.13 所示为该类节点模型边界条件和网格划分示意图。

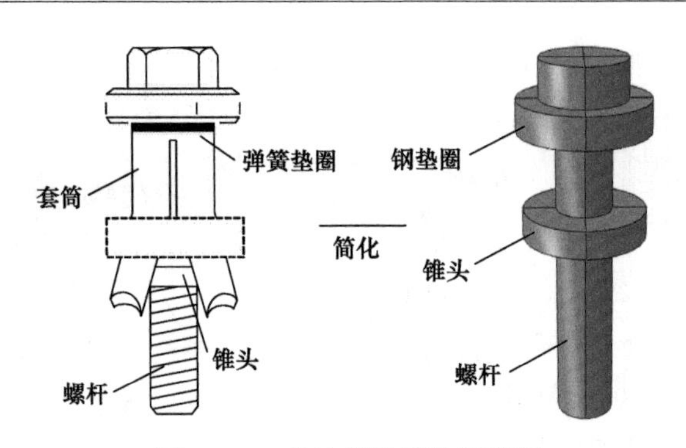

图 13.12　单边螺栓简化示意图

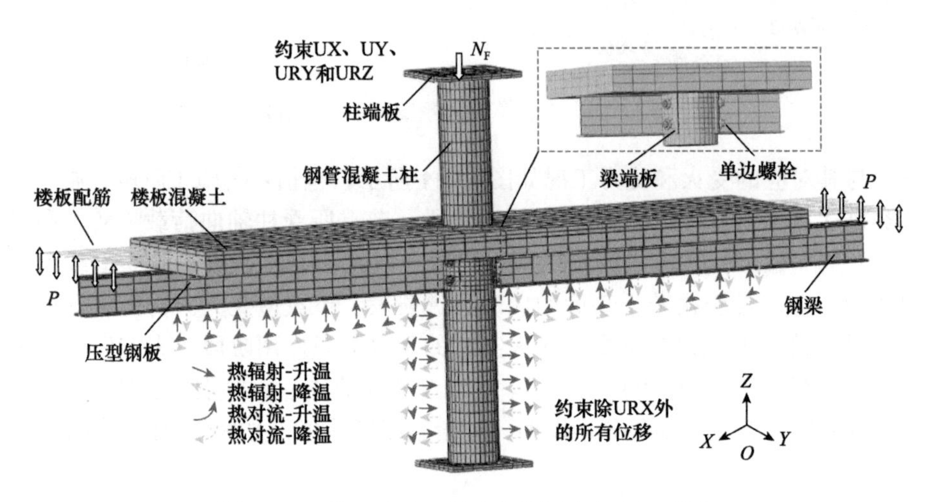

图 13.13　节点模型边界条件和网格划分示意图

建立钢管混凝土柱 - 钢梁单边螺栓连接节点力学性能分析模型时，保持与温度场计算模型一致的网格划分，并将传热分析单元替换为相应的力学分析单元。节点柱上、下端板的中心位置处各建立一个参考点，参考点与端板面之间设置 Coupling 约束，从而可以通过参考点控制端板的位移和转角，上端板参考点上施加轴向荷载（N_F）；节点梁两端通过位移边界条件，施加反复荷载（P）。

如前所述，节点经历了常温、升温、降温和火灾后四个温度阶段，其力学性能分析模型中的材料本构模型应根据不同阶段对应采用（李帅，2021）。节点模型中的材料分为三类：钢材、钢管混凝土柱内的核心混凝土和楼板中的混凝土，其不同温度阶段下本构模型的选取如本书第 13.2.2 节所述。当采用再生混凝土时，钢管约束再生混凝土在四个温度阶段的本构模型如下。

1）常温段：考虑再生混凝土的再生骨料替代率（r）对混凝土峰值应力对应的应变值影响，常温段钢管约束再生混凝土的应力 - 应变关系按照式（13.27）计算：

$$y=\begin{cases}2x-x^2 & (x\leqslant 1)\\ \dfrac{x}{\beta_0\left(x-1\right)^{\eta}+x} & (x>1)\end{cases}\qquad(13.27\text{-}1)$$

$$x=\frac{\varepsilon_c}{\varepsilon_o} \tag{13.27-2}$$

$$y=\frac{\sigma_c}{\sigma_o} \tag{13.27-3}$$

$$\sigma_o=f_c' \tag{13.27-4}$$

$$\varepsilon_0=(\varepsilon_{cc}+800\xi^{0.2})(1+r/\theta)\times 10^{-6} \tag{13.27-5}$$

$$\varepsilon_{cc}=(1300+12.5f_c')\times 10^{-6} \tag{13.27-6}$$

$$\theta=65.715r^2-109.43r+48.989 \tag{13.27-7}$$

$$\eta=\begin{cases}2 & （圆钢管再生混凝土）\\ 1.6+\dfrac{1.5}{x} & （方钢管再生混凝土）\end{cases} \tag{13.27-8}$$

$$\beta_o=\begin{cases}0.5(2.36\times 10^{-5})^{0.25+(\xi-0.5)^7}\cdot(f_c')^{0.5} & （圆钢管再生混凝土）\\ \dfrac{(f_c')^{0.1}}{(1.2\sqrt{1+\xi})} & （方钢管再生混凝土）\end{cases} \tag{13.27-9}$$

$$\xi=\frac{A_s\cdot f_y}{A_c\cdot f_{ck}} \tag{13.27-10}$$

式中：f_y——常温下钢材屈服强度；

f_{ck}——常温下混凝土抗压强度标准值；

f_c'——常温下混凝土圆柱体抗压强度；

r——再生骨料替代率。

2）升温段：升温段钢管约束再生混凝土的应力 - 应变关系在式（13.27）基础上考虑温度（T）的影响，将 ε_o 和 σ_o 进行修正，替换为关于 T 的 ε_{oh} 和 σ_{oh}，从而得到升温段钢管约束再生混凝土的模型，ε_{oh} 和 σ_{oh} 如式（13.28）所示。

$$\sigma_{oh}=\frac{\sigma_o}{1+1.986(T-20)^{3.21}\times 10^{-9}} \tag{13.28-1}$$

$$\varepsilon_{oh}=\varepsilon_o\left[1+3.610^{-4}(T-20)+4.22\times 10^{-6}(T-20)^2\right. \tag{13.28-2}$$

3）降温段：目前还没有针对降温段钢管约束再生混凝土的材料性能研究，本书认为降温段钢管约束再生混凝土的应力 - 应变关系只与当前温度（T）和历史最高温度（T_{max}）有关，采用升温段和火灾后阶段插值的方法，得到降温段钢管约束再生混凝土的模型。

4）火灾后阶段：火灾后阶段的钢管约束再生混凝土的应力 - 应变关系主要与历史最高温度（T_{max}）有关，本书根据再生混凝土的 T_{max} 对 ε_o 和 σ_o 进行修正，得到与 T_{max} 相关的 ε_{op} 和 σ_{op}，将其代入式（13.27）即得到火灾后阶段钢管约束再生混凝土的模型，ε_{oph} 和 σ_{op} 如式（13.29）所示。

$$\sigma_{op}=\frac{\sigma_o}{1+6.4{a_T}^{3.9}} \tag{13.29-1}$$

$$\varepsilon_{op}=\varepsilon_o\left[1+1.5a_T+5{a_T}^2\right] \tag{13.29-2}$$

$$a_T=\frac{T_{max}-20}{1000} \tag{13.29-3}$$

火灾后阶段节点受反复荷载作用时，混凝土材料模型中应考虑材料损伤的影响。本书中，火灾后混凝土在反复荷载作用下的损伤发展采用受压损伤系数（d_c）和受拉损伤系数（d_t）来衡量，根据 Li 等（2011）提出的常温下混凝土损伤系数计算方法，本书采用类似方法计算火灾后阶段混凝土的 d_c 和 d_t，如式（13.30）所示。

$$d_c = 1 - \frac{\sigma_c + n_c\sigma_{cu}(T_{max})}{E_c(T_{max})(n_c\sigma_{cu}(T_{max})/E_c(T_{max}) + \varepsilon_c)} \tag{13.30-1}$$

$$d_t = 1 - \frac{\sigma_t + n_t\sigma_{to}(T_{max})}{E_c(T_{max})(n_t\sigma_{to}(T_{max})/E_c(T_{max}) + \varepsilon_t)} \tag{13.30-2}$$

式中：σ_c——混凝土受压时应力；

ε_c——混凝土受压时应变；

σ_t——混凝土受拉时应力；

ε_t——混凝土受拉时应变；

n_c——混凝土受压时常数，根据 Li 等（2011），取值为 2；

n_t——混凝土受拉时常数，根据 Li 等（2011），取值为 1；

σ_{cu}（T_{max}）——火灾后混凝土受压峰值强度，根据 Han 等（2002）确定；

σ_{to}（T_{max}）——火灾后混凝土受拉峰值强度，根据 Han 等（2002）确定；

E_c（T_{max}）——火灾后混凝土弹性模量，根据混凝土火灾后的应力 - 应变关系曲线斜率得到。

节点力学性能分析模型中，不同组件之间的接触关系处理方法如图 13.14 和表 13.4 所示，其中，Ⅰ代表法向硬接触，切向库伦摩擦（摩擦系数 0.45）；Ⅱ代表法向硬接触，切向库伦摩擦（摩擦系数 0.8）；Ⅲ代表“Tie”约束；Ⅳ代表“Embedded Region”约束。库伦摩擦模型中，圆形和方形钢管混凝土的界面粘结强度分别取为 0.73MPa 和 0.54MPa。螺栓通过螺栓力模块施加预紧力，预紧力的大小取螺杆抗拉承载力设计值的 60%。

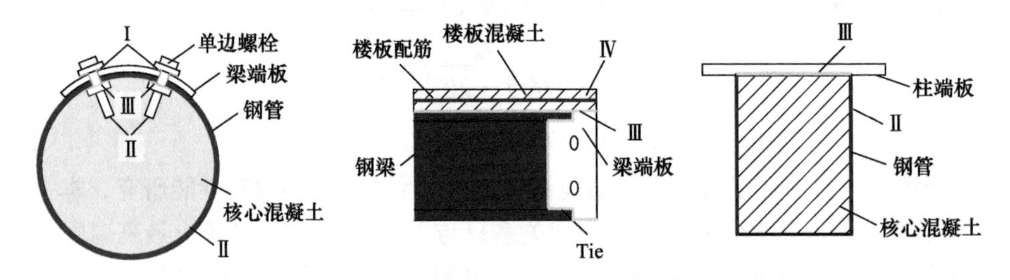

图 13.14　节点力学性能分析模型中不同部件的界面接触处理示意图

表 13.4　节点力学性能分析模型中不同部件的界面处理方式汇总

接触对	接触方式	接触对	接触方式
钢管 - 柱端板	Ⅲ	单边螺栓 - 钢管	Ⅰ
核心混凝土 - 柱端板	Ⅲ	单边螺栓 - 梁端板	Ⅰ
钢管 - 核心混凝土	Ⅱ	楼板配筋 - 楼板混凝土	Ⅳ
钢梁 - 压型钢板	Ⅲ	单边螺栓 - 核心混凝土	Ⅳ
压型钢板 - 楼板混凝土	Ⅲ		

13.3 试验研究

13.3.1 外加强环板连接节点的静力性能

（1）试验概况

进行了钢管混凝土柱 - 钢梁外加强环板连接节点在如图 1.14 所示 A→A′→B′→C′→D′→E′ 时间（t）- 温度（T）- 荷载（N）路径下的力学性能试验（Song 等，2010），研究其温度 - 受火时间关系、破坏形态、柱轴向变形 - 受火时间关系、梁端挠度 - 受火时间关系以及火灾后荷载 - 应变关系和极限承载力；分析升温时间、防火保护层厚度等参数对节点力学性能的影响规律。

节点试验所用的试验装置、边界条件和加载方案与第 11.3.1 节所述的型钢混凝土节点的火灾后试验一致，此处不再赘述。

1）试件设计与制作：依据实际工程中常用的钢管混凝土组合结构形式，试件采用了圆钢管混凝土柱、工字形截面钢梁、钢筋混凝土楼板、钢梁和钢管混凝土柱之间通过外加强环板连接、钢梁和混凝土楼板之间通过栓钉连接形成组合梁。试验过程中，节点试件楼板下部及其以下梁柱受火，以模拟框架结构中中柱节点楼板下部发生局部火灾的情况，其余部分均采用石棉包裹来模拟未受火部分。

试验参数包括：①升温时间：48min 和 30min，其中 48min 为节点在升温段达到耐火极限的时间；②防火保护层厚度：钢管混凝土柱的柱防火保护层厚度（a_c）按照《建筑设计防火规范》（GB 50016—2006）（2006）和《建筑设计防火规范》（GB 50016—2014）（2014）中给出的圆钢管混凝土柱防火保护层厚度公式计算获得，使柱的耐火极限满足 3h 或 2h，确定 a_c=14mm 或 7mm；钢 - 混凝土组合梁中钢梁的梁防火保护层厚度（a_b）按照上述规范给出的简支钢梁防火保护层厚度选取表格获得，使钢梁耐火极限满足 1.5h 或 1.0h，确定 a_b=15mm 或 10mm。试件具体参数如表 13.5 所示。

试件 JC1 设计为在升温段破坏，即进行耐火极限试验，试件 JC2 和试件 JC3 设计为火灾后继续加载直至破坏。表 13.5 中：D 为圆钢管截面外直径；t_s 为钢管壁厚；H 为钢管混凝土柱高度；h 为型钢高度；b_f 为型钢翼缘宽度；t_w 为型钢腹板厚度；t_f 为型钢翼缘厚度；L 为钢梁长度；b_{slab} 为楼板宽度；t_{slab} 为钢筋混凝土楼板厚度；L_{slab} 为混凝土楼板长度；a_c 为柱防火保护层厚度；a_b 为梁防火保护层厚度；t_h 为升温时间。

表 13.5　钢管混凝土柱 - 钢梁连接节点试件具体参数

试件编号			JC1	JC2	JC3
试件尺寸	柱	$D\times t_s$	32mm×5mm		
		H/mm	3800		
	梁	$h\times b_f\times t_w\times t_f$	200mm×120mm×4.85mm×7.63mm		
		L/mm	3900		

续表

试件编号			JC1	JC2	JC3
试件尺寸	楼板	$b_{slab} \times t_{slab}$	1000mm×100mm		
		L_{slab}/mm	2000		
	防火保护层	a_c/mm	7	7	14
		a_b/mm	15	15	10
其他参数	t_h/min		48	30	30
	k		0.488		
	n		0.5		
	N_F/kN		2374		
	m		0.5		
	P_F/kN		29		

k 为梁柱线刚度比，按式（10.1）计算。计算时，对于钢管混凝土柱，$EI=E_sI_s+0.8E_cI_c$，E_s 和 E_c 分别为钢管和混凝土的弹性模量，I_s 和 I_c 分别为钢管和混凝土的截面惯性矩；对于钢 - 混凝土组合梁，$EI=E_sI_s+E_{sb}I_{sb}$，E_s 和 E_{sb} 分别为工字形截面型钢和钢筋的弹性模量，I_s 和 I_{sb} 分别为工字形截面型钢和钢筋的截面惯性矩。

n 和 m 分别为柱和梁的荷载比，分别按式（3.17）和式（3.18）确定，计算时，N_u 采用韩林海（2016）中给出的常温下钢管混凝土柱极限承载力公式计算；P_u 根据 GB 50017—2003（2003）和 GB 50017—2017（2017）中给出的考虑楼板组合效应后的钢 - 混凝土组合梁极限承载力公式计算，其中材料性能指标采用实测值。

钢管与工字形截面钢梁连接处采用加强环板连接，楼板与钢梁之间通过栓钉连接，形成组合梁。钢管混凝土柱和节点区环板依据韩林海（2016）进行设计，钢梁、楼板和栓钉依据 GB 50017—2003（2003）和 GB 50017—2017（2017）进行设计，栓钉沿楼板纵向单排设置，栓钉长度 60mm、直径 9mm，间距 75mm。图 13.15 所示为节点试件尺寸。试验时将钢梁伸出炉膛，在距梁端 100mm 处用千斤顶进行加载。

2）材料性能：节点试件所用钢材材料性能由拉伸试验确定，钢材力学性能指标如表 13.6 所示。

表 13.6　钢材力学性能指标

钢材类型	f_y/MPa	f_u/MPa	E_s/（10^5N/mm^2）	v_s
钢管	376	462	2.06	0.274
外环板腹板	278	433	2.01	0.297
外环板翼缘	295	435	1.98	0.276
钢梁腹板	295	428	2.17	0.256
钢梁翼缘	245	408	2.14	0.274
栓钉	362	559	2.18	0.254
楼板钢筋 ϕ8	388	477	2.10	0.286

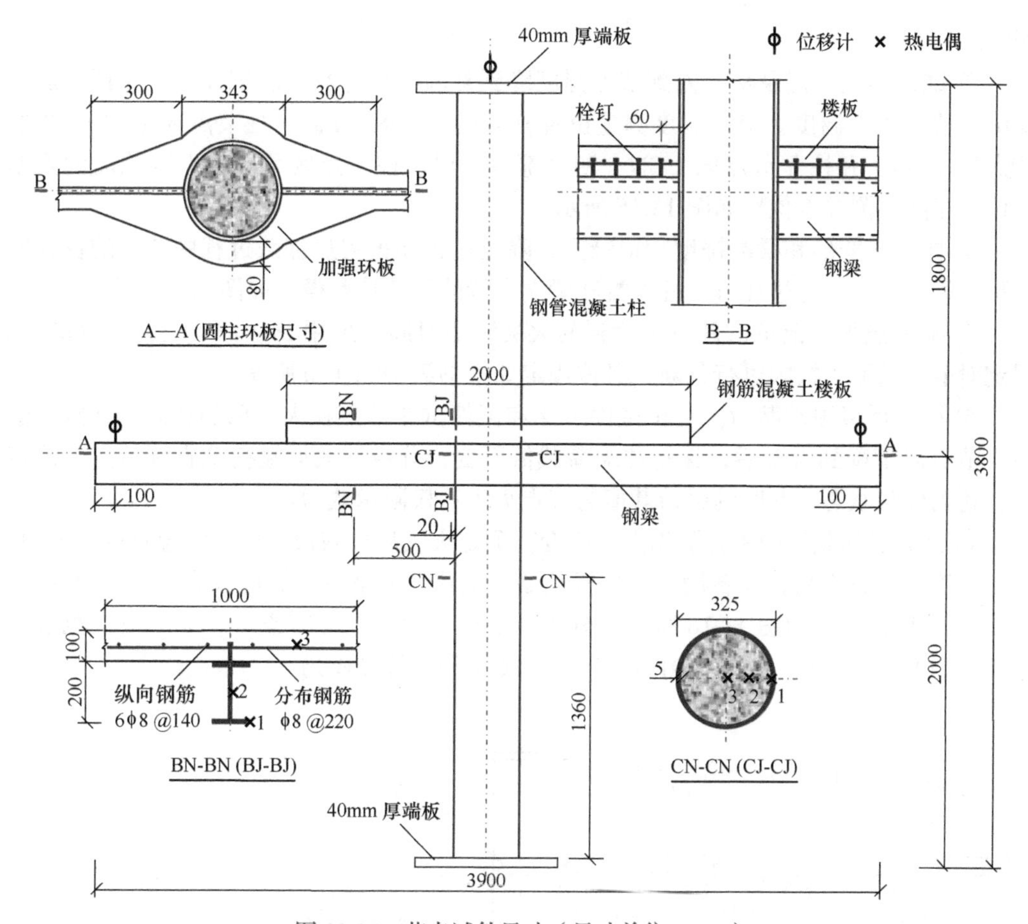

图 13.15　节点试件尺寸（尺寸单位：mm）

试件中采用了自密实混凝土，混凝土水胶比为 0.36，砂率为 0.395，配合比为：水泥 320kg/m^3；粉煤灰 140kg/m^3；砂 680kg/m^3；石 1046kg/m^3；水 165kg/m^3。采用的原材料为：42.5 普通硅酸盐水泥；河砂；花岗岩碎石，石子粒径 5～15mm：矿物细掺料；Ⅱ级粉煤灰；普通自来水。

混凝土坍落度为 250mm，坍落流动度为 620mm，混凝土浇灌时内部温度为 29℃，比环境温度约低 2℃。新拌混凝土流经“L”形流速仪的时间为 14s，平均流速为 57mm/s。混凝土 28d 立方体抗压强度 f_{cu} 由与试件同条件下成型养护的 150mm×150mm×150mm 立方试块测得，测得 28d 立方体抗压强度为 47.4MPa，混凝土的弹性模量为 28 870N/mm^2，棱柱体抗压强度为 37.5MPa。试验时 f_{cu}=54.3MPa。

试验过程中，对试件不需要受火的部位以及炉边缘位置进行防火保护，确保有效隔热。钢结构防火涂料采用 TB-IV 厚型防火隔热涂料，其热工性能参数为：密度（ρ）（400±20）kg/m^3；导热系数（k）0.116W/（m · ℃）；比热容（c）1.047×10^{3}J/（kg · ℃）。

3）量测内容：节点试验的主要量测内容如下。

① 炉膛温度。记录升、降温段的炉膛温度变化情况。通过试验炉内八个热电偶

测得。

② 试件温度。记录从升温到节点温度降到常温的全部数据。试件加工时预埋热电偶测量节点内部温度。节点温度测量位置分为梁节点区（BJ）、柱节点区（CJ）、梁非节点区（BN）和柱非节点区（CN）四个部分，梁、柱节点区和非节点区截面的测温点位置相同，测温点位置如图 13.15 所示。

③ 柱轴向变形和梁端挠度。记录升、降温过程和火灾后加载过程中节点的柱轴向变形和梁端挠度。通过在节点柱上端和梁端布置的位移计测得，如图 13.15 所示。

④ 耐火极限。记录试件 JC1 达到耐火极限的时间。采用 ISO-834（1999）标准的规定对节点的耐火极限进行判断，具体规定如本书第 10.3.1 节所述。

⑤ 火灾后极限承载力。测试试件 JC2 和试件 JC3 节点在火灾后加载段的极限承载力。节点温度降到常温后，保持柱端荷载值不变，分级加大梁端荷载直到节点无法持荷，达到极限状态，此时的梁荷载值为节点火灾后极限承载力。

⑥ 火灾后加载过程中各测温点的应变。测定火灾后加载段各应变测温点的应变值。节点温度降到常温后，在各测温点位置粘贴应变片，记录每一级荷载稳定后的应变值。应变片测温点位置如图 13.16 所示，分为节点区（JZ）和非节点区，非节点区测温点位置分为 L 梁（LB）、R 梁（RB）、上柱（TC）和下柱（BC）。

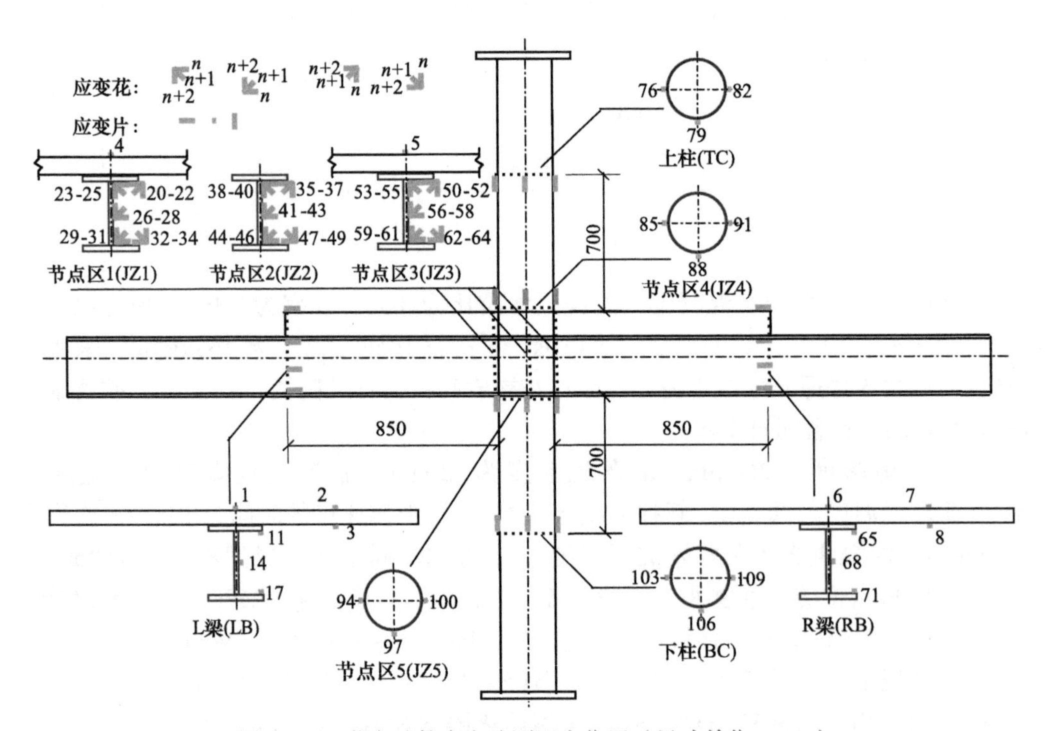

图 13.16　节点试件应变片测温点位置（尺寸单位：mm）

（2）试验结果和分析

1）试验现象与破坏特征：试件均发生了预期设计的破坏形式，即梁节点区破坏造成试件破坏。下面分别论述各试件的试验过程以及破坏特征，为描述方便，统一规定节点柱下端贴有试件编号的一侧为节点正面，另一侧为背面，相对于节点正面图，节点梁分为 L 梁和 R 梁，节点柱分为上柱和下柱。

① 试件 JC1。图 13.17 所示为试验后试件 JC1 节点的破坏形态，图 13.18 所示为试件 JC1 的各部位局部破坏形态。

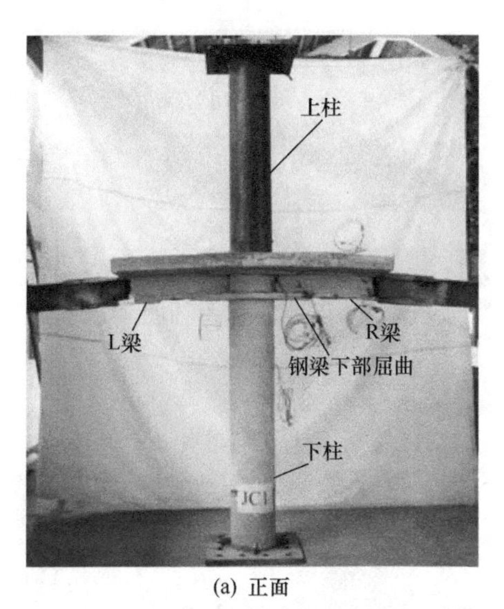

(a) 正面

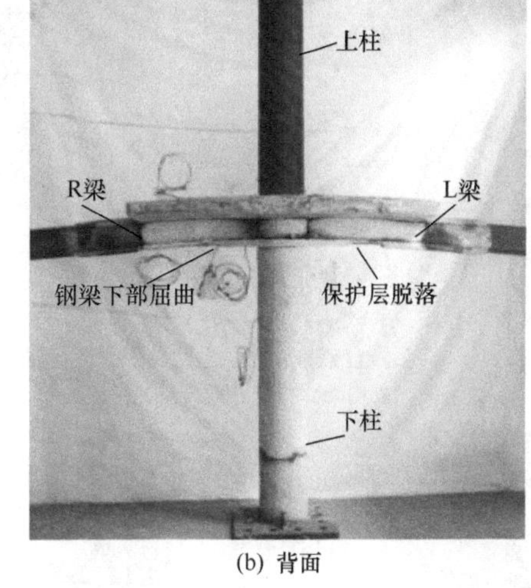

(b) 背面

图 13.17　试件 JC1 的破坏形态

试验中观察发现，点火 25min（炉膛温度 789℃）时，柱上端板处有水蒸气溢出；34min（炉膛温度 844℃）时，通过观测孔可以发现节点防火保护层开始由灰色逐渐变黑最终变为白色；40min（炉膛温度 860℃）时，节点区 R 侧钢梁下翼缘防火保护层首先发生脱落，随后 L 侧钢梁防火保护层也发生脱落［图 13.18（b）]，失去防火保护层后，节点区钢梁变形速率加剧，48min（炉膛温度 893℃）时 R 梁节点区首先屈曲［图 13.18（d）]，梁端无法持荷，节点达到耐火极限，立即停止梁柱端加载，但仍然记录温度变化数据，直到节点温度降为常温。

开炉后观察发现，节点柱保持了较好的完整性，下柱防火保护层开裂但没有剥落。节点破坏的位置主要集中在节点梁以及楼板上。如图 13.18（b）所示节点区钢梁下翼缘屈曲且防火保护层脱落，R 梁屈曲较为明显，导致梁端无法持荷。钢梁腹板发生了鼓曲，防火保护层有松动现象但未脱落。图 13.18（g）和（h）给出楼板的裂缝分布情况，图中有下划线的数字为开炉后楼板主要裂缝的宽度，楼板 L 侧裂缝分布较为丰富，而 R 侧楼板裂缝较宽，最大达 6.20mm。

② 试件 JC2。图 13.19 所示为试件 JC2 的最终破坏形态。观察发现，点火 21min（炉膛温度 778℃）时，柱上端板处开始有水蒸气溢出，柱千斤顶和反力梁上凝结了大量水滴；30min（炉膛温度 807℃）时，防火保护层逐渐从灰色变为黑灰色，此时停止升温进入降温段，防火保护层由于受火不充分，表面颜色没有从黑色变为白色，最终成为灰白相间的颜色［图 13.20（a）]。开炉清理节点表面，粘贴应变片，图 13.20（b）所示为火灾后加载段的情景。图 13.21 所示为试件 JC2 各部位的局部破坏形态。

火灾后加载过程中节点区钢梁下翼缘防火保护层脱落［图 13.21（e）和（f）］，节点最终破坏是由于节点区 R 梁腹板鼓曲以及楼板开裂引起的，试验后切割除去下柱钢管，观察核心混凝土的破坏情况，发现混凝土保持了较好的完整性，无明显裂缝发生［图 13.21（e）］。图 13.21（g）和（h）给出了楼板主要裂缝的分布，其中有下划线

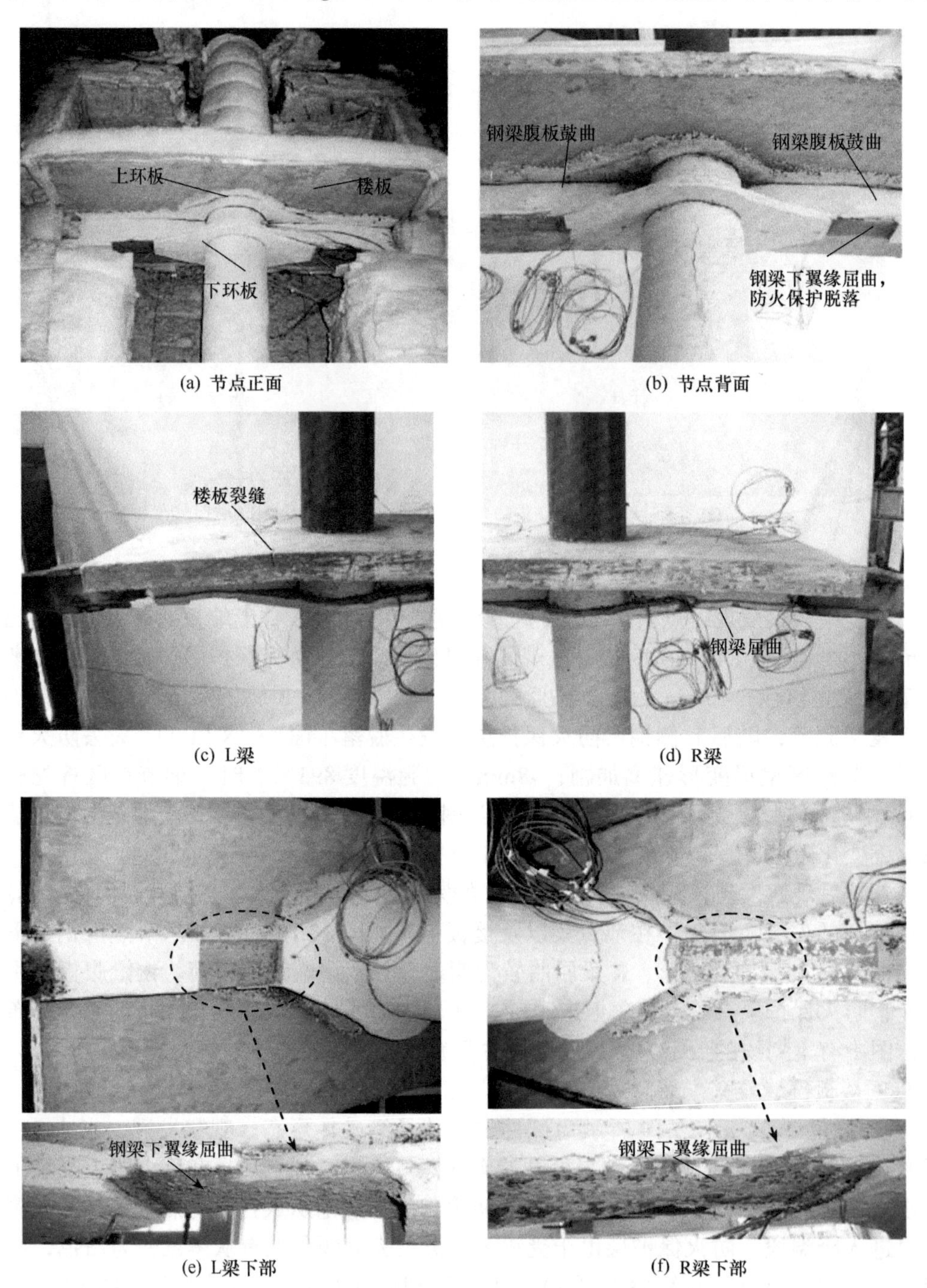

(a) 节点正面　(b) 节点背面

(c) L梁　(d) R梁

(e) L梁下部　(f) R梁下部

图 13.18　试件 JC1 的局部破坏形态

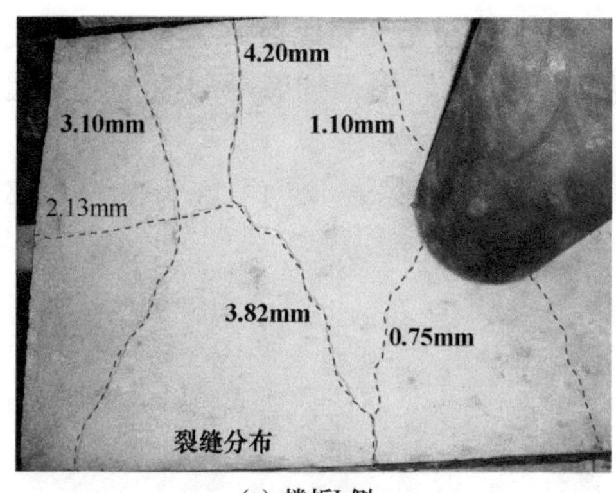

(g) 楼板L侧

(h) 楼板R侧

图 13.18 （续）

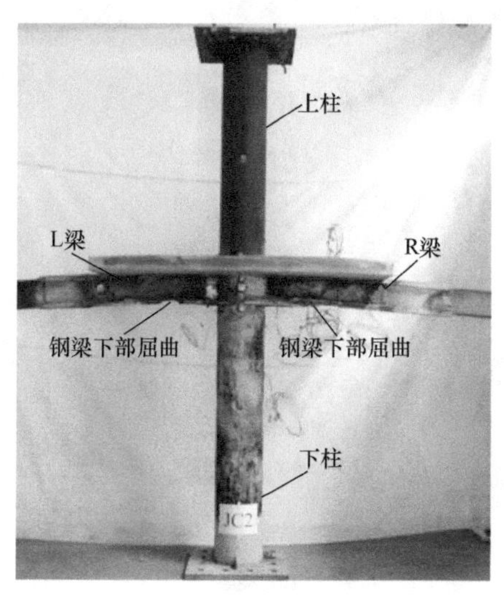

(a) 正面

(b) 背面

图 13.19　试件 JC2 的破坏形态

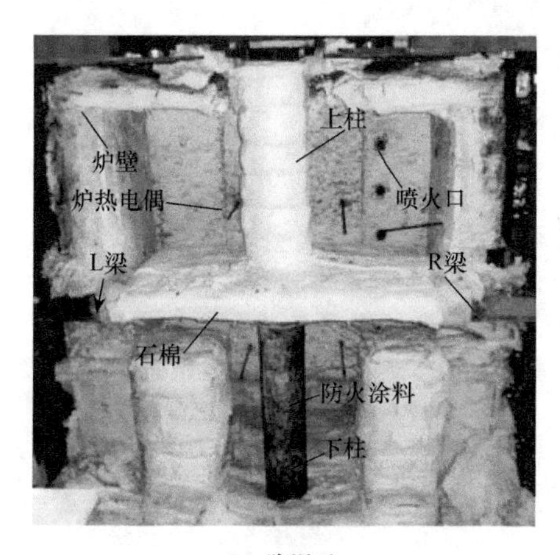

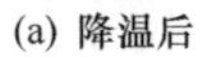

(a) 降温后

(b) 火灾后加载

图 13.20　试件 JC2 试验时的情景

的数字为降温结束时火灾后加载以前楼板的裂缝宽度，无下划线数字为火灾后加载破坏时的裂缝宽度，节点柱周围楼板的主要裂缝呈现“X”形，加载后裂缝宽度最大达4.12mm。

③ 试件 JC3。图 13.22 所示为试件 JC3 的最终破坏形态，图 13.23 为试件各部位

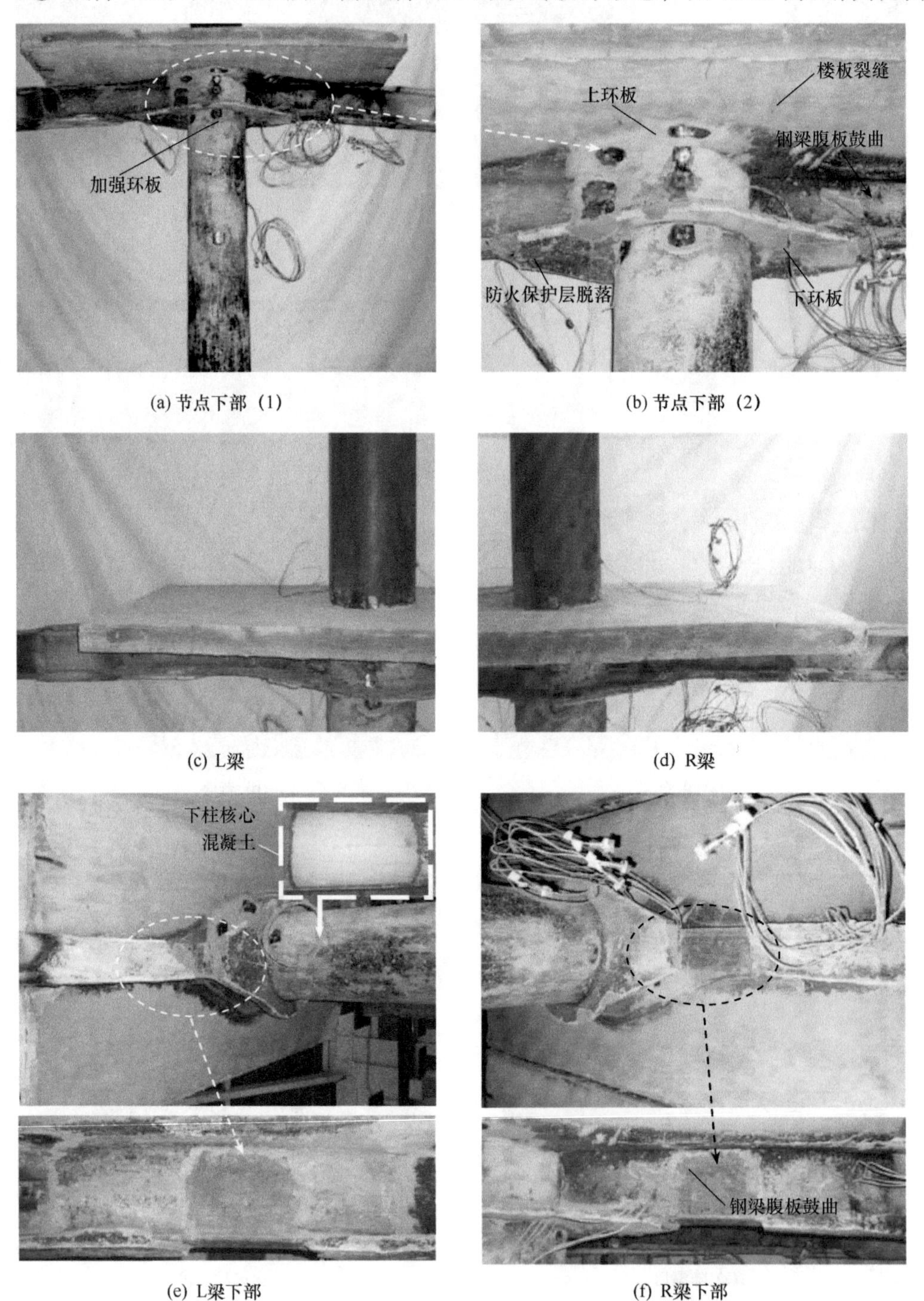

(a) 节点下部（1）　(b) 节点下部（2）

(c) L梁　(d) R梁

(e) L梁下部　(f) R梁下部

图 13.21　试件 JC2 的局部破坏形态

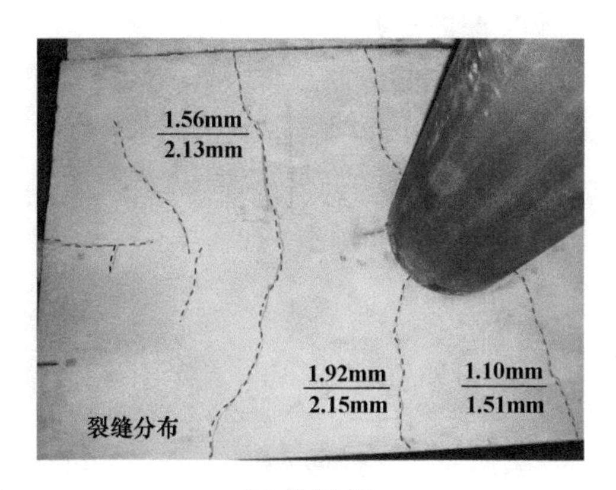

(g) 楼板L侧

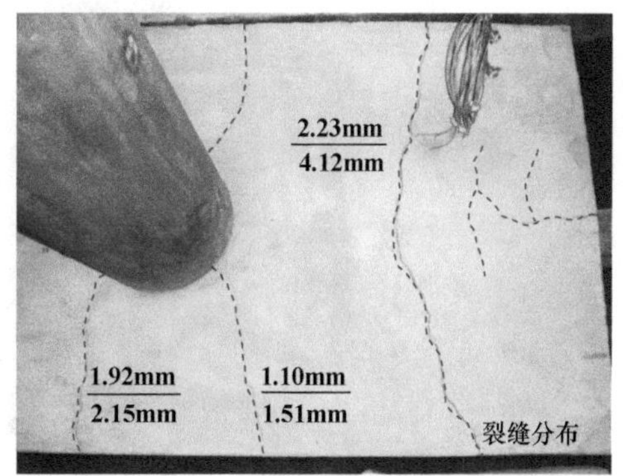

(h) 楼板R侧

图 13.21 （续）

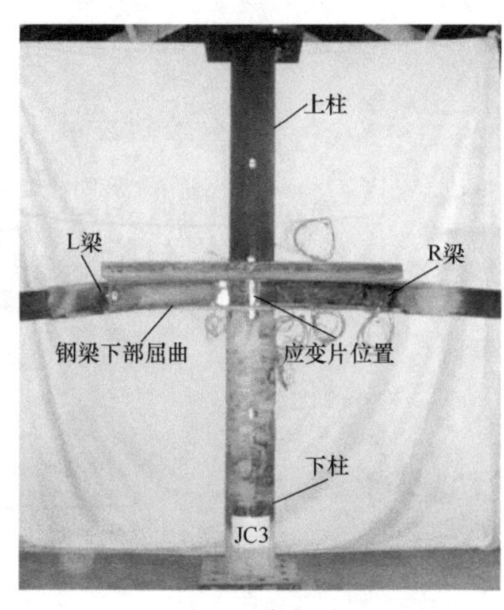

(a) 正面

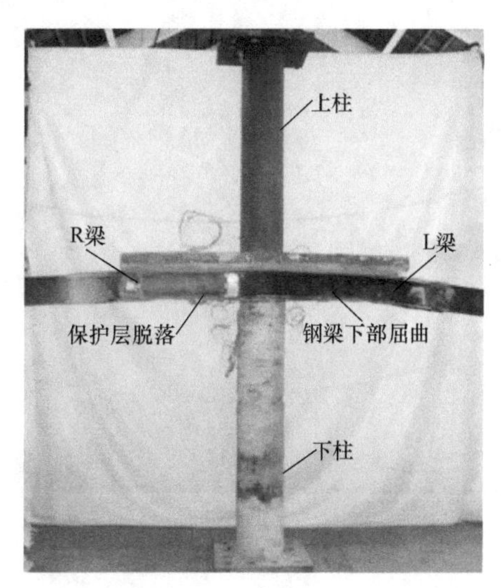

(b) 背面

图 13.22　试件 JC3 的最终破坏形态

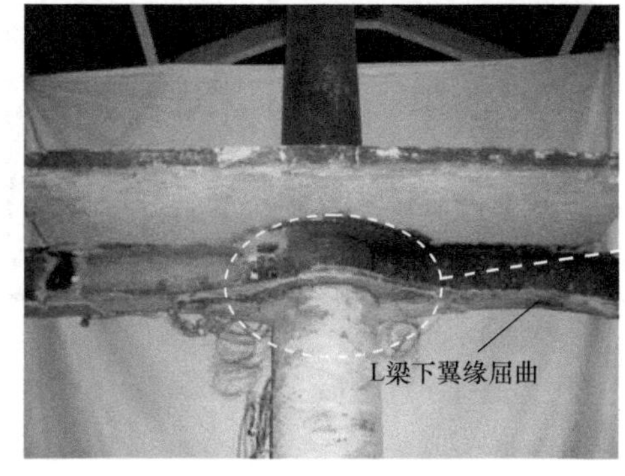

(a) 节点下部（1）

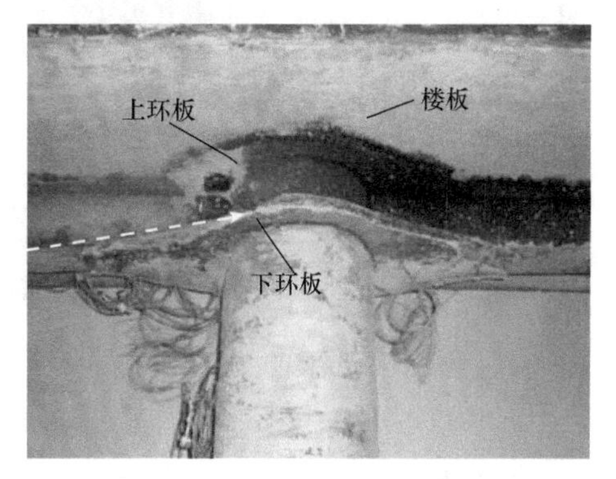

(b) 节点下部（2）

图 13.23　试件 JC3 的局部破坏形态

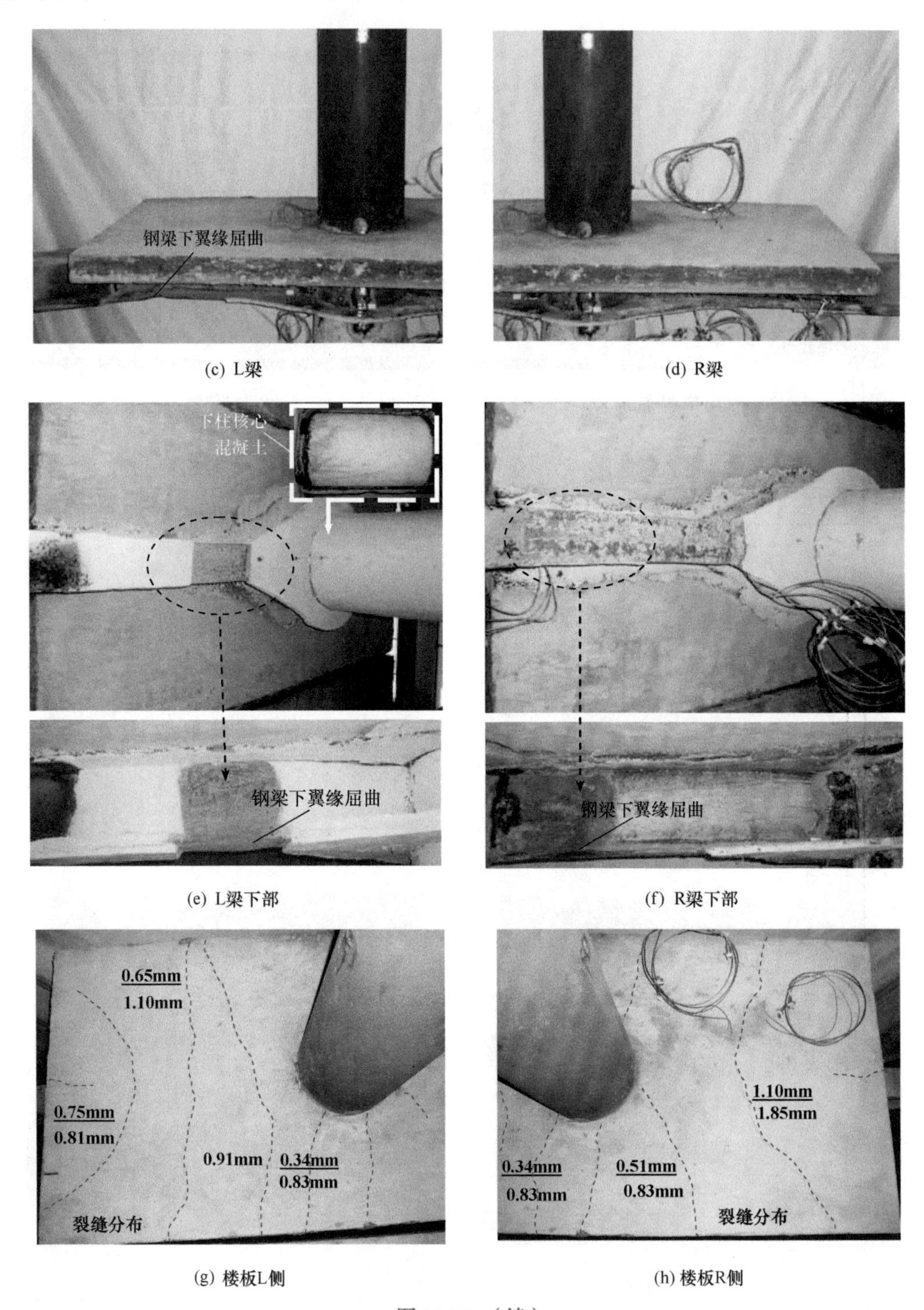

图 13.23 （续）

局部破坏形态。

点火 15min（炉膛温度 697℃）时，柱上端板处开始有水蒸气溢出，柱千斤顶和反力梁上凝结了大量水滴。28min（炉膛温度 810℃）时，通过观测孔发现防火保护层逐渐从灰色变为黑灰色，此时停止升温进入降温段，防火保护层最终变为灰白相间。

火灾后加载过程中节点区钢梁下翼缘防火保护层脱落［图 13.23（e）和（f）］，节点最终破坏是由于节点区 L 侧钢梁下翼缘屈曲造成节点无法持荷引起的，下柱核心混凝土保持了较好的完整性。图 13.23（g）和（h）给出了楼板主要裂缝的分布情况，加载后 L 侧楼板裂缝宽度最大达 1.10mm，R 侧楼板最大宽度达 1.85mm。

三个节点试件的破坏主要存在以下共同特点。

① 节点试件达到极限状态时，钢管混凝土柱均没有发生明显的破坏现象，试件的破坏均是由于节点区工字形截面钢梁发生局部屈曲破坏，使得节点无法继续持荷引起的，但试验参数不同，发生局部屈曲的位置又有所区别。

② 升、降温结束时，观察三个节点试件的防火保护层可以发现钢管混凝土柱节点区和非节点区的防火保护层以及加强环板的防火保护层均保持了较好的完整性，只在部分位置有裂缝发生，没有出现保护层脱落的现象，但节点区工字形截面钢梁腹板和下翼缘的防火保护层有明显剥落现象发生。

③ 观察加强环板可以发现，虽然节点区下环板受压力作用，但其在试验过程中没有明显变形或局部屈曲现象发生，说明这种加强环板连接在火灾下可以有效传递弯矩和剪力，具有较好的刚度。

④ 试验完成后观察混凝土楼板上表面的裂缝分布情况，由于楼板承受负弯矩，上表面受拉，在极限状态时三个节点试件均会产生以钢管混凝土柱为轴的放射状裂缝，且在节点区附近会形成一条沿楼板横向延伸的较宽裂缝，该裂缝对应的下部钢梁翼缘会发生明显的局部屈曲。

表 13.7 所示为试验获得的节点耐火极限或火灾后的极限承载力。可见升温时间对节点火灾后梁剩余承载力的影响显著，随着升温时间从 30min 变为 48min，火灾后极限承载力从 42.3kN 变为 0。

表 13.7　节点试件的实测耐火极限（t_R）和火灾后梁剩余承载力

试件编号	JC1	JC2	JC3
耐火极限或火灾后梁剩余承载力	48min	42kN	38kN
破坏位置	R 梁破坏	R 梁破坏	L 梁破坏

图 13.24 给出了升温时间相同时，梁和柱防火保护层厚度（a_b 和 a_c）对节点火灾后梁剩余承载力（P_{ur}）的影响。可见，梁防火保护层厚度从 15mm 降低到 10mm 时，P_{ur} 从 42.3kN 下降到 38.0kN，而柱防火保护层厚度的增加并没有使 P_{ur} 增加，在本次试验参数的范围内，梁防火保护层厚度对 P_{ur} 的影响较柱防火保护层厚度更为明显。

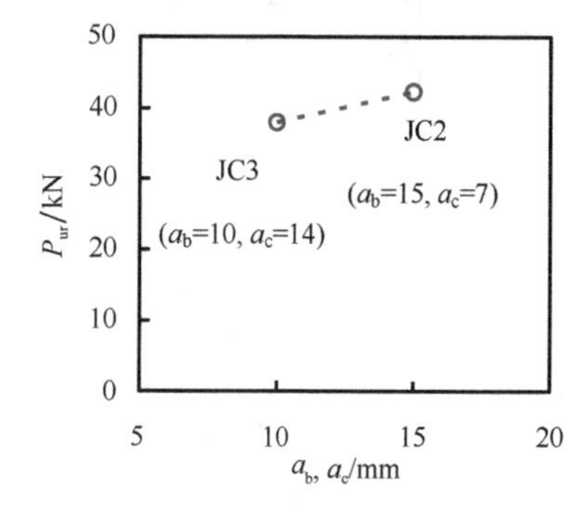

图 13.24　防火保护层厚度（a_b 和 a_c）对 P_{ur} 的影响

2）温度 - 受火时间关系：图 13.25 给出了升、降温过程中节点试件的实测平均炉膛温度（T）随受火

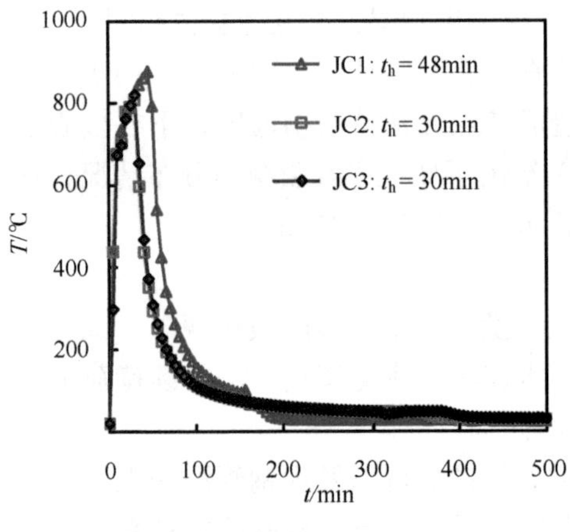

图 13.25　炉膛实测 T-t 关系

时间（t）的变化关系，500min 后炉膛温度降为常温。

图 13.26～图 13.28 给出了（试件 JC1～试件 JC3）对应图 13.25 所示测温点的实测 T-t 关系，由上述图可得如下结论。

对于钢管混凝土柱[图 13.26（a）、（b），图 13.27（a）、（b）和图 13.28（a）、（b）]：

① 比较同一试件中测温点 1、测温点 2 和测温点 3 的峰值温度，可以发现测温点 2 和测温点 3 之间的峰值温度差异不大，而位于钢管内表面的测温点 1 的峰值温度要明显高于测温点 2 和测温点 3；测温点 2 和测温点 3 的温度接近 100℃时，由于核心混凝土所含的水分在 100℃时蒸发吸热，会使混凝土升温速率降低，T-t 关系出现平直段。

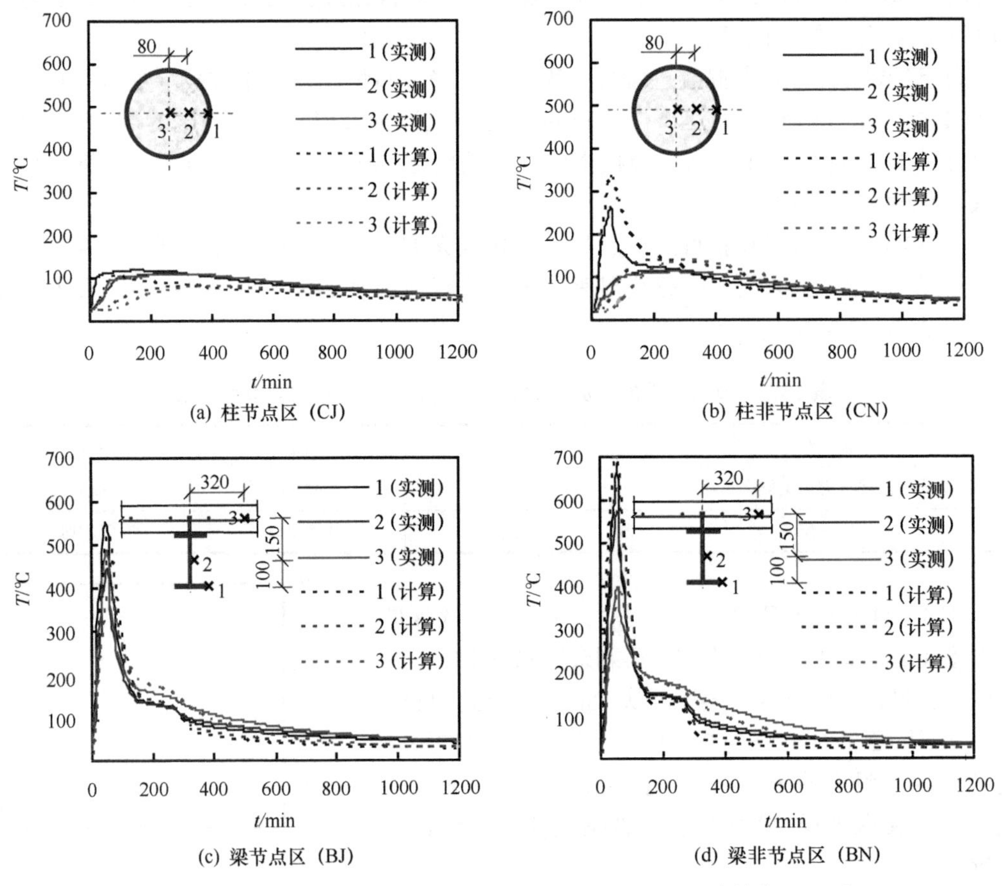

图 13.26　试件 JC1 的实测 T-t 关系（t_h = 48min，尺寸单位：mm）

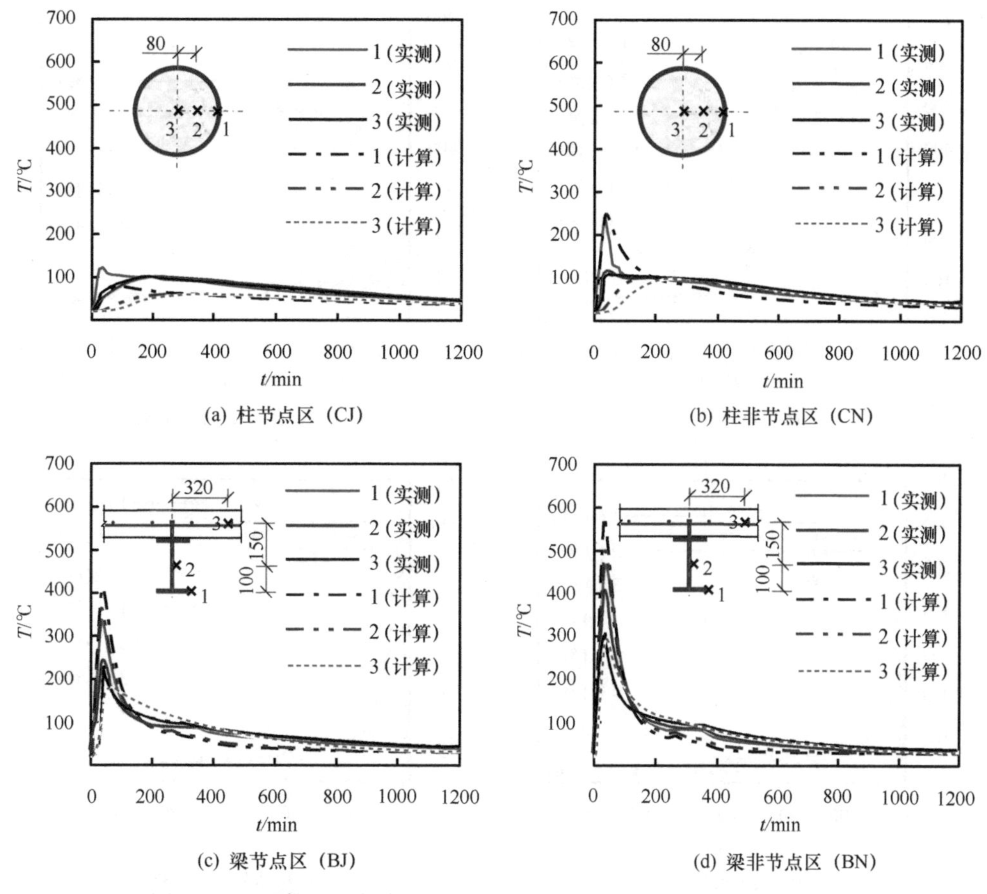

(a) 柱节点区（CJ）

(b) 柱非节点区（CN）

(c) 梁节点区（BJ）

(d) 梁非节点区（BN）

图 13.27　试件 JC2 的实测 T-t 关系（t_h = 30min，尺寸单位：mm）

② 比较柱节点区和非节点区对应点的峰值温度可以发现，非节点区高于节点区，以测温点 1 为例，三个试件柱节点区测温点 1 的峰值温度范围为 122～135℃，平均值 128℃，而对应的非节点区峰值温度范围为 127～266℃，平均值 197℃。

③ 比较试件 JC2 和试件 JC3 对应测温点的 T-t 关系，可以发现柱防火保护层越厚试件的温度越低，但防火保护层厚度对柱节点区的影响要小于非节点区，这是因为节点区的温度不仅和防火保护层厚度有关，还受到与其相邻梁、板的影响。

对于钢 - 混凝土组合梁 [图 13.26(c)、(d)，图 13.27(c)、(d) 和图 13.28(c)、(d)]：

① 比较同一试件中钢梁下翼缘（测温点 1）和腹板（测温点 2）的温度曲线，可以发现由于钢材较优的导热性能，二者的温差不大，而位于楼板内的测温点 3 由于混凝土的保护作用，其温度会明显低于测温点 1 和测温点 2。

② 比较梁节点区和非节点区对应测温点的峰值温度，以测温点 2 为例，可以发现，非节点区的峰值温度比节点区高约 130℃，这是由于节点区附近空间较非节点区小，曝火程度小于非节点区，同时节点区钢梁的温度还受到钢管混凝土柱的影响，二者共同作用导致梁节点区温度低于非节点区。

综合分析升、降温过程中节点试件的 T-t 关系，可总结出如下规律。

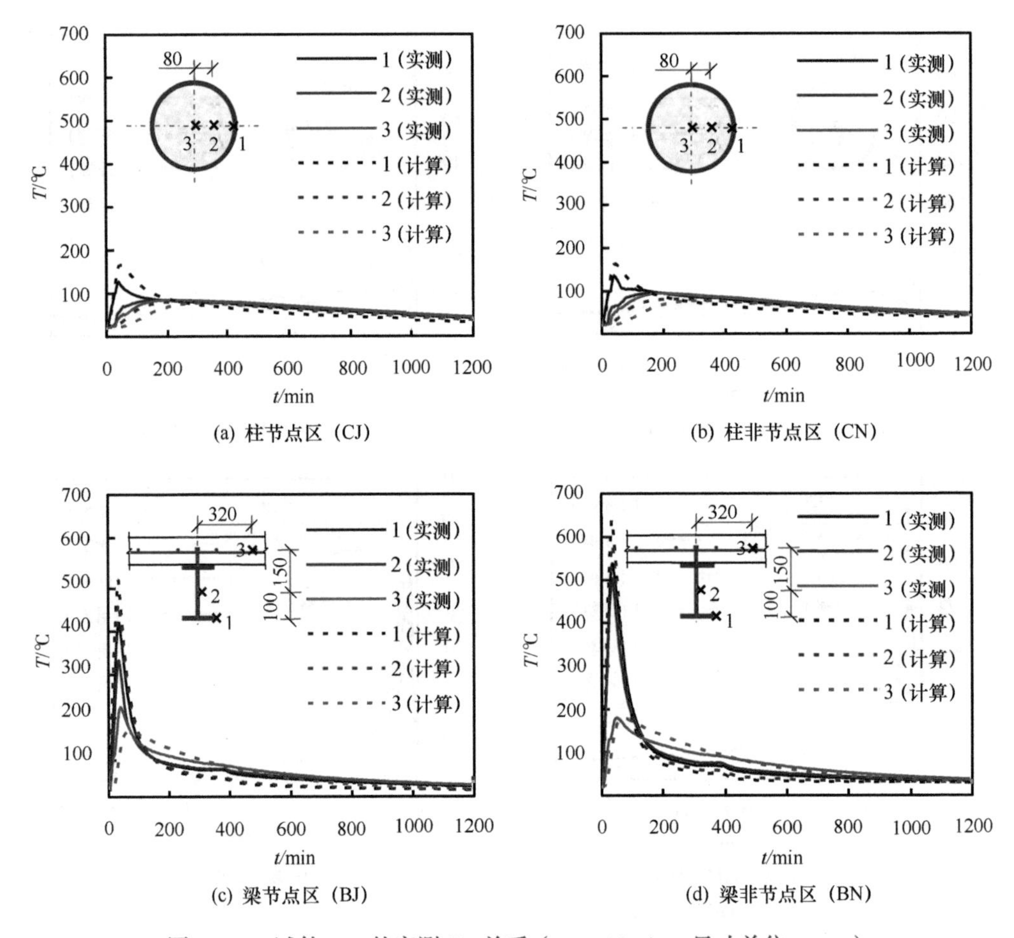

图 13.28　试件 JC3 的实测 T-t 关系（$t_{\mathrm{h}}=30\mathrm{min}$，尺寸单位：mm）

① 炉膛的升、降温段与节点试件的不同，炉膛升温过程中，节点的温度低于炉膛温度，热量从炉膛向节点传递；炉膛降温过程中，初期节点的温度仍然低于炉膛温度，热量继续从炉膛向节点传递，随着炉膛温度的降低，当节点表面温度高于炉膛温度时，热量开始从节点向炉膛传递，节点开始逐步从升温段向降温段过渡。

② 升、降温过程中，节点最高温度点的位置从表面向节点内部逐渐移动，当靠近表面的点开始降温时，内部的点却在逐步升温，存在温度滞后现象。

③ 节点区测温点的升、降温速率以及峰值温度低于非节点区，这主要是由于以下因素共同作用的结果：（a）节点区的曝火面积小于非节点区；节点区空间较小，使得曝火程度低于非节点区，导致其受环境的影响程度小于非节点区。（b）节点区的楼板、梁和柱共同吸收热量，热容高于非节点区，同外界有相同的热量交换时，热容越大温度变化越小。

采用第 13.2.2 节中给出的温度场计算建模方法对节点试件的温度场分布进行计算，图 13.26～图 13.28 所示为实测与计算得到的 T-t 关系的对比结果，可见计算结果与实测结果总体吻合较好。

3）节点变形 - 受火时间关系：图 13.29（a1）、（b1）和（c1）给出了三个节点试件的柱轴向变形（Δ_c）- 受火时间（t）关系，其中柱压缩为负值，拉伸为正值。对于试件 JC1，在升温初期可以观测到柱由于受热膨胀轴向变形增加，随着温度升高材料性能劣化，柱在 15min 左右时开始被压缩，直到试件 JC1 达到极限状态。对于试件 JC2 和试件 JC3，节点柱的 Δ_c-t 关系按照温度变化可分为三个阶段：升温段（Ⅰ）、降温段（Ⅱ）和火灾后阶段（Ⅲ）。在升温段（t=0～30min），柱受热膨胀；炉膛降温的初始阶段柱仍膨胀，但随着节点温度的降低和材料性能在高温下的逐渐劣化，柱开始轴向压缩，最终柱端位移趋于稳定；火灾后采用梁端加载，柱轴向变形相对较小。

图 13.29（a2）、（b2）和（c2）给出了节点梁端挠度（δ_b）- 受火时间（t）关系，负号表示梁端挠度增加。直接测得的梁端变形数据中包含了柱的轴向变形，这里通过减去柱轴向变形来获得梁端挠度。对于试件 JC1，在接近耐火极限时 L 梁挠度增加较快，且梁荷载无法维持在设计值，节点破坏。对于试件 JC2 和试件 JC3，δ_b-t 关系同样可分为升温、降温和火灾后三个阶段。升温段节点梁端挠度变化较小；降温初始阶段，梁端挠度开始增加，但在降温开始大约 100min 后，梁端变形趋于稳定；在火灾后阶段，保持柱端荷载不变，增加梁端荷载直到节点破坏，梁端挠度随之增加。

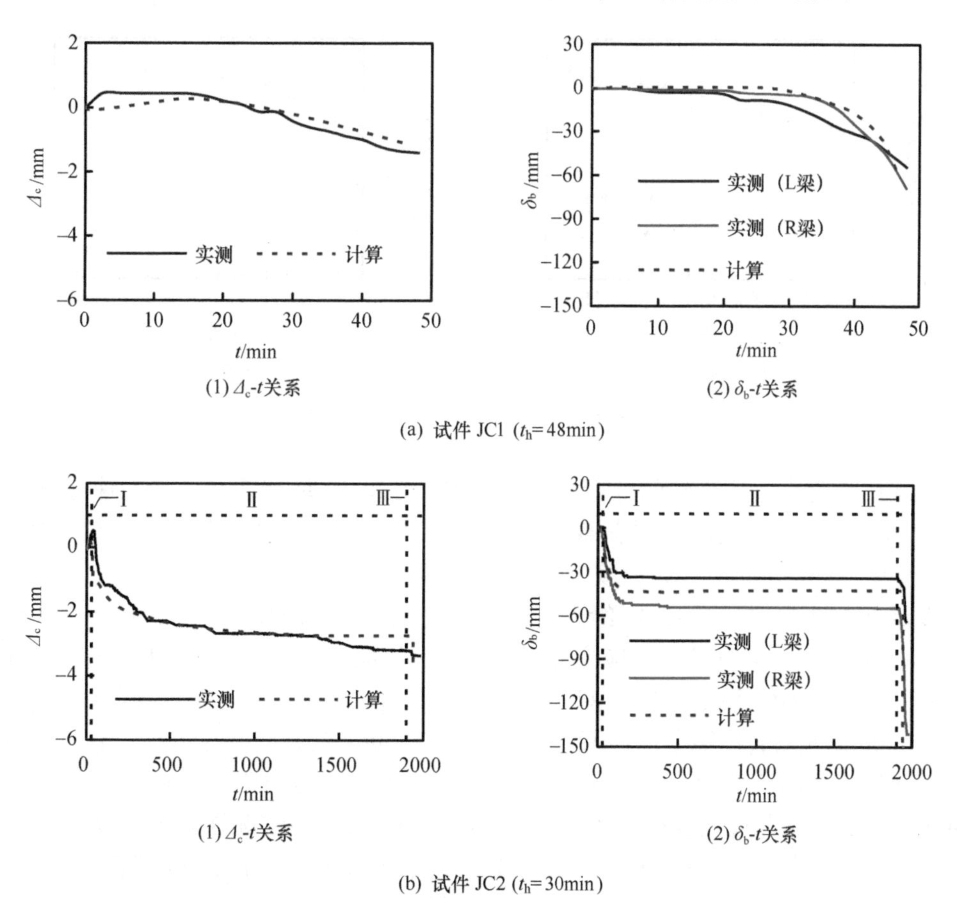

(1) Δ_c-t关系　(2) δ_b-t关系

(a) 试件 JC1（t_h=48min）

(1) Δ_c-t关系　(2) δ_b-t关系

(b) 试件 JC2（t_h=30min）

图 13.29　节点试件的实测 Δ_c（δ_b）- t 关系

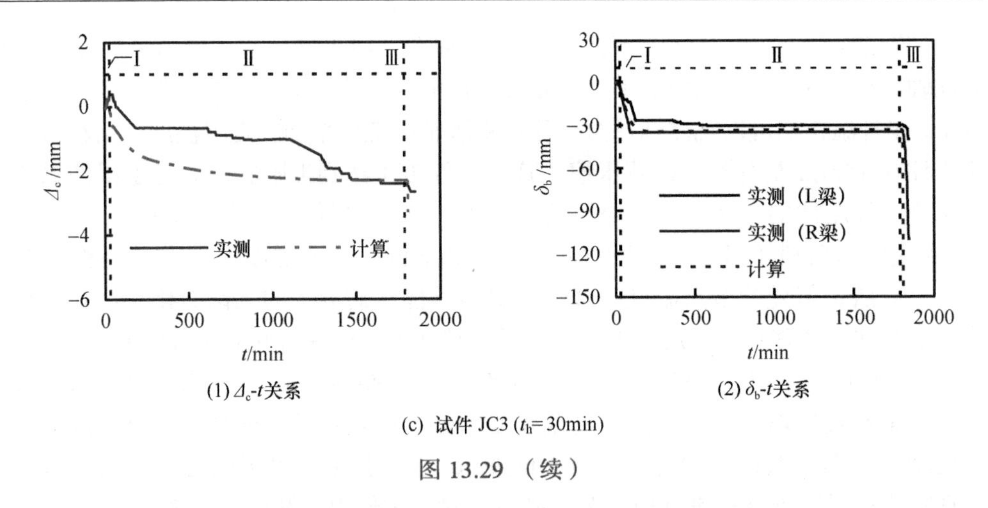

(1) Δ_c-t关系

(2) δ_b-t关系

(c) 试件 JC3 (t_h= 30min)

图 13.29 （续）

4）荷载等级（i）- 测温点应变（ε）关系：节点温度降到常温后，保持柱端荷载不变，分不同的荷载等级（i）加大梁端荷载直到节点破坏。图 13.30 给出了火灾后加载过程中试件 JC2 和试件 JC3 的梁荷载值 - 荷载等级（i）关系。

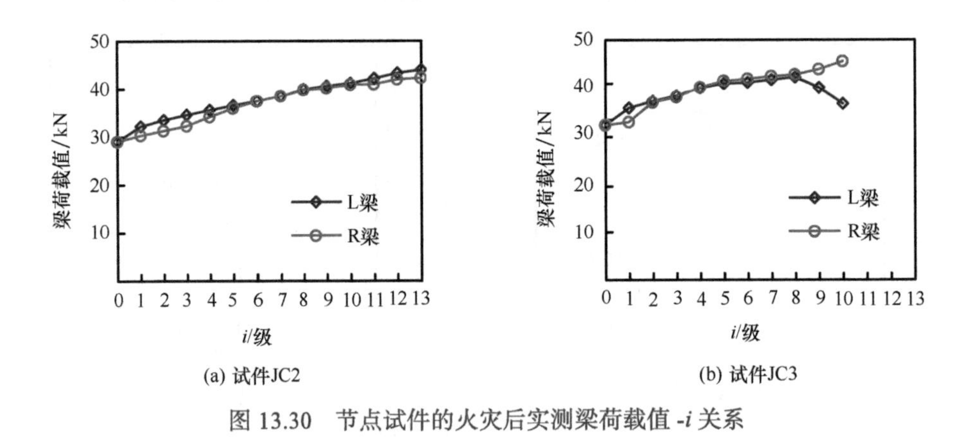

(a) 试件JC2

(b) 试件JC3

图 13.30 节点试件的火灾后实测梁荷载值 -i 关系

加载初期为火灾后梁端的外荷载，试件 JC2 在第 13 级荷载时 R 梁无法继续持荷，节点达到极限状态，此时 R 梁荷载为 42kN；试件 JC3 在第 8 级荷载时 L 梁无法持荷而达到极限状态，此时，L 梁荷载为 38kN。

以试件 JC2 为例，图 13.31 给出试件 JC2 的梁测温点应变（ε）- 荷载等级（i）关系，其中应变单位为“$\mu\varepsilon$”，拉应变为“＋”号，压应变为“－”号。从图中可见 L 梁（LB）和 R 梁（RB）测温点的应变大多介于 ±500$\mu\varepsilon$ 之间，接近极限状态时 L 梁下部应变－2000$\mu\varepsilon$ 左右，R 梁上部混凝土楼板应变 1500$\mu\varepsilon$ 左右。节点上柱（TC）和下柱（BC）钢管表面的应变较小，介于 ±10$\mu\varepsilon$ 之间，这主要是由于火灾后采用梁端加载，柱变形较小，导致其应变也相对较小。其余位置的应变分布情况详见宋天诣（2011）。

5）试验结果与有限元计算结果对比分析：采用第 13.2.2 节建立的钢管混凝土柱 - 钢梁外加强环板连接节点力学性能分析有限元计算模型，对节点试验进行模拟，对比分析节点的变形和破坏形态。计算得到的节点的柱轴向变形（Δ_c）和梁端挠度（δ_b）-

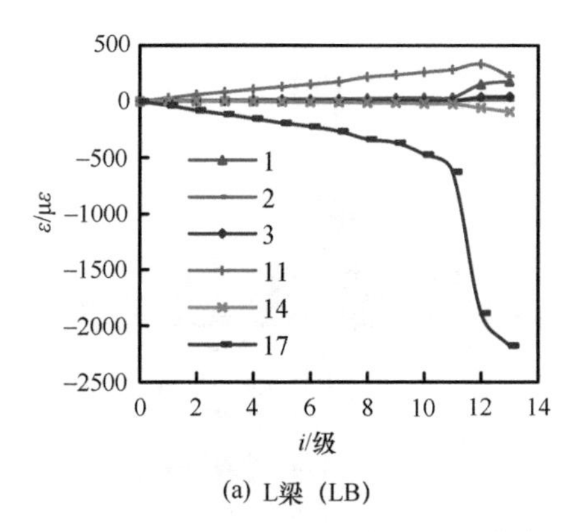

(a) L梁（LB）

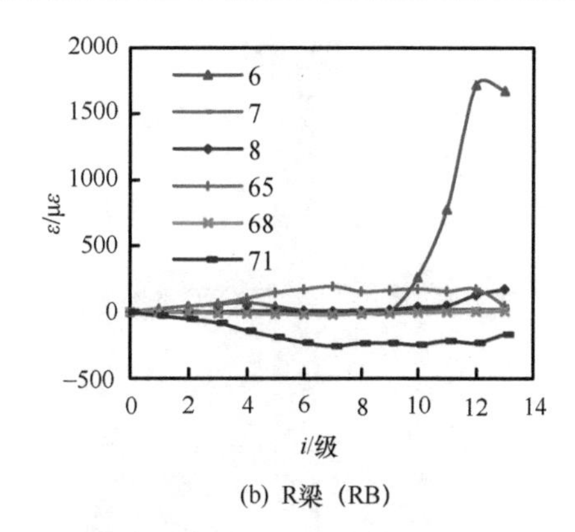

(b) R梁（RB）

图 13.31　节点试件 JC2 的实测 ε-i 关系

受火时间（t）关系如图 13.29 所示。如图 13.29 可见，计算值与实测值总体趋势基本吻合。对于试件 JC1，达到极限状态时梁端挠度曲线竖直下降，节点梁首先达到耐火极限规定要求。对于试件 JC2，降温过程即图中所示的阶段Ⅱ，计算获得的梁端挠度曲线位于 L 梁和 R 梁实测曲线之间，这是由于试验过程中难免存在控制偏差，使节点梁端变形没有完全对称，在有限元计算时没有考虑这一因素影响所致。

图 13.32 给出了计算获得的试件 JC1～试件 JC3 破坏形态与试验结果的比较。试验结果和计算结果都表明，梁节点区是节点的薄弱位置，如节点在升温段破坏，即达到耐火极限（试件 JC1），节点区钢梁的下翼缘和腹板易于发生局部屈曲，造成防火保护层剥落，加速节点破坏；对于试件 JC2 和试件 JC3，在高温后加载达到极限状态时，节点破坏的主要特征同样表现为节点区钢梁的局部屈曲，但与试件 JC1 相比，钢梁发生局部屈曲的位置离节点区相对较远。

图 13.33 给出了计算获得的楼板混凝土塑性主拉应变分布矢量图。可见，混凝土楼板的塑性主拉应变主要集中在靠近钢管混凝土柱的区域，其中环板上部的分布最为密

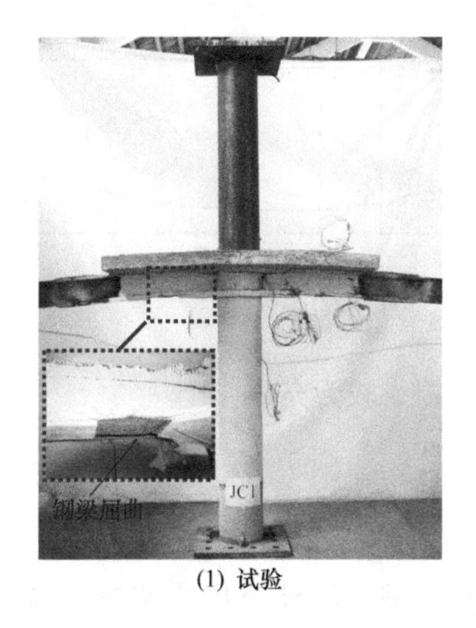

(1) 试验

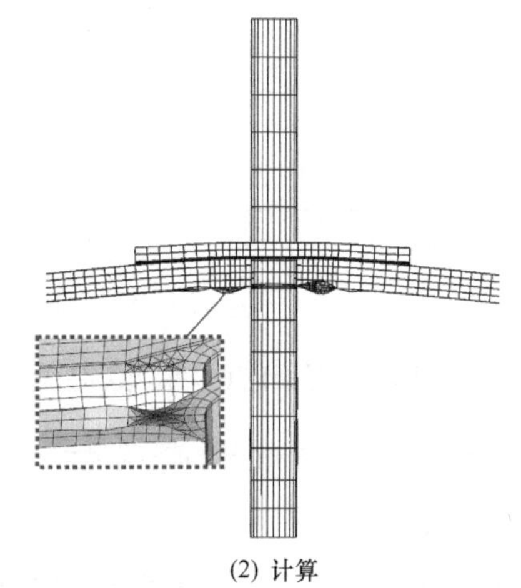

(2) 计算

(a) 试件 JC1

图 13.32　节点试件的破坏形态

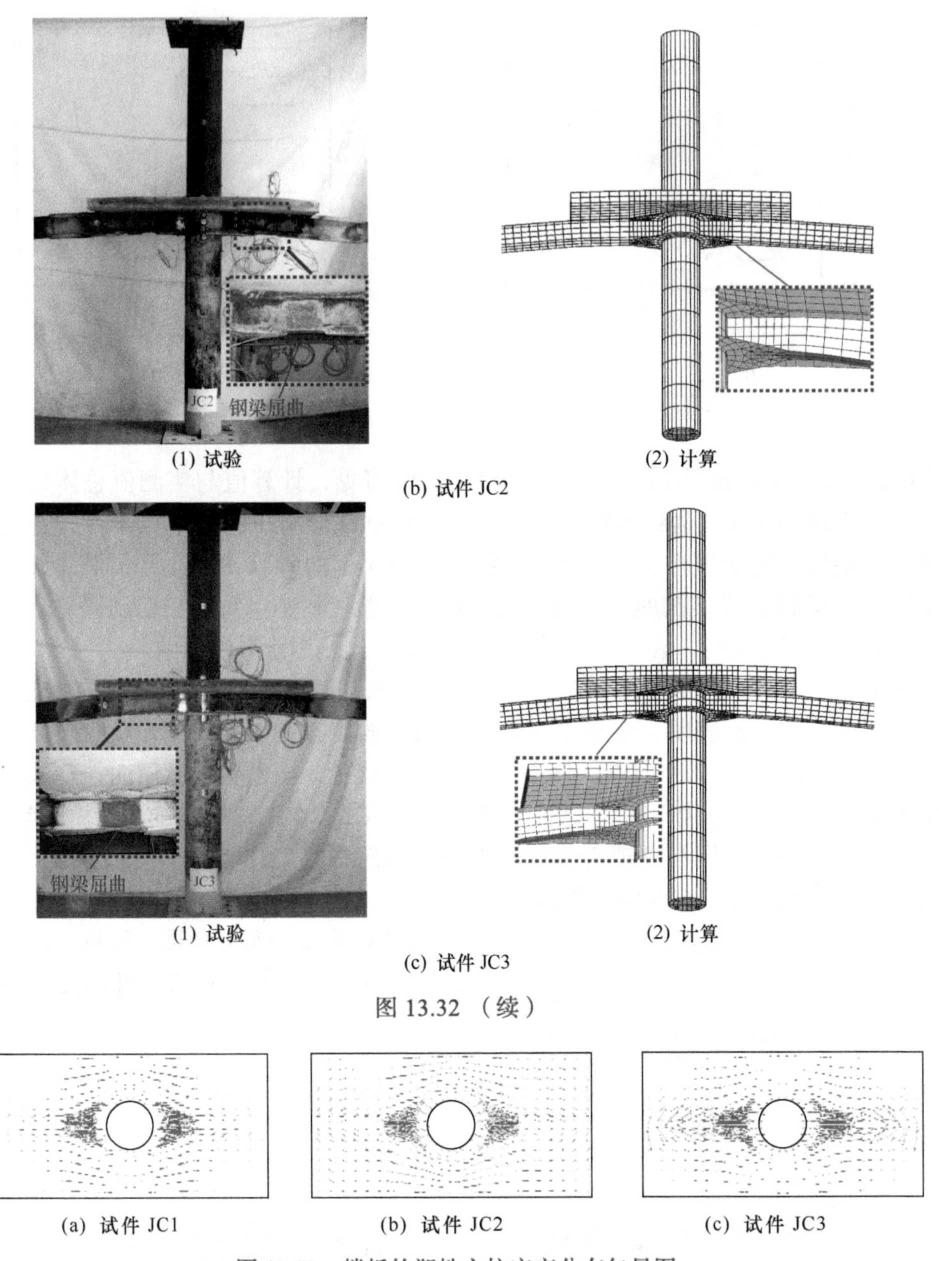

(1) 试验　　(2) 计算

(b) 试件 JC2

(1) 试验　　(2) 计算

(c) 试件 JC3

图 13.32 （续）

(a) 试件 JC1　　(b) 试件 JC2　　(c) 试件 JC3

图 13.33　楼板的塑性主拉应变分布矢量图

集，塑性拉应变较为密集的区域，其混凝土裂缝开展也较为充分。

13.3.2　外加强环板连接节点的滞回性能

（1）试验概况

1）试件设计和制作：进行了图 1.14 所示的 A→B→C→D→E′ 无初始荷载作用火灾后钢管混凝土柱 - 钢梁外加强环板连接节点在反复荷载作用下的滞回性能试验。试验参数有：柱截面形式（圆形和方形截面）、受火时间（t）、梁柱线刚度比（k）和柱荷载比［n，按照式（3.17）计算］。此外，还进行了更换新钢梁后节点滞回性能的对比试验。

节点试件钢梁的总跨度为 L=1.5m，钢管混凝土的总高度 H=1.57m，节点试件尺寸如图 13.34 所示。图 13.34 中，h、b_f、t_w 和 t_f 分别为钢梁高度、型钢翼缘宽度、型钢腹板厚度和型钢翼缘厚度。D 和 B 分别为圆、钢管截面外直径和方钢管截面外边长；t_s 为钢管壁厚度；采用圆、方钢管混凝土柱节点试件的钢管横截面尺寸分别为：$D\times t_s$=133mm×4.7mm，方钢管尺寸：$B\times t_s$=120mm×2.9mm。加强环板的控制截面宽度（b）和厚度（t_1）依据有关规程进行设计，满足刚性节点构造要求（韩林海，2016）。

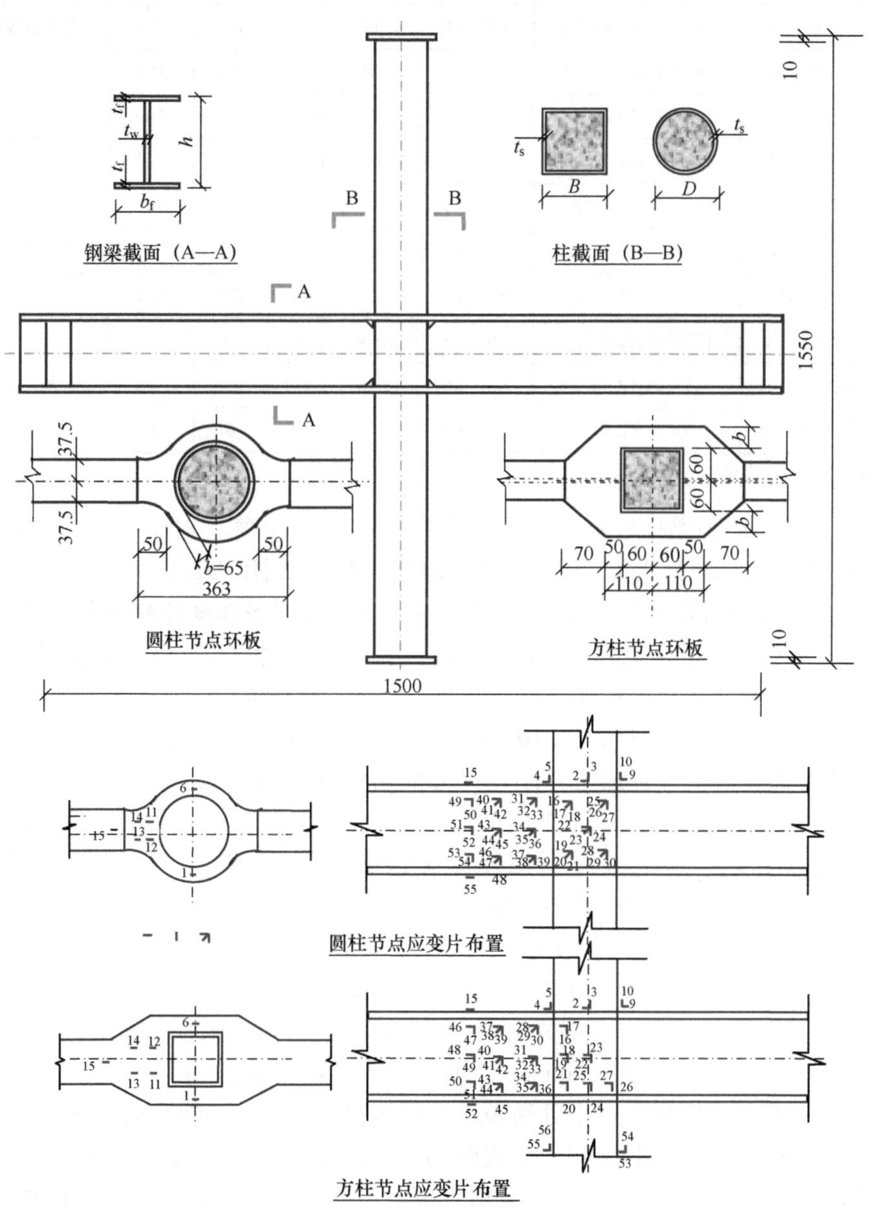

图 13.34　节点试件尺寸（尺寸单位：mm）

各试件的有关参数如表 13.8 所示。

表 13.8　钢管混凝土柱-钢梁连接节点试件有关参数

序号	试件编号	$h\times b_f\times t_w\times t_f$*	$b\times t_1$*	k_m	k	n	N_F/kN	备注
1	C11-B90C90	140×75×2.9×2.9	65×2.9	0.476	0.678	0.4	180	钢梁与柱同时受火
2	C12-B90C90	170×75×2.9×2.9	65×2.9	0.613	1.059	0.4	180	
3	C13-B90C90	170×75×2.9×2.9	65×2.9	0.613	1.059	0.6	274	
4	C21-BNC90	170×75×2.8×2.8	65×3.5	0.833	1.025	0.4	180	受火后替换钢梁
5	C22-BNC90	150×75×2.8×2.8	65×3.5	0.708	0.768	0.4	180	
6	C23-BNC90	180×75×2.8×2.8	65×3.5	0.898	1.170	0.4	180	
7	S11-B0C0	140×75×2.9×2.9	50×2.9	0.726	0.767	0.2	174.6	未受火
8	S12-B90C90	140×75×2.9×2.9	50×2.9	0.655	1.089	0.2	60	钢梁与柱同时受火
9	S13-B90C90	170×75×2.9×2.9	50×2.9	0.844	1.702	0.2	60	
10	S21-BNC90	170×75×2.8×2.8	50×3.5	1.146	1.646	0.4	120	受火后替换钢梁
11	S22-B0C0	170×75×2.8×2.8	50×3.5	0.733	1.159	0.4	350	未受火
12	S31-BNC90	160×75×2.8×2.8	50×3.5	1.058	1.431	0.2	60	受火后替换钢梁
13	S32-BNC90	160×75×2.8×2.8	50×3.5	1.058	1.431	0.4	120	
14	S33-BNC90	160×75×2.8×2.8	50×3.5	1.058	1.431	0	0	

* 此两列的尺寸单位均为 mm。

表 13.8 中，k_m 为梁柱极限弯矩比，按照式（10.2）计算，对于本章的火灾后节点试件，M_{bu} 和 M_{cu} 分别为火灾后梁和柱的极限弯矩，分别用 $M_{bu}(t)$ 和 $M_{cu}(t)$ 表示，火灾后钢梁的极限弯矩［$M_{bu}(t)$］采用高温后钢材的屈服强度按相关公式进行计算。火灾后钢管混凝土柱的极限弯矩［$M_{cu}(t)$］可采用韩林海（2007）中的方法，用常温下的极限弯矩乘以火灾后纯弯构件抗弯承载力影响系数获得。

k 为梁柱线刚度比，按照式（10.1）计算，对于本章的火灾后节点试件，$(EI)_b$ 和 $(EI)_c$ 分别为火灾后梁和柱的抗弯刚度，分别用 $(EI)_b(t)$ 和 $(EI)_c(t)$ 表示，火灾后钢梁的抗弯刚度［$(EI)_b(t)$］采用火灾后钢材的弹性模量进行计算。火灾后钢管混凝土柱的抗弯刚度［$(EI)_c(t)$］采用韩林海（2007）中的方法，用常温下的抗弯刚度乘以火灾后纯弯构件抗弯刚度影响系数获得。

n 为柱荷载比，按照式（3.17）计算，对于本章的火灾后节点试件，火灾后柱的极限承载力（N_u）按照韩林海（2007）中的相关方法进行计算。

表 13.8 中节点的编号由两部分组成，横线前面的字母代表柱截面形式，即 C 代表圆形（circular），S 代表方形（square）；前一位数字表示组别，后一位数字表示每一组中节点编号；横线后字母和数字分别表示钢梁和钢管混凝土柱的受火状态，B 代表梁，C 代表柱，B 和 C 后面的数字代表受火时间；B 后面的 N 表示火灾后节点更换为新钢梁。例如，编号 C21-BNC90 代表圆钢管混凝土柱节点第二组第一个节点试件，其中，梁为更新的新梁，柱受火时间为 90min。在柱试件两端钢管与盖板交界处，分别在对

角方向对应设置直径为 20mm 半圆形排气孔。

混凝土养护 28d 后开始进行升温试验，即将试件直立置于炉膛中，按图 1.13 所示的升温曲线进行升温。所有试件的升温时间设定为 90min。试件升温后打开炉膛，使其自然冷却，随后进行加载试验。

2）材料特性：表 13.8 中所示试件所用钢材的力学性能指标如表 13.9 所示。

表 13.9　钢材力学性能指标

钢材类型	t_s/mm	f_y/MPa	f_u/MPa	E_s/（10^5N/mm^2）
圆钢管	4.7	340	465	1.90
方钢管和钢梁	2.9	330	447	2.01
火灾后的钢梁	2.9	246	415	2.01
更换的钢梁	2.8	349	484	2.07
环板	3.54	308	439	2.13

试件中混凝土的配合比为：水 170kg/m^3；普通硅酸盐水泥 425kg/m^3；中粗砂 630kg/m^3；石灰岩碎石 1175kg/m^3。混凝土养护到 28d 时的抗压强度 f_{cu}=47.3MPa，进行节点加载试验时的 f_{cu}=53.2MPa。

3）试验方法：为了便于描述，将节点区域左右两侧的梁分别称为 L 梁和 R 梁。节点试件的柱底部、梁两端均采用铰接的边界条件，试验装置示意图如图 13.35 所示。柱轴力（N_F）由固定于反力横梁上滚动支座处的千斤顶施加，千斤顶通过滚动支座与刚性横梁连接。为防止试件在试验过程中发生加载平面外失稳，设置了侧向支撑。侧向支撑与框架柱接触处通过推力轴承连接，可保证节点试件在平面内自由移动，而限制其平面外的侧向位移。柱顶端采用 MTS 伺服加载作动器施加往复水平荷载。

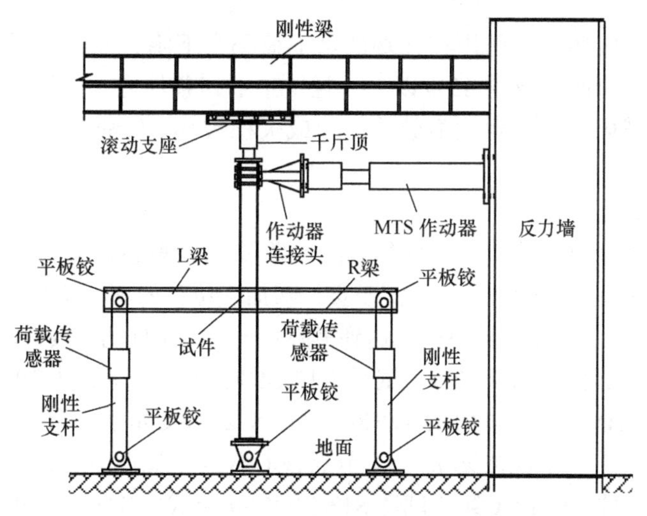

图 13.35　节点滞回性能试验装置示意图

试验过程中量测的内容有：柱顶端加载点水平荷载和水平位移，节点核心区剪切变形，节点区柱端和钢梁梁端转动，钢梁梁端（与加强环板连接处）的曲率，节点核心区柱钢管应变分布，节点加强环板范围内钢梁腹板及其端部应变，节点加强环板应变等，测温点布置方式如图 13.34 所示。

由第 13.2.1 节论述的纤维模型可计算获得节点试件的屈服位移 D_y（对应的水平荷载为 $0.7P_{uo}$，其中 P_{uo} 为节点试件的水平极限承载力），计算时采用了实测的材料强度。

作用在钢管混凝土柱上的轴向压力施加到预定值 N_F 后持荷 2～3min。然后开始用 MTS 伺服作动器采用上述加载制度进行水平反复加载。采用慢速连续加载的方法，加载速率为 0.5mm/s。试验时保持轴向力 N_F 恒定。梁端支座反力通过与刚性支杆连接的荷载传感器测得。

采用了位移控制的加载方式。参考 ATC-24（1992）中对构件进行反复荷载下试验方法的规定，采用了如下加载制度，即节点试件屈服前分别按 $0.25\Delta_y$、$0.5\Delta_y$、$0.7\Delta_y$ 进行加载，此后，采用 $1\Delta_y$、$1.5\Delta_y$、$2\Delta_y$、$3\Delta_y$、$5\Delta_y$、$7\Delta_y$、$8\Delta_y$ 进行加载。屈服前每级加载循环 2 圈，对于屈服后各级，前面 3 级（$1\Delta_y$、$1.5\Delta_y$、$2.0\Delta_y$）循环 3 圈，其余的循环 2 圈。加载制度示意图如图 13.36 所示。

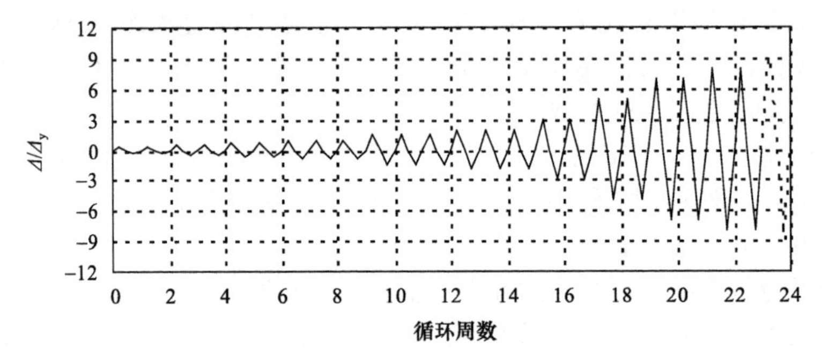

图 13.36 节点火灾后滞回加载制度示意图

节点试件接近破坏时，作用在柱端的水平荷载会下降，而位移增量却相对增加很快。当荷载降低到峰值荷载的 85% 以下，且发生下列条件之一时即停止加载：①节点区环板或节点区域内腹板发生明显鼓曲变形或失稳破坏。②钢梁发生明显的鼓曲变形或者断裂焊缝撕裂。

（2）试验结果及分析

1）节点试件的破坏形态：在弹性加载段和弹塑性加载段初期，试件变形不大，但受火后的钢管和钢梁表面的氧化层有脱落现象；随加载位移的不断增长，试件开始逐渐呈现出不同的破坏特征。由于参数不同，达到极限状态时，试件的主要破坏形态有：（a）梁端出现塑性铰（试件 C11-890C90、试件 C12-B90C90、试件 C13-B90C90、试件 C22-BNC90、试件 C23-BNC90、试件 S11-B0C0、试件 S12-B90C90 和试件 S22-B0C0）；（b）柱端出现塑性铰（试件 C21-BNC90）；（c）节点核心区发生屈曲等（试件 S31-BNC90、试件 S32-BNC90、试件 S33-BNC90、试件 S13-B90C90 和试件 S21-BNC90）。

① 梁端出现塑性铰。以试件 C11-B90C90 为例进行说明。当位移加载级别达到 $2\Delta_y$，在经历第一反复加载后，钢梁和钢管混凝土柱都没有出现明显的破坏现象；但当加载到第二循环位移达到 $2\Delta_y$ 时，前钢梁上翼缘钢板开始出现了轻微的屈曲。

当位移加载级别达到 $3\Delta_y$ 时，在第一加载循环进行到 $3\Delta_y$ 时，前钢梁上翼缘钢板屈曲加剧，后钢梁下翼缘钢板屈曲，荷载降低，此时节点荷载达到正向峰值荷载+15.9kN；当反向加载到 $-2.5\Delta_y$ 时，后钢梁上翼缘钢板开始屈曲，前钢梁上翼缘钢板基本拉平，达到反向峰值荷载−16.2kN。$3\Delta_y$ 加载级别的第二循环的试验现象和荷载与第一循环基本相同，钢梁与第一加载循环相比，基本没有变化，在此加载级，达到了峰值荷载。

当位移加载级别达到 $5\Delta_y$ 时，在第一加载循环进行到 $5\Delta_y$ 时，前钢梁上翼缘钢板大面积地发生屈曲，且腹板也开始屈曲，后钢梁的下翼缘钢板屈曲劣化，腹板开始屈曲；当反向加载到 $-3.6\Delta_y$ 时，后钢梁上翼缘钢板大范围地屈曲，腹板屈曲范围和程度增加，前钢梁下翼缘钢板大范围地屈曲。$5\Delta_y$ 加载级别的第二循环的钢梁的破坏形态与第一循环基本相同，但荷载大约降低了 10% 左右。当位移加载级别进行 $7\Delta_y$ 时，钢梁发生更加明显的屈曲，很快降低到峰值荷载的一半左右，试件破坏。节点试验后形态如图 13.37（a）所示（Han et al.，2007）。

(a) 梁端出现塑性铰（试件C11-B90C90）

(b) 柱端出现塑性铰（试件C21-BNC90）

(1) 仅节点核心区破坏（试件S32-BNC90）

(2) 钢梁屈曲、节点核心区破坏（试件S13-B90C90）

(3) 柱端塑性铰、核心区破坏（试件S21-BNC90）

(c) 节点核心区屈曲

图 13.37　节点试件的破坏形态

② 柱端出现塑性铰。试件 C21-BNC90 为受火灾后钢梁和环板修复为新钢梁和新环板的节点。当加载到第一循环位移达到 $2\Delta_y$ 时，柱子上的氧化层开始脱落，随后，经历这一加载级的三个反复加载过程后，钢梁和钢管混凝土柱钢管没有发生屈曲现象。当位移加载级别进行 $3\Delta_y$ 时，试验现象与 $2\Delta_y$ 级相同，钢梁和钢管混凝土柱都没有发生显著的破坏现象，在此级位移加载下，节点达到了峰值荷载。

第一个反复加载到 $5\Delta_y$ 时，节点核心区钢管混凝土柱出现呈水平向的剪切滑移线，环板上下也出现了呈斜向 45°方向分布的剪切滑移线；当反向加载到 $-5\Delta_y$，直到第二个反复加载完成后，实测的位移 - 荷载曲线开始出现下降的趋势。当位移加载级别进行 $7\Delta_y$ 时，在第一加载循环进行到大于 $5.3\Delta_y$ 时，前钢梁上翼缘钢板出现了轻微的屈曲现象，节点环板上下钢管混凝土柱子都出现了塑性铰而屈服，柱子因为屈服而呈很明显的弓形；当反向加载时，由于前面变形过大而终止试验。节点试验后形态如图 13.37（b）所示。

③ 节点核心区发生屈曲。试件 S31-BNC90、试件 S32-BNC90 和试件 S33-BNC90 都为火灾后钢梁和环板经过修复的节点，在加载过程中，试件钢梁、环板和柱都没有发生局部屈曲等破坏形式。

以试件 S32-BNC90 为例进行说明节点的工作特征。当正向位移达到 $3.5\Delta_y$ 时，节点核心区柱钢管腹板开始发生沿 45°方向的局部屈曲，此时荷载为 16.4kN；当位移反向加载到 $-3.5\Delta_y$ 时，核心区柱钢管腹板开始发生与前面屈曲方向交叉的局部屈曲，荷载为 17.2kN。此后荷载增长开始变慢。

当位移达到 $4\Delta_y$ 时，达到极限荷载，正向和反向荷载分别为 16.5kN 和－17.6kN。当正向位移达到 $5\Delta_y$ 时，节点核心区柱钢管焊缝开裂，荷载随变形的增加而迅速减小，当位移达到 $5.25\Delta_y$ 时，正向和反向荷载分别下降到 12.9kN 和－13.3kN，分别为峰值荷载的 78% 和 75%，试验结束。节点试验后形态如图 13.37（c1）所示。

试件 S13-B90C90 和试件 S21-BNC90 的最终破坏同样是由于节点核心区发生屈曲引起的，但与试件 S31-BNC90、试件 S32-BNC90 和试件 S33-BNC90 不同的是，节点核心区发生破坏的过程中同时伴随着梁或柱的屈曲，图 13.37（c2）和（c3）所示分别为这两个节点试件的破坏特征。

试验后除去钢管混凝土的外钢管，观测其核心混凝土的破坏形态，尽管由于高温及反复荷载的作用，混凝土产生了不同程度的断裂和开裂，但由于钢管的有效约束，核心混凝土保持了良好的形状。试验结果表明，节点试件中的钢管混凝土在火灾和反复荷载作用下能协同互补，共同工作，从而使节点试件表现出良好的工作性能，图 13.38（a）和（b）所示分别为圆形和方形钢管混凝土节点试件节点核心区混凝土的破坏形态。

需指出的是，由试件 S31-BNC90、试件 S32-BNC90 和试件 S33-BNC90 试验结果可见，更换节点加强环板并没有提高试件的核心区抗剪承载力。要使结构或构件达到理想破坏状态，应通过各种修复加固措施，根据梁柱的不同程度损伤对梁柱进行修复加固，使节点成为强柱弱梁节点，同时，需要对节点核心区进行加固，实现“强节点，弱构件”的设计目标。

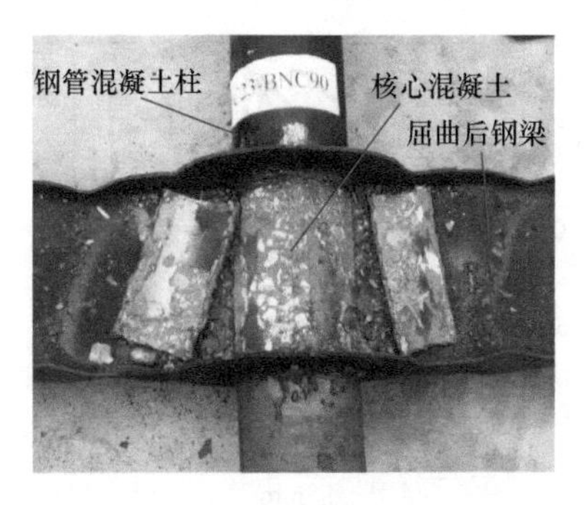

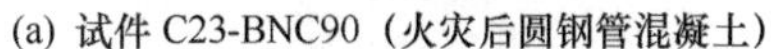
(a) 试件 C23-BNC90（火灾后圆钢管混凝土）　(b) 试件 S31-B90C90（火灾后方钢管混凝土）

图 13.38　核心区混凝土的破坏形态

2）水平荷载 - 水平变形滞回关系：全部节点试件实测的柱端水平荷载（P）- 水平变形（Δ_h）滞回关系如图 13.39 所示。从图中可见，各试件的 P-Δ_h 滞回关系总体上都呈纺锤形，表明火灾后钢管混凝土柱 - 钢梁节点具有良好的抗震耗能能力。图 13.39 所示的 P-Δ_h 滞回关系具有以下特点。

① 在钢梁发生屈曲或钢管发生焊缝开裂前滞回环饱满，没有出现捏缩现象。

② 随着水平位移的继续增大，加载时的刚度也逐渐在蜕化，这主要是由于随着变形的加大，截面的弯矩 - 曲率的增大，导致钢管混凝土和钢梁的屈服范围逐渐增大所致。卸载刚度基本保持弹性，与初始加载时的刚度大体相同。

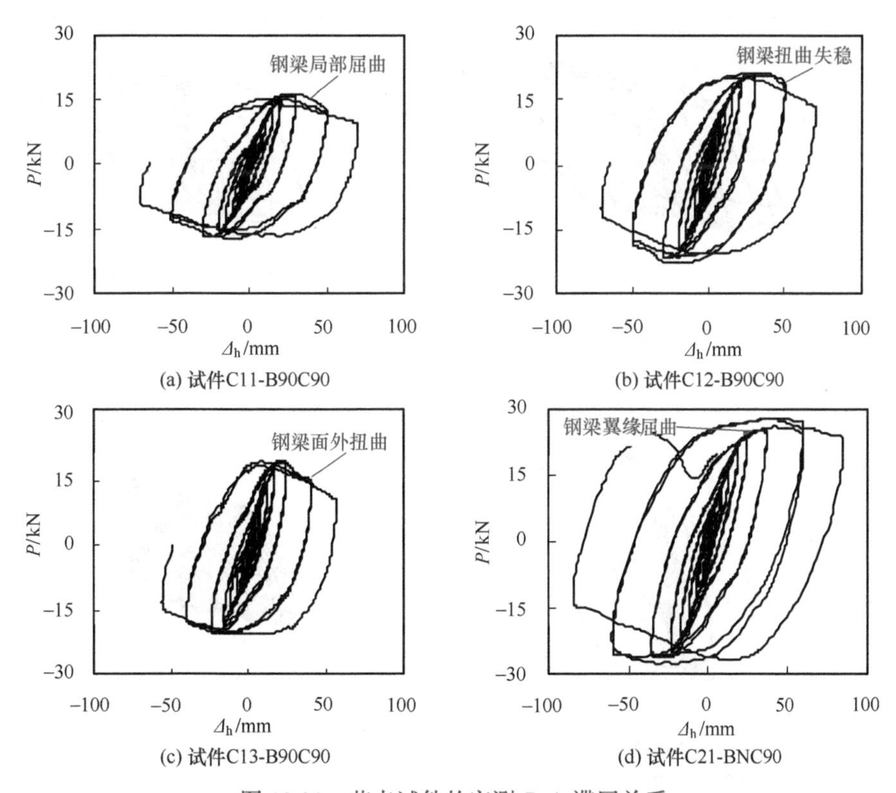

(a) 试件C11-B90C90　(b) 试件C12-B90C90

(c) 试件C13-B90C90　(d) 试件C21-BNC90

图 13.39　节点试件的实测 P-Δ_h 滞回关系

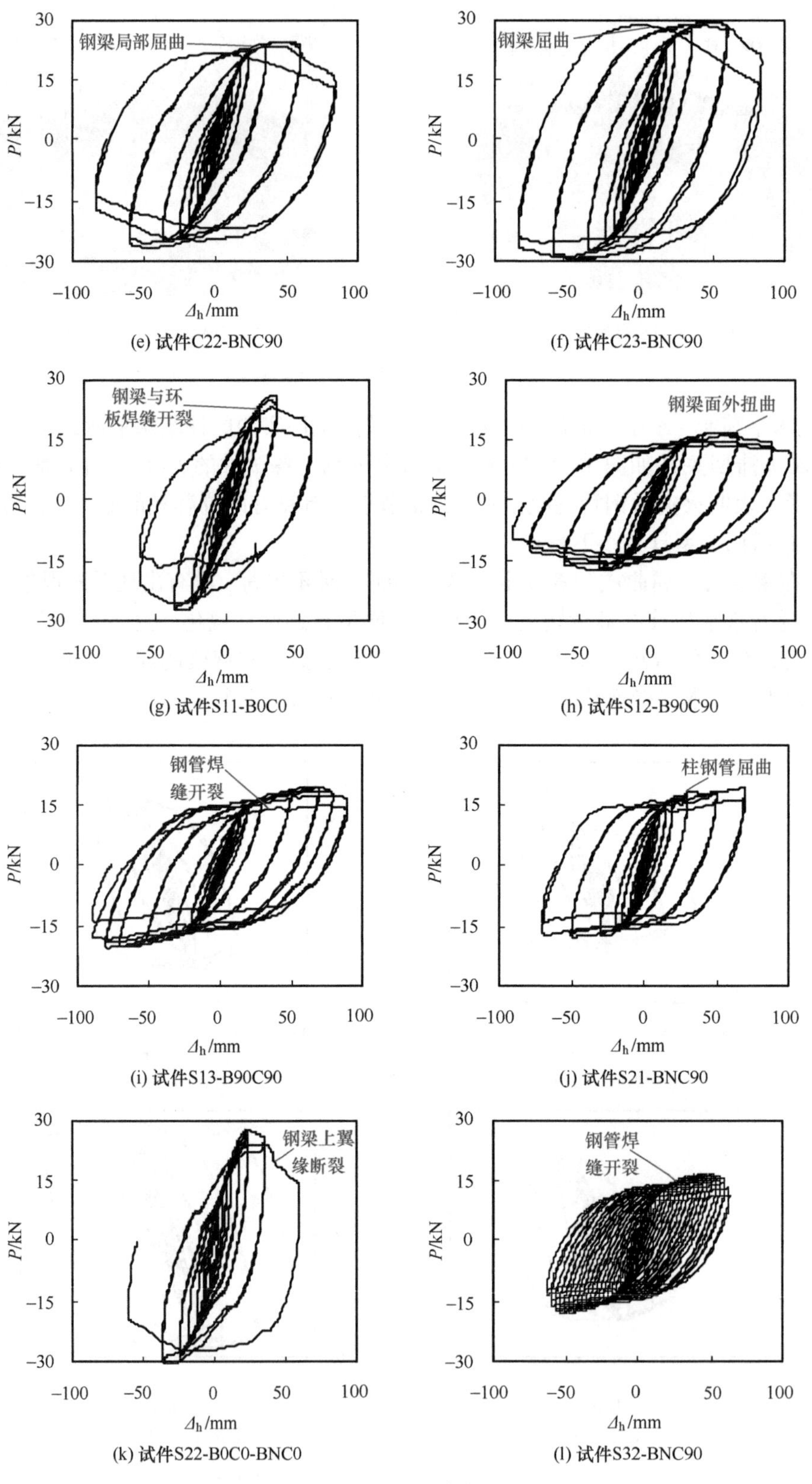

(e) 试件C22-BNC90

(f) 试件C23-BNC90

(g) 试件S11-B0C0

(h) 试件S12-B90C90

(i) 试件S13-B90C90

(j) 试件S21-BNC90

(k) 试件S22-B0C0-BNC0

(l) 试件S32-BNC90

图 13.39 （续）

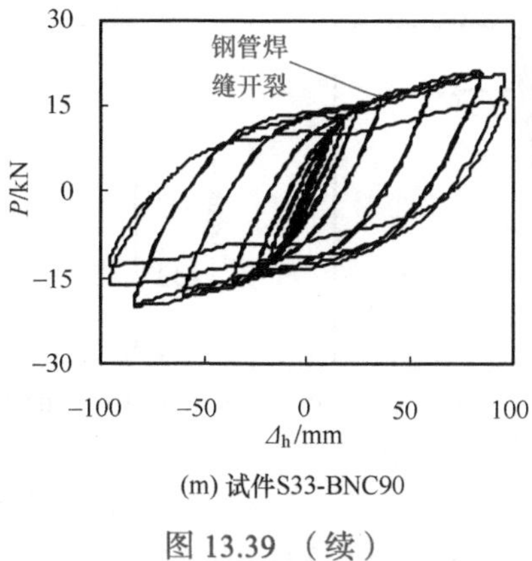

(m) 试件S33-BNC90

图 13.39 （续）

③ 对于柱荷载比（n）较小（如 $n<0.2$）的试件，加载进入弹塑性段后，会经历比较长的接近水平的强化段，直到钢梁明显屈曲、钢管混凝土柱出现塑性铰或焊缝开裂等破坏现象，才出现明显的下降段。对于柱荷载比（n）较大（如 $n>0.4$）的试件，荷载随着位移的加大，会越来越早地出现下降段，且柱荷载比（n）越大，荷载下降的幅度越大。

3）梁端弯矩 - 梁端曲率关系：图 13.40 给出了节点试件的梁端弯矩（M）- 梁端曲率（ϕ）滞回关系。由图中滞回曲线可以看出，加载初期，钢梁处于弹性阶段，M-ϕ 关

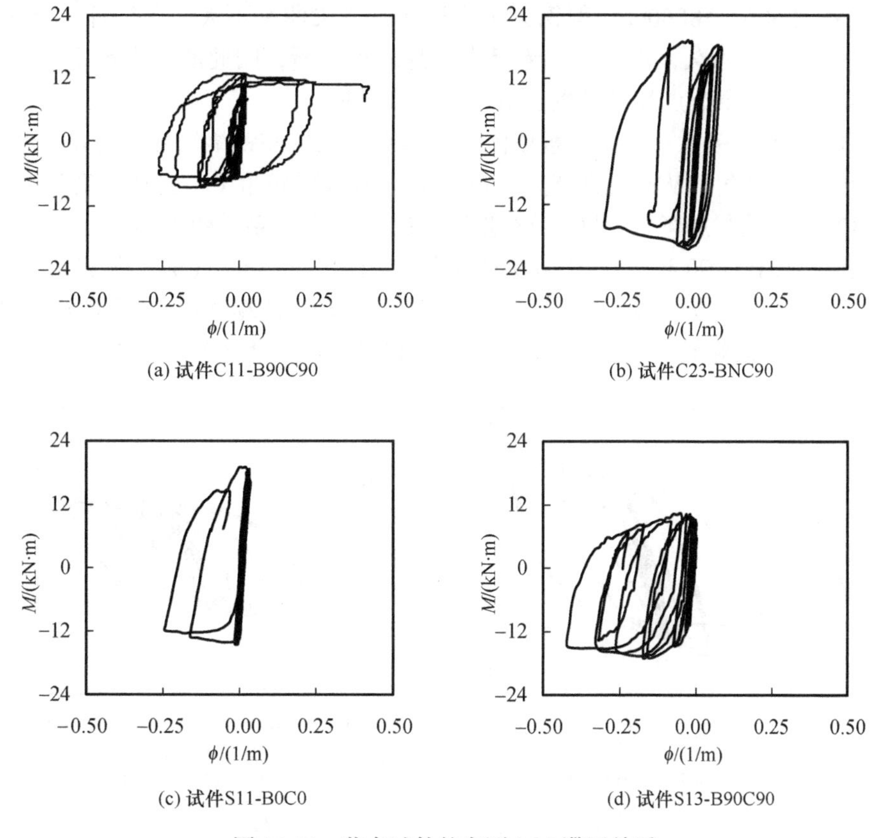

(a) 试件C11-B90C90　(b) 试件C23-BNC90

(c) 试件S11-B0C0　(d) 试件S13-B90C90

图 13.40　节点试件的实测 M-ϕ 滞回关系

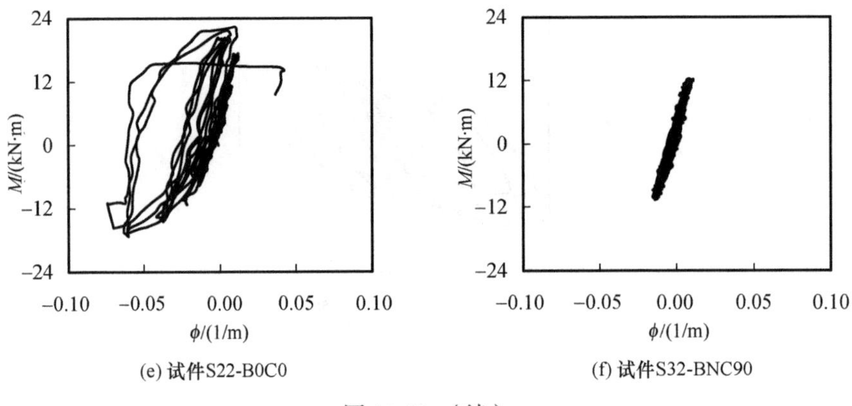

(e) 试件S22-B0C0　　(f) 试件S32-BNC90

图 13.40 （续）

系基本呈直线，钢梁曲率较小，发展缓慢；钢梁屈服以后，随着水平位移的逐步增大，钢梁曲率 ϕ 发展增快。

结合试件试验破坏形态与试件破坏形态描述，可将图 13.40 所示的 M-ϕ 关系分为三类，即：①钢梁 M-f 关系始终处于线性状态。钢梁外观没有变化，钢梁翼缘纤维应变发展很小，如试件 S32-BNC90 和试件 S33-BNC90 的翼缘应变基本小于钢材的屈服应变，试件 S21-BNC90 钢梁翼缘纤维应变虽然已经接近 2 倍屈服应变，但钢梁并未屈曲。②钢梁 M-ϕ 关系虽已进入非线性状态。如试件 C21-BNC90，钢梁上下翼缘纤维应变已经发展到 5000～8000με，但钢梁仍未屈曲，钢梁曲率不大，而试件 S22-B0C0 在进入非线性状态后不久，钢梁上翼缘板由于焊缝被拉断，因此曲率发展不大。③除了上述两类节点，其余节点都是发生了明显的局部屈曲。

4）弯矩 - 转角关系：试验过程中测量了节点区柱端和钢梁端部的转角，并由此得到节点梁柱相对转角，从而得到节点弯矩（M）- 柱或梁转角（θ_c 或 θ_b）关系（图 13.41 和图 13.42），以及节点弯矩（M）- 梁柱相对转角（θ_r）关系（图 13.43）。

以试件 C22-BNC90 和试件 S12-B90C90 为例，图 13.41（a）、（b），图 13.43（a）、（b）和图 13.44（a）、（b）分别给出了实测的节点弯矩（M）- 柱端转角（θ_c）滞回关系曲线、节点弯矩（M）- 梁端转角（θ_b）滞回关系曲线以及节点弯矩（M）- 梁柱相对转角（θ_r）

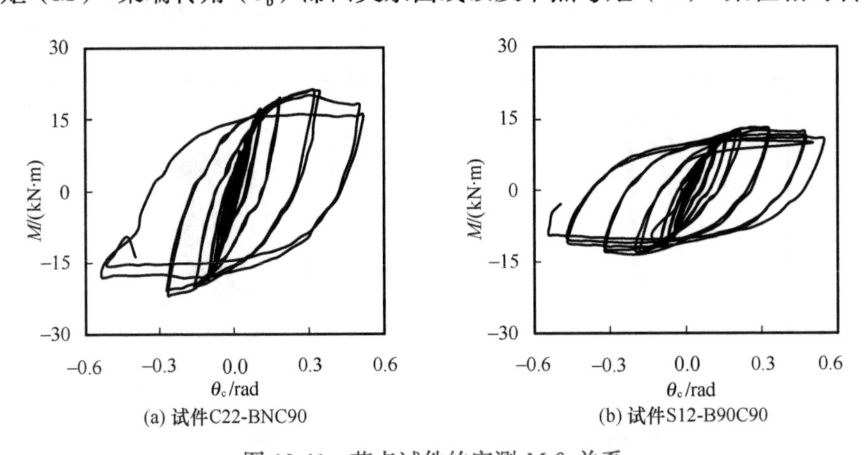

(a) 试件C22-BNC90　　(b) 试件S12-B90C90

图 13.41　节点试件的实测 M-θ_c 关系

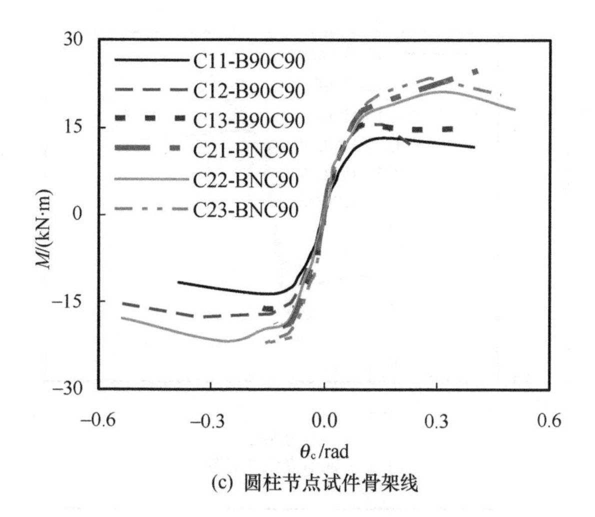

(c) 圆柱节点试件骨架线

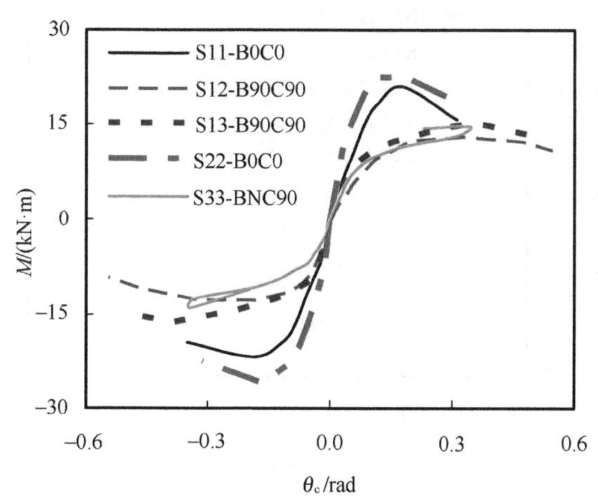

(d) 方柱节点试件骨架线

图 13.41 （续）

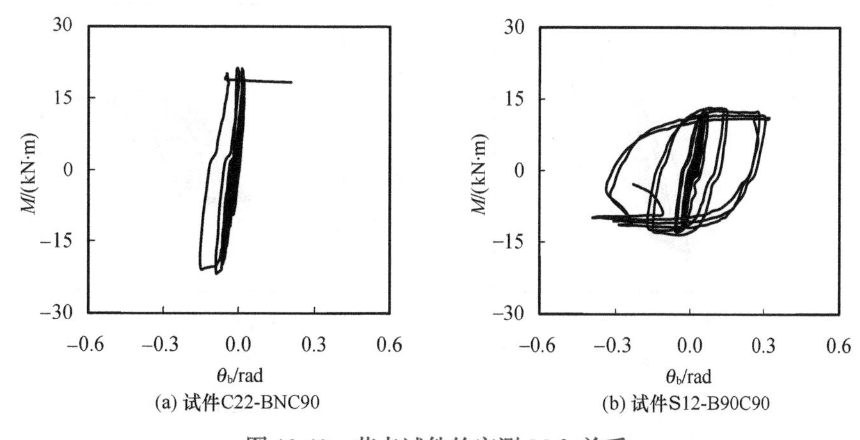

(a) 试件C22-BNC90　　(b) 试件S12-B90C90

图 13.42　节点试件的实测 M-θ_b 关系

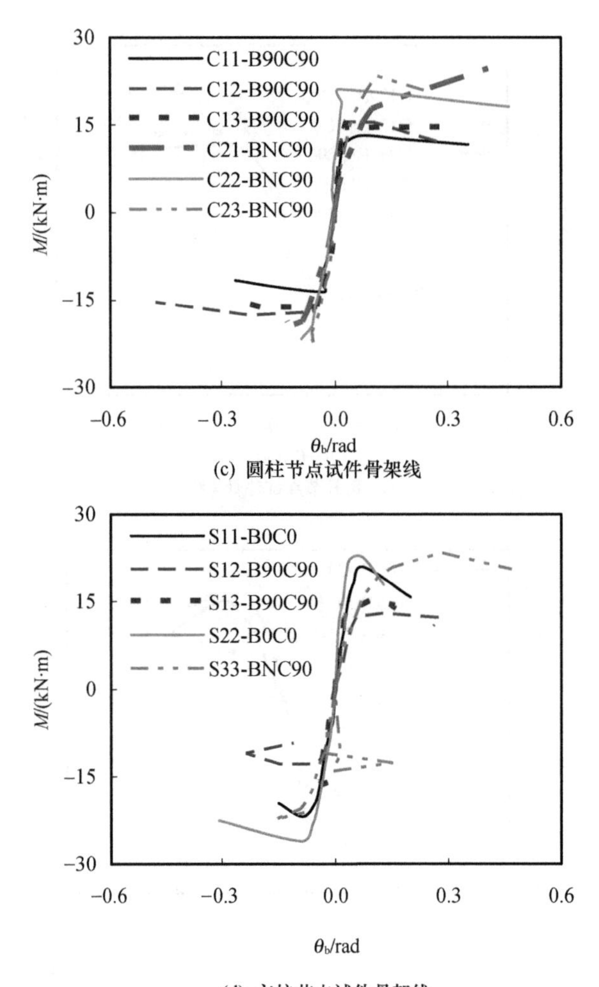

(c) 圆柱节点试件骨架线

(d) 方柱节点试件骨架线

图 13.42 （续）

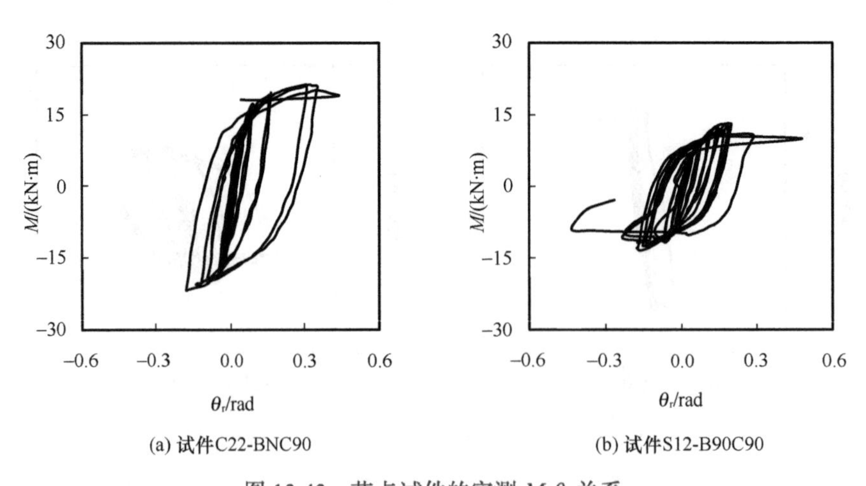

(a) 试件C22-BNC90　　　　(b) 试件S12-B90C90

图 13.43　节点试件的实测 M-θ_r 关系

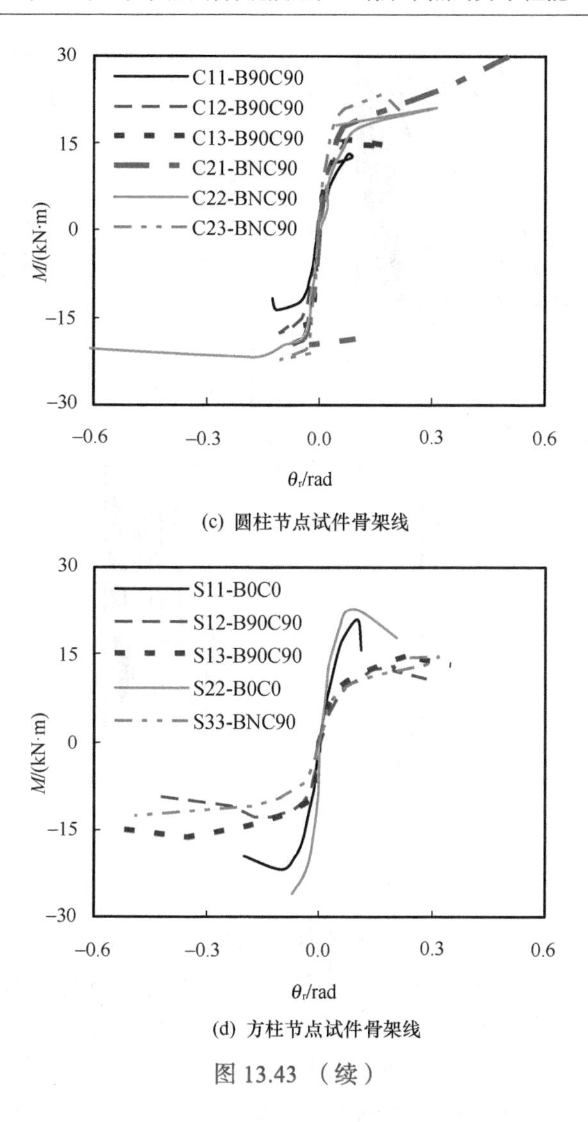

(c) 圆柱节点试件骨架线

(d) 方柱节点试件骨架线

图 13.43 （续）

滞回关系曲线。图 13.41～图 13.44 中还给出了除试件 S21-BNC90、试件 S31-BNC90 和试件 S32-BNC90 外其余的节点弯矩（M）- 转角（θ_c、θ_b 和 θ_r）骨架线。分析结果表明，节点试件屈服以前，节点弯矩 - 转角关系曲线基本呈直线变化，而且转角较小，发展缓慢；试件屈服以后，随着柱端位移的逐步增大，转角（或相对转角）迅速增大。

5）节点区应变：为了研究节点区钢材在反复荷载作用下的荷载 - 变形性能，以及其微观变形和试件宏观变形的关系，在试件节点区的上下环板之间柱钢管、上环板上部柱钢管和钢梁翼缘等位置分别贴应变片来测量其应变发展情况。由试验结果和试件破坏形态分析结果可见，所有试件的环板在试验过程中基本处于弹性状态。下面对节点区上下环板之间柱钢管、上环板上部柱钢管和钢梁翼缘的应变分析。

① 上、下环板之间柱钢管。以试件 C21-BNC90 为例，图 13.44（a）～（c）为柱顶水平荷载（P）- 上、下环板之间柱钢管纵向应变（ε）滞回关系。图中分别给出沿对角线方向三个测温点的应变变化情况。分析结果表明，加载初期的钢管处于弹性工作

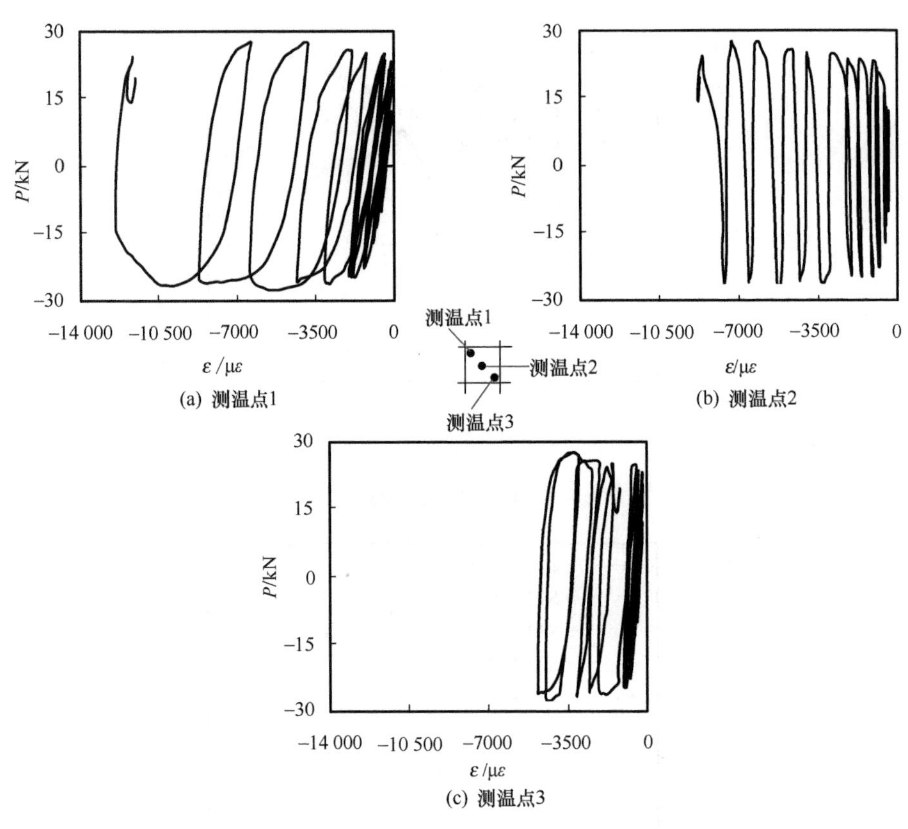

图 13.44　节点试件 C21-BNC90 的实测 P-ε 滞回关系

状态。节点试件屈服后，钢管应变迅速增加，卸载后的残余应变较大。

图 13.45（a）～（c）分别给出了 C1 组、C2 组和 S1 组试件的柱顶水平荷载（P）-上、下环板之间柱钢管纵向应变（ε）骨架线的对比情况，可得出如下规律：（a）柱顶轴力影响钢管应力状态，柱荷载比（n）越大钢管初始应变越大，如试件 C12-B90C90 和试件 C13-B90C90，这是由于随着 n 的增大，试件延性降低，变形能力降低。（b）梁柱线刚度比（k）同样影响钢管在加载过程中应力状态，k 越大，梁的约束作用越强，钢管初始应变越小，如试件 C11-B90C90 和试件 C12-B90C90，试件 C21-BNC90、试件 C22-BNC90 和试件 C23-BNC90，以及试件 S12-B90C90 和试件 S13-B90C90。（c）火灾对钢管应力状态也有很大的影响，在相同的柱荷载比下，试件受火后节点区钢管初始应变增大，如试件 S11-B0C0 和试件 S12-B90C90；同样，钢梁和环板经过修复的火灾后节点试件，以及火灾后节点存在一样的现象，如试件 S21-BNC90 和试件 S22-B0C0。

② 上环板上部柱钢管。以试件 C22-BNC90 和试件 S13-B90C90 为例，图 13.46 给出了柱顶水平荷载（P）-上环板上部柱钢管纵向应变（ε）滞回关系。可见，在加载初期，钢管处于弹性工作状态，应变发展缓慢；当节点试件进入屈服后，钢管应变迅速增加，反向加载的弹性极限降低，出现明显的软化段，即 Bauschinger 效应，且塑性发展越充分，Bauschinger 效应越明显，卸载后的残余应变越大。

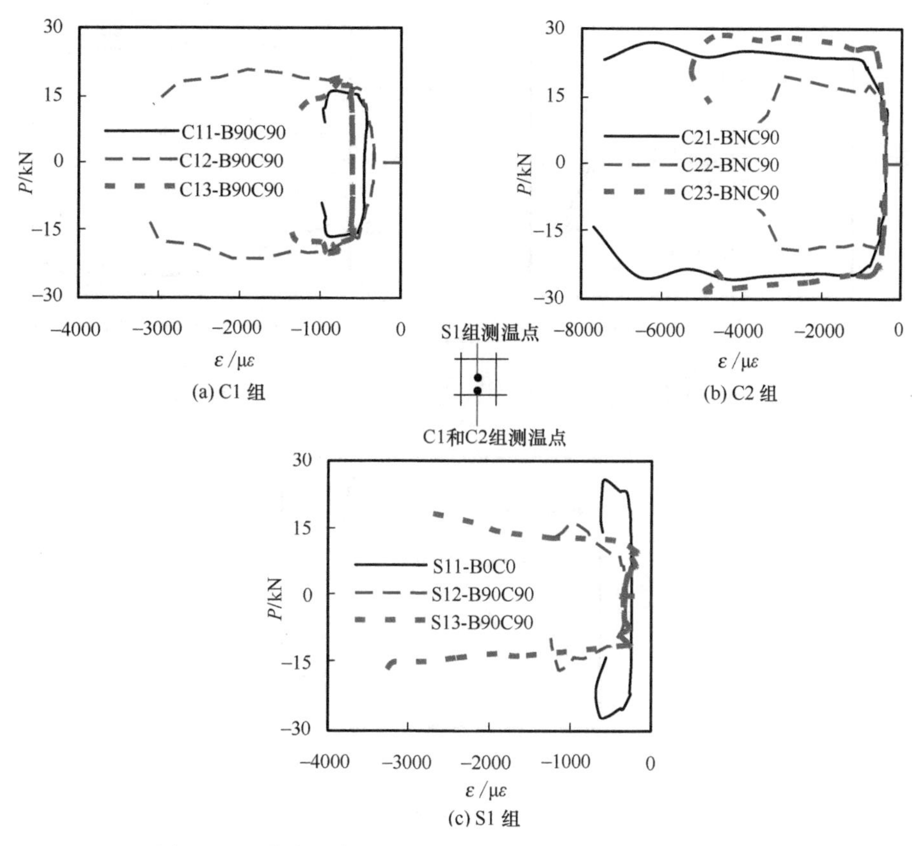

(a) C1 组　(b) C2 组　(c) S1 组

图 13.45　节点试件的实测 P-ε 滞回关系骨架线的对比情况

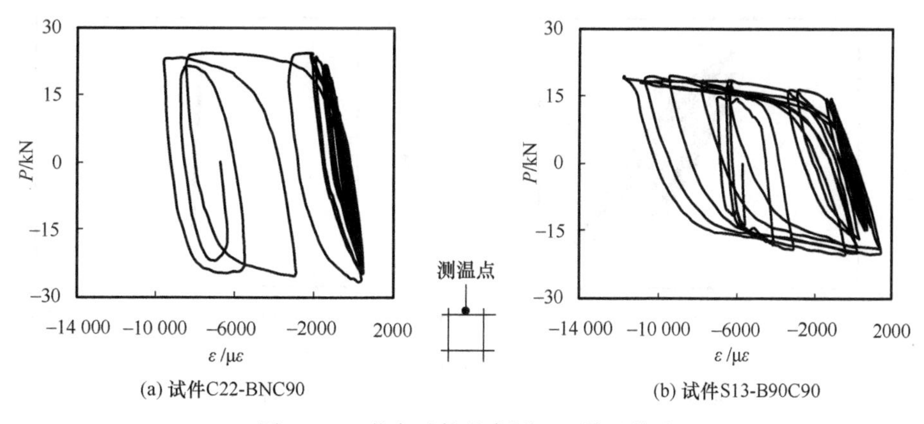

(a) 试件C22-BNC90　(b) 试件S13-B90C90

图 13.46　节点试件的实测 P-ε 滞回关系

图 13.47（a）、（b）和（c）分别给出了 C1 组、C2 组和 S1 组试件的柱顶水平荷载（P）- 上环板上部柱钢管纵向应变（ε）骨架线的对比情况。可见，应变随柱顶荷载的变化规律与上下环板之间柱钢管纵向应变（图 13.45）的变化规律类似。

③ 钢梁翼缘。以试件 S33-BNC90 为例，图 13.48 给出了节点区钢梁弯矩（M_b）- 钢梁上、下翼缘纵向应变（ε）滞回关系。可见加载过程中，试件 S33-BNC90 节点区

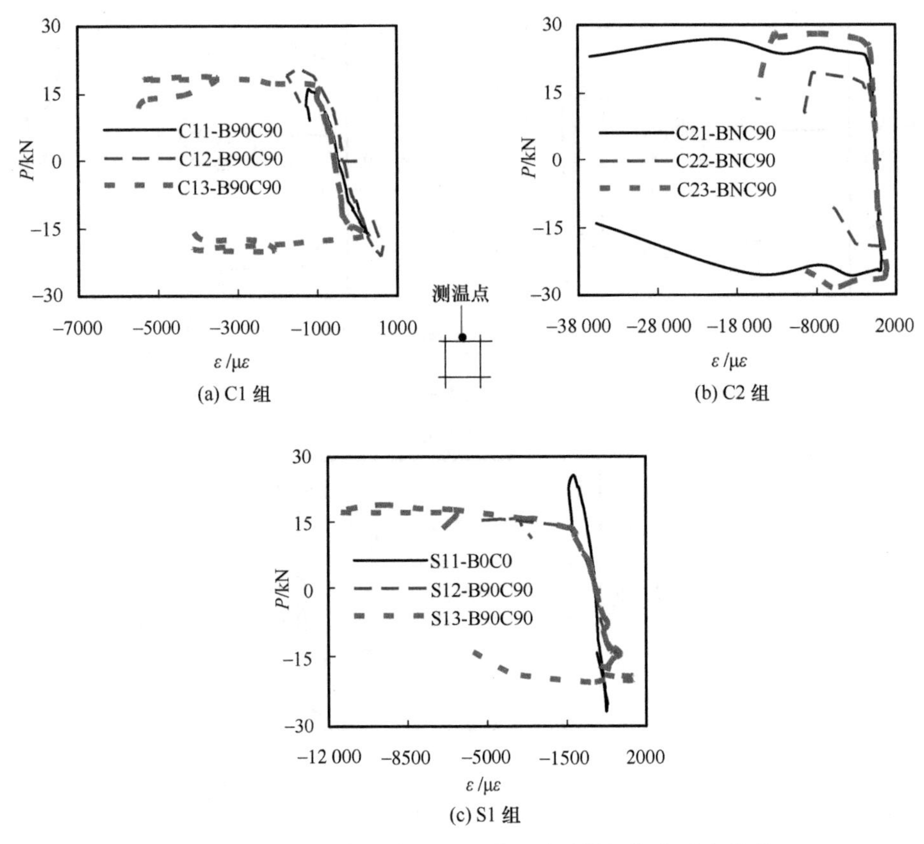

(a) C1 组　(b) C2 组　(c) S1 组

图 13.47　节点试件的实测 P-ε 滞回关系骨架线的对比情况

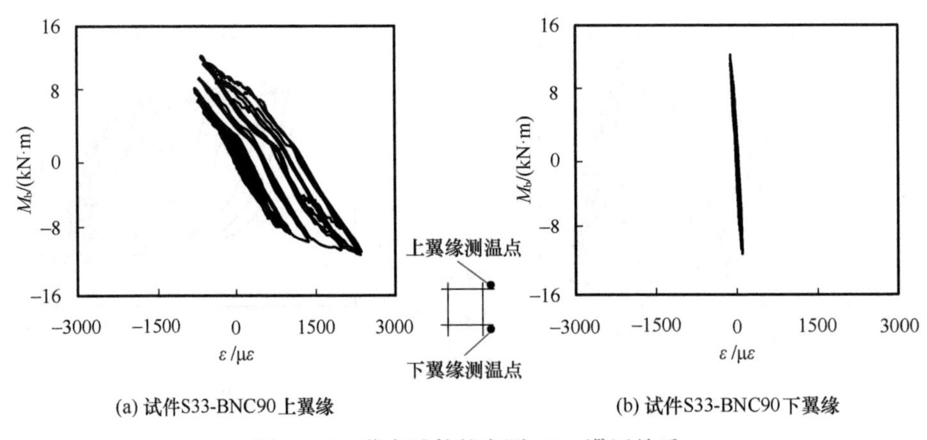

(a) 试件S33-BNC90上翼缘　(b) 试件S33-BNC90下翼缘

图 13.48　节点试件的实测 M_b-ε 滞回关系

钢梁上翼缘纤维屈服，但塑性发展不大，而下翼缘一直处于弹性状态。节点区钢梁上翼缘屈服的要比下翼缘较早，应变发展程度也大得多。

图 13.49（a）～（c）分别给出了 C1 组、C2 组和 S1 组试件的钢梁弯矩（M_b）-钢梁上翼缘纵向应变（ε）骨架线的对比情况。可见在加载初期，钢梁处于弹性工作状态，应变发展缓慢；钢梁上翼缘屈服后，翼缘应变发展速度加快，反向加载的弹性极

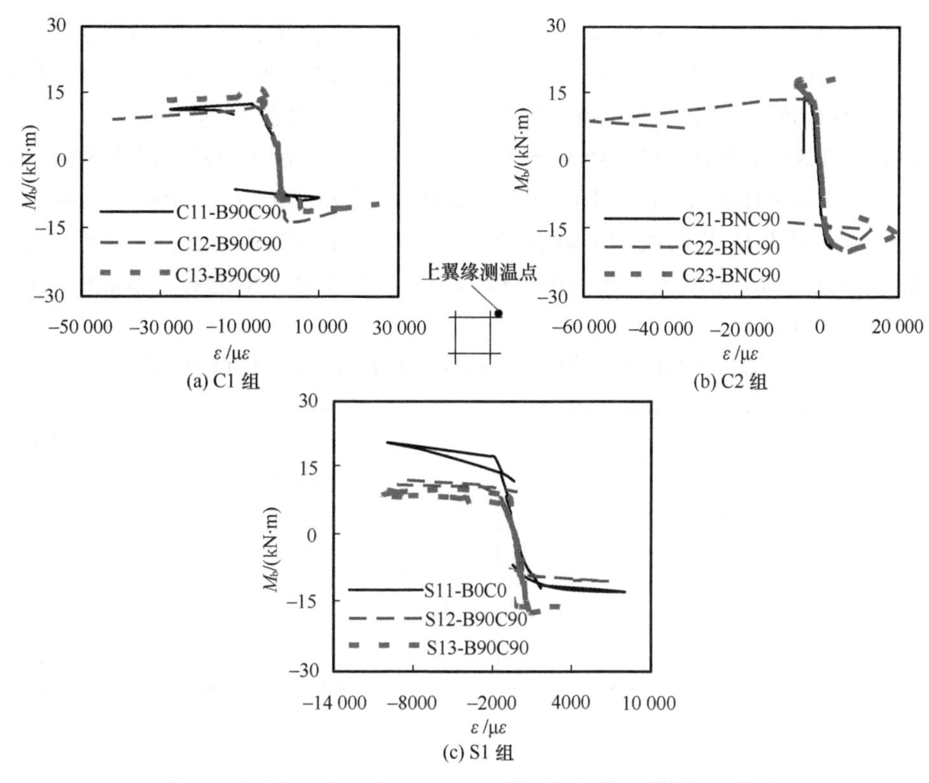

图 13.49　节点试件的实测 M_b-ε 滞回关系骨架线的对比情况

限降低，出现明显的软化段，即 Bauschinger 效应，且塑性发展越充分，Bauschinger 效应越明显，卸载后的残余应变越大。这与试验过程中观察到的现象（梁翼缘屈曲）是一致的。受火时间（t）和柱荷载比（n）对翼缘应变发展变化规律的影响与对柱钢管纵向应变影响规律相同。随着梁柱线刚度比（k）的增大，即钢梁承载能力增强，翼缘应变变小，如图 13.49（b）所示试件 C21-BNC90（k=1.025）、试件 C22-BNC90（k=0.768）和试件 C23-BNC90（k=1.170）。

（3）火灾后抗震性能分析

1）水平荷载 - 水平变形骨架线：骨架线一般是指滞回曲线每次循环的水平荷载（P）- 水平变形（Δ_h）曲线达到最大峰值荷载点的轨迹。骨架线常被用来比较和衡量结构试件的抗震性能。

图 13.50（a）～（e）分别给出了 C1 组、C2 组、S1 组、S2 组和 S3 组节点试件的 P-Δ_h 滞回关系骨架线，从图 13.50（a）～（d）可以看出柱荷载比（n）、梁柱线刚度比（k）和受火时间（t）等因素对节点骨架线的影响规律。

① 柱荷载比（n）。图 13.50（a）中试件 C12-B90C90（n=0.4）和试件 C13-B90C90（n=0.6），以及图 13.50（e）中试件 S32-BNC90（n=0.4）和试件 S33-BNC90（n=0），反映了柱荷载比（n）对 P-D_h 骨架线的影响规律。随着柱荷载比（n）的增大，试件承载力总体上呈降低的趋势，强化阶段刚度也减小，强化阶段变短。随着水平变形（Δ_h）的增大，由于柱钢管焊缝开裂或钢梁发生屈曲，P-Δ_h 曲线会出现下降段，

且下降段的下降幅度随柱荷载比（n）的增大而增大，节点的位移延性则越来越小。

② 梁柱刚度比。图 13.50（a）中火灾后试件 C11-B90C90（k=0.678）和试件 C12-B90C90（k=1.059），图 13.50（b）中火灾后试件的钢梁修复为新钢梁的节点 C21-BNC90（k=1.025）、C22-BNC90（k=0.768）和 C23-BNC90（k=1.170），以及图 13.50（c）中火灾后试件 S12-B90C90（k=1.089）和试件 S13-B90C90（k=1.702），反映了梁柱线刚度比（k）对 P-D_h 骨架线的影响规律。可见，在相同柱荷载比（n）的情况下，随着梁柱线刚度比（k）的增大，试件的承载力和刚度都呈增大的趋势，节点的位移延性也呈轻微增大的趋势。

③ 受火时间。图 13.50（c）为试件 S11-B0C0（t=0）和试件 S12-B90C90（t=

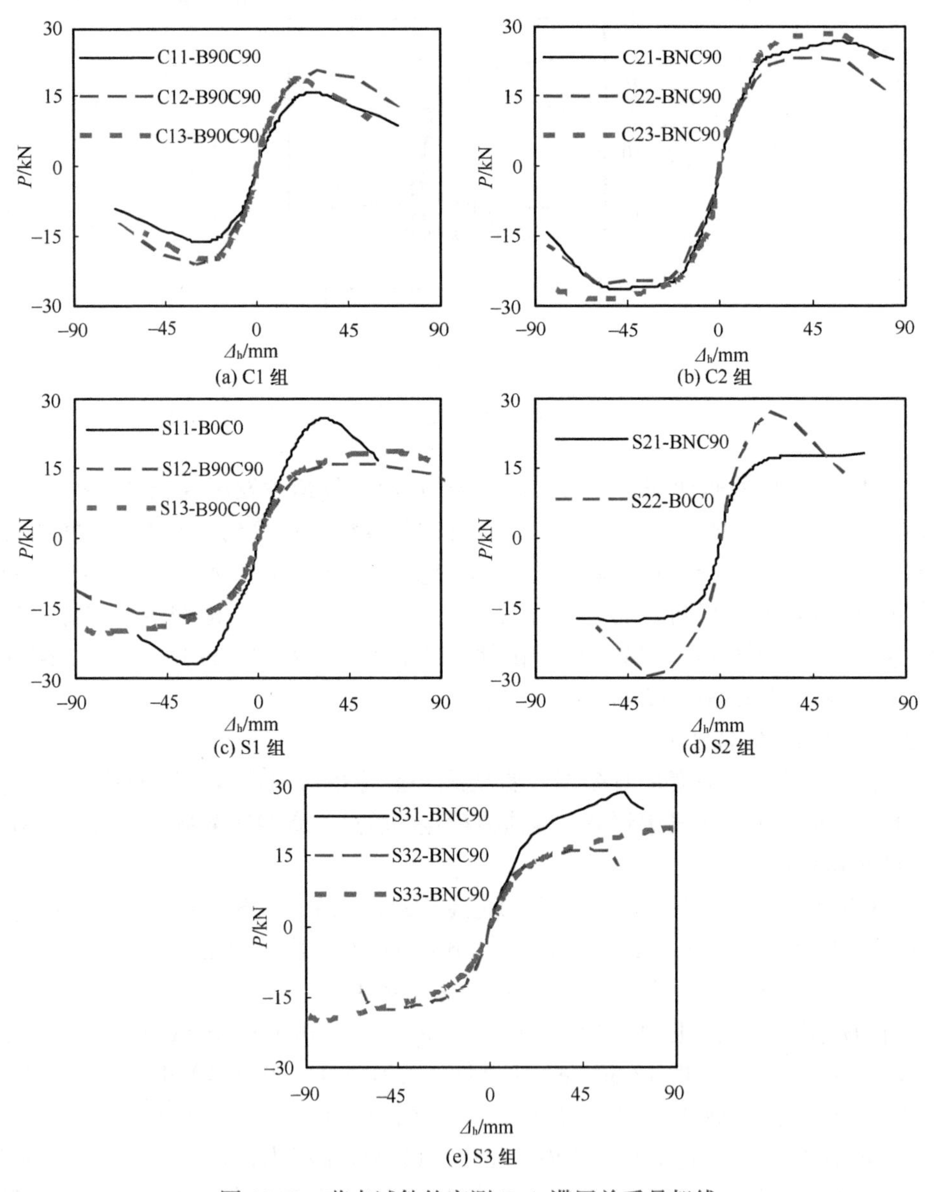

图 13.50　节点试件的实测 P-Δ_h 滞回关系骨架线

90min）常温下和火灾后的对比情况，图 13.50（d）中试件 S21-BNC90（t=90min）和试件 S22-B0C0（t=0）为钢梁修复为新钢梁的火灾后节点与常温下节点的对比情况，反映了在受火前与受火并经过修复后的力学性能比较。可见，火灾作用对节点 P-Δ_h 骨架线影响显著，表现为火灾后承载力和弹性刚度均降低，骨架线越趋于扁平。

2）承载力指标确定：本节采用确定钢管混凝土柱屈服点的方法来确定钢管混凝土节点的屈服点和屈服荷载（韩林海，2007），节点的 P-Δ_h 滞回关系骨架线如图 13.51 所示，以坐标原点 O 点作 P-Δ_h 曲线的切线与最高荷载点的水平线相交点的位移定义为节点的屈服位移 Δ_y，并由该点作垂线与 P-Δ_h 关系曲线相交的点确定屈服荷载 P_y。

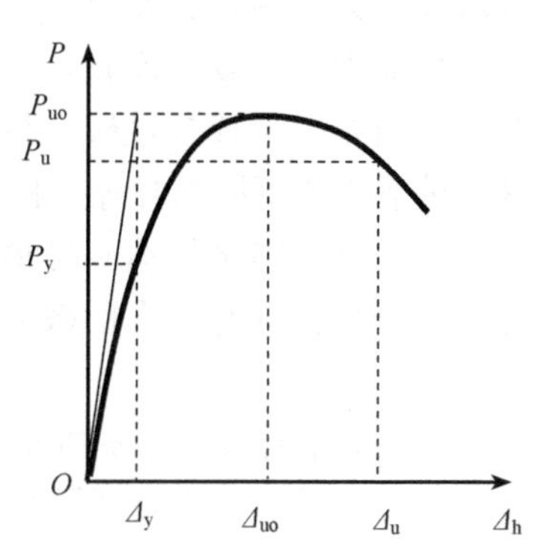

图 13.51　节点的 P-Δ_h 滞回关系骨架线

取 P-Δ_h 关系曲线的最高点对应的荷载和位移为水平极限承载力（P_{uo}）和极限位移（Δ_{uo}）；P_u=0.85P_{uo} 为试件破坏荷载，相应的位移为节点的破坏位移（Δ_u）。按照上述方法确定的试件的 Δ_y、Δ_{uo}、Δ_u 和 P_{uo}，汇总于表 13.10。

表 13.10　屈服、破坏和极限状态时的荷载、位移和梁柱相对转角

试件编号	屈服状态			破坏状态			极限状态		
	P_y/kN	Δ_y/mm	θ_y/rad	P_u/kN	Δ_u/mm	θ_u/rad	P_{uo}/kN	Δ_{uo}/mm	θ_{uo}/rad
C11-B90C90	11.60	13.1	0.0390	13.47	43.65	0.8234	15.85	30	0.0767
C12-B90C90	12.86	9.6	0.0291	17.61	50.36	0.0501	20.72	30	0.0711
C13-B90C90	12.48	9.0	0.0160	15.82	36.02	0.0174	18.61	24	0.0270
C21-BNC90	18.22	14.35	0.0403	21.22	85.18	0.5005	26.92	36	0.1208
C22-BNC90	15.06	13.6	0.0461	19.82	70.0	0.1991	23.32	36	0.1600
C23-BNC90	17.21	13.19	0.0222	23.81	73.53	0.1938	28.20	36	0.0673
S11-B0C0	18.74	17.14	0.0457	21.99	46.67	0.1051	25.87	36	0.1009
S12-B90C90	11.30	15.42	0.0594	13.80	86.38	0.2122	16.24	60	0.2003
S13-B90C90	13.65	17.5	0.0599	16.46	86.4	0.3164	18.82	70	0.2566
S21-BNC90	11.83	8.91		15.56	70		18.02	70	
S22-B0C0	19.40	11.72	0.0319	23.19	38.01	0.1153	27.28	24	0.0695
S31-BNC90	17.93	17.93		24.42	75		28.73	62.8	
S32-BNC90	9.16	8.47		14.16	61.82		16.45	48	
S33-BNC90	14.05	22.82	0.0828	17.66	96	0.2143	20.79	84	0.3203

以往的研究结果表明（韩林海等，2009），框架节点的破坏都是发生在节点核心区或节点核心区附近的梁端或柱端，因此节点的承载力往往不仅与梁柱的承载能力有关，而且还和节点的构造有关。此外，荷载分布方式、柱荷载比（n）等因素也对节点的承载力有影响。本章试验的节点试件构造相对简单，但由于火灾后梁柱损伤程度不同，且对部分火灾后钢梁修复为新的钢梁，使节点梁柱弯矩比和线刚度比发生变化，节点力学性能因此也发生变化。由观测到的节点试验破坏形态可见，试件的破坏形态主要有梁端屈曲并形成塑性铰、柱端屈服并形成塑性铰和节点核心区发生剪切破坏，以及这三种形式的不同组合等多种破坏形态。

对本章试验试件达到峰值荷载时实测的节点梁端弯矩、柱端弯矩和核心区剪力进行对比分析，并与节点的破坏形态进行对照，可发现节点的破坏形态与梁、柱和核心区承载力相关。

火灾后节点柱和梁的抗弯承载力 $M_{cu}(t)$ 和 $M_{bu}(t)$ 按 13.3.2（1）节相关内容计算确定。火灾后节点核心区屈服剪力 $V_y(t)$ 按照下式确定：

$$V_y(t)=\tau_{scy}(t)\cdot A_{sc} \tag{13.31}$$

式中：A_{sc}——钢管混凝土横截面面积；

$\tau_{scy}(t)$——受火时间为 t 的钢管混凝土柱火灾后抗剪承载力指标，参考韩林海（2007）的研究结果，确定了 $\tau_{scy}(t)$ 的计算方法，即对于圆钢管混凝土：$\tau_{scy}(t)=(0.422+0.313\cdot\alpha^{2.33})\cdot\xi^{0.134}\cdot f_{scy}(t)$；对于方钢管混凝土：$\tau_{scy}(t)=(0.455+0.313\cdot\alpha^{2.33})\cdot\xi^{0.25}\cdot f_{scy}(t)$，$f_{scy}(t)=N_u(t)/A_{sc}$；$N_u(t)$ 为火灾后钢管混凝土柱轴压强度承载力。

按照上述方法确定了节点达到峰值荷载时的节点梁端弯矩 M_b、柱端弯矩 M_c 和节点核心区剪力 V_j，以及火灾后钢梁抗弯承载力 $M_{bu}(t)$、钢管混凝土柱抗弯承载力 $M_{cu}(t)$ 和节点核心区屈服剪力 $V_y(t)$，如表 13.11 所示。

由表 13.11 可见，钢梁先屈服导致节点破坏的试件达到峰值荷载时，钢梁弯矩 M_b 为 $1.012M_{bu}(t)$～$1.43M_{bu}(t)$。柱端首先屈服导致节点破坏的试件，如试件 C21-BNC90 和试件 S21-BNC90 在达到峰值荷载时，柱端弯矩 M_c 分别为 $1.297M_{cu}(t)$ 和 $1.156M_{cu}(t)$；而对于节点核心区柱钢管屈曲的试件 S13-B90C90、试件 S32-BNC90 和试件 S33-BNC90，柱端弯矩 M_c 分别为 $1.080M_{cu}(t)$、$1.139M_{cu}(t)$ 和 $1.057M_{cu}(t)$，可见弯矩值明显有所降低。这是因为节点核心区抗剪承载力降低，从而降低了柱的抗弯承载力，而且从钢管破坏形态上看，都是发生 45°斜向屈曲，与抗弯破坏形态不同。节点核心区破坏的试件达到峰值荷载时，节点核心区剪力通常基本达到钢管混凝土抗剪承载力，而且都是方钢管混凝土节点。可见其火灾后力学性能不如圆钢管混凝土，对其进行修复时，应更为重视对节点区的修复加固。

3）强度退化：分别引入同级强度退化系数和总体强度退化系数来研究节点试件的强度退化规律。

表 13.11　节点承载力与破坏形态

试件编号	M_c/(kN·m)	$M_{cu}(t)$/(kN·m)	M_b/(kN·m)	$M_{bu}(t)$/(kN·m)	V_j/kN	$V_y(t)$/kN	$\frac{M_c}{M_{cu}(t)}$	$\frac{M_b}{M_{bu}(t)}$	$\frac{V_j}{V_y(t)}$	节点破坏形态
C11-B90C90	13.6	19.4	12.1	9.2	163.9	242.1	0.703	1.315	0.719	钢梁屈曲
C12-B90C90	16.3	19.4	13.7	11.9	156.1	242.1	0.844	1.154	0.685	钢梁屈曲
C13-B90C90	16.1	19.4	12.0	11.9	145.5	242.1	0.834	1.012	0.638	钢梁屈曲
C21-BNC90	25.1	19.4	19.2	16.1	241.1	242.1	1.297	1.190	1.058	节点柱端屈服
C22-BNC90	19.7	19.4	14.5	13.7	175.8	242.1	1.016	1.058	0.772	钢梁屈曲
C23-BNC90	23.9	19.4	22.5	17.4	270.3	242.1	1.236	1.297	1.186	钢梁屈曲
S11-B0C0	21.0	22.0	20.8	16.0	278.3	475.8	0.953	1.303	0.679	钢梁屈曲并被拉断
S12-B90C90	13.0	14.1	12.6	9.2	172.2	228.9	0.925	1.363	0.874	钢梁屈曲
S13-B90C90	15.2	14.1	17.0	11.9	215.3	228.9	1.080	1.430	1.092	钢梁屈曲、核心区柱钢管屈曲并焊缝开裂
S21-BNC90	16.3	14.1	11.8	16.1	173.2	228.9	1.156	0.730	0.878	节点柱端屈服
S22-B0C0	22.8	22.0	19.3	16.1	261.8	475.8	1.039	1.199	0.639	钢梁屈曲并被拉断
S31-BNC90										核心区柱钢管屈曲并焊缝开裂
S32-BNC90	16.0	14.1	10.6	14.9	151.6	228.9	1.139	0.713	0.769	核心区柱钢管屈曲并焊缝开裂
S33-BNC90	14.9	14.1	15.6	14.9	210.4	228.9	1.057	1.050	1.067	核心区柱钢管屈曲并焊缝开裂

试件的强度退化用同级荷载强度退化系数（λ_i）表示（JGJ 101－96，1997），即同一级加载各次循环所得峰点荷载与该级第一次循环所得峰点荷载的比值，λ_i 可表示如下：

$$\lambda_i=\frac{P_j^i}{P_j^1} \tag{13.32}$$

式中：P_j^1——第 j 次加载位移时，第一次加载循环的峰值点荷载值；

P_j^i——第 j 次加载位移时，第 i 次加载循环的峰值点荷载值。

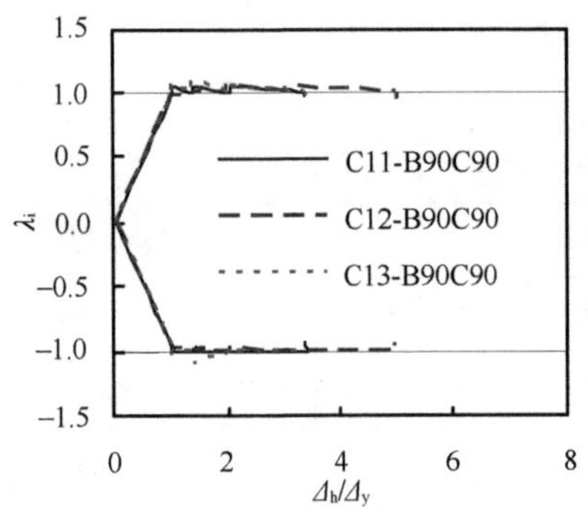

图 13.52 节点试件的 λ_i-Δ_h/Δ_y 关系

以试件 C11-B90C90、试件 C12-B90C90 和试件 C13-B90C90 为例，图 13.52 给出了同级荷载退化系数（λ_i）随 Δ_h/Δ_y 的变化情况。分析结果表明，节点试件的同级荷载退化程度并不明显，只有钢管焊缝开裂或钢梁屈曲后才出现明显的荷载降低现象。其余试件的 λ_i 随加载循环次数的变化情况相同。

为研究节点试件在整个加载过程中荷载的降低情况，用总体荷载退化系数（λ_j）分析试件在整个加载过程中的荷载退化特点，即

$$\lambda_j = \frac{P_j}{P_{max}} \tag{13.33}$$

式中：P_j——第 j 次加载循环时对应的峰值荷载；

P_{max}——所有加载过程中所得最大峰值点荷载，即试件的极限承载力。

图 13.53（a）～（e）所示为各个试件的总体荷载退化系数（λ_j）与 Δ_h/Δ_y 的关系，并与试件破坏荷载（$P_u = 0.85P_{uo}$）对应的 0.85 和 −0.85 水平线进行了比较，从图中曲线的变化情况可见，该类节点在屈服后都有较长的水平段，说明该类节点不会很快丧失承载能力，即使达到破坏荷载仍能继续承受荷载。

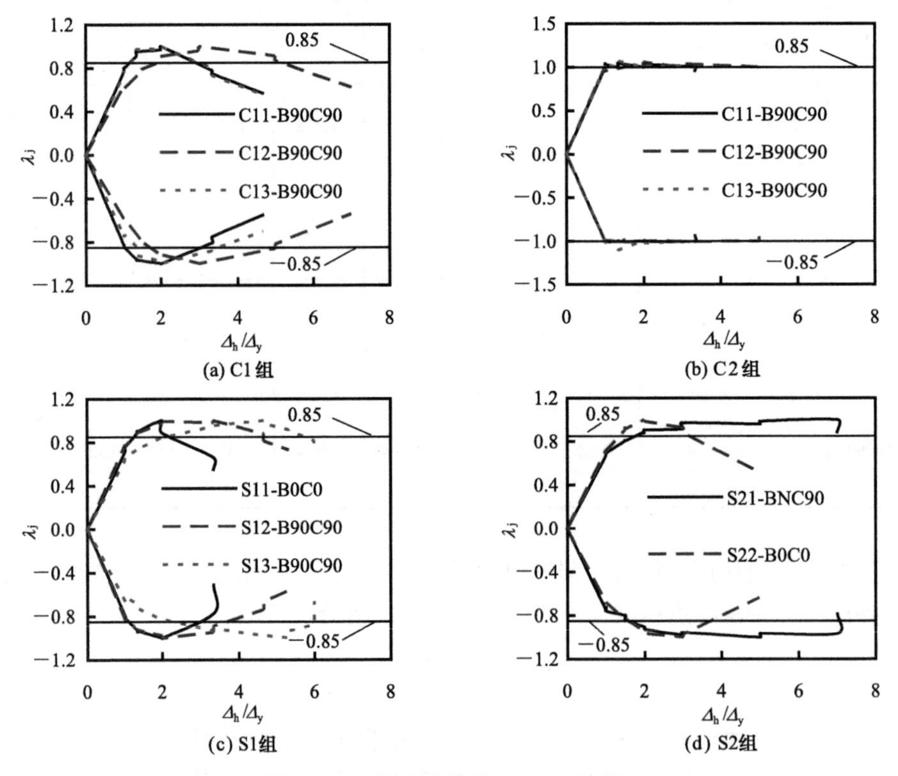

图 13.53 节点试件的 λ_j-Δ_h/Δ_y 关系

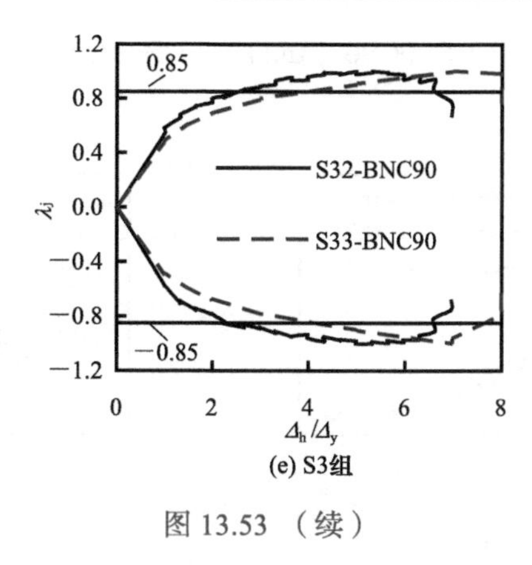

(e) S3组

图 13.53 （续）

4）刚度退化：采用同级变形下的环线刚度来描述试件的刚度退化（唐九如，1989），环线刚度的计算公式如下：

$$K_{\mathrm{j}}=\frac{\sum_{i=1}^{k} P_{\mathrm{j}}^{\mathrm{i}}}{\sum_{i=1}^{k} u_{\mathrm{j}}^{\mathrm{i}}} \tag{13.34}$$

式中：$P_{\mathrm{j}}^{\mathrm{i}}$——加载位移 $\Delta_h/\Delta_y=j$ 时，第 i 次加载循环的峰值点荷载值；

$u_{\mathrm{j}}^{\mathrm{i}}$——加载位移 $\Delta_h/\Delta_y=j$ 时，第 i 次加载循环的峰值点变形值；

k——位移加载循环次数。

图 13.54 为环线刚度（K_j）与 Δ_h/Δ_y 的关系。从图中环线刚度（K_j）变化趋势可见，柱荷载比（n）和和受火时间（t）对环线刚度曲线变化趋势影响明显。

图 13.54（a）中试件 C12-B90C90（n=0.4）和试件 C13-B90C90（n=0.6），以及图 13.54（e）中试件 S32-BNC90（n=0.4）和试件 S33- BNC90（n=0），反映了柱荷载比（n）对环线刚度（K_j）的影响，可见，随着柱荷载比（n）的增大，曲线变得更陡，环线刚度（K_j）下降速度加快。

图 13.54（b）给出了梁柱线刚度比（k）对试件 C21-BNC90（k=1.025）、试件 C22-BNC90（k=0.768）和试件 C23-BNC90（k=1.170）的环线刚度（K_j）的影响，可见，梁柱线刚度比（k）对火灾后钢梁和环板修复为新钢梁和环板的节点的环线刚度（K_j）影响不明显。

图 13.54（c）中试件 S11-B0C0（t=0）和试件 S12-B90C90（t=90min）分别为常温下节点和火灾后节点的对比情况。可见，火灾后节点刚度退化变缓。

图 13.54（d）中试件 S22-B0C0（t=0）和试件 S21-BNC90（t=90min）分别为常温下节点与钢梁经过修复为新钢梁的火灾后节点对比情况。可见，火灾后钢梁修复为新梁后，节点环线刚度（K_j）降低的将趋于平缓。

5）节点核心区抗剪性能：节点区剪力（V）- 剪切角（γ）滞回关系如图 13.55 所示。从试验结果可以看出，节点区主要有三类破坏形态：

① 节点区始终处于弹性阶段，如试件 C11-B90C90 和试件 S22-B0C0。

② 节点区进入弹塑性阶段或强化阶段，但节点核心区钢管没有发生局部屈曲或焊缝

开裂等破坏形态，如试件 C12-B90C90、试件 C13-B90C90、试件 S11-B0C0 和试件 S12-B90C90 等。

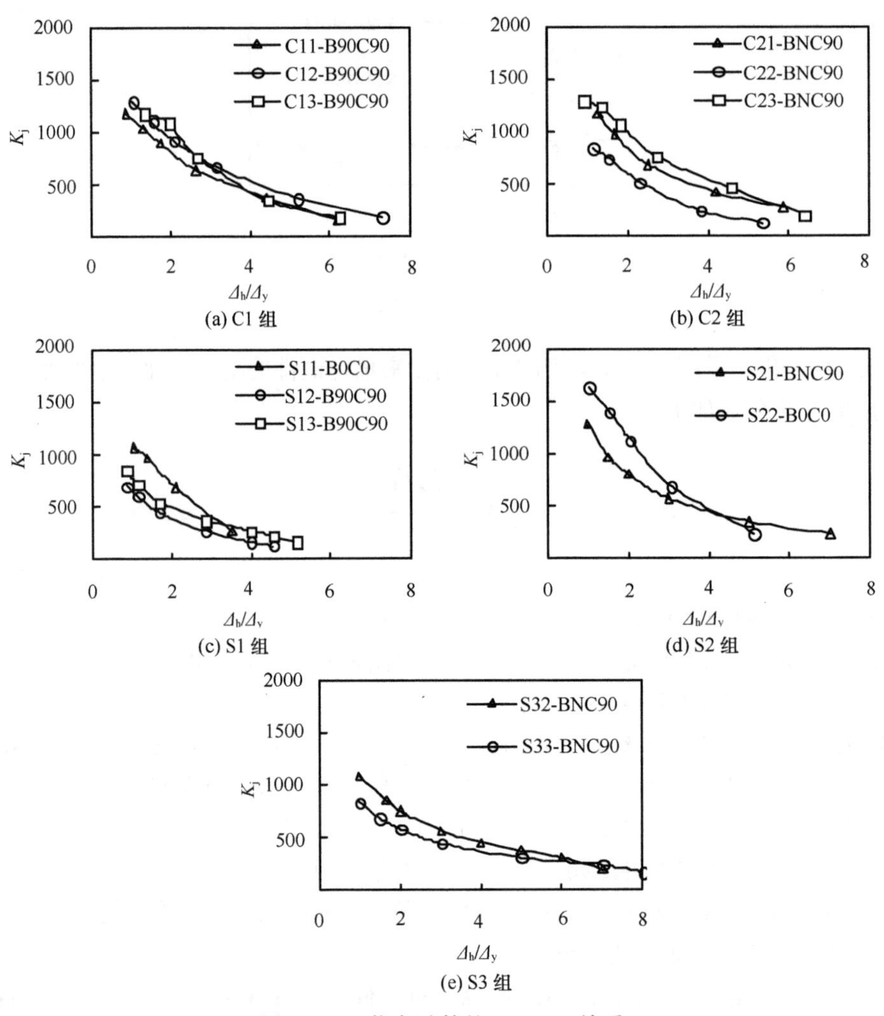

(a) C1 组　(b) C2 组　(c) S1 组　(d) S2 组　(e) S3 组

图 13.54　节点试件的 K_j-Δ_h/Δ_y 关系

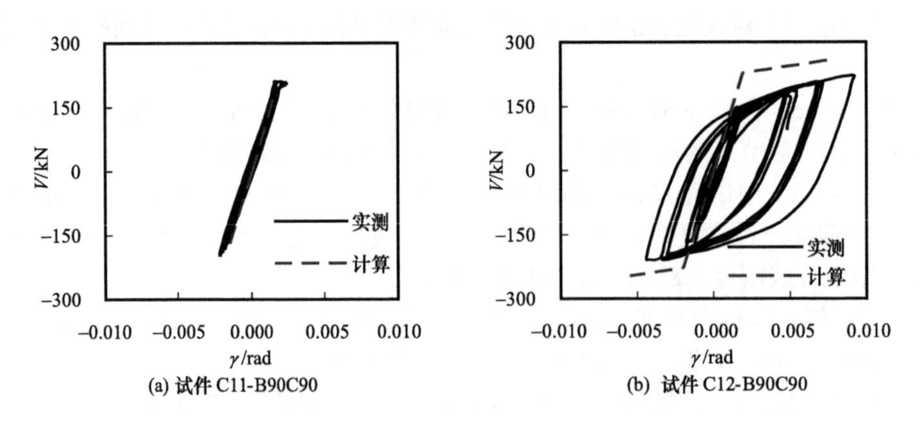

(a) 试件 C11-B90C90　(b) 试件 C12-B90C90

图 13.55　节点试件的 V-γ 关系

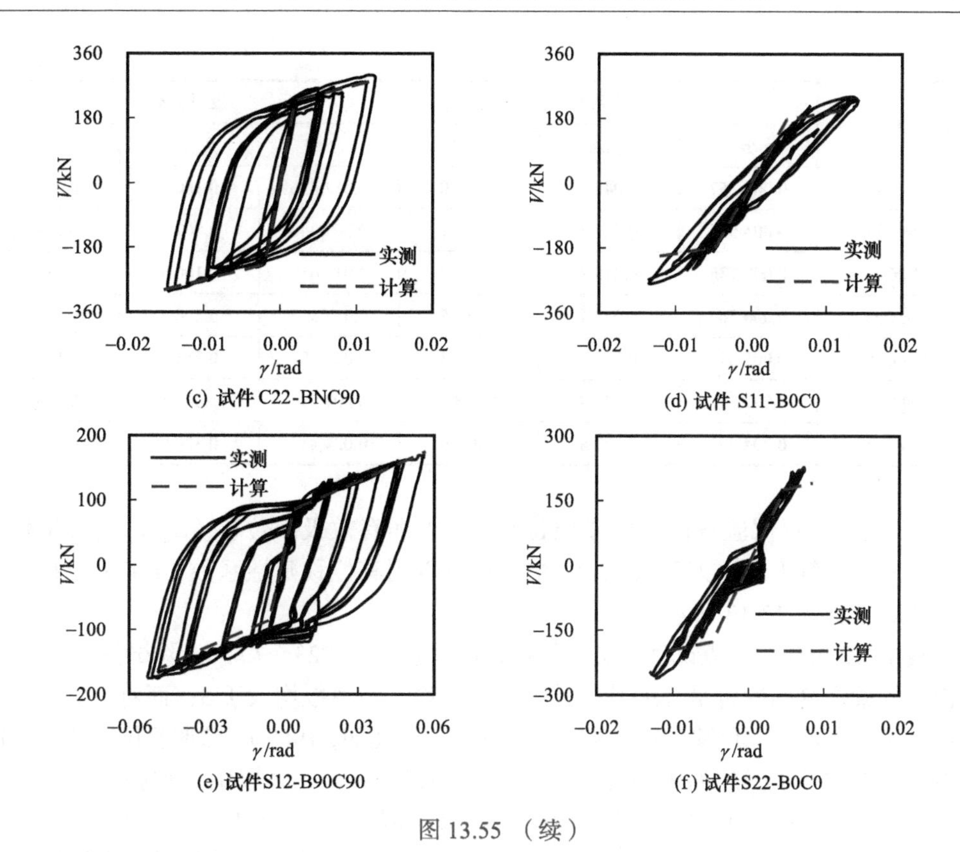

(c) 试件 C22-BNC90

(d) 试件 S11-B0C0

(e) 试件S12-B90C90

(f) 试件S22-B0C0

图 13.55 （续）

③ 节点区进入强化阶段，且核心区发生钢管屈曲进而钢管焊缝开裂的破坏形态，如试件 S13-B90C90 和试件 S33-BNC90 等。

比较试件 C12-B90C90（n=0.4）和试件 C13-B90C90（n=0.6）可以看出，柱荷载比（n）对节点区抗剪承载力有影响，柱荷载比（n）较大的试件 C13-B90C90 比试件 C12-B90C90 有更大的承载力；而具有相同柱荷载比（n=0.4）的试件 C21-BNC90、试件 C22-BNC90 和试件 C23-BNC90，其承载力基本相同。对于采用圆钢管混凝土柱的节点，在整个试验过程中，节点区的 V-γ 关系曲线始终呈上升趋势，没有下降段；对于方钢管混凝土节点，只有在节点区钢管出现局部屈曲或焊缝开裂后，V-γ 关系曲线才出现下降段。

从表 13.12 中可见，当节点区达到屈服时，各节点试件的剪切角（γ_y）仅为梁柱相对转角（θ_y）的 1.6%～8.3%，当荷载达到最大时，各试件节点域的剪切角（γ_{uo}）却已经达到梁柱相对转角（θ_{uo}）的 7%～27.6%。

表 13.12　屈服和极限状态时的节点区剪切变形与梁柱相对转角

试件编号	屈服状态			极限状态		
	γ_y/rad	θ_y/rad	γ_y/θ_y	γ_{uo}/rad	θ_{uo}/rad	γ_{uo}/θ_{uo}
C12-B90C90	0.001 554	0.029 1	0.053 4	0.006 741	0.071 1	0.094 8
C13-B90C90	0.000 851	0.016 0	0.053 2	0.001 902	0.027 0	0.070 4
C21-BNC90	0.002 159	0.040 3	0.053 6	0.017 644	0.120 8	0.146 1

续表

试件编号	屈服状态			极限状态		
	γ_y/rad	θ_y/rad	γ_y/θ_y	γ_{uo}/rad	θ_{uo}/rad	γ_{uo}/θ_{uo}
C22-BNC90	0.002 257	0.046 1	0.049 0	0.012 456	0.160 0	0.077 9
C23-BNC90	0.001 556	0.022 2	0.070 1	0.009 346	0.067 3	0.138 9
S11-B0C0	0.007 736	0.045 7	0.169 3	0.013 487	0.100 9	0.133 7
S12-B90C90	0.006 564	0.059 4	0.110 5	0.055 357	0.200 3	0.276 4
S13-B90C90	0.005 048	0.059 9	0.084 3	0.049 188	0.256 6	0.191 7
S22-B0C0	0.007 297	0.031 9	0.228 7	0.007 297	0.069 5	0.105 0
S33-BNC90	0.004 791	0.082 8	0.057 9	0.024 454	0.320 3	0.076 3

6）节点延性：试验各试件的屈服位移（$\varDelta_y$）和有效极限位移（$\varDelta_u$），屈服位移角（θ_y）、极限位移角（θ_{uo}）列于表 13.12 中；计算得到其位移延性系数（μ）和位移角延性系数（μ_θ）如表 13.13 所示。

从表 13.13 可见，节点试件的层间位移延性系数 μ=2.723～7.856，除试件 S11-B0C0 节点由于钢梁焊缝问题过早开裂外，其余节点位移延性系数均大于 3；而对于钢筋混凝土结构，一般要求层间位移延性系数大于等于 2（唐九如，1989）。参照我国《建筑抗震设计规范（2016 年版）》（GB 50011—2001）（2002），对多、高层钢结构弹性层间位移角限值［θ_e］=1/300=0.0033，弹塑性层间位移角限值［θ_P］=1/50=0.02；而试验的 14 个节点的弹性极限层间位移角 θ_y=（1.64～4.39）［θ_e］，弹塑性极限层间位移角 θ_{uo}=（1.15～3.06）［θ_p］，故可认为上述节点试件的位移延性和转角延性指标均满足有关抗震设计的要求。

表 13.13　节点延性与耗能指标

试件编号	μ	μ_θ	耗能 /（kN · m）	h_e	E
C11-B90C90	3.332	3.349	11.09	0.3222	2.024
C12-B90C90	5.246	5.262	15.35	0.3099	1.947
C13-B90C90	4.002	4.018	10.54	0.3009	1.891
C21-BNC90	5.936	5.956	22.99	0.3211	2.018
C22-BNC90	5.147	5.126	24.35	0.2660	1.671
C23-BNC90	5.575	5.571	28.90	0.2967	1.864
S11-B0C0	2.723	2.725	11.78	0.2396	1.505
S12-B90C90	5.602	5.612	19.00	0.2601	1.634
S13-B90C90	4.937	4.955	27.32	0.2409	1.514
S21-BNC90	7.856	7.825	15.42	0.3358	2.110
S22-B0C0	3.243	3.227	14.51	0.2431	1.527
S31-BNC90	4.183	4.184			
S32-BNC90	7.395	7.296	44.14	0.2653	1.667
S33-BNC90	4.207	4.214	19.99	0.2266	1.424

7）节点耗能：结构构件的耗能能力可以其水平荷载（P）- 水平变形（Δ_h）滞回关系曲线所包围的面积来衡量（JGJ 101—96，1997），如图 13.56 所示。滞回曲线包含的面积反映了结构弹塑性耗能的大小，滞回环越饱满，耗散的能量越多，结构的耗能性能越好。

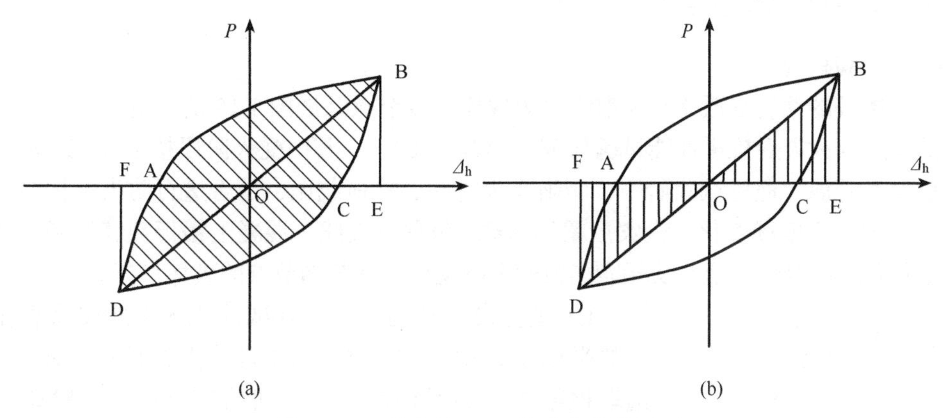

图 13.56　节点的 P-Δ_h 关系曲线滞回环

耗能能力是研究结构抗震性能的重要指标之一，一般可采用等效粘滞阻尼系数 h_e 和能量耗散系数 E 来评价钢管混凝土节点的耗能能力（JGJ 101—96）（1997）。

等效粘滞阻尼系数 h_e 定义如下：

$$h_e=\frac{1}{2\pi}\frac{S_{ABC}+S_{CDA}}{S_{OBE}+S_{ODF}} \tag{13.35}$$

式中：S_{ABC}——图 13.56（a）中 ABC 阴影部分面积；

S_{CDA}——图 13.56（a）中 CDA 阴影部分面积；

S_{OBE}——图 13.56（b）中△OBE 部分面积；

S_{ODF}——图 13.56（b）中△ODF 部分面积。

能量耗散系数 E 定义为构件在一个滞回环的总能量与构件弹性能的比值，按下式计算：

$$E=\frac{S_{ABC}+S_{CDA}}{S_{OBE}+S_{ODF}}=2\pi\cdot h_e \tag{13.36}$$

按照上述公式计算得到试件的总耗能（即为所有滞回环所包围的面积）、h_e 和 E 汇总于表 13.13 中，计算时暂以达到破坏荷载 $0.85P_{max}$ 时为滞回环截止点。

从表 13.13 可见，试件达到极限状态时的 h_e 和 E 的变化规律与上述延性系数 μ 和 μ_θ 有着相同的变化规律，即总体上随柱荷载比（n）增大，节点的 h_e 和 E 有减小的趋势，说明节点的耗能能力随着柱荷载比（n）的增大而有所降低。随梁柱线刚度比（k）增大，节点的 h_e 和 E 有增大的趋势，耗能能力随着梁柱线刚度比的增大而增大，但对发生节点核心区钢管屈曲和焊缝开裂的方钢管混凝土节点，h_e 和 E 反而减小，耗能能力降低。火灾后节点的 h_e 和 E 比常温下节点的有所提高，说明火灾后节点由于变形能力增强，其耗能能力在相同柱荷载比（n）情况下有所提高。从表 13.13 可见，各试件的等效粘滞阻尼系数 h_e=0.2266～0.3358，而钢筋混凝土节点的一般为 0.1 左右，型钢混凝土节点的等效粘滞阻尼系数约为 0.3 左右（周起敬，1991）。因此，本次试验的钢管混凝土节点的耗能能力超过钢筋混凝土节点的 3 倍，不小于型钢混凝土节点的耗能能力，且本次试验的 14 个节点的滞回曲线均较为饱满，按滞回曲线分析得出的耗能等指标均可满足 GB 50011—2001（2002）和 GB 50011—2010（2016）的结构抗震设计的要求。

13.3.3　单边螺栓连接节点的滞回性能

（1）试验概况

对带楼板的钢管混凝土柱 - 钢梁单边螺栓连接节点开展图 1.15 所示的考虑长期荷载作用的全过程火灾后抗震性能试验研究（李帅，2021），其中受火阶段按 ISO-834 标准火灾升温曲线升温。通过试验研究，明晰受火时间、柱荷载比、是否进行防火保护等因素对节点火灾下温度场变化、火灾后梁端荷载 - 位移骨架线、混凝土楼板裂缝发展、节点强度退化和刚度退化、延性及耗能能力的影响规律，并归纳节点的破坏形态。

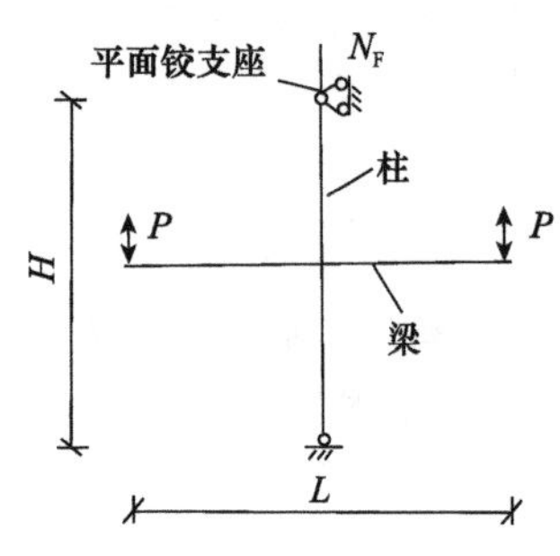

图 13.57　节点试件模型示意图

1）试件设计和制作：节点试件从水平地震荷载作用下的平面框架中选取，图 13.57 是节点试件模型示意图，选取框架中相邻梁柱反弯点之间的节点作为试验研究对象。柱上下端的距离为 H，梁左右两端的距离为 L。对节点所承受的往复地震荷载进行了适当的简化和等效，在柱端施加恒定的轴压力 N_F，将梁承受的荷载等效为梁两端作用的一组方向相反、往复作用的集中荷载 P。

参照实际工程中的框架节点进行缩尺，设计了 10 组钢管混凝土柱 - 钢梁十字连接节点试件，试件信息如表 13.14 所示。钢梁与梁端板焊接，梁端板采用单边螺栓与钢管连接，钢管内浇筑混凝土。钢梁上焊接栓钉并和压型钢板连接。压型钢板上布设楼板配筋后浇筑混凝土。节点试件中，柱高 1.1m，梁长 3.6m。圆形钢管外直径为 203mm，钢管壁厚 4mm；方形钢管外边长 159mm，钢管壁厚 4mm。工字形截面钢梁高度为 150mm，宽度 75mm，翼缘厚度 7mm，腹板厚度 5mm，梁端板厚度 8mm。梁端板和钢管柱螺栓孔的直径为 26mm，采用型号为 8.8-ZD16-75 的单边螺栓连接钢梁和钢管。

表 13.14　节点火灾后滞回性能试验试件信息

序号	试件编号	D（B）×t_s*	t_h /min	a/mm	k_m	k	n	加载形式
1	J1-1	○ 203×4	0	0	0.93	0.60	0.3	反复加载
2	J1-2	○ 203×4	0	0	0.93	0.60	0.6	反复加载
3	J2-1	○ 203×4	30	0	0.83	0.68	0.3	单调加载
4	J2-2	○ 203×4	30	0	0.83	0.68	0.3	反复加载
5	J3-1	○ 203×4	120	5	0.76	0.83	0.3	反复加载
6	J3-2	○ 203×4	120	5	0.76	0.83	0.3	反复加载
7	J4-1	○ 203×4	90	5	0.69	0.89	0.6	反复加载
8	J4-2	○ 203×4	90	5	0.69	0.89	0.6	反复加载
9	J5-1	□ 159×4	90	5	0.49	0.90	0.3	反复加载
10	J5-2	□ 159×4	90	5	0.49	0.90	0.6	反复加载

* 此列中 D、B、t_s 的尺寸单位均为 mm。

试验参数包括钢管截面形状、升温时间（t_h）、防火保护层厚度（a，采用膨胀型防火涂料和柱荷载比（n）等。表 13.14 中梁柱抗弯承载力比（k_m），梁柱线刚度比（k）和柱荷载比（n）计算方法如下。

梁柱抗弯承载力比（k_m）采用式（13.37）计算，其中 ΣM_b（t_h）为火灾后梁的截面正弯矩承载力和负弯矩承载力之和（升温时间为 t_h），ΣM_c（t_h）为火灾后楼板上下柱截面抗弯承载力之和。ΣM_b（t_h）和 ΣM_c（t_h）根据第 13.22 节所提出的有限元计算模型计算确定。

$$k_m=\frac{\sum M_b(t_h)}{\sum M_c(t_h)} \tag{13.37}$$

梁柱线刚度比（k）采用式（13.38）计算，其中 $(EI)_b(t_h)$ 和 $(EI)_c(t_h)$ 分别为梁和柱火灾后的抗弯刚度（升温时间为 t_h）。$(EI)_b(t_h)$ 按照组合梁承受正弯矩来计算，$(EI)_c(t_h)$ 按照楼板以下受火部分柱截面火灾后的抗弯刚度计算，具体数值通过有限元计算模型确定，L 为梁两端加载点之间的距离，H 为柱上下两个转动中心之间的距离。

$$k=\frac{(EI)_b(t_h)/L}{(EI)_c(t_h)/H} \tag{13.38}$$

火灾后试件的柱荷载比（n）按照式（13.39）计算，其中 N 为节点滞回性能试验时柱端加载的轴压力，$N_u(t_h)$ 为火灾后钢管混凝土柱的轴压承载力（升温时间为 t_h）。N_u（t_h）的取值根据 13.22 节所提出的有限元计算模型计算确定。圆形和方形钢管混凝土节点试件尺寸如图 13.58 所示，其中括号内数字表示方钢管混凝土节点试件的尺寸。

$$n=\frac{N_F}{N_u(t_h)} \tag{13.39}$$

柱钢管内混凝土浇筑满 28d 之后，将混凝土浇筑面磨平，通过张拉精轧螺纹钢的方法在柱上施加预应力，从而在钢管混凝土柱内形成长期荷载，张拉完毕之后垫圈式传感器的实测预应力如表 13.15 所示，由于试验装置的限制，各试件的长期荷载比均偏

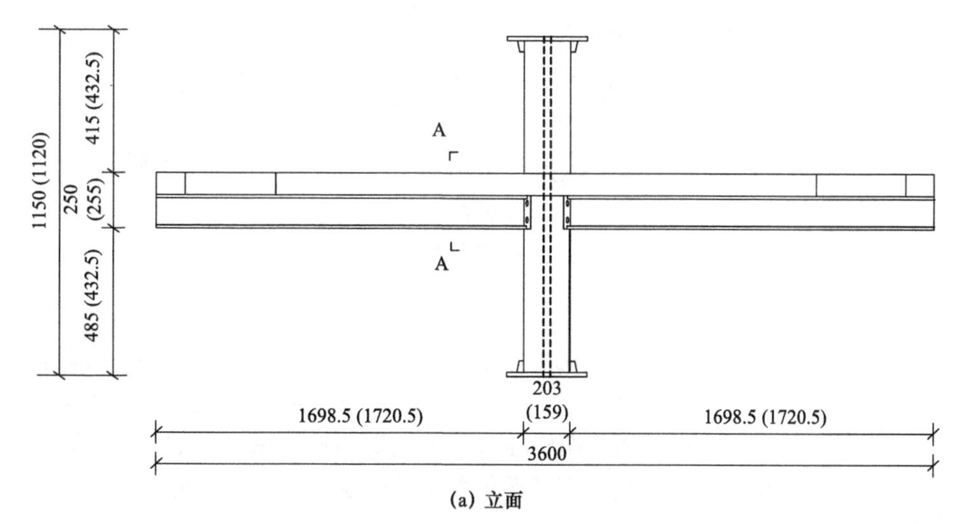

(a) 立面

图 13.58　节点试件尺寸（尺寸单位：mm）

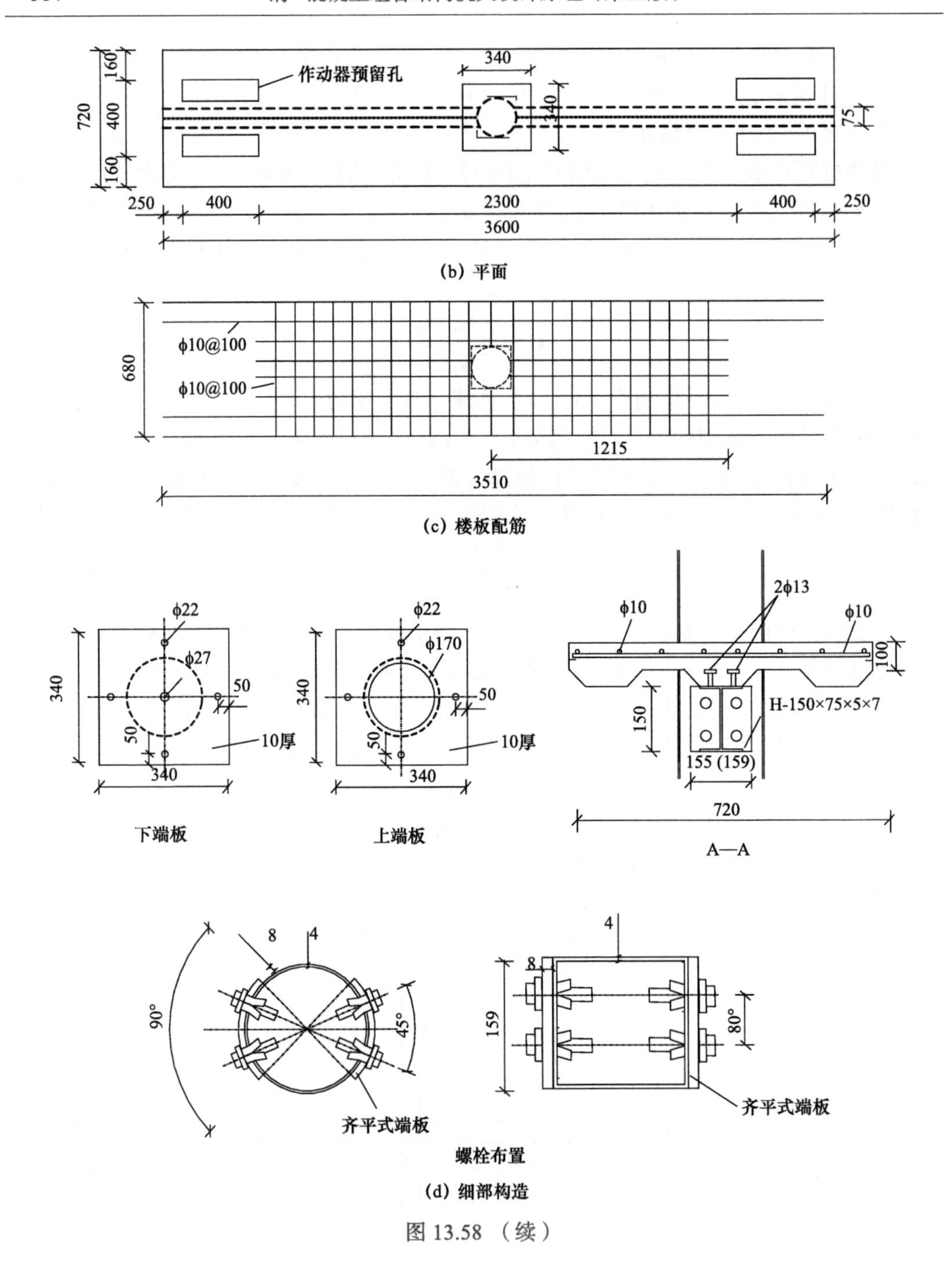

图 13.58 （续）

小，在 0.1 左右，但是通过施加长期荷载仍然可以在一定程度上考虑混凝土收缩徐变带来的柱截面内力重分布。张拉完毕后，将节点试件的下端板安放在加载端头上，并在四个侧面点焊连接。上端板和加载端头在进行节点滞回性能试验之前再进行连接。长期荷载持荷 280d，持荷期间定期监测荷载值的变化情况，节点试件的 N_F-t 关系结果如图 13.59 所示。

表 13.15　节点试件实测预应力（N_F）

序号	试件编号	N_F/kN	长期荷载比	序号	试件编号	N_F/kN	长期荷载比
1	J1-1	209.8	0.088	6	J3-2	197.9	0.083
2	J1-2	205.2	0.087	7	J4-1	193.9	0.082
3	J2-1	202.1	0.085	8	J4-2	204.9	0.086
4	J2-2	197.8	0.083	9	J5-1	201.0	0.096
5	J3-1	193.1	0.081	10	J5-2	197.8	0.095

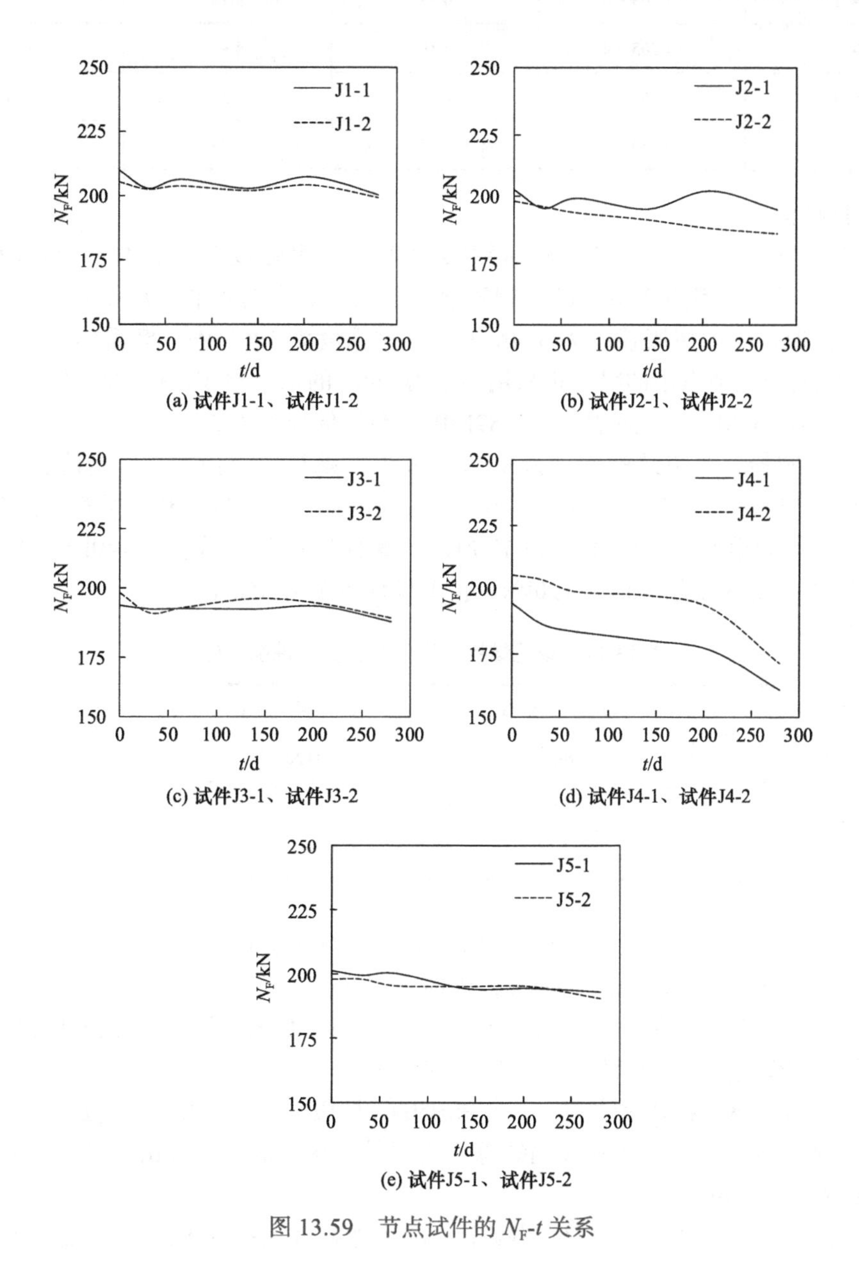

(a) 试件J1-1、试件J1-2

(b) 试件J2-1、试件J2-2

(c) 试件J3-1、试件J3-2

(d) 试件J4-1、试件J4-2

(e) 试件J5-1、试件J5-2

图 13.59　节点试件的 N_F-t 关系

节点试件加工完毕后在钢梁和钢管表面喷涂防火涂料，实测的梁端防火保护层厚度（a_b）、节点区防火保护层厚度（a_j）和柱端防火保护层厚度（a_c）值如表 13.16 所示。

表 13.16　节点试件实测防火保护层厚度（单位：mm）

试件编号	D（B）×t_s	a_b	a_j	a_c
J3-1	○ 203×4	5.15	5.12	5.20
J3-2	○ 203×4	5.14	5.51	5.24
J4-1	○ 203×4	4.81	5.23	5.34
J4-2	○ 203×4	5.10	4.98	5.50
J5-1	□ 159×4	4.89	5.34	5.61
J5-2	□ 159×4	5.41	5.08	5.59

2）材料特性：

① 钢梁与梁端板。工字形截面钢梁的实测屈服强度为 435MPa，抗拉强度为 571MPa，断后伸长率为 27%。圆形钢管混凝土柱节点中的梁端板从 219mm×8mm 的无缝管上截取，实测屈服强度为 354MPa，抗拉强度为 520MPa，断后伸长率为 22%。方形钢管混凝土柱节点中的梁端板采用厚度为 8mm 的钢板制作，钢材牌号 Q355B，实测屈服强度为 361MPa，抗拉强度为 487MPa，断后伸长率为 21%。

② 单边螺栓。单边螺栓型号为 8.8-ZD16-75。螺栓主要由螺杆、套筒、锥头、钢垫圈、橡胶垫圈组成。考虑到节点需要承受火灾的作用，将橡胶垫圈替换成弹簧垫圈。各组件的材料力学性能指标如表 13.17 所示。螺栓抗拉极限承载力 140kN，抗拉设计承载力 70kN，抗剪极限承载力 190kN，抗剪设计承载力 55kN。

表 13.17　单边螺栓各组件材料力学性能指标

组件名称	屈服强度 /MPa	抗拉强度 /MPa	断后伸长率 /%
螺杆	995	1120	12
套筒	550	650	34
钢垫片	463	754	23

③ 栓钉。采用的栓钉的名义直径为 13mm，实测直径 12.7mm，栓钉长度为 80mm。屈服强度 385MPa，抗拉强度 460MPa，延伸率 22%。

④ 钢管。本试验中采用高强无缝钢管，通过 Q355B 的母管经过冷拔和热处理之后得到，所用钢管的具体材料性能如第 2.4.1 节所示。

⑤ 精轧螺纹钢。精轧螺纹钢牌号为 PSB500，屈服强度 541MPa，抗拉强度 686MPa，断后伸长率 19%。采用精轧螺纹钢螺母作为锚具，螺母高度 45mm，截面六边形对边之间的距离为 32mm。

⑥ 混凝土。钢管内使用再生混凝土，再生骨料替代率为 50%。混凝土配合比见

表 13.18。试验中使用的细再生骨料的粒径为 5～16mm，粗再生骨料的粒径为 16～31.5mm。混凝土 28d 立方体抗压强度为 35.9MPa，弹性模量为 3.74×10^{4}MPa。施加长期荷载时，混凝土的立方体抗压强度为 39.1MPa，火灾试验时混凝土的立方体抗压强度为 39.4MPa。

表 13.18　再生混凝土配合比

再生骨料取代率 /%	水 / (kg/m^3)	水泥 / (kg/m^3)	砂 / (kg/m^3)	天然骨料 / (kg/m^3)	细再生骨料 / (kg/m^3)	粗再生骨料 / (kg/m^3)	减水剂 / (kg/m^3)
50	150	500	777	536.5	321.9	214.6	1.083

除了常温下的材料性能试验外，对直径 100mm 的立方体再生混凝土试块进行恒高温后的性能测试。炉内控制温度分别为 300℃、500℃、600℃和 800℃，恒温时间为 3h。抗压强度（f_{cu}）测试结果如图 13.60（a）所示，其中恒高温 752℃之后试块的强度基本丧失。将高温后再生混凝土试块立方体抗压强度退化规律与 Yang 等（2018）的试验研究结果进行对比，如图 13.60（b）所示，其纵坐标为高温后再生混凝土试块的立方体抗压强度与常温下强度的比值。

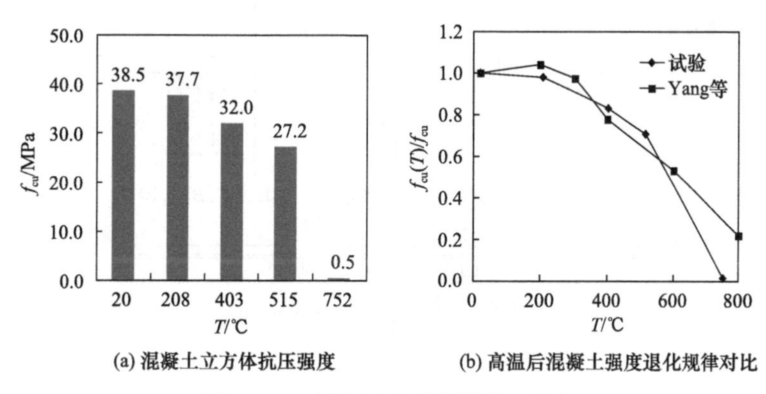

(a) 混凝土立方体抗压强度　　(b) 高温后混凝土强度退化规律对比

图 13.60　恒高温后再生混凝土强度

节点试件的楼板采用 C25 商用混凝土，其 28d 强度为 23.5MPa，弹性模量为 3.64×10^{4}MPa，开展节点试验时楼板混凝土的立方体抗压强度为 24.4MPa。

3）试验方法：

① 节点火灾下升温试验。火灾试验采用国家固定灭火系统和耐火构件质量监督检验中心的承重梁板耐火性能智能化试验装置进行，炉内净尺寸 6m×4m×2.2m。在进行试验时，用耐火砖砌筑支撑台，将节点试件放置在支撑台上，楼板以下部位受火，如图 13.61 所示。

试件中热电偶的布设位置示意图如图 13.62 所示，用于测量受火过程中钢管表面、混凝土中心、钢梁腹板等关键位置的温度。同时在楼板下方 200mm 的位置设置直径为 20mm 圆形排气孔，沿着柱身反对称布置。热电偶安装孔也能发挥排气孔的作用，保证受火过程中混凝土中的水蒸气能够排出。

② 节点火灾后滞回性能试验。节点火灾后的滞回性能试验，装置示意图如图 13.63

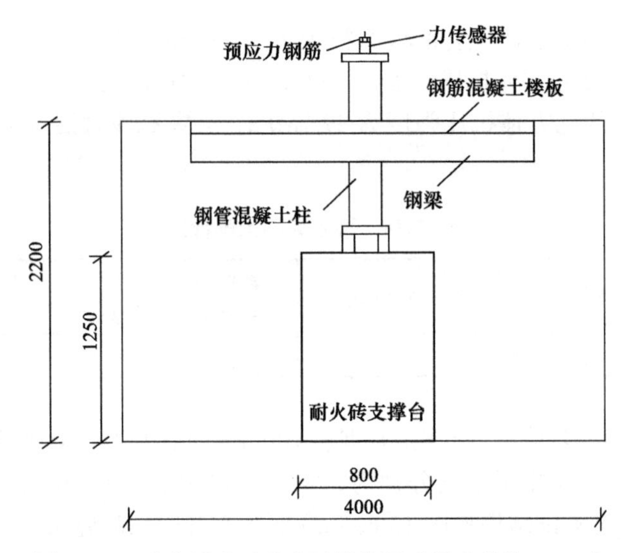

图 13.61　火灾试验时节点试件位置（尺寸单位：mm）

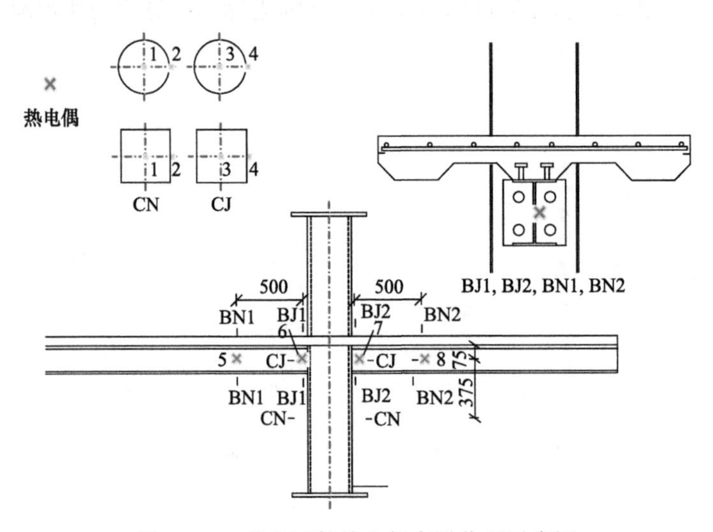

图 13.62　节点试件热电偶布设位置示意图

所示。节点采用荷载-变形双重控制制度进行加载，先将柱端的轴压荷载加载到预先设定的水平，再施加梁端的荷载。在试件屈服之前，按照荷载控制的方式，分级加载，试件屈服后按照位移控制的方式加载。屈服前分三级加载，直到试件达到屈服，每一级荷载循环一次。试件达到屈服后，按照位移控制的方式进行加载，每一级的位移增量为屈服位移 Δ_y，每级反复加载三次，直至试件达到破坏。加载制度示意如图 13.64 所示。试件的屈服荷载（P_y）及相对应的屈服位移（Δ_y）在试验前先采用有限元计算模型计算得出，试验进行时根据实测的荷载-位移曲线实时进行调整。L 梁和 R 梁分别得到一组滞回曲线。

受火后的试件在进行滞回性能试验之前，需要布设应变片和位移计，其布置示意图如图 13.65 所示。

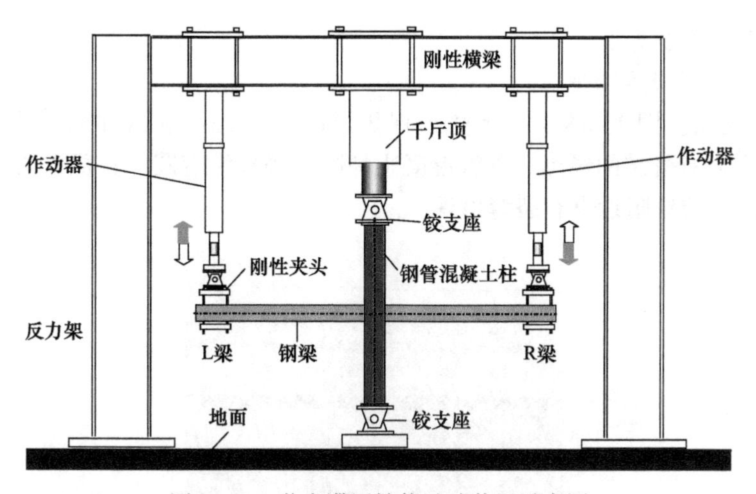

图 13.63　节点滞回性能试验装置示意图

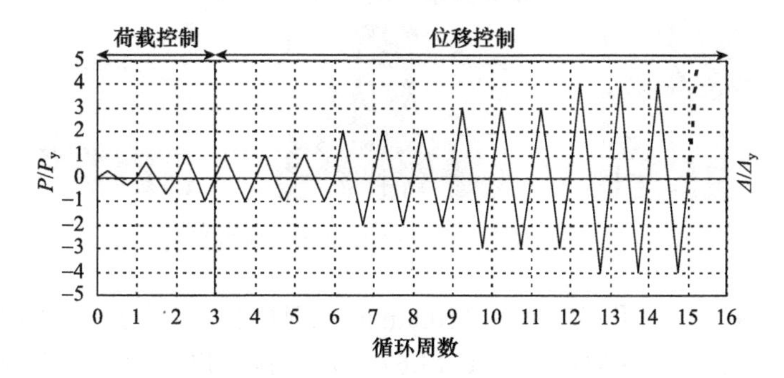

图 13.64　节点火灾后滞回加载制度示意图

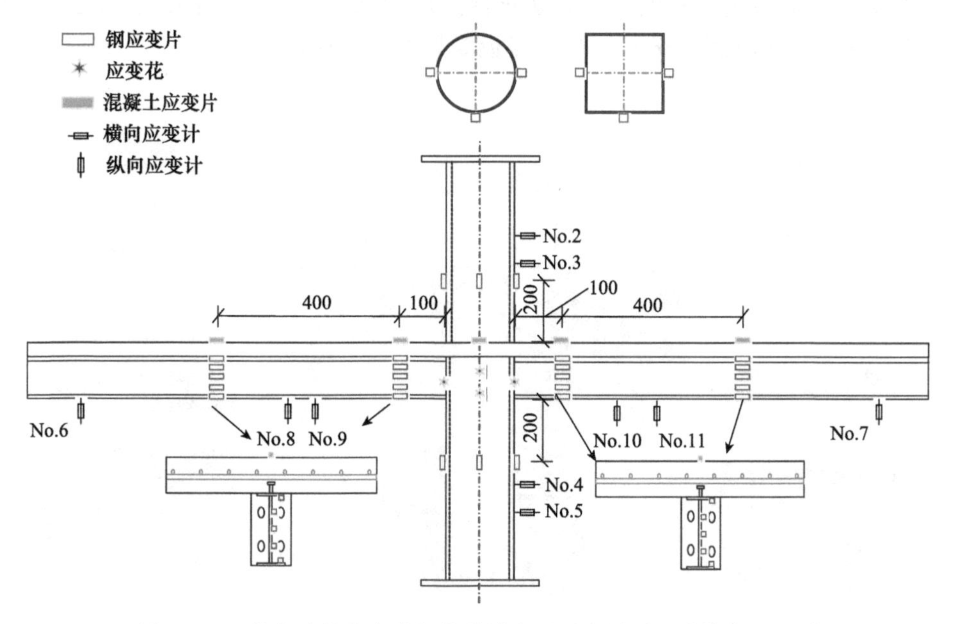

图 13.65　节点试件应变片与位移计布置示意图（尺寸单位：mm）

（2）试验结果及分析

1）节点火灾下升温试验：

① 试验现象。图 13.66 所示无防火保护层的试件 J2-1 和试件 J2-2 在受火之后的现象，试件表面有凝结的炭黑，钢管混凝土柱附近楼板沿着圆柱直径方向出现细裂缝，楼板作动器开洞位置附近也有裂缝出现。

图 13.66　试件 J2-1 和试件 J2-2 火灾试验后的形态

对于有防火保护层，升温时间为 120min 的圆钢管混凝土节点试件（试件 J3-1、试件 J3-2），破坏后节点试件的形态如图 13.67 所示。楼板以下的涂料出现明显的膨胀。膨胀后的涂料呈疏松的泡沫状，极易脱落。涂料脱落后可以发现，钢管外表面的中间漆出现龟裂。楼板裂缝分布情况和无防火保护层的试件类似。对于试件 J3-2，楼板角部的混凝土和压型钢板发生分离，少量楼板混凝土发生剥落。

图 13.67　试件 J3-2 火灾试验后的形态

② 柱端荷载变化情况。图 13.68 为节点试件的实测 N_F-t 关系，即给出了节点柱端荷载在受火过程中随时间的变化规律。可见，在升温开始阶段，随着钢管混凝土柱受热发生轴向膨胀，柱端荷载逐渐增大；而随着温度进一步升高，钢材和混凝土材料性能发生劣化，柱端荷载呈现出下降的趋势。

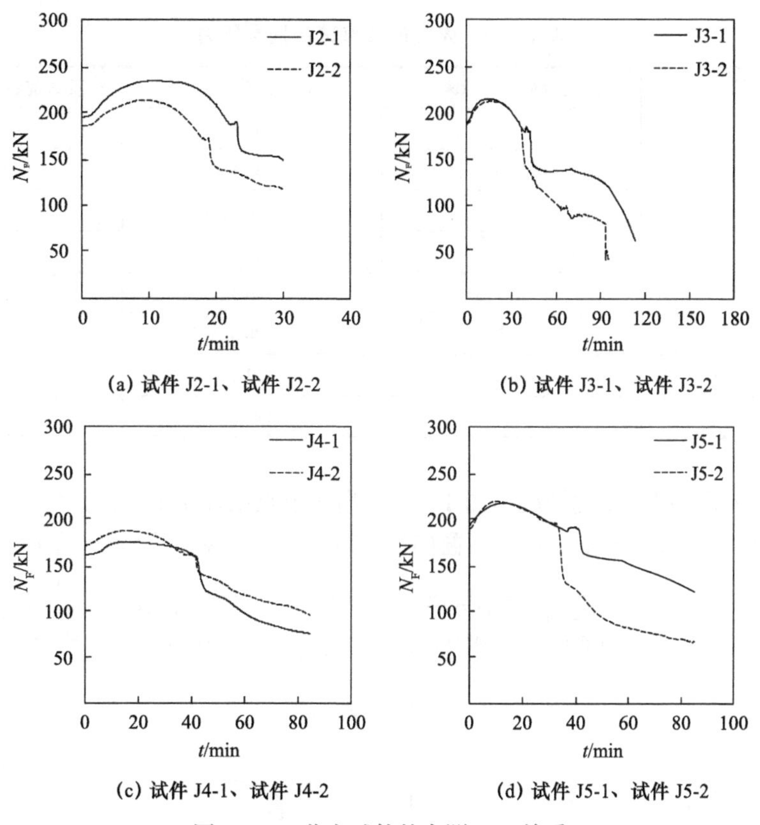

(a) 试件 J2-1、试件 J2-2　(b) 试件 J3-1、试件 J3-2

(c) 试件 J4-1、试件 J4-2　(d) 试件 J5-1、试件 J5-2

图 13.68　节点试件的实测 N_F-t 关系

③ 试件 J2-1 和试件 J2-2 升温至 11min 后，试件 J2-1 柱端荷载达到最大值，比其初始荷载增加 20.2%；当升温 9.5min 之后，试件 J2-2 的柱端荷载达到最大值，比其初始荷载增加 20.2%。其后，柱端荷载逐渐下降，升温 30min 结束之后，试件 J2-1 和试件 J2-2 的柱端荷载分别下降到初始荷载值的 35.7% 和 30.2%。试件 J3-1 和试件 J3-2 升温至 14min 之后，试件 J3-1 的柱端荷载达到最大值，比其初始荷载增加 14.9%；当升温 16min 后，试件 J3-2 的柱端荷载达到最大值，比其初始荷载增加 12.5%。其后，柱端荷载逐渐下降，升温 120min 结束之后，试件 J3-1 和试件 J3-2 的柱端荷载分别下降到初始荷载值的 33.3% 和 22.5%。试件 J4-1 和试件 J4-2 升温至 14.5min 后，柱端荷载都达到最大值，比其初始荷载分别增加 9.1% 和 9.5%。其后，柱端荷载逐渐下降，升温 90min 结束之后，试件 J4-1 和试件 J4-2 的柱端荷载分别下降到初始荷载值的 47.2% 和 55.9%。试件 J5-1 和试件 J5-2 升温至 12min 后，试件 J5-1 的柱端荷载达到最大值，比其初始荷载增加 12.5%；当升温 10min 之后，试件 J5-2 的柱端荷载达到最大值，比其初始荷载增加 15.5%。其后，柱端荷载逐渐下降，升温 90min 结束之后，试件 J5-1 和试件 J5-2 的柱端

荷载分别下降到初始荷载值的 62.7% 和 35.7%。

④ 试件冷却到室温之后，柱端力传感器的读数如表 13.19 所示。对于试件 J3-1 和试件 J3-2，垫圈式传感器发生松动，柱端不再受到压力的作用。大部分试件在恢复到常温之后，柱端轴压力值不超过受火前的 20%。

表 13.19　火灾后节点试件柱端压力

试件编号	受火后压力 /kN	受火前压力 /kN	受火前后压力比值/%
J2-1	60.5	194.8	31.1
J2-2	32.0	185.4	17.3
J3-1	0	186.7	0
J3-2	0	188.3	0
J4-1	16.7	160.3	10.4
J4-2	19.3	170.6	11.3
J5-1	26.3	193.1	13.6
J5-2	18.8	190.2	9.9

⑤ 主要测温点温度变化情况。图 13.69 给出了节点试件主要测温点实测的温度（T）-受火时间（t）关系，测温点布置位置如图 13.62 所示。对于无防火保护的试件 J2-1，

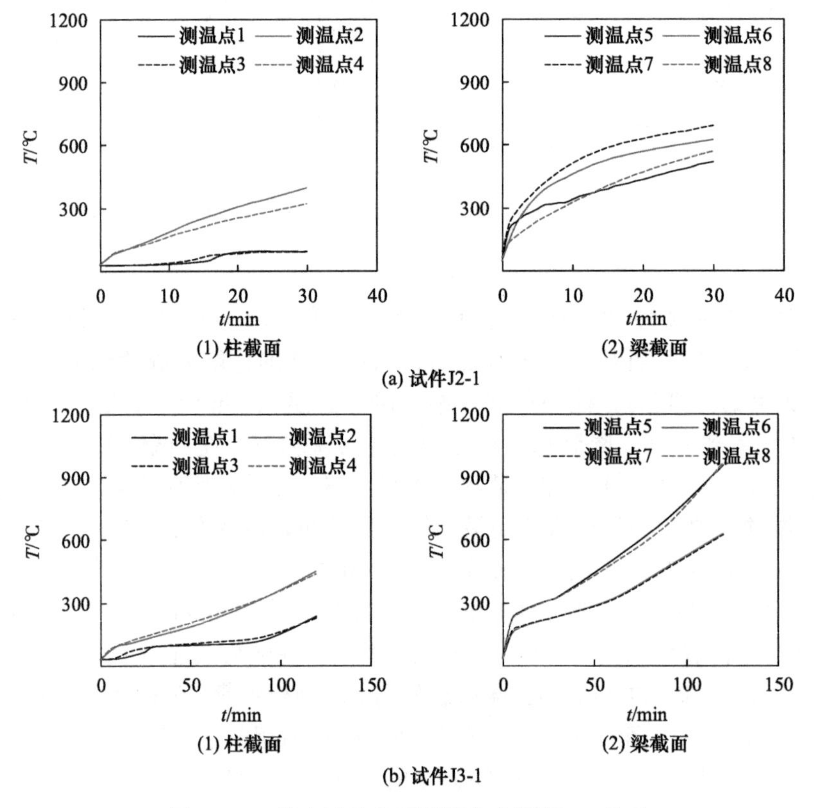

(1) 柱截面　(2) 梁截面

(a) 试件J2-1

(1) 柱截面　(2) 梁截面

(b) 试件J3-1

图 13.69　节点试件主要测温点实测的 T-t 关系

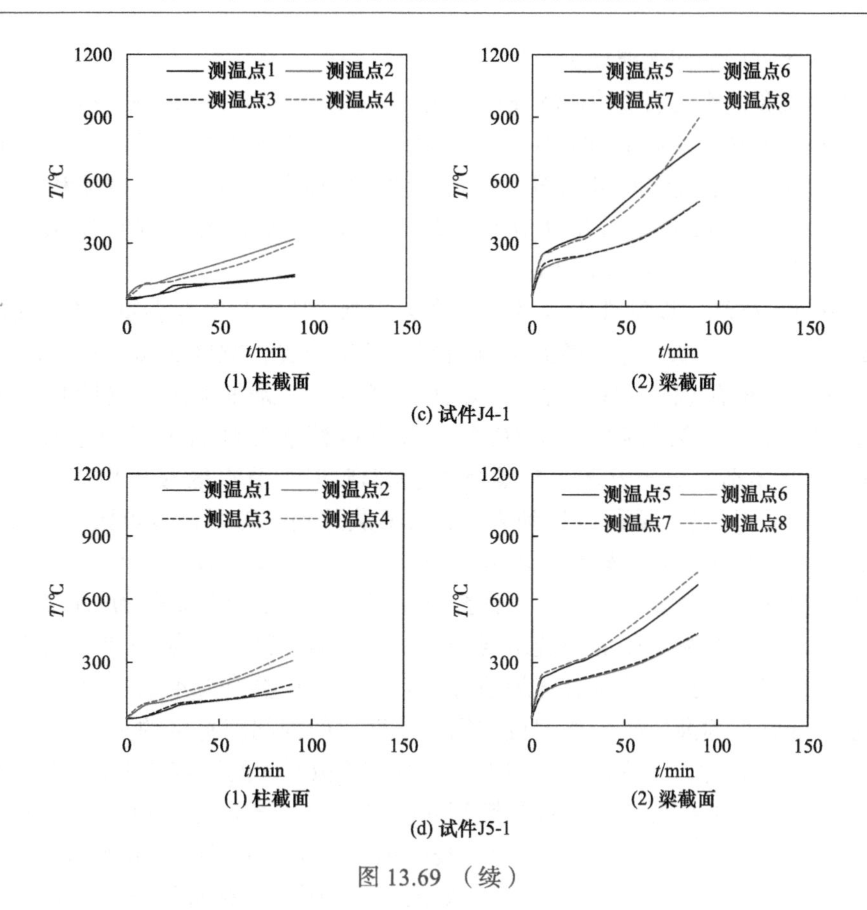

图 13.69 （续）

钢梁测温点的升温曲线和 ISO-834 升温曲线的形状类似，而钢管混凝土截面由于混凝土的吸热作用，钢管外壁的测温点升温速率比较平缓。对于有防火保护的试件 J3-1、试件 J4-1 和试件 J5-1，在升温的前 10min，由于膨胀型涂料还没有充分地膨胀，钢梁测温点的升温速率较快，而随着膨胀型涂料不断受热膨胀，钢梁测温点的升温速率趋于平缓。各试件测温点受火过程中的最高温度如表 13.20 所示。钢管混凝土柱节点区截面和非节点区截面，钢管外壁和混凝土核心的最高温度相差不大，而节点区混凝土的吸热作用可以明显降低节点区钢梁截面的最高温度。对于无防火保护层的试件，节点区钢梁截面的最高温度比非节点区低 100℃左右；而对于有防火保护层的试件，节点区钢梁截面的最高温度比非节点区低 300℃左右。

表 13.20　节点试件测温点受火过程中最高温度

试件编号	节点区 /℃			非节点区 /℃		
	钢梁	钢管外壁	混凝土中心	钢梁	钢管外壁	混凝土中心
J2-1	545	396	92	658	322	89
J3-1	626	451	237	961	438	228
J4-1	500	318	151	839	295	140
J5-1	438	303	197	701	348	163

2）节点火灾后滞回性能试验：

① 试验现象。在力控制加载阶段，R 梁荷载（P_N）和 L 梁荷载（P_S）方向相反，以向上为正。在位移控制的加载阶段，R 梁位移（Δ_N）和 L 梁位移（Δ_S）方向相反，同样以向上为正。通过试验可以归纳得到两种破坏形态，即节点区破坏和柱端破坏。试验中柱荷载比为 0.3 的试件出现节点区破坏，而柱荷载比为 0.6 的试件出现柱端破坏。以下列出部分试件的试验现象。

（a）节点区破坏。以试件 J3-1 为例，在力控制阶段，当 R 梁荷载（P_N）达 $1/3P_y$，L 梁荷载（P_S）达$-1/3P_y$时，楼板 R 侧出现一条细裂缝，宽度 0.10mm。当 R 梁荷载达到$-1/3P_y$，L 梁荷载达 $1/3P_y$ 时，节点区 L 侧出现一条细裂缝，宽度 0.10mm。当 R 梁荷载达 $2/3P_y$，L 梁荷载达$-2/3P_y$时，节点区楼板 L 侧出现了一条裂缝，宽度 0.10mm。当 R 梁荷载达$-2/3P_y$，L 梁荷载达 $2/3P_y$ 时，节点区楼板出现了一条新裂缝，宽度 0.10mm。当 R 梁荷载达到 P_y，L 梁荷载达到$-P_y$时，节点区又出现一条新的裂缝，原有的裂缝变宽，宽度达 0.20～0.30mm。当 R 梁荷载达$-P_y$，L 梁荷载达 P_y 时，节点区出现了多条新裂缝。在位移控制阶段，当梁端位移幅值为 $2\Delta_y$ 时，裂缝进一步发展，节点区楼板 L 侧的裂缝出现分叉。当梁端位移幅值为 $3\Delta_y$ 时，钢管混凝土柱两侧的楼板混凝土出现受压破坏的趋势。当梁端位移幅值为 $4\Delta_y$ 时，钢管混凝土柱两侧的楼板混凝土逐渐压碎，梁端板与钢管外壁之间的间隙宽度约 10mm。当梁端位移幅值为 $5\Delta_y$～$6\Delta_y$ 时，随着位移的增大，混凝土楼板压碎的区域从钢管混凝土柱两侧的楼板混凝土向中部扩展，梁端板与钢管外壁之间的间隙宽度约 14mm。试件破坏时楼板的裂缝分布如图 13.70 所示，破坏形态如图 13.71 所示。钢管混凝土柱周围的楼板混凝土压碎，如图 13.71（a）所示。梁端板和钢管混凝土柱外壁之间出现间隙，如图 13.71（b）所示。试件破坏之后，切开节点核心区的外钢管，可以发现 R 侧螺栓有两枚脱落，如图 13.71（c）所示。而 L 侧螺栓有三枚脱落，如图 13.71（d）所示。实测的梁端的荷载（P）-位移（Δ）滞回关系如图 13.72 所示。

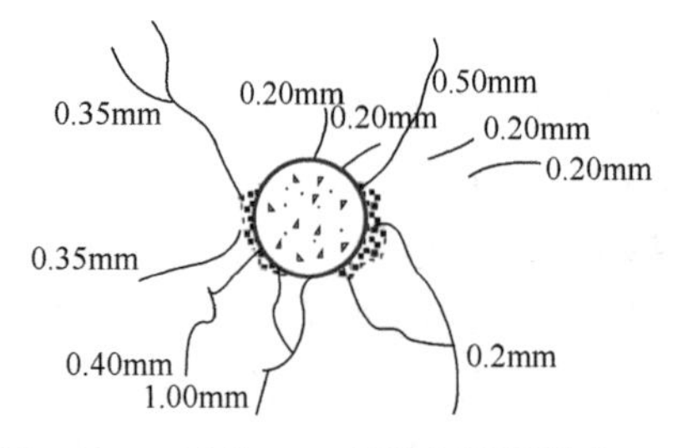

图 13.70 试件 J3-1 的楼板裂缝分布

（b）柱端破坏。以试件 J3-2 为例，在受火过程中，节点楼板上已出现裂缝。而在力控制加载阶段，当梁端荷载幅值达 $1/3P_y$ 时，裂缝得以充分发展。当 R 梁荷载达 $2/3P_y$，L 梁荷载达$-2/3P_y$时，节点区 R 侧沿着钢梁轴线方向出现一条细裂缝，宽度 0.20mm。当梁端荷载幅值达 P_y 时，裂缝没有明显的变化。在位移控制阶段，当 R 梁端位移为 $2\Delta_y$，L 梁端位移为$-2\Delta_y$时，节点区楼板 L 侧的裂缝出现分叉，楼板 R 侧沿着钢梁轴线方向的裂缝向钢管混凝土柱方向延伸。当 R 梁端位移为$-2\Delta_y$，L 梁端位移为 $2\Delta_y$ 时，节点区楼板 L 侧的裂缝达 0.80mm。当 R 梁端位移为 $3\Delta_y$，L 梁端位移为$-3\Delta_y$时，节点区楼板的裂缝向楼板边缘贯通。当 R 梁端位移为$-3\Delta_y$，L 梁端位移为 $3\Delta_y$ 时，节点区 L 侧楼板的裂缝出现分叉，钢管混凝土柱 L 侧楼板混凝土压碎。当位移幅值 $3\Delta_y$ 加载到最后半圈时，钢管混凝土柱发生整体屈曲，试件破坏。试件 J3-2 发

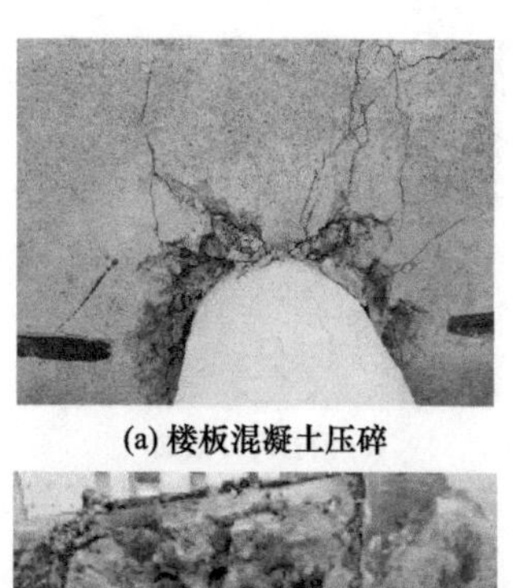

(a) 楼板混凝土压碎　(b) 梁端板与钢管外壁之间出现间隙

(c) R侧螺栓脱落　(d) L侧螺栓脱落

图 13.71　试件 J3-1 的破坏形态

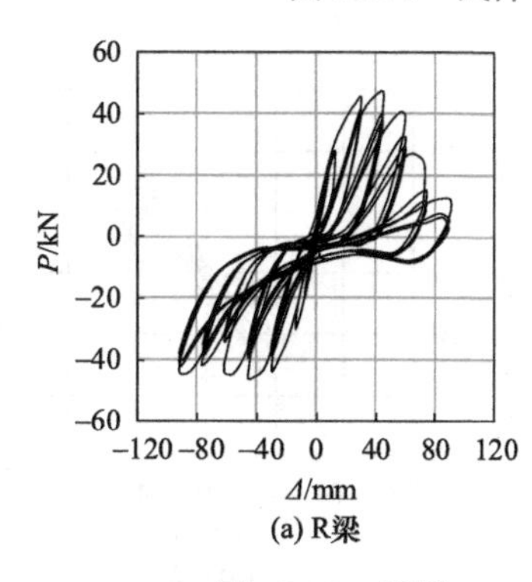

(a) R梁

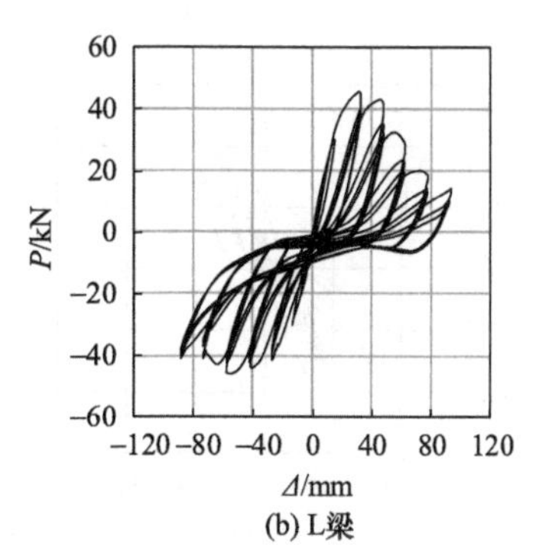

(b) L梁

图 13.72　试件 J3-1 的实测 P-Δ 滞回关系

生破坏时，楼板裂缝分布如图 13.73 所示，破坏形态如图 13.74 所示。钢管混凝土柱 L 侧楼板混凝土压酥，如图 13.74（a）所示。钢管混凝土柱底部和梁端板下部的钢管向外发生鼓曲，如图 13.74（b）和（c）所示。试件破坏之后，L 侧螺栓全部脱落，而 R 侧螺栓有两枚脱落，如图 13.74（d）所示。实测的梁端荷载（P）- 位移（Δ）滞回关系如图 13.75 所示。

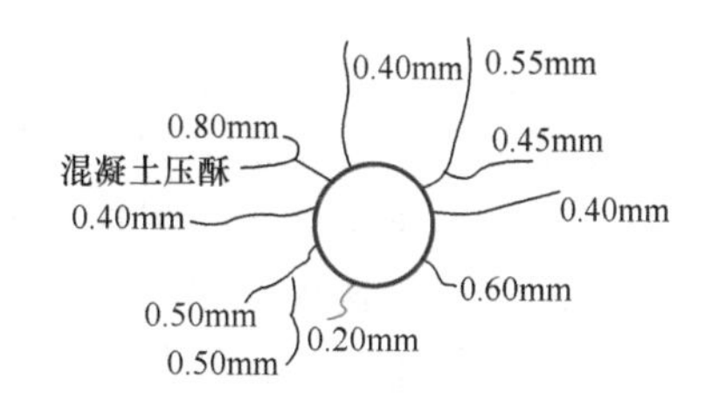

图 13.73　试件 J3-2 的楼板裂缝分布

② 破坏过程分析。

（a）受火过程中楼板开裂分析。钢梁的热膨胀系数大于混凝土楼板，受火过程中钢梁轴向热膨胀受到混凝土楼板的约束，从而混凝土楼板对钢梁产生附加轴压力，而钢梁则对混凝土楼板产生附加轴拉力，从而可能导致楼板开裂。因为楼板的温度远低于钢梁的温度，从而假设楼板不发生热膨胀，而钢梁的轴向热膨胀变形被混凝土楼板有效约束，且钢梁和混凝土楼板之间不发生相对滑移。试验过程中混凝土楼板并没有

(a) 楼板混凝土压碎　(b) 钢管向外鼓曲

(c) 钢管向外鼓曲　(d) 螺栓脱落

图 13.74　试件 J3-2 的破坏形态

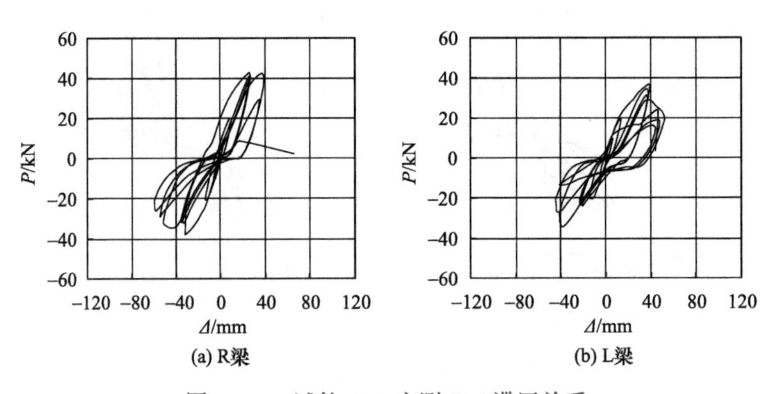

(a) R梁　(b) L梁

图 13.75　试件 J3-2 实测 P-Δ 滞回关系

出现大范围开裂，只在节点核心区附近以及楼板作动器开洞处等容易发生应力集中的位置出现细裂缝。上述现象的主要原因是钢梁下翼缘的温度明显高于和楼板相连接的上翼缘，从而在梁截面产生附加正弯矩，混凝土楼板承受附加压力，抵消了一部分附加拉力。从混凝土楼板开裂的情况可以推测钢梁热膨胀使得混凝土楼板承受的附加拉力和梁截面附加正弯矩使混凝土楼板承受的附加压力大小接近。因此，在降温段钢梁的热膨胀恢复使得楼板承受的附加压力以及梁截面附加负弯矩使混凝土楼板承受的附加拉力可以近似抵消，从而不会导致楼板大幅度开裂。

（b）火灾后节点的破坏形态。节点火灾后滞回性能试验中，主要出现了节点区破坏和柱端破坏两种破坏形态（图 13.76）。对于节点区破坏的试件，梁端板和钢管外壁之间产生间隙，受拉区螺栓出现被拉出的趋势，钢管周围的楼板混凝土在拉压反复荷载的作用下，出现开裂和压碎的现象。具体而言，当两侧梁端分别达到滞回曲线的 A_1 点和 A_2 点时，钢管混凝土柱周围的楼板混凝土在受拉侧出现开裂现象。而当两侧梁端分别达到滞回曲线的 B_1 点和 B_2 点时，受拉侧楼板裂缝充分开展。而当两侧梁端分别

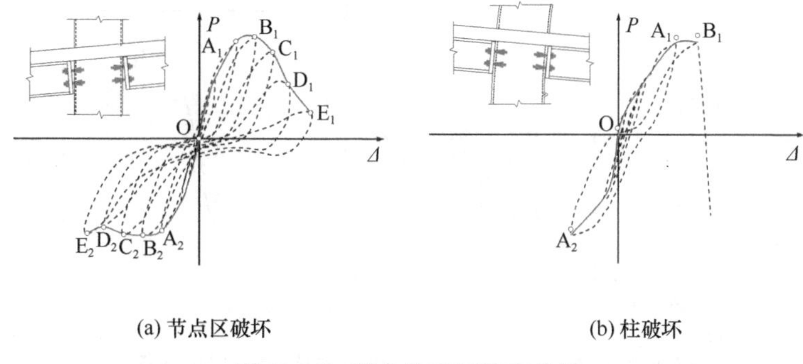

(a) 节点区破坏　　(b) 柱破坏

图 13.76　节点的破坏形态分类

进入到滞回曲线的 C_1 点、D_1 点以及 C_2 点、D_2 点时，楼板混凝土逐渐压碎，梁端板和钢管外壁之间开始出现间隙。而当两侧梁端分别达到滞回曲线的 E_1 点和 E_2 点时，梁端板和钢管外壁之间出现明显的间隙，受拉区螺栓有被拉出的趋势，钢管混凝土柱周围的楼板混凝土彻底压碎，楼板钢筋外露，梁端因变形过大而发生破坏。对于柱破坏试件，当两侧梁端分别达到滞回曲线的 A_1 点和 A_2 点时，钢管混凝土柱周围的楼板混凝土出现开裂。而达到 B_1 点时，柱端发生屈曲，承载力快速下降，两种破坏形态下节点的滞回曲线均出现一定的“捏缩”现象。

③ 梁端荷载 - 位移关系。图 13.77 对比了不同工况下试件滞回曲线的形状。图 13.77（a）为柱荷载比对滞回曲线形状的影响。可以看出，对于柱荷载比为 0.6 的试件 J1-2，其在发生破坏之前，滞回曲线的形状和荷载比为 0.3 的试件 J1-1 较为接近，但是试件 J1-2 在梁端位移达 40mm 左右时发生了脆性破坏，承载力快速下降，滞回曲线也出现了明显的下降段。图 13.77（b）为是否受火对滞回曲线形状的影响分析。可见，受火前后滞回曲线的形状非常接近。

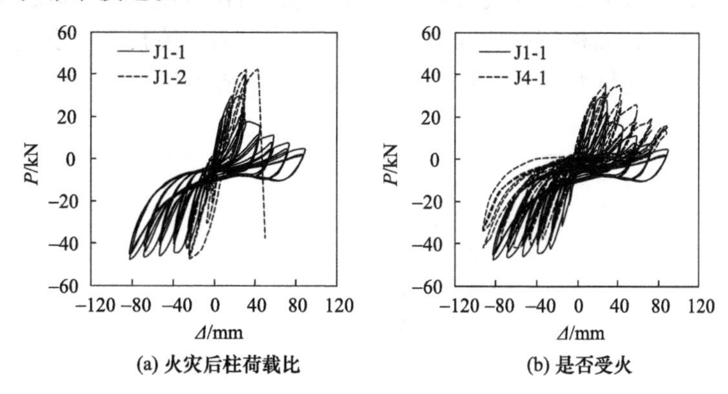

(a) 火灾后柱荷载比　　(b) 是否受火

图 13.77　不同参数对节点 P-Δ 滞回关系的影响

图 13.78 对比了不同火灾后柱荷载比下，节点梁端荷载（P）- 位移（Δ）骨架线的影响。可以看出，对于常温下的试件 J1-1 和试件 J1-2，当柱荷载比从 0.3 增加到 0.6 之后，试件刚度大约增加 1 倍。而对于火灾后的试件，柱荷载比增加并没有使刚度发生显著的变化。对于常温下的试件 J1-1、试件 J1-2 及受火 1.5h 的试件 J4-1、试件 J4-2、试件 J5-1、试件 J5-2，增大柱荷载比没有显著影响梁端峰值荷载。而对于受火 2h 的试件 J3-1、试件

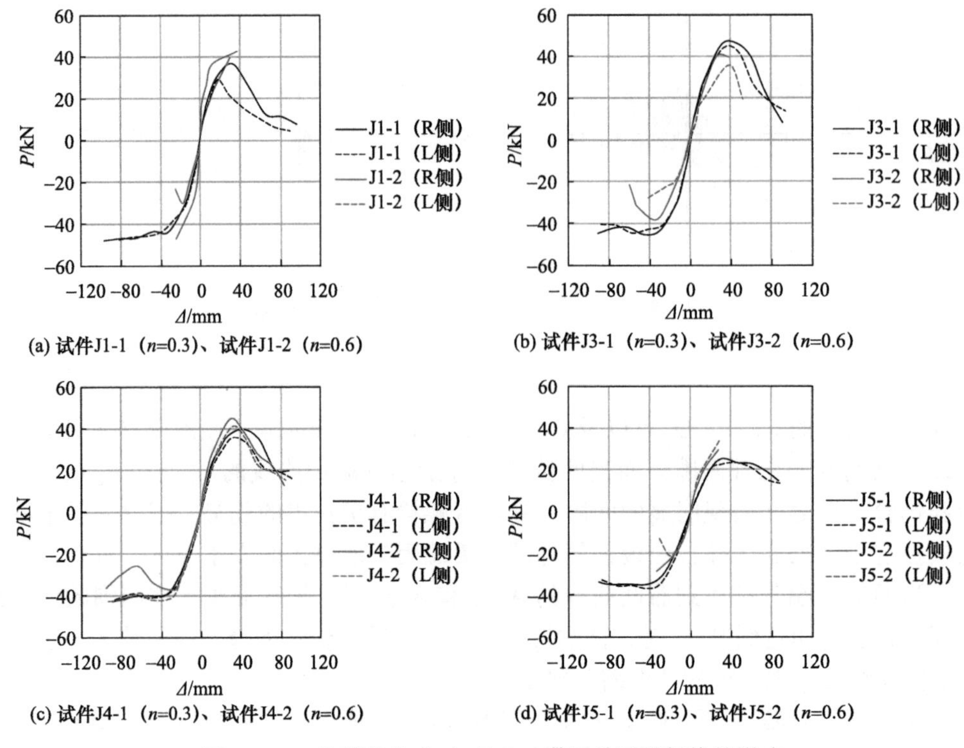

(a) 试件J1-1（n=0.3）、试件J1-2（n=0.6）　(b) 试件J3-1（n=0.3）、试件J3-2（n=0.6）

(c) 试件J4-1（n=0.3）、试件J4-2（n=0.6）　(d) 试件J5-1（n=0.3）、试件J5-2（n=0.6）

图 13.78　柱荷载比（n）对 P-Δ 滞回关系骨架线的影响

J3-2，当柱荷载比从 0.3 增加到 0.6 之后，正向加载和负向加载的梁端峰值荷载分别下降 16.5% 和 35.8%，主要是因为试件受火时间长，损伤较为严重，柱荷载比较大时柱端较早发生整体屈曲。图 13.79 对比了不同受火时间后节点梁端荷载（P）- 位移（Δ）骨架线的影响。可以看出，受火之后骨架线的刚度和峰值都没有出现明显的下降，主要原因是受火过程中梁端不加载，而柱荷载比较小，火灾后节点的残余变形和残余应力较小。火灾后钢材的强度可以得到很大程度的恢复，从而使得节点试件的刚度和承载力下降不明显。

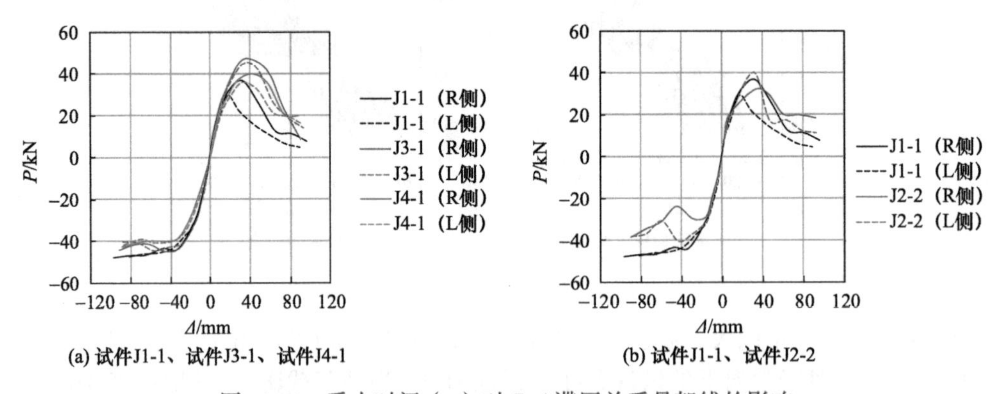

(a) 试件J1-1、试件J3-1、试件J4-1　(b) 试件J1-1、试件J2-2

图 13.79　受火时间（n）对 P-Δ 滞回关系骨架线的影响

图 13.80 对比了单调加载曲线和反复加载加载骨架线的影响。可以发现，反复加载下骨架线的正向峰值荷载相比于单调加载曲线没有明显的变化，而负向峰值荷载下降

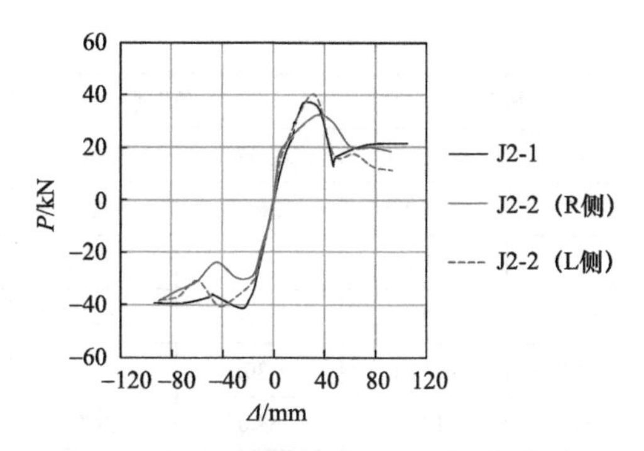

图 13.80　单调加载与反复加载对 P-Δ 滞回关系骨架线的影响

14.9%。负向加载时靠近楼板的螺栓受拉，楼板抑制了螺栓被拉出的趋势，对提高负向加载的峰值荷载有一定的贡献。反复加载时楼板的开裂和压碎现象比单调加载时更明显，楼板的贡献被削弱，从而导致骨架线负向峰值荷载降低。

按照图 13.81 所示的方式确定骨架线上的特征点，取骨架线的最高点作为“峰值”点，当骨架线对应的荷载下降到峰值荷载的 85% 时，将该点作为“极限”点。通过骨架线的原点做切线，同时通过“峰值”点做纵轴的垂线，通过两条线的交点向横轴做垂线，与骨架线的交点确定为“屈服”点。按照上述方法得到特征点计算结果如表 13.21 所示，荷载的正负分别代表梁端承受正和负弯矩。

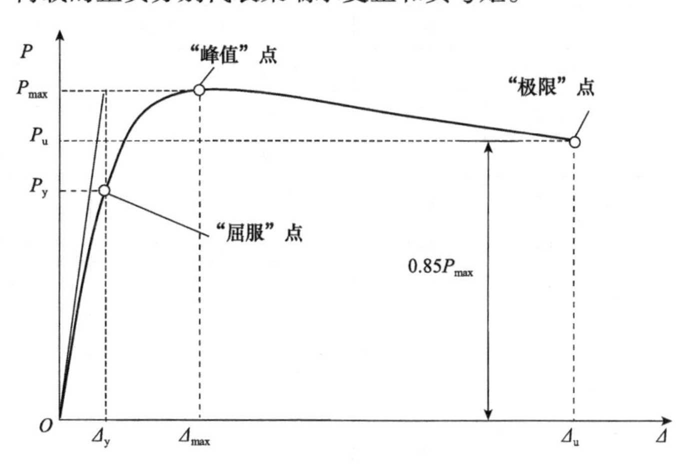

图 13.81　节点的 P-Δ 滞回关系骨架线特征点确定方法

表 13.21　节点试件骨架线特征点计算结果

试件编号	钢梁	“屈服”点		“峰值”点		“极限”点	
		P_y/kN	Δ_y/mm	P_y/kN	Δ_y/mm	P_y/kN	Δ_y/mm
J1-1	R 梁	23.3	10.6	33.3	19.7	31.1	40.3
		−32.9	−19.3	−46.6	−65.5	−47.7	−97.2
	L 梁	17.8	8.7	29.4	17.5	25.0	24.2
		−31.8	−16.2	−46.2	−68.2	−47.5	−81.9

续表

试件编号	钢梁	“屈服”点		“峰值”点		“极限”点	
		P_y/kN	Δ_y/mm	P_y/kN	Δ_y/mm	P_y/kN	Δ_y/mm
J1-2	R梁	20.7	13.3	36.5	12.3	42.7	37.2
		−25.7	−14.9	−30.2	−17.8	−25.6	−23.2
	L梁	25.8	15.2	41.8	42.7	35.5	43.3
		−21.2	−13.1	−30.1	−7.5	−46.9	−24.4
J2-1	R梁	30.3	17.9	37.0	24.2	31.5	37.2
	L梁	−34.2	−15.5	−41.2	−23.1	−35.1	−47.8
J2-2	R梁	20.8	14.2	31.9	31.9	27.1	50.5
		−23.9	−12.5	−29.8	−28.7	−25.4	−40.6
	L梁	24.0	13.5	40.3	31.6	34.2	35.7
		−30.9	−16.1	−40.3	−43.4	−34.3	−53.3
J3-1	R梁	13.1	28.4	46.2	45.5	39.3	60.0
		−16.0	−31.7	−45.2	−45.9	−44.5	−91.7
	L梁	31.3	26.7	44.2	32.6	37.6	52.1
		−30.3	−23.8	−44.7	−57.6	−40.6	−88.2
J3-2	R梁	25.6	24.5	39.7	25.4	39.9	38.6
		−30.2	−24.2	−37.8	−32.4	−32.1	−51.1
	L梁	25.7	23.1	35.8	39.0	30.4	43.4
		−16.2	−21.8	−19.9	−15.3	−27.6	−41.6
J4-1	R梁	29.5	22.0	39.8	42.5	33.8	58.8
		−33.9	−26.7	−40.1	43.1	−42.8	−89.1
	L梁	28.5	20.2	35.9	32.6	50.1	50.5
		−27.4	−27.2	−40.4	−40.6	−41.9	−87.1
J4-2	R梁	29.1	19.7	44.9	29.8	38.2	44.5
		−34.1	−23.6	−37.2	−26.7	−31.6	−52.6
	L梁	30.7	18.8	41.2	32.9	35.0	45.4
		−29.9	−19.5	−42.3	−50.4	−42.8	−53.6
J5-1	R梁	22.2	24.4	25.2	31.1	21.4	65.5
		−29.8	−27.6	−35.1	−43.6	−33.9	−91.0
	L梁	20.7	22.2	23.3	44.6	19.8	62.5
		−30.3	−25.1	−36.9	−44.1	−32.8	−87.9
J5-2	R梁	20.0	13.7	29.7	28.2	29.7	28.2
		−17.4	−11.8	−28.6	−33.5	−28.6	−33.5
	L梁	27.0	15.9	34.0	28.9	34.0	28.9
		−14.5	−9.7	−21.1	−15.0	−18.0	−19.8

④ 应变分析。钢管外壁应变分布如图 13.82 所示。其中，对于柱荷载比为 0.3 的试件，钢管处于弹性阶段，并基本保持平截面。而对于柱荷载比为 0.6 的试件，钢管进入塑性阶段，不能继续保持平截面。而通过节点核心区的应变花，可以计算得到节点核心区的剪应变（γ_{12}）。$\gamma_{12}=2\varepsilon_3-\varepsilon_1-\varepsilon_2$，其中 ε_1、ε_2、ε_3 分别为水平、垂直和斜向应变。试件节点核心区剪力（V）与剪应变（γ_{12}）分布如图 13.83 所示。当试件破坏时，核心区剪应变可以达 4000με。图 13.84 给出了梁端板应变与梁端荷载（P）的关系。可以看出，梁端板在加载全过程中始终处于弹性阶段。图 13.85 给出了试件在加载过程中，不同荷载等级下的梁截面的应变分布情况分析。可以看出，梁截面在加载过程中基本保持平截面。

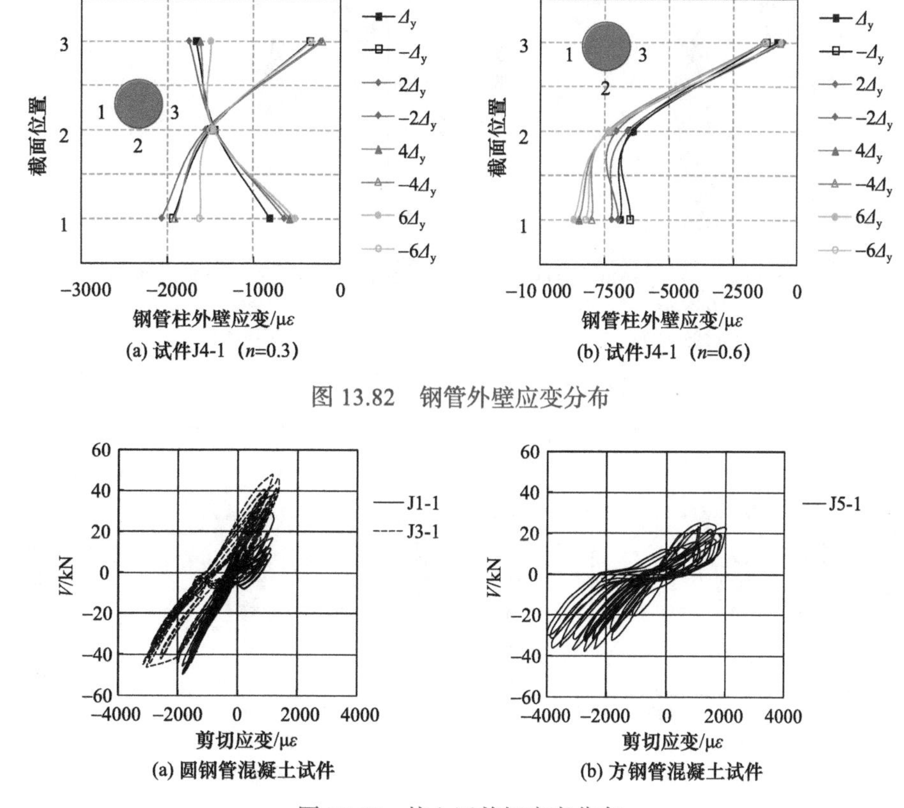

图 13.82　钢管外壁应变分布

图 13.83　核心区剪切应变分布

（3）火灾后抗震性能分析

1）强度退化规律：在位移幅值不变的情况下，试件的承载力随着加载次数的增多而逐渐下降，出现强度退化现象。根据式（13.40）可以计算得到节点试件的强度退化系数（λ_{j}）：

$$\lambda_{\mathrm{j}}=\frac{P_{\mathrm{j}}^{\mathrm{i}}}{P_{\mathrm{j}}^{1}} \tag{13.40}$$

式中：$P_{\mathrm{j}}^{\mathrm{i}}$——位移控制阶段，第 j 级荷载下第 i 次加载循环中的荷载峰值（$j=\Delta/\Delta_{\mathrm{y}}$）；

P_{j}^{1}——位移控制阶段，第 j 级荷载下第一次加载循环中的荷载峰值。

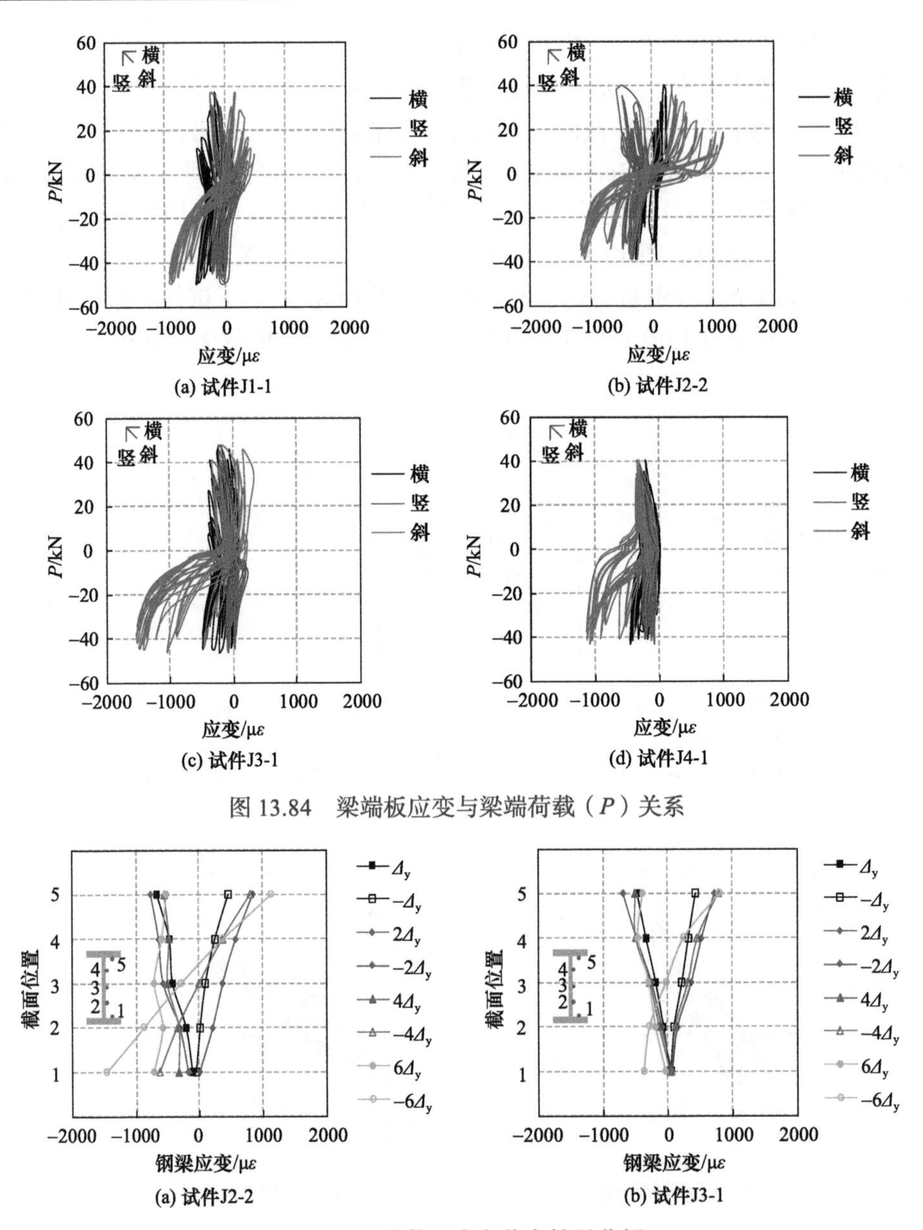

图 13.84　梁端板应变与梁端荷载（P）关系

图 13.85　梁截面应变分布情况分析

节点试件的 λ_j-Δ/Δ_y 关系如图 13.86 所示。同一级位移条件下，随着荷载循环次数的增加，强度退化系数逐渐减小。而当采用同样的位移幅值进行加载时，节点区承受正弯矩时的强度退化系数通常低于节点区承受负弯矩时的强度退化系数。常温下当节点位移幅值达 $6\Delta_y$ 时，圆钢管混凝土柱节点承受正弯矩时强度退化系数通常在 0.4 左右，而承受负弯矩时强度退化系数通常在 0.8 左右；方钢管混凝土柱节点承受正弯矩时，强度退化系数通常在 0.5 左右，承受负弯矩时强度退化系数通常在 0.8 左右。而同等条件下，受火之后节点的强度退化系数通常低于常温下的强度退化系数。以常温下的试件 J1-1 和火灾后试件 J3-1、试件 J4-1 为例，选取试件的 R 梁并将 i 值取为 3，在

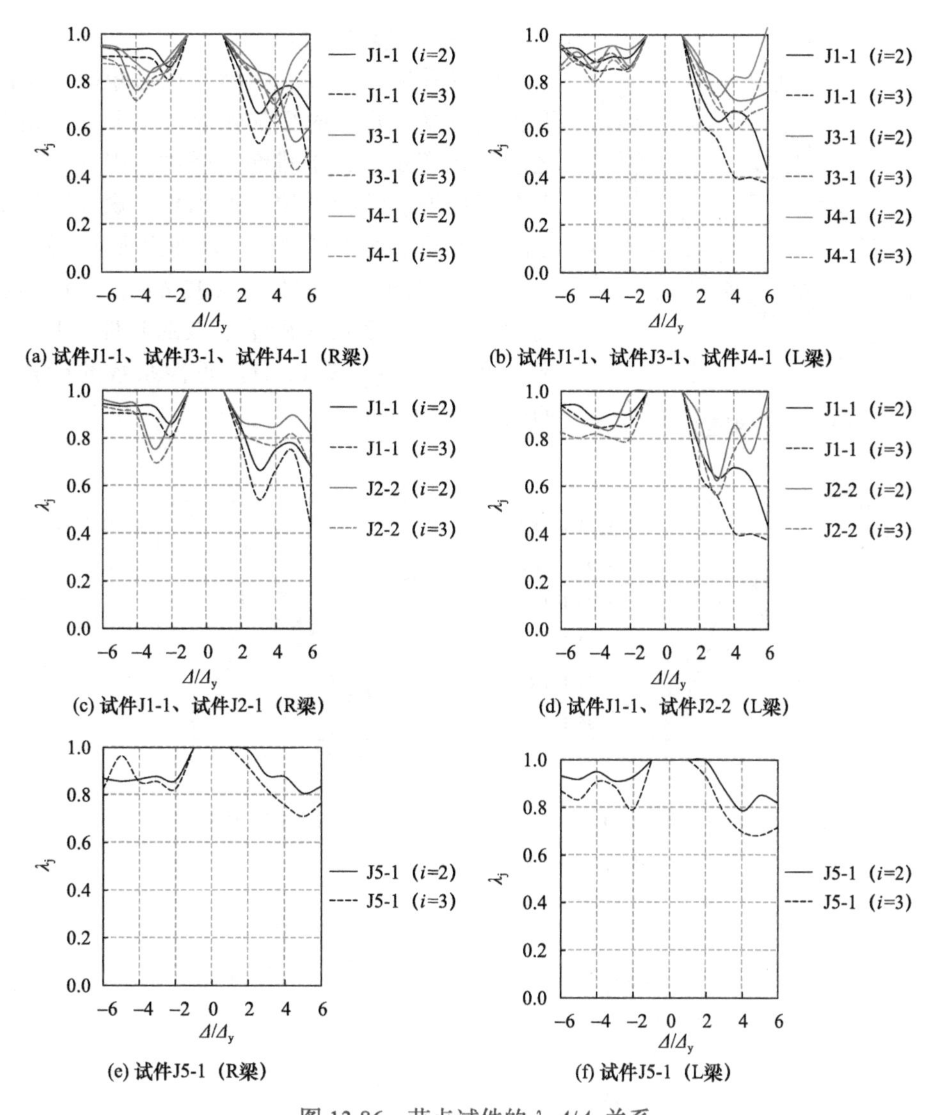

图 13.86　节点试件的 λ_j-Δ/Δ_y 关系

位移幅值为 $4\Delta_y$ 且节点区承受负弯矩时，试件 J1-1 的强度退化系数为 0.90，而试件 J3-1 和试件 J4-1 的强度退化系数分别为 0.72 和 0.85。

2）刚度退化规律：图 13.87 所示为采用同级位移下的环线刚度（K_j）变化情况来表征的刚度退化规律，K_j 计算公式如式（13.41）所示，图 13.88 所示为 K_j-Δ/Δ_y 关系。

$$K_j=\frac{\sum_{i=1}^{n}P_j^i}{\sum_{i=1}^{n}u_j^i} \tag{13.41}$$

式中：P_j^i——加载位移（Δ）为屈服位移（Δ_y）的 j 倍时第 i 次加载循环到达峰值点时的荷载；

u_j^i——加载位移（Δ）为屈服位移（Δ_y）的 j 倍时第 i 次加载循环到达峰值点时的变形值；

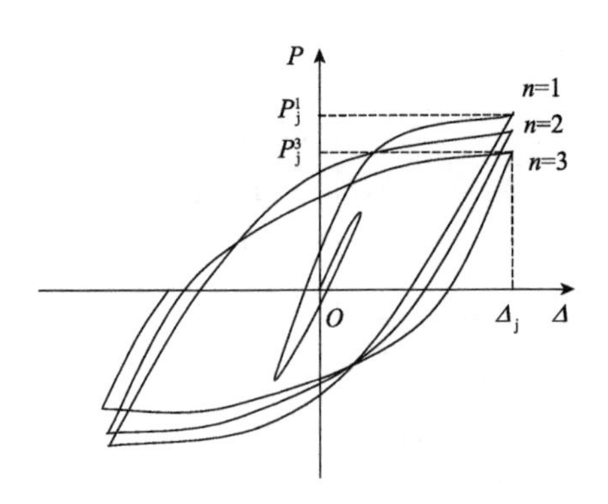

图 13.87　节点的环线刚度变化情况

n——循环次数。

可以看出，当节点区承受正弯矩时，其刚度退化比承受负弯矩时更加明显。主要原因是节点区承受正弯矩时，下排螺栓受拉。因为下排螺栓没有楼板抑制螺栓被拉出的趋势，螺栓和混凝土之间很容易出现相对滑移，从而出现刚度退化。

3）节点延性：根据式（13.42），采用梁加载端的位移延性系数来衡量节点的延性。其中，Δ_y 和 Δ_u 的定义参见图 13.81。延性系数的计算结果如表 13.22 所示。

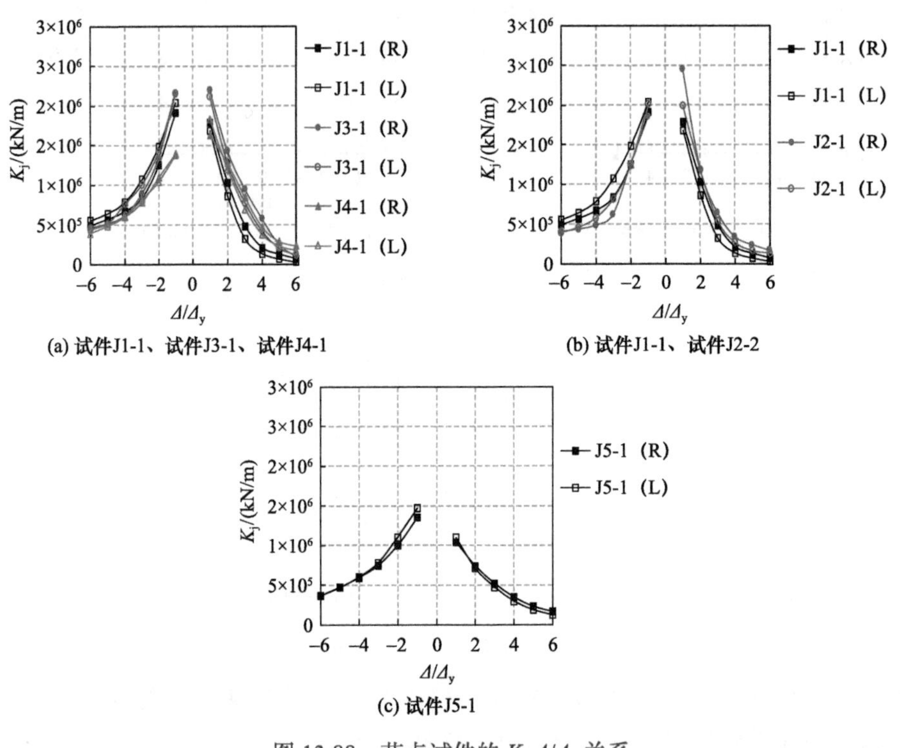

图 13.88　节点试件的 K_j-Δ/Δ_y 关系

$$\mu=\frac{\Delta_u}{\Delta_y} \tag{13.42}$$

从表 13.22 中的计算结果可以看出，对于常温下的节点试件，当柱荷载比分别为 0.3 和 0.6 时，延性系数分别为 4.17 和 2.27。火灾后节点试件在柱荷载比为 0.3 时，延性系数为 2.67～3.19，平均值 2.97；当柱荷载比为 0.6 时，延性系数为 1.87～2.42，平均值 2.16。可以看出，随着柱荷载比的增加，节点试件的延性系数明显降低。而在柱荷载比相同的情况下，火灾后节点试件的延性系数通常低于常温下的节点试件。

表 13.22　节点试件延性系数计算结果

试件编号	n	R 梁		L 梁		平均位移延性系数
		(+)	(−)	(+)	(−)	
J1-1	0.3	3.80	5.04	2.78	5.06	4.17
J1-2	0.6	2.80	1.56	2.85	1.86	2.27
J2-2	0.3	3.56	3.25	2.64	3.31	3.19
J3-1	0.3	2.11	2.89	1.95	3.71	2.67
J3-2	0.6	1.58	2.11	1.88	1.91	1.87
J4-1	0.3	2.67	3.34	2.50	3.20	2.93
J4-2	0.6	2.26	2.23	2.41	2.75	2.42
J5-1	0.3	2.68	3.30	2.82	3.50	3.08
J5-2	0.6	2.06	2.84	1.82	2.04	2.19

4）耗能能力：根据式（13.43-1），采用计算等效粘滞阻尼系数（h_e）的方法，对节点耗能能力进行评价。公式中，能量耗散系数（E_d）参照图 13.89 和式（13.43-2），计算一个滞回环的总能量（$S_{ABC}+S_{CDA}$）与弹性能（$S_{OBE}+S_{ODF}$）的比值。采用上述方法的等效耗能指标计算结果如表 13.23 所示。

$$h_e=E_d/(2\pi) \tag{13.43-1}$$

$$E_d=\frac{S_{ABC}+S_{CDA}}{S_{OBE}+S_{ODF}} \tag{13.43-2}$$

表 13.23　节点试件耗能能力指标计算结果

试件编号	E_d	h_e	E_{total}/(kN · m)	试件编号	E_d	h_e	E_{total}/(kN · m)
J1-1	0.63	0.101	15.38	J3-2	0.66	0.105	5.35
J1-2	0.54	0.086	6.67	J4-1	1.02	0.162	22.91
J2-2	0.43	0.068	11.65	J4-2	1.04	0.166	22.98
J3-1	0.69	0.110	17.83	J5-1	0.70	0.112	14.60

试验中各组试件达到峰值荷载的等效粘滞阻尼系数 h_e 为 0.068～0.166，平均值 0.114。钢管混凝土柱 - 钢梁环板式节点常温下的等效粘滞阻尼系数为 0.177～0.225（李威，2011）。而钢筋混凝土节点的等效粘滞阻尼系数通常在 0.1 左右（周起敬，1991）。可以看出，钢管混凝土柱 - 钢梁单边螺栓连接节点的耗能能力低于环板式节点，且与钢筋混凝土节点的耗能能力接近。试验中，常温下和火灾后钢管混

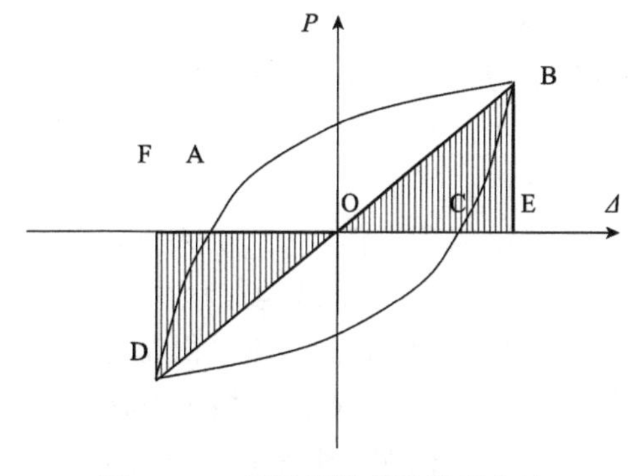

图 13.89　能量耗散系数计算方法

凝凝土柱 - 钢梁单边螺栓节点的等效粘滞阻尼系数平均值分别为 0.094 和 0.121，由此可见火灾后节点的耗能能力并没有明显变化。

除了采用等效粘滞阻尼系数表征滞回环的饱满程度，还可以采用半周耗能（E_h）和累积耗能（E_{total}）来衡量节点加载过程中实际耗能的情况。其中，半周耗能对应图 13.89 中的 S_{ABC} 和 S_{CDA}。E_h 和加载位移级别 j（$j=\Delta/\Delta_y$）的关系如图 13.90 所示。

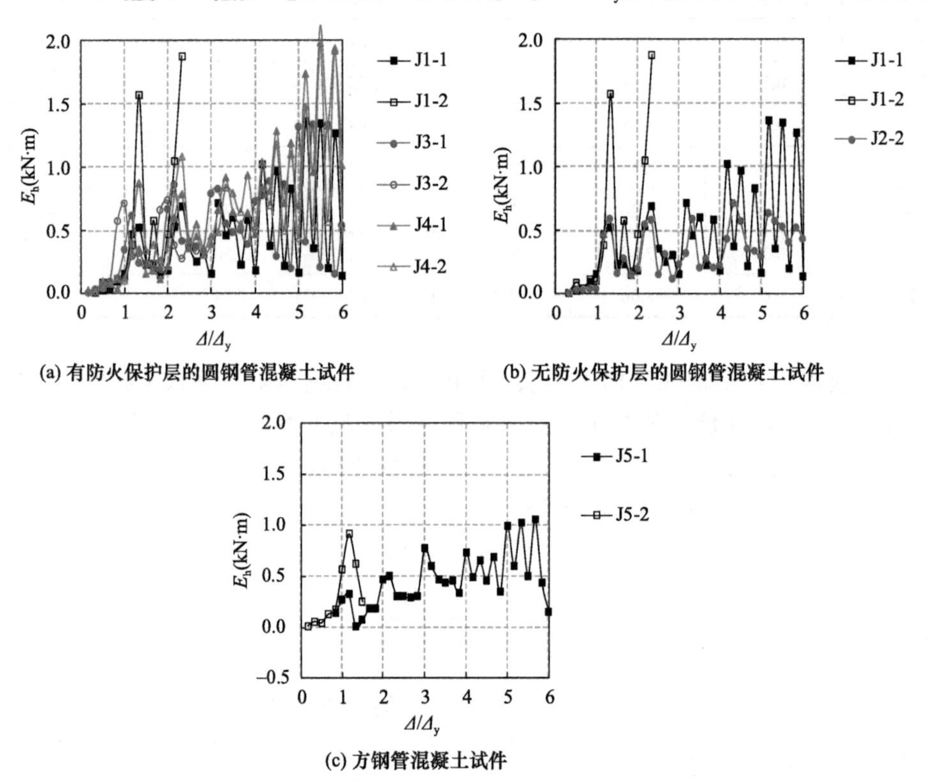

图 13.90 节点试件的 E_h -Δ/Δ_y 关系

由图 13.90 可见，随着位移级别的增加，半周耗能会随着位移级别的增加而增加。受火之后，对于有防护保护层的试件，其半周耗能能力相比于常温下的试件没有明显变化。对于无防火保护层的试件，在加载位移级别超过 4 之后，其半周耗能能力相比于常温下的试件有一定的下降。其主要原因是无保护层的试件由于没有防火涂料发挥吸热效应，楼板及钢管内混凝土的温度会比有保护层试件的更高，从而影响了火灾后试件的半周耗能能力。对于柱荷载比较大的试件，其半周耗能能力相比于柱荷载比较小的试件有所增加。

采用累积耗能（E_{total}）来衡量整个加载过程中各滞回环的总包络面积。累积位移（Δ_a）则表示试件加载全过程中的位移累积里程。试件加载完毕时的 E_{total} 在表 13.23 列示。累积耗能（E_{total}）和累积相对位移（Δ_a/Δ_y）的关系如图 13.91 所示。可以看出，累积耗能（E_{total}）随着累积相对位移（Δ_a/Δ_y）的增加而增加。提高柱荷载比可以增加节点试件的累积耗能，但是也加速了试件的破坏。受火之后的试件，累积耗能能力没有明显的变化。

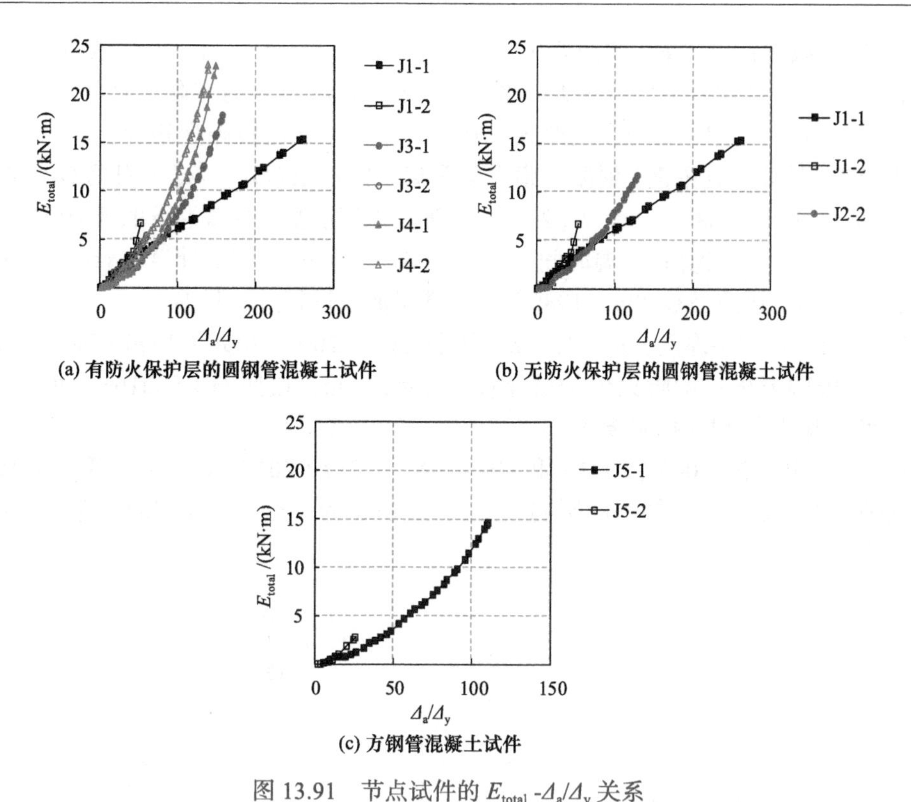

(a) 有防火保护层的圆钢管混凝土试件

(b) 无防火保护层的圆钢管混凝土试件

(c) 方钢管混凝土试件

图 13.91 节点试件的 E_{total} -Δ_a/Δ_y 关系

13.4 工作机理分析和实用计算方法

13.4.1 荷载 - 变形 - 受火时间关系

本节论述钢管混凝土柱 - 钢梁外加强环板连接节点在图 1.14 所示的 A→A′→B′→C′→D′→E′ 这样一条时间 - 温度 - 荷载路径作用下的工作机理，分析钢管混凝土柱 - 钢梁外加强环板连接节点在升、降温火灾和外荷载共同作用下的力学性能。

（1）受力分析模型

参照某实际工程中的钢管混凝土柱尺寸设计了钢梁、混凝土楼板，栓钉以及加强环板，确定的基本计算条件如下。

1）圆钢管混凝土柱：$D \times t_s \times H$=600mm×12mm×6000mm，加强环板宽度 120mm。工字形截面钢梁：$h \times b_f \times t_w \times t_f$ =400mm×200mm×15mm×15mm，L=8000mm。钢筋混凝土楼板：$b_{slab} \times t_{slab} \times L_{slab}$ =3000mm×120mm×8000mm，楼板内纵向钢筋　10@150mm，分布钢筋　10@250mm。栓钉：16×100mm，抗拉强度 f_u=400MPa，沿梁轴线方向对称双排布置，间距 200mm，垂直于梁轴线方向间距 100mm。钢管核心混凝土强度 f_{cuc}=60MPa，楼板混凝土强度 f_{cus}=40MPa，钢管屈服强度 f_{yc}=345MPa，钢梁屈服强度 f_{yb}=345MPa，板钢筋屈服强度 f_{ybs}=335MPa，柱长细比 λ=40，柱截面含钢率 α_c=0.08。

2）柱荷载比：n=0.6，按照式（3.17）计算；梁荷载比：m=0.4，按照式（3.18）计算，其中组合梁常温下的极限均布线荷载值 q_u 采用建立的有限元计算模型计算获得；梁柱线刚度比：k=0.39，按照式（10.1）计算；梁柱极限弯矩比：k_m=0.67，按照式（10.2）计算，其中钢 - 混凝土组合梁常温下的极限弯矩（M_{bu}）根据 GB 50017—2003（2003）和 GB 50017—2017（2017）计算，钢管混凝土柱常温下的极限弯矩（M_{cu}）根据韩林海（2016）计算；升温时间比：t_o=0.5，按照式（9.8）计算，n=0.6，m=0.4 时，t_R=60min，按照 ISO-834（1980）升、降温曲线进行升、降温。

3）柱防火保护层厚度：a_c=15mm，按照 CECS 200：2006（2006）确定，使柱满足 3h 耐火极限要求；梁防火保护层厚度：a_b=20mm，按照 GB 50016—2006（2006）确定，使梁满足 2h 耐火极限要求。

参考 GB 50017－2003（2003）和 GB 50017—2017（2017）的规定，采用 L/1000 柱荷载初偏心来考虑柱初始缺陷的影响。图 13.92 所示为节点计算模型的边界条件和网格划分情况。

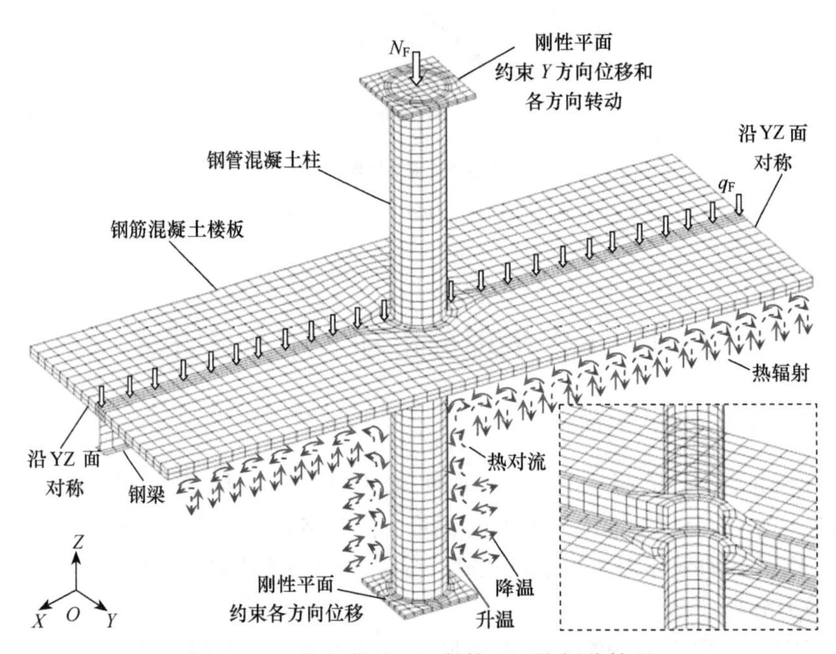

图 13.92　节点模型边界条件和网格划分情况

（2）温度 - 受火时间关系

对两类组合节点在如图 1.14 所示的 ISO-834（1980）升、降温火灾作用下特征截面的温度场分布进行分析，特征截面位置如图 11.22 所示，包括柱节点区截面（ZJ）、柱端部截面（ZD）、梁节点区截面（LJ）和梁端部截面（LD）。

图 13.93 给出了升、降温过程中节点在特征截面上不同点的温度（T）- 受火时间（t）关系，为使曲线清晰且便于分析，只给出了前 10h 内的 T-t 关系，图中 B′ 时刻和 C′ 时刻分别与图 1.14 中两点对应，B′ 时刻为结构外界升温结束时刻、C′ 为结构外界降温结束时刻。

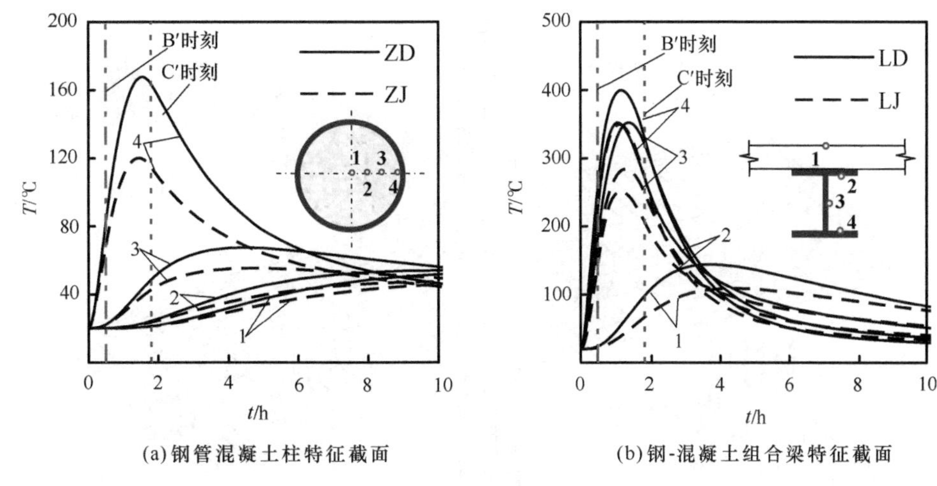

(a) 钢管混凝土柱特征截面　　(b) 钢-混凝土组合梁特征截面

图 13.93 节点特征截面的 T-t 关系

通过比较特征截面各点的 T-t 关系可以发现，节点在升、降温火灾下的温度分布具有如下规律。

1）节点温度与结构外界温度相比存在明显的滞后，以钢管混凝土柱节点区截面 4 点为例，达到峰值温度的时间比结构外界温度峰值点滞后大约 1h；节点的温度滞后现象均随着离受火表面的距离增加而愈加明显，但对于图 13.93（b）中的钢梁上各点，由于直接受火且钢材导热性较好，钢梁截面上各点的温度滞后现象不会随着各点位置的改变而有明显差异。

2）节点区截面各点的温度会低于端部截面对应点的温度。以钢梁上 4 点为例，端部位置 4 点的最高温度为 400℃，节点区位置 4 点的最高温度为 350℃，二者相差 50℃。

3）对比柱和梁的截面温度可以发现，虽然钢管混凝土柱为四周受火，组合梁为三面受火，但柱截面温度仍然明显低于梁截面温度，这主要是由于尺寸差异的影响，钢管混凝土柱的截面尺寸明显大于梁截面，大尺寸构件热容较大，相应的温度较低。

（3）力学性能分析

全过程火灾作用下节点的破坏可能发生在常温、升温、降温和火灾后四个阶段。本章主要针对节点发生火灾后破坏这一工况展开研究。

1）节点的破坏形态：图 13.94 所示为达到极限状态时，火灾后节点计算模型的破坏形态。从节点的整体破坏形态可见，钢管混凝土柱保持了较好的工作性能，节点的破坏主要是由于节点区钢梁的腹板和下翼缘发生了局部屈曲。

为研究节点可能的破坏形态，本章选取对节点破坏有直接影响的柱荷载比（n）和梁荷载比（m）为分析参数，对火灾升、降温后节点的破坏形态进行分析，计算结果表明在本章所确定的计算条件下，节点在达到极限状态时，梁变形要明显大于柱变形，节点的破坏主要是由于钢梁和钢管连接处外环板以及钢梁腹板和下翼缘发生局部屈曲而引起的，不同参数下节点的破坏形态与图 13.94 所示的破坏形态类似，即节点只会发生节点区梁破坏。

节点区域的局部破坏形态随着梁荷载比 m 和柱荷载比 n 的变化会有所差异，表 13.24 所示为不同 m 和 n 情况下的节点局部破坏形态，通过钢梁和钢管的 Mises 应力云图和变形图的形式给出，应力较高的区域较易形成局部屈曲和塑性铰。

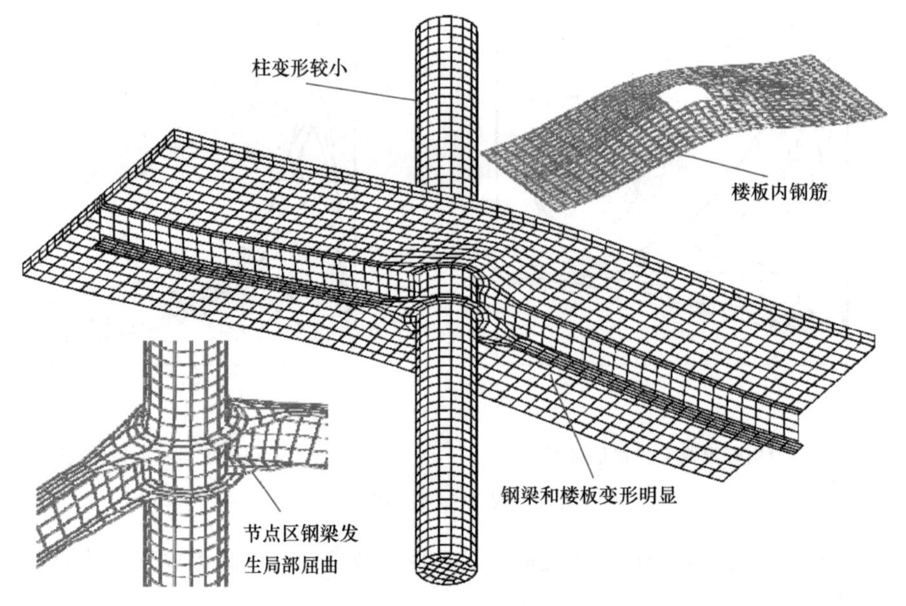

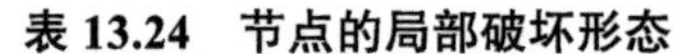
图 13.94　节点的破坏形态

表 13.24　节点的局部破坏形态

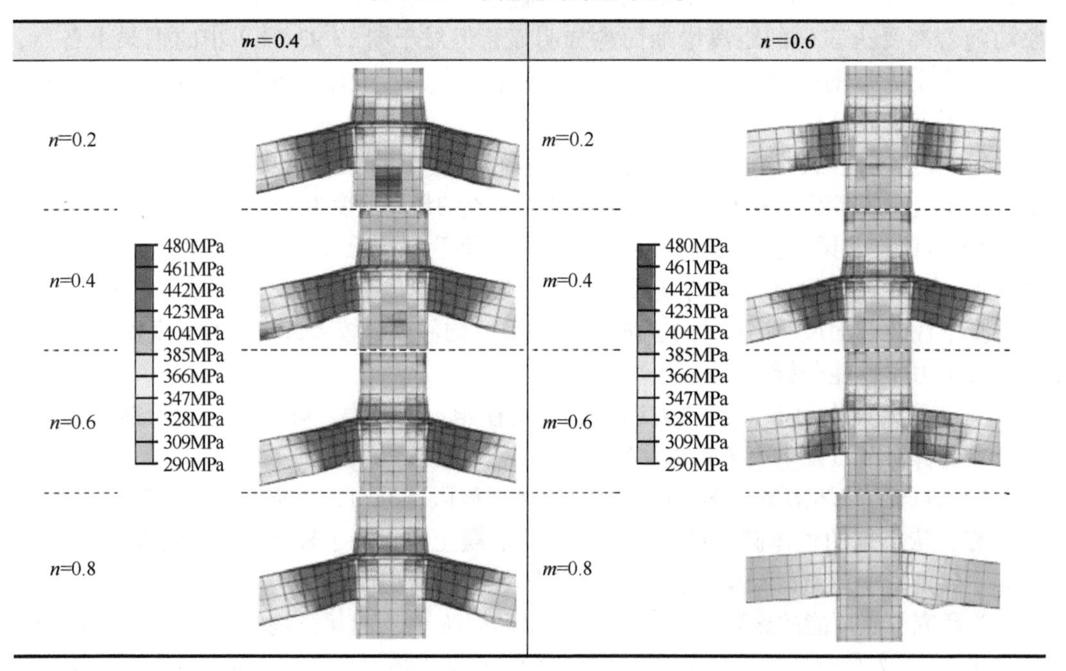

表 13.24 所示结果表明，柱荷载比从 0.2 变化到 0.8 的过程中，节点的局部破坏形态没有显著改变，这主要是因为钢管混凝土柱按照 3h 耐火极限标准进行了防火保护，且升温时间相对较短，柱受到的高温损伤较小，所以柱荷载比对节点影响不明显；梁荷载比从 0.2 变化到 0.8 时，节点的破坏形态会有所差异，且随着梁荷载比的增加，达到极限状态时钢梁节点区的 Mises 应力会下降，这主要是由于梁荷载比较小的情况下，升、降温过程中梁内产生的轴向内力较大，火灾后会有较大的累积损伤，从而使节点区钢梁应力较高。

以梁荷载比 m 为 0.2 和 0.8 时的节点为例，如图 13.95（a）所示，外荷载下，m 为 0.2 时梁变形小于 m 为 0.8 时的梁变形，在升、降温过程中，当梁轴向发生相同的温度变形 Δl 时，m 为 0.2 时的水平变形分量 $\Delta h_{0.2}$ 会大于 m 为 0.8 情况下的水平变形分量 $\Delta h_{0.8}$，水平变形受到限制的时候会产生轴向内力，且受到限制的水平变形越大轴力越大。图 13.95（b）给出了升、降温过程中 m 为 0.2 和 0.8 时的梁截面轴力变化，可以明显看出 m=0.2 时，梁轴力在−5400～5610kN 变化，而 m=0.8 时，梁轴力变化范围则较小，在−3270～4070kN 变化。因此，在较大梁轴力的作用下，火灾后节点区钢梁的 Mises 应力会较高。

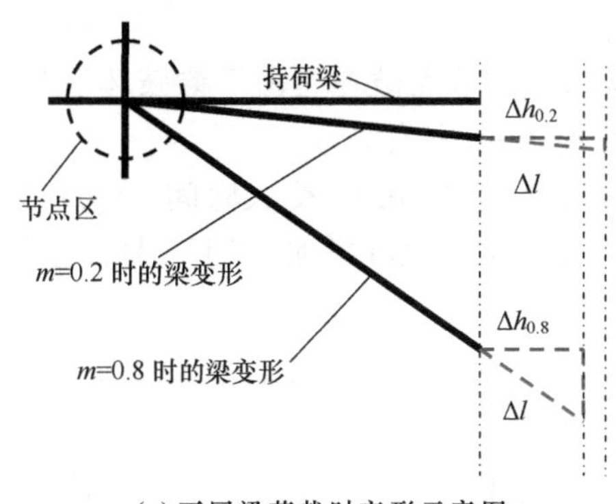

(a) 不同梁荷载时变形示意图

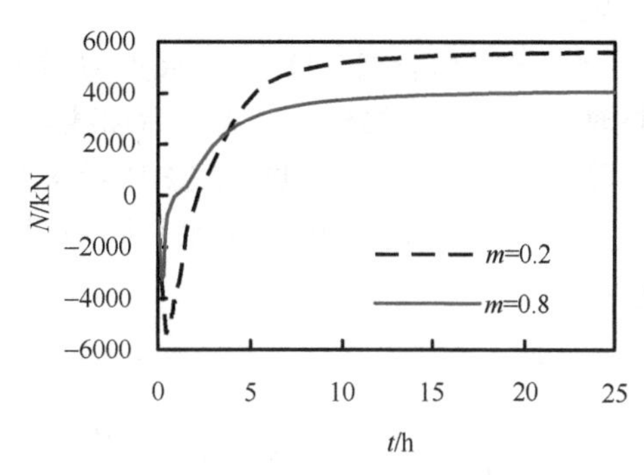

(b) 升、降温过程中节点区梁截面轴力变化

图 13.95　梁荷载比（m）对节点局部破坏形态的影响

2）节点变形特点：

① 柱轴向变形（Δ_c）。图 13.96 所示为节点的柱轴向变形（Δ_c）- 受火时间（t）关系和柱轴向变形（Δ_c）- 梁线荷载（q）关系。图 13.96 中 A、A′、B′、C′、D′ 和 E′ 分别对应图 1.14 中的各特征点，AA′ 为常温段、A′B′ 为升温段、B′C′D′ 为降温段（C′ 点为结构外界温度降到常温时刻点）、D′E′ 为火灾后阶段。本章其余各图中的 A、A′、B′、C′、D′ 和 E′ 点的意义均与本图相同，“−” 号表示柱轴向变形为压缩变形。

柱轴向变形曲线各阶段的特性描述如下。

（a）常温段（AA′）：常温段首先施加柱荷载，然后施加梁荷载，这一阶段的 Δ_c-t

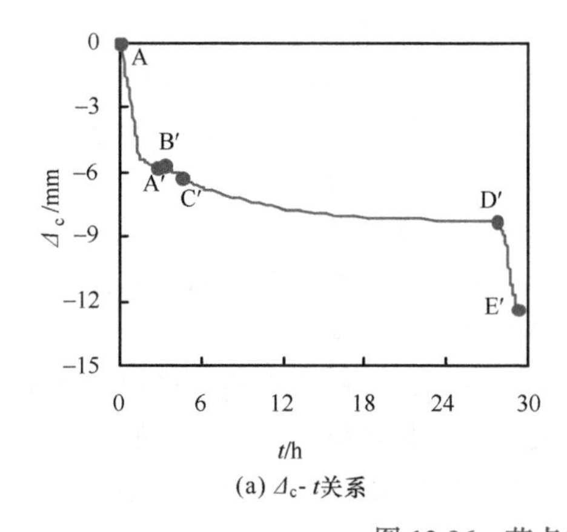

(a) Δ_c- t关系

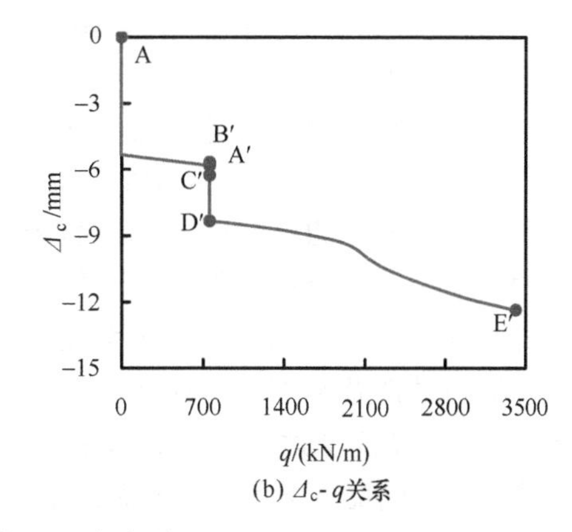

(b) Δ_c- q关系

图 13.96　节点的 Δ_c-t（q）关系

关系近似为双折线，Δ_c-q 关系在 q 为 0 时 Δ_c 就有了变化。

（b）升温段（A′B′）：结构外界升温段，柱受热温度升高，材料膨胀，此时柱温度较低，材料性能劣化不明显，因此柱发生了膨胀，轴向变形降低，这一阶段梁荷载不变，因此 Δ_c - q 关系垂直上升。

（c）降温段（B′C′D′）：B′ 点后结构外界降温，由于存在温度滞后现象，在结构外界降温的初期钢管混凝土柱大部分位置仍然处于升温状态，此时由于升温材料性能劣化和柱荷载的共同作用的影响，柱轴向变形开始增加；在结构外界温度降为常温后，柱轴向变形仍然继续增加，这是因为节点柱在 C′ 点以后大部分位置温度降低，材料收缩所致。

（d）火灾后阶段（D′E′）：火灾后增加梁荷载直到节点破坏是由于梁破坏引起的，故柱轴向变形相对梁较小，火灾后加载段变形增加 3mm 左右。

② 梁端挠度（δ_b）。图 13.97 所示为节点的梁端挠度（δ_b）- 受火时间（t）和梁端挠度（δ_b）- 梁线荷载（q）关系，图中“－”号表示梁端挠度增加，“＋”号表示梁端挠度减小。

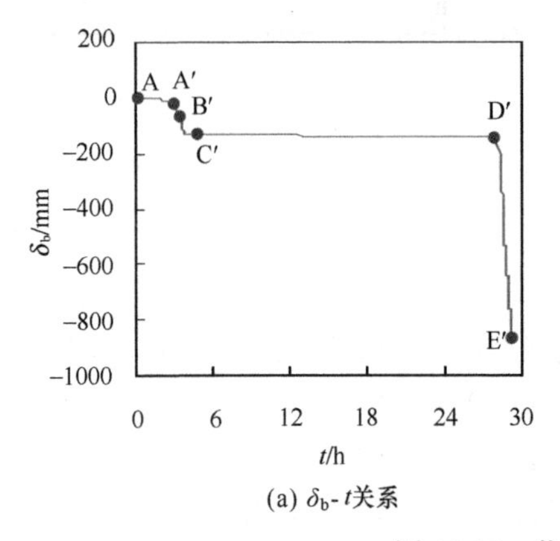

(a) δ_b- t关系

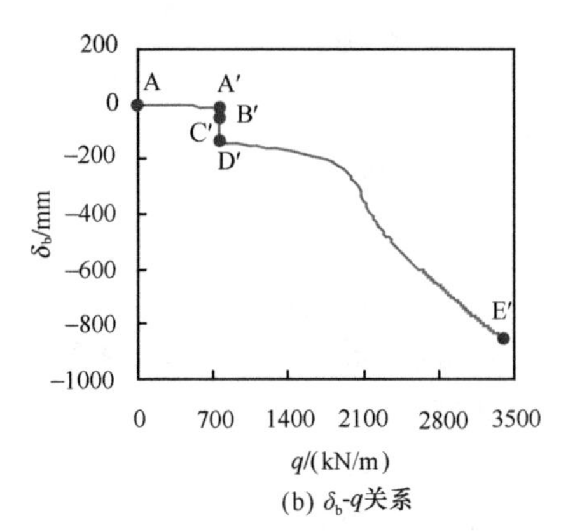

(b) δ_b-q关系

图 13.97　节点的 δ_b-t（q）关系

对梁端挠度曲线各阶段的特性描述如下。

（a）常温段（AA′）：常温段首先施加柱荷载，然后施加梁荷载，梁在柱荷载作用下挠度变化较小，梁加载结束后，梁端挠度达－12mm 左右。

（b）升温段（A′B′）：升温段，梁受热温度升高，材料膨胀，梁沿纵向有伸长的趋势，但对挠度影响不明显。随着温度升高，材料的力学性能逐渐劣化，梁抵抗变形能力降低，梁端挠度增加，升温结束时梁端挠度达－50mm 左右。

（c）降温段（B′C′D′）：B′ 点后结构外界降温，由于存在温度滞后现象，在结构外界降温的初期钢梁和楼板大部分位置仍然处于升温状态，升温导致的材料性能劣化和梁荷载的共同作用使梁端挠度继续增加；在结构外界温度降为常温后，梁温度变化逐渐减小，材料性能基本不变，在外荷载不变的条件下，梁端挠度趋于稳定，降温结束时（D′ 点），梁端挠度达－137mm 左右。比较升温段和降温段梁端挠度的变化量可以发现，降温段梁端挠度增量大于升温段增量，达到升温段挠度增量的 2.3 倍，可见由于降温段的较大变形，会使得节点在降温过程中发生破坏。

（d）火灾后阶段（D′E′）：火灾后增加梁荷载直到节点破坏，梁端挠度在这一阶段随着外荷载的增加而增加，达到破坏时挠度达 308mm。

③ 梁柱相对转角（θ_r）。图 13.98 给出了节点的梁柱相对转角（θ_r）- 受火时间（t）和梁柱相对转角（θ_r）- 梁线荷载（q）关系，“+”号表示梁和下柱之间的角度减小，θ_r 增加，“−”号表示梁和下柱之间的角度增加，θ_r 减小。

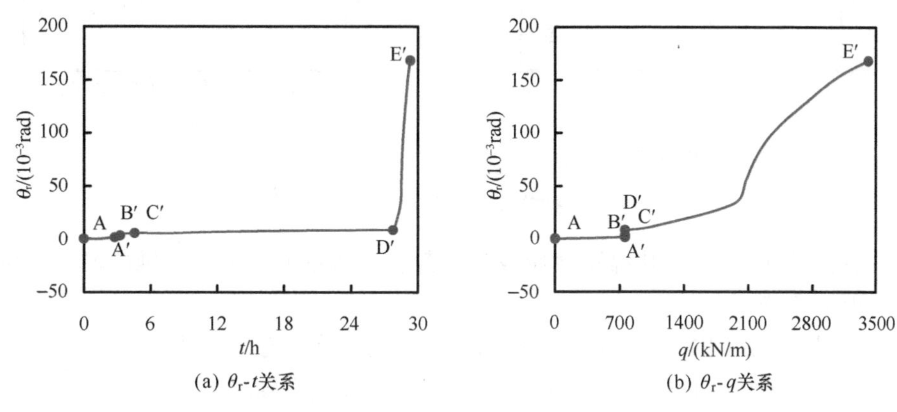

图 13.98　节点的 θ_r-t（q）关系

对梁柱相对转角曲线各阶段的特性描述如下。

（a）常温段（AA′）：常温下施加柱荷载和梁荷载后，梁柱相对转角增加，但数值较小，加载结束时为 1.45×10^{-3}rad。

（b）升温段（A′B′）：升温段梁挠度增加，使得梁柱相对转角增加，升温结束时，梁柱相对转角达 3.2×10^{-3}rad。

（c）降温段（B′C′D′）：降温段，梁挠度继续增加，梁柱相对转角增加，降温结束时。梁柱相对转角达 8.43×10^{-3}rad。可见在升温和降温段，节点的梁柱相对转角较小，说明该类加强环板连接节点的刚度在火灾下保持完好。

（d）火灾后阶段（D′E′）：火灾后随着梁荷载增加，节点变形增加，梁柱相对转角明显增加，节点破坏时梁柱相对转角达 29×10^{-3}rad。

3）节点内力变化：本节对节点在不同截面处的弯矩和轴力变化规律［包括：内力 - 受火时间（t）关系和内力 - 梁线荷载（q）关系］进行分析，提取内力的截面位置如图 11.22 所示，包括柱节点区截面（ZJ）、柱端部截面（ZD）、梁节点区截面（LJ）和梁端部截面（LD）。

① 柱节点区截面内力。通过提取柱弯矩（M_c）可以发现，在节点受力的全过程中，下柱节点区的弯矩值分布在−20～0.1kN · m，弯矩较小，柱以受轴力为主，因此这里只给出柱轴力的变化曲线。图 13.99 所示为柱节点区截面的轴力（N_c）- 受火时间（t）和轴力（N_c）- 梁线荷载（q）关系，其中“−”号表示截面受压、“+”号表示截面受拉。

对柱节点区轴力变化全过程曲线的特性描述如下。

（a）常温段（AA′）：常温段施加柱荷载和梁荷载，梁荷载增加时柱轴力也有所提高。

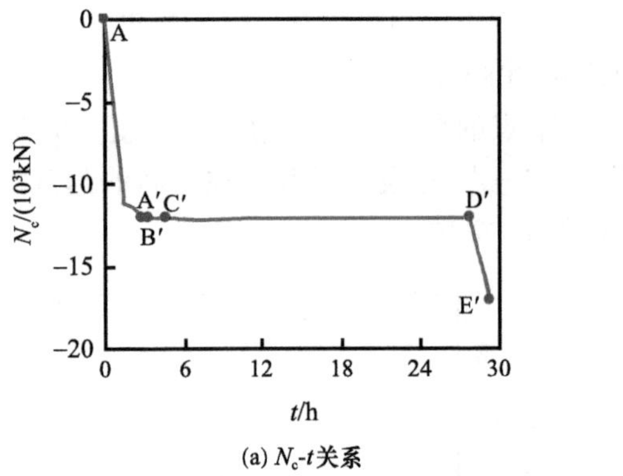

(a) N_c-t关系

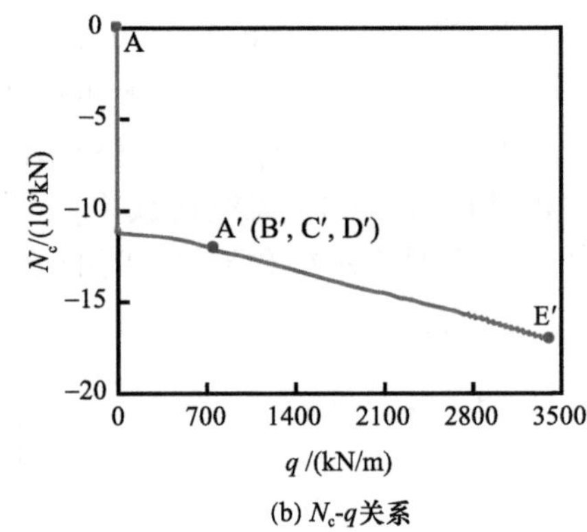

(b) N_c-q关系

图 13.99　柱节点区截面的 N_c-t（q）关系

（b）升温段（A′B′）：升温段柱荷载和梁荷载保持不变，由于在轴向没有约束，所以柱轴力保持不变。

（c）降温段（B′C′D′）：与升温段相同，外荷载保持不变，柱轴力没有变化。

（d）火灾后阶段（D′E′）：火灾后增加梁荷载，柱轴力随之增加。

② 柱端部截面内力。柱端部截面弯矩（M_c）最大值达−273kN · m，但大多分布为−10～−2kN · m，该位置仍然以受压为主。图 13.100 给出了柱端部截面的轴力（N_c）-受火时间（t）和轴力（N_c）-梁线荷载（q）关系。由于柱以受轴压为主，柱端部轴力与节点区截面轴力无明显差异，不再赘述。

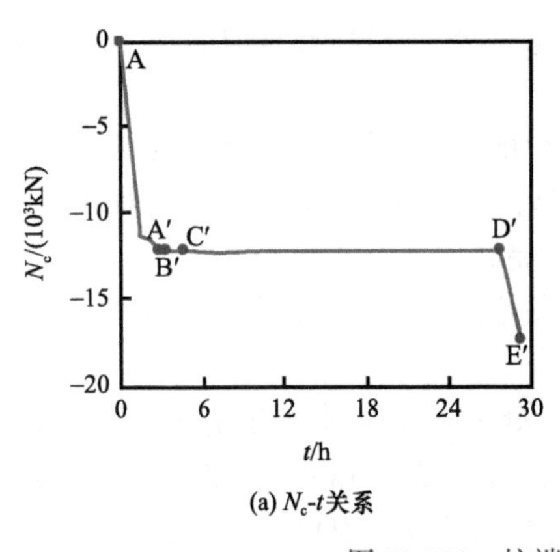

(a) N_c-t关系

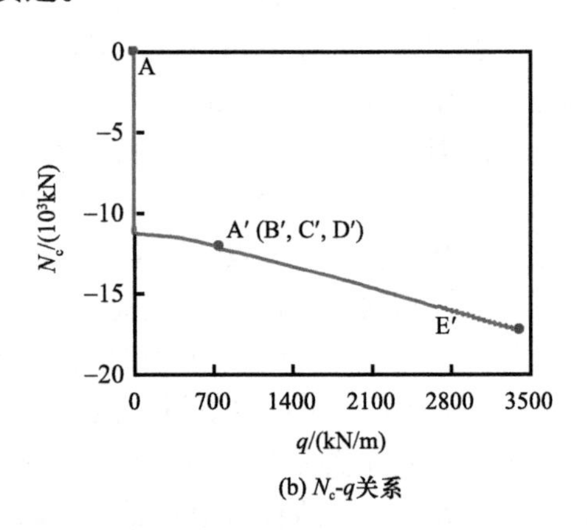

(b) N_c-q关系

图 13.100　柱端部截面的 N_c-t（q）关系

③ 梁节点区截面内力。图 13.101 所示为节点区梁截面的弯矩（M_b）-受火时间（t）、弯矩（M_b）-梁线荷载（q）和轴力（N_b）-受火时间（t）、轴力（N_b）-梁线荷载（q）关系，对于截面轴力，“−”号表示截面受压、“+”号表示截面受拉，对于截面弯矩“−”号表示梁上部受拉、下部受压，“+”号表示梁上部受压、下部受拉。

图 13.101 所示的梁节点区截面内力−t 和内力−q 关系曲线特点如下。

（a）常温段（AA′）：梁节点区截面承受负弯矩，外荷载加载结束后弯矩达−625kN · m，而截面处轴力达−453kN，这时的弯矩主要是由于外荷载作用产生，而轴力是由于梁纵向变形受到边界约束所产生。

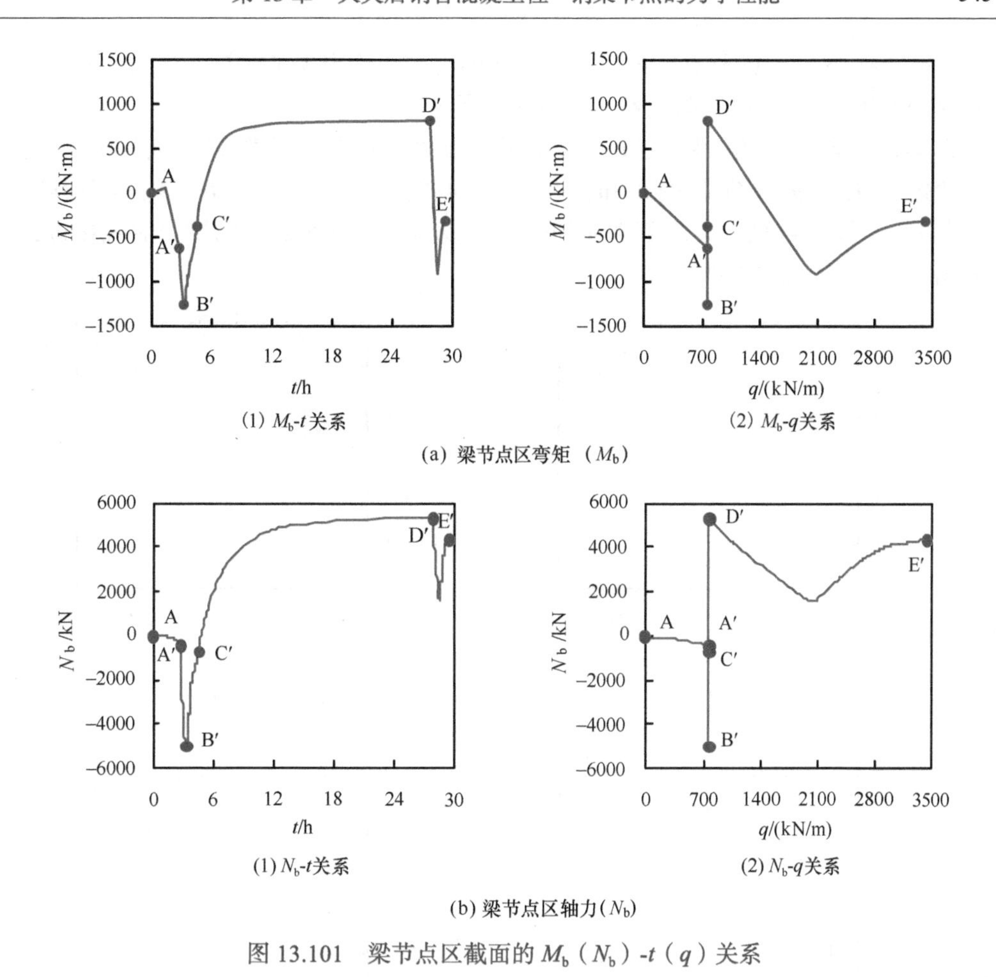

图 13.101　梁节点区截面的 M_b（N_b）-t（q）关系

（b）升温段（A′B′）：钢梁导热性能好，升温过程中钢梁上温度较接近，温度升高材料膨胀，钢梁的纵向伸长受到边界的约束转化为轴力，升温结束时刻（B′点）轴力达−4940kN，为常温加载结束时刻（A′点）轴力的 11 倍，弯矩达−1260kN · m，比常温加载结束时刻（A′点）的弯矩增加了 1 倍。可见节点遭受火灾时，由于温度变化而造成的内力变化不容忽视，对于钢梁而言，轴压力的增加对保证其局部和整体稳定有不利影响。

（c）降温段（B′C′D′）：升温结束后梁开始降温收缩，梁节点区截面轴力开始逐渐由受压向受拉变化，结构外界温度降至常温时（C′点），轴力变为常温加载结束时刻（A′点）轴力的 1.6 倍，截面弯矩降为 A′点弯矩的 61%；随着节点温度继续降低，轴力开始反向，节点降温结束时（D′点），柱轴力为 5320kN，变为 A′点轴力的−12 倍，弯矩变为 814kN · m，为 A′点弯矩的−1.3 倍。对于梁而言，降温段产生的轴拉力和正弯矩对其受力是有利的，但前提条件是节点区梁柱连接处不过早发生破坏。

（d）火灾后阶段（D′E′）：节点降到常温后，增加梁荷载直到其破坏。从图中可见，梁荷载会使梁节点区截面的负弯矩和轴压力增加，但首先要抵消降温段由于梁端部受到约束而产生的正弯矩和轴拉力。按照本章采用的节点极限状态的判断方法，梁挠度接近308mm时，梁节点区截面的弯矩和轴力曲线均出现了转折，说明此时截面所能提供的抗力已不足以抵抗外荷载，达到极限状态。

④ 梁端部截面内力。图13.102给出了节点梁端部截面的弯矩（M_b）-受火时间（t）、弯矩（M_b）-梁线荷载（q）和轴力（N_b）-受火时间（t）、轴力（N_b）-梁线荷载（q）关系。从图中可见，梁端部截面的轴力曲线与梁节点区截面的轴力曲线接近，梁的轴力沿其长度方向没有明显改变。

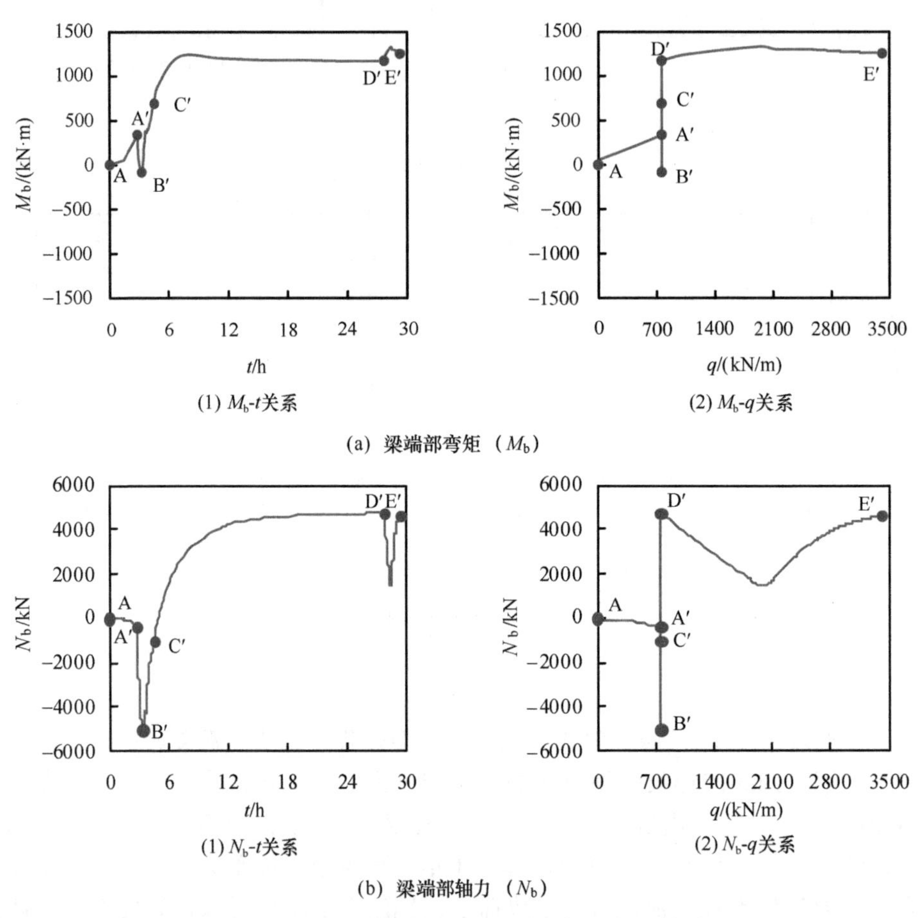

图13.102　梁端部截面的M_b（N_b）-t（q）关系

对于梁端部截面弯矩变化全过程中各阶段的特性描述如下。

（a）常温段（AA′）：梁端部截面承受正弯矩，外荷载加载结束后弯矩达337kN · m。

（b）升温段（A′B′）：梁受火升温，材料膨胀，端部受到轴向约束，在梁内产生温度内力，使梁端部截面上部受拉、下部受压，在梁端部形成负弯矩，其值达−88kN · m。

（c）降温段（B′C′D′）：温度降低，材料收缩，梁轴向变形受到边界约束，温度内力的作用与升温段相反，在梁端部截面形成正弯矩，降温结束时，跨中截面弯矩达1170kN · m。

（d）火灾后阶段（D′E′）：火灾后随着梁荷载增加，梁端部截面正弯矩逐渐增加，梁挠度接近限值时，梁端部截面弯矩达 1310kN · m。

4）节点弯矩（M）- 梁柱相对转角（θ_r）关系：图 13.103 给出了外荷载作用下，升、降温火灾后节点的弯矩（M）- 梁柱相对转角（θ_r）全过程关系，如曲线 1 所示。同时给出了 2～5 四条对比 M-θ_r 关系。

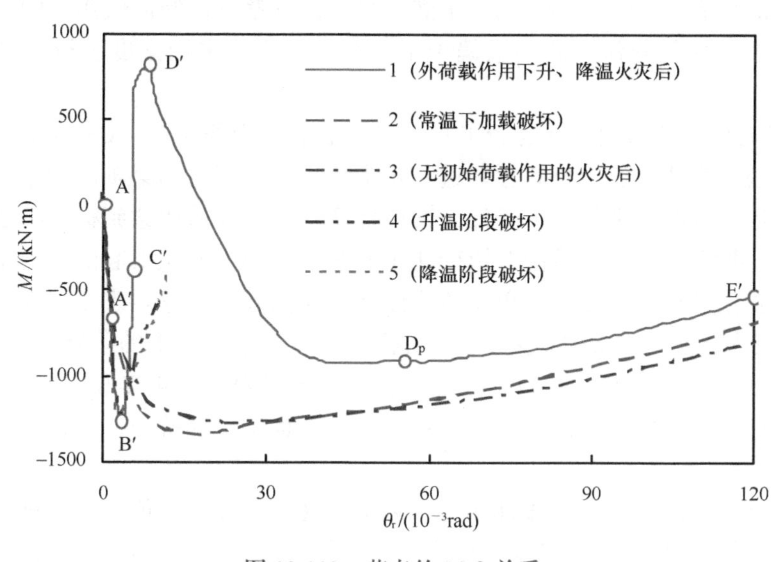

图 13.103　节点的 M-θ_r 关系

对应于图 1.14 中所示的各阶段，外荷载作用下，升、降温火灾后节点的弯矩（M）- 梁柱相对转角（θ_r）全过程关系对应各阶段的工作特点如下所述。

① 常温段（AA′）。常温下随着梁和柱承受荷载的增加，节点弯矩随着转角增加而增大。

② 升温段（A′B′）。保持梁和柱荷载不变，结构外界温度增加。如前所述，这一阶段节点弯矩的变化主要是由超静定结构中温度变形引起的梁轴力所产生的附加弯矩造成的。轴压力作用下，使混凝土楼板上部的受拉裂缝部分得到闭合，从而使 M-θ_r 关系的斜率绝对值大于 AA′ 阶段。

③ 降温段（B′C′D′）。B′ 点火灾开始降温直到 C′ 点，结构外界温度降为常温并保持常温不变，直到 D′ 点，节点温度降为常温。在这一过程中弯矩从负值变为正值，弯矩出现反向，同时相对转角在降温初始继续增加，后期逐渐趋于稳定。

④ 高温后加载阶段（D′D_pE′）。节点温度降到常温后，增加梁上荷载，在外力作用下节点正弯矩减小，负弯矩逐渐增加，弯矩增加达到峰值 D_p 时，对应的梁挠度达 308mm 左右，峰值点后，M 值随着 θ_r 的增加而逐步降低，但 M-θ_r 关系下降较为平缓，说明节点在火灾后的位移延性良好。

比较曲线 1 与其他曲线，可归纳出如下特征。

① 与常温条件下曲线 2 比较发现，经历外荷载和升、降温火灾作用后，节点的极限弯矩值为常温下的极限弯矩值的 68%，而其对应的达到极限弯矩时的转角却是

常温下的 3.1 倍。可见经历荷载和温度的共同作用后，节点的强度较常温时降低而延性增加。

② 与无初始荷载作用，经历火灾后再加载破坏的曲线 3 比较结果表明，考虑初始荷载作用的曲线 1 的极限弯矩值为曲线 3 的极限弯矩值的 72%，对应的转角是无初始荷载时的 2.2 倍；比较曲线 2 和曲线 3 可以发现无初始荷载作用的火灾后节点的极限弯矩为常温下的 95%，转角为 1.4 倍。因此，不考虑初始荷载作用的火灾后计算结果会比考虑初始荷载作用的结果偏于不安全，特别是采用强度进行控制时，安全度会更低。

③ 与耐火极限计算曲线 4 比较可见，在常温和升温段（A—A′—B′），二者重合，B′ 点后，曲线 4 继续升温，材料性能进一步劣化，升温产生的梁轴压力增加，二者的共同作用导致节点能提供的抗力降低，梁板挠度急剧增加从而达到极限状态。与曲线 1 不同的是，曲线 1 在 B′ 点后的弯矩变化主要是由于温度变化引起的内力重分布造成的，其弯矩变化没有造成相对转角的急剧改变，而曲线 4 的弯矩改变主要是由于材料性能劣化，使节点无法继续抵抗外力而造成的，这是两者本质上的差异。

④ 与降温段破坏曲线 5 比较结果表明，与耐火极限曲线 4 类似，曲线 5 与曲线 1 的主要区别在于节点的弯矩改变主要是由于其无法提供足够抗力，而在降温段达到极限状态。

通过对节点的温度分布、破坏形态、内力变化、弯矩 - 转角关系等进行分析，说明钢管混凝土柱满足 3h 耐火极限钢梁满足 2h 耐火极限设计的前提下，钢管混凝土柱具有较好的工作性能，火灾下节点的薄弱环节主要位于钢梁处。由于节点梁受到轴向约束，在升温段受热膨胀所产生的轴向压力可以达到常温加载结束时的 11 倍，梁节点区截面弯矩达到常温加载结束时的 2 倍，工字形截面钢梁由受弯构件变为压弯构件，其稳定问题更为突出。因此从结构抗火安全角度考虑，如何提高节点钢梁火灾下的稳定性显的尤为重要。在火灾衰退阶段，节点梁降温收缩，梁轴力从压力转变为拉力，钢梁受拉对其本身受力是有利的，但前提是梁柱连接可以提供足够的拉结力来保证节点在这一阶段不会破坏，因此，可靠的梁柱连接构造措施非常重要。

5）节点应力变化：选取图 13.103 中所示各点对应的时刻为特征时刻［包括常温加载结束时刻点（A′）、结构外界升温结束时刻点（B′）、结构外界温度降到常温时刻点（C′）、节点温度降到常温时刻点（D′）和火灾后节点达到极限状态时刻点（D_p）］对节点的应力变化进行分析。

① 特征时刻应力分布。选取柱节点区截面（ZJ）和柱端部截面（ZD）为分析位置，给出不同特征时刻柱截面混凝土的纵向应力和钢管的 Mises 应力分布等值线图，如图 13.104 所示，图中混凝土拉应力为正，压应力为负，f_c' 为混凝土圆柱体抗压强度，f_y 为钢材的屈服强度，菱形点所示为标注数值的起始位置。

比较柱节点区截面和柱端部截面的应力分布，可见，由于柱节点区受到相邻钢梁的影响较明显，其应力会在与梁相接的两侧出现集中，而柱端部截面远离节点区，受梁影响不明显，应力呈轴对称分布。

比较柱节点区截面不同时刻的应力分布可见，常温加载结束时刻（A′），核心混

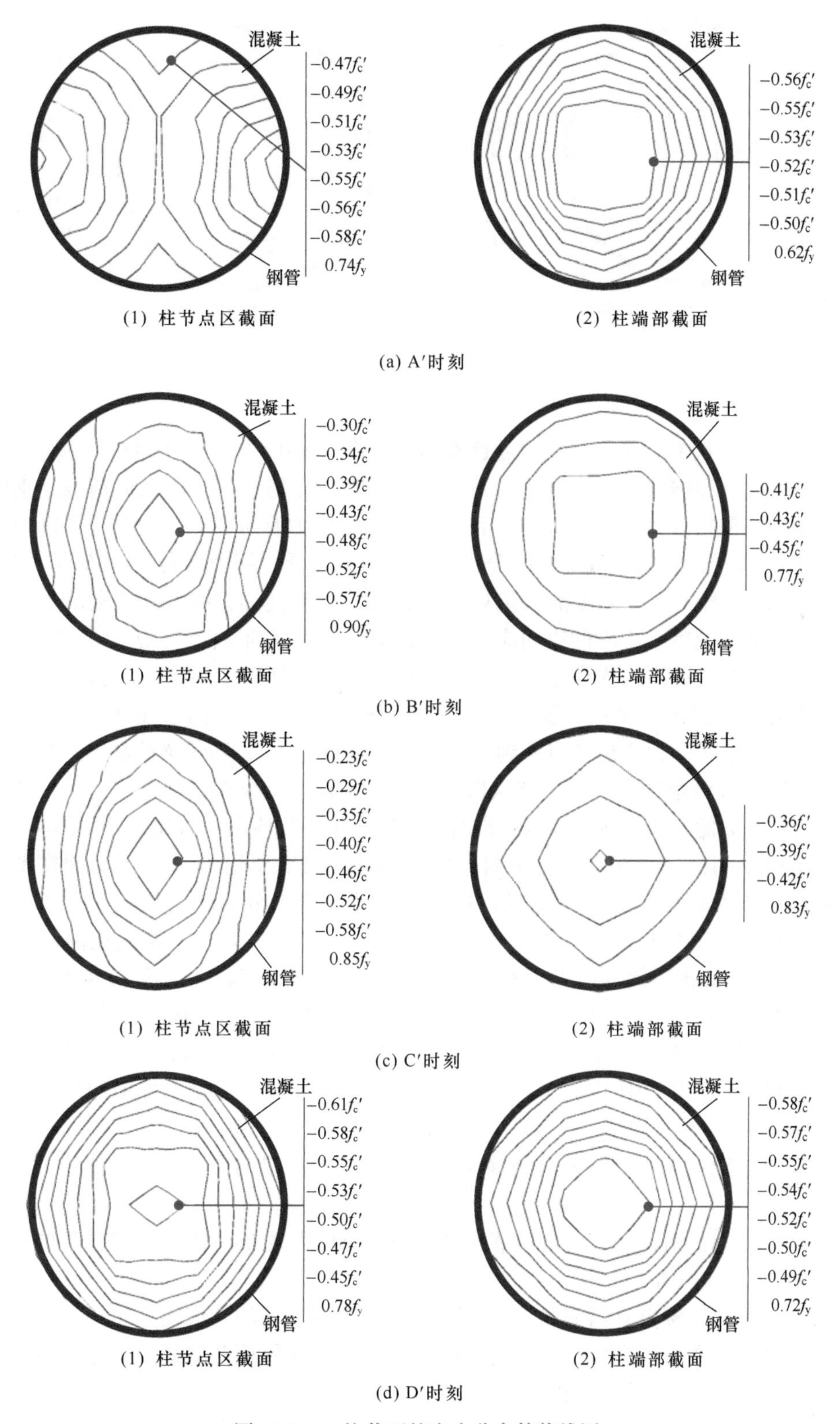

图 13.104　柱截面的应力分布等值线图

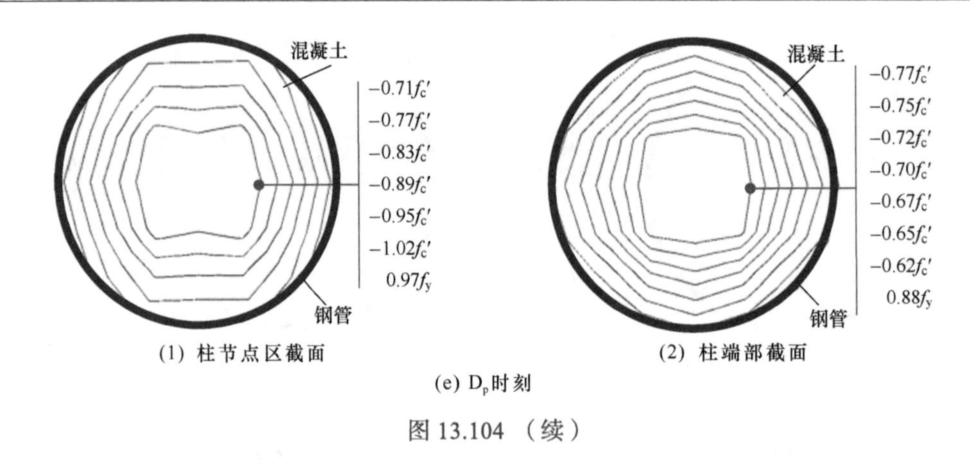

(1) 柱节点区截面　　(2) 柱端部截面

(e) D_p时刻

图 13.104 （续）

凝土纵向压应力从中心向与梁连接处逐渐增加，介于$-0.47f_c'$～$-0.58f_c'$，钢管应力达$0.74f_y$；升温结束时刻（B′），由于柱钢管受热膨胀，分担了更多的轴向荷载，钢管纵向应力增加，使得应力增加到$0.9f_y$，而混凝土纵向应力有所降低；结构外界降温结束时刻（C′），外层钢管降温收缩，其分担的轴向荷载降低，钢管纵向应力降低，应力降为$0.85f_y$，而混凝土由于温度滞后仍处于升温段，材料受热膨胀，导致混凝土外围的纵向应力增加而混凝土中心的纵向应力降低；节点温度降到常温时刻点（D′），因钢管和混凝土外围遭受的高温损伤程度较大，材料性能劣化明显，混凝土中心的温度较低，材料性能无明显劣化，故柱混凝土中心承担的荷载较大，应力高于混凝土外围，且钢管应力会有所降低。火灾后节点达到极限状态时刻点（D_p），随着梁荷载的增加，节点柱的截面应力逐渐增加，但由于节点破坏是由于节点区钢梁局部屈曲引起的，柱的抗力没有得到充分的发挥，达到极限状态时柱混凝土中心的应力没有超过外围的应力。

对于柱端部截面，在不同特征时刻的截面应力变化规律与节点区截面类似，但不同的是由于受钢梁的影响不明显，柱混凝土截面应力分布较为均匀，而相同时刻钢管的 Mises 应力分布也低于柱节点区截面，例如在火灾后节点达到极限状态时刻点（D_p），柱端部截面钢管应力为$0.88f_y$，而柱节点区截面钢管应力达$0.97f_y$。在钢管轴向应力分量相近的情况下，较高的 Mises 应力说明钢管的环向应力分量较大，钢管对内部混凝土的约束作用也加强，对比图 13.104（e1）和（e2）可以发现，柱节点区截面混凝土外围的压应力可达$-1.02f_c'$，而柱端部截面混凝土外围的压应力只有$-0.62f_c'$。

图 13.105 给出了不同特征时刻混凝土楼板上表面的纵向应力分布等值线，具体分析如下所述。

（a）A′ 时刻：钢管附近的楼板节点区受拉（拉应力达$0.06f_c'$），远离钢管的非节点区受压（压应力达$-0.17f_c'$）。

（b）B′ 时刻：楼板升温膨胀，纵向膨胀变形受到边界的约束而产生纵向压力，使楼板上表面全部变为压应力，楼板内压应力的存在可使外荷载造成的部分受拉裂缝闭合，从而提高了节点在升温段的刚度。

（c）C′ 时刻：结构外界降温结束，此时楼板下部钢梁的下翼缘和腹板也有一定的

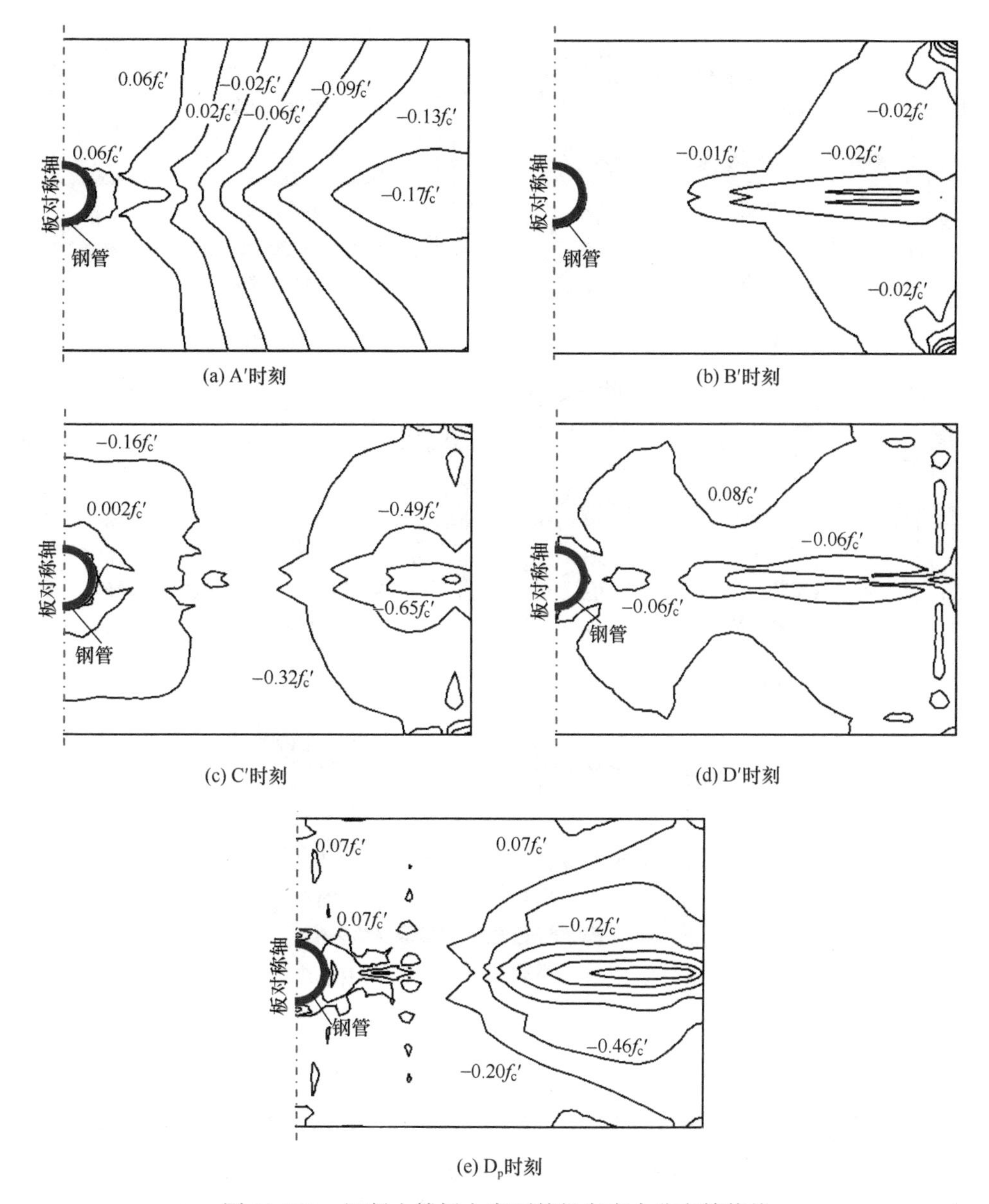

(a) A′时刻　(b) B′时刻

(c) C′时刻　(d) D′时刻

(e) D_p时刻

图 13.105　混凝土楼板上表面的纵向应力分布等值线

降温，产生的轴拉力会使节点区的楼板上表面重新产生拉应力。

（d）D′ 时刻：经历高温后，在材料性能劣化影响和温度变化产生的内力的共同作用下，梁节点区截面弯矩反向，承受正弯矩。降温结束时钢梁上部楼板混凝土受压，而远离钢梁的楼板混凝土则承受拉应力。

（e）D_p 时刻：高温后增加梁荷载直到节点破坏，在外荷载作用下，楼板在节点区重新形成拉应力区，在远离节点区形成压应力区。

不同特征时刻钢梁上翼缘、腹板、下翼缘的 Mises 应力分布如图 13.106 所示。

（a）A′ 时刻：在外荷载作用下，梁节点区承受负弯矩，钢梁下翼缘和腹板下部由

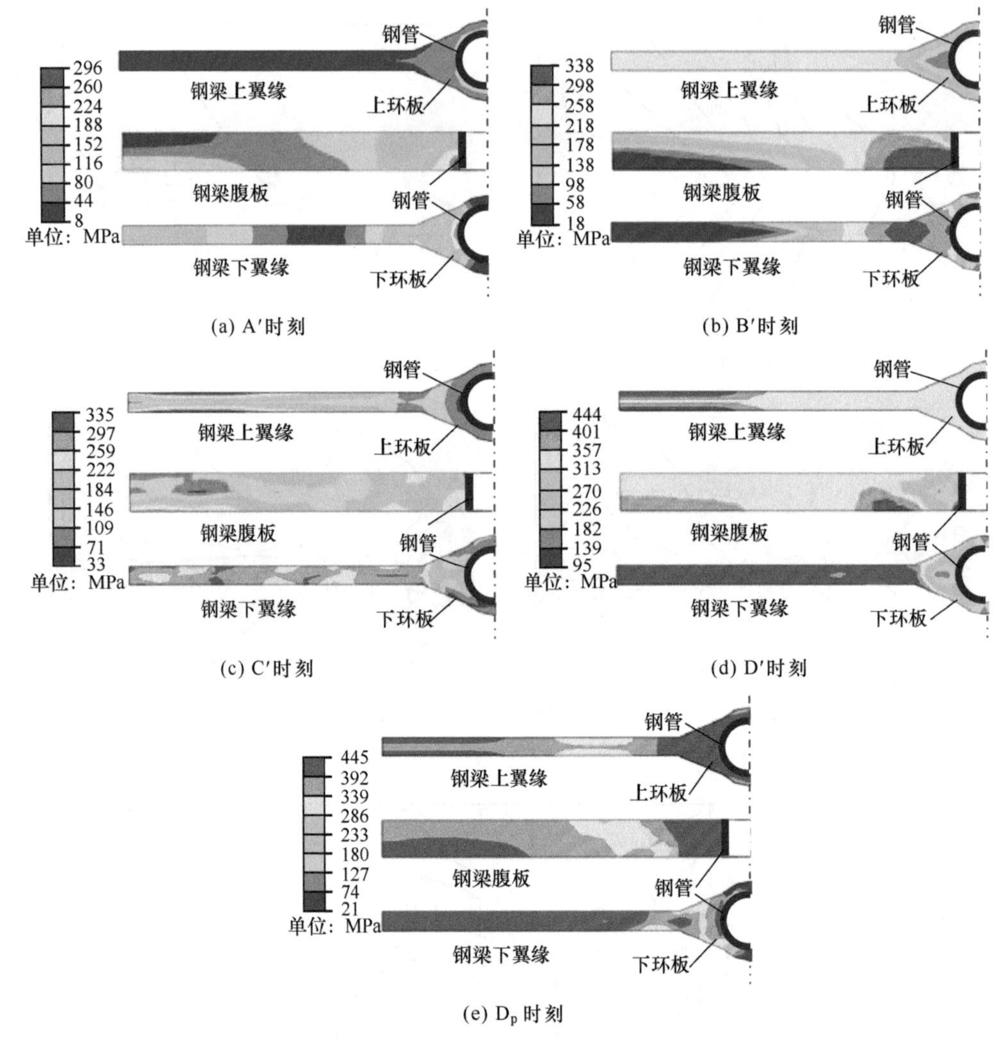

(a) A′时刻　　(b) B′时刻

(c) C′时刻　　(d) D′时刻

(e) D_p 时刻

图 13.106　钢梁的 Mises 应力分布

于离梁中性轴较远，产生的纵向压应力高于上翼缘，导致下翼缘和腹板的 Mises 应力较高，节点区腹板和下环板交接的位置 Mises 应力最大，达 296MPa。

（b）B′时刻：钢梁升温膨胀，节点区钢梁下翼缘和腹板由于升温产生的纵向压应力和外荷载作用下产生的纵向压应力叠加，而使得 Mises 应力增加至 338MPa，而梁端部附近的钢梁下翼缘和腹板由于外荷载产生的纵向拉应力被升温产生的纵向压应力部分抵消，其 Mises 应力会有所降低。钢梁上翼缘由于楼板的支撑作用，应力分布较为均匀，大部分数值在 218MPa 左右。

（c）C′和 D′时刻：钢梁逐渐开始降至常温，钢梁纵向收缩，产生轴向拉力，使钢梁下翼缘进入了塑性阶段，最大 Mises 应力达 444MPa，而节点区下环板的 Mises 应力达 270MPa。

（d）D_p 时刻：高温后增加梁荷载直到节点破坏。达到极限状态时，节点区的上环板和腹板均进入塑性阶段，形成塑性铰，应力达 445MPa。

② 应力（σ）- 受火时间（t）变化关系。图 13.107 所示为柱节点区截面（ZJ）和梁节点区截面（LJ）上特征点的应力 - 受火时间关系。柱节点区截面特征点的应力 - 受火时间关系具有如下特点。

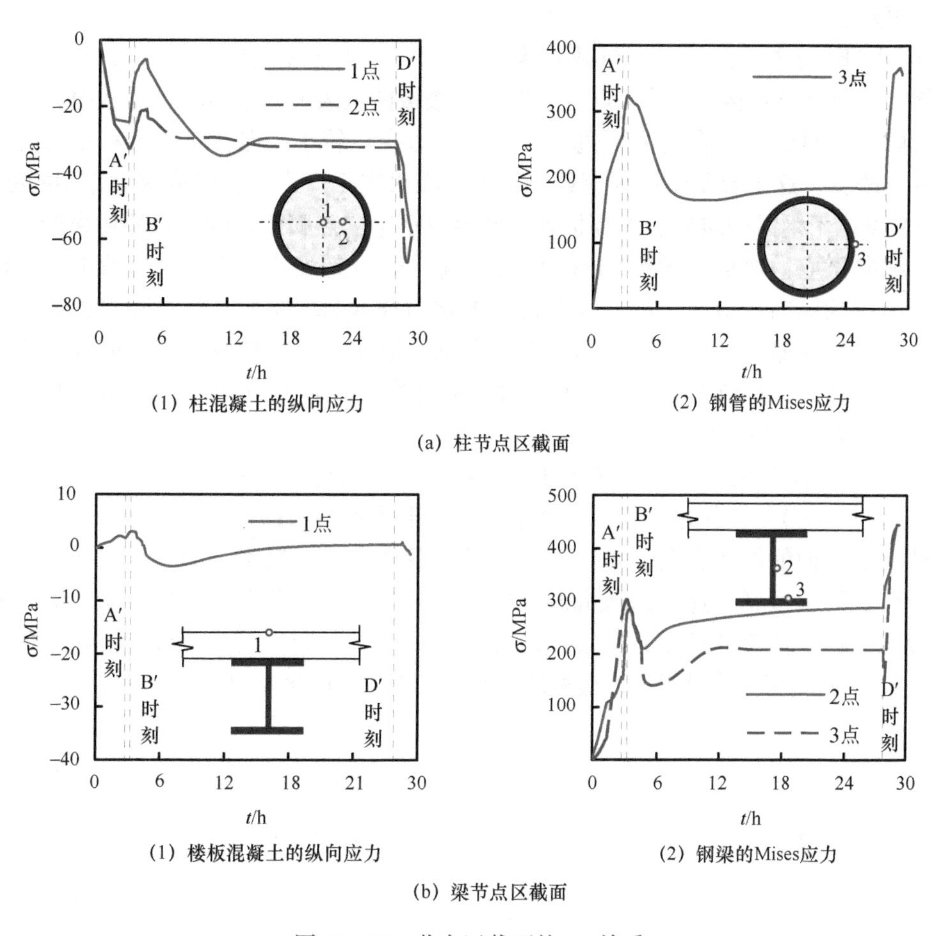

图 13.107　节点区截面的 σ-t 关系

（a）从 A′ 时刻到 B′ 时刻：由于温度升高，位于柱最外部的钢管受热膨胀。如 3 点所示，其分担的外荷载增加，Mises 应力升高，对应的核心混凝土的纵向压应力降低（如 1 点和 2 点所示）。

（b）B′ 时刻后：结构外界温度开始降低，钢管温度逐渐下降，材料降温收缩，钢管分担的轴向荷载降低，钢管纵向应力降低，造成 Mises 应力降低，同时，由于柱端部没有轴向约束，钢管降温变形不会产生温度内力，因此钢管应力在 B′ 时刻到 D′ 时刻之间没有明显增加，而是随着温度的降低逐渐趋于恒定。分析钢管的 Mises 应力曲线可以发现，在降温的中后期（12～24h），应力稍有提高，这是由于降温段钢材材料性能得到部分恢复，承载能力提高而造成的。在降温开始的初始阶段，混凝土上的 1 点和 2 点应变仍呈持续降低的趋势，这主要是由于降温初始阶段柱混凝土外围的温度仍然在增加，材料升温膨胀使得内部的 1 点和 2 点分担的荷载降低，从而使其纵向压应力降低。随着热量向内传递，2 点和 1 点在结构外界降温的过程中陆续进入了升温段，由于受热膨胀和外围混凝土的材料性能劣化使得 2 点和 1 点的应力逐渐增加；随后 2 点和 1 点逐渐进入降温段，经历较高温度后材料性能劣化，纵向应力又有所降低，直至趋于恒定。

（c）D′ 时刻之后：增加梁荷载直到节点破坏，对应的 1 点、2 点和 3 点的应力均有所增加。对梁节点区截面，1 点位于混凝土楼板的上表面，楼板下部受火时，该处受温度影响不明显，因此在受力全过程中纵向应力变化较小，但在降温过程中应力方向两次发生改变，这主要是受到外荷载以及钢梁在火灾下产生的膨胀或收缩作用的结果。2 点和 3 点位于钢梁的腹板和下环板处，升温段钢梁受热膨胀，受到边界约束产生温度内力，纵向压应力增加，导致 Mises 应力升高；B′ 时刻之后，钢梁降温收缩，抵消了升温段形成的纵向压应力，因此在降温的初始阶段 Mises 应力降低；随着钢梁温度的继续降低，其收缩变形受到边界的约束，在钢梁纵向产生了拉应力，从而导致应力又逐渐升高，直至应力趋于恒定。火灾后增加梁荷载，2 点和 3 点的 Mises 应力增加，最终节点区形成塑性铰而破坏。

6）节点应变变化：图 13.108 给出了常温加载结束时刻（A′）和火灾后节点达到极限状态时刻（D_p），节点的柱核心混凝土和混凝土楼板的塑性主拉应变分布，以及对应的梁柱端部截面的内力方向。可见，在常温加载结束时，混凝土的塑性应变主要集中在靠近柱的楼板区域，这一区域混凝土容易开裂。火灾后节点达到极限状态时，柱核心混凝土的塑性拉应变较小，梁节点区截面轴力从受压变为受拉，楼板混凝土的塑性拉应变与 A′ 时刻相比明显增加，楼板的塑性拉应变集中的区域呈“米”字型分布。

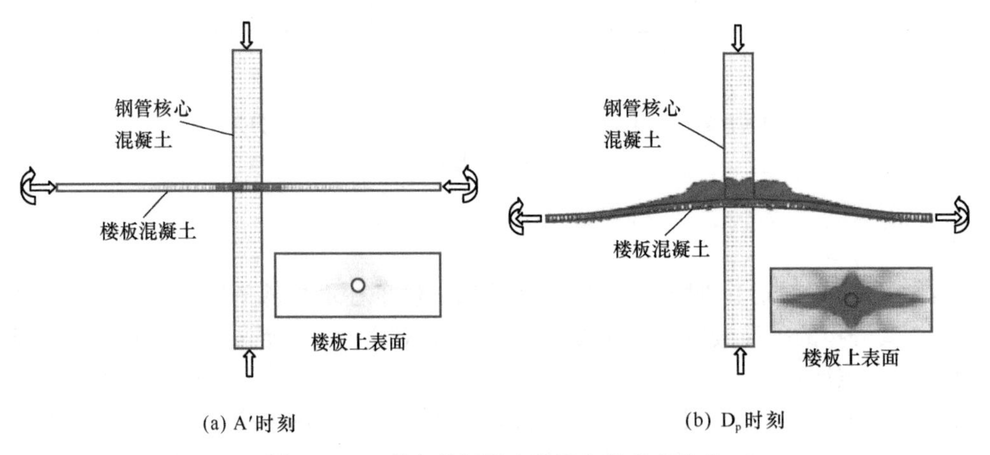

(a) A′时刻　　(b) D_p时刻

图 13.108　节点的混凝土塑性主拉应变分布

图 13.109 给出了不同时刻柱核心混凝土的纵向塑性应变分布云图，以及不同截面处的纵向塑性应变分布等值线图，图中“－”号表示压应变。比较柱混凝土不同时刻的塑性纵向应变分布云图，可以发现柱混凝土的塑性应变主要集中在梁中线下部以及梁中线附近的节点区。

随着时间的增加，塑性纵向应变逐渐增加，在 D_p 时刻，最大塑性应变在柱节点区

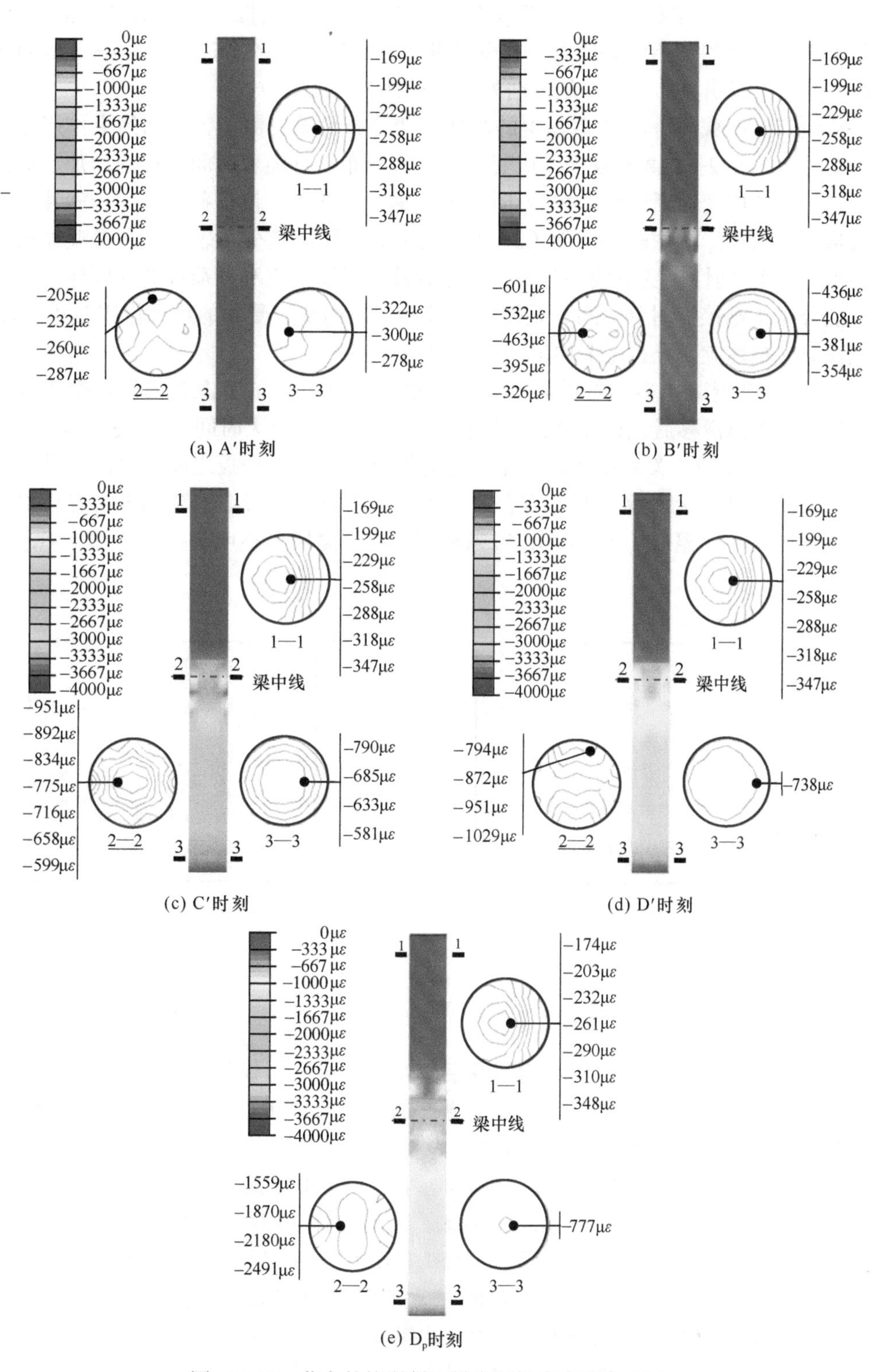

图 13.109　节点的柱混凝土纵向塑性应变分布云图

形成，达$-2000\mu\varepsilon$左右。上柱端部截面（1—1 截面）的塑性应变呈明显的偏压分布，这是由于柱荷载的初始偏心所致，在受外荷载和火灾作用的全过程中，1—1 截面的塑性应变分布没有明显的变化，从内向外介于$-169\sim-347\mu\varepsilon$。

从柱节点区截面（2—2 截面）的塑性应变分布可见，由于钢梁的约束作用柱荷载初偏心的影响在 2—2 截面较弱，应变接近对称分布，且随着时间历程的增加，该截面处的纵向塑性应变逐渐增加，在 D_p 时刻由于钢梁的作用，位于截面外侧的塑性应变达最大值$-2491\mu\varepsilon$。下柱端部截面（3—3 截面）的塑性应变分布表明，在常温加载结束时刻点（A′），塑性应变呈偏心分布，但随着升、降温火灾和外荷载的共同作用，其塑性应变分布逐渐接近对称分布，且由于该截面远离钢梁，受到的约束作用较小，在 D_p 时刻截面上塑性应变分布逐渐均匀，达$-777\mu\varepsilon$。

7）钢材和混凝土界面性能影响分析：图 13.110 给出了考虑钢梁和混凝土楼板界面滑移和不考虑滑移后，计算得到的柱轴向变形（$\varDelta_c$）-受火时间（t）关系和梁端挠度（δ_b）-受火时间（t）关系比较。可见，考虑钢梁和混凝土楼板之间栓钉的滑移作用后柱轴向变形曲线与无滑移时基本重合。对于梁跨中挠度，考虑滑移和没有考虑滑移曲线的主要区别在降温段（B′—D′），考虑滑移后在降温段梁挠度会稍有增加，但总体影响不明显。

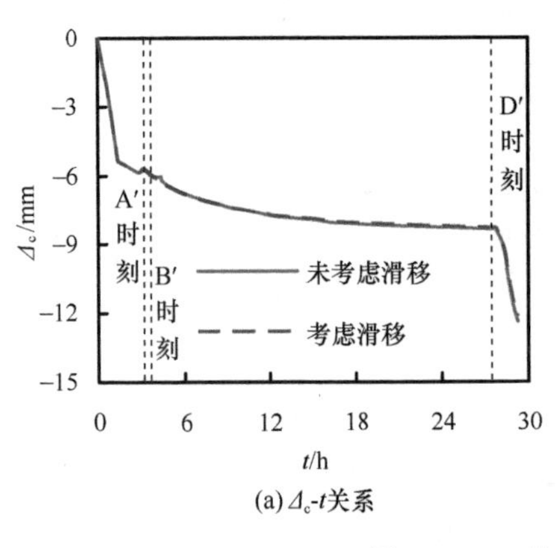

(a) $\varDelta_c$-t关系

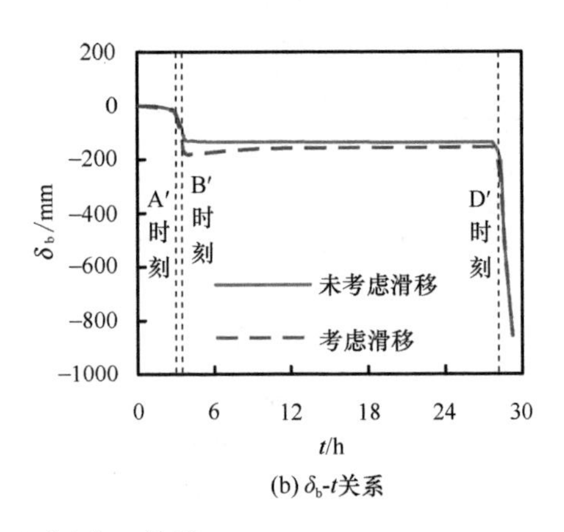

(b) δ_b-t关系

图 13.110　节点的 $\varDelta_c$（δ_b）-t 关系

图 13.111 给出了不同时刻考虑滑移后钢梁、混凝土楼板的相对滑移和界面剪力沿梁长度方向的分布。由图 13.111 可见，界面的相对滑移和界面剪力以柱中线为轴反对称布置，且在梁端部位置和跨中位置几乎为 0。

对于相对滑移，随着时间历程从 A′时刻变化为 D′时刻，相同位置点的滑移量逐渐增加，在高温后到达极限状态的 D_p 时刻，相对滑移会明显增加，最大滑移量在距离柱纵向 2m 的位置可达 8mm，为梁长度的 0.1%；钢梁和混凝土楼板界面的剪力在常温加载结束时刻 A′近似呈正弦分布，但随着时间历程的增加，曲线形状接近于梯形，在距离柱中线距离为 1～3m 的范围内剪力变化幅度较小，达 80kN，但在梁节点区截面和端部截面由于受到相邻构件和对称边界的约束作用，其相对滑移较小，对应的剪力也接近为 0。

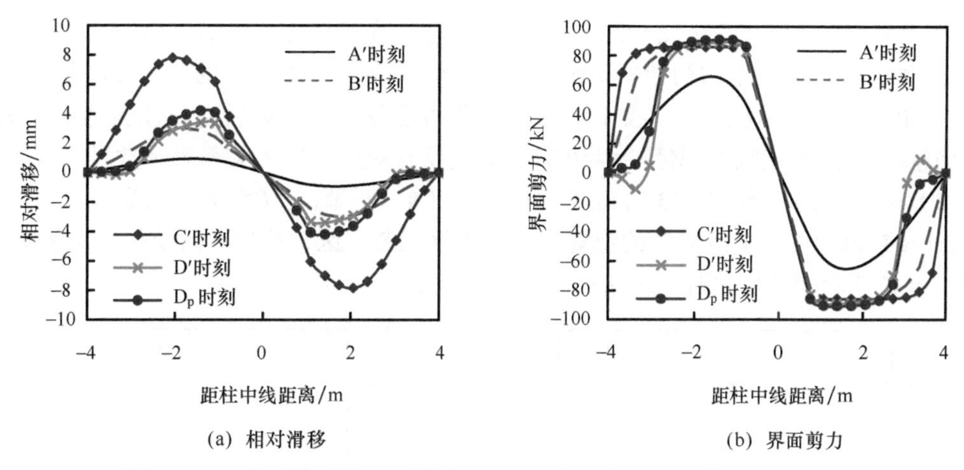

(a) 相对滑移　　(b) 界面剪力

图 13.111　相对滑移和界面剪力沿钢 - 混凝土组合梁长度方向的分布

13.4.2　弯矩 - 转角关系实用计算方法

本节对外荷载和升、降温火灾共同作用路径下，节点弯矩（M）- 梁柱相对转角（θ_r）关系的影响参数进行分析，确定其影响规律，并在此基础上确定节点火灾后剩余刚度系数和剩余承载力系数的实用计算方法。

（1）影响因素分析

在升、降温火灾和外荷载共同作用下，影响节点弯矩 - 相对转角关系的可能影响因素包括：节点的升温时间比（t_o）、柱荷载比（n）、梁荷载比（m）、梁柱线刚度比（k）、梁柱极限弯矩比（k_m）、柱截面含钢率（α_c）、柱核心混凝土强度（f_{cuc}）、柱钢管屈服强度（f_{yc}）、钢梁屈服强度（f_{yb}）等。参数分析范围如下。

升温时间比［t_o，式（9.8）］：0、0.3、0.4、0.5、0.6、0.8；

柱荷载比［n，式（3.17）］：0.2、0.4、0.6、0.8；

梁荷载比［m，式（3.18）］：0.2、0.4、0.6、0.8；

梁柱线刚度比［k，如式（10.1）］：0.39、0.44、0.46、0.50、0.55，通过调整梁长度可实现变化 k 的目的；

梁柱极限弯矩比［k_m，式（10.2）］：0.50、0.67、0.80，通过调整楼板混凝土强度和钢梁强度可实现变化 k_m 的目的；

柱截面含钢率［α_c，式（3.22）］：0.04、0.08、0.12，通过调整钢管壁厚可实现变化 α_c 的目的；

柱核心混凝土强度（f_{cuc}）：30MPa、40MPa、60MPa、80MPa；

柱钢管屈服强度（f_{yc}）：235MPa、345MPa、420MPa；

钢梁屈服强度（f_{yb}）：235MPa、345MPa、420MPa。

1）升温时间比：图 13.112 给出了升温时间比（t_o）对节点 M-θ_r 关系的影响。可见，t_o 对节点的 M-θ_r 关系具有显著影响，随着 t_o 的增加，节点升、降温结束后的正弯矩极值和对应转角逐渐增大，这是由于 t_o 越大，对应的升温时间越长，升、降温产生的膨胀、收缩也越大，从而导致温度内力增加。但 t_o 大于 0.6 以后，节点在降温段破坏，因此没有形成正弯矩。t_o 在 0.3～0.5 变化时，节点在达到峰值正弯矩之后（即火灾后加载段）M-θ_r 关系的初始斜率绝对值（初始刚度）会随着 t_o 的增加而降低，这是由于 t_o 越长，节点温度越高，受到的高温损伤程度越大，火灾后材料性能越差，从而造成节点火灾后初始刚度降低。t_o=0 时，节点没有受火，M-θ_r 关系表示常温下情况。

2）柱荷载比：图 13.113 给出了柱荷载比（n）对节点 M-θ_r 关系的影响。在本章的设计参数范围内，节点破坏的位置主要位于钢梁节点区，柱参数的变化影响不明显，因此，n 在 0.2～0.8 变化时，M-θ_r 关系差异不大。

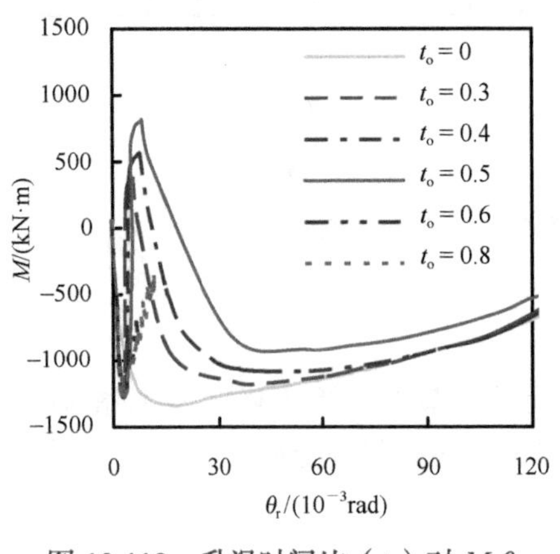

图 13.112　升温时间比（t_o）对 M-θ_r 关系的影响

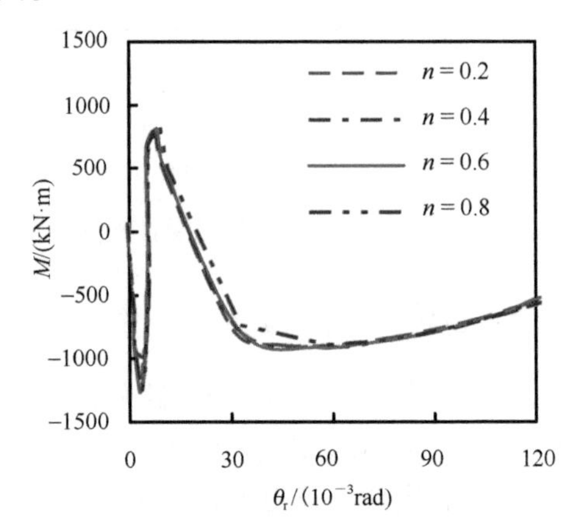

图 13.113　柱荷载比（n）对 M-θ_r 关系的影响

3）梁荷载比：梁荷载比（m）对节点 M-θ_r 关系有显著影响，如图 13.114 所示，m 从 0.2 变化至 0.8 时，节点升、降温结束时所达到的正弯矩峰值逐渐降低，其对应的转角逐渐增加。随着 m 的增加，梁上荷载增大，升、降温过程中节点在外荷载作用下发生的变形越大，使得节点火灾后的极限负弯矩值和 M-θ_r 关系的初始斜率绝对值均逐渐降低。

4）梁柱线刚度比：图 13.115 给出了梁柱线刚度比（k）在 0.39～0.55 变化时，节点 M-θ_r 关系。需要指出的是，这里的 k 实际是常温段的梁柱线刚度比，在火灾下和火灾后由于材料性能受到温度的影响，梁和柱的线刚度是变化的，造成梁柱线刚度比发生变化。这里主要通过节点常温下的梁柱线刚度比来分析其对节点 M-θ_r 关系的影响。

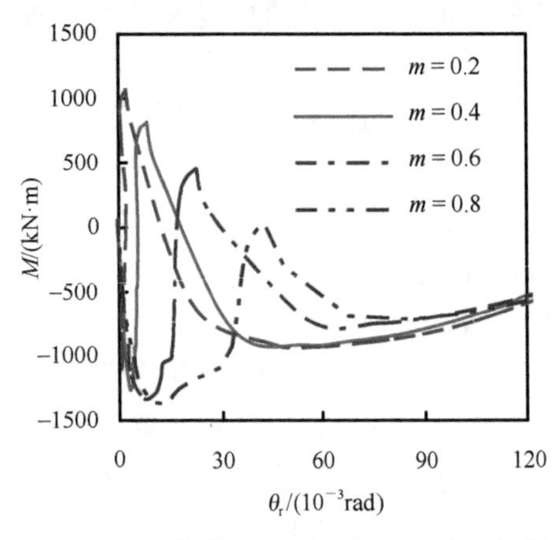

图 13.114　梁荷载比（m）对 M-θ_r 关系的影响

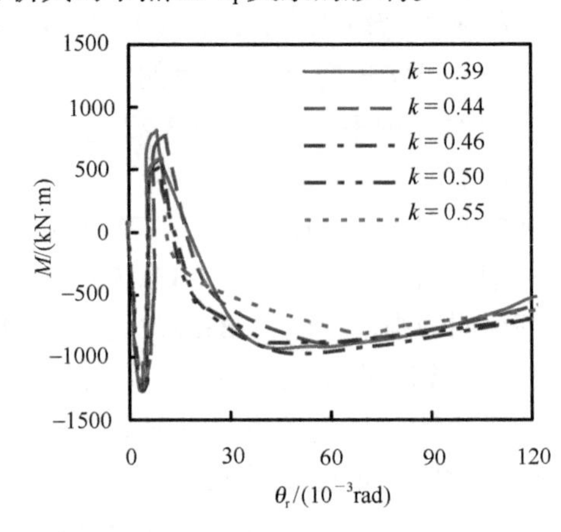

图 13.115　梁柱线刚度比（k）对 M-θ_r 关系的影响

从图 13.115 中可见，在弯矩达到正弯矩峰值之前，即在常温、升温和降温段，k 的变化对 M-θ_r 关系影响不明显，曲线基本重合；随着 k 增加，梁对柱的约束作用增强，造成节点区梁和柱的相互作用增加，节点火灾后抵抗变形的能力增强，导致火灾后加载段 M-θ_r 关系的初始斜率绝对值随着 k 的增加而有所提高。

5）梁柱极限弯矩比：图 13.116 给出了梁柱极限弯矩比（k_m）对节点 M-θ_r 关系的影响。从图中可见，k_m 在 0.50～0.80 变化时，升、降温结束时节点的峰值正弯矩逐渐增加，这是由于本章通过改变梁材料强度来变化 k_m，k_m 越大梁材料强度越高，但材料的热膨胀系数与材料强度无关，火灾下温度变化时，材料发生的膨胀或收缩变形相同，变形受到约束后材料强度越高，产生的弯矩越大，同时也可见，k_m 对升、降温结束时的节点梁柱相对转角影响不明显。比较火灾后节点 M-θ_r 关系的初始斜率绝对值可以发现，k_m 在 0.50～0.67 变化时，M-θ_r 关系的初始斜率逐渐增加，但 k_m 大于 0.67 之后变化不明显。

6）柱截面含钢率：柱截面含钢率（α_c）对节点 M-θ_r 关系的影响如图 13.117 所示。可见，在常温和升、降温段，α_c 对节点 M-θ_r 关系影响不明显，各条曲线基本重合。火灾后加载段，α_c 对节点 M-θ_r 关系有所影响，节点的极限负弯矩和 M-θ_r 曲线的初始斜率绝对值会随着 α_c 的增加而有所提高，但总体影响不明显。这是由于在本章研究参数范围内，节点的破坏主要是由梁破坏引起的，柱参数的变化影响不明显。

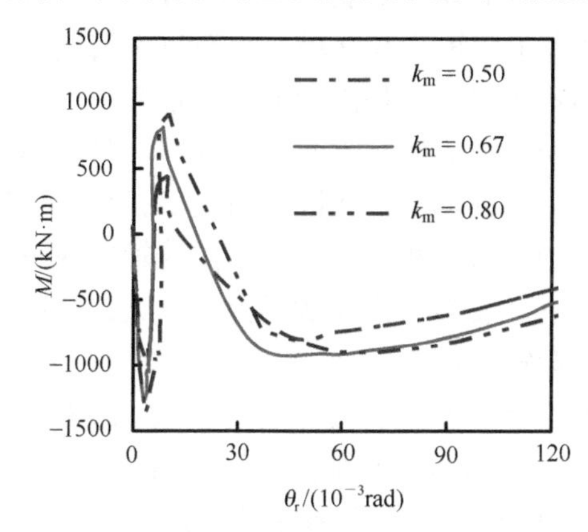

图 13.116　梁柱极限弯矩比（k_m）对 M-θ_r 关系的影响

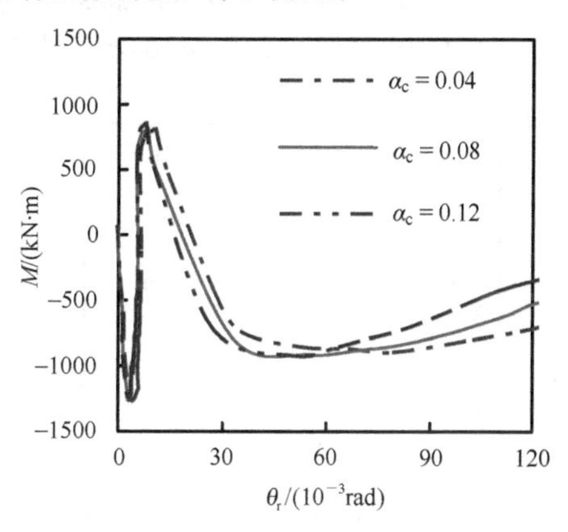

图 13.117　柱截面含钢率（α_c）对 M-θ_r 关系的影响

7）柱核心混凝土强度：柱核心混凝土强度（f_{cuc}）变化使柱的常温下极限承载力不同，但节点的 M-θ_r 关系并没有随着柱承载能力的变化而发生明显改变，如图 13.118 所示。这是因为分析该参数时，保证了柱荷载比和升温时间比不变，并且柱按照 3h 的耐火极限时间进行了防火保护，在本章的设计参数范围内，节点的破坏主要是由节点区钢梁破坏引起的，f_{cuc} 的变化对节点 M-θ_r 关系的影响不明显，各 M-θ_r 关系基本重合。

8）柱钢管屈服强度：图 13.119 给出了柱钢管屈服强度（f_{yc}）对节点 M-θ_r 关系的影响。可以发现在常温、升温和降温段，f_{yc} 对节点 M-θ_r 关系影响不明显，各条曲线基本重合。进入火灾后加载段，f_{yc} 对 M-θ_r 关系有所影响，火灾后的极限负弯矩值随着 f_{yc}

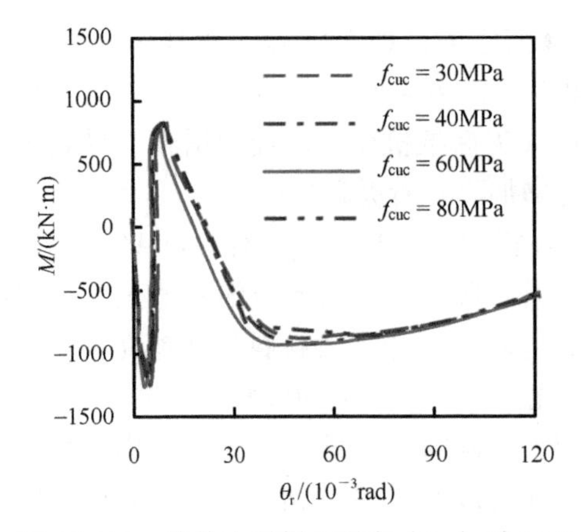

图 13.118　柱核心混凝土强度（f_{cuc}）对 M-θ_r 关系的影响

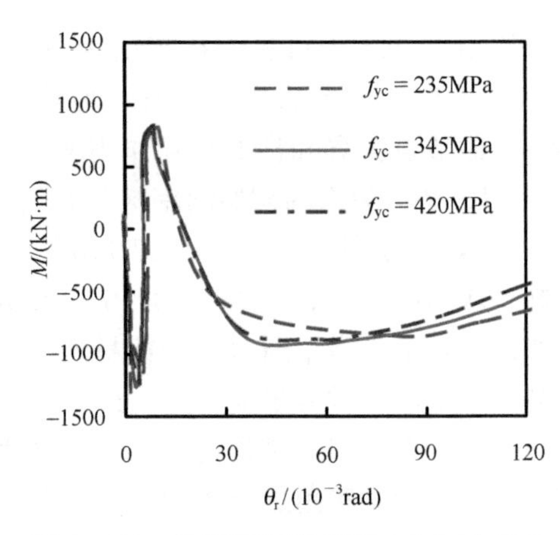

图 13.119　柱钢管屈服强度（f_{yc}）对 M-θ_r 关系的影响

的增加而增加，但其初始斜率绝对值没有随着 f_{yc} 的改变而有明显变化。f_{yc} 对火灾后极限负弯矩的影响主要是由于钢梁和钢管壁通过加强环连接，火灾后梁荷载增加时，加强环提供给钢梁的拉结力会传递给钢管壁由其间接承担梁荷载，因此其强度会对极限弯矩值产生影响。

9）钢梁屈服强度：钢梁屈服强度（f_{yb}）对节点 M-θ_r 关系的影响如图 13.120 所示，可见随着 f_{yb} 的增加，升、降温结束时节点的最大正弯矩值逐渐增加，而对应的相对转角变化却不明显，这是因为节点的正弯矩是由于温度内力变化造成的，不同强度的钢材其热膨胀系数相近，在其他条件相同的情况下，被边界约束而限制的变形是相同的，在相同的轴向膨胀或收缩条件下，f_{yb} 越大产生的内力也越大，从而造成最大正弯矩值逐渐增加。

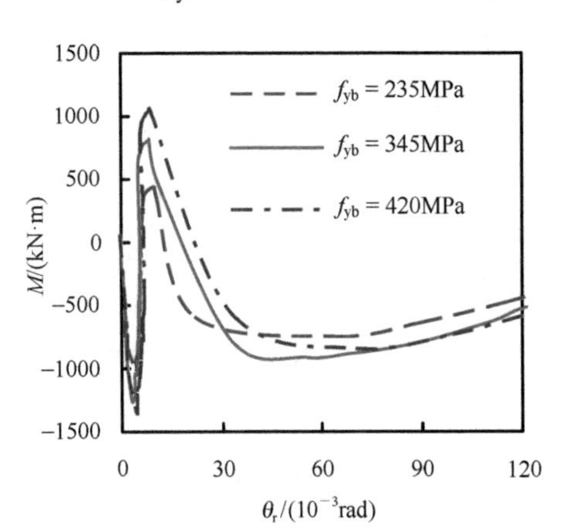

图 13.120　钢梁屈服强度（f_{yb}）对 M-θ_r 关系的影响

火灾后节点的极限负弯矩随着 f_{yb} 从 235MPa 变化至 345MPa 而增加，从 345MPa 变化至 420MPa 而降低，并不随着钢梁强度的增加单调增加，这是由于火灾后节点的极限承载能力不仅受到当前材料强度的影响，还要受到升、降温历史，如升、降温过程中的温度内力的影响，是不同状态累积作用的结果，f_{yb} 大的节点火灾下产生的温度内力也更大，温度内力增大使得节点在火灾下的损伤程度增加，钢材强度的提高和火灾下的损伤叠加在一起就可能导致 f_{yb}=420MPa 时，节点的火灾后极限承载能力低于 f_{yb}=345MPa 的情况。

（2）剩余刚度系数实用计算方法

根据图 13.112～图 13.120，按照式（11.2）确定获得不同参数下节点的火灾后剩余刚度系数（K）和剩余承载力系数（R），如表 13.25 所示。

表 13.25　节点的火灾后剩余刚度系数（K）和剩余承载力系数（R）

t_o	n	m	k	k_m	α_c	f_{cu}/MPa	f_{yc}/MPa	f_{yb}/MPa	K	R
0	0.6	0.4	0.39	0.67	0.08	60	345	345	1	1
0.3									0.239	0.873
0.4									0.197	0.806
0.5									0.096	0.681
0.6									0	0
0.8									0	0
0.5	0.2	0.4	0.39	0.67	0.08	60	345	345	0.109	0.667
	0.4								0.098	0.732
	0.8								0.091	0.666
0.5	0.6	0.2	0.39	0.67	0.08	60	345	345	0.117	0.693
		0.6							0.062	0.557
		0.8							0.059	0.534
0.5	0.6	0.4	0.44	0.67	0.08	60	345	345	0.111	0.680
			0.46						0.129	0.759
			0.50						0.135	0.764
			0.55						0.144	0.709
0.5	0.6	0.4	0.39	0.50	0.08	60	345	345	0.041	0.715
				0.80					0.075	0.619
0.5	0.6	0.4	0.39	0.67	0.04	60	345	345	0.097	0.666
					0.12				0.095	0.687
0.5	0.6	0.4	0.39	0.672	0.08	30	345	345	0.088	0.643
						40			0.096	0.627
						80			0.095	0.642
0.5	0.6	0.4	0.39	0.672	0.08	60	235	345	0.132	0.639
							420		0.072	0.659
0.5	0.6	0.4	0.39	0.672	0.08	60	345	235	0.150	0.697
								420	0.089	0.557

对上述结果进行分析，在保证节点在火灾作用阶段不发生破坏（即 $K>0$）的前提下，影响节点火灾后剩余刚度系数的主要参数为：升温时间比（t_o）、梁荷载比（m）、梁柱线刚度比（k）、梁柱极限弯矩比（k_m）、柱钢管屈服强度（f_{yc}）和钢梁屈服强度（f_{yb}）。基于对计算结果的回归分析，可得到如下实用计算公式：

$$K=(\boldsymbol{a}\cdot\boldsymbol{x}+b)\times10^{-5}(K\in(0,1]) \tag{13.44}$$

式中：b——常数，b=91 237；

$\boldsymbol{a}$——系数向量，$\boldsymbol{a}$=（−168 314、−3100、50 506、13 300、−36，−41）；

$\boldsymbol{x}$——变化参数向量，$\boldsymbol{x}=(t_o, m, k, k_m, f_{yc}, f_{yb})$；

$\boldsymbol{a}\cdot\boldsymbol{x}$——二者的数量积。

式（13.44）适用范围为：升温时间比 $t_o=0\sim0.5$，柱荷载比 $n=0.2\sim0.8$，梁荷载比 $m=0.2\sim0.8$，梁柱线刚度比 $k=0.39\sim0.55$，梁柱极限弯矩比 $k_m=0.50\sim0.80$，柱截面含钢率 $\alpha_c=0.04\sim0.12$，钢管核心混凝土强度 $f_{cuc}=30\sim80$MPa，钢管屈服强度 $f_{yc}=235\sim420$MPa，钢梁屈服强度 $f_{yb}=235\sim420$MPa。

图 13.121 给出了不同参数下节点火灾后剩余刚度系数简化计算与数值计算结果的比较，可见简化公式可较好地反映 K 的变化规律。

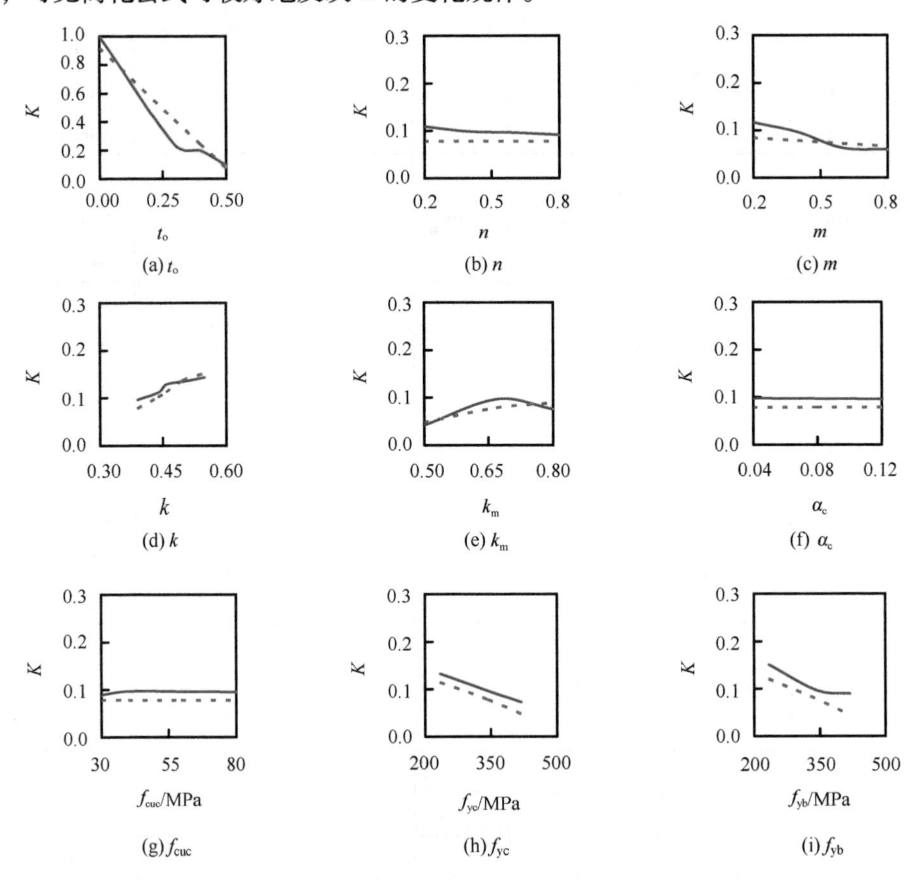

（有限元计算：——；式（13.44）计算：----）

图 13.121 节点火灾后剩余刚度系数简化计算与数值计算比较

（3）剩余承载力系数实用计算方法

按照式（11.4）计算了节点的火灾后剩余承载力系数（R）。不同参数下的 R 值如表 13.25 所示。可见，影响节点火灾后剩余承载力系数 R 的主要参数为：升温时间比（t_o）、梁荷载比（m）、梁柱线刚度比（k）、梁柱极限弯矩比（k_m）和钢梁屈服强度（f_{yb}）。基于对计算结果的回归分析，可得到如下实用计算公式：

$$R=(\boldsymbol{a}\cdot\boldsymbol{x}+b)\times10^{-5}\quad(R\in(0,1])\tag{13.45}$$

式中：b——常数，$b=13\ 8602$；

$\boldsymbol{a}$——系数向量，$\boldsymbol{a}=(-74\,828,\ -32\,897,\ 57\,555,\ -31\,965,\ -66)$；

$\boldsymbol{x}$——变化参数向量，$\boldsymbol{x}=(t_{\mathrm{o}},\ m,\ k,\ k_{\mathrm{m}},\ f_{\mathrm{yb}})$；

$\boldsymbol{a}\cdot\boldsymbol{x}$——二者的数量积。

式（13.45）适用范围：升温时间比 $t_{\mathrm{o}}=0\sim0.5$，柱荷载比 $n=0.2\sim0.8$，梁荷载比 $m=0.2\sim0.8$，梁柱线刚度比 $k=0.39\sim0.55$，梁柱极限弯矩比 $k_{\mathrm{m}}=0.50\sim0.80$，柱截面含钢率 $\alpha_{\mathrm{c}}=0.04\sim0.12$，钢管核心混凝土强度 $f_{\mathrm{cuc}}=30\sim80\mathrm{MPa}$，钢管屈服强度 $f_{\mathrm{yc}}=235\sim420\mathrm{MPa}$，钢梁屈服强度 $f_{\mathrm{yb}}=235\sim420\mathrm{MPa}$。

图 13.122 给出了不同参数下节点火灾后剩余承载力系数简化计算结果与数值计算结果的比较，可见简化公式可以较好反映 R 的变化规律。

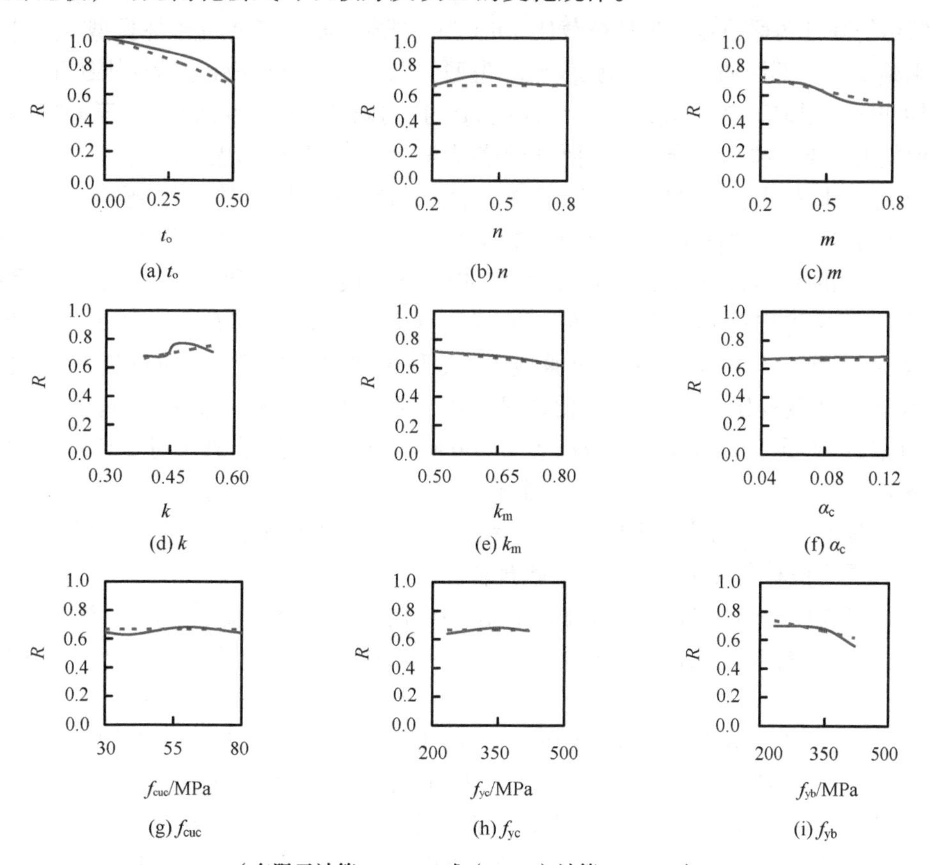

（有限元计算：——；式（13.45）计算：----）

图 13.122　节点火灾后剩余承载力系数简化计算与数值计算比较

13.5　火灾后节点的滞回性能

13.5.1　相对水平荷载 - 层间位移角关系

（1）相对水平荷载 - 层间位移角关系

采用本书第 13.2.1 节建立的数值计算模型，确定在一定柱荷载比（n）下钢管混

凝土柱 - 钢梁外加强环板连接节点火灾后的相对水平荷载（P/P_{uo}）- 层间位移角（θ_d）关系。

柱荷载比（n）采用式（3.17）进行计算，其中柱极限承载力（N_u）采用火灾后节点的材料性能和边界条件进行确定。P 为作用在节点柱端的水平荷载，P_{uo} 为火灾后节点的水平极限承载力。

为确定节点相对水平荷载（P/P_{uo}）- 层间位移角（θ_d）关系，首先需要确定 P_{uo} 的取值。

参考 GB 50011—2001（2002）和 GB 50011—2010（2016）中有关弹塑性层间位移角限值 [θ_p] 的规定：多、高层钢结构的弹塑性层间位移角限值 [θ_p] 为 1/50。对于工程中常用的强柱弱梁节点，当柱荷载比（n）为 0 或很小时，节点的破坏类型有两种，一是以钢梁发生局部屈曲为特征的强度破坏类型，二是层间位移角超过规定限值的弹性或弹塑性非强度破坏。为了确定该弹塑性层间位移角限值 [θ_p] =1/50，对于采用钢梁的钢管混凝土框架结构是否合理，需要分析该限值与钢梁发生屈曲破坏的关系。

研究结果表明柱长细比（λ）、梁柱线刚度比（k）和梁柱极限弯矩比（k_m）对节点达到极限状态时钢梁的极限应变影响明显，因此，本节在工程常用参数范围内确定了节点的基本计算条件，用本章的数值分析模型计算得到节点的火灾后水平荷载（P）- 层间位移角（θ_d）关系，把规范规定的层间位移角限值 [θ_p] =1/50 与不同受火时间（t）后钢梁两倍屈服应变 $2\varepsilon_y$ 和 3 倍屈服应变 $3\varepsilon_y$ 的点进行对比，来确定本节把规范规定的层间位移角限值 [θ_p] 取值的合理性。算例的基本计算条件为：圆钢管混凝土柱截面尺寸 $D \times t_s$ =400×10mm，钢梁截面尺寸 $h \times b_f \times t_w \times t_f$ = 450mm×250mm×12mm×12mm，柱荷载比（n）为 0。图 13.123（a）～（c）分别给出了柱长细比（λ）、梁柱线刚度比（k）和梁柱极限弯矩比（k_m）对火灾后节点水平荷载（P）- 层间位移角（θ_d）关系的影响规律。

由图 13.123（a）可见，随着柱长细比（λ）的增大，[θ_p] 越来越小。当 λ=60 时，节点 [θ_p] 基本都在弹性状态达到（θ_p）；当 λ=20 时，[θ_p] 处于 $2\varepsilon_y$ 和 $3\varepsilon_y$ 对应的变形 θ_d 之间。

图 13.123（b）给出了梁柱线刚度比（k）的影响。可见，随着 k 的增大，[θ_p] 先是逐渐靠近钢梁极限压应变达到 $2\varepsilon_y$ 或 $3\varepsilon_y$ 的时对应的层间位移角 θ_d，当 k>0.5 后，又逐渐退回；当 k=0.3～0.5 之间时，[θ_p] 基本处于 $2\varepsilon_y$ 和 $3\varepsilon_y$ 对应变形 θ_d 之间，基本都在弹塑性状态达到极限状态；当 k<0.3 和 k>0.5 时，变形限值 [θ_p] 都小于 $2\varepsilon_y$ 对应变形 θ_d。

图 13.123（c）给出了梁柱极限弯矩比（k_m）的影响。可见，随着 k_m 的减小，[θ_p] 逐渐小于当钢梁极限压应变达到 $2\varepsilon_y$ 或 $3\varepsilon_y$ 的时对应的层间位移角 θ_d。

通过以上分析可见，对于本章所研究节点类型，按照 GB 50011—2001（2002）和 GB 50011—2010（2016）中有关多、高层钢结构弹塑性层间位移角限值 [θ_p] 来确定水平极限承载力（P_{uo}），且不会造成不安全的结果。因此，对于下面的参数分析算例，节点的 P_{uo} 按照如下两种情况来确定：①对荷载 - 变形关系曲线无下降段的情况，按照 GB 50011—2001（2002）和 GB 50011—2010（2016）中的多、高层钢结构弹塑性层间

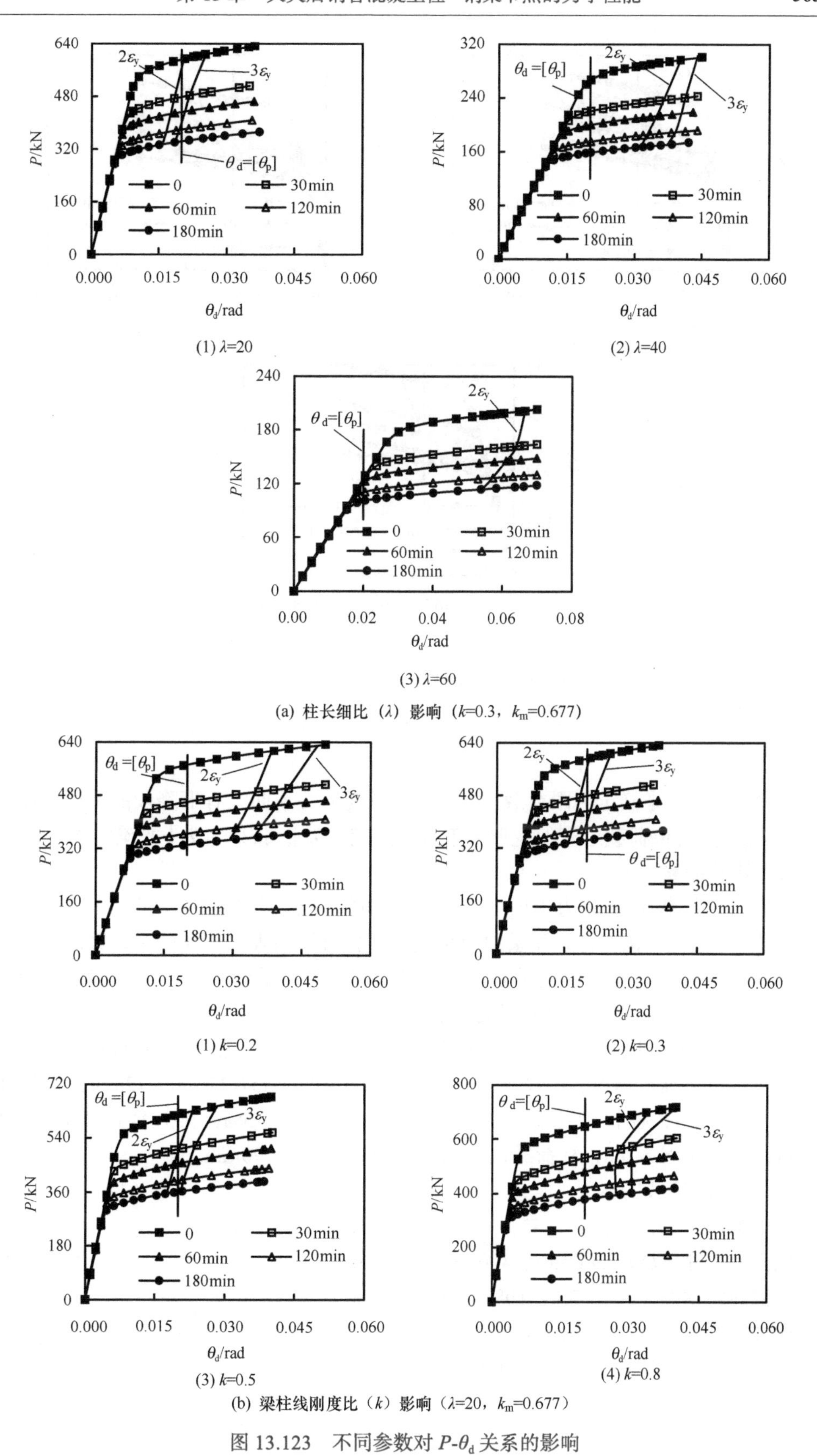

(1) λ=20

(2) λ=40

(3) λ=60

(a) 柱长细比（λ）影响（k=0.3，k_m=0.677）

(1) k=0.2

(2) k=0.3

(3) k=0.5

(4) k=0.8

(b) 梁柱线刚度比（k）影响（λ=20，k_m=0.677）

图 13.123　不同参数对 P-θ_d 关系的影响

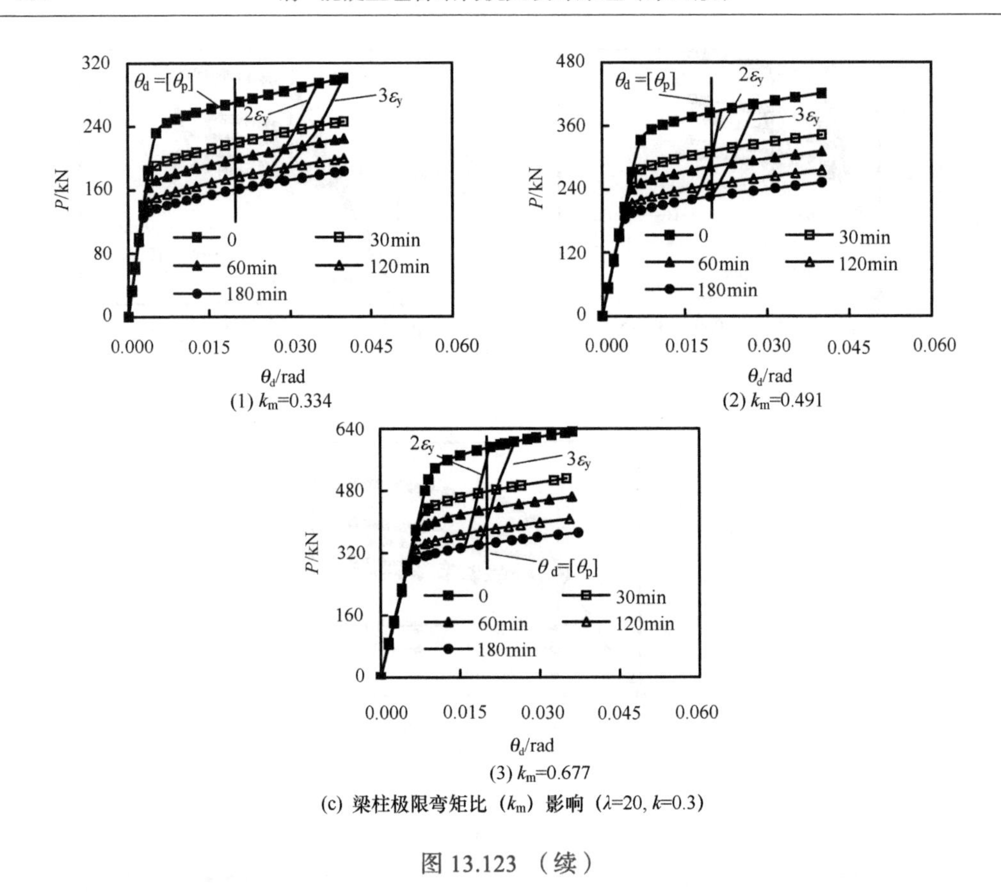

(1) k_m=0.334

(2) k_m=0.491

(3) k_m=0.677

(c) 梁柱极限弯矩比（k_m）影响（λ=20, k=0.3）

图 13.123 （续）

位移角限值［θ_p］来确定极限荷载。②对荷载-变形关系曲线有下降段的情况，取峰值荷载为 P_{uo}，如峰值荷载对应的变形大于规范规定［θ_p］，按照［θ_p］来确定 P_{uo}。

（2）影响因素

确定了水平极限承载力（P_{uo}）之后，下面将分析不同参数对相对水平荷载（P/P_{uo}）-层间位移角（θ_d）骨架关系的影响规律。分析结果表明，在所有计算的参数范围内，钢材和混凝土强度的变化对 P/P_{uo}- θ_d 骨架关系曲线的影响不明显。因此下面着重分析节点几何参数和荷载参数的影响。节点的基本计算条件如下。

圆钢管混凝土柱：$D\times t_s$=400mm×12mm，钢管屈服强度 f_y=345MPa，核心混凝土强度 f_{cu}=60MPa；钢梁：$h\times b_f\times t_w\times t_f$ =450mm×250mm×12mm×12mm，钢材屈服强度 f_y=345MPa；柱长细比 λ=40，柱截面含钢率 a_c=15%，梁柱线刚度比 k=0.4，梁柱极限弯矩比 k_m=0.8，柱荷载比 n=0.4，受火时间 t=90min。

参数分析范围如下。

柱长细比（λ）：25、40、45；

柱截面尺寸（D）：200mm、400mm、800mm；

柱截面含钢率（α_c）：5%、10%、15%、20%；

梁柱线刚度比（k）：0.2、0.4、1、2；

梁柱极限弯矩比（k_m）：0.4、0.6、0.8；

柱荷载比（n）：0、0.2、0.4、0.6；

受火时间（t）：0min、30min、60min、90min、180min。

1）柱长细比（λ）：图 13.124 给出了不同长细比（λ）时，常温下和火灾后（t=90min）的节点相对水平荷载（P/P_{uo}）- 层间位移角（θ_d）关系曲线的比较情况，通过改变柱高以调整长细比（λ）。由图 13.124（a）可见，常温下 λ 不仅会影响曲线的数值，而且影响 P/P_{uo}-θ_d 曲线的形状。随着 λ 的增加，弹性阶段的相对刚度越来越小，下降段的相对刚度越来越大，即下降段越来越陡。由图 13.124（b）可见，火灾后 P/P_{uo}- θ_d 曲线随 λ 的变化趋势与常温下基本相同，但火灾后节点的 P/P_{uo} 随着 λ 的增大，却略有增大。此外，从常温下和火灾后的对比情况可见，火灾后节点弹性阶段的相对刚度和下降段的相对刚度随着 λ 增大的变化的幅度变小，可能是由于钢梁和钢管混凝土柱火灾后抗弯刚度损失不同，火灾后节点梁柱线刚度比（k）有所增大所致。

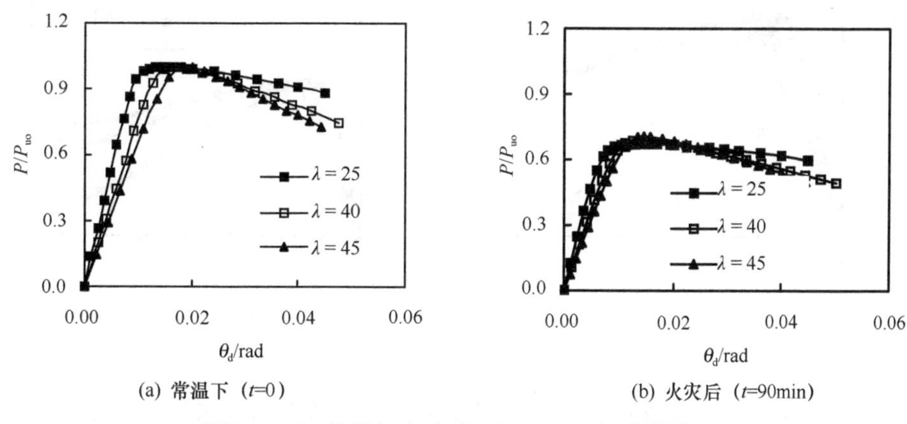

图 13.124　柱长细比（λ）对 P/P_{uo}-θ_d 关系的影响

2）柱截面尺寸（D）：图 13.125 给出了柱截面尺寸（D）对常温下和火灾后节点相对水平荷载（P/P_{uo}）- 层间位移角（θ_d）骨架关系的影响。改变柱截面尺寸时，同时调整钢梁截面和跨度，以保证相同的梁柱线刚度比（k）和梁柱极限弯矩比（k_m）不变。可见，常温下随着 D 的变化，P/P_{uo}-θ_d 关系曲线保持不变；火灾后节点的相对弹性阶段

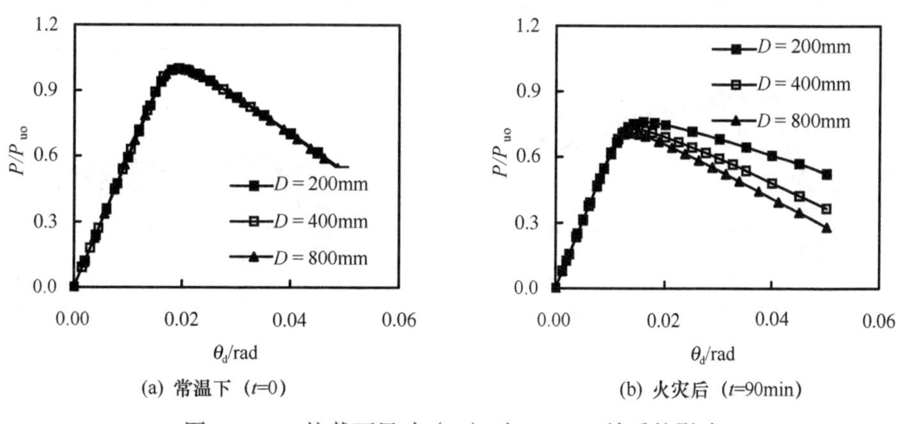

图 13.125　柱截面尺寸（D）对 P/P_{uo}-θ_d 关系的影响

刚度比常温下的略有提高，随着 D 的增大，P/P_{uo} 有所降低，下降段相对刚度越来越大，即下降段坡度越来越陡，且渐渐趋于常温下的下降段相对刚度，说明随着 D 的增大，火灾后钢管混凝土刚度损失程度逐渐减小，梁柱线刚度比（k）变化越来越小，弹塑性段和下降段变得越来越趋近于常温情况。

3）柱截面含钢率（α_c）：图 13.126 为柱截面含钢率（α_c）对钢管混凝土结构节点相对水平荷载（P/P_{uo}）-层间位移角（θ_d）关系的影响。改变柱钢管壁厚调整 α_c，同时调整钢梁截面和跨度以保证梁柱线刚度比（k）和梁柱屈服弯矩比（k_m）。可见，无论在常温下还是在火灾后，随 α_c 的减小总体上弹性阶段相对刚度逐渐增大，下降段相对刚度则迅速增大，即下降段坡度越来越大；但在 α_c＝10%～15% 的范围内，相对刚度则出现了相反的变化趋势。

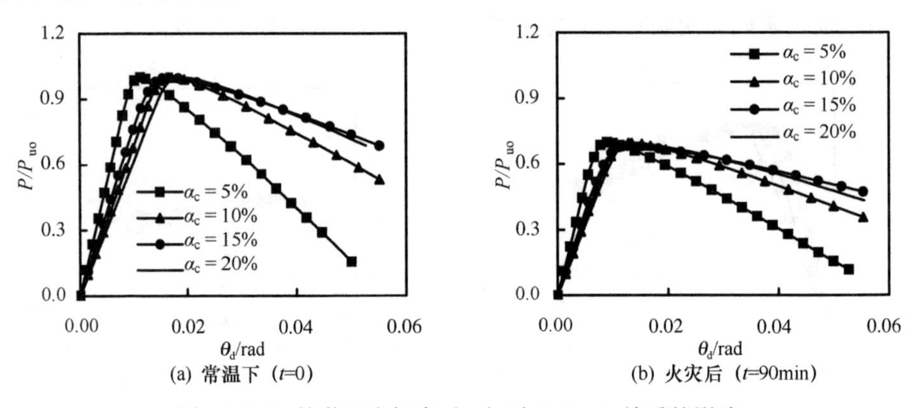

图 13.126　柱截面含钢率（α_c）对 P/P_{uo}-θ_d 关系的影响

随着 α_c 的变小，极限荷载对应的变形变小，说明节点的变形能力变差。对于火灾后情况，随着 α_c 的变小，P/P_{uo} 略有提高，且火灾后节点弹性阶段的相对刚度和下降段的相对刚度与常温情况相比，其随着 α_c 的改变而变化的幅度明显减小，尤其是下降段的相对刚度减小，下降段变得平缓，说明火灾后钢梁的抗弯刚度损失较钢管混凝土柱损失小，梁柱线刚度比（k）增大，即梁对柱的约束相对增强。

4）梁柱线刚度比（k）：梁柱线刚度比（k）反映了钢梁对柱的约束程度，k 越大说明钢梁对柱的约束作用越强，反之越弱。图 13.127 给出了梁柱线刚度比（k）对节点常

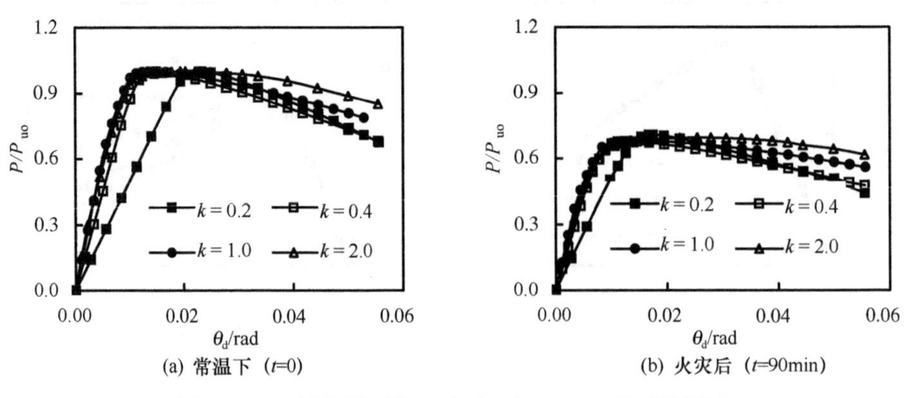

图 13.127　梁柱线刚度比（k）对 P/P_{uo}-θ_d 关系的影响

温下和火灾后相对水平荷载（P/P_{uo}）- 层间位移角（θ_d）骨架线的影响情况。通过变化钢梁截面和跨度，调整梁柱线刚度比（k），同时保证梁柱屈服弯矩比（k_m）不变。

从图中可以看出，随着 k 的增大，常温下和火灾后节点的弹性阶段相对刚度都逐渐增大，而下降段相对刚度总体上逐渐变小，即下降段变得平缓；同时 k 的增大使得极限荷载对应的变形减小，即节点的变形能力降低。火灾后情况与常温相比，其 P/P_{uo} 随着 k 的增大而略有降低，且弹性阶段相对刚度和下降段相对刚度随 k 的增大而变化的幅度变小，说明火灾后由于 k 的变化导致梁对柱的约束相对增强。

5）梁柱极限弯矩比（k_m）：图 13.128 给出了梁柱极限弯矩比（k_m）对常温下和火灾后节点相对水平荷载（P/P_{uo}）- 层间位移角（θ_d）骨架关系的影响。通过变化钢梁截面和跨度调整梁柱屈服弯矩比（k_m），同时保证梁柱线刚度比（k）不变。可见，k_m 对常温下和火灾后节点 P/P_{uo}- θ_d 曲线的影响，与梁柱线刚度比（k）对 P/P_{uo}- θ_d 曲线的影响规律基本相同。即无论在常温下或在火灾后，只要在保证 k 不变的情况下，随着 k_m 的减小，弹性阶段的相对刚度增大，且下降段相对刚度增大；火灾后 P/P_{uo} 随着 k_m 的减小略提高。

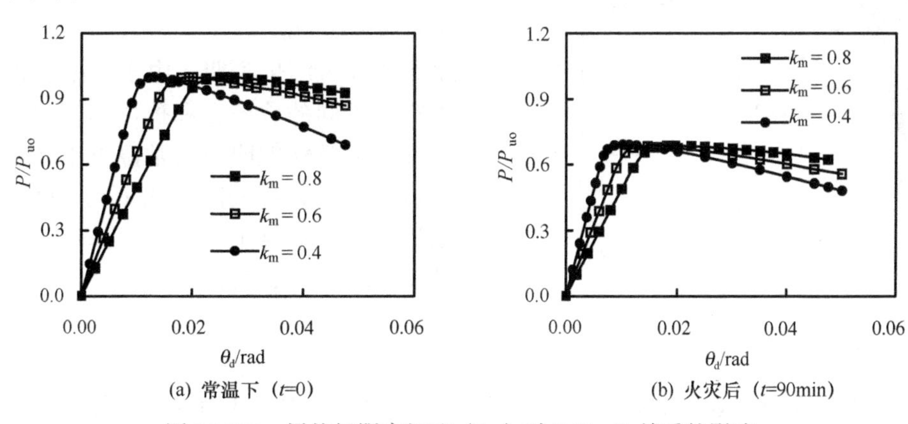

(a) 常温下（t=0）　　(b) 火灾后（t=90min）

图 13.128　梁柱极限弯矩比（k_m）对 P/P_{uo}-θ_d 关系的影响

6）柱荷载比（n）：图 13.129 给出了柱荷载比（n）对常温下和火灾后节点的相对水平荷载（P/P_{uo}）- 层间位移角（θ_d）骨架关系的影响。可以看出，n 对常温下和火灾后节点的 P/P_{uo} -θ_d 曲线的数值和形状都有很大的影响，且影响规律类似。n 越大节点的水平极限承载力越低，弹性段的刚度越小，下降段的刚度则越大。当 n 达到一定的限值后，其骨架线出现下降段，而且下降段的坡度随着 n 的不断增大而越来越大，节点的位移延性也越来越小。n 对节点的弹性阶段刚度有影响，同时可以看到，n 对下降段的刚度的影响比弹性阶段刚度的影响大，这是因为下降段的刚度与 n 成正比。相同 n 下，节点火灾后弹性阶段的相对刚度比常温下要大些，这是由于火灾后钢管混凝土柱和钢梁抗弯刚度损失程度不同，火灾后梁柱线刚度比（k）有所增大，即梁对柱的约束作用增强，导致框架柱的计算长度减小，因此，刚度增大；但进入强化段或下降段后，基本保持相同的刚度。

7）受火时间（t）：图 13.130 给出了受火时间（t）对节点相对水平荷载（P/P_{uo}）- 层间位移角（θ_d）骨架线的影响。可见，随着 t 的延长，弹性阶段的相对刚度增大，且

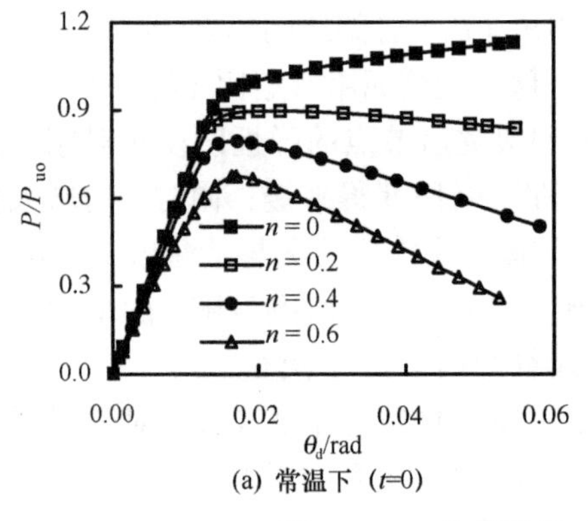

(a) 常温下（t=0）

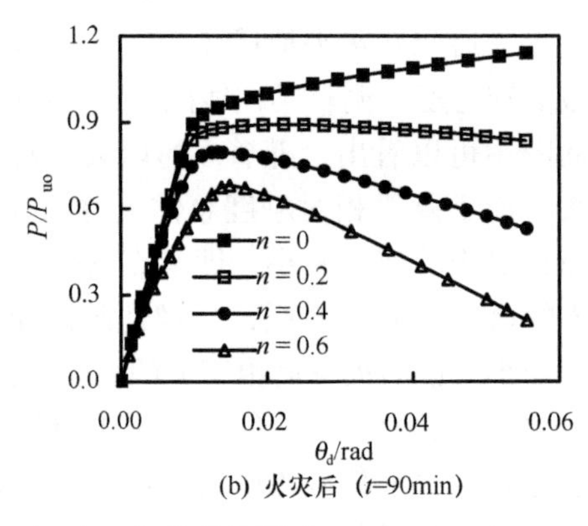

(b) 火灾后（t=90min）

图 13.129 柱荷载比（n）对 P/P_{uo}-θ_d 关系的影响

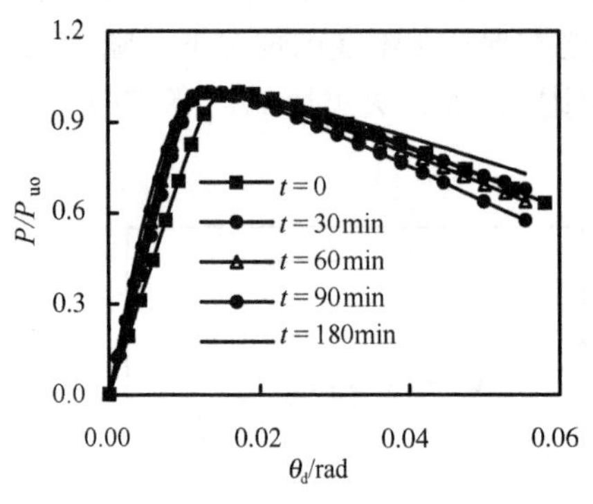

图 13.130 受火时间（t）对 $P/P_{uo}(t)$-θ_d 关系的影响

极限荷载对应的变形减小，下降段刚度逐渐变小，逐渐趋于平缓，说明火灾后梁和柱不同的抗弯刚度损失导致梁柱线刚度比（k）有所增大，提高了钢梁对柱的约束作用。

上述参数分析结果表明，由于钢梁和钢管混凝土柱火灾后不同的承载力和抗弯刚度损失，导致节点火灾后力学性能明显与常温下不同，主要表现在节点火灾后梁柱线刚度比（k）有所增大，提高了钢梁对钢管混凝土柱的约束作用，即改变了钢管混凝土柱的计算长度。

13.5.2 实用计算方法

采用 13.2.1 节所述的数值分析方法可对火灾后钢管混凝土柱-钢梁外加强环板连接节点进行荷载-变形全过程分析，获得节点火灾后的力学性能指标，但该分析方法还是较为复杂，不便于工程实践应用。因此，基于 13.5.1 节对影响火灾后节点相对水平荷载（P/P_{uo}）-层间位移角（θ_d）滞回曲线骨架线影响因素及其影响规律的分析，本节进一步确定节点的火灾后节点框架柱计算长度系数（μ），节点抗弯承载力［$M_u(t)$］和水平荷载（P）-水平变形（Δ_h）滞回关系模型的简化计算方法，以便于工程实际应用。

（1）框架柱计算长度系数

以有侧移在竖向集中力作用下的钢管混凝土柱-钢梁框架中柱节点为研究对象，采用节点实例对火灾后节点框架柱计算长度系数（μ）的变化规律进行分析。在本算例中，圆钢管混凝土柱：$D\times t_s$=400mm×10mm，Q345 钢材，C60 混凝土，H=3.6m；钢梁：$h\times b_f\times t_w\times t_f$=450mm×200mm×10mm×10mm，Q345 钢材，L=8400mm。

根据 13.3.2 节所述，可分别确定钢管混凝土柱的火灾后抗弯承载力［$M_{cu}(t)$］和抗弯刚度［$(EI)_c(t)$］，以及钢梁的火灾后抗弯承载力［$M_{bu}(t)$］和抗弯刚度为［$(EI)_b(t)$］，即可得到钢管混凝土柱火灾后抗弯承载力和抗弯刚度的变化系数 $M_{cu}(t)/M_{cu}$

和 $(EI)_c(t)/(EI)_c$，以及钢梁的火灾后抗弯承载力和抗弯刚度变化系数 $M_{bu}(t)/M_{bu}$ 和 $(EI)_b(t)/EI_b$。也可计算出火灾后节点的梁柱线刚度比 $k=[(EI)_b(t)\cdot H]/[(EI)_c(t)\cdot L]$ 和梁柱极限弯矩比 $k_m=M_{bu}(t)/M_{cu}(t)$，表 13.26 所示为节点火灾后性能分析。

表 13.26　节点火灾后性能分析

t/min	$\frac{M_{cu}(t)}{M_{cu}}$	$\frac{M_{bu}(t)}{M_{bu}}$	$\frac{(EI)_c(t)}{(EI)_c}$	火灾后 k	火灾后 k_m	$N_{cu}(t)$/kN	$\frac{N_{cu}(t)}{N_{cu}}$	μ	μ_c	k_r	k_r'
0	1	1	1	0.296	0.678	8853	1	1.413	1.333	1	1
30	0.925	0.921	0.930	0.318	0.675	8184	0.924	1.396	1.278	0.894	0.891
60	0.802	0.770	0.860	0.344	0.651	6741	0.761	1.378	1.250	0.764	0.758
90	0.714	0.697	0.826	0.358	0.662	6052	0.684	1.369	1.236	0.678	0.670
120	0.653	0.643	0.802	0.369	0.667	5497	0.621	1.363	1.208	0.614	0.604
150	0.607	0.606	0.785	0.377	0.677	5269	0.595	1.358	1.167	0.569	0.557
180	0.568	0.571	0.773	0.383	0.680	4753	0.537	1.355	1.153	0.539	0.526

根据梁柱线刚度比（k）即可得到节点框架柱的计算长度系数，陈骥（2006）给出了如下有侧移多层多跨刚性节点框架柱计算长度系数（μ）的计算公式：

$$\mu=\sqrt{\frac{7.5K_1K_2+4(K_1+K_2)+1.52}{7.5K_1K_2+K_1+K_2}} \tag{13.46}$$

式中：K_1——交于框架柱上端的梁的线刚度之和与柱的线刚度之和的比值；

K_2——交于框架柱下端的梁的线刚度之和与柱的线刚度之和的比值，对于中柱节点，可取 $K_1=K_2=k=[(EI)_b(t)\cdot H]/[(EI)_c(t)\cdot L]$。

由节点试验结果可见，外加强环板型节点火灾后仍满足刚性节点的条件，因此，根据式（13.42）即可得到对应不同受火时间后的计算长度系数（μ），如表 13.26 所示。为了得到框架柱计算长度系数的理论值（μ_c），采用有限元计算模型确定不同受火时间（t）后节点框架柱的极限承载力［$N_{cu}(t)$］，进而得到对应不同受火时间（t）后节点框架柱的剩余承载力系数理论值［$N_{cu}(t)/N_{cu}$］，N_{cu} 为常温下节点框架柱的极限承载力，如表 13.26 所示。

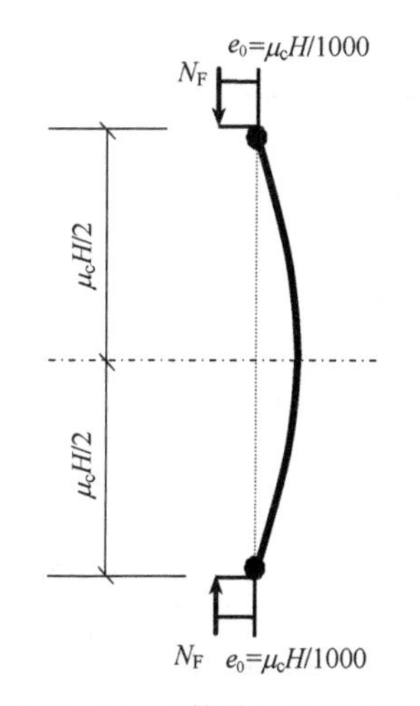

图 13.131　“等效”柱示意图

对图 13.131 所示的“等效”柱进行分析，通过调整柱的计算长度（$\mu_c H$），使该“等效”柱具有与节点框架柱相同的火灾后极限承载力 $N_{cu}(t)$，从而得到对应节点框架柱的等效计算长度理论值，于是得到计算长度系数理论值（μ_c），即理论计算长度与原柱长之比，如表 13.26 所示。由理论计算长度（$\mu_c H$），根据韩林海（2007）提供的钢管混凝土柱火灾后剩余承载力系数（k_r）计算方法，得到节点框架柱火灾后剩余承载力系数（k'_r），如表 13.26 所示。

由上述实例分析结果可见，该节点由于火灾后钢管混凝土柱与钢梁的承载力与刚度的损伤程度不同，导致节点火灾后梁柱线刚度比发生了变化，随之引起框架柱计算长度的变化。根据钢管混凝土柱和钢梁火灾后刚度变化情况，采用式（13.44）可得不同受火时间后的框架柱的计算长度（μH），从而采用简化计算方法得到框架柱的火灾后极限承载力［$N_{cu}(t)$］，并可以用节点框架柱的极限承载力来反映该节点的承载力变化情况。

（2）节点承载力实用计算方法

P-Δ_h 骨架线影响因素分析和火灾后框架柱计算长度系数（μ）研究结果表明，火灾后钢管混凝土结构节点框架柱的力学性能不仅和钢管混凝土柱本身的承载力和刚度变化有关，而且和与其连接的钢梁的火灾后力学性能有关，主要体现在由于梁柱线刚度比的变化影响了框架柱的计算长度。因此，可以通过修改框架柱火灾后计算长度来确定其火灾后承载力，具体方法如下。

1）钢管混凝土柱计算长度：根据上述有关钢管混凝土火灾后抗弯刚度实用计算方法以及钢梁火灾后抗弯刚度的确定方法，确定钢管混凝土柱和钢梁火灾后抗弯刚度，从而得到梁柱线刚度比 k，然后由式（13.42）确定节点框架柱火灾后修正计算长度系数 μ，即得到其计算长度 μH，H 为柱子的实际长度。

2）确定在柱轴压力 N_F 作用下节点框架柱的抗弯承载力 $M_{cu}(t)$：

① 对于常温下钢管混凝土柱，可依据韩林海（2016）给出的钢管混凝土压弯相关方程，并根据经过修正的计算长度 μH 确定其压弯相关曲线。

② 对于 $N_F=0$ 的框架柱，按照第 13.2.2 节相关方法来确定其抗弯承载力 $M_{cu}(t)$。

③ 对于 $N_F>0$ 的框架柱，采用韩林海（2007）中的计算方法来确定其在轴压力 N_F 作用下的抗弯承载力 $M_{cu}(t)$，其计算值对比如表 13.27 所示。

根据悬臂柱的计算长度 $\mu H/2$ 和抗弯承载力 $M_{cu}(t)$，容易计算得到节点水平极限承载力 $P_{uo}=M_{cu}(t)/(\mu H/2)$，表 13.27 给出了本章节点试验得到的 $P_{uo(实测)}$ 与计算得到的 $P_{uo(计算)}$ 的对比。

表 13.27 节点承载力试验值与计算值对比

试件编号	$P_{uo(实测)}$/kN	μ	$M_{cu}(t)/(kN\cdot m)$	$P_{uo(计算)}$/kN	$\frac{P_{uo(计算)}}{P_{uo(实测)}}$
C11-B90C90	15.61	1.471	18.40	15.94	1.021
	−15.93				1.001
C12-B90C90	20.59	1.322	18.40	17.73	0.861
	−21.03				0.843
C13-B90C90	18.61	1.322	15.09	14.54	0.781
	−20.01				0.727
C21-BNC90	24.43	1.331	18.40	17.61	0.721
	−25.28				0.697

续表

试件编号	$P_{uo(实测)}$/kN	μ	$M_{cu}(t)$/(kN·m)	$P_{uo(计算)}$/kN	$\dfrac{P_{uo(计算)}}{P_{uo(实测)}}$
C22-BNC90	22.69 −24.28	1.424	18.40	16.46	0.725 0.678
C23-BNC90	27.13 −26.06	1.295	18.40	18.10	0.667 0.695
S11-B0C0	24.9 −26.1	1.425	22.87	23.07	0.927 0.884
S12-B90C90	15.49 −16.11	1.314	13.29	12.89	0.832 0.800
S13-B90C90	16.43 −16.88	1.211	13.29	13.98	0.851 0.828
S21-BNC90	17.77 −17.08	1.218	11.68	12.22	0.688 0.715
S22-B0C0	27.28 −29.09	1.298	19.69	19.33	0.709 0.664
S31-BNC90	22.7 —	1.247	13.29	13.58	0.598 —
S32-BNC90	15.11 −15.99	1.247	11.68	11.94	0.790 0.747
S33-BNC90	15.72 −14.85	1.247	13.98	14.29	0.909 0.962

从 $P_{uo(计算)}/P_{uo(实测)}$ 值的对比情况可见，$P_{uo(计算)}/P_{uo(实测)}$ 的平均值为 0.790，均方差为 0.110，简化计算承载力与实测结果基本吻合，且偏于安全，$P_{uo(计算)}$ 基本反映了节点火灾后水平承载力的变化规律。因此，基于上述理论分析和实用计算结果，火灾后钢管混凝土结构节点的水平极限承载力计算，可以通过经过修正计算长度的节点框架柱的承载力来确定。

（3）恢复力模型

1）框架柱火灾后水平荷载（P）- 水平变形（Δ_h）滞回关系：为了能对钢管混凝土结构体系进行火灾后的抗震分析提供参考，进而为火灾后抗震修复加固设计提供依据，需要确定火灾后钢管混凝土框架柱的水平荷载（P）- 水平变形（Δ_h）滞回关系模型。

采用第 13.5.2 节修正框架柱计算长度系数的方法，确定了常温下和火灾后钢管混凝土节点的水平承载力，同样，可以采用相同的修正方法，并结合韩林海（2007）中常温下钢管混凝土柱的 P-Δ_h 恢复力模型，确定火灾后钢管混凝土结构节点的框架柱的 P-Δ_h 恢复力模型，具体步骤如下。

① 采用第 13.5.2 节相同方法，确定钢管混凝土节点的框架柱修正的计算长度。

② 采用第 13.5.2 节相同方法，确定钢管混凝土框架柱抗弯承载力 M_{cu}（t），即如表 13.27 中所示的 M_{cu}（t）。

③ 根据上述确定的在轴向荷载 N_F 作用下的钢管混凝土柱抗弯承载力 M_{cu}（t），并采用韩林海（2007）给出的如下常温下钢管混凝土柱的 P-Δ_h 恢复力模型，确定火灾后钢管混凝土框架柱的水平荷载 - 水平位移恢复力模型如下。

经对计算结果的分析，发现在如下参数范围，即 n=0～0.8，a_c=0.03～0.20，λ=10～80，f_y=200～500MPa，f_{cu}=30～90MPa，ξ=0.2～4，火灾后钢管混凝土框架柱的 P-Δ_h 滞回模型可采用图 13.132 所示的三线性模型，其中，A 点为骨架线弹性阶段的终点，B 点为骨架线峰值点，其水平荷载值为 P_y，A 点的水平荷载大小取 0.6P_y。模型中尚需考虑再加载时的软化问题，模型参数包括：弹性阶段的刚度（K_a）、B 点位移（Δ_p）和最大水平荷载（P_y）以及第三段刚度（K_T）。曲线从 1 点或 4 点卸载时，卸载线将按弹性刚度（K_a）进行卸载，并反向加载至 2 点或 5 点，2 点和 5 点纵坐标荷载值分别取 1 点和 4 点纵坐标荷载值的 1/5；继续反向加载，模型进入软化段 23′ 或 5D′，点 3′ 和 D′ 均在 OA 线的延长线上，其纵坐标值分别与 1（或 3）点和 4（或 D）点相同。随后，加载路径沿 3′1′2′3 或 D′4′5′D 进行，软化段 2′3 和 5′D 的确定办法分别与 23′ 和 5D′ 类似。模型中参数的确定方法同韩林海（2007）中的方法，此处不再赘述。

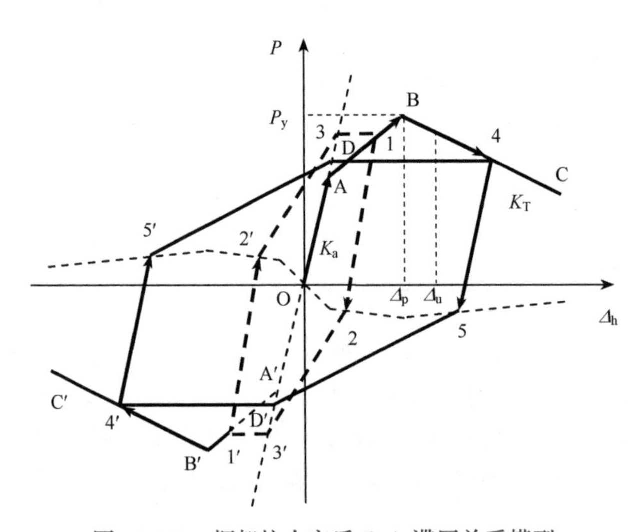

图 13.132 框架柱火灾后 P-Δ_h 滞回关系模型

按照上述方法，即可得到钢管混凝土柱的简化实用 P-Δ_h 滞回曲线，部分试件的对比如图 13.133 所示，从图中实测 P-Δ_h 滞回曲线与节点试验 P-Δ_h 滞回曲线比可见，对于柱端屈服破坏的试件与节点核心区屈服破坏的试件，实用模型滞回曲线与节点试验滞回曲线符合较差；对于梁端屈服破坏的试件和节点核心区屈服破坏的试件，实用模型滞回曲线与节点试验滞回曲线符合较好。因此，采用钢管混凝土柱实用滞回模型总体上较好地反映了火灾后钢管混凝土结构节点在反复荷载作用下的滞回力学性能。

图 13.133（a）所示为按照上述方法得到简化实用 P-Δ_h 滞回模型曲线与按第 13.2.1 节 P-Δ_h 滞回曲线理论计算方法得到的滞回曲线的比较情况，图中浅色粗实线为简化实

用 $P\text{-}\Delta_h$ 回模型曲线，黑实线为理论计算方法得到的滞回曲线。

从图 13.133（a）中两类不同滞回曲线的比较情况可见，两类曲线在弹塑性阶段符合较好，但在构件屈服后存在着一定的差异，主要由于 $P\text{-}\Delta_h$ 滞回曲线理论计算方法中钢梁采用了随动强化模型，因此，不能较好地计算节点钢梁屈服后的力学性能。另外，由于省略了截面的切线刚度阵中由 *EA* 项和 *EI* 项相互影响而产生的 *ES* 项，也会造成一定的影响。

从图 13.133 所示的数值计算节点滞回曲线和节点实测滞回曲线的比较，以及计算长度经过修正的钢管混凝土框架柱的滞回模型曲线和节点试验滞回曲线的比较来看，两类曲线虽然存在一定的差异，但总体上两类滞回曲线都能有效地反应火灾后钢管混凝土结构节点在反复荷载作用下的 $P\text{-}\Delta_h$ 滞回曲线特性，也能反映其滞回性能随本章试验参数的变化规律。

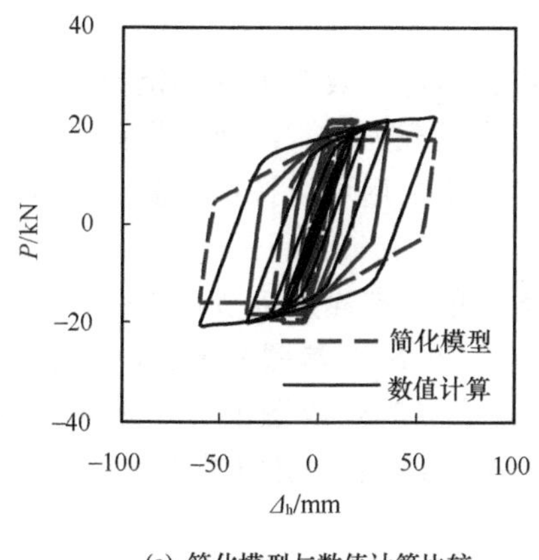

(a) 简化模型与数值计算比较

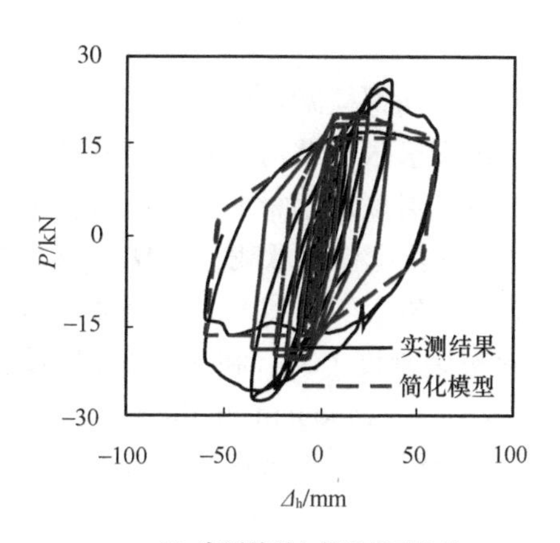

(b) 实测结果与简化模型比较

图 13.133　节点 $P\text{-}\Delta_h$ 滞回关系对比

2）节点火灾后弯矩（*M*）- 转角（ϕ）滞回关系：在理论分析基础上，进一步建立了钢管混凝土柱 - 钢梁单边螺栓连接节点的火灾后恢复力模型（李帅，2021）。图 13.134 给出了节点的火灾后弯矩（*M*）- 转角（ϕ）滞回关系模型，其中，$M^+_{j,Rd}$ 和 $M^-_{j,Rd}$ 分别为节点在承受正弯矩和负弯矩时的抗弯极限承载力；$S^+_{j,ini}$ 和 $S^-_{j,ini}$ 分别为节点承受正弯矩和负弯矩时的初始刚度；S^+_j 和 S^-_j 分别为节点承受正弯矩和负弯矩时的割线刚度；ϕ_{Cd} 为节点的极限转角。$M\text{-}\phi$ 滞回关系中各参数的确定方法如下。

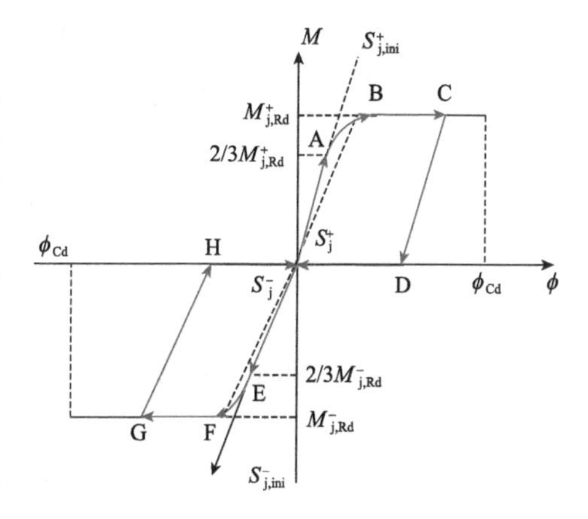

图 13.134　节点火灾后 $M\text{-}\phi$ 滞回关系模型

① $M^+_{j,Rd}$ 和 $M^-_{j,Rd}$。图 13.135 所示为钢管混凝土柱 - 钢梁单边螺栓连接节点的受力计算简图，在不发生柱破坏的情况下，节点的抗弯极限承载力由节点区拉力最大的一排螺栓控制。本章参考 Eurocde 3（2005）提供的常温下节点抗弯极限承载力计算方法，将拉力最大

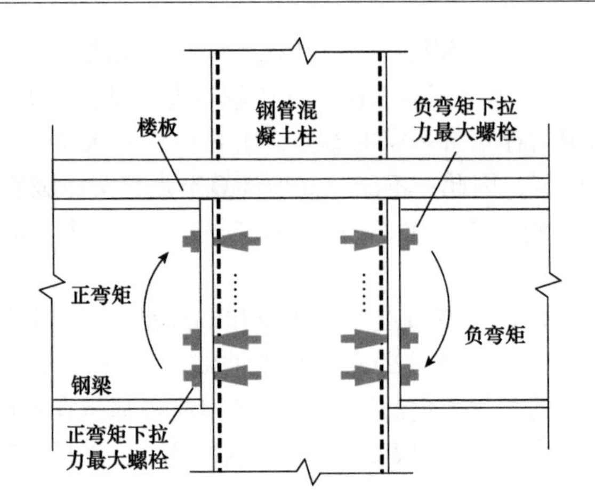

图 13.135　节点抗弯极限承载力计算简图

的一排螺栓连同螺栓附近的梁端板等效成 T 形件，通过等效 T 形件的抗拉承载力来计算节点的抗弯极限承载力。在计算火灾后节点抗弯承载力时，需要根据梁端板和梁腹板的历史最高温度对钢材的屈服强度进行修正，修正之后可以按照常温下的方法计算火灾后节点的抗弯极限承载力（$M^{+}_{\mathrm{j,Rd}}$ 和 $M^{-}_{\mathrm{j,Rd}}$）。

② $S^{+}_{\mathrm{j,ini}}$、$S^{-}_{\mathrm{j,ini}}$、S^{+}_{j} 和 S^{-}_{j}。钢管混凝土柱-钢梁单边螺栓连接节点承受正弯矩和负弯矩时的初始刚度（$S^{+}_{\mathrm{j,ini}}$ 和 $S^{-}_{\mathrm{j,ini}}$）和割线刚度（S^{+}_{j} 和 S^{-}_{j}）参照 Eurocde 3（2005）中的“组件法”（component method）进行计算，将节点等效成图 13.136 所示的若干个“组件”，每个组件按照弹簧来处理，通过弹簧的串联或并联，计算节点的刚度。

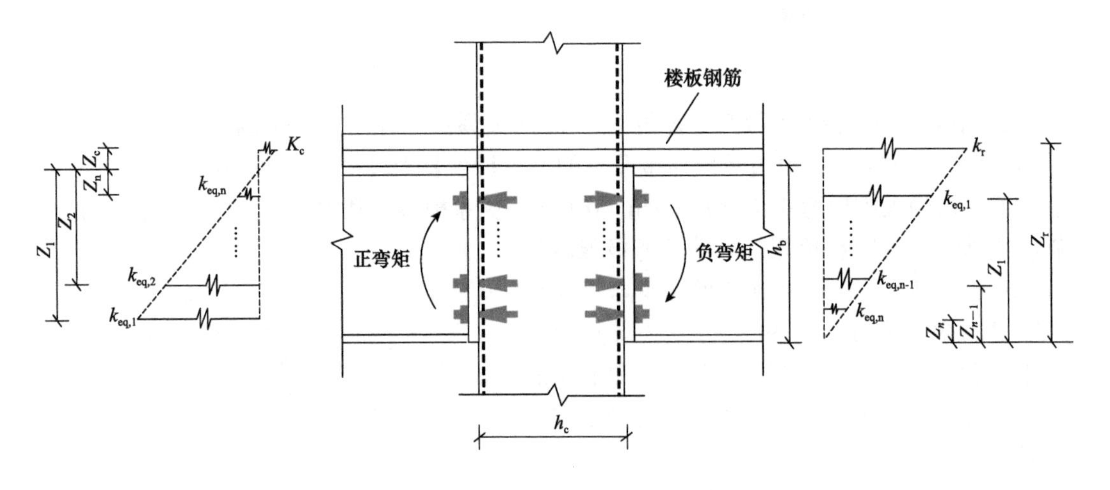

图 13.136　节点刚度计算简图

节点承受正弯矩时，考虑混凝土楼板对刚度的贡献，初始刚度（$S^{+}_{\mathrm{j,ini}}$）按照式 13.47 计算：

$$S^{+}_{\mathrm{j,ini}}=E_{\mathrm{s}}z^{2}_{\mathrm{eq}}k_{\mathrm{eq}}+z^{2}_{\mathrm{c}}K_{\mathrm{c}} \tag{13.47-1}$$

$$z_{eq}=\frac{\sum_{i=1}^{n}k_{eq,i}z_i^2}{\sum_{i=1}^{n}k_{eq,i}z_i} \tag{13.47-2}$$

$$k_{eq}=\frac{\left(\sum_{i=1}^{n}k_{eq,i}z_i\right)^2}{\sum_{i=1}^{n}k_{eq,i}z_i^2} \tag{13.47-3}$$

$$K_c=\frac{E_c^2\sqrt{b_{eff}h_{eff}}}{1.275E_r} \tag{13.47-4}$$

$$k_{eq,i}=\frac{1}{1/k_{5,i}+1/k_{10,i}} \tag{13.47-5}$$

$$k_{5,i}=\frac{0.9l_{eff,i}t_p^3}{m^3} \tag{13.47-6}$$

$$k_{10,i}=\frac{1.6A_s}{L_b} \tag{13.47-7}$$

式中：E_s——钢材弹性模量；

k_{eq}——节点组件等效刚度系数；

z_c——混凝土楼板厚度的 1/2；

K_c——混凝土楼板对节点刚度的贡献；

$k_{eq,i}$——第 i 排螺栓及附近梁端板的等效刚度系数；

z_i——第 i 排螺栓的轴线距离梁截面受压翼缘厚度方向中心线的距离；

i——螺栓排数，$i=1\sim n$；

E_c——楼板混凝土弹性模量；

E_r——楼板钢筋弹性模量；

b_{eff}——楼板混凝土与钢管混凝土柱接触面积的宽度；

h_{eff}——楼板混凝土与钢管混凝土柱接触面积的高度；

$k_{5,i}$——梁端板刚度系数；

$k_{10,i}$——梁螺栓刚度系数；

t_p——梁端板厚度；

A_s——螺杆横截面面积；

L_b——螺栓伸长长度。

节点承受负弯矩时，不考虑混凝土楼板对刚度的贡献，初始刚度（$S_{j,ini}^-$）按照式（13.48）计算：

$$S_{j,ini}^- = E_s z_{eq}^2 k_{eq}+z_c^2K_c \tag{13.48}$$

根据节点弯矩和节点抗弯极限承载力，由节点初始刚度得到节点承受正弯矩和负弯矩时的割线刚度（S_j^+ 和 S_j^-），按照式（13.49）计算：

$$S_j^+=\frac{S_{j,ini}^+}{\mu} \tag{13.49-1}$$

$$S_{\mathrm{j}}^{-}=\frac{S_{\mathrm{j,ini}}^{-}}{\mu} \tag{13.49-2}$$

$$\mu=\begin{cases}1 & M_{\mathrm{j,Ed}} \leqslant 2/3 M_{\mathrm{j,Rd}} \\ \left(1.5 M_{\mathrm{j,Ed}}/M_{\mathrm{j,Rd}}\right)^{\psi} & 2/3 M_{\mathrm{j,Rd}}<M_{\mathrm{j,Ed}} \leqslant M_{\mathrm{j,Rd}}\end{cases} \tag{13.49-3}$$

式中：$M_{\mathrm{j,Ed}}$——节点弯矩；

$M_{\mathrm{j,Rd}}$——节点抗弯极限承载力；

ψ——系数，对于螺栓端板节点，系数 $\psi=2.7$（Eurocde 3，2005）。

对于钢管混凝土柱-钢梁单边螺栓连接节点，高温后钢材的弹性模量基本保持不变，但由于高温下节点会出现螺栓预紧力松弛、螺杆和钢管内混凝土出现滑移等问题，火灾后节点的刚度仍然会出现一定程度的降低。有限元分析结果表明，受火之后，当节点区承受负弯矩时，其刚度相比于常温下有明显的降低，而承受正弯矩时，刚度下降不明显。因此，考虑钢梁受火过程中的历史最高温度（$T_{\mathrm{max,b}}$）和火灾后残余变形对刚度的影响，对节点承受负弯矩时的刚度进行修正；而火灾后节点承受正弯矩的刚度近似取常温下的刚度。式（13.50）为火灾后节点承受正弯矩和负弯矩时的割线刚度[$S_{\mathrm{j}}^{+}(T_{\mathrm{max,b}})$ 和 $S_{\mathrm{j}}^{-}(T_{\mathrm{max,b}})$]：

$$S_{\mathrm{j}}^{+}\left(T_{\mathrm{max,b}}\right)=S_{\mathrm{j}}^{+} \tag{13.50-1}$$

$$S_{\mathrm{j}}^{-}\left(T_{\mathrm{max,b}}\right)=S_{\mathrm{j}}^{-}\mathrm{e}^{-0.003\left(T_{\mathrm{max,b}}-20\right)} \tag{13.50-2}$$

③ ϕ_{Cd}。参照 Eurocde 3（2005）对焊接节点极限转角的规定，钢管混凝土柱-钢梁单边螺栓连接节点的极限转角（ϕ_{Cd}）采用式（13.51）计算：

$$\phi_{\mathrm{Cd}}=0.025\frac{h_{\mathrm{c}}}{h_{\mathrm{b}}} \tag{13.51}$$

式中：h_{c}——柱的截面深度；

h_{b}——梁的截面深度。

图 13.134 给出了节点的火灾后弯矩（M）-转角（ϕ）滞回关系模型的加卸载准则如下。

（a）当模型处于弹性阶段（$M_{\mathrm{j,Ed}}\leqslant 2/3M_{\mathrm{j,Rd}}$，$M_{\mathrm{j,Ed}}$ 和 $M_{\mathrm{j,Rd}}$ 分别为节点区弯矩和抗弯承载力），按照初始刚度 $S_{\mathrm{j,ini}}$ 进行加卸载。

（b）当模型处于弹塑性阶段（$2/3M_{\mathrm{j,Rd}}<M_{\mathrm{j,Ed}}\leqslant M_{\mathrm{j,Rd}}$），按照骨架线进行加载，当节点区弯矩 $M_{\mathrm{j,Ed}}$ 达 $M_{\mathrm{j,Rd}}$ 之后，骨架线保持为一条水平的直线，直到转角达极限转角 ϕ_{Cd}。如果在此阶段卸载，试验研究表明卸载刚度相比于初始刚度下降不多，因此近似将卸载段 C—D 的轨迹取为直线，并按照初始刚度 $S_{\mathrm{j,ini}}$ 进行卸载。

（c）当模型沿着 C—D 段卸载之后，反向加载沿着 D—O—E—F—G—H—O 段的路径进行。

图 13.137 给出了常温下和火灾后的恢复力模型，以及计算得到的钢管混凝土柱-钢梁单边螺栓连接节点弯矩（M）-转角（ϕ）滞回关系与试验和有限元计算结果的比较情况，可见整体吻合较好。有限元计算模型中考虑了混凝土损伤，从而在往复加载的后期节点加卸载刚度均体现出一定的退化，而恢复力模型中做了简化处理，对此类退化考虑较少。因此恢复力模型在节点往复加载的后期，加卸载刚度偏大，但是通过

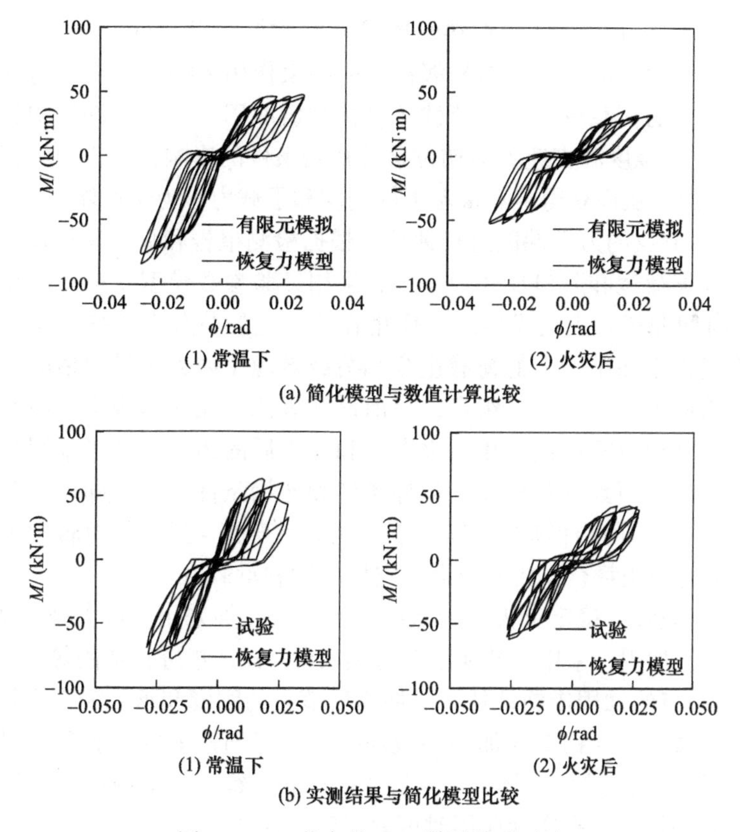

图 13.137　节点的 M-ϕ 滞回关系对比

恢复力模型可以更加简便地获得节点的初始刚度和弯矩承载力，同时得到的滞回曲线形状也与有限元模拟的结果基本接近。

（4）火灾后节点修复方法讨论

第 4.5 节以型钢混凝土结构为对象，讨论了型钢混凝土构件的火灾后力学性能评估和修复方法。实际框架结构遭受火灾后，除了对框架中的柱或梁构件进行火灾后评估、修复和加固外，对于梁 - 柱连接的关键部位——节点也需要采用合理的方法对其进行评估，从而制定合理的火灾后修复加固策略。

框架结构中，梁 - 柱连接节点的一个主要功能是传递梁端弯矩、剪力和轴力给予其相连的柱，从而使梁、柱共同受力，成为整体，形成结构。为实现这一功能，节点需满足一定的刚度和强度要求。通过分析节点的弯矩 - 梁柱相对转角关系可以发现，火灾后节点的剩余刚度和剩余承载力均有所降低，因此对于火灾后梁 - 柱连接节点进行修复加固是很有必要的。

与构件类似，对火灾后框架结构节点的力学性能进行评估时同样应考虑其受火全过程和受力全过程的影响，其思路如下。

1）确定受火结构中的拟修复节点：根据受火后结构的检测报告、火灾现场调查和设计文件等相关资料，确定拟修复的梁 - 柱连接节点。

2）确定节点常温下的力学性能：根据设计文件和现场调查等确定拟修复节点及其

相邻构件的常温下的几何尺寸和材料性能等初始数据，以节点以及与节点相连的梁、板和柱长度的一半为隔离体，考虑相邻构件的约束作用来确定节点的边界条件，作用在节点相邻构件上的荷载按最不利荷载组合标准值取用，考虑构件的初始缺陷（如初偏心、初应力）、初挠度和支座处的初位移等初始条件的影响，建立拟修复节点的常温下有限元计算模型，从而获得节点常温下的刚度和承载力等力学性能。

3）对受火后节点的力学性能进行评估：根据检测报告和火灾现场调查结果，获得火灾发生时的火灾荷载和开口尺寸等参数，采用经验参数模型获得作用在结构构件上的温度 - 受火时间曲线。火灾发生时，作用在节点上的荷载有结构自重、活荷载以及风荷载等。确定作用在结构上的荷载组合和荷载效应（内力）是评估的关键。火灾发生时的荷载（效应）组合属偶然组合，目前设计规范暂无具体规定，因此评估时荷载参数按最不利荷载组合标准值取用。火灾下和火灾后的边界条件可采用与常温下相同的边界条件。确定了节点计算对象、边界条件和初始条件之后，即可对节点的火灾后力学性能进行评估，通过计算模型确定节点火灾后弯矩 - 梁柱相对转角关系，从而获得考虑火灾和受力历史耦合作用的节点火灾后刚度和承载力。

4）加固方法设计：确定火灾后节点的加固方法，如采用“增大截面法”和“FRP 包裹法”对柱进行加固；采用“替换法”对梁或梁 - 柱连接进行加固等。

5）火灾后节点的加固措施评估：对加固后节点的刚度和承载能力进行评估。在进行火灾后钢管混凝土柱 - 钢梁外加强环板连接节点滞回性能的试验研究时，对部分节点采用替换钢梁的方法进行了修复，从图 13.39 可以看出，采用该方法修复后的节点 $P\text{-}\Delta_h$ 滞回曲线较为饱满，在实际应用时可取得较好的效果。

13.6 本章小结

本章进行了钢管混凝土柱 - 钢梁外加强环板连接节点和单边螺栓连接节点的火灾后静力和动力试验研究，建立了可以进行火灾后这两类节点荷载 - 位移全过程分析的数值计算模型。采用建立的理论分析模型，对钢管混凝土节点在火灾全过程作用下的破坏形态、截面内力、应力、应变变化规律进行了深入剖析，提出了节点火灾后剩余刚度系数和剩余承载力系数的实用计算方法，并对影响火灾后钢管混凝土节点相对水平荷载 - 层间位移角骨架线的各参数进行了分析，提出了火灾后节点的水平荷载 - 水平变形滞回关系和节点弯矩 - 转角滞回关系的简化计算模型。

参考文献

北京钢铁设计研究总院，2003. 钢结构设计规范：GB 50017—2003 [S]. 北京：中国计划出版社.

陈骥，2006. 钢结构稳定理论与设计 [M]. 3 版. 北京：科学出版社

韩林海，2007. 钢管混凝土结构——理论与实践 [M]. 3 版. 北京：科学出版社.

韩林海，陶忠，王文达，2009. 现代组合结构和混合结构 [M]. 北京：科学出版社.

李国强，沈祖炎，1998. 钢结构框架体系弹性及弹塑性分析与计算理论 [M]. 上海：上海科学技术出版社.

李帅，2021. 火灾后钢管混凝土柱 - 钢梁单边螺栓连接节点的抗震性能 [D]. 北京：清华大学.

李威，2011. 圆钢管混凝土柱 - 钢梁外环板式框架节点抗震性能研究 [D]. 北京：清华大学.

宋天诣，2011．火灾后钢-混凝土组合框架梁-柱节点的力学性能研究［D］．北京：清华大学．

唐九如，1989．钢筋混凝土框架节点抗震［M］．南京：东南大学出版社．

周起敬，1991．钢与混凝土组合结构设计施工手册［M］．北京：中国建筑工业出版社．

中国工程建设标准化协会，2006．建筑钢结构防火技术规范：CECS 200：2006［S］．北京：中国计划出版社．

中华人民共和国公安部，2006．建筑设计防火规范：GB 50016—2006［S］．北京：中国计划出版社．

中华人民共和国公安部，2014．建筑设计防火规范：GB 50016—2014［S］．北京：中国计划出版社．

中华人民共和国住房城乡建设部，2017．钢结构设计标准：GB 50017—2017［S］．北京：中国建设工业出版社．

中华人民共和国建设部，2002．建筑抗震设计规范：GB 50011—2001［S］．北京：中国建筑工业出版社．

中华人民共和国住房和城乡建设部，2016．建筑抗震设计规范（2016年版）：GB 50011—2010［S］．北京：中国建筑工业出版社．

中国建筑科学研究院，1997．建筑抗震试验方法规程：JGJ 101—96［S］．北京：中国建筑工业出版社．

ABAQUS, 2010. ABAQUS analysis user's manual [CP]. SIMULIA, Providence, RI.

ATAEI1 A, BRADFORD M A, VALIPOUR H R, 2015. Moment-rotation model for blind-bolted flush end-plate connections in composite frame structures [J]. Journal of Structural Engineering, ASCE, 141(9): 04014211.

ATC-24, 1992. Guidelines for cyclic seismic testing of components of steel structures [S]. Redwood City (CA): Applied Technology Council.

BEUTEL J, THAMBIRATNAM D, PERERA N, 2001. Monotonic behaviour of composite column to beam connections [J]. Engineering Structures, 23 (9): 1152-1161.

CHENG C T, HWANG P, CHUNG L L, 2000. Connection behaviors of steel beam to concrete-filled circular steel tubes [C]// Composite and Hybrid Structures, Proceedings of the Sixth ASCCS International Conference on Steel-Concrete Composite Structures. Los Angeles, California, March 22-24: 581-589.

ECCS-Technical Committee 3, 1988. Calculation of the fire resistance of centrally loaded composite steel-concrete columns exposed to the standard fire, Fire Safety of Steel Structures, Technical Note [M]. European Convention for Constructional Steelwork.

Eurocode 3. EN 1993-1-8: 2005, 2005. Design of steel structures-part 1.8: Design of joints [S]. European Committee for Standardization, Brussels.

ELREMAILY A, AZIZINAMINI A, 2001. Experimental behavior of steel beam to CFT column connections [J]. Journal of Constructional Steel Research, 57(10): 1099-1119.

Eurocode 4. EN 1994-1-1: 2004, 2004. Design of composite steel and concrete structures-part 1-1: General rules and rules for buildings [S]. Brussels.

HAN L H, YANG H, CHEN S L, 2002. Residual strength of concrete filled RHS stub columns after high temperatures [J]. Advances in Structural Engineering, 5(2): 123-134.

HAN L H, HUO J S, WANG Y C, 2007. Behavior of steel beam to concrete-filled steel tubular column connections after exposure to fire [J]. Journal of Structural Engineering, ASCE, 133(6): 800-814.

ISO-834, 1980. Fire-resistance tests-elements of building construction [S]. International Standar ISO 834: Amendment 1, Amendment 2, Switzerland.

ISO-834, 1999. Fire resistance tests-elements of building construction-part 1: General requirements [S]. International Standard ISO 834-1, Geneva.

LI W, HAN L H, 2011. Seismic performance of CFST column to steel beam joint with RC slab: Analysis [J]. Journal of Constructional Steel Research, 67: 127-139.

NISHIYAMA I, MORINO S, SAKINO K, et al., 2002. Summary of research on concrete-filled structural steel tube column system carried out under the US-Japan cooperative research program on composite and hybrid structures [R]. BRI Research Paper No.147, Building Research Institute, Japan.

OLLGAARD J G, SLUTTER R G, Fisher J W, 1971. Shear strength of stud connectors in lightweight and normal-weight concrete [J]. AISC Engieering Journal, 8(2): 55-64.

SONG T Y, HAN L H, UY B, 2010. Performance of CFST-column to steel-beam joints subjected to simulated fire including the cooling phase [J]. Journal of Constructional Steel Research, 66(4): 591-604.

SONG T Y, HAN L H, 2014. Post-fire behavior of concrete-filled steel tubular column to axially and rotationally restrained steel beam joint [J]. Fire Safety Journal, 69: 147-163.

YANG H, ZHAO H, LIU F Q, 2018. Residual cube strength of coarse RCA concrete after exposure to elevated temperatures [J]. Fire and Materials, 42: 424-435.

第 14 章　火灾后钢管混凝土加劲混合结构柱 - 钢筋混凝土梁节点的力学性能

14.1　引　　言

本章对钢管混凝土加劲混合结构柱 - 钢筋混凝土（RC）梁连接节点在图 1.14 所示的 A→A′→B′→C′→D′→E′ 全过程火灾作用后的力学性能进行研究。研究了该节点的破坏形态、耐火极限、火灾后剩余承载力、温度和变形发展等的变化规律。基于对该类组合节点的弯矩 - 相对转角关系的分析，给出了其火灾后剩余承载力系数、剩余刚度系数、残余转动变形系数和峰值转动变形系数等力学性能指标的确定方法。

14.2　有限元计算模型

在第 9.2 节建立的钢管混凝土加劲混合结构柱有限元计算模型的基础上，本节建立了钢管混凝土加劲混合结构柱 - 钢筋混凝土梁节点的有限元计算模型（周侃，2017；Zhou et al.，2020），包括温度场计算模型和力学性能分析模型。

温度场计算模型中包括钢管混凝土加劲混合结构柱（混凝土、钢管、纵筋、箍筋）、钢筋混凝土梁（混凝土、纵筋、箍筋）、节点区暗牛腿、刚性端板（柱上、下端板和梁端板）等构、部件。其中混凝土部分和刚性端板采用实体单元，钢管和暗牛腿采用壳单元，基于有限元软件平台 ABAQUS（2010）建立模型，有限元模型的钢筋采用桁架单元，所建立的有限元计算模型及各部分的网格划分示意图如图 14.1 所示。

钢材和混凝土的热工参数与第 3.2.1 节相同，石棉的密度 ρ 为 128kg/m^3，热导系数（k）在 400℃时为 0.09W/（m · ℃），800℃时为 0.176W/（m · ℃），1000℃时为 0.22W/（m · ℃），比热容（c）为 1130J/（kg · ℃）。

对于受火的混凝土表面，按 Eurocode 2（2004）的规定，热对流系数取为 25W/（m^2 · ℃），综合发射系数取为 0.7。对于受火的石棉表面，本章假定其热对流系数和综合发射系数与混凝土表面相同。温度场计算模型中忽略钢 - 混凝土界面、石棉 - 混凝土界面的接触热阻。

力学性能分析模型中的网格划分与温度场计算模型相同，但单元类型转换为力学分析单元，基于有限元软件平台 ABAQUS（2010）建立模型，有限元计算模型的网格划分和边界条件如图 14.1 所示，图中，N_F 为柱轴向荷载，P_F 为梁端竖向荷载。上端板与位于端板中心的参考点采用“Coupling”约束，并约束参考点除了 UZ 方向平动以外的所有方向的自由度。下端板下表面所有节点约束三个方向的平动自由度。柱顶部参考点上施加轴向荷载，梁两个端部上的刚性加载端板上施加集中荷载。通过对顶部参

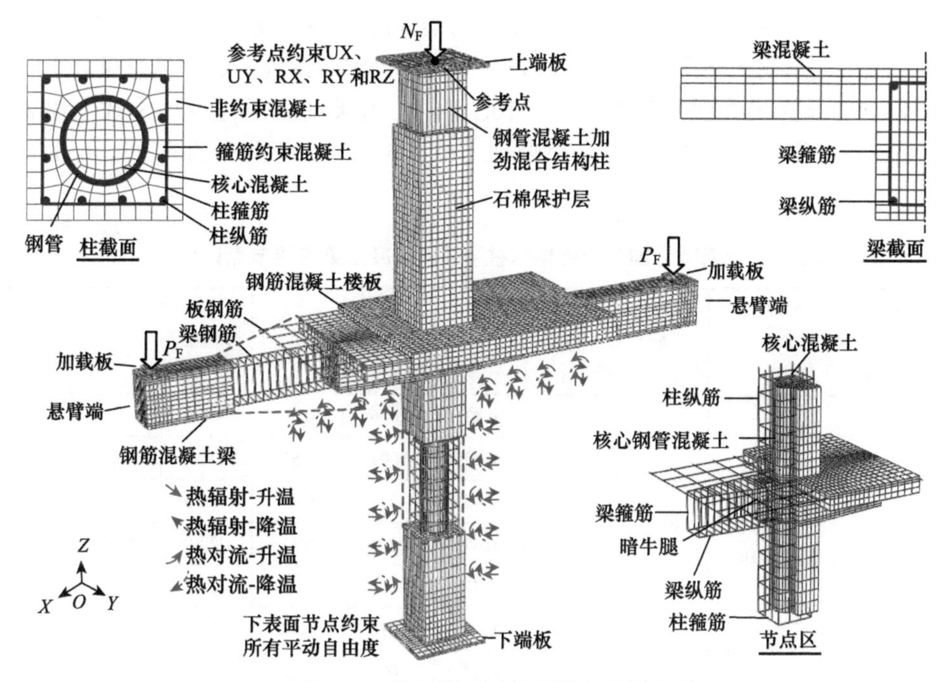

图 14.1　节点模型网格划分和边界条件

考点施加少量平面内转动对节点试件施加初始缺陷，转动量根据试验中顶部位移计测量的结果确定。

不同温度阶段的材料本构模型与第 9.2.2 节相同，此处不再赘述。模型中钢管混凝土加劲混合结构柱部分的接触与第 9.2.2 节相同，钢筋混凝土梁板中，梁板内钢筋与混凝土的接触方式为“Embedded”约束，节点区暗牛腿与周围混凝土之间为“Embedded”约束。

上述有限元计算模型的计算结果得到第 14.3 节所述试验结果的验证。

14.3　试 验 研 究

本节进行了钢管混凝土加劲混合结构柱 - 钢筋混凝土梁节点在图 1.14 所示的 A→A′→B′→C′→D′→E′ 的时间 - 温度 - 荷载路径下的力学性能试验研究（周侃，2017；Zhou et al.，2018）。

14.3.1　试验概况

参考实际工程中采用的钢管混凝土加劲混合结构形式，综合考虑试验设备的加载能力，设计了十个十字形钢管混凝土加劲混合结构柱 - 钢筋混凝土梁节点试件，其中七个试件进行的是耐火极限试验，三个试件进行的是全过程火灾后力学性能试验。其中方钢管混凝土加劲混合结构柱的横截面的边长（B）为 300mm，柱的高度（H）均为 3800mm，钢管尺寸为外径（D_i）× 壁厚（t_s）=159mm×6mm。钢筋混凝土梁上部设计了钢筋混凝土楼板。J0 组和 J1 组试件的梁高度（h）分别为 300mm 和 350mm。试验类型“R”表示耐火极限试验，“P”表示全过程火灾后试验。试件信息见表 14.1 所示。表 14.1 中，k 为梁柱线刚度比［式（10.1）］，k_m 为梁柱极限弯矩比［式（10.2）］，n 为柱荷载比［式（3.17）］；m 为梁荷载比［式（3.18）］；t_h 为升温时间，t_R 为耐火极限。

表 14.1　钢管混凝土加劲混合结构柱 - 钢筋混凝土梁连接节点试件信息

试件编号	柱尺寸□$-B\times D^*$ 钢管尺寸○$-D_i\times t_s$ 梁尺寸 $h\times b$	k	k_m	n	N_F/kN	m	P_F/kN	t_h	试验类型
J0-1	□−300×300 ○−159×6 300×200（2ϕ18/2ϕ18）	0.35	0.28	0.42	2036	0.56	46.30	t_R	R
J0-2				0.42	2071	0.51	42.30	t_R	R
J0-3				0.42	2071	0.51	42.30	$0.36t_R$	P
J0-4				0.42	2071	0.51	42.30	$0.68t_R$	P
J0-5				0.42	2071	0.28	23.15	t_R	R
J0-6				0.30	1450	0.28	23.15	t_R	R
J1-1	□−300×300 ○−159×6 350×200（2ϕ18/2ϕ18）	0.55	0.36	0.42	2071	0.50	53.10	t_R	R
J1-2				0.42	2071	0.25	26.50	t_R	R
J1-3				0.30	1450	0.25	26.50	t_R	R
J1-4				0.30	1450	0.25	26.50	$0.33t_R$	P

* 此列中 B、D、D_i、t_s、h、b 的尺寸单位均为 mm。

试验研究的参数为：梁荷载比、柱荷载比、梁柱线刚度比和升温时间比等。

① 梁荷载比（m）：0.30～0.42。采用式（3.18）计算时，P_F 为梁端集中荷载；P_u 为常温下梁端作用集中荷载时的极限承载力，通过本书第 14.2 节的有限元计算模型计算得到。

② 柱荷载比（n）：0.25～0.56。采用式（3.17）计算时，N_u 为常温下钢管混凝土加劲混合结构柱的极限承载力，N_F 为火灾试验时作用在柱端的柱轴向荷载。柱常温下极限承载力 N_u 通过第 8.2 节的有限元计算模型计算得到。

③ 节点区梁柱线刚度比（k）：0.35～0.55。采用式（10.1）计算时，$(EI)_b$ 和 $(EI)_c$ 分别为钢筋混凝土梁和钢管混凝土加劲混合结构柱的抗弯刚度，L 和 H 为梁长度和柱高度。其中 $(EI)_b$ 根据 GB 50010—2010（2010，2015）给出的钢筋混凝土受弯构件短期刚度确定（针对节点区并考虑楼板影响）；$(EI)_c$ 按照式（14.1）计算为

$$(EI)_c=E_{co}I_{co}+E_{ci}I_{ci}+E_sI_s \tag{14.1}$$

式中：$E_{co}I_{co}$——钢管外包混凝土的抗弯刚度；

$E_{ci}I_{ci}$——钢管内混凝土的抗弯刚度；

E_sI_s——钢管的抗弯刚度。

④ 升温时间比（t_o）：0.33～0.68。按式（9.8）计算，其中 t_R 为耐火极限，t_h 为升温时间。

梁柱极限弯矩比（k_m）采用式（10.2）计算，M_{bu} 为常温下钢筋混凝土梁的极限弯矩，

参照 GB 50010—2010（2010，2015）计算，M_{cu} 为常温下钢管混凝土加劲混合结构柱的极限弯矩，根据 An 和 Han（2014）提出的钢管混凝土加劲混合结构柱压弯承载力计算方法计算。

节点试件立面图及位移测温点和热电偶布置如图 14.2 所示。

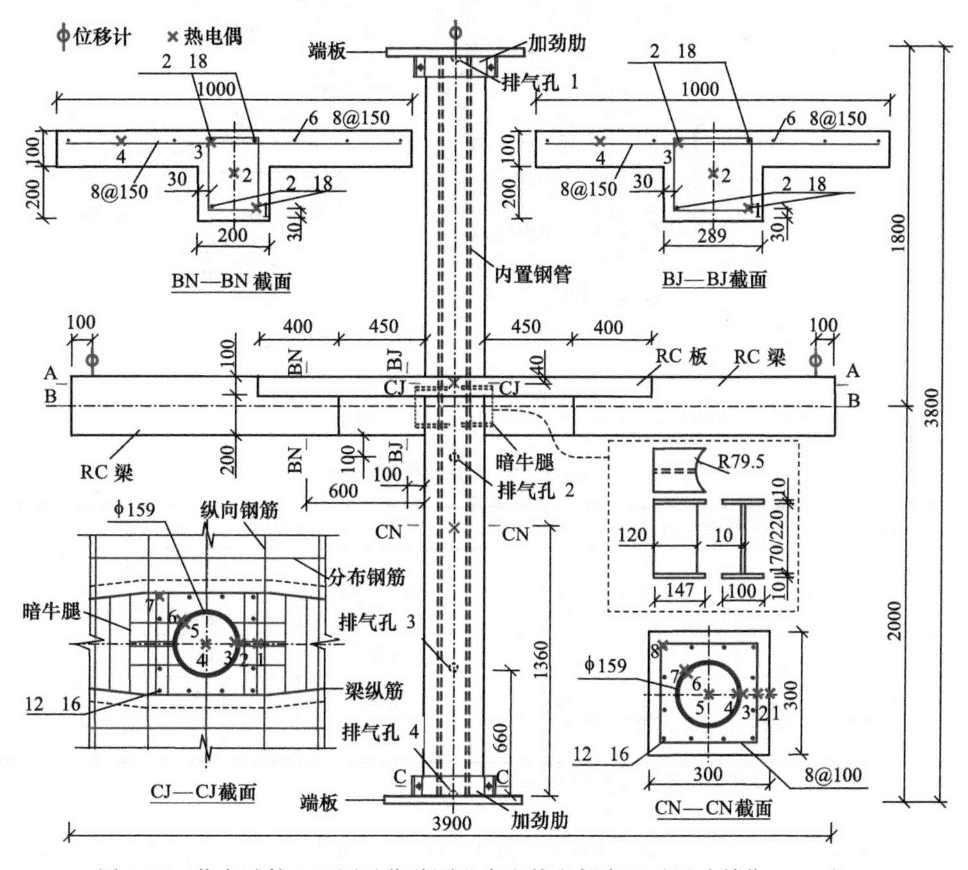

图 14.2　节点试件立面图及位移测温点和热电偶布置（尺寸单位：mm）

图 14.3 所示为节点试件梁板平（剖）面图，根据对称性，左半侧给出的是图 14.2 中的 A—A 剖面图，右半侧给出的是图 14.2 中的 B—B 剖面图。

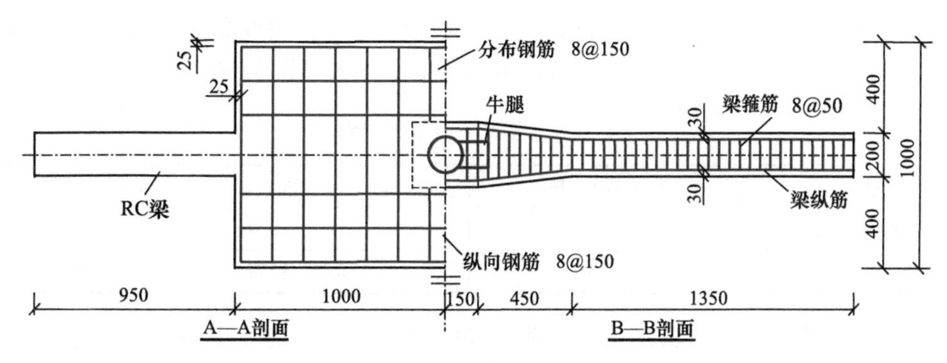

图 14.3　节点试件梁板平（剖）面尺寸（尺寸单位：mm）

图 14.4 所示试件端板及端部加劲肋详图。为保护柱上、下端部在试验中不先于试件梁柱及节点区发生破坏，在上、下柱端部各设置一个型钢加劲肋。

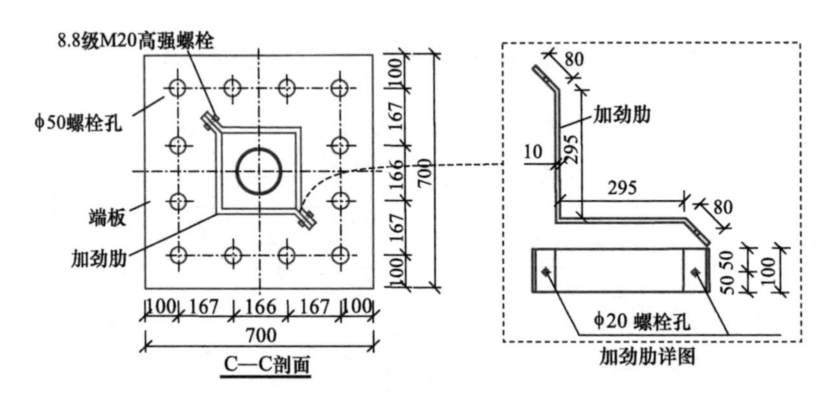

图 14.4　节点试件端板及端部加劲肋尺寸（尺寸单位：mm）

对钢管、型钢、钢筋的力学性能指标如表 14.2 所示。

表 14.2　钢材力学性能指标

材料类型	厚度或直径 /mm	f_y/MPa	f_u/MPa	E_s / (10^5N/mm^2)	ν_s
钢管 ϕ159	159	416	642	2.45	0.279
钢板	10	374	515	2.28	0.275
梁纵筋	18	412	581	2.01	0.294
柱纵筋	16	363	558	1.90	0.296
箍筋	8	284	471	2.17	

注：由于无法贴片，直径为 8mm 的钢筋泊松比未测量。

试件设计、制作过程考虑了钢管混凝土加劲混合结构柱中钢管内外混凝土的差异。共使用 2 批商品混凝土，设计强度分别为 C50 普通混凝土和 C30 细石混凝土，分别用于钢管内部和外部。钢管外部包括柱钢管外部混凝土和梁、板混凝土。混凝土配合比与第 9 章中钢管混凝土加劲混合结构柱使用的混凝土相同。试件 J0-1 进行试验时，内、外部混凝土龄期分别为 350d 和 308d；其他试件试验时，内、外混凝土的龄期分别为 552～591d 和 510～549d。由于混凝土养护时间较久，后期混凝土强度的提高幅度较小。混凝土的力学性能指标见表 14.3，实测混凝土含水率为 5.08%。

表 14.3　混凝土力学性能指标

材料类型	28d 时 f_{cu}/MPa	试验时 f_{cu}/MPa	试验时质量含水率 /%
C30 细石混凝土	24.9	31.8	4.54
C50 普通混凝土	56.4	60.4	5.08

框架结构在受火时，其结构上的荷载如图 10.1（a）所示，取底层中间节点作为分析对象，取隔离体如图 10.1（b）所示。在设计试验时，考虑试验设备的实际情况，上

端仅可发生竖向的平动，并作用竖向荷载（N_F），柱下端为固接，梁两端为悬臂端，端部伸到炉膛外部施加竖向集中荷载（P_F），最终节点试验模型如图 10.1（c）所示。

试验在亚热带建筑科学国家重点实验室进行，试验测温点装置见图 14.5 所示，其与第 9 章介绍的试验装置相同。开展节点试验时，梁从炉壁洞口伸出，用石棉对梁周围与洞口之间的空隙进行封堵［图 14.5（a）］。上下端连接方式见图 14.5（b）。

(a) 梁端加载装置

(b) 试件、炉膛及上线边界条件

图 14.5　试验测温点装置

试验过程中采集的数据如下。

1）炉膛温度：通过试验炉中内置的 10 个热电偶测量得到，其平均值作为炉膛温度。

2）试件温度：采用镍铬 - 镍硅型热电偶测量，其测量范围是 0～1200℃，直径 6mm。在试件的四个截面预埋热电偶，分别是梁节点区（BJ）、梁非节点区（BN）、柱节点区（CJ）和柱非节点区（CN），试验测温点装置如图 14.2 所示。

3）柱轴向变形和梁端挠度：前者通过设置在加载板［图 14.5（b）］上表面的四个位移计测量并取均值得到。后者通过一个设置在梁端的位移计测量得到［图 14.5（a）］。

4）柱、梁上的荷载：柱、梁端的荷载通过串联在千斤顶下方的力传感器测量得到（图 14.5）。

节点的耐火极限试验方法以及耐火极限判定标准如第 10.3.1 节所述，火灾后试验方法以及试件破坏判定标准如第 11.3.1 节所述，此处不再赘述。

14.3.2　试验结果及分析

（1）耐火极限和火灾后承载力

表 14.4 为试验结果及对应的计算结果。其中 P_{url} 和 P_{urr} 分别为火灾后 L 梁、R 梁剩余承载力，P_{urp} 为计算得到的梁剩余承载力，R_l 和 R_r 分别 L 梁、R 梁节点剩余承载力系数的计算值，其定义如式（11.4）所示；类型中“R”表示耐火极限试验，“P”表示全过程火灾后试验。破坏位置中，“B”表示为梁先于柱发生破坏，“B”之后的“（R，L）”表示 R 梁先发生破坏，L 梁后发生破坏，“B”之后无括号的表示 R 梁、N 梁同时发生破坏。t_h 为试验中的升温时间，t_o 为试验中的升温时间比，定义见式（9.8）。试件

J0-3、试件 J0-4 和试件 J1-4 的升温时间比的计算采用的是对应的耐火极限试件测得的耐火极限的平均值，如计算试件 J0-3 的升温时间比，耐火极限采用的是试件 J0-1 和试件 J0-2 的平均值，为 113min。

表 14.4　节点火灾试验结果

试件编号	n	m	k	耐火极限 /min			t_o	火灾后剩余承载力 /kN		R_l/R_r	破坏形态		试验类型
				t_R	t_h	t_{RP}		P_{url}/P_{urr}	P_{urP}		实测	计算	
J0-1	0.42	0.56	0.35	110	113	105	1.02				B（R，L）	B	R
J0-2	0.42	0.51	0.35	116	135	136	1.16				B（L，R）	B	R
J0-3	0.42	0.51	0.35		41		0.36	53.6/55.2	31.9	0.64/0.66	B	B	P
J0-4	0.42	0.51	0.35		77		0.68	53.6/53.2	30.5	0.64/0.64	B	B	P
J0-5	0.42	0.28	0.35	217	224	188	1.03				B（R，L）	C	R
J0-6	0.30	0.28	0.35	200	208	238	1.04				B（R，L）	C	R
J1-1	0.42	0.50	0.55	121	142	119	1.17				B（L，R）	B	R
J1-2	0.42	0.25	0.55	214	220	199	1.03				B（L，R）	C	R
J1-3	0.30	0.25	0.55	217	217	254	1.00				B（L）	B	R
J1-4	0.30	0.25	0.55		72		0.33	60.0/60.0	61.4	0.56/0.56	B	B	P

由表 14.4 可见，随梁荷载比（m）减小，耐火极限（t_R）有增大的趋势。柱荷载比（n）对 t_R 影响显著，但荷载比相同的试件的耐火极限较接近（相差分别为 8.5% 和 1.4%）。对比试件 J0-2 和试件 J1-1，可见增加梁柱线刚度比（k，通过增加梁高度实现），t_R 呈现增大的趋势，但增加幅度较小（仅为 4.3%）。对比试件 J0-1 和试件 J1-1、试件 J0-5 和试件 J1-2、试件 J0-6 和试件 J1-3 可见，在 m 和 n 接近时，k 对 t_R 的影响不明显。对比试件 J0-3 和试件 J0-4，综合 L 梁和 R 梁的结果可见，火灾后剩余承载力随 t_h 增大而呈现降低趋势。

图 14.6 为节点耐火极限和剩余承载力的计算结果与实测结果对比，可见二者总体上较为吻合。

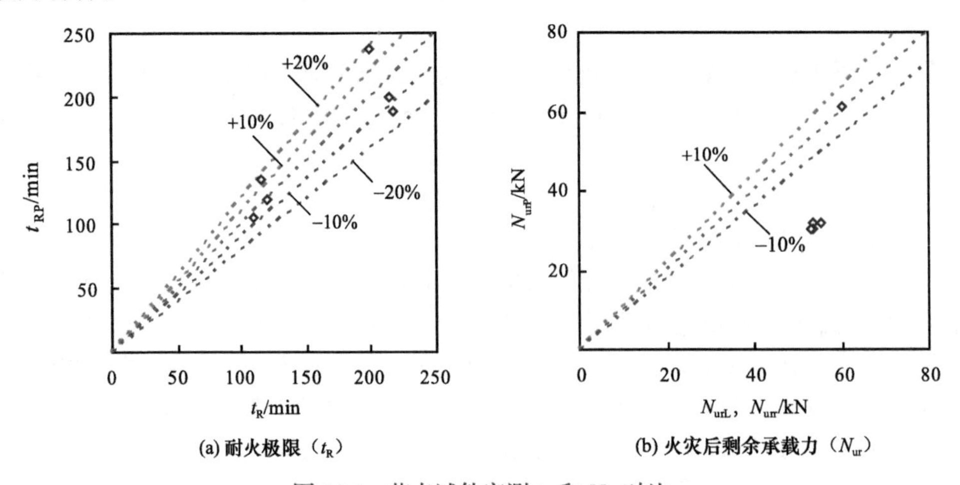

(a) 耐火极限（t_R）　(b) 火灾后剩余承载力（N_{ur}）

图 14.6　节点试件实测 t_R 和 N_{ur} 对比

（2）试验现象和破坏形态

本节以四个节点试件为例，对其破坏形态进行分析。其中试件 J0-1 和试件 J1-3 为耐火极限试验，试件 J0-3 和试件 J1-4 为全过程火灾后试验。

图 14.7 为试件 J0-1 的整体破坏形态。试件 J0-1 是耐火极限试验，为梁破坏（R 梁先于 L 梁破坏），节点区下柱略微向 S 侧弯曲，上柱无明显变形。梁底部角部出现混凝土剥落，但试验中未听到混凝土爆裂声音，因此推测该处仅为角部混凝土剥落。试验过程中，在炉膛外部没有观察到明显的水蒸气，试件中逸散出的水分多数从排烟风机排出。升温 30min 时，L 梁、R 梁伸出炉膛加载端出现液态水［图 14.7（a）］，同时水蒸气从封堵的石棉中溢出，持续 30min 后消失。

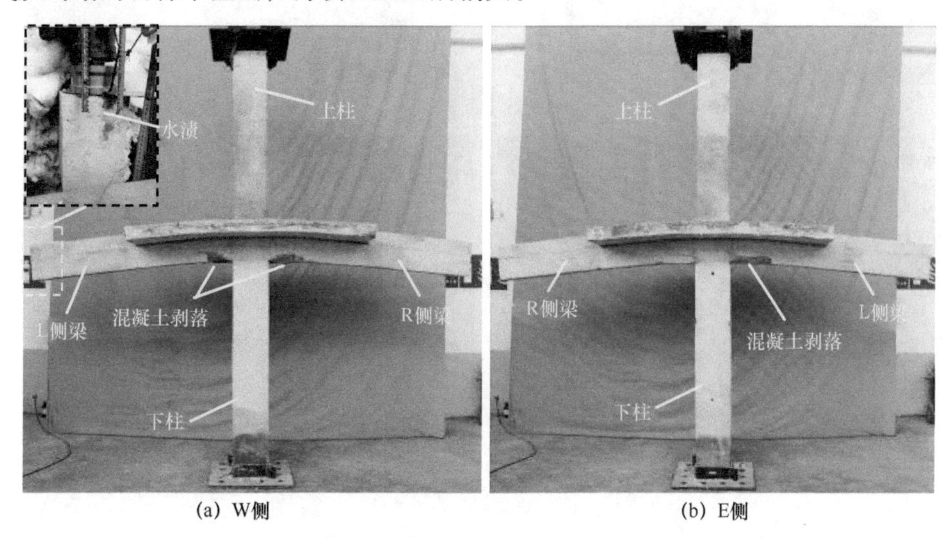

(a) W侧　　(b) E侧

图 14.7　试件 J0-1 的整体破坏形态

图 14.8 所示为试件 J0-1 的局部破坏形态。梁下端节点区出现混凝土压溃和开裂，如 L 梁 W 侧中下部出现较大的斜裂缝［图 14.8（a）］，该部分混凝土虽未开裂，但在后期试件吊出炉门过程中发生剥落［图 14.8（c）］，说明该区域混凝土已经较松散。R 梁 W 侧箍筋角部裸露［图 14.8（b）］，裸露在外的钢筋的颜色为浅灰色，带有铁锈的黄色，由此可判断该部分裸露的钢筋与火焰接触时间不长，该区域混凝土剥落是在试验后期梁挠度较大时发生的。试件 J0-1 梁板上表面存在横向受拉裂缝，L 侧（裂缝最宽为 10mm）裂缝较 R 侧（裂缝最宽为 4mm）宽，这与试验中得到的位移结果一致：L 梁挠度大于 R 梁［图 14.23（b）］。最宽裂缝出现在板纵向中部而非根部，这是因为节点区温度较低，在火灾下该处材料剩余强度较中间区域高。板下表面也出现明显裂缝［图 14.8（c）］，可见裂缝充分发展，贯穿板整个高度范围。

图 14.9 为试件 J0-3 的整体破坏形态。试件 J0-3 为全过程火灾后试验，其升温时间为 41min，火灾后在提高荷载过程中 L 梁和 R 梁同时破坏。试验结束后，柱无明显的变形，这主要因为升温时间较短，且加载方式是提高梁端荷载。受火使混凝土表面变为灰白色，混凝土板侧及上表面略带淡黄色和淡粉色。

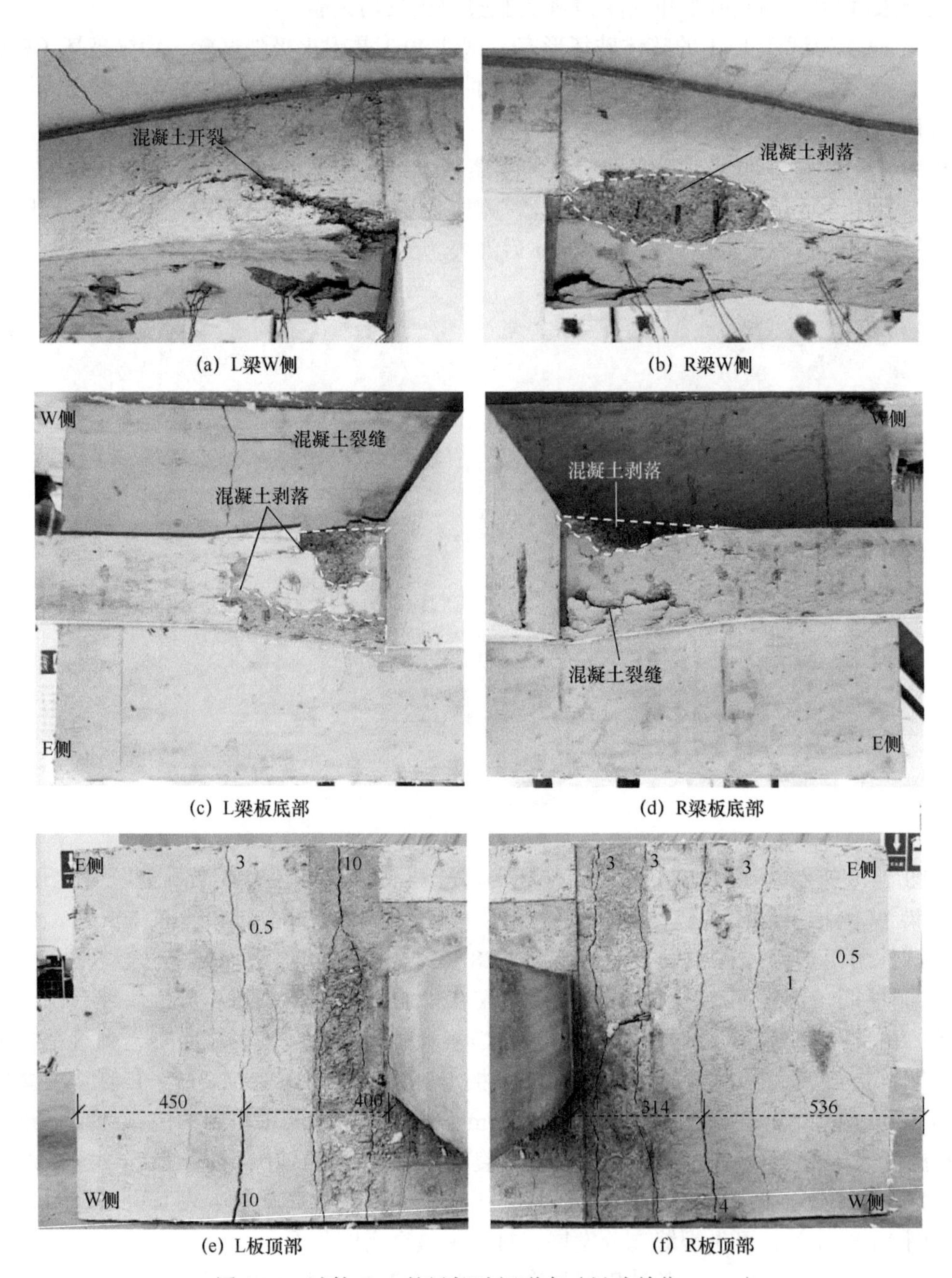

(a) L梁W侧　(b) R梁W侧

(c) L梁板底部　(d) R梁板底部

(e) L板顶部　(f) R板顶部

图 14.8　试件 J0-1 的局部破坏形态（尺寸单位：mm）

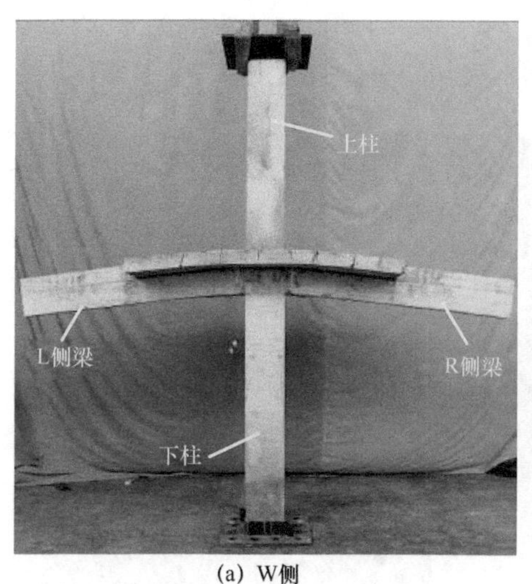

(a) W侧

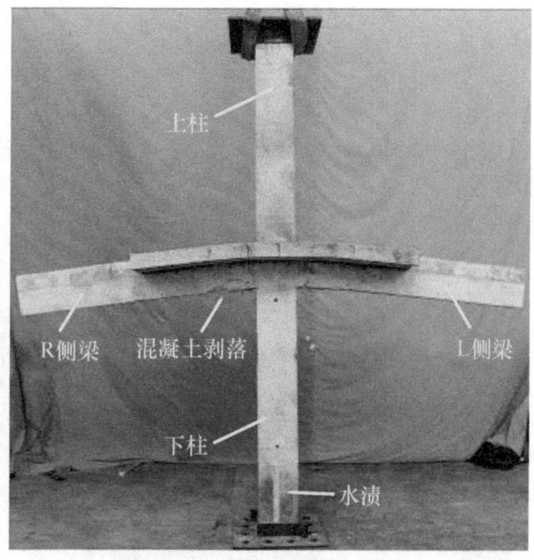

(b) E侧

图 14.9　试件 J0-3 的整体破坏形态

试件 J0-3 梁曲率较大处出现在节点区，即试件是梁在节点区域发生破坏。试验结束后，可观察到 E 侧柱下部两个排气孔下方混凝土表面出现较多水渍 [图 14.9（b）]，说明试验过程中混凝土中部分水分以液态水的形式从排气孔中排出。

图 14.10 所示为升、降温后试件 J0-3 在炉膛中的形态。此时梁端出现明显的残余变形，受火面变成灰白色，楼板上表面存在明显的裂缝 [图 14.10（b）]，楼板下表面也可观察到裂缝 [图 14.10（a）和（c）]，说明裂缝已经贯穿楼板整个厚度，钢筋混凝土楼板发生沿整个厚度的断裂。

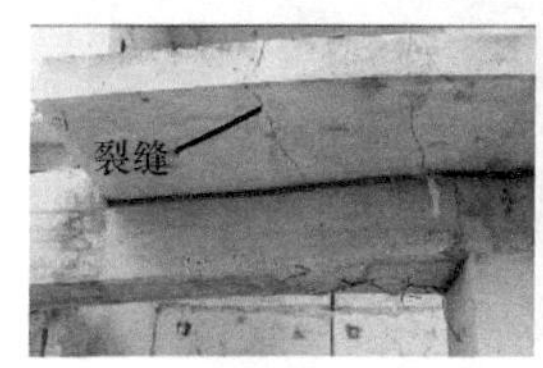

(a) L侧梁下表面

(b) 楼板上表面

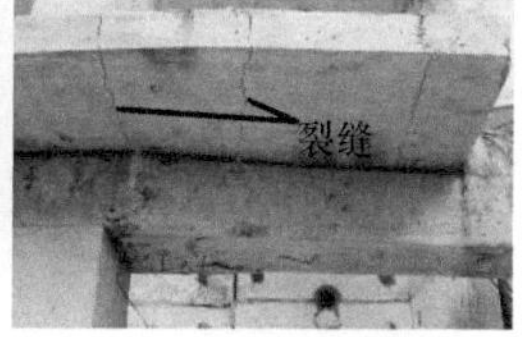

(c) R侧梁下表面

图 14.10　升、降温后试件 J0-3 的形态

图 14.11 为试件 J0-3 的局部破坏形态。火灾后阶段，梁节点区出现明显破坏，与试件 J0-1 和试件 J0-2 相比，曲率最大处出现在梁节点区，柱没有发生明显的变形。梁板节点区和中部出现较大的贯通性裂缝，这是由于火灾后加载位移控制较大，因而裂缝发展较充分。

对比图 14.11（a）和图 14.10（a），以及图 14.11（b）和图 14.10（c），可见火灾后加载过程中，混凝土板上的裂缝沿着升、降温后残留的裂缝发生，裂缝宽度增加。火灾的作用使该梁板靠近节点处产生裂缝，加载至破坏过程，该试件沿着该初始缺陷继续发展。板底部裂缝宽度较大 [图 14.11（c）（d）]，与试件 J0-1 和试件 J0-2 相比，裂缝发展更加充分。相比之下，梁底部的混凝土剥落程度较小。板顶部 L 侧的裂缝较 R 侧宽，L 侧最宽为 11mm，R 侧为 8mm。最宽裂缝位置更靠近节点区，R 板最宽裂缝

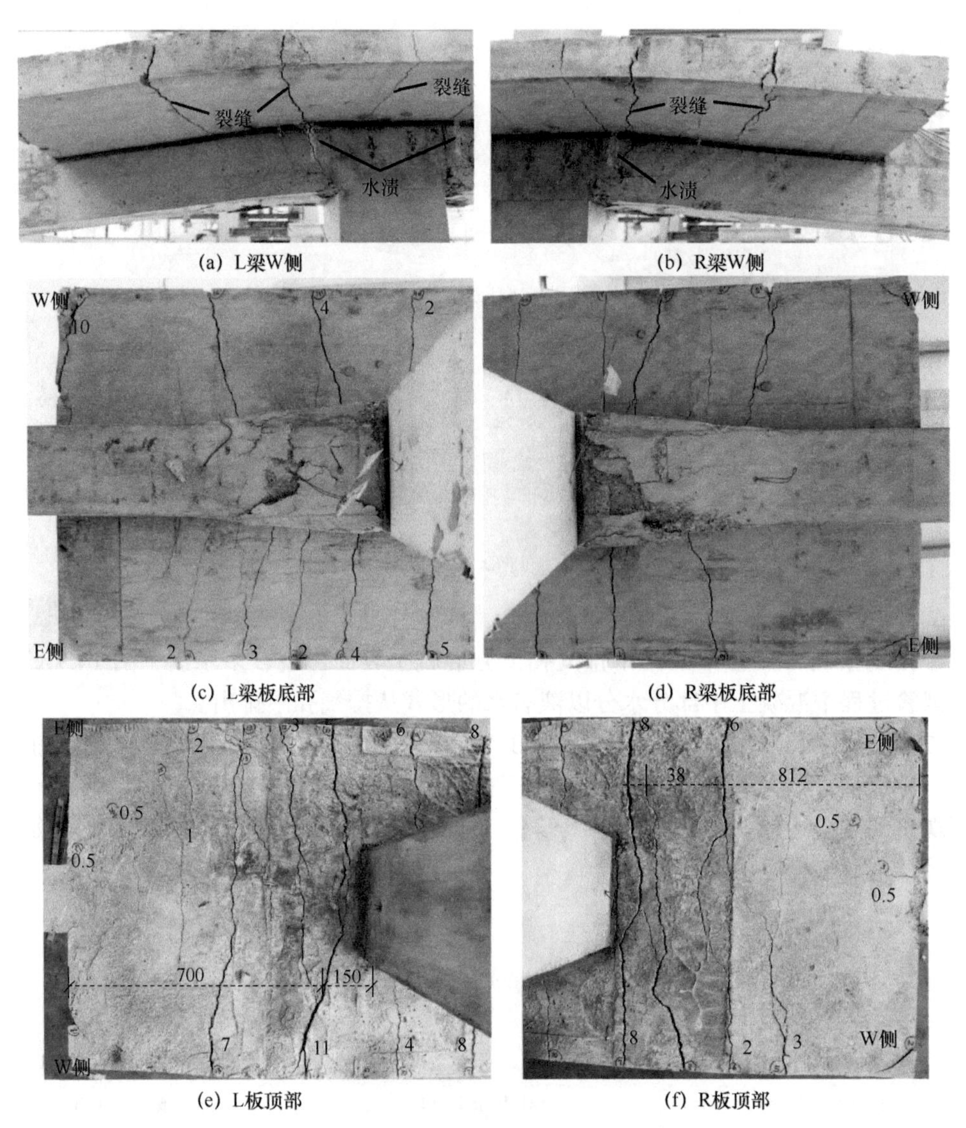

(a) L梁W侧　(b) R梁W侧

(c) L梁板底部　(d) R梁板底部

(e) L板顶部　(f) R板顶部

图 14.11　试件 J0-3 的局部破坏形态（尺寸单位：mm）

沿着梁板边缘发展［图 14.11（f）]。

图 14.12 所示为试件 J1-3 的整体破坏形态。试件 J1-3 为耐火极限试验，其耐火极限为 217min，为梁破坏，且仅 L 梁发生破坏，R 梁没有发生破坏。试件接近破坏时，L 梁变形发展加速，同时 R 梁变形发展明显减慢，节点两侧梁出现不均匀变形。试验结束后，可观察到 L 梁板变形明显高于 R 梁，节点区可观察到转动。

图 14.13 所示为试件 J1-3 的局部破坏形态。梁底部靠近节点区部分没有明显的混凝土剥落［图 14.13（a）、（b）]，这主要是因为其梁荷载比较小（m=0.25）。梁板下表面也没有观察到明显的裂缝［图 14.13（c）、（d）]，梁底部表面无明显混凝土剥落。仅 N 板上表面出现裂缝，裂缝在板中部宽度较大，最宽为 3mm。

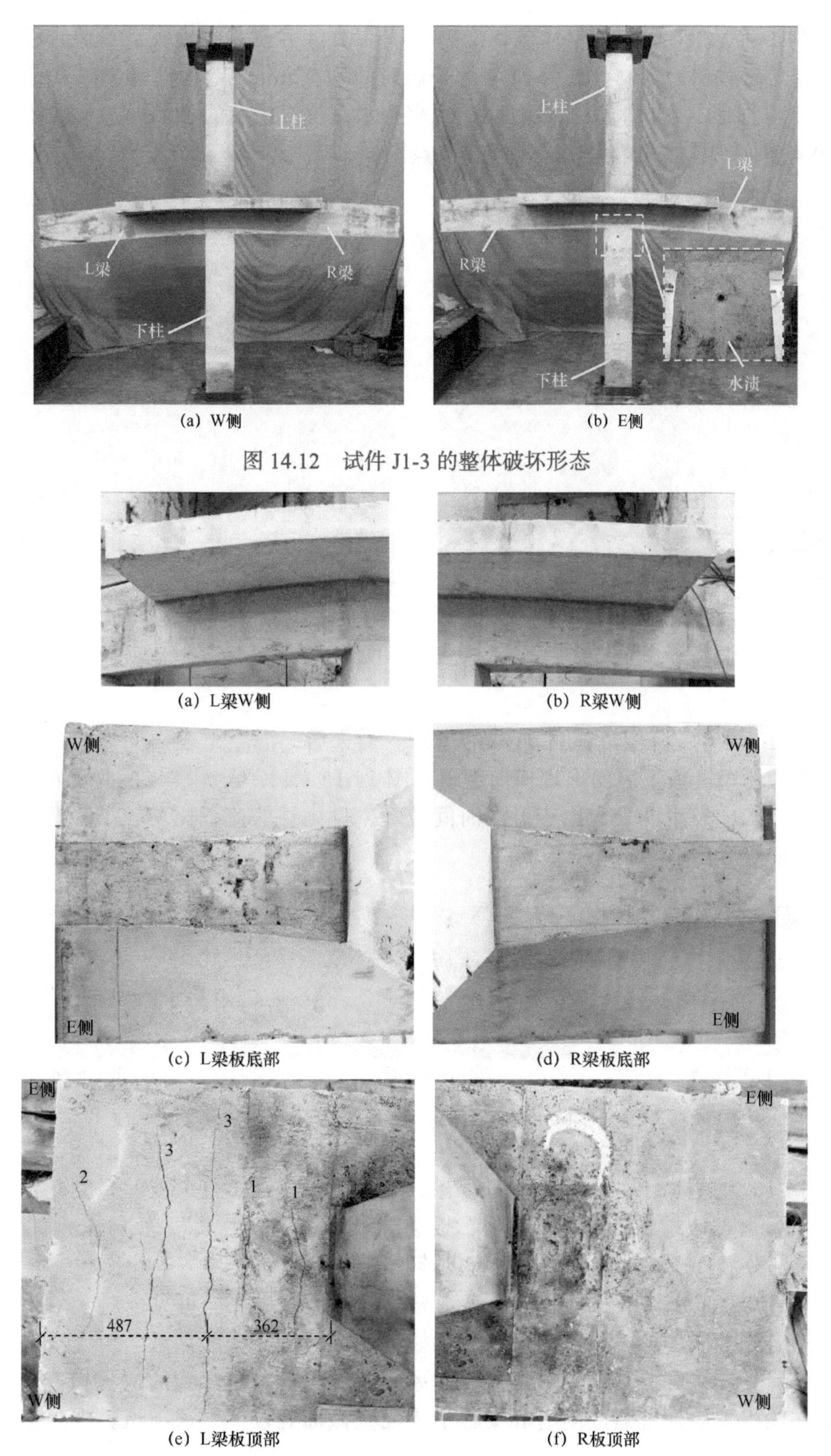

(a) W侧　(b) E侧

图 14.12　试件 J1-3 的整体破坏形态

(a) L梁W侧　(b) R梁W侧

(c) L梁板底部　(d) R梁板底部

(e) L梁板顶部　(f) R板顶部

图 14.13　试件 J1-3 的局部破坏形态（尺寸单位：mm）

图 14.14 为试件 J1-4 的整体破坏形态。试件 J1-4 为全过程火灾后试验，柱荷载比为 0.30，梁荷载比为 0.25。试件 J1-4 的升温时间为 72min，约为试件 J1-3 耐火极限的 1/3。升、降温段，在试验炉外没有明显观察到水蒸气。最后的破坏形态与试件 J0-3 和试件 J0-4 类似，梁曲率最大位置出现在节点区。

(a) W侧

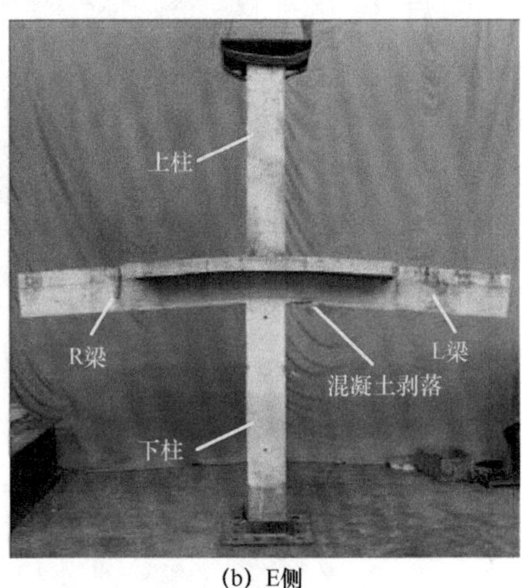

(b) E侧

图 14.14　试件 J1-4 的整体破坏形态

图 14.15 为升、降温后试件 J1-4 的形态。受火后，混凝土表面变为灰白色，板上表面略带淡粉色。板下表面出现横向裂缝［图 14.15（a）、（c）］，与板上表面的裂缝连接，使板沿横向发生断裂。由于升温时间较短，且梁柱的荷载比均较小，升、降温后梁柱的残余变形较小。

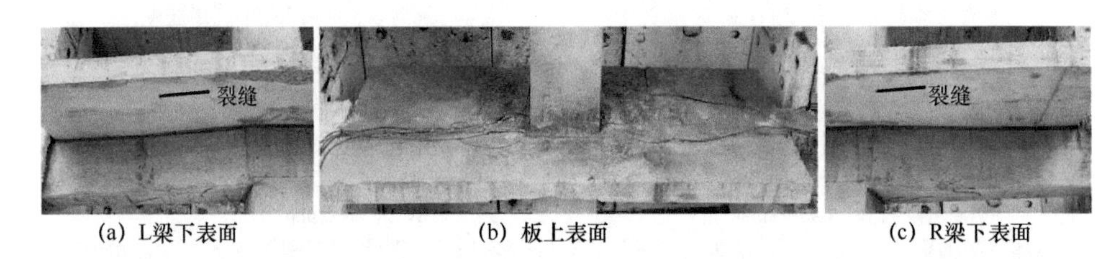

(a) L梁下表面　　(b) 板上表面　　(c) R梁下表面

图 14.15　升、降温后试件 J1-4 的形态

图 14.16 为试件 J1-4 的局部破坏形态。梁板上裂缝贯通整个板的高度，且向梁底部延伸。板上部裂缝在节点区较宽，L 板裂缝最宽为 8mm，R 板为 14mm。仅 L 梁 E 侧角部小部分混凝土在火灾后加载过程剥落［图 14.16（d）］。

图 14.17 为部分节点破坏形态的实测与计算的形态对比。可见，对于耐火极限试验，计算得到的破坏形态与试验相同，梁柱的变形大小与试验接近。对于全过程火灾后试验，计算结果中，梁靠近节点处的曲率较大，与试验观察到的情况相符合。主应变矢量在梁板上表面节点区附近和梁板上表面变截面处较大，这与试验中观察到的裂缝出现较多的位置吻合。

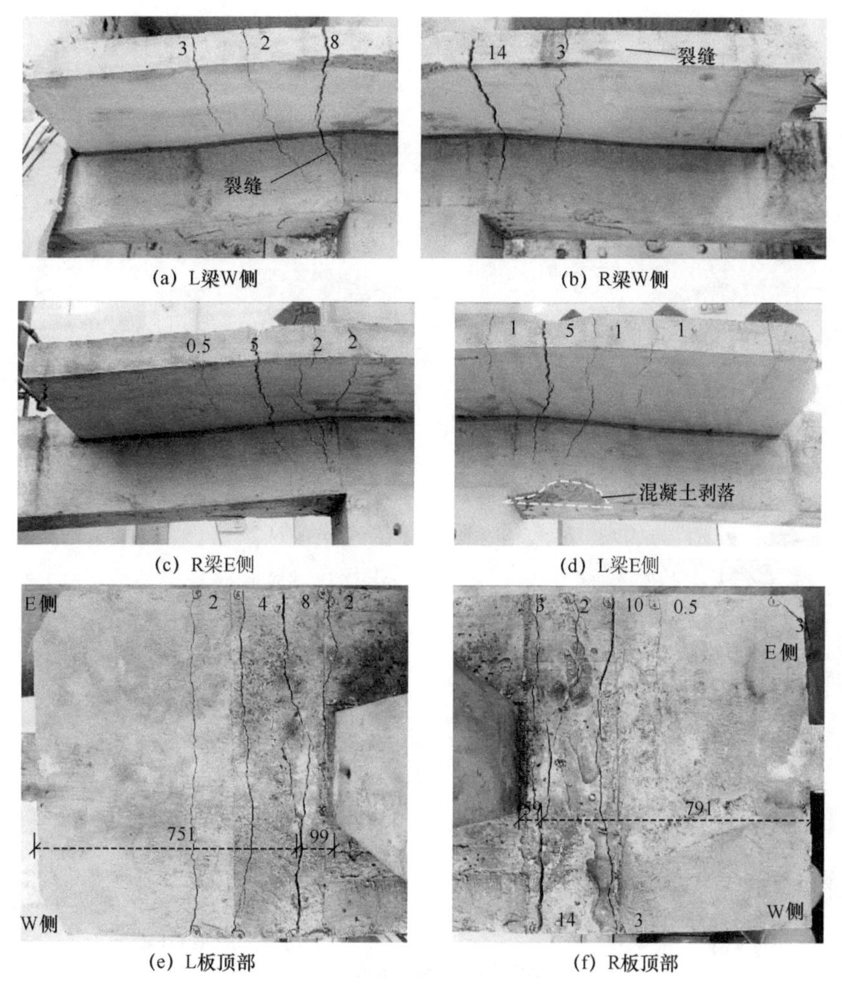

(a) L梁W侧　(b) R梁W侧　(c) R梁E侧　(d) L梁E侧　(e) L板顶部　(f) R板顶部

图 14.16　试件 J1-4 的局部破坏形态（尺寸单位：mm）

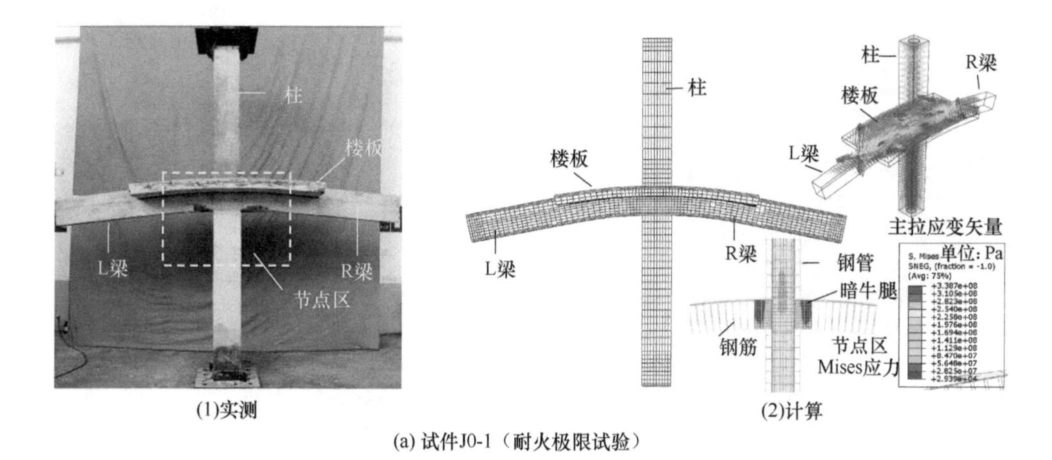

(1)实测　(2)计算

(a) 试件J0-1（耐火极限试验）

图 14.17　节点的实测与计算破坏形态对比

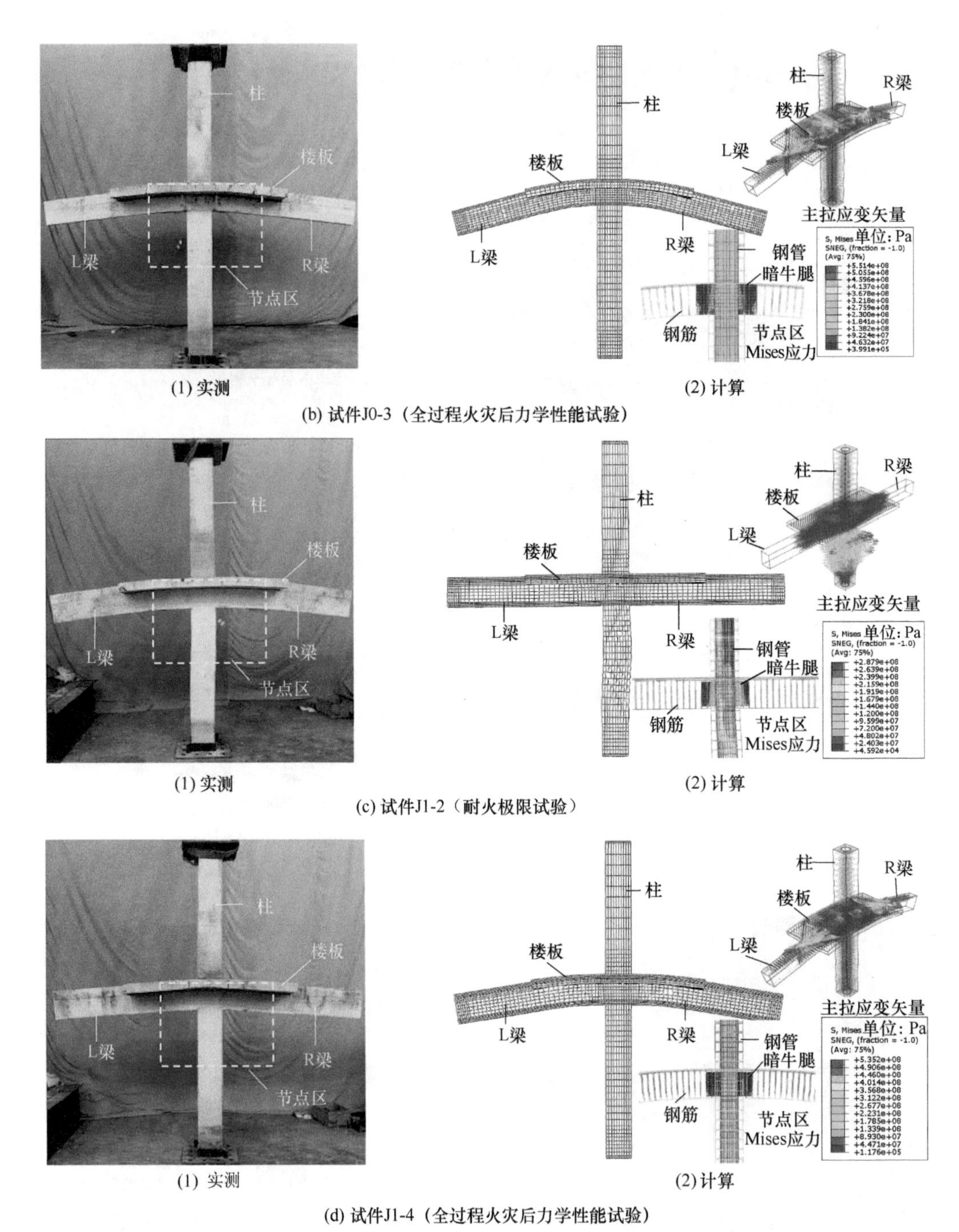

(1) 实测　　(2) 计算

(b) 试件J0-3（全过程火灾后力学性能试验）

(1) 实测　　(2) 计算

(c) 试件J1-2（耐火极限试验）

(1) 实测　　(2) 计算

(d) 试件J1-4（全过程火灾后力学性能试验）

图 14.17 （续）

试件 J1-2 计算得到的破坏形态与实际有差异：试验中观察到的是梁破坏，同时节点下部的柱也可观察到明显的弯曲变形；而计算结果中，柱的破坏先于梁破坏，梁的挠度较小。这主要是因为在对钢管混凝土加劲混合结构柱耐火性能计算时，计算结果相对于试验结果总体上偏于安全（见第 9 章）。节点下方柱可以观察到明显的变形，变形方向与试验观测一致。这是因为试验中实测了上端板的转动，有限元计算模型中输入了该转动作为边界条件的初始缺陷。

（3）温度 - 受火时间关系

图 14.18 为炉膛温度（T）- 受火时间（t）关系。可见，炉膛升阶段的 T-t 关系与 ISO-834（1975）标准升温曲线接近。

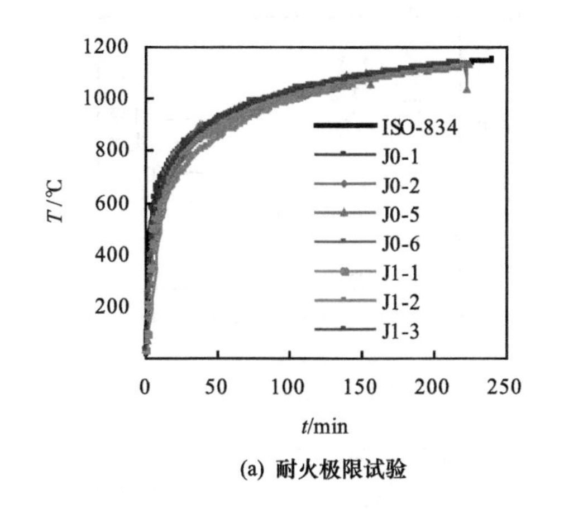

(a) 耐火极限试验

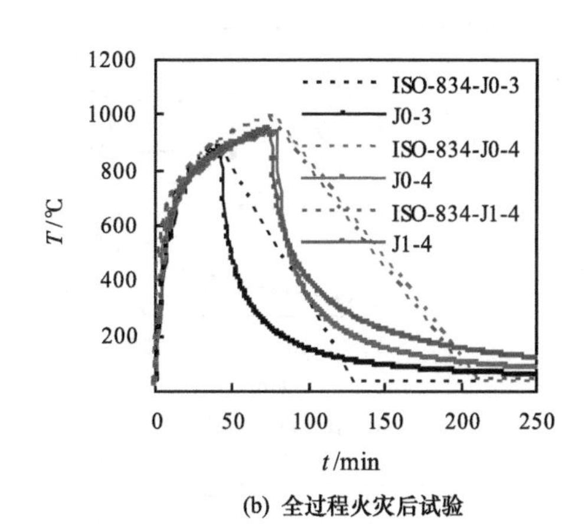

(b) 全过程火灾后试验

图 14.18　实测炉膛 T-t 关系

图 14.19～图 14.22 为实测和计算的温度（T）- 受火时间（t）关系。图 14.19 为试件 J0-1 的实测 T-t 关系，试件 J0-1 进行的是耐火极限试验，其耐火极限为 110min，升温时间为 113min，由图 14.19 可见：

1）T-t 关系在约 100℃处存在平台段：这是由于混凝土中水分气化吸收热量，减缓了温度上升速率。平台段持续时间较长，如测温点 BJ2 的持续约 70min。该现象在钢管附近测温点较明显，这是因为与表面混凝土相比，水分迁移到外界需要一段时间，同时与内部相比，钢管附近温度可较快地升至 100℃。梁节点区（BJ）的平台段比非节点区（BN）长。柱节点区（CJ）的平台段比非节点区（CN）长。

2）钢管内外壁的温度有明显差异：该测量得到的内、外钢管温度差异可能比实际差异大，因为热电偶测量端头的直径为 6mm，在固定热电偶较困难，混凝土浇筑时热电偶端部可能产生偏移。

3）柱非节点区温度明显高于对应节点区温度：梁的节点区和非节点区的温度差异较不明显，梁非节点区温度略高于梁节点区温度。

4）升温初期水分气化和迁移的影响导致温度升高较快：这个现象在距离受火面一定距离的测温点处较明显。对比实测结果和计算结果，可见部分测温点的实测 T-t 关系在升温初期升高较快。一般情况下，若测温点在 100℃的温度平台较明显，则其升温初期的升温速率

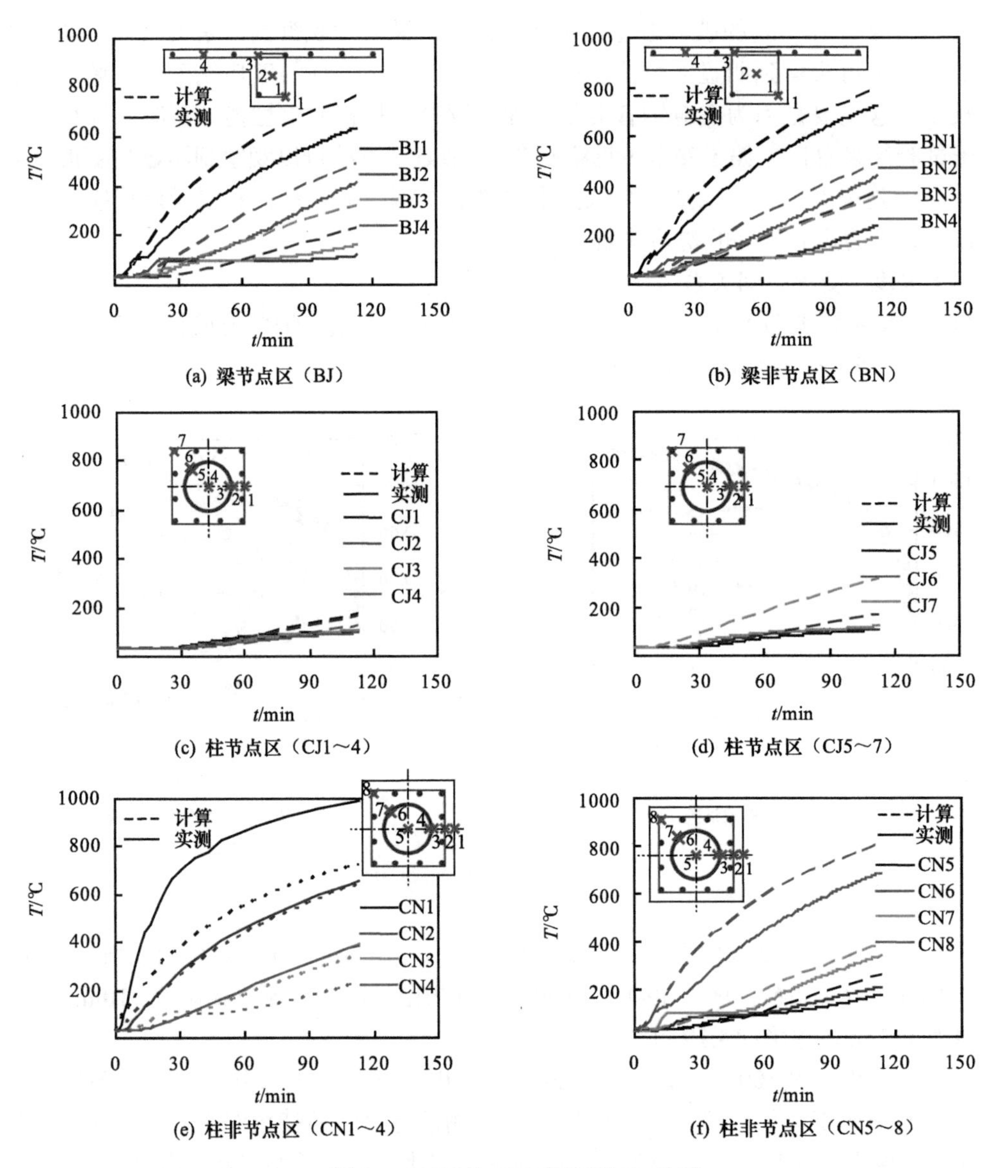

(a) 梁节点区（BJ）　(b) 梁非节点区（BN）
(c) 柱节点区（CJ1～4）　(d) 柱节点区（CJ5～7）
(e) 柱非节点区（CN1～4）　(f) 柱非节点区（CN5～8）

图 14.19　试件 J0-1 的实测 *T-t* 关系

提高也较明显。如柱测温点 CN7 在升温 15min 时便达 96℃，其温度平台持续约 30min。

图 14.20 为试件 J0-3 的实测温度（*T*）- 受火时间（*t*）关系。试件 J0-3 为全过程火灾后试验，其升温时间为 41min。由图 14.20 分析如下。

1）*T-t* 关系在 100℃存在平台段：如测温点 BN3、CN5 和 CN6，CJ 区的各测温点甚至在整个升、降温段较长时间范围内温度保持为 90～110℃。

2）钢管内外表面温度存在差异，这与耐火极限试验结果相似：如升温结束时，柱非节点区钢管外测温点 CN3 温度为 100℃，钢管内测温点 CN4 的温度为 64℃。

3）梁非节点区温度高于节点区温度：升温结束后，试件内部温度继续升高，梁纵

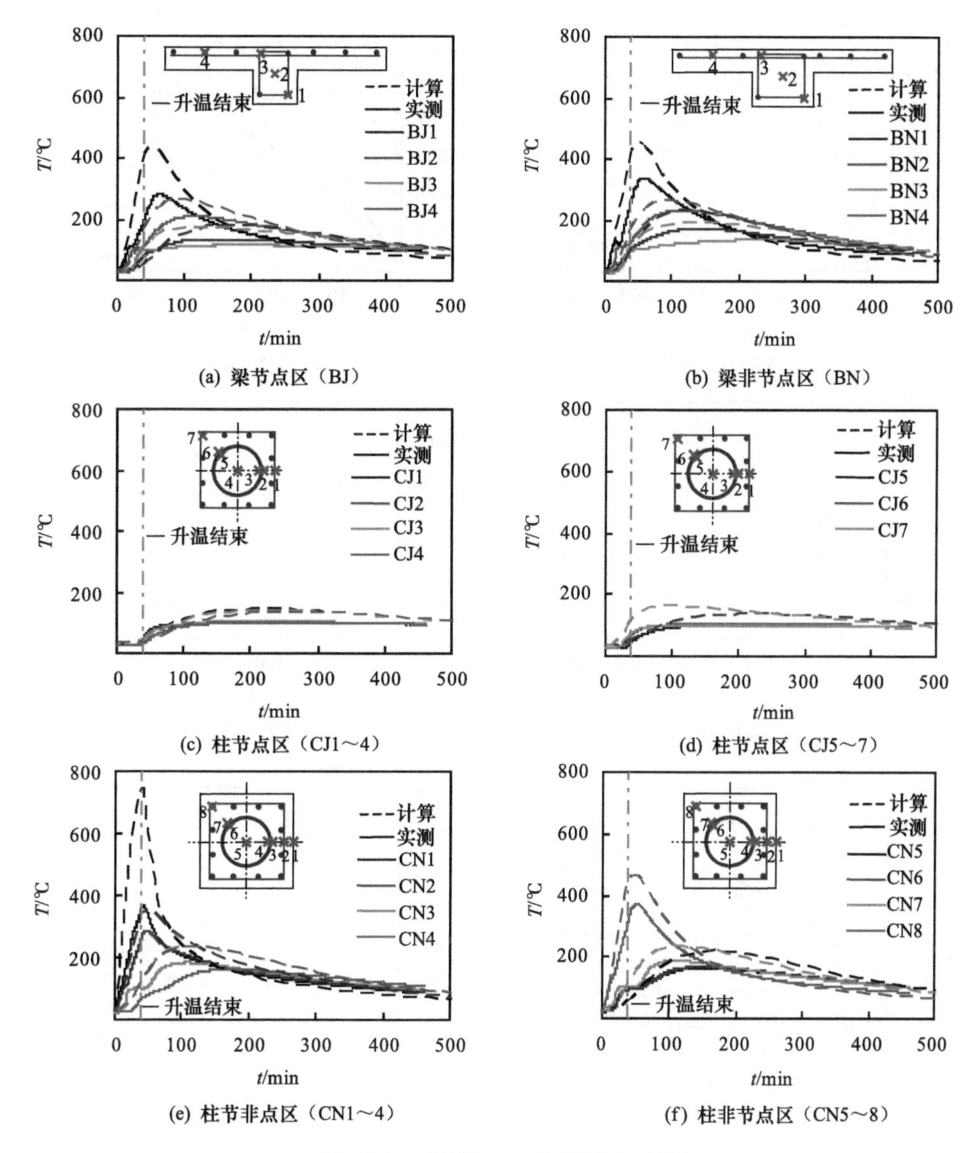

(a) 梁节点区（BJ）

(b) 梁非节点区（BN）

(c) 柱节点区（CJ1～4）

(d) 柱节点区（CJ5～7）

(e) 柱节非点区（CN1～4）

(f) 柱非节点区（CN5～8）

图 14.20　试件 J0-3 的实测 *T-t* 关系

筋测温点温度在升温结束后约 20min 后才开始降低。由于升温时间较短，梁整体最高温度不超过 350℃。柱节点区最高温度约为 100℃，非节点区内部测温点温度平台明显。

4）内部测温点温度在升温结束之后仍然继续保持升高：该延迟现象随与受火面距离的增大而明显，这是混凝土的导热系数较低所致。

图 14.21 为试件 J1-3 的实测温度（*T*）- 受火时间（*t*）关系，试件 J1-3 为耐火极限试验，耐火极限为 217min，升温时间为 217min。与试件 J1-2 相比，试件 J1-3 的温度平台较不明显，持续时间较短。测温点 CN1 在升温至 20min（温度约 370℃）和 150min（温度约 800℃）时均出现短暂下降的现象，测温点 CN5 在升温 140min 时（温度约 200℃）也出现短暂下降现象，这是由于升温段混凝土中水分的影响所致。

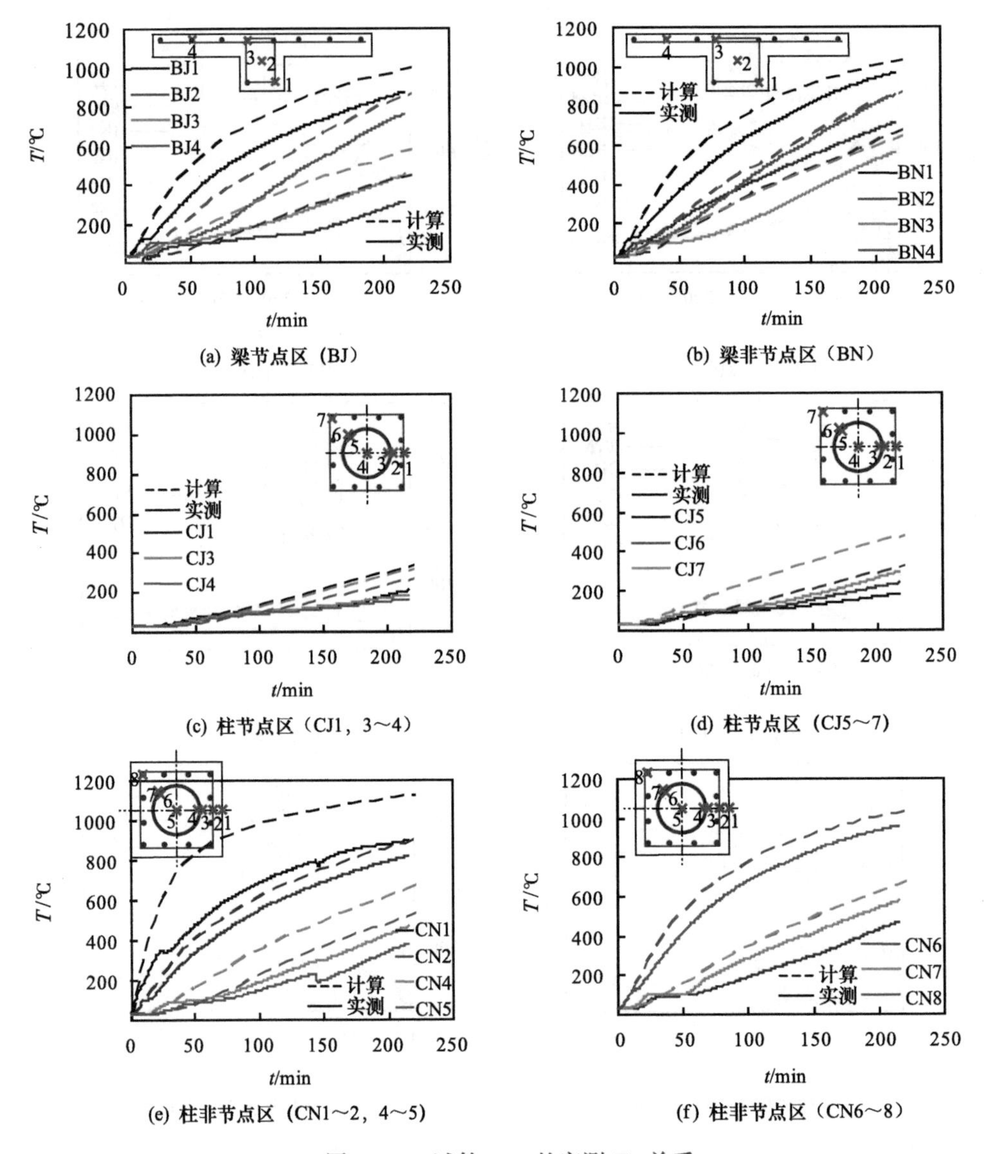

图 14.21　试件 J1-3 的实测 T-t 关系

图 14.22 为试件 J1-4 的实测温度（T）-受火时间（t）关系，试件 J1-4 为全过程火灾后试验，升温时间为 72min。试件 J1-4 的 T-t 关系的变化趋势与试件 J0-3 的相似，且由于升温时间较短，试件各测温点的最高温度为 614℃。梁节点区和非节点区在 100℃的温度平台均较明显。

（4）变形-受火时间关系

图 14.23～图 14.32 为试件实测和计算的柱轴向变形（Δ_c）-受火时间（t）关系和梁端位移（δ_b）-受火时间（t）关系。

图 14.23（a）为试件 J0-1 实测的柱轴向变形（Δ_c）-受火时间（t）关系，柱的膨胀呈现明显的两阶段特征：即先膨胀，后压缩。升温前 75min，试件处于膨胀阶段；

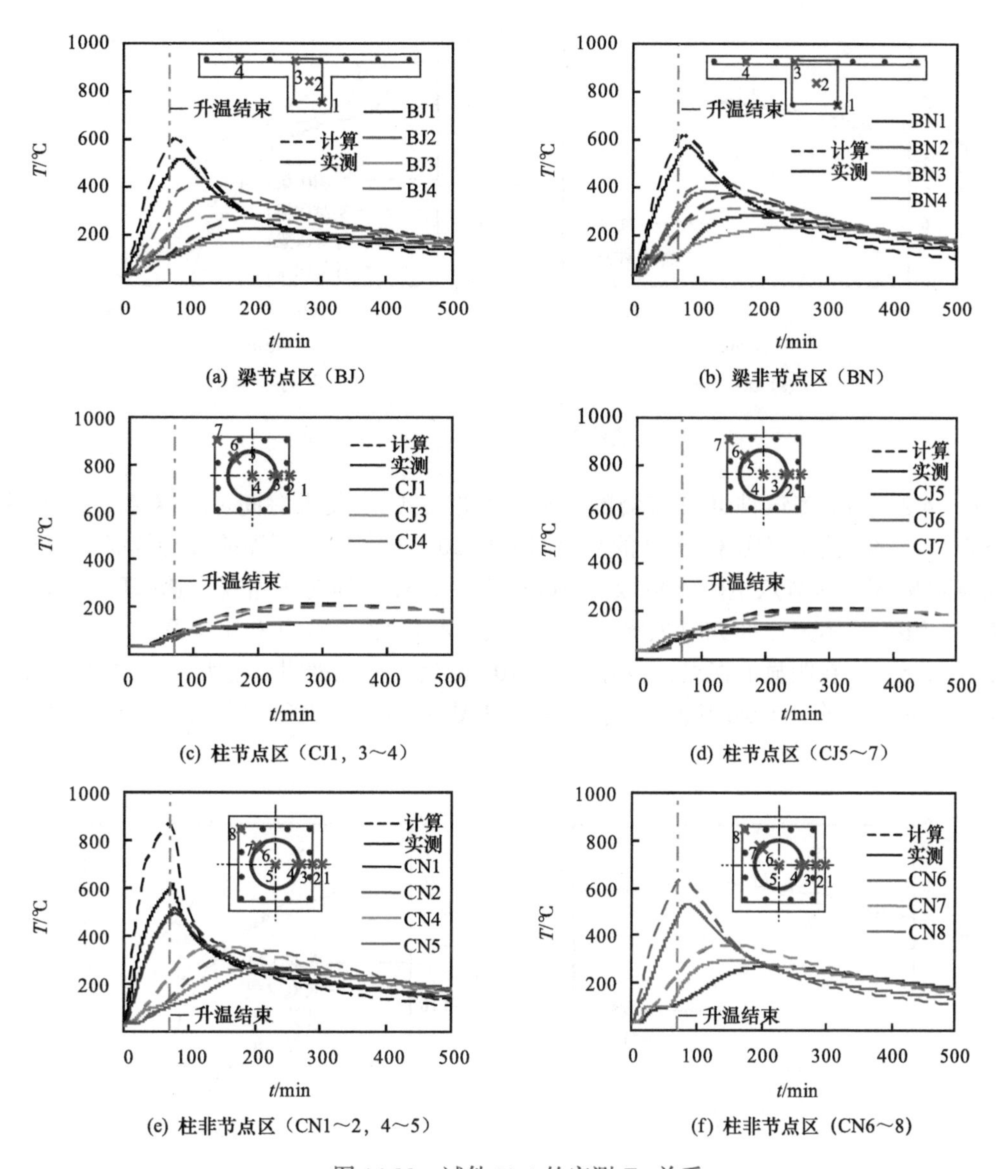

(a) 梁节点区（BJ）

(b) 梁非节点区（BN）

(c) 柱节点区（CJ1，3～4）

(d) 柱节点区（CJ5～7）

(e) 柱非节点区（CN1～2，4～5）

(f) 柱非节点区（CN6～8）

图 14.22　试件 J1-4 的实测 T-t 关系

75～100min，Δ_c 变化幅度较小；100min 之后，试件开始压缩。

图 14.23（b）为试件 J0-1 实测的梁端挠度（δ_b）- 受火时间（t）关系。梁端虽然达破坏位移值 102mm，但仍可继续承载，最后由于千斤顶行程达极限值而停止试验。δ_b-t 关系在约 25min 存在明显的拐点，这是因为在 20min 以后，梁中的水分气化，带走热量，使温度升高的速率降低。L 梁和 R 梁的变形发展差异较小，L 梁挠度略大于 R 梁。

试件 J0-1 的计算结果与实测结果较吻合，但实测 δ_b-t 关系在升温开始阶段（25min）增加较大，25min 之后增加缓慢，这主要是因为水分迁移的影响。但是由于有限元计算模型中没有充分考虑到水分迁移的影响，所以计算的 δ_b-t 关系并无此阶段。

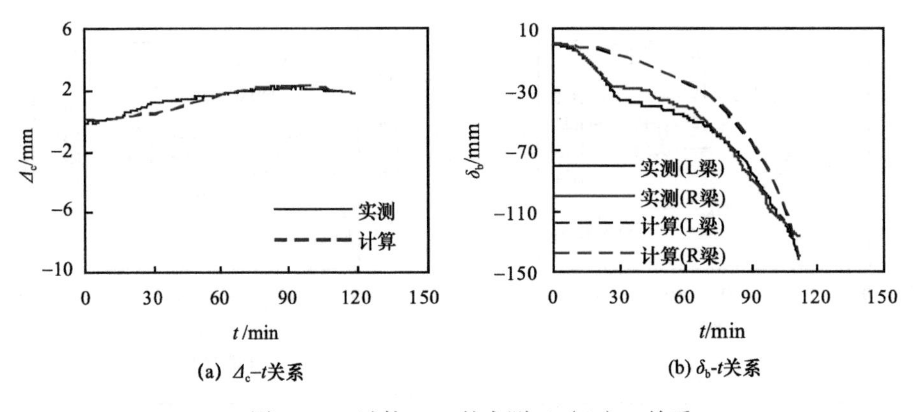

图 14.23　试件 J0-1 的实测 Δ_c（δ_b）-t 关系

图 14.24（a）为试件 J0-2 实测的柱轴向变形（Δ_c）- 受火时间（t）关系，该关系与试件 J0-1 的类似，但试件 J0-2 的受火时间比 J0-1 长，因此压缩阶段持续时间较长。在梁发生破坏，即节点达耐火极限（116min）后，柱的轴向压缩变形速率明显加快。图 14.24（b）所示为试件 J0-2 实测的梁端挠度（δ_b）- 受火时间（t）关系。δ_b-t 关系在升温约 32min 存在明显的拐点，当升温达 110min 后，梁挠度明显增大。在试验开始阶段至升温 63min 前，R 梁的挠度大于 L 梁。升温 63min 至破坏阶段，L 梁的挠度超过 R 梁。

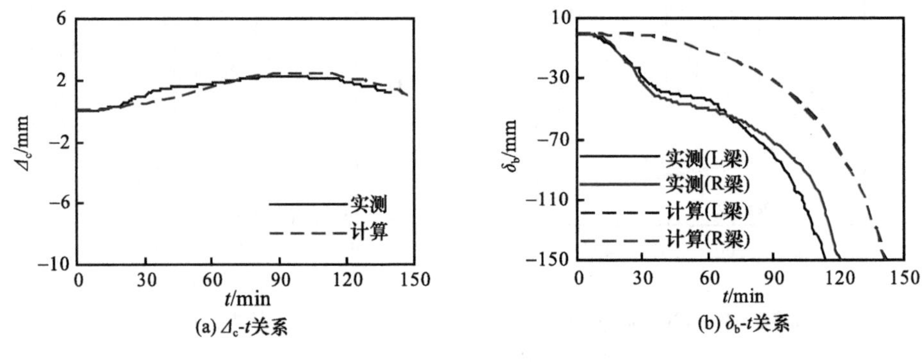

图 14.24　试件 J0-2 的实测 Δ_c（δ_b）-t 关系

试件 J0-2 的 Δ_c-t 关系计算结果与实测结果相比吻合较好，但计算得到的梁的变形小于实测结果，这主要也是因为水分对混凝土比热的影响所致。

图 14.25（a）为试件 J0-3 实测的柱轴向变形（Δ_c）- 受火时间（t）关系，图中 Ⅰ 表示常温段，Ⅱ 表示火灾升、降温段，Ⅲ 表示火灾后阶段。在整个降温段，柱轴向变形在不断增加，但增加速率随时间降低。柱向南略微弯曲。火灾后加载过程，两个梁同时进行加载，轴向变形影响不明显。

图 14.25（b）为试件 J0-3 实测的梁端挠度（δ_b）- 受火时间（t）关系。L 梁的挠度在升温段高于 R 梁，直至降温段结束。δ_b 在升温结束后继续增加，在 300min 后趋于稳定。降温段梁柱变形差异主要是因为，在 300min 后，梁截面温度基本趋于相同，整个

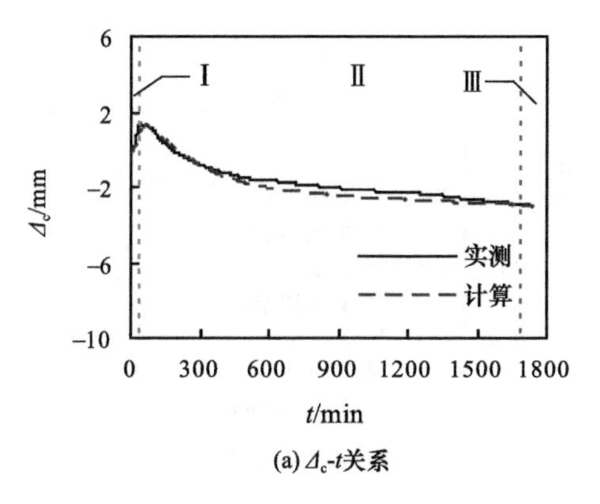

(a) Δ_c-t关系

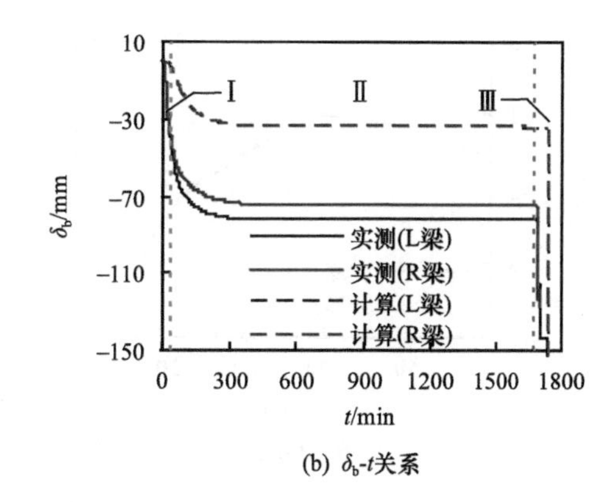

(b) δ_b-t关系

图 14.25 试件 J0-3 的实测 Δ_c（δ_b）-t 关系

梁截面温度均匀下降，梁沿轴向的收缩对于梁端挠度影响不明显。而温度的降低导致柱沿轴向的收缩持续增加。

图 14.26（a）为试件 J0-4 实测的柱轴向变形（Δ_c）- 受火时间（t）关系，图中 I 表示常温段，II 表示火灾升、降温段，III 表示火灾后阶段。降温段，柱轴向压缩变形持续增加，由于试件 J0-4 的升温时间比试件 J0-3 长，因此试件 J0-4 的柱在降温段的轴向压缩变形增加的幅度较大。图 14.26（b）为试件 J0-4 实测的梁端挠度（δ_b）- 受火时间（t）关系。梁端挠度在升温结束（77min）时继续增加，在 400min 后不再增加。整个试验过程中，L 梁的挠度值始终大于 R 梁的挠度值。

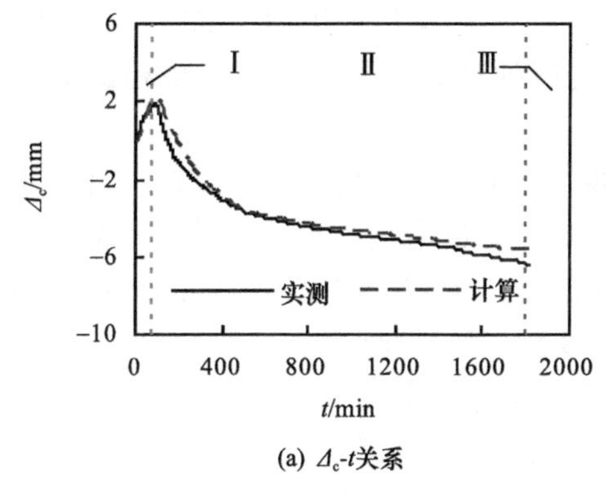

(a) Δ_c-t关系

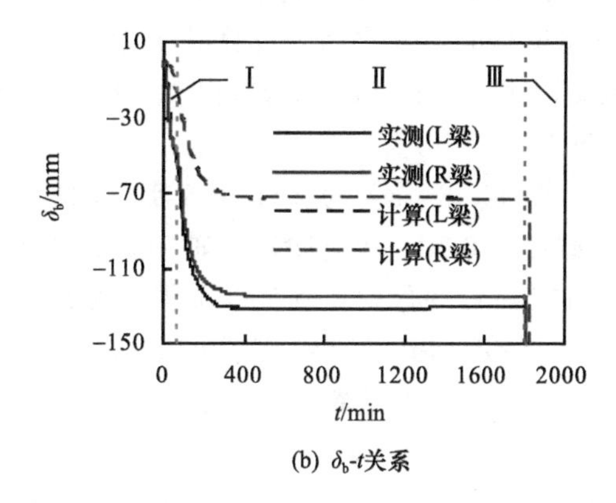

(b) δ_b-t关系

图 14.26 试件 J0-4 的实测 Δ_c（δ_b）-t 关系

图 14.27（a）为试件 J0-5 实测的柱轴向变形（Δ_c）- 受火时间（t）关系。可见，与试件 J0-1 和试件 J0-2 相比，在破坏前，试件 J0-5 柱变形较大，超过 15mm。这主要是试件 J0-5 的柱荷载比较大（n=0.42），梁荷载比较小（m=0.28），在该情况下，节点更加容易表现出柱破坏的特征。

图 14.27（b）为试件 J0-5 实测的梁端挠度（δ_b）- 受火时间（t）关系。与试件 J0-1 和试件 J0-2 对比，试件 J0-5 的 δ_b-t 关系在升温初期没有出现明显的拐点。在 75min 前，由于梁板底部受热所致，梁端挠度一直在减小。75min 之后，δ_b 开始增加。

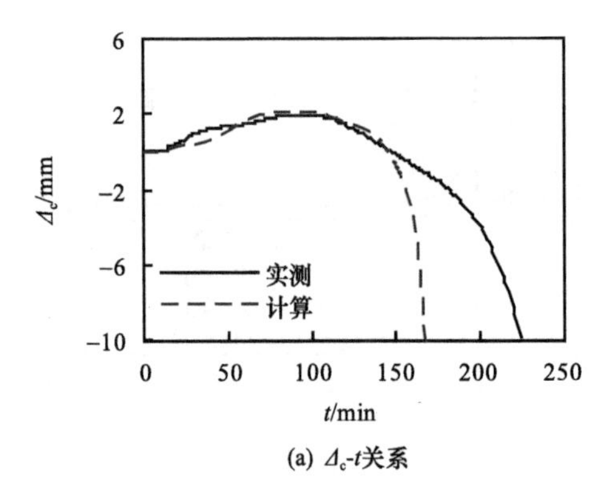

(a) Δ_c-t关系

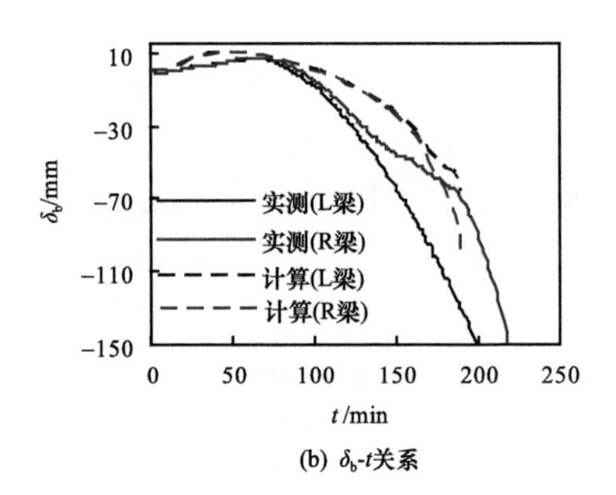

(b) δ_b-t关系

图 14.27　试件 J0-5 的实测 Δ_c（δ_b）-t 关系

试件 J0-5 的 R 梁挠度在约 140min 出现拐点，之后变形增加速率降低，但其在 180min 再次出现拐点，变形速率增大。达耐火极限时，R 梁和 L 梁的变形速率均较大，但两者挠度值存在明显差异，L 梁挠度大于 R 梁挠度。

第 9.3 节开展的钢管混凝土加劲混合结构柱耐火性能试验中的试件 S0-1 和试件 S0-2 的耐火极限平均值为 162min，对比试件 J0-5 的试验结果可见，虽然柱荷载比相同，但试件 J0-5 在升温 224min 时依然没有出现柱破坏。这一方面是因为节点试件的柱的受火高度仅为节点以下，即受火区域的有效高度降低，另一方面是因为梁的存在对柱起到了约束作用。

试件 J0-5 的 Δ_c-t 关系中，计算结果在 140min 前与试验结果重合，150min 后柱变形迅速增大，主要因为计算结果为钢管混凝土加劲混合结构柱先于钢筋混凝土梁发生破坏［图 14.27（a）］。破坏时，试件 J0-5 的梁挠度的计算结果与实测结果相比偏小［图 14.27（b）］。

图 14.28（a）为试件 J0-6 实测的柱轴向变形（Δ_c）- 受火时间（t）关系。由于柱荷载比为 0.30，故升阶段柱轴向膨胀变形较试件 J0-5 明显增大，且持续时间较长，约为 120min，而试件 J0-5 的膨胀持续时间约为 80min。在 120～190min 内，试件 J0-6 的 Δ_c 的变化幅度较小，达到耐火极限时，Δ_c 刚出现轴向压缩变形。

与第 9.3 节开展的钢管混凝土加劲混合结构柱试验的试验结果对比可见，试件 J0-6 的 Δ_c-t 关系与柱构件的结果类似，升温约 40min 时，Δ_c-t 关系存在拐点，升温速率降低，其原因为升温段水分迁移所致。但试件 J0-6 的变形稳定阶段持续时间并不长，在升温约 55min 时，Δ_c 又开始增加。试件 J0-6 的受火时间较长，Δ_c-t 关系在 200min 后柱轴向变形迅速增加［图 14.28（a）］，δ_b-t 关系的计算结果小于实测结果，主要是因为钢筋混凝土梁板土中的裂缝的形成和发展，但这在有限元计算模型中暂无法考虑。

图 14.28（b）为试件 J0-6 实测的梁端挠度（δ_b）- 受火时间（t）关系。试件 J0-6 和试件 J0-5 的梁荷载比均为 0.28，两者的 δ_b-t 关系形状相似。但试件 J0-6 的 δ_b-t 关系在升温初期和后期均没有出现明显的拐点。升温初期，R 梁挠度大于 L 梁，升温 70～130min 时，L 梁挠度超过 R 梁，130min 至试验结束，R 梁挠度再次大于 L 梁。

图 14.29（a）为试件 J1-1 实测的柱轴向变形（Δ_c）- 受火时间（t）关系。该 Δ_c-t

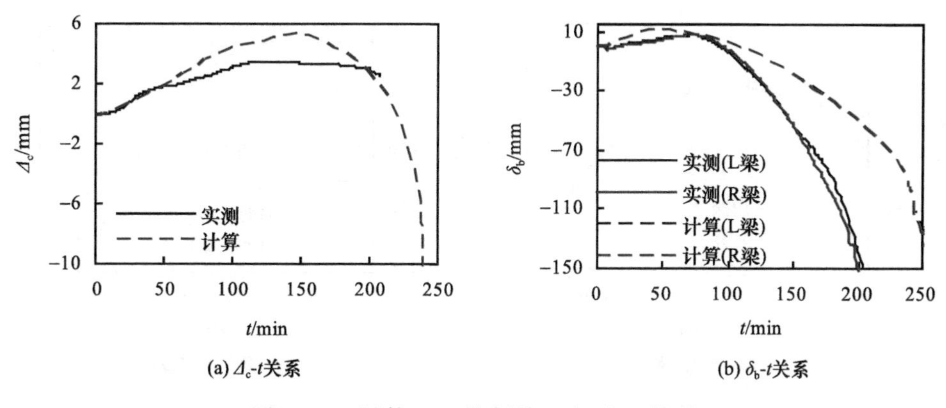

图 14.28　试件 J0-6 的实测 Δ_c（δ_b）-t 关系

关系与试件 J0-1 和试件 J0-2 的类似。试件 J1-1 在升温 105min 后，柱开始轴向压缩。

图 14.29（b）为试件 J1-1 实测的梁端挠度（δ_b）- 受火时间（t）关系。由于梁荷载比为 0.50，升温段，梁没有观察到明显的上翘。升温约 40min，出现 δ_b 增加速率短暂性下降，δ_b-t 关系出现拐点，这主要是混凝土中水分的影响。升温 95min 时，L 梁的 δ_b 度突然增加，这是梁底部混凝土发生局部剥落所致。

试件 J1-1 的 Δ_c-t 关系的计算结果和试验结果重合，计算的 δ_b-t 关系发展趋势与试验结果吻合，但挠度偏小（图 14.29）。

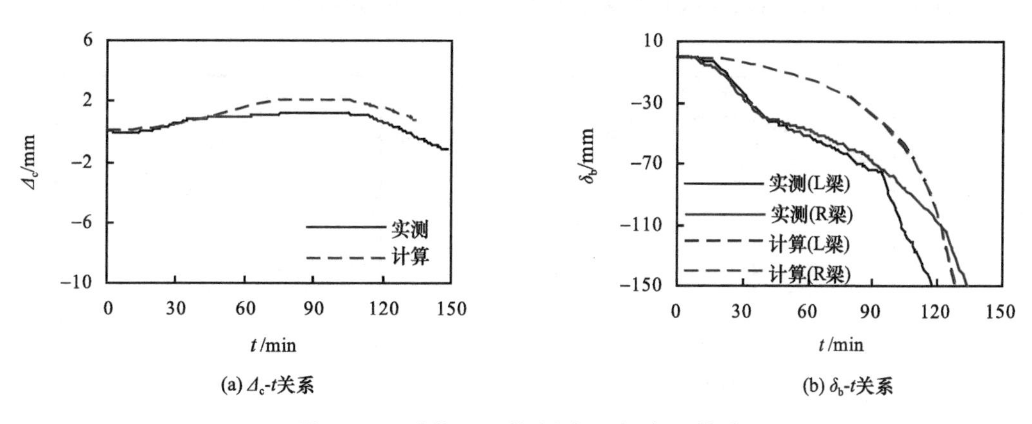

图 14.29　试件 J1-1 的实测 Δ_c（δ_b）-t 关系

图 14.30（a）为试件 J1-2 实测的柱轴向变形（Δ_c）- 受火时间（t）关系。与试件 J1-1 相比，试件 J1-2 膨胀较明显，柱顶部发生偏转。图 14.30（b）为试件 J1-2 实测的梁端挠度（δ_b）- 受火时间（t）关系。由于梁荷载比为 0.25，在试验 80min 前，δ_b 缓慢减小。升温 80min 之后，δ_b 开始增大。整个试验过程中，L 梁的 δ_b 始终大于 R 梁。

试件 J1-2 的计算结果为柱先于梁发生破坏，故柱轴向变形的计算结果在 150min 之后迅速增大，δ_b 的计算值偏低，这与试件 J0-5 的情况类似。

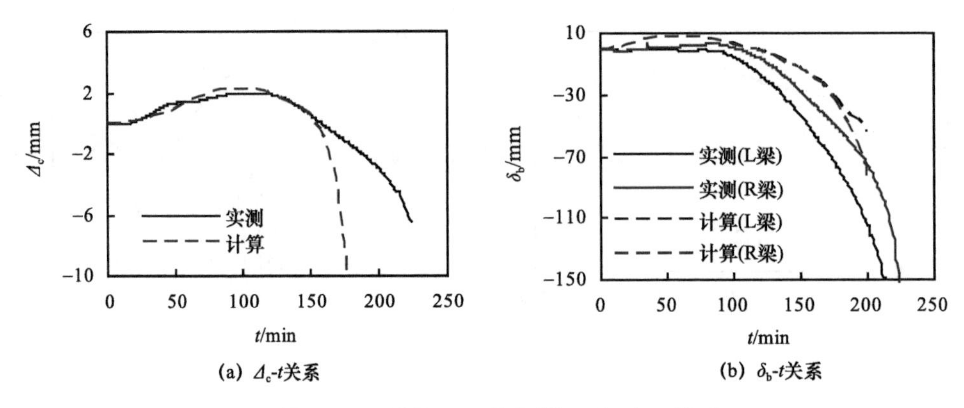

(a) Δ_c-t关系　　(b) δ_b-t关系

图 14.30　试件 J1-2 的实测 Δ_c（δ_b）-t 关系

图 14.31（a）为试件 J1-3 实测的柱轴向变形（Δ_c）-受火时间（t）关系。试件 J1-3 的柱荷载比为 0.30。与试件 J1-2 相比，试件 J1-3 的柱膨胀较为明显。节点破坏之前，柱仅发生短暂的压缩变形。图 14.31（b）所示为试件 J1-3 实测的梁端挠度（δ_b）-受火时间（t）关系。

梁荷载比为 0.25，与试件 J1-2 相同，升温段略微出现了梁端上翘，升温约 80min，δ_b 开始增加。升温 150min 时，L 梁的 δ_b 继续增大，速率不断增加，而 R 梁的 δ_b 增速减小，L 梁和 R 梁的 δ_b-t 关系呈现分叉的情况。180min 后，L 梁的变形速率不断增加，而 R 梁的 δ_b 增加幅度较小，节点呈现两端不对称的破坏形态。

试件 J1-3 的计算结果与试验结果的对比情况与试件 J0-6 类似。

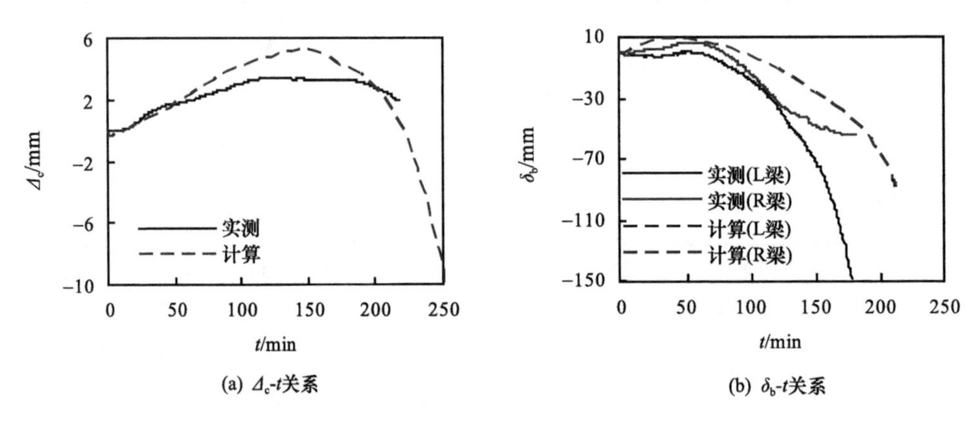

(a) Δ_c-t关系　　(b) δ_b-t关系

图 14.31　试件 J1-3 的实测 Δ_c（δ_b）-t 关系

第 9 章开展的钢管混凝土加劲混合结构柱火灾试验中的试件 S0-5 的耐火极限为 201min，与试件 J1-3 对比可见，虽然两者的柱荷载比均为 0.30，但试件 J1-3 的柱的耐火极限长于试件 S0-5，且在升温 217min 时，试件 J1-3 的柱变形较不明显。可见，受火高度的减小和梁的约束作用使试件 J1-3 中的柱的耐火极限显著提高。

图 14.32（a）为试件 J1-4 实测的柱轴向变形（Δ_c）-受火时间（t）关系，图中Ⅰ表示常温段，Ⅱ表示火灾升、降温段，Ⅲ表示火灾后阶段。由于柱荷载比为 0.30，升温

段柱膨胀较为明显，甚至降温初期，柱仍然保持膨胀。降温段，柱持续发生收缩变形。图 14.32（b）为试件 J1-4 实测的梁端挠度（δ_b）- 受火时间（t）关系。由于梁荷载比为 0.25，升温过程梁端上翘，R 梁上翘比 L 梁明显。降温段，δ_b 开始增加，L 梁的 δ_b 始终大于 R 梁的 δ_b。400min 后，L 梁和 R 梁的 δ_b 均不再增加。

试件 J1-4 的 Δ_c-t 关系计算与实测结果相比偏大，计算结果的膨胀阶段变形偏高，梁在升、降温段的变形的计算结果小于实测结果，原因同试件 J0-3。

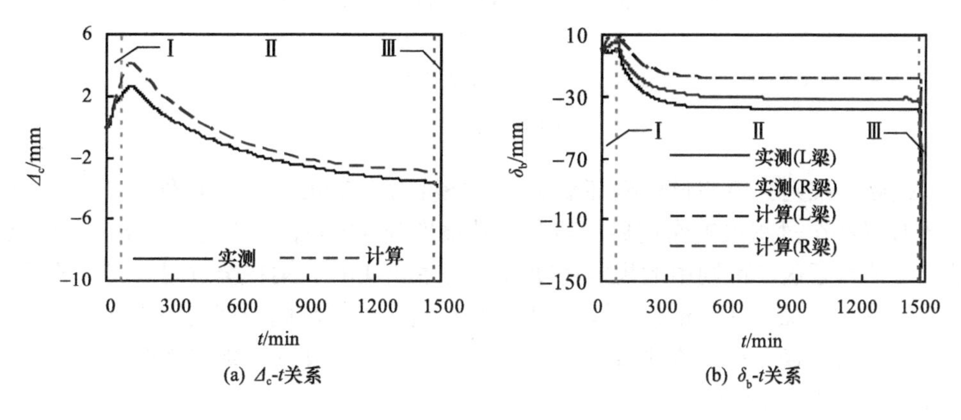

图 14.32　试件 J1-4 的实测 Δ_c（δ_b）-t 关系

通过对比 Δ_c-t 关系和 δ_b-t 关系的计算结果和实测结果，可见，柱的 Δ_c-t 关系计算结果与实测结果对比吻合较好，但由于不能考虑到钢筋混凝土梁板中裂缝的形成和发展，钢筋混凝土梁端挠度计算结果小于实测结果。

（5）荷载 - 变形关系

图 14.33 所示为全过程火灾后试验的梁荷载（P_F）- 梁端挠度（δ_b）关系。试件 J0-3 和试件 J0-4 的常温段的 P_F-δ_b 关系在初期为线性，说明此时梁变形处于弹性阶段，加载后期 P_F-δ_b 关系斜率下降，说明梁刚度降低，钢筋混凝土梁节点区顶部在常温加载结束时已经产生裂缝。

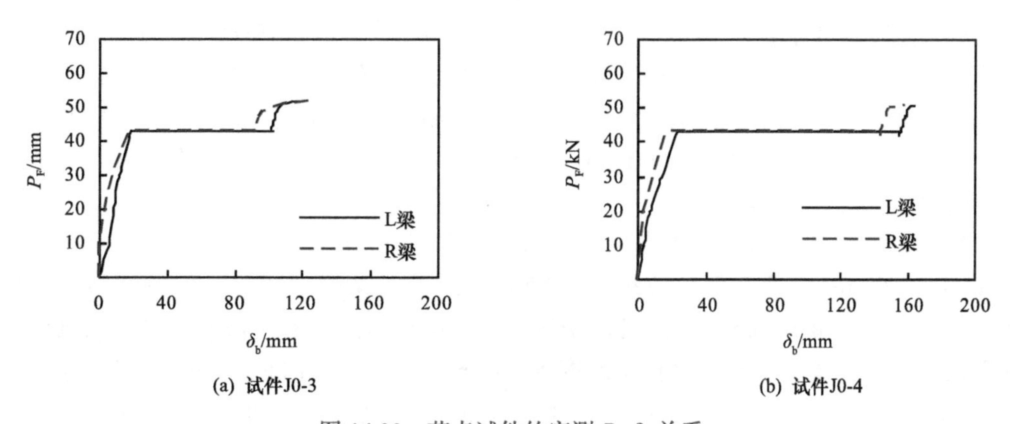

图 14.33　节点试件的实测 P_F-δ_b 关系

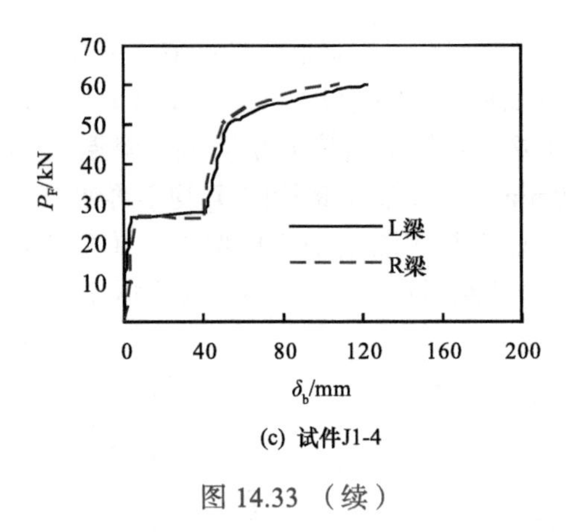

(c) 试件J1-4

图 14.33（续）

根据破坏准则，J0 组试件破坏规定的梁挠度为 102mm，J1 组试件为 88mm。试件 J0-3 的 L 梁在全过程火灾作用后的残余梁端挠度为 82mm，R 梁为 74mm，在降温段，梁的挠度值接近破坏准则中的规定挠度值。试件 J0-4 的 L 梁在全过程火灾后的残余挠度为 127mm，R 梁为 117mm，梁端挠度在降温段达破坏准则中规定的挠度值，但由于梁变形速率没有满足破坏准则要求，且梁可继续承载，故虽然梁端挠度已较大，但梁没有在降温时发生破坏。

试件 J1-4 的 L 梁在全过程火灾后的残余挠度为 36mm，R 梁为 33mm。可见在温度和荷载的共同作用下，升、降温段梁产生了较大的残余变形，其变形量甚至超过破坏准则中规定的变形量。火灾后加载初期，P_F-δ_b 关系呈直线，但随梁裂缝的发展，δ_b 快速增加，至梁破坏。

14.4　工作机理分析

参照某实际工程，结合相关规范的条文，确定钢管混凝土加劲混合结构柱-钢筋混凝土梁节点的设计参数。采用有限元计算模型，对组合节点在图 1.14 所示的 A→A′→B′→C′→D′→E′ 的时间-温度-荷载路径下的工作机理进行分析。

选定的典型算例的计算条件如下。

1）钢管混凝土加劲混合结构柱：矩形截面短边边长（B）× 矩形截面长边边长（D）× 柱总高度（H）=600mm×600mm×6000mm；内部钢管混凝土柱：外径（D_i）× 壁厚（t_s）= 325mm×9mm；柱纵筋：16Φ25，非加密区柱箍筋：3Φ10@200mm，加密区柱箍筋：3Φ10@100mm，加密区高度 1000mm，箍筋采用井字复合箍；混凝土保护层厚度 c 为 30mm；柱长细比 λ=34.6。

2）钢筋混凝土梁：梁高度（h）× 梁宽度（b）× 梁长度（L）=600mm×400mm×8000mm；梁底部受拉纵筋：4Φ32，梁受压纵筋：8Φ25，双排布置，梁箍筋非加密区：Φ10@200mm，箍筋加密区长度 1200mm，加密区箍筋：Φ10@100mm，箍筋均采用复合箍，混凝土保护层厚度为 30mm；梁根部暗牛腿（承重销）$h\times b_f\times t_w\times t_f$=500mm×250mm×10mm×10mm，牛腿端部到柱钢管中心距离为 300mm。根据

GB 50010—2010（2010，2015）计算，梁截面配筋率（ρ），正弯矩区 $\rho=1.65\%$，负弯矩区 $\rho=2.23\%$（适筋梁的配筋率为 0.21%～4.46%），ρ 的计算见式（14.2）。

$$\rho=\frac{A_s}{bh_0} \tag{14.2}$$

式中：A_s——受拉钢筋横截面面积；

b——梁截面宽度；

h_0——梁截面有效高度。

3）钢筋混凝土楼板：$b_{slab}\times t_{slab}\times L_{slab}$ =3000mm×120mm×8000mm，钢筋的混凝土保护层厚度为 30mm；纵向钢筋⏀10@150mm，分布钢筋⏀10@200mm，均双层布置。

4）钢管混凝土加劲混合结构柱中钢管内部混凝土强度 f_{cui}=80MPa，钢管外部混凝土强度 f_{cuo}=50MPa，钢管的屈服强度 f_{yc}=345MPa，柱纵筋和箍筋的屈服强度 f_{ybc}=400MPa，钢管的屈服强度为 f_{yc}=345MPa；梁混凝土强度 f_{cub}=50MPa，梁纵筋和箍筋屈服强度 f_{ybb}=400MPa，梁根部钢牛腿屈服强度 f_{yb}=345MPa；板混凝土强度 f_{cus}=50MPa，分布钢筋屈服强度 f_y=300MPa。

5）受 ISO-834（1980）标准升、降温火灾，升温时间 t_h=60min，节点处钢筋混凝土梁板底部受火和梁板下部柱四面受火，楼板上部不受火。《钢结构设计规范》GB 50017—2003（2003）和 GB 50017—2017（2017）规定采用 L/1000 柱初偏心来考虑钢结构柱荷载初始缺陷的影响，但本章所建立模型的上、下边界条件均约束转动自由度，因此采用在柱上端板施加一个较小的转动（1/1000rad），以考虑其初始缺陷的影响。

图 14.34 为所建立的节点模型边界条件和网格划分有限元计算模型。

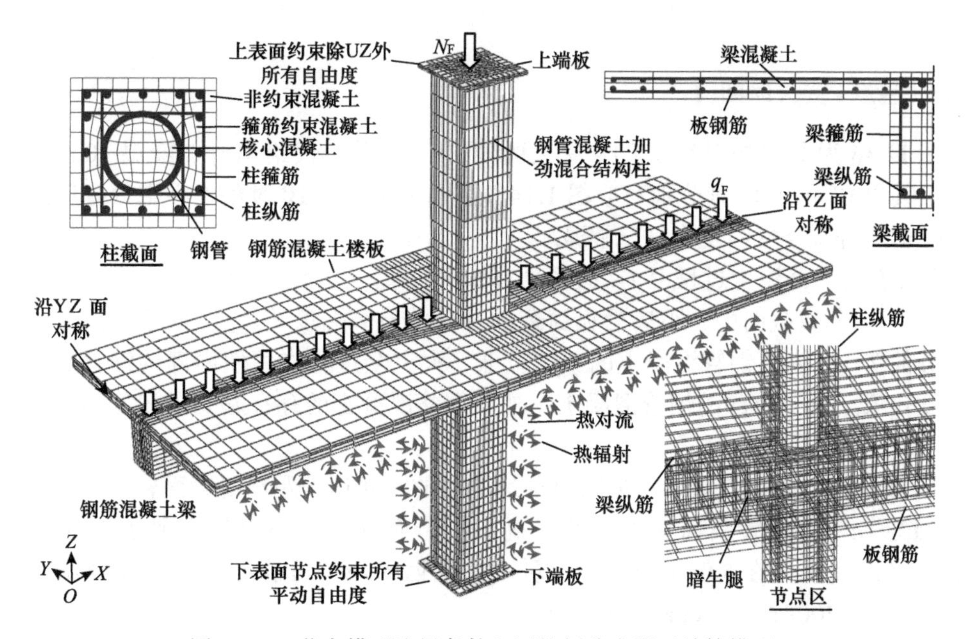

图 14.34　节点模型边界条件和网格划分有限元计算模型

图 14.35（a）所示为钢管混凝土加劲混合结构柱 - 钢筋混凝土梁节点特征截面。柱选取节点区（CJ）和端部区（CE）两个面，梁选取节点区（BJ）和梁端部区（BE）两个截面，在机理分析中研究这四个特征截面。

图 14.35（b）为节点在全过程火灾不同时刻的弯矩。节点在常温和荷载作用下，梁节点区存在负弯矩，梁非节点区存在正弯矩。升温时，梁底部纤维温度高于梁顶部纤维，但梁纵向的热膨胀受到约束，梁中产生负向的弯矩作用，因此梁节点区负弯矩增大，梁端部正弯矩减小。降温结束后，与常温下的弯矩图相比，梁节点区负弯矩减小，梁端部正弯矩增大。

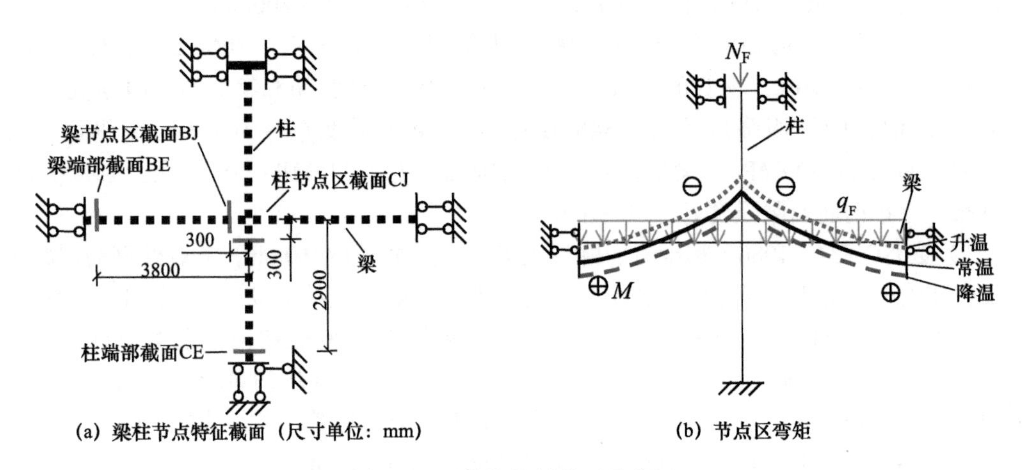

图 14.35　节点特征截面及弯矩

14.4.1　温度 - 受火时间关系

图 14.36 为节点的温度（T）- 受火时间（t）关系，仅给出升、降温 10h 内的 T-t 关系。其中 B′ 和 C′ 时刻分别对应图 1.14 中特征点对应，B′ 时刻外界空气温度达最高值，C′ 时刻外界空气温度恢复至常温。

节点在升、降温全过程中 T-t 关系具有如下规律。

1）同一个横截面中，距离受火面远的部分的最高温度（T_{max}）低于距离受火面近的部分的 T_{max}。内部钢管混凝土的 T_{max} 较低，火灾全过程作用使内部的钢管混凝土劣化程度较低。对于内部的钢管混凝土，外部钢筋混凝土的存在起到了较好的隔热、保护作用。

2）横截面上距离受火面较远的部分达 T_{max} 的时间迟于距离受火面较近的部分。升温时间为 1h，但钢管表面在 4.4h 达最高温度，而钢管核心混凝土则在 7.6h 达 T_{max}，梁中心点混凝土则在 5.0h 达 T_{max}。这种 T_{max} 延迟的现象可能导致结构在降温段破坏（Yang et al.，2008；Guo et al.，2011）。

3）梁、柱节点区的 T_{max} 低于对应非节点区的 T_{max}。从柱特征点的结果可见，节点区的 T_{max} 比非节点区低 4%～30%，测温点距离表面越近，则该降低的程度呈现增大的趋势。

相比之下，梁节点区的 T_{max} 也比非节点区低。对比 BE1～BE4 点和 BJ1～BJ4 点可见，节点区 T_{max} 比非节点区对应点分别低 13%、30%、8% 和 9%［图 14.36（b）］。这意味着火灾后节点区材料性能的劣化程度小于非节点区，节点区对梁柱的约束作用相对增强。

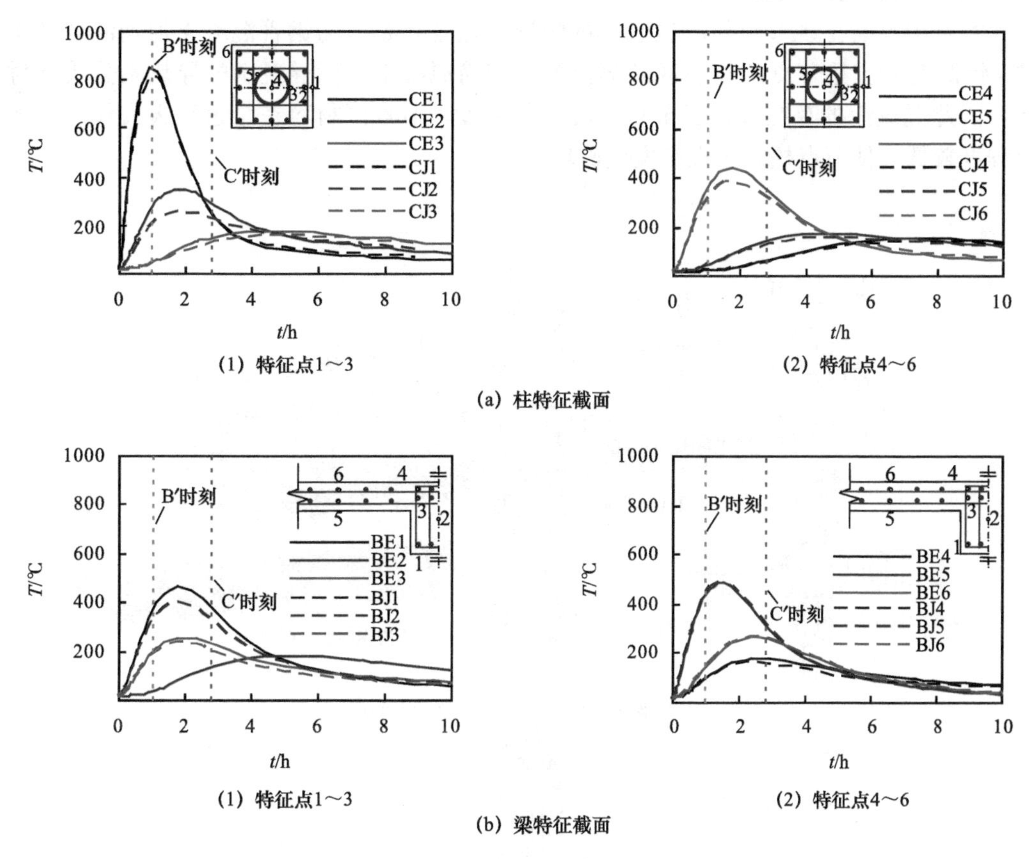

图 14.36　节点特征截面的 T-t 关系

14.4.2　结构破坏形态

节点破坏形态总体上分为两类，第一类为梁先于柱发生破坏（简称“梁破坏”），第二类为柱先于梁发生破坏（简称“柱破坏”）（图 14.37）。

当梁荷载比（m）为 0.3，柱荷载比（n）为 0.4 时，破坏形态为梁破坏，见图 14.37（a）。其破坏机理为梁端和梁节点区形成两个塑性铰，梁形成机构，节点区梁发生明显的转动，梁板中的混凝土和钢筋在节点区的形变较大。相比之下，钢管混凝土加劲混合结构柱中的变形并不明显。在所有算例分析中，当 n<0.8 时，破坏形态为梁破坏。对应这种破坏形态的工况的节点，其在全过程火灾后，梁破坏是控制该节点破坏的主要因素。全过程火灾作用后，梁为关键构件。

当 m 为 0.2、n 为 0.8 时，破坏形态为柱破坏，见图 14.37（b）。升、降温后提高梁上的荷载，下部柱承受的荷载随之增加。由于柱荷载水平本身较高，且升、降温使其性能发生劣化，故提高梁荷载对柱的影响明显，柱下部出现混凝土压溃，柱无法承载。相比之下，梁变形并不明显。在所有算例分析中，仅当 $n \geq 0.7$ 时，才出现柱破坏。此时，全过程火灾后作用后，柱成为控制节点破坏的关键构件，这与第 11.4.3 节分析的型钢混凝土梁 - 型钢混凝土柱节点类似。

算例中没有出现节点核心区破坏的情况，这主要是因为钢管混凝土加劲混合结构柱 - 钢筋混凝土梁节点的核心区外部包裹着钢筋混凝土，而混凝土的导热系数较钢材低，因此混凝土的存在降低了节点核心区的温度。节点区材料在全过程火灾作用下劣化程度较低，使节点核心区没有发生破坏。

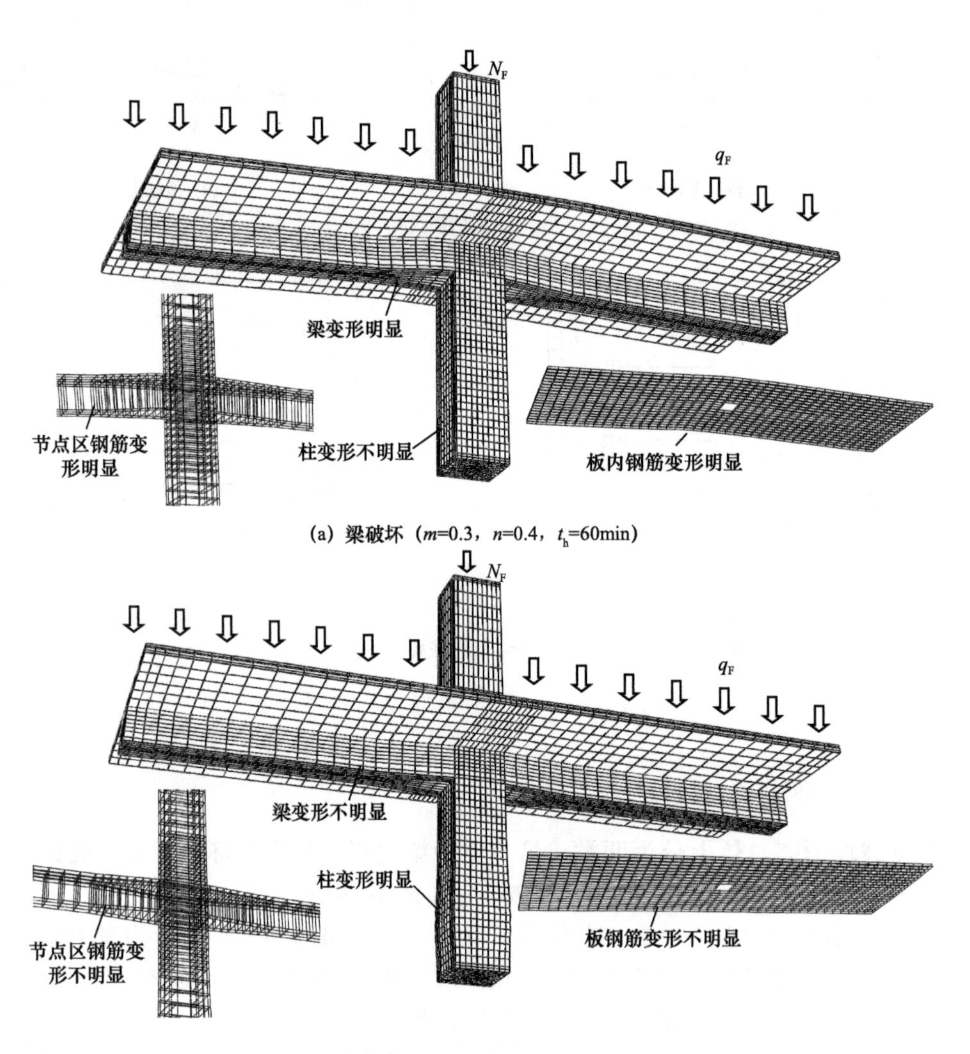

(a) 梁破坏（m=0.3，n=0.4，t_h=60min）

(b) 柱破坏（m=0.2，n=0.8，t_h=60min）

图 14.37　节点的破坏形态分类

14.4.3　结构变形特点

参考第 10 章对节点变形关系研究中采用的方法，选用柱轴向变形（Δ_c）、梁端挠度（δ_b）和梁柱相对转角（θ_r）来度量节点变形特点。其中相对转角（θ_r）参照 Mao 等（2010）的方法进行确定（图 10.17）。

由于节点在全过程火灾作用下（后）变形的发展是由荷载和升、降温共同作用的结果，分别给出变形和内力指标与时间（t）的关系和与梁荷载（q）的关系。为研究升温时间（t_h）的影响，除了基本算例（t_h 为 60min）外，还给出 t_h 为 120min 和 180min 时的结果。图 14.38 为节点的柱轴向变形（Δ_c）与受火时间（t）和梁线荷载（q）的关系，其中 A、A′、B′、C′、D′、E′ 分别与图 1.14 中的特征点对应，其中 Δ_c 以膨胀变形为"＋"，以压缩变形为"－"。由图 14.38 分析如下。

1）常温段（AA′）：柱和梁加载至设计荷载。常温段 Δ_c 与 t 关系为线性，柱处于弹性变形范围。A′ 时 Δ_c 为－4.07mm。

2）升温段（A′B′）：当 t_h 为 60min 时，Δ_c 绝对值先增大；当 t_h 为 180min 时，Δ_c 绝对值先增大，再降低。对比图 11.26 可见，节点柱在升温初期的变形与型钢混凝土柱 - 型钢混凝土梁节点柱相似，两者在升温初期的压缩变形均增大。这是因为在升温段混凝土材性劣化程度较快，其对变形的影响大于其受热产生的热膨胀变形。但当 t_h 为 120min 时，升温后期 Δ_c 绝对值出现降低趋势。这是由于柱截面内部的钢管开始升温，钢材在高温下的劣化程度小于混凝土在相同温度下的劣化程度，因此，此时 Δ_c 绝对值开始降低。对比不同 t_h 时的结果可见，t_h 越长时，柱膨胀变形越大，持续时间越长。

3）降温段（B′C′D′）：Δ_c 绝对值先减小，后增大。压缩变形在降温初期减小，主要是因为柱截面内部钢管仍然处于升温状态，柱继续膨胀。降温后期，压缩变形逐渐增大，则是因为降温导致柱发生收缩变形。升、降温过程梁和柱荷载虽未发生变化，但升、降温的影响使 Δ_c 发生波动，降温段钢管混凝土加劲混合结构柱的 Δ_c 的这种波动现象与型钢混凝土柱节点和钢管混凝土柱节点不同。对比各 t_h 时的结果可见，残余 Δ_c 随 t_h 增大而增大。

4）火灾后阶段（D′E′）：Δ_c 绝对值不断增大至节点破坏。提高梁荷载至梁发生破坏，但柱荷载增加较小，火灾后阶段 Δ_c 的增加程度受 t_h 变化的影响不明显。由图 14.38（b）可见，梁荷载的提高对柱的变形影响不明显，其影响程度小于升、降温对 Δ_c 的影响程度。这与图 11.26 所示的型钢混凝土柱 - 型钢混凝土梁节点在火灾后阶段的行为相似，这是因为钢管混凝土加劲混合结构柱和型钢混凝土柱中钢材均位于截面内部。

图 14.39 为节点梁端挠度（δ_b）与受火时间（t）和梁线荷载（q）的关系，其中 A、A′、B′、C′、D′、E′ 分别与图 1.14 中的特征点对应，其中 δ_b 以挠度减小为"＋"，以挠度增加为"－"。由图 14.39 分析如下。

1）常温段（AA′）：δ_b 随 q 增加而增大。加载结束 δ_b 为－5.20mm，δ_b 的增加是梁上施加荷载所导致。

2）升温段（A′B′）：δ_b 持续增加。升温结束时的 δ_b 随 t_h 的增加而增加。这是因为材料高温下劣化，刚度降低，相同荷载下抵抗变形能力降低。

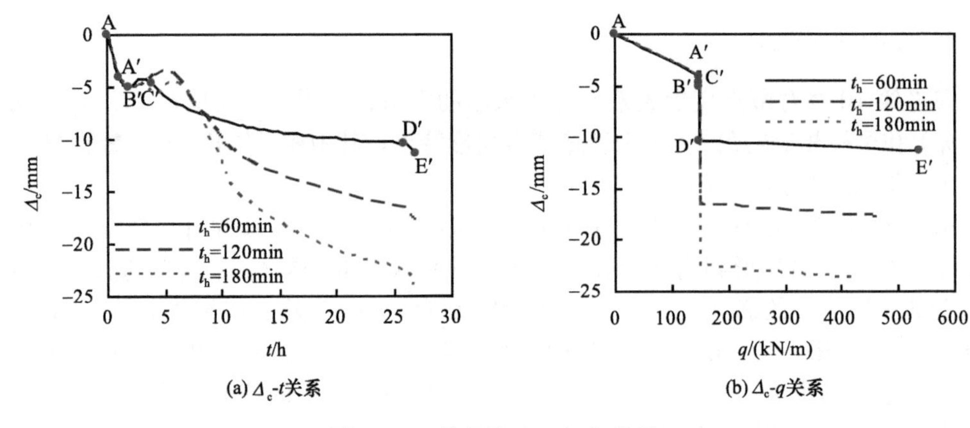

(a) Δ_c-t关系　　(b) Δ_c-q关系

图 14.38　节点的 Δ_c-t（q）关系

3）降温段（B′C′D′）：δ_b 持续增加，至降温结束逐渐趋于稳定。一方面是由于截面内部材料仍处于升温段，仍继续劣化；另一方面，与钢材不同，混凝土材性在降温后没有恢复，反而继续劣化。随 t_h 的增大，火灾后残余变形绝对值增大。节点中梁在升温段和降温段的行为与型钢混凝土柱 - 型钢混凝土梁节点和钢管混凝土柱 - 钢梁节点的梁行为相似。

4）火灾后阶段（D′E′）：δ_b 增加至节点发生破坏（均为梁破坏）。加载初期，δ_b-q 关系［图 14.39（b）］接近线性增加。加载后期，δ_b-q 关系斜率绝对值逐渐增大。破坏段，q 增加较小，δ_b 持续增大。节点梁在火灾后破坏时的行为与图 11.27 所示的型钢混凝土柱 - 型钢混凝土梁节点中梁的行为类似，与钢管混凝土柱 - 钢梁节点中梁的行为差异较大。对比不同 t_h 时的结果，可见达极限承载力时的 δ_b 随 t_h 的增加而增加。

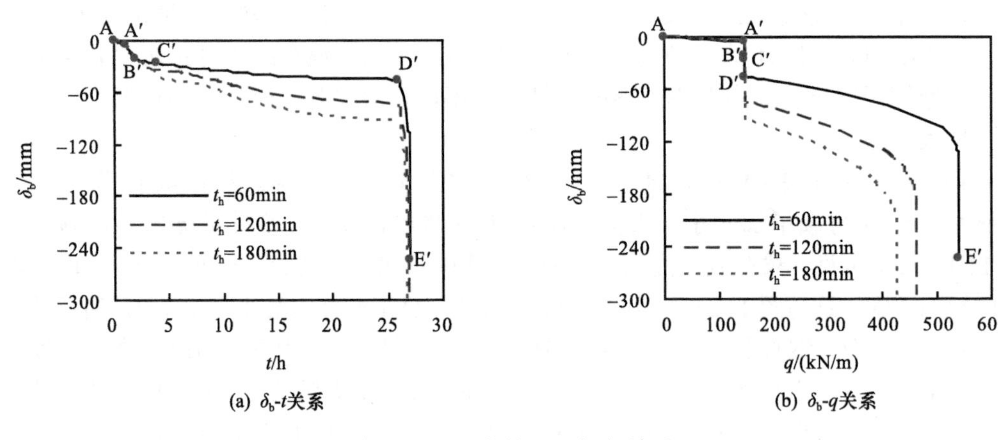

(a) δ_b-t关系　　(b) δ_b-q关系

图 14.39　节点的 δ_b-t（q）关系

图 14.40 所示为节点梁柱相对转角（θ_r）与受火时间（t）和梁线荷载（q）的关系，其中 A、A′、B′、C′、D′、E′ 分别与图 1.14 中的特征点对应，其中 θ_r 以节点发生梁端挠度向下的转动为“+”，以节点发生梁端挠度向上的转动为“−”。由图 14.40 分析如下。

1）常温段（AA′）：θ_r 随 q 增大而增大。θ_r 增加主要是因为梁施加荷载所致，加载结束时，θ_r 为 0.46×10^{-3}rad。

2）升温段（A′B′）：θ_r 在升温段增大。主要因为升温使梁刚度减小，节点区继而发生转动。当 t_h 在 60～180min 范围内变化时，θ_r-t 关系重合，说明 t_h 对 θ_r 在升温段的变化影响不明显。

3）降温段（B′C′D′）：θ_r 先短暂增加后降低，最后再增加。降温初期 θ_r 出现短暂增加，这主要是因为截面内部在降温初期仍然处于升温状态，θ_r 延续升温段末期的变化趋势。然后 θ_r 开始降低，这是因为柱节点区内部温度升高，节点区材料膨胀，使点 B1 和 B2 发生向外的位移。之后 θ_r 又开始增大，至降温结束。这主要是因为随结构继续降温，混凝土材料继续劣化，梁刚度继续下降，梁转动增大。

同时由于降温的影响，节点区发生收缩变形，B1 和 B2 测温点发生向节点区内部的位移。由于荷载和升、降温在节点区同时作用，对 θ_r 的影响可能是同向的，也可能是反向的。对比不同 t_h 的情况，可见随 t_h 增大，升、降温后的 θ_r 的残余变形也增大。

4）火灾后阶段（D′E′）：θ_r 增大至节点破坏。由图 14.40（b）可见，θ_r 在火灾后阶段中增大，对比升、降温段 θ_r 的变化程度，可见荷载对 θ_r 的影响大于升、降温的影响。

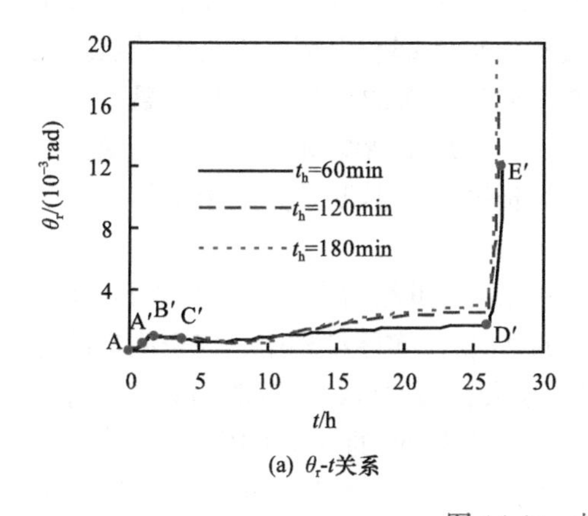

(a) θ_r-t关系

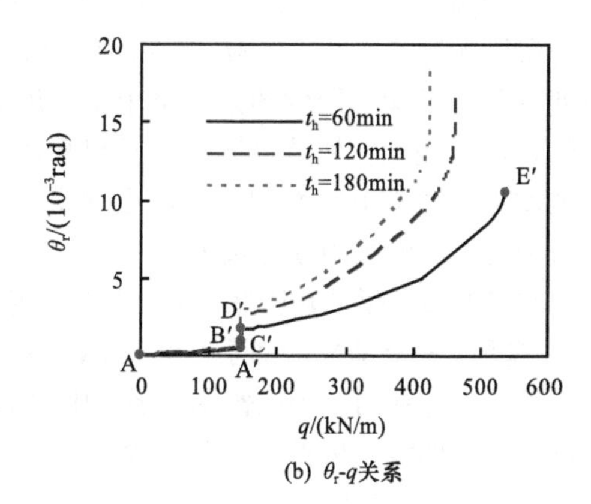

(b) θ_r-q关系

图 14.40 节点的 θ_r-t（q）关系

14.4.4 内力变化

图 14.41 所示为柱轴力（N_c）随受火时间（t）和梁线荷载（q）的关系，N_c 以受拉为“+”，受压为“−”。根据力学平衡，节点区下部 N_c 应等于外部施加的荷载（柱顶荷载和梁荷载）。分析中假定柱上端可发生自由竖向移动，故升、降温段的 N_c 不发生变化，均与外界施加荷载相等，见图 14.41（a）中 A′B′C′D′ 段。图 14.41（a）中的 AA′ 为常温下施加荷载过程，D′E′ 段为火灾后加载至节点破坏过程。

图 14.42 所示为梁节点区（BJ）的弯矩（M_b）和轴力（N_b）随受火时间（t）和梁线荷载（q）的关系，其中 M_b 以使梁节点区下部纤维受拉为“+”，上部纤维受拉为“−”；N_b 以受拉为“+”，受压为“−”。由图分析如下。

1）常温段（AA′）：M_b 和 N_b 均随 q 的增加而增加。常温加载结束时，节点区 M_b 为−691kN · m，梁的 N_b 为−356kN。N_b 为压力是因为在分析时假定梁端不发生轴向

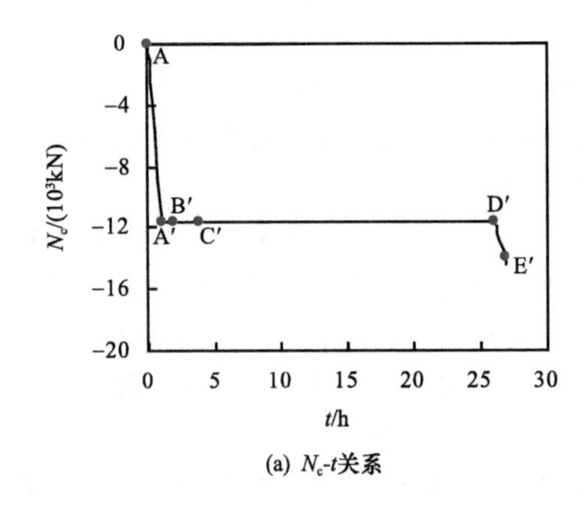

(a) N_c-t关系

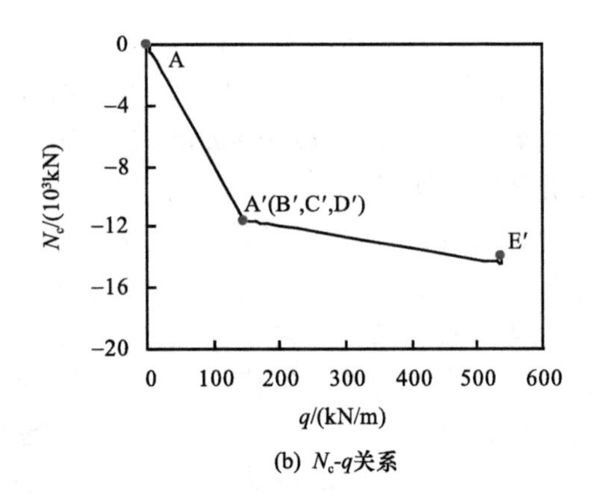

(b) N_c-q关系

图 14.41　柱节点区截面的 N_c-t（q）关系

位移。A′ 时梁端部截面（BE）上部和节点区截面（BJ）下部为受压区，梁混凝土的主压应力从 BE 区上部延伸到 BJ 区下部，形成类似“拱机制”的传力途径。

2）升温段（A′B′）：节点区梁负弯矩持续增大，N_b 先增大后减小。节点区负弯矩在升温段先增大后减小。M_b 增大的原因如下：受火时梁下部较上部产生更大的热膨胀应变，但由于梁端受到约束，整个梁长度方向产生均匀分布的负弯矩，与常温下节点区的负弯矩叠加，使节点区负弯矩出现短暂的增加。之后负弯矩减小是因为随受火时间的增加，楼板下表面和梁侧面也均受火，整个梁板截面上温度升高趋于均匀，下部膨胀相对上部膨胀的差异减小。

在升温段，梁的热膨胀受到边界的约束，因此梁的 N_b 继续增大，当 t_h 为 60min 时，N_b 由常温下－356kN 增加至－8676kN，为常温下的 24 倍。实际结构中，完全固定的边界条件是不存在的，约束作用越强，则增加的内力越大，因此该结果可能偏保守。对比不同 t_h 时的曲线，可见 t_h 对升温段梁节点区（BJ）的 M_b 和 N_b 的变化的影响不明显。

3）降温段（B′C′D′）：负弯矩增大后减小，降温结束时逐渐趋于稳定，梁轴压力增大后减小，降温结束时趋于稳定。降温过程负弯矩总体上在减小，主要因为楼板的面积较大，后期相当于整个梁板截面的上部受火的面积大于下部受火的面积，且受火导致的 M_b 逐渐变为沿梁均匀分布的正向弯矩，因此总负弯矩之后持续减小。当 t_h 为 60min 时，升、降温结束（D′）时，M_b 为－448kN · m，绝对值较常温下降低了 35%。t_h 对降温段 M_b 的变化的影响不明显。

降温段 N_b 出现极值－10 270kN，之后 N_b 增大，并由轴压力变为轴拉力。D′ 时刻 N_b 为 3403kN。这主要是因为降温时，材料收缩导致轴压力降低。同时，升、降温导致部分混凝土发生不可恢复的损伤，材料中产生了残余变形，温度降回室温后，梁轴力变为拉力。t_h 对降温段 N_b 的变化的影响明显，当 t_h 升高时，降温段 N_b 的极值出现时间较晚，D′ 时刻的 N_b 增大。

4）火灾后阶段（D′E′）：火灾后阶段内力的发展方向与常温加载一致。升、降温段和火灾后节点梁节点区 M_b 和 N_b 的变化趋势与图 11.32 所示的型钢混凝土柱 - 型钢混凝土梁节点的结果类似。

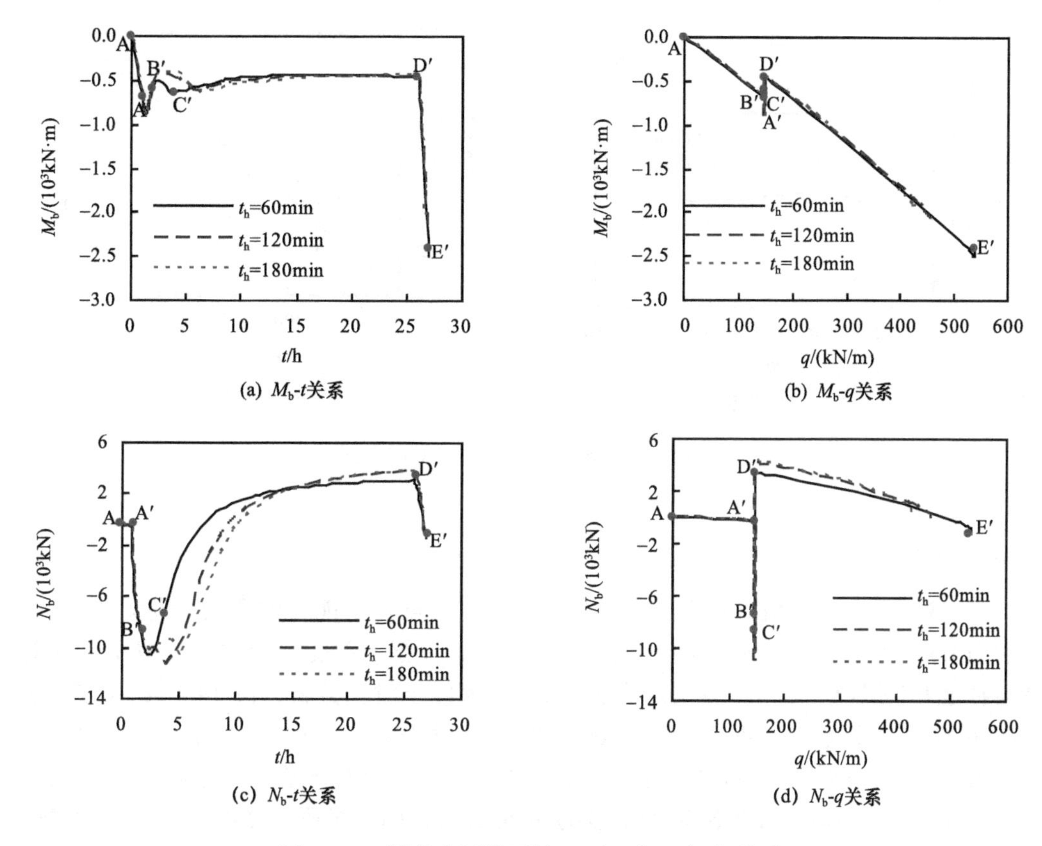

图 14.42　梁节点区界面的 M_b（N_b）-t（q）关系

图 14.43 所示为梁端部（BE）弯矩（M_b）随受火时间（t）和梁线荷载（q）关系，其中正负号的规定与图 14.42 相同，由图分析如下。

1）常温段（AA′）：M_b 随 q 的增加而增加。A′ 时梁端部弯矩为 326kN · m，接近节点区负弯矩的一半，与弹性范围内的理论结果接近。

2）升温段（A′B′）：M_b 先降低后升高。M_b 先降低至极小值 148kN · m，之后升高，正弯矩的变化趋势与节点区负弯矩变化趋势相似。对比不同 t_h 时的曲线，可见 t_h 对升温段 M_b 的变化的影响不明显。

3）降温段（B′C′D′）：M_b 先增加后降低，降温结束时趋于稳定。该阶段由于温度和荷载的耦合作用，M_b 出现波动，其中 M_b 达极值后出现短暂下降是因为降温致使材料收缩，弯矩向负向发展。t_h 增大时，上述趋势有所变化，但降温段 M_b 均较常温下要大。t_h 为 120min 和 180min 时，降温后期 M_b 呈现降低趋势，这是因为升温时间较长时，更多的材料发生不可恢复的塑性变形，刚度降低，无法承受更多的荷载。当 t_h 为 180min 时，降温段 M_b 的最大值为 810kN · m，为常温下的 2.48 倍。可见，升、降温段节点区正弯矩增加较大。

4）火灾后阶段（D′E′）：M_b 随 q 增加而增大至节点破坏。加载结束时（E′），M_b 为 1119kN · m，为常温下的 3.43 倍。升、降温段钢管混凝土加劲混合结构柱 - 钢筋混凝土梁节点 M_b 与型钢混凝土节点相似。

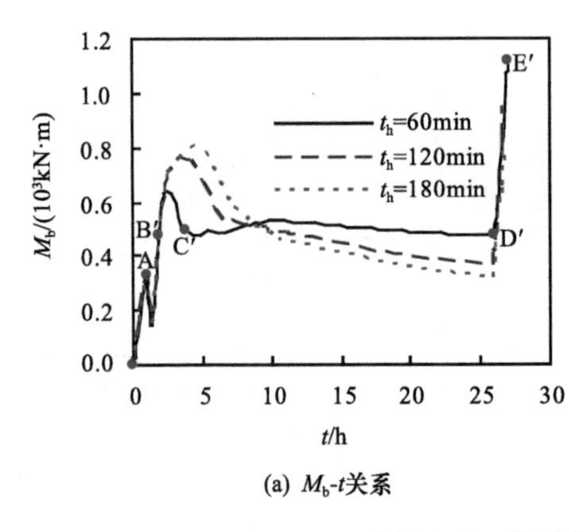

(a) M_b-t关系

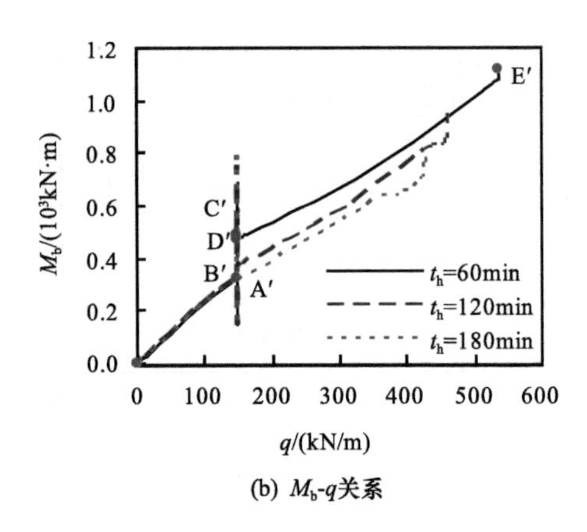

(b) M_b-q关系

图 14.43　梁端部截面的 M_b-t（q）关系

14.4.5　弯矩-转角关系

节点弯矩（M）-相对转角（θ_r）关系是评估节点转动能力的重要指标。图 14.44 所示为节点 M-θ_r，其中 M 以梁下部受拉为“+”，以梁上部受拉为“−”，θ_r 以梁下边缘与柱成角减小为“+”，以其增大为“−”。为便于对比分析，图 14.44 给出了 3 种工况下的 M-θ_r 关系：工况 1，t_h 为 60min 时，全过程火灾后的节点的 M-θ_r 关系，节点在火灾后阶段破坏；工况 2，常温下提高该节点梁上荷载至节点发生破坏的 M-θ_r 关系；工况 3，升温段中发生破坏的节点的 M-θ_r 关系，耐火极限为 242min。对于工况 1 得到的 M-θ_r 关系，分析如下。

1）常温段（AA′）：该阶段 M-θ_r 接近直线，A′ 时节点转动值为 0.46rad，节点弯矩为−691kN · m，节点处于弹性范围。AA′ 与工况 2 的 M-θ_r 关系中的对应阶段重合。工况 2 的 M-θ_r 关系在后期斜率绝对值逐渐降低，节点发生塑性变形，达峰值后无法继续承担弯矩，弯矩值下降。

2）升温段（A′B′）：该阶段 θ_r 持续增大（图 14.40）。这是因为升温时，受火面为梁板底部和侧面，梁板顶部温度较低。底部的热膨胀应变高于顶部。但由于梁端部纵向热膨胀受到约束，热膨胀对节点区产生影响。梁底向节点核心区挤压，因而 θ_r 增加。而对于节点在升温段中发生破坏的情况，θ_r 在升温后期降低。主要是因为升温后期，梁板底部材料在高温下劣化较明显，其由于纵向热膨胀应变受约束而产生的对节点核心区的推力降低，而梁板截面上表面的温度逐渐上升，但小于下部温度。截面上表面发生纵向热膨胀，使节点区顶部发生负向转动。在破坏阶段，θ_r 再次增加，主要是因为梁板截面上部材料温度较高，也开始发生劣化，整个梁无法承受外荷载，梁挠度不断增加，且变形速率增加，导致 θ_r 再次增大。与工况 3 的 M-θ_r 关系对比，可见 A′B′ 段与工况 3 的 M-θ_r 关系完全重合。

3）降温段（B′C′D′）：降温段 θ_r 先降低，后增加。θ_r 降低是因为处于降温段的梁板纵向收缩，梁板下表面为受火面，因而下部的收缩大于梁板截面上部。同时，由于梁截面内部在降温初期仍然处于升温状态，截面上部可能仍然处于升温进而纵向继续膨胀。上述两种变形的综合作用，使节点发生负向的转动，θ_r 降低（B′C′）。随降温的继续，截面均处于降温段，该阶段混凝土材性劣化，致使 θ_r 再次增大（C′D′）。从 D′ 与 A′ 的差异比较，可得升、降温导致的残余转动变形和残余弯矩，残余转动变形为 1.66rad，为 A′ 点时 θ_r 值的 2.59 倍，残余弯矩为＋244kN · m。

4）火灾后阶段（D′E′）：该阶段 M 随 θ_r 的增加而增加，至火灾后承载力峰值点 E′。D′ 处的切线代表了火灾后阶段的节点初始转动刚度。加载过程 θ_r 增大，但 M-θ_r 关系斜率绝对值逐渐降低。与常温下加载 M-θ_r 关系相比，D′E′ 的斜率绝对值较小，说明升、降温过程使节点转动刚度降低。

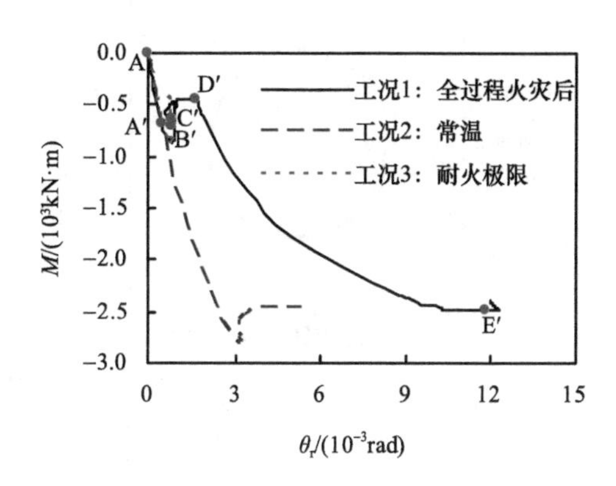

图 14.44　节点的 M-θ_r 关系

根据图 14.44 中 M-θ_r 关系可度量节点经历全过程火灾作用后剩余转动刚度和剩余抗弯承载力的大小，因此在参数分析中，将针对不同参数对 M-θ_r 关系的影响进行参数分析。

14.4.6　应力分布

图 14.45 为钢管混凝土加劲混合结构柱节点区（CJ）和非节点区（CE）截面在全过程火灾中不同时刻的纵向应力分布等值线。应力结果以比值形式给出，对于混凝土，为计算得到的纵向正应力与常温下混凝土圆柱体抗压强度的比值，f'_{ci} 为常温下核心混凝土圆柱体抗压强度，f'_{co} 为常温下外部混凝土圆柱体抗压强度；对于钢管，为计算得到的 Mises 应力与钢管屈服强度（f_y）的比值。由图 14.45 分析如下。

1）常温加载结束时刻（A′）：柱节点区（CJ）外部混凝土的应力为$-0.50f'_{co}$，内部混凝土为$-0.40f'_{ci}$，钢管的 Mises 应力为$-0.42f_y$。CE 截面的应力分布与 CJ 截面虽然有差异，但应力水平总体上较接近。由于柱承受轴压力为主，故 CJ 和 CE 截面上应力分布不均匀程度均较小。

2）升温结束时刻（B′）：由于截面外围材料的膨胀变形受到约束，纵向压应力增大，外围混凝土纵向应力分布更加不均匀，CJ 截面外围混凝土应力分布为$-0.34f'_{co}$～$-0.13f'_{co}$。钢管的 Mises 应力增加至$+0.67f_y$，相对于常温下（A′ 点）的应力水平提高约 60%；内部混凝土的纵向应力为$-0.45f'_{ci}$，其绝对值相对于常温下（A′ 点）的应力提高约 12.5%。CE 截面的应力分布与节点区类似，但由于梁的影响，应力云图更趋于中心对称分布。升温导致钢管外部混凝土应力分布更加不均匀，靠近截面外部的混凝土纵向应力增大，而靠近钢管的混凝土纵向应力减小。而内部钢管混凝土部件的应力增加，承受的外荷载增加，外部钢筋混凝土部分承担的外荷载减小。

3）外界温度降至常温时刻（C′）：外界温度降低至常温，试件外部处于降温状态，但试件内部仍继续升温。此时钢管的 Mises 应力继续增加至$+0.78f_y$，内部混凝土的应力分布较 B′ 时刻更加不均匀，主要是温度梯度增加使截面上材料的热膨胀应变差异较大所引起。

4）降至常温时刻（D′）：由于降温段外部混凝土继续劣化，内部混凝土应力继续提高，非节点区纵向应力为$-0.75f'_{ci}$，钢管的Mises应力较C′时刻降低，为$+0.68f_y$。升、降温之后，内部核心钢管混凝土成为承受荷载的主要部分。

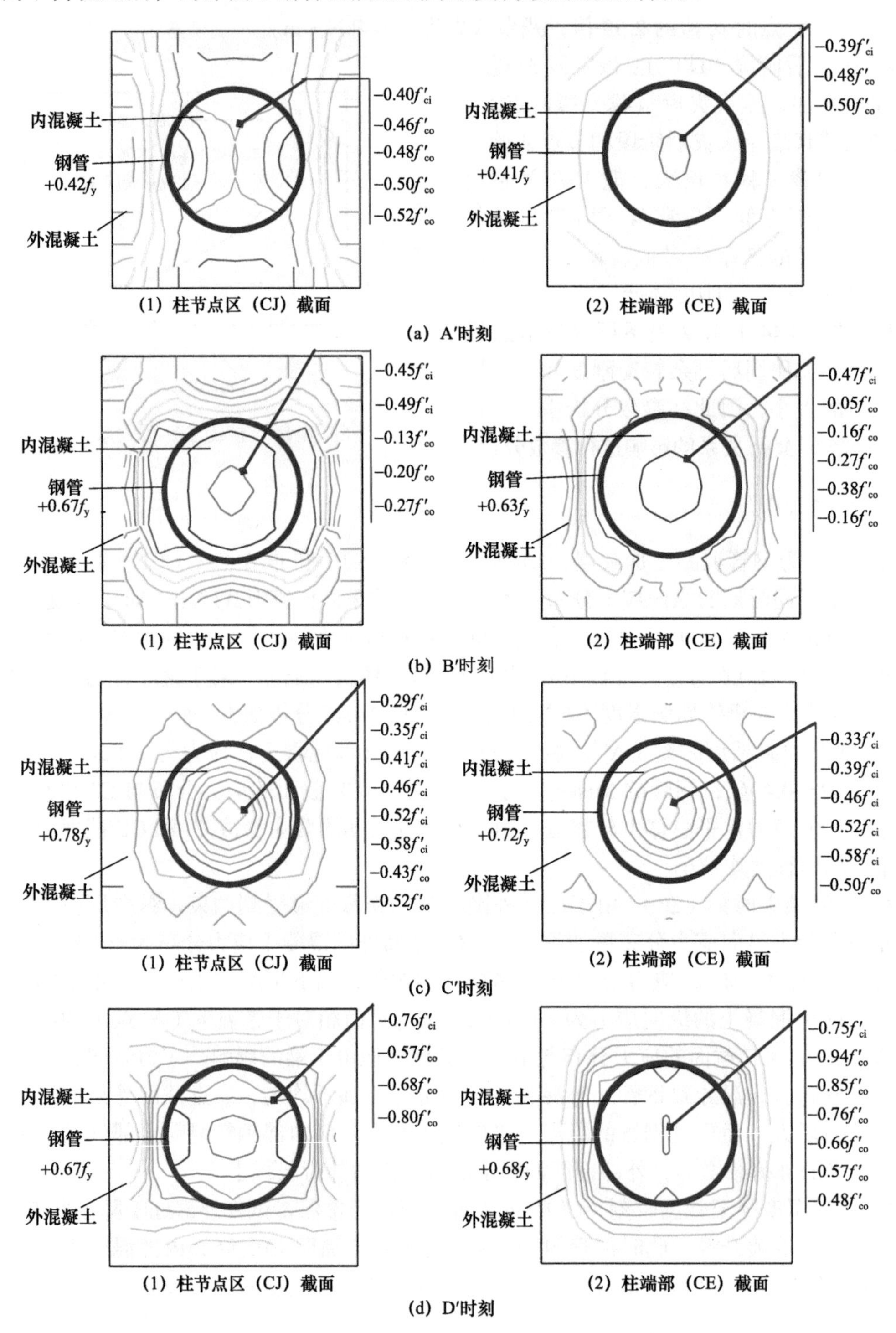

图 14.45　节点的柱横截面纵向应力分布等值线

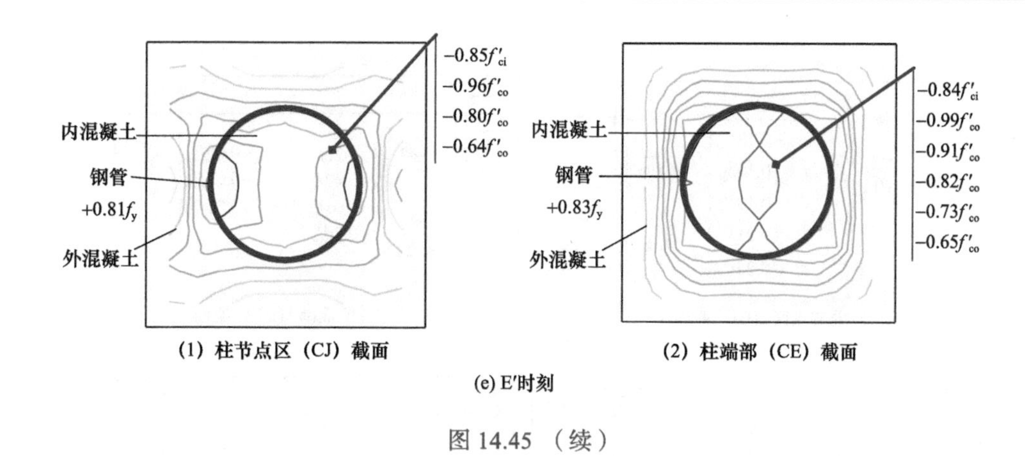

(1) 柱节点区（CJ）截面　(2) 柱端部（CE）截面

(e) E′时刻

图 14.45 （续）

5）破坏时刻（E′）：此时内部钢管混凝土应力继续提高，核心混凝土应力为－0.76f'_{ci}，钢管的 Mises 应力为＋0.81f_y。外部混凝土应力也有所提高，但截面边缘混凝土应力绝对值较低。在提高荷载过程中，内部钢管混凝土仍承受外荷载的主要部分。

图 14.46 为钢筋混凝土梁节点区（BJ）和非节点区（BE）截面在全过程火灾中不同时刻的混凝土纵向应力分布等值线。为便于分析，应力结果给出比值，对于混凝土，为计算得到的纵向正应力与常温下混凝土圆柱体抗压强度的比值，f'_{co} 为常温下钢筋混凝土梁中混凝土圆柱体抗压强度。由图分析如下。

1）常温加载结束时刻（A′）：BJ 截面底部大部分区域受压，钢筋混凝土板截面整个区域受拉；BE 截面相反，梁底部受拉，顶部受压，钢筋混凝土板截面整个区域受压。

2）升温结束时刻（B′）：升温导致材料产生各方向均匀的热膨胀应变，而梁纵向的热膨胀受到端部约束，导致梁受火边缘产生压应力。BJ 截面下表面和侧面最小应力为－0.37f'_{co}。BJ 截面仅有梁截面中上部为受拉区。BE 截面底部常温下为拉应力，B′ 时刻变为压应力，仅截面核心区为受拉,BE 截面板的压应力水平提高，高于梁压应力水平。

3）外界温度降至常温时刻（C′）：靠近受火面的部分已经开始降温，但远离受火面的部分仍然处于升温。与 B′ 时刻相比，此时的应力分布有向 A′ 时刻恢复的趋势。BJ 截面梁板截面上压应力幅值降低，但受拉区仍然较小。BE 截面梁下表面压应力降低。

4）试件降至常温时刻（D′）：此时截面应力区分布与常温下相似。BJ 截面梁板上表面受拉，梁中下部受压。BE 截面梁板大部分区域受拉，仅梁上部受压。且此时混凝土的应力较低，最大压应力为－0.14f'_{co}。这主要是因为升、降温之后混凝土劣化，而钢筋的性能得到恢复，钢筋承受大部分外荷载。

5）破坏时刻（E′）：截面应力再次增大，BJ 截面下部最大压应力为－0.76f'_{co}，梁上部受拉，板整个截面为受拉。BE 截面上部最大压应力也为－0.65f'_{co}，梁下部受拉，板上部受压，下部受拉。该节点梁截面混凝土纵向应力的变化与第 11 章的型钢混凝土柱 - 型钢混凝土梁节点的梁截面的混凝土纵向应力相似。但由于型钢混凝土梁内部配置型钢，升温段梁核心混凝土的拉应力水平较低。

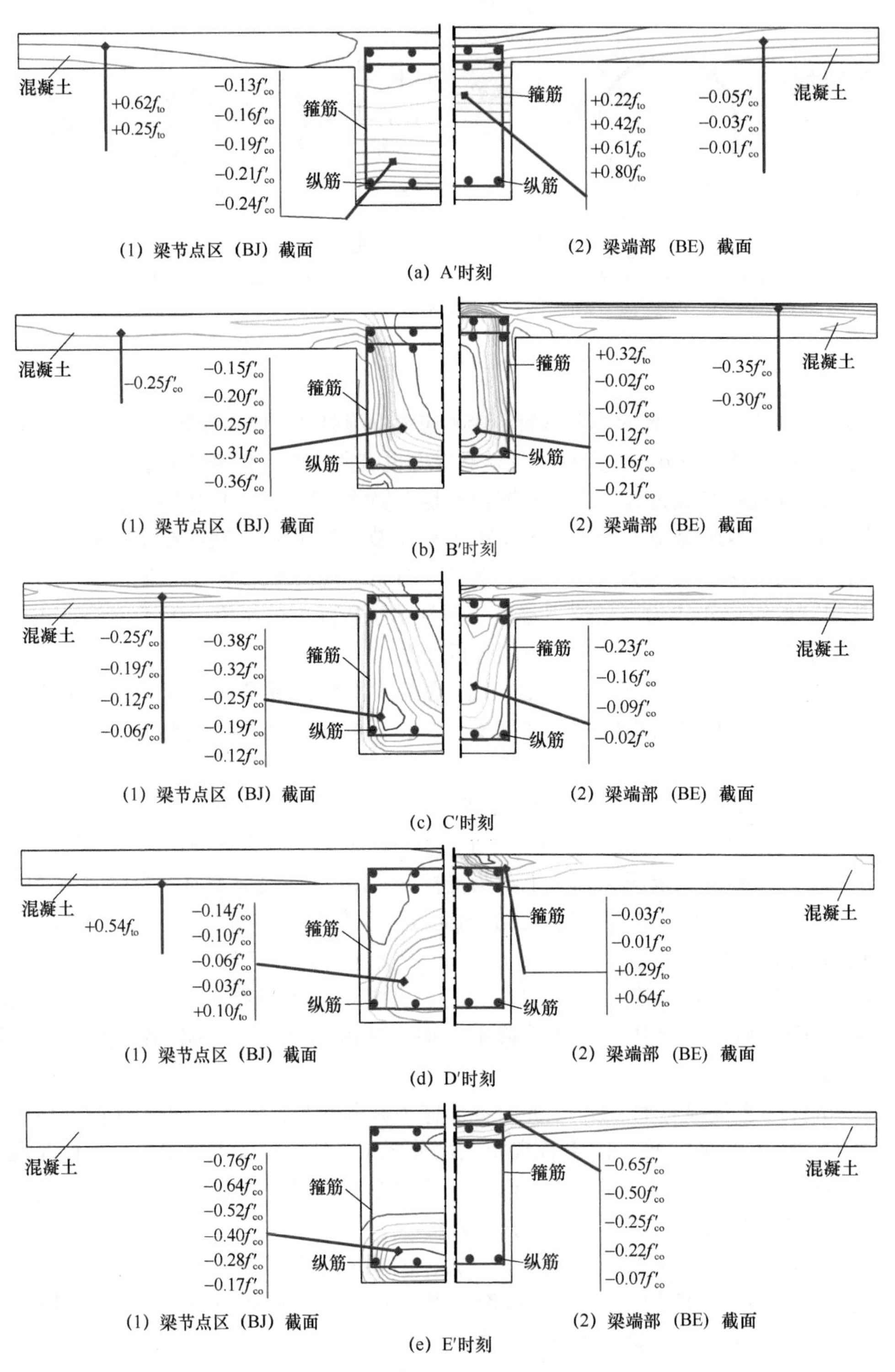

图 14.46　节点的梁截面混凝土纵向应力分布等值线

为进一步分析特征点的应力随时间的变化规律，在节点柱和梁上选取特征点，图 14.47 所示为节点柱和梁上所选取的特征点示意图。

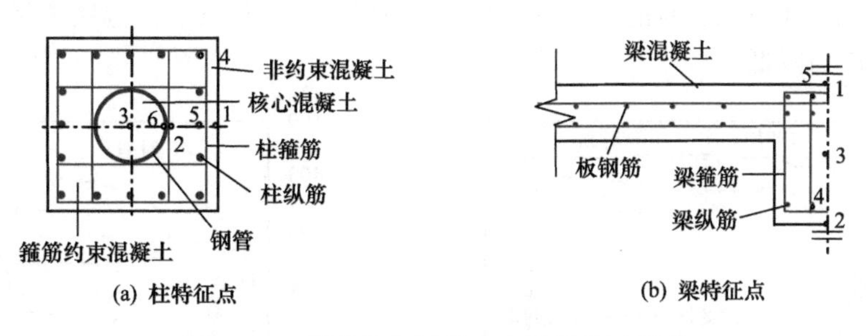

图 14.47 节点柱和梁的应力特征点示意图

图 14.48 所示为柱截面特征点纵向应力（σ）- 受火时间（t）关系。

柱截面 1 点～3 点分别位于截面边长中部混凝土、钢管外包混凝土和核心混凝土。对比常温加载结束时（A′）和升温结束时（B′），可见在升温段，外围的钢筋混凝土中发生了较为剧烈的内力重分布：表面纵向压应力增加，钢管外部纵向压应力减小，甚至出现拉应力，钢管内部混凝土压应力增大。恢复至常温时（D′），内部混凝土承担更多的外荷载。

相比之下，节点区混凝土的压应力较非节点区均较小，如 A′ 时和 D′ 时的 1 点～3 点的应力均小于非节点区对应值。这主要是因为所提取的点均位于截面边长的中部，该区域非节点区的纵向应力大于节点区。但节点区截面角部区域的混凝土纵向应力大于非节点区。可见，在常温段由于节点区存在梁的约束作用，柱截面角部区域可承担更多外荷载。

柱截面 4 点～6 点分别位于角部纵筋、边纵筋和钢管，对比非节点区 4 点～6 点在 A′ 时和 B′ 时的应力值，可见升温使截面外部应力的增加幅度大于截面内部。对比降温结束时刻（D′）和 A′ 时，角部纵筋的应力增加 115%，钢管的应力增加 71%。节点区的 4 点～6 点在 A′ 时的应力略低于非节点区。在 D′ 时，节点区钢管比非节点区承担更多的外荷载。

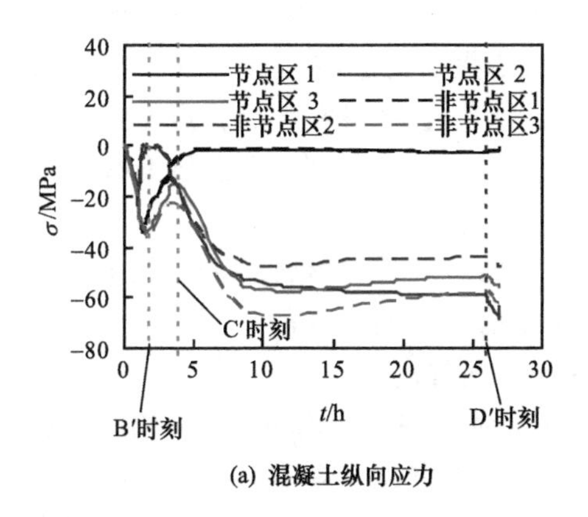

(a) 混凝土纵向应力

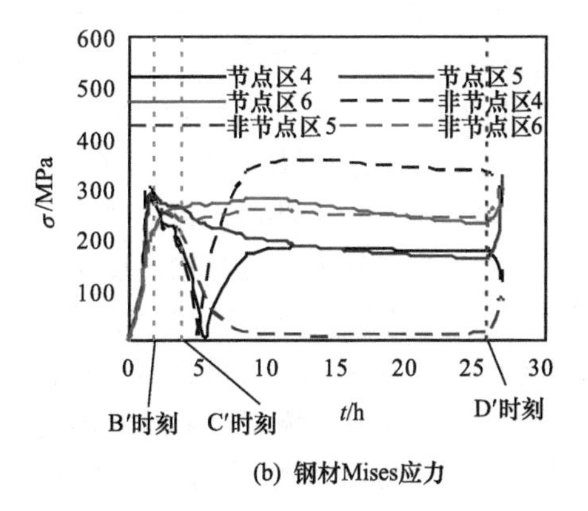

(b) 钢材Mises应力

图 14.48 柱截面特征点的 σ-t 关系

图 14.49 为梁截面特征点纵向应力（σ）- 受火时间（t）关系。梁截面 1 点～3 点分别位于截面顶部、底部和截面中心。节点区 1 点～3 点在 B′ 时截面底部出现较大的压应力。对比 D′ 时和 A′ 时的 1 点～3 点的纵向应力，可见升、降温结束后，混凝土部分承担的压应力降低。

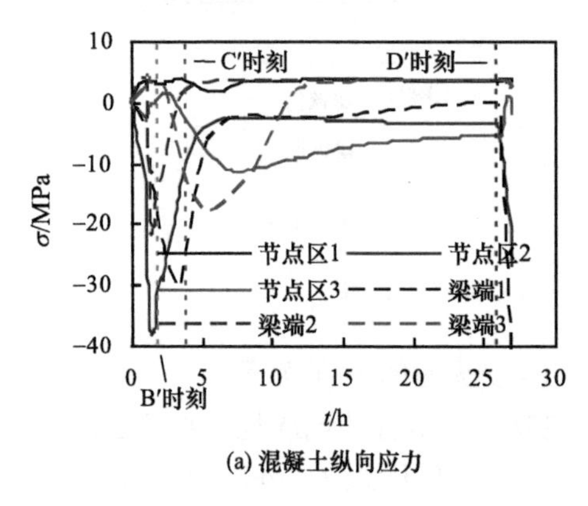

(a) 混凝土纵向应力

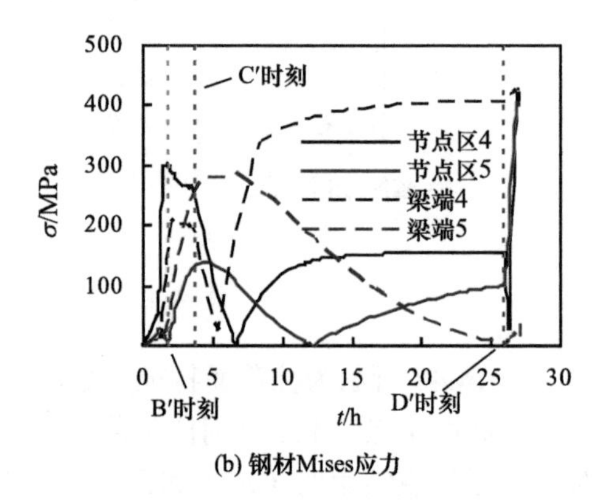

(b) 钢材Mises应力

图 14.49　梁截面特征点的 σ-t 关系

梁截面 4 点和 5 点分别位于下部和上部纵向钢筋［图 14.47（b）］。在 B′ 时，其下部钢筋的压应力增加至 A′ 时的 5.7 倍。D′ 时 5 点应力增加至 A′ 时的 4.8 倍。其原因为梁在受热过程中发生膨胀，但膨胀受到约束，进而产生受压的塑性变形，该塑性变形在降温段不可恢复。但降温段混凝土收缩，使钢筋中产生均匀的压应力。可见，升、降温过程使节点负弯矩区受拉钢筋拉应力增大。

与梁节点区相似，梁端截面受热梁顶部和底部均产生压应力。升、降温之后（D′ 时刻）混凝土承受的荷载降低。对比 A′ 时和 D′ 时的梁上、下部纵筋 Mises，可见，升、降温后钢筋的应力增加，混凝土承受的部分荷载转移到钢筋。

14.4.7　混凝土爆裂影响

以第 14.4 节建立的钢管混凝土加劲混合结构柱 - 钢筋混凝土梁节点作为研究对象，升温时间为 30min。假设混凝土保护层在升温 25min 时发生爆裂。

图 14.50 为混凝土爆裂对柱温度（T）- 受火时间（t）关系的影响，其中，有“-s”的结果表示考虑了爆裂的影响，无“-s”的表示未考虑爆裂的影响。点 CE2、点 CJ2、点 CE6 和点 CJ6 位于钢筋所在的平面。由图可见，混凝土爆裂发生后，点 CE2、点 CE6 和点 CJ6 的温度明显升高，点 CJ2 由于位于节点区，其在爆裂之后温度升高不明显。位于爆裂面内部的测温点温度也有所提高。

图 14.51 为混凝土爆裂对梁温度（T）- 受火时间（t）关系的影响，“-s”的结果考虑了爆裂。点 BE1、点 BE5、点 BJ1 和点 BJ5 位于梁底部钢筋所在的平面。可见，上述 4 点在爆裂发生后温度突然升高，内部升温速率也有所提高。

图 14.52 为混凝土爆裂对节点变形的影响。爆裂导致梁柱变形均增大近一倍。节点相对转角有所增加，增幅约为 15%［图 14.52（c）］。考虑混凝土爆裂时，节点的火灾后极限承载力降低约 6%，对应的节点相对转角增加约 37%，火灾后节点转动刚度降低

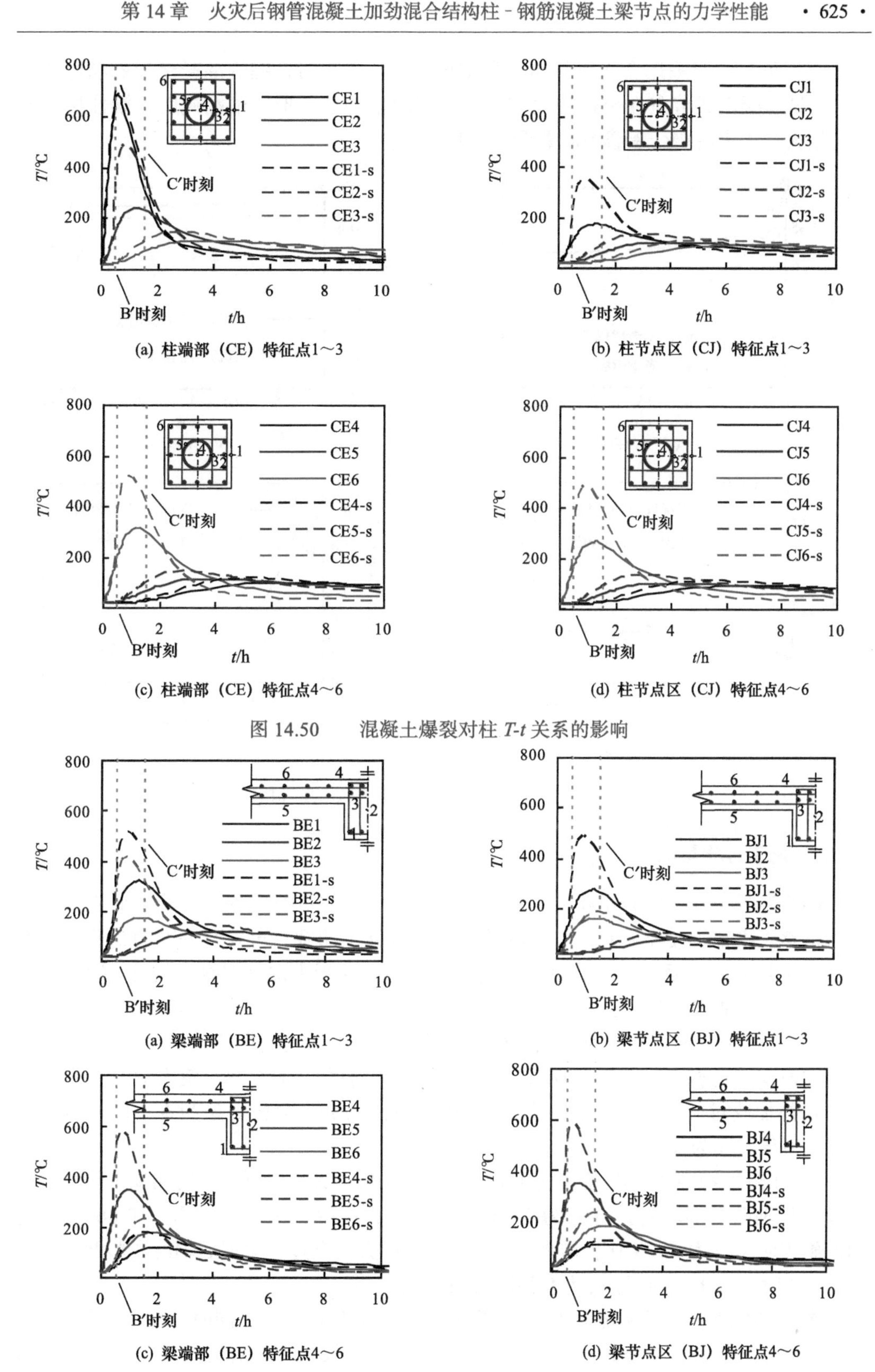

(a) 柱端部（CE）特征点1～3　　(b) 柱节点区（CJ）特征点1～3

(c) 柱端部（CE）特征点4～6　　(d) 柱节点区（CJ）特征点4～6

图 14.50　混凝土爆裂对柱 *T-t* 关系的影响

(a) 梁端部（BE）特征点1～3　　(b) 梁节点区（BJ）特征点1～3

(c) 梁端部（BE）特征点4～6　　(d) 梁节点区（BJ）特征点4～6

图 14.51　混凝土爆裂对梁 *T-t* 关系的影响

约 14%。可见，当采用含水率较高、强度较高的混凝土时，钢管混凝土加劲混合结构柱 - 钢筋混凝土梁节点在全过程火灾下（后）的柱轴向变形、梁端挠度、梁柱相对转角均增大，火灾后剩余承载力和剩余刚度均降低。

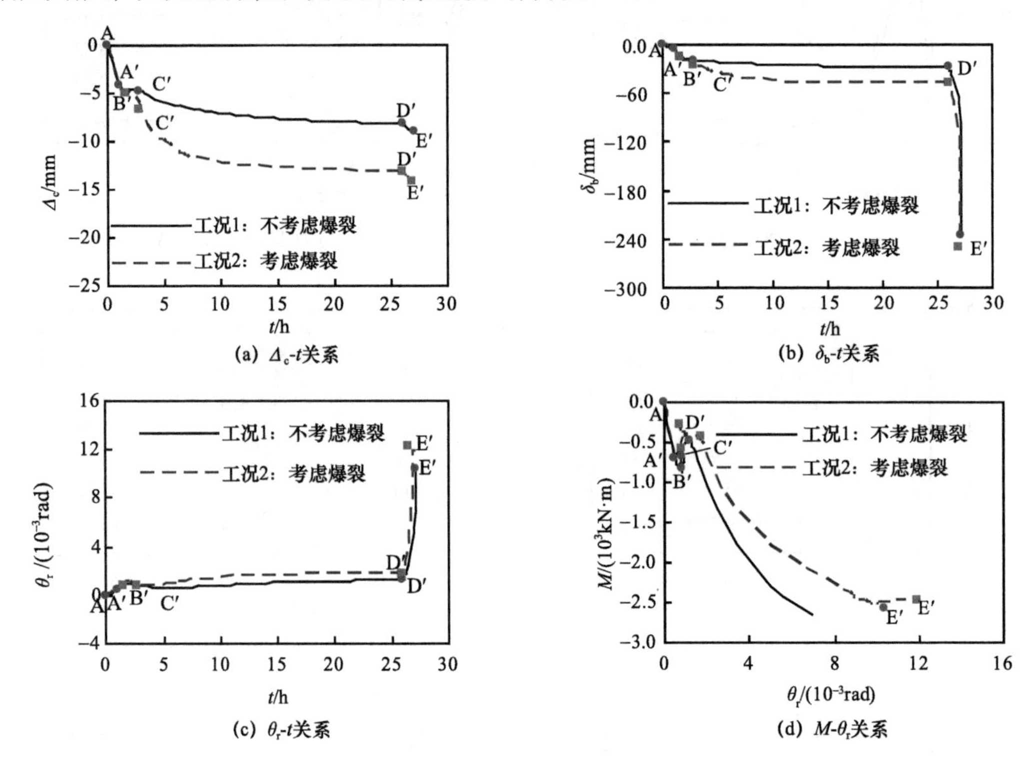

图 14.52　混凝土爆裂对节点变形的影响

14.4.8　施工过程影响

钢管混凝土加劲混合结构柱在施工过程中，往往先进行内部的钢管混凝土部件施工，待钢管内部混凝土硬化后，使其承担一部分施工荷载，再安装外部的钢筋混凝土部件并浇筑外部混凝土。本节对不同期施工的钢管混凝土加劲混合结构柱 - 钢筋混凝土梁节点的性能进行分析。

图 14.53 为不同期施工对节点变形的影响，为了便于与同期施工的计算结果对比，对图中时间进行调整，施工过程对钢管混凝土柱的加载对应 0.5h，钢管混凝土加劲混合结构柱加载对应另一个 0.5h，全过程火灾作用为 25h。分析对象为本章的基本分析对象，升温时间为 t_h 为 60min。

图 14.53（a）为柱轴向变形（Δ_c）- 受火时间（t）关系，可见不同期施工使全过程火灾后柱轴向变形增大。当 n_o 为 0.1 时，全过程火灾后（D′ 时）Δ_c 为－10.86mm，与同期施工时（n_o 为 0）相比，增大 5%，且随 n_o 增大，全过程火灾后轴向变形增大，当 n_o 为 0.3 时，D′ 时的 Δ_c 与 n_o 为 0 相比增加 16%。

图 14.53（b）为梁端挠度（δ_b）- 受火时间（t）关系。n_o 不同时，δ_b-t 关系几乎重合，说明不同期施工对梁的变形影响较小。图 14.53（c）为相对转角（θ_r）- 受火时间

（t）关系，可见 n_o 对 θ_r-t 关系的影响也较小，但随 n_o 增大，相对转角有增大的趋势。

图 14.53（d）所示为节点弯矩（M）- 相对转角（θ_r）关系，可见 n_o 对 M-θ_r 关系的影响也较小。随 n_o 增大，相同 θ_r 时，M 有降低的趋势，可见，不同期施工使火灾的节点刚度降低。相比之下，考虑不同期施工时，火灾后剩余承载力有小幅提高。

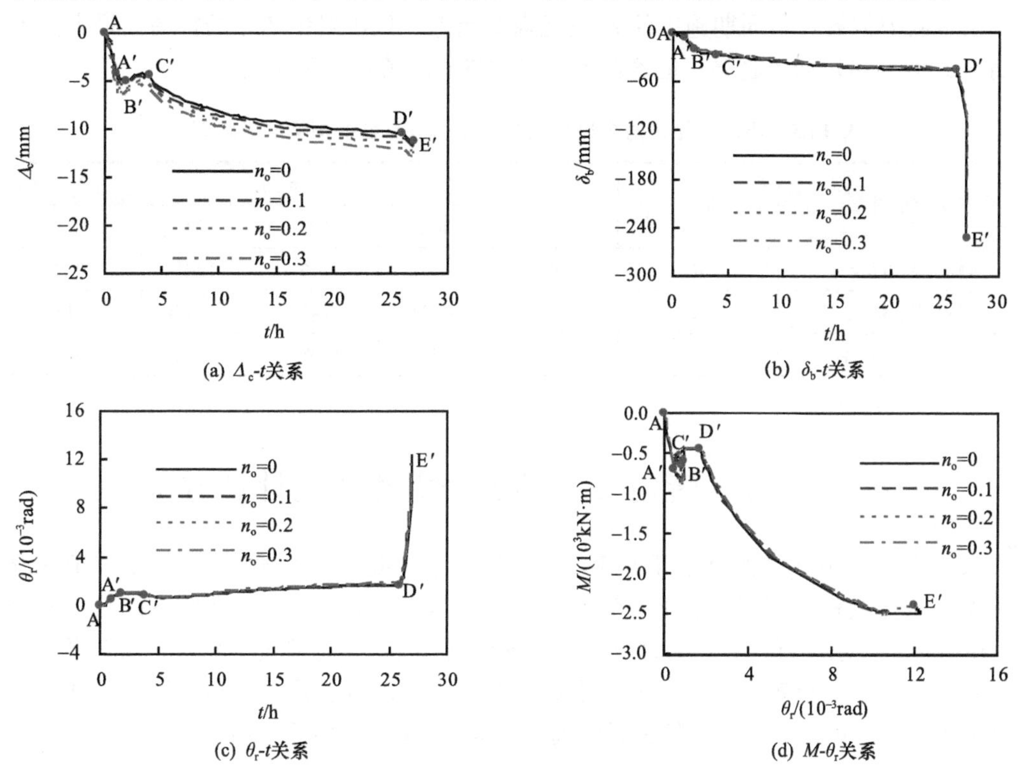

(a) Δ_c-t关系　(b) δ_b-t关系

(c) θ_r-t关系　(d) M-θ_r关系

图 14.53　不同期施工对节点变形的影响

图 14.54 所示为不同期施工对弯矩（M）- 相对转角（θ_r）关系的影响，其中升温时间为 30～180min。可见，不同期施工对节点的 M-θ_r 关系及全过程火灾不同时刻的弯矩影响不明显，但由于有限元计算模型收敛性问题，图 14.54（a）中得到的 M-θ_r 关系较短，这可能低估了火灾后剩余承载力。

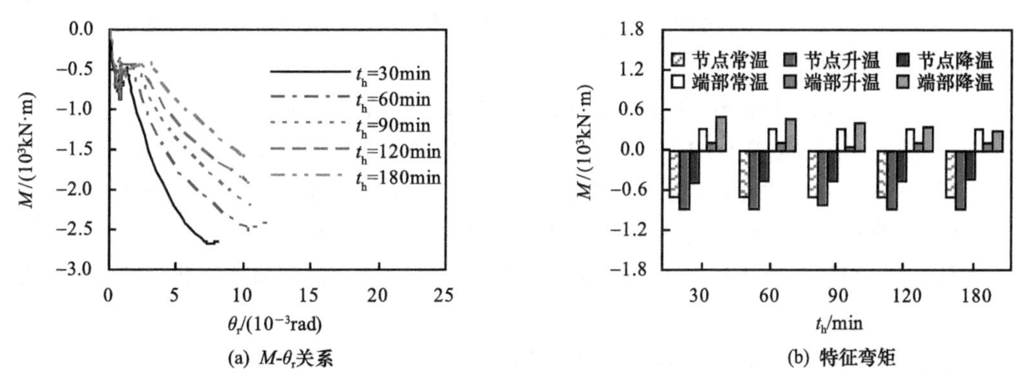

(a) M-θ_r关系　(b) 特征弯矩

图 14.54　不同期施工对节点的 M-θ_r 关系的影响

表 14.5 为不同期施工对全过程火灾作用后节点剩余承载力系数［R，定义见式（11.3）］、剩余刚度系数［K，定义见式（11.1）］和残余转动变形系数［δ_u，定义见式（14.3）］的对比。可见，不同期施工使 R 呈现降低趋势。随升温时间（t_h）的提高，R 的降低程度呈现增大趋势，但是这种增大是因为加载后期有限元计算模型不收敛，使计算得到的剩余承载力偏低。不同期施工使 K 呈现降低趋势，且该趋势随 t_h 的提高而增大。不同期施工使 δ_u 呈现增大趋势，但该增大的程度与 t_h 的关系并不明显。

表 14.5　不同期施工对全过程火灾作用后节点性能指标的影响率

节点性能指标	符号	t_h/min				
		30	60	90	120	180
剩余承载力系数	R	−0.07%	0.60%	−6.86%	−9.81%	−20.95%
剩余刚度系数	K	−0.69%	−0.13%	−0.46%	−1.42%	−1.16%
残余转动变形系数	δ_u	4.23%	3.11%	2.56%	−0.54%	9.54%

14.5　弯矩 - 转角关系参数分析和实用计算方法

采用第 14.2 节建立的有限元计算模型，选取钢管混凝土加劲混合结构柱 - 钢筋混凝土梁节点全过程火灾下（后）力学性能的主要影响参数，对不同参数下的节点的弯矩 - 相对转角关系进行计算。为评价节点火灾后的性能，基于弯矩 - 相对转角关系，定义了并计算了节点火灾后剩余承载力系数、剩余刚度系数、残余转动变形系数和峰值转动变形系数，给出了这些评价指标的确定方法，可供实际工程参考。

14.5.1　参数分析

钢管混凝土加劲混合结构柱 - 钢筋混凝土梁节点弯矩（M）- 相对转角（θ_r）关系的影响因素包括：升温时间（t_h）、柱荷载比（n）、梁荷载比（m）、钢管核心混凝土强度（f_{cui}）、钢管外部钢筋混凝土柱、梁及楼板中混凝土强度（f_{cuo}）、钢管屈服强度（f_{yc}）、柱纵筋屈服强度（f_{ybc}）、梁纵筋屈服强度（f_{ybb}）、柱截面含钢率（α_c）、梁横截面尺寸、柱横截面尺寸、内部钢管尺寸等。本节选取其中可独立变化的参数，选定的参数及参数的范围如下。

升温时间（t_h）：30min、60min、90min、120min、180min；

柱荷载比［n，按式（3.17）计算］：0.2、0.3、0.4、0.5、0.6、0.7、0.8；

梁荷载比［m，按式（3.18）计算］：0.2、0.3、0.4、0.5、0.6、0.7、0.8；

核心混凝土强度（f_{cui}）：50MPa、60MPa、70MPa、80MPa；

钢管外部钢筋混凝土柱、梁及楼板中混凝土强度（f_{cuo}）：30MPa、40MPa、50MPa、60MPa；

钢管屈服强度（f_{yc}）：235MPa、345MPa、420MPa；

柱纵筋屈服强度（f_{ybc}）：335MPa、400MPa、500MPa；

梁纵筋屈服强度（f_{ybb}）：335MPa、400MPa、500MPa；

柱截面含钢率［α_c，按式（9.7）计算］：2.48%、3.28%、4.06%。

基于图 14.44 对节点全过程火灾下（后）的弯矩（M）- 相对转角（θ_r）关系的分析，得到的节点 M-θ_r 关系示意。为评价节点火灾后的性能，基于节点的 M-θ_r 关系，定义节点火灾后剩余承载力系数、剩余刚度系数、残余转动变形系数和峰值转动变形系数。全过程火灾作用后节点剩余承载力系数（R）的定义见式（11.4）。R 表征全过程火灾作用后的节点的抗弯承载力的降低程度。

全过程火灾作用后节点剩余刚度系数（K）的定义见式（11.2）。K 表征全过程火灾作用后的节点的刚度的降低程度。

全过程火灾作用后节点的残余转动变形系数（δ_u）的定义见式（14.3）：

$$\delta_u=\frac{\theta_{ru}}{\theta_{ra}} \tag{14.3}$$

式中：θ_{ru}——火灾后节点极限抗弯承载力对应的转角，为图 11.57（a）中 D′ 点的横坐标；

θ_{ra}——常温下节点极限抗弯承载力对应的转角，为图 11.57（a）中 D_a 点的横坐标。

全过程火灾后节点的峰值转动变形系数（δ_p）的定义如式（14.4）所示：

$$\delta_p=\frac{\theta_{rp}}{\theta_{rs}} \tag{14.4}$$

式中：θ_{rp}——升、降温后节点极限承载力对应的转角，为图 11.57（a）中 D_p 点的横坐标；

θ_{rs}——常温下节点极限承载力对应的转角，为图 11.57（a）中 A′ 点的横坐标。

对不同参数下的钢管混凝土加劲混合结构柱 - 钢筋混凝土梁节点在荷载和全过程火灾作用下（后）的力学性能进行计算，针对上述 4 个指标进行分析，评价节点火灾后工作性能。同时，为研究全过程火灾下（后）节点弯矩的变化规律，对特征时刻的弯矩进行分析。

图 14.55（a）为基本算例在升温时间（t_h）30～180min 时的弯矩（M）- 转角（θ_r）关系，基本算例的条件见第 14.4 节，分析如下。

1）火灾后节点的剩余承载力系数（R）随 t_h 的增加而降低。

2）火灾后节点的剩余刚度系数（K）随 t_h 的增加而降低。对比 K 与 R 数值的大小，可见全过程火灾作用使 K 的降低程度更大。这是因为当节点发生梁破坏时，火灾后剩余抗弯承载力由梁节点区横截面上的火灾后的材料剩余强度决定。对于钢筋混凝土梁，其中钢筋在外部混凝土的保护下，其所达的最高温度较低，从第 14.4.1 节可见，当 t_h 为 60min 时，火灾后节点区底部纵向钢筋的最高温度为 402℃。而根据 Yang 等（2008）采用的钢材本构关系模型，最高温度 400℃时，火灾后钢材的屈服强度与常温下的屈服强度相同。相比之下，节点火灾后转动刚度则与试件的抗弯刚度有关，抗弯刚度与材料的火灾后的弹性模量有关。根据本章采用的本构关系模型，虽然火灾后钢材的弹性模量与常温下相同，但火灾后混凝土的弹性模量在其最高温度为 400℃时为常温下的 14%。可见，全过程火灾使节点刚度的降低程度更大。

3）火灾后节点的残余转动变形系数（δ_u）随 t_h 的增加而增加。

4）火灾后节点的峰值转动变形系数（δ_p）随 t_h 的增加而增加。

基于 14.4.4 节的分析结果，当 t_h 为 60min 时，梁弯矩（节点区和非节点区）在升温初期先向顶部受拉方向发展，之后向底部受拉方向发展。节点区负弯矩幅值在升、降温段先增大后减小，梁端部正弯矩幅值在升、降温段先减小后增大。当 t_h 分别为 30min、90min、120min 和 180min 时的结论类似。

为研究节点弯矩变化，给出不同 t_h 下全过程火灾各特征时刻节点弯矩值，如图 14.55（b）所示。其中“节点常温”为常温加载结束时刻（图 1.14 点 A'）节点区截面的负弯矩，“节点升温”为升阶段节点区截面的负弯矩最大值，“节点降温”为降温结束时刻（图 1.14 点 D'）节点区截面的负弯矩。“端部常温”为常温加载结束时刻梁端部截面的正弯矩，“端部升温”为升阶段梁端部截面正弯矩最小值，“端部降温”为降温段梁端部截面正弯矩最大值。由图 14.55 分析如下。

1）升阶段梁弯矩向负向（顶部受拉方向）发展，使节点区负弯矩增大。节点区负弯矩值增加了 91kN · m，端部区正弯矩值降低了 154kN · m。两者弹性阶段的理论结果应相等，其差异是由于节点区发生塑性变形和数值计算过程增量步选取的影响。

2）降温结束时刻节点区正弯矩值幅值降低，端部负弯矩幅值增加。节点区正弯矩幅值在 t_h 为 30min 时仅为常温下的 69%，而在 t_h 为 60～180min 时，升、降温之后的弯矩幅值基本不随 t_h 变化，为常温下的 65%。相比之下，端部降温结束时，弯矩与常温下相比增加，且增加的幅度随 t_h 增大而降低。当 t_h 为 30min 时，降温结束时的弯矩为常温下的 1.54 倍。该增加可能导致节点区截面在降温段负弯矩达其抗弯极限承载力，导致节点破坏。

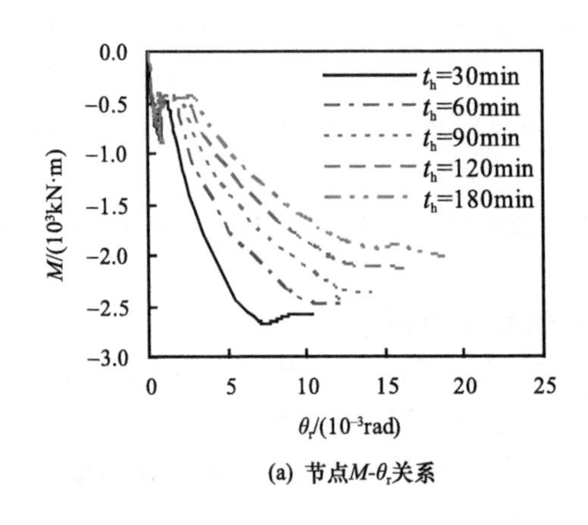

(a) 节点M-θ_r关系

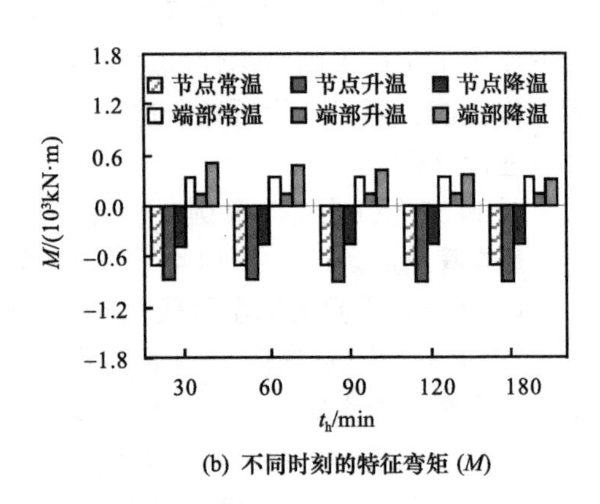

(b) 不同时刻的特征弯矩 (M)

图 14.55　弯矩 M 变化

14.5.2　剩余刚度系数

表 14.6 所示为钢管混凝土加劲混合结构柱 - 钢筋混凝土梁节点参数分析信息，其中第 1 组为基本算例，第 2～25 组为参数分析模型中各参数的取值，各符号的意义见第 14.5.1 节。在变化各参数时，仅该参数发生变化，其他参数与第 1 组的算例的

参数取值相同。其中，截面含钢率变化是通过变化钢管厚度实现的，升温时间分别为30min、60min、90min、120min 和 180min。对不同参数下的节点在全过程火灾作用下（后）的力学性能进行分析，得到其 M-θ_r 关系。进而对全过程火灾作用后节点的剩余刚度、剩余承载力、残余转动变形系数和峰值转动变形系数计算。

表 14.6　节点参数分析信息

<table>
<tr><th>序号</th><th>n</th><th>m</th><th>f_{cui}/MPa</th><th>f_{cuo}/MPa</th><th>f_{yc}/MPa</th><th>f_{ybc}/MPa</th><th>f_{ybb}/MPa</th><th>ρ_a/%</th></tr>
<tr><td>1</td><td>0.4</td><td>0.3</td><td>80</td><td>50</td><td>345</td><td>400</td><td>400</td><td>2.48</td></tr>
<tr><td>2</td><td>0.2</td><td rowspan="5">0.3</td><td rowspan="5">80</td><td rowspan="5">50</td><td rowspan="5">345</td><td rowspan="5">400</td><td rowspan="5">400</td><td rowspan="5">2.48</td></tr>
<tr><td>3</td><td>0.3</td></tr>
<tr><td>4</td><td>0.5</td></tr>
<tr><td>5</td><td>0.6</td></tr>
<tr><td>6</td><td>0.7</td></tr>
<tr><td>7</td><td rowspan="5">0.4</td><td>0.2</td><td rowspan="5">80</td><td rowspan="5">50</td><td rowspan="5">345</td><td rowspan="5">400</td><td rowspan="5">400</td><td rowspan="5">2.48</td></tr>
<tr><td>8</td><td>0.4</td></tr>
<tr><td>9</td><td>0.5</td></tr>
<tr><td>10</td><td>0.6</td></tr>
<tr><td>11</td><td>0.7</td></tr>
<tr><td>12</td><td rowspan="3">0.4</td><td rowspan="3">0.3</td><td>50</td><td rowspan="3">50</td><td rowspan="3">345</td><td rowspan="3">400</td><td rowspan="3">400</td><td rowspan="3">2.48</td></tr>
<tr><td>13</td><td>60</td></tr>
<tr><td>14</td><td>70</td></tr>
<tr><td>15</td><td rowspan="3">0.4</td><td rowspan="3">0.3</td><td rowspan="3">80</td><td>30</td><td rowspan="3">345</td><td rowspan="3">400</td><td rowspan="3">400</td><td rowspan="3">2.48</td></tr>
<tr><td>16</td><td>40</td></tr>
<tr><td>17</td><td>60</td></tr>
<tr><td>18</td><td rowspan="2">0.4</td><td rowspan="2">0.3</td><td rowspan="2">80</td><td rowspan="2">50</td><td>235</td><td rowspan="2">400</td><td rowspan="2">400</td><td rowspan="2">2.48</td></tr>
<tr><td>19</td><td>420</td></tr>
<tr><td>20</td><td rowspan="2">0.4</td><td rowspan="2">0.3</td><td rowspan="2">80</td><td rowspan="2">50</td><td rowspan="2">345</td><td>335</td><td rowspan="2">400</td><td rowspan="2">2.48</td></tr>
<tr><td>21</td><td>500</td></tr>
<tr><td>22</td><td rowspan="2">0.4</td><td rowspan="2">0.3</td><td rowspan="2">80</td><td rowspan="2">50</td><td rowspan="2">345</td><td rowspan="2">400</td><td>335</td><td rowspan="2">2.48</td></tr>
<tr><td>23</td><td>500</td></tr>
<tr><td>24</td><td rowspan="2">0.4</td><td rowspan="2">0.3</td><td rowspan="2">80</td><td rowspan="2">50</td><td rowspan="2">345</td><td rowspan="2">400</td><td rowspan="2">400</td><td>3.28</td></tr>
<tr><td>25</td><td>4.06</td></tr>
</table>

表 14.7 所示为全过程火灾作用后节点的剩余承载力系数（R）和剩余刚度系数（K），其中算例编号对应于表 14.6 中的算例编号。所有算例中，除 n 为 0.7 和 n 为 0.8 时的部分算例出现柱破坏的结果，其余所有算例均出现梁破坏的结果。对于在升、降温段发生破坏（包括梁破坏和柱破坏）的情况，其 R 和 K 均定义为 0。由表 14.7 分析如下。

1）节点火灾后剩余承载力系数（R）和剩余刚度系数（K）均随升温时间（t_h）的增大而减小。但 t_h 对 R 和 K 的影响程度不同，t_h 相同的情况下，与对 K 的影响程度相比，全过程火灾作用使 R 的降低程度较大。

2）当 t_h 相同时，不同参数变化时，其对 R 的影响和程度均不同。如 t_h 相同时，随 m 增大，R 呈现降低趋势；但当 t_h 相同时，随 f_{ybb} 增大，R 呈现增加趋势。虽然当 t_h 相同时，随 m 和 n 的增大，R 均呈现降低趋势，但两者的影响程度不同。

表 14.7 火灾后剩余承载力系数（R）和剩余刚度系数（K）

算例编号	t_h									
	30min		60min		90min		120min		180min	
	R	K	R	K	R	K	R	K	R	K
1	0.951	0.469	0.888	0.463	0.845	0.386	0.762	0.378	0.719	0.310
2	0.951	0.378	0.892	0.365	0.790	0.329	0.686	0.294	0.564	0.244
3	0.951	0.472	0.892	0.363	0.790	0.346	0.689	0.306	0.695	0.233
4	0.955	0.492	0.893	0.470	0.798	0.423	0.713	0.394	0.703	0.306
5	0.954	0.479	0.893	0.473	0.786	0.466	0.701	0.462	0.553	0.398
6	0.843	0.433	0.515	0.433	0.308	0.433	0	0	0	0
7	0.947	0.467	0.893	0.462	0.839	0.406	0.721	0.349	0.621	0.299
8	0.956	0.509	0.894	0.466	0.784	0.354	0.642	0.311	0.521	0.273
9	0.958	0.495	0.889	0.458	0.743	0.337	0.610	0.269	0.536	0.183
10	0.957	0.441	0.878	0.379	0.726	0.287	0.644	0.158	0	0
11	0.955	0.313	0.859	0.224	0	0	0	0	0	0
12	0.949	0.483	0.894	0.471	0.828	0.427			0.584	0.329
13	0.951	0.475	0.893	0.474	0.787	0.397	0.770	0.377	0.608	0.318
14	0.951	0.473	0.892	0.450	0.808	0.378	0.771	0.365	0.556	0.287
15	0.935	0.503	0.889	0.479			0.792	0.393	0.765	0.313
16	0.955	0.478	0.904	0.471	0.866	0.415	0.793	0.371	0.720	0.301
17	0.947	0.452	0.875	0.422	0.811	0.406	0.533	0.302	0.373	0.278
18	0.956	0.468	0.894	0.458	0.794	0.423	0.683	0.381	0.550	0.320
19	0.943	0.463	0.895	0.456	0.796	0.401	0.690	0.339	0.564	0.326
20	0.950	0.470	0.894	0.453	0.799	0.372	0.779	0.343	0.586	0.290
21	0.954	0.466	0.892	0.454	0.800	0.410	0.692	0.385	0.587	0.262
22	0.965	0.511	0.879	0.455	0.773	0.360	0.747	0.333	0.562	0.293
23	0.957	0.443	0.927	0.450	0.830	0.426	0.825	0.376	0.640	0.320
24	0.946	0.465	0.894	0.444	0.786	0.405	0.692	0.375	0.602	0.279
25	0.945	0.465	0.893	0.443	0.841	0.420		0.387	0.716	0.275

3）随 t_h 的增加，不同参数对 R 的影响程度不同。

4）当升温时间（t_h）相同时，不同参数变化时，其对 K 的影响和程度均不同。如 t_h 相同时，随 m 增大，K 呈现降低趋势；但随 n 增大，R 呈现增加趋势。

5）随 t_h 的增加，不同参数对 K 的影响程度不同。如当柱荷载比（n）为 0.2 时（第 2 组算例），随 t_h 的增加，K 减小程度较大。梁纵筋强度（f_{ybb}）对 K 的影响与 n 类似；梁荷载比（m）较大时，K 减小程度较大。钢管外部混凝土（f_{cuo}）对 K 的影响与 m 类似。

6）荷载参数及梁材料强度参数对 R 和 K 的影响明显，柱材料强度参数对 R 和 K 的影响不明显。R 和 K 的主要影响参数均为 n、m、f_{cuo} 和 f_{ybb}。

14.5.3　剩余承载力系数

本节采用全过程火灾作用后的残余转动变形系数（δ_u）和全过程火灾作用后的峰值转动变形系数（δ_p）对节点的转动能力进行评估。

表 14.8 所示为全过程火灾作用后的残余转动变形系数 δ_u。

表 14.8　全过程火灾作用后的残余转动变形系数（δ_u）

算例编号	参数符号	参数取值	t_h				
			30min	60min	90min	120min	180min
			δ_u				
1			2.244	3.646	4.342	5.185	5.937
2		0.2	2.721	4.432	4.440	4.516	4.438
3		0.3	2.480	4.042	3.954	3.967	6.196
4	n	0.5	2.043	3.187	2.931	3.080	3.922
5		0.6	1.762	2.808	2.421	2.295	1.654
6		0.7	1.153				
7		0.2	2.081	3.323	4.181	3.433	3.289
8		0.4	2.463	3.783	3.590	3.310	3.537
9	m	0.5	2.624	3.635	3.535	3.670	4.811
10		0.6	2.754	3.608	3.731	5.883	
11		0.7	2.894	4.096			
12		50	2.221	3.136	3.636		3.220
13	f_{cui}/MPa	60	2.224	3.622	3.352	5.049	3.048
14		70	2.236	3.461	3.525	5.060	
15		30	2.167	3.118		4.817	6.345
16	f_{cuo}/MPa	40	2.284	3.454	4.45	5.573	4.728
17		60	2.603	3.659	3.913	2.145	1.973
18	f_{yc}/MPa	235	2.168	3.423	3.097	2.954	2.827
19		420	2.136	3.511	3.265	3.117	2.879

续表

算例编号	参数符号	参数取值	t_h				
			30min	60min	90min	120min	180min
			δ_u				
20	f_{ybc}/MPa	335	2.244	3.193	3.499	5.132	3.15
21		500	2.292	3.713	3.456	3.395	3.045
22	f_{ybb}/MPa	335	2.575	3.761	3.455	4.418	2.84
23		500	2.322	3.401	3.855	6.097	3.607
24	α	3.28%	2.298	3.286	3.468	3.295	3.25
25		4.06%	2.322	3.833	4.492		6.13

由表 14.8 可得出如下结论。

1）在所有算例中，δ_u 均随升温时间（t_h）的增加而呈现增大趋势，这说明全过程火灾作用时间的增加会使节点残余变形增加。部分计算结果中，当 t_h 较大时，可能会出现 δ_u 反倒减小的现象，这主要是因为有限元计算模型中接触分析本身难度较大所致，当结构变形较大时，计算的收敛性降低。

2）当 t_h 相同时，不同参数对 δ_u 的影响规律不同。柱荷载比（n）对 δ_u 的影响明显，当 t_h 相同时，随 n 的提高，δ_u 呈现降低的趋势。梁荷载比（m）对 δ_u 的影响明显，当 t_h 相同时，随 m 的提高，δ_u 呈现增加的趋势。材料强度指标和含管率（α）对 δ_u 的影响规律不明显。δ_u 的主要影响参数是 n 和 m。

表 14.9 所示为全过程火灾作用后的峰值转动变形系数 δ_p，表中标“—”的表示的意义同表 14.8，由表 14.9 分析如下。

表 14.9　全过程火灾作用后的峰值转动变形系数（δ_p）

算例编号	参数符号	参数取值	t_h				
			30min	60min	90min	120min	180min
1			2.685	3.588	4.452	5.441	6.357
2	n	0.2	3.701	5.295	7.190	9.007	11.861
3		0.3	3.145	4.280	5.863	7.035	8.882
4		0.5	2.327	2.899	3.508	4.703	4.321
5		0.6	1.961	2.573	3.442	2.655	1.529
6		0.7	1.719				
7	m	0.2	2.660	3.688	5.138	5.851	6.213
8		0.4	2.708	3.588	4.563	5.817	8.159
9		0.5	2.789	3.967	5.199	6.899	8.450
10		0.6	2.936	3.997	5.553	8.006	
11		0.7	3.146	4.959			

续表

算例编号	参数符号	参数取值	t_h				
			30min	60min	90min	120min	180min
12	f_{cui}/MPa	50	2.722	3.580	4.586	5.558	6.877
13		60	2.684	3.671	4.369	5.559	5.638
14		70	2.693	3.568	4.267	5.500	5.768
15	f_{cuo}/MPa	30	1.908	2.353		3.211	3.403
16		40	2.319	2.898	3.663	4.161	4.470
17		60	3.077	4.007	4.558	5.375	7.305
18	f_{yc}/MPa	235	2.583	3.300	4.134	4.862	6.721
19		420	2.598	3.342	4.149	4.737	6.293
20	f_{ybc}/MPa	335	2.682	3.490	4.396	4.980	5.822
21		500	2.693	3.555	4.382	5.472	5.994
22	f_{ybb}/MPa	335	2.806	3.876	4.626	5.321	5.671
23		500	2.555	2.948	4.223	4.302	4.725
24	α	3.28%	2.665	3.349	4.359	4.843	5.898
25		4.06%	2.705	3.701	4.544	5.569	6.055

1）在所有算例组中，δ_p 均随升温时间（t_h）的增加而呈现增大趋势，这说明全过程火灾作用时间的增加会使节点火灾后转动能力增加。部分计算结果中，当 t_h 较大时，可能会出现 δ_p 反而减小的现象，这与 δ_u 的结果类似。

2）当 t_h 相同时，不同参数对 δ_p 的影响规律不同。柱荷载比（n）、梁荷载比（m）、钢管外包混凝土强度（f_{cuo}）和梁中钢筋强度（f_{ybb}）对 δ_p 有较大影响。当 t_h 相同时，随 n 的提高，δ_p 呈现降低的趋势。当 t_h 相同时，随 m 的提高，δ_p 呈现增加的趋势。当 t_h 相同时，随 f_{cuo} 的提高，δ_p 呈现增加的趋势。当 t_h 相同时，随 f_{ybb} 的提高，δ_p 呈现降低的趋势。其余参数对 δ_p 的影响不明显。δ_p 的主要影响参数为 n、m、f_{cuo} 和 f_{ybb}。

14.6　本 章 小 结

本章建立了钢管混凝土加劲混合结构柱 - 钢筋混凝土梁节点的耐火性能有限元计算模型，并进行了该类节点在外荷载和火灾共同作用下的试验研究。试验结果表明，节点耐火极限随梁荷载比增大而降低，但柱荷载比对耐火极限的影响不明显；耐火极限随梁柱线刚度比增加而增大，但增幅较小；火灾后剩余承载力系数随升温时间比的增大而降低。

在有限元计算模型基础上，对足尺的钢管混凝土加劲混合结构柱 - 钢筋混凝土梁节点在全过程火灾下（后）的工作机理进行分析，基于参数分析结果，给出了该类节点的火灾后剩余承载力系数、剩余刚度系数、残余转动变形系数和峰值转动变形系数的确定方法，可为实际工程提供参考。

参 考 文 献

中华人民共和国国家质量监督检验检疫总局，2008．建筑构件耐火试验方法：GB/T 9978—2008［S］．北京：中国标准出版社．

中华人民共和国建设部，2003．钢结构设计规范：GB 50017—2003［S］．北京：中国计划出版社．

中华人民共和国住房和城乡建设部，2010．混凝土结构设计规范：GB 50010—2010［S］．北京：中国建筑工业出版社．

中华人民共和国住房和城乡建设部，2015．混凝土结构设计规范：GB 50010—2015［S］．北京：中国建筑工业出版社．

中华人民共和国住房和城乡建设部，2017．钢结构设计规范：GB 50017—2017［S］．北京：中国建筑工业出版社．

周侃．2017．钢管混凝土叠合住－RC梁节点耐火性能研究［D］．北京：清华大学．

ABAQUS, 2010. ABAQUS analysis user's manual [CP]. SIMULIA, Providence, RI.

AN Y F, HAN L H, 2014. Behaviour of concrete-encased CFST columns under combined compression and bending [J]. Journal of Constructional Steel Research, 101: 314-330.

Eurocode 2. EN1992-1-2: 2004. 2004. Design of concrete structures-Part 1-2: General rules-structural fire design [S]. European Committee for Standardization, Brussels.

GUO S, BAILEY C G, 2011. Experimental behaviour of composite slabs during the heating and cooling fire stages [J]. Engineering Structures, 33(2): 563-571.

ISO-834, 1975. Fire resistance tests-elements of building construction [S]. International Standard ISO 834, Geneva.

ISO-834, 1980. Fire-resistance tests-elements of building construction [S]. International Standard ISO 834: Amendment 1, Amendment 2, Switzerland.

ISO-834, 1999. Fire resistance tests-elements of building construction-part 1: General requirements [S]. International Standard ISO 834-1, Geneva.

MAO C J, CHIOU Y J, HSIAO P A, et al., 2010. The stiffness estimation of steel semi-rigid beam-column moment connections in a fire [J]. Journal of Constructional Steel Research, 66(5): 680-694.

YANG H, HAN L H, WANG Y C, 2008. Effects of heating and loading histories on post-fire cooling behaviour of concrete-filled steel tubular columns [J]. Journal of Constructional Steel Research, 64(5): 556-570.

ZHOU K, HAN L H, 2018. Experimental performance of concrete-encased CFST columns subjected to full-range fire including heating and cooling [J]. Engineering Structures, 165: 331-348.

ZHOU K, HAN L H, 2020. Experimental and numerical study of temperature developments of composite joints between concrete-encased concrete-filled steel tube columns and reinforced concrete beam [J]. Fire Safety Journal, 116: 103187.

第 15 章　火灾下（后）钢管混凝土柱 - 混凝土、钢梁平面框架的力学性能

15.1　引　　言

钢管混凝土柱与钢梁、钢筋混凝土梁或组合梁等组成的框架是钢管混凝土结构中常用的形式。本章介绍钢 - 混凝土组合平面框架结构耐火性能和抗火设计原理方面进行的一些探索性研究工作，具体包括：①建立平面框架结构耐火性能的有限元计算模型；②进行平面框架结构耐火性能的试验研究；③分析火灾作用下（后）平面框架结构的变形全过程，研究平面框架结构在力和温度作用下的工作机理，剖析火灾下（后）平面框架结构的破坏机制和承载力变化规律；④分析影响平面框架结构耐火极限的各种因素。

平面框架结构发生火灾时，其中的单榀门字型框架单元可能会有多种受火形式，如框架梁板下部和两柱双侧同时受火、框架梁板下部和两柱单侧受火等不同情况。

火灾工况对单榀框架的火灾下性能有影响，本章选取如图 15.1（a）所示的底层梁板下部受火，L 柱和 R 柱双侧同时受火的平面框架为研究对象，取框架单跨梁和 L 柱、R 柱为隔离体，得到如图 15.1（b）所示的简化模型，柱上端受轴向荷载 N_F，梁上承受均布荷载 q_F。在进行平面框架受火试验时，受试验设备所能提供的边界条件所限，进一步对图 15.1（b）简化，得到图 15.1（c）所示边界条件，即柱下端固结，柱上端受轴向荷载 N_F，梁三分点上受竖向荷载 P_F。

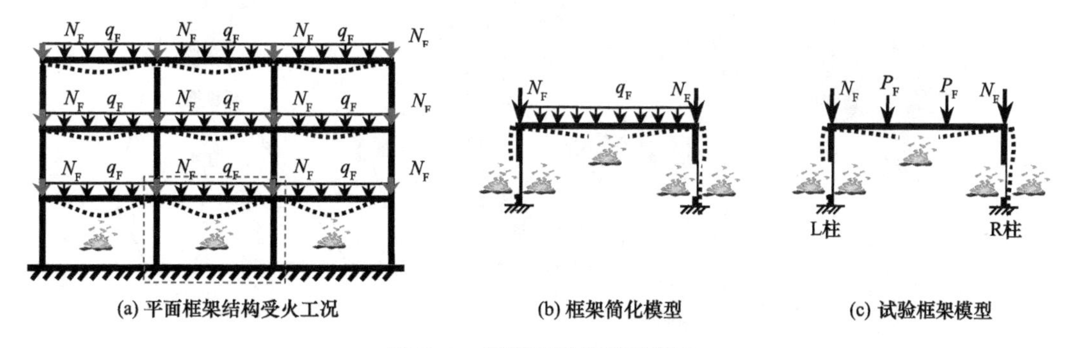

(a) 平面框架结构受火工况　(b) 框架简化模型　(c) 试验框架模型

图 15.1　框架试件模型示意图

本章进行平面框架的耐火极限试验时，采用图 15.1（c）所示的边界条件，在进行机理剖析和参数分析时，采用图 15.1（b）所示的边界条件，以使理论分析结果更接近实际情况。

15.2 有限元计算模型

本节建立了钢管混凝土（CFST）柱 - 钢筋混凝土（RC）梁框架和钢管混凝土柱 - 型钢混凝土（SRC）梁框架的耐火极限计算模型，包括温度场计算和力学性能分析模型两部分。

温度场计算模型所采用的钢材和混凝土的材料热工性能参见第 10.2 节和 12.2 节的有关论述，此处不再赘述。钢管采用壳单元，盖板、混凝土以及钢牛腿采用实体单元。

楼板下部的柱、梁和板表面按第三类边界条件考虑热对流和热辐射；楼板以上部分与周围空气流体通过对流和辐射传热。框架模型的边界条件和网格划分如图 15.2（a）和图 15.3（a）所示。采用第 15.3 节中论述的组合框架试验结果对模型进行了验证，计算结果和试验结果总体吻合，见第 15.3 节的论述。

在框架结构温度场计算模型基础上，进一步建立了相应的力学性能分析模型。为保证可以正确传递各单元节点上的温度值，力学性能分析模型和温度场计算模型几何位置相同节点的编号保持一致，并将温度场计算模型中采用的传热分析单元替换为力学性能分析单元。核心混凝土、混凝土楼板和底梁采用实体单元，钢管和牛腿采用壳单元，钢筋采用桁架单元，钢管混凝土柱顶设置刚性垫板。

高温下钢材的应力 - 应变关系按式（3.2）确定。钢管混凝土中的核心混凝土，其高温下的应力 - 应变关系按式（5.2）确定；其余部分的混凝土按式（3.6）确定。钢材的热膨胀、高温蠕变，混凝土的热膨胀、高温徐变和瞬态热应变等参照第 3.3.2 节所述的相关内容。

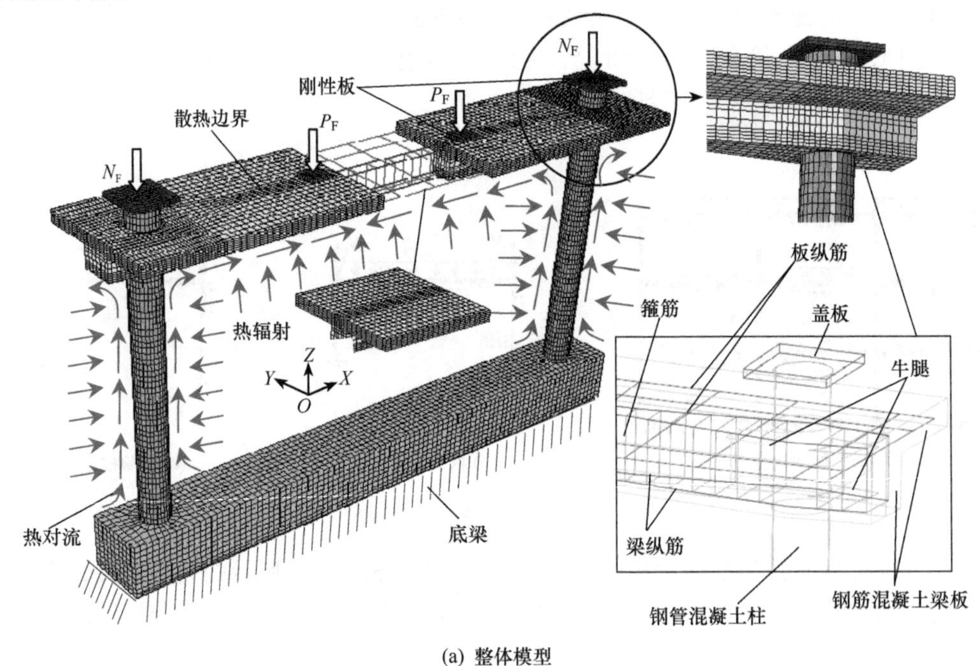

(a) 整体模型

图 15.2　钢管混凝土柱 - 钢筋混凝土梁框架模型边界条件和网格划分

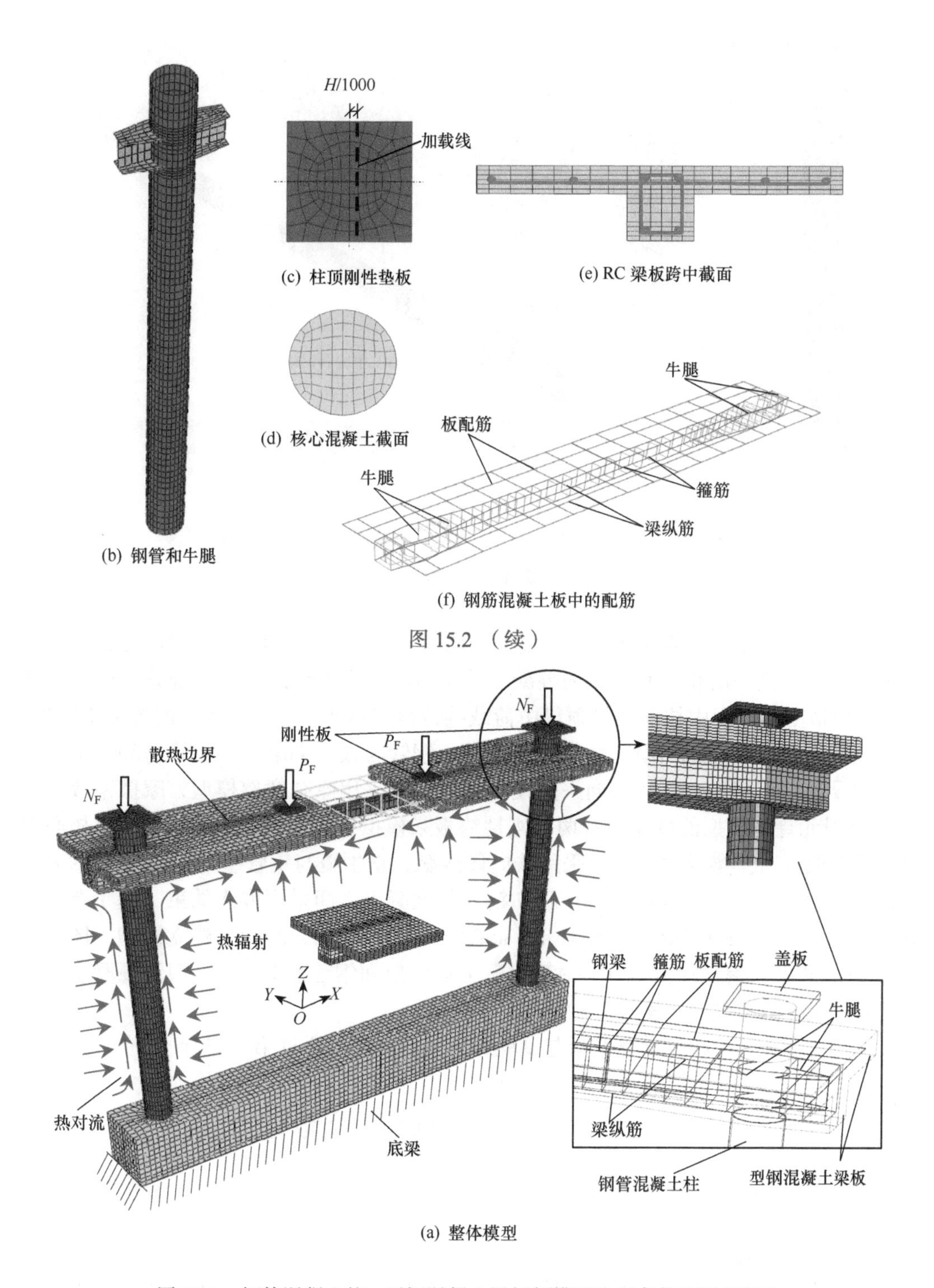

(b) 钢管和牛腿

(c) 柱顶刚性垫板

(d) 核心混凝土截面

(e) RC 梁板跨中截面

(f) 钢筋混凝土板中的配筋

图 15.2 （续）

(a) 整体模型

图 15.3　钢管混凝土柱 - 型钢混凝土梁框架模型边界条件和网格划分

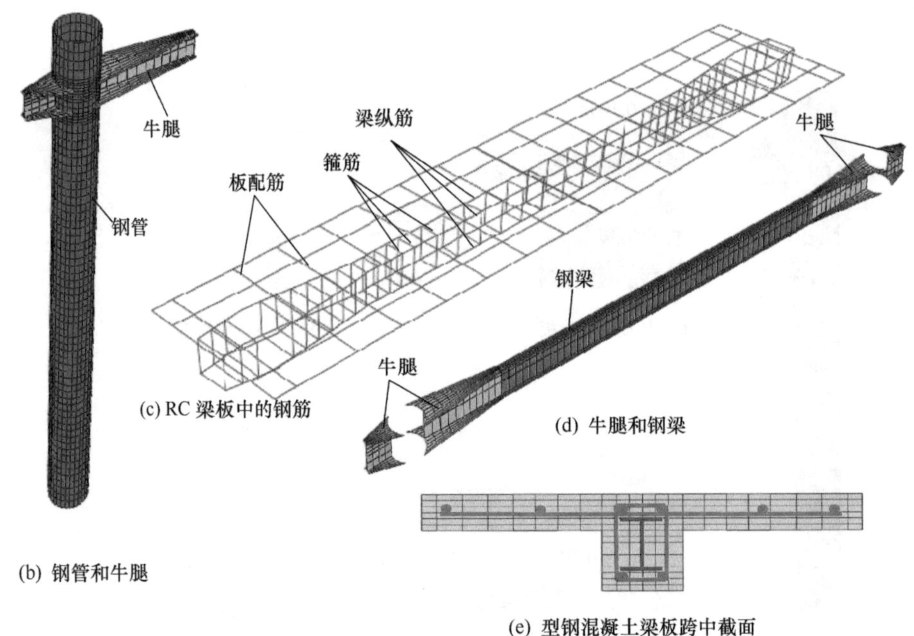

(b) 钢管和牛腿

(c) RC 梁板中的钢筋

(d) 牛腿和钢梁

(e) 型钢混凝土梁板跨中截面

图 15.3 （续）

在钢管混凝土柱顶的加载线中心施加竖向荷载（N_F），在确定加载线时考虑了钢管混凝土柱千分之一的初偏心。钢筋混凝土（型钢混凝土）梁跨三分点处施加竖向荷载（P_F），模拟受火过程中柱顶和梁顶集中荷载维持恒定不变，然后导入温度场分析结果。钢筋混凝土底梁底面施加固定约束边界条件。钢管与核心混凝土，钢管与和梁板混凝土之间设置面面接触，界面法向采用硬接触，切向采用库仑摩擦模型，摩擦系数取为0.6。有限元计算模型的柱端设置两个刚性垫板来模拟柱端盖板的作用，盖板与核心混凝土顶面或混凝土梁板顶面之间采用法向硬接触，钢牛腿与钢管壁采用“Tie”约束模拟钢牛腿和钢管之间的焊接，钢牛腿和钢筋与混凝土之间采用嵌入约束。基于有限元软件平台 ABAQUS（Hibbitt，Karlsson and Sorensen，Inc.，2004）建立模型，图 15.2 和图 15.3 分别为钢管混凝土柱 - 钢筋混凝土梁框架和钢管混凝土柱 - 型钢混凝土梁框架的有限元计算模型及网格划分示意图。

上述有限元计算模型计算结果与试验结果吻合较好，详见第 15.3 节。

15.3 耐火性能试验研究

15.3.1 试验概况

（1）试件设计

参考实际工程并考虑实验室场地条件和加载能力设计了如图 15.1（c）所示的八榀钢管混凝土柱 - 钢筋（型钢）混凝土梁门字型平面框架，进行耐火性能试验研究（Han et al.，2010a； Han et al.，2010b；王卫华，2009）。

试件参数如下。

1）钢管混凝土柱的柱荷载比（n）：按照式（3.17）进行计算，计算常温下柱极限承载力（N_u）时考虑框架试件梁对钢管混凝土柱计算长度的影响，按无侧移框架柱进行计算，确定的 $n=0.3$ 或 0.6。

2）梁荷载比（m）：按照式（3.18）进行计算，确定的 $m=0.3$ 或 0.6；钢筋混凝土梁极限弯矩根据实测材料强度按 T 形截面极限弯矩的方法确定。

3）梁柱线刚度比（k）：按照式（10.1）进行计算，确定的 $k=0.45$～0.95。

4）梁截面类型：钢筋混凝土梁和型钢混凝土梁。

5）柱截面形式：圆形或矩形。

试件参数汇总于表 15.1，其中试件编号中 CF 代表圆钢管混凝土柱框架，SF 代表方形截面钢管混凝土柱框架，RC 代表钢筋混凝土框架梁，SRC 代表型钢混凝土框架梁，a_c 为柱防火保护层厚度，确定时按照一端固结一端铰支钢管混凝土柱参考韩林海（2016）中的方法计算使柱耐火极限满足 90min。

表 15.1　钢管混凝土柱 - 钢筋（型钢）混凝土梁框架试件参数

试件编号	柱截面尺寸 $D(B)\times t_s^*$	梁截面尺寸 $D_b\times B_b^*$	k	N_F/kN	n	P_F/kN	m	a_c/mm
CFRC-1	140×3.85	180×100	0.95	760	0.58	19.5	0.3	7
CFRC-2	140×3.85	180×100	0.95	380	0.29	19.5	0.3	6
CFRC-3	140×3.85	180×100	0.95	380	0.29	39	0.6	3
CFRC-4	40×3.85	160×100	0.45	380	0.29	11.5	0.3	6
CFSRC-1	140×3.85	160×110	0.68	380	0.29	36	0.6	3
CFSRC-2	140×3.85	160×110	0.68	380	0.29	18	0.3	6
SFRC-1	140×3.51	200×120	0.85	330	0.27	22	0.3	4
SFRC-2	140×3.51	200×120	0.85	660	0.54	22	0.3	11

* 此两列中 D、B、t_s、D_b、B_b 的尺寸单位均为 mm。

试件 CFRC-1～试件 CFRC-3、试件 SFRC1 和试件 SFRC2 的钢筋混凝土梁截面上部配筋为 2ф12、截面下部配筋为 2ф16，试件 CFRC-4～试件 CFRC-6 框架中钢筋混凝土梁截面上部和下部配筋分别为：2ф12 和 2ф10。此外，构件 F5、构件 F6 为型钢混凝土梁，其中型钢高度（h）、型钢翼缘宽度（b_f）、型钢腹板厚度（t_w）和型钢翼缘厚度（t_f）分别为 80mm、30mm、4mm 和 4mm。

在钢管混凝土柱两端与盖板交接处分别设置直径为 20mm 圆形排气孔，对应每个试件加工两块 250mm×250mm×20mm 的方钢板作为试件的盖板，先在盖板中心的位置开一个直径为 60mm 的圆孔，然后在空钢管底端将盖板焊上，以便于混凝土的浇筑，另一端盖板待混凝土浇灌之后再进行焊接（图 15.4），钢筋混凝土梁和型钢混凝土梁截面尺寸和配筋设计如图 15.5 所示。

（2）材料的力学性能

钢筋混凝土梁、板与钢管混凝土柱中采用了同一种混凝土，混凝土水胶比为 0.36，砂率为 0.395，配合比为：水泥 320kg/m^3；粉煤灰 140kg/m^3；砂 680kg/m^3；石 1046kg/m^3；

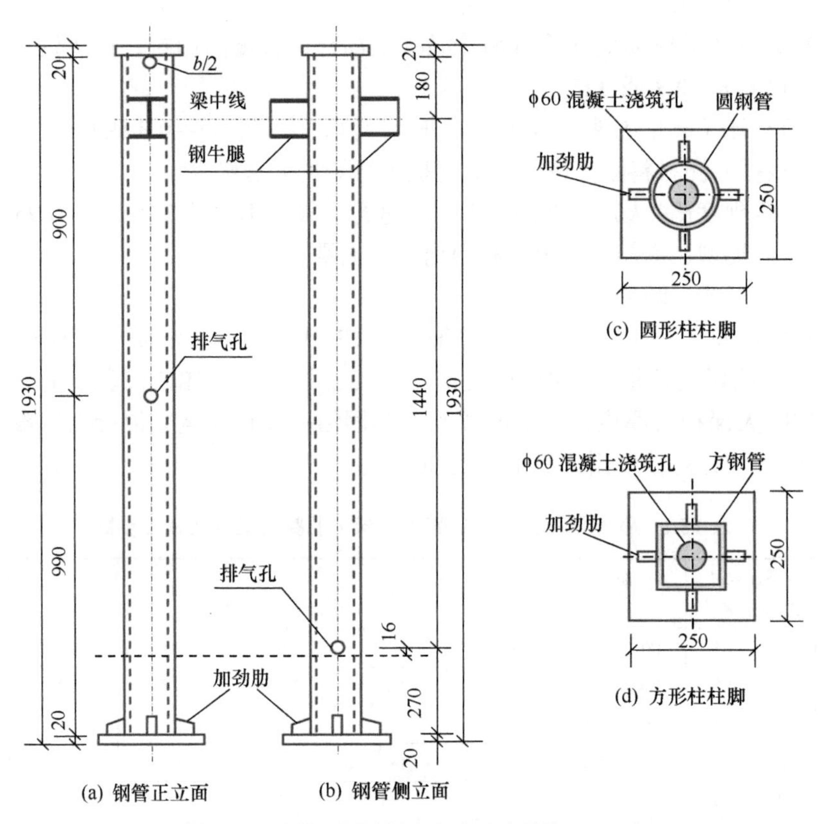

图 15.4　框架试件柱尺寸（尺寸单位：mm）

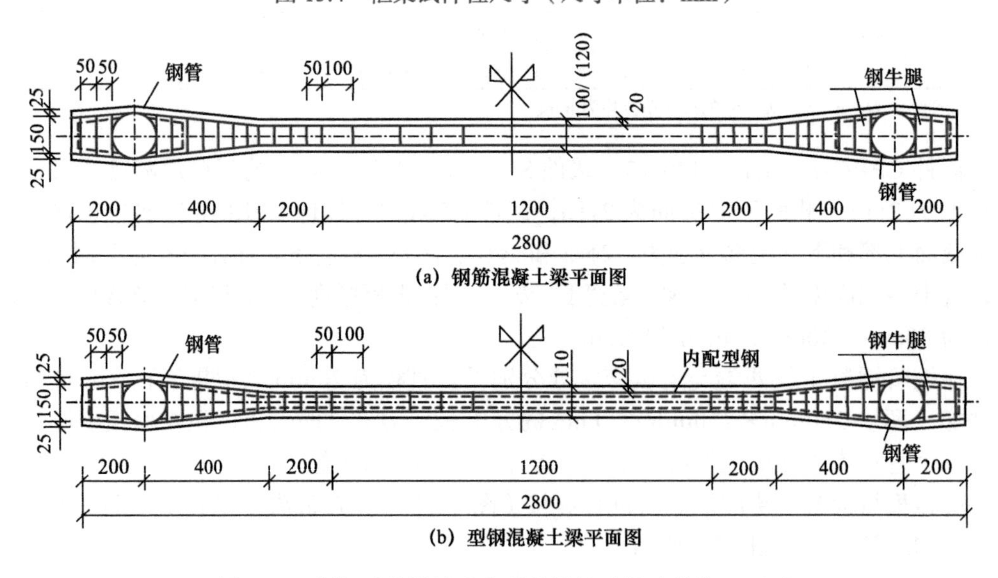

图 15.5　框架试件梁尺寸和配筋设计（尺寸单位：mm）

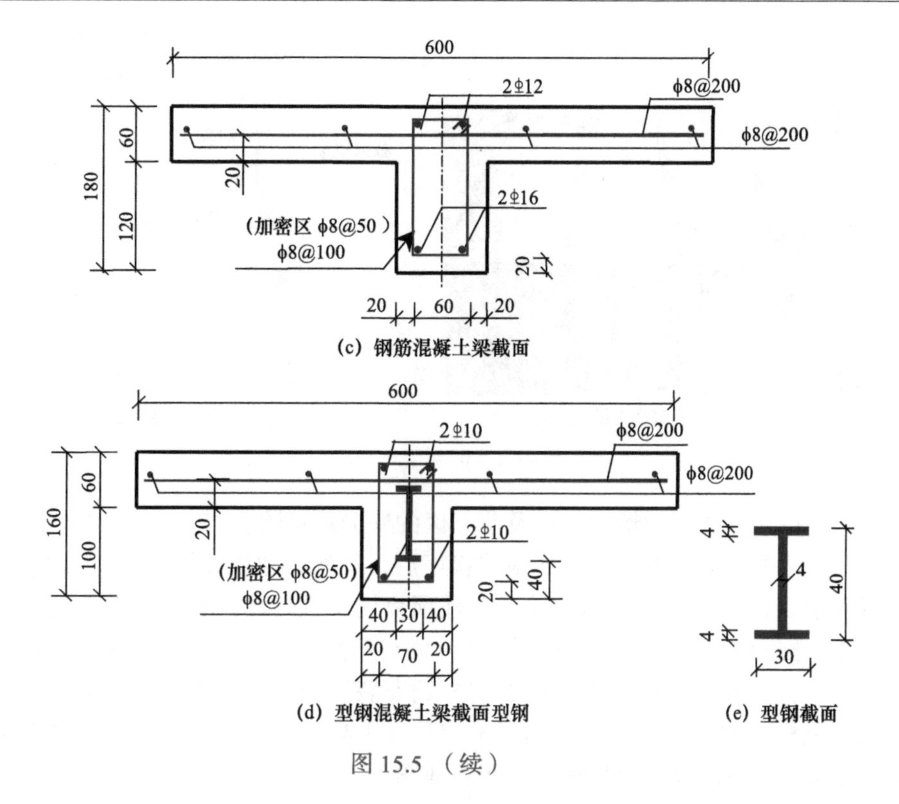

(c) 钢筋混凝土梁截面

(d) 型钢混凝土梁截面型钢

(e) 型钢截面

图 15.5 （续）

水 165kg/m³。采用的原材料为： 42.5 普通硅酸盐水泥；河砂；硅质花岗岩碎石，石子粒径为 5～15mm；矿物细掺料采用Ⅱ级粉煤灰，自来水。混凝土坍落度为 250mm，坍落流动度为 620mm。混凝土 28d 立方体抗压强度 f_{cu} =47.4MPa，混凝土的弹性模量为 28 870N/mm²，耐火试验时测得混凝土的立方体抗压强度为 f_{cu}=56.7MPa。

防火保护层采用厚涂型钢结构防火涂料，热工性能参数为：密度（ρ）400kg/m³；导热系数（k）0.097W/（m · ℃）；比热容（c）1.047×10³J /（kg · ℃）。

钢材材性通过拉伸试验确定，钢材力学性能指标如表 15.2 所示。

表 15.2 钢材力学性能指标

钢材类型	壁厚或直径 /mm	f_y/MPa	E_s/（10^5N/mm²）	ν_s
圆钢管	3.85	412	2.11	0.283
型钢梁	3.71	269	2.08	0.273
方钢管	3.51	263	2.05	0.301
⌀16 钢筋	16	428	2.02	0.282
⌀12 钢筋	12	445	2.03	0.270
⌀10 钢筋	10	446	2.00	0.277
⌀8 钢筋	8	388	2.10	0.286

（3）试件制作和试验装置

试件制作过程中严格控制焊缝和混凝土浇筑质量。完成浇筑的框架构件拆模之后即进行防火涂料的喷涂。图 15.6（a）所示为楼板内部配筋的情况；图 15.6（b）所示

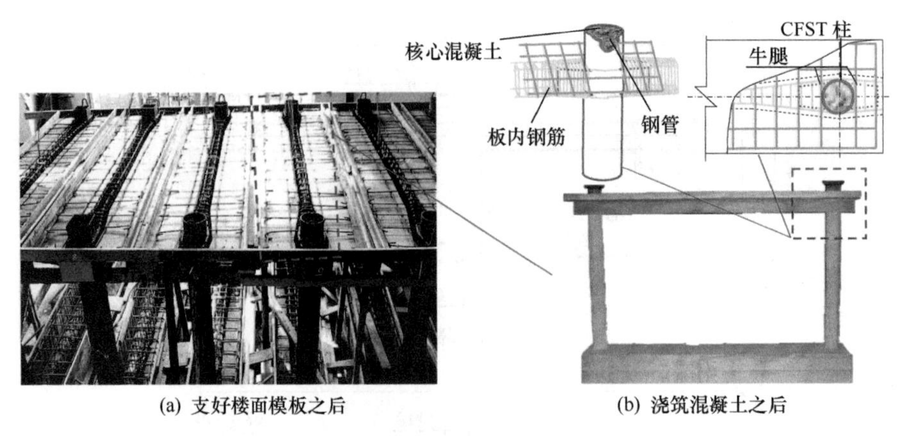

(a) 支好楼面模板之后　　(b) 浇筑混凝土之后

图 15.6　框架试件加工过程

为框架试件加工完成后的情形，以及节点区的构造示意图。

框架底梁通过地螺栓与炉膛底面连接好后，开始施加柱和梁上的荷载 N_F 和 P_F。柱端加载模拟自由端的情况，因此除了在柱顶垫板安置转动铰支座之外，还安装了滚轴滑动支座。框架 L 柱和 R 柱顶分别用 100t 油压千斤顶同步加载。框架梁采用分配梁来进行加载，在分配梁与混凝土楼板之间分别安装两个转动铰支座。钢管混凝土柱顶和钢筋混凝土板顶的位移测温点采用电子位移计采集。构件温度采用预埋在混凝土中的热电偶测量。试件温度和位移测温点布置如图 15.7 所示。

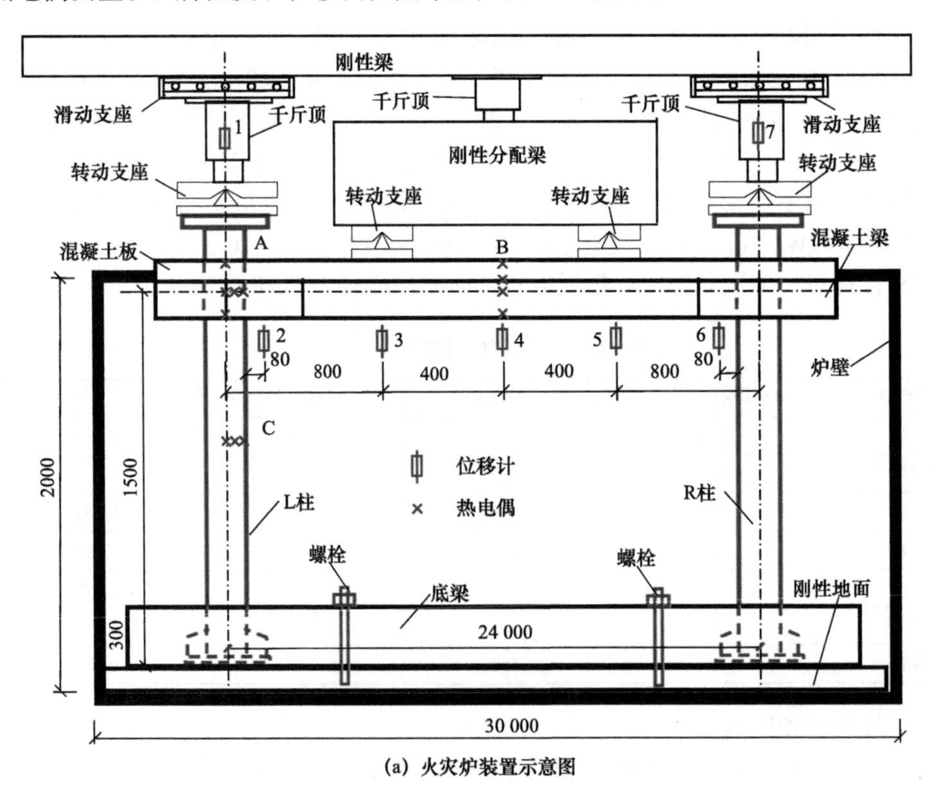

(a) 火灾炉装置示意图

图 15.7　试件温度和位移测温点布置（尺寸单位：mm）

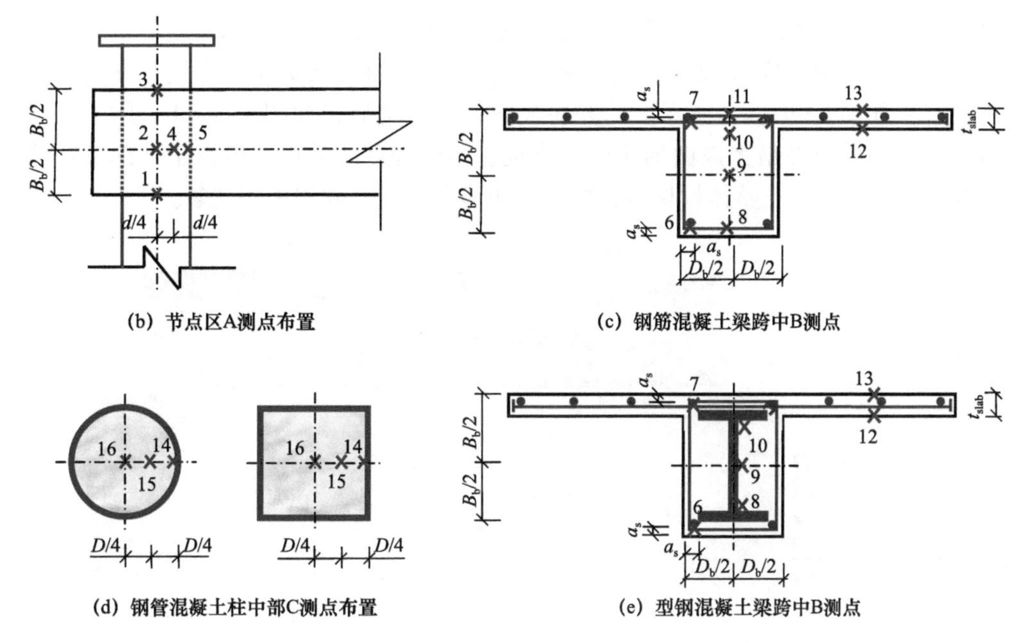

(b) 节点区A测点布置

(c) 钢筋混凝土梁跨中B测点

(d) 钢管混凝土柱中部C测点布置

(e) 型钢混凝土梁跨中B测点

图 15.7 （续）

（4）试验方法

框架耐火性能试验过程可归纳如下：①用吊车将框架试件吊入炉中，旋紧底梁上的锚固螺栓。②安装滑板支座和柱顶的油压千斤顶。③安装位移计、传感器及其连接线，安置楼板顶面的分配梁及加载千斤顶。④施加梁上和柱顶荷载，恒载 15min 之后开始点火并始终维持柱顶及梁上荷载不变。试验过程中保持柱顶及梁上荷载（N_F 和 P_F）恒定不变，观察试验现象并连续采集温度测温点和位移测温点的数据，直至试件达到耐火极限后熄火。

与节点类似，目前相关标准中尚未给出明确的框架耐火极限判定标准，同样采用第 10.3.1 节给出的节点耐火极限判定标准，根据梁、柱的极限状态以及持荷能力来判定框架试件的耐火极限。

15.3.2　试验结果及分析

（1）试验现象

试验过程中可通过试验炉侧面的观察孔观察炉内的试件的变化情况。对框架试件的试验现象及破坏特征归纳如下。

1）点火升温 3～4min 后，炉内温度 300～400℃，由水分的蒸发，梁板混凝土和保护层表面的颜色由先前的青灰色变得更暗一些。10min 时炉内温度为 700℃，发暗的区域从棱角处逐渐变淡，并由角部向表面中间逐渐缩小，20～30min 后消失，此时炉温达 800℃。试验中圆形柱的保护层表面颜色逐渐变浅，除在保护层和梁底交接的地方之外观察不到特别明显的不同。试验进行到 40～50min 以后，混凝土梁板和保护层的表面大面积发白，最后几乎与炉膛火光融为一体。由于梁顶混凝土板的吸热作用，试验过程中可观察到梁板交接的角部位置混凝土表面颜色明显比梁板底面和外凸的棱角处颜色相对要暗。保护层和混凝土梁板表面的裂缝一般在试件变形较大时才出现，此时构件表面颜色均已达到大面积发白或发红。试验前后防火保护层和混凝土的外观变化如图 15.8 所示。

2）框架试件中钢管混凝土柱的防火保护层在其弯曲变形处均有不同程度的开裂或剥落现象，如图 15.9（a）所示。切开柱鼓曲处钢管壁后，如图 15.9（b）所示，可看到内部核心混凝土在最大鼓曲的相应位置也有不同程度的鼓起，但由于外部钢管的存在，鼓曲之后的混凝土整体性保持较好，无明显剥落或大面积破碎现象。

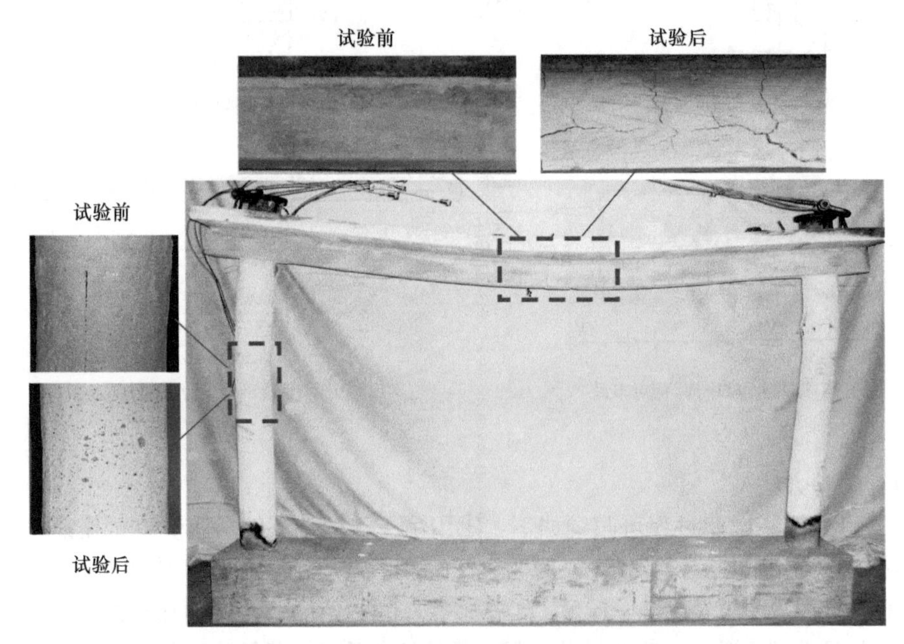

图 15.8　试验前后防火保护层和混凝土外观变化

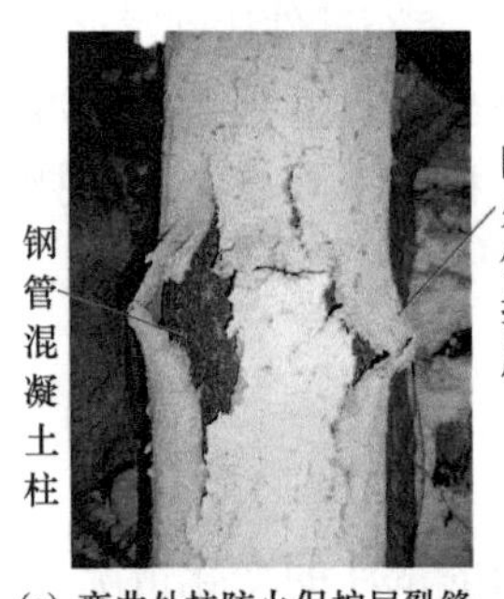

(a) 弯曲处柱防火保护层裂缝

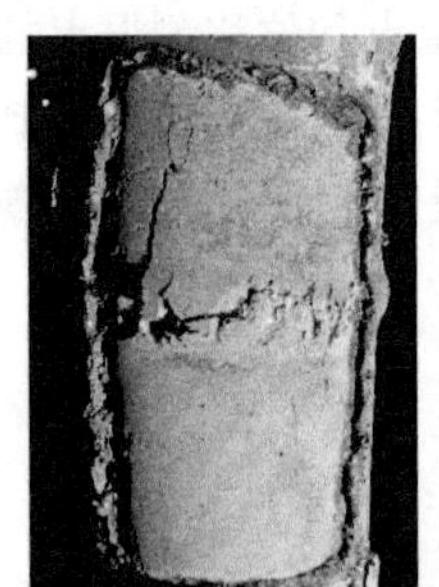

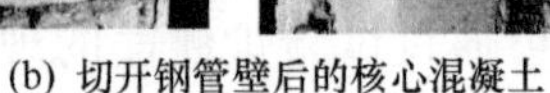

(b) 切开钢管壁后的核心混凝土

图 15.9　框架试件中钢管混凝土柱的破坏形态

3）试件中的钢筋混凝土楼板对框架梁截面的升温滞后和温度场分布影响明显。对于防火保护层为 3mm 的试件，点火 10min 时，炉温达 720℃，柱中截面上钢管的温度为 117℃，板顶石棉覆盖层上有水蒸气冒出，此后逐渐增多；升温约 25min 时钢管温度达 230℃，此时水蒸气溢出现象最为明显：持续一段时间；当试验进行至 40min 时，水蒸气逐渐减少；至 50min 时，板顶石棉上仅有少量水蒸气冒出，此时中截面上钢管的实测温度为 350℃。对于保护层为 7～11mm 的构件，水蒸气达到旺盛的时间和衰减的时间会随保护层厚度的增加相应延迟，例如，保护层厚度为 11mm 的试件，直到 65min 时，板顶石棉上的水蒸气才衰减到仅有少量水蒸气冒出，此时柱中截面上钢管的实测温度为 240℃。试验后可观察到，板顶面混凝土梁正上方位置的混凝土表面颜色与框架平面外混凝土板顶的颜色不同，明显有较深的水渍痕迹，水渍沿梁轴线分布也不完全一致，框架梁跨中区该位置的水渍宽度与梁端相比略窄一些，如图 15.10（a）和（b）所示。

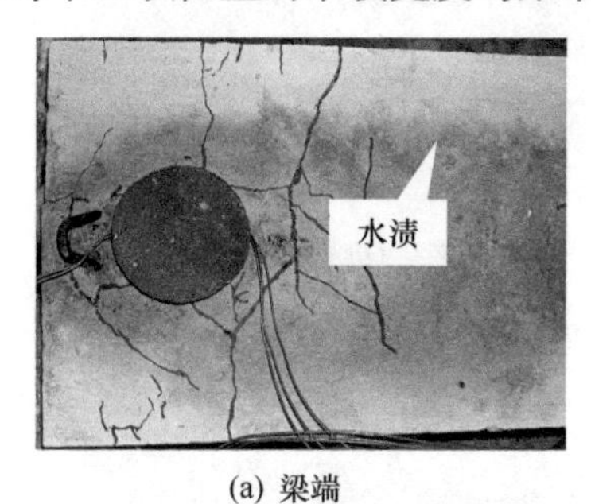

(a) 梁端

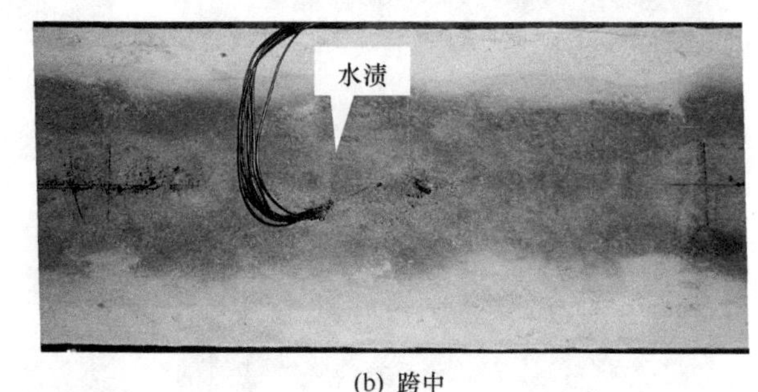

(b) 跨中

图 15.10　框架试件钢筋混凝土板顶面的水渍分布

4）试验后可观察到各试件梁底的跨中位置出现垂直于框架平面的裂缝，沿混凝土梁的轴向分布较均匀，间距 10～15cm；由于梁底的节点区附近在试验过程中基本处于受压状态，从所有试验构件看，除试件 CFRC-1 外，该部位裂缝较少；在钢管混凝土柱内边缘的板顶位置附近出现相应的负弯矩裂缝，根据混凝土梁板破坏位移的大小不同，梁底裂缝宽度和分布宽度也不完全相同，如图 15.11 所示。

5）试件破坏均显现出梁板下凹、柱外凸的破坏形态，钢管混凝土柱在框架平面内呈现明显的“S”形（L 柱）和反“S”形（R 柱）。当梁或者柱的荷载比（m 或 n）较大时，试件（试件 CFRC-1、试件 CFRC-3 和试件 CFSRC-1）框架柱在梁底以下 1/5～1/3 的位置出现弯曲，弯曲位置的内侧钢管壁出现鼓曲；而荷载比较小的试件（试件 CFRC-2、试件 CFRC-4 和试件 CFSRC-2），框架破坏时，钢管混凝土柱的弯曲变形较小，弯曲半径较大，且钢管壁未发现明显的鼓曲现象。

6）试验过程中，由于钢管混凝土柱的约束和支撑作用，即使钢筋混凝土（型钢混凝土）梁变形较大，也不会立即破坏而失去承载能力。但随着钢筋混凝土（型钢混凝土）梁承载力的降低，变形加大，促使钢管混凝土柱弯曲变形进一步加大，最终导致钢筋混凝土（型钢混凝土）梁变形加剧，钢管混凝土柱同时也失去承载能力而破坏。对于钢管混凝土柱的耐火极限较小的情况，柱将先于梁达到失效状态，此时，钢管混凝土柱已不能向梁端提供转动约束，梁端负弯矩迅速减小甚至出现梁端正弯矩，节点区位置混凝土开裂［图 15.11（a）］，而钢筋混凝土梁下侧的跨中裂缝较细小［图 15.11（c）］，钢管混凝土柱的弯曲较明显；反之，当钢管混凝土柱的耐火极限较大时，钢管混凝土柱能一直为钢筋混凝土梁端提供转动约束，这时试件的破坏特点是节点区位置基本没有裂缝出现［图 15.11(b)］，而钢筋混凝土下侧的跨中裂缝较宽［图 15.11(d)］，钢管混凝土柱的弯曲变形则较小。

试验前、后框架试件的全貌如图 15.12 所示，各榀框架试件试验后的破坏形态如图 15.13 所示。图 15.13 还给出了第 15.2 节有限元计算模型计算获得的圆形截面钢管混凝土柱框架的破坏形态，可见计算结果和试验结果总体吻合。

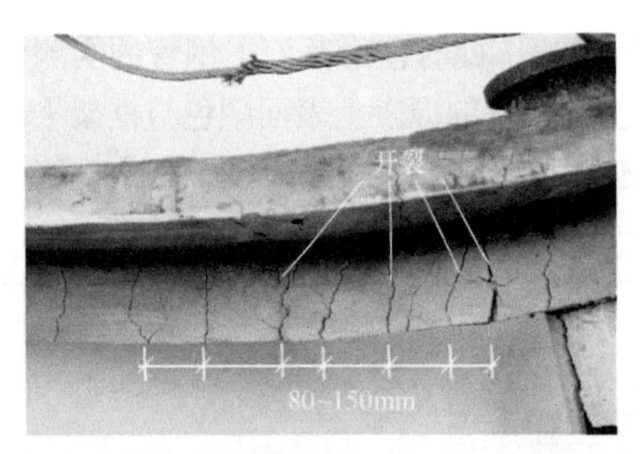

(a) 节点区（柱先破坏）

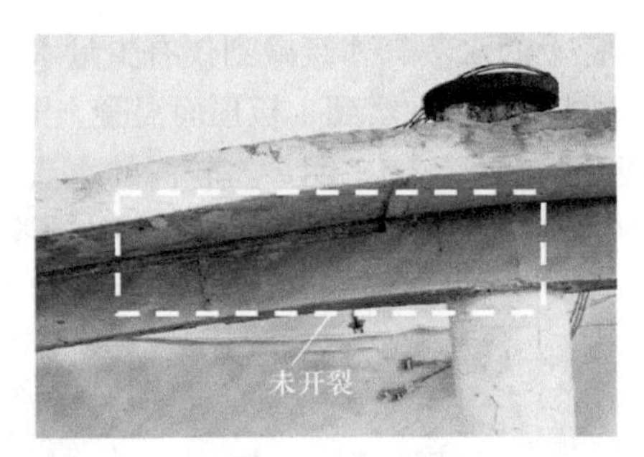

(b) 节点区（梁先破坏）

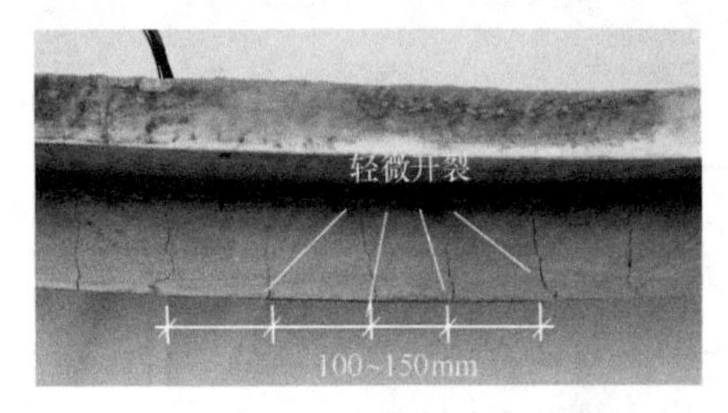

(c) 跨中区（柱先破坏）

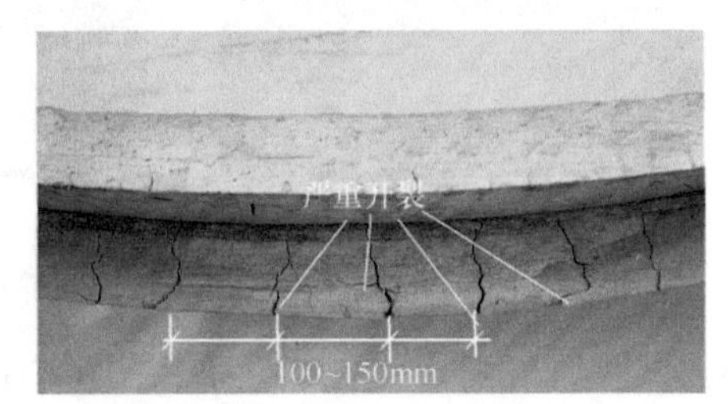

(d) 跨中区（梁先破坏）

图 15.11　钢筋混凝土梁板底面的裂缝分布

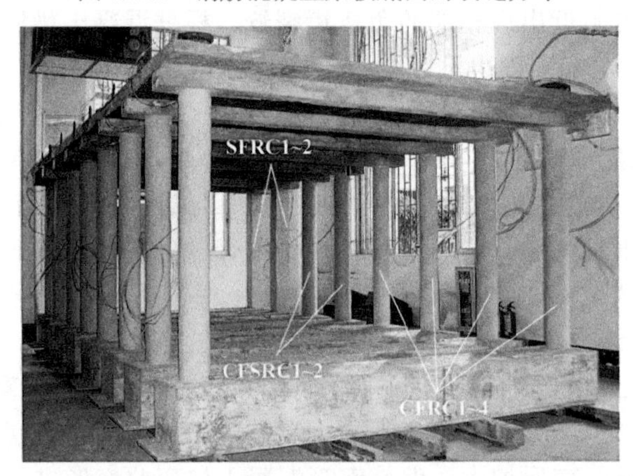

(a) 试验前的框架试件

(b) 整体框架的正立面图

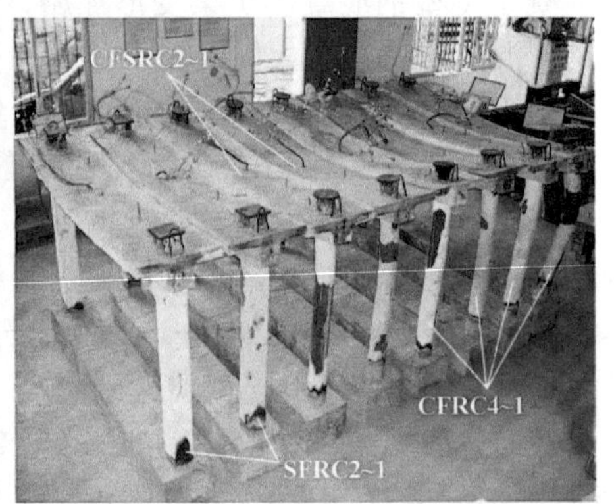

(c) 整体框架的斜俯视图

图 15.12　框架试件的试验前、后全貌

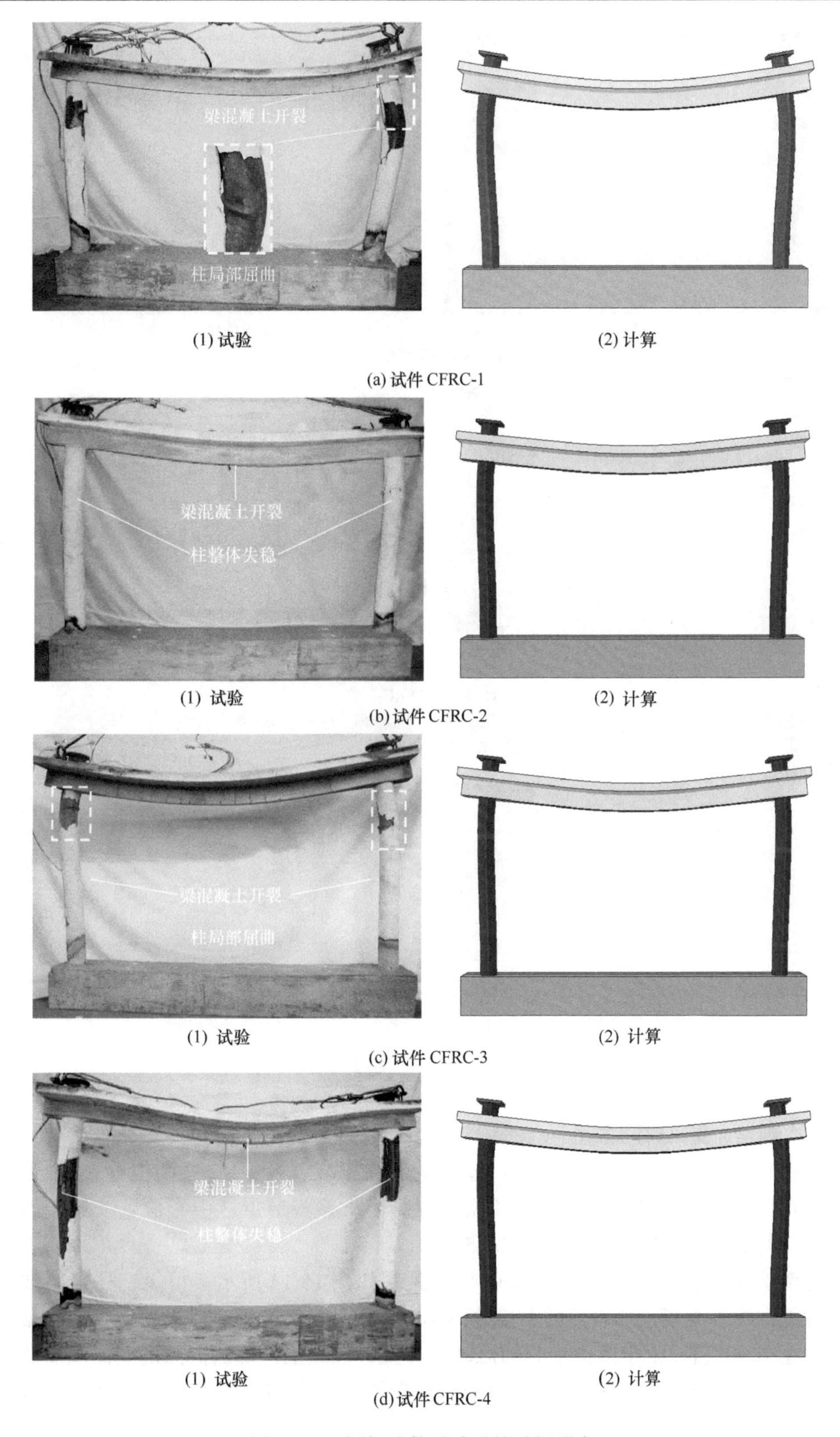

图 15.13　框架试件试验后的破坏形态

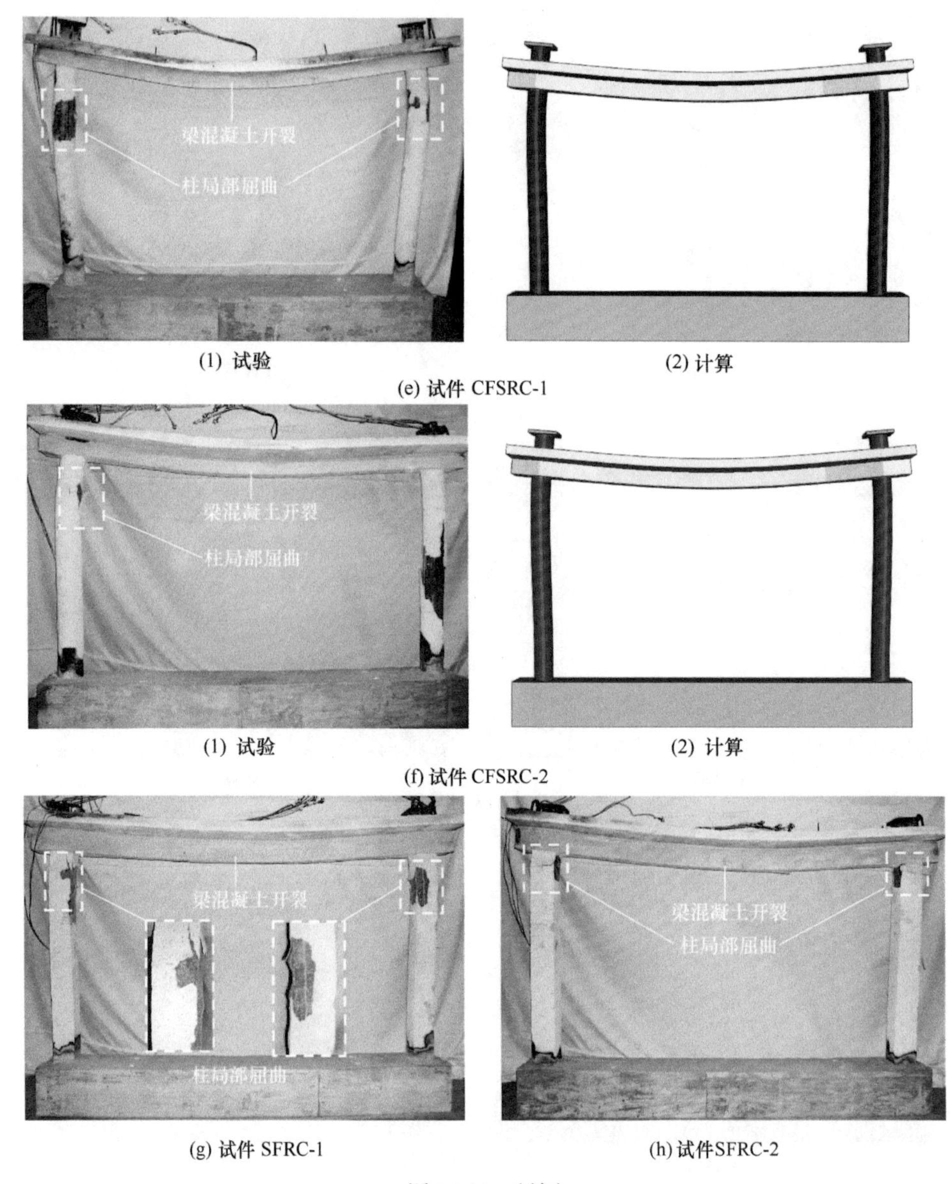

(1) 试验　(2) 计算

(e) 试件 CFSRC-1

(1) 试验　(2) 计算

(f) 试件 CFSRC-2

(g) 试件 SFRC-1　(h) 试件SFRC-2

图 15.13 （续）

（2）温度 - 受火时间关系

温度测温点布置在三个区域：钢管混凝土柱非节点区（1/2 柱高位置）、钢管混凝土柱节点区中心［也是钢筋混凝土（型钢混凝土）梁板节点区中心位置］和钢筋混凝土（型钢混凝土）梁板跨中位置（图 15.7）。

框架试件的温度（T）- 受火时间（t）关系如图 15.14 所示。可见，柱顶出现水蒸气的时刻，核心混凝土外表面的温度约为 100℃，水蒸气产生之后沿着钢管经由排气孔排出。在 100℃后，由于内部水分的流动和蒸发，混凝土内部测温点的实测温度曲线出现波动；而靠近表面区域的测温点由于升温较快，水分向构件内部迁移并在较短时间内被完全蒸发，因此测温点的实测温度曲线在 100℃时的波动不大。

由于有防火涂料的存在，钢管混凝土柱表面比混凝土梁表面温度低，对于节点区内部的温度测温点升温曲线，可以看到在 100℃时升温曲线上均有一个温度平台，在该处出现一个平直段，这是因为混凝土内部的自由水达到 100℃时蒸发所致，同样在梁、板内部的温度测温点和防火保护层区段的钢管混凝土柱截面上的温度测温点也可看到此种波动，而且随温度测温点距离受火面距离越大，升温曲线越低，温度波动处平直段的长度也越长。

升温 60min 时梁柱连接处核心混凝土表面温度比钢管混凝土 $H/2$ 高截面处核心混凝土表面温度低约 400℃，而升温 180min 时，两处的温度差高达 600℃。在钢筋混凝土（型钢混凝土）框架梁跨中位置的梁板截面上，由于梁高比板厚大得多，梁底和梁顶位置处的温度比相应的板顶和板底位置的温度也低得多。

从图 15.14 中还可以看到，在水蒸气出现之后，核心混凝土外边缘测温点的升温曲线略微变缓，但内部测温点的升温曲线斜率变化较大。试件 CFRC-1、试件 CFRC-3 和试件 CFSRC-1 在试验结束时，柱顶仍有明显的水蒸气溢出，其余试件则仅在柱顶能观察到少量水蒸气。

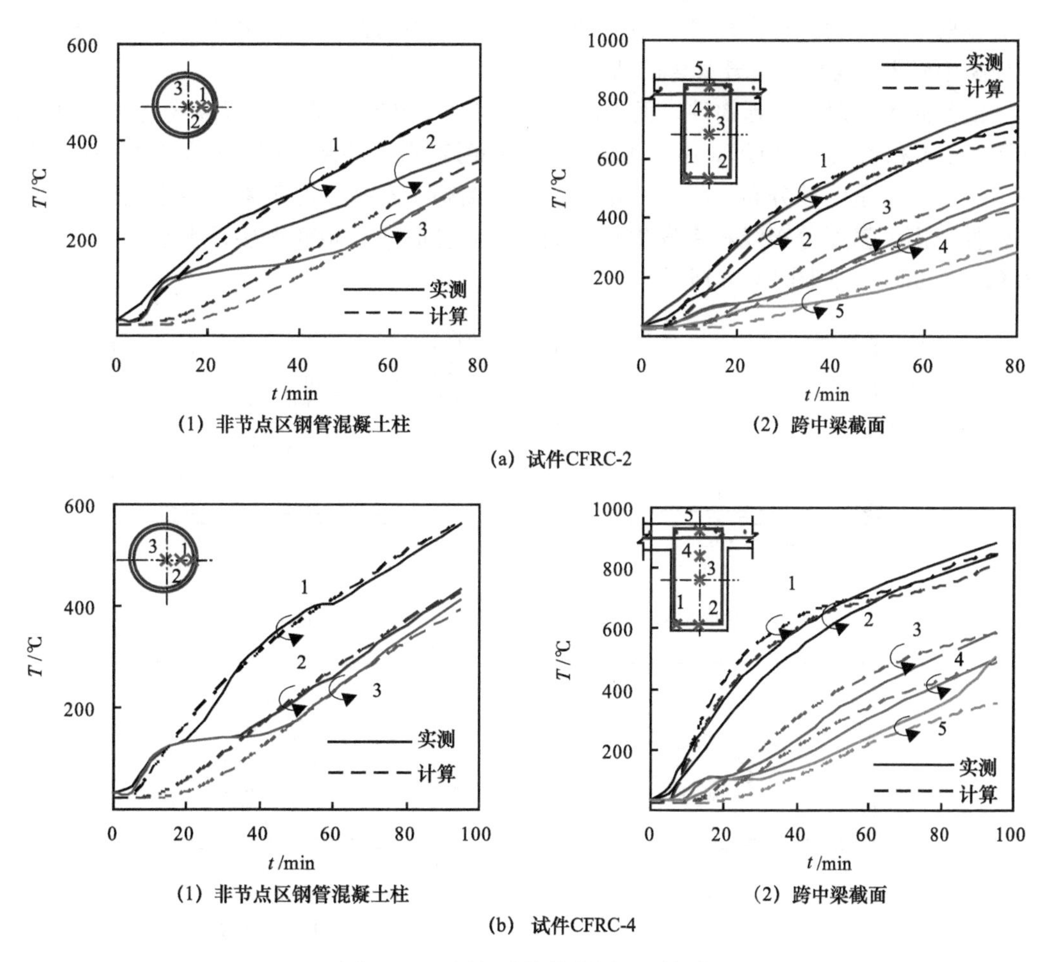

(1) 非节点区钢管混凝土柱　(2) 跨中梁截面

(a) 试件CFRC-2

(1) 非节点区钢管混凝土柱　(2) 跨中梁截面

(b) 试件CFRC-4

图 15.14　框架试件的实测 T-t 关系

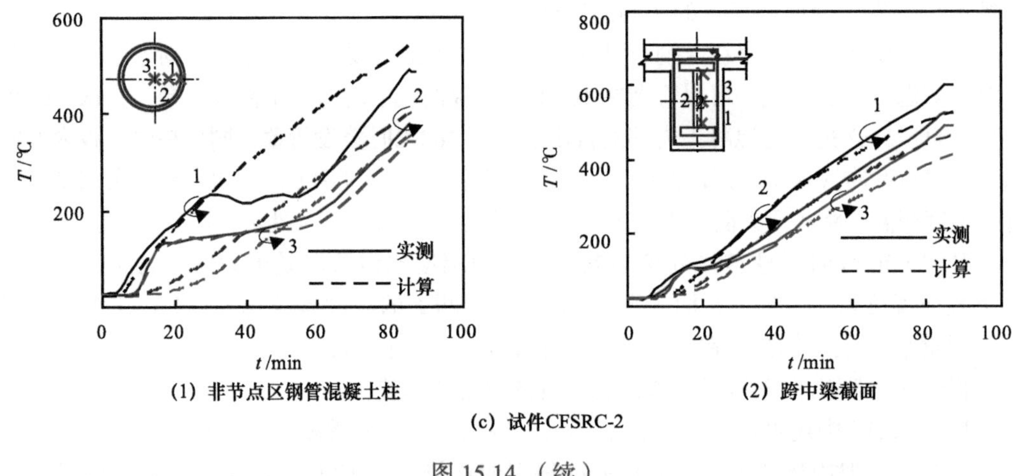

(1) 非节点区钢管混凝土柱

(2) 跨中梁截面

(c) 试件CFSRC-2

图 15.14 （续）

图 15.14 给出了实测温度和第 15.2 节所述有限元计算模型计算温度的比较情况，可以看出，计算值和实测值总体吻合较好，但在温度到达 100℃时计算曲线没出现如实测曲线的平台阶段，这在构件和节点的温度场计算中同样存在，主要是由于有限元计算模型中尚无法考虑水分迁移影响所致。

沿截面不同深度（到构件表面不同距离）d 处不同时刻的实测温度变化情况对比，如图 15.15 和图 15.16 所示。由图可看到在不同时刻沿构件截面深度方向上的一定深度内，温度几乎呈线性分布，超过一定深度后逐渐趋于水平。对于素混凝土或钢筋混凝土构件截面，温度分布线斜率发生较大变化（温度曲线开始变得接近水平线）的深度为 90～100mm，如图 15.16 所示。

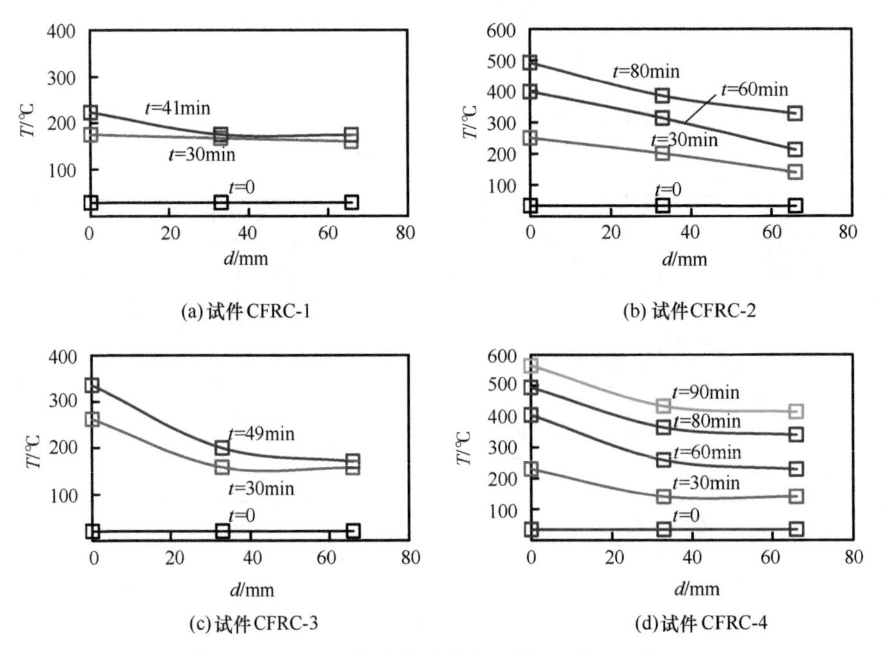

(a) 试件 CFRC-1

(b) 试件 CFRC-2

(c) 试件 CFRC-3

(d) 试件 CFRC-4

图 15.15 框架试件柱非节点区截面的 T-d 关系

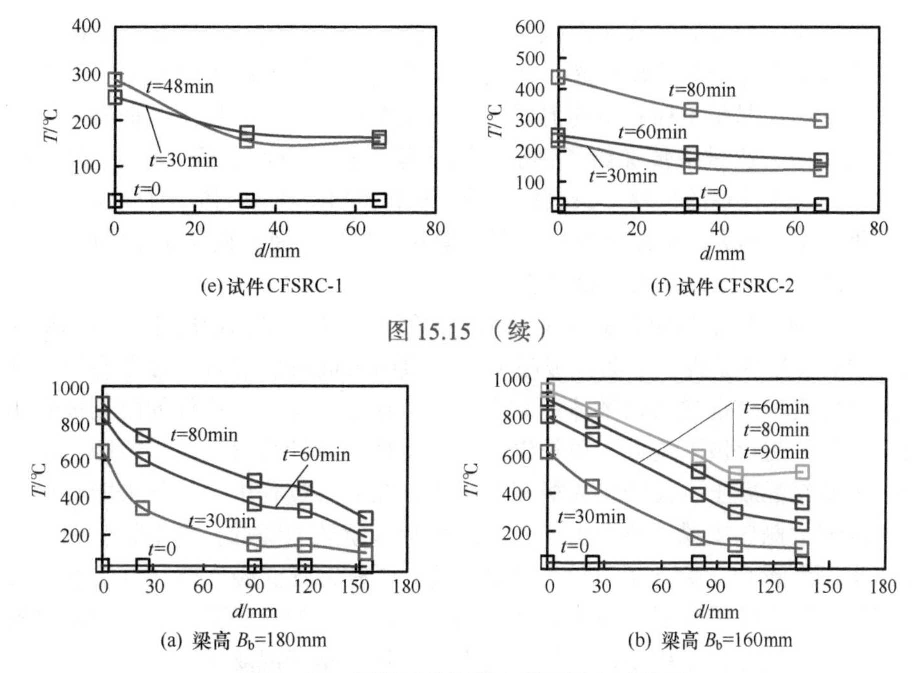

(e) 试件 CFSRC-1　　(f) 试件 CFSRC-2

图 15.15 （续）

(a) 梁高 B_b=180mm　　(b) 梁高 B_b=160mm

图 15.16　框架试件梁跨中截面的 *T-d* 关系

图 15.17 给出了框架试件柱节点区、柱非节点区、梁节点区和梁非节点区位置实测 *T-t* 关系对比，其中柱和梁节点区位置如图 15.7 中 A 所示，柱非节点区如图 15.7 中 C 所示，梁非节点区如图 15.7 中 B 所示。可以看出，由于节点区的钢管混凝土柱外侧有约 30mm 厚的混凝土层，曝火面积较非节点区小，梁或柱节点区的温度低于非节点区温度。

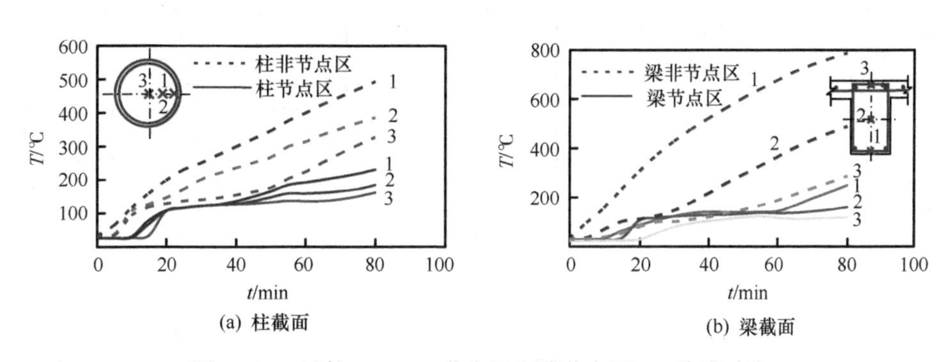

(a) 柱截面　　(b) 梁截面

图 15.17　试件 CFRC-2 节点区和非节点区 *T-t* 关系对比

（3）耐火极限

表 15.3 给出了框架试件的耐火极限（t_R），在超静定框架结构中，梁、板和柱之间会产生相互作用，当钢筋混凝土梁板承载力下降较快首先达到耐火极限时，钢管混凝土柱也会对其产生有力的支撑作用；而当钢管混凝土柱承载力下降比较快时，钢筋混凝土梁板也会反过来对钢管混凝土柱产生有利的互补作用。

如图 15.13（a）所示，试件 CFRC-1 的右侧节点区梁底位置产生了类似于跨中梁底面的裂缝，这种裂缝的形成是由该处混凝土受拉而引起的，框架在正常的受力状态下该区域的混凝土应处于受压状态。此处框架柱先于钢筋混凝土梁发生了面内破坏弯曲，但另一侧钢管混凝土柱和钢筋混凝土梁还能继续承载，失稳侧的框架柱有一部分外荷载产生的内力反过来传递给了钢筋混凝土梁，在节点区的梁底产生了拉裂裂缝。从梁板顶面和两侧柱顶的位移记录数据来看，试件 CFRC-1 两侧框架柱和梁顶的位移 - 时间变形曲线相差不大，可以判断出，框架梁和框架柱之间的相互支撑作用比较明显。这与单根的柱或梁、板构件的试验现象有所不同。

表 15.3 同时给出了相应各榀框架试件中钢筋混凝土（型钢混凝土）梁和钢管混凝土柱在两端简支边界条件下的耐火极限（t_R），该耐火极限根据第 15.2 节有限元计算模型计算获得并可看出框架结构整体的耐火极限与单根梁（柱）构件的耐火极限相差较大。组合框架的耐火极限均低于单根钢管混凝土柱的设计耐火极限，原因是试件的钢筋混凝土（型钢混凝土）梁的耐火极限均较小，在受火过程中，不仅未能对钢管混凝土柱提供足够的侧向支撑，还会由于自身的变形和承载力降低，对钢管混凝土柱的耐火性能产生不利影响。除框架试件 CFRC-1 外，所有钢管混凝土框架试件的耐火极限均介于钢管混凝土柱设计耐火极限和简支钢筋混凝土（型钢混凝土）梁的耐火极限之间，这也说明了在受火过程中，钢管混凝土框架柱对钢筋混凝土（型钢混凝土）梁产生了有力的支撑作用。

表 15.3　框架试件实测耐火极限（t_R）

试件编号	框架 t_R/min	单根柱 t_R/min	简支梁 t_R/min	试件破坏形式	最大竖向位移 /mm	
					柱	梁
CFRC-1	40	90	57	Ⅰ型	15.6	87.5
CFRC-2	79	150	57	Ⅱ型	2.8	91.3
CFRC-3	40	90	13	Ⅱ型	15.6	143.8
CFRC-4	83	150	29	Ⅱ型	14.3	146.0
CFSRC-1	45	90	20	Ⅱ型	8.8	140.8
CFSRC-2	85	150	56	Ⅱ型	5.7	95
SFRC-1	70	90	71	Ⅱ型	2.0	85.9
SFRC-2	72	90	71	Ⅱ型	5.7	88.9

图 15.18 为不同试验参数情况下对框架试件的耐火极限（t_R）的影响。由图 15.18（a）可见，柱和梁荷载比（n 和 m）越大，t_R 越小。相同条件下，梁截面类型对耐火极限的影响不明显，但型钢混凝土梁的耐火极限略高一些，如图 15.18（b）所示。由图 15.18（c）可以看出，梁柱线刚度比（k）对耐火极限（t_R）的影响也不明显。但 k 最小的试件 CFRC-4 在达到耐火极限判定标准后仍可继续承载 12min 后才破坏。

在相同的钢管混凝土柱保护层厚度（a_c）、柱荷载比（n）和梁荷载比（m）的情况

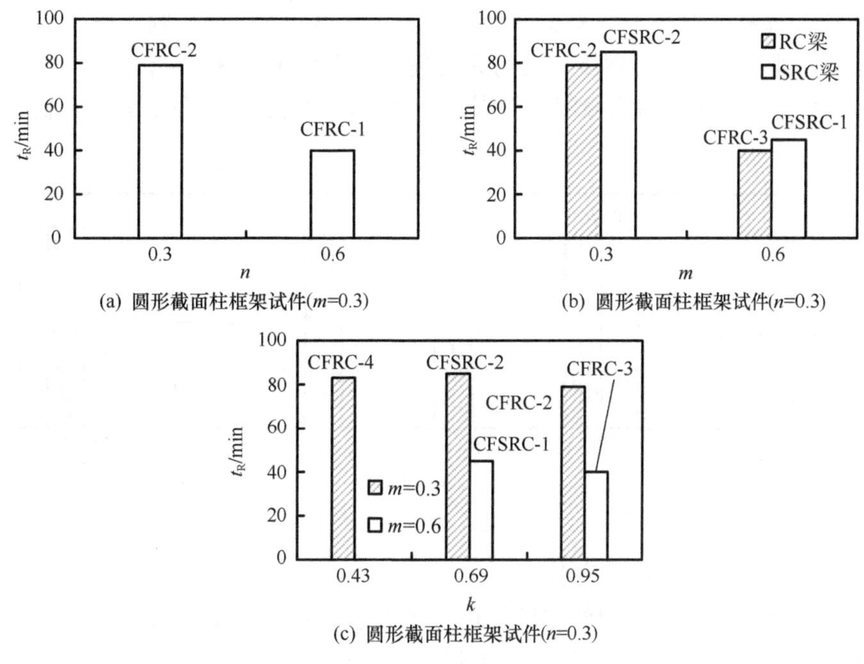

(a) 圆形截面柱框架试件(m=0.3)　(b) 圆形截面柱框架试件(n=0.3)

(c) 圆形截面柱框架试件(n=0.3)

图 15.18　不同参数对 t_R 的影响

下，梁柱线刚度比（k）越大，框架的耐火极限（t_R）越低。当 k 由 0.95 降至 0.43 时，框架试件的 t_R 由 79min 增加到 83min。

图 15.19 所示为框架试件的耐火极限与单个构件耐火极限 t_R 的对比，与单根柱相比，框架整体的耐火性能会有所降低，最大降低幅度高达 55% 以上（试件 CFRC-1 和试件 CFRC-3）。柱荷载比较大时（n=0.6），钢管混凝土框架试件的耐火极限比单根钢管混凝土柱（一端固接一端铰接）或简支条件下混凝土梁的耐火极限还要低。

当钢管混凝土框架柱荷载比（n）较大，框架结构会发生柱破坏，而框架梁未能提供足够的有力支撑作用时，火灾下框架结构破坏的危险性则更大。当钢管混凝土柱荷载比较小（n=0.3）时，框架柱自身对混凝土梁产生较好的支撑作用，则框架整体的耐火极限介于单根柱和简支梁的耐火极限之间，混凝土梁对框架柱的梁端负弯矩减弱了框架柱的耐火性能，但梁端负弯矩同时也减小了框架梁跨中截面的正弯矩，从而与简

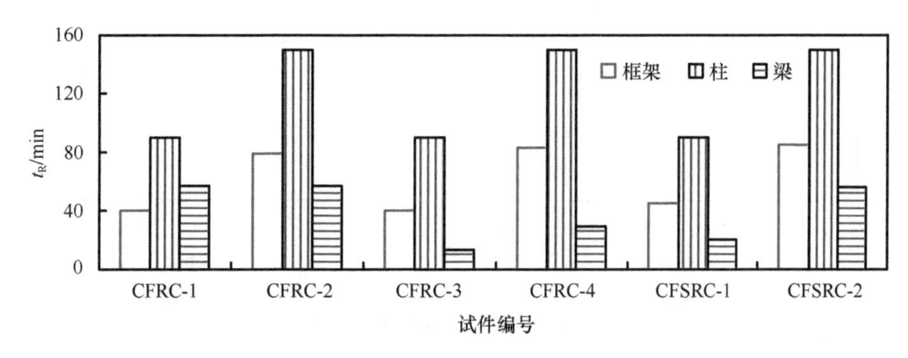

图 15.19　框架试件与单个梁、柱构件 t_R 的对比

支状态相比又提高了混凝土框架梁的耐火性能。框架试件的整体耐火极限约为单根柱耐火极限的一半。而与单个混凝土梁耐火极限的比值在 0.7～3.0 变化。

图 15.20 所示为实测耐火极限与有限元计算结果的对比，可见二者吻合良好。

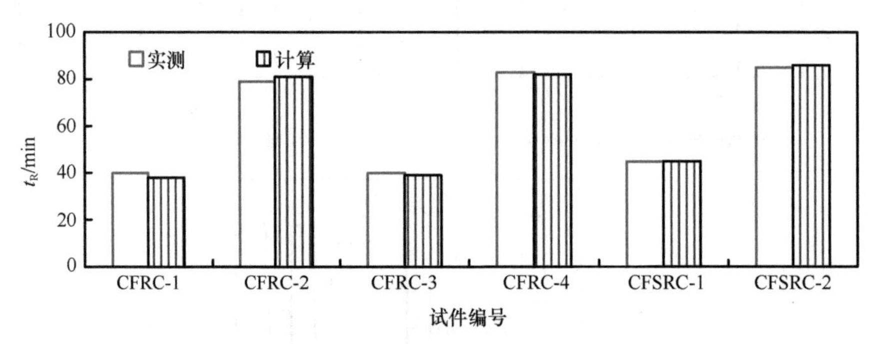

图 15.20　框架试件实测和计算 t_R 对比

（4）结构变形 - 受火时间关系

对应图 15.21（a）所示的框架试件位移测温点布置图，图 15.21（b）～（i）给出了实测的框架试件柱轴向变形（Δ_c）、梁挠度（δ_b）- 受火时间（t）关系。可见，升温初期由于钢管和混凝土的材料性能还未明显退化且材料受热膨胀，柱顶会有向上的膨胀变形。对于柱荷载比 n=0.3 的试件，其轴向伸长位移较大，最大可达 5～6mm；对于 n=0.6 的试件，钢管混凝土柱的轴向伸长则较小，只有 1～2mm。

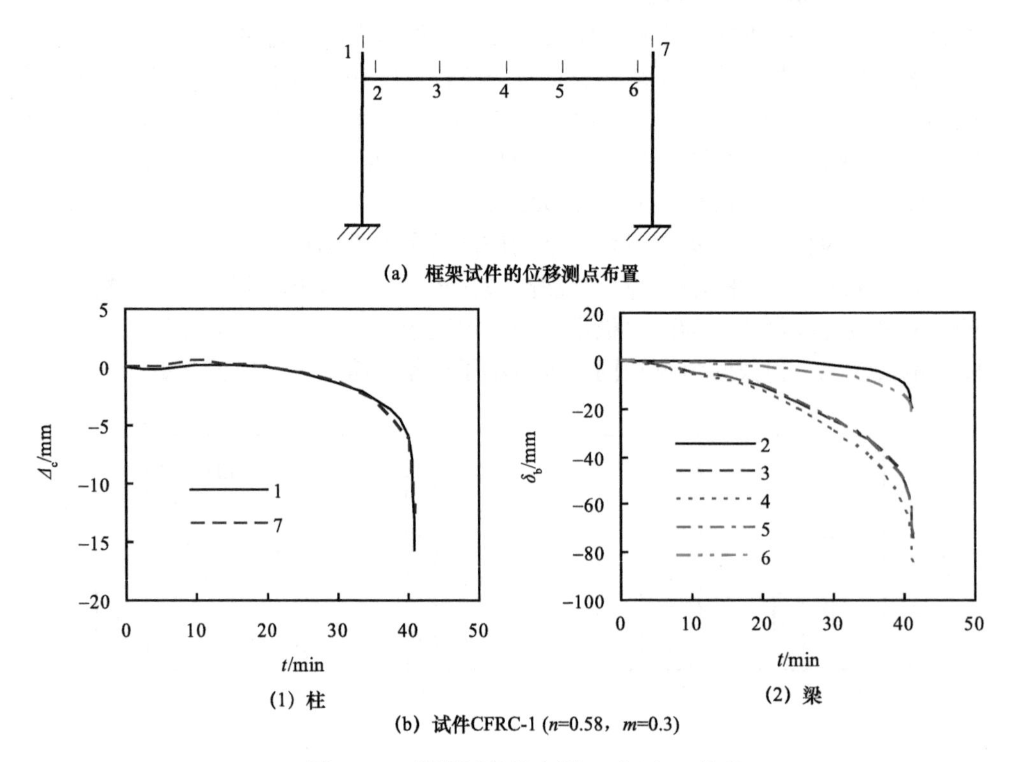

图 15.21　框架试件的实测 Δ_c（δ_b）-t 关系

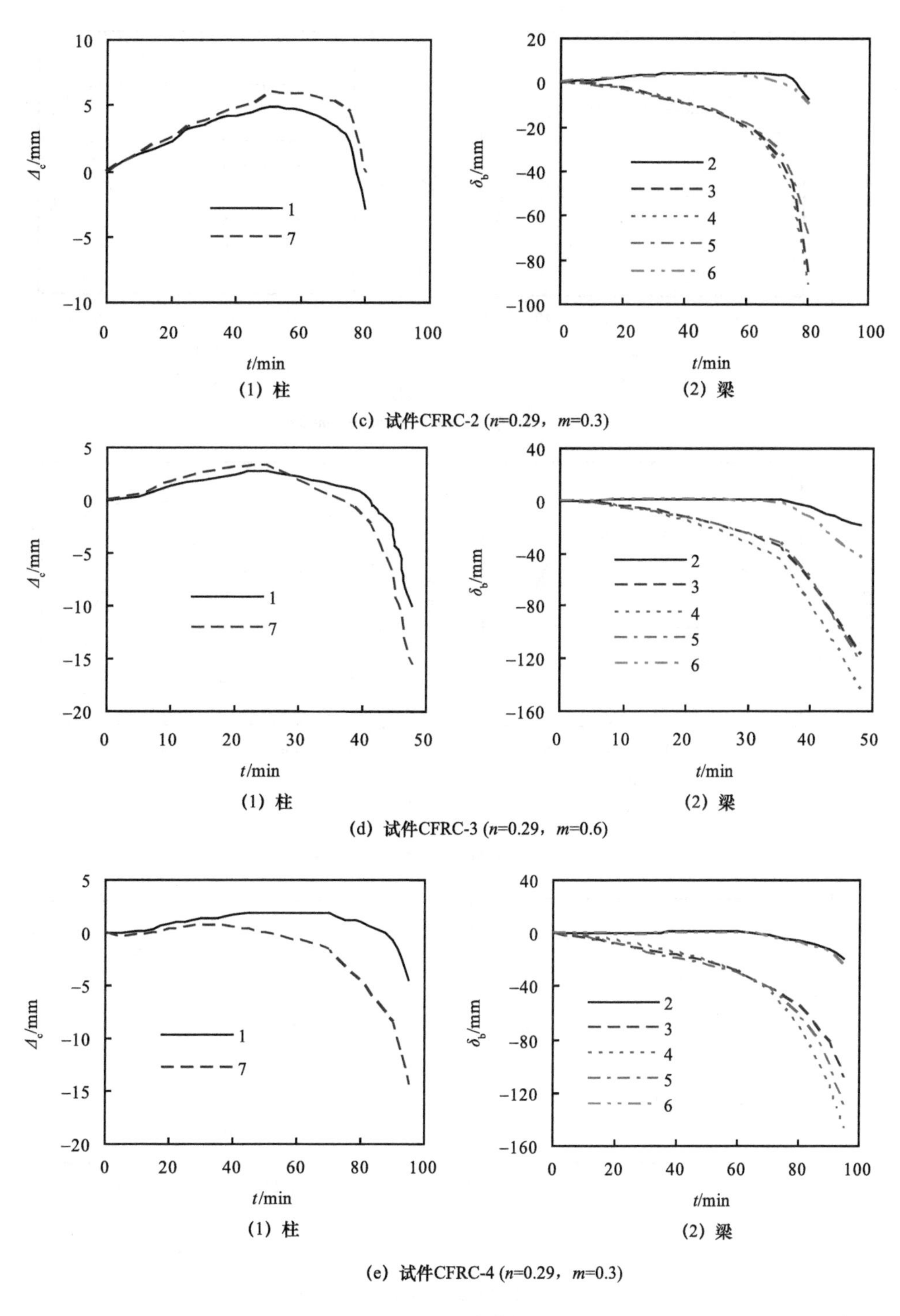

(c) 试件CFRC-2 (n=0.29，m=0.3)

(d) 试件CFRC-3 (n=0.29，m=0.6)

(e) 试件CFRC-4 (n=0.29，m=0.3)

图 15.21 （续）

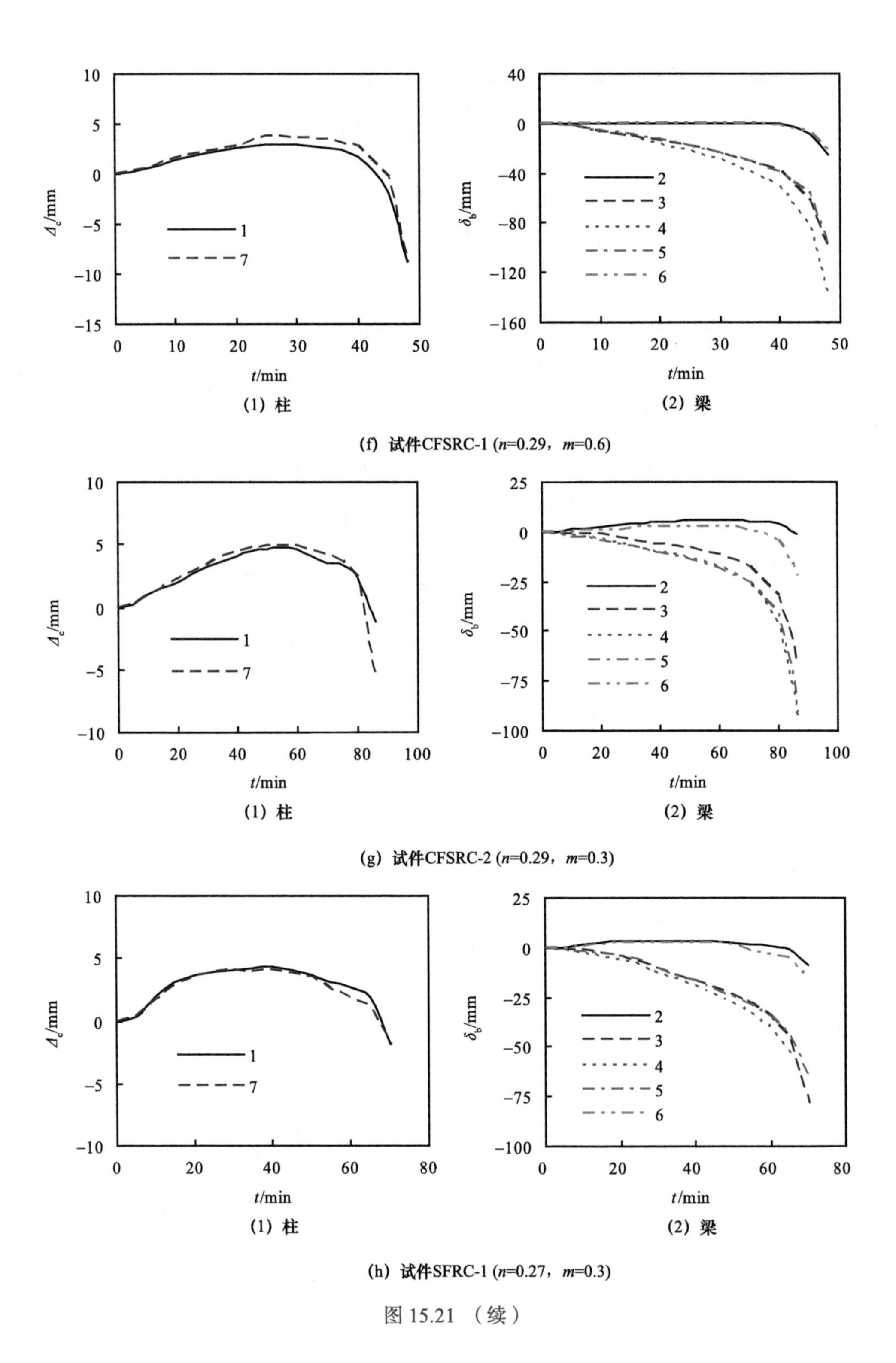

(1) 柱　(2) 梁

(f) 试件CFSRC-1 (n=0.29，m=0.6)

(1) 柱　(2) 梁

(g) 试件CFSRC-2 (n=0.29，m=0.3)

(1) 柱　(2) 梁

(h) 试件SFRC-1 (n=0.27，m=0.3)

图 15.21 （续）

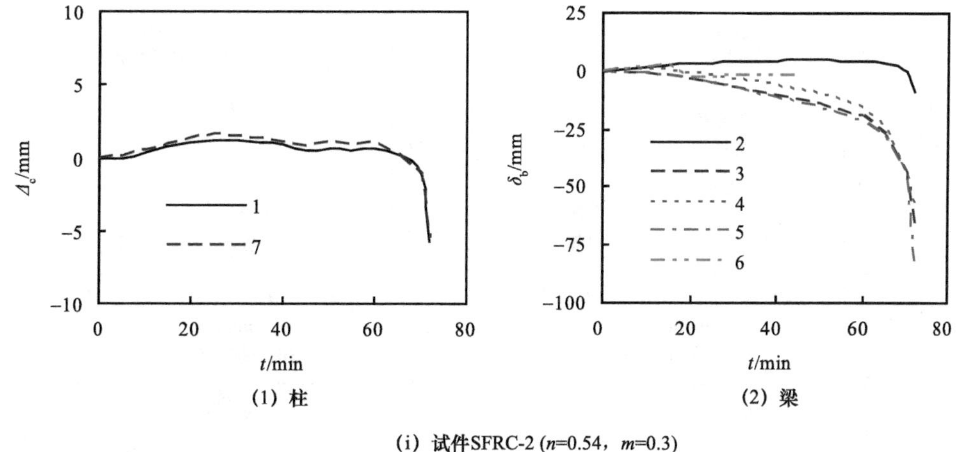

（1）柱　　（2）梁

（i）试件SFRC-2 (n=0.54，m=0.3)

图 15.21 （续）

图 15.22 所示为框架试件柱轴向变形（Δ_c）和梁跨中挠度（δ_b）- 受火时间（t）实测结果与第 15.2 节建立的有限元计算模型计算结果之间的对比，可见受火前期计算曲线与实测曲线吻合较好，后期计算曲线比实测曲线略高。产生上述差异的可能原因是：试验时框架试件在恒载升温的过程中，混凝土梁板受火面外围产生裂缝、剥落等现象，削弱了实际构件在受火后期的截面承载力。

柱荷载比（n）对框架试件耐火极限和变形性能影响明显，如试件 CFRC-1（n=0.58）与试件 CFRC-2（n=0.3）的防火保护层（a_c=7mm）和框架梁荷载比（m=0.3）都相同，由图 15.22（a）和（b）可看出，两框架试件的钢管混凝土柱轴向变形（Δ_c）- 受火时间（t）关系相差较大，框架试件的耐火极限（t_R）也相差较多。比较试件 CFSRC-2 与试件 CFSRC-1 可见，在相同柱荷载比（n=0.3）情况下，防火保护层（a_c）适当增加，框架时间的耐火极限增加了将近一倍。

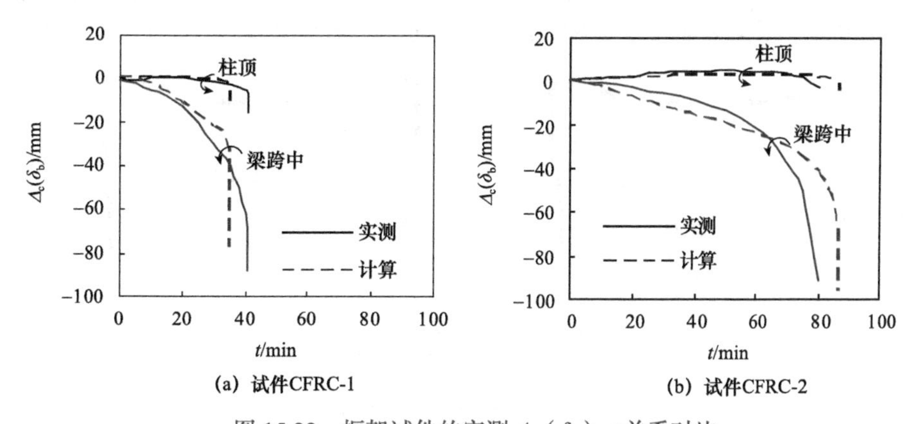

(a) 试件CFRC-1　　(b) 试件CFRC-2

图 15.22　框架试件的实测 Δ_c（δ_b）-t 关系对比

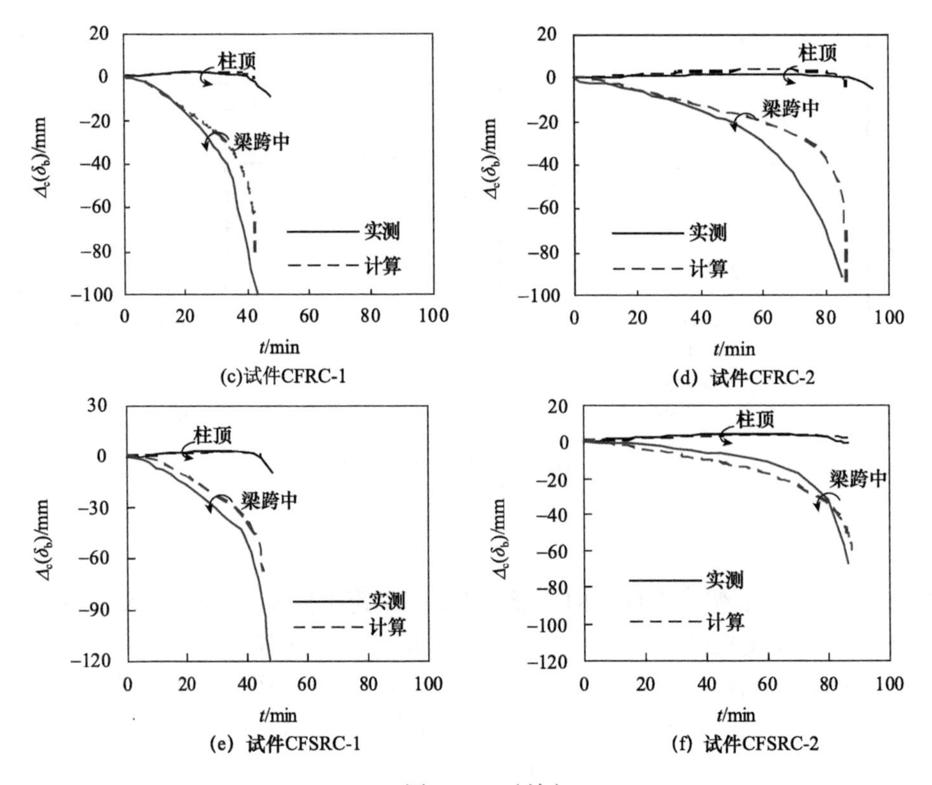

图 15.22 （续）

（5）试件的破坏形态

框架试件的破坏形态总体上可分为两种形式，一种是破坏截面首先发生在钢管混凝土柱上（压弯破坏），随着内力重分布，梁对钢管混凝土柱的支撑作用逐渐增强，直至框架达到耐火极限，这种破坏为Ⅰ型破坏［图 15.23（a）］。另一种是火灾下试件的破坏截面首先发生在混凝土梁上，这种破坏形态下，钢管混凝土柱对梁产生有力的支撑作用，直至框架达到耐火极限状态，为Ⅱ型破坏［图 15.23（b）］。所有框架试件的钢筋混凝土板高温下在垂直于框架梁轴线方向两侧翼缘产生向上的翘起变形，如图 15.23（c）所示。

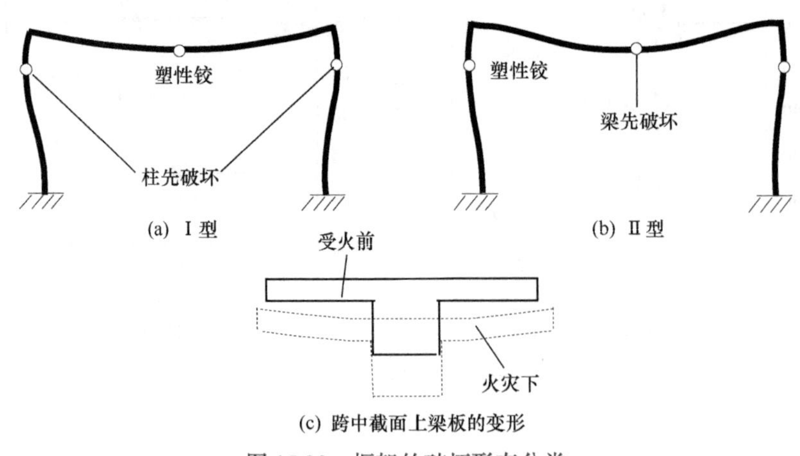

图 15.23　框架的破坏形态分类

如图 15.24（a）所示，取框架梁和柱塑性铰之间的部分为隔离体Ⅰ，得到图 15.24（b）所示的隔离体力学平衡简图，图中：

N_F 和 P_F 分别为柱顶和梁顶的外荷载；

N_b 和 M_{bm} 分别为梁截面轴力和弯矩；

N_c、M_c 和 V_c 分别为柱截面轴力、弯矩和剪力；

L_1 为框架梁长度，δ_b 为框架梁跨中挠度；

Δ_{c1} 和 H_1 分别为柱截面距节点中心的水平和竖直距离；

Δ_{c2} 为柱外荷载距节点中心的水平距离。

根据隔离体的力学平衡条件获得柱截面内力（N_{cR}、M_c 和 V_c）的表达式如下：

$$N_{cR}=N_F+P_F \tag{15.1-1}$$

$$V_c=N_b \tag{15.1-2}$$

$$M_c=N_F\cdot(\Delta_{c1}+\Delta_{c2})+P_F\cdot L_1/3-M_{bm}-N_b\cdot(H_1-\delta_b) \tag{15.1-3}$$

假设在火灾下某一临界时刻，梁节点区截面弯矩为 0 的情况下，梁的受力状态为有一定轴力的简支梁，框架柱与梁之间无弯矩内力传递，取图 15.24（a）所示的梁节点区截面和梁跨中截面之间的梁段隔离体Ⅱ，得到如图 15.24（c）所示的隔离体受力简图，则根据此时受力平衡可获得梁截面弯矩（M_{bm}）表达式如下：

$$M_{bm}=P_F\cdot L_1/3+N_b\cdot\delta_b \tag{15.2}$$

在此临界状态时，如果根据式（15.2）计算所得到的钢筋混凝土梁跨中弯矩值 $M_{bm}>M_{but}$，其中 M_{but} 为钢筋混凝土高温下的抗弯极限承载力，则说明在未达到该临界状态以前，梁跨中就已形成塑性铰而破坏了，即钢管混凝土框架发生了Ⅱ型破坏。

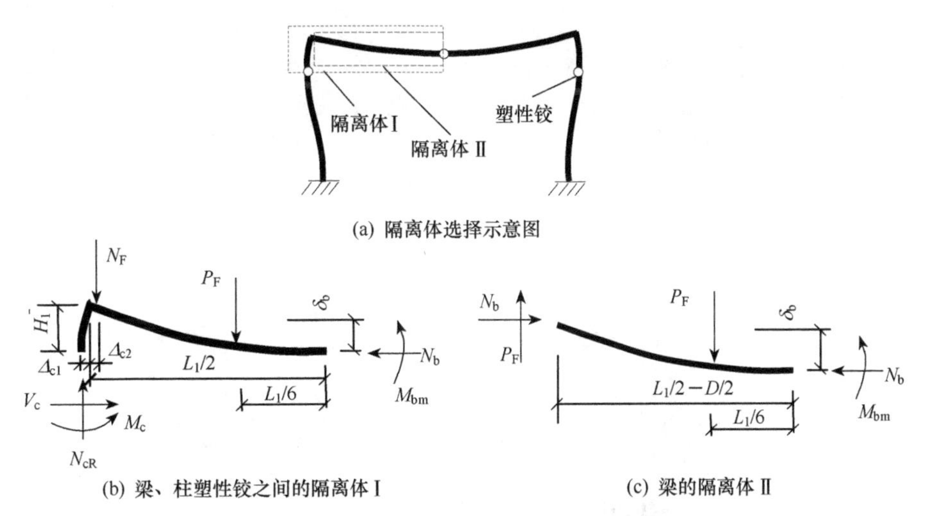

图 15.24　框架的隔离体模型示意图

钢筋混凝土梁跨中出现塑性铰以后，两根钢管混凝土框架柱的受力状态分别为通过一个塑性铰连接的两个压弯构件，直至塑性铰在钢管混凝土柱上也形成之后，钢管混凝土框架结构变成机构而破坏。反之，如果 $M_{bm}<M_{but}$，则说明达到该临界状态时，钢筋混凝土梁跨中还未形成塑性铰，塑性铰先出现在钢管混凝土柱截面上，即钢管混

凝土框架发生了Ⅰ型破坏。此后，钢筋混凝土梁端负弯矩向正弯矩发展，钢筋混凝土梁对钢管混凝土柱提供有力支撑直至框架破坏。

由表 15.3 可见，当钢管混凝土框架发生Ⅱ型破坏时（试件 CFRC-2，试件 CFRC-3，试件 CFSRC-1 和试件 CFSRC-2），钢筋混凝土（型钢混凝土）梁跨中的挠度比Ⅰ型破坏时（试件 CFRC-1）的要大；发生Ⅱ型破坏时跨中竖向最大位移为 146mm，其钢管混凝土框架柱破坏时的轴向最大位移要小，为 15.6mm。而发生Ⅰ型破坏的框架试件，钢管混凝土柱轴向变形为 15.6mm，破坏时的梁跨中位移为 87.5mm。发生Ⅱ型破坏时，试件 CFRC-4 的框架梁柱线刚度比最小，钢筋混凝土梁上施加的荷载也最小，破坏时钢管混凝土柱的弯曲变形较小。

对于方形钢管混凝土柱，钢管发生屈曲的位置较高（接近钢筋混凝土梁底面），柱的弯曲变形集中在屈曲位置附近。对应于上述Ⅰ型和Ⅱ型破坏形态的框架试件整体和局部的破坏形态对比如图 15.25 所示。混凝土梁板轴线方向的拉应力最大值分布在跨中梁底位置，梁底面上垂直于轴向的裂缝最先出现于梁底跨中的位置。试验后的观察测量发现梁底跨中位置的裂缝宽度最大，向两端裂缝宽度逐渐减小，同时也观察到在节点区板顶的混凝土存在不同程度的开裂现象。

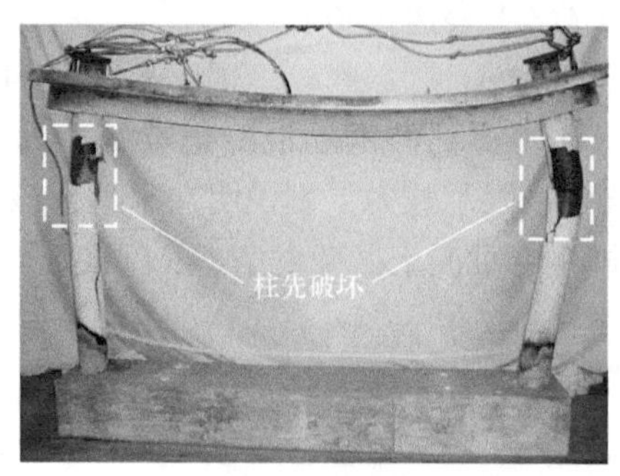

(1) Ⅰ型（试件 CFRC-1）

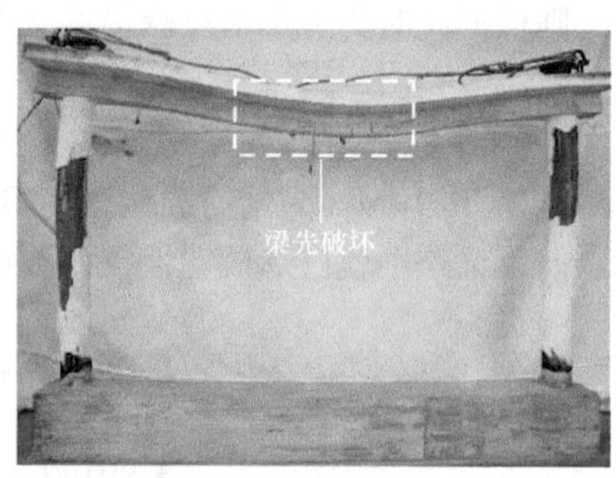

(2) Ⅱ型（试件 CFRC-4）

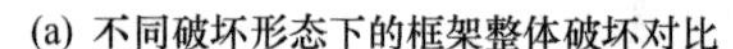
(a) 不同破坏形态下的框架整体破坏对比

(1) Ⅰ型（试件 CFRC-1）

(2) Ⅱ型（试件 CFRC-4）

(b) 不同破坏形态下的钢管混凝土柱局部破坏

图 15.25　不同破坏形态下框架的破坏形态对比

(1) Ⅰ型（试件 CFRC-1）

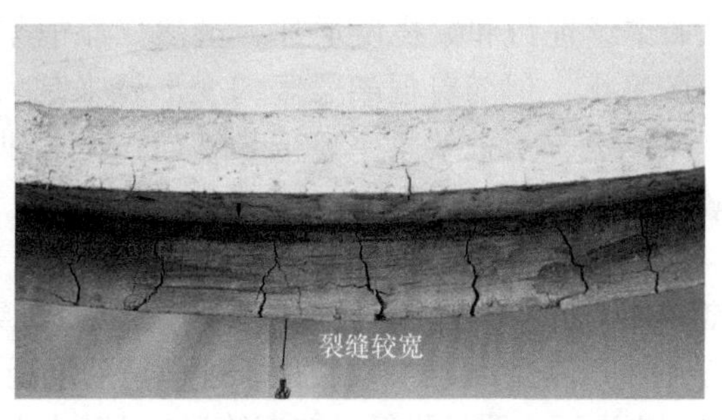

(2) Ⅱ型（试件 CFRC-4）

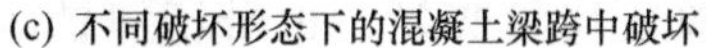
(c) 不同破坏形态下的混凝土梁跨中破坏

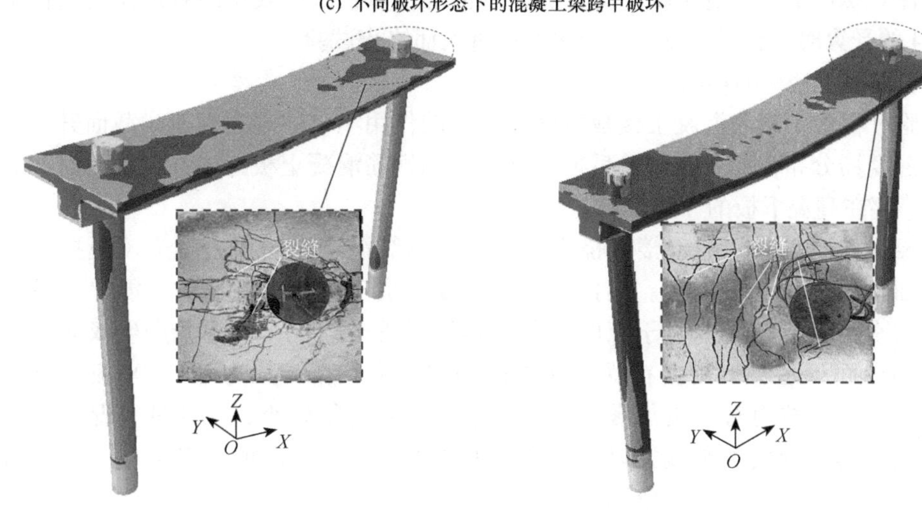

(1) Ⅰ型（试件 CFRC-1）　　(2) Ⅱ型（试件 CFRC-4）

(d) 有限元计算与实测结果对比

图 15.25 （续）

图 15.25（d）所示为有限元计算模型计算得到的两类破坏形态时框架结构混凝土的塑性拉应变分布情况，可以看出楼板上表面与柱连接的区域混凝土塑性拉应变较大，试验结果也表明：该区域的混凝土更易发生开裂。

（6）梁的“悬链线效应”

在构件的受火过程中，钢筋混凝土梁材料软化，承载力不断降低，在钢筋混凝土梁承载力缓慢减小的过程中，框架体系的梁柱构件在不断进行着内力重分布，以使内力与外界荷载达到一个平衡状态，而钢管混凝土柱在试验过程中也在不断的变形，使自身的内力、材料软化、相邻结构内力和外部荷载趋于暂时的平衡状态。

受火初期，除钢筋混凝土梁受热膨胀产生轴力外，梁柱之间的内力以弯矩为主，随着温度升高，钢筋和混凝土材料软化，梁截面抗弯能力逐渐下降，下垂变形不断增大，与此同时框架梁截面中和轴上移拉区面积增加压区面积减小，当截面拉压内力不能平衡时就会产生轴向力，另一方面由于下垂变形引起的梁轴向缩短超过炉内升温带来的梁轴向膨胀时，就会在梁内产生轴向拉力，由于施加在梁板上的外部荷载维持恒定不变，梁轴向拉力的增加也会相应抵抗一部分外部荷载来弥补截面弯矩的损失，随着试验继续进行和梁挠度增加，虽然仅靠框架梁的抗弯抵抗力已不能维持外荷载作用下的平衡，但随着框架梁竖向变形越来越大，梁内轴向拉力抵抗外界载荷的程度也越来越大，当框架梁主要依靠轴向拉力来抵抗外荷载的时候，也即所谓的“悬链线效应”。

由于型钢混凝土梁中的型钢有较厚的混凝土保护层，在相同升温条件下，型钢的温度较低，材料劣化程度有限，与钢筋混凝土梁相比，在高温下不易出现“悬链线效应”，而且型钢的翼缘和腹板由于外包钢筋混凝土的存在不会发生局部屈曲，型钢截面的抗弯刚度不会明显降低，与钢筋混凝土梁相比“悬链线效应”形成较慢。

试件 CFRC-4 的悬链线效应比较明显，正是这种悬链线效应的有效作用使得试件 CFRC-4 的受火时间变长，直至由于梁变形过大而终止试验。

（7）混凝土楼板的影响

试验过程中，钢筋混凝土楼板对框架试件的作用不仅体现在框架梁截面升温滞后和改变温度场分布，而且在试验后期，框架梁和钢筋混凝土板跨中挠度较大时截面温度较高，存在高温下板的“膜效应”。

框架试件受火时，随着楼板挠度的增大，钢筋混凝土的板内拉力（膜拉力）对支撑楼面荷载的作用将增大。膜拉力大小主要取决于楼板内配筋的性能、数量以及板周围的水平支撑能力。对于双向弯曲的钢筋混凝土板，火灾下会产生双向曲率的变形，如果面积足够大则会在受火区域的四周形成一个“压力环”，当板只有单向曲率变形时，膜拉力对楼板承载能力的有效作用将变得较小，在这种情况下，钢筋混凝土板在其达到极限承载力以前，产生的挠度更大，此时的钢筋混凝土板类似于一个宽度较宽的且抗弯能力较弱的扁梁，而板的膜效应也更趋向于高温下悬链线效应的形式。

Huang 等（2004）对 Cardington 结构抗火试验进行了计算和对比，研究表明钢筋混凝土板在火灾下板可能产生膜效应：当钢梁的温度低于 300～400℃时，混凝土板的膜效应对组合结构性能的影响不明显，但是当温度超过 500℃后，板的影响迅速增大，膜作用的影响不能被忽略。

本次试验中钢筋混凝土楼板与钢筋混凝土梁整浇在一起形成一个 T 形梁，在试验的受力过程中框架梁两侧的混凝土板发生近似于单向曲率的变形。由于混凝土板的厚度比框架梁小得多，受热表面的热量在较短的时间内可传到板顶，因此混凝土板截面的温度比框架梁截面的温度要高，而且截面温度也更均匀，因此更易于产生膜拉力。对于没有整浇钢筋混凝土板的矩形梁，由于构件截面高度较大，需要更多的受火时间热量才能传递到梁顶，因此温度分布沿截面的高度也不如钢筋混凝土板截面内的温度分布均匀。

当框架试件发生图 15.23（a）所示的Ⅰ型破坏时，被破坏截面先出现在钢管混凝土柱上，此后钢筋混凝土梁对柱提供有力支撑，梁柱内力发生重分布，梁端负弯矩甚至转变为正弯矩，如图 15.26（a）所示，梁节点区下部混凝土在正弯矩作用下产生了裂缝。

当框架试件发生图 15.23（b）所示的Ⅱ型破坏时，如图 15.26（b）所示，框架

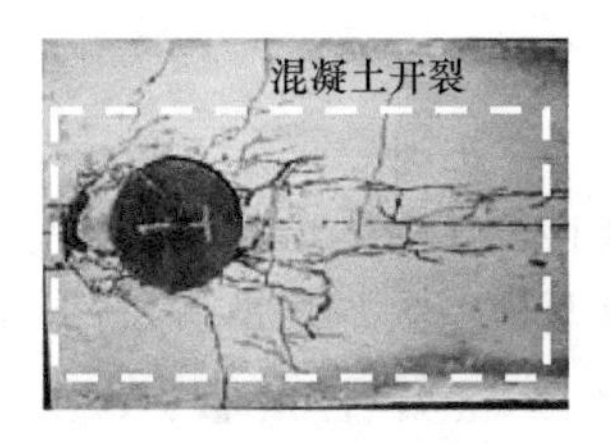

(1) 局部俯侧视图

(2) 局部正侧视图

(a) Ⅰ型破坏时的变形（试件 CFRC-1）

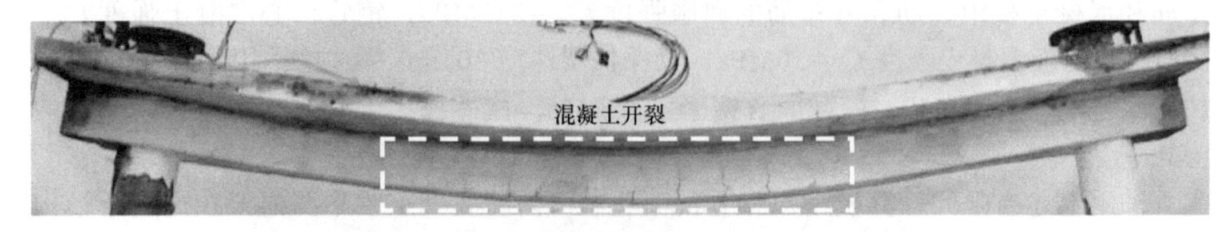

(1) 整体正侧视图

(2) 局部斜侧视图

(b) Ⅱ型破坏时的变形（试件 CFRC-3）

图 15.26　不同破坏形态下钢筋混凝土板的破坏形态对比

梁轴线方向上，钢筋混凝土板与框架梁的变形一致。跨中区板底的最大弯曲曲率处出现均匀的裂缝。钢筋混凝土（型钢混凝土）梁下侧变形时距中性轴最远处应变最大，裂缝开展也最宽，最大裂缝宽度可达 2～3mm，在跨中段分布较均匀，间隔约 10～15mm。钢筋混凝土梁侧面的裂缝几乎开裂到板底的位置，跨中挠度较大，“悬链线”或“膜效应”产生。混凝土梁（板）截面开裂会使截面受拉区面积增加、受压区面积减少，中和轴上移。当中和轴上、下垂直于截面的压力和拉力不能自相平衡时，就会在梁（板）截面上产生轴向拉力。对于板类构件来讲，这种各方向的面内拉力即为膜拉力。

15.4　工作机理分析

采用第 15.2 节建立的组合框架在火灾作用下的温度场和力学性能计算有限元计算模型可对组合框架的耐火性能进行细致剖析。考虑框架结构实际受力的特点，本节选择了单层单跨圆钢管混凝土柱 - 钢筋混凝土梁框架为研究对象，参考某实际工程进行了框架设计，框架的受力和受火情况如图 15.1（b）所示，梁上受均布荷载（q_F），柱上端受轴向荷载（N_F），楼板下部和柱受火，柱下端固结。

算例的基本计算条件如下所述。

1）圆钢管混凝土柱：$D \times t_s \times H$=600mm×12mm×5400mm；钢筋混凝土梁：$D_b \times B_b \times L$=650mm×400mm×9000mm，下部纵筋8ф28，双排配筋，上部纵筋2ф20，箍筋ф8@200mm（加密区ф8@50mm）；钢筋混凝土楼板：$b_{slab} \times t_{slab} \times L_{slab}$=3000mm×120mm×9000mm，纵筋ф8@200mm，分布筋ф8@200mm，双层配筋。

2）钢管和牛腿的钢材屈服强度f_y=345MPa，梁纵筋钢筋屈服强度f_{yb1}=335MPa，箍筋和混凝土板中纵筋和分布筋的屈服强度f_{yb2}=235MPa，钢管核心混凝土强度f_{cu}=60MPa，梁板混凝土强度f_{cu}=30MPa，梁保护层厚度30mm。梁柱线刚度比k=0.6，梁柱极限弯矩比k_m=0.59，柱截面含钢率α_c=8.5%，柱荷载比（n）和梁荷载比（m）均为0.6。

采用上述有限元计算模型对钢管混凝土柱-钢筋混凝土梁平面框架在火灾下结构的变形、内力、应力和应变分布等进行剖析，并对影响该类框架结构耐火性能的影响参数进行分析。

15.4.1 梁柱变形特征

梁荷载比m=0.6和梁柱线刚度比k=0.6保持不变的情况下，柱荷载比n=0.2、0.4、0.6和0.8时，框架柱轴向变形（Δ_c）和梁跨中挠度（δ_b）-受火时间（t）关系的影响如图15.27所示。可见，随着n增加，钢管混凝土柱轴向变形（Δ_c）在升温作用下的轴向膨胀量迅速减小，当$n \geqslant 0.6$时，钢管混凝土在升温作用下仅发生微小的轴向膨胀；n越大，Δ_c-t关系越低，且随t的增加，Δ_c急剧增大。框架梁的跨中挠度（δ_b）随着n增大而迅速增大，这是由于当n较大时，框架的耐火性能变差，钢管混凝土柱对钢筋混凝土框架梁板的约束和支撑作用变弱。

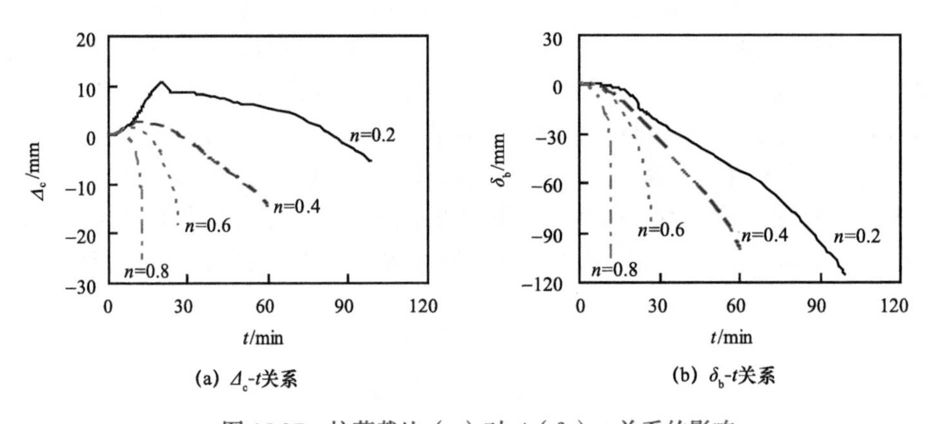

图15.27 柱荷载比（n）对Δ_c（δ_b）-t关系的影响

图15.28给出柱荷载比n=0.6时在两类破坏形态（Ⅰ型和Ⅱ型，如图15.23所示）下试件的框架柱轴向变形（Δ_c）和梁跨中挠度（δ_b）-受火时间（t）关系。

图15.28中，柱顶竖向位移曲线可分为两个阶段，AB（AB_1）段为受火膨胀段，

BC（B_1C_1）段为下降段，而梁跨中挠度曲线为单调增加。可以看出两类破坏形态下，柱和梁的变形曲线规律没有明显的差异，对于Ⅰ型破坏，柱位移或变形速率先达到耐火极限判定标准，对于Ⅱ型破坏，梁位移或变形速率先达到判定标准。

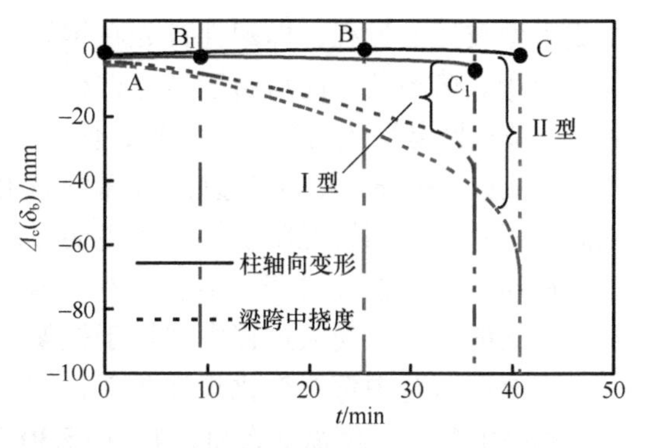

图 15.28　不同破坏形态下框架的 Δ_c（δ_b）-t 关系

15.4.2　构件内力

受火时，框架梁、柱相互约束，钢材和混凝土高温下材料力学性能的下降，引起结构内力重分布。下面以柱荷载比 $n=0.6$、梁荷载比 $m=0.6$ 时的情况为例，对框架的梁跨中截面、梁节点区截面、柱底部截面和柱节点区截面内力在火灾下的变化情况进行分析。

（1）梁跨中截面内力

火灾下，当框架梁受热产生轴向伸长时，两侧框架柱的约束作用会在框架梁轴向产生约束力（拉力或压力），且约束力大小会随受火时间和受力状态不同而不断变化。梁轴力（N_b）和弯矩（M_b）的方向规定如下：轴向拉力为正，轴向压力为负；使得梁下侧受拉的弯矩为正弯矩，使得梁上侧受拉的弯矩为负弯矩。

图 15.29 所示为梁跨中截面的弯矩（M_b）和轴力（N_b）随受火时间（t）关系。可见，随着 t 的增加，弯矩大小略有减小，曲线比较平缓；受火 18～20min 时，跨中弯矩迅速增大，如图 15.29（a）所示。由于结构和荷载均对称，跨中截面剪力为零。

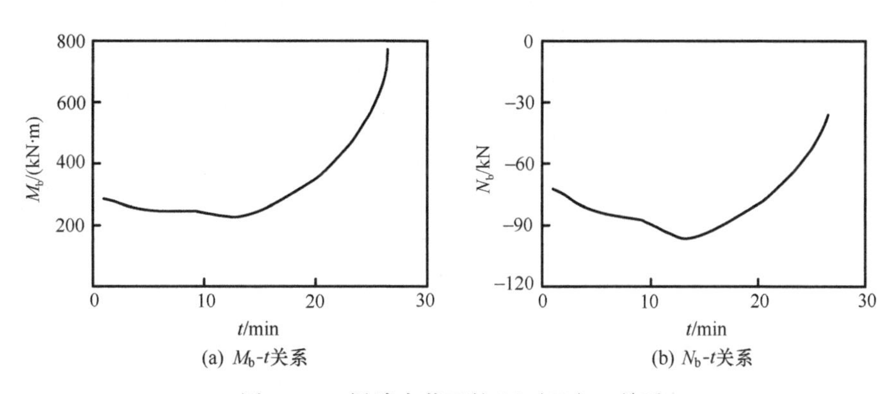

(a) M_b-t关系　(b) N_b-t关系

图 15.29　梁跨中截面的 M_b（N_b）-t 关系

（2）梁节点区截面内力

梁节点区截面的弯矩（M_b）、轴力（N_b）和剪力（V_b）- 受火时间（t）关系如图 15.30 所示。常温下加载完成后，梁节点区截面负弯矩约为 300kN · m，随 t 增加，弯矩略有增大，但幅度不大，曲线变化比较平缓，受火约 18～20min 时，梁节点区截面负弯矩由增大变为逐渐减小，最终甚至变成正弯矩，达到耐火极限时，梁节点区截面弯矩约为 200kN · m。梁节点区截面负弯矩由“－”变“＋”的过程也就是框架结构形成Ⅰ型破坏的过程，即塑性铰先在钢管混凝土柱上形成。在初始受火阶段，梁节点区截面弯矩值为负，此后由于节点框架梁、柱的变形，节点区发生了转动，其转动方向与梁节点区截面负弯矩方向一致，使得梁节点区截面负弯矩逐渐减小。

当受火23min时，梁节点区截面弯矩由负变为正弯矩，说明钢筋混凝土梁节点区截面弯矩开始对钢管混凝土柱产生更明显的支撑作用，但同时这种梁节点区截面正弯矩对钢筋混凝土框架梁产生不利影响，增大了梁跨中正弯矩，进一步加速了钢筋混凝土框架梁的破坏。受火过程中作用于框架梁上的荷载大小和方向不变，故梁端负弯矩变化的幅度与跨中弯矩变化规律相似，实际上也就是框架梁轴力对该截面的“二阶弯矩”和跨中弯矩变化幅度之和，如图15.30（b）和（c）所示。

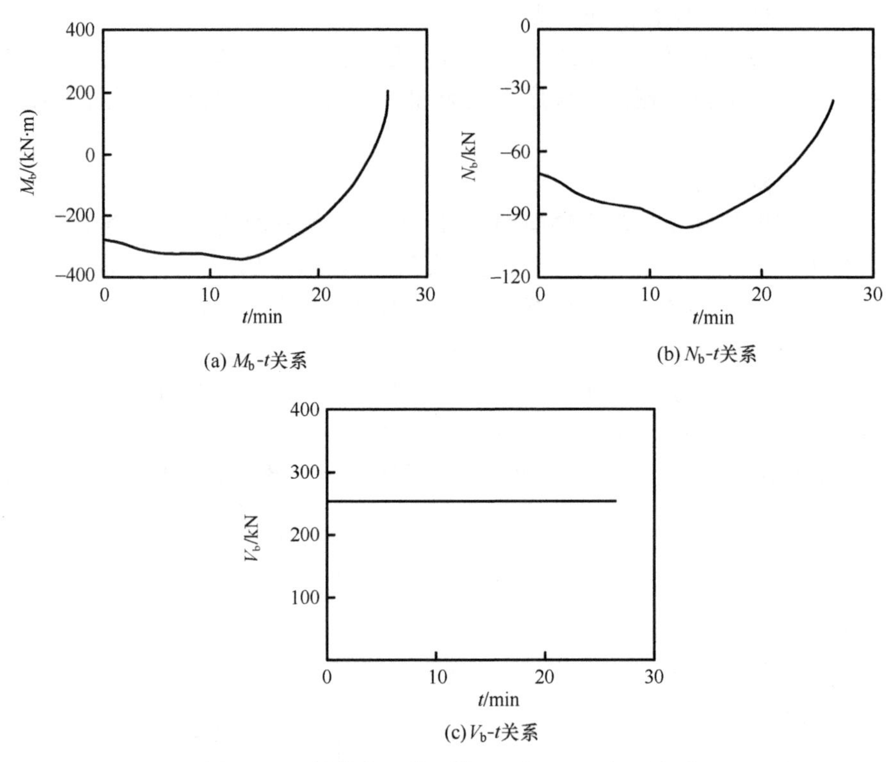

(a) M_b-t关系　(b) N_b-t关系　(c) V_b-t关系

图15.30　梁节点区截面的M_b（N_b、V_b）-t关系

（3）柱底部截面内力

框架中的钢管混凝土柱下端嵌固，柱底部截面的弯矩（M_c）、轴力（N_c）和剪力（V_c）-受火时间（t）关系如图15.31所示，其中轴力和弯矩的方向规定如下：轴向拉力为正，轴向压力为负；钢管混凝土柱外侧受拉的弯矩为正弯矩，内侧受拉的弯矩为负弯矩。由图15.31（a）可见，随着受火时间（t）增加，框架柱底部截面处的弯矩几乎呈线性增加，将达到耐火极限时，弯矩急剧增大。

由于框架试件没有水平方向荷载作用，柱脚底面的截面剪力与框架梁的轴力为一对平衡力［图15.31（c）］，同时也说明结构内力变化时，框架整体受力仍是相互平衡的。柱荷载在受火过程中保持恒定，框架柱的轴力在受火过程中基本不变［图15.31（b）］，图中同时也给出了钢管壁和核心混凝土在受火过程中各自所承担竖向荷载的变化情况，钢管壁所承担的轴向荷载先增大后减小。

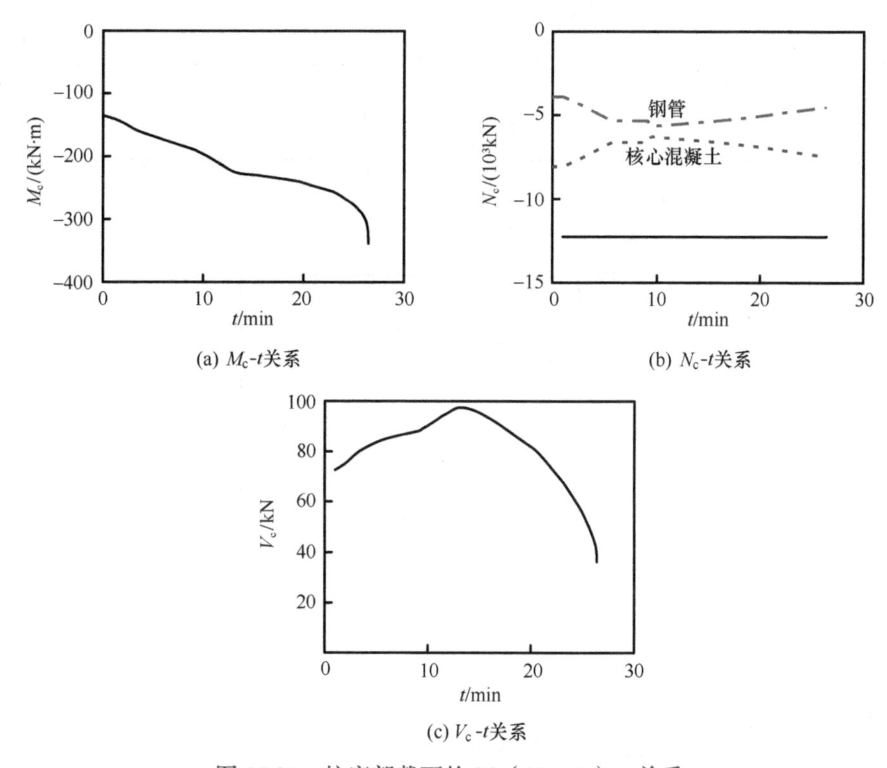

图 15.31　柱底部截面的 M_c（N_c、V_c）-t 关系

（4）柱节点区截面内力

柱节点区截面的弯矩（M_c）、轴力（N_c）和剪力（V_c）- 受火时间（t）关系如图 15.32 所示。可见，随着受火时间（t）增加，柱节点区截面的弯矩（M_c）先增加后逐渐减小，受火约 15min 时，弯矩达到最大值。在火灾和外荷载的共同作用下，框架柱发生弯曲变形，柱外荷载和钢筋混凝土梁轴力的“二阶弯矩”作用，造成了节点区截面钢管混凝土柱弯矩逐渐减小。由于框架柱段内没有外荷载作用，根据力学平衡原理，柱节点区截面的轴力和剪力与柱底部截面的大小和方向均相同，如图 15.32（b）和（c）所示。

15.4.3　应力分析

以 $n=0.6$、$m=0.6$ 情况下的框架结构为例，分析不同受火时刻组合框架结构的应力分布及其随时间的变化情况。

对框架中钢筋、钢管和牛腿的 Mises 应力分布分析表明，受火过程中钢筋混凝土梁中纵筋的最大 Mises 应力始终出现在梁跨中位置。由于梁端负弯矩和柱顶荷载的作用，钢管和牛腿中的最大 Mises 应力出现在牛腿下方的钢管壁上，且随着升温作用的增加材料性能有所劣化，梁端负弯矩逐渐减小，最大应力值逐渐减小，钢管截面应力

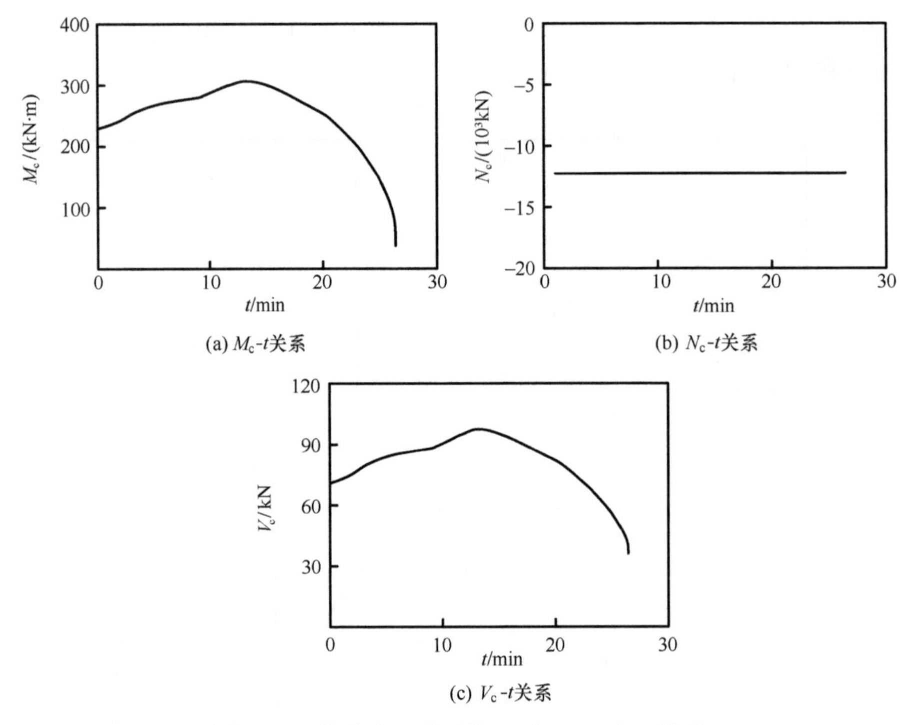

图 15.32　柱节点区截面的 M_c（N_c、V_c）-t 关系

分布越来越均匀。

对框架中混凝土的主拉应力分布分析表明，常温加载结束时最大主拉应力出现在钢筋混凝土梁底跨中外表面的位置。钢管混凝土框架达到耐火极限而破坏时，由于受火面的混凝土温度要高于内部混凝土，高温部分混凝土的热膨胀也大于内部低温区混凝土的热膨胀，最大拉应力出现在混凝土截面的内部。

图 15.33 所示为不同受火时刻节点中心位置钢管核心混凝土截面的应力分布等值线，图中 f_c' 为常温下混凝土圆柱体抗压强度。可见，常温加载完成后和受火初期核心混凝土截面上的应力分布与偏压构件的截面应力分布类似，随着受火时间持续增加，核心混凝土柱外侧的等应力线出现明显内凹，并且内凹的中心不断向核心混凝土截面中心偏移。在破坏时刻，截面上的等应力线分布形成许多同心圆的形状，这种应力分布类似于轴心受压构件的应力分布。形成这种应力分布的主要原因是在核心混凝土纵向形成的“S”形应力分布带，节点中心处的核心混凝土截面恰好位于“S”形应力带的顶端位置。

图 15.34 给出不同受火时刻核心混凝土 $H/2$ 截面上的应力分布等值线。可见，常温加载完成后，截面上的应力分布为偏压构件的应力分布形式，最大和最小压应力分别位于核心混凝土截面的内侧和外侧边缘，但随着受火时间的进行，核心混凝土表面受热发生膨胀，截面外边缘的压应力增加，最小压应力由最外侧边缘位置向截面中心偏移。由图 15.34 可见，受火 10min 以后，核心混凝土截面上的最大压应力数值逐渐增加，应力分布形状变化不大。

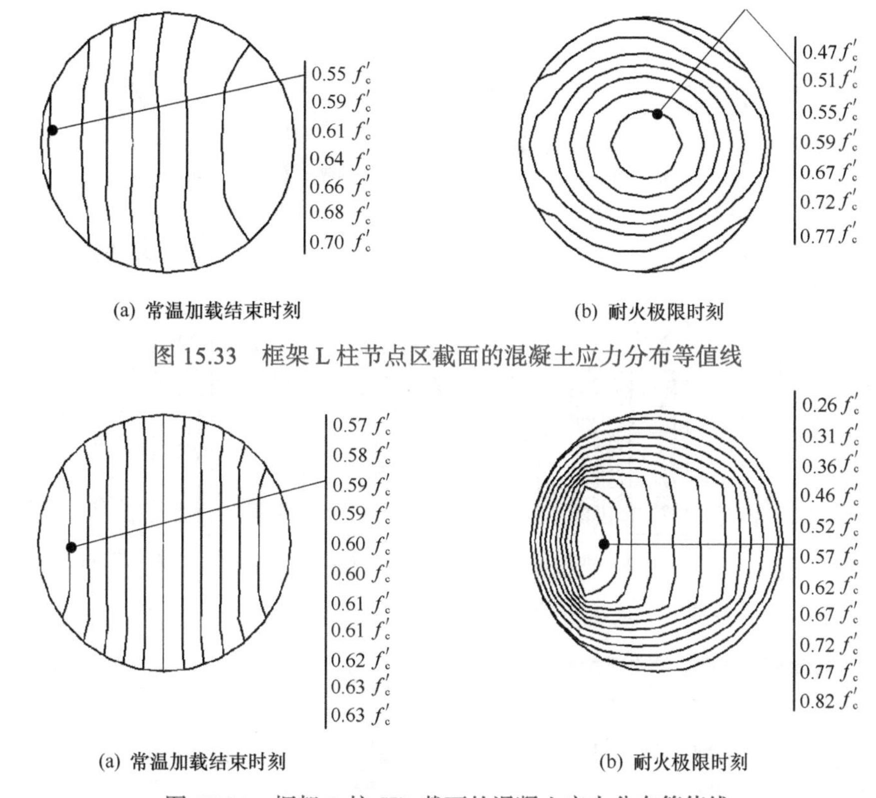

(a) 常温加载结束时刻　　(b) 耐火极限时刻

图 15.33　框架 L 柱节点区截面的混凝土应力分布等值线

(a) 常温加载结束时刻　　(b) 耐火极限时刻

图 15.34　框架 L 柱 $H/2$ 截面的混凝土应力分布等值线

图 15.35 给出不同受火时刻框架柱核心混凝土纵向应力 S33（单位：Pa）沿长度的分布云图。常温下施加荷载后，钢管混凝土柱发生轴向压缩和弯曲变形，核心混凝土受拉侧的压应力减小，形成低应力区，受火后由于热膨胀变形的影响和材料力学性能发生劣化，其位置由截面边缘向中心偏移，随着温度升高，钢管的承载力下降更多，这部分荷载转移到了核心混凝土上，使得核心混凝土变形进一步加大，低应力区的宽度逐渐减小，并形成“S”形的应力区，见图 15.35（d）。

不同受火时刻时钢筋混凝土梁、板跨中截面的纵向应力分布云图见图 15.36。可见，常温加载完成后，跨中截面上最大拉应力和最大压应力均为 2.9MPa，最大拉应力出现在梁底位置，最大压应力出现在梁顶位置，且应力沿截面高度呈层状分布。火灾下 T 形梁的矩形部分为三面受火，混凝土表面受热后产生热膨胀，使得受火前的拉应力减小，甚至出现了压应力状态。如 $t=10$min 时，梁底角部的压应力达 7MPa，最大压应力出现在板底的位置，这是因为钢筋混凝土板底面受热膨胀而钢筋混凝土板在“T”形截面中处于受压区的位置。同时为保持截面的应力平衡，内部混凝土的拉应力和钢筋的拉应力有所增加。但当钢筋混凝土梁临近耐火极限时，截面上最大压应力达 10MPa，由于跨中向下的快速变形而产生较大的拉应变，梁底的应力由压应力又重新转变为拉应力，梁底下边缘混凝土的拉应力约为 0.7MPa［图 15.36（d）］。

图 15.37 给出钢筋混凝土梁板跨中位置截面上测温点 1～测温点 7 的混凝土和钢

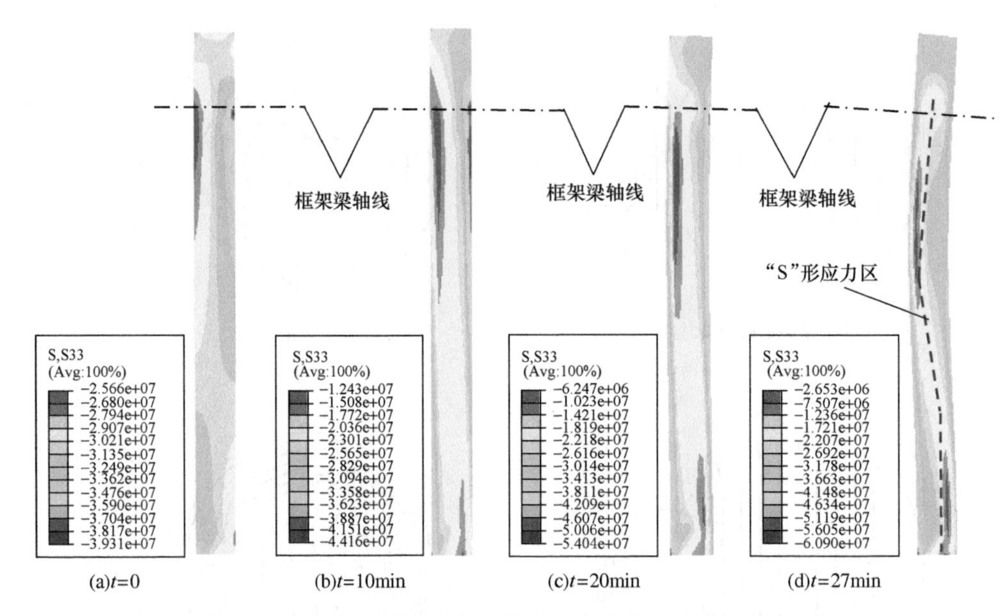

图 15.35　框架 L 柱的混凝土纵向应力分布云图（单位：Pa）

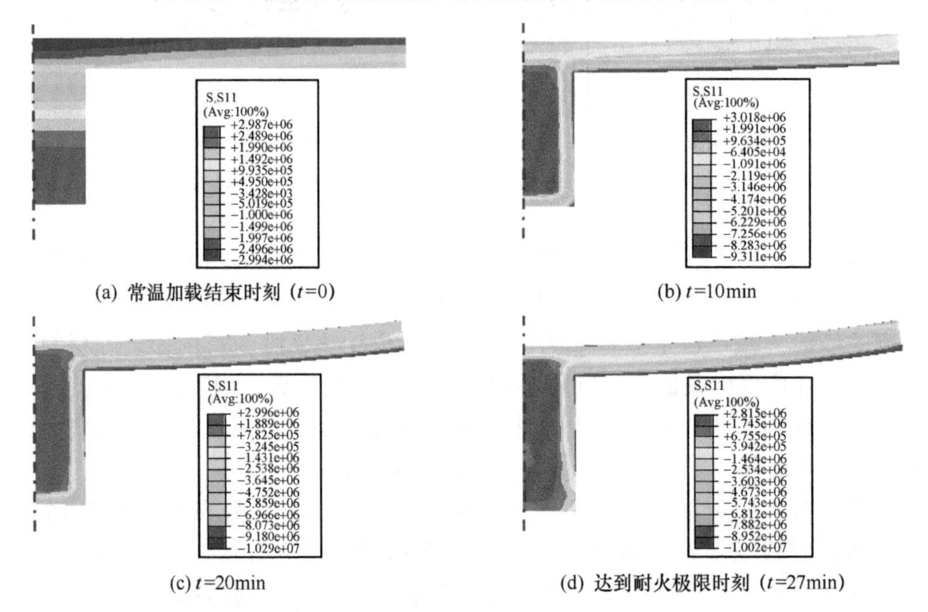

图 15.36　框架梁、板跨中截面的纵向应力分布云图（单位：Pa）

筋应力随受火时间（t）的变化关系。可见，常温下加载完成后，测温点 1 处于受拉（“+”）的应力状态，应力值为 3MPa。随着受火时间的增加，截面上各点的温度不断上升，其中测温点 1 处由于受到左面和下面受火面的传热作用，温度升高最快，由此产生的热膨胀也最大，而内部混凝土的温度较低，膨胀量较小，因此测温点 1 处由于热膨胀而会产生压应力，逐渐抵消先前的拉应力，表现为测温点 1 处的拉应力逐渐减小，甚至向反方向（压应力）过渡。同样，测温点 2 和测温点 3 也由于热膨胀使得该点处的压应力有所增加。当受火至 15min 时，由于高温下的材料劣化和结构荷载的

“二阶效应”的原因，测温点 1 处所产生的拉应力与该处升温膨胀所产生的压应力变化速率相当，测温点 1 处的压应力不再随着受火时间而增加，此后由于混凝土和钢材的材料性能随温度升高继续下降，热膨胀随升温速率减小而逐渐减小，测温点 1 处的压应力由增加转为逐渐减小［图 15.37（a）］。

图 15.37（b）给出钢筋混凝土框架梁板跨中截面上受力钢筋的 Mises 应力随受火时间（t）的关系。可见，随着受火时间（t）的增加，由于相邻受火面角部效应的影响，测温点 6 的升温速率大于测温点 5 处的升温速率，因此测温点 6 处的热膨胀量也大于测温点 5 处的热膨胀，测温点 5 处的钢筋应力逐渐增加，测温点 6 处的受力钢筋的应力先略有减小后又增加，测温点 7 处的受力钢筋的 Mises 应力也是先略有减小，接近耐火极限状态时，Mises 应力值则迅速增加，这是由于临近耐火极限时，跨中截面的弯矩迅速增大所致。

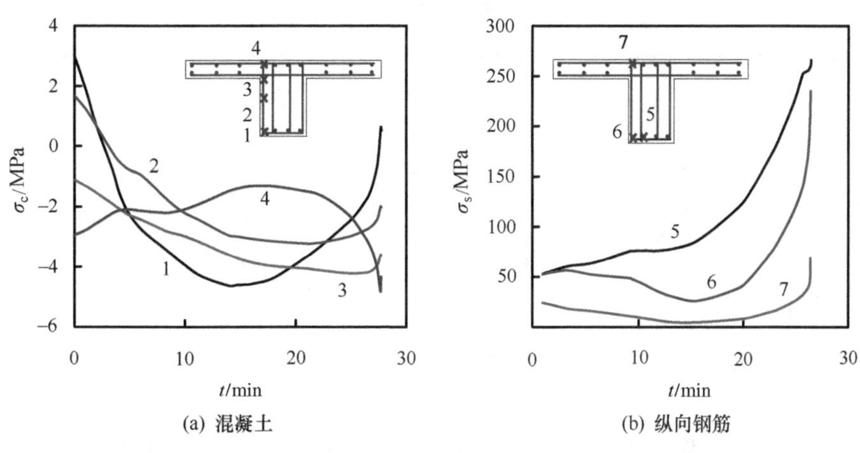

图 15.37　框架梁、板跨中截面的 σ_c（σ_s）- t 关系

图 15.38 给出了框架柱节点区截面和 $H/2$ 高度截面特征点（测温点 8～测温点 19）的混凝土和钢管应力 - 受火时间（t）关系。从图 15.38（a1）和（b1）中可见，常温下加载完成后，核心混凝土在不同截面处均为全截面受压，受火初期外侧钢管壁先受热膨胀，使得内部核心混凝土有卸载现象，其纵向应力值有所减小，同时也可以看到核心混凝土中心点处的压应力减小的幅度较大，而且持续时间也最长，这是由于外围的混凝土受热膨胀后而核心混凝土柱中心的温度还比较低，纵向热膨胀应变内外不一致，从而产生了内部受拉外部受压的附加温度内应力，受火 t=5～10min 后核心混凝土的纵向应力值又逐渐增大，临近耐火极限状态时，应力值又有迅速减小的趋势。核心混凝土外侧边缘测温点（如测温点 10 和测温点 16）的应力随升温的进行先减小后增大。这是因为随着受火的开始，钢管温度首先升高，钢材受热膨胀，使得核心混凝土所承担的荷载有所减小，大约 t=10min 时钢管混凝土柱轴向膨胀达到最大，此后由于材性劣化，钢管承载力降低，柱发生向下的压缩变形。

图 15.38（a2）和（b2）给出了相同升温状况下空钢管（柱荷载比 n=0.6）的 Mises 应力变化规律，可以看到在升温初期由于钢管热膨胀受到边界条件的约束，分担的荷载增加，其 Mises 应力也相应增加，随着受火时间的增加，钢管材性进一步劣化，应力降低。

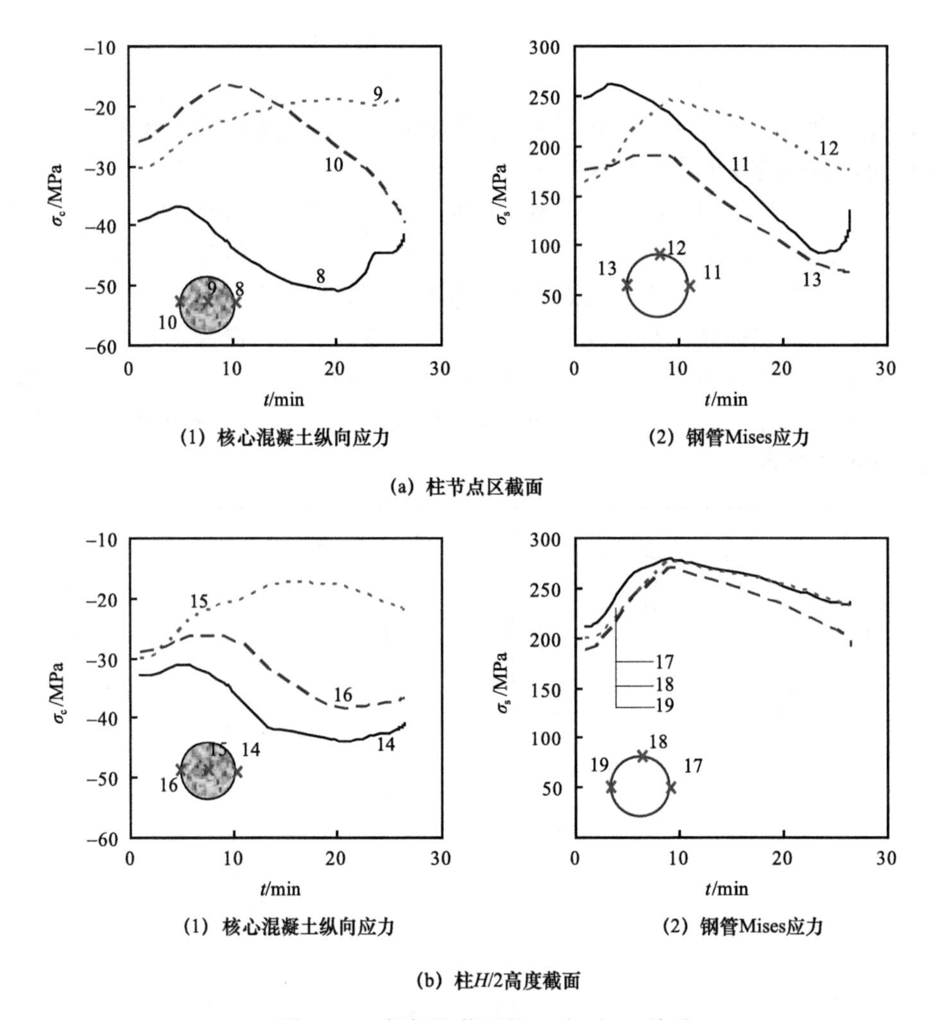

图 15.38　框架柱截面的 σ_c（σ_s）- t 关系

15.4.4　应变分析

图 15.39 给出了钢管中核心混凝土和钢筋混凝土梁在不同受火时刻的最大主塑性应变矢量图。

由图 15.39（a）可见，常温加载后框架混凝土的最大主塑性应变主要位于跨中的梁底位置和节点区。随着受火升温，材料力学性能逐渐发生劣化，框架梁柱变形加大，更多区域进入塑性，最大柱塑性应变也不断增大。图 15.39（b）和（c）给出的是钢筋混凝土板底面和顶面中主塑性应变的分布，钢筋混凝土板底受火面受压，塑性应变矢量较小，而钢筋混凝土板顶单元的塑性应变矢量较大，且集中分布在梁端负弯矩区，这与火灾后钢筋混凝土板顶面的裂缝主要在垂于梁轴线的梁端负弯矩区的现象相吻合。框架结构达到耐火极限时，钢管混凝土柱最大弯曲变形处的内侧，最大主塑性应变的矢量形成波形鼓起，也就是说在最大弯曲处的内侧轴向压应变最大，但同时在水平方向也产生了最大的拉应变［图 15.39（d）］。

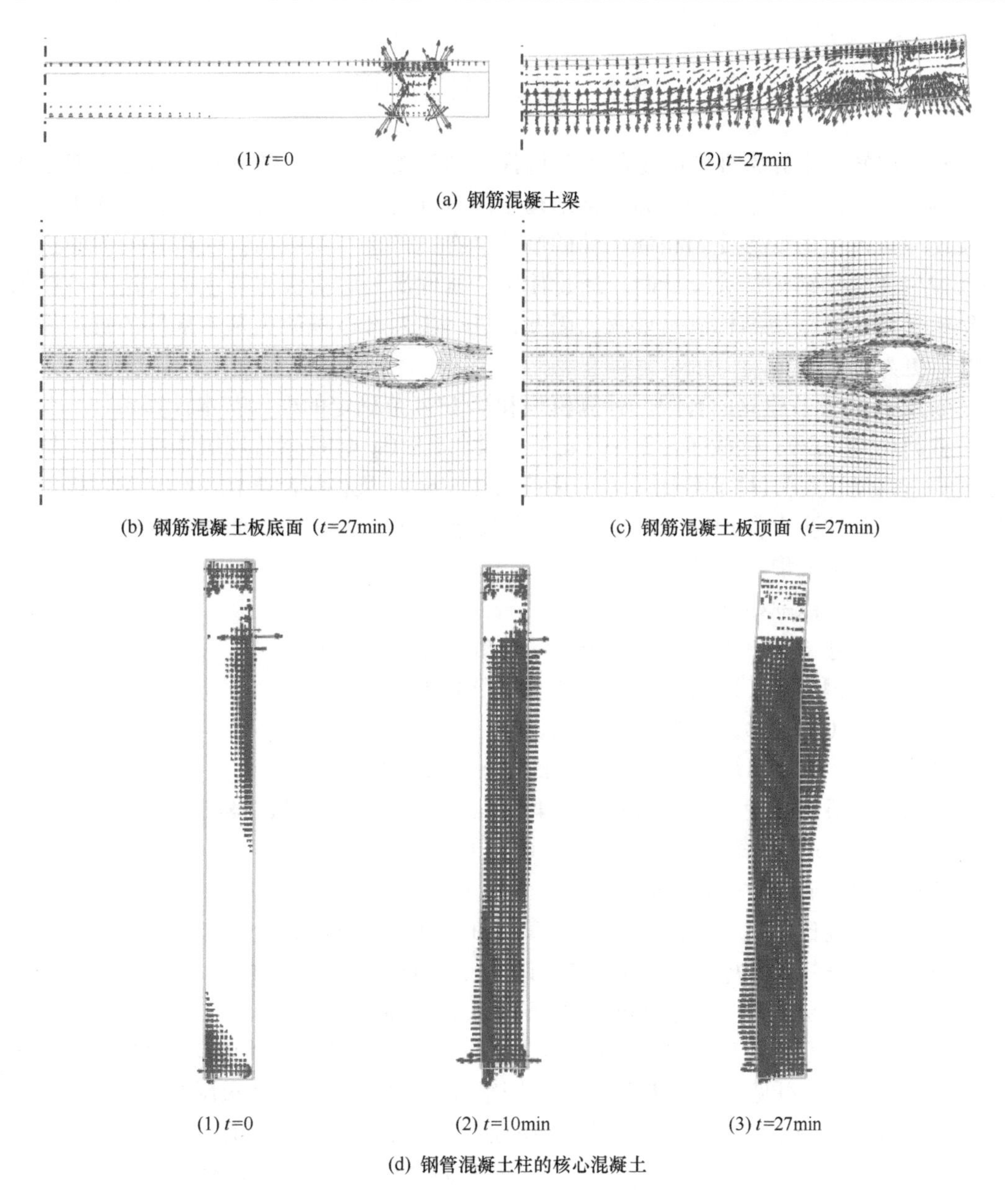

图 15.39　框架混凝土的最大主塑性应变矢量图

由上述分析可见，火灾下混凝土框架梁跨中弯矩先略有减小而后迅速增大，节点区负弯矩则相反，弯矩先有所增大而后减小，因此在实际工程中，框架结构负弯矩区需有足够的安全储备，否则可能在负弯矩增大的过程中发生强度破坏。当框架结构发生 I 型破坏（框架柱先进入破坏）时，框架梁的节点区可能由承受负弯矩变为承受正弯矩，因此设计时，梁底纵筋应伸入支座足够的锚固长度。

15.5　耐火极限计算

众所周知，边界条件为静定的单个构件（如简支梁或柱）的耐火极限与框架结构中的构件会有所差异，这是因为框架结构中的构件受到相邻构件的制约，在火灾条件下温度变化产生的变形受到相邻构件的制约会在构件上产生内力，使构件的力学边界条件发生变化。结构抗火设计时，通过使单个构件满足耐火极限要求的方法并不能保证结构整体或者框架结构满足要求，因此，进一步展开以框架为基本部件的抗火设计方法将更为安全可靠。

采用第 15.2 节建立的有限元计算模型和第 15.4 节确定的框架基本计算条件，分析了柱截面尺寸（D）、柱截面含钢率（α_c）、柱长细比（λ）、柱钢管屈服强度（f_y）、柱核心混凝土强度（f_{cu}）、柱荷载比（n）、梁荷载比（m）、梁柱线刚度比（k）、梁柱极限弯矩比（k_m）和柱防火保护层厚度（a_c）等参数变化下单层单跨平面框架耐火极限（t_R）的影响规律（王卫华，2009）。

参数的变化范围如下。

柱截面尺寸（D）：300mm、450mm、600mm、800mm；

柱截面含钢率（α_c）：4.1%、7%、8.5%、14.8%；

柱长细比（λ）：20、23.2、40、60、80；

柱钢管屈服强度（f_y）：235MPa、345MPa、420MPa；

柱核心混凝土强度（f_{cu}）：30MPa、40MPa、50MPa、60MPa、80MPa；

柱荷载比［n，按式（3.17）计算］：0.2、0.4、0.6、0.8；

梁荷载比［m，按式（3.18）计算］：0.2、0.4、0.6、0.8；

梁柱线刚度比［k，按式（10.1）计算］：0.3、0.6、0.9、1.8；

梁柱极限弯矩比［k_m，按式（10.2）计算］：0.41、0.58、0.78；

柱防火保护层厚度（a_c）：0mm、3mm、6mm、10mm、15mm。

1）柱截面尺寸（D）：图 15.40 所示为钢管混凝土柱截面尺寸（D）对框架耐火极限（t_R）的影响。可见，随着 D 增大，相同梁柱线刚度比（k）和极限弯矩比（k_m）情况下，梁柱的混凝土体积增大，吸热能力增强，钢管混凝土框架的耐火极限增加。

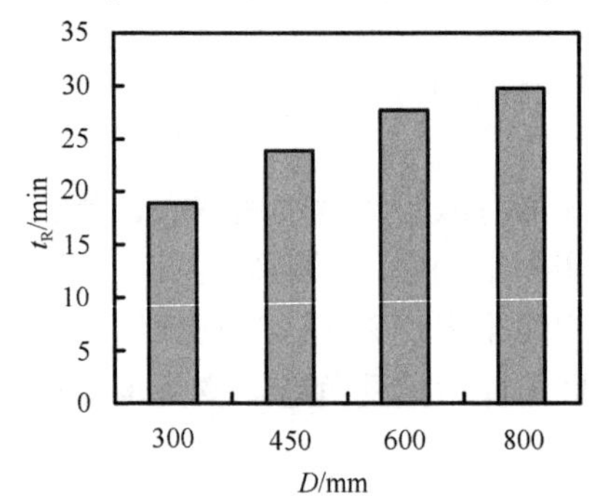

图 15.40　柱截面尺寸（D）对 t_R 的影响

2）柱截面含钢率（α_c）：由图 15.41 可见，柱截面含钢率（α_c）增大（通过增加钢管壁厚来实现），钢管混凝土框架的耐火极限（t_R）减小，当钢管壁厚大到一定程度后，对框架 t_R 影响逐渐降低，这是由于钢管壁厚增大到一定值后，钢管约束作用的影响程度降低所致。

3）柱长细比（λ）：如图 15.42 所示，钢管混凝土柱长细比（λ）对框架耐火极限（t_R）的影响明显，随着 λ 增加，t_R 迅速下降，原因是随着 λ 增大，钢管混凝土柱的稳定承载力降低，同时钢管混凝土柱对梁的约束效应也有所减弱。

4）柱钢管屈服强度（f_y）：钢管混凝土框架的耐火极限（t_R）随着柱钢管屈服强度（f_y）增加而降低，这是由于钢管强度越高，常温下的承载力越高，而火灾下，钢管又最先受热升温，温度较高，高温下的材料性能劣化程度大，因此，t_R 随柱钢管 f_y 的提高而迅速下降，如图 15.43 所示。

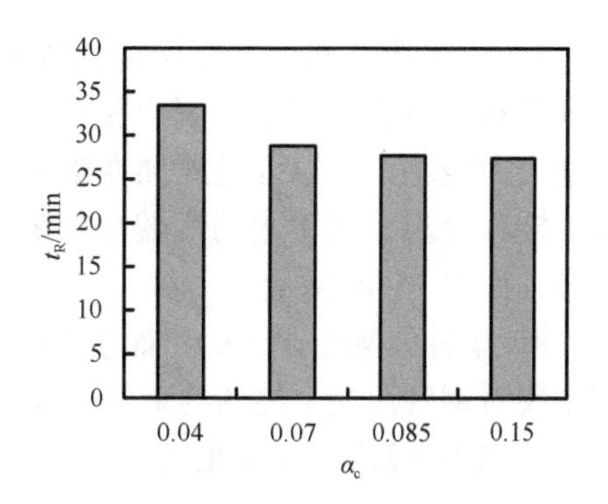

图 15.41　柱截面含钢率（α_c）对 t_R 的影响

5）柱核心混凝土强度（f_{cu}）：由图 15.44 可见，框架耐火极限（t_R）随着柱核心混凝土强度（f_{cu}）增加略有增大，但其影响不明显。这是由于混凝土传热较慢，而且受火时温度场分布由外到内温度逐渐降低，核心混凝土内部的低温区面积较大，同时钢管混凝土柱火灾下为受柱荷载和梁端弯矩的共同作用而破坏，主要受拉区钢材强度变化的影响。

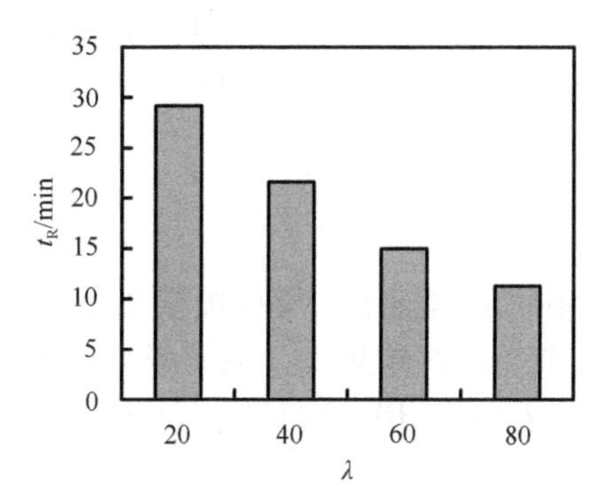

图 15.42　柱长细比（λ）对 t_R 的影响

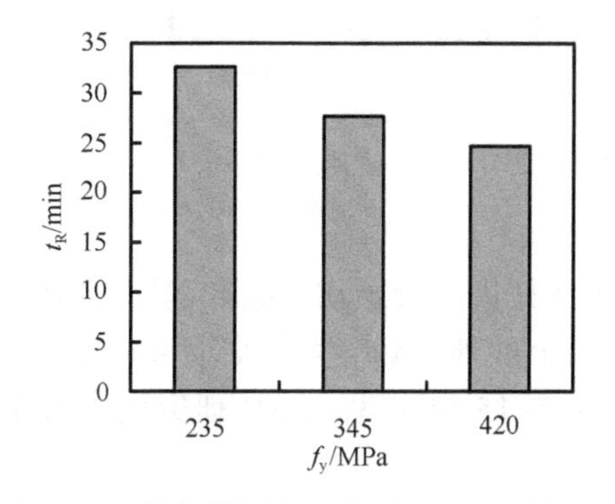

图 15.43　柱钢管屈服强度（f_y）对 t_R 的影响

6）柱荷载比（n）：由图 15.45 可见，钢管混凝土柱荷载比（n）对钢管混凝土框架耐火极限（t_R）的影响明显，随着 n 增大，框架的 t_R 迅速降低，当 n =0.6 时，框架耐火极限 t_R 降低为 n=0.2 时的 1/4。

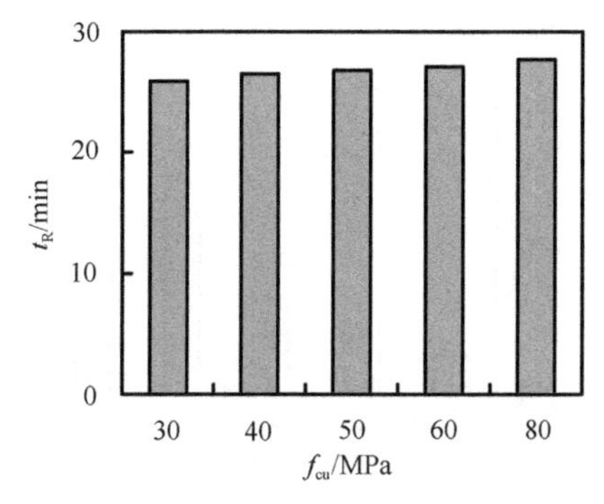

图 15.44　柱核心混凝土强度（f_{cu}）对 t_R 的影响

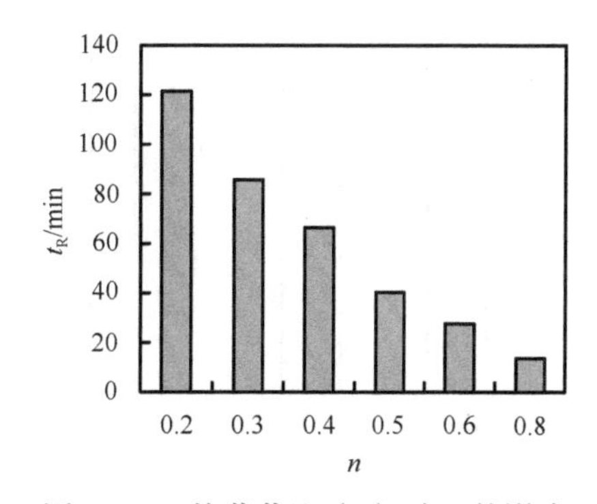

图 15.45　柱荷载比（n）对 t_R 的影响

7）梁荷载比（m）：在保持其他参数不变的情况下，梁荷载比（m）越大，梁上所施加荷载也越大，框架的耐火极限（t_R）随 m 的增大而逐渐降低，但 t_R 变化幅度随 m 的增大而减小，其原因是施加在梁上的荷载与框架柱顶的荷载相比要小的多，当 m 达到一定程度时，其引起的梁端负弯矩的增加对框架柱压弯状态下耐火性能的影响有所减小，如图 15.46 所示。

8）梁柱线刚度比（k）：如图 15.47 所示，随着梁柱线刚度比（k）的增加，钢筋混凝土梁对钢管混凝土柱的约束作用加大，梁刚度越大，钢管混凝土柱的计算长度越小，导致框架耐火极限（t_R）增大。

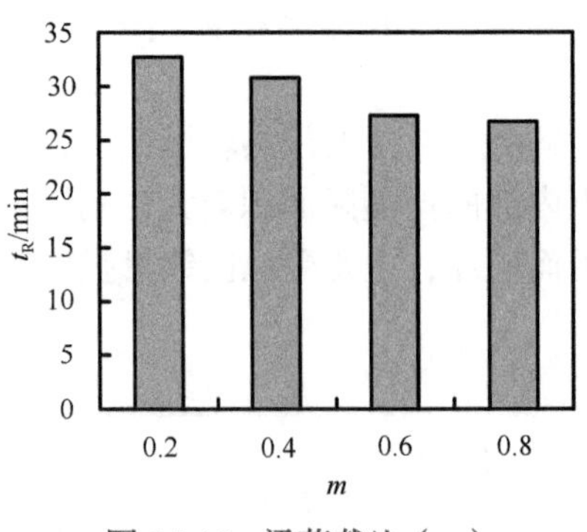

图 15.46　梁荷载比（m）对 t_R 的影响

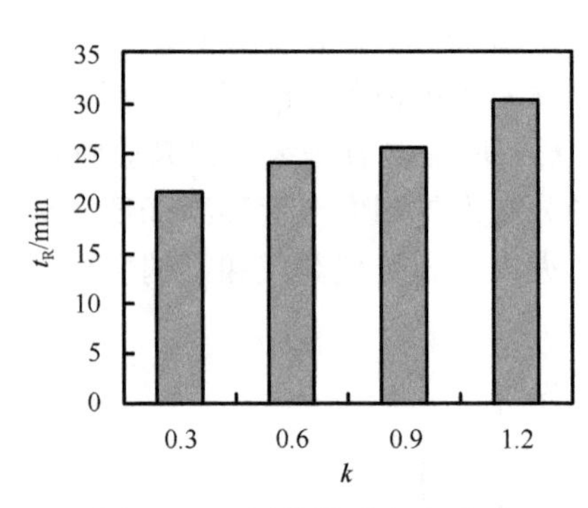

图 15.47　梁柱线刚度比（k）对 t_R 的影响

9）梁柱极限弯矩比（k_m）：梁荷载比（m）相同的情况下，梁柱极限弯矩比（k_m）越大，梁上的外荷载越大，则梁传递给到柱上的剪力和弯矩越大，框架耐火极限（t_R）越小。由图 15.48 可见，在所研究的参数范围内，t_R 随 k_m 增大线性减小，但降低幅度有限。

10）柱防火保护层厚度（a_c）：如图 15.49 所示，在所进行的研究参数范围内，随着钢管混凝土柱的柱防火保护层厚度（a_c）的增加，钢管混凝土框架的耐火极限（t_R）呈线性增大，这是由于增加 a_c 会使得钢管与混凝土在相同受火情况下的升温速率降低，从而延缓了钢材与混凝土材料强度的劣化。a_c 由无增加到 15mm，钢管混凝土框架的 t_R 则由 27.7min 增大到 229min。

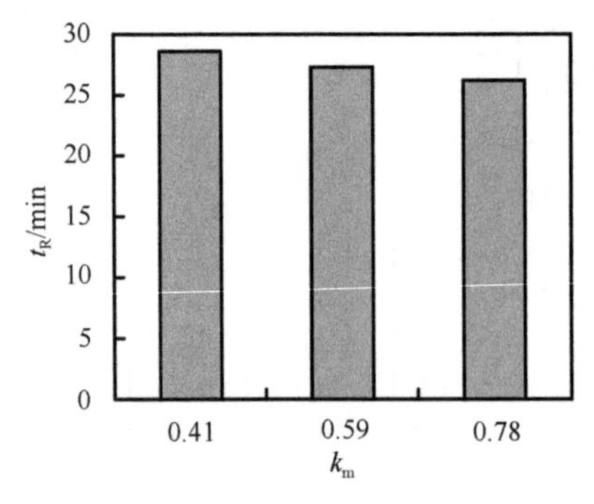

图 15.48　梁柱极限弯矩比（k_m）对 t_R 的影响

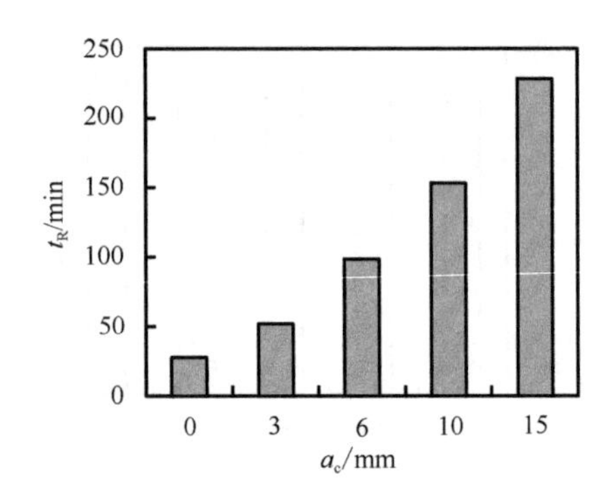

图 15.49　柱防火保护层厚度（a_c）对 t_R 的影响

上述参数分析表明，影响钢管混凝土框架耐火极限的主要参数有：柱截面尺寸（D）、柱长细比（λ）、柱钢管屈服强度（f_y）、柱荷载比（n）、梁荷载比（m）、梁柱线刚度比（k）、梁柱极限弯矩比（k_m）和柱防火保护层厚度（a_c）。其中，柱荷载比（n）和柱防火保护层厚度（a_c）对钢管混凝土框架的耐火极限影响最大。

目前，在进行结构抗火设计时，所依据的规范均是基于对单根构件的抗火计算，通过设计使单根梁或柱满足规范规定的耐火极限，即认为整体结构可达到耐火极限要求。本章前述的试验和理论分析结果表明：对于钢管混凝土柱 - 钢筋混凝土梁框架，按照现有规范计算得到框架结构中柱的计算长度，并对该计算长度下的钢管混凝土柱进行抗火设计，使其满足 1.5h 的耐火极限要求时，框架的耐火极限却大多未达到 1.5h，这就使得基于单根构件的抗火设计方法应用于整体框架中时存在安全隐患（Han et al.，2012）。

框架柱与单根柱的主要差异是框架柱柱端的边界条件会在高温下发生改变，如图 15.50 所示，常温下框架柱下端为固结，上端承受轴力（N_F）和梁端传来负弯矩，在梁荷载作用下柱端轴力有初偏心 e_o，但在高温下，由于梁的作用，梁轴向膨胀产生的变形使得柱产生了 Δ_h 的侧向位移。

为增加可比性，在计算单根柱的耐火极限时，采用图 15.50（b）所示的边界条件，按照如下的步骤进行计算：①计算确定常温下框架中钢筋混凝土梁的梁端负弯矩；②以计算得到常温下的梁端负弯矩为边界条件，按照韩林海（2007）中给出的 M-N 相关曲线计算柱的常温下稳定承载力；③采用有限元计算模型计算得到火灾下框架结构中梁端的最大负弯矩，以该负弯矩为初始条件计算柱的耐火极限。

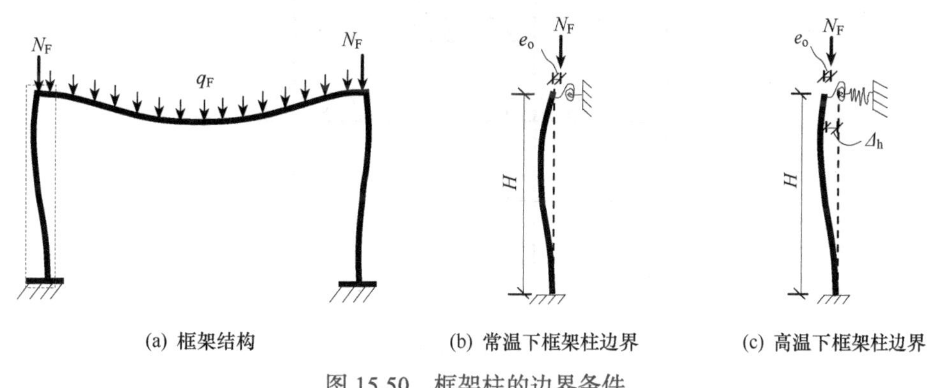

(a) 框架结构　(b) 常温下框架柱边界　(c) 高温下框架柱边界

图 15.50　框架柱的边界条件

表 15.4 所示为不同梁荷载比（m）情况下平面框架耐火极限和单根柱耐火极限对比。可以看出，计算得到的单根柱耐火极限仍然高于框架的耐火极限。这主要是由于火灾下由于温度变形受到框架中不同构件的约束，框架柱的实际边界条件（如作用在柱上端的梁轴力和弯矩）是在不断变化的，变化的边界条件通常会加速框架的破坏，而在单根柱中边界条件是不变的，从而导致计算的单根柱的耐火极限高于平面框架的耐火极限。从表 15.4 中单根柱耐火极限的计算结果还可以看出，当梁荷载比（m）从 0 增加到 0.8 时，单根柱和框架的耐火极限均逐渐降低，但对框架的耐火极限影响显著，对单根柱的耐火极限影响相对较小。

表 15.4　平面框架和单根柱的耐火极限（t_R）对比

m	单根柱 t_R/min	框架 t_R/min
0.0	90	56
0.3	85	36
0.4	82	30
0.6	75	21
0.8	69	14

15.6　多层、多跨框架结构的耐火极限

在单层、单跨框架结构耐火性能研究的基础上，进一步建立了多层、多跨框架结构耐火性能的有限元计算模型，以局部火灾作用下三层、三跨框架为例，分析了框架结构在火灾下的失效机理、变形性能和耐火极限变化规律（王广勇，2010；王广勇和韩林海，2010）。

图 15.51（a）所示为平面框架模型示意，其中 H 表示楼层层高；$B1$、$B2$、$B3$ 分别表示框架各跨的跨度，N_i（i 为 1、2、3 和 4）表示作用在柱顶的荷载；q_F 表示作用在梁上的均布荷载，荷载确定时参考了《建筑钢结构防火技术规范》(CECS 200：2006)(2006) 的有关规定。为研究荷载参数变化对结构耐火性能的影响规律，适当变化了柱顶荷载和梁均布荷载。

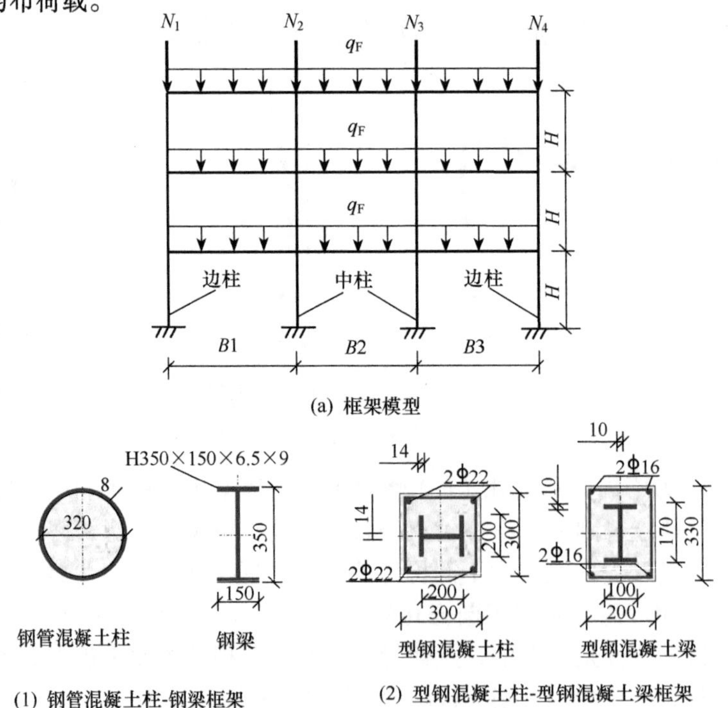

图 15.51　框架模型及构件横截面示意图（尺寸单位：mm）

参考某实际住宅结构，分别设计了钢管混凝土柱 - 钢梁、型钢混凝土柱 - 型钢混凝土梁平面框架。两类框架结构的几何尺寸、梁、柱的抗弯和轴心受压承载力、梁、柱截面的抗弯刚度和抗弯承载力基本相等。图 15.51（b）所示为构件横截面几何尺寸示意图，两类框架的其他参数汇总于表 15.5。

表 15.5　框架计算参数汇总

框架类别	框架尺寸	构件截面尺寸	材料性能	柱顶荷载	均布荷载
钢管混凝土柱 - 钢梁框架	$B1$=4.8m $B2$=4.4m $B3$=4.6m H=2.8m	钢梁截面：H350mm×150mm×6.5mm×9mm 圆形柱截面：外径 × 壁厚=320mm×8mm	混凝土：C30 钢梁：Q235 钢管：Q345	N_1=1024kN N_2=1036kN N_3=1322kN N_4=773kN （底层 L 侧中柱荷载比 n=0.45）	59kN/m
型钢混凝土柱 - 型钢混凝土梁框架		矩形梁截面：200mm×330mm 方形柱截面：300mm×300mm	混凝土：C30 型钢：Q345 钢筋：HRB335 级		

计算时采用了 ISO-834（1975）标准升温曲线。考虑火灾发生范围的偶然性，设计了如图 15.52 所示的九种火灾工况示意图。

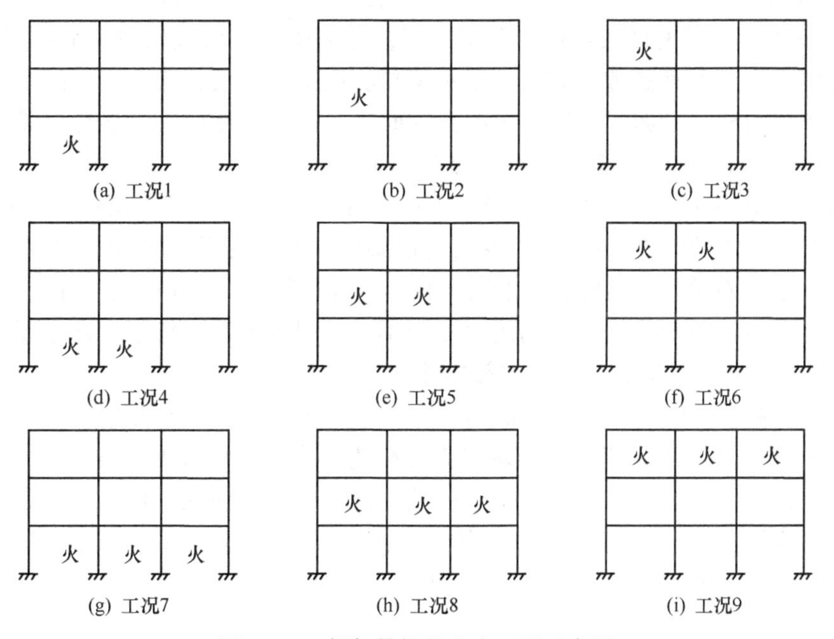

图 15.52　框架结构的火灾工况示意图

采用厚涂型防火涂料进行防火保护，框架梁和柱保护层厚度分别取 20mm 和 12mm，对应单根梁、柱的耐火极限分别为 90min 和 150min。

在以上计算条件基础上，对多层、多跨钢管混凝土柱 - 钢梁平面框架和型钢混凝土柱 - 型钢混凝土梁平面框架的耐火极限进行讨论。

15.6.1　钢管混凝土柱 - 钢梁平面框架

在表 15.5 所示计算参数的条件下，各火灾工况下均发生了跨度最大的 L 跨受火梁

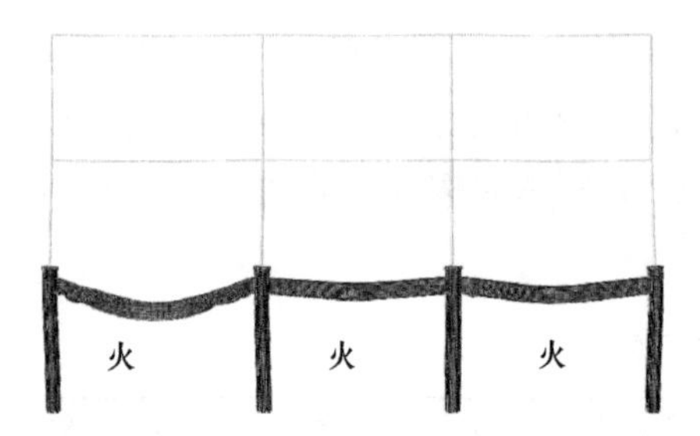

图 15.53　火灾工况 7 时钢管混凝土柱 - 钢梁平面框架的破坏形态

的整体屈曲破坏。以工况 7 为例，图 15.53 给出了框架结构的破坏形态。

由于缺乏对整体结构耐火极限的定义，为了便于分析，暂通过考察结构特征点的变形确定结构的耐火极限，特征点变形包括受火梁跨中挠度和受火柱顶位移，参考了 ISO-834（1999）关于梁或柱耐火极限的确定方法，认为只要某个构件达到耐火极限，整体框架结构即达到了耐火极限。按此方法确定的不同火灾工况下框架结构的耐火极限见表 15.6。

表 15.6　钢管混凝土柱 - 钢梁平面框架的耐火极限（t_R）

火灾工况	1	2	3	4	5	6	7	8	9
t_R/min	110	91	90	121	102	100	112	109	110

从表 15.6 可见，同层受火时火灾只作用在 L 侧边跨时的耐火极限最大，火灾作用在 L 侧两跨和全部三跨时的耐火极限相近；同跨火灾工况下，除个别情况外，随楼层增高，框架结构的耐火极限增加。分析表明，受火梁的失稳破坏与梁上的荷载有关。由于火灾发生在 L 侧两跨或三跨时，受火梁热膨胀变形较大，梁中产生的内轴压力较大，多跨火灾时框架的耐火极限较单跨火灾时小。同样，低层火灾下受火梁受约束较大，梁受热时产生的内压力越大，耐火极限越小。

从表 15.6 中还可看出，除工况 2、工况 3 外，其余各工况框架的耐火极限均大于单根梁的耐火极限（90min），而各工况框架的耐火极限均小于单个柱的耐火极限（150min）。这与对单层、单跨钢管混凝土柱 - 钢筋混凝土梁平面框架的分析结果相同，计算得到的单层、单跨平面框架的耐火极限小于单根柱的耐火极限。这主要是由于整体框架结构中的梁或柱火灾下受到相邻构件的影响所致。

提高柱荷载比（n）且适当加强对钢梁的防火保护，会出现框架整体破坏。如当底层 L 侧中柱 $n=0.8$ 时，框架整体破坏形态可分为两类，即形态Ⅰ：破坏区域中有两根柱破坏，框架破坏的范围较大；形态Ⅱ：破坏区域中有一根柱破坏，框架破坏的范围较小。分析表明，工况 3、工况 6～工况 9 下发生第Ⅰ种破坏形式，其余工况则发生了第Ⅱ种破坏形式。图 15.54 所示为框架整体破坏的变形图。

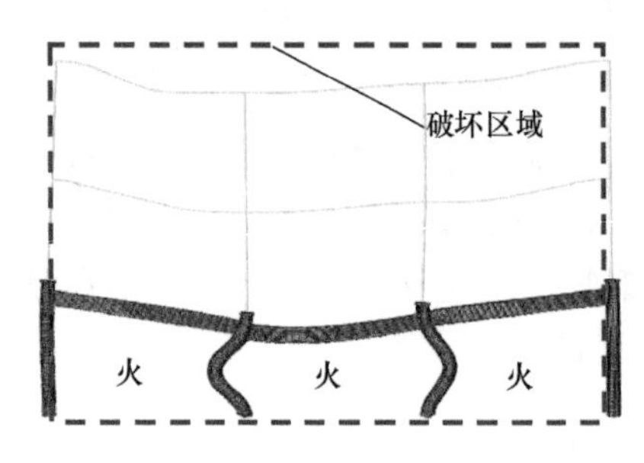

(a) 破坏形态Ⅰ（工况3）

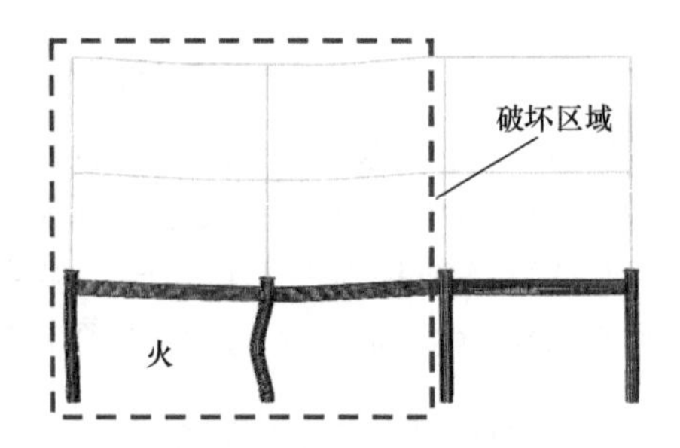

(b) 破坏形态Ⅱ（工况1）

图 15.54　钢管混凝土柱 - 钢梁平面框架发生整体破坏时的变形图

15.6.2　型钢混凝土柱 - 型钢混凝土梁平面框架

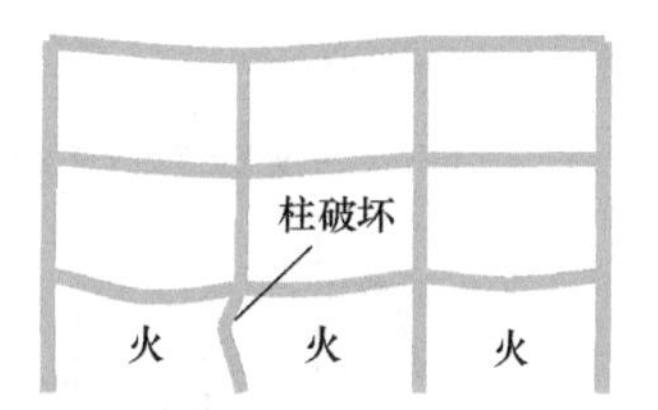

图 15.55　型钢混凝土柱 - 型钢混凝土梁平面框架的破坏形态

对型钢混凝土柱 - 型钢混凝土梁平面框架进行了计算。以工况 7 为例，图 15.55 给出了框架结构的破坏形态。

分析表明，型钢混凝土柱 - 型钢混凝土梁平面框架可能发生受火内柱破坏、受火边柱和受火梁破坏、受火内柱和边柱以及受火梁混合破坏、顶层梁柱破坏导致的框架破坏等四种破坏形态。这是因为型钢混凝土梁中的型钢位于截面内部，温度较低；同时，由于包括钢筋和型钢在内的总含钢量较大，受火时出现明显的悬链线效应，型钢混凝土梁的耐火性能较好，多数情况下型钢混凝土平面框架出现了受火柱破坏导致框架破坏，这和同条件下的钢管混凝土柱 - 钢梁平面框架有所不同。对于钢管混凝土柱 - 钢梁平面框架，受火过程中，由于热膨胀变形，钢梁产生了明显内轴压力，同时，钢梁腹板受剪屈曲导致钢管混凝土平面框架首先出现受火钢梁自下翼缘开始的整体失稳破坏。

表 15.7 所示为不同火灾工况下型钢混凝土柱 - 型钢混凝土梁平面框架的耐火极限。

表 15.7　型钢混凝土柱 - 型钢混凝土梁平面框架的耐火极限（t_R）

火灾工况	1	2	3	4	5	6	7	8	9
t_R/min	419	243	237	442	270	268	213	212	206

由表 15.7 可见，型钢混凝土柱 - 型钢混凝土梁平面框架在同层火灾条件下，除顶层火灾各工况耐火极限较为接近外，非顶层火灾工况下，火灾作用在 L 侧边跨的耐火极限明显大于火灾作用在 L 侧边两跨和三跨火灾工况，而 L 侧边两跨火灾工况和三跨火灾工况的耐火极限接近。

比较表 15.7 和表 15.6 可见，型钢混凝土柱 - 型钢混凝土梁框架较钢管混凝土柱 - 钢梁框架的耐火极限大。但需要说明的是，型钢混凝土框架建模时没有考虑混凝土“爆裂”的影响。对组合框架结构更为细致的工作机理还有待于继续深入进行，如进一步深入进行其他工况情况下耐火性能研究，以及开展空间框架结构耐火性能研究等。

15.7　火灾后的滞回性能

选取单层、双跨平面框架进行火灾后滞回性能的研究（李帅，2021），其尺寸为：框架中柱高 6m、跨度 8m、无侧向支撑，采用圆形钢管混凝土柱（$D\times t=600\text{mm}\times 12\text{mm}$），工字形截面钢梁（$h_b\times b_f\times t_w\times t_f$=400mm×200mm×15mm×15mm）和钢筋混凝土楼板（楼板宽度 3000mm、厚度 120mm）。为了考虑火灾发生范围的偶然性，设计了两种火灾工况，包括双跨受火和单跨受火，如图 15.56 所示。火灾后框架承受往复地震荷载作用示意图如图 15.57 所示。

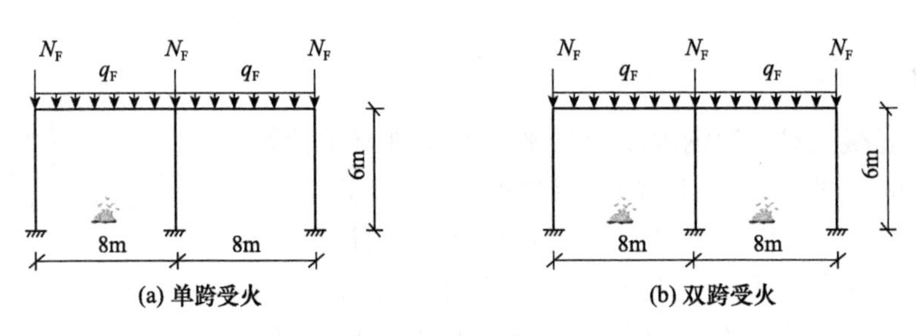

图 15.56　框架结构的火灾工况示意图

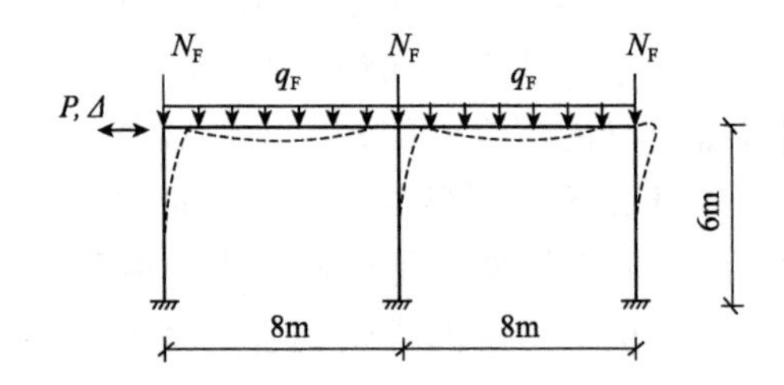

图 15.57　框架结构火灾后的往复地震荷载作用示意图

钢管混凝土柱-钢梁框架的模型边界条件和网格划分示意图如图 15.58 所示。为了模拟框架的实际受力情况，柱端承受集中荷载（N_F），钢梁全跨受均布荷载（q_F）。火灾下采用 ISO-834 标准升温曲线，梁柱采用厚型防火涂料进行保护，涂料的热工参数取值为：密度（ρ）400kg/m^3，导热系数（k）0.116W/（m · ℃），比热容（c）1047J/（kg · ℃）。

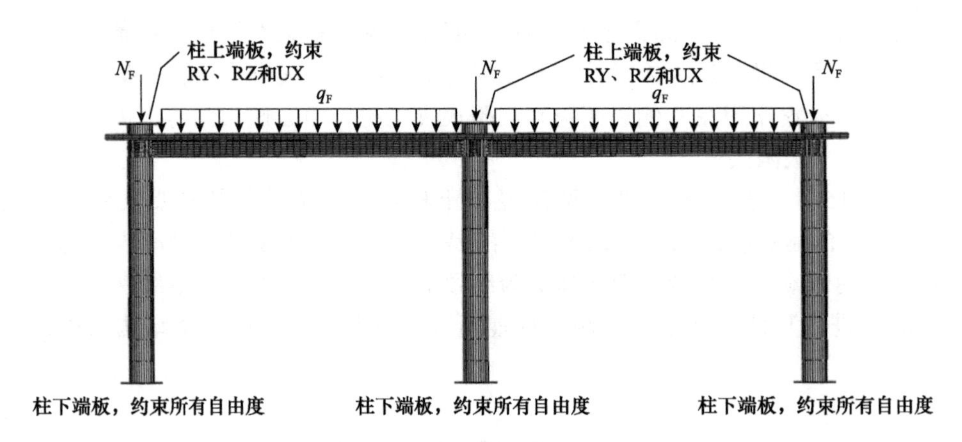

图 15.58　钢管混凝土柱-钢梁框架的模型边界条件和网格划分示意图

15.7.1　破坏形态

图 15.59 给出了框架火灾下的破坏形态，根据 ISO-834 提供的梁柱变形量和变形速率来判断框架是否达到破坏。无论是双跨受火还是单跨受火，破坏形态都主要包括三种，即梁破坏、柱破坏及梁柱同时破坏。对于梁破坏的情况，梁跨中和梁节点区出现塑性铰，梁跨中变形达到耐火极限的标准。而对于柱破坏的情况，塑性铰位于梁节点

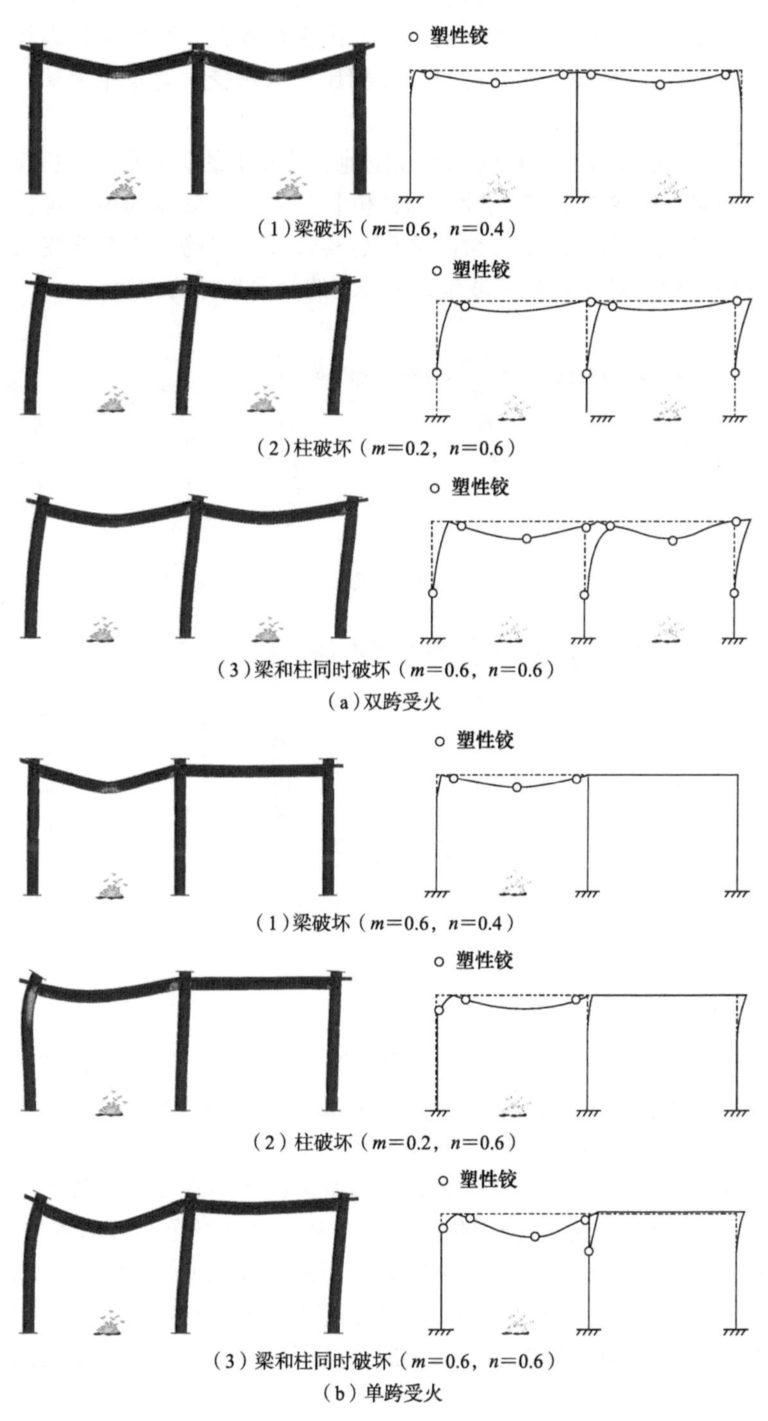

图 15.59　火灾下框架的破坏形态

区和距离柱底部1/3柱高位置附近，框架出现明显的整体侧移。对于梁柱同时破坏的情形，梁跨中、梁节点区以及柱截面近乎同时出现塑性铰。对于单跨受火的情况，塑性铰主要集中在受火的一跨，不受火的一跨未出现塑性铰。当发生柱破坏或梁柱同时破坏的情况时，受火一跨边柱的塑性铰位置相比于双跨受火时发生上移，塑性铰位于柱节点区截面附近。

图15.60给出了框架火灾后承受水平往复地震荷载下的破坏形态。框架在发生破坏时出现明显的侧移，柱端出现塑性铰。当柱侧移过大时，梁端的单边螺栓出现明显被拉出的趋势，梁节点区和梁跨中也会随之产生塑性铰。单跨受火时未受火的一跨梁截面通常不出现塑性铰，对受火的一跨起到了一定的侧向支撑的作用。

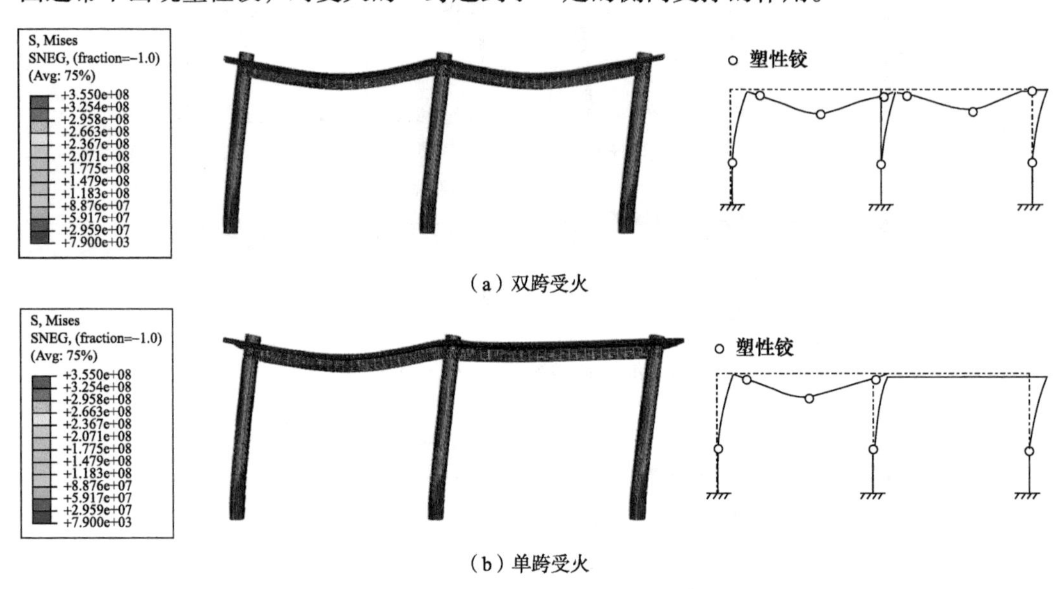

（a）双跨受火

（b）单跨受火

图15.60　火灾后框架的破坏形态

15.7.2　截面内力及变形特点

图15.61（a）给出了框架火灾下梁截面弯矩变化情况。双跨受火时，在梁荷载比（m）和柱荷载比（n）均为0.6时，火灾下梁截面的弯矩基本保持不变，直至节点达到耐火极限。当节点达到耐火极限时，梁跨中和梁节点区截面的弯矩急剧增加，而当梁荷载比（m）和柱荷载比（n）均为0.2时，梁截面的弯矩在受火过程中不断发生重分布。单跨受火时，受火一跨梁截面的弯矩变化规律和双跨受火时基本相同。图15.61（b）给出了框架火灾下梁截面轴力变化情况。当梁荷载比（m）和柱荷载比（n）均为0.6时，火灾下梁截面的附加轴压力相比于梁荷载比（m）和柱荷载比（n）均为0.2时明显降低，主要因为梁荷载比较大时，梁跨中变形较大，产生附加拉力从而抵消梁端的轴压力。

图15.62给出了梁荷载比和柱荷载比对火灾下框架变形特征的影响。总体来看，单跨受火时，受火一跨主要位置的变形-受火时间曲线和双跨受火时基本重合。

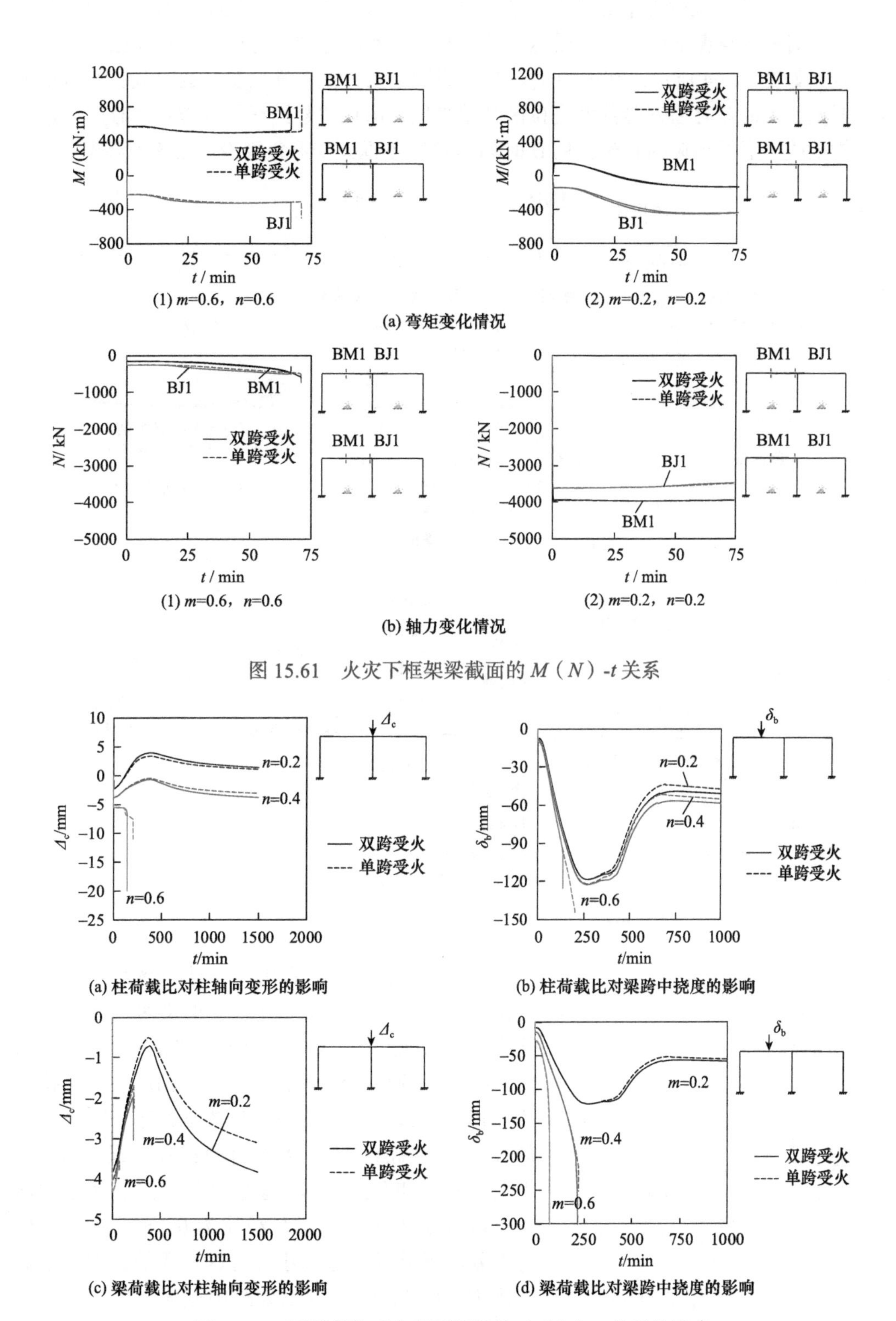

图 15.61 火灾下框架梁截面的 M（N）-t 关系

图 15.62 不同参数对火灾下框架的 $Δ_c$（$δ_b$）-t 关系的影响

为了对框架受火过程中的悬链线效应进行进一步研究，图 15.63 给出了不同梁荷载比下特征时刻钢梁截面受拉区和受压区的分布，以及对应的受力情况分析简图。特征时刻的定义如图 15.64 所示，其中 O 时刻为常温段结束，框架开始受火的时刻；A 时刻为临界时刻，A 时刻之后钢梁截面受拉区开始扩展，出现“悬链线”效应；B 时刻为达到耐火极限或升温段结束的时刻；从 B 时刻到 C 时刻框架变形急剧增加或逐渐降温。

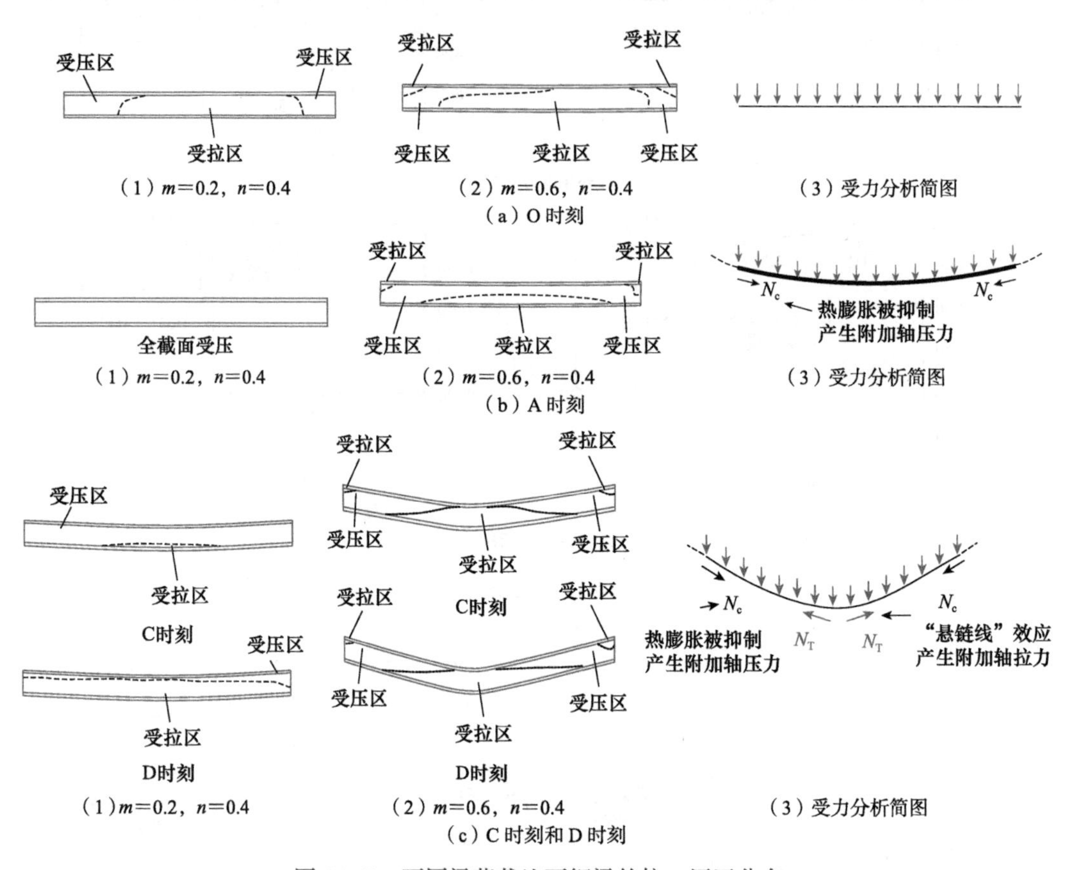

图 15.63　不同梁荷载比下钢梁的拉、压区分布

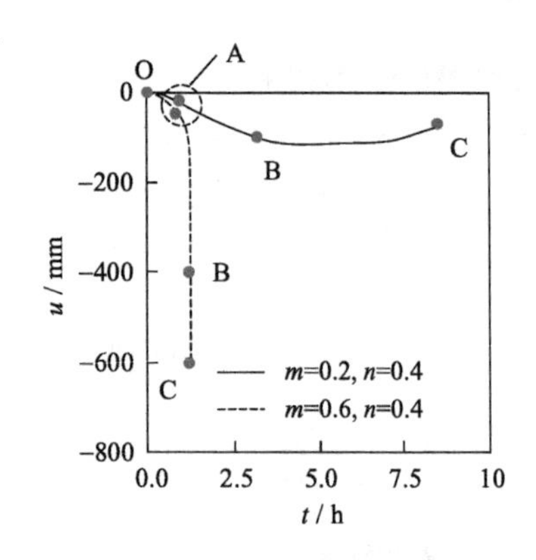

图 15.64　“悬链线”效应分析中特征时刻的定义

从图 15.63 中可以看出，O 时刻钢梁跨中截面受拉。当梁荷载比达到 0.6 时，钢梁两端截面的上翼缘也出现受拉。从 O 时刻到 A 时刻，钢梁轴向热膨胀受到约束，梁截面产生附加轴压力，受拉区的面积逐渐减小。在梁荷载比为 0.2 时，到达 A 时刻时钢梁全截面受压。从 A 时刻到 B 时刻，钢梁跨中变形的增加开始引起“悬链线”效应，钢梁截面受拉区开始扩展。当梁荷载比为 0.2 时，B 时刻仅跨中截面下翼缘附近的小部分区域受拉；而当梁荷载比为 0.6 时，受拉区以梁跨中截面为中心向两侧充分发展。而在梁两端除了上翼缘附近的小部分区

域外，梁截面表现为受压，因此只有最靠近上翼缘的一排螺栓出现明显被拉出的趋势，其余螺栓处于受压状态。在 C 时刻，当梁荷载比为 0.2 时，钢梁上翼缘附近较窄的区域受压，其余大部分区域受压；而当梁荷载比为 0.6 时，钢梁的受拉区和受压区分布规律和 B 时刻类似。

在梁柱截面完全相同的情况下，图 15.65 比较了使用单边螺栓连接节点的框架及外环板节点框架的耐火性能，包括梁破坏下的梁跨中位移（δ_b）- 时间曲线以及柱破坏下的柱端位移（Δ_c）- 时间（t）关系的影响。可以看出，无论是发生梁破坏还是柱破坏，外环板式节点框架的耐火极限都大于单边螺栓节点框架，刚性节点对于提高框架的耐火极限有明显的作用，其主要原因是刚性节点可以提供更强的梁柱相对约束，从而使得内力更加有效的传递。

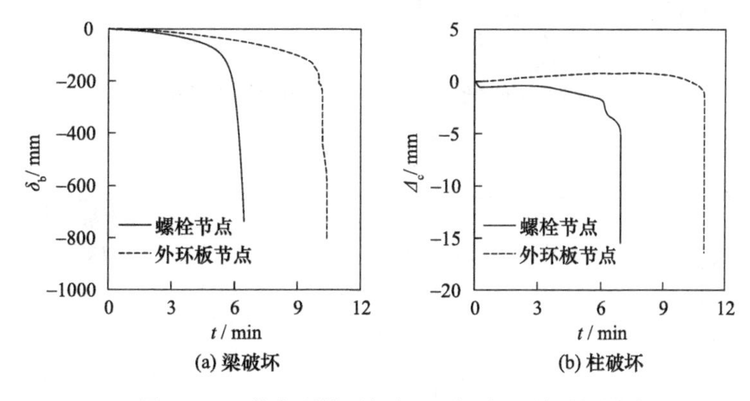

图 15.65　节点刚性对框架 δ_b（Δ_c）-t 关系的影响

具体而言，针对梁破坏和柱破坏分别对比了火灾全过程中框架内力的分布情况，并给出了相应的内力分析简图，如图 15.66 和图 15.67 所示。对于梁破坏的形态，采用刚性节点时钢管混凝土柱可以对钢梁形成更强的约束，从而在梁承受相同荷载时，节点区的负弯矩（M_1）更大，梁跨中的正弯矩（M_2）更小，从而在受火时间相同时，梁跨中的位移更小，耐火极限提高。而在柱破坏的形态下，由于钢管混凝土柱发生侧移，而梁节点区截面的弯矩（M_1）和轴力（N_c）可以约束钢管混凝土柱的侧移，从而提高耐火极限。从图 15.67（a）和（b）中可以看出，在受火初期，梁节点区截面的弯矩（M_1）和轴力（N_c）大小接近，而随着框架不断受火，使用刚性节点的框架弯矩（M_1）和轴力（N_c）逐渐大于使用半刚性节点的框架，从而对钢管混凝土柱提供了更强的约束，提高耐火极限。

15.7.3　滞回关系

图 15.68 和图 15.69 分别给出火灾后框架滞回曲线及骨架线对比，梁和节点区保护层厚度为 35mm，柱保护层厚度为 25mm，梁荷载比为 0.3，柱荷载比为 0.4。可以看出火灾后滞回曲线的形状和常温下接近，而承载力和刚度则有一定程度的下降。本算例中，当升温时间为 2h 时，双跨受火的工况火灾后承载力和刚度分别下降 15.2% 和 48.1%，单跨受火的工况则分别下降 8.5% 和 27.9%。当升温时间为 1h 时，双跨受火的

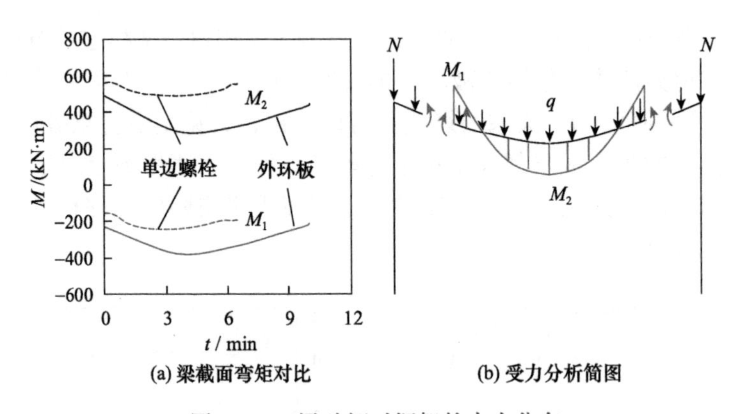

(a) 梁截面弯矩对比　(b) 受力分析简图

图 15.66　梁破坏时框架的内力分布

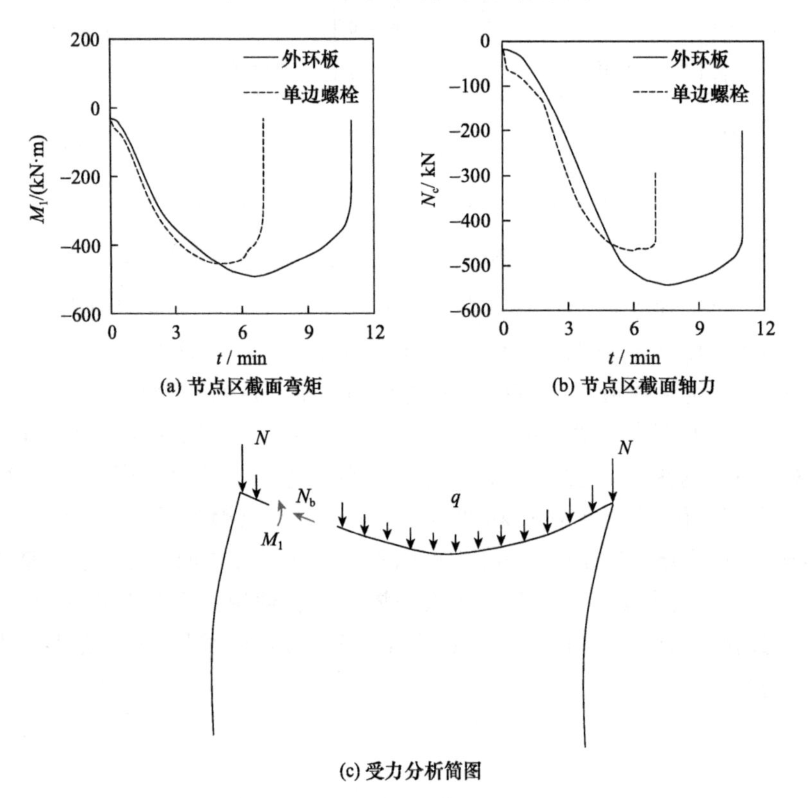

(a) 节点区截面弯矩　(b) 节点区截面轴力

(c) 受力分析简图

图 15.67　柱破坏时框架的内力分布

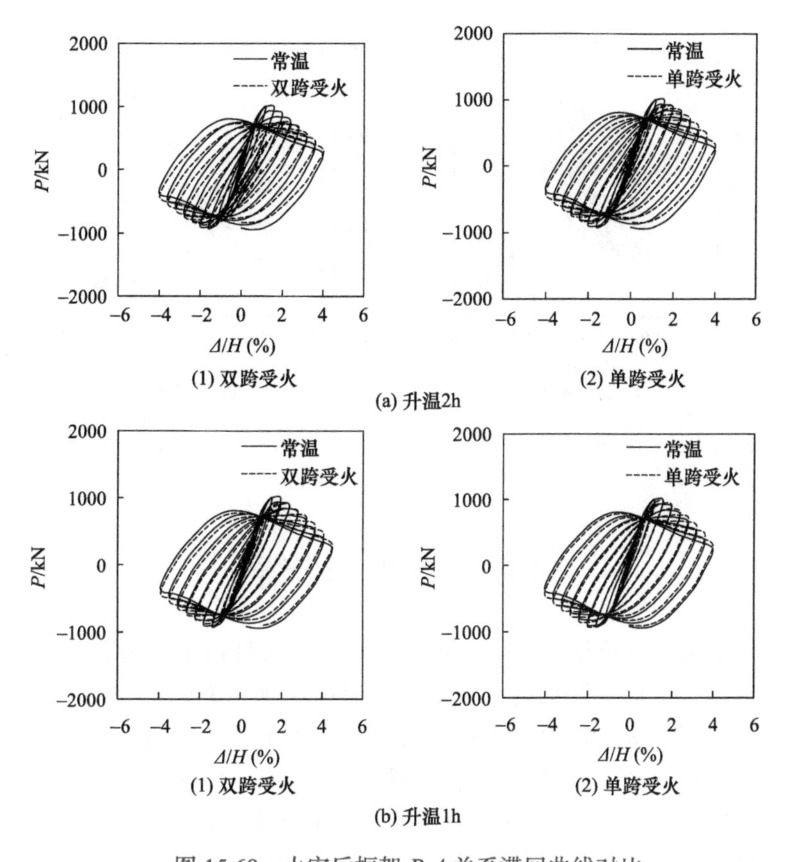

图 15.68　火灾后框架 P-Δ 关系滞回曲线对比

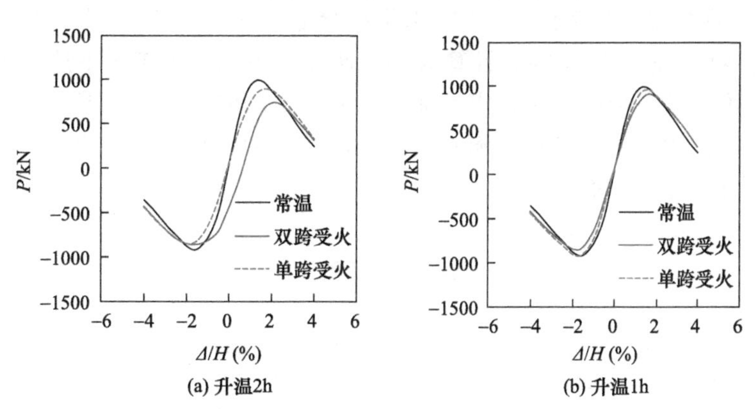

图 15.69　火灾后框架 P-Δ 关系骨架线对比

工况火灾后承载力和刚度分别下降 7.9% 和 30.0%，单跨受火的工况则分别下降 1.5% 和 21.4%。

除此之外，图 15.70 对比了使用外环板式节点和单边螺栓节点的框架在火灾后的滞回曲线及骨架线。可以看出，使用外环板式节点的框架，刚度比使用单边螺栓节点的框架增加 38%，承载力增加 60%。

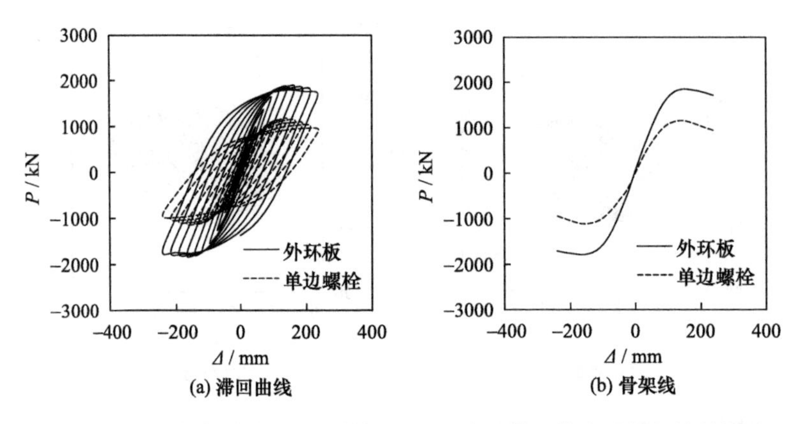

图 15.70　节点刚性对火灾后框架 P-Δ 关系滞回曲线及骨架线的影响

15.8　本 章 小 结

本章进行了单层、单跨钢管混凝土柱组合框架耐火性能的试验，研究了火灾下组合框架的破坏形态、变形特性和耐火极限等的变化规律。建立并验证了火灾下组合框架的有限元计算模型。采用该模型细致分析了火灾下组合框架结构的工作机理，并对柱截面尺寸、长细比、截面含钢率、材料强度、荷载比、梁柱线刚度比和梁柱极限弯矩比等参数对组合平面框架耐火极限的影响规律进行了分析。

在单层、单跨组合框架耐火性能研究的基础上，进一步建立了多层、多跨钢管混凝土柱-钢梁平面框架和型钢混凝土柱-型钢混凝土梁平面框架，以及单层、双跨钢管混凝土柱-钢梁平面框架的有限元计算模型，研究了不同受火工况下这两类平面框架的破坏形态、耐火极限和火灾后抗震性能。研究结果表明，受火工况对框架结构的火灾下（后）力学性能有显著影响，随着受火跨数的增加，平面框架的耐火极限以及火灾后承载力和刚度均有所降低。

参 考 文 献

韩林海，2007. 钢管混凝土结构——理论与实践［M］. 2 版. 北京：科学出版社.

韩林海，2016. 钢管混凝土结构——理论与实践［M］. 3 版. 北京：科学出版社.

李帅，2021. 火灾后钢管混凝土柱-钢梁单边螺栓连接节点的抗震性能［D］. 北京：清华大学.

王广勇，韩林海，2010. 局部火灾下钢筋混凝土框架结构的耐火性能研究［J］. 工程力学，27（10）：81-89.

王广勇，2010. 钢筋混凝土、钢-混凝土组合框架结构耐火性能研究［D］. 北京：清华大学.

王卫华，2009. 钢管混凝土柱-钢筋混凝土梁平面框架结构耐火性能研究［D］. 福州：福州大学.

中国工程建设标准化协会. 2006. 建筑钢结构防火技术规范：CECS 200：2006［S］. 北京：中国计划出版社.

HAN L H, WANG W H, YU H X, 2010a. Performance of RC beam to concrete filled steel tubular column frames subjected to fire [C]// Structures in Fire-Proceedings of the Sixth International Conference (Edited by Venkatesh Kodur and Jean-Marc Franssen), Michigan State University, East Lansing, MI, USA, 2-4 June: 358-365.

HAN L H, WANG W H, YU H X, 2010b. Experimental behaviour of RC beam to CFST column frames subjected to ISO-834 standard fire [S]. Engineering Structures, 32(10): 3130-3144.

HAN L H, WANG W H, YU H X, 2012. Analytical behaviour of RC beam to CFST column frames subjected to fire [J]. Engineering Structures, 36(3): 394-410.

HIBBITT, KARLSSON, SORENSEN, INC., 2004. ABAQUS/Standard user's manual, version 6.5.1 [CP]. Pawtucket, RI.

HUANG Z H, BURGESS I W, PLANK R J, 2004. Fire resistance of composite floors subject to compartment fires [J]. Journal of Constructional Steel Research, 60 (2): 339-360.

ISO-834, 1975. Fire resistance tests-elements of building construction [S]. International Standard ISO 834, Geneva.

ISO-834, 1999. Fire resistance tests-elements of building construction-part 1: General requirements [S]. International Standard ISO 834-1, Geneva.

第 16 章　火灾后型钢混凝土柱 - 混凝土梁平面框架的力学性能

16.1　引　　言

本章在前述的全过程火灾后型钢混凝土构件（第 4 章）和节点（第 11 章）力学性能研究结果的基础上，对图 1.14 所示的 A→A′→B′→C′→D′→E′ 全过程火灾后型钢混凝土（SRC）平面框架性能进行了研究，揭示其破坏形态和结构变形规律，并分析柱荷载比、梁柱线刚度比和升温时间等重要参数的影响。

16.2　有限元计算模型

基于第 4.2 节建立的型钢混凝土构件耐火极限的有限元计算模型，本节进一步建立了型钢混凝土柱 - 型钢混凝土梁平面框架和型钢混凝土柱 - 钢筋混凝土（RC）梁平面框架有限元计算模型。

同样采用有限元软件平台 ABAQUS（2010）建立模型，型钢混凝土柱 - 钢筋（型钢）混凝土梁平面框架的有限元计算模型边界条件和网格划分如图 16.1 所示。平面框架尺寸

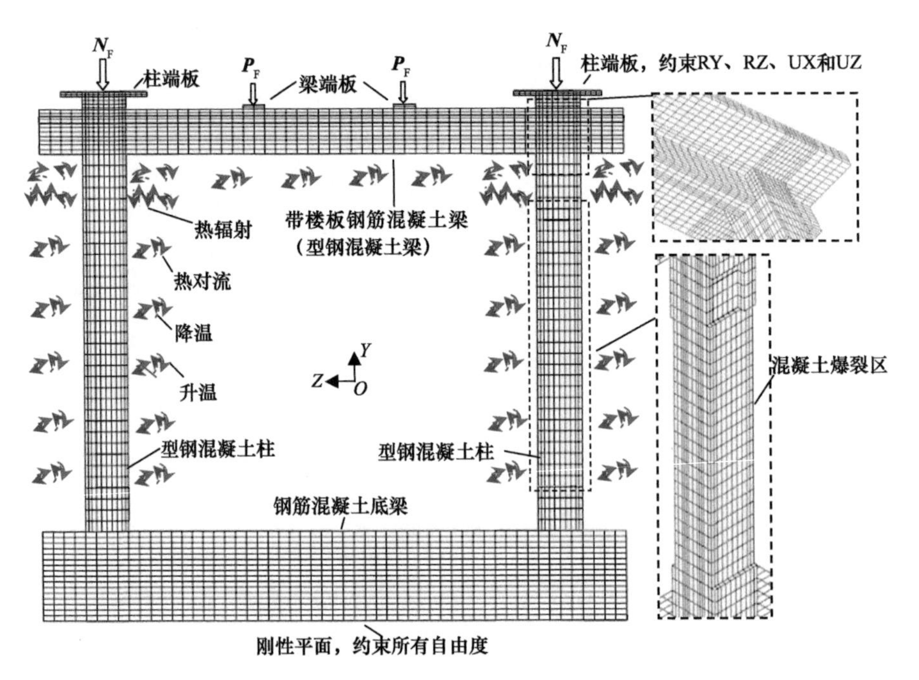

图 16.1　型钢混凝土柱 - 钢筋（型钢）混凝土梁平面框架模型边界条件和网格划分

根据实际情况建模，其网格划分、单元类型、界面处理方法以及材料的热工参数和热力学性能见 4.2 节。钢材常温和升温段的应力 - 应变关系如式（3.2）所示；降温段的应力 - 应变关系如式（4.1）所示；高温后阶段的应力 - 应变关系如式（4.2）所示；热膨胀模型如式（3.3）所示；高温蠕变模型如式（3.13）所示。混凝土在常温和升温段的应力 - 应变关系采用式（3.6）给出的模型；降温段和高温后阶段的应力 - 应变关系如式（4.3）所示。

上述有限元计算模型的计算结果得到本书第 16.3 节所述试验结果的验证。

16.3　试验研究

开展了型钢混凝土柱 - 钢筋（型钢）混凝土梁平面框架在图 1.14 所示的 A→A′→B′→C′→D′→E′ 的时间 - 温度 - 荷载路径下力学性能的试验研究，据此分析了型钢混凝土平面框架的耐火极限、火灾后剩余承载力、温度 - 受火时间关系和位移 - 受火时间关系等。

16.3.1　试验概况

（1）试件设计和制作

选取图 15.1（c）所示试验框架模型，参考实际工程，并考虑火灾试验炉尺寸和加载能力等条件设计了 10 榀型钢混凝土平面框架结构试件，柱为型钢混凝土柱，梁为钢筋混凝土梁或型钢混凝土梁，并设置了钢筋混凝土楼板以考虑楼板的吸热作用及对框架梁承载力和刚度的贡献，最终确定的框架高度为 2.2m，跨度为 2.1m。试件模型尺寸及加载示意图如图 16.2 所示，图中 N_F 为柱端轴向荷载，P_F 为作用在梁上的集中竖向荷载。

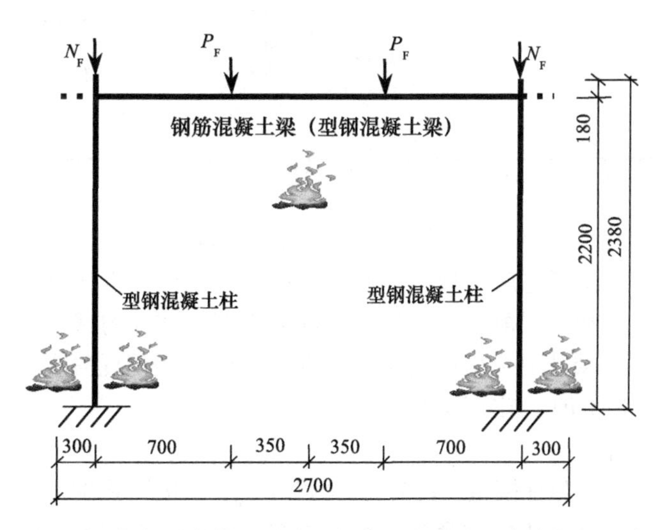

图 16.2　框架试件模型尺寸及加载示意图（尺寸单位：mm）

表 16.1 给出了型钢混凝土平面框架试件的设计参数，其中 D、B 和 H 分别为型钢混凝土柱的矩形截面长边边长、短边边长和柱高度；h、b_f、t_w 和 t_f 分别为型钢高度、

型钢翼缘宽度、型钢腹板厚度和型钢翼缘厚度；D_b、B_b 和 L 分别为梁截面高度、梁截面宽度和梁长度；k 为梁柱线刚度比，按式（10.1）计算；n 为柱荷载比，按式（3.17）计算；m 为梁荷载比，按式（3.18）计算；t_h 为升温时间。试件中 7 榀为型钢混凝土柱 - 钢筋混凝土梁平面框架，用 SRCF1 和 SRCF2 表示；3 榀为型钢混凝土柱 - 型钢混凝土梁平面框架，用 SRCF3 表示。

试验中 4 榀框架为耐火极限试验，6 榀框架为考虑全过程火灾作用的火灾后（以下简称：全过程火灾后）试验，研究的参数包括柱荷载比（n=0.25 和 0.5）、梁柱线刚度比（k=0.36、0.61 和 0.77）、升温时间（t_h=0.3t_R、0.6t_R 和 t_R，t_R 为耐火极限）。

表 16.1　型钢混凝土柱 - 钢筋（型钢）混凝土梁平面框架试件信息

<table>
<tr><th>序号</th><th>试件编号</th><th>型钢
混凝土柱
$B\times H^*$</th><th>柱中型钢
$h\times b_f\times$
$t_w\times t_f^*$</th><th>梁 $D_b\times$
$B_b\times L^*$</th><th>梁配筋
（下、上）</th><th>k</th><th>n</th><th>m</th><th>t_h</th><th>试验类型</th></tr>
<tr><td>1</td><td>SRCF1-1</td><td rowspan="10">200×2380</td><td rowspan="10">100×80×
3.9×3.9</td><td rowspan="5">200×
100×2100</td><td rowspan="5">RC
（2Φ18，
2Φ16）</td><td rowspan="5">0.77</td><td>0.50</td><td>0.25</td><td>t_R</td><td>耐火极限</td></tr>
<tr><td>2</td><td>SRCF1-2</td><td>0.25</td><td>0.25</td><td>t_R</td><td>耐火极限</td></tr>
<tr><td>3</td><td>SRCF1-3</td><td>0.50</td><td>0.25</td><td>0.3t_R</td><td>全过程火灾后</td></tr>
<tr><td>4</td><td>SRCF1-4</td><td>0.25</td><td>0.25</td><td>0.6t_R</td><td>全过程火灾后</td></tr>
<tr><td>5</td><td>SRCF1-5</td><td>0.25</td><td>0.25</td><td>0.3t_R</td><td>全过程火灾后</td></tr>
<tr><td>6</td><td>SRCF2-1</td><td rowspan="2">160×
100×2100</td><td rowspan="2">RC
（2Φ16，2Φ
12）</td><td rowspan="2">0.36</td><td rowspan="2">0.25</td><td rowspan="2">0.25</td><td>t_R</td><td>耐火极限</td></tr>
<tr><td>7</td><td>SRCF2-2</td><td>0.3t_R</td><td>全过程火灾后</td></tr>
<tr><td>8</td><td>SRCF3-1</td><td rowspan="3">160×
100×2100</td><td rowspan="3">SRC
（80×60×
3.9×3.9）
RC（2Φ16，
2Φ12）</td><td rowspan="3">0.61</td><td rowspan="3">0.25</td><td rowspan="3">0.25</td><td>t_R</td><td>耐火极限</td></tr>
<tr><td>9</td><td>SRCF3-2</td><td>0.3t_R</td><td>全过程火灾后</td></tr>
<tr><td>10</td><td>SRCF3-3</td><td>0.6t_R</td><td>全过程火灾后</td></tr>
</table>

* 此三列中 B、H、h、b_f、t_w、t_f、D_b、B_b、L 的尺寸单位均为 mm。

梁柱连接节点参照《型钢混凝土组合结构技术规程》JGJ 138—2001（2002）设计，柱型钢贯通，梁角部主筋贯通节点区域，中间主筋在节点区截断并通过钢筋连接器焊接于柱翼缘上。型钢混凝土柱 - 钢筋混凝土梁框架试件的截面配筋及节点连接如图 16.3 所示，型钢混凝土柱 - 型钢混凝土梁框架试件的型钢混凝土梁截面与钢筋混凝土梁截面类似，只是增加了工字形截面型钢。

（2）材料性能

型钢和钢筋实测的弹性模量（E_s）、屈服强度（f_y）、极限强度（f_u）和泊松比（ν_s），分别如表 16.2 所示。混凝土的配合为：水泥 430kg/m^3；水 175kg/m^3；砂 900kg/m^3；粗骨料 975kg/m^3；减水剂 6kg/m^3。浇筑完 9 个月后开展试验，测得其 28d 和开展试验时的立方体抗压强度分别为 56.1MPa 和 65.6MPa，相应的弹性模量分别为 35 200N/mm^2 和 36 800N/mm^2。

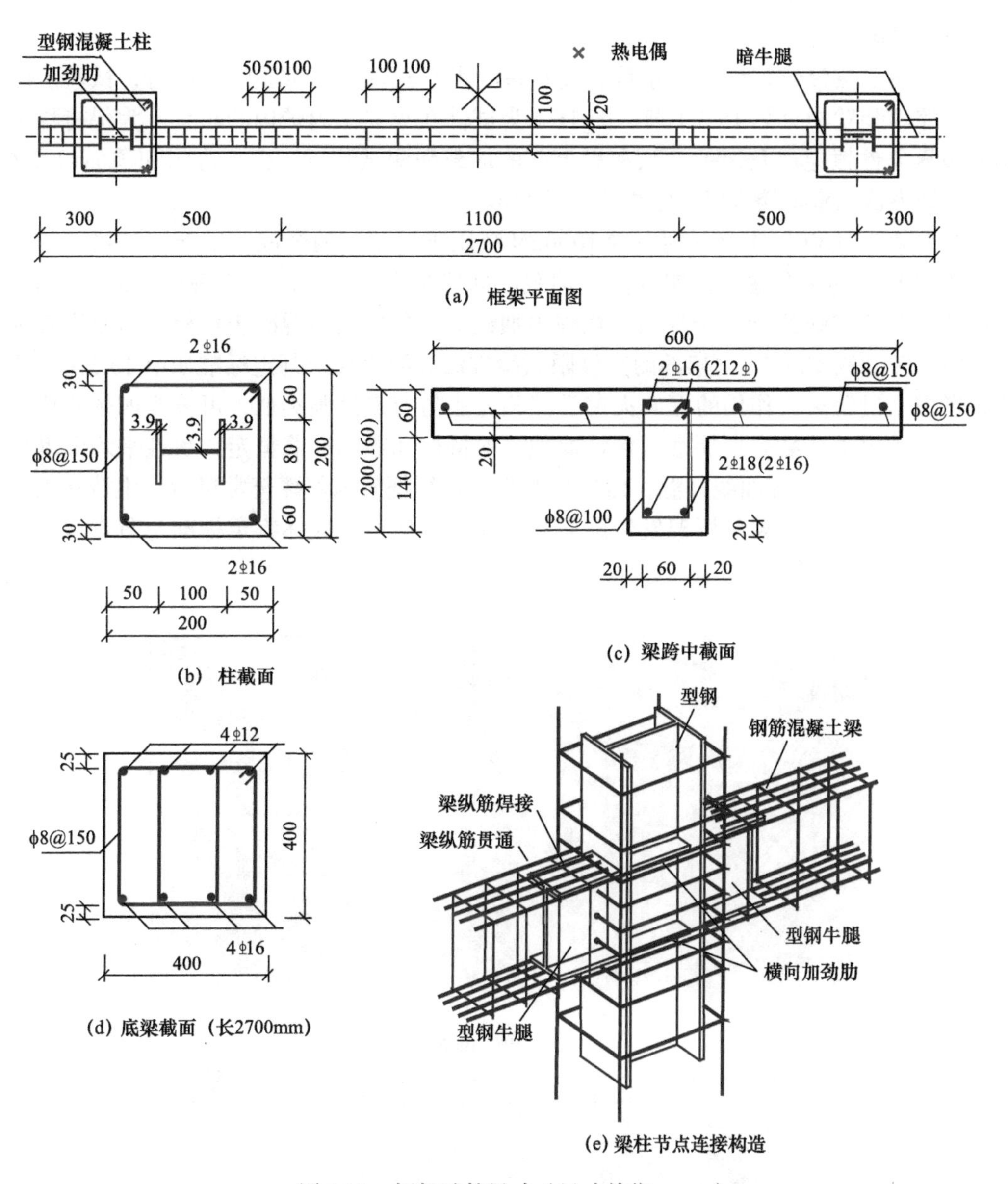

(a) 框架平面图

(b) 柱截面

(c) 梁跨中截面

(d) 底梁截面（长2700mm）

(e) 梁柱节点连接构造

图 16.3　框架试件尺寸（尺寸单位：mm）

表 16.2　钢材力学性能指标

材料类型	厚度或直径 /mm	E_s/（10^5N/mm^2）	f_y/MPa	f_u/MPa	v_s
型钢钢板	3.9	1.72	338	470	0.263
纵筋	⌀18	1.74	383	549	0.289
纵筋	⌀16	1.62	382	521	0.269
纵筋	⌀12	1.91	367	516	0.265
箍筋	⌀8	1.82	260	434	0.263

（3）试验方法

试验在亚热带建筑科学国家重点实验室的水平构件火灾试验炉内进行，试验炉的加载和控制装置参见第 15.3.1 节。图 16.4 为试件在火灾试验炉内的布置。为保持柱下端的边界条件恒定以及保护柱顶和梁上部的加载和测试装置，楼板边缘和顶面包裹 6 层陶瓷纤维毯以模拟楼板以下结构受火的情形。

在框架 L 柱和 R 柱顶分别安置 1000kN 液压千斤顶，两个液压千斤顶连接在同一台压力控制机的两个端口来实现同步加载。框架梁上采用分配梁实现两点同步加载，分配梁上安置 300kN 液压千斤顶。在柱顶加载端、分配梁与混凝土楼板之间分别安装刀口铰（转动铰支座）。框架的耐火极限试验方法和耐火极限判定标准如第 15.3.1 节所述，考虑全过程火灾作用的框架火灾后试验方法与节点试验类似，可分为四个阶段：常温下柱和梁上荷载先后加载至设计荷载：保持柱和梁端荷载恒定，炉膛平均温度按 ISO-834（1975）标准曲线升温，然后自然降温，待框架内部降至常温后，维持柱顶荷载恒定，增大梁上荷载至框架发生破坏。火灾后框架试件破坏判定标准与节点试件类似，如第 11.3.1 节所述。

(a) 炉膛内部情景

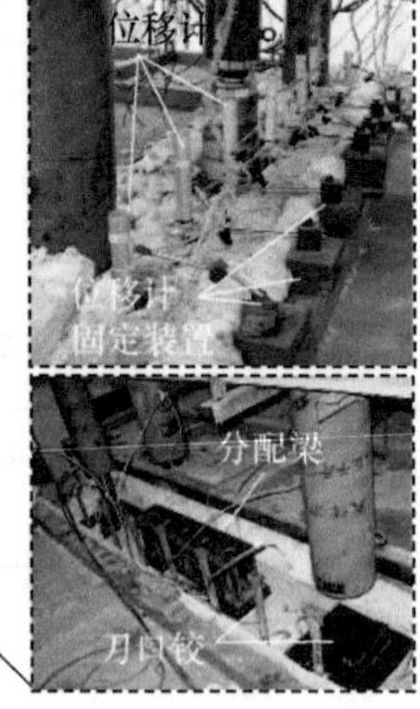

(b) 炉膛封闭后情景

图 16.4　框架试验装置布置

试验过程中量测的数据包括：炉膛温度、试件内部特征点的温度、柱轴向变形、梁不同位置处的挠度、试件的耐火极限以及火灾后梁的剩余承载力，各类测温点布置如图 16.5 所示。各类测温点布置原则如下：为监测柱截面上可能发生的爆裂以及比较梁、柱的节点区和非节点区相同位置温度的差异，在两柱对称位置处截面特征点布置热电偶；为观测柱以及梁是否对称变形，分别在柱顶以及梁的六分点处安装位移计；为监测柱顶和梁三分点处的外荷载变化情况，在相应位置处安放压力传感器。

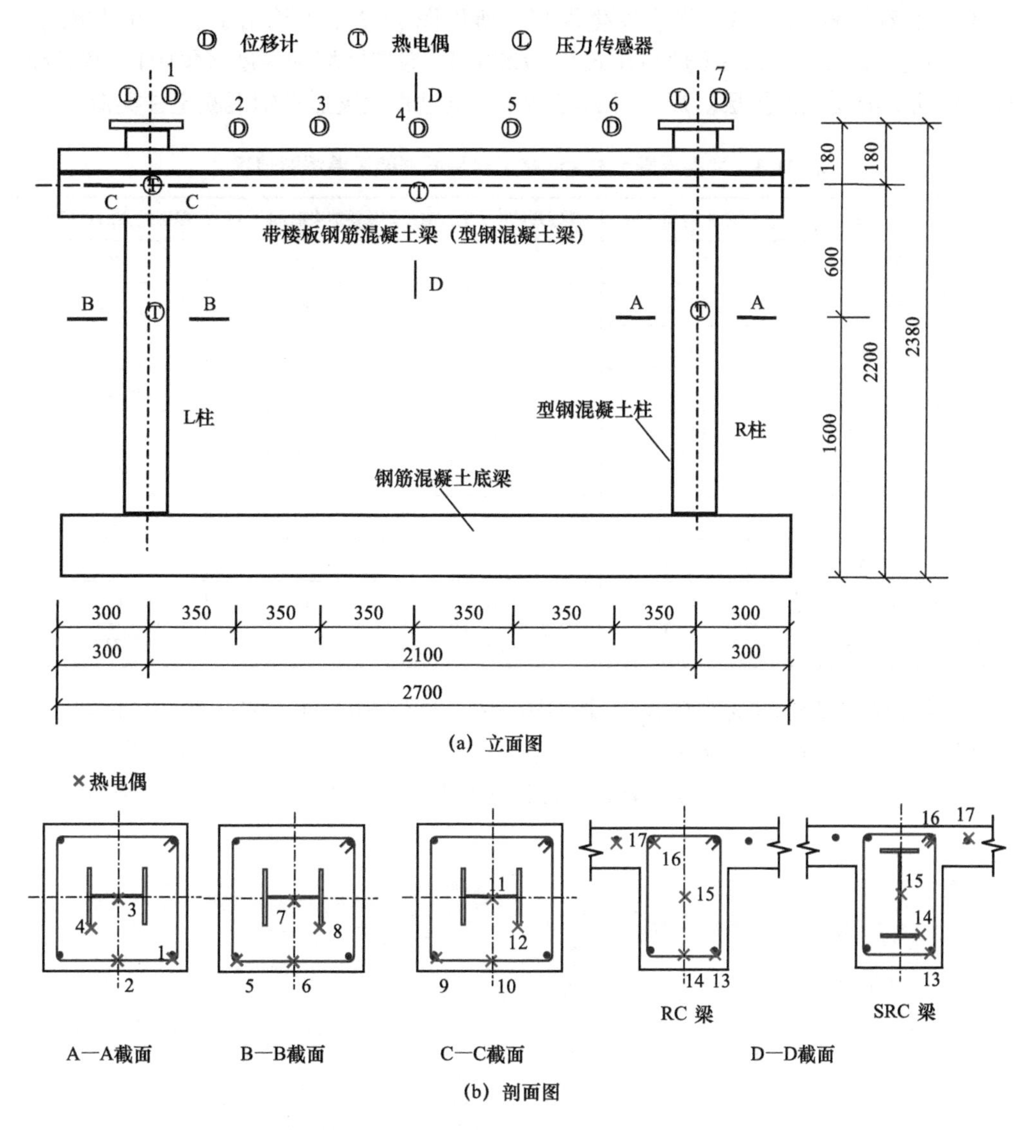

图 16.5　框架试件测温点布置（尺寸单位：mm）

16.3.2　试验结果及分析

（1）试验现象与破坏特征

为方便对试验现象进行描述；在平面框架正面图中，L 侧和 R 侧柱分别称为 L 柱和 R 柱；L 柱或 R 柱四个面中位于梁内跨所在的面即为内侧面，与内侧面相对的为外侧面，正面和背面与平面框架图正面和背面分别对应。

1）升温段：对 10 榀框架在升温过程中的试验现象简述如下。

① 升温过程中型钢混凝土柱均发生了高温爆裂现象，型钢混凝土梁或钢筋混凝土梁未发生爆裂现象，如图 16.6 所示；爆裂发生的时间和相关尺寸等统计如表 16.3 所示，图 16.7 给出了框架试件的型钢混凝土柱混凝土高温爆裂情况，试件 SRCF2-1、试件 SRCF2-2 和试件 SRCF3-1 没有发生爆裂，所以图 16.7 中未给出示意。可见爆裂时间多集中在升温 10～39min（炉温在 619～728℃），爆裂区域和深度多集中在型钢混凝土柱中钢筋的混凝土保护层。爆裂现象与第 4 章全过程火灾后型钢混凝土柱类似。

表 16.3　型钢混凝土柱 - 混凝土梁平面框架高温爆裂情况

序号	试件编号	爆裂开始时间 /min	爆裂开始时炉温 /℃	爆裂结束时间 /min	爆裂结束时炉温 /℃
1	SRCF1-1	17	641	39	768
2	SRCF1-2	26	678	36	722
3	SRCF1-3	18	612	28	687
4	SRCF1-4	16	591	32	750
5	SRCF1-5	14	613	32	746
6	SRCF2-1				
7	SRCF2-2				
8	SRCF3-1				
9	SRCF3-2	14	616	32	680
10	SRCF3-3	10	619	20	737

② 耐火极限试验即试件在升温过程中破坏。试件 SRCF1-1 和试件 SRCF1-2 分别为柱破坏和梁、柱均发生破坏的破坏形态，分别如图 16.6（a）和（b）所示；试件 SRCF2-1 和试件 SRCF3-1 为均为梁破坏的破坏形态，如图 16.6（f）和（h）所示。

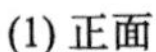

(1) 正面　　(2) 背面

(a) 试件 SRCF1-1

图 16.6　框架试件的破坏形态

(1) 正面

(2) 背面

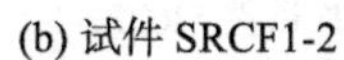

(b) 试件 SRCF1-2

(1) 正面

(2) 背面

(c) 试件 SRCF1-3

(1) 正面

(2) 背面

(d) 试件 SRCF1-4

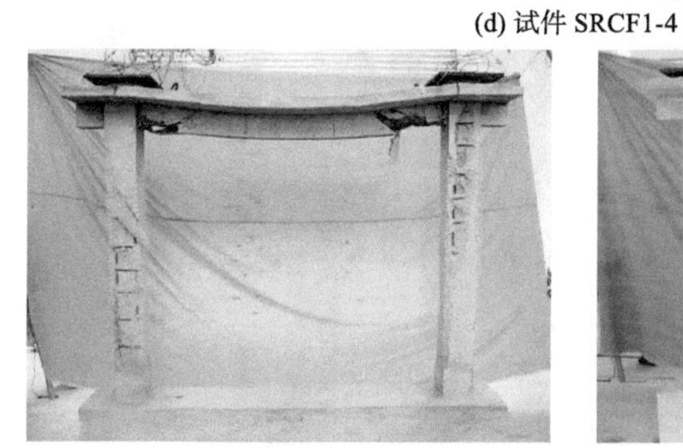

(1) 正面

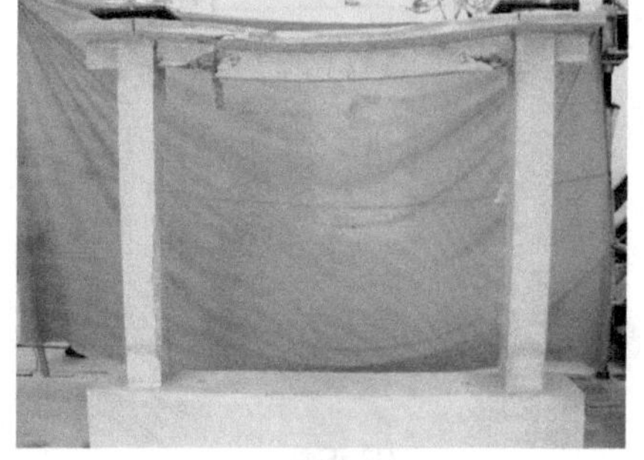

(2) 背面

(e) 试件 SRCF1-5

图 16.6 （续）

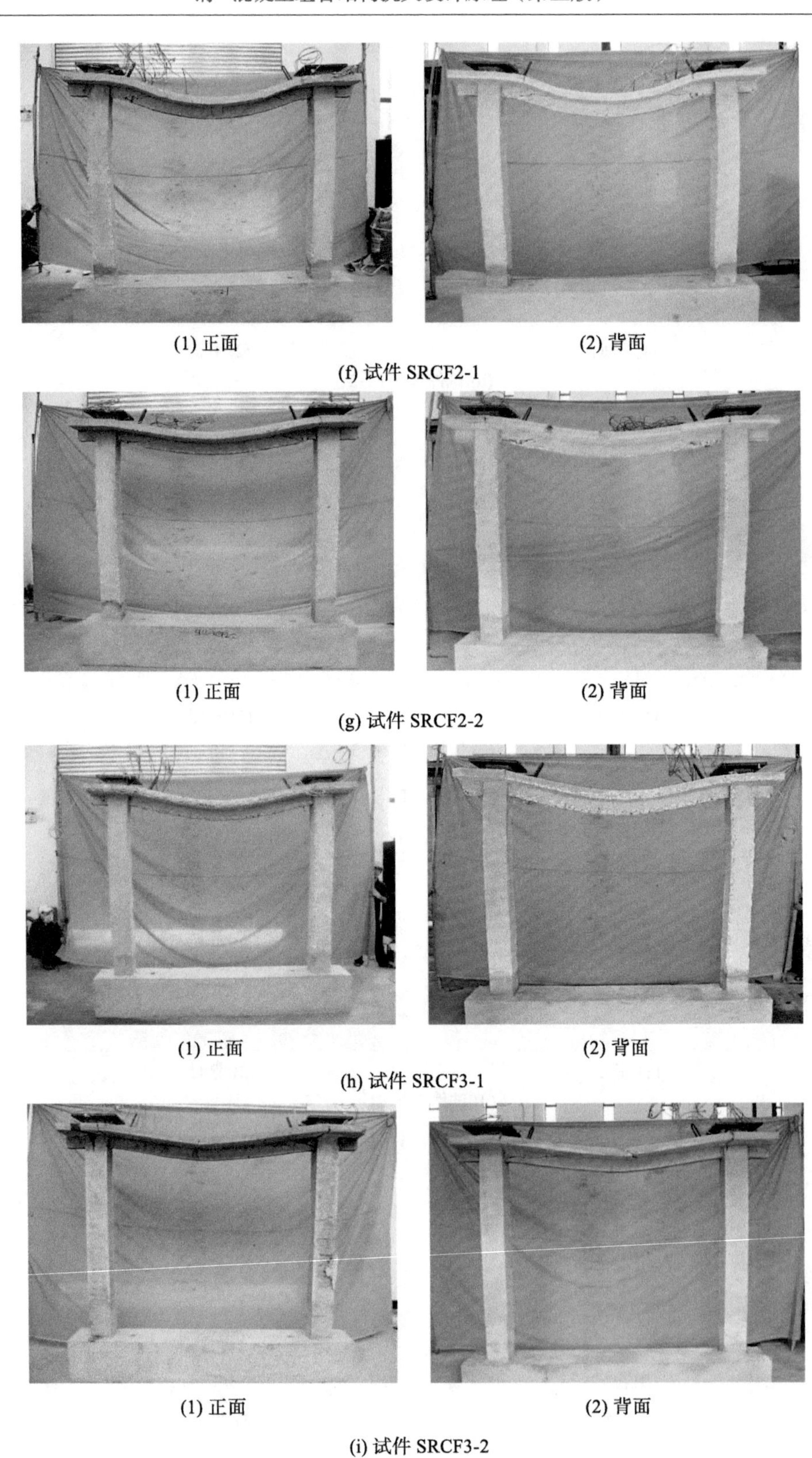

(1) 正面　　(2) 背面

(f) 试件 SRCF2-1

(1) 正面　　(2) 背面

(g) 试件 SRCF2-2

(1) 正面　　(2) 背面

(h) 试件 SRCF3-1

(1) 正面　　(2) 背面

(i) 试件 SRCF3-2

图 16.6 （续）

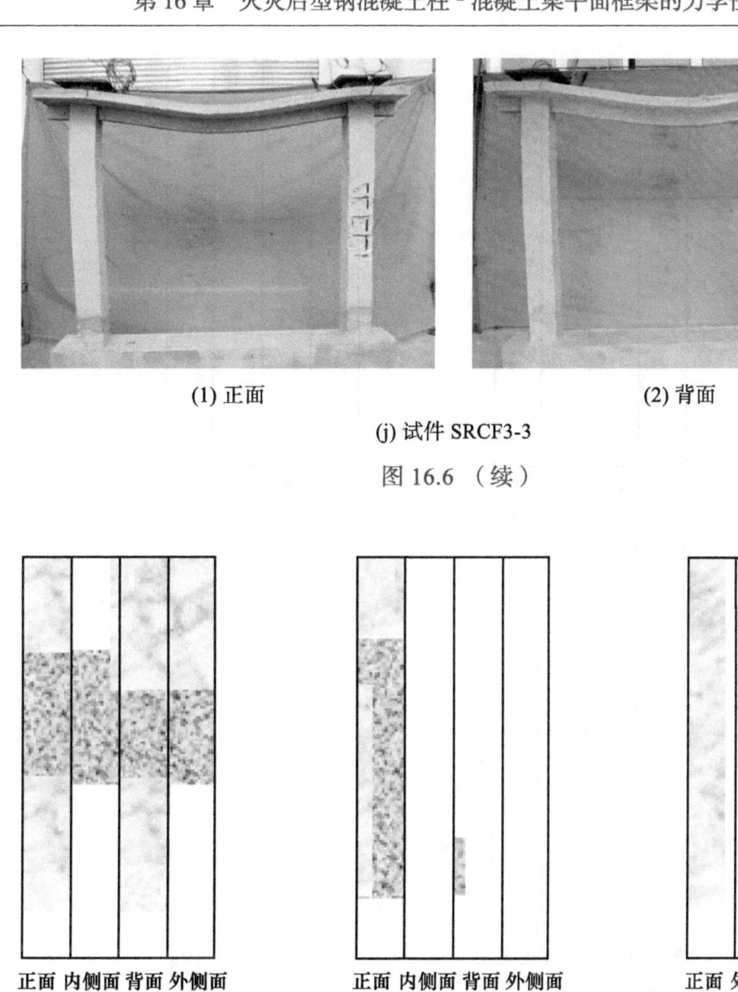

(1) 正面　　(2) 背面

(j) 试件 SRCF3-3

图 16.6 （续）

正面 内侧面 背面 外侧面

(a) 试件SRCF1-1（L柱）

正面 内侧面 背面 外侧面

(b) 试件SRCF1-2（L柱）

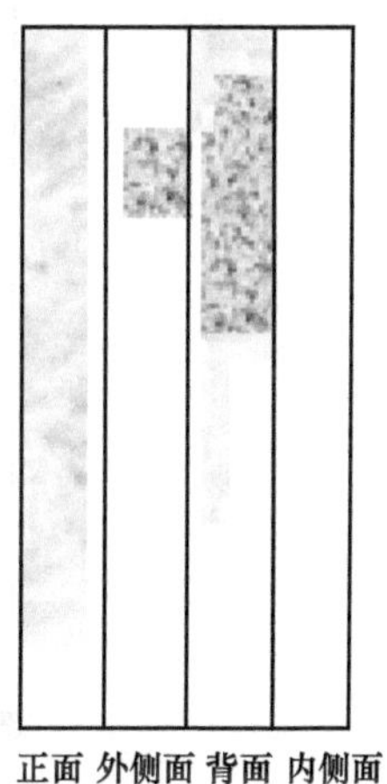

正面 外侧面 背面 内侧面

(c) 试件SRCF1-3（R柱）

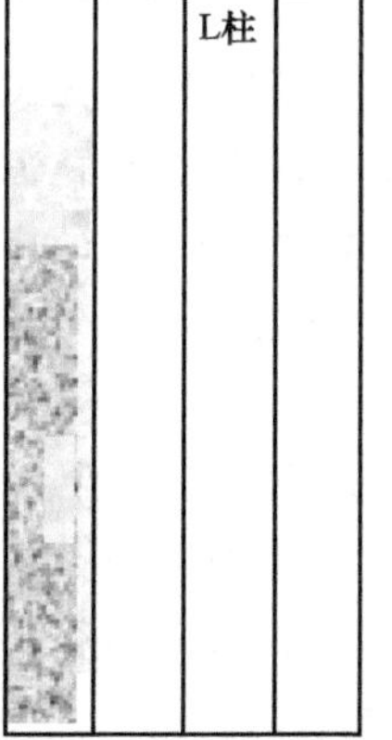

正面 内侧面 背面 外侧面

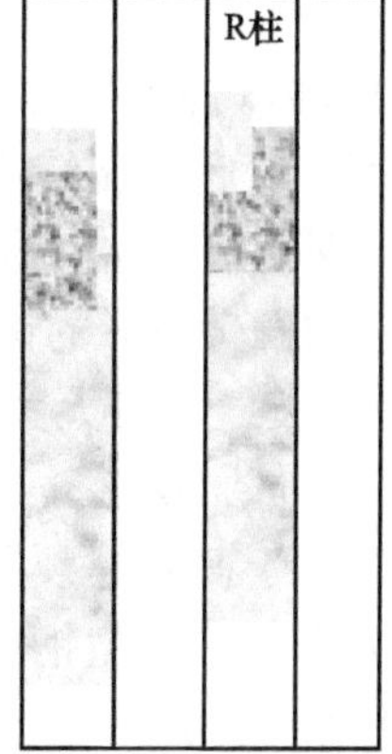

正面 内侧面 背面 外侧面

(d) 试件SRCF1-4（L柱、R柱）

图 16.7　框架试件的柱混凝土高温爆裂情况

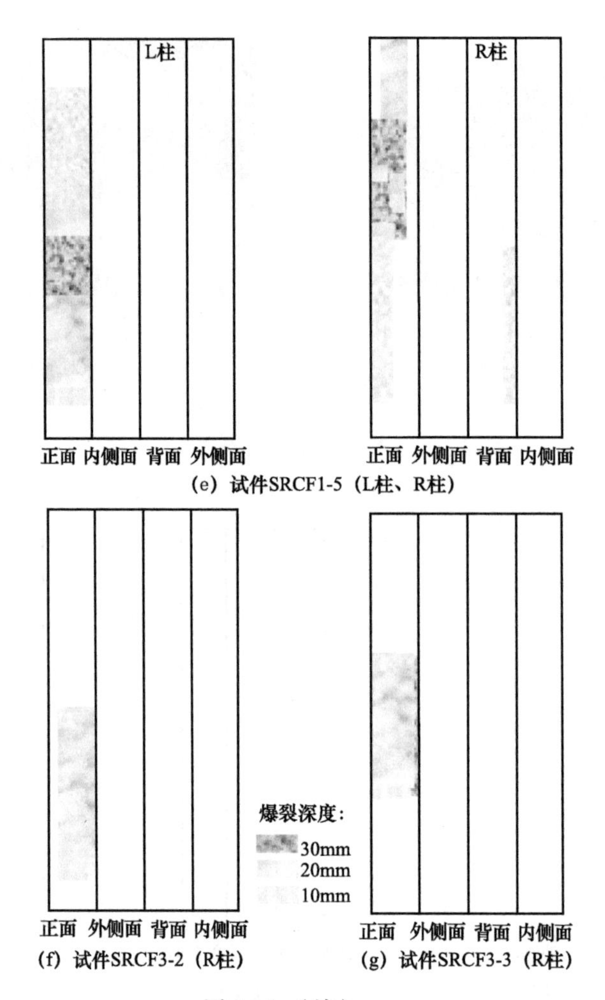

(e) 试件SRCF1-5（L柱、R柱）

(f) 试件SRCF3-2（R柱）　(g) 试件SRCF3-3（R柱）

图 16.7 （续）

对火灾下柱破坏的试件（试件 SRCF1-1）：梁靠近节点区附近出现 45°方向斜裂缝，梁整体挠度较小，梁底部裂缝不明显；由于高温爆裂导致纵筋弯曲，型钢翼缘出现局部屈曲，柱绕型钢弱轴方向失稳而造成框架破坏形态，如图 16.8 所示。

对火灾下梁、柱均发生破坏的试件（试件 SRCF1-2）：钢筋混凝土梁底出现平均间距 100mm 的均匀受拉裂缝，最大宽度 4mm，裂缝延伸至板底；梁靠近节点区附近出现 45°方向斜裂缝，并向加载三分点区域扩展；钢筋混凝土梁、板在 L 侧与柱交界处沿全截面断裂；同时由于高温爆裂导致柱截面有所削弱，纵筋弯曲，型钢翼缘出现局部屈曲，柱压弯外力作用下绕型钢弱轴方向失稳而破坏形态（柱侧向挠度小于柱破坏形态的试件），如图 16.9 所示。

对火灾下梁破坏的试件（试件 SRCF2-1 和试件 SRCF3-1）：对钢筋混凝土梁（试件 SRCF2-1，如图 16.10 所示），梁底跨中 900mm 范围内出现平均间距 100mm 的均匀受拉裂缝，最大 12mm，裂缝并延伸至板底；对于型钢混凝土梁（试件 SRCF3-1，如图 16.11 所示），梁底跨中 900mm 范围内的裂缝平均间距 80mm，最大 8mm。对比型

(a) L柱侧面

(b) L柱破坏区域的内部型钢和钢筋

(c) L侧节点区

(d) R侧节点区

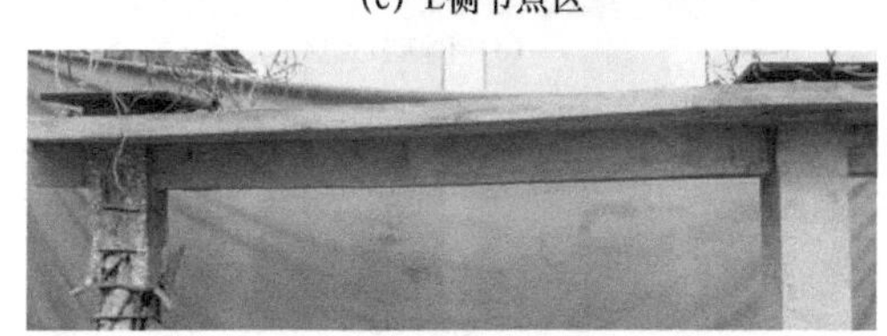

(e) 楼板正面

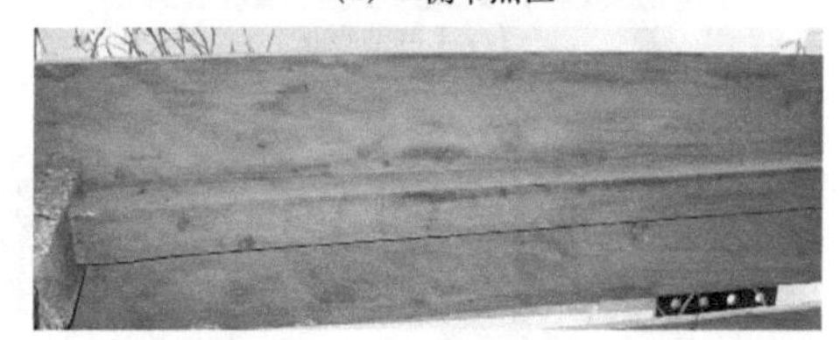

(f) 梁底

图 16.8　试件 SRCF1-1 的破坏形态

钢混凝土梁和钢筋混凝土梁梁底裂缝可见，型钢混凝土梁跨中受拉裂缝比钢筋混凝土梁分布更均匀，裂缝宽度相对更小，这是由于型钢下翼缘和腹板承担了部分拉应力。

两类梁在靠近节点区附近出现 45°方向斜裂缝，并向三分点加载区域扩展；节点区梁底混凝土（距柱内侧 300mm 内）被压溃，梁板在两侧与柱交界处混凝土沿全截面断裂。柱未发生明显的爆裂，在压、弯外力作用下柱中部有较小的面内侧向挠度。

2）降温段：试件 SRCF1-3、试件 SRCF1-4、试件 SRCF1-5、试件 SRCF2-2、试件 SRCF3-2 和试件 SRCF3-3 共 6 个框架试件在降至常温后有以下类似的试验现象。

① 对于型钢混凝土柱，板底以下整个受火高度范围内（1640mm），出现平均间距 150mm 的细微裂缝并沿柱的四个面发展；正面和背面在纵筋位置处出现沿受火高度的纵向裂缝。

② 对钢筋混凝土梁（试件 SRCF1-3、试件 SRCF1-4、试件 SRCF1-5 和试件 SRCF2-2），梁底出现比较均匀的受拉裂缝，最大 1.0mm，平均间距 100mm，裂缝并延

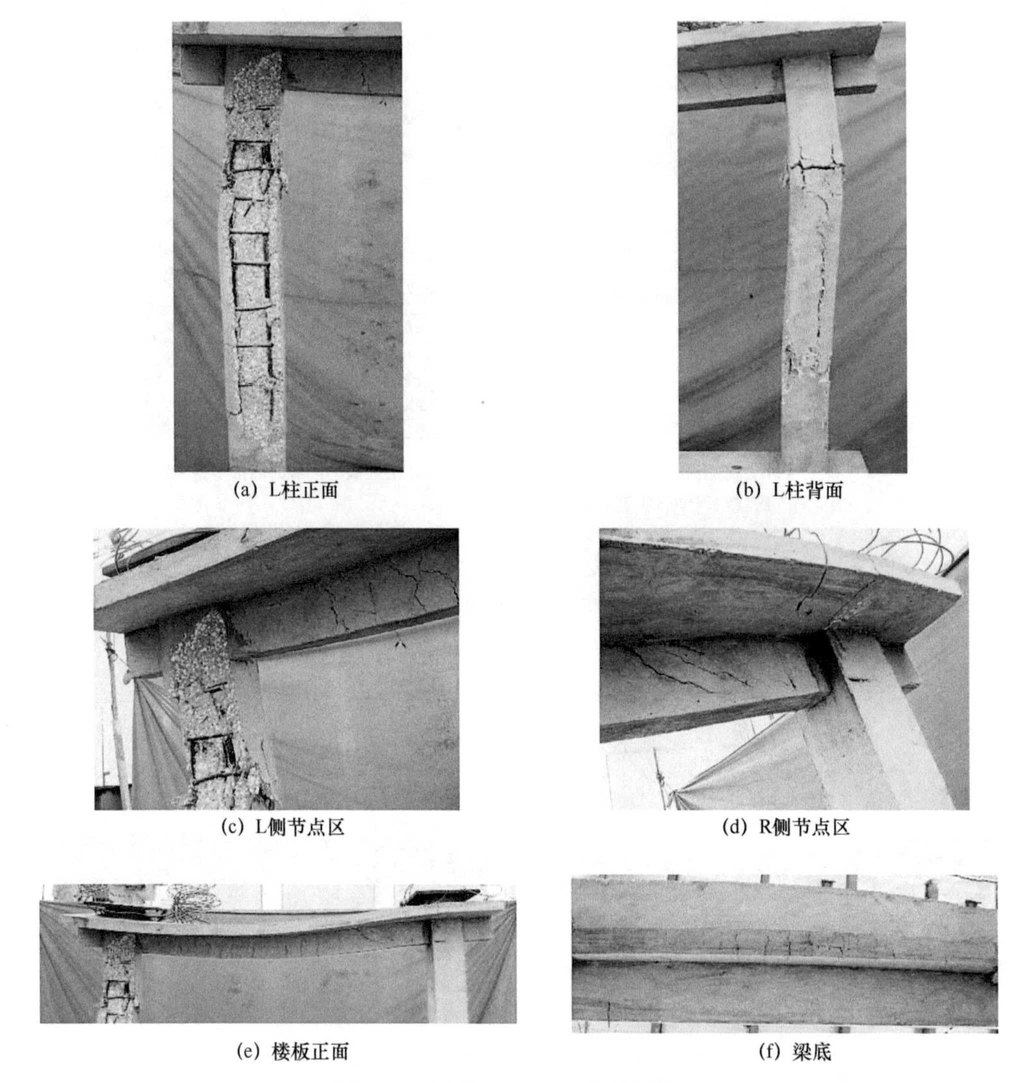

(a) L柱正面　(b) L柱背面

(c) L侧节点区　(d) R侧节点区

(e) 楼板正面　(f) 梁底

图 16.9　试件 SRCF1-2 的破坏形态

伸至板底；对型钢混凝土梁（试件 SRCF3-2 和试件 SRCF3-3），梁底出现比较均匀的受拉裂缝，最大 0.5mm，平均间距 80mm，裂缝并延伸至板底。钢筋混凝土梁（型钢混凝土梁）靠近在节点区附近出现 45°方向斜裂缝，向三分点加载区域扩展。

③ 梁板在两侧与柱交界处混凝土沿全界面断裂。

④ 对于爆裂的混凝土面，骨料与空气中的水分发生化学反应，混凝土出现自然掉落的情况；未发生爆裂的混凝土表面呈暗红色。

3）火灾后阶段：试件 SRCF1-3 和试件 SRCF1-4 为梁、柱均发生破坏导致试验结束，分别如图 16.6（c）和（d）所示；试件 SRCF1-5、试件 SRCF2-2、试件 SRCF3-2 和试件 SRCF3-3 均为火灾后梁无法承载而导致试验结束，分别如图 16.6（e）、（g）、（i）和（j）所示。其破坏形态如下。

① 对于火灾后梁、柱均发生破坏的试件 SRCF1-3 和试件 SRCF1-4，降温后梁和柱

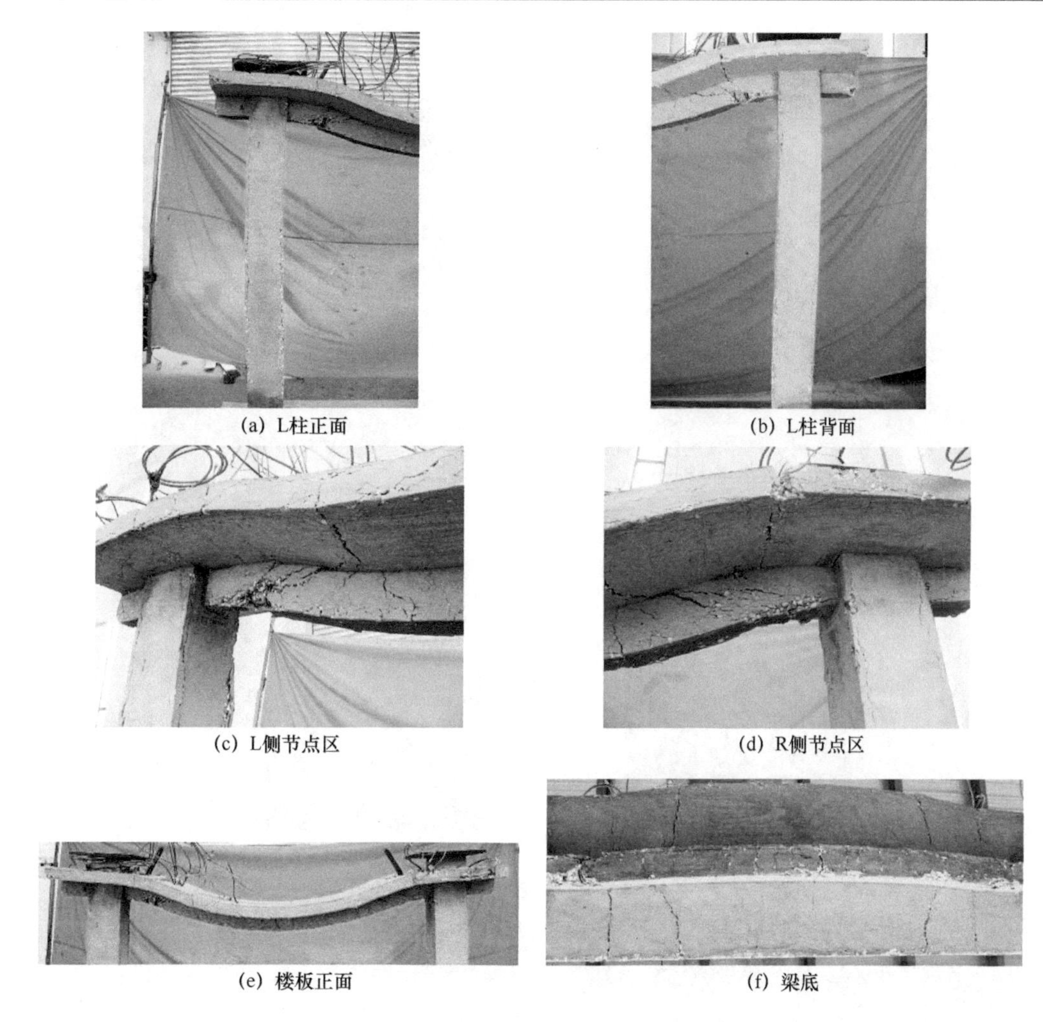

(a) L柱正面　(b) L柱背面　(c) L侧节点区　(d) R侧节点区　(e) 楼板正面　(f) 梁底

图 16.10 试件 SRCF2-1 的破坏形态

上受拉区的裂缝在火灾后加载过程中持续扩大，最大达 4.0mm；梁和柱受压区部分混凝土压溃后导致试件破坏，破坏形态如图 16.12 所示。

② 对于火灾后梁破坏的试件（试件 SRCF1-5、试件 SRCF2-2、试件 SRCF3-2 和试件 SRCF3-3），降温后梁和柱上受拉区的裂缝在火灾后加载过程中持续扩大，钢筋混凝土梁和型钢混凝土梁最大裂缝分别达 8.0mm 和 5.0mm；梁两端节点处受压区同时压溃后导致试件破坏，破坏形态如图 16.13 所示。

试件 SRCF1-1 表现为柱破坏，如图 16.6（a）所示；试件 SRCF1-2、试件 SRCF1-3 和试件 SRCF1-4 均表现为梁、柱均发生破坏，分别如图 16.6（b）、（c）和（d）所示。混凝土保护层在升温过程中发生了爆裂，导致部分箍筋和纵筋外露，箍筋约束范围内的混凝土和型钢温度进一步升高，加速了试件的破坏。为观察破坏区域内部纵筋、混凝土和型钢的变形情况，试验后将发生两类破坏形态的试件 SRCF1-1 和试件 SRCF1-4 的破坏区域混凝土凿开，查看内部纵筋和型钢的变形情况，分别如图 16.8（b）和图 16.12（b）所示。

(a) L柱正面

(b) R柱正面

(c) L侧节点区

(d) R侧节点区

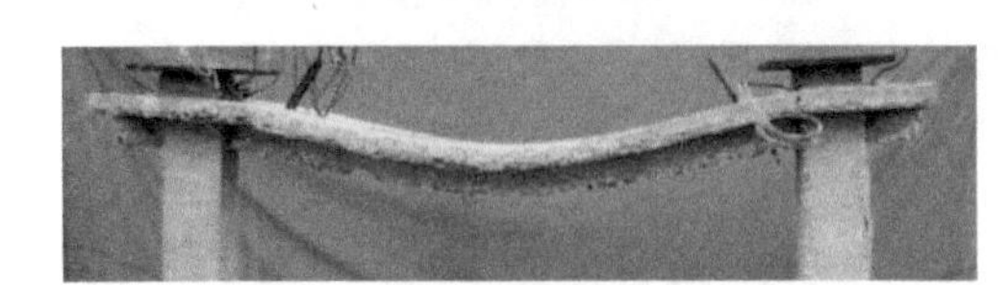

(e) 楼板正面

(f) 梁底

图 16.11　试件 SRCF3-1 的破坏形态

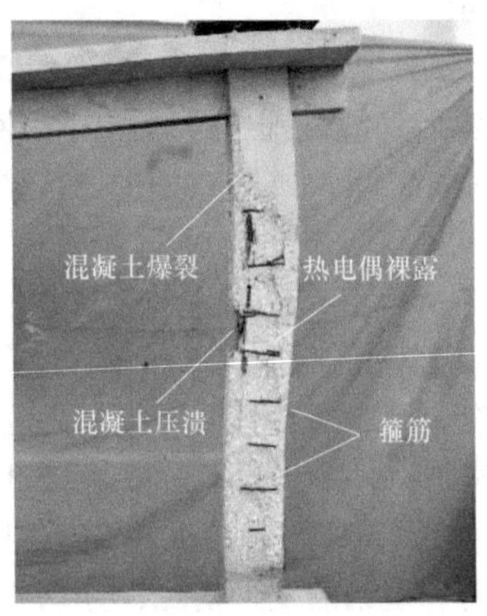

(a) R柱正面

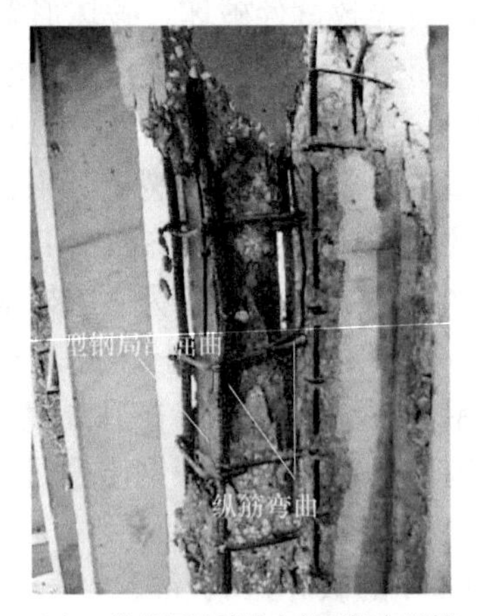

(b) R柱破坏区域的内部型钢和钢筋

图 16.12　试件 SRCF1-4 的破坏形态

(c) L侧节点区

(d) R侧节点区

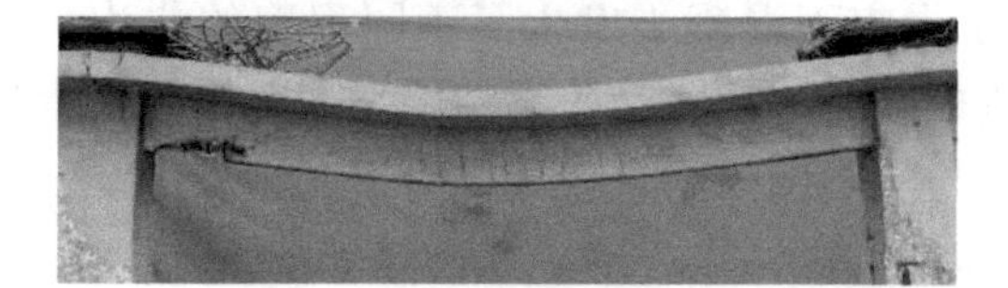

(e) 楼板正面

(f) 楼板底面

图 16.12 （续）

(a) L柱正面

(b) R柱正面

(c) L侧节点区

(d) R侧节点区

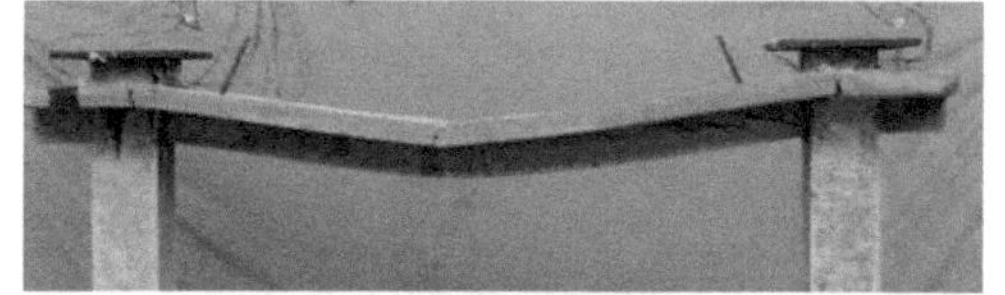

(e) 楼板正面

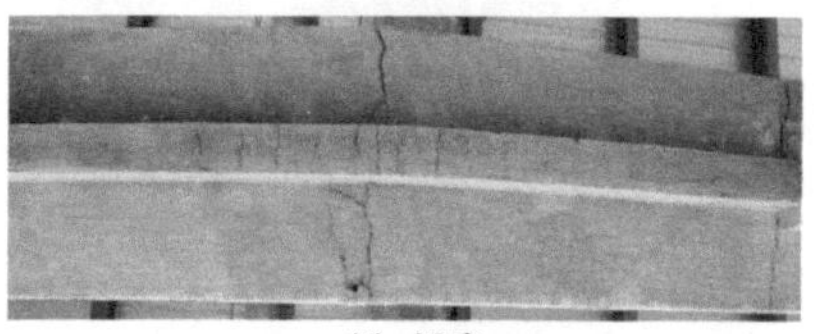

(f) 梁底

图 16.13　试件 SRCF3-2 的破坏形态

由图 16.8（b）可见，对于发生柱破坏形态的试件，纵筋弯曲，型钢翼缘出现局部屈曲并且绕型钢弱轴失稳；破坏区域混凝土压溃并和型钢翼缘分离，其他部分混凝土与型钢、钢筋共同工作良好。由图 16.12（b）可见，对于梁、柱均发生破坏的试件，纵筋弯曲，型钢翼缘出现轻微局部屈曲，除爆裂的混凝土层，其余混凝土与型钢、钢筋工作良好，破坏区域混凝土未出现与型钢翼缘和腹板的分离现象。

采用本章进行的 10 榀平面框架试验数据对第 16.2 节建立的有限元计算模型进行验证。

图 16.14 为试件整体破坏形态的实测与计算对比。由图 16.14（a）和（b）可见，对于试件 SRCF1-1 和试件 SRCF1-2，由于火灾下混凝土发生了不同程度的非均匀爆裂，试件由于柱绕型钢弱轴方向失稳而造成破坏；计算时按实际爆裂情况采用“生死单元”技术考虑高温爆裂得到的计算结果与实测结果吻合较好；对于其余发生梁、柱均破坏或梁破坏的试件，计算的破坏形态也与实测结果一致。

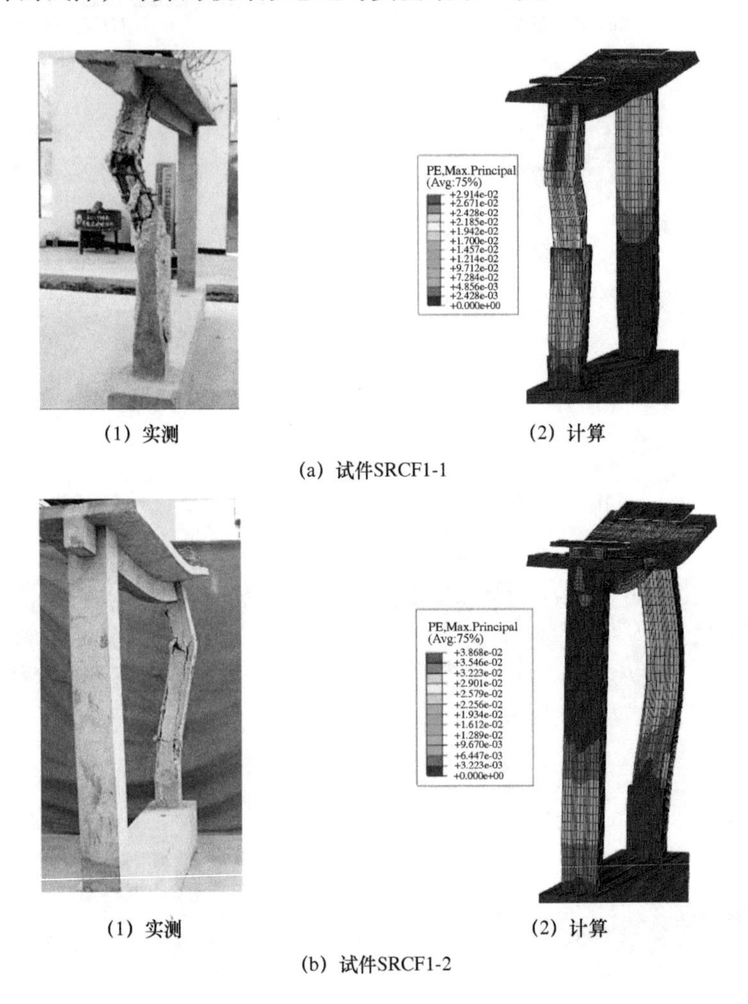

（1）实测　　（2）计算

(a) 试件SRCF1-1

（1）实测　　（2）计算

(b) 试件SRCF1-2

图 16.14　框架的实测与计算破坏形态对比

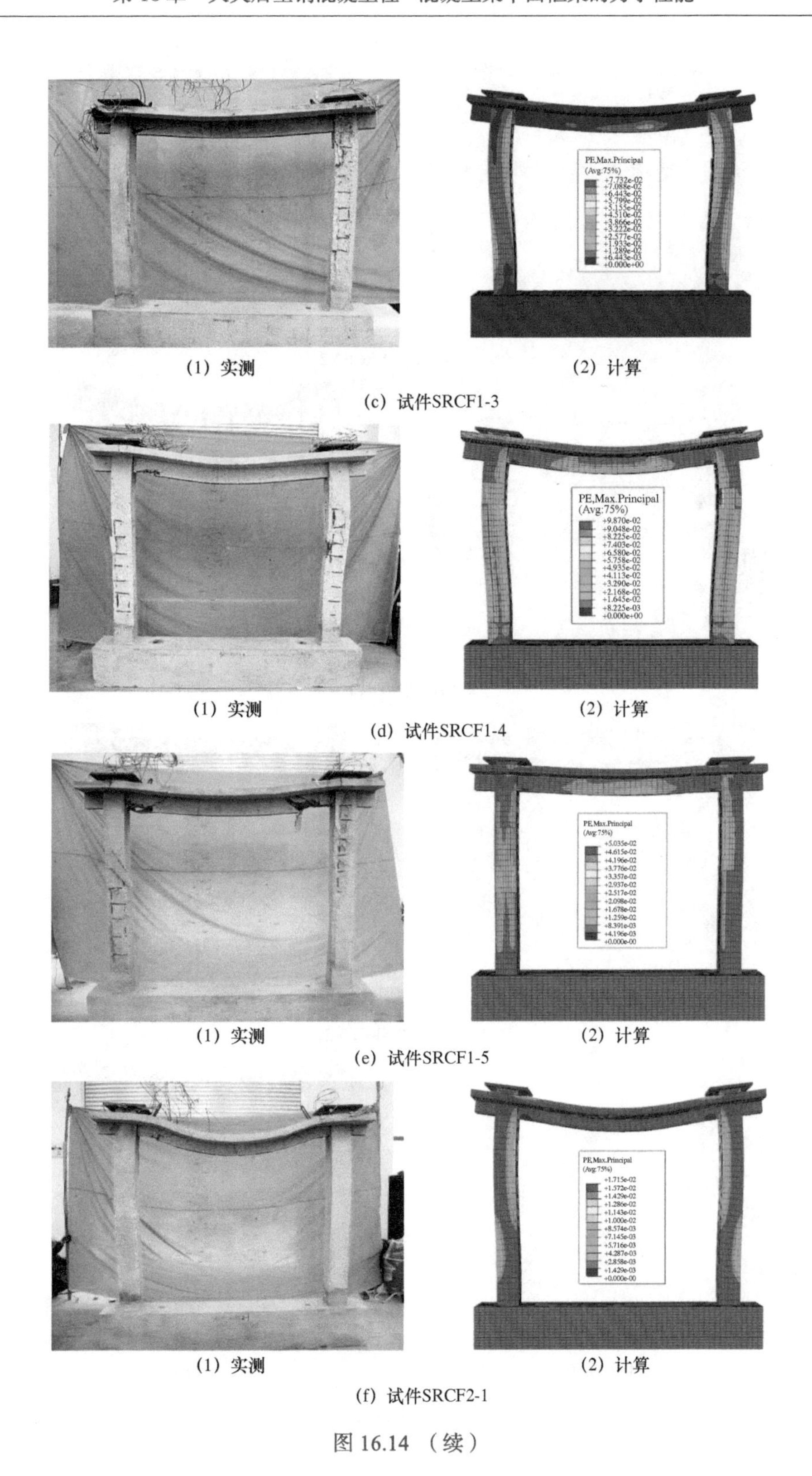

(1) 实测　　(2) 计算

(c) 试件SRCF1-3

(1) 实测　　(2) 计算

(d) 试件SRCF1-4

(1) 实测　　(2) 计算

(e) 试件SRCF1-5

(1) 实测　　(2) 计算

(f) 试件SRCF2-1

图 16.14 （续）

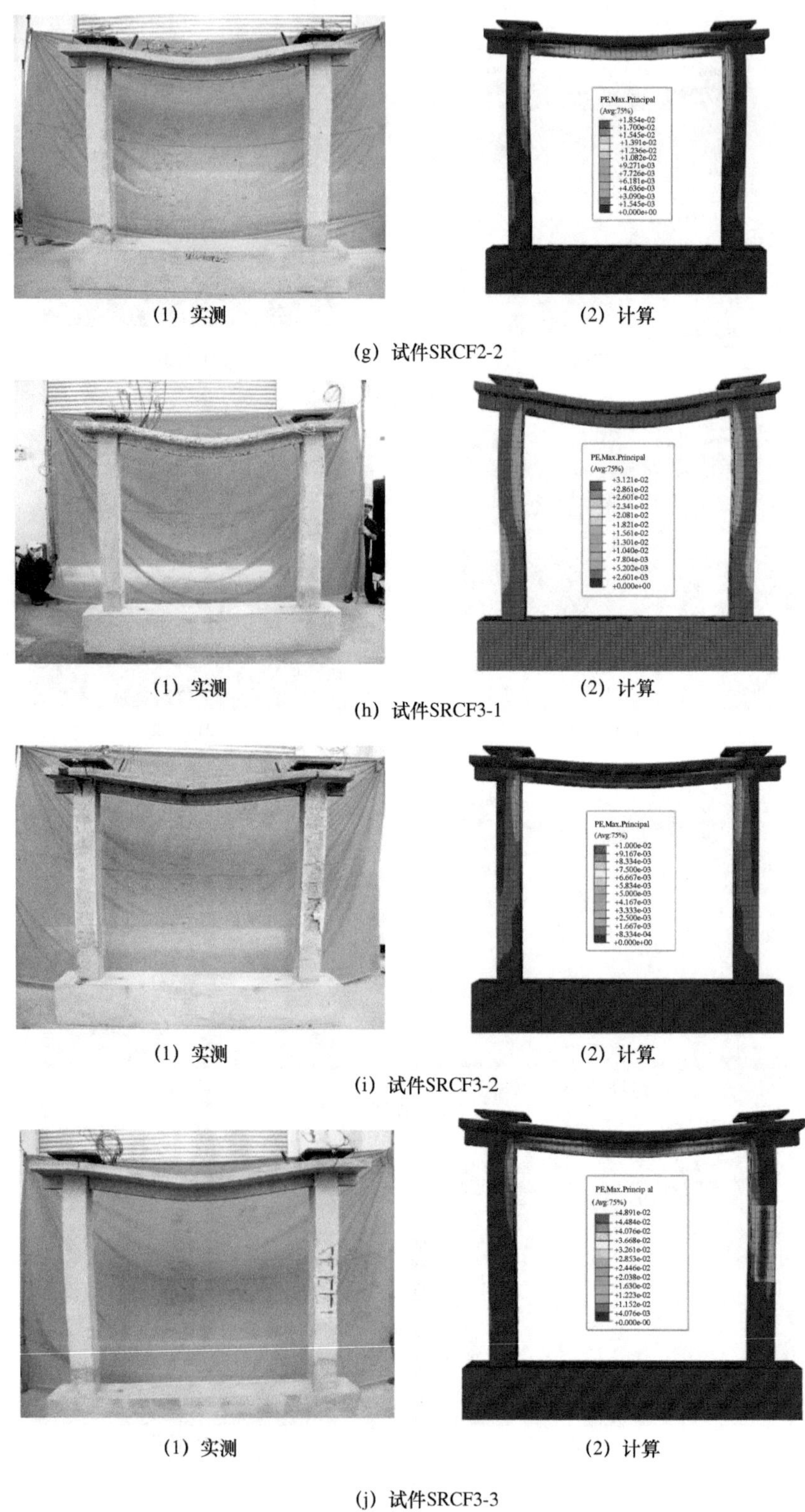

(1) 实测　　　　(2) 计算

(g) 试件SRCF2-2

(1) 实测　　　　(2) 计算

(h) 试件SRCF3-1

(1) 实测　　　　(2) 计算

(i) 试件SRCF3-2

(1) 实测　　　　(2) 计算

(j) 试件SRCF3-3

图 16.14 （续）

图 16.15 为梁破坏试件的梁板变形的实测与计算变形对比。可见，对于框架两端节点区的负弯矩区以及梁底跨中 900mm 长度范围内混凝土最大拉应变达 38 680με；试验过程中，这些位置的混凝土的裂缝宽度较大。

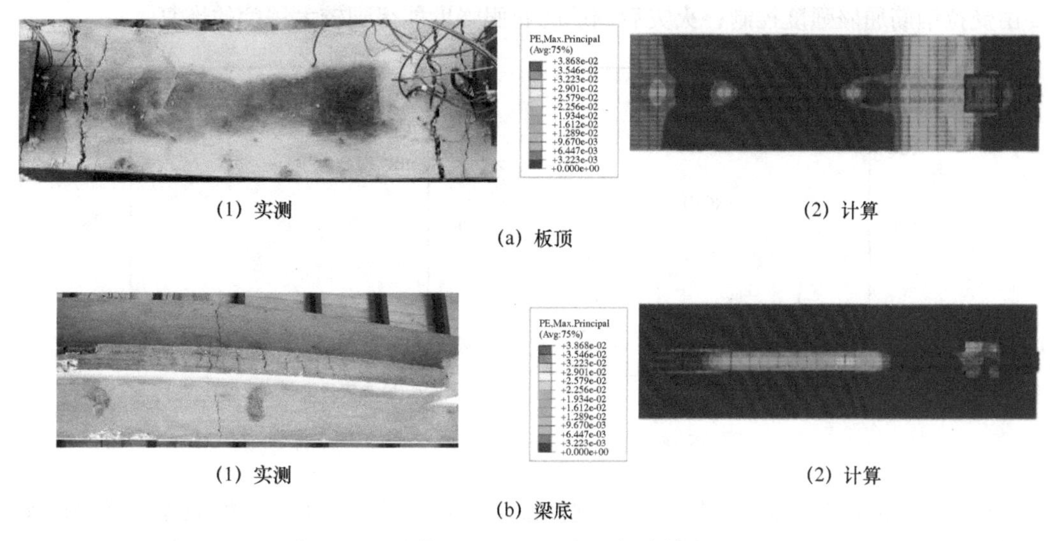

(1) 实测　(2) 计算

(a) 板顶

(1) 实测　(2) 计算

(b) 梁底

图 16.15　试件 SRCF1-4 的实测与计算变形对比

（2）耐火极限和火灾后剩余承载力

随着升温时间的变化，型钢混凝土柱 - 混凝土梁平面框架存在三种可能的破坏形态，包括柱破坏、梁破坏和梁、柱均发生破坏。表 16.4 给出 10 榀型钢混凝土柱 - 混凝土梁平面框架的破坏形态、耐火极限（t_R）或火灾后梁剩余承载力（P_{rs}），其中，定义在升、降温过程中破坏的试件的火灾后梁剩余承载力为 0（宋天诣，2011）。

表 16.4　框架试件实测耐火极限（t_R）和火灾后梁剩余承载力

序号	试件编号	试验类型	t_R 或 t_h/min	P_{rs}/kN	破坏形态
1	SRCF1-1	耐火极限	75	0	柱破坏
2	SRCF1-2	耐火极限	140	0	梁、柱均发生破坏
3	SRCF1-3	全过程火灾后	65	226	梁、柱均发生破坏
4	SRCF1-4	全过程火灾后	85	222	梁、柱均发生破坏
5	SRCF1-5	全过程火灾后	45	256	梁破坏
6	SRCF2-1	耐火极限	137	0	梁破坏
7	SRCF2-2	全过程火灾后	85	139	梁破坏
8	SRCF3-1	耐火极限	122	0	梁破坏
9	SRCF3-2	全过程火灾后	37	216	梁破坏
10	SRCF3-3	全过程火灾后	74	170	梁破坏

图 16.16 为柱荷载比（n）对耐火极限和火灾后梁剩余承载力的影响，可见，柱混凝土发生了明显的爆裂，但由于爆裂的不均匀性，导致一边柱截面有所削弱从而发生压弯破坏，当梁荷载比 m=0.25 时，柱荷载比 n 由 0.25 增加到 0.50 时，相应耐火极限由

140min 变为 75min，破坏形态由梁、柱破坏变为柱破坏，这表明柱荷载比对平面框架耐火极限影响明显。由图 16.16(b) 可见，柱荷载比对火灾后梁剩余承载力的影响不明显，这是由于在升、降温过程中柱未发生破坏，火灾后分级加大梁荷载至梁破坏，梁破坏主要由受拉钢筋屈服强度控制；火灾后钢筋的屈服强度能得到较大程度的恢复。

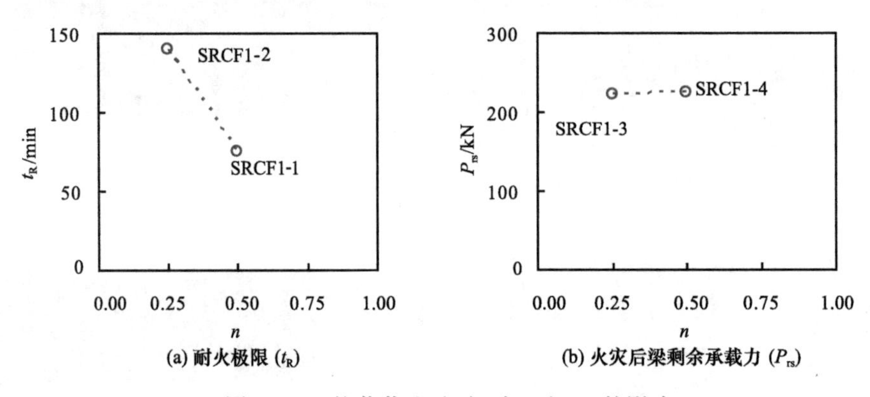

图 16.16 柱荷载比（n）对 t_R 和 P_{rs} 的影响

图 16.17 所示为升温时间（t_h）对型钢混凝土柱－混凝土梁平面框架火灾后梁的剩余承载力的影响，由图 16.17（a）可见，当柱、梁荷载比为 0.5 时，随着升温时间从 $0.867t_R$ 增加到 t_R，火灾后梁剩余承载力从 226kN 变为 0kN。由图 16.17（b）可见，当柱、梁荷载比为 0.25 时，随着升温时间从 $0.3t_R$ 增加到 t_R 时，梁的火灾后剩余承载力随升温时间的增加而减小至 0kN，表明升温时间越长，火灾后梁剩余承载力越低。

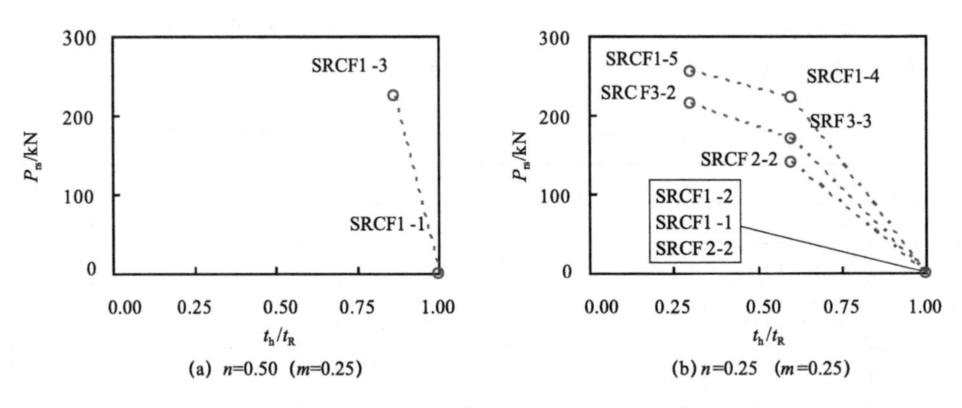

图 16.17 升温时间（t_h）对 P_{rs} 的影响

图 16.18 所示为梁柱线刚度比（k）对型钢混凝土柱－混凝土梁平面框架耐火极限和火灾后梁剩余承载力的影响。由图 16.18（a）可见，当梁柱线刚度比 k 由 0.36 增加到 0.77 时，耐火极限仅增加 3min；这是由于随着线刚度比增加，梁对柱的约束能力增强，框架的破坏形态由梁破坏转变为梁、柱均发生破坏。

由图 16.18（b）可见，当梁柱线刚度比 k 由 0.36 增加到 0.77 时，火灾后梁剩余承载力增加了近 60%，原因是梁柱线刚度比增加（截面高度增加），梁的抗弯能力增加，在升温时间相同的情况下，火灾后梁剩余承载力高。

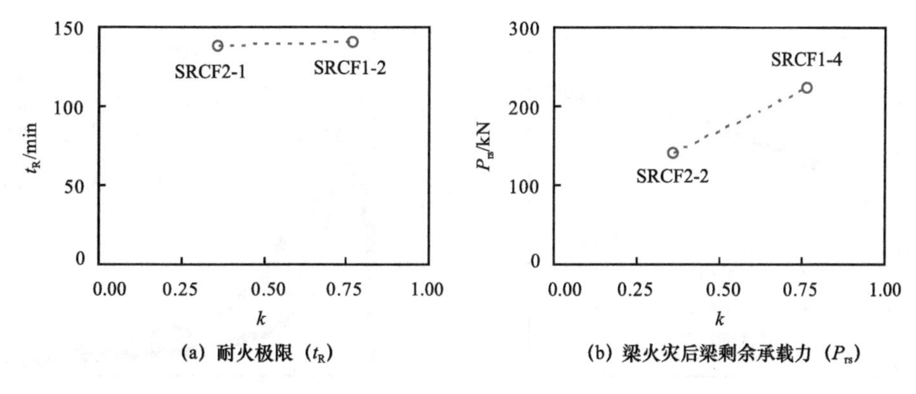

图 16.18　梁柱线刚度比（k）对 t_R 和 P_{rs} 的影响

由于型钢混凝土柱 - 钢筋混凝土梁和型钢混凝土柱 - 型钢混凝土梁两类框架的梁柱线刚度比分别为 0.77 和 0.61，两类框架梁柱线刚度比较接近。为研究不同梁类型（钢筋混凝土梁和型钢混凝土梁）对型钢混凝土柱 - 混凝土梁平面框架耐火极限和火灾后梁剩余承载力的影响，图 16.19 给出了相应的对比图。由图 16.19 可见，在梁、柱荷载比相同的情况下，钢筋混凝土梁的耐火极限及火灾后梁剩余承载力要高于相应型钢混凝土梁，这是由于两类框架梁柱线刚度比相近的情况下，钢筋混凝土梁比型钢混凝土梁高 40mm（两者梁宽相同），在升温时间相同的情况下，导致前者截面内温度较低，耐火极限和火灾后梁剩余承载力较高。

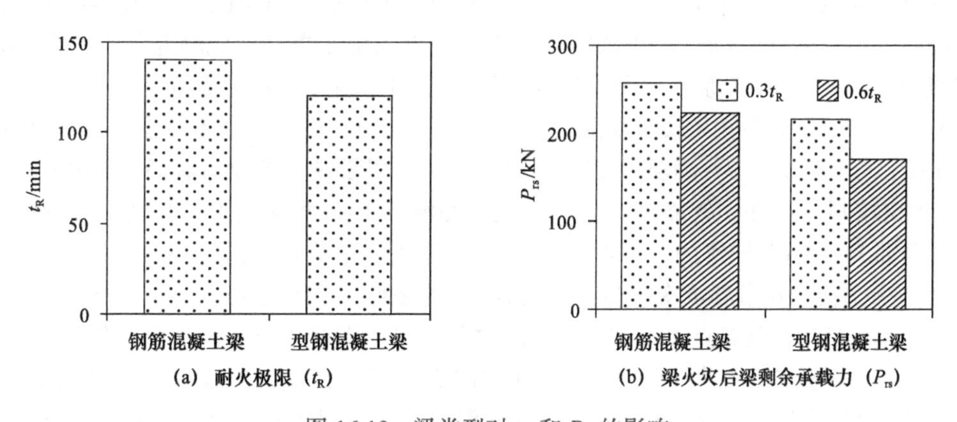

图 16.19　梁类型对 t_R 和 P_{rs} 的影响

（3）温度 - 受火时间关系

图 16.20 为升、降温过程中实测平均炉膛温度（T）- 受火时间（t）关系，500min 后炉膛平均温度降至 100℃以下。

图 16.21～图 16.30 给出了型钢混凝土柱 - 钢筋混凝土梁平面框架和型钢混凝土柱 - 型钢混凝土梁平面框架共 10 个试件对应图 16.5 所示测温点的实测 T-t 关系，由图分析如下。

1）比较 L 柱和 R 柱各测温点，其中测温点 1～测温点 4 和测温点 5～测温点 8 分别为 R 柱和 L 柱截面上测温点。在测温点处混凝土保护层未爆裂的情况下，L 柱和 R 柱相对应的测温点温度曲线相近，说明 L 柱和 R 柱受火比较均匀；同时在按 ISO-834

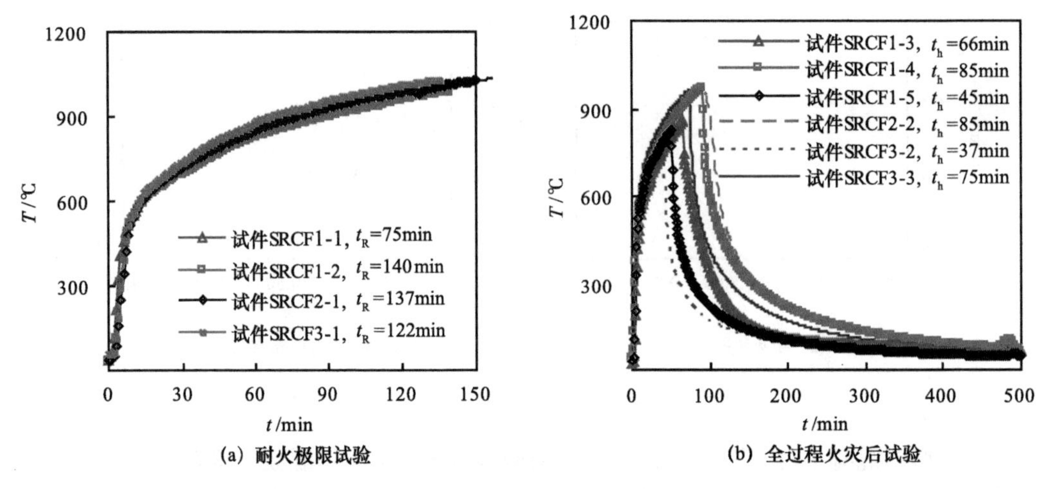

(a) 耐火极限试验 (b) 全过程火灾后试验

图 16.20 炉膛的实测 *T-t* 关系

（1980）升温曲线升温 37～140min 时，型钢上测温点（测温点 3、测温点 4、测温点 7 和测温点 8）的最高温度在 600℃以下；比较同一试件中各测温点的 *T-t* 关系，型钢上测温点以翼缘边缘（测温点 3 和测温点 7）最高，腹板中心（测温点 4 和测温点 8）温度最低，两者之间的温差在 30～160℃，并且升温时间越长温差越大。

2）对于 L 柱和 R 柱混凝土保护层发生不同程度爆裂后的各测温点，温度较相应未爆裂测温点温度高，如测温点 6（试件 SRCF1-1 和试件 SRCF1-2）、测温点 2（试件 SRCF1-3）和测温点 1（试件 SRCF1-5）；有的测温点由于爆裂造成测温点热电偶外露，其温度迅速提高，*T-t* 关系接近升温曲线，如试件 SRCF1-1 中测温点 6。

3）比较 L 柱上型钢混凝土截面测温点（图 16.5），非节点区（测温点 5～测温点 8）和节点区（测温点 9～测温点 12）最高温度，可以发现前者比后者高约 200℃。

4）比较同一试件中钢筋混凝土梁、板中测温点 13～测温点 17 的温度曲线可以发现，由于混凝土的保护作用，靠近受火面的角部纵筋位置（测温点 13）温度最高，测温点 14～测温点 16 温度依次降低，测温点 17 为板厚度中点处测温点，由于板厚度为 60mm，其温度介于测温点 14 和测温点 15 之间。型钢混凝土梁也表现出类似的规律。

5）综合分析 *T-t* 关系中可以发现 100℃附近出现平台段，以及框架内最高温度的出现时间的滞后性等现象，与第 4.3.2 节型钢混凝土柱试验的结果一致。与柱不同的是，平面框架存在节点区与非节点区，由于节点区的曝火面积小于非节点区，以及节点区的楼板、梁和柱共同吸收热量，导致节点区测温点的温度均小于相应非节点区。

（4）结构变形 - 受火时间关系

图 16.31 给出了型钢混凝土柱 - 混凝土梁平面框架柱轴向变形（Δ_c）- 受火时间（t）和梁挠度（δ_b）- 受火时间（t）关系。由图 16.31 可见，升温过程中柱端有一定的热膨胀，对于柱火灾荷载比为 0.5 的试件（试件 SRCF1-1 和试件 SRCF1-3），热膨胀引起的变形不足 2mm；对于柱火灾荷载比为 0.25 的试件，如试件 SRCF1-2、试件 SRCF2-1 和试件 SRCF3-1，分别为梁、柱均发生破坏、梁破坏和梁破坏，其在破坏前一直处于柱处于热膨胀阶段，最大膨胀变形达 5.4mm。

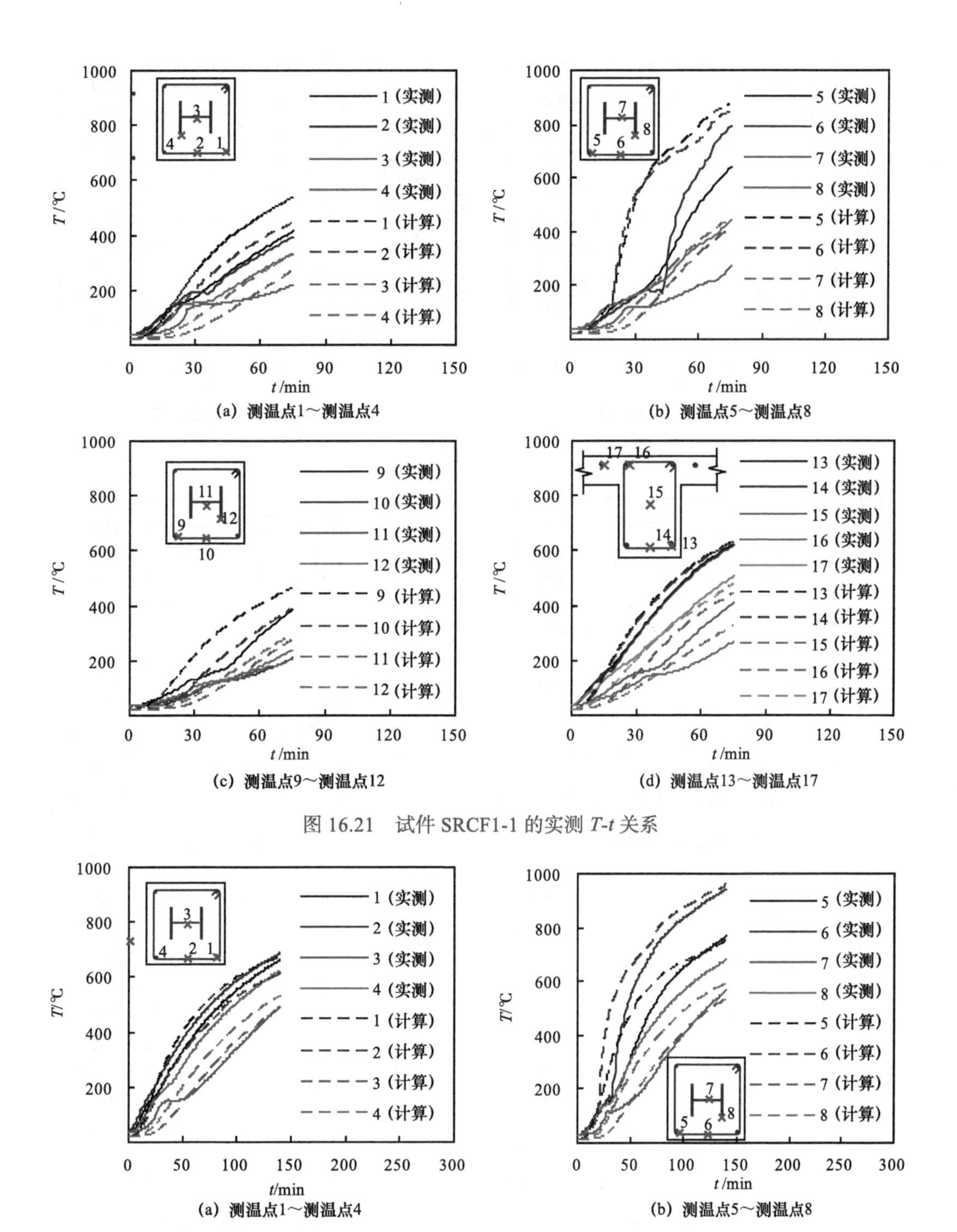

图 16.21　试件 SRCF1-1 的实测 T-t 关系

图 16.22　试件 SRCF1-2 的实测 T-t 关系

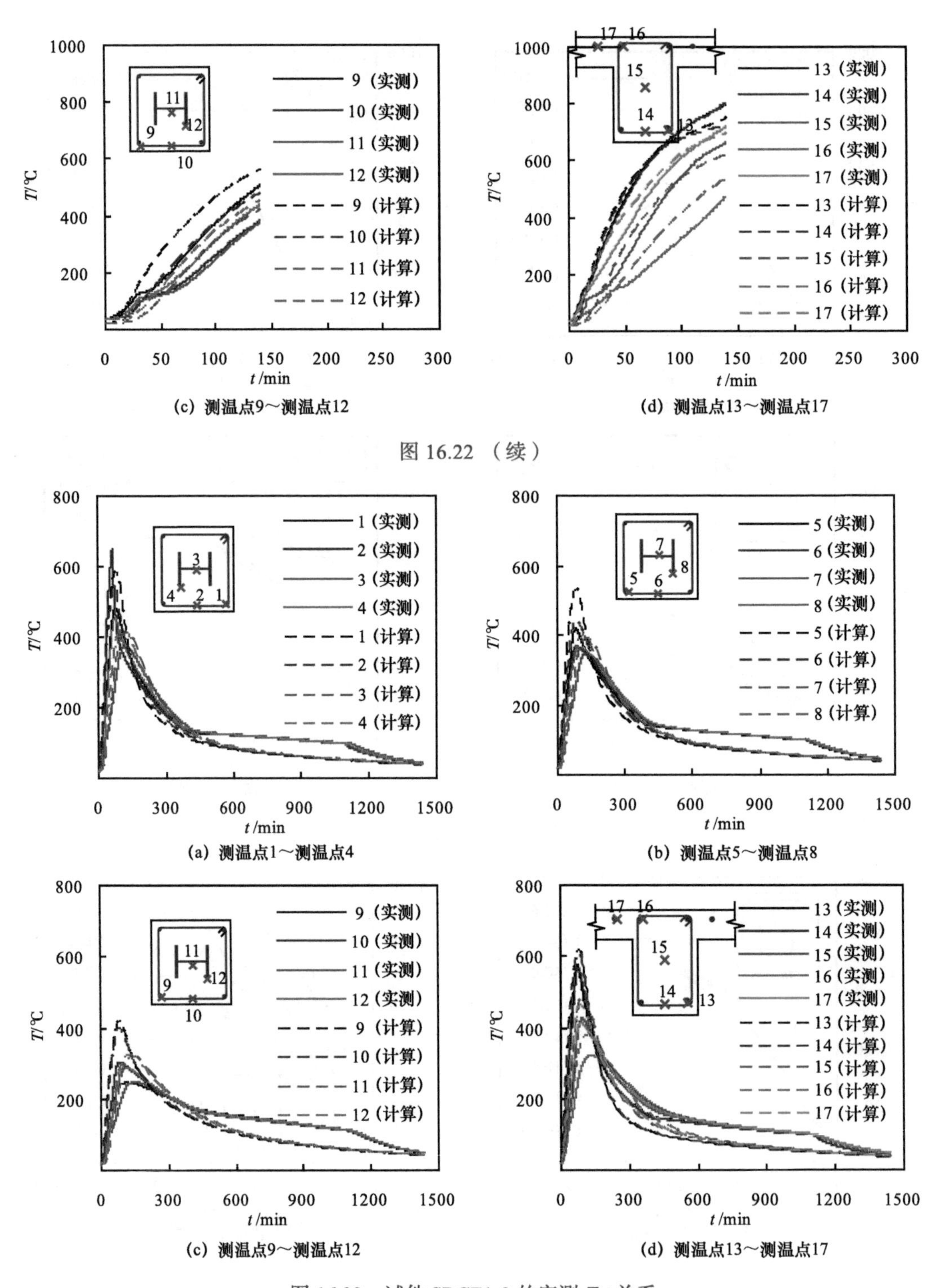

(c) 测温点9～测温点12　　(d) 测温点13～测温点17

图 16.22 （续）

(a) 测温点1～测温点4　　(b) 测温点5～测温点8

(c) 测温点9～测温点12　　(d) 测温点13～测温点17

图 16.23　试件 SRCF1-3 的实测 T-t 关系

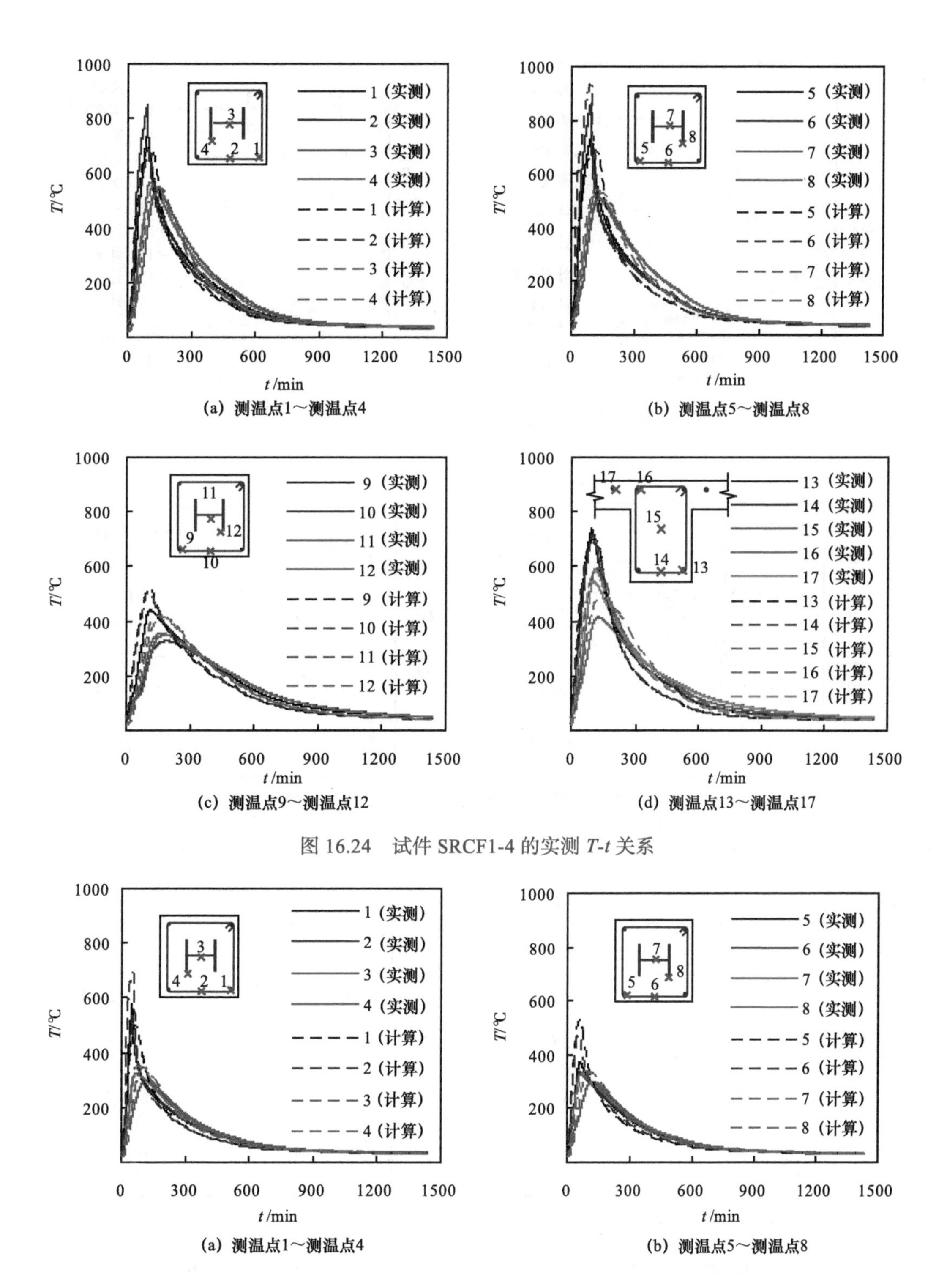

图 16.24　试件 SRCF1-4 的实测 T-t 关系

图 16.25　试件 SRCF1-5 的实测 T-t 关系

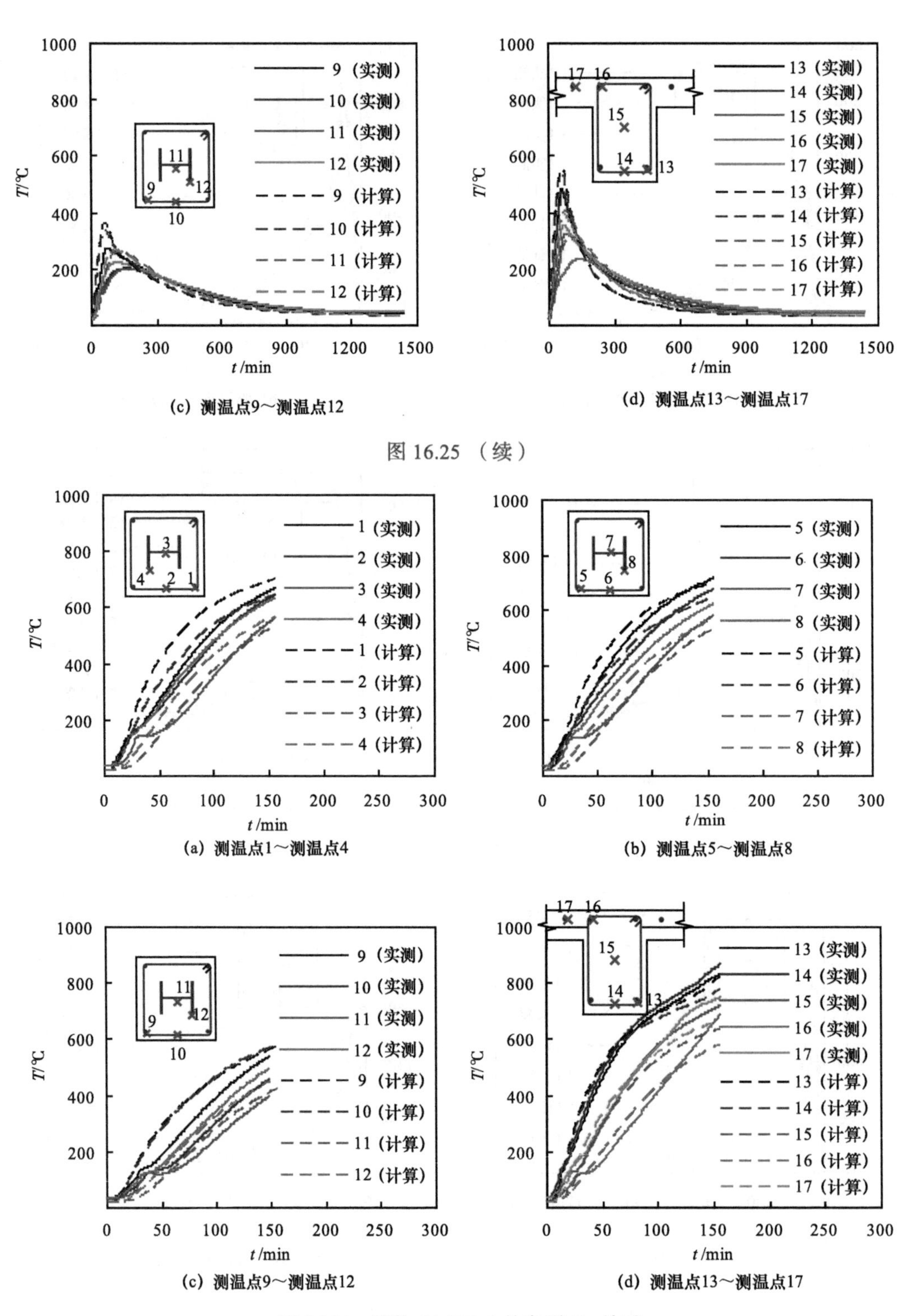

(c) 测温点9～测温点12

(d) 测温点13～测温点17

图 16.25 （续）

(a) 测温点1～测温点4

(b) 测温点5～测温点8

(c) 测温点9～测温点12

(d) 测温点13～测温点17

图 16.26　试件 SRCF2-1 的实测 T-t 关系

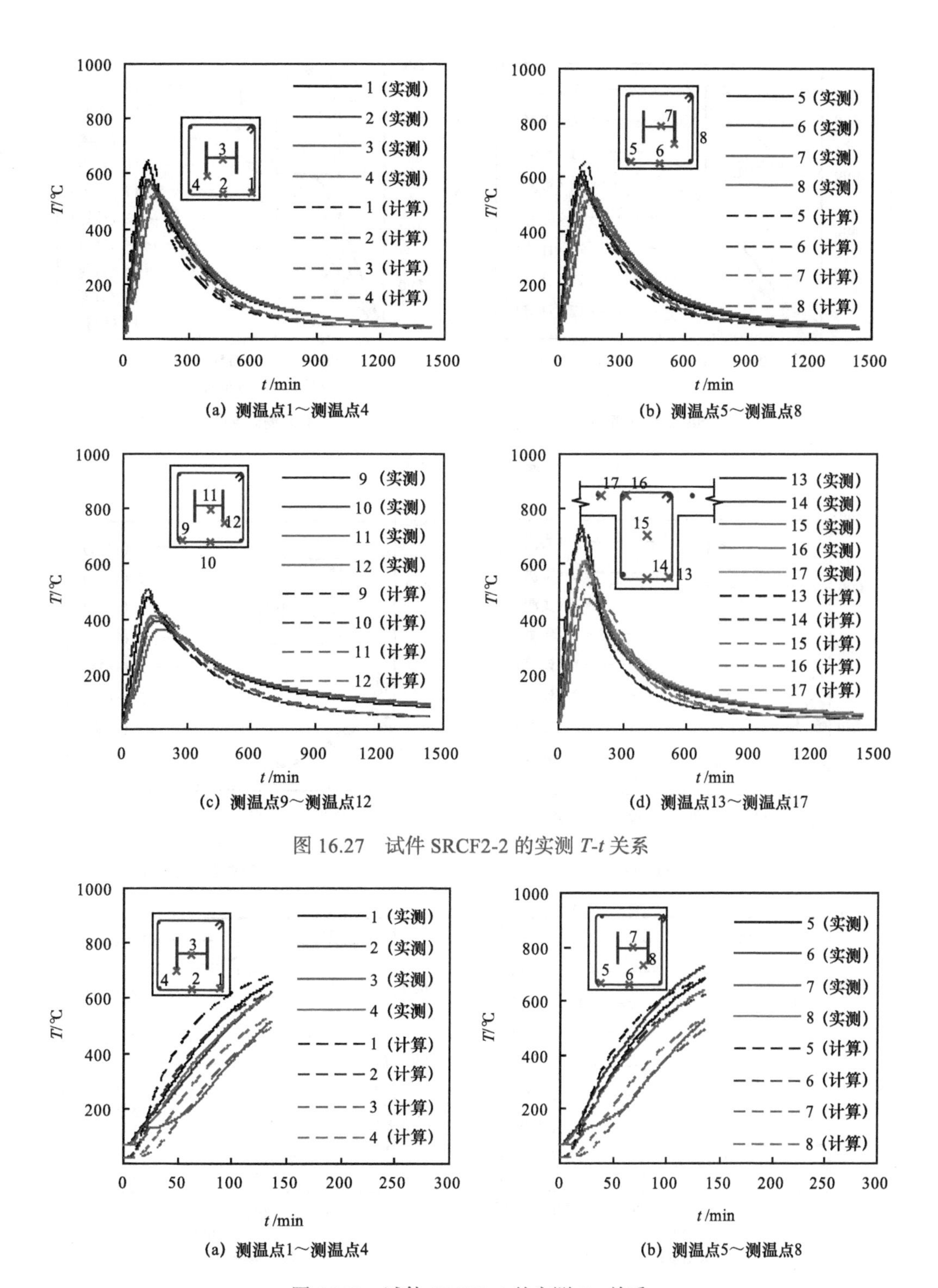

(a) 测温点1～测温点4　(b) 测温点5～测温点8

(c) 测温点9～测温点12　(d) 测温点13～测温点17

图 16.27　试件 SRCF2-2 的实测 T-t 关系

(a) 测温点1～测温点4　(b) 测温点5～测温点8

图 16.28　试件 SRCF3-1 的实测 T-t 关系

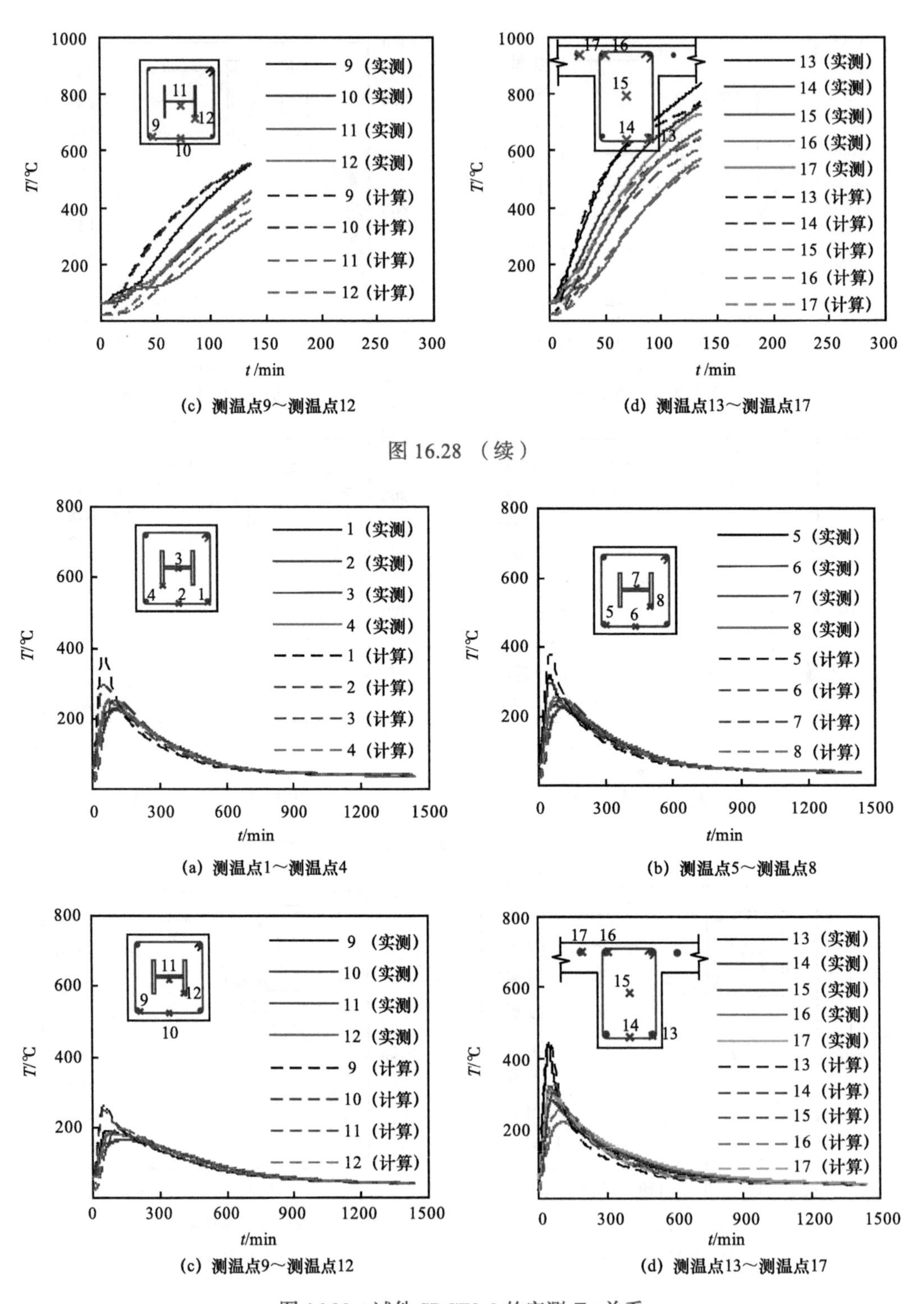

(c) 测温点9～测温点12　　(d) 测温点13～测温点17

图 16.28 （续）

(a) 测温点1～测温点4　　(b) 测温点5～测温点8

(c) 测温点9～测温点12　　(d) 测温点13～测温点17

图 16.29　试件 SRCF3-2 的实测 T-t 关系

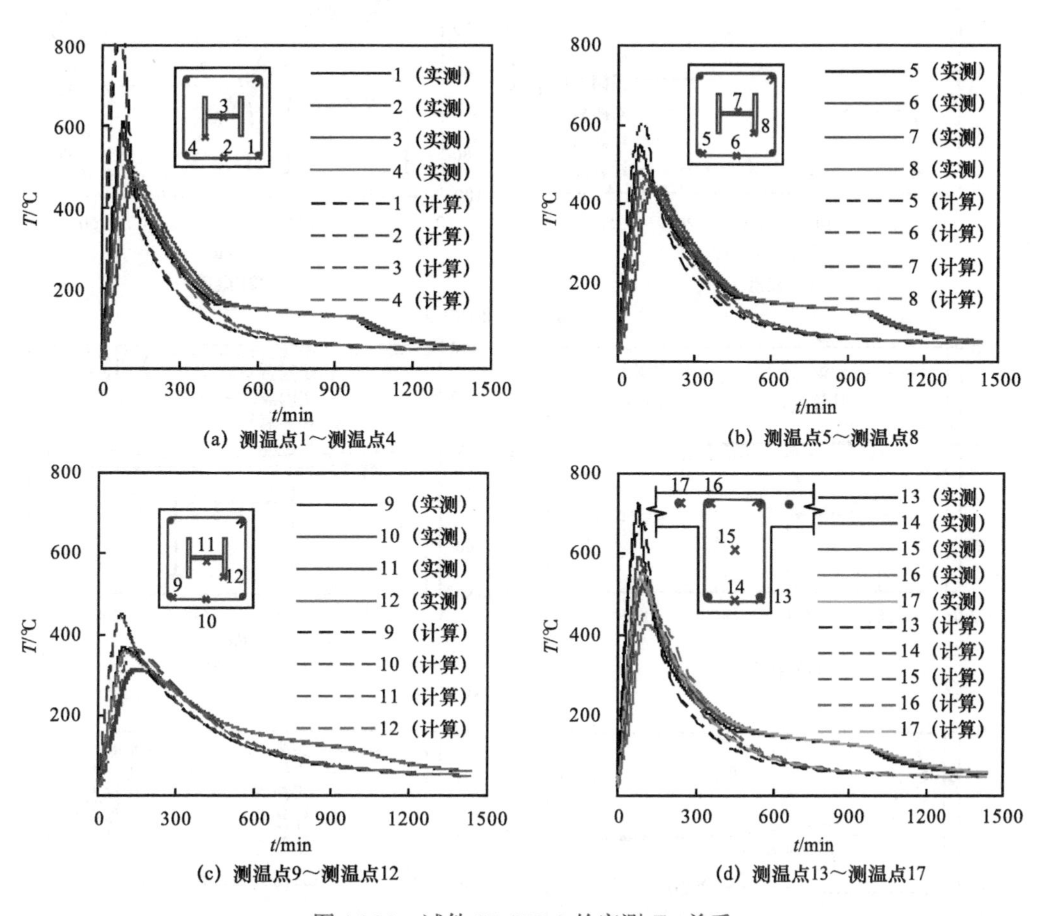

图 16.30 试件 SRCF3-3 的实测 T-t 关系

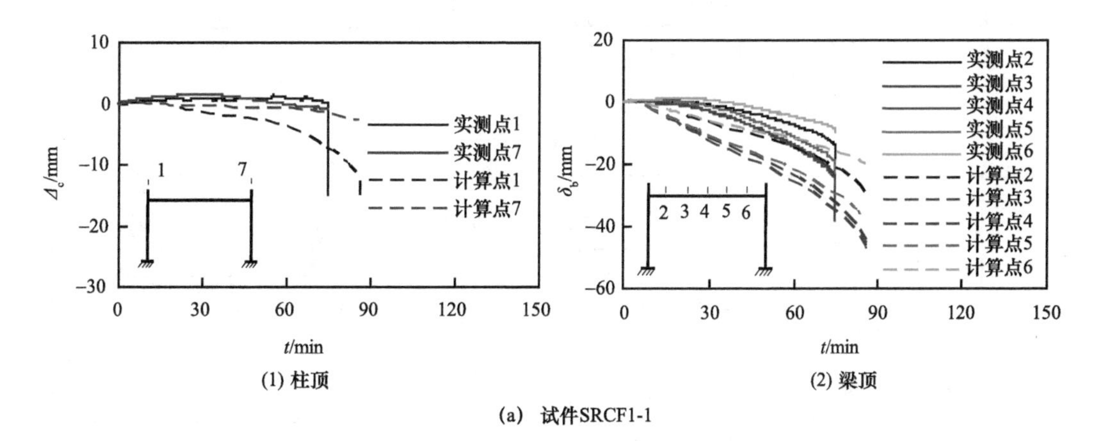

图 16.31 框架试件的 Δ_c（δ_b）-t 关系

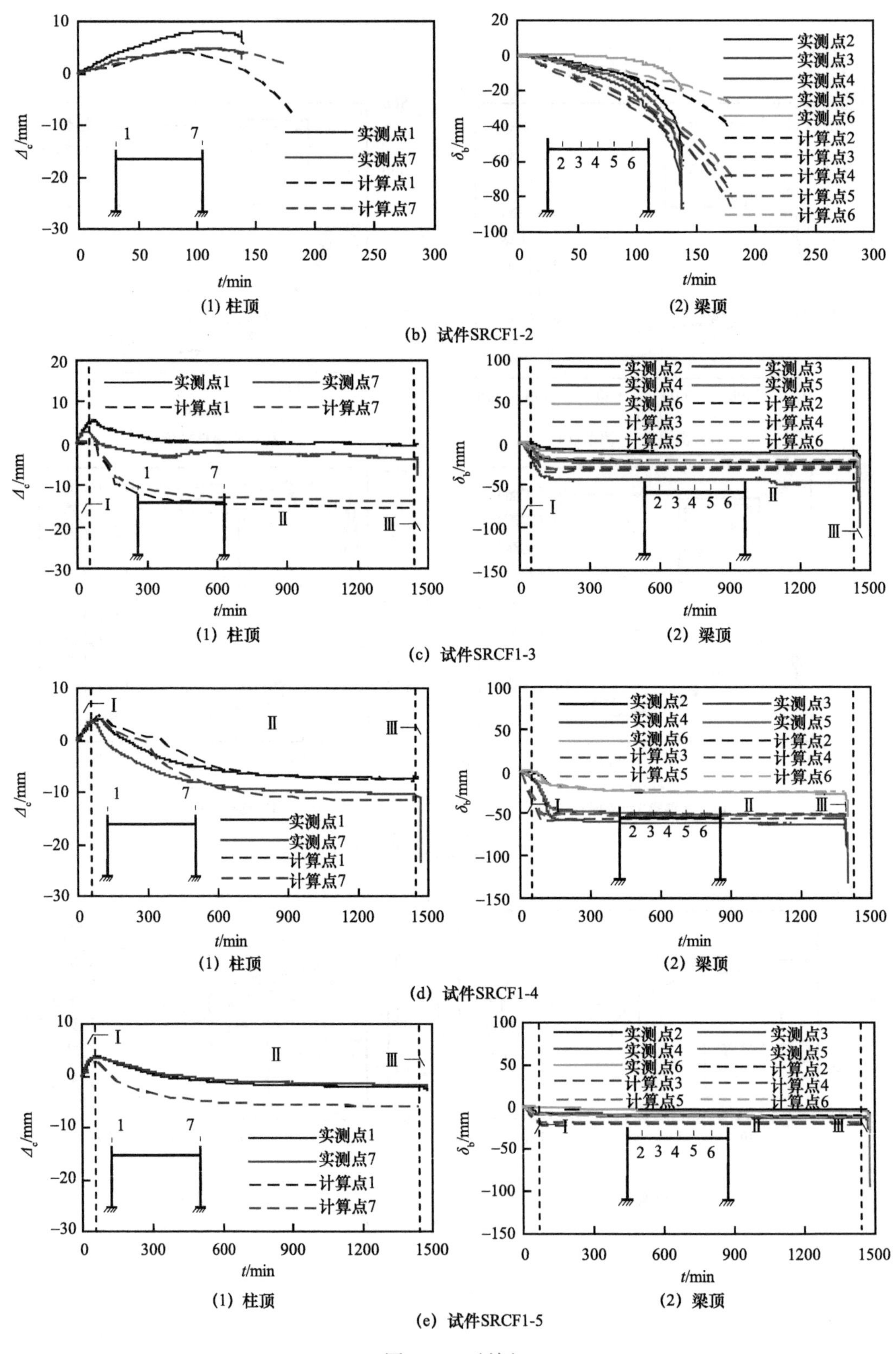

(1) 柱顶　(2) 梁顶

(b) 试件SRCF1-2

(1) 柱顶　(2) 梁顶

(c) 试件SRCF1-3

(1) 柱顶　(2) 梁顶

(d) 试件SRCF1-4

(1) 柱顶　(2) 梁顶

(e) 试件SRCF1-5

图 16.31 （续）

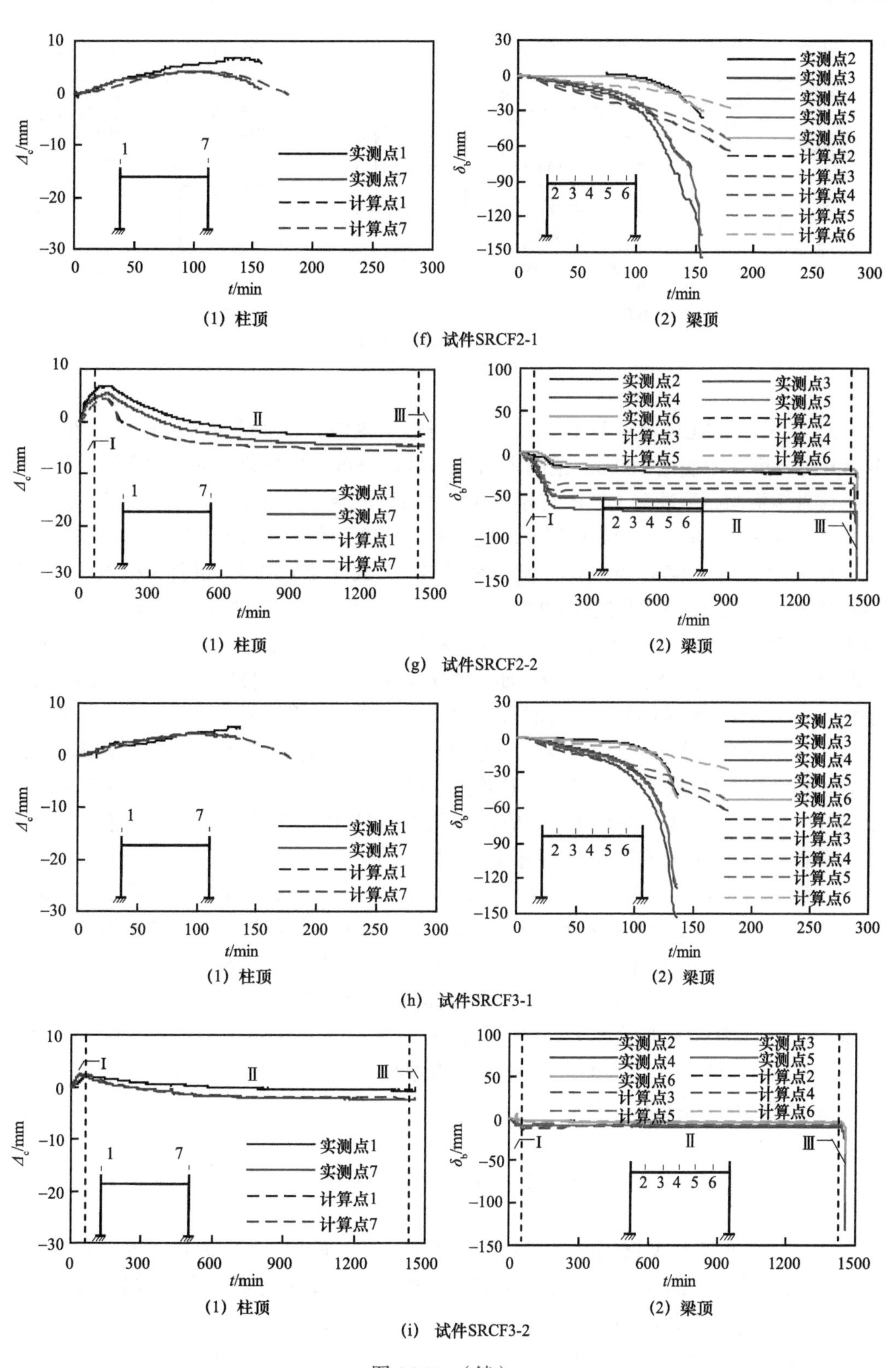

(1) 柱顶 (2) 梁顶

(f) 试件SRCF2-1

(1) 柱顶 (2) 梁顶

(g) 试件SRCF2-2

(1) 柱顶 (2) 梁顶

(h) 试件SRCF3-1

(1) 柱顶 (2) 梁顶

(i) 试件SRCF3-2

图 16.31 (续)

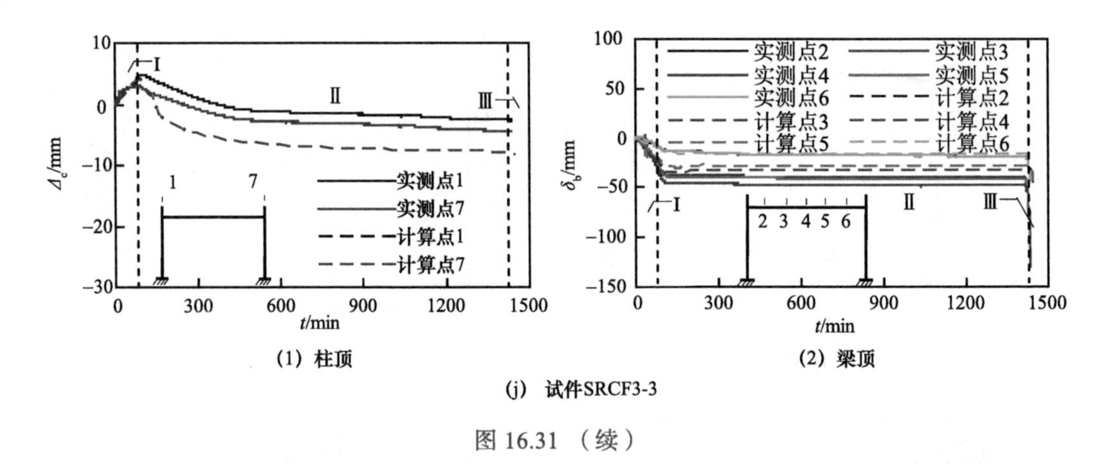

（1）柱顶　　（2）梁顶

(j) 试件SRCF3-3

图 16.31（续）

对于试件SRCF1-1、试件SRCF1-2、试件SRCF2-1和试件SRCF3-1，在升温30min时，梁跨中底面900mm范围内出现明显且分布均匀开裂，梁抵抗变形的能力降低，接着楼板与型钢混凝土柱的交界面开始开裂，混凝土退出工作；随着升温时间的增加和裂缝的进一步增大，最终梁因变形较大无法承载而使单层单跨平面框架发生破坏。

对于全过程火灾后的试件（试件SRCF1-3、试件SRCF1-4、试件SRCF1-5、试件SRCF2-2、试件SRCF3-2和试件SRCF3-3）的Δ_c-t关系，其变化规律与第4.3.2节型钢混凝土柱试验类似；对于δ_b-t关系，在升温段和降温的初始阶段，由于混凝土、钢筋和钢材材料性能的劣化，型钢混凝土梁或钢筋混凝土梁不同位置处的挠度随受火时间的增加而增加；在降温至300min后，梁不同位置处的挠度开始趋于稳定；框架内截面各点降至常温后，维持柱顶荷载恒定，增大梁三分点处荷载致框架破坏。框架可能发生梁破坏（试件SRCF1-3和试件SRCF1-4）或梁、柱均发生破坏的情况（试件SRCF1-5、试件SRCF2-2、试件SRCF3-2和试件SRCF3-3），前者梁不同位置处的挠度增加较快，柱顶位移变化较小；后者梁不同位置处的挠度和柱顶位移均增加较快。

型钢混凝土柱轴向变形在升温段表现为膨胀，与第4.3.2节型钢混凝土柱试验类似，由于截面内温度升高使材料产生的膨胀变形大于外荷载作用产生的压缩变形。对降温段的柱端位移和梁不同位置处的挠度增量，由截面内部材料性能劣化区域进一步增加而产生的压缩位移和降温产生的收缩位移两部分组成（宋天诣，2011）。在降温至300min后，梁端位移开始趋于稳定，这是由于降温至300min后梁截面内的温度已低于100℃，温度的进一步降低对材料性能劣化影响不明显，因此在外荷载作用下由于材料性能劣化造成梁挠度的增加量较小。

16.4 工作机理分析

本节分析火灾后型钢混凝土柱-型钢混凝土梁平面框架（为表述方便，后文统一称为型钢混凝土平面框架）的温度发展、破坏形态、变形特点和内力重分布规律等，以深入研究其在全过程火灾后的工作机理。

参考图15.1（b）的从整体框架结构中隔离出来的框架简化模型，建立了接近实际工程的足尺型钢混凝土柱 - 型钢混凝土梁平面框架的有限元计算模型，对其在图 1.14 所示的 A→A′→B′→C′→D′→E′ 的时间 - 温度 - 荷载路径下的工作机理展开了深入研究。

有限元计算模型基本计算条件如下。

1）型钢混凝土柱：高度（H）为 4000mm，方形截面边长（B）为 600mm；内部型钢尺寸（$h\times b_f\times t_w\times t_f$）为 360mm×300mm×16mm×16mm，纵筋为 12ϕ20；型钢混凝土梁长度（L）为 8000mm，梁截面高度（D_b）和梁截面宽度（B_b）为 600mm 和 400mm，内部型钢尺寸（$h\times b_f\times t_w\times t_f$）为 360mm×200mm×14mm×14mm，纵向受拉钢筋为 4ϕ20，受压钢筋为 2ϕ20；钢筋混凝土楼板跨度为 8000mm，楼板宽度为 3000mm，楼板厚度为 1200mm，纵筋为ϕ10@150。

2）柱混凝土：C60，梁和板混凝土：C40。柱和梁型钢屈服强度：345MPa，纵筋和箍筋屈服强度：335MPa。

3）柱荷载比（n）为 0.4，梁荷载比（m）为 0.2。升温时间（t_h）为 45min（按照 ISO-834（1980）标准火灾曲线进行升、降温）；梁柱线刚度比（k）为 1.08，梁柱极限弯矩比（k_m）为 0.65［k_m 按照式（10.2）计算］。

图 16.32 为单层单跨型钢混凝土平面框架的有限元计算模型，为模拟平面框架的实际受力情况，型钢混凝土柱端作用集中荷载（N_F），型钢混凝土梁沿全跨长作用均布荷载（q_F）。为便于后面的分析对梁、柱的节点区和跨中截面作如下表示：柱节点区截面（CJ）、柱跨中截面或非节点区截面（CM）、梁节点区截面（BJ）和梁跨中截面或非节点区截面（BM），如图 16.32 所示。

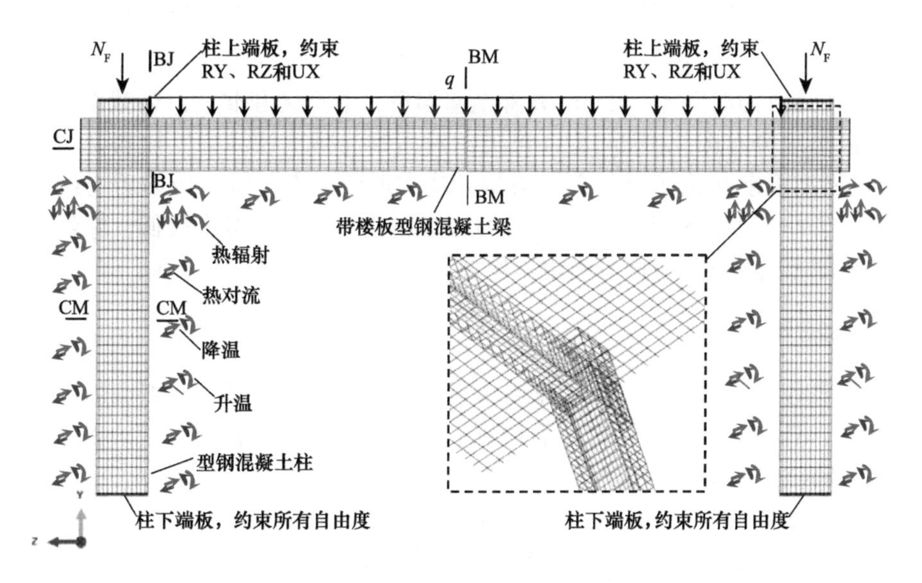

图 16.32　框架模型边界条件和网格划分

16.4.1　温度 - 受火时间关系

图 16.33 为升温时间 t_h=45min 时节点区与非节点区截面上不同特征点的温度

（T）- 受火时间（t）关系，楼板底面及以下型钢混凝土柱沿高度范围内四面均匀受火。为使曲线清晰和对比分析，图中仅给出了前 600min 内的温度曲线。

由图 16.33 可见，在升、降温火灾下型钢混凝土柱和梁截面的温度分布与型钢混凝土柱类似，同样存在滞后现象，且内部型钢得到了较好的保护；与其不同的是，型钢混凝土框架的节点区截面温度受到相邻的梁、板和柱的影响，相比非节点区具有更高的热容。因此，节点区截面各点的温度会低于非节点区截面对应点的温度。以型钢混凝土柱中测温点 1（角部纵筋）为例，节点区截面测温点 1 的最高温度为 499℃，非节点区截面测温点 1 的最高温度为 544℃，二者相差 45℃。

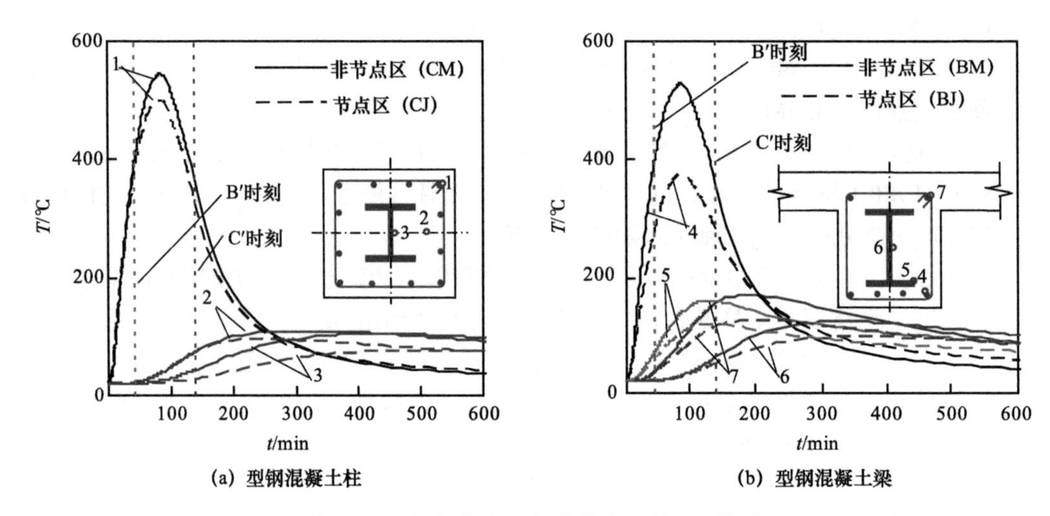

图 16.33　框架节点区与非节点区的 T-t 关系

图 16.34 为升温时间 t_h=45min 并降至室温后，节点区和非节点区截面内各点经历的历史最高温度分布图。由图 16.34 可见，对型钢混凝土柱和梁（柱和梁均为三面受火），历史最高温度在截面内分布不均匀，越靠近受火面，所经历的历史最高温度越高；同时由于在节点区相邻柱、梁和板的相互影响，该区域温度较低，导致历史最高温度沿柱高度（梁跨度）方向分布也不均匀。

16.4.2　结构破坏形态

在外荷载和升、降温火灾共同作用后平面框架并未发生破坏，但截面内存在残余应力和变形，且组成材料的材料性能均有不同程度的劣化。在火灾后阶段，存在两种可能的加载路径使平面框架破坏。

路径 1：保持柱端荷载不变，增大梁上荷载至结构破坏；

路径 2：保持梁上荷载不变，加大柱端荷载至结构破坏。

全过程火灾后平面框架的试验研究结果可见，由于受加载路径的限制，试验采用火灾后阶段保持柱端荷载不变，加大梁上荷载至平面框架破坏的加载路径，平面框架存在两种可能的破坏形态，即梁破坏和梁、柱均发生破坏。改变柱荷载比、梁荷载比、升温时间和火灾加载路径，火灾后平面框架则存在梁破坏、柱破坏和梁、柱均发生破坏 3 种可能的破坏形态，如表 16.5 所示。由表 16.5 可见，柱荷载比 $n \leqslant 0.4$，梁荷载比 $m < 0.4$，

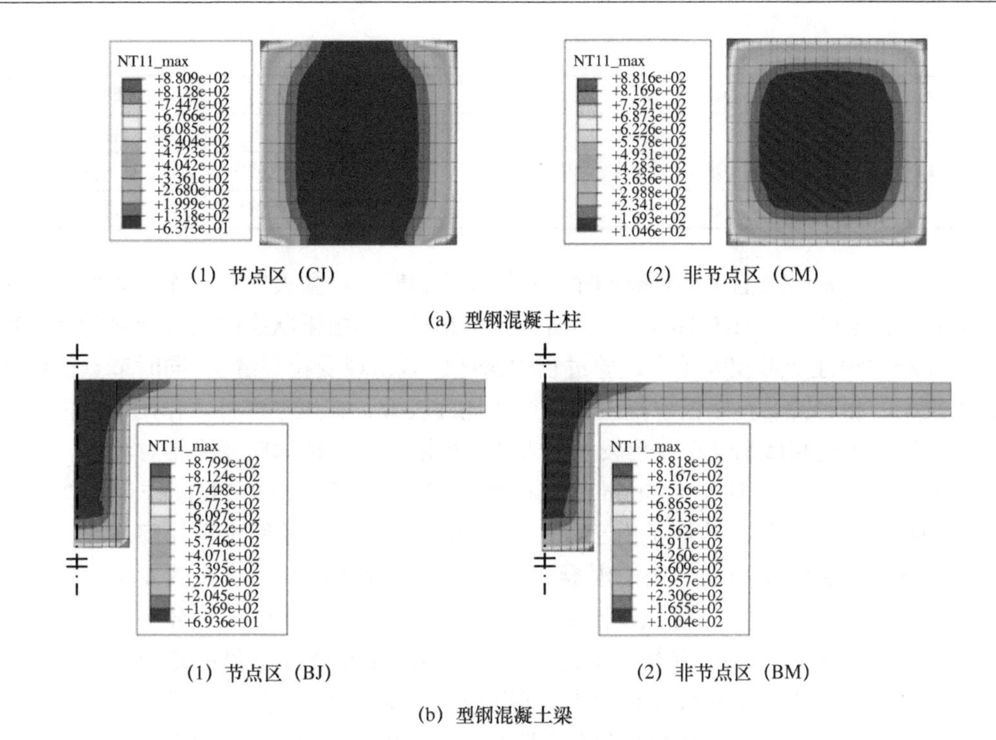

(1) 节点区（CJ） (2) 非节点区（CM）

(a) 型钢混凝土柱

(1) 节点区（BJ） (2) 非节点区（BM）

(b) 型钢混凝土梁

图 16.34 框架梁、柱截面内各点的最高温度分布（t_h=45min）

升温时间 $t_h \leqslant 45$min，平面框架的火灾后破坏形态与加载路径密切相关，即加载路径 1 为梁破坏，加载路径 2 为柱破坏；当柱荷载比 $n \geqslant 0.4$，梁荷载比 $m \geqslant 0.4$，升温时间 $t_h \geqslant 45$min，并且框架未在升温段或降温段破坏时，火灾后加载按路径 1 或路径 2 平面框架的破坏形态为梁、柱均发生破坏。

表 16.5 火灾后型钢混凝土柱 - 型钢混凝土梁平面框架的破坏形态

n	m	t_h/min	加载路径 1	加载路径 2
0.2	0.2	15	梁破坏	柱破坏
		30	梁破坏	柱破坏
		45	梁破坏	柱破坏
		60	梁破坏	柱破坏
0.4	0.2	15	梁破坏	柱破坏
		30	梁破坏	柱破坏
		45	梁破坏	柱破坏
		60	梁破坏	柱破坏
0.6	0.2	15	梁破坏	柱破坏
		30	梁破坏	柱破坏
		45	梁破坏	柱破坏
		60	梁破坏	柱破坏
0.2	0.2	45	梁破坏	柱破坏
	0.4		梁破坏	柱破坏
	0.6		梁破坏	柱破坏

续表

n	m	t_h/min	加载路径 1	加载路径 2
0.4	0.2	45	梁破坏	柱破坏
	0.4		梁、柱均发生破坏	梁、柱均发生破坏
	0.6		梁、柱均发生破坏	梁、柱均发生破坏

当n=0.4、m=0.2且t_h=45min时，在外荷载和升、降温火灾共同作用后按加载路径1加载至框架破坏，如图16.35（a）所示，可见框架达极限状态时梁柱交界的负弯矩区以及梁跨中塑性变形较大（在试验过程中这些区域出现受拉裂缝），同时节点区梁和柱产生较大的相对转动；楼板混凝土和钢筋的挠度较大，在压、弯外力作用下柱内侧在靠近节点区混凝土和型钢受压变形较大但未达到极限变形；柱轴向变形相对较小。

当n=0.4、m=0.2且t_h=45min时，在外荷载和升、降温火灾共同作用后按加载路径2加载至框架破坏，破坏是由于柱中下部混凝土压溃、纵筋出现局部屈曲，其破坏形态如图16.35（b）所示，由于混凝土对型钢起支撑作用，可防止其发生局部屈曲破坏；随着受火时间增加，荷载在混凝土、型钢和钢筋之间发生了重分布，受损混凝土的内力转由型钢及其周边混凝土承担，当外荷载增加至所能提供的截面抗力已无法承受外荷载时，柱中下部局部变形较大，混凝土被压溃、纵筋弯曲（轴压破坏），并带动梁、板变形；但梁和柱之间相对转动不明显，楼板混凝土和钢筋的挠度较小。

对同一类型的框架，随着柱荷载比、梁荷载比以及升温时间的变化，梁破坏和柱破坏之间存在一种过渡的破坏形态，即梁和柱同时破坏的形态。当n=0.4、m=0.4且t_h=45min时，在外荷载和升、降温火灾共同作用后按加载路径2加载至框架破坏，破坏是由于先在节点区梁端形成塑性铰，接着在跨中形成塑性铰；同时随着梁挠度的增加，柱的中上部内侧混凝土被压溃，发生了压弯破坏，其破坏形态如图16.35（c）所示。对柱破坏形态和梁、柱均发生破坏形态，柱的破坏现象各不相同。前者由于梁变形较小，对柱起支撑作用，柱发生了轴压破坏；后者的梁随着挠度的增大，相当于在柱上施加一不断增大的弯矩，在轴力和弯矩共同作用下发生了压弯破坏。

通过以上三种火灾后破坏形态进行简化，分别用点划线和细实线代表梁和柱中轴线变形前后的状态，对三种破坏形态的破坏区域用塑性铰表示。由图16.35可见，当单层单跨平面框架中形成足够的塑性铰而使柱或梁变成机构而无法承载，即认为结构达到了火灾后的极限状态。

16.4.3　结构变形特点

图16.36～图16.38为与图16.35中火灾后型钢混凝土平面框架三种破坏形态对应的柱轴向变形（Δ_c）和梁跨中挠度（δ_b）与受火时间（t）的关系。图中A、A′、B′、C′、D′和E′分别与图1.14所示的A→A′→B′→C′→D′→E′的时间（t）-温度（T）-荷载（N）路径对应，其中AA′代表常温段、A′B′代表升温段、B′C′D′代表降温段（C′点为结构外界温度降到常温时刻点）、D′E′代表火灾后阶段。框架升、降温段的时间统一为2400min（A′→B′→C′→D′）；对于常温段（AA′）和火灾后阶段（D′→E′），为便于

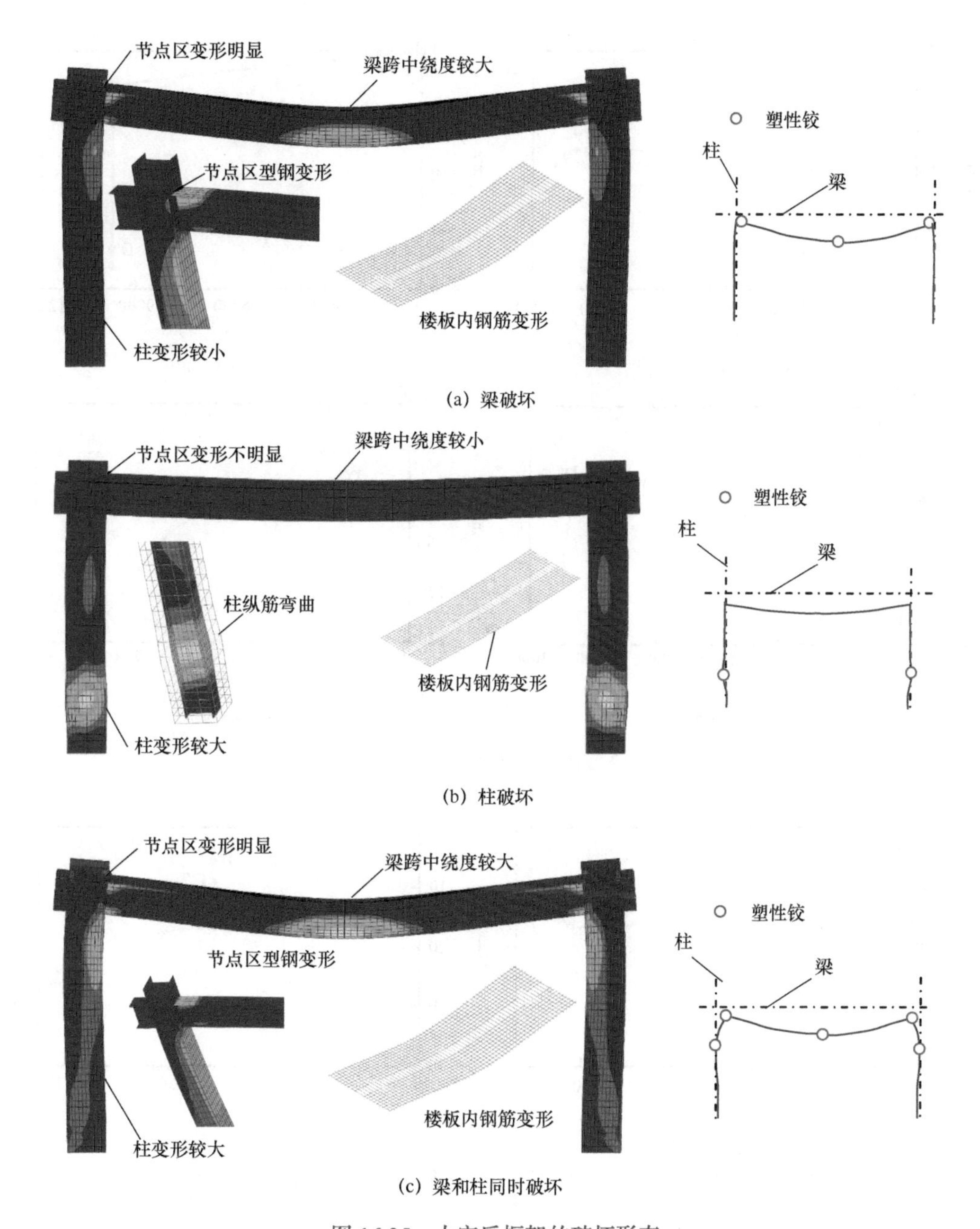

(a) 梁破坏

(b) 柱破坏

(c) 梁和柱同时破坏

图 16.35　火灾后框架的破坏形态

这两个阶段的变形与升、降温段作区分，均将其放大至 180min。对柱轴向变形，“－”号表示为压缩变形；对梁跨中挠度，“－”号表示挠度增加。本章后续章节均采用上述表示方法，不再重复说明。

图 16.36～图 16.38 中梁柱变形曲线按全过程加载路径可分为以下四个阶段。

1）常温段（AA′）：先后施加柱荷载和梁荷载，柱轴向变形和梁跨中挠度增加，Δ_c-t 和 δ_b-t 关系近似为双折线；Δ_c-q 关系在 q 为 0 时有由柱荷载引起的初值。

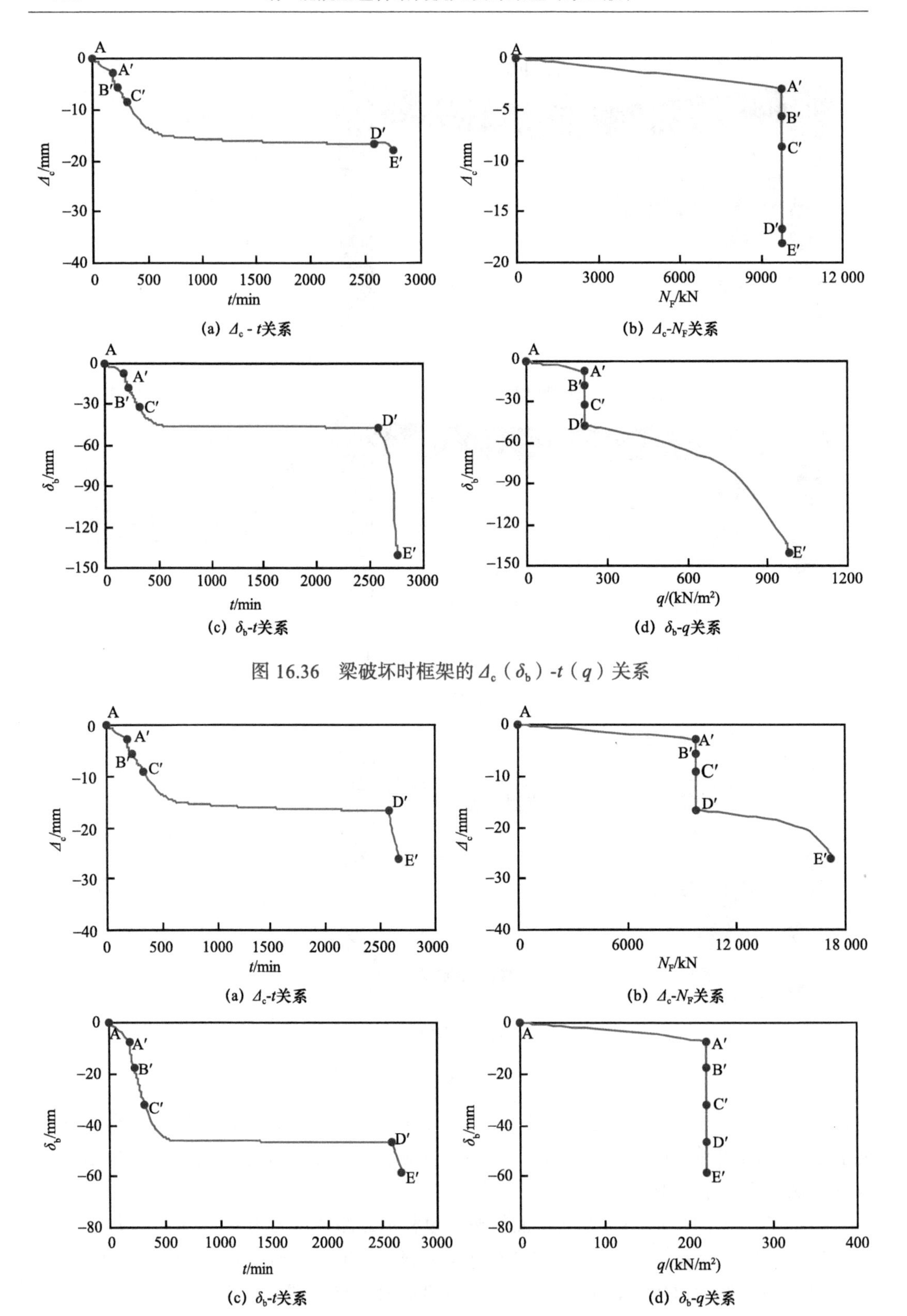

图 16.36　梁破坏时框架的 Δ_c（δ_b）-t（q）关系

图 16.37　柱破坏时框架的 Δ_c（δ_b）-t（q）关系

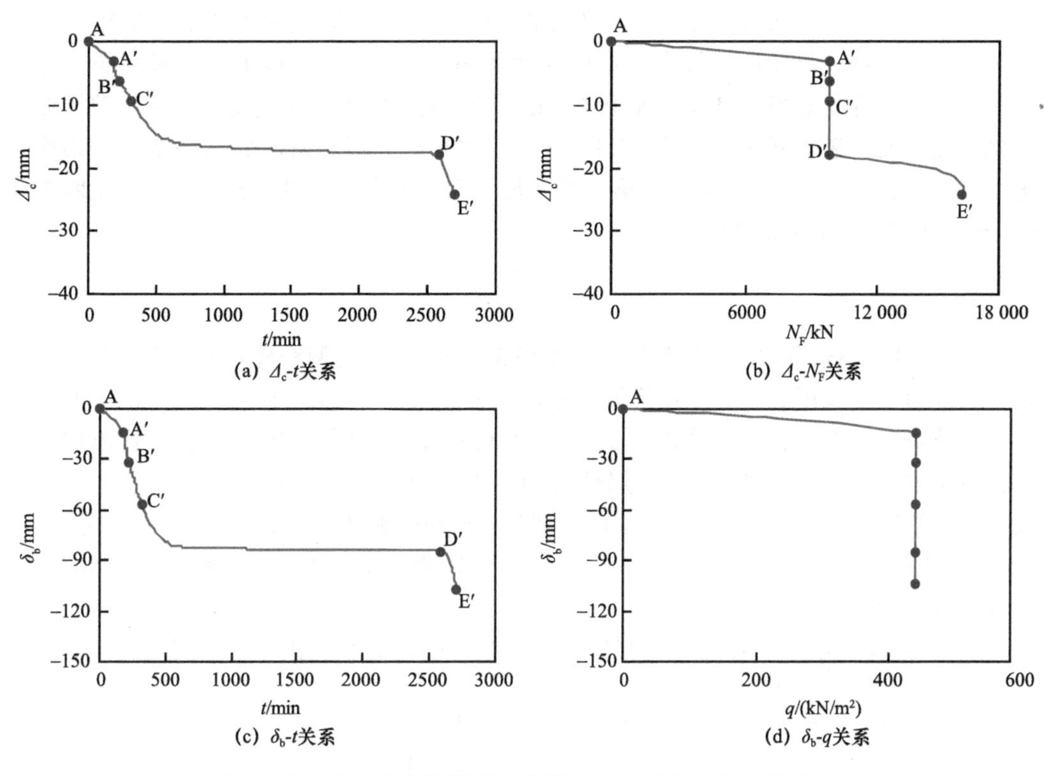

图 16.38　梁、柱同时破坏时框架的 Δ_c（δ_b）-t（q）关系

2）升温段（A′B′）：外界处于升温段，柱受热温度升高，但由于柱荷载比为 0.4，材料热膨胀产生的拉伸变形小于外荷载产生的压缩变形，柱膨胀位移不明显，表现为柱轴向压缩位移增加。材料升温膨胀对梁挠度的影响不明显，这是由于梁内混凝土材料性能随温度升高而劣化，使得梁抵抗变形的能力降低，挠度增加。梁和柱上荷载维持恒定，随着温度的提高和材料性能的不断劣化，梁柱变形增加，因此 Δ_c-N_F 关系（δ_b-q 关系）表现为竖直增大。

3）降温段（B′C′D′）：B′ 点后外界开始降温，在外界降温初期梁和柱内大部分区域仍然处于升温状态，由于升温导致材料性能劣化以及柱、梁荷载的共同作用，柱轴向变形和梁跨中挠度持续增加；在结构外界温度降为常温后（C′ 点），梁和柱内部区域仍处于升温状态，梁跨中挠度和柱轴向变形仍然持续增加；降温至 600min 时（图 16.36～图 16.38 中时间为 780min），梁和柱内温度均降至 100℃以下，直至降温段结束，梁跨中挠度和柱轴向位移保持为恒值，这是由于 100℃以下材料性能差异不大。降温段混凝土材料性能没有得到恢复（Tan et al.，2012）；型钢受到混凝土的保护其经历的历史最高温度在 100℃以下，升温段和降温段材料性能差异不大，因此在降温段后期并未出现钢管混凝土柱的变形恢复现象。这一阶段梁荷载和柱荷载仍保持不变，Δ_c-N_F 和 δ_b-q 关系持续垂直增大。

4）火灾后阶段（D′E′）：火灾后保持柱端荷载不变增加梁荷载（或保持梁上荷载不变增加柱端荷载）至框架破坏，其引起的变形各不相同。对于破坏形态为梁破坏的框架［图 16.35（a）］，梁跨中挠度增加 93.7mm，柱轴向变形相对梁增加较小，仅增加

1.4mm。对于破坏形态为柱破坏的框架［图 16.35（b）］，因柱轴向变形增加较快至柱破坏而不能承载，该阶段柱轴向变形增加达 9.5mm；梁跨中挠度的增加是主要由柱变形引起的，该阶段梁跨中挠度增加 11.7mm，与柱轴向变形增加量相近。对于破坏形态为梁、柱均发生破坏的框架［图 16.35（c）］，此种破坏形态发生的条件是柱和梁荷载比均在 0.4 以上，经前三个阶段后梁、柱变形较大，火灾后阶段柱轴向变形和梁跨中挠度分别增加 7.8mm 和 23.1mm。

16.4.4 内力变化

以火灾后梁破坏的平面框架为例［图 16.35（a）］，分析型钢混凝土平面框架的梁和柱不同截面处的弯矩和轴力变化规律，截面内力分布如图 16.39 所示。研究的截面包括梁、柱节点区和跨中截面，截面位置如图 16.32 所示。对图 16.39 中正负号作出如下规定：对于轴力，“−”号和“+”号分别表示截面受压和受拉；对于弯矩，“−”号表示梁截面上部和柱截面内侧受拉、梁截面下部和柱截面外侧受压，反之则为“+”号。

1）梁跨中截面内力：图 16.39（a）为梁跨中截面的轴力和弯矩随受火时间的变化曲线，可分为以下四个阶段。

① 常温段（AA′）。在均布荷载作用下，梁跨中截面承受正弯矩，同时由于梁端受

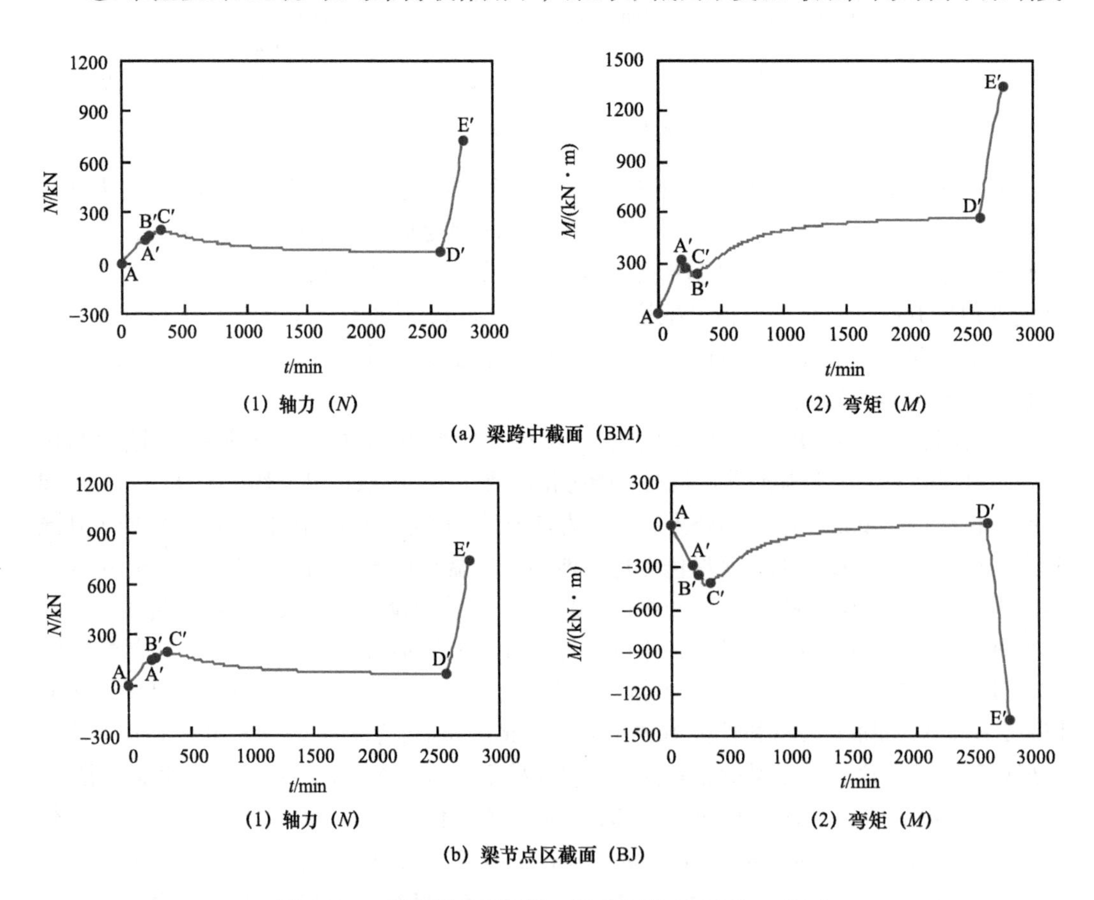

图 16.39 梁破坏时框架梁、柱截面的 N（M）-t 关系

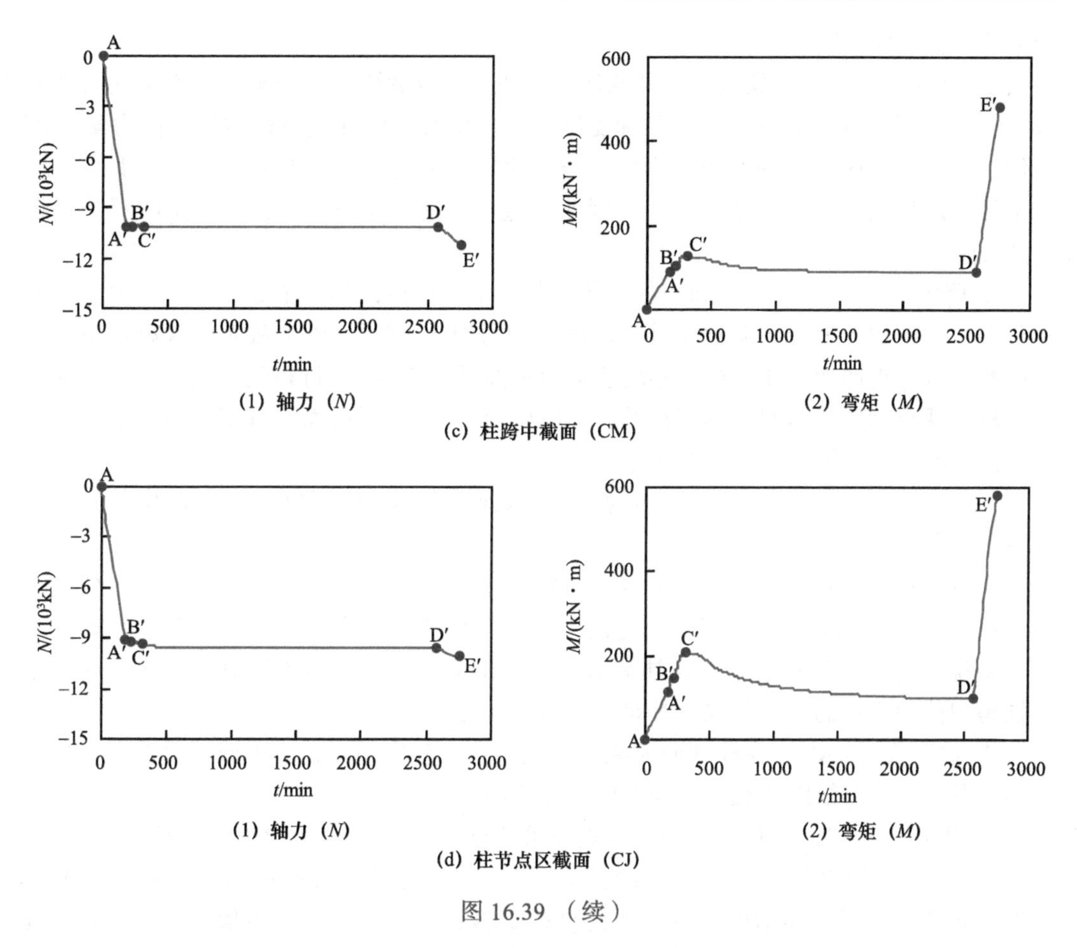

(1) 轴力 (*N*)　(2) 弯矩 (*M*)

(c) 柱跨中截面 (CM)

(1) 轴力 (*N*)　(2) 弯矩 (*M*)

(d) 柱节点区截面 (CJ)

图 16.39 (续)

到柱的约束作用，截面内产生了轴压力，轴力和弯矩随荷载的增加近似呈线性增加。

② 升温段（A′B′）。升温时结构的材料产生膨胀，由于梁两远端受到柱的轴向和转动约束，随着升温时间的增加，沿梁跨度方向会产生轴压力，且此轴压力随着升温时间的增加而增加；同时梁底部受热膨胀产生压应力导致截面中和轴下移，梁跨中截面弯矩减小。

③ 降温段（B′C′D′）。B′点后结构外界开始降温，在外界降温初期梁和柱内大部分区域仍然处于升温状态，截面轴力持续增加，弯矩减小；在结构外界温度降为常温后（C′点），温度降低，材料收缩产生拉应力，使截面轴压力减小；同时随着梁挠度的增加，轴压力的存在增大了梁弯矩的“二阶效应”，跨中截面弯矩增加；降温至600min后，截面内温度低于100℃，同时梁柱变形已比较稳定，截面轴力和弯矩也基本稳定。

④ 火灾后阶段（D′E′）。随着梁荷载增加，类似于常温段梁跨中截面，其轴力和弯矩逐渐增加。

2）梁节点区截面内力：图16.39（b）为梁节点区截面的轴力和弯矩随受火时间的变化曲线。对比图16.39（b1）与图16.39（a1）可见，梁节点区截面与跨中截面的轴力曲线相同，说明在无水平向外力的作用下，两者满足力学平衡条件。因此，仅对图16.39（b2）中节点区截面弯矩的变化曲线进行描述，同样可分为四个阶段。

① 常温段（AA′）。在均布荷载作用下，梁节点区截面承受负弯矩，弯矩随荷载的

增加近似呈线性增加。

② 升温段（A′B′）。梁底部受热膨胀产生压应力导致中和轴下移，梁跨中截面弯矩减小；相对于节点区梁截面，中和轴受压区方向偏移，因此其弯矩增加。由力学平衡条件，节点核心区截面的弯矩与梁跨中截面弯矩之和应等于梁上荷载作用产生的弯矩与轴压力产生的“二阶弯矩”之和。因此，随着升温时间的增加，弯矩在这两个截面之间发生了重分布。

③ 降温段（B′C′D′）。由前面的分析可见，节点区截面和跨中截面之间内力发生了重分布，在结构外界开始降温至外界温度降为常温（B′C′），跨中截面正弯矩减小，节点区截面负弯矩增加；在结构外界温度降为常温后（C′ 点），材料收缩减小了截面轴压力，从而减小轴压力引起的梁弯矩的“二阶效应”，节点区截面负弯矩减小，这表明降温段内力的减小对结构受力起有利作用。

④ 火灾后阶段（D′E′）。火灾后随着梁荷载增加，类似于常温段，梁跨中截面轴力和弯矩逐渐增加。

3）柱跨中截面内力：图 16.39（c）为柱跨中截面的轴力和弯矩随时间的变化曲线。对于柱，在柱端轴向荷载和梁端负弯矩作用下，柱跨中截面内产生了轴力和弯矩；在升、降温段，梁上均布荷载以及柱端荷载保持不变，柱内轴力为恒值。因此，本章分析柱跨中截面弯矩的变化曲线，其曲线同样可分为四个阶段。

① 常温段（AA′）。在柱轴向荷载和梁上均布荷载作用下，跨中截面承受压力和正弯矩；其轴力和弯矩随荷载的增加近似呈线性增加。

② 升温段（A′B′）。柱跨中截面弯矩随梁节点区截面负弯矩的增加而增加。

③ 降温段（B′C′D′）。对于降温的 B′C′ 段，同升温段，柱跨中截面弯矩随梁节点区截面负弯矩的增加而增加；对于降温的 C′D′ 段，柱跨中截面弯矩随梁节点区截面负弯矩的减小而减小。

④ 火灾后阶段（D′E′）。增大梁上荷载至框架梁发生破坏，由于梁上竖向荷载最终传递至柱，柱跨中截面的轴力也同时变大；柱跨中截面弯矩随梁节点区截面负弯矩的增加而增加。

4）柱节点区截面内力：图 16.39（d）为柱节点区截面的轴力和弯矩随时间的变化曲线。由图 16.39（c1）和图 16.39（d1）可见，柱节点区截面和跨中截面轴力变化曲线相同，这与力学平衡条件一致。对于弯矩，在外荷载和升、降温火灾共同作用全过程的四个阶段，柱节点区截面和跨中截面弯矩变化规律相同，前者数值上略大于后者；这是由于柱跨中截面弯矩与柱节点区剪力［等于梁节点区截面的轴力，如图 16.39（b1）所示］产生的弯矩之和等于柱节点区弯矩与柱节点区轴力产生的“二阶弯矩”之和；柱节点区轴力在升、降温段保持恒定，柱节点区截面和跨中截面弯矩的差异取决于梁节点区截面的轴力变化。

16.4.5　应变分布

混凝土塑性应变分布和发展规律可表征平面框架的工作状态以及混凝土裂缝的开展情况。以火灾后破坏形态为梁破坏的平面框架为例［图 16.35（a）］，研究的特征截面包括梁、柱的节点区和跨中截面，截面位置如图 16.32 所示。图 16.40 和图 16.41 分别为柱和梁上

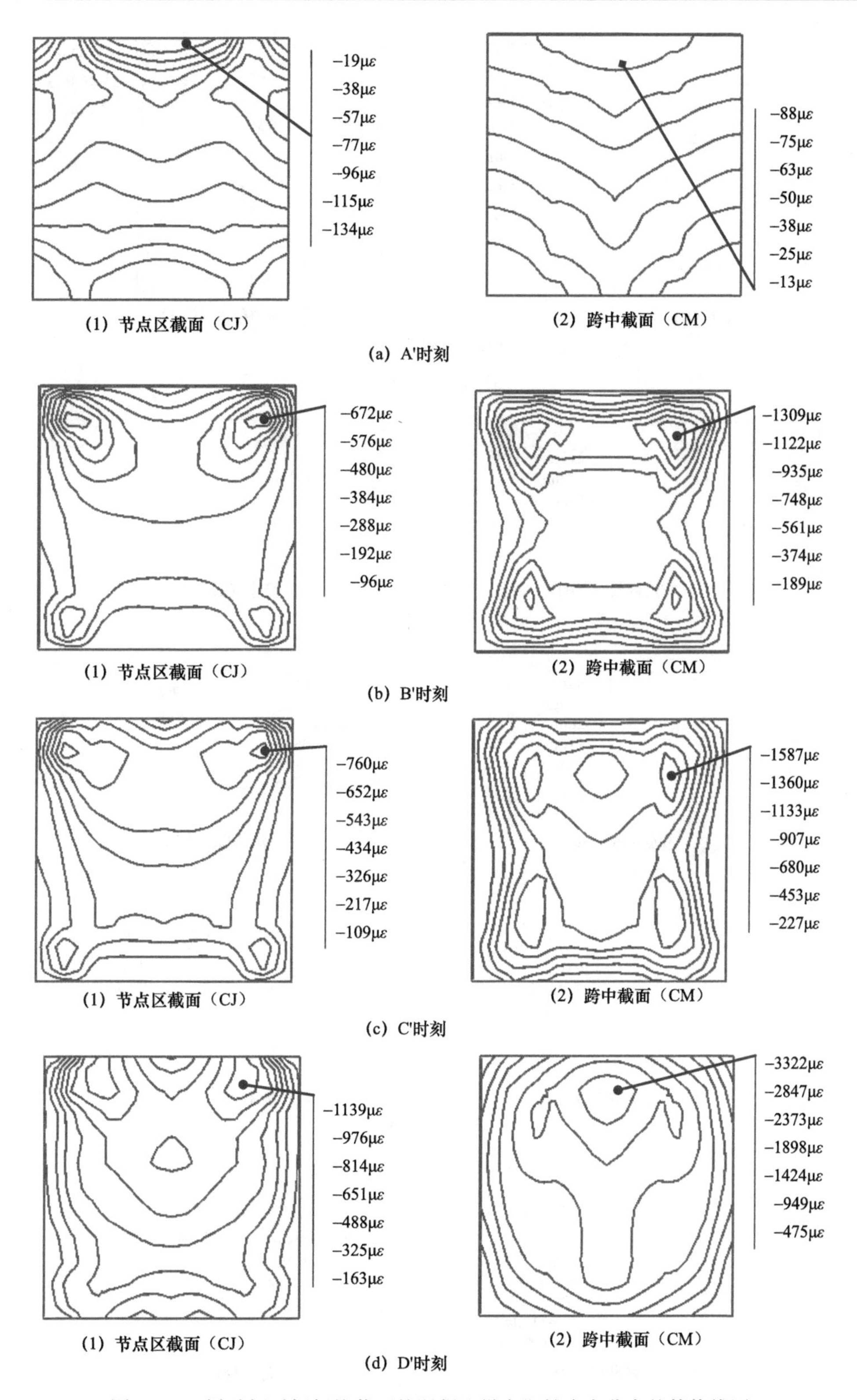

图 16.40　梁破坏时框架柱截面的混凝土纵向塑性应变分布的等值线图

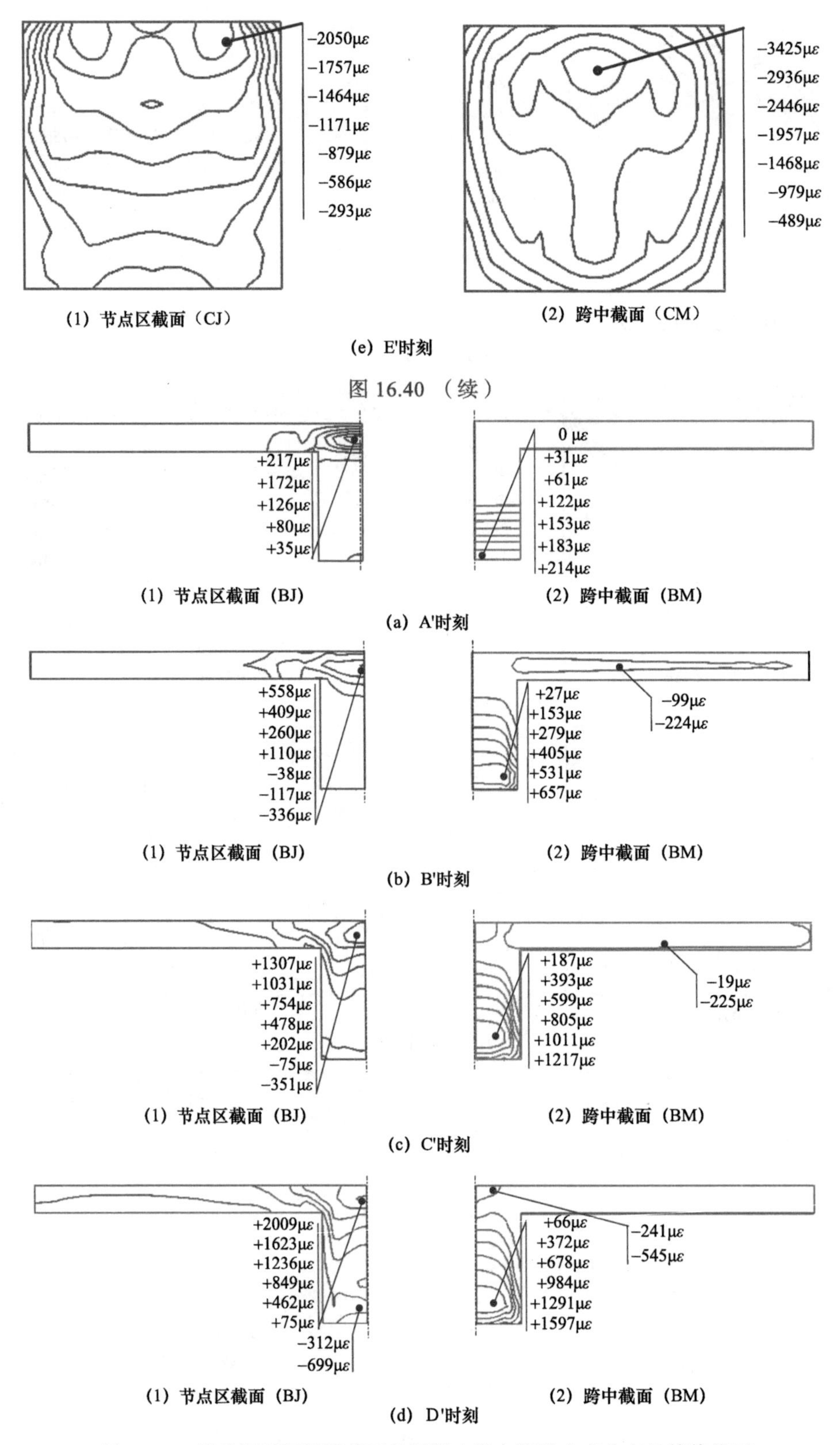

(1) 节点区截面（CJ）　(2) 跨中截面（CM）

(e) E'时刻

图 16.40 （续）

(1) 节点区截面（BJ）　(2) 跨中截面（BM）

(a) A'时刻

(1) 节点区截面（BJ）　(2) 跨中截面（BM）

(b) B'时刻

(1) 节点区截面（BJ）　(2) 跨中截面（BM）

(c) C'时刻

(1) 节点区截面（BJ）　(2) 跨中截面（BM）

(d) D'时刻

图 16.41　梁破坏时框架梁截面的混凝土纵向塑性应变分布的等值线图

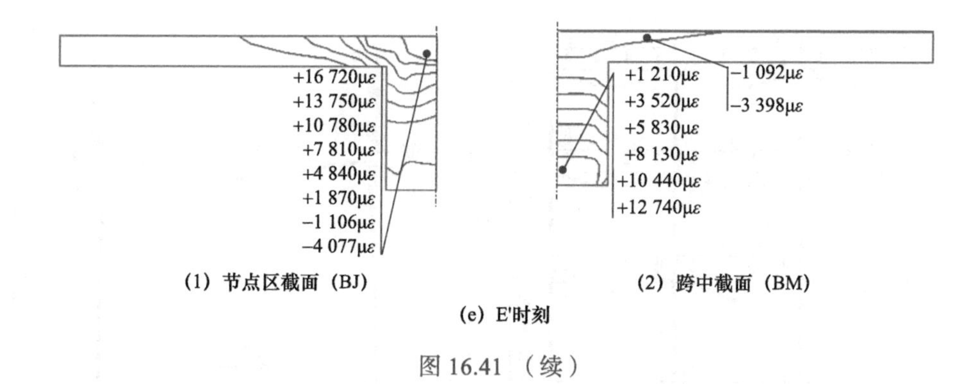

(1) 节点区截面（BJ）　　(2) 跨中截面（BM）

(e) E'时刻

图 16.41 （续）

述特征截面塑性应变分布的等值线图，图中“－”号表示压应变，“＋”号表示拉应变。

由图 16.40 可见，在外荷载和升、降温火灾作用的全过程的四个阶段，型钢混凝土柱节点区截面和跨中截面全截面受压，且塑性应变呈偏心分布，表明柱处于小偏压状态。对于柱节点区截面，由于柱处受到轴向外力同时受到梁端传递的负弯矩，混凝土塑性应变主要集中在靠近梁内跨的一侧；在升、降温段，纵向塑性应变随受火时间的增加而增大；在火灾后阶段，当框架发生破坏时（E′），最大纵向塑性应变达－2050με。

对于柱跨中截面，在常温加载结束时刻点（A′），混凝土塑性应变主要集中在靠近梁内跨的一侧；但随着外荷载和升、降温火灾的共同作用下，随着受火时间的增加，纵向塑性应变沿截面逐渐均匀分布，这是由于梁在节点区对柱端表现为压力，该压力减小了梁端传递至柱节点区的负弯矩作用，同时由于跨中截面受梁的约束作用较小，使柱跨中截面处于小偏压状态。在火灾后阶段，随着外荷载的增加，纵向塑性应变逐渐增加，在 E' 时刻，最大纵向塑性应变达－3425με。

由图 16.41 可见，常温下加载后（A′）梁跨中和节点区截面混凝土应力呈现带状分布，出现明显的拉、压区，跨中截面的混凝土楼板和梁上部均受拉，梁下部受压，受压区无明显塑性应变产生；节点区截面与跨中截面相反。由于混凝土楼板以下包括梁侧面和梁底直接受火，温度较高，随着升温时间的增加，由于材料性能的劣化，受拉区面积扩大，从梁截面中部向四周扩散，受拉塑性应变增加。对火灾后阶段（D′ 和 E'），梁内塑性应变等值线沿梁截面高度呈条状分布（宋天诣，2011）；对受负弯矩的梁节点区截面，板顶受拉、梁底受压，梁底部压应变达－4077με；对受正弯矩的梁跨中截面，板顶受压，梁底受拉，梁底部拉应变达＋12 740με。

16.5　约束条件对框架火灾后力学性能的影响

16.5.1　约束刚度计算

第 16.4 节对不考虑相邻构件约束作用的受火单层单跨平面框架的工作机理和力学性能进行了分析。实际结构中，受火构件通常受到相邻构件的约束作用（宋天诣和韩林海，2008）。因此，为研究相邻构件对受火平面框架的约束作用，在图 16.42（a）所示三层三跨带楼板的型钢混凝土平面框架基础上，将相邻构件对受火单层单跨平面框架的约束作

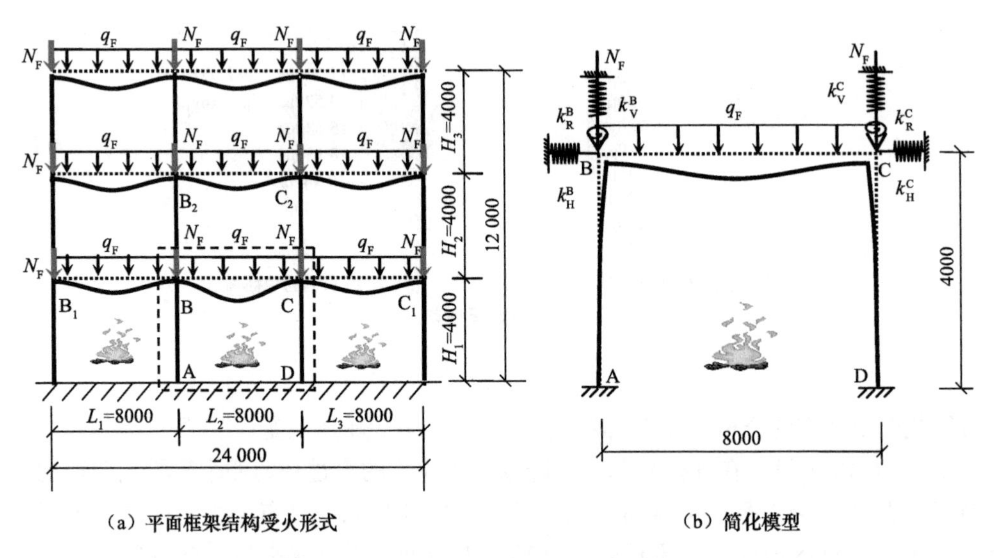

（a）平面框架结构受火形式　　（b）简化模型

图 16.42　考虑相邻构件约束影响的平面框架模型选取（尺寸单位：mm）

用用线弹簧和转动弹簧代替，计算简图如图 16.42（b）所示，图中，N_F 为柱轴向荷载，q_F 为梁上均布线荷载；H_1、H_2 和 H_3 为各层层高，L_1、L_2 和 L_3 为各跨跨度；k_H 和 k_V 为水平向和竖直向线弹簧刚度，k_R 为面内转动弹簧刚度，上标 B 或 C 表示 B 点或 C 点的弹簧刚度。型钢混凝土平面框架的截面和材料设计等与第 16.4 节平面框架完全相同。

以图 16.42（a）中受火的底层中跨平面框架 ABCD 为例，相邻构件约束作用的线弹簧和转动弹簧刚度按如下方法考虑。

1）水平向线弹簧刚度（k_H）：表示梁“BC”发生单位水平位移时柱对其的约束反力，按照式（16.1）计算（Huang et al.，2006）。

$$k_H=j\left(\frac{12(EI)_c}{H_1^3}+\frac{12(EI)_c}{H_2^3}\right) \tag{16.1}$$

式中：j 表示受火框架“ABCD”右边隔间数量，对于图 16.42（a）所示框架 $j=1$。

定义水平向线弹簧刚度与单位位移下柱抗剪刚度的比值为水平向约束刚度比（β_H），如式（16.2）所示。由式（16.2）可见，水平向约束刚度比 β_H 与受火框架同层隔间数量相关。

$$\beta_H=\frac{k_H H_1^3}{12(EI)_c} \tag{16.2}$$

对本章研究的图 16.42（a）所示的三层三跨平面框架，$\beta_H=2.0$。

2）竖直向线弹簧刚度（k_v）：表示 B（C）点发生单位竖向位移时上部相邻未受火楼层对受火楼层的约束反力，按照式（16.3）计算（Huang et al.，2006）。

$$k_V=\sum_{i=1}^{j}\frac{12(EI)_b}{L_i^3}\frac{\gamma_i}{2-\gamma_i} \tag{16.3}$$

式中：j 表示上部楼层的数量，对于本章研究的受火框架“ABCD”，$j=2$。γ_i 为与端部约束相关的系数，$0 \leqslant \gamma_i \leqslant 1$；对于型钢混凝土节点，节点为刚性，取 $\gamma_i=1$。

定义竖直向线弹簧刚度与单位位移下梁抗剪刚度的比值为竖直向约束刚度比 β_V，如式（16.4）所示。由式（16.4）可见，竖直向约束刚度比（β_V）与受火框架上部楼层数量以及节点类型相关。

$$\beta_V=\frac{k_V L_1^3}{12(EI)_b} \tag{16.4}$$

对本章研究的图 16.42（a）所示的三层三跨平面框架，$\beta_V=2.0$。

3）面内转动弹簧刚度（k_R）：表示梁"BC"端部发生单位转动位移时相邻构件对其的约束反弯矩，按照式（16.5）计算（Huang et al.，2006）。

$$k_R=\frac{2(EI)_c}{H_2}+\frac{2(EI)_b}{L_1}\frac{3\gamma}{4-\gamma^2} \tag{16.5}$$

式中：左边两项分别表示柱"BB_2"和梁"BB_1"对 B 点约束刚度的贡献，γ_i 为与端部约束相关的系数，$0 \leqslant \gamma_i \leqslant 1$；对于型钢混凝土节点，节点为刚性，因此取 $\gamma_i=1$。

定义面内转动弹簧刚度与单位转角下柱线刚度比的比值为面内转动约束刚度比（β_R），如式（16.6）所示，β_R 反映了相邻构件对受火框架的转动约束程度，它与梁柱线刚度比 k 以及节点类型相关。

$$\beta_R=\frac{k_R H_2}{2(EI)_c}=1+\frac{3k\gamma}{4-\gamma^2} \tag{16.6}$$

对本章研究的图 16.42（a）所示的三层三跨平面框架，$\beta_R=2.1$。

对考虑相邻构件约束作用的平面框架，在其他条件与相应不考虑约束作用的平面框架相同的情况下，考虑全过程火灾加载路径下的温度（T）- 受火时间（t）关系、破坏形态和应变分布等与第 16.4 节分析结果类似，本章不再赘述。以 $n=0.4$、$m=0.2$ 且 $t_h=45$min 时，火灾后破坏形态为梁破坏的平面框架为例，重点分析由于约束作用而引起的梁和柱变形、内力重分布和约束反力等的变化规律。

16.5.2　平面框架变形和约束反力

图 16.43 为型钢混凝土平面框架为梁破坏形态时，约束对柱轴向变形（Δ_c）和梁跨中挠度（δ_b）与受火时间（t）的关系的影响。由图 16.43 可见，与不考虑约束的平面框架类似，考虑约束后的平面框架柱轴向变形（Δ_c）和梁跨中挠度（δ_b）- 受火时间（t）关系同样可分为四个阶段；但后者的变形与前者相比较小，表明约束减小了柱的压缩变形和梁的挠度，对平面框架的耐火性能起有利作用。

图 16.44 为图 16.42 中 B 点约束反力的变化规律，图中"＋"表示线弹簧受拉力，面内转动弹簧为顺时针转动。由图 16.44 可见，B 点的水平向约束反力均为正值，水平约束反力和梁节点区截面轴压力变化规律相同，如图 16.44（a）所示，在无水平向外力作用下，两者满足力学平衡条件；垂直约束反力变化规律与柱轴向变形关系［图 16.43（a）］类似，由于该竖直向约束弹簧为线性弹簧，位移与反力成正比；同样，

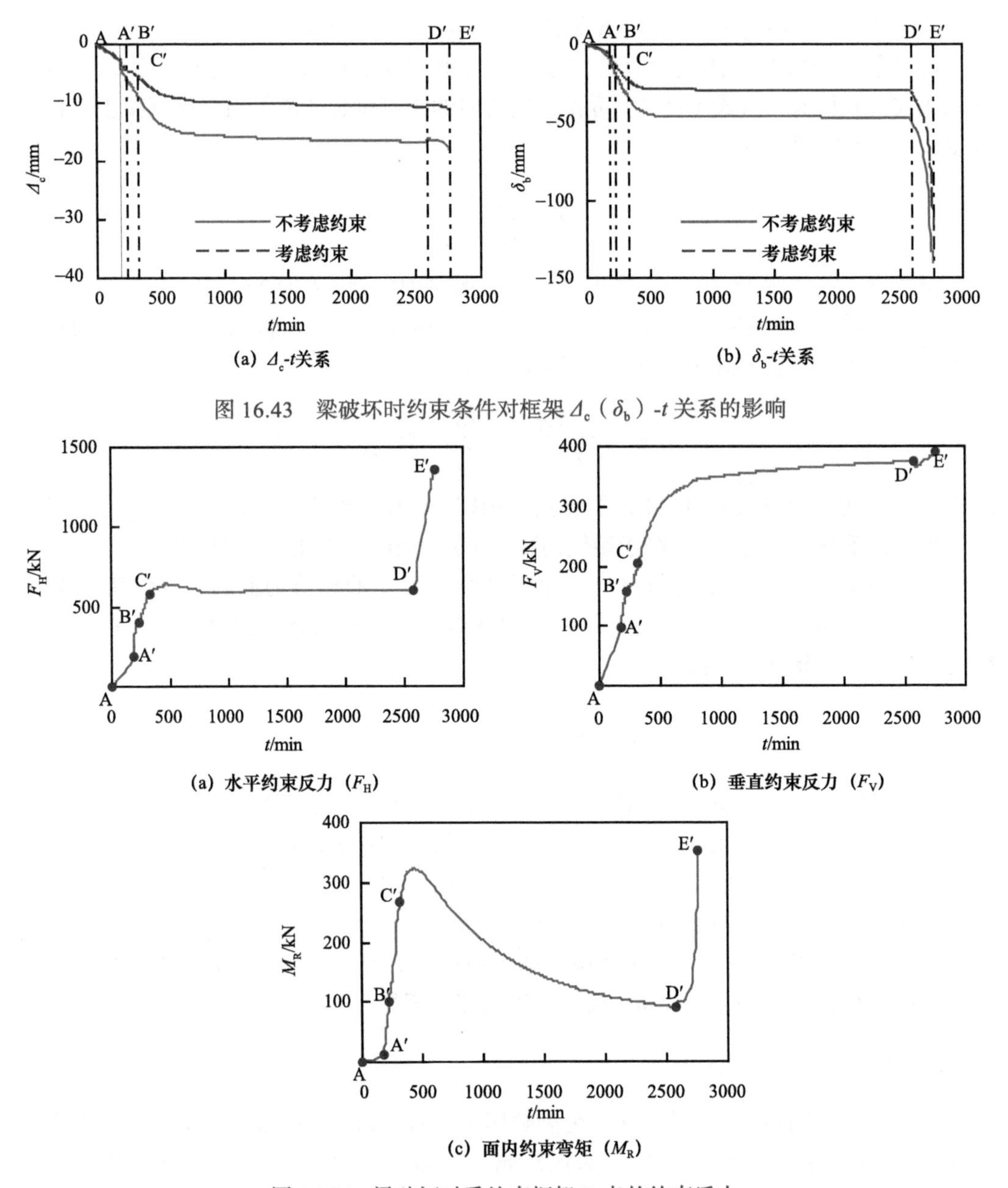

图 16.43　梁破坏时约束条件对框架 Δ_c（δ_b）-t 关系的影响

图 16.44　梁破坏时受约束框架 B 点的约束反力

面内约束转动弯矩与节点区柱和梁截面弯矩变化规律类似。以上结果表明，随着梁挠度和柱压缩变形的增加，约束弹簧内产生拉力以限制框架变形的增加。

16.5.3　内力变化

通过分析对比梁、柱节点区和跨中截面的弯矩和轴力变化规律，可分析约束对火灾后型钢混凝土平面框架耐火性能的影响。如图 16.45 所示为相邻约束对型钢混凝土平面框架的截面内力分布规律的影响，其火灾后破坏形态为梁破坏。

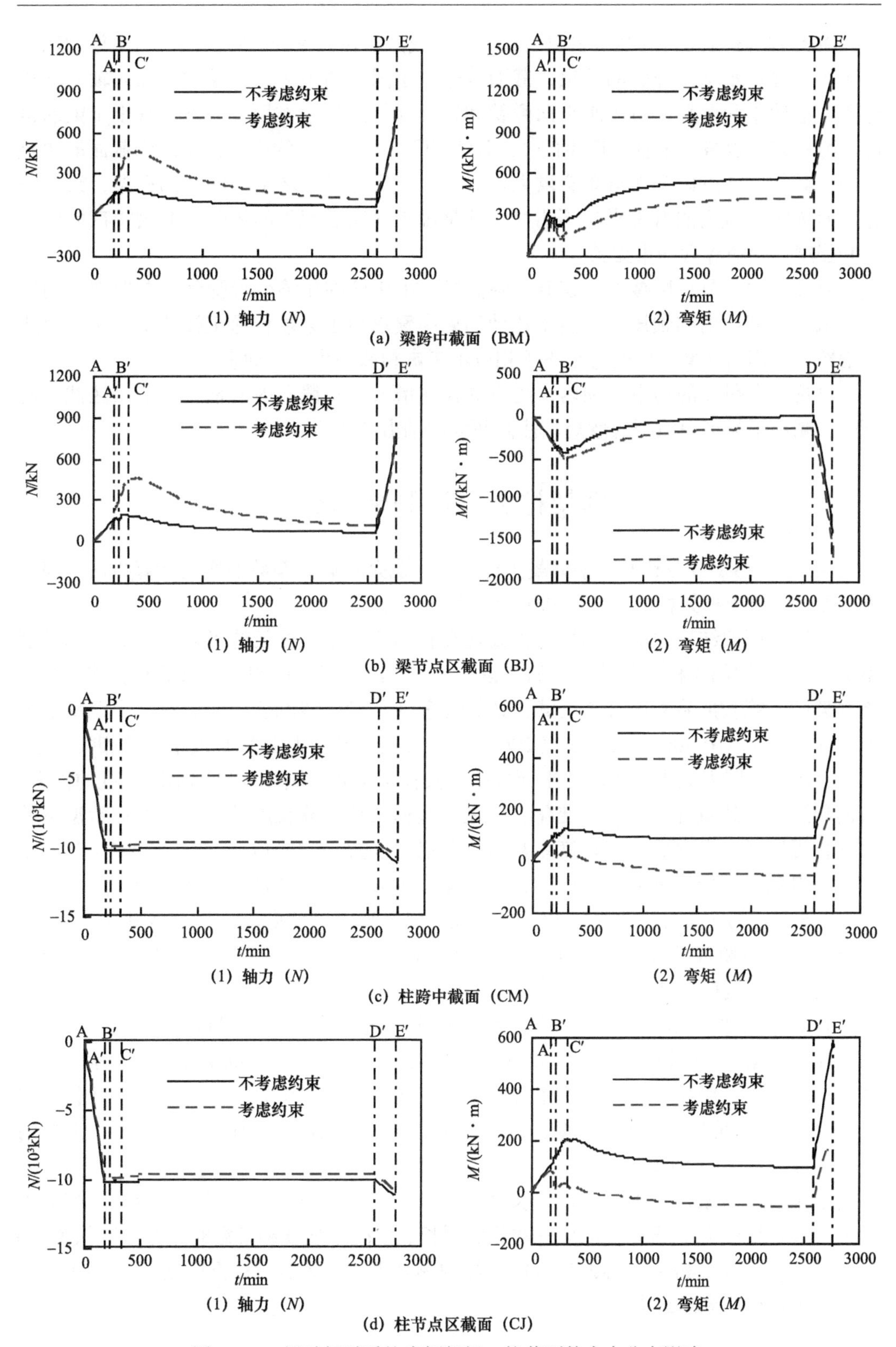

图 16.45　梁破坏时受约束框架梁、柱截面的内力分布影响

由图 16.45 可见，对梁跨中截面和节点区截面，在火灾升、降温段，由于梁的轴向膨胀受到柱和水平向弹簧的约束，截面内会产生附加约束应力，导致截面内轴力比相应不考虑约束的要高；由于水平向弹簧和转动弹簧的约束作用，一方面减小了梁的挠度，另一方面也减小了轴力产生的“二阶弯矩”，因此考虑约束后使梁跨中截面的弯矩变小，其相应节点区截面弯矩会增大。对于火灾后为梁破坏形态的平面框架，约束的存在对火灾后截面的弯矩影响不明显，这是由于火灾后截面的承载力取决于截面的材料和强度，与边界和约束无关。

对柱跨中和节点区截面，在升、降温段，由于柱的压缩变形受到竖直向弹簧的约束，减小了截面内的轴压力；由于转动约束弹簧承担了梁端传递至柱的负弯矩，因此考虑约束作用后柱截面内的弯矩小于相应不考虑相邻约束的平面框架。

可见，在研究的约束范围内，约束的存在增大了梁截面内的轴力和节点区截面的弯矩，减小了梁跨中截面的弯矩、柱截面内的轴力和弯矩。

16.6 框架柱火灾后剩余承载力计算

结合第 4.5.1 节得到的型钢混凝土柱火灾后剩余承载力系数的实用计算方法，即可得到型钢混凝土框架柱的火灾后剩余承载力。

常温下框架结构中的梁和板对框架柱存在约束作用，框架柱可通过等效计算长度系数 μ_{c0} 与两端间支柱进行等效。如陈骥（2006）给出了采用刚性节点的有侧移多层多跨框架柱计算长度系数的计算公式，该计算公式与梁柱线刚度比相关；另《混凝土结构设计规范》（GB 50010—2002）（2002，2015）也有框架柱计算长度系数的相关规定。

经历升、降温火灾作用后的平面框架，其框架梁和柱刚度均出现不同程度的损失，从而导致相互约束程度发生了变化，随之引起框架柱计算长度的变化。类似常温下的原理，可以通过火灾后计算长度系数 μ_{cp} 将框架柱与简支柱进行等效。第 4.5.1 节对工程常用参数范围内型钢混凝土柱的火灾后剩余承载力系数进行了参数分析，并得到了如表 4.6 所示的实用计算表格；对于框架柱，以降温段的结束点（图 1.14 中 D′ 点）为基准，火灾后阶段（图 1.14 中 D′→E′）保持梁上荷载不变，增加柱端荷载至框架破坏，同样可得到框架柱的火灾后剩余承载力系数。

在其他条件相同的情况下，按火灾后承载力等效的原则，通过调整型钢混凝土柱长细比，使第 4.5.1 节中火灾后型钢混凝土柱剩余承载力系数与框架柱的剩余承载力系数对应，则该长细比即为框架柱相对于两端简支柱的等效长细比 λ_{cp}。由该等效长细比 λ_{cp} 获得火灾后框架柱的计算长度，该计算长度与原框架柱长之比即为火灾后框架柱的计算长度系数 μ_{cp}（图 16.46）。

如果已知框架柱的火灾后计算长度系数 μ_{cp}，即可通过式（16.7）获得框架柱火灾后的等效长细比 λ_{cp}，再结合框架柱的截面周长、混凝土强度和升温时间等参数从表 4.6 所示的实用计算表格中获得火灾后框架柱的剩余承载力系数 R；再根据式（4.4）即可获得其火灾后剩余承载力。

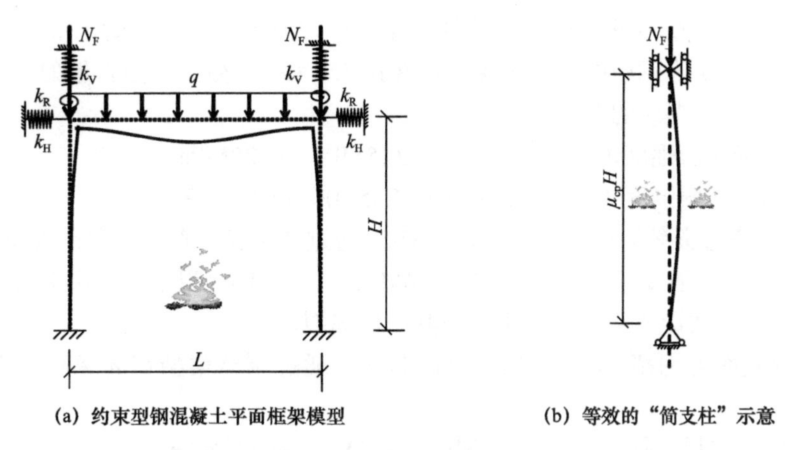

(a) 约束型钢混凝土平面框架模型　　(b) 等效的“简支柱”示意

图 16.46　火灾后框架柱的等效“简支柱”示意图

$$\lambda_{cp}=\begin{cases}\dfrac{2\sqrt{3}\mu_{cp}H}{D} & \text{绕强轴}\\ \dfrac{2\sqrt{3}\mu_{cp}H}{B} & \text{绕弱轴}\end{cases} \tag{16.7}$$

16.6.1　参数分析

（1）计算条件

影响框架柱火灾后计算长度系数可能的参数包括升温时间（t_h）、柱荷载比（n）、梁荷载比（m）、柱混凝土强度（f_{cuc}）、梁混凝土强度（f_{cub}）、柱型钢屈服强度（f_{yc}）、梁型钢屈服强度（f_{yb}）、柱纵筋屈服强度（f_{ybc}）、柱纵筋配筋率（ρ_c）、梁纵筋屈服强度（f_{ybb}）、梁柱线刚度比（k）、梁柱极限弯矩比（k_m）、柱截面含钢率（α_c）、梁截面含钢率（α_b）、水平向约束刚度比（β_H）、竖直向约束刚度比（β_V）和面内转动约束刚度比（β_R）等。

在进行参数分析时，上述参数的选取均采用实际工程中常用的量值，其变化范围如下。

1）升温时间（t_h）：由于一般建筑室内火灾升温时间处于15～60min（李国强等，2006；Barnett，2002；Lennon et al.，2003；Pope et al.，2006），同时需保证在其他参数相同的情况下，平面框架在经历升温段和降温段时不发生破坏，取15min、30min、45min和60min。

2）柱荷载比（n）：0.2、0.4和0.6。

3）梁荷载比（m）：0.2、0.4和0.6。

4）梁柱线刚度比（k）：0.87（L=10 000mm）、1.08（L=8000mm）和1.45（L=6000mm）。

5）柱截面含钢率（α_c）：4%、6%和8%。通过调整柱型钢翼缘和腹板厚度改变α_c的大小。

6）柱混凝土强度（f_{cuc}）：40MPa、60MPa和80MPa。f_{cuc}为40MPa和60MPa时，

为普通混凝土，本章不考虑其高温爆裂；对于f_{cuc}为80MPa时，采用Kodur等（2004）中提出的方法，认为钢筋的混凝土保护层在达350℃时失效，采用自编的计算程序可考虑高强混凝土高温爆裂的影响。

7）柱型钢屈服强度（f_{yc}）：235MPa、345MPa和420MPa。

8）柱纵筋屈服强度（f_{ybc}）：235MPa、335MPa和400MPa。

9）柱纵筋配筋率（ρ_c）：1%、2%和3%。通过调整纵筋直径或数量改变ρ_c的大小。

10）梁混凝土强度（f_{cub}）：30MPa、40MPa和50MPa。以上三种梁混凝土强度小于60MPa时，为普通混凝土，本章不考虑其高温爆裂。

11）梁截面含钢率（α_b）：4%、6%和8%。通过调整梁型钢翼缘和腹板厚度改变α_b的目的。

12）梁型钢屈服强度（f_{yb}）：235MPa、345MPa和420MPa。

13）梁纵筋屈服强度（f_{ybb}）：235MPa、335MPa和400MPa。

14）梁柱极限弯矩比（k_m）：0.4、0.65和0.8。通过调整梁型钢屈服强度（f_{yb}）和纵筋屈服强度（f_{ybb}）实现。

15）水平向约束刚度比（β_H）：0、2.0、4.0和6.0，分别对应平面框架的跨数为三跨（无约束）、三跨、五跨和七跨。

16）竖直向约束刚度比（β_V）：0、2.0、4.0和8.0，分别对应平面框架的跨数为三层（无约束）、三层、五层和九层。

17）面内转动约束刚度比（β_R）：β_R的变化与梁柱线刚度比k相同，取0（无约束，L＝8000mm）、1.9（L＝10 000mm）、2.1（L＝8000mm）和2.5（L＝6000mm）。

（2）参数分析

1）柱荷载比：图16.47为柱荷载比（n）对μ_{cp}的影响。由图可见，在柱荷载比相同的情况下，μ_{cp}随着升温时间的增加而减小，这是由于在升温时间一定的情况下，火灾后柱剩余承载力系数越大，其对应的长细比越小。在升温时间相同的情况下，柱荷载比越大，μ_{cp}越大，这是由于经历火灾升、降温作用后型钢混凝土框架柱内的残余应力和变形越大，使火灾后柱剩余承载力系数越小。总体上，柱荷载比对μ_{cp}有一定程度的影响。

2）梁荷载比：图16.48为梁荷载比（m）对μ_{cp}的影响。在梁荷载比相同的情况下，μ_{cp}随着升温时间的增加而减小；在升温时间相同的情况下，梁荷载比越大，μ_{cp}越大，这是由于梁荷载比越大，经历火灾升、降温作用后型钢混凝土框架柱端的负弯矩越大，火灾后柱剩余承载力系数越小。总体上，梁荷载比对μ_{cp}的有一定程度的影响。

3）梁柱线刚度比：图16.49为梁柱线刚度比（k）对μ_{cp}的影响。在梁柱线刚度比相同的情况下，μ_{cp}随着升温时间的增加而减小；在升温时间相同的情况下，梁柱线刚度比越大，梁对柱端的约束就越强，经历火灾升、降温作用后型钢混凝土框架柱的剩余承载力系数越大，μ_{cp}越小。

4）柱截面含钢率：图16.50为柱截面含钢率（α_c）对μ_{cp}的影响。在柱截面含钢率相同的情况下，μ_{cp}随着升温时间的增加而减小；在升温时间相同的情况下，随着柱截面含钢率的提高μ_{cp}有所减小，这是由于火灾后阶段型钢材料性能的恢复，承担的外荷载达一定比例。

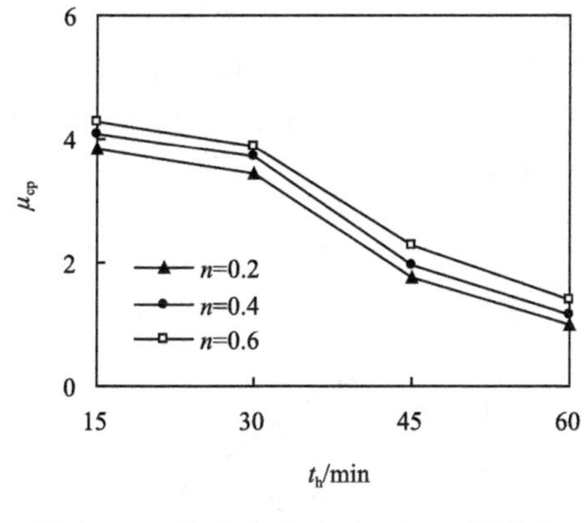

图 16.47　柱荷载比（n）对 μ_{cp} 的影响

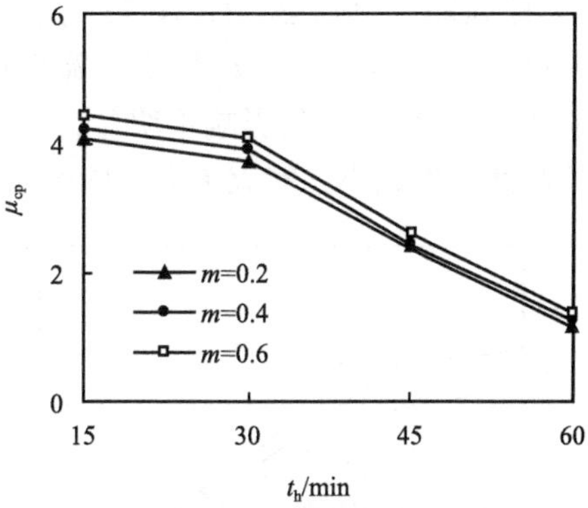

图 16.48　梁荷载比（m）对 μ_{cp} 的影响

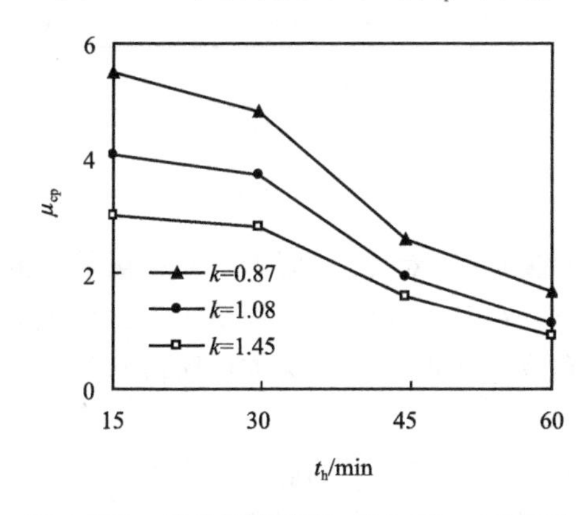

图 16.49　梁柱线刚度比（k）对 μ_{cp} 的影响

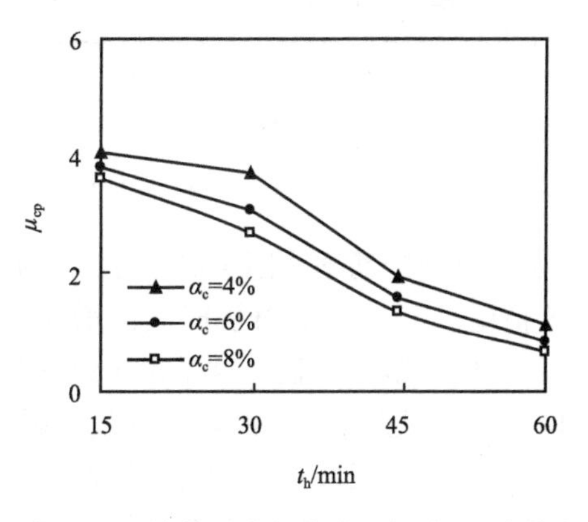

图 16.50　柱截面含钢率（α_c）对 μ_{cp} 的影响

5）柱混凝土强度：图 16.51 为柱混凝土强度（f_{cuc}）对 μ_{cp} 的影响。在柱混凝土强度相同的情况下，μ_{cp} 随着升温时间的增加而减小；在升温时间相同的情况下，当混凝土强度为 40MPa 和 60MPa 时，混凝土强度对 μ_{cp} 的影响不明显；当混凝土强度为 80MPa 时，由于爆裂造成的截面削弱以及内部混凝土和型钢温度的升高，导致火灾后框架柱承载力降低程度较大，μ_{cp} 增大的程度比普通混凝土大。因此，普通混凝土和高强混凝土对 μ_{cp} 的影响宜分别考虑。

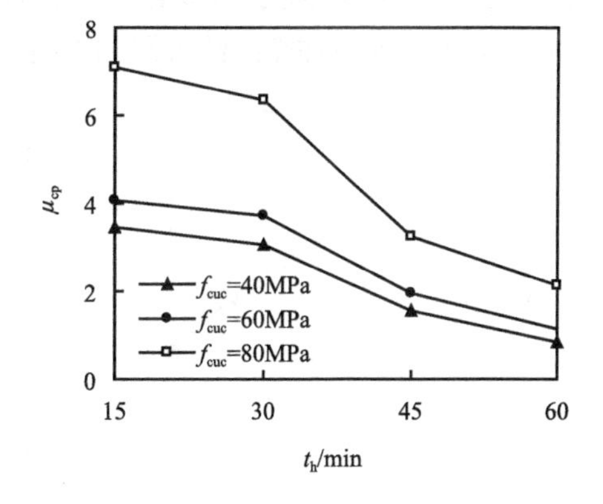

图 16.51　柱混凝土强度（f_{cuc}）对 μ_{cp} 的影响

6）柱型钢屈服强度：图 16.52 为柱型钢屈服强度（f_{yc}）对 μ_{cp} 的影响。在柱型钢屈服强度相同的情况下，μ_{cp} 随着升温时间的增加而减小；在升温时间相同的情况下，随着柱型钢屈服强度的提高 μ_{cp} 有所减小，这是由于火灾后阶段柱型钢材料性能的恢复，承担的外荷载达一定比例，柱型钢屈服强度的变化对框架柱火灾后剩余承载力系数有一定的影响。因此，柱型钢屈服强度对 μ_{cp} 有一定程度的影响。

7）柱纵筋屈服强度：图 16.53 为柱纵筋屈服强度（f_{ybc}）对 μ_{cp} 的影响。在柱纵筋屈服强度相同的情况下，μ_{cp} 随着升温时间的增加而减小；在升温时间相同的情况下，柱纵筋屈服强度对 μ_{cp} 的影响不明显，这是由于纵筋的体积含量较小，在火灾后阶段承担的外荷载比例较小，对火灾后柱的剩余承载力影响不明显。

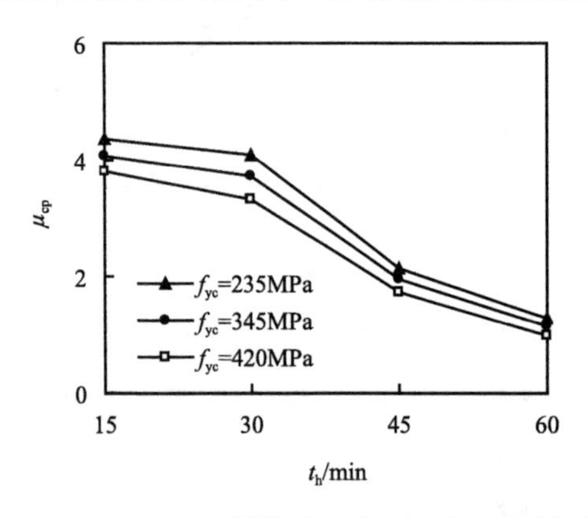

图 16.52　柱型钢屈服强度（f_{yc}）对 μ_{cp} 的影响

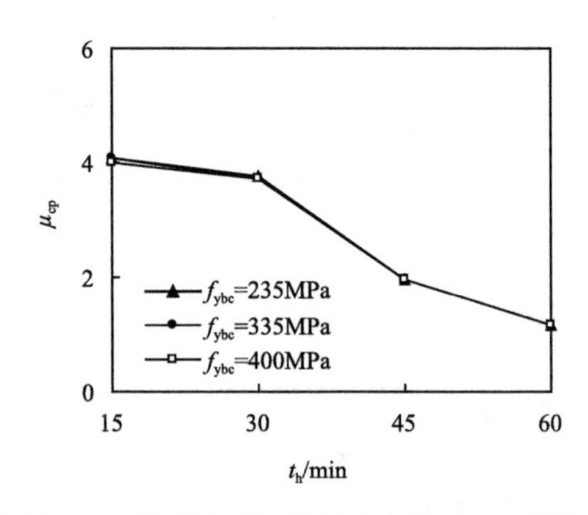

图 16.53　柱纵筋屈服强度（f_{ybc}）对 μ_{cp} 的影响

8）柱纵筋配筋率：图 16.54 为柱纵筋配筋率（ρ_c）对 μ_{cp} 的影响。在柱纵筋配筋率相同的情况下，μ_{cp} 随着升温时间的增加而减小；在升温时间相同的情况下，柱纵筋配筋率对 μ_{cp} 的影响不明显，这是由于纵筋的体积含量不明显，在火灾后阶段承担的外荷载比例较小，对火灾后柱的剩余承载力影响较小。

9）梁混凝土强度：图 16.55 为梁混凝土强度（f_{cub}）对 μ_{cp} 的影响。在梁混凝土强度相同的情况下，μ_{cp} 随着升温时间的增加而减小；在升温时间相同的情况下，梁混凝土强度对 μ_{cp} 的影响不明显，这是由于在保证梁柱线刚度比和极限弯矩比相同的情况下，提高梁混凝土强度对柱端的约束影响不明显，从而导致火灾后框架柱承载力变化较小。

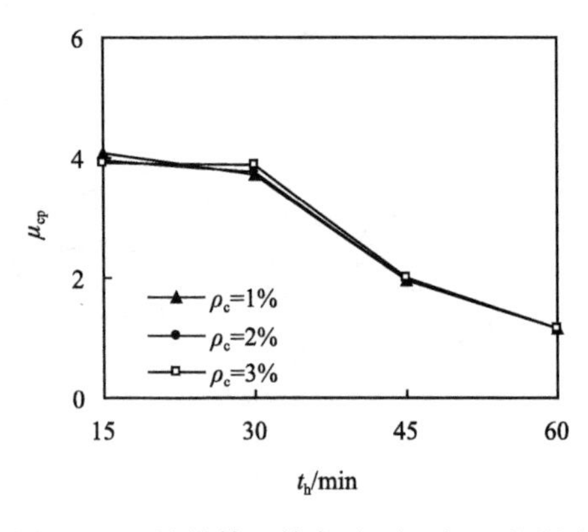

图 16.54　柱纵筋配筋率（ρ_c）对 μ_{cp} 的影响

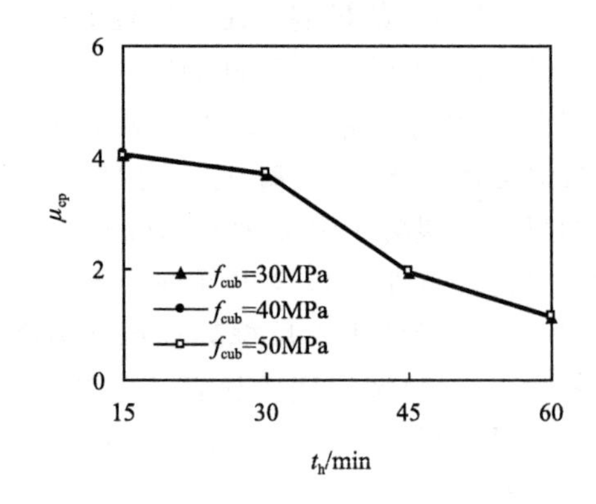

图 16.55　梁混凝土强度（f_{cub}）对 μ_{cp} 的影响

10）梁截面含钢率：图 16.56 为梁截面含钢率（α_b）对 μ_{cp} 的影响。在梁截面含钢率相同的情况下，μ_{cp} 随着升温时间的增加而减小；在升温时间相同的情况下，梁截面含钢率对 μ_{cp} 的影响不明显，这是由于在保证梁柱线刚度比和极限弯矩比相同的情况下，提高梁截面含钢率对柱端约束影响不明显，从而导致火灾后框架柱承载力变化较小。

11）梁型钢屈服强度：图 16.57 为梁型钢屈服强度（f_{yb}）对 μ_{cp} 的影响。由在梁型钢屈服强度相同的情况下，μ_{cp} 随着升温时间的增加而减小；在升温时间相同的情况下，梁型钢屈服强度对 μ_{cp} 的影响不明显，这是由于在保证梁柱线刚度比和极限弯矩比相同的情况下，提高梁型钢屈服强度对柱端的约束影响不明显，从而导致火灾后框架柱承载力变化较小。

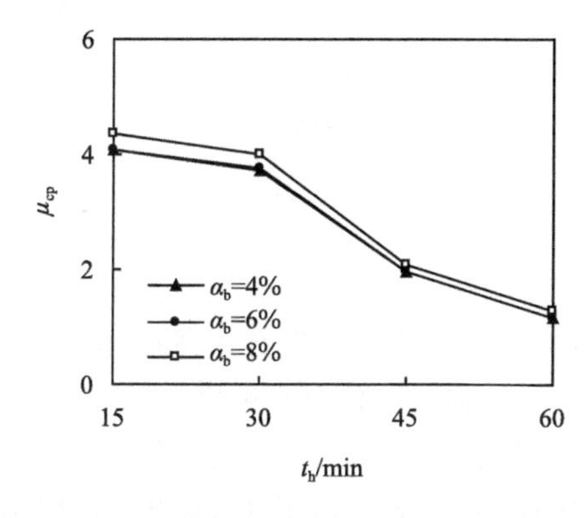

图 16.56　梁截面含钢率（α_b）对 μ_{cp} 的影响

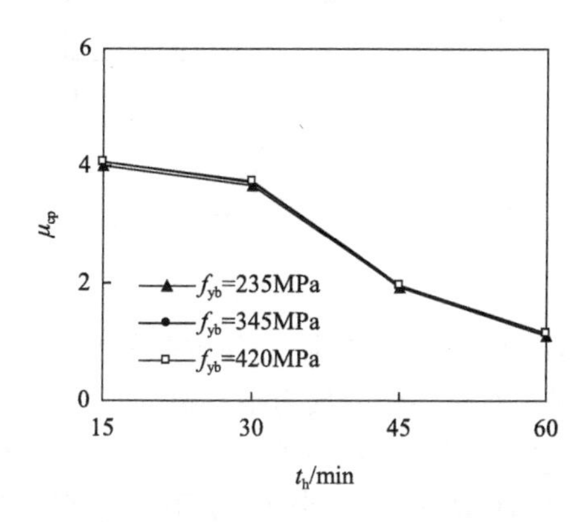

图 16.57　梁型钢屈服强度（f_{yb}）对 μ_{cp} 的影响

12）梁纵筋屈服强度：图 16.58 为梁纵筋屈服强度（f_{ybb}）对 μ_{cp} 的影响。在梁纵筋屈服强度相同的情况下，μ_{cp} 随着升温时间的增加而减小；在升温时间相同的情况下，梁纵筋屈服强度对 μ_{cp} 的影响不明显，这是由于在保证梁柱线刚度比和极限弯矩比相同的情况下，提高梁纵筋屈服强度对柱端的约束影响不明显，从而导致火灾后框架柱承载力变化较小。

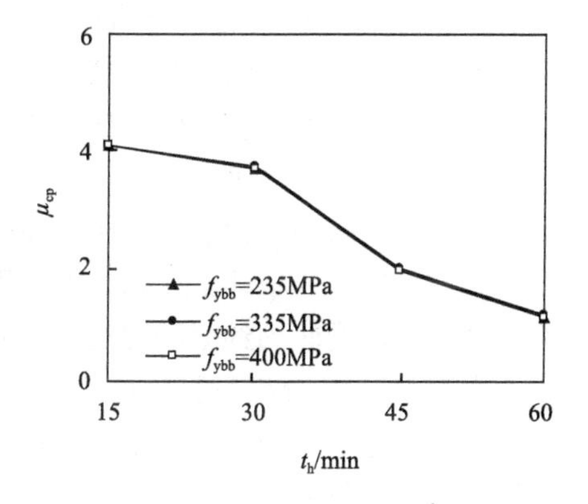

图 16.58　梁纵筋屈服强度（f_{ybb}）对 μ_{cp} 的影响

13）梁柱极限弯矩比：图 16.59 为梁柱极限弯矩比（k_m）对 μ_{cp} 的影响。在梁柱极限弯矩比相同的情况下，μ_{cp} 随着升温时间的增加而减小；在升温时间相同的情况下，梁柱极限弯矩比对 μ_{cp} 的影响不明显，这是由于在梁柱线刚度比相同的情况下，随着梁柱极限弯矩比的增加，尽管梁抗弯能力增强，但其对柱端的约束影响不明显，从而导致火灾后框架柱承载力变化较小。

14）水平向约束刚度比：图 16.60 为水平向约束刚度比（β_H）对 μ_{cp} 的影响。在水平向约束刚度比相同的情况下，μ_{cp} 随着升温时间的增加而减小。在升温时间相同的情况下，水平向约束刚度比 $\beta_H=0$ 与 $\beta_H=2.0$ 时，水平向约束刚度比对 μ_{cp} 影响明显；当 $2.0 \leqslant \beta_H \leqslant 6.0$ 时，水平向约束刚度比对 μ_{cp} 影响不明显。这说明考虑与不考虑水平向约束对 μ_{cp} 影响明显，当水平向约束刚度达到一定量值时对 μ_{cp} 影响不明显。

由第 16.5 节分析可见，水平向约束刚度的存在减小了柱端的侧向位移，从而减小

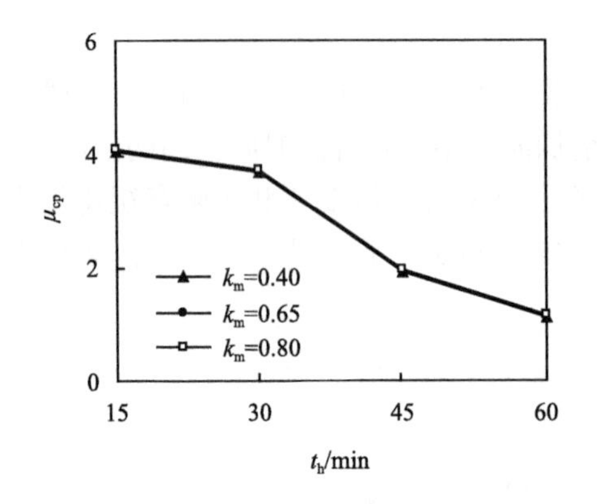

图 16.59 梁柱极限弯矩比（k_m）对 μ_{cp} 的影响

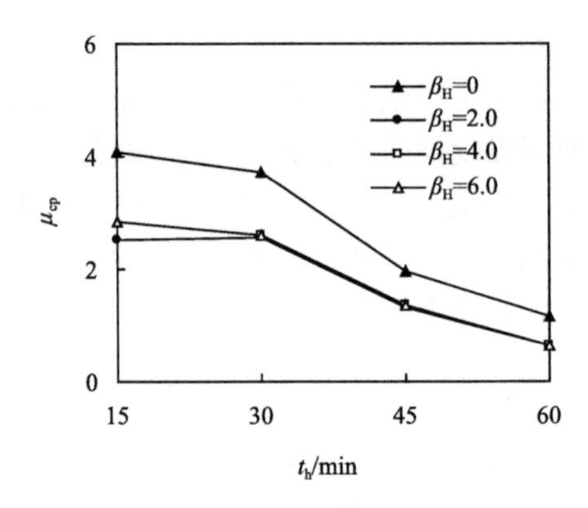

图 16.60 水平向约束刚度比（β_H）对 μ_{cp} 的影响

了轴力的“二阶效应”，使框架柱火灾后剩余承载力增大；当水平向约束刚度达一定量值时，对柱的约束反力不再提高，从而使框架柱火灾后剩余承载力不再增大。

15）竖直向约束刚度比：图 16.61 为竖直向约束刚度比（β_V）对 μ_{cp} 的影响。在竖直向约束刚度比相同的情况下，μ_{cp} 随着升温时间的增加而减小。在升温时间相同的情况下，竖直向约束刚度比越大，μ_{cp} 越小；反之，竖直向约束刚度比越小，μ_{cp} 越大。由本书第 16.5 节分析可见，竖直向约束刚度减小了柱截面内的轴力和弯矩的量值，从而提高了火灾后框架柱的剩余承载力。

16）面内转动约束刚度比：图 16.62 为面内转动约束刚度比（β_R）对 μ_{cp} 的影响。在面内转动约束刚度比相同的情况下，μ_{cp} 随着升温时间的增加而减小。在升温时间相同的情况下，面内转动约束刚度比 $\beta_R=0$ 与 $\beta_R=1.9$ 时，β_R 对 μ_{cp} 影响明显；当 $1.9 \leqslant \beta_R \leqslant 2.5$ 时，β_R 对 μ_{cp} 的影响不明显。这说明考虑与不考虑面内转动约束对 μ_{cp} 影响明显，当面内转动约束刚度达到一定量值时对 μ_{cp} 影响不明显。

由第 16.5 节分析可见，面内转动约束的存在减小了梁端的负弯矩，从而使框架柱火灾后剩余承载力增大；当面内约束刚度达一定量值时，约束刚度的增加并未提高其承担的弯矩，从而使框架柱火灾后剩余承载力不再增大。

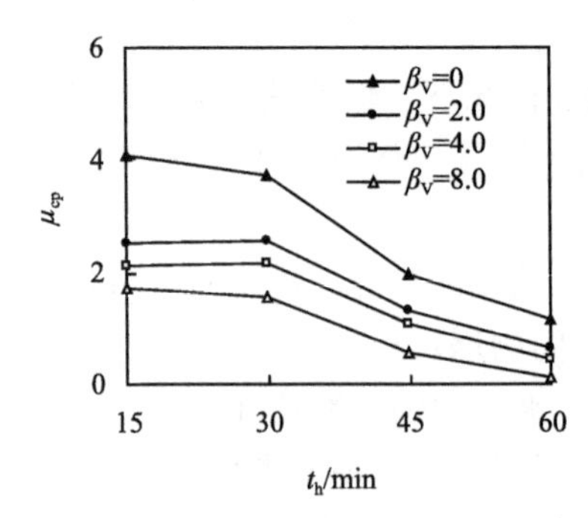

图 16.61 竖直向约束刚度比（β_V）对 μ_{cp} 的影响

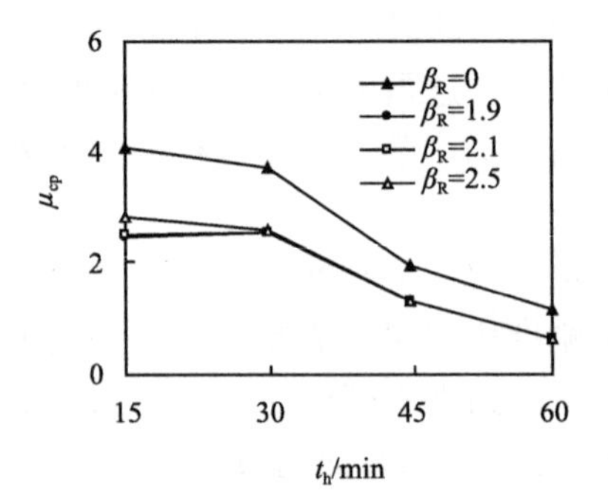

图 16.62 面内转动约束刚度比（β_R）对 μ_{cp} 的影响

可见，柱纵筋屈服强度（f_{ybc}）、柱截面配筋率（ρ_c）、梁混凝土强度（f_{cub}）、梁型钢屈服强度（f_{yb}）、梁截面含钢率（α_b）、梁纵筋屈服强度（f_{ybb}）和梁柱极限弯矩比（k_m）对型钢混凝土框架柱火灾后计算长度系数的影响不明显，即在升温时间相同的情况下，框架柱火灾后计算长度系数最小值与最大值差异在 5% 以内。柱荷载比（n）、梁荷载比（m）、柱型钢屈服强度（f_{yc}）和柱截面含钢率（α_c）对型钢混凝土框架柱火灾后计算长度系数有一定的影响，即在升温时间相同的情况下，框架柱火灾后计算长度系数最小值与最大值差异处于 5% 与 10% 之间。升温时间（t_h）、梁柱线刚度比（k）、柱混凝土强度（f_{cuc}）、水平向约束刚度比（β_H）、竖直向约束刚度比（β_V）和面内转动约束刚度比（β_R）则是型钢混凝土框架柱火灾后计算长度系数的主要因素，即在升温时间相同的情况下，框架柱火灾后计算长度系数最小值与最大值差异大于 10%。

在本章研究的参数范围内，各主要因素对框架柱火灾后计算长度系数影响程度各不相同：升温时间（t_h）、梁柱线刚度比（k）和竖直向约束刚度比（β_V）对框架柱火灾后计算长度系数影响明显；在其他参数不变的情况下，框架柱火灾后计算长度系数随着升温时间的增加而减小；在升温时间一定的情况下，框架柱火灾后计算长度系数随梁柱线刚度比和竖直向约束刚度比的增加而减小；柱混凝土强度（f_{cuc}）为普通混凝土时，框架柱火灾后计算长度系数差异不大，当为高强混凝土时，由于高强混凝土的高温爆裂，框架柱火灾后计算长度系数与普通混凝土差异较大；水平向约束刚度比（β_H）和面内转动约束刚度比（β_R）分别在 $0 \leqslant \beta_H \leqslant 2.0$ 和 $0 \leqslant \beta_R \leqslant 1.9$ 范围内对框架柱火灾后计算长度系数影响明显，当超出此范围后对框架柱火灾后计算长度系数影响不明显。

16.6.2　计算长度实用计算方法

根据有限元计算模型计算得到的图 16.47～图 16.62，得到了型钢混凝土平面框架柱火灾后计算长度系数与主要影响因素，如梁柱线刚度比（k）、柱混凝土强度（f_{cuc}）、水平向约束刚度比（β_H）、竖直向约束刚度比（β_V）和面内转动约束刚度比（β_R）的部分计算表格，如表 16.6 所示。该实用计算表格的适用范围为：$k=0.87 \sim 1.45$，$k_m=0.4 \sim 0.8$，$t_h=15 \sim 60\text{min}$ [按 ISO-834（1980）升、降温]，$f_{cuc}=40 \sim 80\text{MPa}$，$f_{yc}=235 \sim 420\text{MPa}$，$f_{ybc}=235 \sim 400\text{MPa}$，$\alpha_c=4\% \sim 8\%$，$\rho_c=1\% \sim 3\%$；$f_{cub}=30 \sim 50\text{MPa}$，$f_{yb}=235 \sim 420\text{MPa}$，$f_{ybb}=235 \sim 400\text{MPa}$，$\alpha_b=4\% \sim 8\%$；$\beta_H=0 \sim 6.0$，$\beta_V=0 \sim 8.0$，$\beta_R=0 \sim 2.5$。

在实际应用时，如获得梁柱线刚度比（k）、柱混凝土强度（f_{cuc}）、水平向约束刚度比（β_H）、竖直向约束刚度比（β_V）和面内转动约束刚度比（β_R），即可由表 16.6 获得升温时间为 t_h 的型钢混凝土框架柱的火灾后计算长度系数 μ_{cp}；然后通过式（16.7）获得框架柱火灾后等效长细比 λ_{cp}，再结合截面周长、混凝土强度和升温时间等参数从表 4.6 所示的实用计算表格中获得火灾后框架柱的剩余承载力系数 k_{rc}；最后根据式（4.4）即可获得型钢混凝土框架柱的火灾后剩余承载力。

表 16.6　火灾后型钢混凝土框架柱计算长度系数（μ_{cp}）

f_{cuc}/MPa	k	β_H	β_V	β_R	t_h/min	μ_{cp}	f_{cuc}/MPa	k	β_H	β_V	β_R	t_h/min	μ_{cp}
60	0.87	0	0	0	15	5.50	60	1.08	4.0	2.0	2.1	15	2.82
					30	4.82						30	2.59
					45	2.60						45	1.35
					60	1.69						60	0.64
60	1.08	0	0	0	15	4.07	60	1.08	6.0	2.0	2.1	15	2.82
					30	3.72						30	2.59
					45	1.95						45	1.35
					60	1.14						60	0.64
60	1.45	0	0	0	15	3.01	60	1.08	2.0	4.0	2.1	15	2.11
					30	2.81						30	2.15
					45	1.61						45	1.08
					60	0.93						60	0.43
40	1.08	0	0	0	15	3.46	60	1.08	2.0	8.0	2.1	15	1.73
					30	3.07						30	1.58
					45	1.56						45	0.54
					60	0.84						60	0.11
80	1.08	0	0	0	15	7.10	60	1.08	2.0	2.0	1.9	15	2.49
					30	6.34						30	2.56
					45	3.25						45	1.33
					60	2.13						60	0.62
60	1.08	2.0	2.0	2.1	15	2.51	60	1.08	2.0	2.0	2.5	15	2.67
					30	2.55						30	2.61
					45	1.33						45	1.34
					60	0.63						60	0.63

注：对表内中间值，可采用插值确定。

16.7　本 章 小 结

本章对型钢混凝土柱 - 混凝土梁平面框架全过程火灾后的力学性能进行了深入研究。建立了型钢混凝土柱 - 混凝土梁平面框架全过程火灾后的力学性能分析有限元计算模型。进行了外荷载和火灾升、降温共同作用下型钢混凝土平面框架的力学性能试验研究，揭示了该类组合框架结构的温度分布、变形、破坏形态以及火灾后剩余承载力等的变化规律。

试验观察到柱破坏，梁破坏和梁、柱均发生破坏三种破坏形态；全过程火灾后试验观察到梁破坏或梁、柱均发生破坏两种破坏形态。柱破坏的位置发生在由于爆裂造成截面削弱的区域，此区域型钢翼缘发生局部屈曲，纵筋弯曲；梁破坏是由于梁跨中和节点区梁出现塑性铰而破坏；梁、柱均发生破坏兼有前两种破坏形态的特点。在此基础上，采用验证了的有限元计算模型，对全过程火灾后型钢混凝土平面框架的温度场分布、破坏形态、变形特点和火灾后剩余承载力等进行了分析，揭示了该类结构全过程火灾后的力学性能和工作机理。

对火灾后型钢混凝土平面框架柱计算长度系数的影响因素进行参数分析，结果表明：升温时间、梁柱线刚度比、柱混凝土强度、水平向约束刚度比、竖直向约束刚度比和面内转动约束刚度比是主要影响因素。

参考文献

陈骥，2006. 钢结构稳定理论与设计 [M]. 3 版. 北京：科学出版社.

韩林海，2007. 钢管混凝土结构——理论与实践 [M]. 2 版. 北京：科学出版社.

李国强，韩林海，楼国彪，2006. 钢结构及钢 - 混凝土组合结构抗火设计 [M]. 北京：中国建筑工业出版社.

宋天诣，2011. 火灾后钢 - 混凝土组合框架梁 - 柱节点的力学性能研究 [D]. 北京：清华大学.

宋天诣，韩林海，2008. 组合结构耐火性能研究的部分新进展 [J]. 工程力学，12 (S2)：230-253.

谭清华，2012. 火灾后型钢混凝土柱、平面框架力学性能研究 [D]. 北京：清华大学.

中华人民共和国建设部，2002. 混凝土结构设计规范：GB 50010—2002 [S]. 北京：中国建筑工业出版社.

中华人民共和国住房和城乡建设部，2015. 混凝土结构设计规范：GB 50010—2010 [S]. 北京：中国建筑工业出版社.

中华人民共和国建设部，2002. 型钢混凝土组合结构技术规程：JGJ 138—2001 [S]. 北京：中国建筑工业出版社.

ABAQUS, 2010. ABAQUS analysis user's manual [CP]. SIMULIA, Providence, RI.

BARNETT C R, 2002. BFD curve: A new empirical model for fire compartment temperatures [J]. Fire Safety Journal, 37(6-7): 437-463.

HUANG Z F, TAN K H, 2006. Fire resistance of compartments within a high-rise steel frame: New sub-frame and isolated member models [J]. Journal of Constructional Steel Research, 62 (10): 974-986.

ISO-834, 1975. Fire resistance tests-elements of building construction [S]. International Standard ISO 834, Geneva.

ISO-834, 1980. Fire-resistance tests-elements of building construction [S]. International Standard ISO 834: Amendment 1, Amendment 2, Switzerland.

KODUR V K R, WANG T C, CHENG F P, 2004. Predicting the fire resistance behaviour of high strength concrete columns [J]. Cement & Concrete Composites, 26(2): 141-153.

LENNON T, MOORE D, 2003. The natural fire safety concept: Full-scale tests at Cardington [J]. Fire Safety Journal, 38(7): 623-643.

POPE N D, BAILEY C G, 2006. Quantitative comparison of FDS and parametric fire curves with post-flashover compartment fire test data [J]. Fire Safety Journal, 41(2): 99-110.

TAN Q H, HAN L H, YU H X, 2012. Fire performance of concrete filled steel tubular (CFST) column to RC beam joints [J]. Fire Safety Journal, 51(1): 68-84.

索　　引

H

N

O

P

Q

R

X

Y

Z